Auditive Räume des alten Ägypten

Culture and History of the Ancient Near East

VOLUME 92

The titles published in this series are listed at *brill.com/chan*

Auditive Räume des alten Ägypten

Die Umgestaltung einer Hörkultur in der Amarnazeit

von

Erika Meyer-Dietrich

BRILL

LEIDEN | BOSTON

Library of Congress Cataloging-in-Publication Data

Names: Meyer-Dietrich, Erika, author.
Title: Auditive Raume des alten Agypten : die Umgestaltung einer Horkultur in der Amarnazeit / by Erika Meyer-Dietrich.
Description: Leiden ; Boston : Brill, 2018. | Series: Culture and history of the ancient Near East ; volume 92
Identifiers: LCCN 2017031216 (print) | LCCN 2017035323 (ebook) | ISBN 9789004354951 (E-book) | ISBN 9789004354944 | ISBN 9789004354944Q (hardback : alk. paper)
Subjects: LCSH: Egypt—Civilization—To 332 B.C. | Communication and culture—Egypt. | Architectural acoustics. | Tell el-Amarna (Egypt)
Classification: LCC DT61 (ebook) | LCC DT61 .M545 2017 (print) | DDC 932/.014—dc23
LC record available at https://lccn.loc.gov/2017031216

Typeface for the Latin, Greek, and Cyrillic scripts: "Brill". See and download: brill.com/brill-typeface.

ISSN 1566-2055
ISBN 978-90-04-35494-4 (hardback)
ISBN 978-90-04-35495-1 (e-book)

This book is printed on acid-free paper and produced in a sustainable manner.

Printed by Printforce, the Netherlands

Für Dich
die mich den Unterschied
zwischen Hören und Zuhören lehrte

Inhaltsverzeichnis

Vorwort

Angeregt wurde die vorliegende Forschung durch meine Beschäftigung mit den Sargtexten, die mir die religiöse Wahrnehmung der nachtodlichen Seinsbereiche als auditive Räume ins Bewusstsein rückte. Das Auffinden der theoretischen Basis zur Untersuchung von Hörräumen der altägyptischen Kultur eröffnete mir der Aufenthalt als Fellow am Forschungsschwerpunkt Historische Kulturwissenschaften Johannes Gutenberg Universität Mainz 2009–2010. Für Literaturhinweise zu Hörräumen danke ich Nora Abdel Rahman, Heidelberg, für die freundliche Beantwortung meiner Fragen zur Musikarchäologie Stefan Hagel, Wien, und zum Wechselgesang Prof. Klaus Pietschmann, Mainz. Nach meiner Rückkehr aus Mainz förderten Irmgard Hein während ihrer Gastprofessur in den Jahren 2010–2013 und Prof. Gunnel Ekroth meine Forschung am Institut für Archäologie und Antike Geschichte der Universität Uppsala. Meine zweite ägyptologische Heimstätte wurde das Institut für Altertumswissenschaften an der Johannes Gutenberg Universität Mainz, wo ich mich stets als willkommener Gast fühlen durfte. Prof. Ursula Verhoeven, Prof. Tanja Pommerening und allen Mitarbeitern sei an dieser Stelle für das hervorragende Arbeits- und Forschungsklima und ihre außerordentliche Hilfsbereitschaft ganz herzlich gedankt. Für die Durchsicht der Transkriptionen danke ich Åke Engsheden, Stockholms Universität. In Ägypten gilt mein besonderer Dank Prof. Barry Kemp und Hamada M. Abdel Moeen Kallawy in Tell el-Amarna. Folgende Museen und ihre Mitarbeiter unterstützten meine Untersuchung von Objekten aus der Amarnazeit in denkbar bester Weise: Ägyptisches Museum und Papyrussammlung im Neuen Museum, Berlin, Museum August Kestner, Hannover, Roemer- und Pelizaeus-Museum, Hildesheim, British Museum und Petrie Museum, London, Fitzwilliam Museum, Cambridge, Ashmolean Museum, Oxford, Ägyptisches Museum, Kairo, Luxor Museum, Luxor, Metropolitan Museum of Art und Brooklyn Museum, New York, Musée du Louvre, Paris, Rijksmuseum van Oudheden, Leiden, und Allard Pierson Museum, Amsterdam. Finanziell ermöglicht wurde das Studium der Quellen während eines mehrwöchigen Ägyptenaufenthaltes in Tell-el Amarna, Theben West und El Kab, die Besuche der bedeutenden ägyptologischen Sammlungen und mehrere Aufenthalte als Gastwissenschaftlerin in Mainz durch das Margareta och Sten Wångstedt Stipendium. Dank eines Stipendiums der Birgit und Gad Rausing Stiftung für humanistische Forschung konnte die Arbeit im Frühjahr 2016 abgeschlossen werden.

Erika Meyer-Dietrich
Uppsala im Juni 2016

Abbildungsverzeichnis

Abgekürzte Literatur

ÄA	Ägyptologische Abhandlungen, Wiesbaden
ÄAT	Ägypten und Altes Testament, Wiesbaden
AAWLM	Abhandlungen der Akademie der Wissenschaften und der Literatur in Mainz, Wiesbaden
ACE	Australian Centre for Egyptology Studies, Sidney/Warminster/Oxford
ADAIK	Abhandlungen des Deutschen Archäologischen Instituts, Abteilung Kairo (DAIK), Ägyptologische Reihe, Glückstadt/Mainz/Berlin
ÄF	Ägyptologische Forschungen, Glückstadt/Hamburg/New York
AH	Aegyptiaca Helvetica, Basel, Genf
AHAW	Abhandlungen der Heidelberger Akademie der Wissenschaften, Phil. Hist. Kl., Heidelberg
ÄHG	Ägyptische Hymnen und Gebete
AnAe	Analecta Aegyptiaca, Kopenhagen
APAW	Abhandlungen der Preußischen Akademie der Wissenschaften, Berlin, ab 1945 ADAW
ARWAW	Abhandlung der Rheinisch-Westfälischen Akademie der Wissenschaften
ASAE	Annales du Service des Antiquités de l'Égypte, Kairo
ASE	Archaeological Survey of Egypt, London
ATP	Akhetaten Temple Project
AV	Archäologische Veröffentlichungen, Mainz
AVDAIK	Archäologische Veröffentlichungen, Deutsches Archäologisches Institut, Abteilung Kairo, Berlin/Mainz
BAe	Bibliotheca Aegyptiaca, Brüssel
BAR IS	Britisch Archaeological Reports International Series
BdÉ	Bibliothèque d'Étude, IFAO, Kairo
BES	Bulletin of the Egyptological Seminar, New York
BIFAO	Bulletin de l'Institut Français d'Archéologie Orientale, Kairo
BMMA	Bulletin of the Metropolitan Museum of Art, New York
BMHT	British Museum Hieratic Texts
BMRAH	Bulletin des Musees Royaux d'Art et d'Histoire, Brüssel
BSAK	Studien zur Altägyptischen Kultur, Beihefte, Hamburg
BSEG	Bulletin de la société d'Égyptologie Genève, Genf
CdÉ	Chronique d'Égypte, Brüssel
CG	Catalogue géneral des antiquités égyptiennes du Musée du Caire
CoA	City of Akhetaten, Vol. I–III, London

CRiSAP	Creative Research into Sound Arts Practice
DAIKS	Deutsches Archäologisches Institut, Abteilung Kairo, Sonderschrift
DE	Discussions in Egyptology, Oxford
DFIFAO	Documents de Fouilles de l'Institut Français d'Archéologie Orientale du Caire, Kairo
DAWW	Denkschriften der Kaiserlichen Akademie der Wissenschaften in Wien, Phil.- hist. Kl., Wien
EEF	Egypt Exploration Fund, London
EES	Egypt Exploration Society, London
EES OP	Egypt Exploration Fund, Occasional Publications, London
ENiM	Égypte nilotique et méditerranéenne, Montpellier
FIFAO	Fouilles de l'Institut Français d'Archéologie Orientale, Kairo
GHP	Golden House Publications, London
GM	Göttinger Miszellen, Göttingen
GM.B	Göttinger Miszellen Beihefte, Göttingen
GOF	Göttinger Orientforschungen, Wiesbaden
HAT	Handschriften des Altägyptischen Totenbuches, Bonn
HÄB	Hildesheimer Ägyptologische Beiträge, Hildesheim
HDO	Handbuch der Orientalistik
Hwb	Hannig, Großes Handwörterbuch Ägyptisch-Deutsch, Mainz
HrwG	Handbuch religionswissenschaftlicher Grundbegriffe, Stuttgart
IFAO	Institut Français d'Archéologie Orientale, Kairo
JANER	Journal of Ancient Near Eastern Religions, Leiden
JEA	Journal of Egyptian Archaeology, London
JNES	Journal of Near Eastern Studies, Chicago
KÄT	Kleine Ägyptische Texte, Wiesbaden
KRI	Kitchen, K. Ramesside Inscriptions, Oxford
LÄ	Lexikon der Ägyptologie, Wiesbaden
LEM	Late-Egyptian Miscellanies
LGG	Lexikon der ägyptischen Götter und Götterbezeichnungen, Löwen
LingAeg	Lingua Aegyptia, Göttingen, Hamburg
MAIBL	Mémoires de l'Académie des Inscriptions et Belles-Lettres, Paris
MMAF	Mémoires publiés par les membres de la Mission Archéologique Française du Caire
MÄS	Münchner Ägyptologische Studien, Berlin, München, Mainz
MDAIK	Mitteilungen des Deutschen Archäologischen Instituts, Abt. Kairo; bis 1944: Mitteilungen des Instituts für Ägyptische Alterskunde in Kairo, Berlin, Wiesbaden, ab 1970: Mainz
MedMusB	Medelhavsmuseet Bulletin, Stockholm

MGG	Die Musik in Geschichte und Gegenwart, Kassel
MIFAO	Mémoires publiés par les membres de l'Institut Français d'Archéologie Orientale, Kairo, Berlin
MittSAG	Mitteilungen der Sudanarchäologischen Gesellschaft zu Berlin
MonAeg	Monumenta Aegyptiaca, Fondation Égyptologique Reine Élisabeth, Brüssel
OBO	Orbis Biblicus et Orientalis, Freiburg und Göttingen
OIC	Oriental Institute Communications, Chicago
OIP	Oriental Institute Publications, Chicago
OLA	Orientalia Lovaniensia Analecta, Löwen
OLP	Orientalia Lovaniensia Periodica, Löwen
OMRO	Oudheidkundige Mededelingen uit het Rijksmuseum van Oudheden, Leiden
Or	Orientalia, Nova Series, Rom
OWH	Orientwissenschaftliche Hefte, Halle-Wittenberg
PÄ	Probleme der Ägyptologie, Leiden
PM	Porter Moss, Topographical Bibliography, Oxford
PMMA	Publications of the Metropolitan Museum of Art, Egyptian Expedition, New York
RAPH	Recherches d'Archéologie, de Philologie et de d'Histoire, Kairo
RÄRG	Bonnet, Reallexikon der Ägyptischen Religionsgeschichte, Berlin
RdÉ	Revue d'Égyptologie, Paris
RILT	Reliefs and Inscriptions at Luxor Temple
RIK	Reliefs and Inscriptions at Karnak
SAGA	Studien zur Archäologie und Geschichte Altägyptens, Heidelberg
SAK	Studien zur Altägyptischen Kultur, Hamburg
SAOC	Studies in Ancient Oriental Civilization, The Oriental Institute of the University of Chicago
SAT	Studien zum Altägyptischen Totenbuch, Wiesbaden
SAWW	Sitzungsberichte der Akademie der Wissenschaften in Wien, Phil.-hist. Kl., Wien
SDAIK	Sonderschrift des Deutschen Archäologischen Instituts, Abteilung Kairo, Wiesbaden
SEA-IFAO	Le Service des Antiquités de l'Égypte avec la Collaboration de l'Institut Français d'Archéologie Orientale, Kairo
SHAW	Sitzungsberichte der Heidelberger Akademie der Wissenschaften, Philosophisch-historische Klasse, Heidelberg
SPAW	Sitzungsberichte der Preußischen Akademie der Wissenschaften, Philosophisch-historische Klasse, Berlin; ab 1948 SDAW
SSEA	The Society for the Study of Egyptian Antiquities, Toronto, Ontario
TÄB	Tübinger Ägyptologische Beiträge, Bonn

TLA	Thesaurus Linguae Aegyptiae
TUAT	Texte aus der Umwelt des Alten Testaments, Gütersloh
UEE	Encyclopedia of Egyptology, Los Angeles
UGAÄ	Untersuchungen zur Geschichte und Altertumskunde Ägyptens, Hildesheim/Leipzig/Berlin
UMI	University Microfilm International, USA
Urk.	Urkunden des Ägyptischen Altertums
Wb	Erman, Grapow, Wörterbuch der Ägyptischen Sprache, Berlin
WbMed	Wörterbuch der Medizinischen Texte
WdO	Die Welt des Orients, Göttingen
WSA	Wahrnehmungen und Spuren Altägyptens, Kulturgeschichtliche Beiträge zur Ägyptologie, Würzburg
WUNT	Wissenschaft und Neues Testament, Tübingen
WVDOG	Wissenschaftliche Veröffentlichungen der Deutschen Orientgesellschaft, Leipzig/Berlin/Saarbrücken/Saarwellingen
ZÄS	Zeitschrift für Ägyptische Sprache und Altertumskunde, Berlin/Leipzig
ZDMG	Zeitschrift der Deutschen Morgenländischen Gesellschaft, Wiesbaden
ZKpH	Zeitschrift für Kulturphilosophie

Abgekürzte Museen und die Museen der unter dem Städtenamen geführten Objekte

AG	Luxor, Abu l'Good
ÄM	Ägyptisches Museum, Berlin
ÄS	Staatliches Museum Ägyptischer Kunst, München
AN	Ashmolean Museum, Oxford
APM	Allard Pierson Museum, Amsterdam
ATP	Akhenaten Temple Project, Karnak
BM	British Museum, London
Buffalo	Albright-Knox Art Gallery, Buffalo
Cambridge	Fitzwilliam Museum, Cambridge
CFÉ	Antikenmagazin des Centre Franco-Égyptien, Karnak
Cincinatti	Cincinatti Art Museum, Cincinatti
Cleveland	Cleveland Museum of Art, Cleveland
DIA	Detroit Institute of Art, Detroit
Edinburg	National Museum of Scotland, Edinburgh
Genf	Musée d`art et d`histoire, Genève
München Gl.	Glyptothek, München
Hamburg	Museum für Kunst und Gewerbe, Hamburg
Harvard	Fogg Art Museum, Harvard
Jerusalem	Israel Museum, Jerusalem
Kairo	Ägyptisches Museum, Kairo
Kansas City	The Nelson Atkins Museum of Art, Kansas City
Karlsruhe	Badisches Landesmuseum Karlsruhe, Karlsruhe
KHM	Kunsthistorisches Museum, Wien
KM	August Kestner Museum, Hannover
KMKG – MRAH	Musées royaux d'Art et d'Histoire, Brüssel
Kopenhagen	Ny Carlsberg Glyptotek, Kopenhagen
Leiden	Riksmuseum van Oudheden, Leiden
Leipzig	Das Ägyptische Museum der Universität Leipzig, Leipzig
Liverpool	National Museums Liverpool
Louvre	Musée du Louvre, Département des Antiquités égyptiennes, Paris
Luxor	Luxor Museum of Ancient Egyptian Art, Luxor
Manchester	Manchester Museum, The university of Manchester
MFA	Museum of Fine Arts, Boston

MMA	The Metropolitan Museum of Art, New York
MME	Medelhavsmuseet, Stockholm
Moskau	Pushkin Museum of Art, Moskau
RC	Rosicrucian Egyptian Museum, San Jose
Pennsylvania	Pennsylvania University Museum, Pennsylvania
PM	Roemer Pelizaeus Museum, Hildesheim
San Diego	Museum of Man, San Diego
Swansea	The Egypt Centre Museum of Egyptian Antiquities, Swansea
Turin	Museo Egizio, Turin
UC	University Collection, Petrie Museum, London
VMFA	Virginia Museum of Fine Arts, Richmond
WAM	Worcester Art Museum, Worcester

Einleitung

> Die Komplexität der visuellen Wahrnehmung wird akzentuiert und differenziert durch Eindrücke des Gehörs. Obwohl dem Ohr als passivem Sinnesorgan die Wechselseitigkeit der visuellen Wahrnehmung mangelt, ist die gemeinschaftsbildende Funktion des Gehörten größer als die des Gesehenen. Das Ohr kann eine Einheit schaffen, die weiter reicht und tiefer greift als das Auge es ermöglicht.
>
> HORST WENZEL[1]

In der 18. Dynastie vollzieht sich ein Wandel im Bildprogramm der für den Besucherkult eingerichteten Hallen der Grabanlage. Vor der Übersiedelung des Hofes nach Achetaten wurden an den Wänden der Elitegräber als auditive Räume die ägyptischen Landschaftsformen Fruchtland und Sumpf, das Talfest und die Nekropole während des Sargschlittenzuges dargestellt. Dieses Standardprogramm wurde in einzelnen Gräbern mit den Hörräumen der Registratur und des Tributempfangs ergänzt.[2] Die Wandbilder in Tell el-Amarna vermitteln hingegen städtische Bereiche, Tempelhöfe und den Palast als auditive Räume. Gesten, die die Akteure in Aktion zeigen, Liedertexte, Instrumente, Tanz und der Wortlaut von Reden und Rufen verbildlichen die Lautproduktion. Die Hörereignisse betreffen die Amtsausübung des Grabherrn und Stationen seiner Karriere.

Hörräume sind soziale Räume.[3] Sie entstehen durch die aktive Verknüpfung von Stimmen, Lachen, Weinen und andere symbolische Markierungen durch Menschen, die durch ihre Lauterzeugung oder -vermeidung eine Position darin einnehmen. Die auditive Form des *Spacing*[4] bildet die temporäre

1 WENZEL, *Hören und Sehen*, S. 142f.

2 Quellen bei HARTWIG, *Tomb Painting and Identity*, S. 73–78.

3 „A social space is the sum of the things, activities, ideas, processes, relations that are brought together within it. It simultaneously envelopes and contains various spaces, and exists alongside and in relation to others. It extends backwards and forwards in time. It is infused with power, and is dynamic." KNOTT, *The Location of Religion*, S. 170.

4 Der Begriff stammt aus der Raumsoziologie: „Erstens konstituiert sich Raum durch das Platzieren von sozialen Gütern und Menschen bzw. das Positionieren primär symbolischer Markierungen, um Ensembles von Gütern und Menschen als solche kenntlich zu machen. Dieser Vorgang wird im Folgenden *Spacing* genannt. Spacing bezeichnet also das Errichten, Bauen oder Positionieren. […] Es ist ein Positionieren in Relation zu anderen Platzierungen. Spacing bezeichnet bei beweglichen Gütern oder bei Menschen sowohl den Moment der Platzierung als auch die Bewegung zur nächsten Platzierung. Zweitens bedarf es zur

 | DOI 10.1163/9789004354951_002

soziale Komponente einer Hörkultur.[5] Sie codiert den sozialen Raum lautlich und verleiht ihm dadurch eine symbolische Hör-Ordnung. Durch die wiederholte Verwendung auditiver Codes erhalten soziale Räume den Gemeinsinn stiftende Eigenschaften. Sie avancieren zu Orientierungslauten. Die zentrale Codierung auditiver Räume und Hören als körpergebundene Erinnerung repräsentieren bei der Umgestaltung einer Hörkultur die traditionelle Komponente. Die Position, die einem hörbaren Mitglied in der urbanen Gesellschaft von Achetaten eingeräumt wurde, und die Bedeutung bestimmter Hörräume im kollektiven Gedächtnis sind Thema und Gegenstand dieser Arbeit.

Der architektonische Kontext wirkt als externer Faktor auf den Betrachter ein. Die im Bild angelegte Rezeption wird fassbar in der kunstwissenschaftlichen Untersuchungsmethode der Rezeptionsästhetik. Sie beruht auf der Prämisse, dass der Betrachter im Bild angelegt ist. Die künstlerische Repräsentation eines innerbildlichen Kommunikationsaktes steuert die Rezeption durch den Grabbesucher. Auditives *Spacing* ist eine Lesart im Dialog mit der Repräsentation der Lauterzeugung im Bild. In den Körper des Betrachters sind Hör- und Lauterfahrungen eingeschrieben. Die vom Bild produzierte Asymmetrie der ästhetischen Kommunikation aktiviert und stimuliert ihn:

> In the case of aesthetic communication, relative asymmetry proves to be the impetus for not only situating the beholder but also for stimulating, for activating the beholder to take part in the construction of the work of art. This activation occurs by working through the way by which the beholder becomes part of the intrapainting communication; more precisely, through the way in which he or she takes part in the communi-

---

Konstitution von Raum aber auch einer *Syntheseleistung*, das heißt, über Wahrnehmungs-, Vorstellungs- oder Erinnerungsprozesse werden Güter und Menschen zu Räumen zusammengefasst.“ Löw, *Raumsoziologie*, S. 158f, Hervorh. i. O.

5 Der dieser Arbeit zugrunde gelegte Kulturbegriff, der sowohl die temporäre soziale als auch die traditionelle Komponente berücksichtigt, wird von dem Historiker und Kulturwissenschaftler Lutz Musner übernommen: „Kultur ist die dynamische Bewegung von Wahrnehmungsinterpretations- und Handlungsschemata, die mit einem Feld von sozialen Beziehungen, Machtverhältnissen und Positionen korrespondiert, das durch die ungleichen Verteilungen ökonomischer, sozialer und symbolischer Kapitalien charakterisiert ist, und als Produkt, in dem sich kollektiv tradierte Erfahrung zu einer Denk-, Wahrnehmungs- und Handlungsmatrix temporär verstetigen.“ Musner, *Desiderata einer Historischen Kulturwissenschaft*, http://www.historischekulturwissenschaften.uni-mainz.de/305.php, letzter Zugriff 2010–09–15.

> cation with which he or she can only be associated as a beholder, not as an actor.[6]

Das Betrachten visualisierter Hörräume mobilisiert beim Rezipienten sowohl die optische als auch die auditive Interpretation des Bildes. Mittel, über die das Bild zur Situierung, Aktivierung und Stimulierung des Betrachters verfügt, sind: (1) die innerbildlichen Kommunikationen und die Verteilung der Akteure im Raum (*diegesis*), (2) Figuren und Symbole, mit denen sich der Rezipient identifizieren kann, oder die den Blick auf sich ziehen (*focalizers*), (3) Perspektiven, die den Betrachter in Relation zum Bild platzieren, (4) die Darstellungsweise und (5) beabsichtigte Leerstellen an den Verbindungen der Bildaussagen, die durch den Betrachter ausgefüllt werden.[7] Wenn die im Kunstwerk angelegten Mechanismen eine produktive Beziehung zwischen Betrachter und Bild aufbauen, dann wird das Betrachten zu einer Tätigkeit, in der und durch die die Welt erscheint. Die innerbildlichen Kommunikationen und Positionen von lautproduzierenden Akteuren sind Teil des Dialogs, der am Übergang zwischen sichtbarem dargestellten Lautverhalten einerseits, und Unhörbarem andererseits entsteht. Die Verteilung von Sprecher und Hörer, ihre Position zueinander oder zum Betrachter hin, Gesten, Reden und Zurufe manifestieren im Bild die Beziehungen zwischen lauterzeugenden Akteuren. Aus rezeptionsästhetischer Perspektive ist auditives *Spacing* ein im Bild angelegter Aufbau sozialer Beziehungen, der beim Betrachter einen produktiven Akt der Interpretation auslöst.

Bisher haben ägyptologische Untersuchungen einzelne Aspekte der Lautproduktion aufgegriffen.[8] Der Redekunst in Erzählungen, Autobiographien und

---

6 KEMP, The Work of Art and Its Beholder, in: CHEETHAM, *The subjects of art history*, S. 186.

7 Ebd., S. 186–188.

8 Einige Arbeiten befassen sich mit der Wirkung des gesprochenen Wortes: Als Wirkungsmacht des Schöpferwortes: HORNUNG, Die Macht des Wortes, in: *Götterworte im Alten Ägypten,* S. 159–186. ZANDEE, Das Schöpferwort im Alten Ägypten, in: FS *Obbink*. Als Ach-Kraft der Sprüche: ASSMANN, *Liturgische Lieder an den Sonnengott*. Als identitätsschaffender Faktor: MOERS, „Bei mir wird es Dir gut ergehen, denn Du wirst die Sprache Ägyptens hören!", in: SANDER/PAUL, *Muster und Funktionen kultureller Selbst- und Fremdwahrnehmung,* S. 45–99. Als Verweigerung der Stimme: MORENZ, Sprechen statt Grunzen: Sprachnorm als Beamtentugend und sakrales Gebot, in: *GM* 187, S. 9–10. Als Zeugnis für das wirksame Wissen des Sprechers: BICKEL, D'un monde à l'autre: le thème du passeur et de sa barque dans la pensée funéraire, in: *D'un monde à l'autre,* S. 91–117. Die Physikalität der Stimme behandelt PARKINSON, What "Makes the Gun Go Off"?, in: MEYER-DIETRICH, *Laut und Leise,* S. 13–35. Schweigen wird behandelt in: ASSMANN, Reden und Schweigen, in: *LÄ* V, Sp. 195–201. BRUNNER-TRAUT, Weiterleben der ägyptischen Lebenslehren in den koptischen

Lehren ist zwar Aufmerksamkeit geschenkt worden, jedoch ohne sie gezielt mit der Schaffung, Ordnung und Performativität des sozialen Raumes zu verbinden. Die Erweiterung des Performanzkonzeptes in den Kulturwissenschaften ebnete den Weg zur Untersuchung lautlichen Handelns als raum-zeitlich situierten konkreten Vollzug der Raumkonstitution und performatives Hörereignis. Letzteres bezeichnet in kulturtheoretischen Ansätzen eine besondere Form der Konstitutionsleistung, den Vollzug von etwas, seine realitätsbildende Macht und seine Erfahrbarkeit.[9] Iterabilität (Wiederholbarkeit), Materialität (Mündlichkeit, Vertextung, Verbildlichung) und Medialität (Wahrnehmungsform) bilden die notwendigen Voraussetzungen, damit ein Hörereignis zu einem kulturellen Phänomen werden kann. Besonders

---

Apophthegmata am Beispiel des Schweigens, in: HORNUNG/KEEL, *Studien zu altägyptischen Lebenslehren*, S. 173–216. FRANDSEN, On the Avoidance of Certain Forms of Loud Voices and Access to the Sacred, in: FS *Quaegebeur* II, S. 975–1000. Rufen, Lachen und Weinen greifen auf: ERMAN, *Reden, Rufe und Lieder auf den Gräberbildern des Alten Reiches*. GUGLIELMI, *Reden, Rufe und Lieder auf altägyptischen Darstellungen der Landwirtschaft, Viehzucht, des Fisch- und Vogelfangs vom Mittleren Reich bis zur Spätzeit*. Dies., Lachen und Weinen in Ethik, Kult und Mythos der Ägypter, in: *CdÉ* LV, S. 69–86. JUNKER, *Zu einigen Reden und Rufen auf Grabbildern des Alten Reiches*. Mit akustischen Phänomenen befasst sich KLEINITZ, Rock art and 'rock gongs' in the Fourth Nile Cataract region, in: *Sudan and Nubia* 8, S. 11–16. Dem Hören widmen sich: EMERIT, Listening to the gods, in: MEYER-DIETRICH, *Laut und Leise*, S. 61–88. MANASSA, Sounds from the Netherworld, in: ROTHÖHLER/MANISALI, *Mythos und Ritual*, S. 109–135. Dies., Soundscapes in Ancient Egyptian Literature and Religion, in: MEYER-DIETRICH, *Laut und Leise*, S. 147–172. QUACK, Wenn die Götter zuhören, in: *Wenn Götter und Propheten reden – Erzählungen für die Ewigkeit*, Narratio Aliena 3, S. 124–152. VÉGH, Der Tag des Hörens der Sünden, in: *MAJA* 4, S. 259–276. WIEBACH-KÖPKE, Sehen und Hören in den Schilderungen der ägyptischen Unterwelt des Neuen Reiches, in: FS *Altenmüller*, S. 477–493. Studien zur altägyptischen Musik gelten in erster Linie Instrumenten und Spielweisen, bspw. ABDELRAHIEM, *Die Harfnerlieder des Alten Ägypten*. CAREDDU, L'art musical dans l'Égypte ancienne, in: *CdÉ* 66, S. 39–50. ELWART, Sistren als Klang des Hathorkultes, in: MEYER-DIETRICH, *Laut und Leise*, S. 37–59. EMERIT, Les musiciens de l'ancien Empire, in: *Revue Égypte Afrique et Orient* 90, S. 3–16. H. HICKMANN, *Ägypten, Musikgeschichte in Bildern* II. E. HICKMANN et al., *Studien zur Musikarchäologie* I–VI. MANNICHE, *Ancient Egyptian Musical Instruments*. PÉREZ ARROYO, *Music in the Age of the Pyramids*. Eine Ausnahme bildet QUACK, Die Dienstanweisung des Oberlehrers aus dem Buch vom Tempel, in: *5. Ägyptologische Tempeltagung Würzburg, 23.–26. September 1999*, S. 159–171. Den Status von Musikern behandeln: EMERIT, Le statut du "chef des chanteurs *hesou*" (*ỉmy-rꜣ ḥsww*) dans l'Égypte ancienne, de l'Ancien Empire à l'époque romaine, in: EMERIT, *Le statut du musicien dans la Méditerranée ancienne*, S. 87–124. VON LIEVEN, The Social Standing of Musicians in Ancient Egypt, in: *Studien zur Musikarchäologie* V, S. 355–359. ONSTINE, *The Role of the Chantress in Ancient Egypt*.

9 BENTHIEN, Die *vanitas* der Stimme, in: KOLESCH/KRÄMER, *Stimme*, S. 239.

günstig für kulturwissenschaftliche Analysen haben sich Begriffe aus den Theaterwissenschaften (Aufführung, Inszenierung, Performance, Wahrnehmung und Medialität) und den *ritual studies* (Liminalität) erwiesen.[10] In der Ägyptologie ist diese Übernahme an Henrike SIMONS Untersuchung kulturwissenschaftlicher Konzepte für ihre Anwendung auf die ramessidische Literatur zu beobachten. Sie versteht unter Performanz „eine Aufführung im Sinne eines inszenierten theatralen Akts, die durch eine Interaktion zwischen ausführenden Organen und den Rezipienten geprägt ist".[11] Außer der von ihr so definierten Performanz, berücksichtigt sie bei den Harfnerliedern auch einen Performanzbegriff, von dem innerhalb der Ägyptologie bei Texten, die im Grab angebracht sind, ausgegangen wird. In diesem Fall handelt es sich um eine ständig aktualisierte Performanz, die, mittels der Verewigung in Schrift, Bild, oder beidem, die dauernde Wirkung einer rituellen Handlung gewährleistet.[12] Der vorliegenden Arbeit liegt das kulturwissenschaftliche Konzept des Performativen zugrunde.

„Stimmen besetzen Räume, sie breiten sich in ihnen aus und erzeugen spezifische Raumerfahrungen und Raumwirkungen, ja, sie bringen entsprechend be- und gestimmte Räume überhaupt erst hervor, generieren und produzieren Räume und Raumeindrücke."[13] Die Theaterwissenschaftlerin Doris KOLESCH und die Philosophin Sybille KRÄMER rechnen zu den performativen Eigenschaften der Stimme: (1) Ereignishaftigkeit. Die menschliche Stimme ist schon dadurch, dass sie von anderen wahrgenommen und aufgenommen wird, ein performatives Phänomen. (2) Aufführungscharakter. In der Kopräsenz von Akteur und Rezipient ist eine Dimension des Ausgesetztseins angelegt. „Da sich das Subjekt, indem es seine eigene Stimme gibt, der Macht des anderen aussetzt, kann Macht oder Herrschaft nicht nur die Form der befehlenden Stimme, sondern auch die des Ohres annehmen."[14] (3) Verkörperungscharakter. Die Stimme ist die Spur eines individuellen wie auch sozialen Körpers – hier interessiert in erster Linie der soziale Körper als Index der Kultur. (4) Subversions- und Transgressionspotenzial. Die Stimme ist Medium der Rede und Vehikel von Sinn – Transgressionspotential und

---

10 BACHMANN-MEDIK, *Cultural Turns*, S. 113.

11 SIMON, *Textaufgaben*, S. 184.

12 SIMON, *Textaufgaben*, S. 172, 217. Dementsprechend sind Bilder nicht Inszenierungen von Sachverhalten, sondern die Realität, die sie darstellen. Laut ASSMANNS Bildakttheorie ist die Vollzugsform des Bildaktes permanent, vergl. ASSMANN, *Ägyptische Geheimnisse*, S. 114.

13 KOLESCH, Labyrinthe, in: BRÜSTLE/RIETHMÜLLER, *Klang und Bewegung*, S. 117.

14 DOLAR, *His Master's Voice*, S. 109.

Eigendynamiken der Stimme, beispielsweise wenn sie den Vorgaben der Rede zuwiderhandelt oder ihre Dienstbarkeit versagt, müssen hier unbeachtet bleiben. (5) Intersubjektivität. Als eindringlicher Anspruch und Appell an den Anderen kann die Stimme vergemeinschaften oder entzweien.[15] Um alle vom Menschen produzierten Geräusche, Laute und Klänge sowie ihre Wahrnehmung als Hörereignisse zu berücksichtigen, wird für den Akteur der Terminus der *hörbare Körper* eingeführt. Auditive Räume sind Voraussetzung und Möglichkeit zu seiner Verkörperung.

Auditive Codes ermöglichen durch die wiederholbare Verknüpfung von Hörereignissen die Sinnzuschreibung eines bestimmten sozialen Raumes.[16] Laute, Geräusche, Klänge und Ruhe wirken als Hörzeichen. Durch ihre spezifische Kombination werden sie zu Lautcodes oder Klangmustern. Sie ermöglichen als symbolische Formen der Sinnstiftung die Entschlüsselung der sozialen, geschlechtlichen und ästhetischen Hierarchisierung auditiver Räume als kontextabhängige Systeme. Die wiederholte Aufführung der bei bestimmten Anlässen gespielten Musik gewöhnt die Hörer an Klangmuster, die in einem bestimmten Kontext aufgeführt werden. Die Art und Weise, in der Klänge zu Mustern verbunden werden, ist sehr variabel, jedoch lernen die Mitglieder jeder Kultur zwischen richtigen und falschen Kombinationen zu unterscheiden.[17]

Die Möglichkeit einer nuancierten Sinnstiftung entsteht dadurch, dass Klangmuster in einen anderen Kontext versetzt, und dabei abgewandelt werden. Zur Analyse der wechselseitigen Beziehung zwischen Sound und Kontext unterscheidet die Musikethnologin Regula BURCKHARDT QURESHI zwischen einem musikalischen Konzept (*musical idiom*) und dem Aufführungskontext (*performance-context*).[18] Das musikalische Ereignis versteht sie als Aktua-

---

15 KOLESCH/KRÄMER, Stimmen im Konzert der Disziplinen, in: Dies., *Stimme*, S. 11.

16 Zur Musik als einer sozialen Praxis siehe MARTIN, Music and the Sociological Gaze, in: KADEN/MACKENSEN, *Soziale Horizonte von Musik*, S. 95–107. BOURDIEU (*Die feinen Unterschiede*, S. 134ff) geht auf den musikalischen Geschmack als sozialen Nenner ein. Die Soundscape-Forschung befasst sich mit der Akustik urbaner Räume. Siehe hierzu bspw. die Beiträge in KARLSSON, *From Awareness to Action.*

17 MARTIN, *Sounds and Society*, S. 71. Die Vertrautheit mit kulturspezifischen Verknüpfungen von Hörereignissen führt zu einer Erwartungshaltung. Letztere ist für den Grad an Akzeptanz ungewohnter Klänge verantwortlich und bestimmt, in welchem Maße Überraschung die Informationsübertragung vom Musiker zum Hörer beeinflusst. Vergl. HALL, *Musikalische Akustik*, S. 448.

18 BURCKHARDT QURESHI, Musical Sound and Contextual Input, in: KADEN/MACKENSEN, *Soziale Horizonte von Musik*, S. 255. Die Zielsetzung ihres Modells bestimmt sie wie folgt: „1) To analyse the sound idiom as a self-contained rule system for generating

lisierung latent vorhandener einheimischer Konzepte und Strukturen für Musik und deren Aufführungsstil in einer Situation, für die sowohl musikalische als auch Verhaltensnormen gelten, mit denen die Ausübenden und das Publikum vertraut sind.[19] Das spezifische Wissen des musikalischen Experten leistet die aktuelle Wiedergabe (*translation*) des Kontexts (*the social reality*) in der musikalischen Aufführung. Die innerhalb der Musikethnologie angesprochene Beziehung zwischen Sound und Kontext gilt für Hörräume jeder Art, weil das spezifische Wissen des Erzählers, Artisten, Redners oder Ritualisten dieselbe Leistung wie der musikalische Experte erbringt. Auch sie handeln in Übereinstimmung mit dem gesellschaftlichen Normen- und Deutungssystem, und übersetzen den aktuellen Kontext in ihrem Vortrag und ihrem Handeln. Bei der auditiven Konstitution eines religiösen Raumes[20] kann der Kontext auch nicht anwesende Personen, Dinge, Räume, Symbole und die angenommenen Beziehungen zwischen diesen, umfassen.

Die zur Konstitution von Hörräumen notwendige Syntheseleistung, die über Wahrnehmungs-, Vorstellungs- oder Erinnerungsprozesse die Stimmen von Menschen und andere Hörereignisse zu auditiven Räumen zusammenfasst, beruht nach der Kulturtheorie von Andreas RECKWITZ auf motivationalen Wissensordnungen oder kulturellen Schemata, die vom Menschen interpretativ als Hintergrundverstehen eingesetzt werden.[21] „Kulturtheorien wollen Handeln dadurch erklären und verstehen, dass sie es in jene kollektiven Wissensordnungen einbetten, die den Akteuren Sinnsysteme liefern, auf deren Grundlage den Gegenständen der Handlungsumwelt und der ‚Welt' im allgemeinen Bedeutungen zugeschrieben werden können."[22] Zur Erklärung auditiven Handelns bedarf es deshalb einer Rekonstruktion der kognitiven und damit der symbolischen Organisation der Wirklichkeit, die die Akteure betreiben.[23] In Zeiten kultureller Destabilisierung, wie sie in Achetaten vorliegen, sind die Kontextualisierung der Handlungssituation und die dafür zu

---

music in performance; 2) to identify the context of performance, the total situation in which this music is produced, and to understand its social and cultural dynamics; 3) so as to relate the performance context to the music in a way that will identify the contextual input into the musical sound", ebd., S. 252.

19 Ebd., S. 254.

20 „Religion, then, which is inherently social, must also exist and express itself in and through space, and must play its part in the constitution of spaces." KNOTT, *The Location of Religion*, S. 21.

21 RECKWITZ, *Die Transformation der Kulturtheorien*, S. 594.

22 Ebd., S. 50.

23 Verschiedene Sinnmuster, die verschiedenen Praktiken zugrunde liegen, können, soweit sie von Akteuren gleichzeitig getragen werden, zueinander in einem Spannungsverhältnis

vollziehenden Prozesse des praktischen Verstehens, der Interpretation, des Framing oder der Problematisierung vom *hörbaren Körper* bewusst zu erbringen. Die Hörkultur der Amarnazeit bestätigt den kreativen Umgang mit Sinnstrukturen für auditive Praktiken. Die theoretische Basis hierzu liefert wiederum RECKWITZ:

> Anstatt wieder in kulturelle Reproduktion überführt zu werden, können die kulturellen Interferenzen [Schlüsse von gegebenen auf nicht gegebene Informationen] eine kulturelle Dynamisierung bewirken, indem die „alten" Schemata, die einander in der Anleitung von Verstehensakten widersprechen, zu einem „neuen" Schema rekombiniert werden. Das neue Interpretationsschema löst dann die alte Konstellation der Mehrdeutigkeit der Handlungssituation und der damit verbundenen Handlungsunsicherheit auf, indem es nun neuartige, konsistente Sinnzuschreibungen und eindeutiges Handeln ermöglicht.[24]

Diese Situation liegt in Amarna vor. Es sind also die Möglichkeiten und das Kräftefeld der kulturellen Destabilisierung, die eine Analyse seiner Hörkultur als Umgestaltungsprozesse gestatten. Aufgrund der entscheidenden Rolle des Vermittlungskontextes bei der Rezeption und Sinnstiftung für lautliche Praktiken wird auf Texte in unzugänglichen Räumen wie Grabkammern nur zur Erläuterung von Konzepten zurückgegriffen, die dem Weltbild der 18. Dynastie zugrunde liegen, oder Spuren darin hinterlassen haben. In dem Maße, in dem mir die religiöse Wahrnehmung der nachtodlichen Seinsbereiche als auditive Räume bewusst wurde, wurde mit auch klar, welchen Eingriff der Wegfall von Hörräumen der nachtodlichen Existenz und in Übergangsbereichen für die Menschen in Achetaten bedeutete. Neben der Frage nach dem *Spacing* haben deshalb der *hörbare Körper* des Toten und der Umgang mit Grenzphänomenen einen besonderen Raum erhalten.

In Kapitel 1–3 wird die Hörkultur der Voramarnazeit als Ausgangslage skizziert. Akteure, Handlungskontexte und Orientierungslaute der Gemeinschaft repräsentieren hierbei die zentralen komparatistischen Parameter. Kapitel 1 befasst sich mit der Erzeugung und Wahrnehmung des *hörbaren Körpers* im Leben und in der nachtodlichen Existenz. Anhand der didaktischen Literatur wird in Kapitel 2 das zum *Spacing* benötigte Know-how analysiert und der Frage nach den sinngebenden Schemata und Wissensformationen nachgegan-

---

stehen. Akteure stellen sich damit aus theoretischer Sicht als Schnittpunkte unterschiedlicher Sinnmuster unterschiedlicher Praktiken dar. Ebd., S. 632.

24 Ebd., S. 635.

gen, die die altägyptische Kultur ihren Mitgliedern für bestimmte Situationen zur Verfügung stellte, und auf deren Grundlage sie das lautliche Handeln bewerten und handhaben konnten. In Kapitel 3 werden die Darstellungen der Landwirtschaft, des Talfestes und des Sargschlittenzuges als Hörräume untersucht, die auf den Wänden der Felsengräber von Tell el-Amarna im Allgemeinen nicht länger thematisiert wurden, aber, wie die Ausnahmen davon belegen, als Grund- und Orientierungslaute der Gemeinschaft weiterhin im Menschen verankert waren. Kapitel 4–7 behandeln die Amarnazeit. In Kapitel 4 wird einer zur Untersuchung der Differenzsetzung des *hörbaren Körpers* im Bilddiskurs der Amarnazeit erstellte Datenbank ausgewertet. In Kapitel 5 wird das *Spacing* zur Erzeugung von urbanen auditiven Räumen an ihrer Darstellung auf den Wänden der Privatgräber von Tell el-Amarna erforscht. Kapitel 6 befasst sich mit den in Achetaten herrschenden Vorstellungen von imaginierten Hörräumen. Die Umgestaltung der Hörkultur in dieser Umbruchszeit wird in Kapitel 7 analysiert. Amenhotep IV. Achenaten hat keine über seine Regierungszeit hinausreichende Vergesellschaftung seines Entwurfs erreicht. Unter seinen Nachfolgern haben architektonische sowie religiöse und damit auch akustische und auditive Raumkonzeptionen ihren traditionellen Stellenwert zurückbekommen. Deshalb wird in Kapitel 8 das zur Restitution traditioneller Vorstellungen bei der Opetprozession verwendete *Spacing* behandelt.

KAPITEL 1

Der hörbare Körper

> Kultur bezieht sich nur *auf den Stand* und die Ergebnisse von Alltagspraktiken, Wissenschaften, Künsten, Traditionen, Kommunikationsweisen, menschlichen Interventionen, Formen von Arbeit bzw. Naturaneignung usw.
>
> LUTZ MUSNER[1]

Um Veränderungen in der späten 18. Dynastie aufspüren zu können, ergibt sich zunächst die Frage nach dem *hörbaren Körper*, der vor der Amarnazeit greifbar ist. Der Analysebegriff für die Prozesse seiner Herausbildung ist *Verkörperung*. Die Theaterwissenschaftlerin Erika FISCHER-LICHTE definiert das diesem zugrundeliegende Konzept: „Er betont, dass das leibliche In-der-Welt-Sein des Menschen überhaupt erst die Bedingung der Möglichkeiten dafür erstellt, dass der Körper als Objekt, Thema, Quelle von Symbolbildungen, Material für Zeichenbildungen, Produkt kultureller Einschreibungen u. a. fungieren und begriffen werden kann".[2] Die Erzeugung des *hörbaren Körpers* im sozialen Umfeld der Elite, Lehren, Biographien und Anrufungen sowie die Protagonisten Osiris und Horus im mythischen Diskurs der nachtodlichen Existenz bestimmen den sprechenden und rezitierenden *hörbaren Körper* als männlich. Klagen und Tanzen definieren in den hier untersuchten Kontexten ihn als weiblich. Die heterogenen Quellentexte bilden das konkrete Korpus[3] eines historischen Diskurses, der die Wahrnehmung des *hörbaren Körpers*, seine Möglichkeiten und Grenzen, bis zum Beginn der Amarnazeit bestimmt.

---

1 MUSNER, *Desiderata einer Historischen Kulturwissenschaft*, Vortrag Mainz, HKW, 23.06.2010, meine Hervorhebung.

2 FISCHER-LICHTE, *Ästhetik des Performativen*, S. 153.

3 LANDWEHR (*Historische Diskursanalyse*, S. 103) unterscheidet zwischen (1) einem *imaginären Korpus*, das ist die Gesamtheit aller textlichen, visuellen, materiellen und praktischen Äußerungen und Hervorbringungen, die einen Diskurs am Leben erhalten, (2) einem *virtuellen Korpus*, worunter er den Restbestand aller erhaltenen Beiträge versteht und (3) dem *konkreten Korpus*, der eine gezielte Auswahl aus dem virtuellen Korpus darstellt.

 | DOI 10.1163/9789004354951_003

1.1 Der lebende hörbare Körper vor der Amarnazeit

Der Körper erzeugt physiologische Geräusche, wie die Blasgeräusche der Atmung, Laute, das sind die hörbaren Modulationen der menschlichen Stimme, und Klänge, das sind die durch einen Resonanzkörper ausgelösten Hörereignisse. Er schweigt. Er reagiert sowohl auf seine eigenen als auch die von anderen erregten Geräusche, Laute und Klänge.[4] Er erfährt und vermittelt die Emotionen einer Gemeinschaft. Das leibliche In-der-Welt-Sein beginnt mit dem ersten Schrei des Neugeborenen.

Der Name

Die Bedeutung des Rufnamens kann kaum überschätzt werden. Mit der Anrede beginnt die soziale Existenz eines Individuums. Spezifisch für die altägyptische Kultur ist die Nennung des Matronymikons als Synonym für die verwandtschaftlichen Beziehungen und gegebenenfalls einer ausländischen Herkunft in der Schrift. Der früheste Beleg für die Anrede des Kindes findet sich in der Pyramide Pepis I.:

> Siehe, er ist als Orion gekommen; siehe, Osiris ist als Orion gekommen, Herr …,
> Schöner, den seine Mutter (so) nannte,
> Erbe, den sein Vater (so) nannte, den der Himmel empfangen, den die Unterwelt geboren hat.[5]

Ähnlich, ebenfalls bei Pepi I., heißt es in pyr. § 1450a: „Wie schön bist du" (ist) was seine Mutter sagt; „mein Erbe" (ist) was Osiris sagt" *nfr.wj ṯw ḏd.w mw.t =f jwꜥ.w.j j:ḏd.w Wsjr*. Die Aussage in dieser Form hebt durch die Verwendung des Stativs den performativen Charakter der Sprechhandlung, die dem angesprochenen Kind seinen Platz in der Familie verleiht, hervor. In Deir el-Bahari bringt Hathor in der Rolle einer Geburtshelferin das Königskind dem Vater, der die Tochter mit den Worten begrüßt:

---

4 „The sound that people make stimulates their own ears; this process is a feedback circuit that maintains the self-image, keeping people coordinated and rhythmical." Ostwald, *The Semiotics of Human Sound*, S. 39.

5 Pepi I., pyr. § 819c–820c.

> Sei mir willkommen! Sei mir willkommen in Frieden, meine leibliche Tochter, Geliebte, Maatkare![6]

Ein derartiges Willkommen war vermutlich auch in einfacheren Verhältnissen üblich.[7] Im Gebrauch dieser Begrüßungsformel wird stets die Mutter vorangestellt. Durch den Namen wird die soziale Existenz an die Geburtsumstände geknüpft. Die Namengebung erfolgt mit der ersten Anrede des Kindes durch die Mutter. Entweder gibt die Mutter selbst den Namen (*rn =f; rn ꜥꜣ*), oder der Vater formuliert ihn aus den Worten, die die Mutter bei der Geburt spricht.[8] Die Aussage im Leidener Amunhymnus: „Es gibt nicht seine Mutter, die seinen Namen hätte bilden können"[9] bestätigt die Rolle der Mutter bei der Namengebung. Altägyptische Namen können aus einem Wort oder einem Satz bestehen. Neben Vollnamen werden auch Kurznamen oder Kosenamen verwendet. Georges POSENER schließt aus der Identität der Namen (dort bezeichnet: *rn =f pw*, bei weiblichen Personen *rn =s pw*) mit den Rufnamen (dort bezeichnet: *ḏd.w n =f*, bei weiblichen Personen *ḏd.t n =s*), die schwarz und rot in den Papyri aus Kahun[10] aufgelistet sind, dass der Name, den das Kind durch die Mutter erhält, und der gesprochene, tatsächliche Rufname derselbe ist.[11] Die Verkürzung sehr langer Namen geschah vermutlich aus praktischen Gründen.[12]

Das Aussprechen seines Namens und die Anerkennung als Erbe durch die Stimme des Vaters geben dem Sohn einen Platz im Hörraum der Familie. Den performativen Akt der Anerkennung des Sohnes stellt die Anrede „Du bist mein Sohn" – „Ich bin dein Vater" her. Durch sie wird eine gesellschaftliche Akzeptanz zum Ausdruck gebracht, die nicht auf die biologische Abstammung, sondern auf das für einen Sohn angebrachte Verhalten verweist.[13] Die Wendung „geliebt vom Vater und gelobt von der Mutter" erscheint (in umgekehrter Form als „Gelobter seines Vaters und Geliebter seiner Mutter") bereits in einer Mastaba

---

6 Urk. IV, 229.

7 GRAPOW, *Wie die Alten Ägypter sich anredeten*, S. 25.

8 RANKE, *PN* II, S. 198f und 255.

9 PLeiden I 350, VI, 10, ZANDEE, *De hymnen aan Amon van Papyrus Leiden* I 350, S. 73f.

10 PKahun IV, 1, pKahun I, 2, pKahun VI, 13 und pKahun VI, 19, GRIFFITH, *The Petrie Papyri. Hieratic Papyri from Kahun and Gurob*, Taf. 10–11; 14–15. Ders. versteht den gesprochenen Namen als „secondary names or nicknames", ebd., S. 26.

11 POSENER, Sur l'attribution d'un nom à un enfant, in: *RdÉ* 22, S. 204–205.

12 VERNUS, Namengebung, in: *LÄ* IV, Sp. 327.

13 ASSMANN, *Stein und Zeit*, S. 99. Ders., *Ägyptische Geheimnisse*, bes. Kap. 3, Die Zeugung des Sohnes, S. 59ff.

des Alten Reiches.[14] Sie benennt die Anerkennung einer Person innerhalb der Familie. In der Kemit, § 12, wird zusätzlich die Beziehung zu den Geschwistern beschrieben:

> Ich bin einer, den sein (wörtlich: mein) Vater liebte und den seine Mutter lobte, einer, den seine Brüder und seine Schwestern lieben. Niemals war <ich> meinem Vater gegenüber aufrührerisch (*tꜣḥ*) und ich habe meine Mutter nicht betrübt.[15]

Einen Namen zu haben bedeutet im Symbolischen einen Platz zu haben. Bei theophoren Rufnamen bezeichnet es das Unter-den-Schutz-eines-bestimmten-Gottes-gestellt-sein. Als „Schöner“ oder „Gelobter seiner Mutter“ ist der Sohn in dem idealisierten Bereich der Familie platziert.[16] Als Erbe wird er vom Gesetz des Vaters regiert. Er steht damit in einer Reihe mittels Sanktion und Tabu strukturierter Beziehungen.[17] Indem durch den Namen all dies festgeschrieben wird, wirkt er wie eine religiös, sozial, rechtlich und politisch besetzende performative Äußerung.[18] Namen, die das väterliche Gesetz versinnbildlichen, erhalten die Integrität, das heißt das idealisierende und alles vereinnahmende Bild des Körpers, das von dem markierten Namen über die Zeit hinweg aufrechterhalten wird.[19] Interpretiert man die Namenopferszenen unter Amenhotep III.[20] in diesem Sinne, dann bilden sie ein Ritual für die

---

14 Sakkara, Mastaba des Hesi, Eingangshalle, S-Wand, Türgewände des li. Durchgangs, 3–4.

15 OMMA 35144 + oMMA 36112, rto. 9–12 (18. Dyn.), Übers. POPKO, in: TLA, Zugriff 2010-05-26.

16 Zu den diversen Kategorien des Namens sowohl innerhalb der Familie als auch außerhalb siehe VERNUS, Le surnom au Moyen Empire, in: *Studia Pohl* 13, S. 120–127. Zur Namengebung durch die Mutter siehe POSENER, Sur l'attribution d'un nom à un enfant, in: *RdÉ* 22, S. 204–205. Zum Matronymikon in Verwaltungsdokumenten der römischen Zeit siehe DEPAUW, Do Mothers Matter?, in: *The language of the Papyri*, S. 120–139. In Akten der Ptolemäerzeit ist der Name der Mutter nicht angegeben (ebd., Anm. 21).

17 Der *Locus classicus* für den Umgang mit dem väterlichen Gesetz bildet die Biographie des Hohepriesters Amenemhet (Amenhotep II.), Urk. IV, 1409.3–17.

18 Performativität wird von BUTLER verstanden „als die ständig wiederholende und zitierende Praxis, durch die der Diskurs die Wirkungen erzeugt, die er benennt“, vergl. BUTLER, *Körper von Gewicht*, S. 22.

19 BUTLER, *Körper von Gewicht*, S. 109 (im Rückgriff auf LACAN).

20 Das Namensopfer findet sich bei Sethos I. und Amenhotep III. im archaisierenden Kontext des Sphinx und des Namens als eine Gabe, die den Göttern mit den Speiseopfern zusammen dargereicht wird. Deshalb vermutet Mark SMITH, der Zweck des Namensopfers bestehe darin, die Aufmerksamkeit der Götter auf den Namen des Königs zu lenken: „Le but de ce procédé pourrait être d'attirer l'attention des dieux le nom du souverain, voire de les

Integrität eines Königs. Der König erhält sie sich, indem er sich zum Zeichen seiner Sohnesrolle und der Erfüllung der damit an ihn gestellten Erwartungen in seinem Namen seinem göttlichen Vater darbietet. Bei nichtköniglichen Personen wird die Besetzung des Namens an positiv konnotierten Namen deutlich. „Der wie die Sonne“, „Ich gedenke meines Vaters“ und „Der in der (rechten) Stunde gekommen ist“[21] drücken eine Erwartungshaltung an den Namensträger aus. Sie räumen dem Angesprochenen einen erwünschten Platz in der Familie ein. Negativ besetzte Namen wie die von Hermann RANKE als Ausdruck für Notzeiten gedeuteten „Was ist er“, „Wozu ist er (nütze)“ und „Wozu ist sie (nütze)“ bildeten eine kaum lebbare Vorgabe zur gesellschaftlichen Einordnung ihres Trägers.

Der Aufführungscharakter der Stimme erstellt zwischen Dialogpartnern ein hierarchisches oder ebenbürtiges, distanziertes oder intimes Verhältnis. Die Vokalität der Stimme außerhalb der Rede (Tonfall, Lautstärke, Timbre etc.) verleiht der Anrede ihren Charakter. Zusammen mit dem tatsächlich gebräuchlichen Namen (*rn mꜣꜥ*),[22] Rufnamen (*rn nfr*), Kosenamen (*rn nfr*) und Begrüßung verrät sie die Absicht des Sprechers und die intendierte Wirkung auf den Angesprochenen. Die Anrede im Kreis der Familie war mit dem Namen oder schlicht mit „Du“. Die Kinder sprachen ihre Eltern mit „Vater“ und „Mutter“ (mit oder ohne Beifügung des Namens) an. Die Eltern, und desgleichen Erwachsene, die nicht in einem Verwandtschaftsverhältnis zu den Kindern standen, adressierten sie entweder mit ihren Eigennamen oder „mein Sohn“, „meine Tochter“. Seltener finden sich Belege für die Anrede der Geschwister mit „Bruder“ oder „Schwester“. Die Formen „Bruder“, „Schwester“, „Du“ und Kosenamen verwendeten auch Eheleute und Liebende.[23] Wortspiele mit Namen heben den Wesenszug einer Person hervor.[24] Die Begrüßung kann durch eine bloße Gebärde oder, wie in der Erzählung des Papyrus Westcar, durch Grußformeln geschehen.[25] Vermutlich gehörte zu den üblichen mündlichen Umgangsformen der Gruß mit „Willkommen“, „In Frieden“, „Gepriesen seist Du“ oder „Leben Wohlergehen Gesundheit“. „Lachen“ (*zbṯ*) und

forcer à en prendre connaissance.“ Vergl. LURSON, L’offrande du nom au Nouvel Empire, in: *ZÄS* 126, S. 55–60. Zur Nachamarnazeit siehe ELSHOLZ, Die Namensopferszenen von Ramses II. in Wadi es-Sebua, in: *SAK* 20, S. 37–42.

21 RANKE, *PN* II, S. 242.

22 FECHT, Die Königs-Insignien mit s-Suffix, in: *SAK* 1, S. 191, Anm. 18.

23 GRAPOW, *Wie die Alten Ägypter sich anredeten*, S. 29f.

24 MORENZ, *Die Zeit der Regionen im Spiegel der Gebelein-Region*, S. 241 mit Anm. 370.

25 Vergl. GRAPOW, *Wie die Alten Ägypter sich anredeten*, S. 113–116.

„lächeln" (*nṯḥṯḥ*) haben als Ausdruck der Begrüßung eine anerkennende und beschwichtigende Funktion.[26] Letztere ist lediglich aus dem Mythos[27] bekannt. Gesprochene Abschiedsgrüße sind nicht belegt.[28] Die hörbare Dimension des Grußes übertönt Raumgeräusche. Sie introduziert den Akteur im auditiven Raum. Die Wahrnehmung seiner Stimme legt sich über die Atmosphäre des Hörraumes. Die Abhängigkeit der Anrede von der Situation, in der sich der Angesprochene gerade befindet, erläutert Grapow an einem Beispiel aus dem Beredten Bauern. Der Landmann spricht den ihn verhörenden Beamten stets mit „Oberdomänenvorsteher, mein Herr" an, aber am Beginn der vierten Klage, als er ihn gerade aus dem Tempel des Gottes Herischef kommen sieht, behandelt er den Oberdomänenvorsteher als einen von Gott Gelobten und adressiert ihn dementsprechend mit: „Gelobter, möge Herischef, aus dessen Haus du gekommen bist, dich loben".[29]

Die Vermischung des Militärstaates mit Fremdvölkern, die Bedeutung der Priesterschaft und die Einführung des Neuägyptischen als Kanzlei- und Literatursprache unter Achenaten übten im Neuen Reich einen Einfluss auf Personennamen[30] und folglich auch auf den Hörraum aus. In der Schrift wurde im Neuen Reich der Name von Ausländern durch die Herkunftsbezeichnung, die Verwendung eines fremden Eigennamens und des ägyptischen Zweitnamens, die alle drei kombiniert sein können, gekennzeichnet, oder durch das Wurfholz, 𓌙 Gardiner T 14, bei Frauen 𓌙𓏏, determiniert.[31] Die Sprachreform führte dazu, dass artikellose Wortnamen (bspw. „Asiat" *ꜥꜣm*) verschwinden. Sie werden durch Namen, die mit dem zum Artikel geworde-

26 Guglielmi, Lachen, in: *LÄ* III, Sp. 907 unter Hinweis auf pyr. § 1149 und CT IV 343d.

27 „Geb lacht (*sbṯ*) und Nut lächelt (*nṯḥṯḥ*) vor ihm, wenn Pepi zum Himmel emporsteigt", PT 511 (pyr. § 1149a–b). Zum Lächeln als Gruß im Alltag gibt es meines Wissens keine Belege.

28 Grapow, *Wie die Alten Ägypter sich anredeten*, S. 119. Eine Ausnahme, auf die ders. hinweist, stellt das „Lebe, Lebe" dar, mit dem man das alte Jahr verabschiedet, bevor man das neue Jahr mit „in Frieden, in Frieden" willkommen heißt.

29 Gardiner/Vogelsang, Die Klagen des Bauern, in: *Hieratische Papyrus aus den Königlichen Museen zu Berlin* IV/1, Grapow, *Wie die Alten Ägypter sich anredeten*, S. 10. Ich folge hier Grapows Übersetzung der Anrede, die die Sprechersituation im Hinblick auf den Angesprochenen berücksichtigt. Hingegen übersetzt Dils, in: TLA, Zugriff 2010-02-16, den Wünschen des Sprechers auf Begünstigung Beachtung schenkend: „(O) Begünstigter, möge Herischef, aus dessen Haus du gekommen bist, dich begünstigen!", Bauer (Version B1) 228.

30 Ranke, *PN* II, S. 237.

31 Schneider, *Ausländer in Ägypten während des Mittleren Reiches und der Hyksoszeit*, S. 112–114.

nen Demonstrativpronomen (bspw. „Der Asiat“ *Pꜣ-ꜥꜣm*; „Die Gefährtin“ *Tꜣ-jrj.t*) oder mit dem possessiv-Präfix gebildet werden (bspw. „Der von Hermonthis“ *Pꜣ-n-jwnj*; „Die von Elephantine“ *Tꜣ-n.t-ꜣbw*) ersetzt. Ausländische Namen und Namenskombinationen, falls diese nicht nur in der Schrift, sondern auch zur Anrede verwendet wurden, platzierten ihren Träger als Nichtägypter im Hörraum. Herkunftsnamen, Abstammungsnamen (bspw. „Der (Sohn) des Sen-heru“ *Pꜣ-sn-ḥr.w*; „Die (Tochter) des Bak-en-Mut“ *Tꜣ-n.t-bꜣk-n-mwt*) und theophore Namen (bspw. „Der zu Amun gehörige“ *Pꜣ-n-Jmn*; „Die zu Isis gehörige“ *Tꜣ-n.t-ꜣst*), die der Beziehung des/der Benannten zu einem Gott oder zu einem vergöttlichten König Ausdruck verleihen, sind für das Neue Reich charakteristisch.[32] Alle drei Namensformen wirken wie ein Adjektiv. Sie bewirken durch ihre pure Nennung bereits eine soziale Vernetzung ihres Trägers. Der Genannte oder Angeredete wird durch seinen Namen mit einem bestimmten Ort, seiner Familie oder einem gewissen Gott verbunden. Er betritt den Hörraum als ein sozialer Körper durch die in seinem Namen ausgedrückte Beziehung, also noch bevor er sich selbst, in Relation zu den dort Anwesenden auditiv positioniert. Die Erwartungshaltung der Zuhörer wirkt sich auf seinen Auftritt und die Wirkung, die er damit erzielt, aus. Profane Namen, die gezielt den *hörbaren Körper* in den auditiven Raum einführen, sind die in der 18. Dynastie aufkommenden „Angenehm ist der Schweigsame“ (*Nḏm gr.w*)[33] und „Der Schweigende bleibt bestehen“ oder „Der Schweigende ist standhaft geblieben“ (*Gr-mn.w*).[34] Die Namen „Ihr Abscheu sind böse Scherze über Mut“ und „Gepackt (von der Gottheit) werden diejenigen, die böse Scherze über Isis machen“ dienten zum Verspotten.[35]

Der Name fügt den *hörbaren Körper* in eine geschichtliche Kette von Anrufungen ein, aus der er sich nicht herauslösen kann. Dies befähigt ihn, macht ihn aber auch verletzbar.[36] Die Verfemung des seit Amenhotep III. belegten Namens *Pꜣ-rn-nfr* bietet hierfür ein Beispiel. Friederike Kampp-Seyfried

32 Rummel, „Ramsesnacht-dauert“ – Die Beziehung zwischen Namenspatron und Namensträger am Beispiel einer Besucherinschrift aus Dra' Abu el-Naga, in: FS *Altenmüller*, S. 367–377. Personennamen, die von dem Erhörtwerden durch einen Gott sprechen, sind selten. Erst im Neuen Reich begegnet einmal *sḏm-Rꜥw* und ein paarmal *Sḏm-Jmn*, also „Re (bzw. Amun) erhört (oder: möge erhören)“, ebd., S. 254. Namensbildungen mit dem Reichsgott Amun und anderen Göttern sowie mit den Namen der regierenden Könige bei Ranke, *PN* II, S. 238–242.

33 Ranke, *PN* I, 215, 21.

34 Ranke, *PN* I, 352, 7.

35 Guglielmi, Lachen und Weinen in Ethik, Kult und Mythos der Ägypter, in: *CdÉ* LV, S. 72, Anm. 4.

36 Butler, *Körper von Gewicht*, S. 174.

zeichnet dessen Entwicklung nach: „Der unter Amenhotep III. sicherlich noch ‚unverfängliche' Beiname ‚Der mit schönem Namen' beziehungsweise ‚Der des schönen Namens', entwickelte sich aufgrund der bereits angelegten Bezugnahme auf die Göttlichkeit des Königs zu einem eigenständigen Namen in der Amarnazeit, der in dieser Epoche einen eindeutigen Bezug zum König und seiner Lehre herstellte, was umgekehrt auch die Ungebräuchlichkeit der Namensvergabe wohl schon unter Tutanchamen, sicherlich aber mit Beginn der 19. Dynastie erklärt."[37] Zwischen Ramses' II. zweitem und zwanzigstem Regierungsjahr wurde, vermutlich im Rahmen einer Geschichtsbewältigung der Amarnazeit, offiziell verordnet den Namen zu tilgen.[38]

Die Konstituierung des hörbaren Körpers durch das Gesetz

Innerhalb der Familie gilt das Gesetz des Vaters. Durch Urteilssprüche, die eine Veränderung des Namens verhängen oder mit dem Abschneiden der Ohren drohen, wird der *hörbare Körper* aus der Kommunikationskette, die seiner Stimme einen Platz im Hörraum zuweist, ausgegliedert. Eine gerichtliche Sanktion ist die soziale Brandmarkung durch eine Namensänderung,[39] die den schlechten Charakter ihres Trägers verlauten lässt. Gerichtlich verfügte Änderungen des Namens sind: von „Re liebt ihn" (*Mrj-sw-Rꜥ*) in „Re hasst ihn" (*Msḏj-sw-Rꜥ*) und von „Gut in Theben" (*Nfr-m-Wꜣst*) in „Schlecht in Theben" (*Bjn-m-Wꜣst*).[40] Bei vereidigter Falschaussage von Zeugen drohte das Abschneiden von Nase und Ohren.[41] Strafandrohungen, Fluchformeln, die praktizierte *damnatio memoriae* und Ächtungstexte zur rituellen Feindvernichtung bedienen sich des

37 KAMPP-SEYFRIED, Die Verfemung des Namens *Pꜣ-rn-nfr*, in: FS *Stadelmann*, S. 314.

38 Ebd., S. 317f. Zur für Privatpersonen praktizierten *damnatio memoriae*, wenn ihre Namen mit dem theophoren Element „Amun" gebildet waren, bspw: TT 56, „Amun" im Titel von Userhat, die vermutlich mit Amun gebildeten Namen des Sohnes und eines weiteren Mannes und „Month" im Titel des Usi, BEINLICH-SEEBER/SHEDID, *Userhat*, S. 17. TT 343, „Amun", siehe GUKSCH, *Das Grab des Benja, gen. Paheqamen*, S. 16. Dass nicht alle Götter vom Ikonoklasmus des Achenaten betroffen waren belegt die Göttin Mut, die davon ausgeschlossen war, vergl. EATON-KRAUSS, The Fate of Sennefer and Senetnay, in: *JEA* 85, S. 120, Anm. 47.

39 Siehe MEYER-DIETRICH, „Du weißt, was du getan hast!", in: Dies., *Laut und Leise*, S. 121–146. Zur Wegnahme oder Änderung des Gottesnamens siehe auch POSENER, Les criminels débaptisés et les morts sans noms, C 150, in: *RdÉ* 5, S. 51, Anm. 1.

40 LIPPERT, *Einführung in die altägyptische Rechtsgeschichte*, S. 67–68.

41 Inschrift des Mes, N 21–22; 28; 30–31. Weitere Beispiele für diese Strafandrohung bieten der Strafprozess des Merisachmet, pDem 27, und die Verurteilung von Arbeitern, die ihren Kollegen fälschlicherweise der Majestätsbeleidigung angeklagt hatten, oKairo 25556, Quellenangaben nach LIPPERT, ebd.

Namens zum Ausschluss des *hörbaren Körpers* aus der Gesellschaft oder zu dessen Auslöschung.

Der Schutz der zur Schallaufnahme und Lauterzeugung nötigen Organe

Zur Schallaufnahme und Lauterzeugung funktionstüchtige Organe bilden eine Voraussetzung für die Orientierung in Hörräumen und das lautliche Handeln der Akteure. In medizinischen Texten und Schutzsprüchen werden Ohr und Schläfe als die zum Hören notwendigen Organe, Mund und Zunge als die zum Sprechen benötigten bedacht.

Das Ohr

Die seit der 4. Dynastie belegte[42] und bis zur 18. Dynastie verwendete Schreibung für das Ohr ist mit dem Rinderohr, Gardiner F 21. Die Schreibung mit dem Menschenohr, Gardiner D 18, findet sich erst ab der 19. Dynastie.[43] Der mittels des *m*-Präfixes von *sḏr* „schlafen" abgeleitete Euphemismus für „Ohr" *msḏr* bezeichnet die Stelle, auf die man sich beim Schlafen legt.[44] Er wird, stets mit dem Rinderohr, in medizinischen Texten und magischen Papyri in Zusammenhang mit der physiologisch bedingten Taubheit[45] sowie anderen schlechten Eigenschaft des Ohres verwendet. Dasselbe gilt für Ritualtexte zur Bannung eines Feindes. Die medizinischen Texte unterscheiden zwischen dem „Eingang" (*r'*)[46] und dem „Inneren" (*ẖnw*;[47] *jm.j.w*[48]) des Ohres. Hörstörungen und Erkrankungen der Ohren werden mit Dämonen, die durch das Ohr eindringen, oder sich im Inneren des Ohres aufhalten können, verbunden:

> Was das anbetrifft, wodurch die beiden Ohren taub werden: Es sind zwei Gefäße, die es machen (und) die zur Wurzel des Auges führen.
>
> Eine andere Aussage: Was diese (Gefäße) anbetrifft, wodurch die beiden Ohren taub werden:

42 SCHWEITZER, *Schrift und Sprache*, S. 261.

43 Belege siehe TLA. GARDINER (*Egyptian Grammer*, S. 453) verweist bei D 18 auf Amarna VI, 15,6.

44 *Wb* 2, 154.13–16, STÖRK, Ohr, in: *LÄ* IV, Sp. 559, WESTENDORF, *Handbuch der Altägyptischen Medizin*, S. 157, Schreibungen siehe *WbMed* 2, S. 395.

45 Bspw. in pEb „taub sein" (*jdj*) nur mit *msḏr.wy*.

46 PEb 766c.

47 PEb 767, pSmith 22, 8,12.

48 PSmith 2, 8, 11.

> Das sind diejenigen (Gefäße), die auf den beiden Schläfen des Mannes mit Schleim-Luft sind, (und) das ist, weil ein (Dämon mit Namen) „Kopfabschneider“ (die Luft) in den Mann gibt und so fängt er (der Mann) sich seine (des Dämonen) Lufthauche ein.[49]

Der Dämon begibt sich in den Körper des Mannes, schneidet dort die Gefäße an und ruft Ausflüsse hervor. Im Körper wohnend, bemächtigt er sich schließlich der Lebensluft, was gewaltsam zahlreiche Störungen hervorruft, hier die Taubheit.[50] In einem Spruch zum Schutz des Säuglings in den Zaubersprüchen für Mutter und Kind werden die Ohren mit zwei Uräen gleichgesetzt.[51]

Der Mund

Die Schreibung „Mund“ *r'*, Gardiner D 21, erfolgt mit einem Menschenmund mit geöffneten Lippen. Die vermutete Grundbedeutung ist „Spalte oder ähnlich“.[52] Das Ideogramm zeigt den Mund, der den Laut entlässt. In einem Schutzspruch wird der „Oberägyptische Schakal“ beschworen, die Ohren und die zur Lauterzeugung benötigten Teile zu verschonen:

> Befalle nicht seine Wangen, sie sind Hathors Mandragoras!
> Befalle nicht seinen Mund, meide das Stummsein!
> Befalle nicht seine Zähne, meide das Löchrigwerden!

---

49 PEb 854e (99,14–17), WESTENDORF, *Handbuch der Altägyptischen Medizin,* S. 692.

50 BARDINET, *Les papyrus médicaux de l'Égypte pharaonique*, S. 92f. Im Rückgriff auf die Schu-Theologie, CT 75, erwägt ders., dass einer Ohrenerkrankung folgende Vorstellung zugrunde liegt: Die Luft, die in die Ohren eintritt, wird von seinem Bestimmungsort, dem Inneren (*m-ḥrj-jb*), weggeleitet, dann hört der Mensch nichts mehr. Einen Dämon definiert BARDINET als ein kleines gefährliches Lebewesen, das aus dem Jenseits kommt. Es handelt zu seinem eigenen Nutzen oder als Instrument der göttlichen Gerechtigkeit. Es verursacht, dass die Störung ins Fleisch eintritt, und kann verschiedene Regionen des Körpers angreifen. Zum Eintritt eines Dämons in den Körper siehe auch pSmith, vso. 1,9–10, Rubrum, ALLEN, *The Art of Medicine in Ancient Egypt*, S. 107, Abb. S. 106, sowie pBerlin 70, 6,10–11, und pBerlin 71, 6,11, WESTENDORF, *Handbuch der Altägyptischen Medizin*, S. 159–160 mit Anm. 122, und oLouvre 4–5. Die von Lothar STÖRK vorgenommene Deutung des Ohres als Ort der Empfängnis wird durch die medizinischen Papyri nicht bestätigt. Siehe MEYER-DIETRICH, „Bind mig väl, ni krigare, men lämna mitt öra fritt! Allt som hörs och syns och känns ska bli mitt“, in: FS *Gullög Nordquist*, S. 61–68.

51 Zaubersprüche für Mutter und Kind, Spruch U, pBerlin P. 3027, vso. 5,1, (18. Dyn.), ERMAN, *Zaubersprüche für Mutter und Kind aus dem Papyrus 3027 des Berliner Museums*, S. 45ff.

52 FECHT, *Wortakzent und Silbenstruktur*, Anm. 526.

Befalle nicht seinen Schlund, meide das Verfaulen/den Mundgeruch (?)!
Befalle nicht seine Zunge, denn sie ist eine Schlange am Eingang ihrer Höhle!
Befalle nicht seine Lippen, meide Herpes!
Befalle nicht seine Schläfe,[53] meide das Taubsein!
Befalle nicht seine Ohren, meide Gehörlosigkeit![54]

Durch den Gegensatz Stummsein wird der gesunde Mund als Erzeuger von Lauten bestimmt, in Zusammenhang mit der Zunge als Höhleneingang. Die Lippen und die Zähne sind nicht an der Lautformung beteiligt. Sie werden als für Zahnausfall oder Krankheitserreger anfällig beschrieben.[55] Das trifft aber anscheinend nur für den Kindermund zu. In Papyrus Smith wird in Spruch 6 der Mund eines Mannes aufgegriffen:

Spell for cleansing a fly

The mouth of this man, etc. under (the care of) my fingers is the mouth of a milk calf as it comes from the belly of his mother. This insect that has entered this belly of his has entered and come forth from him

---

53 PSmith, rto. 7, 7–14, Glosse B: „die Stelle zwischen der Verkleinerung (der äußere Winkel) seines Auges bis zum Zipfel seines Ohres und bis zum Ende seines Kauknochens" beschreibt die Schläfenpartie (*gmꜣ*) als den Bereich, der Auge, Ohr und Kiefer miteinander verbindet, WESTENDORF, *Handbuch der Altägyptischen Medizin*, S. 125 mit Anm. 33, ALLEN, *The Art of Medicine in Ancient Egypt*, Taf. S. 84. PEb 763 (90.15–91.1) zählt die Ohren unter den sieben Höhlungen des Kopfes auf. In dem Anruf an die Lebenden auf der Stele Uriage, 12, 12, Grenoble Inv. Nr. 1954, Urk. IV, 1033, DZIOBEK, *Denkmäler des Veziers User-Amun*, Taf. 12, S. 91, wird die Taubheit auf das „Gesicht" (*ḥr*) als Kollektiv der Sinne bezogen. Desgleichen im Beredten Bauern: „Sein Gesicht ist blind gegenüber dem, was er sieht, taub gegenüber dem, was er hört, vergesslich gegenüber dem, was ihm in Erinnerung gerufen wird", Bauer (Version B1) 188–189. ASSMANN, *Ma'at*, S. 71. In PEb 356 (57, 17–21), einem Rezept gegen Blindheit, bei dem das Heilmittel in das Ohr des Mannes hinein gegossen werden soll, wird ebenfalls der Gesichts- mit dem Gehörsinn verbunden. Der Gehörsinn wird also nicht isoliert betrachtet, sondern in das gesamte Ensemble der Sinnesorgane integriert. Das kommt auch in den Werktechniken zum Ausdruck, bspw. der Einlage Hildesheim PM 5899 in Form eines menschlichen Gesichtes mit Ohren.

54 Zaubersprüche für Mutter und Kind, Spruch E, pBerlin P. 3027, 3,9–4,2 (18. Dyn.), ERMAN, *Zaubersprüche für Mutter und Kind aus dem Papyrus 3027 des Berliner Museums*, S. 15ff, STEGBAUER, in: TLA, Zugriff 2010-11-26. Weitere Quellen ASSMANN/BOMMAS, *Altägyptische Totenliturgien* I, Tab. 2–4, S. 185–188.

55 In den Magischen Papyri des Neuen Reiches werden in einem Schutzspruch für ein Kind die Lippen geschützt, indem sie mit Göttern gleichgesetzt werden, so in Spruch 12: „Seine Oberlippe ist Isis. Seine Unterlippe ist Nephthys", pLeiden I 348, 5, 5–6, Übers. STEGBAUER, in: TLA, Zugriff 2010-11-30.

> alive, issuing forth to the ground as excrement or as effluent, without injuring his belly. It has come forth from him as his effluent, allotted to the Horizon god.[56]

In diesem Spruch wird der Mund als ein reiner Ort sowie Eingang und Ausgang aus dem Körper für etwas Lebendes beschrieben. Der Ausdruck „Das, was aus dem Mund herauskommt" (*prr.t m r'*) beschreibt in der Lehre eines Mannes für seinen Sohn die Rede als eine Entität, die in den *hörbaren Körper* ein- und wieder austritt.[57] Zaubertexte erweisen, dass der Mund feindlicher Wesen eine den Schall hemmende Maßnahme des Beschwörers verlangt. Dem Feind soll der Mund „verschlossen und versiegelt"[58] oder „mit einem Segel bedeckt"[59] werden. Die Bedeutung der Lippen ist schwankend. Beim Kind werden sie gar nicht als am Sprechen beteiligt genannt, sonst werden sie gleich der Zunge als Sprechwerkzeuge behandelt, die den Ausschlag geben können, und die wirksam sind. Die enge Verknüpfung von Ohr und Mund legt eine Wahrnehmung des *hörbaren Körpers* als ein Sprachrohr oder einen Durchgangsraum für Gehörtes nahe, welches durch den Mund wieder den Körper verlässt, ohne dabei etwas auszuplaudern oder hinzuzufügen. Der Fliegenspruch aus Papyrus Schmid bestätigt die Auffassung vom Körper als Passage. Rednerische Kompetenz und die Einhaltung eines Lauttabus schützen den *hörbaren Körper*. In der Geschichte des Schiffbrüchigen wird der Redefähigkeit eine Beteiligung an dessen Erhaltung zuerkannt:

> Du sollst (nur) antworten, wenn du angesprochen wurdest.
> Du sollst mutig (wörtlich: indem dein Herz in deiner Hand ist) zum König sprechen; (und) du sollst antworten ohne zu stammeln.
> Der Mund eines Mannes (nämlich) kann ihn retten.[60]

---

56 PSmith, vso. 2, 14–18, (16.-17. Dyn.), ALLEN, *The Art of Medicine in Ancient Egypt*, S. 109 mit Taf. S. 108.

57 Lehre eines Mannes, § 19, 1–4, nach oIFAO Inv. 2536, x+1, DILS, in: TLA, Zugriff 2010-12-03. Siehe dort im Kommentar auch die unterschiedlichen Übersetzungsvorschläge. Aussagen, die den Mund als Metonym für den *hörbaren Körper* verwenden, sind erst für die Ramessidenzeit belegt: „So sagen sie von Mund zu Mund", Kanais, Felstempel Sethos I., Text A: Gründungsinschr., 2, HAFEMANN, in: TLA, Zugriff 2010-11-30. Das gleiche gilt für deren Negation: „Sie (= Angelegenheit) wurde nicht gehört von Mund zu Mund", Karnak, IX. Pylon, Wandstele Ramses' II. (1.Hethitische Heirat), 39 und Elephantine, Röm. Kaimauer, Wandstele Ramses' II. (1. Hethitische Heirat), x+5, GRALLERT, in: TLA, Zugriff 2010-11-30.

58 Bspw. oDeM 1213, 3; oLeipzig 1899, 4, siehe FISCHER-ELFERT, *Abseits von Ma'at*, S. 156.

59 Spruch 5, pLeiden I 349, x+2, 12, DE BUCK/STRICKER, *Teksten Tegen Skorpioenen*.

60 PPetersburg 1115, 14–18, (12. Dyn.), DILS/FELBER, in: TLA, Zugriff 2010-11-25.

Auch der richtige Umgang mit dem Namen des Königs schützt den *hörbaren Körper*:

> Unversehrten Leibes ist, wer sich enthält seines Namens, umgibt er (der Königsname) doch seinen (des Sprechers) Körper.[61]
>
> Preise (*dwꜣ.ww*) den König von Oberägypten, verehre (*sšwꜣšwꜣ*)[62] den König von Unterägypten, denn es ist ein Amt von Gott her. Verbreite seine Machterweise, jauchze über das was er befiehlt (*ḥꜥꜥ m wḏ.t =f*). Stelle nicht in Frage, das, was er wünscht. Wer sich enthält seines Namens (*šwj m rn =f*), wird zu einem Ehrwürdigen.[63]
>
> Kein Grab gibt es für den, der seinen Namen ausspricht. Keine Wasserspende gibt es für den, der ihn verwünscht.[64]

Der Name des Königs wird als Tabulaut behandelt und sorgfältig vermieden. Die Nichtbeachtung des Tabu wurde in der Realität als eine schwerwiegende Anklage vorgebracht. Einem Ostrakon aus Deir el-Medine zufolge wurde ein Vorarbeiter verunglimpft, den König „beschimpft" zu haben (*ḏd wꜥꜣ*).[65] Der beredte Bauer pocht auf sein Klagen als ein Handeln, dass ihm zusteht:

> (Und jetzt) möchtest du auch noch die Klage aus meinem Mund fortnehmen![66]

Die Klage des Bauern lässt das Recht sich zu äußern auch für einen einfachen Mann vermuten. Es ihm zu verweigern, hieße eine mögliche Verletzung des *hörbaren Körpers* durch eine ungerechtfertigte Beschuldigung manifest werden lassen.

Der Mund kann zu viel reden, dann gehört er einem „dessen Mund (ein Geheimnis) ausspuckt" (*bš-rꜣ*)[67] oder „überfließt" (*šꜣ rꜣ =f*).[68] Ein Aufrührer ist

---

61 Lehre eines Mannes, § 7, 1–2, oIFAO OL 416 (früher ohne Nummer), vso. 1, Übers. FISCHER-ELFERT, *Lehre eines Mannes*, S. 93.

62 Siehe zur Schreibung DILS Komm. in TLA.

63 Lehre eines Mannes, § 6, 1–5, oLouvre 23561, 7 (*dwꜣ.ww* und *sšwꜣšwꜣ* Rubrum), ergänzt mit: oMMA 29.2.25; oVor 61 und pTurin CGT 54016 rto., FISCHER-ELFERT, ebd., S. 86ff.

64 Lehre eines Mannes, § 7, 7–8, oIFAO OL 416 (früher ohne Nummer), vso. 3–4, FISCHER-ELFERT, ebd., S.93ff, siehe dort im Komm. auch Parallelen zum Gebrauch des Lexems *šnṯ*.

65 OKairo 25556; KRI IV, 302, MÜLLER-WOLLERMANN, *Vergehen und Strafen*, S. 53.

66 Bauer (Version B1) 60.

67 Rede des Sasobek, B3, pRamesseum I (BM 10754), 13, BARNS, *Five Ramesseum Papyri*, 8 (13), Taf. 3.

68 Die Lehre des Ptahhotep (Version L2+L2G), pBM EA 10509, 3,16.

einer mit „spaltendem/gespaltenem Mund“ (*psš-rꜥ*).[69] Der Mund kann „sich umwenden“ oder „verziehen“ (*pẖr*).[70] Im Alter „verstummt“ (*gr*) der Mund.[71] Positiv besetzt ist einer „kühlen Mundes“ (*ḳb rꜥ*).[72] Er ist der in der Gesellschaft erwünschte besonnene Redner.[73]

Die Zunge

Die für das Neue Reich für die „Zunge“[74] des lebenden Menschen belegten Schreibungen  *ns* und  *snk*[75] sind, nach GARDINERS Vermutung zu F 20, mit der Zunge des Ochsen. Derselbe vermerkt die Verbindung der „Zunge“ (*ns*) mit der „Flamme“ (*nsr*).[76] Möglicherweise ist diese Verbindung, gepaart mit der Ambivalenz des Feuers, die Ursache dafür, dass die Zunge nicht als Determinativ bei Wörtern des Wortfeldes „Sprechen“ dient.[77] Im Beredten Bauern wird die Zunge des Domänenvorstehers mit der Waage als Instrument des Richters, der ein Urteil fällen muss,[78] verglichen. Im Hinblick auf die Redekunst des Bauern hingegen geben sowohl die Lippen als auch die Zunge den Ausschlag. Seine Lippen werden mit den Armen einer Waage verglichen. Ihm wird eingeschärft: „sei genau, was deine Zunge angeht“ (*ꜥḳꜣ ns =k*),[79] und er wird daran erinnert, dass seine Zunge „das Lot an der Waage“ (*tḫ*) ist.[80] Während der „Mund“ als die Körperöffnung, die zu viel oder zu wenig Laute entlässt, aufgefasst wird, wird die „Zunge“ als das Organ beschrieben, das die Bedeutung und die Wirkung der Laute bestimmt. Wichtig ist das Maß der Rede.[81] Ein idealer Redner fügt sich durch die Ausgewogenheit und die Vermeidung überflüssiger Worte in den auditiven Raum ein.

69 Die Lehre des pRamesseum II (BM 10755), rto. 1, 5, BARNS, *Five Ramesseum Papyri*, Taf. 7.

70 Rede des Sasobek, A, pRamesseum I (BM 10754), 17.

71 Die Lehre des Ptahhotep, pPrisse 4, 4.

72 *Wb* 5, 23.12, bspw. TT 110, Stele des Djehuti, HERRMANN, *Stelen*, S. 119. Stele des Ib, sKairo JE 46200, 8.

73 Lehre eines Mannes, § 10, 7, oGardiner 343+602+oIFAO Inv. 2530 (= oDeM 1817), x+4.

74 *Wb* 2, 320.8–17.

75 *Wb* 4, 177.1. Nur einmal in Deir el Bahri belegt, DZA 28.697.180.

76 GARDINER, *Egyptian Grammar*, S. 463.

77 KURTH, Zunge, in: *LÄ* VI, Sp. 1426.

78 Bauer (Version B2) 93, mit Komm. DILS, in: TLA, 2010-12-13.

79 Bauer (Version B1) 162.

80 Bauer (Version B1) 197.

81 Bspw. pBM EA 10684 (pChester Beatty IV), vso. 4, 7: „Sag nichts Überflüssiges“ *m-jri ḏd ḫnw n ḥꜣw*.

Gesten als Zeichenträger lautlichen Handelns

Bei der Visualisierung von Hörräumen dienen Gesten lautlichen Handelns zur Kennzeichnung der Akteure. Der Mediävist Horst WENZEL sieht in der Entwicklung des Körpers zu einem Medium der Deixis, zu einem Zeichenträger, der über sich selbst hinausweist, ein Grundcharakteristikum des menschlichen Verhaltens. „Über den Körper werden Impulse von außen auf eigene Reaktionen hin geprüft und Impulse ‚von innen' in umweltbezogene Aktivitäten transformiert. Das betrifft die körperorientierte Strukturierung der physikalischen Umwelt ebenso wie die Kommunikation im Raum der wechselseitigen Wahrnehmung. Für die Strukturierung des sozialen Raumes sind die aktuell und potentiell Anwesenden als Quelle und Referenten von Sinneswahrnehmungen und Sinnesäußerungen besonders relevant."[82] Brigitte DOMINICUS hat die Musiker-, Rede-, Ruf-, Schweige- und Jubelgesten für das Alte und Mittlere Reich zusammengestellt. Für eine detaillierte Betrachtung einzelner Gesten in bestimmten Kontexten wird der Leser auf ihre Arbeit verwiesen. Hier soll nur auf die Bedeutung konventioneller Gesten in Symbolisierungsprozessen, die den *hörbaren Körper* hervorbringen, eingegangen werden.

Der Musikergestus

Der nur ikonographisch belegte Gestus des Hörens besteht aus der Hand, die zum verbesserten Empfang des Hörschalles an das Ohr gelegt wird. Er wird von DOMINICUS als typisierende Geste der Musiker behandelt.[83] Vereinzelt ist er im Alten Reich noch beim Treiben der Eselherde und in der Schifffahrt belegt.[84] Das Zeichen zur Deutung des Ohres und seiner Eigenschaften und Tätigkeiten, die im selben Wortfeld angesiedelt sind (Taubheit, Hören, etc.), ist stets das Organ, das heißt, das Rinder- oder Menschenohr. Im Gegensatz zu den Gesten der Schallerzeugung wird der Hörgestus nicht als Determinativ verwendet. Sibylle EMERIT führt dies auf die Tatsache zurück, dass diese Tiere ihre Ohren schon bei dem leisesten Geräusch aufstellen und sie auf die Lautquelle hin ausrichten. Eine Schreibung für Hören mit dem Ohr, einem beweglichen Organ, das sich stets dem Schall zuwendet, erfordert keinen hinweisenden oder erklärenden Handgestus.[85]

82 WENZEL, *Hören und Sehen*, S. 158.

83 DOMINICUS, *Gesten und Gebärden*, S. 171.

84 Ebd., S. 103 und 109.

85 EMERIT, Listening to the gods, in: MEYER-DIETRICH, *Laut und Leise*, S. 63.

Redegesten

„Reden“ (*ḏd*), „erzählen“ (*sḏd*) und „schweigen“ (*gr*) werden in der Schrift durch den Mann mit der Hand am Mund, 𓀁 Gardiner A 2, angezeigt. Er wird in bildlichen Darstellungen und als Determinativ verwendet. Schweigen ist ikonographisch außerdem mit der vor den Mund gehaltenen Hand belegt.[86] David EFRON ordnet die Gesten der Hände nach der Art von Mitteilung, die gestisch gemacht wird, ein. Die Hand am Mund wird auch als Determinativ für „denken“, „fühlen“, „raten“, „lieben“, „essen“ und „trinken“ verwendet, weshalb Gardiner A 2 als *emblematische Geste* klassifiziert werden kann. Unter diesen versteht EFRON konventionell festgelegte Gesten, die nicht auf Ähnlichkeit mit den dargestellten Sachverhalten angewiesen sind.[87]

Der Cheironomengestus ist eine nur als Begleitung sprachlicher Äußerungen verständliche *Taktstockgeste. Taktstockgesten* sind kleine auf und ab Bewegungen der Hände, die wichtige Elemente der Rede rhythmisch begleiten und dadurch hervorheben. Eine altägyptische *Taktstockgeste* liegt in den Handzeichen der Cheironomen (*ḏḥn*) und Sänger (*ḥs.ww*) vor. Sie dienen der Akzentuierung des Sprechgesanges. Dieser bezog seinen Rhythmus aus dem Atmungsmuster[88] und dem Wort.[89] *Taktstockgesten* stellen abstrakte Verhältnisse dar, sind aber auf die Struktur des Gesprochenen bezogen und heben dessen relevante Aspekte hervor. Die Handzeichen der Musiker finden sich auch bei Frauen.[90]

Der Rede- Rezitations- und Rufgestus, 𓀞 Gardiner A 26, bezeichnet in Bild und Schrift den *hörbaren Körper*. Außer das Verb „rufen“ (*njs*) wird auch der Vokativ (*j*) mit Gardiner A 26 determiniert. Der Gestus zeigt einen Mann mit erhobenem Arm, der etwas sagt. Er kann in EFRONs funktionelles Schema als ein *gegenstandsbezogener Gestus* eingeordnet werden. Unter diesem

---

86 Bspw. TT 78, Längshalle, N-Wand, PM I, 1^2, 155 (13).

87 EFRON, *Gesture, race and culture*, S. 93. EFRON unterscheidet *deiktische Gesten* (weisen auf etwas Sichtbares – ein Objekt – hin), *beschreibende* (zeichnen oder bilden etwas nach), *Bewegungsgesten* (veranschaulichen eine körperliche Handlung) und *bildliche Gesten* (zeichnen die Form eines Gegenstandes in der Luft nach). C. MÜLLER (*Redebegleitende Gesten*, S. 123) kritisiert EFRONs Klassifikation dafür, dass Körperhaltung, Gesichtsausdruck und Blickverhalten nicht berücksichtigt werden und dass er Abstraktionen in die Darstellungsweisen impliziert.

88 Die Rhythmen von zitierbarer Literatur sind auf Atmungsmuster bezogen, SCHAFER, *Klang und Krach*, S. 276.

89 Der Takt ist musikgeschichtlich eine späte Erscheinung: erst im Zeitalter des Barock!

90 Bspw. TT 78, Querhalle, O-Wand, PM I, 1^2, 153 (6); TT 79, Querhalle, W-Wand, N, Szene 9, PM I, 1^2, 157 (8); TT 100, Längshalle, N-Wand, O, PM I, 1^2, 213 (18); TT 192, Portiko, PM I, 1^2, 298 (5).

versteht derselbe: „unabhängig von der sprachlichen Äußerung verständliche Handbewegungen, die Gegenstände oder Sachverhalte in der Welt darstellen oder auf sie hinweisen. Sie können auch für die sprachliche Äußerung eintreten und werden redebegleitend oder sprachersetzend verwendet".[91] Unter die gleiche Kategorie fallen die Gesten für Jubel und Tanz.

Jubelgesten

Der Gestus des Jubels und der Trauer, 𓀠 Gardiner A 28, zeigt einen Mann mit seitlich erhobenen angewinkelten Armen. Dabei sind die Hände mit dem Daumen nach außen oder nach innen gedreht. In der Pyramide Pepis I. wird das Determinativ bisweilen nur mit einem erhobenen Arm geschrieben.[92] Gardiner A 28 bildet das Determinativ für die Wortstämme „jubeln; sich über etwas freuen" *ḥꜥj* 𓎛𓂝𓀠 und „hoch sein" oder „laut sein" *ḳꜣj* 𓈎𓄿𓀠 Jubel unterscheidet sich von dem Gestus des Preisens oder Betens durch die *seitlich* über den Kopf erhobenen Arme. Alfred Hermann behandelt im Kontext der königlichen Audienz den Jubelgestus als Zeichen der Gefühlserhebung. Ihm zufolge bringen die Arme die Reaktion auf ein den Menschen berührendes Ereignis zum Ausdruck.[93] Der Gestus wäre demnach das Zeichen für eine Bewegung, ein spontanes Hochreißen der Arme. Dafür spricht auch seine Verwendung im Alten und Mittleren Reich als Siegergeste beim Fischerstechen.[94] Für Schweige-, Verehrungs-, Gruß- und Trauergesten zeigt Dominicus für die 18. Dynastie eine zunehmende Vielfalt der Ausdrücke auf.[95] Dies gilt nicht für den Jubelgestus. Stattdessen wird der Jubel semantisch nuanciert. Beispielhaft ist die Vielfalt der Begriffe im Harfnerlied des Nefersecheru, das „Freude und Frohlocken, Jubel und Jauchzen" (*rš.wt; ṯḥḥw.t; jhhy; ḥꜥꜥ.wt*)[96] aufzählt. Das Volk, das bei der Rückkehr von der Audienz den geehrten Würdenträger bejubelt, findet sich nicht vor der Amarnazeit. Es ist zum ersten Mal im Grab des Wesirs Ramose aus der Zeit Amenhoteps IV. Achenaten ikonographisch belegt.[97] Zum

---

91 Efron, *Gesture, race and culture*, S. 92.

92 Belegstellen siehe Dominicus, *Gesten und Gebärden*, S. 58, Anm. 345–348.

93 Hermann, Jubel bei der Audienz, in: *ZÄS* 90, S. 50, dort auch weitere Quellen zu Jubelszenen in der Öffentlichkeit.

94 Beni Hassan 3, Hauptraum, O-Wand, S, u. Reg., Newberry, *Beni Hassan* I, Taf. 34, Decker/Herb, *Bildatlas zum Sport*, S. 110. Zur Deutung als Jubelgestus, Dominicus, *Gesten und Gebärden*, S. 61.

95 Dominicus, *Gesten und Gebärden*, S. 181.

96 Harfnerlied des Nefersecheru (19. Dyn.), Saujet el-Meitin, Obere Reihe der Felskammergräber, rückwärtiger Kultraum, N-Wand, u. Reg., Osing, *Das Grab des Nefersecheru in Zawyet Sultan*, S. 66–72, Taf. 18, 23, 42.

97 TT 55, Halle, Rückwand, PM I, 1^2, 110 (13), Davies, *Ramose*, Taf. 34.

Jubel gesellt sich der Tanz. Das Zeichen für Tanzen,  Gardiner A 32, ist ein Mann, der auf einem Bein steht, das andere ist im Knie angewinkelt. Als *gegenstandsbezogene Gesten* stellen Jubel und Tanz Sachverhalte in der Welt dar. Die jubelnde und tanzende Stadt wird in Festliedern verherrlicht. Ikonographisch ist sie in Karnak, im Festtempel Thutmosis' III., durch die Darstellung der vor dem König tanzenden Personifikationen zweier Städte belegt.[98]

Das Determinativ für *hnw* „Jubel",  Gardiner A 8, stellt das Trommeln auf den Brustkorb dar. Es wird alternierend mit der rechten und der linken geballten Faust (gezeigt nach oben erhoben, der Daumen weist nach innen) ausgeführt. Seit der 5. Dynastie sind während der vierfachen Wiederholung des Opferaufrufs in der Regel drei kniende *sm*-Priester mit diesem Gestus neben dem Vorlesepriester mit entrolltem Papyrus abgebildet.[99] Beispiele für die frühe 18. Dynastie bilden das Opferritual im Grab des Renni[100] und der Schrein von User und Aamethu in Gebel es Silsile.[101] Die Priester schlagen gleichsam auf dem Brustbein die Trommel, wobei der Brustkorb als Resonanzraum fungiert.[102] Das Trommeln diente nach der Beischrift in der Mastaba des Gem-ni-Kai: „Viele Verklärungen rezitieren (*šd.t*) durch den Vorlesepriester"[103] möglicherweise dazu, die Menge der Verklärungen und ihren Vollzug als rituellen Akt hervorzuheben. Dieser *gegenstandsbezogene Gestus* findet sich nur bei religiösen Handlungen.

Alle hier behandelten Determinative zeigen einen auditiv oder rhythmisch *handelnden* Mann. Als Zeichen für ein lautliches Handeln, das den Körper in Aktion oder im Moment eines Bewegungsablaufes darstellt, heben die *gegenstandsbezogenen Gesten* die Ereignishaftigkeit und die Körperlichkeit der Lauterzeugung hervor. Durch ihre Verwendung in der Schrift und zur Kennzeichnung des Akteurs im Bild erreichen sie eine Symbolisierung des *hörbaren Körpers* als den eines Mannes.

---

98 The Chicago Epigraphical Expedition, Foto 8504, SÄVE-SÖDERBERGH, *On Egyptian representations of hippopotamus hunting as a religious motive,* Abb. 12.

99 DOMINICUS, *Gesten und Gebärden,* S. 61, Abb. 14.

100 EK 7, Grabkapelle, O-Wand, Nische, TYLOR, *El Kab* 4, Taf. 5.

101 Gebel el Silsila, Schrein von User und Aamethu, S-Wand, CAMINOS, *Gebel el Silsilah,* Taf. 47, DZIOBEK, *Denkmäler des Veziers User-Amun,* Taf. 7.

102 DOMINICUS, *Gesten und Gebärden,* Abb. 19.

103 Sakkara, Mastaba des Kagemni, Kammer IV, Wand C, o. Teil, VON BISSING, *Die Mastaba des Gem-ni-Kai* II, Taf. 18, S. 34, Inschr. 158.

Das Einziehen der Zunge

Das Einziehen der Zunge wird gelegentlich mit dem Herausstrecken der Zunge verwechselt. Das Herausstrecken der Zunge ist beim Gott Bes als Abwehrgestus gedeutet worden.[104] Die Nennung dieses Gestus in Texten ist nicht vor der Spätzeit bezeugt.[105] Die Bedeutung des Ausdrucks „mit langer Zunge" (*ꜣw ns*) in der Lehre eines Mannes, § 21, 2, ist nicht geklärt. DILS erwägt eine Geste der Unverschämtheit.[106] FISCHER-ELFERT vermutet „weitreichend".[107] Ich möchte für *ꜣw ns* die Bedeutung „mit einigender Zunge" vorschlagen. Sie ergibt sich aus der Beendigung des Gestus, dem Einziehen der Zunge als Ausdruck für Zustimmung oder Einmütigkeit. Auf der ersten Kamosestele wird die Einigkeit der Zuhörer durch das Einziehen der Zunge angezeigt:

> Then spoke the great men of his council: – „It is the water of the 'Alamu as far as Cusae":
> and then they drew in their tongues that they might speak as one body (*jtḥ.n =sn ns =sn mdwj =sn m kj wꜥ*)
> (as follows): – „We are calm in the possession of our Egypt, [...].[108]

Nach der hier wiedergegebenen Übersetzung von SMITH handelt es sich um das Einziehen der Zunge. GARDINER erwägt das Herausstrecken. Er bezieht es auf die Asiaten und übersetzt: „they have pulled out their tongues all together".[109] Seine Vermutung erfährt keine Stützung durch Parallelstellen oder den Wortgebrauch von „ziehen" (*jtḥ*).[110] Eine Durchsicht der Belegstellen für *jtḥ* in TLA ergibt: Bei der Verwendung dieses Lexems handelt es sich stets um eine Bewegung auf denjenigen hin, der die Bewegung ausführt. Das entspricht dem Einziehen der Zunge. Auch die Bedeutung der Zunge als Organ der Maat und deren Umsetzung in die Tat macht SMITH' Übersetzung der Stelle aus dem Carnavon Tablet plausibel. In der geschilderten Situation spricht Kamose

---

104 KURTH, Zunge, in: *LÄ* VI, Sp. 1425.

105 Die Datierung des pBrooklyn 47.218.84 ist Psammetich I., vergl. MEEKS, *Mythes et Légendes du Delta d'après le papyrus Brooklyn 47.218.84*.

106 Siehe DILS' Komm. (TLA, Zugriff 2010-05-09) zur Lehre eines Mannes nach oIFAO Inv. 2536, x+6.

107 FISCHER-ELFERT, *Lehre eines Mannes*, S. 225.

108 TCarnavon 1 = Kairo JE 41790, 5–6, Übers. SMITH/SMITH, A Reconsideration of the Kamose Texts, in: *ZÄS* 103, S. 59, zur Lit. siehe HOFMANN, *Königsnovelle*, S. 105.

109 GARDINER, The Defeat of the Hyksos by Kamose: The Carnavon Tablet, no. 1, in: *JEA* 3, S. 103, Taf. XII und XIII. Ihm folgen GRAPOW, *Die bildlichen Ausdrücke des Ägyptischen*, S. 120, und HOFMANN, *Königsnovelle*, S. 108.

110 *Wb* 1, 148.12–23, TLA, Lemma-Nr. 33410, Zugriff 2010-12-16.

selbst. Desgleichen bestätigt die folgende Stelle im Hymnus auf Sesostris III. die Kraft der königlichen Zunge:

> Die Zunge (*ns*) seiner Majestät, (sie) schüchtert Nubien ein.
> Seine Befehle (wörtlich: Aussprüche *ṯ3z.w*), (sie) schlagen die Asiaten in die Flucht.[111]

Die Tatkraft und die Maat liegen bei der Zunge des Königs. *Seine* Entscheidung wird hervorgehoben. Die Mitglieder seines Rates, denen ja in der Königsnovelle die Rolle jener zugeschrieben wird, die vom König überzeugt werden müssen, ziehen die Zunge ein. Das Einziehen der Zunge stellt somit einen Gestus für das Verstummen der Argumente dar. Es drückt die Einigkeit und die Zustimmung der Untergebenen aus, die sich der Entscheidung oder dem Befehl des Königs beugen. Dasselbe Grundschema wird in der Legitimationsschrift zur Thronbesteigung Amenemhets I.,[112] der Prophezeiung des Neferti, verwendet:

> Die nach Bösen trachteten und Rebellion planten,
> sie haben ihre Münder niedergeworfen (*sḫ̮r.n =sn r'.w =sn*) wegen der Furcht vor ihm.[113]

Der dort verwendete Ausdruck nennt aber den Mund, und nicht die Zunge. Die Eigenschaft des Mundes als Körperöffnung, die zu viel oder zu wenig Laute entlässt, und der Zunge als Organ, das die Wirkung der Laute bestimmt, begründet wahrscheinlich die Wortwahl. Die Ersetzung durch „Mund" und die Vermeidung des Begriffes „Zunge" geben die Situation wieder, dass eine Rebellion zwar geplant war, aber nicht in die Tat umgesetzt worden ist.

Der weit geöffnete Mund

Ein Schlachtenrelief zeigt gefallene Syrier mit auseinanderklaffendem Mund.[114] Geht man vom Ideal des *hörbaren Körpers*, dem beherrschten Redner oder Schweiger, aus, dann verkörpert der Gestus den Feind als den *Anderen*. Dieser

---

111 Hymnen auf Sesostris III., pKahun LV.1 rto. = pLondon UC32157, 1. Hymnus, I, 7–8, Übers. POPKO, in: TLA, Zugriff 2010-12-16.

112 GUNDLACH, Ägyptische Militärgeschichte im Rahmen des pharaonischen Staates: der ägyptische König als „roi de guerre" und „roi connétable", in: GUNDLACH/Vogel, *Militärgeschichte des pharaonischen Ägypten*, S. 54.

113 Prophezeiung des Neferti 62–63, BLUMENTHAL, *Phraseologie*, F 1.15.

114 Rogers Fund MMA 13.180.21, BRAND, Tuthmoside Battle Relief, in: *The American Discovery of Ancient Egypt*, S. 170–171. Von BRAND in die frühe 18. Dynastie datiert.

ist der *hörbare Körper*, der sich nicht beherrschen und für sich sprechen kann. Eine andere Erklärung für den weit geöffneten Mund ergibt sich durch das Kriegsgebrüll, mit dem Heere den Gegner einschüchtern. In diesem Fall ist die ikonographische Aussage: Der Schlachtruf des Kriegers ist erstorben.

Rhythmus und Emotionen einer Gemeinschaft

Religion ist im pharaonischen Ägypten der kulturelle Faktor, der Ordnungen setzt und dadurch für das Handeln von Kollektiven und Individuen Orientierung ermöglicht.[115] Eine Strategie zur Stabilisierung dieser Ordnungen ist die Sakralisierung der Zeit. Die tägliche Wiederholung des Sonnenaufgangs, die als ein „Erstes Mal" konzipiert wird, dient als Grundmodul für den Rhythmus der Gemeinschaft.[116] Mit ihm werden die Rhythmen des Tempels und des Königtums abgestimmt.[117] Diese Institutionen suchen die Arrhythmie des Sonnenrhythmus zu verhindern – der Schrei der Isis kündigt drohende Arrhythmie, das heißt, Gefahren für Horus an! – Sie versehen die Phasen des Sonnenlaufs mit distinkten Lauten: Die Nachtruhe wird als Schlaf- und Trauerphase um Osiris konzipiert und ist deshalb zu wahren.[118] Der Weheruf kennzeichnet die Überfahrt über den Horizont.[119] Die Paviane hüpfen und „jauchzen" oder „kreischen" (*hṯt*) bei Sonnenaufgang. Die Verwendung der Tierlaute zeigt, dass die Symbolisierung mit Hilfe von akustischen und nur mit den Sinnen erfahrbaren Eigenschaften der Stimme die Sonnengeburt als Ereignis konnotiert. Die Stimme ist Ausdruck einer kaum zu bändigenden

---

115 MOHN, Theologieaffine Religionstypen oder Religion im Medium von Mythos und Ritual?, in: VERBOVSEK et al., *Methodik und Didaktik*, S. 736.

116 Die physiologischen Rhythmen des Körpers dienen dem *hörbaren Körper* als Metronom, als Referenzpunkt für die Rhythmen der Umwelt. Der Komponist und Akustikforscher Murray SCHAFER bemerkt: „Unser Körper stellt Moduln bereit für das Erfassen der akustischen Rhythmen der Umwelt", vergl. SCHAFER, *Klang und Krach*, S. 274. Der Herzschlag ist hierbei das Rhythmusmodul, das alle wahrgenommenen Rhythmen in schnelle und langsame unterteilt.

117 LEFEBVRE (*Rhythmanalysis*, S. 6ff) definiert als Eigenschaften externer Rhythmen das Maß, die Wiederholung und als deren Begleiterscheinung die performatorisch bedingte Differenz: „The present simulates presence and introduces simulation (the simulacrum) into social practice", ebd. S. 47. Ein Beispiel hierfür bilden die Gebote für das lautliche Verhalten im ramessidischen Tagewählkalender: 1. Monat der Saatzeit, Tag 27, 2. Monat der Saatzeit, letzter Tag, 4. Monat der Saatzeit, Tag 24, 3. Monat der Saatzeit, Tag 17; LEITZ, *Tagewählerei*, Taf. 22, S. 223f., Taf. 25, S. 265f., Taf. 29, S. 224f, Taf. 26, S. 286.

118 PDodgson, 14–19. MARTIN, *P. Dodgson (p Ashmolean Museum Oxford 1932–1159)*, S. 182f, MEYER-DIETRICH, „Du weißt, was du getan hast!", in: Dies., *Laut und Leise*, S. 121–146.

119 CT III 38c, 39a.

Freude. Sie ist Bewegung und ist unüberhörbar. Der Sonnenaufgang wird zu einem täglichen raum-zeitlichen Hörereignis, an dem sich die Gesellschaft orientiert. Hapi, die göttliche Personifikation der Nilüberschwemmung bestimmt den Rhythmus des Jahres. Der Jubel, den seine Ankunft auslöst, erzeugt den Hörraum der Jahreszeit Achet:

> Der Frosch[120] brüllt/quakt. Die Gesichter sind heiter, so dass sie ein Gejubel anheben. Das ganze Land ist ergrünt. Nahrung ist entstanden: bei ihrem Anblick schreit man auf.[121]

In der Version des großen Nilhymnus auf pAnastasi VII wird das Andauern des Jubels gewünscht:

> Der Jubel des ganzen Landes (oder: <im> ganzen Land) in Anwesenheit von Ober- und Unterägypten möge andauern.[122]

Der „Jubel" (*nhm*) reiht sich unter die Laute, die die wiedererstandene Lebensfreude signalisieren. Der Kontext ist jeweils die Lebensgabe. Auf der Nauri-Felsstele erfolgt sie durch Re.[123]

Die Thematisierung des Jubels in Biographien, Erzählungen, Festliedern, Hymnen, Lehren und Tempelinschriften gestalten einen Diskurs, der sich um den Leitbegriff „Jubel" und seine Derivate formiert. Die im Neuen Reich gebrauchten Lexeme für den Jubel der Menschen, sind *hy* und *nhm*. Der mit *hy*[124] bezeichnete Jubel kennzeichnet die Stimmung beim Erscheinen eines Gottes.[125]  *nhm*[126] bezeichnet den Jubel als spontanen Ausdruck der Freude bei

120 Zur Regenerationssymbolik des Frosches siehe HORNUNG/STAEHELIN, *Skarabäen und andere Siegelamulette aus Basler Sammlungen*, S. 112f. Belege für das lautliche Verhalten des Frosches als Tier, das Hapi preist (Lehre des Anchscheschonqi, pBM EA 10508, XXIII, 20, oder mit einem Gesang das Wasser bezaubert (Bibliothek des Sobektempels von Tebtynis, pFlorenz PSI inv. I 72, Mythologisches Handbuch für die oberägyptischen Gaue 7–16, x + 7,6.) sind allerdings sehr spät.

121 ODeM 1675, rto. 9: *pggꜣ.t ḥr sbḥ{.t} ḥr.w wnf(.w) šzp =sn nhm ... bgꜣ =tw m mꜣꜣ =f*, Umschrift und Übersetzung DILS, in: TLA, Zugriff 2010-06-01.

122 PAnastasi VII, 9, 4. DILS, in: TLA, Zugriff 2010-12-17.

123 Nauri-Felsstele, Abydos-Dekret, 17. „Jauchzen" (*iḥḥy*) *Wb* 1, 119.7–12, TLA, Lemma-Nr 30360, Zugriff 2010-12-17. Aus der Belegstelle im Sporting King (pMoskau o. Nr., B2, 2), wo die Königskinder jauchzen, lässt sich leider nichts Näheres über den Kontext entnehmen.

124 *Wb* 2, 483.1–13, TLA, Lemma-Nr. 97780, Zugriff 2010-12-17.

125 BUDDE, „Kommt und seht das Kind", in: PRECHEL, *Fest und Eid*, S. 13–48.

126 *Wb* 2, 285.7–18, TLA, Lemma-Nr. 85580, Zugriff 2010-12-17.

namentlich genannten Personen. Sinuhe jubelt über die Gunst des Königs, die ihn nach Empfang des Briefes ausgelassen um sein Lager herumtanzen lässt.[127] Der Gouverneur von Elephantine, Sarenput I., schildert Jubel und Tanz in seiner Biographie. Er beschreibt zunächst seine eigenen Gemütsbewegungen beim Königslob und dann den Jubel und Tanz in seiner Stadt:

> Ja, ich gab sehr stark Verehrung (und) (erwies) Zuneigung (*ḥs.tj*), bis es der Kehle (an Luft) mangelte, indem ich jubelte, als/dass man mich den Himmel erreichen ließ.
>
> Mein Kopf erreichte das Firmament, ich kratzte die Körper der Sterne (und) ich ließ es donnern, indem ich leuchtete wie ein Stern (und) tanzte wie die Gestirne <des Himmels>.
>
> Meine Stadt war in Feststimmung, meine jungen Leute waren beim (laut) Jubeln, als man das/mein Tanzen hörte dort (?*jm*?) [......] alte Leute <vereint> mit Kindern. Alt und Jung war in Jubel.[128]

Freudenlaute sind weithin zu hören. Sarenput I. tanzt aus Freude über seine Beförderung, was seine Stadt in Feststimmung versetzt und die jungen Leute „jubeln" (*ḥr nhm*) lässt. Mit Detlev FRANKE nehme ich an, dass hier eine Beschreibung des real erfahrenen Festrausches vorliegt.[129] Die Wirkung der Feststimmung, nämlich dass sie sich auf andere/alle überträgt und selbst Erde und Himmel miteinander verbindet, wird besonders hervorgehoben. Der *hörbare Körper* erfährt und teilt den Jubel mit anderen. Die inneren physiologischen Rhythmen des Einzelnen verschmelzen mit den externen Rhythmen der Gemeinschaft. Jubel bezeichnet die vereinende Gemütsbewegung schlechthin. Dass es sich um einen Freudenausbruch des ganzen Volkes handelt, der die Menschen einander annähert, ergibt sich aus der Beschreibung des umgekehrten Zustandes in den Admonitions. Die Vereinigung missglückt, wenn in Krisenzeiten der Rhythmus der Gesellschaft gestört ist. Ipuwer klagt, dass die Großen sich nicht länger zu ihren jubelnden Menschen (*rmṯ =sn nhm.w*) gesellen.[130] EMERIT ordnet das Lexem *nhm* dem semantischen Feld der Musik zu:

127 Sinuhe B201.

128 Autobiographie Sarenputs I. (Mittleres Reich), Qubbet el-Hawa no. 36, Grabfront, zweite Rede, Urk. VII, 1.1–5, FRANKE, *Das Heiligtum des Heqaib auf Elephantine,* S. 193.

129 Ebd., S. 200, Anm. 14.

130 Admonitions, pLeiden I 344, rto. 2, 5.

> Ainsi, définir la limite du champ sémantique de la musique devient particulièrement malaisé quand on entre dans la sphère de la voix, de la parole et de la déclamation. Il est vrai que bien des mots et expressions, liés à la jubilation, à la joie, aux cris et à la douleur, semblent avoir une connotation musicale pour les anciens Egyptiens.[131]

Festlieder besingen die Erscheinung eines Gottes in der Tageswelt. Sie stellen das ganze Land als jubelnd und jauchzend dar. Jubel ist das Massenphänomen einer Hörkultur. Es bezieht seinen Sinn aus der mythologischen Verbindung von einer Naturerscheinung mit einem Gott oder dem König. Jubel stiftet und erneuert den Sinn des Mythos. Er erzeugt Hörräume, in denen Affekte dominieren. Ipuwer verwendet den Jubel der Menschen als hörbaren Ausdruck für Ägypten in guten Zeiten:

> Wie gut ist es aber, wenn Jauchzen in den Mündern (*nhm m r'.w*) ist.[132]

Emotionen einer Gemeinschaft sind nach Catherine LUTZ „culturally constructed concepts which point to clusters of situations calling for some kind of action".[133]

Die Durchdringung und Behauptung des akustischen Raumes durch Jubeln ist ein Akt der Statusdemonstration. Er sichert die Ansprüche des Herrschers im Hinblick auf mögliche Alternativen. Der *locus classicus* für die Emotionen des Volkes für seinen König ist Papyrus Westcar:

> Daraufhin hörte sie ein Geräusch [alt.: eine Stimme]: Singen, Musizieren, Tanzen und Jauchzen – nämlich alles was zu tun üblich war für einen König – in dieser Kammer.[134]

Die hier aufgezählten „Singen" (*ḥsj*), „Musizieren" (*šmꜥ*), „Tanzen" (*ẖbj.t*) und das für das „Jauchzen" verwendete *wꜣg*[135] beschreiben den *hörbaren Körper* in seinen Aspekten der Lauterzeugung, der rhythmischen Bewegung und der Freude. Die Thronbesteigungshymnen des Neuen Reiches zitieren die Freude

---

131 EMERIT, Le vocabulaire de la musique égyptienne ancienne et ses particularités, in: *Studien zur Musikarchäologie* VI, S. 430.

132 Admonitions, pLeiden I 344, rto. 13, 14, meine Übers.

133 LUTZ, Situation-based emotion frames and the cultural construction of emotion, S. 89, zit. nach MESKELL, *Archaeologies of Social life*, S. 130.

134 PWestcar (pBerlin P. 3033) 12,1–2.

135 *Wb* 1, 262.18. TLA, Lemma-Nr 43500, Zugriff 2010-12-17.

des Landes, wenn man „in Lachen lebt".[136] Die Ausbreitung des Jubels wird in der Thronerhebungslegende der Hatschepsut geschildert. Die Edlen, die Würdenträger und die Spitze der Untertanen jubeln, nachdem „das Wort des Königs in sie gefallen war":

> Da kamen sie heraus [aus der Thronhalle], [22] indem sie jubelten (*r =sn ḥꜥ.w*), sie tanzten und jubelten (*jbꜣ =sn nḥn =sn*),
>
> was alle Untertanen hörten [23] und alle Gemächer der Residenz. Sie kamen, indem sie jubelten (*r =sn ḥꜥ.w*).
>
> Sie jubelten (*nḥn.n =sn*) mehr als über alle Dinge. Gemach für Gemach [24] wurde geöffnet in seinem Namen;
>
> Truppe für Truppe war [...] Sie tanzten und tanzten (*rwj =sn jbꜣ =sn*); [25] ihre Herzen waren fröhlich.[137]

Beate Hofmann kommentiert den zitierten Passus wie folgt:

> Dieser Jubel der Höflinge wird wiederum von den Untertanen gehört, die ebenfalls in den Jubel einstimmen. Das Lexem *sḏm* (Z. 22, hier adverbial gebraucht) scheint hier wie schon in der vorangegangenen Rede Thutmosis I. (Z. 15, dort als Imperativ) insofern eine zentrale Position einzunehmen, als sie dem jeweiligen Abschnitt einen spiegelsymmetrischen Aufbau geben. Erkennbar wird dies speziell in diesem Abschnitt u.a. an der mehrfachen Verwendung der Lexeme *jbꜣ* und *nḥn* vor und nach dem Adverbialsatz mit *sḏm*. Dass der Jubel unüberhörbar nach außen dringen soll, wird durch die Wortwiederholungen (Geminatio) am Anfang von zwei aufeinanderfolgenden Syntagmen noch unterstützt (*sḏr, mnfꜣ.t mnfꜣ.t*, Z. 23–24). Es entsteht der Eindruck einer Potenzierung des Jubels, so dass man in diesem Zusammenhang sogar von einer Steigerung (Klimax) sprechen kann.[138]

Das Wort des Königs löst den Jubel aus. Die Schilderung der Ausbreitung „Gemach für Gemach öffneten sich in seinem Namen" und „Truppe für Truppe" bedient sich räumlicher Metaphern. Der Jubel bildet einen Mechanismus zur Verbindung sozialer Räume, indem er sie in gleichartige Hörräume verwandelt.

---

136 PSallier I (BM 10185), rto. IX, 1, *ÄHG* 239, 20.

137 Deir el-Bahari, 2. Hof, nördl. Portikus, o. Reg., 22–25, Naville, *Deir el Bahari* III, Taf. 56–64, Hofmann, *Königsnovelle*, S. 179, 181.

138 Hofmann, ebd., S. 186.

Die Stimme

In Biographien und Anrufungen an die Grabbesucher ist die Stimme ein Mittel, um unterschiedliche Hörräume miteinander zu verbinden. Beide Hörräume behalten ihre Eigenart. Ihre Unterschiedlichkeit stiftet den Sinn für den Einsatz der Stimme. In der Regel schließt die Anrufung an die Idealbiographie des Grabherrn an. Mediale Inszenierung, Materialität und ihr Aufbau als Appell an die Lebenden wirken am Symbolisierungsprozess zur Erzeugung des *hörbaren Körpers* mit. Die Texte sind dem Verstorbenen in den Mund gelegt. Der Rezipient ist der Grabbesucher, der als hörender und sprechender Mensch adressiert und zum Handeln aufgefordert wird. Wegen der Ereignishaftigkeit des durch den Besucher ausgeführten Sprechaktes werden sie im ersten Teil des Kapitels behandelt. Die in den Texten verwendeten Idealisierung, Forderungen und Sanktionen sollen den erbetenen Sprechakt zum Ereignis werden lassen.

Rezeption der Biographien und Anrufungen

Die Rezeptionssituation ist der Besuch eines Grabes, in dessen Eingangsbereich ein Besucher die Inschriften liest oder hört. Die mediale Form determiniert die Vermittlung des Inhaltes.[139] Eine biographische Inschrift hat den Vorteil, dass sie Sprecherideal und gemeinnütziges Handeln des *hörbaren Körpers* preist, die im Medium des Bildes nicht, oder nur in einer szenischen Folge zu vermitteln sind. Gleichzeitig kann sie Sinnbilder für das Prestige des Beamten, wie seine Darstellung im Redegestus auf der Wand und die Schreiberstatue, ergänzen. Die Kommunikation erfolgt in der Form eines Dialogs. Der Leser wird in der direkten Rede angesprochen. Die hierdurch fingierte Mündlichkeit führt den Grabherrn als Sprecher in die Situation ein. Er erbittet das Aussprechen der Opferformel. Der vom Grabbesucher geforderte Einsatz wird als ein Handeln motiviert, das sich auf sein Leben in der Stadt und sein Dasein in der Nekropole durch den Beistand des Grabherrn auswirkt. Es erzeugt den Sinn für ein stimmliches Handeln über ontologische Grenzen hinweg. Antworten die Leser oder Hörer auf seinen Appell, dann wird dem *hörbaren Körper* dieser Sinn eingeschrieben.

Rahmenbedingungen für den Vollzug von Sprechakten bei den Anrufungen

Biographien und Anrufungen wohnt eine hervorbringende, bestätigende und authentifizierende Kraft inne. Ihre Kombination im Wahrnehmungsraum des

139 MUTH, Ein Plädoyer zur medientheoretischen Reflexion, in: VERBOVSEK et al., *Methodik und Didaktik*, S. 334.

Grabes stellt eine Imagination vom *hörbaren Körper* als Werdegang eines verdienten Schreibers oder hohen Beamten bereit, in der das Begehren des Lesers als ein Selbst auftritt.[140] Es ist das Selbst eines Mannes, der „das Leben liebt und den Tod hasst",[141] dessen nachtodliche Existenz von seinem richtigen Handeln als *hörbarer Körper* im Leben abhängt, der aktuell mit seiner Stimme einen Platz im sozialen Geschehen einnehmen und auch in der nachtodlichen Existenz für die Lebenden sozial handeln kann. Sein Name wird durch das Aussprechen oder Rufen (*njs*)[142] in der Gesellschaft überdauern und er wird durch das Sprechen der Opferformel versorgt sein. In diese kulturell hervorgebrachte und von einem Wunsch für die eigene Existenz geleitete Wahrnehmung der Worte fließen durch die Qualifizierung des Sprechaktes als ein Rezitieren ohne Folgen und Fluchformeln auch Spannungen und Elemente kollektiver Ängste in die Rezeption ein.

Anrufungen bilden ein Aktualisierungsmuster zum rituellen Vollzug eines Opfers durch die Stimme. Ab der 5. Dynastie finden sie sich in Stein eingemeißelt auf Grabfronten,[143] an Türlaibungen[144] und auf Stifterfiguren.[145] Ab der 18. Dynastie stehen sie auf Stelen und Wänden in den zugänglichen vorderen Räumen der Grabanlage. Die mediale Inszenierung verlegt den Dialog in einen architektonischen Kontext, an dem die Lebenswelt und der jenseitige Existenzbereich *zusammentreffen*.[146] In dieser Eigenschaft – und nicht als Phase des Herausgelöstseins – erstellt der Ort die Rahmenbedingungen für ein Handeln durch die Stimme, das zwei Hörräume miteinander verbindet.

---

140 Schober, >Gender< und (A-)symmetrie, in: *ZKph* 5, S. 383, https://www.researchgate.net/publication/263616025, Zugriff 2016-03-21.

141 Bspw. Anrufung Urk. VII, 14.4–5, sKairo CG 20003.

142 Statue des Herolds von Amenhotep III., Schulterinschr., Urk. IV, 1835.

143 Qubbet el-Hawa no. 36, Sarenput I., PM V, 239 (10–11), Verbindung aus Anrufung und Autobiographie, die in unüblicher Weise mit der Anrufung beginnt, Urk. VII, 1.12–13, Berichtigung der Inschrift durch Edel, *Beiträge zu den Inschriften des Mittleren Reiches in den Gräbern der Qubbet el Hawa*, Abb. 1–5.

144 Beni Hassan, Grab 2 no. Eingang, südl. Türlaibung, Newberry, *Beni Hassan* I, Taf. VIII, Urk. VII, 14.4–5, Verbindung aus Biographie und Anrufung.

145 Schreiberfigur des Amenhotep, Sohn des Hapu, Karnak, Amuntempel, heute Kairo JE 44861 (Amenhotep III.), Legrain, Au pylône d'Harmhabi à Karnak (Xe pylône), in: *ASAE* 14, S. 15ff, Taf. III, Settgast, *Echnaton und Nofretete*, Kat. Nr. 7. Auf der Sockelinschrift bietet sich Amenhotep mit dem Anruf: „Kommt zu mir, damit ich das, was mir gesagt wurde, Amun-Re in Karnak vorlege" als Mittler an.

146 Eine Ausnahme hiervon sind Steinbruchinschriften in Hatnub, bestehend aus Anrufungen, die am Ende eine Drohung für denjenigen, der den Namen auf dem Bild zerstören wird, enthalten.

Letztere konstituieren einen *hörbaren Körper*, der eine rituelle Sprechhandlung ausführen soll. Ihr möglicher Vollzug stellt eine verhandelbare Machtrelation für den Grabbesucher dar.[147] Die Bitte beschränkt sich auf das Wesentliche, den Akt des Sprechens als solches, ohne weitere Angaben als die einer angenehmen Stimme zu seiner Ausführung. Aufgrund der gesellschaftlichen Zugehörigkeit der Sprecher und der Forderung, das Grab nur in reinem Zustand zu betreten,[148] waren Gestus, Lautstärke und Rhythmus vermutlich wie bei der Opferzuweisung. Bei der frühen Art und Weise erfolgte diese kniend, die Hände mit den Handflächen nach unten über einen Opferkasten gelegt,[149] in der späteren Form zur *Ka*-Statue oder der Scheintür hingewendet stehend und die Rezitation mit erhobener Hand begleitend.[150] Bedeutung wird erst im Moment des Vollzugs eines performativen Prozesses hervorgebracht. Die stimmliche Handlung erfordert die körperliche Präsenz eines Grabbesuchers, der nicht stumm ist. Der durch das *Aussprechen* der Opferformel, das heißt den Klang der Stimme, erzeugte Sinn liegt in einem gegenseitigen Handeln, das sich im jeweils anderen ontologischen Bereich auf das Handlungsziel auswirkt.

Idealisierung in den Biographien

Als Selbstdarstellungen, die im Hinblick auf die Sicherung der nachtodlichen Existenz verfasst sind, stellen Autobiographien das ideale Verhalten bei der Amtsausübung dar. Die Idealisierung des *hörbaren Körpers* geschieht durch die Tugenden des Hörens, des Sprechens und der Verschwiegenheit. Der Architekt Ineni, der unter Amenhotep I. und den Thutmosiden königliche Bauvorhaben leitete, rühmt sich als „einer, der hört, was sein Vorgesetzter sagte" in dem Abschnitt seiner Autobiographie, der seine sozialen Tugenden thematisiert:

> Ich sage zu euch, ihr Menschen: Hört!
>
> Tut das Gute, das auch ich getan habe, tut Gleiches!
>
> Ich durchlebte (meine) Lebenszeit glücklich, nicht gab es mein Verbrechen. Meine Jahre waren in Freude, nicht gab es meinen Frevel, nicht meinen schlechten Plan, nicht meine Geringschätzung, nicht meinen Tadel. Ich war der Leiter der Leiter, es gab keine Beschwerde über

147 BELL, *Ritual Theory Ritual Practice*, S. 206–208.

148 Urk. I, 218.7.

149 KLEBS (*Reliefs und Malereien des Mittleren Reiches*, S. 167, 178) vermutet, es handelt sich um die Stelle am Boden, an der der Tote ruht, und behandelt den Gestus als Anrufung.

150 Belege zur Geste der Zuwendung beim Opfergebet, DOMINICUS, *Gesten und Gebärden*, S. 85 mit Anm. 500.

> mich. Vortrefflich war <mein> Herz für seinen Herrn. Ich war frei von Nachlässigkeit.
> Ich war einer, der hört, was sein Vorgesetzter sagte.
> Nicht war ich neidisch auf die Großen, die im Palast sind.
> Ich tat was mein Stadtgott liebt.[151]

Die sinngebende Struktur dieses Diskurses bildet die Erhaltung des Lebens durch den guten Namen. Sie wird im selben Text durch die Aussage formuliert:

> Was einen betrifft, der die Jahre als Gelobter verbringt:
> dass sein *Ba* lebt, ist neben dem Allherrn, indem sein Name schön ist im Mund der Lebenden.[152]

Um dies zu erreichen und sich den guten Ruf in der Nachwelt zu sichern, beginnt der Grabherr Ineni damit, die Menschen zum Hören aufzufordern. Der Imperativ „hört!" richtet sich an mehrere Personen. Er bildet eine einleitende Redewendung, die ihre ursprüngliche auffordernde Bedeutung, etwas aufmerksam anzuhören, das gesagt wird und auf das anschließend hingewiesen wird, behält. Sie verbleibt in diesem Sinnbereich. Sie erfährt weder Schwächung noch die Verwendung eines absolut gebrauchten, vorwurfsvoll oder erstaunt ausgerufenen „hören sie mal!".[153] Durch den einleitenden Anruf: „Ich sage zu euch, ihr Menschen: Hört!" konstituiert Ineni die Leser seiner Biographie als *hörbare Körper*. Durch seine Aussage: „Ich war einer, der hört, was sein Vorgesetzter sagte" positioniert er sich als ein Untergebener. Indem er seine Unterordnung als soziale Tugend preist und zur Nachahmung empfiehlt, bestimmt er den *hörbaren Körper* als gehorsamen Zuhörer, von rechter Gesinnung und frei von Nachlässigkeit.

Mentuhotep, Wesir in der Zeit Sesostris' I., rühmt sich des Zuhörens als vornehmste Tugend des Beamten:

> Geduldigen Herzens beim Anhören der Worte, ein dem Gotte gleicher in seiner Stunde[154]

---

151 Scheich Abd-el-Gurna, TT 81, Stele 1, PM I, 1^{2}, 161 (7), Urk. IV, 61–62, POPKO, *Geschichtsschreibung*, S. 231.

152 TT 81, Stele 1, Urk. IV, 61–62, DZIOBEK, *Ineni*, S. 54, Text 6a, 20.

153 GRAPOW, *Wie die Alten Ägypter sich anredeten*, S. 85.

154 SKairo CG 20539, zit. nach ASSMANN, *Ma'at*, S. 73, Anm. 56. Siehe dort auch weitere Quellen.

Assmann versteht unter dem ‚Hören auf die Maat' die Belehrbarkeit als eine allgemeine ethische Forderung, die den Menschen zu einem gesellschaftsfähigen Wesen macht. Hingegen bildet die soziale Dimension des ‚guten Zuhörens' eine hohe Beamtentugend.[155] Er nennt als Kriterien des Zuhörens das Verstehen (was eine Handlung besagt), die Kommunikation, die Rollenkonformität und die Sprache:

> [Ein Grundtypus des Handelns] ist das *Prinzip der Kommunikation*. Hier erfolgen die beiden aufeinander bezogenen Handlungen gleichzeitig im Rahmen einer gemeinsamen Konstellation differenzierter Rollen und in Erfüllung der Pflichten, die dieses Verhältnis jedem der Teilnehmer auferlegt. Wie das Gedächtnis für das Gegenseitigkeitsprinzip, so ist die Sprache für das Prinzip der Kommunikation das leitende Paradigma. […] [Letzteres] setzt die Ordnung eines Rollenspiels voraus, die in gegebener Situation festlegt, wer Sprecher und wer Zuhörer, wer Geber und wer Nehmer ist.[156]

Die „Herzensgeduld" (*wꜣḥ-jb*) umschreibt den *hörbaren Körper* als einen geduldigen, aufmerksamen und verständnisvollen Zuhörer.[157] Die Autobiographien des Alten Reiches benennen als Tugenden die Langmut, den Respekt gegenüber seinen Mitmenschen und die Umsetzung des Gesagten in die Tat. Beispielsweise beschreibt sich Jntj in seiner Biographie:

> „Ich erduldete den Ausspruch aller Menschen (*wẖd =j ṯꜣš n rmṯ nb*).
> Ich war einer der redete, ich war einer der handelte, (und) ich war einer der dachte".[158]

Der unter Hatschepsut und Thutmosis III. dienende Djehuti rühmt sich der Taten, die auf seine Worte hin erfolgen, denn der König erkennt ihn als „einen, der die Worte ausführt" (*m jr.w ḏd.wt*).[159] Er trägt den höchsten Beamtentitel

155 Ebd., S. 75.

156 Ebd., S. 70.

157 Assmann, *Ma'at*, S. 73.

158 Deschasche, Felsgrab des Jntj, Grabkammer, N-Wand, PM IV, 121–122, Urk. I, 69.15–17, Kanawati/Mc Farlane, *Deshasha*, 15–38, Taf. 12, 13a, Kloth, *Die (auto-) biographischen Inschriften*, S. 86, Dok. 8.

159 Dra-abu'l-Nag'a, TT 11, Vorhof, W-Wand, N, Stele 1, PM I, 1^2, 22 (8), Urk. IV, 429.

„Oberster Mund" (*r'-ḥr.j*)[160] und beginnt die einzelnen Abschnitte seiner Autobiographie jeweils mit:

> Ich war Oberster Mund, der Anweisungen erteilt (*jw.jr =j r'-ḥr.j ḏd tp-rd*).
> Ich leitete die Handwerker, damit sie bezüglich der Arbeitsaufgabe arbeiten.[161]

Die gewöhnlichsten Phrasen im Hinblick auf die Tugenden des Sprechers sind in den Biographien des Alten Reiches:

> Ich sprach vollkommen und berichtete (*wḥm*) vollkommen.
> Ich sprach wahr.
> Niemals sagte ich eine schlechte Sache über irgendeinen Menschen.[162]

Der *hörbare Körper* wird hier in drei sozialen Aspekten angesprochen: Rede und Wiedergabe kennzeichnen ihn als Glied einer Kommunikationskette. Das Reden in Übereinstimmung mit der Maat bestimmt ihn als einen Mann, der die Wahrheit sagt. Die nicht verübte Nachrede charakterisiert ihn als jemand, der einem anderen nichts Böses zufügt. In Biographien des Mittleren Reiches betont der Beamte seine rhetorischen Fähigkeiten.[163] Eine Qualität, die in dieser Zeit hinzukommt, ist direkt zum König,[164] allein (*m wꜥꜥ.w*),[165] oder unangemeldet[166] mit ihm zu sprechen. Sie stellt den *hörbaren Körper* als vertrauenswürdig dar. Intimität kennzeichnet den hierbei erstellten Hörraum. Sehetep-ib-Re, der das Vertrauen des Königs genoss und „zu dem die Leute/Generationen ihr Anliegen gesagt haben" (Z. lc3), entwickelt in mehreren Aussagen die Tugenden eines Vertrauenswürdigen:

---

160 *Wb* 2, 390.6–9; *Wb* 2, 398; TLA, Lemma Nr. 93010, Zugriff 2016-05-20.

161 TT 11, Vorhof, W-Wand, N, Stele 1, PM I, 1², 22 (8), Urk. IV, 420.2–430, POPKO, *Geschichtsschreibung*, S. 247ff, meine Übers.

162 KLOTH, *Die (auto-) biographischen Inschriften*, S. 100–107.

163 Bspw. Stele des Henwen, sKairo E. 36346, 1, LANDGRÁFOVÁ, *It is My Good Name that You Should Remember*, Nr. 6, S. 16–18. Stele des Antef, Sohn des Tjefi, sMMA 57.95, 10, LANDGRÁFOVÁ, Nr. 10, S. 28–31.

164 Stele des Heny, Moskau, sPushkin Mus. I.i.a 1137a, 7, LANDGRÁFOVÁ, Nr. 2, S. 4–6.

165 Stele des Antef, Sohn des Tjefi, sMMA 57.95, 7. Inschr. Wadi Hammamat 114, 6, ABD EL-GELIL et al., Some Inscriptions and Reliefs from Matariya, in: *MDAIK* 52, S. 148. Qubbet el-Hawa no. 36, Grabfront und äußere Halle, Biographie des Sarenput I., PM V, 239 (10–11 und 14–15), Urk. VII, 1.12–2.7.

166 Stele des Khety, sLondon UC14430, x+4, LANDGRÁFOVÁ, Nr. 67, S. 226–227.

> der Aufmerksame mit wohltuendem Rat,[167] der das Vollkommene sagt (und) der wiederholt (*wḥm*), was sehr geschätzt wird, der Aufmerksame, dessen Gleichen es nicht gibt, vollkommen beim Zuhören und fähig beim Reden [...]
>
> der ganz privat um seinen Herrn ist (wörtlich: im Allein sein), (d.h. um) den wohltätigen Horus (?) in der Palaststätte, der wahrhafte Liebling/Vertraute seines Herrn, zu dem geheime Angelegenheiten gesagt werden, der den (richtigen) Spruch findet, der die Schwierigkeiten mildert/versüßt, der die Sachen erfolgreich erledigt.[168]

Der Text beschreibt ihn als einen Mittler zwischen den Leuten und dem König mit den Fähigkeiten eines Zuhörers und Redners und als einen weisen Vertrauten des Herrschers. Desgleichen betont Intef seine Mittlerfunktion:

> der die Freunde (des Königs) zählt, der den Adel (zur Audienz) einführt, der die königlichen Vornehmen an ihre Plätze bringt,
>
> vorn an Platz, trefflich vor dem König, der die Reden der Menschheit (zum König) aufsteigen lässt, der die Angelegenheiten der Beiden Ufer mitteilt, der über die Ereignisse spricht an vertraulicher Stelle. Der mit guten Nachrichten eintritt und mit Lob herausgeht.
>
> Der Ansehen gibt im Palast und Würde verschafft in der großen Stätte. Der Stimmen schweigen und Pracht entstehen lässt. Der den Fuß hütet an der Stätte des Schweigens. Der den Menschen Weisung gibt, um ihre Steuern zu zahlen.[169]
>
> Wissend was im Herzen des Königs ist, redende Zunge dessen der im Palast ist, Augen des Königs, Herz des Herrn des Palastes, Lehre des ganzen Landes ...
>
> Heil des Palastes der seine Gesetze festsetzte, der die Menge beruhigt für ihren Herrn.[170]

---

167 Ähnlich die biographische Deckeninschrift des Ineni in TT 81, Querhalle, Decke: „Herr der Klugheit, ausgezeichnet an Ratschlag, der ausgezeichnet spricht in der Nähe des Königs. Mit vollendeter Zunge, den man kennt, wegen des Gesagten", DZIOBEK, *Ineni*, Text 17a, S. 72, Taf. 20a.

168 SKairo CG 20538, 1c6–7 und 1c9–11, LANDGRÁFOVÁ, Nr. 66, S. 220–223, DILS, in: TLA, Zugriff 2015-03-12.

169 Urk. IV, 966.7–967.16, HERRMANN, *Stelen*, S. 117.

170 Urk. IV, 968.6–10 und Urk. IV, 969.8–10, HERRMANN, *Stelen*, S. 118. Zur Beruhigung der Menge siehe auch Inschrift Wadi Hammamat, GASSE, Ameny, un porte-parole sous le règne de Sésostris Ier, in: *BIFAO* 88, S. 83–93.

Intef ergänzt seine Tätigkeit als Mittler mit der Weitergabe königlicher Anordnungen an das Volk und stellt sich als jemand, der die Menge ruhig hält, dar. Den Aufruhr durch den Spruch des Königs beruhigt zu haben, rühmt sich auch Ahmose Pennechbet:

> Herr der Gunst im Palast, LHG, der herausgeht zum Beruhigen der Menge, indem er den Spruch des Königs seinen Vornehmen wiederholt (*wḥm*).[171]

Aussagen zum Wiederholen (*wḥm*) des Gesagten[172] idealisieren den *hörbaren Körper* als verlässliches Glied einer verbalen Kommunikationskette.[173] Den guten Übermittler kennzeichnen die Vollkommenheit der Rede und die korrekte Wiedergabe:

> „Ich sprach vollkommen und ich berichtete vollkommen, wobei ich (fremdes Eigentum) in richtiger Weise erwarb (weil ich wünschte, dass es mir gut gehe bei den Menschen)".[174]
>
> „Ich war einer, der vollkommen sprach (*ḏd nfr*) und berichtete (*wḥm nfr*)".[175]

---

171 EK 2, li. Türlaibung, PM V, 179f, Urk. IV, 32.13–35.1, LEPSIUS, *Auswahl der wichtigsten Urkunden des aegyptischen Alterthums*, Taf. XIV A und B, LD III, LD IV Text. Basis, Statue Louvre, Inv. Nr. C 49 (bei Sethe „L") und Statue Edinburgh, Royal Mus. Inv. Nr. 1948.486, Übers. POPKO, *Geschichtsschreibung*, S. 215, (IIIa). Desgleichen schmeichelt der Grabherr sich durch folgende Appositionen (in seiner Rede an die Grabbesucher) seiner Fähigkeiten als Sprecher des Herrschers: „Durch [— den der Anweisungen gibt im Angesicht der Vorsteher] der Truppe. Ein Mund, der das [ganze Land] beruhigt, der das Herz des Königs erfüllt, alle Tage.... Der herauskam aus der Vorhalle beim Zufriedenstellen die Menge(?). Der eindringt in die Meldungen (?), der herausgeht mit dem Befehl", Übers. POPKO, ebd., S. 209, (I), (Ergänzungen nach SETHE).

172 *Wb* 1, 343.8–15, TLA, Lemma-Nr. 851319, Zugriff 2015-05-09.

173 Zur Weitergabe mündlicher Aufträge, die der Vorgesetzte der Schreiber aus dem Kabinett des Königs empfängt und an die Schreiber weitergibt, siehe SCHARFF, Ein Rechnungsbuch des königlichen Hofes, in: *ZÄS* 57, S. 52f.

174 Zweiter Türpfosten von außen an der Scheintür des Wesirs Neferseschemre im Raum nördl. des Eingangsraumes, identische Inschrift re. und li., PM III^2, 511, CAPART, *Une Rue de tombeaux à Saqqarah*, Raum III, Urk. I, 198.9–200, KLOTH, *Die (auto-) biographischen Inschriften*, S. 85, Dok. 44.

175 Deschasche, Felsgrab des Iteti, Eingang, südl. Seite des Durchgangs, PM IV, 122–3, Urk. I, 90.11–15, PETRIE, *Deshasheh*, Taf. 25, KLOTH, *Die (auto-) biographischen Inschriften*, S. 100, Dok. 11 mit Var.

Nicole KLOTH deutet diese, auch als Epitheton in der Opferformel belegte Phrase aufgrund des biographischen Ko-textes als Aussage, in Übereinstimmung mit der Maat zu reden, „d.h. nicht schlecht über andere Menschen zu sprechen und ebenso, beim „Wiederholen“ (*wḥm*) von Nachrichten nichts hinzuzufügen oder auszulassen“.[176] Ihr Verständnis von *wḥm nfr* berücksichtigt die Menge des Gesprochenen, die einem Berichterstatter zusteht. Die Erläuterung: „wobei ich (fremdes Eigentum) in richtiger Weise erwarb“ könnte sich in diesem Kontext aber auch auf einen Übermittler beziehen, der darauf verzichtet, durch Ausschmückung des Berichtes seinen eigenen Platz im auditiven Raum zu vergrößern. Durch das Ausschmücken des Berichtes würde er sich in der Form von *sozialem Kapital* Eigentum, das einem anderen zusteht, aneignen.[177] In diesem Fall handelt es sich um das Maß der Rede, sowohl im Hinblick auf die Länge der Rede als auch auf die korrekte Wiedergabe.

Der Aspekt des *hörbaren Körpers* als Glied einer Kommunikationskette wird zur Differenzierung verwendet. Durch ihn wird zwischen dem *hörbaren Körper* eines Beamten, eines hohen Beamten (sprich „Geheimnishüter“) und dem des Königs oder eines Gottes unterschieden. Die Differenzierung des Königs besorgen Aussagen zum Schöpferwort. Letzteres ist nicht weitergegebene Kommunikation, sondern entsteht im Körper.[178] Vom Mund des Königs heißt es:

> Der König ist die *Ka*-Lebenskraft. Sein Mund bedeutet (wörtlich: ist) Überfluss.
>
> (Nur) der, den er entstehen lässt (oder: aufzieht), ist einer, der es zu etwas bringen wird.[179]

Oder, in einer Variante des Textes: „Sein Mund ist *ḥw* (d.h. das schöpferische Wort)“.[180] Das Wort „Mund“ (*r'*) ist rot geschrieben und mit einem Götterdeterminativ versehen.

176 KLOTH, ebd., S. 102.

177 Unter *sozialem Kapital* wird hier mit BOURDIEU der Erwerb an symbolischer Bedeutung, Prestige und Vertrauensvorschuss verstanden, die ein Sprecher oder Musiker sich durch seine Stellung in der Gesellschaft, seine beruflichen Fertigkeiten, seine institutionelle Ausrüstung und seine besonderen Interessen aneignet, BOURDIEU, *Outline of a Theory of Practice*, S. 184.

178 ZANDEE, Das Schöpferwort im Alten Ägypten, in: FS *Obbink*, S. 34.

179 Stele des Sehetep-ib-Re, sKairo CG 20538, Die Loyalistische Lehre des Kairsu, § 5, 1–2, DILS, in: TLA, Zugriff 2010-11-26.

180 PLouvre E 4864, rto., Die Loyalistische Lehre des Kairsu, § 5, 1. Vergl. Komm. DILS, in: TLA, Zugriff 2010-11-26.

Die dritte Tugend des Beamten ist Verschwiegenheit. Auf sie bezieht sich der Bürgermeister der Südstadt, der Scheunen- Feld- Rinder- und Domänenvorsteher des Amun und weitere Ämter bekleidende Sen-nefer:

> Der die Ohren des Horus in dessen Palast füllt; großer Freund im Königshaus;
> der allein bei seinem Herrn eintreten darf; der den Mund verschließt über das, was seine Augen sehen.[181]

Der unter Hatschepsut dienende Schreiber, Festleiter und Scheunenverwalter Ineni schildert sein Verhalten als Vertrauter des Königs, der das Gehörte nicht ausplaudert:

> Er (der König) [kannte] mich als einen wahrhaft Aufrichtigen, ruhigen Herzens,
> schweigsam (wörtlich: „zugeklebt an seinen beiden Lippen" *ḳmj sp.tj*)
> verschwiegen (*ḥꜣp-r'*) in Bezug auf Angelegenheiten des Palastes LHG.[182]

Der Behutsame benennt Schweigen als Reaktion auf das Verhalten dessen, der alle möglichen Geheimnisse ausplappert:

> Wenn die Rede zu dem Sanftmütigen (*sfn.w*) gelangt, ist sie besser (o.ä.) als der Zank des Schreihalses (*šnt.t n.t ḳꜣj-ḫrw*), so dass sie seine (d.h. des Sanftmütigen) Würde verbreitet.
> Der Schweiger, seine Äußerung (?) ist dort gegründet auf dem mit spuckendem Mund (*gr ḫnw =f sntj jm ḥr bš-r'*).[183]

Hier, in der Rede des Sasobek, wird leises Verhalten explizit im Hinblick auf lautes Verhalten, und somit die Ausgeglichenheit des auditiven Raumes, dargelegt. Dementsprechend bedeutet die folgende Aussage auf der Stele des Antef, Sohn des Tjefi, dass dieser ungehindert reden kann:

---

181 Urk. IV, 1430, Inschriften des Bürgermeisters Sn-nfr, Übers. HELCK, *Urkunden der 18. Dynastie*, Text 92.

182 Scheich Abd el-Gurna, Grab des Ineni, TT 81, Querhalle, Nordseite, Stele 2, PM I, 1², 161 (7), Urk. IV, 63, DZIOBEK, *Ineni*, Text 7a, S. 55, Übers. POPKO, *Geschichtsschreibung*, S. 233.

183 Rede des Sasobek B3, pRamesseum I (BM 10754), 12–13, BARNS, *Five Ramesseum Papyri*, S. 110, Taf. 1–6, Übers. DILS, in: TLA, Zugriff 2009-12-08.

> I did not hinder any of his (his Majesty's) undertakings. My mouth was excellent, my utterance was powerful. All that I did was efficient in the heart of my lord. When I speak, I am unhindered (*wsṯn.kwj*) in speaking; my heart is full of righteousness for my lord.[184]

Der Ko-text legt nahe, dass ihm diese Möglichkeit vom Herrscher eingeräumt wird. Antef dominiert den Hörraum durch seine rednerischen Fähigkeiten. Die Charaktereigenschaften, durch die der *hörbare Körper* sich dem König als brauchbarer Gefolgsmann erweist, lauten bei Mencheper:

> Nicht war ich großmäulig in Anwesenheit von Räten. Nicht stritt ich mit einem der größer war als ich. Nicht spreizte ich die Schritte bis ich hinter den prächtigen Thron ging. […]
>
> Ich war früh auf um ihn zu begrüßen alltäglich. Ich war bedacht auf das was er mir sagen könnte. Nicht vergaß ich, was er mir bestimmt hatte. […]
>
> Nicht kam ich heraus mit einem Geheimnis des Staates. Nicht plauderte ich Sachen der Residenz aus.[185]

Wie die zuletzt zitierten Passagen, die sich auf fünf Stelen der frühen 18. Dynastie wiederfinden, zeigen, bestimmen das Wissen um die eigene Position und Verschwiegenheit den *hörbaren Körper*. Das mit Verschwiegenheit erworbene Vertrauen und Prestige kommt in dem Beamtentitel „Geheimnishüter von dem, was nur einer hören darf“[186] zum Ausdruck. Das Wahren der Geheimnisse kann sich auf den Palast oder, wie auf der Stele des Vorstehers der Priester Rudjahau, auf die Ereignisse im Tempel beziehen:

> Ich bin ein Sachverständiger, einer den Thot leitet, einer der seinen Mund über die Geheimnisse des Tempels verschließt.[187]

---

184 SMMA 57.95, 10–11, LANDGRÁFOVÁ, *It is My Good Name that You Should Remember*, Nr. 10, S. 28, 31.

185 Urk. IV, 1194.15–1195, HERRMANN, *Stelen*, S. 135, siehe dort auch die Angaben zu weiteren Quellen auf Stelen.

186 *Wb* 1, 277.7; *Wb* 4, 388.4, JONES, *Titles OK*, no. 2357. Der Titel findet sich auch erweitert zu: „Geheimnishüter von dem, was nur einer hören darf, am großen Eingang von Oberägypten“ (*r.j-sštꜣ-n-sḏm.t-wꜥ-m- r'-ꜥꜣ-šmꜥ.w*), JONES, *Titles OK*, no. 2358.

187 SBM EA 159, SCHENKEL, *Memphis, Heliopolis, Theben*, S. 293.

Der Grabherr wird gegebenenfalls als *hörbarer Körper* durch seine Titel und Verdienste vermittelt. So nennt die Beischrift zu Userhat, der stellvertretender Herold war, den Grabherrn:

> den Gelobten des guten Gottes, dem jede Botschaft gesagt wird wegen seiner großen Tüchtigkeit für den König.[188]

Hingegen benennt Tjanuni keine Verdienste, die er sich als Sprechender oder Hörender erworben hat, sondern, seinem Amt gemäß, dass er Thutmosis III. auf allen Kriegszügen gefolgt ist und dessen Siege sowie zahlreiche Truppen für ihn aufgeschrieben hat.[189] Jedoch werden in der westlichen Deckeninschrift Verhaltensweisen des *hörbaren Körpers* für Tjanuni angewendet, um seine Vertrautheit mit dem König darzustellen. Dort heißt es von ihm:

> Die Augen des Königs von Oberägypten. Die Ohren des Königs von Unterägypten, Vertrauter des Guten Gottes, einer, der Zugang hat zu seinem Herrn, auch wenn er (der König) abgeschirmt ist (wörtlich dem Abgeschirmten) im Palast.[190]

In der Biographie des Kagemni wird das Berichten explizit formuliert:

> Ich sprach wahr und berichtete vollkommen (*wḥm nfr*) in der Art, die der König liebt. [Oh ihr ..., macht?] das Richtige für den König, (denn) es ist die Wahrheit, die der Gott liebt. Sagt das richtige für den König, (denn) das was der König liebt, ist die Wahrheit.[191]

Es wird mit der Beliebtheit, die einer durch seine Redeweise bei dem König oder dem Stadtgott zu erlangen hofft,[192] begründet.

---

188 Scheich Abd-el-Gurna, Grab des Userhat (18. Dyn.), TT 56, Querhalle, re. Rückwand, Szene vor d. König, BEINLICH-SEEBER/SHEDID, *Userhat*, S. 67, Text 15.

189 TT 74, gr. Steleninschr., 11–18, BRACK, *Tjanuni*, S. 47, Text 40.

190 TT 74, Deckeninschr., Zeile F (westl.), BRACK, ebd., S. 52, Text 58. Parallele Urk. VII, 1.13–2.7 (MR).

191 Idealbiographie des Kagemni, Sakkara, Mastaba LS 10, nördl. des Eingangs, PM III², 521 (5) und (6), Urk. I, 194–196, FIRTH/GUNN, *Teti Pyramid Cemeteries* I, S. 108–111 und II, Taf. 7, 10, 59 (2), KLOTH, *Die (auto-) biographischen Inschriften*, S. 103, Dok. 80, mit weiteren Belegstellen, darunter auch Dok 30: „Ich sagte was die Großen lieben und was die Geringen loben".

192 Zur Nennung des Königs in den Lehren als *nsw.t* oder *nṯr* schreibt FISCHER-ELFERT, *Lehre eines Mannes*, S. 15: „Der ‚Gott' der loyalistischen Texte ist topisch der ideale König,

Die Besuchergrafitti des Schreibers Amenemhat, ein Beamter zur Zeit Thutmosis' III., bestätigt die Rezeption des idealen *hörbaren Körpers* durch den Grabbesucher. In seiner Inschrift im Grab von Antefokers Mutter hält er fest, dass er die Opferformel für den Grabherrn ausgesprochen hat.[193] Die Bitte um diesen Sprechakt wird häufig im Anschluss an die Biographie geäußert.

Forderungen und Sanktionen in den Anrufungen

Die Form der Anrufungen wird im Laufe der Zeit direkter. Die älteren Texte sind in der 1. Person oder der 3. Person abgefasst. Am Ende des Alten Reiches richten sich die Anrufungen an „die Lebenden" (*ꜥnḫ.w*),[194] ab der Ersten Zwischenzeit an Besucher, die in das Grab eintreten. In der 18. Dynastie werden verstärkt einzelne Berufsgruppen angesprochen: Alle, die den Denkstein des Intef lesen – „sei es ein Schreiber, der diese Worte auf diesem Denkstein lesen wird, sei es einer, der sie hören wird"[195] – sollen das Opfergebet sprechen. Auf Stelen und Tempelstatuen tritt der Anruf stärker hervor, sodass die gesamte Inschrift als direkte Rede an den Leser oder Hörer erscheint. In der zentralen Frontinschrift des Grabes Siut IV aus der Herakleopolitenzeit wendet sich der Grabherr an Passanten wie folgt:

> Jeder Schreiber aber und jeder Gelehrte, der ein Geschickter in seinem Fach ist, ein im Schreiben Perfekter, ein in der Gelehrsamkeit Perfekter, der sich den Namen eines Mannes (von Rang) erworben hat, der eine Stellung einnimmt, nachdem er zur Schule gegangen ist,

---

mimetisch dagegen der ‚Gott des Einzelnen'. Dem Begriff wohnt somit eine zweidimensionale Extension inne: *nṯr* → idealer König → Gott des Einzelnen. Die Größe ‚Gott' bedarf also eines Mittlers, eben des diese Größe ideal repräsentierenden ‚Königs', dem der Einzelne = Beamte zu dienen und den er zu verehren hat. Damit – unter dem topischen Aspekt – wird der König zum Vorläufer des ‚Persönlichen Gottes', spätestens in der Nachamarnazeit." Grundzüge dieser Entwicklung bei LOPRIENO, *Topos und Mimesis*, S. 94ff.

193 PARKINSON, *Voices from Ancient Egypt*, Text 59d, S. 148.

194 SAINTE FARE GARNOT, *L'appel aux vivantes dans les textes funéraires des origines à la fin de l'Ancien Empire*. Dieser Anruf findet sich wieder in Gräbern der frühen 18. Dynastie, siehe HERRMANN, *Stelen*, S. 146–148.

195 Denkstein des Intef, sLouvre C1, PM I, 1^2, 265, Urk. IV, 965.3. Siehe auch TT 84, Denkstein des *Ꜣmw-nḏḥ*, Vorsteher der Wache unter Thutmosis III., PM I, 1^2, 168 (4), Urk. IV, 939.6 und die Anrufung in TT 100, Querhalle, S-Wand, 40–41, PM I, 1^2, 206 (3), in der die Besucher bezeichnet werden: „[jeder] geschickte Schreiber, geübt in Schriften, der in Schriften lesen wird, der mit seinem Herzen interpretieren wird, der Zungenfertige […] der auf das hören wird, was die Vorfahren sagen", Urk. IV, 1083.13–1084.8, Übers. HELCK.

der an dieser Treppe vorbeikommen wird, der in dieses Grab eintreten wird, der seine Beschriftung unangetastet lassen wird, der seine Statuen schonen wird, und der sagen wird:

Ein Opfer, das der König gibt: Tausend an Broten und (Krügen) Bier, tausend an Rindern und Gänsen, tausend an Jahresfestopfern und tausend an allen guten Dingen für den *Ka* des Herrn diese Grabes,

des Grafen Jtj-jbj's Sohn Chety, der die Macht ausübte in diesem Gau (o.ä.), der alle Leute der Gerechtigkeit entsprechend richtete, ohne dass er parteiisch war zugunsten seiner Väter, seiner Mütter, seiner Frauen, seiner Kinder, seiner Gefolgsleute oder irgendwelcher Leute, die in seinem Gefolge kamen –

der soll für seine Stadt ein Greis, für seinen Gau ein Ehrwürdiger werden, und für den werde ich in der Nekropole eintreten als sein Beistand.[196]

Der Belohnung für die Achtung des Grabes und das Sprechen der Opferformel schließt sich die Verfluchung an:

> Jeder Rebell aber und jeder Empörer, der Zerstörung anrichten wird trotz diesem, was er gehört hat, dessen Name soll nicht auf Erden existieren, der soll nicht bestattet werden im Bergland, der soll gekocht werden zusammen mit den Verbrechern, die der Gott verflucht hat; verabscheuen soll ihn sein Stadtgott, verabscheuen sollen ihn seine Mitbürger.[197]

Auf der Front des Grabes Siut III benennt der Fluch den *hörbaren Körper* durch den Zusatz:

> Alles, was aus seinem Mund kommt, das sollen die Götter der Nekropole ins Gegenteil verkehren.[198]

Der Bedrohte wird durch die Aussage „trotz diesem, was er gehört hat" explizit als ein *hörbarer Körper* adressiert, der im Falle der Grabschändung wider besseres Wissen handelt. Durch den Fluch „dessen Name soll nicht auf Erden existieren" wird das Hören des Namens im Bereich der Lebenden ausgeschlossen. Die Verweigerung seiner Bestattung und die Vernichtung des Körpers dehnt die völlige Auslöschung der Existenz des Frevlers auch auf das Jenseits

196 Siut Grab IV, zentrale Frontinschr., 76–79, EDEL, *Die Inschriften der Grabfronten der Siut-Gräber*, S. 129–131.

197 Siut Grab IV, zentrale Frontinschr., 79–80, EDEL, ebd.

198 Siut Grab III, zentrale Frontinschr., EDEL, ebd., S. 83.

aus.[199] Die Fluchandrohung in Grab Siut IV bildet nach der Idealbiographie des Grabherrn und der Anrufung an die Grabbesucher den Schluss der zentralen Frontinschrift. Sie ist damit in einen Kontext eingebunden, der die sozialen Tugenden des Grabherrn und die eines Besuchers, der die Opferformel spricht, benennt. Die Androhung erzwingt das in den Texten geforderte Handeln. „Darüber hinaus ist Zwang nicht notwendig das, was der Performativität eine Grenze setzt; Zwang verleiht der Performativität den Antrieb und erhält sie aufrecht. Die Wiederholung [von Normen] ist das, was ein Subjekt ermöglicht."[200] Wirkt die Drohung positiv, dann fördert sie einen *hörbaren Körper*, der für den Grabherrn die Opferformel spricht.

Der Hörraum umfasst einen Daseinsbereich. Die Tragweite der Anrufungen liegt in ihrer Vermittlung eines stimmlichen Handelns, das als Kommunikation zwischen Grabherrn und Besucher zwei unterschiedliche Daseinsbereiche miteinander verbindet. Damit erfüllt der *hörbare Körper* eine wichtige Funktion im Kontinuitätsmodell der altägyptischen Jenseitsvorstellungen. Die Motivierung des Grabbesuchers variiert. Der auf seiner Stele mit dem Redegestus dargestellte Wesir User-Amun rühmt sich zunächst seiner Beherrschung lautlichen Verhaltens und seiner Verschwiegenheit:

> [6] Nicht erhob ich die Stimme im Haus des Herrn des Schweigens, nicht sagte ich Lüge im Haus der Maat, nicht frevelte ich im reinen Bezirk eines Gottes, nicht nahm ich von seinem Gottesopfer.
> [7] Siehe ich war ein *wꜥb*-Priester mit wachsamen Ohren, allein als Einziger, ich kam nicht heraus mit Angelegenheiten des Königspalastes, meine Vortrefflichkeit brachte meine Stellung voran.[201]

Um sich seine Präsenz im Hörraum der Tageswelt zu sichern, fordert er daraufhin die Grabbesucher auf, für ihn die Opferformel zu sprechen, „auf dass sein Name nicht untergehe". Hierbei erwähnt er die geringe Mühe, die die Erfüllung seiner Bitte kostet:

---

199 ASSMANN, *Tod und Jenseits*, S. 55f, trennt in seiner Analyse zwischen den Aussagen zur Sozialsphäre und solchen zur Leibsphäre, den Namen rechnet er der Sozialsphäre zu (S. 16 und 54–73).

200 BUTLER, *Körper von Gewicht*, S. 139.

201 Stele Uriage (Grenoble Inv. Nr. 1954), 12, 6–7, Mus. Grenoble Kat. Nr. 19, Urk. IV, 1031.9–16, DZIOBEK, *Denkmäler des Veziers User-Amun*, S. 91.

[11] Es ist ein Hauch (nur) für den Mund und ausgezeichnet für den Edlen. Es ist nichts wovon man ermüdet und ich spende Lob dem, der in meinem Schatten (dem des Grabes) steht.

Ich bin ausgezeichnet für den, [12] der meinen Namen ausspricht, wenn Ihr dies tut, so ist es gut für Euch und ihr seid frei von Leid. Macht Eure Gesichter nicht taub, sondern sagt (die Opferformel).

Ich bin ein Edler, auf den man hören muss."[202]

Das Aussprechen der Formel wird als eine Handlung, mit der keine Anstrengung verbunden ist, dargestellt. Die Motivierung, um den Besucher zum Vollzug des Sprechaktes zu überreden, besteht auch bei User-Amun in den mit dem Sprechakt verbundenen Vorteilen für den Besucher. Der Grabherr schließt mit einer Aufforderung zum Gehorchen. Dem Appell, sich seiner Bitte nicht zu verschließen, fügt er seine soziale Position hinzu.[203] Indem er dies tut, beruft er sich auf die soziale Ordnung der höheren Beamtenschaft. Im Gegensatz zu Ineni (ein Untergebener, der die Grabbesucher dazu auffordert es ihm gleich zu tun) positioniert sich User-Amun als ein Edler und die Grabbesucher als die Untergeordneten. Ein weiteres Mittel, um den Besucher zum Sprechen der Opferformel zu bewegen, besteht in der Zerstreuung aller Bedenken, die mit der Sprechhandlung verbunden sein könnten. Der Grabherr Paheri versichert den Angerufenen:

Ich lasse (es) euch wissen: Ein Rezitieren ist dies (ja nur) ohne Folgen.

Nicht Fluch noch Lästerung liegt darin. Nicht bedeutet es Streit mit einem anderen.

Nicht Ausbeutung eines, der gelegentlich in Not ist, (sondern) eine angenehme Rede der Ergötzung ist es, die zu hören das Herz nicht satt wird.

---

202 Urk. IV, 1032.15–1033.7, POSENER (*L'Enseignement Loyaliste*, S. 33) übersetzt: „Je suis un notable digne d'être écouté". HERRMANN (*Stelen*, S. 150) übersetzt mit „Verstorbener". Nach DZIOBEKS Doppelpunkt bei „sagt:" (*Denkmäler des Veziers User-Amun*, S. 91) sieht es so aus, als sollten die Grabbesucher den letzten Satz sagen. Das halte ich aber für ausgeschlossen, weil diese ja zum Aussprechen der Opferformel aufgefordert worden sind und der Kontext der Anrufung nahelegt, dass der Grabherr sie dazu bringen möchte, indem er sein eigenes Prestige hervorhebt.

203 Schon im AR: „[Möget ihr (die Grabbesucher) sagen,] dass ich wahrlich ein Geehrter war, wie es über mich schon auf der Erde gesagt wurde", Sakkara, Architrav über dem Grabeingang des Mhj, EDEL, *Hieroglyphische Inschriften des Alten Reiches*, S. 88–94, Abb. 35, Taf. VI, KLOTH, *Die (auto-) biographischen Inschriften*, Dok. 36, S. 274.

> Ein Hauch des Mundes ist es (ja nur) ohne Herzbeschwerde. Kein Laufen und kein Davon-Ermüden.
>
> Gut ist es für Euch, wenn ihr es tut. Ihr werdet mich finden wie ich für Euch eintrete.[204]

Performativität und Stimmsymbolik sprechen gegen ein stilles Gebet.[205] Das hier mit „Hauch“ wiedergegebene Lexem *ṯꜣw* heißt auch „Wind“. Die Determinierung von *ṯꜣw* mit 𓊡 Gardiner P 5, einem geblähten Segel an einem Schiffsmast, und die Eigenschaft der Stimme als Überwinderin ontologischer Grenzen – „der Wind des Lebens ist mein Kleid, hinter mir war es aus Atums Mund hervorgekommen“[206] – indizieren eine kräftige Ausatmung. Der Wortrhythmus folgt dem Atem und dem Herzschlag des Menschen. Die Sprechstimme klingt an, sie erklingt, klingt fort, verklingt und klingt nach. Das Performative der Stimme existiert nur als dieser Augenblick und als Körperlichkeit. Durch das Erklingen und Wahrnehmen der Stimme wird der Bogen zwischen der Leiblichkeit des anwesenden Sprechers und der Beziehung zum Anderen gespannt. Als Preisgabe ist die Stimme Gabe und damit Geste an den Anderen.[207] Sowohl die verneinte – Fluch, Lästerung, Streit, Ausbeutung – als auch die zugestandene Wirkung der Rezitation – Ergötzung, die zu hören das Herz nicht satt wird, – deuten auf die Qualität der Stimme hin, ein Objekt des Abscheus oder des Begehrens zu sein. Bei den Anrufungen treffen die Existenzbereiche der Lebenden und des Grabherrn zusammen. Die an diesem Ort erzeugt Stimmsymbolik beruht auf der Materialität der Stimme. Sie besteht darin, Spur des *lebendigen* Körpers zu sein.

Derjenige unter den Lesern, der einmal als Besucher in der Längshalle von TT 100 laut gesprochen hat, hat erfahren wie sich die Halle durch ihre Architektur zu einem Hörraum erweitert, in dem der Klang der Stimme sich auf eine bestimmte Weise verteilt und auf eine bestimmte Weise zurückkehrt. Die Akustik und das Hörereignis, das im architektonischen Raum und im Körper

---

204 EK 3, Rückwand neben Statuennische, 45–50, PM V, 180 (10–11), Verbindung aus Biographie und Anrufung, Urk. IV, 122.10–123.5, HERRMANN, *Stelen,* S. 149, Parallelen ebd.

205 Entgegen GRAPOW (*Die bildlichen Ausdrücke des Ägyptischen,* S. 120), der aus dem „Hauch für den Mund“ (*ṯꜣw n r'*) schließt, dass die Opferformel „als stilles Gebet“ gesprochen wurde. Zu Gebeten, die in der Wüste erklungen haben könnten, siehe auch MANASSA, Soundscapes in Ancient Egyptian Literature and Religion, in: MEYER-DIETRICH, *Laut und Leise,* S. 149.

206 CT I 373d–374b.

207 MERSCH, Präsenz und Ethizitet der Stimme, in: KOLESCH/KRÄMER, *Stimme,* S. 213.

seine Spuren hinterlässt, wirken bei der Gestaltung eines Hörraumes mit. Die Rezeption der Anrufung und die Performativität des geforderten Sprechaktes tragen somit zur Ausbildung der sozio-religiösen Identität des *hörbaren Körpers* bei. Durch das Sprechen der Opferformel werden die Rahmenbedingungen gefestigt und Sinnstrukturen für ein stimmliches Handeln, das sich über ontologische Grenzen hinweg auswirkt, aufrechterhalten.

Differenzsetzung

Die Idealisierung des *hörbaren Körpers* erfolgt über die Tugenden des aufmerksamen, geduldigen Zuhörens und des zurückhaltenden Einsatzes der Stimme. Er vereint in sich die Eigenschaften eines Zuhörers von rechter Gesinnung und frei von Nachlässigkeit, der das ihm entgegengebrachte Vertrauen nicht missbraucht, mit denen eines Sprechers, der die Wahrheit spricht, niemanden verleumdet und den Herrscher lobt. Das Wissen um seine Position, Verschwiegenheit in Bezug auf die Angelegenheiten des Palastes und das Lob des Königs bestimmen sein Verhalten im Hörraum. Bei Herren in hoher Position treten noch das Mittlertum und das mit dem König unangemeldet oder allein sprechen können hinzu. Sinnfälliges lautliches Handeln richtet sich nach der im Hörraum befindlichen Lautmenge. Es gleicht diese aus. Der Beamte beansprucht im Hörraum nur die Redemenge, die er als Übermittler oder Berichterstatter korrekt weitergibt, oder die ihm zusteht. Er fügt sich mit seiner Stimme als Glied einer verbalen Kommunikationskette in die Gesellschaft ein. Seine Loyalität mit dem König ist öffentlich wahrnehmbar.[208] Er kämpft für den guten Ruf des Königs und achtet den bei ihm geleisteten Eid.[209] Das Gegenbild stellt der Rebell dar. Aufrührerische Rede bildet ein Verhalten gegen die Maat:

> Ich tat die Maat für den Herrn der beiden Länder des Nachts wie am Tage, denn ich war mir bewusst, dass er von ihr lebt; mein Abscheu ist aufrührerische Rede.[210]

208 Der Grabherr Methethj fordert die Grabbesucher auf: „Lobt den König, solange ihr lebt", KLOTH, *Die (auto-) biographischen Inschriften*, S. 120, Dok. 39. Lehre eines Mannes, § 2, 2: „Preise (*dwꜣ*) den König" und Lehre eines Mannes, § 6, 3: „jauchze (*ḥꜥw*) über das was er befiehlt", nach oG 316, FISCHER-ELFERT, *Lehre eines Mannes*, S. 47ff, bzw. 86ff. Lehre des Kairsu, § 2, 4: „Erzeugt Jubel (*hnw*) für ihn (den König) zu jeder Zeit!", oDeM 1228, 10, DILS, in: TLA, Zugriff 2010-12-17.

209 Lehre des Kairsu, § 6, 1 (Rubrum), pLouvre E 4864, rto. (18. Dynastie).

210 Urk. IV, 1795, Übers. ASSMANN, *Ma'at*, S. 212.

Der „Vielredner" (*mdw.tj*;[211] *tȝḥ*[212]) wird in der Lehre des Merikare mit einem politischen Rebellen gleichgesetzt. Mit den aus Fluchformeln bekannten Formulierungen wird er als Unruhestifter beschrieben:

> Der (Viel)redner ist jemand, der andauernd als Störenfried auftritt. Beseitige ihn! Töte [seine] Kinder! Tilge seinen Namen! [Vernichte] seine Nachbarn/Angehörigen! Beseitige die Erinnerung an ihn und (beseitige) seine Anhänger (oder: die Erinnerung an ihn und an seine Anhänger), die ihn lieben!
>
> Ein Streitsüchtiger[213] [mit ... Herzen (?)] ist ein Faktor der Unruhe für die (wörtlich: der) Stadt(bewohner). Er pflegt (gegensätzliche) Parteien unter den Jugendlichen (oder: der Jugendmannschaft?) zu bilden.
>
> Wenn du ferner jemanden antriffst, der zu den Stadtbewohnern gehört, [......],[214] dessen Fall/Fehler dir untergekommen ist (wörtlich: an dir vorbeigegangen ist), (dann) klage ihn an vor dem Hofstaat! Vertreibe ihn! (Denn) er ist ebenfalls ein Rebell (*sbj*).
>
> Der Vielredner ist der Störenfried der Stadt. Unterwirf (wörtlich: beuge) die Volksmasse! Vertreibe die Aufregung (wörtlich: Hitze) von ihr![215]

Abweichungen vom Ideal werden nicht toleriert. Um Einigkeit und Ruhe im Volk zu erhalten, soll der Rebell aus der Gesellschaft ausgeschlossen werden. In einem Brief vom Ende der 17. Dynastie wird berichtet, wie sich die Tempelpriesterschaft bittend an den König wendet. Sie klagt über einen Übeltäter, als Feind, „der keinen Namen hat". Sie fordert seine Entfernung aus dem Amt, die Einbehaltung seiner Einkünfte, und vergleicht ihn mit einem Rebellen:

---

211 *Wb* 2, 182.6, TLA, Lemma-Nr. 78180, Zugriff 2015-05-09.

212 *Wb* 5, 234.7, TLA, Lemma-Nr. 169560, Zugriff 2015-03-11.

213 Rubrum: „Streitsüchtiger" oder „Aufruhr" (*sh*[ʔ]), vergl. Komm. von DILS, in: TLA, Zugriff 2009-12-08.

214 QUACK (*Studien zur Lehre für Merikare*, S. 21) ergänzt: „Einen mit flinkem Mund"

215 Lehre des Merikare 23–27, pPetersburg 1116 A, vso. 2, 11–3, 2–3, (18. Dyn.), ergänzt nach pMoskau 4658, 2, 8–11, DILS in: TLA, Zugriff 2009-12-08, siehe dort auch die Kommentare zur Übersetzung. Zum Lexem „Rebell" siehe auch OMAR, *Aufrührer, Rebellen, Widersacher*, passim.

> Man soll sich nicht an seinen Namen erinnern in diesem Tempel, so wie man mit Seinesgleichen tut, (mit) einem der rebelliert wie der Feind seines Gottes.[216]

Durch den Vergleich mit einem Gottesfeind und der Ortsangabe „in diesem Tempel" wird die Sanktion religiös begründet. Theophore Namen bilden eine Markierung des *hörbaren Körpers*, die ihm durch eine religiöse Beziehung einen Platz in der Gesellschaft zuweist. Die Motivierung der Strafe in der Eingabe der Tempelpriesterschaft gründet sich auf die Bindung eines Mannes an seinen Gott. Die für den Gottesfeind geforderte Lösung dieser Bindung kommt einem Ausschluss aus der Gesellschaft gleich. Beteuerungen auf Statuen versuchen einem Ausschluss vorzubeugen:

> Ich war ein Selbstbeherrschter (*ḳb*) in seiner Stadt und ein Ruhiger (*gr.w*) in seinem Haus, weil ich die Furcht vor Gott in mein Herz gab und die vor dem König in mein Herz, und weil die Ehrfurcht vor meinem Herrn in mir war, bis ich das Alter ihrer Gabe erreichte.[217]

Der hier geschilderte gottesfürchtige Ruhige ist das Wunschbild eines Mannes, der nicht wie ein Rebell aus der Stadt ausgeschlossen werden will.

1.2 Der hörbare Körper der nachtodlichen Existenz

Prozesse, rituelle Praktiken, Ereignisse, Symbolisierungen und Abstraktionen verweisen auf den *hörbaren Körper* der nachtodlichen Existenz.[218] Da er in der Amarnazeit nicht thematisiert wird, werden, um die Dynamik des Diskurses aufzuzeigen, in diesem Teil der Untersuchung auch spätere Quellen herangezogen.

Der Name

„Dessen Name dauert im Munde der Menschheit" ist eine Apposition zu Osiris in einem an ihn gerichteten Hymnus des Neuen Reiches.[219] Sie bildet

---

216 Königsdekret von Nebuheperre-Intef, pKairo 30770, 6, HAFEMANN, in: TLA, Zugriff 2015-03-06.

217 SKairo CG 534 (18. Dyn.), GUKSCH, *Königsdienst*, Beleg (090)03.

218 MUSNER, *Desiderata einer Historischen Kulturwissenschaft*, http://www.historischekulturwissenschaften.uni-mainz.de/305.php, letzter Zugriff 2010-06-23.

219 SLouvre C 286, ASSMANN, *ÄHG* 213, 19.

seit den Pyramidentexten[220] die Kernaussage zur Konstituierung des *hörbaren Körpers* in der nachtodlichen Existenz durch seinen Namen. Ab dem Mittleren Reich wird in den Anrufungen der Wunsch formuliert, dass der Name erhalten bleiben möge.[221] Für den Namen eines Lebenden wie eines Toten gilt, dass er die wesentlichen individuellen und ideologischen Aspekte des Menschen umfasst.[222] Der Name erhält eine Person mit Rückgriff auf ihr Leben in der Tageswelt.[223] Die durch theophore Namen gegebene Verbindung zu einem Gott wird im Kontext des Grabes ausgenützt.[224] Anrufung (*njs*) und Aussprache (*dm*) des Namens über den Tod hinaus,[225] die Graffito von Handwerkern[226] und Schreibern[227] und letztlich auch der Ausschluss durch die Verfemung des teilweisen[228] oder ganzen Namens im Grab beruhen auf der Vorstellung, dass der *hörbare Körper* durch die Nennung seines intakten Namens (*rn nfr* später ersetzt durch *rn nḏs*) weiterhin existiert. Patricia BOCCHI stützt die Bedeutung des Namens in den Jenseitsvorstellungen der alten Ägypter mit der Idee, dass Uschebtis für den Toten im Jenseits eintraten, sobald dessen Name gerufen wurde.[229] Die Verwendung seines guten Namens erhält die Integrität des oder der Toten als der berechtigte Erbe seines Vaters. Diese Rolle fordert die damit verbundenen Aufgaben für den Vater ein, sie markiert den Sohn, der für

---

220 Bspw. pyr. § 764, pyr. § 256c, d, und pyr. § 1662.

221 MÜLLER, Anruf an Lebende, in: *LÄ* I, Sp. 296. Zum Namen als soziale Erinnerung auf Stelen des Mittleren Reiches LANDGRÁFOVÁ, *It is My Good Name that You Should Remember*, S. xi-xiii.

222 BOLSHAKOV, *Man and his Double*, S. 154, VERNUS, Name, in: *LÄ* IV, Sp. 320–336.

223 Siehe hierzu VERNUS, Études de philologie et de linguistique, in: *RdÉ* 32, S. 126, Anm. 43. ASSMANN, *Tod und Jenseits*, S. 54–73. MEYER-DIETRICH, *Senebi und Selbst*, S. 185–187 und 260. Siehe auch die Totenbuchversion von PT 246 (pyr. § 256d), Tb 372, 19–29.

224 MOORE, *Any* as an Element in Theophoric Names, in: *JARCE* 33, S. 152.

225 Urk. IV, 1–11, SCHOTT, Zur Unvergänglichkeit des Namens, in: *MDAIK* 25, S. 129–135. Zur Fortdauer, bzw. *Damnatio memoriae*, auch ASSMANN, *Ma'at*, S. 109f.

226 Dra-abu'l-Nag'a, Relieffragment, KS1804, RUMMEL, „Ramsesnacht-dauert" – Die Beziehung zwischen Namenspatron und Namensträger am Beispiel einer Besucherinschrift aus Dra' Abu el-Naga, in: FS *Altenmüller*, S. 369–377.

227 Grab von Pepi-anch mit dem guten Namen (*rn nfr*) Heni der Schwarze, Meir, Grabkapelle A 2, Raum F, W-Wand, BLACKMAN, *Meir* V, Taf. XLIII, MEYER-DIETRICH, *Senebi und Selbst*, Abb. 5, S. 48.

228 Bei dem Besitzer von TT 162, TT 188 und TA 7 sowie einer Statue aus Abydos, Kairo CG 586, wo der Name auf der sichtbaren Vorderseite zerstört, auf dem Rückenpfeiler aber erhalten ist, datiert in die Zeit von Tutanchamen und Haremhab, KAMPP-SEYFRIED, Die Verfemung des Namens *P3-rn-nfr*, in: FS *Stadelmann*, S. 303–319, Taf. 15.

229 BOCCHI, Death by Drama: The Ritual of Damnatio Memoriae in Ancient Egypt, in: *GM* 171, S. 75.

seinen Vater handelt. Unter diese Handlungen fällt auch die Mundöffnung. Durch seinen Namen existiert der Verstorbene in unterschiedlichen ontologischen Bereichen. In den Pyramidentexten sind diese die Lebenswelt, die geheimen Plätze und der Nachthimmel. In PT 468, der bei Pepi I. auf der Westwand der Vorkammer steht, wird dem Toten gewünscht:

> O du Pepi! Dein Name lebe an der Spitze der Lebenden.[230]

Durch die Anrufung „O du Pepi!" wird der Tote im Nachtbereich als hörend dargestellt. Im selben Spruch wird das Hören des Namens mit der Furcht verknüpft und auf eine Umgebung bezogen, die aus allem, was sieht und seinen Namen hört, besteht:

> O du Pepi!
> Dein Schrecken ist das heile Horusauge, diese Weiße Krone, die Älteste (Schlangengöttin), die in El Kab ist.
> Möge sie deinen Schrecken, Pepi, in die Augen aller Götter geben, in die Augen der Verklärten,
> der Nichtuntergehenden, Derer mit geheimen Plätzen, in die Augen aller Dinge, die dich sehen werden
> und die deinen Namen hören werden.[231]

Die geschlechtliche, religiös und politisch besetzte und besetzende Performativität des Namens wird an der direkten oder indirekten Genetivform „Osiris N" oder „Osiris n N"[232] deutlich. Sie wurde mit Ausnahme der Amarnazeit als Identitätsbegriff für alle Verstorbenen angewendet. Sie versieht den Toten mit einem sozialen Geschlecht und markiert ihn ontologisch. Bei basileophoren Namen umfasst er die Zugehörigkeit zu einem König. Aufschlussreich für die Verwendung von basileophoren und theophoren Namen in der Totenversorgung ist das von BERLEV und HODJASH untersuchte Kanopengefäß I.1.a.5323.[233] Es beinhaltete die Eingeweide eines Reinigungspriesters aus Memphis namens *ʿrj-ptḥ-ḥpw*, der die Einbalsamierung des Apisstieres überwachte. Im Gegensatz zur Filiation auf den anderen Eingeweidekrügen,

230 Pyr. § 899b.

231 PT 468 (pyr. § 900a–e, Pepi I., Vorkammer, W-Wand, TOPMANN, in: TLA, Zugriff 2011-11-29.

232 Frühester Beleg 21. Dynastie, vergl. SMITH, Osiris NN or Osiris of NN?, in: *Totenbuch-Forschungen*, S. 331.

233 BERLEV/HODJASH, The Egyptian for 'Basilophorous Name / Surname', in: FS *Eggebrecht*, S. 15–17.

die seine Titel wiederholen und die Abkunft hinzufügen, wobei wie üblich an erster Stelle der Name der Mutter und danach der des Vaters genannt wird, wird auf dem *ḥʿpjj*-Krug I.1.a.5323 des Priesters das Matronymikon nicht verwendet. Überdies wird auf besagtem Krug nur der Titel des Vaters (sogar zwei Mal) und der Name (*rn nfr*) des Besitzers „König Apries ist dauernd" (*mn wꜣḥ-jb-rʿ*) gegeben. Die göttlichen Determinative seines Namens *ʿrj-ptḥ-ḥpw*, der Gott bei *ptḥ* und der Stier bei *ḥpw*, sind daselbst hingegen weggelassen. Hierdurch wird der Tote auf dem *ḥʿpjj*-Krug ausschließlich in seiner Eigenschaft als Sohn eines Königs angesprochen und der Krug selbst wird, wie der gleichnamige Horussohn, als Gott behandelt. Auf die mütterliche Linie angewendet, könnte eine zweckdienliche Verwendung der Filiation zur Erklärung der überwiegenden Nennung „gemacht von" oder „geboren von" plus Name der Mutter (61 von 67) in den Genealogien auf privaten Tempelstatuen der 12., 13. und 17. Dynastie[234] beitragen. Die Angabe weist die Statue als die Verkörperung eines Menschen, der auf der Erde geboren wurde, aus. Sie betont damit gezielt den Aspekt des Erdendaseins eines Statuenbesitzers.

Im 4. Jh. v. u. Z. ersetzt „Hathor N" die Markierung des Namens bei weiblichen Verstorbenen. Die Philosophin Judith BUTLER geht bei ihren Überlegungen zu politischen Signifikanten von folgendem aus:

> Wenn innerhalb des politischen Diskurses ‚Frauen' [hier zu ersetzen durch ‚Osiris'] niemals das vollständig beschreiben kann, was es benennt, dann [...] weil der Begriff eine dichte Überschneidung von Sozialbeziehungen markiert, die durch die Identitätsbegriffe nicht zusammengefasst werden können. Der Begriff wird seine Stabilität in dem Ausmaß gewinnen und verlieren, in dem er differenziert bleibt und jene Differenzierung politischen Zielen dient. [...] Die konstitutive Instabilität des Begriffs, seine Unfähigkeit, jemals vollständig beschreiben zu können, was er benennt, wird genau von dem produziert, was ausgeschlossen wird, damit die Determinierung stattfindet. [...] Frauen [lies: ‚Osiris'] als die bevorzugte Figur für ‚den verlorenen Referenten' in Zweifel zu ziehen heißt jedoch ganz genau, jene Beschreibung als eine mögliche Signifikation neu zu erstellen und den Begriff als einen Ort für eine erweiterungsfähige Neuartikulation zu öffnen.[235]

234 VERBOVSEK, Die persönliche Legitimierung über die „mütterliche Linie" – Einige Ergänzungen zur Nennung der Eltern in den Genealogien des Mittleren Reiches, in: *LingAeg* 12, S. 179–182.

235 BUTLER, *Körper von Gewicht*, S. 298.

Ein Beispiel für eine Neuartikulation des ontologisch und geschlechtlich besetzten Namens Osiris N liefert die Marburger Stele aus dem 4. Jh. v. u. Z.[236] Die Beischrift zu der Verstorbenen (in der Opferszene) im Giebelfeld lautet: „Worte zu sprechen von Hathor Ta-aat, gerechtfertigt, Tochter des Pa-di-mehit". Der Text besteht aus der Opferformel und einem Anruf an die Lebenden:

> Ein Königsopfer (für) Re-Harachte, den großen Gott, Herrn des Himmels, und Atum, Herrn von Heliopolis, damit sie ein Totenopfer aus Brot und Bier, Rind, Geflügel, Wein, Milch, Weihrauch, Öl/Fett, Alabaster, Opfergaben, Nahrung und allen guten und reinen Dingen von denen ein Gott lebt, gewähren für den *Ka* der Hathor Ta-aat, der Tochter des Padi-mehit, gerechtfertigt, geboren von der Hausherrin Ta-scherit-mehit, gerechtfertigt.
>
> Oh ihr Lebenden auf Erden, die alle an diesem Grab vorübergehen werden: Ihr möget für mich diesen meinen Namen ausrufen.
>
> Opfert Brot, Bier, Rind, Geflügel und Weihrauch, ewiglich und unendlich (im) Wüstental (= der Nekropole?).[237]

Die Verstorbene hat zur ontologischen und geschlechtlichen Markierung ihres Namens den Gott „Osiris" gegen die Göttin „Hathor" ausgetauscht. Diese spätzeitliche Neuartikulation des Osiris N-Namens für eine Verstorbene ist auch auf weiteren Dokumenten belegt.[238] Dass es sich hierbei um die Neuartikulation einer Praxis handelt, die im Diskurs der Gräber eingeleitet worden war, erscheint mir durch Textzeugnisse gegeben, die die Ehefrau des Verstorbenen in der hathorischen Rolle darstellt. In den Inschriften der ersten Zwischenzeit spielt sie diese Rolle für ihren Mann.[239] In der 18. Dynastie sind die weiblichen Familienangehörigen in thebanischen Gräbern als „Gelobte der Hathor" mit dieser Göttin verbunden. Die Namenbeischrift der Gattin des Brotzählschreibers Userhat, TT 56,[240] lautet:

---

236 SMarburg Inv. Nr. 001/95, VERHOEVEN/WITTHUHN, Eine Marburger Totenstele mit Anruf an die Lebenden, in: *SAK* 31, S. 307–315, Taf. 22–24.

237 VERHOEVEN/WITTHUHN, ebd., S. 309, Übers. S. 311.

238 Belege und Literatur, VERHOEVEN/WITTHUHN, ebd., Anm. 10. Siehe auch SMITH, Osiris NN or Osiris of NN?, in: *Totenbuch-Forschungen*, S. 325–337.

239 Belege aus der ersten Zwischenzeit: sKrakow MNK XI 999 und sKairo CG 1651, MORENZ, *Die Zeit der Regionen im Spiegel der Gebelein-Region*, S. 237.

240 Als Quelle für die Wahrnehmung des *hörbaren Körpers* des Toten durch die Grabbesucher wird TT 56, das Grab des Userhat, Brotzählschreiber und Stellvertreter des Herolds unter Amenhotep II., in Scheich Abd-el-Gurna gewählt. Der Grund dafür liegt in seinem guten Erhaltungszustand, dass seine Anlage der Normalform der mittleren 18. Dynastie

seine geliebte Frau, die Hausherrin, Gelobte der Hathor, Mutnofret, die Gerechtfertigte (beim großen Gott).[241]

Die Beischrift seiner Tochter lautet:

seine herzlich geliebte Tochter, die Gelobte der Hathor, Herrin von Dendera, die Hofdame, geliebt von ihrem Herrn, Henutnoferet, die Gerechtfertigte.[242]

Für den Grabherrn werden drei unterschiedliche Namensformen in der Querhalle von TT 56 gebraucht:

Der Rufname ergänzt durch die Berufsbezeichnung „Der Brotzählschreiber Userhat" (*sš ḥsb t Wsr-ḥꜣt*). Diese Form findet sich als Namenbeischrift in den Darstellungen des Grabherrn beim Vollzug des Opfers (hier ergänzt durch *mꜣ ꜥ-ḫrw*), bei der Berufsausübung, vor dem König und bei der Mundöffnung in der Umrahmung der Scheintür.[243]

Der ontologisch markierte Name „Osiris Schreiber Userhat" (*Wsjr sš Wsr-ḥꜣt*). Diese Form wird in den Opferformeln auf der Scheintür in den drei westlichsten Registern verwendet.[244]

Die östlichen Register der Scheintürinschrift bezeichnen den Grabherrn hingegen: Den „*Ka* des (diverse Ämter eingesetzt) Userhat, des Gerechtfertigten" (*kꜣ n sš Wsr-ḥꜣt mꜣꜥ-ḫrw*).[245] Die *Ka*-Namensform wird außerdem in der Beischrift zu den Opferträgern (Text 24) und den Opferformeln an den linken Türpfosten verwendet.[246] Der *Ka* bildet hierbei die Markierung des Namens

entspricht und die Querhalle durch ihre Ausformung der Diesseitsbezogenheit des Grabherrn unverkennbar Rechnung trägt.

241 TT 56, Querraum, Beischrift zur Frau, Texte 3, 8, 10, BEINLICH-SEEBER/SHEDID, *Userhat*, S. 43, 49, 50.

242 TT 56, Querraum, Beischrift zur Tochter, Texte 4, 12, BEINLICH-SEEBER/SHEDID, ebd., S. 43, 57.

243 BEINLICH-SEEBER/SHEDID, ebd., Texte 2 (teilweise zerstört), 5, 6, 7 und 10. Desgl. in TT 74, Türsturz, Vollzug des Opfers (ergänzt durch *mꜣꜥ-ḫrw*), BRACK, *Tjanuni*, S. 57f, Texte 68–69. In den Darstellungen der Berufsausübung kann dem Namen das Matronymikum hinzugefügt sein, bspw. im Grab des Ineni: „geboren von der Hausherrin Satdjehut, gerechtfertigt", TT 81, Querhalle, W-Wand, S, Szene 2, Urk. IV, 72, DZIOBEK, *Ineni*, S. 36f, Text 2a, desgl. in den die Biographie flankierenden Texten 6b und 6c.

244 BEINLICH-SEEBER/SHEDID, *Userhat*, S. 71, Texte 16f-i.

245 Ebd., Texte 16b-e.

246 BEINLICH-SEEBER/SHEDID, ebd., S. 39f. TT 56, Eingang, Texte 1b–1f und S. 81, sowie TT 56, Durchgang zum Längsraum, li. Türpfosten, Texte 25b-g. Desgl. in TT 74, Eingang in die Querhalle und Türpfosten li., BRACK, *Tjanuni*, S. 26, Texte 5–8, bzw. S. 54f, Texte 62–65.

als ein mit erhaltener Lebenskraft ausgestatteter Ansprechpartner für die Lebenden.[247] Die Anrede *Ka* (ohne Name) wird von dem Vorlesepriester in einer der Mundöffnungsszenen (Umrahmung der Scheintür, Text 20), von seinen Kindern bei der Übergabe der Opferbrote (Text 11), von der Dienerin im Trinkspruch (Text 12) und in der Beischrift zum Totenopfer (Text 13) gebraucht.

Die Namensformen kennzeichnen den *hörbaren Körper* in der nachtodlichen Existenz in drei Aspekten, die mit den jeweiligen Daseinsbereichen korrespondieren. Name, Beruf und Titel beschreiben ihn als tätiges und als ein durch die Mundöffnung wiederbelebtes Mitglied der Lebenswelt. Die ontologische Markierung des Namens benennt ihn als vergotteten, im Westen Opfer empfangenden Osiris. Der *Ka* bezeichnet ihn als Ansprechpartner für die Lebenden. Die für die Lebenden konstatierte Abhängigkeit der Anrede von der Situation, in der sich der Angesprochene gerade befindet, gilt somit auch für den Menschen in der nachtodlichen Existenz.

Die Konstituierung des hörbaren Körpers durch das Gesetz

Die von DOLAR zum Prinzip der Mündlichkeit bei Rechtsfällen angeführten Punkte[248] sind auch für das alte Ägypten belegt. Diese Punkte sind: das Prinzip der Mündlichkeit, der Gebrauch „der lebendigen Stimme" *de vive voix* bei Zeugenaussagen[249] und das Prinzip der Rechtskräftigkeit eines richterlichen Beschlusses, die erst mit der lauten Verlesung des Urteils eintritt. Die an Grabwänden, im Sarg und auf Totenbuchpapyri angebrachten Aussagen konstituieren den *hörbaren Körper* als den eines gerechtfertigten Mannes. Sie nennen dabei alle drei für die Rechtskräftigkeit maßgeblichen performativen Handlungen. Die Aussagen in den Pyramiden von Teti und Pepi I. erzeugen eine Wahrnehmung des *hörbaren Körpers* als Richter, der den Erbfolgestreit entscheidet.[250] Sie sind bei Teti (pyr. § 712a–713a) in der dritten Person singular formuliert, bei Pepi I. dem Toten selbst in den Mund gelegt:

> Mein Mund ist für mich aufgetrennt worden,
> meine Nase ist für mich geöffnet worden,
> ich öffne (*zꜣš*) mir meine beiden Ohren.

247 MEYER-DIETRICH, *Senebi und Selbst*, S. 260.

248 DOLAR, *His Master's Voice*, S. 145–149.

249 Zu Fluchformeln, die vom Zeugen gesprochen, das Unheil über ihn hereinbrechen lassen falls er die Unwahrheit spricht, siehe Belege bei LURJE, *Studien zum Altägyptischen Recht des 16. bis 10. Jahrhunderts v. u. Z.*, S. 138.

250 PChester Beatty I, rto. Der Rechtsstreit zwischen Seth und Horus wird dadurch entschieden, dass Thot den Brief mit dem Urteil des Osiris Re-Harachte und der Neunheit vorliest.

> Ich werde richten, ich werde die Zwei (Kontrahenten, Horus und Seth) richten,
> ich werde dem, der größer/älter ist als ich, Befehle erteilen.[251]

Die folgende Aussage bei Pepi I. geht von einer gerechtfertigten Sukzession aus. Sie bestätigt einen *hörbaren Körper*, der zur Nachfolge des Vaters berechtigt ist:

> Ist er mit diesem Pepi zufrieden, ist er mit Horus wegen seiner Zunge (d.h. Rede) zufrieden.[252]

In den Sargtexten legitimiert sich der Tote selbst als juridische Person, die durch ein Gerichtsurteil zur Nachfolge berechtigt ist.[253] Ab der 18. Dynastie wird die Konstitution des *hörbaren Körpers* durch das Gesetz dem Verstorbenen auf einem Papyrus mitgegeben und dem Grabbesucher in der Szene des Jenseitsgerichts vor Augen geführt.[254] Erinnerungen an die Tradition einer Gerichtsentscheidung, die Osiris die Duat als Daseinsbereich zuerkennt, brechen bisweilen in den Darstellungen auf.[255]

Die Rezeption der Darstellung des Jenseitsgerichts

In den thebanischen Beamtengräbern wird die gerichtliche Entscheidung zur Osirisnachfolge mit der Versicherung des *hörbaren Körpers* vor dem Jenseitsgericht ersetzt. Deutlich geht diese Funktion aus dem ersten Deckentext der Querhalle im Grab des Ineni hervor, der sagt:

> Ich war ein Vornehmer, ein wahrer Schweiger, kundigen Herzens, frei von Dreistigkeit;
> dass (mein) Name fest ist, ist wegen (meines) Charakters entsprechend dem, was ich gemacht habe auf Erden.

---

251 Pepi I., pyr. § 712a–713a.

252 Pepi I., pyr. § 1088b.

253 CT II 86e–87c: „Meine Worte sind (im Tribunal) gehört worden“, meine Übers., und CT IV 338i: „Denn auch Horus, seine Stimme, ist gerechtfertigt worden, sodass die beiden *itr.t*-Kapellen es zufrieden waren“, BUCHBERGER, *Transformation und Transformat*, S. 148.

254 Frühformen nennen als Gerichtsort „die große Treppe“ in Abydos, ASSMANN, *Sinngeschichte*, S. 180.

255 Jenseitsgericht, in: *RÄRG*, S. 339.

> Möge (mein) *Ba* verklärt werden nach dem Hinscheiden unter denen, die Nützliches machen.
> Dass (meine) Stimme (*ḫrw*) gerechtfertigt ist, ist in der Gerichtshalle,
> denn ich war wirklich ein Gerechtfertigter schon auf der Erde. Man speiste mich täglich, …[256]

Das negative Bekenntnis ist auf Papyri und Grabwänden von einer Vignette mit der Wägung des Herzens gegen die Maat begleitet. Ihre Anbringung in den zugänglichen Räumen des Grabes lässt auf die Intention schließen, die Darstellung des Jenseitsgerichts zu einer bedeutungsstiftenden Erfahrung für die Grabbesucher zu machen. Ihre architektonische Einbettung in den Kontext eines Übergangsrituals, ihre Form als Beteuerungen vor Gericht und ihr fiktiver Hörraum, „die Halle der beiden Maat" (eine Entsprechung des Torgebäudes als traditioneller Ort der Anhörung) sind Strategien, um ihre Wahrnehmung als Einfluss auf die Fortsetzung der Existenz zu erhöhen. Den Schutz, den sich der Tote für diese prekäre Situation erfleht, greift ein Amulettspruch auf:

> Jener böse Ausspruch, den ich getan habe, jene Übeltat, die ich bewirkt habe – sie werden mir nicht angerechnet;
> denn ich bin jenes Amulett, das sich an der Kehle des Re befindet und den Horizontbewohnern gegeben ist.
> Du, der mit der Waage abwägt, möge die Maat hoch sein an der Nase des Re an jenem Tag.
> Lass meinen Kopf nicht von mir fortgenommen werden, denn ich habe ja dann kein Auge, das sieht,
> kein Ohr das hört.[257]

Der Betrachter trifft im Grab auf das Bild in einem Raum, der den Übergang zwischen beiden Existenzbereichen architektonisch umsetzt. Er kommt aus der hellen Tageswelt und muss zu dem Bild in einen dämmerigen Innenraum hingehen. Als Umraum wird Architektur nicht bloß mit den Augen, sondern auch mit einem elementaren Körpergefühl erlebt. Der zunehmend dunkler werdende Umraum des Grabes eröffnet visionäre Räume[258] der Nekropole als Bereich der Westgöttin und des Anubis als Nekropolengott. Auch der Tote kommt aus der Lebeswelt; es ist sein dortiges Verhalten, das verhandelt wird.

---

256 TT 81, Querhalle, erster Deckentext (nahe der W-Wand), Urk. IV, 66, DZIOBEK, *Ineni*, S. 63f.

257 Tb 105, 7–19, HORNUNG, *Das Totenbuch der Ägypter*, S. 205.

258 SCHMID, *Illusionsräume*, S. 236.

Die Verschränkung der Lebenswelt mit der Götterwelt der Duat wird im Bild durch die Waage für Herz und Maat vor einem göttlichen Tribunal hervorgebracht. Letzteres setzt sich zusammen aus den angerufenen 42 Totenrichtern, dem als Richter fungierenden Osiris, dem das Lot beobachtenden Anubis und dem das Ergebnis aufzeichnenden und verkündenden Thot. Drohende Vernichtung, falls das Herz die Prüfung nicht besteht, verkörpert im Bild das Totenfresser-Fabeltier. Am Tage seines eigenen Übergangs wird das Herz des Betrachters auf der Waagschale liegen. In diesem Symbol seines Willens findet er sich selbst im Bild.

Wie im Leben durch das Gesetz des Vaters, so wird auch in der nachtodlichen Existenz der *hörbare Körper* durch das Gesetz konstituiert. In beiden Seinsbereichen wird Performativität dadurch erreicht, das juridische Imperative innerhalb einer geregelten und sanktionierten Handhabung das erzeugen, was sie deklarieren und anmahnen.[259] Im Totenbuch des Maipaheri betreffen 18 der 36 verneinten Taten das lautliche Handeln. Text und Vignette stellen eine Imagination vom idealen *hörbaren Körper* bereit, die durch ihre Anrufung vor dem Gericht bestätig wird. Weil die Rezipienten der selben elitären Schicht wie der Grabherr entstammen, bringen sie die gleiche kulturell vorgegebene Erwartungshaltung für das richtige Handeln des „wahren Schweigers" (*gr mꜥꜣ*) mit. Trägt ein Leben in Redlichkeit die Gunst des Königs ein, so wird es auch die des richtenden Gottes erwerben.[260] Das juridische Szenarium authentifiziert den Grabbesitzer. Das Jenseitsgericht mit positivem Ausgang ist auf hellgelben Grund gezeichnet. Die helle Farbe imitiert Papyrus. Die Bildwahrnehmung als Dokument einer bestandenen Prüfung beeinflusst die im Bild angelegte Betrachterfunktion.[261] Sie vermittelt dem Besucher glaubwürdig, dass sich sein Handeln als *hörbarer Körper* zu Lebzeiten entscheidend auf seine nachtodliche Existenz auswirkt.

Das Jenseitsgericht

Das Totenbuchkapitel 125 stellt die Rechtfertigung vor 42 Totenrichtern als einen Akt dar, der sich als Übergangsritual vollzieht. Die Unschuldsbeteuerungen betreffen den Wahrheitsgehalt einer Rede, die Vermeidung von Streit, die dem Sprecher auferlegte Zurückhaltung und Beherrschung seiner Affekte, die Verschwiegenheit, den Namen des Königs und die Gotteslästerung. Sie sind von Assmann als „Verstöße gegen kommunikative Solidarität" (*ḏd mꜣꜥ.t*)

259 Butler, *Körper von Gewicht*, S. 155.

260 Jenseitsgericht, in: *RÄRG*, S. 335.

261 Zur Anwendung der Rezeptionsästhetik bei Bildern innerhalb der Ägyptologie siehe auch Schulz, "In" oder "Out", in: Verbovsek et al., *Methodik und Didaktik*, S. 350–353.

aufgelistet worden.[262] Im Totenbuch des Maiherperi aus der 18. Dynastie versichert dieser den Richtern in der Halle der Beiden Maat:

> [417] …, ich habe keine Lüge ausgesprochen (*n ḏd =j grg*).

Natürlich will der Sprecher nicht als Lügner dastehen. Aber im Mittleren Reich ist Lügen nicht in allen Fällen verpönt, sondern ein in Biographien genanntes legitimes Mittel, einen Lügner mit Lügen zu bedienen, weil er nichts Besseres wert ist.[263] In der zweiten Zwischenzeit wird derjenige, der nicht lügt, in seiner Stadt geliebt.[264] Im Neuen Reich gehört das Lügen dann eindeutig zu den Verboten, es wird verabscheut[265] und als nicht maatgerechtes Verhalten gebrandmarkt.

> [424] …, ich habe nicht gelauscht (*n smtmt =j*).

Die Aussage verstehe ich als Wahrung des Abstandes, um sich außer Hörweite zu befinden.

> [425] …, ich war nicht geschwätzig (*n šm r' =j*).

Assmann übersetzt: „ich habe nicht unbedacht geredet".[266] Dieser Ausdruck ist vielleicht zu schwach für das Verbot der Geschwätzigkeit. In der Lehre des Ptahhotep D211 wird Geschwätzigkeit mit anderen Untugenden des *hörbaren Körpers* gepaart. Diese sind das Handeln gegen die Maat („wenn er fehlgeht, indem er deine Richtlinie übertritt") und der Ungehorsam („indem er sich allem, was gesagt wird, widersetzt hat").[267] Beide Verbote erscheinen auch im negativen Bekenntnis (siehe die Aussagen [432] und [433]).

> [426] …, ich habe nicht gestritten, außer um meinen Besitz (*n sḫwn =j n-js ḥr jḫ.t =j*).

---

262 Assmann, *Ma'at*, S. 138.

263 Heliopolis, Stele des Khety-ankh (Heni), 4, Simpson, Studies in the Twelfth Egyptian Dynasty, IV: The early Twelfth Dynasty False-Door/Stela of Khety-ankh/Heni from Matariya/Ain Shams (Heliopolis), in: *JARCE* 38, S. 9–20. Stele des Montuhotep, sKairo CG 20539, I.b.8, PM V, 45 (B), Franke, *Personendaten aus dem Mittleren Reich*, S. 183–184, Dossier 262.

264 Stele des Ineni, sBerlin 19500, D.2.

265 Tb 178, pBM EA 9900 (pNebseni) (1), 30.

266 Assmann, *Ma'at*, S. 138.

267 PPrisse = pBN 186–194, 7, 12.

Die Einschränkung „außer um meinen Besitz" besagt, dass Streiten nicht generell verboten ist, sondern erlaubt, wenn es darum geht, sein Recht oder seinen Besitz zu wahren.

> [429] ..., ich habe keinen Schrecken verbreitet (*n jrj =j ḥrj.w*).
> [430] ..., ich habe nicht gefrevelt (*n thj =j*).
> [431] ..., ich war nicht hitzig (*n tꜣ =j*) (Var.: heißmäulig).

Alle drei Aussagen benennen den *hörbaren Körper*, der sich als gemäßigter und beherrschter in die Gesellschaft einfügt.

> [432] ..., ich habe mich nicht gegen maatgerechte Rede taub gestellt („mein Gesicht/Anschein war nicht taub") (*n zẖi ḥr =j r md.t n.t mꜣꜥ.t*).
> [433] ..., ich war nicht aufrührerisch (*n ẖnn =j*).

Backes übersetzt die Parallele pKairo CG 51189 mit: „ich war nicht undiszipliniert".[268] Die Verbote umfassen das Handeln gegen die Maat und den Aufruhr. Sie beziehen sich auf die Einbindung in die Gesellschaft.

> [437] ..., ich habe nicht gestritten (*n šnṯ =j*).

Assmann übersetzt mit: „ich habe nicht prozessiert" und denkt an ein Gerichtsverfahren.[269] Dieser Zusammenhang geht aber nicht aus der Äußerung hervor. Das Verhalten des *hörbaren Körpers*, um Streitereien zu vermeiden, verdeutlicht die Aussage aus der 12. Dynastie: „Ich bin schweigend gegenüber dem Wütenden (*ḏnd*), höflich gegenüber dem Unwissenden, um Streit (*ꜣd*) zu vermeiden. Ich bin ein Fürsprecher in Situationen von Wut (*ḏnd*), der den Spruch kennt, über den man wütend wird".[270] In diesem Sinne verstehe ich auch die Aussage in der Biographie eines Beamten namens Si-Amun aus der 17. Dynastie: „einer der seinen Rücken wendet gegen böse Worte (*rdj sꜣ =f md.wt ḏw.wt*), der sich taub stellt, hört er einen Disput/Wortwechsel (*sḥ ḥr sdm =f md.wy*)".[271] Das Sich-taub-stellen befähigt einen Mann dazu, sich aus den Streitereien anderer,

268 PKairo (pJuja) CG 51189, 724, Backes, in: TLA, Zugriff 2015-03-11.

269 Assmann, *Ma'at*, S. 138.

270 12. Dynastie Jnj-Jtj-f aus Abydos, *BMHT* II, 23.

271 Stele, Townley Hall Museum, Eg. 100, Leahy, A Stela of the Second Intermediate Period, in: *GM* 44, S. 23–30 mit Fig. 1, 5–6, Übers. Fischer-Elfert, *Lehre eines Mannes*, S. 125. Im Hinblick auf eine balancierte lautliche Ordnung des auditiven Raumes bildet das hier beschriebene Verhalten eine Parallele zu dem des Berichterstatters in der Ratsversammlung

die als „die Lauten" (*kꜣj ẖrw*) bezeichnet werden, herauszuhalten, und selbst keinen Streit anzuzetteln. In einem Prozess, der unter Hatschepsut geführt wurde, betont der Zeuge, dass er Streitereien aus dem Wege geht.[272]

[439] …, ich war nicht voreilig gesonnen (*n ꜣs jb =j*).[273]
[441] …, ich war bei keiner Rede geschwätzig (*n ꜥšꜣ-ẖrw =j ḥr md.t*).[274]
[443] …, ich habe keine Majestätsbeleidigung („König-Zanken") begangen (*n jrj =j šnṯ.t nswt*).

Die dritte Versicherung ist die Beachtung eines sehr strengen Verbots. Dies wird bezeugt durch Urk. IV, 260.12: „Was jeden Man betrifft, der gegen den Namen ihrer Majestät redet, dessen Tod wird Gott sofort verfügen" und pyr. § 892a: „Kein Grab gibt es für den, der seinen (des Königs) Namen (missbräuchlich) nennt (*dm*), keine Libation gibt es für den, der ihn schmäht." Die „Beschimpfung" (*ḏd wꜥꜣ*) des Königs wird auf oKairo 25556 erwähnt. Ebenso untersagt ist die Rede gegen Pharaos Größe (*ẖnw m-dj ꜥꜣ n pr-ꜥꜣ*).[275]

[445] …, ich war nicht laut mit meiner Stimme (*n kꜣj =j ẖrw =j*).[276]

Nach ASSMANN handelt es sich hier um eine Aussage zur Einhaltung des kultischen Schweigegebots.[277] Da hierbei der Totenrichter mit „Oh, Sänger/Ihy" angerufen wird, kann hier wohl auch an das Singen im Kultbereich gedacht sein.

[446] …, ich habe den Gott nicht geschmäht (*n šnṯ =j nṯr*).

Die Schmähung wird auch in den Lehren und Biographien erwähnt. Dort hat sie den Stellenwert des unerwünschten Verhaltens. In der Aussage: „Mein Mund war nicht groß an der Seite der Großen, nicht schmähte ich (*n šnṯ =j*) den, der bedeutender war als ich"[278] wird der Sprecher zu einem über ihm positio-

(siehe S. 131), der das Übermaß der Rede eines anderen durch seine eigene akustische Zurückhaltung ausgleicht.

272 Belegstellen bei MÜLLER-WOLLERMANN, *Vergehen und Strafen*, S. 167ff.

273 ASSMANN, *Ma'at*, S. 138, übersetzt: „ich war nicht jähzornig"

274 ASSMANN, *Ma'at*, S. 138, übersetzt: „ich habe keine überflüssigen Worte gemacht" (*n ꜥšꜣ-ẖrw =j ḥr md.t*).

275 BORGHOUTS, A New Approach to the Late Egyptian Conjunctive, in: ZÄS 106, S. 17f mit Anm. 26, MÜLLER-WOLLERMANN, *Vergehen und Strafen*, S. 53.

276 Ebenso pKairo CG 51189, 736 und pTurin 1791, 29, 2.

277 ASSMANN, *Ma'at*, S. 138, Anm. 44.

278 Urk. IV, 1118.6–9.

nierten in Beziehung gesetzt. Das Große, sagt Ptahhotep, besteht nicht darin, den Mund „in seiner Umgebung" (*r-gs hꜣw =k*) zu voll zu nehmen, sondern: „ist das, was den Respekt vor einem Bescheidenen (*gr*) bewirken wird".[279] Die Schmähung betrifft nicht nur den Großen, sondern auch die Mutter,[280] oder den Mundschenk des Vaters.[281] MÜLLER-WOLLERMANN kommentiert hierzu: „Insgesamt betrachtet scheint die negative Einschätzung des Schmähens weniger auf der Verletzung des anderen, Geschmähten, zu beruhen als vielmehr auf der Entwürdigung der eigenen Person. Derjenige, der schmäht, fällt aus der Rolle und zeigt nicht das als angemessen betrachtete Verhalten."[282]

[447] ..., ich habe mich nicht aufgeplustert (*n jrj =j šfw*).[283]

Die Versicherung betrifft das Verbot der Angeberei. Pepy-anch versichert den Grabbesuchern in Meir: „Ich sage dies als einer der wahr spricht, nicht sage ich es als Angeber (wörtlich: groß an Mund *m ꜥꜣ r'*)"[284] und der Grabherr von TT 11, Djehuti, beteuert auf Stele 1: „alles dieses ist in Wahrheit geschehen. Nicht ist ein Wort der Prahlerei [dabei] ... Möge mein Ruf gut sein unter den Menschen, die nach Jahren kommen werden. Mögen sie mir jederzeit Verehrung erweisen mit dem Lob des Stadtgottes"[285] und auf Stele 2: „Ich habe alles das, was ich gesagt habe in/als Wahrheit gesagt, nicht als Lüge. Nicht soll der, der es hört sagen: ‚Prahlerei, nicht ist es das, was er tut!'" Der Prahlhans wird nicht zum Kultdienst zugelassen. Das Buch vom Tempel spricht von ihm „als einem mit großem Maul (*m ꜥꜣ-r'*) ohne dass es einem wie ihm ziemte".[286]

[448] ..., gegen mich findet keine Erhebung statt (*n jrj sṯn.w r =j*).

279 Lehre des Ptahhotep D165–166, pPrisse 7, 5.

280 Urk. IV, 490.12.

281 Urk. IV, 1828.2.

282 MÜLLER-WOLLERMANN, *Vergehen und Strafen*, S. 159.

283 Schreibung wie pBM EA 10477 (pNu), 58, nach der Transkription von LAPP, *The Papyrus of Nu* (*BM EA 10477*). Die Aussage verneint Prahlen, das, als Topos verwendet, den Wahrheitsgehalt einer Aussage betrifft.

284 Idealbiographie des Pepy-anch, Meir, Grab D2, li. des Eingangs, PM IV, 254, Urk. I, 221.18–224.18, BLACKMAN, *Meir* V, 23–26, Taf. IV–IVA, XXII, XXIII/2, KLOTH, *Die (auto-) biographischen Inschriften*, S. 103, Dok. 24.

285 TT 11, Stele 1, Ende des Textes des Djehuti, Urk. IV, 430.1–17, Übers. POPKO, *Geschichtsschreibung*, S. 258f.

286 Buch vom Tempel, 15, Übers. FISCHER-ELFERT, *Abseits von Ma'at*, S. 48.

Er hat keinen Anlass zur Unruhe gegeben.

> [450] …, ich habe keinen Gott in meiner Stadt gelästert (*n sꜣt =j nṯr m nꞽ.t =j*).[287]

Außer den hier genannten Beteuerungen führt pKairo CG 24095 an:

> …, „ich habe nicht gekränkt“ (*n ṯhm =j*).

Im Totenbuch des Maiherperi ist üble Nachrede die Ursache für die Verletzung des *hörbaren Körpers*:

> [392] Ich habe keinen Diener bei seinem Vorgesetzten schlecht dastehen lassen (*n sḏwj =j ḥm n ḥr.j-tp =f*).

Sie ist kein Verbot, sondern gilt als ehrenrührig. Hier wird der Diener, in der Lehre des Amenemhet ebenfalls ein Untergebener, der Mundschenk, verleumdet.[288] Die Verleumdung trifft auch die Umgebung: „Siehe, anrüchig ist mein Name deinetwegen, mehr als (der) einer Frau, nachdem dem Ehemann (oder: wegen eines Mannes) über sie eine Lüge erzählt worden ist.“[289] Dass die „Verunglimpfung“ (*sḏwj*) im Hinblick auf nichtkönigliche Personen gesellschaftlich geächtet war, formulieren auch Aussagen in den Idealbiografien:

> Niemals sagte ich irgendetwas Schlechtes, Böses oder Krummes über irgendwelche Leute, weil ich wollte, dass man zufrieden und unangefochten sei und mein Geehrtsein beim Gott und bei den Menschen für immer stattfinde.[290]

---

287 PKairo CG 24095 (pMaiherperi), 383–480 (Amenhotep II.), BACKES, in: TLA, Zugriff 2015-03-11. Die Umschrift ist hier wiedergegeben nach der Version des pKairo CG 24095 aus der 18. Dyn., die Transkription nach MUNRO, *Die Totenbuch-Handschriften der 18. Dynastie im Museum Cairo*, Taf. 129–131.

288 TT 97, Querhalle, S-Wand, O, Stele, 5, PM I, 1^2, 203 (4), GARDINER, The Tomb of Amenemhet, High-priest of Amon, in: *ZÄS* 47, S. 87–99, Abb. 1, GNIRS, Zum Verhältnis von Literatur und Geschichte in der 18. Dynastie, in: BICKEL, *Vergangenheit und Zukunft*, S. 137. Belege für das Alte Reich, KLOTH, *Die (auto-) biographischen Inschriften*, S. 104ff.

289 Lebensmüder 98, DILS, in: TLA, Zugriff 2015-05-05.

290 Urk. I, 204.9. Stele des Saanmun, Burnley, Stele Towneley Hall, Eg 100, A5 (17. Dyn.): „der übler Nachrede den Rücken kehrt, dessen der taub ist wenn er zwei Reden hört“, LEAHY, A stela of the second intermediate Period, in: *GM* 44, S. 23–28. Weitere Belege bei MÜLLER-WOLLERMANN, *Vergehen und Strafen*, S. 162f.

Die Verunglimpfung (und ebenso der Spott) ist ein Greuel, da sie den Regeln einer religiös fundierten Ethik entgegensteht.[291]

Von der Konstituierung des *hörbaren Körpers* durch das Gesetz wird im Leben nur im Falle eines Verstoßes Gebrauch gemacht. Die Wiederanrufung des väterlichen Gesetzes vor dem Jenseitsgericht legitimiert den Toten zur Wahrnehmung seiner Aufgaben als Horus. Das ideale Verhalten des *hörbaren Körpers* bildet das Mittel zur Rechtfertigung des Toten. Sein Handeln zu Lebzeiten wirkt sich auf beide Existenzbereiche aus.

Der Schutz des hörbaren Körpers

Die Hörfähigkeit wird dem Menschen ununterbrochen, selbst über den physischen Tod hinaus, beigelegt. Rituelle Praktiken zum Schutz des balsamierten Körpers beim Übergang von der Lebenswelt in den Daseinsbereich der Toten sind die Totenklage, das Balsamierungsritual, die Gliedervergottung, die Behandlung der Ersatzköpfe und das Mundöffnungsritual. Während des Ritualvollzugs wird die rituelle Umgebung durch auditive Räume erzeugt. Der Tote wird direkt angesprochen. Er wird in die rituelle Umgebung als ein hörender Körper integriert. Lautäußerungen werden ihm im Hinblick auf seine zukünftigen Aufenthaltsorte gewünscht. Alle Maßnahmen zum Schutz, zur Belebung und zur Versorgung des Verstorbenen konstituieren im Augenblick ihres Vollzugs noch keinen *hörbaren Körper.*

Rezeption und Rahmenbedingungen für Trauer und Totenklage

Die Kultur des Alten Reiches – und dann erst wieder in der 19. Dynastie – räumte den Trauernden die Möglichkeit von Grußworten an das scheidende Familienmitglied sowie des verdienstvollen langanhaltenden Weinens im öffentlichen Raum ein.[292] Trauer wird als ein Abschied in eine gesellschaftliche Form gebracht. Klage schützt den *hörbaren Körper* des Toten. Das Weinen macht die Position der Klagenden, die sie durch ihren Körper und ihre Überzeugungen im Hörraum der sozialen Interaktion einnehmen, offenkundig. Nicht das Verlieren der Fassung kennzeichnet Trauer und Totenklage, sondern eine kulturelle Form, die zeigt, was man für den Toten tun kann. Man kann ihm Reisewünsche mitgeben, einen Gott zu seinem Schutz anrufen, durch das Weinen und Schreien die Verbindung mit ihm herstellen, ihn zu einer Antwort herausfordern, ihn rühmen und schützen. Wer den Schrei eines Menschen vernimmt, wer ihn seufzen, stöhnen oder schluchzen hört, wird dies als Prozesse,

---

291 GUGLIELMI, Lachen und Weinen in Ethik, Kult und Mythos der Ägypter, in: *CdÉ* LV, S. 73.

292 Brief an die Tote Anchiri, pLeiden I.371, 32: „… ich weinte sehr mit ihren Leuten vor meinem Stadtviertel“.

mit denen eine besondere Körperlichkeit hervorgebracht wird, wahrnehmen. Im Bild kann Körperlichkeit durch die Gesten der Hinterbliebenen, die sich gegenseitig stützen und sogar aufhelfen müssen, und Trauergesten vermittelt werden. Die Darstellungen in den Gräbern lassen auf die Trauer der Menschen im sozialen Umfeld eines Verstorbenen und die Tätigkeit professioneller Klagefrauen schließen. Die Situation für ihren Einsatz wird durch den Tod, das Herausgehen des Menschen aus seiner Stadt, aus seinem Gau[293] hergestellt.

Reisewünsche, Weinen und Klagen sind auditive Praktiken der Gemeinschaft zur Verbindung mit dem/der Toten und zu seinem/ihrem Schutz. Alle drei lautlichen Handlungen beruhen auf der sozialen Bindungskraft des Weinens und der Stimme, die eine zwischenmenschliche Beziehung zu dem/der Verstorbenen gestaltet. Maßgebend für den Vollzug der Klagen war eine Stimme, die, um den Toten zu erreichen, durchdringend erklingt. Die raumgreifende Korporalität und Agilität der Stimme birgt auch eine ethische Dimension. Anrede, Appell und Anruf legen Zeugnis ab von der Präsenz eines Anderen und verkörpern die Aufforderung, sich auf diese Existenz in ihrer anrührenden und berührenden Gegenwärtigkeit einzulassen. „In der Performanz der Stimme vollzieht sich ein ‚Mich-Angehen des anderen Menschen', ein ‚Antworten-Müssen', das sich zu einer Atmosphäre der Aufforderung soweit verdichten kann, dass nicht zu antworten hieße, eine ‚Antwort schuldig zu bleiben'".[294] Der Hörer der lauten Klagerufe ist der Verstorbene. Eine von ihm erhoffte „Antwort" wird im Gebet auf sLouvre C 30 ausgesprochen: „mögest du hervorkommen, auf das, was ich dir gesagt habe". Die Anrufungsdimension der Stimme besteht darin, kraft der Korporalität, der Materialität und der Ereignishaftigkeit ihres Klanges zum Verstorbenen zu dringen und ihn zu einem Ohrenzeugen der Klage zu machen.

Klage und Abschied vor dem Sterbehaus

Darstellungen der Trauernden vor dem Sterbehaus finden sich nur im Alten Reich.[295] Ab dem Neuen Reich begleiten die Trauernden den Sarg in der Nekropole. Dabei kann in der Voramarnazeit ein offener Mund vorkommen,[296] er dient aber nicht konsequent als bildlicher Ausdruck der Trauer. Wie die

293 So die übliche Formulierung der Bereiche, aus denen der Tote zu seinem Haus im Westen herabsteigt, bspw. bei Idu, G 7102, Architrav der Opferkammer.

294 KRÄMER, Die Rehabilitierung der Stimme, in: KOLESCH/KRÄMER, *Stimme*, S. 285.

295 Siehe die Quellen bei WERBROUCK, *Les Pleureuses dans l'Égypte ancienne*.

296 Bspw. ist in TT 181 der Mund offen. In TT 55 ist der Mund beim ersten Mann im Trauerzug leicht geöffnet, bei den Frauen ist er geschlossen, aber die Tränen sind deutlich gezeigt. In TT 56 sind alle Münder geschlossen.

Zusammensetzung des Geleits in der Mastaba des Idu in Giza zeigt, betrauert außer der Familie auch die Dienerschaft den Verstorbenen vor dem Hause:

1. *Register v. o. trauernde Männer*: „O mein geliebter Vater!“
2. *Register v. o. trauernde Männer*: „O mein Herr, nimm mich zu Dir!
3. *Register v. o. trauernde Frauen*: „O mein geliebter Herr![297]
4. *Register v. o. trauernde Frauen*: „Das Herausgehen seitens seiner Dienerschaft weinend/unter Tränen.

Die Darstellung im Grab des Anchmahor verzeichnet die Rufe der Frauen im Hause:

> „O (mein) Vater, (mein) Herr!“
> „O Liebenswürdiger!“[298]

Die Gemeinsamkeit der beiden Frauen, die sich umarmen, ist bereits Erich LÜDDECKENS aufgefallen. Er bemerkt dazu: „Aber ebenso wie die beiden Frauen in ihrer Haltung eine Einheit bilden, gehören ihre Rufe zusammen als ein Ausruf, den die vordere beginnt, die andere, ihr gleichsam ins Wort fallend fortsetzt“.[299] In der Klageszene bei Mereruka werden die Rufe der klagenden Frauen mit einem Wunsch für den Toten verbunden:

> O Mry, Ehrwürdiger! Möge dich Anubis verklären.[300]

Es handelt sich um Anrufe an eine Person, die sich jetzt auf die Reise ins Totenreich begibt. Die Aussagen greifen nicht die Totenklage auf. Sie können deshalb als ein Abschiedsgruß verstanden werden, der die enge Beziehung der Lebenden zu dem Verstorbenen ausdrückt. Die Handlungssituation wird dazu verwendet, dem Toten Wünsche mit auf die Reise zu geben.

---

297 Derartige schmerzliche Ausrufe sind ein das Alte Reich kennzeichnender Ausdruck der Trauer, der später eloquenter formuliert wird, vergl. RÖSSLER-KÖHLER, Totenklage, in: *LÄ* VI, Sp. 657.

298 Grab des Anchmahor, Raum VI, S-Wand der Vorhalle, LÜDDECKENS, *Totenklagen*, S. 17f, Abb. 6a. BADAWY, *The Tomb of Nyhetep-Ptah at Giza and the Tomb of Ankhmahor at Saqqara*, S. 41, übersetzt: “O (my) father, possessor of charm!”.

299 LÜDDECKENS, *Totenklagen*, S. 18.

300 Sakkara, Mastaba des Mereruka, Raum A 13, DUELL, *The Mastaba of Mereruka* II, Taf. 130–131, LÜDDECKENS, *Totenklagen*, S. 18, Abb. 8, WERBROUCK, *Les Pleureuses dans l’Égypte ancienne*, Taf. I, S. 16.

Um den Schutz des Toten geht es bei einem in den Mastabas und Felsengräbern des Alten Reiches belegten Lied der Sänftenträger.[301] Die Darstellung in Meir zeigt den Grabbesitzer im Tragesessel auf dem Weg zur Inspektion der Rinder. Die Verteilung des Textes auf die Sänftenträger lässt ein paarweises Singen vermuten:

> *Erstes Paar*: „Oh, Sokar, der auf seinem Sande ist,"
> *Zweites Paar*: „Gib Schutz, Heny, dem Schwarzen!"
> *Drittes Paar*: „Mache (ihn) groß, nach (deinem) Belieben!"
> *Viertes Paar*: „Ich habe sie (die Sänfte) lieber voll als wenn sie leer wäre!"
> *Fünftes Paar*: „Steige herab zu (ihm) als Spender des Wohlergehens!"
> *Sechstes Paar*: „Gib du ihm Gesundheit!"[302]

Der Gott Sokar, der Herr des Eingangs zum Totenreich,[303] wird zum Schutz des Toten angerufen. In allen Varianten findet sich die Aussage: „Ich habe sie (die Sänfte) lieber voll als wenn sie leer wäre". BRUNNER-TRAUT versteht die leere Sänfte als Anspielung auf den Tod des Herrn, den der angerufene Gott verhindern möge.[304]

Die in Wahrnehmungsräumen durch Symbol- und Zeichensysteme vermittelten Ordnungen erreichten eine lebensnotwendige Orientierung für die altägyptische Gesellschaft. Ihre Darstellung im Medium des Bildes zeigt aber auch, wie Orientierung und Ordnung verändert werden. Durch die Aufnahme der klagenden Gruppen in die Bestattungsdarstellung in der späten 18. Dynastie wird der Hörraum des Abschieds, der bis dahin dem Ostufer vorbehalten war, auf das Westufer verlegt. Das hat eine Bindung der Stadt (als Ort des Abschieds) an den schönen Westen (als Ort der rituellen Klage um den Toten) zur Folge. Diese Verbindung wird in der Ramessidenzeit

---

301 Vollständige Version: Sakkara, Mastaba des Ipj, heute Kairo CG 1536. Meir, Grab A2 des Pepj Anch, genannt Heny der Schwarze, BLACKMAN, *Meir* V, Taf. 31, und Giza, Mastaba des Nechebu, G 2381, heute Boston, unpubl. Kurze Var.: Sakkara, Mastaba des Mereruka, Raum A 13, DUELL, *The Mastaba of Mereruka* II, Taf. 158. Mastaba des Sabu = Kairo CG 1419 und Deir el-Gebrawi, Grab des Djau, heute Kairo JE 1536, DAVIES, *Deir el-Gebrawi* II, Taf. 8. Text bei PÉREZ ARROYO, *Music in the Age of the Pyramids*, S. 481f.

302 BLACKMAN, *Meir* V, Taf. 31. Meine Übers. BLACKMAN (ebd., S. 40) spricht von einer Überführung der Szene in das jenseitige Dasein.

303 *RÄRG*, S. 723.

304 BRUNNER-TRAUT, Arbeitslieder, in: *LÄ* I, Sp. 381. ERMANNS (*Reden, Rufe und Lieder auf den Gräberbildern des Alten Reiches*, S. 52f) Vermutung es sei die große Menge des Segens, die die Sänfte füllt, ist abzulehnen.

ikonographisch weiter verstärkt.[305] Es stellt sich die Frage, ob eine derartige Entwicklung Zeuge für einen Wandel kultureller Lautpraktiken ist, oder ob es sich lediglich um die Aufhebung eines Aufzeichnungstabus handelt.[306] Für einen Wandel in der Konzeption des Hörraumes der Klage sprechen folgende Punkte: Durch die stärkere Bindung der Stadt an die Nekropole hat sich die Lautordnung der letzteren verändert. Neue Bevölkerungsgruppen, die an der Beschallung der Nekropole mitwirken, werden beim Bestattungszug zugelassen. Angehörigen und Dienern, die sonst vor dem Sterbehaus Abschied nahmen, wird die Möglichkeit eröffnet, auf dem Weg zum Grab laut zu klagen und zu weinen. Die Nekropole steht als Ort des Schweigens unter der Ägide eines Gottes oder einer Göttin. Eine derartige Öffnung für das Lamentieren unprofessioneller Gruppen ist nach meinem Dafürhalten nur durch eine Veränderung in den Lautpraktiken erklärbar. Der Sinn der Klage für den Toten erfährt eine Erweiterung. Zur rituellen Schutzklage im Übergangsbereich gesellt sich nun die Klage, die den Toten sozial an die Lebenden bindet. Die Darstellung dieser Beziehung im Bestattungszug lässt sie beim Betrachter aufleben. In der Ramessidenzeit erlegt die Trauer den Mitgliedern der Gesellschaft Hörregeln auf. Im Tagewählkalender wird für 1 *prt* 14 die Freude untersagt. Das Gebot für diesen Tag lautet: „Du sollst keine Lieder und Gesänge hören an diesem Tag“.[307] Es wird mit der Trauer um Osiris begründet.

Die Totenklage

Andrea KUCHAREK rechnet die in den Klagen entwickelte Thematik – physische Wiederherstellung, Schutz vor Seth und seiner Bande, die Existenz des Kindes Horus („die Waise“ *nmḥ*) und die Versicherung des ewigen Lebens – der Schutzklage zu. Zur Klassifikation zieht sie außer den Rollen von Isis und Nephthys auch das Vorhandensein von Elementen der Witwenklage heran. Die Klageweiber, die Osiris ins Leben zurückrufen, sind in den Ritualtexten seine Schwestergattin Isis und Nephthys. Dieselben Protagonisten fungieren in den Klageliedern aus dem privaten Totenkult, die den Sargtexten und dem Totenbuch entnommen sind.[308] MESKELL geht von einer sexuierten, professionellen und vermögensabhängigen Aufführung der Klagen aus:

> Tied to the idea of sex and death was the notion that women were explicitly linked to the sphere of death and funerals. Though women are

305 ASSMANN, *Tod und Jenseits*, S. 406f.

306 ASSMANN, ebd., S. 186.

307 LEITZ, *Tagewählerei*, S. 209, Taf. 21, C, rto. XXI, 11.

308 KUCHAREK, *Die Klagelieder von Isis und Nephthys*, S. 22–23.

> associated with fertility and sexuality, in many cultures they are given to dealing with aspects of pollution and mourning – the emotive dimension. Grieving was subject to sexed difference [...]. In New Kingdom Egypt, this performance was largely delegated to women as a form of profession, like the wailing women in the tomb of Neferhotep (Zandee 1960: 45) or Minnakht, and it could be a hereditary one (stela Turin 50053 in Tosi und Rocati 1972: 88). As such these displays were probably mediated by class or status prerogatives: many at Deir el Medina could not have afforded such displays.[309]

Um sich die Wirkung der Totenklage zu sichern, wird der Mensch schon zu Lebzeiten ermahnt:

> Du sollst dein Fest nicht ohne deine Nachbarn feiern, damit sie dich <mit> einer (Toten/Trauer)-Klage umgeben am Tag der Beerdigung.[310]

Die älteste Totenklage erscheint als Geste und Beweinung.[311] PT 535 trägt den Rezitationsvermerk: „Worte gesagt von Isis zusammen mit Nephthys“:

> Mögest du (Isis) eilen! Mögest du (Nephthys) eilen!
> Beweine deinen Bruder, Isis!
> Beweine deinen Bruder, Nephthys!
> Beweine deinen Bruder!
> Isis setzt sich, ihre Hände (an) ihrem Kopf,
> Nephthys, sie hat sich die Spitze ihrer Brüste gefasst
> wegen ihres Bruders N, der auf seinem Bauch liegt,
> Osiris in seiner Gefahr,
> Anubis mit vor(gestrecktem) Griff.[312]

Der Tote hört die Klagen von Isis und Nephthys. Das Klagen und Beten der Angehörigen stellt die Verbindung mit einem Familienmitglied her, das als Osiris N in der Duat weilt. Ein Gebet aus dem Mittleren Reich schließt mit

309 MESKELL, *Archaeologies of Social Life*, S. 126–127.

310 OLondon UC39614 (oPetrie 11), vso. 7, § (C7) (19.-20. Dyn.), DILS, in: TLA, Zugriff 2015-03-23.

311 KUCHAREK, *Die Klagelieder von Isis und Nephthys*, S. 23.

312 PT 535 (pyr. § 219–222). Der Spruch steht bei Pepi I. (3 Mal), Pepi II. und Merenre. Mit Anubis gibt der Text die Götterrolle vor, in der der Priester agiert.

einer Bitte an Osiris. Der Tote wird als jemand wahrgenommen, der das Gebet hört und auf den Ruf des Beters hin hervorkommen kann:

> Mögest du vertreiben, was Übles an mir ist,
> mögest du hören, was ich Dir zurufe,
> mögest du hervorkommen, auf das, was ich dir gesagt habe,
> schön an diesem Tage![313]

Für die 18. Dynastie ist die Schutzklage im Klagelied Tb 172 nachweisbar. Die Stimme dringt in den Osirisbereich vor und bewirkt dort das Hervorkommen eines Osiris NN, wie es die Aufforderung „Komm heraus auf ihre Stimme!" (*pr ḥr ḫrw=s*)[314] oder der Wunsch „Mögest du auf ihre Stimme hin herauskommen" (*pr =k ḥr ḫrw=s*)[315] explizit formuliert. Die menschliche Stimme erfährt im Grabkontext ihre sinngebende Bedeutung als die Überwinderin ontologischer Grenzen. Da der Laut auf der Erde produziert und ausgesendet wird, muss die Stimme die Aufmerksamkeit des Toten erregen, oder der Hörschall einen weiten Bereich abdecken. Nahezu alle Bezeichnungen für die beiden Klagefrauen beziehen sich auf ihr lautliches Gebaren oder ihr Verhältnis zum Toten. Sie sind entweder von den Verben „klagen" (*ḥ3y.tj*), „trauern" (*j3kb.tj*) und „weinen" (*ḳm3.tj*) abgeleitet, verleihen ihren Fähigkeiten Ausdruck, wie „die beiden Ach-mächtigen" (*3ḫ.tj*), „die beiden Preisenden" (*dw3.tj*) und „die Antwortenden" (*wšb.wt*), oder drücken die enge Beziehung zu Osiris aus, wie „die beiden Genossinnen" (*rḥ.tj*) und „die beiden Schwestern" (*sn.tj*).[316] Die Reichweite der Klagelaute kann durch Instrumente, wie die seit dem Mittleren Reich für die *ḏr.tj* bezeugten zwei Kupferbleche (*bj3.wj*),[317] Sistren und Menjt,[318] verstärkt werden.[319]

---

313 SLouvre C 30, *ÄHG* 204, 48, siehe dort auch Angaben zur Literatur.

314 Osirishymnus im Isistempel von Deir esch-Schelwit, ZIVIE, *Le temple de Deir Chelouit* III, 93, 3–4 (Text 127).

315 Mumienbrett BM 3650, 2, VITTMANN, Ein Mumienbrett im Britischen Museum (BM 36502), in: FS *Thausing*, S. 268. Dendera, Osiriskapelle Ost 3, CAUVILLE, *Le temple de Dendera. Les chapelles Osiriennes*, 251, 5–6.

316 KUCHAREK, *Die Klagelieder von Isis und Nephthys*, S. 566. Siehe dort auch die Belegstellen.

317 Übersetzt als „Zimbeln". CT I 74e-g. CT I 248a-b. Sargdeckel des Merenptah, Tb 171, PLEYTE, Taf. 168–169.

318 Sargdeckel des Merenptah; Osirishymnus Ramses' IV. aus Abydos, KRI VI, 24, 3–6, Quellenangabe nach KUCHAREK, *Die Klagelieder von Isis und Nephthys*, S. 598 bzw. 602.

319 Ab der Ptolemäerzeit werden die metallischen Klänge durch das Tamburin (*sr*) ersetzt, KUCHAREK, ebd., S. 599. Die von ihr hierfür beigebrachten Belege bezeugen m.E. aber

Die im Alten Reich übliche Bezeichnung der Klagefrauen als „Weihen" (*ḏr.t*)[320] spielt möglichweise auf die Intensität der Rufe (*sbḥ*) an. Falls diese Idee zutrifft, werden sie mit einem Vogel (*sgb*)[321] verglichen, dessen Ruf in andere ontologische Bereiche vordringt. Die von Vogelnamen abgeleiteten Bezeichnungen *ḏr.t* und *ḥ3.t* sind laut KUCHAREK nicht mit der Klage assoziiert, sondern dem Suchen, Auffinden, Bergen, Heilen und Schützen des Mumienkörpers des Osiris. Als Beleg für die nächtliche Klage der *ḏr.t* an der Bahre des Osiris führt sie die fünfte Stunde des Amduat an. Dort werden die Schwalben neben einem Kasten, aus dem ein Skarabäus ragt, vom Sonnengott aufgefordert, den Kasten mit ausgebreiteten Schwingen zu behüten und laut zu schreien.[322] In diesem Fall handelt es sich um ein apotropäisches Geschrei,[323] das die Vögel ausstoßen. Isis ruft:

> Ich veranlasse ein Wehklagen, ich schreie in der Balsamierungshalle (*dj =j jm sbḥ =j m wrjj.t*), wegen dieses Nebed, der eintritt. Er hat Verwandlungen gemacht gegen diesen Gott, um die Götter der Reinigungshalle in Furcht zu versetzen. Weiche zurück, du, in die Finsternis! Du greifst eine (gut) bewachte Reinigungshalle an![324]

Die gefahrenabwehrende Funktion der Frauen ist ausdrücklich mit ihrer Position im Raum verbunden. Sie sitzen an Türen, Toren und Eingängen, den Schwellenbereichen zwischen Innen und Außen, wo die Feinde abgewehrt werden müssen. Wehklagen in Kombination mit Rühmen schützt den *hörbaren Körper* im Jenseits, stärkt ihn und wehrt Gefahren von ihm ab. Dies geht aus dem in die erste Zwischenzeit datierten Brief an zwei Tote, Hetep-nebi und Teti-soneb, hervor:

> [2] Hast Du dieses Wehklagen gesehen, da Ihr (nun) hier seid?
>
> Ja, du bist trefflich [3] für dich hier (i. Jenseits) und einer, der gerühmt wird von seinen Nachkommen.

---

nicht ein Herausrufen des Verstorbenen, sondern Situationen des Jubels beim Erscheinen des Gottes.

320 *Wb* 5, 596.9–597.4, TLA, Lemma-Nr. 184670, Zugriff 2015-03-29.

321 *Wb* 4, 321.4–5, TLA, Lemma-Nr. 147160, Zugriff 2015-03-29.

322 KUCHAREK, ebd., S. 567–578. HORNUNG, *Amduat* I, S. 80.

323 Hierzu auch KUCHAREK, *Die Klagelieder von Isis und Nephthys*, S. 602–604.

324 CT I 239f–240c, Übers. KUCHAREK, ebd., S. 590.

Mögest du packen [4] diesen Toten und diese Tote. Mögen sie beide seine Angelegenheit nicht sehen,
denn es soll keinen geben, [5] der stimmgewaltig (*kji ḫrw*) ist gegen Euch beide hier.[325]

Das Klagen „sieht" der Verstorbene. Der Ruhm der Nachkommen lässt ihn in der Gesellschaft der Lebenden als *hörbaren Körper* weiterhin bestehen und rüstet ihn für sein Dasein an einem neuen Aufenthaltsort aus. Sie machen ihn unangreifbar, – auch gegen diejenigen, die ihn dort wie Seth mit einer lauten Stimme bedrohen!

Ebenso wie die Stimme der Klagenden wird die des Toten als durchdringend konzipiert. Im Totenbuch, Kap. 172, schließt jeder Abschnitt mit der Versicherung, dass der Angesprochene beklagt wird. Ich zitiere hier nur den Vers, der die zum Sprechen benötigten Lippen, Zähne und Zunge aufgreift:

Deine beiden Lippen geben dir Maat,
sie wiederholen die Maat dem Re,
sie besänftigen die Herzen der Götter.
Deine Zähne sind die der Ringelschlange, womit die Beiden Großen gespielt haben.
Deine Zunge (redet) verständig (*jw ns =k sꜢꜢ.w*),
und durchdringender ist, was du sagst,
als der Vogelschrei im Sumpf.
[...]
[Oh, siehe], du bist beklagt! [- zweimal].[326]

Der Text nennt als die für den *hörbaren Körper* in der nachtodlichen Existenz wichtigsten Qualitäten die Maat und das an die Zunge gebundene wirksame Sprechen. Beide entsprechen Eigenschaften des *hörbaren Körpers* in der Tageswelt.[327] Ein Unterschied ergibt sich durch die dritte Eigenschaft, nämlich die Intensität der Stimme, hier formuliert „durchdringender ist, was

325 Naga ed-Der N 3500, SIMPSON, A Late Old Kingdom Letter to the Dead from Nag' ed-Deir N 3500, in: *JEA* 56, S. 58–62, Taf. XLVI, WENTE, *Letters from Ancient Egypt*, S. 213.

326 Tb 172, pBM EA 9900 (pNebseni), 1–5, LAPP, *The Papyrus of Nebseni* (*BM EA 9900*), Taf. 97–100. Übers. nach HORNUNG, *Das Totenbuch der Ägypter*, S. 349 (1–5) und 353 (54–60). BACKES, in: TLA, Zugriff 2010-06-16, hat „Deine Rede ist schärfer als der Habicht des Weidelands"

327 LICHTHEIM, *Maat in Egyptian Autobiographies and related studies.*

du sagst, als der Vogelschrei im Sumpf". Wirkungsvoll ist die Stimme eines Toten in der Gestalt eines Falken (*bjk*), der sein „Schreien" (*nhmhm*) bei der Horizontüberquerung hören lässt.[328] Die Aussage:

> Sie geben mir Lobpreis, denn ich bin ganz erschienen als schöner goldener Falke auf dem Stein, dessen Stimme zu hören Re jeden Tag eintritt.[329]

besagt, dass nicht nur Stimmen der auf der Erde Lebenden den Verstorbenen erreichen, sondern als Vogelruf auch der Verstorbene auf der Erde vernehmbar ist.[330]

Im Hinblick auf die Darstellung der Totenklage stellt die 18. Dynastie eine Übergangszeit auf der Suche nach neuen Formen dar. Die im Mittleren Reich aufgegebene bildliche Wiedergabe der Totenklage vor dem Sterbehaus

---

328 Pyr. § 163c (*nhmhm*), pyr. § 1959a (*ngg*). CT IV 338i, Buchberger, *Transformation und Transformat*, S. 148. Tb 71: „Ich bin der Falke im Südhimmel, Thot im Nordhimmel, der die ‚Flammende' beruhigt, wenn sie wütend ist, der die Wahrheit dem darbringt, der sie liebt", [sagt Thot], pBM EA 10477 (pNu), 5–6, Backes, in: TLA, Zugriff 2015-05-10. Tb 78, 1–15, betitelt „Spruch, die Gestalt eines göttlichen Falken anzunehmen", gibt einen Dialog wieder. Zuerst spricht der Tote (als Osiris) zu Horus und bittet ihn: „O Horus komm doch nach Busiris, damit du mir die Wege bahnst [...]". „Tue so, sagen die Götter, welche die Stimme hören". Daraufhin ein Bote aus dem Gefolge des Osiris: „Schweigt doch, ihr Götter – (hier) spricht ein Gott mit einem Gott." Hornung, *Das Totenbuch der Ägypter*, S. 157f. Die Laute eines Falken unter den Göttern finden sich auch als Anfang eines magischen Spruches: „A rejoicing (*nhm*) and chattering (*grḳr*) (one) has passed along you, loaded with a mysterious falcon! For I am among gods – Seth is on my right, Horus on my left, Nephthys is in my embrace.", pTurin 1993 [16], vso. 4, 1–15. Pleyte/Rossi, *Papyrus de Turin*, Taf. 136, 12–137, 4, Übers. Borghouts, *Ancient Egyptian Magical Texts*, Spell 115.

329 Tb 77, 10–13, Hornung, *Das Totenbuch der Ägypter*, S. 156. Desgl. pBM EA 10477 (pNu), 6–7, und pKairo CG 24095 (pMaiherperi), 97–98. Im Totenbuch vergleicht sich der Tote außerdem mit einer schnatternden Gans: „Ich bin als Falke aufgeflogen, ich habe als Nilgans geschnattert", Tb 82, 1–3, Hornung, ebd., S. 168. PKairo CG 24095 (pMaiherperi), 78, hat: „als Großer fliege ich auf, als Gans habe ich geschnattert", Backes, in: TLA, Zugriff 2011-11-10. Siehe auch Tb 98, 6–7, Tb. 169, 67–68, und Tb 189, 30–31. Am Abend begehrt der Tote als Schwalbe Eintritt in die Duat, Tb 86, 7–11: „Gib mir deine Hand; ich verbringe den Tag auf der Flammeninsel. Mit einem Auftrag bin ich gegangen. Mit einer Meldung bin ich (wieder)gekommen. Oh, öffne mir, dass ich berichte, was ich gesehen habe", pKairo CG 24095 (pMaiherperi), 104–107, Backes, in: TLA, Zugriff 2011-11-10.

330 Ob sich die Aussage im Lied der Opferträger beim Talfest: „Du (Amun-Re) gibst die Stimme den Schweigenden (*rdi =k ḫr(w) grw*) für eine gute Lebenszeit" TT 69, Querhalle, re., Hartwig, *The Tomb Chapel of Menna*, Abb. 2.8a-b, S. 50, 53, 7, auf den Toten auf der Erde oder in der Duat bezieht, ist ungeklärt.

findet sich erstmals wieder auf einer Stele aus der Zeit Hatschepsuts.[331] Ab Thutmosis IV. dringen dann lebhafte Klageszenen der Angehörigen in die Darstellung des Sargschlittenzuges und der Mundöffnung ein. Männer, Frauen und Kinder[332] klagen. Die Trauer wird deutlich in den folgenden Rufen zum Ausdruck gebracht, die SCHOTT deshalb zu Recht in seine Sammlung Altägyptischer Liebeslieder aufgenommen hat. Die Töchter, die hinter dem Sarg des Renni gehen, klagen:

> Seine Tochter Baba ruft: „Wohin gehst du, mein Vater!"
> Seine Tochter Iah-Hotep ruft: „Zu wem soll ich gehen, mein Vater!"
> Seine innig geliebte Frau Nehi ruft: „Wohin in aller Welt soll ich ohne meinen Herrn gehen!"[333]

Sie thematisieren die Reise des Toten als ein Weggehen, das die Hinterbliebenen ratlos zurücklässt. Im Vergleich hierzu rufen im Grab des Ramose die Frauen und Kinder seines Gutes, die kurz vor der Mundöffnungszeremonie am Wegrand stehen:

> Der große Hirt ist davongegangen. Er zieht an uns vorbei, ach dass Du auf uns blicktest![334]

Der Ruf bei Ramose formuliert das Unterwegssein des Verstorbenen in der Nekropole, wenn der Sargschlitten an den Trauernden, die am Wegrand stehen, vorbeizieht.[335] Er assoziiert auf mythischer Ebene bereits des Toten zukünftige Art zu reisen, wenn dieser als Insasse des Sonnenbootes am Himmel vorbeifährt. Nur die engsten Familienmitglieder adressieren den Toten persönlich und bitten ihn bei ihnen zu bleiben. Die anderen Trauernden sprechen den Verstorbenen als tugendhafte Person an.[336] Hierdurch wird im Hörraum der Bestattung bei Standespersonen die Differenz zwischen Personen aus der

331 TT 110, Stele. Zwischen der Ankunft am Grab und der Mundöffnung.

332 Siehe FEUCHT, *Das Kind im alten Ägypten*, S. 344ff.

333 EK 7, Grabkapelle, O-Wand, PM V, 183 (9–10), TAYLOR, *Renni*, Taf. XI, LÜDDECKENS, *Totenklagen*, Text 16, S. 37f, Abb. 13, SCHOTT, *Altägyptische Liebeslieder*, Text 105, S. 140.

334 TT 55, Halle, S-Wand, obere Hälfte, PM V, 108 (5), DAVIES, *Ramose*, Taf. XXV, unteres Register, LÜDDECKENS, *Totenklagen*, Text 43, S. 97f, SCHOTT, *Altägyptische Liebeslieder*, Text 107, S. 140.

335 LÜDDECKENS, *Totenklagen*, S. 98.

336 Ebenso RÖSSLER-KÖHLER, Totenklage, in: *LÄ* VI, Sp. 657–658.

engsten beziehungsweise der weiteren Umgebung des Toten gewahrt.[337] Frauen gebrauchen die Umgangssprache doppelt so häufig wie Männer. Deborah SWEENEY schließt daraus:

> It seems to me that their use of the colloquial language is not just a lack of sophistication but a deliberate choice, and it may be related to the content of some of the women's utterances, which contradict many of the dearest beliefs of the Egyptians about the afterlife.[338]

Im Gegensatz zu der von Selbstbeherrschung geprägten, verhaltenen Trauer bei Männern wird bei Frauen die Totenklage als leidenschaftliches Gefühl dargestellt. SWEENEY interpretiert die geschlechtsspezifische Darstellung als eine Erwartungshaltung der altägyptischen Gesellschaft: „It seems that in Egyptian society women were allowed – and probably even expected – to demonstrate pain and grief at funerals“ beziehungsweise: „Convention tends to militate against depicting men showing grief at the funeral“.[339]

In den Privatgräbern der 18. Dynastie erscheinen lebhafte Gesten des Gefühlsausdrucks erst nach der Amarnazeit. Sie sind mehrmals belegt in der Zeit Haremhabs.[340] Erstmalig anzutreffen sind sie auf dem Berliner Trauerrelief.[341] Bei Männern stützt der linke, an den Körper gelegte Unterarm den rechten Ellbogen, während das Kinn in der Rechten ruht, oder die linke Hand ist zum Mund erhoben (wobei der kleine Finger die Oberlippe berührt).[342] Eine Körpersprache der Trauer, die lebhafte Körper- und Handbewegungen umfasst, wie das Raufen der Haare, das Legen der Hand auf den Kopf und das Beschmieren mit Erde, erscheint erstmalig unter Ramses I. ASSMANN deutet die ikonographische Entwicklung nicht als Zeuge einer veränderten rituellen Praxis, sondern als Wandel im Wirklichkeitsbezug: Wurde vorher Authentizität durch die Wiedergabe eines traditionellen Festbildes erreicht, so werden nun-

337 Dieser Unterschied wird auch durch die Farbgebung gemacht, so sind in der Bankettszene in TT 82, Passage, N-Wand, die weiblichen Familienmitglieder in der üblichen gelben Hautfarbe, die Musikerinnen und Dienerinnen hingegen in Rosa gemalt worden. Vergl. DAVIES/GARDINER, *Amenemhet*, S. 55.

338 SWEENEY, Walking alone forever, in: *NIN* 2, S. 43.

339 Ebd., S. 45f.

340 Siehe die Belege bei RADWAN, Der Trauergestus als Datierungsmittel, in: *MDAIK* 30, S. 115–129.

341 Berlin ÄM 12411, Herkunft Sakkara, SCHULMAN, The Berlin ‚Trauerrelief‘ (No. 12411) and Some Officials of Tut'ankhamun and Ay, in: *JARCE* 4, S. 55–68 und Taf. XXX.

342 Ebd.

mehr Lebendigkeit und Ausdruckskraft eingesetzt.[343] LÜDDECKENS stellt zum Stil der professionellen Klagen im Neuen Reich fest:

> In den Totenklagen des Neuen Reiches begegnet uns am häufigsten eine Stilform, die sich aus drei auffordernden Rufen zusammensetzt, vor deren drittem die Anrede an den Toten eingefügt ist. Meistens wird hier der an den Toten gerichtete Ruf „Zum Westen!" verwandt. Daneben kommen auch andere vor, wie „Heil Dir!" und „Verlass mich nicht". [...] Man könnte sie als Dreigliederschema deuten, dem die Anrede eingefügt ist. [...] Die Hervorhebung des Schlusses der Stilform kann wohl als eine Erschwerung des letzten Gliedes gegenüber den beiden ersten bezeichnet werden, die sich im Rhythmus und Ton des Vortrags bemerkbar gemacht haben muss.[344]

Derselbe trifft die für die Aufführungspraxis in einem rituellen Kontext bedeutsame Aussage, dass die Totenklage Stehgreifdichtung sei,[345] und weist in diesem Zusammenhang auf den möglichen Improvisationsspielraum hin. Dieser besteht nach ihm darin, dass

- in Aufforderungen an den Toten beim dritten Glied die Anrede der persönlichen Eigenart des Toten gemäß jeweils geändert werden kann
- das Dreigliederschema verkürzt, mit anderen Stilformen verbunden werden oder durch einen Zusatz ergänzt werden kann
- die Kunstform der Anapher und der Antithese angewendet wird
- die Formel für die Beschreibung des Totenlandes Änderungen erfährt und von Thutmosis III. an variiert wird („der Ort der Sehnsucht" wird verdrängt durch „das Land der Rechtfertigung")
- besonders unter Amenhotep III. die Klageformen eine reichere Ausdrucksvielfalt gewinnen[346]
- das Neuägyptische in die klassische Sprache einfließt[347]

Der Charakter des Vortrags wurde weitgehend bestimmt durch den Charakter des Inhalts und entsprach den Gesten der Vortragenden. Beim Trauergeleit dürften Rezitationen ruhiger vorgetragen worden sein als die lauten Anrufe

343 ASSMANN, *Tod und Jenseits*, S. 408.
344 LÜDDECKENS, *Totenklagen*, S. 175f.
345 Ebd., S. 177.
346 Ebd., S. 173ff.
347 Ebd.

an den Toten, ein Hymnus ruhiger gesungen als die Klagen der Witwe oder der Klagegruppen.[348] Die Beteiligung der „Sänger" (*šmꜥ.w*) und die Gebärden der Trauer in den Klageszenen lassen vermuten, dass der als *ḏd* bezeichnete Vortrag nicht „gesprochen" worden sein kann.[349] Die aus kurzen Anrufen an den Toten und Aufforderungen bestehenden Klagen wurden vermutlich als „kurze rufartige Klagen" (*sbḥ.wt*) ausgeführt. Lange Texte wurden gesungen.

Das Balsamierungsritual

Die Schärfung des Gehörs und die Wiederherstellung seiner Redefähigkeit werden dem Toten im Balsamierungsritual gewünscht. Die Aussagen stehen auf dem in die griechisch-römische Zeit datierten Papyrus Boulaq 3. Der Vollzug des Balsamierungsrituals war Balsamierern und Priestern vorbehalten. Damit ist die Kenntnis der folgenden Aussagen zum Hören in der Duat und Sprechen an den mythischen Stätten des Osiris auf diesen Kreis der Spezialisten begrenzt. Die Anwendung auf einen balsamierten Körper, ihre Funktion im Ritual, die Verschriftlichung auf einem Papyrus, die institutionelle Verwaltung dieses Wissens durch die Balsamierungspriester und das Verhältnis der Aussagen zum Osirismythos und den Vorstellungen der nachtodlichen Existenz bilden zusammen ein Feld der Stabilisierung für die Identität der Aussagen.[350]

Die Konstituierung des *hörbaren Körpers* im Bereich des Osiris beginnt mit der Anrede, die an den Toten in den Stundenwachen[351] und bei der Einbalsamierung des Körpers gerichtet wird. Die/der Tote wird durch den Balsamierer in der direkten Rede, das heißt in der zweiten Person Singular als Osiris NN adressiert.[352] Daraus folgt, dass die Mumie wie ein hörender Körper behandelt wird. Nur der Mensch wird als hörend bezeichnet. Wie das Balsamierungsritual für den Apis-Stier zeigt, gilt dies nicht für Tiermumien.[353] Die in die Ritualanweisungen des Papyrus Boulaq 3 eingeschobenen Anrufe an den Verstorbenen sind in Rot geschrieben. Die Anleitung zeigt, dass zunächst eine rituelle Umgebung hergestellt wird, die sich auf die Ritualisierung des Toten in einen *hörbaren Körper* auswirken kann. Die Anweisungen verwandeln

---

348 Ebd., S. 182f.

349 Ebd., S. 134f.

350 Vergl. FOUCAULT, *Archäologie des Wissens*, S. 151.

351 Die Stundenwachen sind nur aus Tempeln belegt. Der Leser wird hierzu vor allem auf die jüngste Arbeit von KUCHAREK, *Die Klagelieder von Isis und Nephthys in Texten der Griechisch-Römischen Zeit*, verwiesen.

352 PLouvre 5158 und pBoulaq 3. MARIETTE, *Les papyrus égyptiens du Musée de Boulaq* I, S. 9, Taf. 6–14. SAUNERON, *Rituel de l'Embaument*. GOYON, *Rituels funéraires de l'ancienne Égypte*, S. 17–84.

353 VOS, *The Apis embalming ritual: P. Vindob. 3873*, passim.

die Balsamierungshalle in einen Raum der geheimen und eingeschlossenen Geräusche:

> Danach nun setze sich Anubis, der *ḥr.j-sštꜣ*, unter den Kopf dieses Gottes,
> [4.8] wobei sich niemand von den Vorlesepriestern ihm nähern darf,
> solange, bis der *ḥr.j-sštꜣ* jede Tätigkeit daran ausgeführt hat,
> abgesehen von dem Gotteswärter, der sich unter der Aufsicht des *ḥr.j-sštꜣ* mit seinem Kopf beschäftigen soll.[354]

Die Ritualanweisung gibt Aufschluss über die kulturelle Praxis, den Toten als einen *hörbaren Körper* herzustellen, der in einem verborgenen Raum (die verschlossene Grabkammer) oder dem ontologischen Bereich der Götter (Duat) existiert.[355] „Der über dem Geheimnis ist" (*ḥr.j-sštꜣ*) ist eine Bezeichnung des Anubis und des Balsamierungspriesters in dessen Rolle.[356] Zunächst einmal werden alle bis auf die nötige Hilfskraft weggeschickt, sodass sie außer Hörweite sind. Der Balsamierungspriester setzt sich ganz nah an den Kopf des Verstorbenen. Der Vignette des Totenbuchkapitels 26 nach zu schließen[357] verwendet er eine Anubis-Maske. Ein erhaltenes Exemplar einer solchen Maske aus Ton findet sich heute im Römer Pelizaeus Museum in Hildesheim, PM Inv. Nr. 1585. „Der Gebrauch einer solchen Maske hat aber zur Folge, dass die Stimme nicht mehr natürlich klingt. Wegen der Eigenresonanz dieses Hohlkörpers tritt Stimmverfärbung ein. Auch dient die Maske zur Verstärkung des Klangvolumens".[358] Wenn der *ḥr.j-sštꜣ* den Kopf des Toten balsamiert und währenddessen unter der Anubis-Maske zu dem Toten spricht, wird die Balsamierungsstätte in einen auditiven Raum der Geheimnisse umgewandelt. Eingeschlossene Geräusche und eine verstärkte, verfärbte Stimme zeichnen diesen aus. Nachdem so die rituelle Umgebung geschaffen worden ist, wird mit der Ölung und Wickelung des Kopfes begonnen. Der Priester bittet die Göttin Hathor in ihrer Eigenschaft als Personifikation des Salböls:[359]

---

354 PBoulaq 3, 4, 7–8, Übers. STERNBERG-EL-HOTABI, Balsamierungsritual pBoulaq 3, in: *TUAT* II, S. 405–431.

355 Zur Wirkung der rituellen Umgebung auf den Körper bei der Ritualiserung, BELL, *Ritual Theory Ritual Practice*, S. 99.

356 *LGG* V, S. 380. Hatjajj sagt in seiner Biographie: „Ich bin der Herisescheta, einer, der Re in seinen Manifestationen sieht (und) Atum in seinen Geburten", sLeiden Inv. AP 12, KRUCHTEN, Sculpteur des images divines, in: *Mélanges offerts à Ph. Derchain*, S. 111.

357 HORNUNG, *Das Totenbuch der Ägypter*, Abb. 13.

358 HICKMANN, *Ägypten, Musikgeschichte in Bildern* II, S. 48, Abb. 24.

359 Die Göttin Hathor, die hier das Öl symbolisiert, vergl. STERNBERG-EL-HOTABI, Balsamierungsritual pBoulaq 3, in: *TUAT* II, Anm. 4, 16 a.

komme und dringe an [4.17] die Ohren des Osiris, Gottesvater Heter, Sohn des seligen Harsiese und Kind der Taiher, o du zweimal Große, o du zweimal Göttliche, o du zweimal Große, Herrin des Westens, Fürstin des Ostens { …}:

[4.18] komm und gib in der Duat Atem an den Kopf des Osiris, [hier sind wiederum eingesetzt Name und Herkunft väterlicher- und mütterlicherseits].

Mögest du veranlassen, dass er mit seinem Auge sehen, mit seinen Ohren hören, [4. 19] mit seiner Nase atmen, mit seinem Munde sprechen und mit seiner Zunge urteilen kann in der Duat.

Möge seine Stimme in der Halle der Beiden Wahrheiten empfangen und in der Halle des Geb vor [4.20] dem großen Gott, dem Herrn des Westens, gerechtfertigt werden.

O du Osiris, NN, Es komme zu dir das dickflüssige Öl und versehe deinen Mund mit Leben. Dein Auge [4.21] vermag sicher in der Duat zu sehen, so wie Re am Himmel sieht.

Möge es deine Ohren das hören lassen, was dir beliebt, so wie Schu nach seinem Belieben das vernimmt, was er in Heliopolis hören (will);

möge es deine Nase den schönen Festgeruch atmen lassen, so wie Geb [4.22] den wohlriechenden Duft einatmet, der angenehm für deine Nase ist.

Möge es veranlassen, dass dein Mund mit Weissagungen ausgestattet wird, so wie der Mund des Thot, der über die Maat urteilt. Möge es dich mit der Maat in Heliopolis versehen.[360] [4.13] Oh, Jauchzen bricht im *ḥw.t-bnbn* aus!

Mögest du mit deinem Mund in Sais sprechen, und möge Osiris von Siut zu dir kommen; denn dein Mund ist der Mund des Wepwawet (-Anubis) im westlichen Gebirge, [5.1] wenn Osiris zu seinem Sohn Horus spricht.

Möge es dir deine Augen in Busiris überreichen und in Abydos den Kopf des Ersten der Westlichen zusammenknüpfen. Osiris, der sich in Busiris befindet, kommt sicher zu dir und vernimmt das, was du in Abydos sprichst.[361]

---

360 Andrews, *Amulets of Ancient Egypt*, S. 70, Objekt 73d = BM EA 15718, führt unter den Amuletten eine Zunge aus Blattgold an, die im Mund einer Mumie aus der Römerzeit gefunden wurde,

361 PBoulaq 3, 4.7–5.1.

Der Abschnitt schließt mit dem Wunsch:

> Man wird (dein Gehör) schärfen, [5.14] damit du vollkommen hören wirst in den Bezirken der Duat.[362]

Die altägyptische Kultur verfügt mit dem Balsamierungsritual über eine Praxis, die das Sprechen und das Hören als Kategorien materialisierter Diskurse auch beim toten Körper zum Ausdruck bringt. Das Öl, das eigentlich die Ohren verstopft, wird durch die Gleichsetzung mit einer Göttin und die Worte des Priesters zur Trägersubstanz für die Wiederbelebung der Sinne. Den Ohren wird eine selektive Funktion beigemessen, sie sollen den *hörbaren Körper* nur das hören lassen, was ihm beliebt, damit es ihm in Heliopolis so ergehe wie Schu, der vernimmt, was er hören will. Die Bedeutung der Stimme als Mittel zur Rechtfertigung des Toten beim Eintritt in die Duat geht aus der Nennung „der Halle der Beiden Wahrheiten“ hervor. Der Mund spricht, die Zunge urteilt. Die Analogie mit dem Mund des Gottes Thot, in den Weissagungen gelegt sind, spielt auf die Funktion eines Orakelpriesters an. Die Lokalisierung in Heliopolis paart die Urteilssprechung mit dem, was ein Gott hören will, und verlegt sie an den Geburtsort der Sonne. Das Jauchzen im Hut-Benben beschreibt die Reaktion auf den geglückten Horizontübergang. Im Westen wird dem Mund die Rolle des Wegeöffners zugesprochen. Der in der nachtodlichen Existenz *hörbare Körper* bleibt auf die Götterwelt begrenzt, wo seine Stimme in der Duat, bei Sonnenaufgang in Heliopolis, an dem mythischen Ort Sais, im Westgebirge von Horus und in Abydos von Osiris vernommen wird. Die imaginierte Stimme des Toten wird mit göttlichen Orten oder von ihm angenommenen Gestalten verbunden.

Die Bereiche im alten Ägypten, in denen das Wissen über die Ritualisierung in einen *hörbaren Körper* für die nachtodliche Existenz vermittelt wurde, sind die der Balsamierer und Priester. „Each discipline of knowledge – psychology, medicine, linguistics, philosophy, musicology, etc. – casts its own ‘net’ of meaning over the FLUCTUATING MANIFESTATIONS OF NATURE, thereby providing reference points to its own theories“.[363] Ein Blick auf die entsprechenden Aussagen im Balsamierungsritual erhellt nicht nur, wie vielleicht zu erwarten, die Beziehung des *hörbaren Körpers* zu religiösen Vorstellungen, sondern auch zur Medizin. Die unterschiedliche Bedeutung, die dem rechten beziehungsweise dem linken Ohr beigemessen wird, wird in dem, was man als

362 PBoulaq 3, 5.10–14.

363 Ostwald, *The semiotics of human sound*, S. 1, Hervorh. i. O.

die Gefäßlehre[364] des etwa 1550 v. u. Z. datierten medizinischen Papyrus Ebers bezeichnen könnte, formuliert:

> Es sind vier Gefäße zu seinen zwei Ohren,
> und zwar zwei Gefäße auf seiner rechten Schulter, zwei zu seiner linken Schulter.
> Es tritt der Wind des Lebens in das rechte Ohr (*msḏr wnmj*) ein.
> Es tritt der Wind des Todes in das linke Ohr (*msḏr jꜣbj*) ein.[365]

Die Unterscheidung zwischen dem rechten und dem linken Ohr lässt an die Lage der Mumie denken, die im Mittleren Reich in den Kastensärgen auf der linken Seite liegt. Dadurch ist das rechte Ohr frei und sie kann die Gebete und Opferformeln, die für sie gesprochen werden, hören. Die Lagerung der Mumie kann als eine Materialisierung der Vorstellung in Papyrus Ebers, der zufolge der Wind des Lebens in das rechte Ohr eintritt, verstanden werden. Auffallend ist, dass sich bisher nie Ohrenamulette bei Mumien gefunden haben.[366] Der Grund hierfür ist möglicherweise in der Interpretation des menschlichen Körpers im Zustand der Mumifizierung zu sehen. Dieser wird als ein vollständiger Körper aufgefasst.

Die Gliedervergottung

Mit der Gliedervergottung wird eine Alltagspraxis zum Schutz des lebenden Körpers in die Totenversorgung übernommen. Die Rezitationen sollen die Vollständigkeit des Körpers durch seine Vergottung erzielen.[367] Sie bedienen

---

364 Stephan, Überlegungen zur Ausbildung der Ärzte im alten Ägypten, in: *SAK* 24, S. 301–312.

365 PEb 854f (100,2–3). Re. und li. Ohr auch in pEb 856g (103,13–16) und Var. pBerlin 163g. Westendorf, *Handbuch der Altägyptischen Medizin*, S. 693, und mit ihm die meisten Ägyptologen, hat anstatt „Wind" (*ṯꜣw*) „Hauch". Nach der maßgeblichen ägyptischen Kosmologie für die Entstehung der Atemluft, CT I 314b–385a, handelt es sich jedoch bei der Luft als den Stoff des Lebens, der sich im ganzen Körper und im Kosmos ausbreitet, was einen kräftigen Luftstrom indiziert.

366 Morgan, *Untersuchungen zu den Ohrenstelen aus Deir el Medine*, S. 48.

367 PT 215 (pyr. § 147b), CT VI 391h. Eine Sicherheitsmaßnahme zum Erreichen der Vollständigkeit des in diesem Fall mit der Fähre gleichgesetzten Körpers stellt die im Anschluss an die Vergottung der Teile gefällte Aussage dar: „Was alle Dinge, die ich in dieser Fähre vergessen habe, betrifft, sie werden für mich von diesen Göttern, die mich in sie setzen, angerufen. Diese sind es, die sie aus diesem Vorratshaus für sich nehmen. Es ist für jeden Horus, der der Menschen überdrüssig ist, dass sie von dort bei seinem Aufstieg zum Himmel genommen haben", CT V 150a–151a, meine Übers.

sich hierbei Analogien, die zwischen dem betreffenden Körperteil des Toten und einem Gott hergestellt werden. Der Tote wird in der direkten Rede adressiert:

> „Deine Ohren sind die beiden Kindchen des Atum, (du) Nichtuntergehender.
> Deine Augen sind die beiden Kindchen des Atum, (du) Nichtuntergehender.
> Deine Nase ist der Schakal, (du) Nichtuntergehender.
> Deine Zähne sind Sopdu, (du) Nichtuntergehender."[368]

Die Zuordnung der einzelnen Sinnesorgane zu Göttern ist nicht einheitlich.[369] Die bei der Gliedervergottung für die nachtodliche Existenz genannten Ohren und Lippen werden in den Sargtexten mit einem Götterpaar gleichgesetzt. Kehle, Lippen, Mundhöhle, Zähne und Zunge werden weder als erforderlich zur Erzeugung des Schalles, noch zur Orientierung in der Umgebung, noch zur Kommunikation mit der Umwelt angesprochen. Das Totenbuchkapitel 82 in der Version des Papyrus Nu setzt die Zunge mit Ptah und die Kehle mit Hathor gleich. Der Mund „gedenkt" (*sḫꜣ*) der wirksamen, tabuisierten Rede des Atum, die den *hörbaren Körper* des Toten schützt, indem sie seine Feinde vernichtet:

> Ich gedenke der Rede Atums, meines Vaters, mit meinem Mund.
> Er vernichtet Gebs Frau, die mit vergehendem Kopf, auf seinen Ausspruch hin.
> Fürchte dich vor ihm!
> Sage sie (Atums Rede) nicht weiter!
> Wehklagen wäre die Folge.
> Der Erbe des Herrn der Erde wird mir zugewiesen.
> Geb ist dort mein Schutz.[370]

Das hier am Totenbuchtext zu beobachtende Tabu von Atums Rede bildet als Geheimhaltung seines Namens den Gegenstand der Erzählung von der List der Isis, ein Text, der vermutlich gegen Schlangenbisse gesprochen wurde. Isis[371] versucht mit Hilfe ihrer Zauberkraft den geheimen Namen des Gottes Re, der

---

368 Unas, PT 215 (pyr. § 148c–d).

369 Vergl. ALTENMÜLLER, *Synkretismus in den Sargtexten*, S. 250–251, und ASSMANN/BOMMAS, *Altägyptische Totenliturgien* I, Tab. 1, S. 183–184.

370 Tb 82, pBM EA 10477 (pNu), 10–12, BACKES, in: TLA, Zugriff 2011-11-10.

371 In pBrooklyn 47.218.50 ist ein Epitheton der Isis, „Herrin der Namen", vergl. *LGG* IV, 88.

von einer giftigen Schlange gebissen worden ist, zu erfahren. Dieser begründet das Verschweigen seines Namens wie folgt:

> meinen (geheimen) Namen haben mein Vater und meine Mutter (nur) mir genannt. Ich habe ihn in meinem Leib verborgen vor meinen Geschöpfen, um zu verhindern, dass Zauberer oder Zauberin Macht erhielte (über mich).

Isis genügt seine Antwort nicht:

> „Dein (geheimer) Name ist nicht unter denen, die du mir genannt hast. Nenne ihn mir, dann wird das Gift austreten! Denn ein Mann lebt, dessen Name ausgesprochen wird!"
>
> Doch das Gift brannte weiter mit Brennen, es war stärker als Flamme und Feuer. Dann sprach die Majestät Res:
>
> „Leih mir dein Ohr, meine Tochter Isis, auf dass mein Name übergehe aus meinem Leibe in deinen Leib. Der göttlichste unter den Göttern hat ihn verborgen, damit mein Raum weit sei in der Barke der Millionen. Wenn er (der Name) zum ersten Mal herauskommt aus meinem Herzen, dann sage ihn auch meinem Sohne Horus. Doch binde ihn zuvor durch einen Gotteseid, den du ihm bei seinen beiden Augen auferlegen sollst."[372]

Der Akustikforscher und Komponist Murray SCHAFER weist darauf hin, dass verbotene Laute eine große symbolische Resonanz besitzen, weshalb sie von der Gesellschaft sorgfältig gehütet werden.[373] Derselbe weist auch auf den Effekt der Tabuisierung für den betroffenen Laut hin: „There is a deep-bonded relationship between noise abatement and taboo, which cannot be abandoned, for the moment we place a sound effectively on the prescription list we do it the ultimate honour of making it all-powerfull".[374] Auch im oben zitierten Totenbuchspruch wird die Wiedergabe der Rede Atums vermieden und anderen untersagt. Der Sprecher von Tb 82, der sich in der Duat zu seinem Schutz der Macht des Götterwortes bedienen will, beachtet das Tabu. Seine Einhaltung bestätigt die symbolische Resonanz eines Tabulautes und die Macht des göttlichen Ausspruchs.

---

372 PTurin 1993, 3, 12–14, PLEYTE/ROSSI, *Le Papyrus de Turin*, S. 131–138, Taf. 31, und pChester Beatty XI (BM 10691), GARDINER, *Hieratic Papyri in the British Museum*, S. 116–118, Taf. 64–65, BRUNNER-TRAUT, *Altägyptische Märchen*, S. 156–161.

373 SCHAFER, *Klang und Krach*, S. 242.

374 SCHAFER, *The Soundscape*, S. 202.

Die Behandlung der Ersatzköpfe

Eine Materialisierung des *hörbaren Körpers* in der nachtodlichen Existenz geschieht im Alten Reich durch die in den Mastabas gefundenen sogenannten Ersatzköpfe, die in der Grabkammer in der Nähe des Körpers platziert wurden. Skulpturen sind ein Ergebnis gesellschaftlich hervorgebrachter Normierung, die durch den verwendeten Werkstoff, den Arbeitsgang, die Form, die rituelle Behandlung[375] und den Aufstellungsort erreicht wird. Zu fragen ist deshalb: Wie verknüpfen sich die genannten Kriterien der Skulptur, der Geschlechtlichkeit, des Status und der Hörbarkeit zu einer ikonischen Aussage? Was strebt diese an? Die Skulptur ist aus Kalkstein geschaffen. Sie stellt einen etwa lebensgroßen Männerkopf dar. Dieser ist glattköpfig oder mit knapp angemerkten Haarkappen, scharfen geometrischen Gesichtslinien – JUNGE spricht von „Gemachtheit", durch die eine Übereinstimmung von Bildeindruck und Seheindruck erreicht wird[376] – und in der Regel nicht bemalt. Die Ohren sind nicht skulptiert[377] oder abgeschlagen worden. Die ikonische Aussage ergibt sich aus der Verbindung von zeitüberdauerndem Stein, Mitnahme ins Grab und Deponie neben dem Körper des Grabherrn, der ein Beamter der oberen Gesellschaftsschicht war, und den nicht vorhandenen Ohren.

In der bisherigen Forschung wurden die Ersatzköpfe als Identifikationshilfe für den Totengeist und ihre Verstümmelung als Schutz für die Lebenden, damit ihnen der Tote nicht gefährlich werden kann, interpretiert.[378] Nach meiner Deutung wird der Schutz des Toten bezweckt. Das Abschlagen der Ohren stellt eine am Ersatzkopf vollzogene Ritualisierung des hörenden Toten dar,[379] um *ihn* vor schlechten Einflüssen zu schützen. Die Handlung gründet sich, erstens, auf die Vorstellung von einem vollständigen *hörbaren Körper* in der nachtodlichen Existenz – die Anrede des Verstorbenen in den Klagen und bei der Balsamierung setzt die Vorstellung von einem Körper mit intaktem Gehör voraus – und, zweitens, der Idealisierung des männlichen *hörbaren Körpers* als Glied einer verbalen Kommunikationskette. Diese Idealisierung und die Grabherren, bei denen Ersatzköpfe gefunden wurden, entstammen dem gleichen sozialen Milieu. Nach der Aussage im Balsamierungsritual (pBoulaq

375 Den an Statuen durchgeführten Ritualisierungsprozess zeigt das Mundöffnungsritual.

376 JUNGE, Hem-iunu, Anch-ha-ef und die sog. „Ersatzköpfe", in: *Kunst des Alten Reiches*, S. 105.

377 Bspw. Ersatzkopf des Kahotep, 5. Dyn., Abusir, Berlin ÄM 16455.

378 TEFNIN, Art et magie au temps des pyramides, in: *MonAeg* 5, S. 19–39.

379 Zu Materialfunden, die dafür sprechen, dass an Ersatzköpfen Rituale durchgeführt wurden, siehe ALEXANIAN, Ritualrelikte an Mastabagräbern des Alten Reiches, in: FS *Stadelmann*, S. 3–22.

3, 4.21) soll der Tote in Heliopolis nur das hören, was er hören will. Nach den medizinischen Papyri treten Krankheitsdämonen durch das Ohr in den Körper ein. Die Bedeutung der Ohren für die soziale Integration des hörbaren Körpers wie auch ihre Eigenschaften als mögliche Eintrittspforte für Unerwünschtes erklärt ihr Fehlen bei den Ersatzköpfen. Durch diese Schutzmaßnahme konnte der Grabherr davor bewahrt werden, dass er etwas hören und weitergeben könnte, das sich auf seine nachtodliche Existenz ungünstig auswirkt, und dass Dämonen in seinen Körper gelangen.

Die Rezeption des Mundöffnungsrituals

Die Wiedergabe der Mundöffnung im Zusammenhang mit der Bestattung ist in den Gräbern der 18. Dynastie auf den Wänden der Längshalle dargestellt. Sie bildet dort eine selbständige Szenenfolge. Dabei sind die Szenen teilweise verkürzt, die Auswahl setzt bestimmte Akzente.[380] Die umfangreichste Darstellung findet sich im Grab des Rechmire, der unter Thutmosis III. Wesir war.[381] Den Darstellungen zufolge wurde das Ritual am Grabeingang im Beisein der Trauergemeinde durchgeführt. Keine Quelle für den Ritualverlauf ist älter als das Neue Reich, weshalb ASSMANN es als ein „Element des Totenkults im Neuen Reich" versteht.[382] In einigen Anlagen aus der Zeit Amenhoteps II. bis Thutmosis' IV./Amenhoteps III. findet sich die Mundöffnung außer im Begräbniszug zusätzlich an den Kultstellen der Schmalseiten der Querhalle in der Umrahmung der Scheintür.[383] Die Riten werden hier nicht vor einer Mumie vorgenommen, sondern der Grabherr (bisweilen zusammen mit seiner

380 GUKSCH, *Benja*, S. 31–33.

381 TT 100, Längshalle, N-Wand, DAVIES, *Rekh-mi-Rê* II, Taf. C, 2, CV–CVII.

382 ASSMANN, *Tod und Jenseits*, S. 409.

383 Grab des Userhat (TT 56, Umrahmung der Scheintür), Paser (TT 367, Umrahmung der Scheintür), Hui (TT 54, Umrahmung der Scheintür), Neb-Amun (TT 90, Umrahmung der Scheintür) und Chnum-mose (TT 253, Umrahmung der Scheintür). Im Grab des Ineni (TT 81) bildet die Mundöffnung die Umrahmungsszenen des Durchgangs zur Längshalle. Sie ist dort auf vier Szenen verkürzt. Diese umfassen das „Öffnen des Mundes und der Augen, 4 Mal" mit dem *nṯrj*-Gerät, das „Ergreifen des Rinderschenkels, Öffnen des Mundes und der Augen" (TT 81, Querhalle, äußerer Rahmen der Tür zur Längshalle, li., bzw, re. viertes Bild von unten), das „Öffnen des Mundes und der Augen zuerst mit dem *mḏft*-Gerät, 2 Mal, mit dem Finger von *ḏʿm*-Gold" und das „Ergreifen der *ʿbtt*-Geräte, Ausfegen des Mundes und der Augen" (TT 81, Querhalle, äußerer Rahmen der Tür zur Längshalle, li. bzw, re., fünftes Bild von unten). Es fehlen die Abschlussriten. Auf dem Architrav ist die Westgöttin dargestellt, vor ihr ein Schrein, unter diesem eine Festliste, DZIOBEK, *Ineni*, S. 66–71. Siehe zu den Varianten auch QUACK, Ein Prätext und seine Realisierungen, in: DÜCKER/ROEDER, *Text und Ritual*, S. 165–177.

Frau) sitzt vor dem Opfertisch in der zeitgenössischen Tracht der Lebenden. Auf der Ostwand der Querhalle in TT 56, dem Grab des Userhat, zeigen die vier Bildfelder rechts und links von der Scheintür die einleitenden Riten der Wasserreinigung mit dem *nmst*-Gefäß und dem *dšrt*-Gefäß (Szenen 2 und 3) und die eigentliche Mundöffnung mit der *nwꜣ*-Dechsel und dem *wr-ḥkꜣw*-Gerät (Szene 26 und 27). Auf der anderen Seite des Opfertisches steht der die Mundöffnung vollziehende Vorlesepriester (*ẖr.j-ḥꜣb.t*).[384] Der Tote wird durch die Beischriften nicht als Osiris, sondern als „Der Brotzählschreiber Userhat" bezeichnet.[385] Der Priester übergießt den Grabherrn als „reinen Horus" mit Wasser, das, in einer blauen Wellenlinie aus dem Krug kommend, über den Kopf des Grabherrn führt und am Boden hinter ihm endet. Die Bildfelder rechts der Scheintür enthalten die zentralen Szenen des Mundöffnungsrituals. Der Vorlesepriester berührt die Augen und den Mund des Brotzählschreibers Userhat und spricht dazu:

> Ich habe dir deinen Mund geöffnet mit dem *nwꜣ*-Gerät des Anubis, mit dem der Mund jedes Gottes und jeder Göttin geöffnet wird. Rein. Rein. (4×).[386]

Auf dem oberen Bildfeld vollzieht der *ẖr.j-ḥꜣb.t* die Mundöffnung mit dem *wr-ḥkꜣw*-Gerät und spricht dazu:

> Ich habe dir deinen Mund geöffnet mit dem *wr-ḥkꜣw*-Gerät mit dem der Mund jedes Gottes und jeder Göttin geöffnet wird, so dass er mit seinem Körper geht und redet vor der großen Götterneunheit im großen Fürstenhaus, das in Heliopolis ist, und dort die wrrt-Krone ergreift vor Horus, dem Herrn der Menschheit.[387]

Durch die Rezitation wird der „Brotzählschreiber Userhat" durch die Reinheit des Horus als *Ka*, das ist als lebenskräftig und kontaktbar, die Mundöffnung

384 BEINLICH-SEEBER/SHEDID, *Userhat*, Szene 2.5.1.2.3, S. 73–76, Taf. 8.

385 TT 56, Querhalle, Scheintürwand, Bildfeld li. von der Scheintür, oben, Reinigung aus dem *nmst*-Krug, unten, aus dem *dšr.t*- Krug, OTTO, *Mundöffnungsritual*, Szene 2 und 3. Grab des Userhat, BEINLICH-SEEBER/SHEDID, *Userhat*, Text 19, 2–7 und Text 20, 3–9; Bildfeld li. unten, Text 19, 20, S. 74–75. Die Reinigungsformel weicht hier von dem üblichen Kehrspruch ab, die anschließende Rezitation, die das Ergebnis der Mundöffnung zusammenfasst, fehlt.

386 Ebd., Text 21, 3–9.

387 Ebd., Text 22, 5–9.

mit dem Gerät des Anubis als balsamiert und mit dem *wr-ḥkꜣw*-Gerät als göttlich und gerechtfertigt wahrgenommen. In Heliopolis, dem Geburtsort der Sonne, wird er selbst für sich sprechen. Dieses Bild eines durch die Mundöffnung rituell belebten und sprechenden Toten wird durch seine mediale Inszenierung neben der Scheintür oder als Umrahmungsszenen des Durchgangs zur Längshalle (TT 81) den Grabbesuchern bei jedem Besuch vergegenwärtigt. Als Verstetigung religiöser Vorstellungen trägt seine Platzierung in der Querhalle zur Kontinuität des Opferwesens im Totenkult bei, durch das der hier beschriebene *hörbare Körper* mit Nahrung versorgt wird. Im Rahmen dessen eröffnet sie den Nachkommen die Möglichkeit, etwas für das Weiterleben der Vorfahren zu tun, und erlegt ihnen die Pflicht auf, dieser Aufgabe nachzukommen.

Das Mundöffnungsritual

Die Mundöffnung ist ein Belebungsritual. Es entstammt der rituellen Behandlung einer Statue, deren gesamte Herstellung es umfasst.[388] Nach OTTO wurde das Ritual auch an Uschebtis und Herzskarabäen durchgeführt.[389] Claude TRAUNECKER schreibt zu seiner Durchführung an der Kultstatue im Tempel:

> Il s'agissait de fixer dans une image la partie immatérielle d'un être humain perdue dans un au-delà inaccessible par le drame de la mort. En parachevant l'image et en évoquant le défunt par son nom, le sculpteur-ritualiste faisait de l'effigie le support terrestre d'un être imaginaire. Il en était de même pour la statue de culte. Elle matérialise dans ce monde la présence du dieu représenté *et nommé* au cours des cérémonies de l'Ouverture de la Bouche. En tant qu'être nommé, doué d'une apparence et habité par un 'ba', l'image animée est une personne, elle est l'objet du rituel journalier qui permet d'entretenir l'hiérophanie.[390]

Die „Mundöffnung" (*wp.t-r'*) schützt rituell die Mumie.[391] Sie hält für die nachtodliche Existenz einen physischen Körper bereit, in dem die Stimme entsteht, auf den Rhythmen übertragen werden können, der durch die Erzeugung von Geräuschen mit seiner Umgebung kommunizieren, wie ein Vogel schreien,

388 OTTO, *Mundöffnungsritual*, S. 2. GOYON, *Rituels funéraires de l'ancienne Égypte*, S. 91f. FISCHER-ELFERT, *Die Vision von der Statue im Stein.*

389 OTTO, *Mundöffnungsritual*, S. 30.

390 TRAUNECKER, De l'hiérophanie au temple. Quelques réflexions …, in: FS *Derchain*, S. 308.

391 HORNUNG, Vom Sinn der Mumifizierung, in: FS *Brunner*, S. 167–175.

und sprechen kann.[392] Sie wurde von Spezialisten durchgeführt.[393] Durch ihre jeweilige Tätigkeit trugen die altägyptischen Priester, Balsamierer und Handwerker zur Inszenierung und Normierung kulturspezifischer Vorstellungen bei, intervenierten aber auch bei der kulturellen Konstruktion von Wirklichkeit.[394] Zwei „Dechsel" (*nw*) zur Mundöffnung aus dem thebanischen Grab des Senneferi, dem obersten Siegelbewahrer unter Thutmosis III., sind mit Inschriften:

> Eine Dechsel aus *wꜥn*-Holz, ihre Klinge aus Eisen, deren Name ist *Wr-ḥkꜣw*.
> Eine Dechsel aus Elfenbein, ihre Klinge aus Eisen, deren Name ist *Jmy-wt*.

sowie der Opferformel und, wie es das *mꜣꜥ-ḫrw* nach der Lücke vermuten lässt, dem Namen des Verstorbenen versehen.[395] Nigel STRUDWICK schließt aus diesen und weiteren Funden von Werkzeugen zur Mundöffnung in Privatgräbern, (1) dass sie möglicherweise für die rituelle Mundöffnung bei der Bestattung angefertigt wurden und, was für den einbalsamierten Körper noch wichtiger ist, dass sie (2) als Grabbeigabe die Wirkung des Rituals für den Grabherrn gewährleisteten.[396] In den Privatgräbern des Alten Reiches ist dem Verstorbenen ein Satz der zur Mundöffnung benötigten Gefäße mitgegeben worden sowie das Fischschwanzmesser (*psš-kꜣf*) und die später durch das *nṯrj*-Gerät ersetzten „Finger von Gold" (*ḏbꜥ n ḏꜥm*), mit denen einem Neugeborenen der Mund ausgewischt wurde.[397] Die bei der Mundöffnung verwendeten Geräte und die Rezitationen geben Vorgänge bei der Geburt und der körperlichen Entwicklung in der Kindheit (wie das Zahnen) wieder, um der Statue oder der Mumie das Einnehmen einer Mahlzeit zu ermöglichen.[398]

Anspielungen auf die Mundöffnung finden sich bereits in den Pyramidentexten. Die erste Spruchfolge steht bei Pepi I. in der Sargkammer

392 MEYER-DIETRICH, Sonic Acting in the Pyramid of Queen Neith, in: HEIN et al., *The Pyramids*, S. 271–291.

393 Dies geht hervor aus der Biographie des Bauleiters unter Amenhotep II., *Mnw-mrw*, Urk. IV, 1441: „indem ich ernannt wurde zum Gottesdiener und zum Öffner des Mundes in Letopolis" und der Stele des Semti (Amenemhat II.), sBM 574, 6–10, PM V, 95.

394 Nach QUACK (Ein Prätext und seine Realisierungen, in: DÜCKER/ROEDER, *Text und Ritual*, S. 168, 177) liegt mit dem Mundöffnungsritual kein verbindlicher Text vor, sondern unterschiedliche Varianten des Rituals.

395 TT 99, Objekt 99.98.0518 und TT 99, Objekt 99.98.0601, STRUDWICK, True „Ritual Objects" in Egyptian private Tombs?, in: FS *Munro*, Abb. 2. S. 214.

396 Ebd., S. 234.

397 ROTH, Fingers, Stars, and the 'Opening of the Mouth', in: *JEA* 79, S. 57–79.

398 ROTH, The *Psš-kf* and the 'Opening of the Mouth' Ceremony, in: *JEA* 78, S. 113–147.

auf dem Ostteil der Nordwand (PT 23–48). Nach Libation, Räucherung, Reinigung und der Versicherung seines göttlichen Status, für den als rituelle Trägersubstanz das Natron dient, wird durch die folgende Aussage der Mund als der eines Neugeborenen hergestellt:

> „Dein Mund ist (wie) der Mund eines Milchkalbs, an dem Tag, da es geboren wurde.“[399]

Die Reinheit erstreckt sich auf den ganzen Körper:

> „Dein Natron ist auf deinem Mund. Mögest du alle deine Knochen reinigen.“[400]

Vollzug der Mundöffnung:

> Rezitation: „Osiris Pepi, ich will dir deinen Mund öffnen.“
> Rezitation: „Osiris Pepi, ich habe dir deinen Mund geöffnet.“
> Oberägyptisches Gotteserz; unterägyptisches Gotteserz.[401]

Danach folgt die Nahrungsaufnahme:

> Rezitation: „Osiris Pepi! Nimm dir das Horusauge, zu dem er gegangen ist. Ich habe es dir geholt, damit ich es dir in deinen Mund lege.“
> Oberägyptisches *zrw*; unterägyptisches *zrw*.
> „O Pepi, nimm dir das *sjk* des Osiris.
> Nimm die Spitze der dem Horus selbst (gereichten) Brust. Nimm (sie) dir an deinen Mund.
> Nimm die Brust deiner Schwester Isis, der Schützerin(?), die du immer wieder zu deinem Mund führen sollst.“[402]

Vorrangig bezweckt die Mundöffnung die Aufnahme der Opfer. Dass die Öffnung des Mundes vollzogen wird, weil sie dem Verstorbenen das Sprechen ermöglicht, ist erstmalig auf dem dritten Schrein des Tutanchamen ausdrücklich formuliert:

---

399 PT 35 (pyr. § 27d), OTTO, *Mundöffnungsritual*, S. 48.
400 PT 37 (pyr. § 29a).
401 PT 38 (pyr. § 30b).
402 PT 39–42 (pyr. § 31a–32b). Die Spruchtitel sind von mir ausgelassen.

> Worte gesprochen durch Geb: „Meine beiden Arme sind hinter dir; ich erhelle dein Antlitz. Du öffnest meine Augen, du öffnest meinen Mund. Ich spreche mit ihm, ich gehe auf meinen beiden Beinen, ich bin im Gefolge des Re-Harachte".[403]

Jedoch nennt der religiös-rituelle Diskurs der Pyramidentexte bereits das erneute Funktionieren der geöffneten Ohren und des Mundes im Zusammenhang mit lautlichen Handlungen, die den Toten als *hörbaren Körper* konstituieren. Den Texten zufolge ist es Horus, der seinem Vater den Mund öffnet. Hierfür mögen zwei Belege aus den Pyramidentexten genügen:

> „Dein Mund ist von Horus mit diesem seinem kleinen Finger geöffnet worden, mit dem [er] den Mund seines Vaters geöffnet [hat], mit dem er den Mund des Osiris geöffnet hat."[404]
>
> „Nut, dieser hier ist dein Sohn, Osiris, von dem du gesagt hast: ‚Ist mir geboren worden', sagtest du, du hast seinen Mund abgewischt, nachdem sein Mund von seinem geliebten Sohn Horus geöffnet und seine Glieder von den Göttern gezählt worden waren."[405]

Das Ritual wurde an der Balsamierungsstätte oder am Grab unmittelbar vor der Versenkung der Mumie in den Schacht ausgeführt.[406] ASSMANN teilt den Ritualisierungsprozess in vier Abschnitte ein.[407] Um zu prüfen, ob auf Lauthandlungen der belebten Statue oder des belebten Menschen bei der „Mundöffnung" hingewiesen wird, gebe ich den ganzen Text:

I. Eröffnung
   Szene 1 Gang zum Grab. Die handelnden Priester sind der „Kammerherr" (*jm.j-ẖnt*) und der Vorlesepriester (*ẖr.j-ḥꜣb.t*).
   Zum Grab gehen.

---

403 PIANKOFF, *The Shrines of Tut-ankh-Amon*, S. 74, Taf. 27, OTTO, *Mundöffnungsritual*, S. 33.

404 PT 540 (pyr. § 1330a), Pepi I., Vestibul, S-Wand, TOPMANN, in: TLA, Zugriff 2015-03-26.

405 PT 219 (pyr. § 179a–c), Unas, Sargkammer, Übergang S- zur O-Wand. Alt: „(Er) ist für seinen Vater geboren worden", vergl. Komm. TOPMANN, in: TLA, Zugriff 2015-03-26. Ein Beleg aus den Sargtexten ist bspw. CT I 265a–266e.

406 *RÄRG*, S. 487.

407 ASSMANN, *Tod und Jenseits*, S. 409–417. Ich folge hier Assmanns Abschnitt- und Szeneneinteilung in TT 183, aus der Zeit Ramses' II., das Assmann als Quelle heranzieht. Die dort fehlenden Szenen werden hier von mir nach Gräbern aus der 18. Dynastie ergänzt. Desgleichen stammen die Überschriften für die Abschnitte II und IV von mir.

Szene 2 Eintreten zum Gott
Eintreten, ihn schauen.[408]

Die Szene fehlt bei Otto. Assmann bringt die Parallelität mit der Aussage: „Eintreten, den Gott schauen" aus dem täglichen Tempelritual. Er schließt daraus, dass das Ritual zur Konsekration an der ortsfesten Grabstatue vollzogen wird.[409] Der Szenentitel sowie die Anbringung dieser und der folgenden Reinigungsszenen an Türen lokalisieren die Handlung. Sie bewirken die Verortung des belebten Verstorbenen oder der ihn verkörpernden Statue an den Übergangsstellen zwischen der Tages- und der Nachtwelt innerhalb eines heiligen Bereichs.

Szene 3–7
Reinheit und Sakralisierung der Lokalität durch Libationen, Räucherung und Reinigung
Um ihn herumgehen 4 Mal, mit 4 *nmst*-Krügen, Rezitation 4 Mal: „Rein, rein!".[410]
Umlaufen 4 Mal, mit 4 *dšr.t*–Krügen von Wasser, Rezitation 4 Mal: „Rein, rein!".[411]
5 Kügelchen aus oberägyptischem Natron an den Mund und die beiden Arme halten.[412]
5 Kügelchen aus unterägyptischem Natron an den Mund und die beiden Arme halten.[413]
5 Kügelchen aus Weihrauch (aus dem ▽ -Gefäß) an den Mund und die beiden Arme halten.[414]

---

408 TT 183, Querhalle, W-Wand, Südteil, d.h. vom Eingang aus gesehen auf der li. Rückwand. Assmann, ebd., Abb. 56.

409 Assmann, ebd., S. 411.

410 TT 81, Querhalle, äußere Rahmen der Tür zur Längshalle, li. erstes Bild v. u., Dziobek, *Ineni*, S. 66–70, Taf. 18 und 19b. Über jeder Szene steht der Name des Grabherrn: „Der Fürst und Graf, Getreidespeichervorsteher des Amun, Ineni, gerechtfertigt". Für die Namen der Priester werden Name und Amt seiner Brüder eingesetzt.

411 TT 81, Querhalle, äußere Rahmen der Tür zur Längshalle, re., erstes Bild v. u.

412 TT 81, Querhalle, äußere Rahmen der Tür zur Längshalle, li., zweites Bild von v. u.

413 TT 81, Querhalle, äußere Rahmen der Tür zur Längshalle, re., zweites Bild v. u., ergänzt nach Otto.

414 TT 81, Querhalle, äußere Rahmen der Tür zur Längshalle, li., drittes Bild v. u., ergänzt nach Otto.

> 5 Kügelchen aus Weihrauch (aus dem  -Gefäß) an den Mund und die beiden Arme halten.[415]

Die Räucherungsszene findet sich ab Amenhotep I.[416] Die Szenen 3–7 erstellen eine reine rituelle Umgebung für die nun folgenden Handlungen.

> Szene 8 Ortswechsel. Der *jm.j-ḫnt* und der *ḫr.j-ḥꜣb.t* begeben sich in den Raum, in dem sich die Statue oder der sie noch umhüllende Block befindet, zusammen mit dem *sm*-Priester, der in ein Binden imitierendes Gewebe eingehüllt ist.[417]
>
> II. Rituelle Herstellung der Statue[418]
>
> Szene 9 Umkleiden. Der *sm* legt den *ḳnj*-Latz an und ergreift den *mdw*-Stab.
>
> Szene 10 Schlaf (Meditation) des *sm*-Priesters. Die Statue wird durch den *sm* in der Rolle des Sohnes „geschaut" (*wn-ḥr*). Der Priester kniet oder hockt gegenüber der Statue. Er ist in einen Mantel gehüllt.
>
> Seklusion (*ḏsr*) seitens des *sm* im Goldhaus. Einhüllen (*sḏr*) des *sm*.
>
> Hocken ihm (= dem Statuenblock) gegenüber.
>
> Rezitation seitens des *sm*: „Er hat mich gebrochen."[419]
>
> *jm.j-jz*, stehen hinter ihm (= dem Statuenblock)
>
> *sm*, *ḳdd* – Meditieren, Träumen
>
> Rezitation seitens des *sm*: „Er hat mich behauen."[420]
>
> *jm.j-jz*, Rezitation seitens des *jm.j-jz* viermal: „Mein Vater! Mein Vater! Mein Vater! Mein Vater!"
>
> Aufwecken des Schlafenden, des *sm*. Antreffen des *jm.j-ḫnt*.
>
> Fortsetzung Szene 10 Die Schau des *sm*-Priesters
>
> Nachdem der *sm* geweckt worden ist, berichtet dieser im Dialog mit dem *jm.j-ḫnt* von seiner Schau.
>
> *sm* gegenüber dem *jm.j-ḫnt*.

---

415 TT 81, Querhalle, äußere Rahmen der Tür zur Längshalle, re., drittes Bild v. u., ergänzt nach OTTO.

416 OTTO, *Mundöffnungsritual*, S. 51.

417 FISCHER-ELFERT, *Die Vision von der Statue im Stein*, S. 19.

418 Szene 9–19 und 23, 25 stehen in TT 183, Querhalle, O-Wand, Südteil, das ist auf der li. Eingangswand.

419 FISCHER-ELFERT, ebd., S. 15f, Wortspiel: *sḏr* = „ruhen; schlafen"/ *sḏ* = (Steine) „brechen"

420 Ebd., Wortspiel: *ḳdd* = „Meditieren; Träumen"/*sḳd* = „(Steine) vierkantig behauen".

Rezitation seitens des *sm*: „Ich habe meinen Vater in jeder seiner Ansicht(en) geschaut." Gestalt als
Meditierender.[421]
Rezitation seitens des *jm.j-ẖnt*: „Nicht soll sich dein Vater von dir entfernen!" Vision, Offenbarung (*wn-ḥr*).[422]
Rezitation seitens des *sm*: „Die Gesichtsfängerin hat ihn eingefangen." Gesichtsfängerin.[423]
„Ich habe meinen Vater in jeder seiner Ansicht(en) geschaut." Gottesanbeterin.[424]
Rezitation seitens des *jm.j-ẖnt*: „Verhüte, dass er umherirre." Fangnetz.
„Es sei keine Störung an ihm!" Schatten.
Szene 11 Anweisung
„Aufstehen seitens des *sm*." Ergreifen seines *mdw*-Stabes. (Anlegen des) *ḳnj*.

Die Handlung markiert, nach Fischer-Elfert, das Ende der Statuenherstellung. Assmann erklärt den Zweck dieses Abschnitts als „Beseelung einer fertigen Statue, dadurch dass der Sem-Priester im Vollzug seiner Meditation sie noch einmal die Stadien ihrer Herstellung vom behauenen Steinblock bis zum geschauten Bild durchlaufen lässt".[425] Der *sm*-Priester agiert in der Sohnesrolle. Indem er nun den *ḳnj*-Latz, „den Umarmer", anlegt, behält er symbolisch den andauernden Kontakt mit seinem Vater.[426]

Szene 12 Handwerkerszenen. Der *sm* steht gegenüber der Statue und drei Handwerkern.
Rezitation seitens des *sm*: „Markiert (*ꜣb*) mir meinen Vater!" Markieren der Gestalt (*ꜣbw.<t>*).
„Stellt mir meinen Vater her (*jrw*)!"
„Macht mir meinen Vater zur Statue (*stwt*)!" Zerstampfen der Farbe.

---

421 Ebd., S. 25, Wortspiel: *ḳd* = „Gestalt; Ansicht"/*ḳd m-ḳdd* „Gestalt als Meditierender"

422 Ebd., Wortspiel: *wnj* = „sich entfernen"/*wn-ḥr* = „Vision; Offenbarung"

423 Ebd., Wortspiel: *sẖt* = „fangen"/*sẖt-ḥr* = „die Gesichtsfängerin" mit Spinne/Bügelfalle. Ders. versteht darunter die ägyptische Bezeichnung für das Quadratnetz, das für die Vorzeichnung benutzt wurde.

424 Ebd., *ḳd<w>.t/m-ꜣbwt*. Ders. vermutet bei der Gottesanbeterin, Mantis, handle es sich um die ägyptische Bezeichnung für die Umrisszeichnung mit Konturen. Der „Schatten" (*šwt*) in der folgenden Rezitation, schließlich, entspricht der Schattenfigur, der Vorzeichnung.

425 Assmann, *Tod und Jenseits*, S. 412.

426 Ebd.

„Wer ist's, der ihn mir zur Statue (*stwt*) macht?"[427] Knüpfen des Quadratnetzes der Königsstatue.

Szene 13 Der *sm* tritt dem Knochenschnitzer, dem Axt- und dem Poliersteinarbeiter gegenüber. Er schützt rituell den Kopf vor den Schädigungen bei der Herstellung.

Rezitation seitens des *sm*: „Wer sind die, die sich meinem Vater nähern wollen?

Schlagt meinen Vater nicht!

Fasst seinen Kopf nicht an!"[428]

Szene 14 „Den Mund einfugen".

Der *sm* streckt den Arm gegen die Statue aus und berührt mit dem kleinen Finger ihren Mund.

Rezitation seitens des *sm*: „Ich bin gekommen, dich zu suchen/umarmen, ich bin Horus.

Ich habe dir deinen Mund eingefugt.[429]

Ich bin dein Sohn, der dich liebt!"[430]

Szene 15 Schutzformel für die Handwerker.

Rezitation seitens des *sm*: „Kommt schlagt mir meinen Vater."

Rezitation seitens der Handwerker: „Lass geschützt sein die, die deinen Vater schlagen!"

Szene 16

Rezitation seitens des *sm*: „Ich bin Horus und Seth. Nicht lasse ich zu, dass du den Kopf meines Vaters weiß machst."

Szene 17–18 Die Statue ist fertiggestellt, der Sohn erkennt das Bild des Vaters an.

Rezitation seitens des *jm.j-ḫn.t* (zu einem Priester, genannt „Der hinter Horus"):

„Isis gehe zu Horus, damit er seinen Vater suche!"

Rezitation seitens des *ḫr.j-ḥꜣb.t* (zum *sm*): „Eile, dass du deinen Vater siehst!"

---

427 OTTO (*Mundöffnungsritual*, S. 60) hat „ähnlich macht"

428 ASSMANN, *Tod und Jenseits*, S. 412.

429 „Eingefugt" (*mḏd*), von OTTO (*Mundöffnungsritual* S. 66), der darin SETHE folgt, als „eingepasst" übersetzt.

430 Fassung bei Rechmire, TT 100, Längshalle, N-Wand, Übers. ASSMANN, *Tod und Jenseits*, S. 413.

Szene 19–21 Umkleiden des *sm*. Er legt den *ḳnj*-Latz ab und das Pantherfell an.

Rezitation seitens des *sm*: „Ich habe dieses Auge aus seinem Mund errettet!

Ich habe seinen Schenkel ausgerissen."

Rezitation seitens des *ẖr.j-ḥ3b.t* (zur Statue): „O N, ich habe dir dein Auge markiert (*3bj*),

so dass du *b3* bist durch es!"[431]

Szene 22 fehlt in den meisten Fassungen. Sie dient nach Otto,[432] dem sich draußen Aufstellen der Akteure.

Szene 23–24 Erste Mundöffnung mit Schlachtung. Einem Stier wird ein Schenkel abgelöst und das Herz entnommen. Der Priester spricht bei der Schlachtung:

Rede an sein Ohr: „Es sind deine Lippen, die das gegen dich getan haben, ist dein Mund noch geöffnet?"[433]

Die Stelle wird von Fischer-Elfert so verstanden, dass hier dem zu opfernden Rind die Schuld an seinem eigenen Tod zugewiesen wird.[434] Darüber hinaus wird noch einer Ziege und einer Gans der Kopf abgeschnitten. Die Teile werden eilends vom *ẖr.j-ḥ3b.t* und vom *smr* zur Mumie gebracht und vor ihr auf die Erde niedergelegt.

Szene 25 Die Mundöffnung mit dem Schenkel, den der *sm* der Mumie entgegenhält.

Ergreifen des Rinderschenkels, Öffnen des Mundes und der Augen.[435]

Szene 26 Die Mundöffnung mit dem *nw3*-Gerät.[436]

Szene 27 Die Mundöffnung mit dem *wr-ḥk3w*-Gerät

431 Grab des Nebsumenu (Ramses II.), TT 183, Querhalle, O-Wand, Südteil (vom Eingang aus gesehen auf der li. Eingangswand).

432 Otto, *Mundöffnungsritual*, S. 73.

433 Mundöffnungsritual, Szene 23 IIa.

434 Fischer-Elfert, *Abseits von Ma'at*, S. 154.

435 Fassung von TT 81, Querhalle, äußere Rahmen der Tür zur Längshalle, re., viertes Bild von unten.

436 Entspricht pyr. § 13a–14d. Die hier mit *nw3* bezeichnete Dechsel trägt in Parallelen die Bezeichnung *dw3-wr, dwn-ꜥ, nw3 'Inpw*. In allen Varianten ist es der Sohn, der handelt. Bei Otto (*Mundöffnungsritual*, S. 106) ist Szene 26 überschrieben: „Mundöffnung mit dem *ntr.tj*-Gerät"

Der *sm*, begleitet vom *ḫr.j-ḥ3b.t*, steht mit dem Gerät vor der Statue. Der *jm.j-ḫn.t* steht hinter ihr. Die Beischrift zum *sm* lautet bei Rechmire:

Ergreifen des *wr-ḥk3w*-Gerätes. Öffnen des Mundes und der Augen des N.[437]

III. Mundöffnung mit verschiedenen Objekten[438]

Szene 28 *jm.j-ḫn.t* und der *jrj-pꜥt* (in der Sohnesrolle des „Erbfürsten") stehen sich gegenüber.

Rezitation: „Ich schlage ihn für seine Mutter, sodass sie um ihn weint. Ich schlage ihn für seine Gefährten."[439]

In den Szenen 28–30 wird für Osiris N der Ausgangszustand erneut hergestellt: ein Geschlagener, dessen Sohn sich auf die Suche nach seinem Vater begibt. Die Trauer der Mutter in der Rolle der Isis, in der sie auch in der folgenden Szene 29 adressiert wird, gibt die beim Vollzug des Rituals bestehende Situation der Klage wieder.

Szene 29

Rezitation seitens des *jm.j-ḫnt* (zu „Dem hinter Horus"): „Isis, gehe zu Horus, dass er seinen Vater umarme!"

Szene 30

Rezitation seitens des *sm*: „Ich bin Horus und Seth. Nicht lasse ich zu, dass der Kopf meines Vaters weiß

gemacht (*sḥḏ*) wird."

Szene 31 „Finden des Sohnes, der liebt" und „Einführen des Sohnes, der liebt".

Der Sem-Priester nimmt den vor ihm gehenden „Sohn, der liebt" bei der Hand und führt ihn in das Grab hinein. Hinter den beiden steht der Vorlesepriester und hinter dem Grab die Statue, die in allen Szenen anwesend ist.

Rezitation seitens des *ḫr.j-ḥ3b.t*: „O NN, ich bringe dir deinen liebenden Sohn, dass er dir deinen Mund öffne!"

---

437 TT 100, Längshalle, N-Wand, OTTO, *Mundöffnungsritual*, S. 84.

438 Szene 28–32 stehen in TT 183, W-Wand, N (vom Eingang aus gesehen auf der re. Rückwand).

439 Laut ASSMANN (*Tod und Jenseits*, S. 414) macht die Rezitation hier gar keinen Sinn und ist aus der Mundöffnungsszene hierher verschoben worden. M.E. steht sie an der richtigen Stelle: Nachdem an der Statue das Ritual vollzogen worden ist, leitet sie zur Mundöffnung des Osiris N über.

Szene 32 Der Sohn tritt in Aktion.
Die Mund- und Augenöffnung vollziehen, zuerst mit dem *ḏdft*-Gerät, sodann mit dem Finger von Elektron.

Rezitation seitens des *ẖr.j-ḥ3b.t*: „O N, ich habe dir deinen Mund eingefugt!
Dieses Ausfegen des Mundes deines Vaters N in deinem Namen Sokar."

Szene 33 Die Mundöffnung. Der Sem-Priester berührt den Mund der Statue mit dem kleinen Finger der rechten Hand.

Rezitation seitens des *sm*: „Öffne seinen Mund mit deinem kleinen Finger!"

Rezitation seitens des *ẖr.j-ḥ3b.t*: „O N, wie ist dein Mund bezahnt (*hng*)!"[440]

Szene 34–39 Der Statue werden nun verschiedene Objekte angereicht, die eine belebende Wirkung ausüben sollen. Dazu rezitiert jeweils der *ẖr.j-ḥ3b.t*, was mit dem Gegenstand getan wird, in Form einer Handlung oder einer zitierten Ritualanweisung:

Ein *nms*

„Ich fege dir deinen Mund aus, ich öffne (*wn*) dir deine Augen!"

Vier *ˁb.t*-Körner

„Ausfegen des Mundes (*sk-r'*) und der Augen.
Öffnen des Mundes und der Augen, mit jedem von ihnen" (2 ×).

Das *psš-k3f* Messer

„Ich habe dir deinen Mund geöffnet (*wpj*) mit dem *psš-k3f*,
mit dem der Mund jedes Gottes und jeder Göttin geöffnet wird."

Weinbeeren[441]

„O N, nimm dir das Horusauge! Ergreife es!
Wenn du es ergreift, wird es nicht vorübergehen."

---

440 Nach TT 100, Längshalle, N-Wand, Otto, *Mundöffnungsritual*, S. 93.

441 Weinbeeren und Natron in Fajancenäpfen zusammen mit einem *psš-k3f*-Messer fanden sich als konkrete Grabbeigaben bei Tutanchamen, Carter/Mace, *The Tomb of Tutankhamun* II, S. 234, Taf. 53b, Roth, The *Psš-kf* and the 'Opening of the Mouth' Ceremony, in: *JEA* 78, Abb. 6.

Eine Straußenfeder

„O N, nimm dir das Horusauge!
Dein Gesicht sei nicht leer von ihm!“
Szene 41

Ein Wassernapf

„O N, nimm dir das Horusauge!
Vereinige das Wasser, das in ihm ist.“

IV. Geburt der Statue und Versorgung[442]
Szene 40, 42–59 Die zweite Mundöffnung mit Schlachtung beginnt mit der Wiederholung der Rezitation aus Szene 20:
„Ich habe dieses Auge aus seinem Mund gerettet! Ich habe seinen Schenkel ausgerissen.
Ich habe dir dieses Horusauge gewünscht, sodass du dadurch *bꜣ* bist.“

In den folgenden Szenen wird die ganze Mundöffnung, beginnend mit der Schlachtung und dem „Öffnen des Mundes und der Augen“ mit dem frisch geschlachteten Rinderschenkel (Szene 45), wiederholt. Im Grab des Rechmire sind alle Szenen fortlaufend an einer Wand dargestellt. Im Grab des Nebsumenu stehen sich die beiden Mundöffnungen rechts und links des Eingangs gegenüber.

Szene 55 Einsetzung der Statue durch Salbung, Kleidung und Insignien.

Der Priester berührt nicht, wie sonst bei der Salbung üblich, mit dem kleinen Finger die Stirn, sondern er salbt die Statue, indem er mit dem Zeigefinger der rechten Hand ihren Mund berührt. Dazu rezitiert er einen Text, der die Statue oder den einbalsamierten Körper des Verstorbenen als geboren darstellt:

„O Osiris N, deine Mutter hat dich heute geboren!
Du bist gemacht zu einem, der weiß, was nicht gewusst wird.
Geb an der Spitze der Körperschaft der großen Neunheit hat dich geheilt, indem er dir deinen Kopf an deine Knochen knüpft.

442 Szene 43–59 stehen in TT 183, Querhalle, O-Wand, N (auf der re. Eingangswand).

> Dann spricht er zu dir, und es hört die große Neunheit
> unter den Lebenden an diesem Tage."[443]

Auf die Salbung folgt die Räucherung. Danach wird die Statue bekleidet (Szene 57) und ihr werden *ꜣms*-Zepter und *ḥḏ*-Keule überreicht. Obgleich allgemein die Ansicht vertreten wird, dass bei der Mundöffnung alle Sinne geöffnet werden, werden nur der Mund und die Augen zur Sprache gebracht.[444] Die „Mundöffnung" ist eine Ritualisierung des Körpers. Sie vollzieht einen Entstehungsprozess:

Die Szenen 1–21 vollziehen den Werdegang eines Körpers von der Konzeption bis zur Gestalt. Auffallend ist hierbei die bei Schöpfungsprozessen übliche Steigerung: eine Person (Idee, Meditation im Goldhaus) – zwei Personen (Dialog *sm* und *jm.j-ẖnt*) – Dreiheit (drei Handwerker). Der Sohn öffnet den Mund, nachdem er in seiner Horusrolle den Vater gesucht hat (Szene 14). Daraufhin gesellt sich Horus zu Seth. Bei den Schädigungen des Körpers durch die Handwerker wird eine gedankliche Brücke zu Seth geschlagen. Die Handwerker werden rituell frei gesprochen, aber Horus begibt sich ab jetzt wie im Osirismythos auf die Suche nach dem geschlagenen Vater. Er wird von Isis zur Eile angetrieben (Szene 16–18).

Nach dem Ablegen des *ḳnj*-Latzes sind Vater (Osiris) und Sohn (Horus) auf der Erde getrennt. Die Trennung ist aber nicht vollständig. Dies wird nachvollzogen durch die Rezitation des *sm* in der Sohnesrolle: „Ich habe dieses Auge aus seinem Mund errettet! Ich habe seinen Schenkel ausgerissen." Sie beschreibt einen Zustand, der durch den *ẖr.j-ḥꜣb.t* von Osiris auf die Statue übertragen wird, indem dieser zur Statue sagt: „O N, ich habe dir dein Auge markiert (*ꜣbj*), so dass du *bꜣ* bist durch es!" (Szene 21). Nach ASSMANNs Auffassung spielen die Worte *ꜣbj* und *bꜣ* auf den Namen des Pantherfells an, das der *sm* jetzt anlegt, und beziehen sich deshalb ausschließlich auf den Vorgang des Umkleidens.[445] Meines Erachtens schafft jedoch erst die durch die Worte der beiden Priester (des *ẖr.j-ḥꜣb.t* und des *sm*) etablierte Analogie zwischen dem Gott Osiris und der Statue/Mumie die Voraussetzung für die rituelle Wiederbelebung. Gestützt wird diese Interpretation durch die Anwesenheit der Statue in allen Szenen und die Einleitung von Szene 40, in deren Rezitationen der Bezug auf Schenkel und Auge erneut hergestellt wird.

---

443 ASSMANN, *Tod und Jenseits,* S. 416.

444 Erst in der Ptolemäerzeit, Edfu V, 283, wird das Ritual auch für das Öffnen der Nase vollzogen, OTTO, *Mundöffnungsritual,* S. 31, SMITH, *The Liturgy of Opening the Mouth for Breathing,* passim.

445 ASSMANN, *Tod und Jenseits,* S. 413.

Die Mundöffnung erreicht die (in Szene 25 beginnende) Belebung der Mumie durch den frisch vom Tier abgetrennten Schenkel und die Vervollständigung durch das Horusauge (sprich Opfer), die, mit der Aufforderung sich dieses zu nehmen, bei den Weinbeeren beginnt. Der in Szene 21 benannte „gerettete Schenkel“ wird für das Öffnen des Mundes und der Augen verwendet. Der Rinderschenkel erinnert in seiner hieroglyphischen Form an die *msḫ.tjw*-Dechsel.[446] Er bildet wie dieser das Gerät zur Mundöffnung. Es wird in dem Pyramidentext pyr. § 14a als „das Erz das aus Seth hervorgekommen ist“ (*bjꜣ prj m stš*) bezeichnet.[447] In den Parallelen zu pyr. § 30b wird vom Mundöffnungsgerät aus Gotteserz (*bjꜣ nṯrj*) gesprochen. Ein in Deir el-Bahari gefundenes *psš-kꜣf*-Amulett aus der 11. Dynastie ist aus Meteoreisen.[448]

Nachdem der Mund an der Statue geöffnet worden ist, wird der Ausgangszustand – ein Geschlagener, dessen Sohn sich auf die Suche nach ihm begibt – für Osiris N erneut hergestellt (Szene 28–30). Die nunmehr genannte Trauer der Gattin verdeutlicht die vor dem Grab beim Vollzug des Rituals bestehende Situation der Klage. Mit Szene 31 beginnt die Mundöffnung des Osiris N durch Horus, den liebenden Sohn, der ihn gefunden hat und vom Priester zu ihm geführt wird. Die folgenden Szenen (33–39) vollziehen die Reinigung des Mundes nach der Geburt und seine Ausstattung mit den Zähnen.

Nachdem die Mundöffnung für die Statue und Osiris N (das ist der belebte und damit auch zeugungsfähige Tote) durchgeführt worden ist, könnte ihre Wiederholung, worauf die Rezitation des Priesters „O Osiris N, deine Mutter hat dich heute geboren“ hinweist, für dessen *Ka* (Szene 40–54) vollzogen worden sein.

Szene 55 fasst die Belebung eines heilen, um die Geheimnisse der Duat wissenden Körpers zusammen. Die Anrede durch Geb introduziert den durch seine Mutter, das ist Nut, geborenen Osiris N bei der Götterneunheit. Ritualanweisungen und Rezitationen gelten der Wiederbelebung. Diese wird als Handeln des Sohnes dargelegt, der den Körper seines Vaters schützt, sucht, findet, umarmt, ihm die Augen und den Mund öffnet, den Mund ausfegt und die Bezahnung konstatiert. Nirgends wird auf Lauthandlungen des belebten Körpers hingewiesen. Der Mund dient zur Nahrungsaufnahme und zum Trinken.

Über das Medium Wasser wird der Inhalt der Briefe an einen Verstorbenen, die auf Näpfe und Trinkschalen geschrieben wurden, „getrunken“.[449] Bei

---

446 Siehe auch ROTH, Fingers, Stars, and the ‘Opening of the Mouth’, in: *JEA* 79, S. 69f.

447 ASSMANN, *Tod und Jenseits*, S. 414.

448 LUCAS/HARRIS, *Ancient Egyptian Materials and Industries*, S. 238.

449 BOMMAS, Zur Datierung einiger Briefe an die Toten, in: *GM* 173, 53–60.

der in die Zeit Amenhoteps III. datierten Opferbeckenstatue des Ptahanch aktiviert das Wasser beim Trinken die auf den Beckenrand geschriebenen Opferformeln. Ptahanch kniet und hält mit beiden Händen das Opferbecken vor sich. Sein volllippiger Mund liegt dabei in der Mitte der Schmalseite auf dem Beckenrand auf. In Blickrichtung des Knienden lautet die rechte Inschrift auf dem Beckenrand:

> Ein Opfer, das der König gibt, der (Göttin) Kadschu, der Herrin der Beiden Länder, damit sie ihre Gunst erweise, denen, die auf Erden sind, damit sie gebe, dass mein Mund wohlbehalten (*wḏꜣ*) und mein Leib jung sei. Für den *Ka* des Ptahanch, den Diener des Hohen Priesters Ptahmose und Obermusiker des Ptah.[450]

In der waagerechten Inschrift, die sich am linken oberen Rand nach unten fortsetzt, wird der Tempel als Ort der Gebete genannt.[451] Damit ist dieselbe Situation wie bei den Briefen an die Toten gegeben: Ein auf der Erde geschriebener oder gesprochener Text wird durch das Medium Wasser aktiviert. Wenn die/der Tote dieses trinkt, verleibt er sich Botschaft und Wirkung der Worte ein. Somit bildet der Trinkakt eine der rituell belebten Mumie oder Statue und Hörräumen mit kultischem Schweigegebot angepasste Alternative zur Rezeption von Sprechakten.

---

450 WILDUNG, Die Kniefigur am Opferbecken, in: *Münchner Jahrbuch der bildenden Kunst* III/36, S. 18, Abb. 5–6. Auch die weiteren Inschriften bestehen aus Opferformeln. Für den Literaturhinweis danke ich ganz herzlich Kristina Lahn Dumke. Parallelen sind die Opferbeckenstatue des Hui. Er hat ebenfalls den Mund direkt oberhalb des Beckenrandes, in das ein Gebet an Sachmet um: „(alles was herauskommt) vor (ihr) vom Opfertisch der Herrin der beiden Länder" geschrieben ist, Abusir, 18. Dyn., Berlin ÄM Inv. Nr. 19900, PRIESE, *Ägyptisches Museum*, Kat. Nr. 60, Übers. WILDUNG, ebd., S. 29.

451 „Ein Opfer, das der König gibt, der (Göttin) Astarte von Syrien, der Herrin des Himmels, der Herrscherin der Beiden Länder, der Herrscherin aller Götter, damit sie gebe Leben, Heil, Gesundheit und Aufmerksamkeit im Tempel des Ptah. Für den *Ka* des Dieners (*sḏm*) Ptahanch", ebd. Abb. 4 und 7–8. Der Tempel ist auch der Ort der Gebete bei der basinophoren Kniefigur aus Mitrahina. Dort ist die Beckenwand als die den großen Ptahtempel umgebende *ṯzm.t*-Wand gestaltet. Auf den Mauervorsprüngen sind in versenktem Relief Ohren eingemeißelt. In den Opferformeln und kurzen hymnischen Anrufen wird der Gott im Tempel angerufen: „Lobpreis sei Dir an der großen Mauer. Das ist der Ort des Erhörens des Gebets" und „Ptah südlich seiner Mauer, der die Gebete von jedermann erhört", JACQUET, Un Basin de Libation du Nouvel Empire dédié à Ptah, in: *MDAIK* 16, S. 164, Fig. 1A, WALL-GORDON, A New Kingdom Libation Basin dedicated to Ptah, in: *MDAIK* 16, S. 170, Inschriften 10 und 11, KONRAD, Der Ptah des Amenemhet, in: *SAK* 32, S. 255–274.

Der rhythmische Körper

Die Übertragung von Rhythmen auf den Körper des/der Toten setzt einen durch das Mundöffnungsritual belebten Körper der Mumie voraus. Dieser verwandelt sich in einen *hörbaren Körper*, indem er durch Rhythmen zur Erweckung und Neugeburt mit Energie versorgt, rhythmisch und vollständig wird. Der im Alten Reich in der Mastaba einer Frau dargestellte Tanz der Frauen bringt das Gebären voran. Im Neuen Reich gewinnt der Tote während der Nacht den Rhythmus des Sonnenlaufes durch die Stimme des Re.

Rhythmen zur Erweckung

Der Rhythmus, der den *hörbaren Körper* in der nachtodlichen Existenz erweckt, wird in PT 482 geschildert. Bei Pepi I. steht der Spruch auf der Westwand der Vorkammer:

O [Vater Osiris] Pepi!
Die Türflügel des Himmels öffnen sich für dich, die Türflügel der Ausgespannten gehen auf für dich.
Die butischen Götter …, wenn sie zu Osiris kommen
wegen des Geräusches des Schreiens (*ḥr ḫrw sbḥ*)[452] der Isis zusammen mit Nephthys.
Die butischen *Bas* werden sich für dich bewegen (*rwj n =k*),
indem sie für dich ihren Körper schlagen (*ḥwj =sn n =k jwf =sn*),
für dich in ihre Hände klatschen (*zḫj =sn*[453] *n =k ʿ.wj =sn*),
für dich ihre Schläfenhaare raufen (*nwn =sn*[454] *n =k m smȝ.w =sn*)
und zu Osiris sagen: „Du warst weggegangen und bist wiedergekommen, du bist erwacht, nachdem du dich schlafen gelegt hattest, fortdauernd in Leben. Steh auf und sieh dies, steh auf und höre dies, was dein Sohn für dich getan hat, was Horus für dich getan hat:
er schlug den, der dich schlug, er band den, der dich band,
er legte ihn unter seine (N: deine) älteste Tochter, die in Qedem ist

452 *Wb* 4, 91.1–7, TLA, Lemma-Nr. 131900, Zugriff 2015-03-27.

453 Bei Pepi II. steht *sḵr =sn*.

454 ALLEN (*The Ancient Egyptian Pyramid Texts*, S. 130) übersetzt: „The Bas of Pe will drum for you, hitting their flesh for you, striking their arms for you, shaking for you with their braids." Bei Pepi II. steht *wnwn =sn*, „(indem) sie sich hin und her bewegen", von TOPMANN, in: TLA, Zugriff 2015-03-24, übersetzt: „mit ihren Schläfenhaaren zappeln". Auf zwei Stelen aus Diospolis parva aus der Saitenzeit, sWien 6043; sBM 386, ist für Frauen der Titel „Haarschüttlerin" (*nšt*) belegt, COLLOMBERT, Hout-Sekhem et le septième nome de Haute-Égypte II: Les stèles tardives, in: *RdÉ* 48, S. 24–34.

– deine älteste Schwester ist die, die deinen Körper zusammenfügte, die deine Hände fasste (?), die dich suchte und dich auf deiner Seite (liegend) fand auf dem Ufer von Nedit –,
so dass die Trauer in den beiden Schreinreihen aufhört".[455]

Der Text steht in der Vorkammer. Er ist dadurch in den Horizontbereich verlegt. Mit dem entsprechenden Szenarium – die geöffneten Türflügel des Himmels – wird der Spruch eröffnet. Das Schreien der Klagefrauen Isis und Nephthys ruft die butischen Götter herbei. Das hierbei für „schreien" verwendete Lexem *sbḥ* ist ambivalent. Es wird für den klagenden Schrei verwendet, aber auch für den Schrei der Mutter bei der Geburt.[456] In der Variante bei Pepi II. sind als Gesten der butischen *Bas* der Körperschlag auf das Fleisch und die Schenkel,[457] eine rhythmische Kopfbewegung, die mit offenem Haar ausgeführt wird, und (nach der Schreibung mit Gardiner D 92 zu vermuten) das Aufeinanderschlagen von Schlaghölzern belegt.[458] Die Rhythmen vollziehen eine Transgression, über die sie als Performative verfügen. Die Gebärden der Trauer: Körperschlag, Schenkelschlag und Handklatschen werden – vielleicht durch einen Wechsel der Tempi[459] – zu einem rhythmischen körperlichen Freisetzen von Energie zur Erweckung des schlafenden Osiris. Nachdem durch die Worte der butischen *Bas*: „du bist erwacht, nachdem du dich schlafen gelegt hattest, fortdauernd in Leben" (pyr. § 1006) der Horizontübergang bestätigt worden ist, folgt die Anrede, die Osiris/den Toten als einen *hörbaren Körper* im auditiven Raum der nachtodlichen Existenz konstituiert: „Steh auf und sieh dies, steh auf und höre dies" (pyr. § 1007a).

Eine Stützung erfährt die Idee eines *hörbaren Körpers*, der durch einen auf ihn übertragenen Rhythmus und die dabei zirkulierende Energie vervollständig und belebt wird, durch die Aussage zu dem Gott, der unter die älteste Tochter gelegt wird. Dieser Gott wird (bei Pepi I.) bei der Nennung der Taten

455 PT 482 (pyr. § 1004a–1007b), Übers. TOPMANN, in: TLA, Zugriff 2010-06-03.

456 Für den Schrei der Mutter bei der Geburt, Pepi II., pyr. § 1973b, für den Schrei der überraschten Königin beim Anblick Sinuhes, Sinuhe B265, und in Tb 141 für die Schreie der Hüter der Wüste.

457 PT 670, pyr. § 1974a-d, TOPMANN, in: TLA, Zugriff 2010-11-14.

458 Zur akustischen Komponente des Klatschens und weiterer Trauerriten siehe auch KUCHAREK, *Die Klagelieder von Isis und Nephthys*, S. 601.

459 Der Rhythmus der Schlag- und Taktzeiten (ein Muster aus betonten und unbetonten Zeitschlägen) entscheidet darüber, welche Stimmung dem Raum vermittelt wird. Wechselnde Tempi, Verzögerungen und Pausen können die Erwartung auf ein künftiges Ereignis steigern. Vergl. HALL, *Musikalische Akustik*, S. 131.

des Horus als „der dich band“, „der dich schlug“ umschrieben. In der Pyramide der Königin Neith wird zur Toten gesprochen:

> Horus hat Seth gepackt und er hat ihn für dich platziert, damit er dich trage und unter dir bebe, wie die Erde bebt, indem du von ihm abgesondert bist in deinem Namen ‚Abgesondertes Land‘.[460]

Das für „beben“ verwendete Lexem *nwr*[461] wird in den Pyramidentexten stets für das Beben der Erde verwendet. Das bedeutet, dass auf den einbalsamierten Körper der Königin/des Osiris N durch einen Gott ein irdischer Rhythmus übertragen wird. Auch die Tanzdarstellungen in den Gräbern der 4. bis 6. Dynastie sprechen für die Aufführung von Tänzen zur Belebung. Dort treten mit *ḥꜣt* bezeichnete Gruppen von Frauen auf, die mit hoch über den Kopf erhobenen Armen den *jbꜣ*-Tanz tanzen, wobei andere sie mit Klatschen und Singen begleiten. Es handelt sich um Tempeljungfrauen (*šnḏtt*), einer heliopolitanischen Form der Sachmet. Im Felsgrab des Debehni in Giza ist der Szene der Liedanfang „Sein Fleisch ist vollständig“ (*jwf =f tm.w*) beigeschrieben.[462] In der zweiten Hälfte der 6. Dynastie wird die Frauengruppe durch Männer ersetzt.

Handklatschen und Fingerschnipsen[463] sind mit dem Körper erzeugte Rhythmen, die, wie es der Szenentitel bei Idu: „Das Betrachten des Gesanges, das Schlagen auf der Harfe und das Spielen seitens des Vorstehers der Schreiber der Hörigen Idu“[464] verdeutlicht, ebenfalls für den Grabherrn aufgeführt

460 PT 356 (pyr. § 581a-c) Nt/F/W 42, MEYER-DIETRICH, Sonic Acting in the Pyramid of Queen Neith, in: HEIN et al., *The Pyramids*, S. 271–291.

461 TLA, Lemma-Nr. 81340, Zugriff 2015-03-24.

462 Giza, Central Field, Felsgrab des Debeheni, Raum 2, S-Wand, Beischrift unterstes Reg. li., KUCHAREK, *Die Klagelieder von Isis und Nephthys*, S. 576f. Ein später Beleg für die körperliche Wiederherstellung durch Gesang findet sich in der Kanopenprozession, Spruch der Göttin Meret von Oberägypten, 9: „mein Singen bewirkt die Vereinigung der Gottesglieder“, BEINLICH, *Die „Osirisreliquien“*, S. 91.

463 Meir, Grabkapelle des Senbi, N-Wand, W, 2. Reg. von oben, BLACKMAN, *Meir* I, Taf. 2, KLEBS, *Reliefs und Malereien des Mittleren Reiches*, S. 143. Das rhythmische Schnipsen der Finger ist außerdem bei dem zu Ehren der Göttin Hathor aufgeführten *ksks*-Tanz belegt. Es wird im Grab des Amenemhet, TT 82, von einem Mann und im Grab des Kenamun, TT 93, von einer Frau ausgeführt, vergl. BRUNNER-TRAUT, *Der Tanz im Alten Ägypten*, S. 48.

464 Grabinschriften des Alten Reiches, Giza, East Field, PM III, 179–216, Mastaba des Idu, G 7102, Opferkammer, S-Wand, Szenentitel [1] über der Musikszene, SIMPSON, *The Mastabas of Qar and Idu. G 7101 and 7102*, S. 24–26, Taf. 24–26, Abb. 38.

werden. Beim Handklatschen (*mꜣḥ*;[465] *šmꜥ*[466]) werden beide Handflächen etwa in Schulterhöhe aufeinander geschlagen. Das Lexem *mꜣḥ* tritt in den Mastabas des Alten Reiches in Sakkara und Giza als Personenbeischriften in den Tanzszenen auf. Die Beischriften: „Klatscherin" (*mꜣḥ.t*), „Flötenspieler" (*zꜣb*), „(Harfe) schlagen" (*sḳr*), „seine Tochter Iry (und) ihre Tochter Nebet", „die Sängerin (*ḥs.t*) Nefer-menchet", „eine Sängerin" (*ḥ.t*), „eine Sängerin" und „(Harfe) schlagen" (*ḥs.t sḳr*)[467] weisen die Musikantinnen als Familienmitglieder und titulierte Sängerinnen aus, die sich aus der gleichen Gesellschaftsschicht wie der Grabherr rekrutieren. Die als „Klatscherin" (*mꜣḥ.t*) bezeichnete Frau[468] oder Tänzerin wird aufgefordert: „klatschen"(*mꜣḥ*)[469] oder „schön klatschen" (*mꜣḥ nfr*).[470] Der Zweck der rhythmischen Tänze ist nicht durch eine Beischrift gesichert. Sie könnten der Erregung des Grabherrn dienen. Nach Ellen Hickmann ist das Handklatschen „mit großer Wahrscheinlichkeit auch klanglich abgestuft worden (hell-dunkel) und, wie in der Volksmusik heutiger Prägung, kunstvoll entwickelt gewesen".[471] Derartige Rückschlüsse von heute aufgeführter Volksmusik auf die altägyptische Musik wurden von Emerit kritisiert.[472] Die Untersuchung des Handklatschens in einem polyrhythmischen afrikanischen Kontext ist Desiderat.

---

465 *Wb* 2, 30.14, ṮLA, Lemma-Nr. 67230, Zugriff 2010-11-12.

466 Dominicus, *Gesten und Gebärden*, S. 176, Anm. 842. Der Gestus findet sich schon auf dem Keulenkopf des Skorpion, Oxford E.3632, Grdseloff, Notes sur deux monuments inédits de l'Ancien Empire, in: *ASAE* 42, S. 114, Abb. 19.

467 G 7102, Opferkammer, S-Wand, 4.1–4.7.

468 Grabinschriften des Alten Reiches, Giza, East Field, PM III, 179–216, Mastaba des Idu, G 7102, Opferkammer, S-Wand, 2.2.5–2.2.7, 3. Bildbeischrift: „Klatscherin" [2.2.5] *mꜣḥ.t* [2.2.6] *mꜣḥ.t* [2.2.7] *mꜣḥ.t*. Ich beschränke mich hier auf wenige Beispiele, für weitere Quellen wird der Leser auf die Belege im TLA verwiesen. Von Gesten der Musiker, die nicht einen Körperlaut oder -klang hervorrufen, wird hier abgesehen. Sie sind für das Alte Reich bei Dominicus, *Gesten und Gebärden*, S. 167ff. besprochen.

469 Grabinschriften des Alten Reiches, Giza, East Field, Grabkomplex des Qar, G 7101, Mastaba, Hof (C), N-Wand, 4.1–4.4, PM III, 179–216, (Personenbeischriften:) „Tanzen, tanzen, tanzen, klatschen" [4.1] *jb* [4.2] *jb* [4.3] *jb* [4.4] *mꜣḥ*.

470 Grabinschriften des Alten Reiches, Sakkara, Unas-Friedhof, Mastaba des Neb-kau-Hor, Pfeilerhalle, N-Wand, 2. Reg. v. u., Tanzszene, Personenbeischriften 1.-3. Sängerin.

471 Hickmann, Körperschlag, in: *LÄ* III, Sp. 671.

472 Emerit, Music and Musicians, in: UEE, http://escholarship.org/uc/item/6x587846, letzter Zugriff 2015-05-09.

Rhythmen zur Neugeburt

Tanz oder rhythmische Bewegungen leiten die Neugeburt des Toten ein.[473] Die Tanzszene ist im Grab der Watit-chet-Hor (in der Mastaba des Mereruka) dargestellt. Sie ist überschrieben: „Siehe nun aber: Das Geheimnis der Geburt".[474] Die Beischriften zu den Tänzerinnen bestimmen ihre Rhythmen als Geburtsvorgang:

1. *Person v. li.*: Siehe: Das angenehme Bewegen der Gebärmutter der Gebärenden (*jkjk bnj bt msjw.t*).[475]
2. *Person v. li.*: Siehe: Ich werde/will ihr Inneres entfernen (*šdj =j ẖnw =s*).
1. *Person v. re.*: Eine Wasserspenderin.
2. *Person v. re.*: Siehe: Das Geheimnis der Haremsdame (*ẖnr.yt*).
3. *Person v. re.*: Ich werde mit dir das Ziehen (voll)führen (*zbi͗.y =j sṯꜣ m =ṯ*).

Auch in dem Pyramidenspruch PT 676, der das kosmologische Pendant zur körperlichen Geburt, den Horizontübergang am Morgen, darstellt, wird für den *hörbaren Körper* getanzt. Der Spruch steht bei Neith und bei Pepi II. im Durchgang zwischen Sarg- und Vorkammer:

> *Smn.tt* schreit (*sbḥ*) nach dir, der Große Landepflock ruft (*ḏswj*) nach dir, die Arme bewegen sich (*rwj*) für dich, die Füße tanzen (*rwj*) für dich, wenn du hier herauskommst als Stern, als der Morgendliche Gott.[476]

Die Reihenfolge der Lauterzeugungen, Schrei und Rhythmus/Tanz, unter Verwendung der gleichen Lexeme *sbḥ* und *rwj* entspricht der im oben zitierten PT 482. Denselben Handlungsablauf erzeugt Spruch PT 734: Erwecken, Öffnen der Horizonttüren, Beendigung der Trauer, Tanz. PT 734 bildet den letzten Spruch auf der Ostwand der Vorkammer bei Pepi II.:

---

473 ROTH, The *Psš-kf* and the 'Opening of the Mouth' Ceremony, in: *JEA* 78, S. 140–144.

474 Sakkara, Teti-Friedhof, Mastaba des Mereruka, Sektion B, Raum B3, N-Wand, 2. Reg. v. u., Beischriften re. Zweiergruppe, KANAWATI/ABDER-RAZIQ, *Mereruka and his Family* II: *The Tomb of Waatetkhethor*, S. 25–26, Taf. 29, 60, VAN LEPP, The Role of Dance in Funerary Ritual in the Old Kingdom, in: *Akten des vierten internationalen Ägyptologenkongresses*, Abb. 1. Übers. dieser und weiterer Beischriften, GRUNERT, in: TLA, Zugriff 2015-03-26.

475 Sakkara, Teti-Friedhof, Mastaba des Mereruka, Raum B3, N-Wand, 3. Reg. v. u., Registerbeischriften.

476 PT 676 (pyr. § 2013b-§ 2014b), meine Übers. Sehr fragmentarisch auch in PT 1058 (P/C post/E x+3–6) bei Pepi I. auf der O-Wand des Eingangs.

> Oh Pepi Neferkare, erhebe dich von deiner linken Seite, begib dich auf deine rechte Seite.
>
> Aufgerichtet ist/wurde für dich dein Türflügel, errichtet ist/wurde für dich dein Portal.
>
> Rette deine Kinder von der Trauer [… wie Horus] in seinem Haus, wie Seth in Tachebet.
>
> Die Libation ist libiert, der Tanz getanzt (*rw.t rwj.tj*).
>
> Schweige, schweige, höre, höre diese Rede, die Horus zu seinem Vater Osiris gesprochen hat,
>
> damit du herrlich bist dadurch, damit du groß bist dadurch, damit du wahrlich sitzt auf [deinem] Thron […].[477]

Die abschließenden Aussagen des Spruches stellen den Horizontübergang als vollzogen dar. Sie bestätigen die Wirkung des Tanzes. Das performative Element des Schweigens besteht im Entzug der Stimme.[478] Die Aufforderung: „Schweige, schweige, höre, höre diese Rede" (*j:gr j:gr sḏm sḏm mdw pw*) kennzeichnet den Verstorbenen als *hörbaren Körper*.

Im Neuen Reich ist es die Stimme des Sonnengottes, die den *hörbaren Körper* belebt, sodass er sich bewegen kann. Nach folgender Aussage im Amduat belebt die Stimme des Re die Wesen in der Duat:

> Dieser große Gott, er gibt ihnen Weisungen und sie rufen ihm zu.
> Sie leben von der Stimme dieses großen Gottes.
> Ihre Kehlen atmen von dem, was er ihnen zuruft.[479]

Die Vorstellung ist durch die Aussage: „Mögen sich die ‚Großen' auf deine Stimme hin regen!"[480] bereits im Totenbuch des Nu aus der Zeit Amenhoteps II. belegt. Der Jenseitsleib, *ḏ.t* oder *jwf*, tritt durch den schöpferischen Ruf des Sonnengottes aus der starren Hülle des Leichnams hervor. In den Unterweltbüchern des Neuen Reiches bewirkt der Ruf des Sonnengottes, dass

---

477 PT 734 (pyr. § 2262d–§ 2264b), Übers. Topmann, in: TLA, Zugriff 2017-02-16.

478 Benthien, Die *vanitas* der Stimme, in: Kolesch/Krämer, *Stimme*, S. 239.

479 Amduat, 6. Stunde, Hornung, *Das Amduat* I, 33; II, 52, Nr. 4. Desgleichen im Buch von der Erde: „Sie sind in der Finsternis ohne das Licht zu sehen, aber die Stimme Res ist es, die diese Göttinnen hören und sie atmen durch sie", Hornung, *Ägyptische Unterweltsbücher*, S. 467. Die zehn Höhlen, die die Sonnenbarke nach den Aussagen im Amduat passiert, sind als auditive Räume von Colleen Manassa, Sounds of the Netherworld, in: Rothöhler/Manisali, *Mythos und Ritual*, S. 109–135, untersucht worden.

480 Tb 133, pBM EA 10477 (pNu), 6, Lapp, *The Papyrus of Nu* (*BM EA 10477*), Taf. 45–46.

sich die Mumien aus ihrer üblichen Rückenlage auf den Bauch drehen. Sie heben den Kopf, sodass sie nun sphinxähnlich auf ihren Bahren daliegen.[481] Der Anruf belebt den Körper in der sechsten Stunde, die eine besonders kritische Phase für den Jenseitsleib darstellt. Ereignet sich die Belebung durch die Stimme des Re (im Totenbuch und den Unterweltbüchern), dann hängt der Rhythmus des beweglichen (sprich: lebenden) Körpers vom Sonnenzyklus ab.[482]

Als performative Phänomene verfügen Rhythmus und Stimme über die gleichen Eigenschaften: Ereignishaftigkeit, Aufführungscharakter, Verkörperungscharakter, Transgressionspotenzial und Intersubjektivität. Die Rhythmen der butischen *Bas* und die der in der Mastaba des Mereruka dargestellten Frauen, die den Geburtsvorgang tanzen, werden von Osiris N wahrgenommen und aufgenommen. Sie wecken ihn und fördern seine Neugeburt. Der Körperkontakt mit dem rhythmischen Körper des Gottes Seth und der Tanz konstituieren im Alten Reich die/den Verstorbenen in der nachtodlichen Existenz als einen *hörbaren Körper*. Durch die irdischen Rhythmen des Seth oder der butischen *Bas* wird auf die Mumie physische Energie überführt. Im Neuen Reich bewegt sie sich auf die Stimme des Re hin. Da Schreien, Zurufe und Tanz den Körper des Osiris in Übergangsphasen und Situationen, in denen er besonders gefährdet ist (Geburt, 6. Nachtstunde), erreichen, stellen sie Maßnahmen zu seinem Schutz, zu seiner Belebung und zu seiner Integration in einen kosmischen Zyklus dar.

Die Stimme

Die göttliche Stimme des *hörbaren Körpers* in der nachtodlichen Existenz entsteht im Körper Atums. Sie ist in der Tageswelt nur in Heliopolis vernehmbar, wenn der *Ba* sich in der Gemeinschaft der Götter befindet. Um dorthin zu gelangen muss sie sich vom Körper lösen.

Die Entstehung als Stimme, die sich vom Körper gelöst hat

Nach der Theologie des Mittleren Reiches bedingt die Situation eines Menschen in der nachtodlichen Existenz einen physischen Körper, aus dem heraus sich die Stimme entwickeln kann. Bei der Autogenese im Sargtextspruch CT 75 wird der einbalsamierte Körper nicht mit Osiris, sondern Atum, dem Schöpfungspotential im Urmilieu, gleichgesetzt. Im Körper Atums entsteht der *Ba* des Luft- und Lichtgottes Schu. Wenn der/die Tote in dieser Rolle zu spre-

481 Vergl. HORNUNG, Vom Sinn der Mumifizierung, in: FS *Brunner*, S. 170–173.

482 WIEBACH-KÖPKE, *Phänomenologie der Bewegungsabläufe im Jenseitskonzept der Unterweltbücher Amduat und Pfortenbuch in der liturgischen „Sonnenlitanei“*, S. 236f.

chen beginnt, stellt er/sie sich als die Stimme, die für Atum handelt, vor. Ich zitiere hier nur die in dieser Hinsicht interessanten Passagen. Als Parameter für die komparatistische Analyse dienen die Ergebnissen für den *hörbaren Körper* in der Lebenswelt im ersten Teil des vorliegenden Kapitels:

I 320b	Ich bin es, der den Himmel für ihn zum Schweigen bringt. Ich bin es, der die Erde für ihn zittern lässt.
I 320d–322a	Ich bin es, der ihn ankündigt, wenn er aus dem Horizont hervorkommt,
I 322b	und denen, die seinen Namen erforschen, Ehrfurcht einflößt.
I 322c	Ich bin einer unter den Hehu, der die Worte der Hehu hört.
I 324a	Ich bin es, der die Worte des Gottes, der-von-selbst-entsteht, zu seiner Menge trägt.
I 324b–326a	Ich bin es, der seine Schiffsmannschaft leitet, indem ich stärker und zorniger als jede Neunheit bin.
I 326b	Ich habe die Worte der Götter vor mir vor den nach mir entstandenen (Göttern) wiederholt,
I 326c–328a	indem sie nach meinen Entstehungsformen im Nun fragen.
I 328b	In dem großen Boot, das Der-von-selbst-entsteht fährt, sehen sie mich mächtig.
I 330a, b	Meinen Glanz, so wie er meiner Gestalt gemäß ist, zeigend bin ich unter sie gesetzt und ihnen zugesellt worden.
I 330c–332a	Ich spreche, wenn die Neunheit ruhig geworden ist und die Götter Wohlgeruch verströmen.[483]

Die hier ausgeführten Tätigkeiten sind: „zum Schweigen bringen" (*sgr*), „zittern lassen" (*sdd*), „ankündigen" (*sr*), „Ehrfurcht einflößen" (*rdj nrw*), „hören" (*sḏm*), „Worte hinaustragen" (*sbb mdw*), „leiten" (*srr*), „Worte wiederholen" (*wḥm mdw*) und „sprechen" (*ḏd*). Neben einer Fülle von Verben, die in diesem kurzen Abschnitt lautliches Handeln bezeichnen, vermittelt der Text unterschiedliche Sprecher- und Hörersituationen, das Ansehen des Sprechers, wessen Worte er hört und wem er sie vermittelt, den Ort, an dem er handelt, und wann er zu sprechen beginnt. Sein Handeln beginnt bei der Kosmogonie als Verkünder einer gewaltigen Urkraft (I 320b–322b). Das an anderen Texten bereits beobachtete Tabu des Gottesnamens von Atum wird im Sargtextspruch eingehalten (I 322b und ebenso in I 340d), die Ehrfurcht vor dessen Macht eingeflößt. Die nächste Aussage platziert den *Ba* unter die Hehu (I 322c). Sie bestätigt die Auffassung, dass das Hören vor dem Sprechen kommt. Die nachfolgen-

483 CT I 320b–332a.

den Aussagen schildern ihn als Glied einer Kommunikationskette. Die Worte Atums sind Ausdruck für die Schöpfungsabsicht, die sich als Wort verwirklicht. Die Stimme wirkt, indem sie das kreative Wort Atums als Bindeglied zur vollzogenen Schöpfung weiterträgt. Die Funktion des *Ba* bildet eine Parallele zu den Aufgaben eines hohen Beamten, der die Worte des Königs überbringt: Er trägt sie in die Menge, er ist Kommandeur der Schiffsmannschaft (in den Biographien auch eines anderen Amtes, wo er etwas zu melden hat) und er wiederholt sie (I 324a–328a).

Intef lässt auf seine Tätigkeit bei Hof die Phrase: „Der Stimmen schweigen und Pracht entstehen lässt. Der den Fuß hütet (d.h. der leise geht) an der Stätte des Schweigens“[484] folgen. Auch in Spruch CT 75 folgt ein Passus, der den Sprecher dank seines Glanzes, – und nicht dank seiner Lauterzeugung! – unter den Göttern sein lässt. Während der Mensch auf Erden im heiligen Raum schweigt, ist es im Sonnenboot der *Ba* des Schu, der als einer unter seinesgleichen mit göttlicher Stimme spricht und die anderen verstummen lässt. Nach seiner Entstehung im Verborgenen („Nun sah mich erst, nachdem ich entstanden war“, I 344a-c) kann er nun den anderen davon erzählen. Diese Reihenfolge wird im Sargtext eingehalten, denn erst jetzt beginnt er mit seiner Erzählung:

I 336a	Im Körper des großen Gottes, der-von-selbst-entsteht, bin ich entstanden.
I 336c–338a	In seinem Herzen schuf er mich. Mit seiner *Achu*-Kraft machte er mich.
I 338c	Ich bin der Gott, der, was seine Gestalt betrifft, ausgeatmet wurde,
I 338d–340b	derjenige, den dieser herrliche Gott, der-von-selbst-entsteht, der den Himmel mit seiner Schönheit bestreut, geschaffen hat,
I 340d	der, dessen Namen die Götter, die ihn rudern, nicht kennen
I 342a	und dem das Sonnenvolk folgt.
I 342b–c	In seinen Beinen bin ich aufgewachsen, in seinen Armen bin ich entstanden, in seinen Gliedern habe ich mich erhoben.[485]

Der Text (I 336a–338c) bestätigt die Konzeption des Körperinneren, Herz und Luftröhre, als den Entstehungsort der belebenden Atemluft und damit auch des physiologisch bedingten Blasgeräusches, das bei der Ausatmung entsteht.

484 Urk. IV, 967.12–14, HERRMANN, *Stelen*, S. 117.

485 CT I 336a–342c.

Weiter unten wird die Atemluft als ein kräftiger Luftstrom (*ṯ3w*), „als Wind des Lebens, der aus dem Mund des Gottes Atum hinter mir hervorkommt" (I 375a–b) beschrieben. Der *Ba* des Schu wächst in den Beinen auf, entsteht in den Armen, erhebt sich in den Gliedern. Man könnte darüber spekulieren, ob I 342b–c eine Aussage zu dem Rhythmus, der den Körper ergreift und durch Bewegung die Gestaltwerdung einleitet, darstellt. Ein Geburtsvorgang über das Schöpferwort oder die Samenflüssigkeit wird verneint:

I 354b–c Ich bin derjenige, der, was seine Gestalt betrifft, ausgeatmet wurde.
Er gebar mich nicht aus seinem Mund.
Er hat mich nicht in seiner Faust empfangen.
I 356a–c Durch sein Nasenloch atmete er mich aus.
In der Mitte seiner Luftröhre machte er mich,
der die, die im Verborgenen sind, jauchzen lässt.[486]

Er verlässt Atum nicht als Schöpferwort aus dem Mund, sondern wird durch das Nasenloch ausgeamtet. Damit ist der *Ba* körperlos. Philippe DERCHAIN schließt aus den Aussagen, dass die Luft als der natürliche Träger des Hörbaren und des Ausspruchs (l'audition et la parole) fungiert.[487] Der Schöpfungsort des Atems und der Stimme, „in der Mitte seiner Luftröhre", liegt unter der Körperstelle, auf die beim *hnw*-Gestus im Ritual getrommelt wird. Als nächstes beschreibt die Stimme sich als Richter:

I 360b derjenige, der die verborgenen Dinge, die im Haus der Sechs sind, scheidet.

Er stammt von Atum ab und handelt für ihn vereinigend, beruhigend und „die Glut entfachend":

I 376b, c Ich bin es, der ihm seine *Achu*-Kraft bringt, der ihm seine Millionen
Kas, die zum Schutz seiner Anbefohlenen aufgestellt sind, vereint,
I 378a, b wenn ich das Feuer lösche und die *Wp-s.t* abkühle
I 378c–380a und die, die inmitten ihrer Röte ist,
die Feurige, die das Zusammengefügte der Götter trennt,
zum Schweigen bringe.

---

486 CT I 354b–356c.

487 DERCHAIN, Sur le nom de Chou et sa fonction, in: *RdÉ* 27, S. 110–116.

I 380b Ich bin es, der die Flamme der Glut entfacht.
I 380c Mich brennt der Gluthauch ihres Mundes nicht.[488]

Nach der Kosmologie der sogenannten Schu-Theologie entsteht die Luft als *Ba* des Schu im Körper Atums und wird, nachdem sie ausgeatmet worden ist und sich vom Körper gelöst hat, zur göttlichen Stimme. Diese Wahrnehmung wird für den Übergang beibehalten. Die Stimme des Toten tritt als der schöpferische Ausspruch (*ḥw*)[489] oder als die Stimme eines Richters[490] in die Tageswelt ein. Das Verlassen des Körpers, das Trennen des „Zusammengefügten der Götter" ist ein „die Glut entfachender", feuriger Schöpfungsvorgang, der beruhigt, „zum Schweigen gebracht", werden muss. Die einigende und die Menge beruhigende Wirkung der Stimme ist der Idealisierung des *hörbaren Körpers* in den Biographien nachgeformt. In der Tageswelt bildet das Geschrei der Klagefrauen (*sbḥ.w n jꜣkb.tj*), die in der Rolle der Göttinnen agieren,[491] einen vom Körper losgelösten Laut. Die Behandlung der Klagefrauen als Akteure, die nicht eigenständig handeln können,[492] könnte ihre Ursache darin haben, sie nicht als Körper in Erscheinung treten zu lassen.

Hörbarkeit

In der 18. Dynastie kommt die Vorstellung von der Hörbarkeit der Stimme des Toten im Horizontbereich in den Sonnenhymnen und in Aussagen im Totenbuch zum Ausdruck. „Der wirkliche Schreiber des Königs, den er liebt, der Vorsteher der Armeeschreiber, Tjanuni, gerechtfertigt", „singt" (*ḏd*) mit anbetend erhobenen Händen einen Sonnenhymnus. Er beginnt mit: „Gegrüßt seist du Re ..." (*jnḏ. ḥr =k Rꜥw*). Seine Gattin Mut-irj steht neben ihm, in der rechten Hand ein goldenes Sistrum mit Hathorkopf erhebend, in der herabhängenden linken die *mnj.t*-Kette haltend.[493] Die beiden Kultgeräte kennzeichnen sie als Tempelsängerin. Ihre Titel weisen sie als „Sängerin des Thot, des Herrn von Hermopolis" aus.[494] Die Gesichter des Paares sind dem Grabausgang und somit der Sonne zugewendet. Die gleiche Verteilung der Schallerzeugung auf

---

488 CT I 376b–380c. Alle Abschnitte nach Sarg M3C, Kairo JE 42825, DE BUCK, *The Ancient Egyptian Coffin Texts* I, meine Übers., Komm. siehe MEYER-DIETRICH, *Senebi und Selbst*, S. 94–99.

489 CT V 283c.

490 CT VI 262j–m.

491 KUCHAREK, *Die Klagelieder von Isis und Nephthys*, S. 593. Siehe dort auch Belege.

492 Ebd., S. 597.

493 TT 74, Eingangskorridor, S-Wand, Szene 1 (Thutmosis IV.), PM I, 1^2, 144 (1), BRACK, *Tjanuni*, S. 23, Abb. 1, Texte 1 und 2.

494 Ebd., Text 14.

die Geschlechter findet sich auch sonst in der Kommunikation mit einem Gott oder dem König.[495] Der männliche *hörbare Körper* (der Grabherr oder sein Sohn) wird mit dem Sprechen und der hymnischen Rezitation verknüpft, der weibliche (seine Ehefrau oder Tochter) mit dem metallischen Klang der Rasseln und Ketten.

Im Phasenmodell der Sonnenhymnen werden die Horizontbereiche und der Tageshimmel als auditive Räume vermittelt. Der Sonnengott wird bei seinem Erscheinen als der morgendliche Herr der Anbetung durch die Sonnenaffen besungen, während der Überfahrt jubeln seine Begleiter und bei Sonnenuntergang vollzieht sich die Akklamation des Gottes durch die Unterweltsbewohner.[496] Der Grabbesitzer gliedert sich in die Jubelgemeinde des Gottes ein:

> Ich befriedige ihn [den Sonnengott] Tag für Tag.
> Ich singe Loblieder wie die Sonnenaffen.
> Ich verehre ihn wie die *Bas* von Buto und Hierakonpolis.[497]

Er schildert sich im Sonnenhymnus als ein *hörbarer Körper* in der Art eines Pavians. Eine Inschrift im Sonnenheiligtum der Hatschepsut schildert deren Wesen und die Handlungssituation:

> Die Paviane, die Re verkünden, (wenn) dieser Große Gott geboren wird zur 6. Stunde in der Unterwelt.
>
> Sie erscheinen, nachdem er entstanden ist, indem sie zu beiden Seiten dieses Gottes sind bei seinem Aufgang im östlichen Lichtland des Himmels.

---

495 TT 74, Querhalle, W-Wand, Königsszene und oben, horizontale Friesinschrift, Brack, ebd., Texte 27 und 28.

496 Assmann, *Liturgische Lieder an den Sonnengott*, S. 341.

497 T 157 Wb (1112) Quellenangabe und Übers. Assmann, ebd. S. 344. Bei der Rückkehr aus der Tageswelt am Abend spricht der Tote: „Ich habe gesungen und die Sonne angebetet, ich habe mich den Sonnenaffen zugesellt und bin einer von ihnen. Ich machte mich zum Genossen der Isis und stärkte ihre Zauberkraft“, Tb 100, pBM EA 10477 (pNu), 4–5, Hornung, *Das Totenbuch der Ägypter*, S. 199. Jubel und Jauchzen bei Sonnenaufgang auch Tb 134, 1–5. In Tb 169, 1–5, wird der Tote angeredet als Osiris NN, Ruti, Horus und „der vierte jener vier Götter, jener Verklärten, die jubeln und jauchzen und jubilieren“, Hornung, ebd., S. 344.

> Sie tanzen für ihn, sie springen für ihn, sie singen für ihn, sie klatschen für ihn, sie kreischen für ihn, (wenn) dieser Große Gott erscheint in den Augen der > Untertanen< und des >Himmelsvolkes<.
> Diese hören dann die >Jubelrede< Nubiens.[498]

Das wilde Gebaren setzt nach der Geburt der Sonne ein. Als apotropäisches Schreien, Springen und Klatschen wehrt es auf beiden Seiten des Gottes Gefahren von ihm ab. Die ihm bei seinem Erscheinen entgegengebrachte Verehrung äußert sich in Lauten und Bewegung. Die ungestüme Freude der Sonnenaffen macht sich in Geschrei und Tanz Luft. Ihr ausgelassenes Tun symbolisiert die Körperlichkeit der Stimme. Deren Intensität wird zum Jubel, der die Kunde verbreitet, den Gott befriedigt.

Nach Aussagen im Totenbuch ist der Verstorbene in der Tageswelt als Vogelstimme hörbar. Die Unhörbarkeit seiner menschlichen Stimme, wenn er sich nicht unter den Göttern befindet, wird zu seiner Idealisierung in Papyrus Nu verwendet. Geht der Tote in die Tageswelt hinaus, rühmt er sich seiner Verschwiegenheit:

> Osiris NN, gerechtfertigt, hat nicht (weiter)gesagt, was er gesehen hat.
> NN, gerechtfertigt, hat nicht weitererzählt, was er im Hause des ‚Geheimnisses' gesehen hat.
> Jauchzen und Jubel für Osiris NN, gerechtfertigt![499]

Die Arkandisziplin der hohen Beamten, die nichts von dem, was im Palast geschieht, an die Öffentlichkeit bringen, trifft hier auf den *hörbaren Körper* des Toten zu, der nichts über den nächtlichen Existenzbereich ausplaudert.[500] Sie gewinnt absolute Priorität in der nachtodlichen Existenz.

---

498 ASSMANN, *ÄHG*, Text 15, S. 92.

499 Tb 133, pBM EA 10477 (pNu), 14–15 (Hatschepsut – Amenhotep II.), LAPP, *The Papyrus of Nu (BM EA 10477)*, Taf. 45–46.

500 Ein weiterer Beleg für die Arkandisziplin, der ein Verstorbener auch bei seinem Dasein in der Tageswelt als am Sonnenlauf Teilhabender verpflichtet bleibt, ist der Amulettspruch CT IV 257h unterhalb der horizontalen *nḏ.t*-Vignette auf dem aus Gebelein stammenden Außensarg des Ikr, G1T, heute in Turin. Zuletzt übersetzt von MORENZ, *Die Zeit der Regionen im Spiegel der Gebelein-Region*, S. 428.

KAPITEL 2

Szenarien nach den Lehren

Aufschluss über Kontexte und Handlungsweisen, um sich im Hörraum zu positionieren, gibt die didaktische Literatur. Die auf Papyri, Holz- und Steintafeln sowie Ostraka[1] überlieferten Texte sind entweder durch den ägyptischen Begriff *sbꜣ.yt* als „Lehre" klassifiziert oder zeigen in der Form von Dialogen Möglichkeiten und Gelegenheiten für *Spacing* auf. Die als Klassiker geltende Lehre des Ptahhotep[2] und die von Hans-Werner FISCHER-ELFERT als maßgebliche Lehre der 18. Dynastie eingestufte Lehre eines Mannes für seinen Sohn[3] erläutern beispielhaft einen der Situation oder dem Hörraum angepassten Einsatz der Sprechstimme in unterschiedlichen Szenarien. Mit Hilfe einer Vielfalt von angesprochenen Kontexten lernen die Mitglieder der höheren Beamtenschaft das lautliche Handeln zu bewerten und zu handhaben. Der Begriff Szenarium umreißt die kulturelle Welt als eine Agglomeration sozialer Lautpraktiken in Zeit und Raum. Er scheint mir am besten geeignet,

1 Zu den im Mittleren Reich für die Lehren verwendeten Textträgern siehe PARKINSON, *Poetry and Culture*, S. 236, für die zweite Zwischenzeit und das Neue Reich, HAGEN, *Text in Context*, S. 64–82.

2 DÉVAUD, *Les Maximes de Ptahhotep d'après le Papyrus Prisse, les Papyrus 10371/10435 et 10509 du British Museum et la Tablette Carnarvon.* HAGEN, *An Ancient Egyptian Literary Text in Context.* JÉQUIER, *Le papyrus Prisse et ses variantes.* JUNGE, *Die Lehre Ptahhoteps und die Tugenden der ägyptischen Welt.* ZABA, *Les Maximes de Ptahhotep.* Die Lehre ist für die 12. Dynastie bezeugt durch pPrisse (Version P), heute Paris, Bibliothèque Nationale, Cabinet des Médailles 183–194, und pBM EA 10371+10435 (Version L1). Für die 18. Dynastie ist sie belegt durch den aus Theben stammenden Papyrus pBM EA 10509 (Version L2+L2G) und die im Asasif gefundene Schreibtafel tCarnarvon = Kairo JE 41790, (D1–50).

3 FISCHER-ELFERT, *Die Lehre eines Mannes für seinen Sohn* I–II. Siehe dort im Tafelband auch die hieroglyphische Umschrift, Synopsis und Literatur zu den verwendeten Quellen. Textzeugen, die in die 18. Dynastie datiert werden, sind die Papyri pBerlin P. 15733, pBerlin P. 15738 und pBerlin P. 15742, Lederrolle BM EA 10258 (§ 1, 1–6, 8), pLouvre 3171 (Titel und Anfang), oLouvre 23561 (§ 4, 5–7, 0), oIFAO OL 416 (früher ohne Nummer) (§ 4, 5–8, 2), pBM EA 10775d (§ 11, 5–14) und pBM EA 10775c (§ 17, 3–4). Für die Lehre eines Mannes für seinen Sohn werden, wenn nicht anders vermerkt, die Strophen- und Verszählung sowie die Übersetzung von FISCHER-ELFERT, *Lehre eines Mannes*, gegeben. Die Heranziehung der anderen Quellen erfolgt auf der Grundlage von Peter DILS' Übersetzungen und Kommentaren, in: *Thesaurus Linguae Aegyptiae,* Strukturen und Transformationen des Wortschatzes der ägyptischen Sprache, Sächsische Akademie der Wissenschaften, Leipzig.

 | DOI 10.1163/9789004354951_004

Spacing als eine Doppelstruktur von Sprechstimme/Körperbewegungen und inkorporierten impliziten Wissensordnungen, welche erstere regulieren, ohne ihnen gegenüber vorgängig zu sein, darzustellen.[4] Eine Sinnentleerung dieser Umwelt vermitteln die Worte des Chacheperreseneb.[5]

2.1 Die Rezeption der Lehren

Die Hörer werden in der Lehre des Ptahhotep bei der Aufforderung des Lehrmeisters, in der Lehre eines Mannes für seinen Sohn im Titel[6] und in der Lehre des Cheti[7] durch die Schilderung der Unterweisungssituation explizit formuliert:

> [1,3–4] Nun war es so, dass er stromaufwärts auf dem Weg zur Residenzstadt war, um ihn in die Schreibschule zu geben unter die Kinder der hohen Beamten, die an der Spitze der Residenzstadt waren.[8]

Laut der Lehre des Merikare wird das Wissen dem Thronfolger von seinem Vater, König Chety, vermittelt.[9] Der Wesir Kairsu gibt die Lehre an seine Kinder

---

4 Vergl. Reckwitz, *Die Transformation der Kulturtheorien*, S. 707.

5 TBM EA 5645 (frühe bis mittlere 18. Dyn.), Parkinson, The Text of Khakheperreseneb: New Readings of EA 5645, and an Unpublished Ostracon, in: *JEA* 83, S. 55–68 und Taf. X–XI.

6 Lederrolle BM EA 10258, 1, 1. Wie Fischer-Elfert (*Lehre eines Mannes*, S. 299ff) dargelegt hat, richtet sich auch diese Lehre an den Sohn eines Mannes von Rang und Namen.

7 Helck, *Die Lehre des ḏwꜣ-ḫtjj*. Jäger, *Altägyptische Berufstypologien*, xxi–xlvi und Textsynopse Taf. I–xciv. Für die Lehre des Cheti sind die Textzeugen der 18. Dynastie: oSenmut 148 (Thutmosis III.), oBM EA 41650+47896, pAmherst XIV (New York, Pierpont Morgan Library) und tLouvre N 693.

8 Cheti, § 1, 3–4, pSallier II, 3, 9–4, 1. Das ungefähre Alter der Einschulung ergibt sich aus der Angabe in der Idealbiographie des Qar aus Edfu, der hierfür das Übergangsritual „Knoten des Stirnbandes" (*ṯꜣz mḏḥ*) angibt. Mastaba des Qar (*Mry-Rꜥ-nfr*), Architrav über der Scheintür, heute Kairo JE 43371; PM V, 200; Urk. I, 254, Kloth, *Die (auto-) biographischen Inschriften*, S. 129, Dok. 74. Desgleichen wird die Unterweisungsituation geschildert in den Prophezeiungen des Neferti, pPetersburg 1116 B, vso. 1, 1–2, 14, in der Lehre des Merikare, pCarlsberg VI, x-2, 1, und in der hier nicht behandelten Lehre des Amunacht, oBM EA 4154, 1, 1–5.

9 PPetersburg 1116 A, vso. 1. Hieroglyphische Umschrift und Synopsis aller drei in die 18. Dynastie datierten Papyri pCarlsberg VI, pMoskau 4658 und pPetersburg 1116 A, Helck, *Die Lehre für König Merikare*. Ich folge, wenn nicht anders vermerkt, der Übers. von Quack, *Studien zur Lehre für Merikare*.

weiter.[10] In der Kemit präsentiert sich der Schreiber selbst als ein von seinem Vater unterrichteter.[11] Durch Zitate aus den Lehren auf Grabwänden und Stelen werden in den Kreis der Rezipienten auch die Besucher einer Nekropole eingeschlossen.[12] Für die Streuung von Ostraka mit Exzerpten aus Weisheitslehren beobachtet HAGEN, dass die meisten von Orten herstammen, für die eine hohe Bautätigkeit nachgewiesen ist. Das lässt ihn vermuten, dass die Schreiber die Texte kopierten, während sie dort Bauarbeiten beaufsichtigten.[13] Die kulturelle Wertschätzung der Redekunst, die Kenntnis ihrer Klassiker und die ästhetische Rezeption wirkten sich sowohl auf die Rezeption als auch den Kreis der Rezipienten aus. Wofür die ästhetische Qualität der Texte als literarisches Produkt der Elite und die Satire[14] sprechen, wurden die Lehren möglicherweise auch an anderen Orten dem gleichen oder einem breiteren Personenkreis zur Erbauung vorgelesen.[15]

Obgleich die Rezeptionsgeschichte ihre Spuren in den Texten hinterlassen hat[16] und die Tendenz der einzelnen Werke variiert,[17] ist der Tenor der in der 18. Dynastie zirkulierenden Lehren derselbe. Als Übermittlungskontext

10 VERHOEVEN, Von der „Loyalistischen Lehre" zur „Lehre des Kairsu", in: *ZÄS* 136, S. 90. Versionen der Loyalistischen Lehre aus der 18. Dynastie sind: pAmherst XII+XIII (New York, Pierpont Morgan Library), tCarnarvon 2 vso.+Kairo JE 43261D und Kairo JE 56802, pLouvre E 4864 und pRifeh = pLondon UC32781 (eventuell noch Ende der 18. Dynastie). Datierung durch POSENER, *L'Enseignement Loyaliste*, in die 12. Dyn. Zur Datierung der Loyalistischen Lehre in die frühe 18. Dynastie siehe GNIRS, Zum Verhältnis von Literatur und Geschichte, in: BICKEL, *Vergangenheit und Zukunft*, S. 127–186. LOPRIENO, Loyalty to the King, to God, to oneself, in: FS *Simpson* 2, S. 533–552. FISCHER-ELFERT, *Lehre eines Mannes*, S. 334–365, vergleicht die Loyalistische Lehre mit der Lehre eines Mannes für seinen Sohn. SCHIPPER, Von der „Lehre des Sehetep-jb-Re" zur „Loyalistischen Lehre", in: *ZÄS* 125, S. 161–179.

11 Kemit, oBrüssel E.3208+oDem 1171, 22, bzw. oKairo JE 56842+oDem 1172, x+15–16. PETERSMARCK, *Die Kemit. Ostraka, Schreibtafel und ein Papyrus* (Synopse). POSENER, *Catalogue des ostraca hiératiques littéraires de Deir el Médineh.* Die Kemit ist für die 18. Dynastie belegt durch die in Scheich Abd-el-Gurna gefundenen Ostraka oMMA 35144 und oMMA 36112, tAF 497 und die im Asasif gefundene Tafel tCarnarvon 3, heute Kairo JE 43216.

12 Bspw. findet sich im Grab des Rechmire ein Ptahhotepzitat.

13 HAGEN, *Text in Context*, S. 243.

14 PARKINSON, *Poetry and Culture*, S. 277.

15 HAGEN, *Text in Context*, S. 54. Für die Lesung auch außerhalb der Schule spricht sich auch SIMON, *Textaufgaben*, S. 193, im Hinblick auf ramessidische Texte aus.

16 Rezeptionsgeschichte und redaktionelle Eingriffe bei Ptahhotep im Neuen Reich siehe HAGEN, *Text in Context*, S. 174–239, bei der Lehre des Mannes für seinen Sohn, FISCHER-ELFERT, *Lehre eines Mannes*, S. 317–332.

17 Siehe die geraffte Darstellung der Lehren bei PARKINSON, *Poetry and Culture*, S. 241–277.

werden die den Tempeln angeschlossenen Schreiberschulen angenommen. Die Intention zu ihrer Vermittlung sind die Interessen der gesellschaftlichen Gruppen, deren Verhalten in den Lehren geschildert wird:

> In ancient Egyptian 'teachings', 'freedom from function' is as doubtful as 'fictionality': the teaching places emphasis on didactic function, and there is no clear means of assessing whether the ancient audience received the teachings as 'fictional' (that is, whether they thought, for example, that the Teaching of Ptahhotep was not a collection of sayings originating in the reputation of a high official from a bygone age – or whether this question was important to the ancient audience). Any words exemplifying a socially endorsed talent or quality my play a role in the continual construction of social boundaries, and so the main function of literature may be to keep social classes distinct. In this vein, for modern European literatures the relation between literary canon and educational programme may be problematised, with regard to the maintenance of social barriers in stratified societies. The formula for criticism might be 'literature is the set of texts you teach at school' for Bronze Age Egypt too.[18]

Die Texte können als eine Maßnahme der höheren Beamtenschaft verstanden werden, durch Tradierung eine Stabilisierung von Wissensformen samt deren Auswirkungen auf die Positionierung im sozialen Raum zu erreichen, sich das Privileg über deren Weitergabe zu sichern und dafür zu sorgen, dass Handlungsmuster rezipiert und Machtstrukturen erhalten werden. Die Weitergabe kulturspezifischer Wertvorstellungen an die männlichen Angehörigen der Elite wird vorrangig an der mündlichen Belehrung illustriert:

> Möget ihr zu euren Kindern sprechen! (Denn) der Mund belehrt (schon) seit der Zeit Gottes.
> Ich bin [ein Edler, auf den man hört, in dessen Klugheit sein Herr eingedrungen ist.]
> Ahmt meinen Charakter (oder: meine Art) nach!
> Missachtet meine Worte nicht! Bringt die Vorschrift, die [ich] verfasse, perfekt zur Ausführung![19]

18 QUIRKE, *Egyptian literature* 1800 BC, S. 25.

19 Die Lehre des Kairsu, § 8, 1–6, tCarnarvon 2, vso. 1–2 (Strophen 1 bis 7 nicht kopiert), DILS, in: TLA, Zugriff 2010–11–26, siehe dort auch Komm. zur Übers. Ich habe die wörtliche Übersetzung vorgezogen.

Einen Hinweis auf den Einfluss, den die Autorität des Sprechers in einem bestimmten Kontext auf die Performativität des Gesagten ausübt, gibt die Stele des Sehetep-ib-Re, der die Lehre des Kairsu als Worte, die *er* an seine Kinder weitergibt, ausgibt.[20] Authentisieren lässt sich auch an der Rezeptionsgeschichte des Ptahhotep beobachten: Im Neuen Reich werden im Prolog die Titel des Sprechers denen der hohen Beamten und Wesire der gegenwärtigen Epoche angeglichen.[21]

In der Lehre eines Mannes für seinen Sohn, § 2, 1–3, wird das Bild eines königstreuen Beamten gezeichnet, der des Herrschers Machterweise verbreitet. Dieses Motiv verpflichtet den Schüler zur Loyalität mit dem König. Eine durch den Gott/König gewährleistete Entwicklung des *hörbaren Körpers* fordert als Gegengabe das Verbreiten der Königsmacht:

> [4,1–2] ER verwandelt den Ignoranten in einen Wissenden, der (ehemals) Unbeliebte ist geworden zu einem Beliebten.
> [4,3–4] ER lässt den Unbedeutenden nachahmen den Bedeutenden, wer an letzter Stelle war ist (jetzt) an erster.
> [4,5–6] Der (einst) Besitzlose ist (jetzt) Herr von Reichtümern. Der mit (einst) wenig Land, ist (jetzt) Herr von {Jubel} <Hausgenossen/ Anhängern>.
> [4,7–8] ER pflegt dafür zu sorgen, dass der, der ohne (eine Möglichkeit zu) seinem Anlanden ist, anlanden kann. Der (einst) Notleidende ist (jetzt) Herr einer Anlegestelle.
> [4,9–10] ER pflegt den Stummen sprechen zu lehren, (und) er lässt die ertaubten Ohren sich öffnen.
> [5,1–2a] All dies ist innerhalb der Lebenszeit, außerhalb des Tages (oder: des Bereichs) der Renenutet.[22]
> [5,2b-3] Meschenet wird {dich (?)} nicht dagegen (wörtlich: gegen sie, d.h. gegen all dies) festlegen, bis auf das Festlegen der Atemluft an seine Nase.
> [5,4–5] Großes gehört dir (oder: wird dir gehören) in deiner Hand, (indem/wenn/nachdem) du deine Lebenszeit innerhalb des Planes/der Anweisungen deines Gottes verbracht hast.

20 SKairo CG 20538.

21 HAGEN, *Text in Context*, S. 226.

22 Auf oLouvre 23561 fehlt *hrw*.

> [6,1] Lobe den König von Oberägypten! Verehre den König von Unterägypten![23]

Der hier zitierte Passus findet sich in dieser Form auf dem in die erste Hälfte der 18. Dynastie datierten oLouvre 23561. Er endet dort mit der Aufforderung zum Königslob. Die § 4, 9–10 kommentiert FISCHER-ELFERT wie folgt: „Der Akt der Indoktrination ‚Öffnen der Ohren' folgt merkwürdigerweise dem der Propagandierung: ‚Stummer lernt zu sprechen' (= verkünden)".[24] Er beruft sich hierbei auf die Verwendung von *wbꜣ =f ꜥnḫ.wj* als göttliches Epitheton auf den Ohrenstelen. Aufgrund des religiösen Kontextes als *Sitz im Leben* für diese Phrase lässt sich meines Erachtens der Text ab § 4, 7 als Aussagen zum Anlanden im Jenseits verstehen. Der *hörbare Körper*, über den in diesem Zusammenhang gesprochen wird, ist der des stummen (*ꜣbb*) und ertaubten (*jdj.w*) Toten, dem „innerhalb der Lebenszeit, außerhalb des Tages", das heißt beim Eintritt in die Duat, die Ohren geöffnet werden. Die Verwendung des Lexems *jdj* „taub sein; taub werden lassen"[25] in Tb 190 stützt diese Auffassung:

> Ein Geheimnis der Unterwelt, ein Mysterium des Totenreiches, das Berge aufbricht und Täler erschließt, ein völlig unbekanntes Geheimnis: Behandlung des Herzens eines „Verklärten", Weitung seines Schreitens, ihm seinen Gang (zurück)geben, Taubheit von ihm vertreiben (*dr jdj.t ḥr =f*) und sein Gesicht zusammen mit (dem des) Gottes öffnen.[26]

Der Übergang ins Jenseits wird erneut in der Lehre eines Mannes, § 7, 1–8, aufgegriffen:

> [7,1–2] Unversehrten Leibes ist, wer sich enthält seines Namens, umgibt ER doch seinen Körper.
> [7,3–4] Der Westen empfängt ihn aus dem Schutz seiner Arme. Begraben wird man [...].
> [7,5–6] Sei klug, bedecke dich ob seines Namens, (denn) der Umsichtige ruht in seinem Pyramidenbezirk.

---

23 Lehre eines Mannes § 4, 1–4, Synopsis nach Quellen aus der 19.-20. Dyn., Übers. FISCHER-ELFERT, *Lehre eines Mannes*, S. 68–78. Ab § 4, 5–6, 8 nach oLouvre 23561, 1–8 Übers. DILS, in: TLA, Zugriff 2015–06–14.

24 FISCHER-ELFERT, ebd., S. 77.

25 *Wb* 1, 151.13–15, TLA, Lemma-Nr. 33890, Zugriff 2015–07–16.

26 Tb 190, pBM EA 10477 (pNu), 111, BACKES, in: TLA, Zugriff 2015–07–16.

> [7,7–8] Kein Grab gibt es für den der seinen Namen ausspricht. Keine Wasserspende gibt es für den der ihn verwünscht.[27]

Die Aussage „bedecke dich ob seines Namens" verstehe ich als Schutz des Sprechers im Sinne der Ermahnung an den Schüler in der Lehre des Cheti, § 25, 2: „Sage kein Wort, das es zu verbergen gibt! Der seinen Leib verhüllt, er macht sich einen Schild".[28] Die Aussicht auf ein Grab und die Versorgung in der nachtodlichen Existenz motivieren den *hörbaren Körper* das Tabu zu beachten, den Namen des Königs nicht auszusprechen. Bei der Lehre des Kairsu auf der Stele des Sehetp-ib-Re vermitteln die Anbringung auf einer Totenstele[29] und die Rahmung des Textes: „Möget ihr dieses tun, damit ihr körperlich unversehrt sein werdet, (und) ihr werdet es (als etwas) für die Ewigkeit befinden" (§ 6, 9) ebenfalls als Sinn für das auditive Handeln seine Auswirkung auf die nachtodliche Existenz.

Die Lehre des Ptahhotep vermittelt den Einsatz der Sprechstimme zum Erwerb von *sozialem Kapital.* Die Vermittlungsstrategien sind: wiederkehrende Aussagen zur gesellschaftlichen Anerkennung, die Darstellung des Schreiberberufs als Bestimmung, die Erläuterung anhand von Szenarien im sozialen Umfeld der Residenz, die Ansprache der Zuhörer, der literarische Stil und die Berufung auf die Tradition. Der Schreiberberuf als Bestimmung ist aus dem einleitenden Aufruf: „Folge deinem *Ka*, solange du lebst!" in Ptahhotep Maxime 10 ersichtlich. Sie ist die Bestimmung des Sohnes, der für den Totendienst seines Vaters sorgen wird (Ptahhotep Maxime 12). In der Lehre des Cheti, § 3, 5, wird sie am Kindesalter verdeutlicht:

> Als er angefangen hat zu befehlen, war er noch unter den Kindern. Man wird ihn grüßen. (Und) man wird ihn (erneut) ausschicken, um Botschaften auszuführen, als er noch nicht (zurück)gekehrt ist, damit er sich im *dȝjw*-Schurz zeigt.[30]

---

27 OIFAO OL 416 (früher ohne Nummer), vso. 1–4 (18. Dyn.), Übers. FISCHER-ELFERT, *Lehre eines Mannes*, S. 93–100.

28 PSallier II = pBM EA 10182, 10, 1.

29 SKairo CG 20538.

30 PSallier II, 4, 5–6. Entgegen DILS, der *jw.f m hrd.w* mit: „war er noch ein Kind" übersetzt. Für diese und alle weiteren Stellen aus pSallier II wird, wenn nicht anders vermerkt, die Übersetzung von DILS, übernommen. Siehe dort auch den Kommentar zu alternativen Übersetzungen dieser Stelle, in: TLA, http://aaew.bbaw.de, Zugriff 2009-12-05. Da die Aussagen zum Schreiber nicht auf den Textzeugen aus der 18. Dynastie stehen, wird hier die Lehre des Cheti nach pSallier II = pBM EA 10182 (Sethos II.) zitiert.

Die gesellschaftliche Position des Schreibers ist an der Kleidung, dem Leinenschurz, erkennbar. Auf die Bedeutung des Schurzes als Berufsemblem weist sein in Cheti, § 10, 3, satirisch aufgegriffenes Gegenbild hin, der *dȝjw*-Schurz, der bei der Arbeit für den Maurer eine Schnur für den Rücken und ein Band für den Hintern ist.[31] Die soziale Anerkennung besteht im Respekt (was durch das Grüßen ausgedrückt wird) und in der Aufgabe, die man ihm anvertraut. Eine inhaltlich parallele Aussage zu: „war er noch unter den Kindern" bildet die Phrase: „als er noch nicht beschnitten war". Sie wird in den Biographien des Mittleren Reiches ebenfalls auf die Redegewandtheit[32] und dort, sowie in der Königsnovelle,[33] auf die Stellung des Übergeordneten bezogen. Die Formulierung mit „zu befehlen" weist den Beamten als einen *hörbaren Körper* aus, der den Personen in seiner Umgebung überlegen ist. In der Lehre eines Mannes für seinen Sohn ist die Bestimmung aus der Verknüpfung des Schülers mit den Schicksalsgöttinnen Renenutet und Meschenet in § 3, 1–4 ersichtlich. In der Lehre eines Mannes, § 22, 6–10, wird sie ausgesprochen:

> [22,6] Glücklich der, den seine Mutter lobt.
> [22,7–8] Handeln sollst du entsprechend dem was dir bestimmt ist, [...] nicht, indem du noch etwas hinzufügst (zum) Leiden (?).
> [22,9–10] Der Mann aber, den alle Leute loben, – alle ihre Herzen begehren Freundschaft in seinem Gefolge.[34]

Als sozial Anerkannter erwirbt sich der Beamte einen Anhang und die Verbindung mit einer Gruppe Gleichgesinnter.

Bei der Darstellung von Schauplätzen, Handlungen und Figuren bildet die Sprache ein Medium, das durch die symbolischen Fähigkeiten von Sprache die fiktionale Welt so evoziert, dass sie in der Imagination der Leser und Hörer erstehen kann.[35] Die Schilderungen umfassen materiale Kennzeichen, wie der Schurz oder eine schriftliche Nachricht des Boten, oder setzen, wie beim

---

31 PSallier II = pBM EA 10182, 6, 2.

32 BLUMENTHAL, *Phraseologie,* S. 35f, A 4.2. Beni Hassan 3, Pfeilersaal, umlaufend auf dem Mauersockel, Biographie des Chnumhotep II, 184–192, PM IV, 148 B, Urk. I, 22–35, LEPSIUS, *Denkmaeler* II, Taf. 124–125.

33 Lederrolle Berlin 3029, 9–10 (Amenhotep II.), HOFMANN, *Königsnovelle,* S. 60.

34 OIFAO Inv. 2536, 9–10.

35 FLUDERNIK, *Einführung in die Erzähltheorie,* S. 78f.

Medu-Stab des Herolds, ihre Kenntnis voraus. Die im sozialen Umfeld der Residenz angesiedelten Beispiele spiegeln den *Habitus*[36] einer elitären Klasse:

> [29,1] [Siehe, gut ist] dein häufiges Ausgesandt-Werden, so dass du die Worte der hohen Beamten hörst.
> [29,2] Mögest du die Wesensart der Kinder der (bedeutenden) Menschen annehmen, indem du gehst {und sie ergreifst} <in ihren Fußstapfen>.
> [29,3] Man erkennt einen zuhörenden/gehorchenden Schreiber an, (und zwar) indem/weil Zuhören/Gehorchen zur Heldenhaftigkeit wird.[37]

Rangunterschiede innerhalb der Beamtenschaft sollen beachtet werden:

> [24.1] Wenn du am Ende der hohen Beamten gehst, dann nähere (dich) nicht, (sondern) bleibe fern als einer, der das vollkommene Verhalten kennt.[38]

Dem Redeverhalten der hohen Beamten wird Vorbildcharakter zugeschrieben. Die Achtung erweist der disziplinierte *hörbare Körper* seiner Umgebung durch das Einhalten des Abstandes, womit er sich außer Hörweite der hohen Beamten befindet. Der so angewiesene drängt sich nicht auf.

Die Ansprache der Hörer bezieht diese in die mündliche Aufführung des Textes ein. Die Lehre eines Mannes für seinen Sohn beginnt:

> [1,3–4] Höre auf meine Stimme! Gehe nicht an meinen Worten vorüber!
> Wende dein Herz nicht von dem, was ich dir zu sagen habe![39]

Eine derartig die Aufmerksamkeit des Hörers erheischende Einführung[40] weist auf das Bestreben des Sprechers hin, sich als Autorität hörbar im Raum zu etablieren und den Zuhörer zu engagieren. Auch kleine Textveränderungen und -verschiebungen im Rahmen längerer Passagen fast gleichen Inhalts sind

---

36 *Habitus* wird im Sinne Bourdieus (*Praktische Vernunft*, S. 21) als *Terminus Technicus* für den einheitlichen Stil einer bestimmten Lebenswelt gebraucht.

37 Lehre des Cheti, § 29, 1–3, pSallier II, 10, 7–9.

38 Lehre des Cheti, § 24, 1, pSallier II, 9, 7.

39 Lehre eines Mannes, § 1, 3–4, Lederrolle BM EA 10258, 1, 1–2, Übers. Fischer-Elfert, *Lehre eines Mannes*, S. 24.

40 Die Variationsbreite, um durch Taktiken der Gesprächsführung einen Zuhörer/Leser in schriftlichen Dialogen zu beeinflussen, zeigt Sweeney, *Correspondence and Dialogue*, an spätramessidischen Briefen auf.

ein Mittel, das zeigt, wie der altägyptische Autor seinen Leser oder Hörer im Blick hatte.[41]

Eine Voraussetzung für die Einbindung der Hörer in die geschilderten Szenarien ist das Anknüpfen an ihre Hör- und Sprechgewohnheiten.[42] Die Lehren weisen dem männlichen *hörbaren Körper* einen Platz innerhalb der Machtordnung auditiver Räume zu, die alle im sozialen Umfeld der Beamtenelite aufgebaut werden. Sie inszenieren den Aufbau auditiver Räume durch die angesprochenen Personengruppen. Deren Alltäglichkeiten werden vor ihnen zelebriert wie auf einer Bühne. „Frauen treten in den Lehren zwar sehr marginal, aber doch in fast jedem Werk auf. Wird der Leser durchgehend angesprochen und interpelliert – der Imperativ ist die zentrale Verbalform –, so wird nur über die Frau gesprochen, sie wird als eines der möglichen Gegenüber dargestellt, zu denen sich der Mann in seinem sozialen Geflecht zu positionieren hat. Das Handeln der dargestellten Frau wird beobachtet und bewertet, sie wird jedoch nie zum agierenden Hauptaktor und Adressaten."[43]

Hören – ein Gehorchen, das zur Beherrschung wird – schafft die Möglichkeitsbedingung für die Entstehung des idealen *hörbaren Körpers* eines Beamten. Ptahhotep sagt: „Wer seinen Mund richtet nach dem, was ihm gesagt worden ist, wird als ein Gehorchender betrachtet".[44] BUTLER begreift ein Subjekt[45] als Effekt spezifischer Machtformationen und stellt die Frage: Wie wird ein Subjekt hergestellt und verkörpert?[46] Die Macht wirkt auf das Subjekt als Bedingung seiner Möglichkeit und Gelegenheit seiner Formung, und ebenso als das, was vom Subjekt aufgenommen und im ‚eigenen' Handeln wiederholt wird.[47] Sie zeigt dies anhand von Louis ALTHUSSERS berühmtem Beispiel:

---

41 VERHOEVEN, Funktionen von Wiederholung und Abweichung in ägyptischen Erzähltexten, in: *Das Erzählen in frühen Hochkulturen* I, S. 333.

42 Das beobachtbare Verhalten ist ein Ausdrucks-Symbol für Wissen und dessen Sinnmuster, RECKWITZ, *Die Transformation der Kulturtheorien*, S. 605.

43 BICKEL, Frauenbilder, in: FORMISANO/FUHRER, *Gender Studies in den Altertumswissenschaften, Gender-Inszenierung in der antiken Literatur*, S. 117. Siehe dort (S. 123–126) auch Veränderungen im Diskurs in der Ptolemäerzeit.

44 Ptahhotep D568–569, pPrisse, 17, 1–2. DILS, in: TLA, Zugriff 2010–11–25, hat für *r'* „Sprache"

45 BUTLER macht darauf aufmerksam, dass das Subjekt als kritische Kategorie nicht mit dem Individuum gleichzusetzen, sondern als Platzhalter, als eine in Formierung begriffene Struktur aufzufassen ist. Dies. definiert das Subjekt wie folgt: „Das Subjekt ist die sprachliche Gelegenheit des Individuums, Verständlichkeit zu gewinnen und zu reproduzieren, also die sprachliche Bedingung seiner Existenz und Handlungsfähigkeit." Vergl. BUTLER, *Psyche der Macht*, S. 15.

46 STRÜVER/WUCHERPFENNIG, Performativität, in: *Handbuch Diskurs und Raum*, S. 111.

47 BUTLER, *Psyche der Macht*, S. 18 und 259f.

Ein Polizist ruft auf der Straße einen Passanten an. Der Passant wendet sich um und erkennt sich damit als ein Individuum, das in den unterworfenen Status des Subjekts eingewiesen wird.[48] Im Hinblick auf die Anrufung, die sich unterschiedlich deuten lässt, und die Ordnung des sozialen Raumes verdient der Kontext der Interpellation Beachtung. Erst dieser entscheidet über die Geschichtlichkeit und die Räumlichkeit des Zeichens und somit über dessen performatives Potential. „Je mehr eine Praxis beherrscht wird, desto vollständiger die Subjektivation. Unterordnung und Beherrschung finden also im selben Moment statt."[49] Der zentrale Punkt dieser gelebten Gleichzeitigkeit liegt in der Möglichkeitsbedingung für die Entstehung des Subjekts, die die Unterwerfung als eine Art von Beherrschung kenntlich macht. Letzteres hat sich auf die Rezeption der Lehren ausgewirkt. In ihnen konnte sich der Hörer sowohl als ein Gehorchender als auch ein sie Beherrschender wiedererkennen.

Die „Lehren" (*sbꜣ.yt*) bilden ein eindeutig definiertes altägyptisches literarisches Genre.[50] Ihr Stil zählt zu den gezielt eingesetzten Mitteln der ästhetischen Repräsentation. „Der Stil eines literarischen Textes produziert dessen Allgemeinheit gerade in seiner Singularität, weil die individuelle Prägung des Textes durch den – positiven oder negativen – Bezug auf prävalente, durch Traditionen vermittelte Verfahren der Sinnproduktion oder Sinndurchstreichung zustande kommt."[51] Der Stil der Lehren bildet ein Kriterium für die Selbstreflexivität des literarischen Diskurses über die Rede, das Lehren, die Rezeption und die Weitergabe an zukünftige Generationen,[52] alle Punkte werden im Prolog des Ptahhotep benannt.[53] Der Text beginnt auf der Version L2:

> [D1–6] Anfang der Lehre, die verfasst hat der Erbfürst und Graf, der Gottesvater und Gottesgeliebte, der Richter der sechs großen Häuser, der Mund, der beruhigt im ganzen Land, der Stadtvorsteher und Wesir, Ptahhotep-der-Ältere, indem er zu der Majestät des Königs von Ober- und Unterägypten, Isesi sagt:

---

48 ALTHUSSER, *Ideologie und ideologische Staatsapparate*, S. 108–153. BUTLER, *Körper von Gewicht*, S. 173. Zur Neulesung dieses Beispiels siehe BUTLER, *Psyche der Macht*, S. 101–123.

49 BUTLER, *Psyche der Macht*, S. 110.

50 Zu dieser altägyptischen Gattungsbezeichnung siehe SIMON, *Textaufgaben*, S. 96–99.

51 BREUER/SPIES, *Textprofile stilistisch*, S. 11.

52 PARKINSON, *Poetry and Culture*, S. 122. Zur Selbstreferenzialität siehe auch HAGEN, *Text in Context*, S. 57.

53 Narrative Abschnitte rahmen die Maximen des Ptahhotep ein. HAGEN (*Text in Context*, S. 218) kommt zu dem Schluss, dass Prolog und Epilog als ein integraler Teil dieses Textes verstanden werden muss.

[D8–16] Die Altersschwäche ist entstanden. Das hohe Alter ist eingetreten. Der Körper wird schwach. Der frühere Zustand (d.h. der Hilflosigkeit) zeigt sich erneut. Die Kraft ist verschwunden, weil das Herz müde ist. Der Mund ist verstummt. Er kann nicht (mehr) reden. Die Augen sind schwach. Die Ohren sind taub. Das Herz liegt darnieder, indem es jeden Tag weint. Das Herz ist vergesslich. Es kann sich nicht an gestern erinnern. [...]
[D28–32] Veranlasse, dass man deinem ergebenen Diener (wörtlich: dem Diener dort) befiehlt, einen Stab-des-Alters anzufertigen, (und) dass man dafür sorgt, dass mein Sohn an meiner Stelle stehen wird, sodass ich ihn unterrichten kann in den Reden der Zuhörenden, (und in) den Verhaltensweisen der Vorgänger, die früher für die Vorfahren gearbeitet haben.
[D33–35] Dann mögen sie für dich das Gleiche tun, damit der Kummer unter den Menschen vertrieben wird und die beiden Ufer für dich arbeiten werden.
[D36] Nun sagte seine Majestät – möge er leben, heil und gesund sein:
[D37–41] Unterrichte du ihn zuerst über die Reden, bevor du dich (zur Ruhe) gesetzt haben wirst. Dann mögest du bei ihm das Verhalten der Kinder der hohen Beamten bewirken. Möge das Hören/Gehorchen in ihn eintreten, (indem/nachdem) ihm jede richtige Gesinnung (wörtlich: Genauigkeit des Herzens) mitgeteilt wurde. (Denn) es gibt keinen, der klug geboren wurde.[54]

Der Prolog, mit dem sich der Text profiliert und gegen andere Texte absetzt, beruft sich auf die *imitatio auctorum antiquorum*. Dieser Bezug hat zu Beginn der 18. Dynastie bereits eine jahrhundertelange Tradition. Die Worte des Chacheperreseneb, die den Verfall des *imitatio*-Postulats anzeigen und es durch eine uneingeschränkte Produktion des So-noch-nicht-Dagewesenen ersetzen, verweisen auf eine Anpassung an neue Verhältnisse, die massive Umwertungen erfordert. Die Bezeichnung „vollkommene Rede" (*md.t nfr.t*) haben die Lehren mit den narrativen Fiktionen gemeinsam. Sie weist sie als literarisches Eliteprodukt aus. Diese Eigenschaft trifft auf alle Vertreter dieses Genres zu:

54 Ptahhotep, Prolog, D1–41, pBM EA 10509, 1, 1–5 und 1, 7–11. Für diese und alle weiteren Stellen aus pBM EA 10509 wird, wenn nicht anders vermerkt, die Übersetzung von Dils, in: TLA, letzter Zugriff 2015-06-10, übernommen.

> [Die Lehre und die Erzählung] zeichnen sich aus durch die strenge Einhaltung metrischer prosodischer und stilistischer Konventionen, häufig auch durch ein anderes sprachliches Register und vor allem durch eine andere Darstellung des Status und der Psychologie sowohl der Individuen als auch der sozialen Gruppen. Diese beiden Gattungen befassen sich mit der Dimension des „Schönen" (*nfr*), während es in den religiösen (und zum Teil auch in den politischen) Texten um das „wahre" (*mꜣꜥ*) und in den Verwaltungstexten um das „Wirkliche" geht.[55]

Von Bedeutung für die Rezeption der Texte ist, dass sie keinen immanenten Sinngehalt besitzen:

> Die Bedeutungen von Texten sind vielmehr Produkte von Sinnzuschreibungen ihrer Rezipienten [...], mithin ein Ergebnis sozialer Rezeptionspraktiken, einer Rezeption auf der Grundlage von routinisierten Sinnzuschreibungen und geteilten Sinnmustern – in deren Variabilität wurzelt die Variabilität des Textsinns.[56]

Das besagt, dass der Inhalt der Lehren kein Explanans für das tatsächliche Lautverhalten bildet und die darin geschilderte Gesellschaft nicht der sozialen Realität entspricht. Widersprüchliche Aussagen, Sinnverschiebungen durch die Verwendung des gleichen Ausdrucks in unterschiedlichen Ko-texten, Nuancen – die Möglichkeiten des unterschiedlichen Verständnisses der Lehre des Ptahhotep zeigt PARKINSON auf. Er bestimmt sie als ein literarisches Kriterium, das die Lehre mit den Erzählungen des Mittleren Reiches teilt.[57] Im Vergleich zu den Biographien wird in den Lehren die Gesellschaft weniger idealisiert dargestellt und mögliche Freiräume werden aufgezeigt. Die Spielbreite des in den Lehren des Mittleren Reiches spürbaren Spannungsfeldes zwischen Ideologie und seiner individuellen Verkörperung[58] tritt in den bekanntesten Beispielen besonders deutlich zutage: der vollkommenen Rede, die bei den Dienerinnen über den Mahlsteinen gefunden werden kann (Ptahhotep D58–59), und der Bittsteller, der es mehr liebt, dass seine Sprüche beachtet werden, als dass verwirklicht wird, was vorher angehört worden ist (Ptahhotep D268–271). Eine Erklärung hierfür liegt in ihrer Funktion als symbolische kulturelle

55 LOPRIENO, Der Sklave, in: DONADONI, *Der Mensch im Alten Ägypten*, S. 223.

56 RECKWITZ, *Die Transformation der Kulturtheorien*, S. 606.

57 PARKINSON, *Poetry and Culture*, S. 259–266.

58 Ebd., S. 237.

Texte: „Literary texts are often part of the display and fashioning of culture, as a complex and divert entity. [...] Literary mediation is differentiated from other textual forms through its playful unreality, and this feature can be associated with the social extension – to varying degrees – of discourse to textualize intellectual self-awareness in the Middle kingdom".[59] Die Rezeption der Lehren beruht auf der, den Hörern bewussten, ästhetischen Differenz zwischen Inszenierung und Wirklichkeit, und darauf, ob sie sich auf dieses Angebot des Werkes einlassen.

Der Prolog verteilt die Rollen auf den Vater als Sprecher und den Sohn als Hörer. Da Mündlichkeit im Schriftlichen immer in schematisierter Form erscheint, trifft dies auch für die direkte Redewiedergabe in der mündlichen Erzählung zu: „Am deutlichsten wird die Mittelbarkeit der direkten Rede nicht in ihrer sprachlichen Gestaltung, sondern in der vorangegangenen Selektion – der Erzähldiskurs hat volle Kontrolle darüber, was überhaupt dargestellt wird, in welcher Form (direkte Rede, Redebericht, indirekte oder erlebte Rede) es im Text erscheint, und was ausgelassen, verkürzt präsentiert oder tendenziös dargestellt wird".[60] Als Objekt der Darstellung stellt Sprache ein Kriterium für die ästhetische Rezeption des Werkes dar. Sie ist Teil der fiktionalen Welt. Der belehrende Vater, der als Person zutage tritt, verwendet Sprache *in propria persona*. Er gebraucht Wortspiele und eine dichte poetische Form. Wie im Rubrum explizit formuliert, folgt er den „Regeln der vollkommenen Rede" (Ptahhotep D47–48). Maat, Rhetorik, Ästhetik und Pragmatik der schönen Rede[61] sollen dem Sohn vermittelt werden. In den Szenarien dient die Rede als Merkmal von Figuren.

2.2 Die in den Lehren geschilderten Szenarien

Bei Ptahhotep wechselt die Schilderung einer bestimmten Handlungssituation mit dem Abschweifen ins Allgemeine. Der erste Teil einer Maxime wird von mir als ein illustratives fiktives Szenarium, der zweite Teil als der sinnstiftende Aspekt ins Auge gefasst. Die fiktiven Szenarien werden als Beispiele für *Spacing* analysiert. Auditive Räume teilen mit rituellen Räumen den Charakter symbolischer Systeme, die den Handelnden eine aktive Rolle bei deren

59 Ebd., S. 107.
60 FLUDERNIK, *Einführung in die Erzähltheorie*, S. 78.
61 HAGEN, *Text in Context*, S. 43–45.

Kommunikation zuschreibt.[62] Je nachdem, ob dem Akteur das Wort erteilt wird, er angesprochen wird, oder er der Sprecher ist, besetzt er eine Stelle innerhalb der spezifischen Machtstruktur eines gewissen Kontextes. Der zweite Teil der jeweiligen Maxime hat die zentralen Botschaften zum Inhalt. Erhoben ins Allgemeine und in die Form dichter Sentenzen gegossen, sind sie es, die innerhalb des Diskurses über den *hörbaren Körper* Sinn konstituieren. Es sind die Praktiken der Rezeption und Produktion, die kulturelle Artefakte zu sozial relevanten Zeichenträgern machen. Daraus ergibt sich die Frage: Welche sinngebenden Schemata oder Wissensformationen, auf deren Grundlage Akteure das lautliche Handeln bewerten und handhaben können, stellt die altägyptische Kultur ihren Mitgliedern in der 18. Dynastie zur Verfügung?

Didaktische Aussagen, die die Aufmerksamkeit des Hörers erregen sollen, und die eine Sinnstiftung beim Rezipienten bewirken, indem sie ihm Möglichkeiten und Gelegenheiten aufzeigen, bestimmen sowohl die Reihenfolge, in der sie aufgegriffen werden, als auch ihre Einbindung in den Ko-text, aus dem sie ihre Bedeutung beziehen. Um dieser innertextlichen Kriterien willen werden die geschilderten Szenarien für auditives Verhalten hier in der gleichen Reihenfolge wie in der Lehre des Ptahhotep behandelt. Es beginnt mit dem Verhalten des Schülers in der Unterweisungssituation, gefolgt von dem eines Mannes in seinem persönlichen Umfeld. Daraufhin werden das auditive Verhalten an Orten der Anhörung und schließlich das des Weisen aufgegriffen. Die Szenarien aus der Lehre eines Mannes für seinen Sohn werden ungeachtet der Reihenfolge in ihrem Text als Parallelen herangezogen.

Das Verhalten des Schülers

Das Verhalten des Schülers wird an der Unterweisungssituation, an Handlungsalternativen beim Diskutieren und an der Selbstbeherrschung im Klassenzimmer dargelegt. Das Verhandeln von Prestige wird in drei unterschiedlichen Diskutierszenarien durchgespielt. Sie bieten dem *hörbaren Körper* eine Gelegenheit, seine Position im sozialen Raum zu verbessern. Im Klassenzimmer bestimmt der Schüler über die Ordnung des Hörraumes durch sein Verhalten einem Mitschüler gegenüber. Die ihm eingeschärfte Selbstbeherrschung betont deren Wichtigkeit. Sie hat eine physische und eine

62 „In particular performance models suggest active rather than passive roles for ritual participants who reinterpret value-laden symbols as they communicate them. Cultural life has come to be seen as this dynamic generation and modification of symbolic systems, as something constantly being created by the community." BELL, *Ritual Perspectives and Dimensions*, S. 73.

verbale Komponente, die beide geübt werden sollen. Für sie werden keine Alternativen aufgezeigt.

Die Unterweisungssituation

Die Unterweisungssituation kann in der Schule, auf dem Boot, oder an einem nicht näher bezeichneten physischen Ort stattfinden. Die Wiederholung der Unterweisungssituation in der Lehre des Ptahhotep D51–59, D517–555) verdeutlicht das Gewicht, das in der didaktischen Literatur diesem Szenarium und dem Hören beigemessen wurde. Der Epilog Ptahhotep D534–541 (Version P) thematisiert das Hören, das zum Sprechen führt:

> [D534] Nützlich ist das Zuhören für den Sohn, der zuhört.
> [D535] Und wenn das Hören in den Hörenden eintritt
> [D536] wird der Hörende zu einem der gehört wird.
> [D537] Wer vollkommen beim Zuhören ist, ist vollkommen beim Reden
> [D538] Und der Hörende ist ein Besitzer von Wirksamem.
> [D540] Zuhören ist wirksam für den Hörer
> [D541] Zuhören ist vollkommener als alles andere.[63]

Hören wird uneingeschränkt als Vorbedingung für den *hörbaren Körper* des zukünftigen Wesirs gepriesen. Begründet wird es mit der Verwandlung, die sich dadurch für die Person vollzieht. Es macht aus einem Zuhörer einen Mann, dem zugehört wird. Dabei eröffnet es ihm gleichzeitig die Möglichkeit, auf diesem Gebiet Vollkommenheit zu erlangen. Je nachdem, ob das Hören oder das Weitergeben des Gehörten im Vordergrund steht, werden als Metonym für den *hörbaren Körper* die Ohren oder der Mund verwendet. Die Hauptrolle in der Unterweisungssituation wird der Zielgruppe, den Schülern als Hörende und Gehorchende, die das Vermittelte zu dem Ihren machen, zuerkannt. „Die zwei Ohren" *ʿnḫ.wj* 𓋹𓋹𓄔𓄔 wörtlich: „die beiden Lebenden"[64] ist die für den Schüler verwendete Bezeichnung. Sie kann als Begriff für seine Unterordnung in diesem Szenarium klassifiziert werden. Dass erst das Hören das Sprechen ermöglicht, wird in der Lehre eines Mannes, § 1, 7, explizit formuliert:

> [1,7] Wer zur Rede Zugang hat (wörtlich: eindringt), ist einer der das Gehörte offenbart.[65]

---

63 PPrisse 16, 3–5, meine Übers.

64 *Wb* 1, 204.18–205.4.

65 Rubrum auf Lederrolle BM EA 10258, 1, 5 FISCHER-ELFERT, *Die Lehre eines Mannes*, S. 28–46 mit Komm. g.

Das Hören bezeichnet das Eindringen der laut vorgelesenen oder vorgetragenen Lehre in den Schüler und das daraus resultierende Sprechen als Ideal. In pLansing 2, 3–4 wird der Schüler als schlechter Zuhörer gerügt: „Junger Mann, was bist du überheblich! Du hörst einfach nicht zu, wenn ich spreche".[66]

Handlungsweisen beim Diskutieren

Diskutieren wird als sparsamer Einsatz der Sprechstimme geschildert. Beim Diskutieren dient das auditive Handeln des Ruhigen dazu, Unterordnung als Beherrschung kenntlich zu machen. Der unterweisende Ptahhotep der Ältere spricht zu seinem Sohn, Ptahhotep dem Jüngeren, als einer:

> [D47–50] der den Unwissenden zur Kenntnis unterrichtet gemäß den Regeln der vollkommenen Rede, zum Vorteil derer, die zuhören/gehorchen werden, (und) zum Nachteil derer, die (davon) abweichen werden.[67]

Die Aussage umreißt die Unterweisungssituation, nennt den Lehrstoff und motiviert dessen Aneignung als vorteilhaft. Daraufhin ermahnt er den Sohn/Schüler wegen seiner Bildung nicht hochmütig zu sein, denn es besteht immer die Möglichkeit, sich zu vervollkommnen (Ptahhotep D52–57). Diese Ermahnung bildet das Thema für die Erläuterung des Verhaltens gegenüber Diskussionspartnern gleichen oder unterschiedlichen Bildungsgrades, die in Maxime 2–4 folgt. Das Disputieren wird, da es am Beginn der Lehre behandelt wird, vermutlich schon in der Ausbildung geschult und später in der Ratsversammlung ausgeübt. JUNGE übersetzt in allen drei hier zitierten Maximen *ḏ3jsw*, das, nach *Wb* 5, 521.7–9, „einer mit dem man zu verhandeln oder zu beraten hat" bedeutet, mit „Verhandlungsführer". Seine Übersetzung impliziert eine Hierarchie der am Dialog beteiligten Personen, in der der Schüler dem aktiven, gerade sprechenden Redner untergeordnet ist.[68] Mit FECHT nehme ich in dem Redner und dem auf dessen Gebaren reagierenden Schüler im Hinblick auf das Äußerungsrecht ebenbürtige Personen an.[69] Die Eröffnung des jeweiligen Szenariums mit einer Wenn … dann-Konstruktion markiert die beispielhafte Situation für das Handeln.[70] Ich möchte

66 Übers. JUNGE, *Neuägyptisch*, S. 123.

67 Ptahhotep D47–50,pBM EA 10509, 1, 12–13.

68 JUNGE, *Die Lehre Ptahhoteps*, S. 190. Desgleichen geht FAULKNER (Ptahhotpe and the Disputants, in: FS *Grapow*, S. 81–84, Anm. l) von einer hierarchischen Struktur der Diskussionsteilnehmer aus.

69 FECHT, Ptahhotep und die Disputierer, in: *MDAIK* 37, S. 146.

70 HAGEN, *Text in Context*, S. 47.

das Augenmerk speziell auf die Aussagen über das symbolische Lautverhalten richten, das hier als Verhandlungsstrategie angewendet wird, um das Ansehen des *hörbaren Körpers* im auditiven Raum positiv zu beeinflussen.

In Maxime 2 (Ptahhotep D60–67) wird durch den körperlichen Gestus zunächst Respekt und Unterwerfung angezeigt:

> [D60] Wenn du einen Diskussionsgegner in Aktion (*m ꜣ.t =f*) triffst, [D61] einen mit führendem Verstand,[71] und [D62] einen, der fähiger ist als du, (dann) beuge deinen Arm! (und) verbeuge dich (wörtlich: krümme deinen Rücken)!
> [D63] Sei nicht anmaßend (wörtlich: ergreife nicht dein Herz) gegen ihn! (Denn) [es (d.h. das Herz) kann für dich] kein Gleichgewicht herstellen.
> [D64] Er (d.h. der Diskussionsgegner) wird sich für dich herabwürdigen als einer, der Übles reden wird, (und zwar) dadurch, dass du ihm nicht entgegentrittst (wörtlich: durch ihn nicht abwehren) in seinem Handlungsmoment.
> [D66] Er wird als: „Es ist ein Ungebildeter!" bezeichnet werden, [D67] (gerade) wegen deiner Selbstbeherrschung ihm gegenüber entsprechend seiner Stellung.[72]

In D61 wird das Szenarium skizziert. Der Angetroffene spricht gerade. „Einen, der fähiger ist als du" bezeichnet einen dem Schüler in der Bildung überlegenen Gesprächsteilnehmer.[73] Bildung ist gleichbedeutend mit Verstand und Geschicklichkeit in der Diskussion.[74] D62 beschreibt die mit dem verbalen Verhalten synchrone Körpersprache. „Beuge deinen Arm" (*ẖꜣm rmn =k*) bringt, nach FISCHER-ELFERT, Ruhe und Bedachtsamkeit zum Ausdruck.[75] Gemeinsam mit der Verbeugung erscheint mir in dieser Situation aber ein

---

71 Zu *ḫrp-jb* „führender Verstand" als Oppositum zu *ḥwrw-jb* siehe FECHT, Ptahhotep und die Disputierer, in: *MDAIK* 37, S. 149, Anm. a.

72 PBM EA 10509, 1, 16–2, 1, D60 Rubrum.

73 Entgegen FAULKNER (Ptahhotpe and the Disputants, in: FS *Grapow*, S. 82, Anm. C), der einen sozial überlegenen Gesprächsteilnehmer vermutet.

74 FECHT, Ptahhotep und die Disputierer, in: *MDAIK* 37, S. 146. Die gepflegte Rede als geschickte Verhandlungstaktik ist durch die Dichtung vom Beredten Bauern bezeugt, GARDINER, *Hieratische Papyrus aus den Königlichen Museen zu Berlin* IV/1, PARKINSON, *The Tale of the Eloquent Peasant*, ders., *Poetry and Culture*, S. 168–182, sowie die Erzählung des Wenamun, GARDINER, *Late-Egyptian Stories*, S. 61–76, SCHIPPER, *Die Erzählung des Wenamun*, passim.

75 FISCHER-ELFERT, *Lehre eines Mannes*, S. 278.

Gestus des Respektes vor der Bildung des anderen wahrscheinlicher.[76] Ein anmaßendes Verhalten: „ergreife nicht dein Herz gegen ihn" (D63) bietet sich als eine Möglichkeit für den *hörbaren Körper* an. Sie zu ergreifen wird nicht empfohlen, denn das Manko geringerer Bildung wird nicht durch Anmaßung in einer Handlungssituation aufgeholt, „kann ihn nicht Seite an Seite mit ihm bringen" (D63). Stattdessen soll er ihn nicht abwehren (D64) und sich beherrschen (D67). Sein Verhalten löst bei seinem Diskussionsgegner ein „herabwürdigen als einer, der Übles reden wird" (D64) aus, und man wird deshalb jenen als einen Unwissenden, sprich Ungebildeten, bezeichnen (D66). Durch Selbstbeherrschung kann der *hörbaren Körper* das Blatt wenden. Sie bietet ihm Gelegenheit, die Zuhörer dahingehend zu beeinflussen, dass sie anstatt ihn, den tatsächlich weniger gebildeten, den anderen als solchen beurteilen.

In Maxime 3 (Ptahhotep D68–73) wird Überlegenheit durch ein relatives Schweigen erreicht:

> [D68] Wenn du einen Diskussionsgegner in seinem Augenblick triffst,
> [D69] deinesgleichen, der zu deinen Gleichgestellten gehört,
> [D70] dann lässt du deine Überlegenheit (wörtlich: Fähigkeit) über ihn entstehen, (und zwar) durch Schweigen, [D71] (wenn/solange) er dabei ist, Böses zu reden.
> [D72] Man wird sich (positiv/negativ) über ihn unterhalten seitens der Zuhörenden/Richter.
> [D73] (Aber) dein Ruf ist vollkommen im Machtbereich der hohen Beamten.[77]

Das hier skizzierte Szenarium geht von zwei Diskussionspartnern mit gleichwertiger Bildung aus (D69). Wiederum ist es der Angetroffene, der im Augenblick spricht. Die Situation gibt dem hinzukommenden Schüler die Gelegenheit, durch Schweigen die Oberhand zu gewinnen (D70). „Schweigen" (*gr*) bedeutet wörtlich „(das Reden) beenden".[78] Es dreht sich hier also um ein

76 Dass die Geste des Beugens der Arme (*ḥ3m rmn* oder *ḥ3m ꜥ.wj =k*) und des Rückens im übertragenen Sinne zur Positionierung gegenüber anderen Personen gebraucht wird, zeigt der Brief des Mai-Seth an den Soldaten Hat, in dem der Absender dem Empfänger rät nicht nachzugeben. Er tut dies mit den Worten: „Beuge dich aber ja nicht den Arbeitern!", pKairo 58054, 8, Übers. HAFEMANN, in: TLA, letzter Zugriff 2010–03–19. Siehe auch DOMINICUS, *Gesten und Gebärden*, S. 23f und die Belegstellen zu *ḥ3m* „beugen; sich verbeugen", *Wb* 3, 231.2–12, TLA, Lemma Nr. 114010, Zugriff 2015–06–16.

77 PBM EA 10509, 2, 1–3, D68 Rubrum.

78 *Wb* 5, 179,9–180,7, TLA, Lemma Nr. 167750, Zugriff 2015–06–16.

Schweigen, nachdem man vorher gesprochen hat. Es handelt sich im Kontext des rechten Redens stets um ein „relatives Schweigen", nämlich um einen sparsamen, wohlüberlegten und verantwortungsvollen Gebrauch der Sprache.[79] Der Schüler soll „sich überflüssiger Rede enthalten; verschwiegen, ruhig sein".[80] In Relation zum Diskussionspartner ist unter „relativem Schweigen" eine der schädigenden Rede überlegene Haltung zu verstehen.[81] Das legt nahe, „Böses zu reden" (*mdwj.t bjn.t*) in D71 als Ausdruck für eine weniger wohlüberlegte Rede zu verstehen. Darauf weist auch die abwägende Reaktion seitens der Zuhörer in D72 hin. Das Verhalten der gleichermaßen gebildeten Diskussionspartner wird durch die Zuhörer bewertet. Derjenige, der das Wortgefecht für sich entscheidet, hat die Sympathien und die besseren Karriereaussichten: „dein Ruf (*rn*) ist vollkommen im Machtbereich der hohen Beamten" (D73). Dies wird durch die summarische Aussage in der Lehre eines Mannes für seinen Sohn bestätigt: „Man stützt sich auf den Schweiger (*gr.w*) in der Ratsversammlung".[82]

Auch in Maxime 4 (Ptahhotep D74–83) werden die Positionen der Redner ausgehandelt, wobei der ideale Redner wiederum seine Position durch Zurückhaltung verbessert:

> [D74] Wenn du einen Diskussionsgegner in seinem Augenblick triffst,
> [D75] einen Schwachen, nicht deinesgleichen,
> [D76] dann lass dein Herz nicht gegen ihn wüten, weil du weißt, dass er überaus erbärmlich/unfähig ist.
> [D78] Antworte ihm nicht! Dann erleichtere weder dich, [D79] noch erfreue den, (wörtlich: noch wasche das Herz dessen), der dein Gegner ist![83]
> [D80] Lass ihn (wörtlich: stelle ihn auf die Erde), (nachdem) er sich selbst (schon) bestraft hat.
> [D81] (Denn) schlimm ist der, der den mit schwachem Verstand immer wieder verletzt.
> [D82] Er (d.h. der mit schwachem Verstand) wird (doch nur) tun, was er im Sinne hat.
> [D83] (Aber) mit der Bestrafung der hohen Beamten schlägst du ihn.[84]

79 ASSMANN, Reden und Schweigen, in: *LÄ* V, Sp. 196.

80 FISCHER-ELFERT, *Lehre eines Mannes*, S. 277.

81 BRUNNER-TRAUT, Weiterleben der ägyptischen Lebenslehren in den koptischen Apophthegmata am Beispiel des Schweigens, in: HORNUNG/KEEL, *Studien zu altägyptischen Lebenslehren*, S. 209–211.

82 Lehre eines Mannes, § 12, 1, tTurin 58006, FISCHER-ELFERT, *Lehre eines Mannes*, S. 150.

83 Ich bevorzuge die Übers. als neg. Imperativ + Inf.

84 PBM EA 10509, 2, 3–5, D74 Rubrum.

Das dritte Szenarium geht von zwei Gesprächsteilnehmern mit unterschiedlichem Bildungsgrad aus. Der hinzukommende Schüler ist dieses Mal der Überlegene. Der schwache Redner nimmt schon von sich aus, ganz ohne sein eigenes oder eines anderen Zutun, die unterste Position ein. Der Schüler soll, sich auf seine eigene Erfahrung als der Unterlegene stützend (D76), die Situation, in der der Schwache sich befindet, nicht noch verschlimmern. „Denn schlimm ist der, der den mit schwachem Verstand immer wieder verletzt" wie es D81 artikuliert. Er würde damit weder sich noch dem anderen einen Dienst tun (D82). Maxime 3–4 beschreiben Szenarien für den sparsamen Einsatz oder den performativen Entzug der Sprechstimme.

Der Autor/Lehrer entwirft folgende Handlungssituationen: Die Positionen der Redner werden rhetorisch ausgehandelt, wobei der Schüler seine Position in allen drei Szenarien durch Zurückhaltung verbessert. Gegenüber dem rhetorisch Überlegenen verzichtet er auf eine Entgegnung (Maxime 2), bei ebenbürtigen Diskussionspartnern erreicht er dies durch seine rhetorische Fähigkeit (Maxime 3), und einem schwachen, ihm unterlegenen Redner antwortet er nicht, um diesem die Demütigung zu ersparen und sich selbst nicht ins schlechte Licht zu setzen (D78). Dabei vertraut er darauf, wie es die Aussage: „mit der Bestrafung der hohen Beamten schlägst du ihn" (D83) zeigt, dass dieser die Karriereleiter sowieso nicht hinaufklettern wird (Maxime 4).

Die Selbstbeherrschung

Bereits in der Schule wird Selbstbeherrschung gelehrt. Die Lehre eines Mannes, § 1, 1–10, zeichnet die Rolle des sich zurückhaltenden Schülers:

> [1,1] Schaffe (dir) einen guten Ruf, ohne Übertreibung dabei!
> [1,2] Für einen Weisen ziemt sich Nachlässigkeit (nämlich) nicht.
> [1,3–4] Korrekt ist der Stille, der den Arm beugt. Zuverlässig sein, bedeutet tun, was gesagt wird.[85]
> [1,5–6] Ausschöpfen der Worte geht vor Gewalt(anwendung),
> (denn) einen Garbenträger gibt es nicht, der zur Ratsversammlung zugelassen würde.
> [1,7] Wer zur Rede Zugang hat,[86] ist einer, der das Gehörte offenbart.

85 Nach DILS' Vorschlag als Infinitiv übersetzt, vergl. Komm. zu Lederrolle BM EA 10258, 1, 3, in: TLA, Zugriff 2015-06-14.

86 Mit DILS, ebd.: *ʿḳ m md.t* „Wer in die Rede eindringt".

> [1,8–9] Es gibt keinen Worfler, bei dem Rat eingeholt würde. Erkläre die Worte ohne zu lügen.[87]
> [1,10] Ein Vorwurf, er schadet dem, der ihn äußert.[88]

Der erste Paragraph richtet sich an den Schüler in der Unterweisungssituation, worauf sich auch aus der Parallele bei Cheti schließen lässt. Die Gelegenheit für Taten des *hörbaren Körpers* ergibt sich durch die zuverlässige Ausführung von etwas Gesagtem (§ 1, 3–4). Das „Beugen des Armes" (*ḫ3m-rmn*) bildet in diesem Kontext vermutlich einen bildlichen Ausdruck für die Unterordnung des „Stillen" (*gr.w*). Der Gestus für Respekt und Unterordnung erhält seinen konkreten Sinn in einem geschilderten Handlungsverlauf, der Wort und Gestus gleichzeitig umfasst.[89] Wahrheitstreue und die Vermeidung eines „Vorwurfs", oder in DILS' Übersetzung „einer niederträchtigen Äußerung" (*ḫn ḥwr.w*) definieren die verbale Zurückhaltung des *hörbaren Körpers* (§ 1, 9–10). Wenn man sie nicht übt, fällt das auf einen selbst zurück, sie schadet dem, der sie gesagt hat (§ 1, 10). Die Rede, das nichtverletzende Auftreten und die sich unterordnende Geste des Respektes vor einem anderen Redner werden zusammen auch in der Idealbiographie des Merer aus Gebelein benannt:

> Nicht wurde gespuckt in meinem Gesichtskreis (*n psg m jr.tj =j*)[90]
> wegen der Güte meines Sprechens (*n nfr n ḏd =j*),[91]
> wegen meiner Kenntnis des Verletzenden (*n rḫ.n =j nkn*)
> und wegen meines des Arm Beugens (*ḫ3m.n =j rmn =j*).[92]

Dass die Zurückhaltung des Schülers verbal und physisch geübt werden soll, wird dem Schüler in der Lehre des Cheti vor Augen geführt. In diesem Text wird die Schule als ein Ort unterschiedlicher Charaktere geschildert, auf die man während des Unterrichts Rücksicht nimmt, während man sich in der Mittagspause austoben kann:

87 Lesung *wḥꜥ md.t nn snm-ns* mit DILS, ebd., Komm. zu Lederrolle BM EA 10258, 1, 5–6.

88 Lederrolle BM EA 10258, 1, 1–6. Rubren sind: „Ausschöpfen der Worte", „Wer zur Rede Zugang hat, ist einer, der das Gehörte offenbart", FISCHER-ELFERT, *Lehre eines Mannes,* S. 28–46.

89 Zum Zusammenhang von Wort- und Körperzeichen, WENZEL, *Hören und Sehen,* S. 160–161.

90 Übersetzt mit MORENZ, *Die Zeit der Regionen im Spiegel der Gebelein-Region,* S. 288 mit Anm. G. Ders. weist auf die Parallele in Sinuhe B40 hin.

91 Ebenso in MMA 65.107 und ähnlich Kairo JE 41437.

92 SKrakow MNK XI 999, ČERNÝ, The stela of *Mrr* in Cracow, in: *JEA* 47, S. 5–7 und Taf. 1.

[25,2] Der mit verhülltem Leib, er macht sich einen Schild.
[25,3] Sag kein Wort der Ungeduld/der Unüberlegtheit (wörtlich: das zum Herausfahren des Herzens gehört), wenn man neben einem Trotzigen (*ksm*) sitzt!
[26,1–2] Wenn du aus dem Schulzimmer herauskommst, dann wird dir (gewöhnlich/unvermeidlich) die Mittagszeit mitgeteilt, beim jubelnden Toben im Stadtviertel. Diskutiere für dich das Ende der Stelle, zu der {sie} <du> gekommen bist (?).[93]

Die Beherrschung von Affekten gelingt am ehesten durch Vorbeugung. Man setzt sich am besten neben einen Mitschüler, der es erst gar nicht dazu kommen lässt, dass einem „das Herz herausfährt", und folgt seiner eigenen Beschäftigung. Die Phrase „Wort, das zum Herausfahren des Herzens gehört" (*mdw.t nt prj-ʿ-jb*) in § 25, 3 kann sowohl ein Wort der Unüberlegtheit als auch der Gewalttätigkeit darstellen. Die Bedeutung „unbedacht" oder „unüberlegt" passt besser zum Herzen, die Bedeutung „voreilig", „kühn" und „herausfordernd" besser zum Arm.[94] Wenn man keine der beiden Bedeutungen ausschließt, soll in der Lehre des Cheti, § 25, 3–26, 2, der Schüler verbal und physisch Zurückhaltung üben. In beiden hier analysierten Textpassagen wird Bei-seiner-Aufgabe-bleiben (§ 1, 4 bzw. § 26, 2) als das erwünschte Verhalten des Schülers vermittelt. Fischer-Elfert versteht die Lehre eines Mannes, § 1, 3–6, als Gegensatz zwischen der Redekunst und der Gewalt (des Kriegers). Für die Anwendung der martialischen Metapher spräche bei Cheti möglicherweise der Vergleich mit dem Schild als Schutz, das Lexem „der Widersacher" (*ksm*) für den Trotzigen und das Toben. Wahrscheinlicher erscheint mir jedoch die Verwendung von allgemeiner körperlicher Arbeit, ein Kriterium, das ja in der Satire als das Gegenbild zum Schreiber hervorgehoben wird. Beispielweise heißt es dort vom Barbier: „Um seinen Bauch zu füllen, überanstrengt er seine Arme" (Cheti, § 7, 3), vom Töpfer: „Er stampft mit seinen Füßen" (Cheti, § 9, 5) und der Maurer hat seine Arme schon durch das Herbeibringen und Mischen zerstört (Cheti, § 10, 4). Die Differenzsetzung erfolgt über die Sprechstimme und Gestik körperlich tätiger Menschen. In der Lehre eines Mannes für seinen Sohn verkörpern diese die Landarbeiter, Garbenträger und Worfler, die von der Mitgestaltung des Hörraumes der Räte ausgeschlossen sind (siehe unten). In der Lehre des Cheti erzeugt das eingeflochtene Jubeln und Herumtollen draußen im Stadtviertel den Kontrast. Der *hörbare Körper* des Schülers schützt sich durch das Bewahren von Ruhe und Konzentration.

---

93 PSallier II, 10, 1–10, 3.

94 Vergl. den Komm. von Dils zu § 25, 3, in: TLA, Zugriff 2015-06-14.

Das Verhalten in dem persönlichen Umfeld

Unter dem persönlichen Umfeld wird das Verhalten bei einem Gastmahl, als Überbringer einer Botschaft, als Herr auf seinem Besitztum, als der Sohn, der in der Horusrolle für seinen Vater sorgen wird, und das innerhalb der Familie zusammengefasst. Im Hinblick auf den physischen Ort in einem häuslichen Milieu wird zwischen dem vorderen Teil des Hauses, in dem Gäste empfangen werden, und dem rückwärtigen Teil des Hauses für die Dienerschaft unterschieden. Die folgenden Handlungssituationen als Gast und als Überbringer einer Botschaft spielen sich im vorderen Teil des Hauses ab, in dem der Speisesaal und der Empfangsbereich liegen.

Bei einem Gastmahl

Die Maxime 7 (Ptahhotep D119–134) schildert das Verhalten des *hörbaren Körpers* bei einem Gastmahl:

> [D119] Wenn du ein Gast bist im Gemeinschaftsraum (eines Mannes, der wichtiger ist als du, dann nimm an, (wenn) er dir (etwas) gibt, (indem) es vor deine Nase gesetzt (ist).
> [D122] Schau nicht auf das, was vor ihm liegt! [D123] (Nur) auf das, was vor dir liegt, darfst du schauen.
> [D124] Beschieße ihn nicht mit häufigen Blicken!
> [D125] (Denn) ihn zu bedrängen, ist der Abscheu des *Ka*.
> [D128] (Halte) dein Gesicht nach unten, bis er dich anspricht!
> [D129] Redest du, so hat er dich (schon) angesprochen.
> [D131] Du sollst (erst) lachen, nachdem er gelacht hat.
> [D132] (Das) wird ihm sehr gut gefallen (wörtlich: das wird sehr schön sein in seinem Herzen).
> [D133] (Und) das, was du tun wirst, wird als angenehm empfunden werden (wörtlich: wird etwas Vollkommenes für das Herz sein).
> [D134] (Denn) man kann nicht wissen, wie es im Herzen aussieht (wörtlich: was im Herzen ist).[95]

Im Szenarium des Gastmahls figurieren als *hörbare Körper* der Gastgeber und der Gast. „Beschieße ihn nicht mit häufigen Blicken" (D124) und „(halte) dein Gesicht nach unten, bis er dich anspricht (*wšd*)" (D128) beschreiben Blick und Kopfhaltung eines Gastes, der sich unterordnet und signalisiert, dass er nicht neugierig, neidisch oder aufdringlich ist (D122–123). Der Blick auf den Teller des Hausherrn beinhaltet dabei sinngemäß sowohl die Neugier

95 PBM EA 10509, 2, 13–17, D119 Rubrum.

als auch die Gier. Letzteres zeigt die Lehre des Kagemni, 1, 4–5: „Wenn du in Gesellschaft sitzest, dann lehne die Speisen, die du bevorzugst, ab. Denn sich zu beherrschen dauert nur einen kurzen Augenblick, aber die Gier ist etwas Abscheuliches. Man nimmt Anstoß daran".[96] Bei Ptahhotep wird ein aufdringliches Verhalten als der „Abscheu des *Ka*" von der Hand gewiesen (D125). Die Redewendung zum gesenkten Gesicht steht nur in der Version L2. Eine Parallele für die Vermeidung des direkten Anblickens und das nach unten gerichtete Gesicht findet sich in der als Lebenslehre stilisierten Autobiographie des Amunpriesters Amenemhat:

> Ich war ein *wꜥb*-Priester, ein Stab des Alters bei meinem Vater, als er noch auf Erden war.
>
> Ich ging aus und ein nach seinem Befehl. Ich übertrat seine Anweisungen nicht.
>
> Ich beeinträchtigte nicht, was er mir aufgetragen hatte. Ich vernachlässigte nicht, was er mir befohlen hatte.
>
> Ich beschoss ihn nicht mit vielen Blicken, sondern mein Gesicht war nach unten gerichtet, wenn er mit mir sprach.[97]

Hagen bringt die Parallele als Beleg für Intertextualität bei Ptahhotep im Neuen Reich (Amenhotep II.?). Er betont in diesem Zusammenhang die unterschiedlichen Modi der Aussagen – präskriptiv in den Lehren, konstatierend in den Grabinschriften –, um das makellose Betragen und den Charakter des Grabherrn zu demonstrieren.[98] Biographien zeigen, dass die Verhaltensweisen des Gastes ebenso für die Kommunikation zwischen Vater und Sohn gelten, wenn dieser bereits die Amtsnachfolge seines Vaters angetreten hat.

Die folgenden Aussagen bei Ptahhotep: „Redest du, so hat er dich (schon) angesprochen" (*mdw =k jw wšd.n =f tw*) in D129, und: „Du sollst (erst) lachen, nachdem er gelacht hat" (*sbt =k m-ḫt sbt =f*) in D131 weisen darauf hin, dass die Initiative beim Gastgeber liegt und ihm die Zurückhaltung des Gastes Freude bereitet, was im Zweifelsfalle seine Stimmung positiv beeinflussen wird

---

96 PPrisse = pBN 183, 1, 3–5, das Suffixpronomen ist bei *hmsi =k* und *mrr =k* in rot geschrieben, Übers. Dils, in: TLA, Zugriff 2015–06–17.

97 TT 97, Säulenhalle, S-Wand, O, Steleninschrift, 4, PM I, 204 (9), Urk. IV, 1408–1411, Übers. Blumenthal, Ptahhotep und der Stab des Alters, in: FS *Fecht*, S. 89. Die hier beschriebenen Gesten sind berücksichtigt von Dominicus, *Gesten und Gebärden*, S. 25. Siehe auch die Beteuerung Tb 125, 85, auf die Gnirs (Zum Verhältnis von Literatur und Geschichte, in: Bickel, *Vergangenheit und Zukunft*, S. 13) aufmerksam macht.

98 Hagen, *Text in Context*, S. 189.

(D132–134). Lachen markiert den Augenblick, in dem sich der *hörbare Körper* öffnet und sich preisgibt. Die Preisgabe an den Anderen erfolgt zuerst auf Seiten des Gastgebers. Der Akt der Intersubjektivität und der Appell an den Gast, es ihm nachzutun, schafft eine Gemeinschaft zwischen beiden. Der Gast wartet ab, bis er vom Hausherrn zum Reden aufgefordert wird. Erst dann verwandelt er sich von einem geschlossenen Körper mit gesenktem Blick in einen offenen. Die Aussage in der Lehre des Kagemni:

> Du schweigst mit deinem Mund, damit du gerufen wirst.[99]

stellt Schweigen als die Zurückhaltung dar, die geübt wird, um sich seinen Platz im Hörraum zu erobern. Der Gastgeber bestimmt durch seinen „Ruf" oder seine „Aufforderung" (*njs*) sowohl über die generelle Möglichkeit des Gastes das Wort zu ergreifen als auch über die zeitliche Gelegenheit für dessen Handeln.[100] Der Kontext spricht für ein Mitlachen, ein Lachen des Hausherrn, in das der Gast einstimmt, was von GUGLIELMI als Ausdruck der Gruppensolidarität bezeichnet wird. Dieselbe vermutet, dass die Aussage in D131 auf einer Auffassung von allzu großer Fröhlichkeit als Zeichen mangelhafter Intelligenz beruhen könnte, dass sie aber hauptsächlich in Zusammenhang mit der Einsicht steht, „dass sich letzten Endes die menschliche Gesellschaft und der berufliche Erfolg auf göttliche Ordnung gründen, ja der berufliche Erfolg als unmittelbare Manifestation göttlichen Segens anzusehen ist".[101] Gegen Lachen als Zeichen mangelhafter Intelligenz spricht das fröhliche und heitere Lachen der Götter. Die Religionshistorikerin Ingvild GILHUS macht auf Lachen als ein Öffnen des Körpers aufmerksam:

> Laughter is a voluntary and extreme opening up of the human body: when one laughs uproariously, the mouth is fully opened, much more so than when speaking or eating. Because laughter is an opening of the body, it is structurally connected with other bodily openings, such as ears and eyes, and because laughter is something which pours forth from the body, it may be paralleled with, for instance, sneezing, crying or

99 PPrisse = pBN 183, 2, 1, meine Übers.

100 Den Zeitpunkt eingehalten zu haben rühmt sich der Obergüterverwalter Ibi, wenn er in seinem thebanischen Grab (26. Dyn.) sich selbst als einer „Der redet, wenn es an der Zeit ist (*mdwt r tr.f*)" bezeichnet, TT 36, Grab des Ibi, PM I, 1^2, 67 (23), KUHLMANN/SCHENKEL, *Das Grab des Ibi* I, S. 74, Taf. 25.

101 GUGLIELMI, Lachen und Weinen in Ethik, Kult und Mythos der Ägypter, in: *CdÉ* LV, S. 71–72.

ejaculation. These types of connections are exploited in religious myth and ritual, where plays on bodily openings and closures are often developed [...] Laughter as an opening up also implies that it is situated on the margins of the body. It can thus fill a double function of signifying a friendly opening up to a community and a hostile closure against outsiders. Laughter explores the world's dividing lines; when laughter strikes out against what is foreign the better to define its own, it takes the form of ridicule and blasphemy, and becomes a dangerous force. Used in strategies of oppression or resistance, laughter can be a strong religious expression and is always some sort of marker.[102]

Ein Beispiel in der ägyptischen Religion für die Nutzbarmachung des offenen Körpers, die in einer Schwellensituation angesiedelt ist, bietet die Erzählung vom Schiffbrüchigen, in der der Schlangengott den Mund öffnet, während beim Schiffbrüchigen die Ohren geschlossen sind. GILHUS beachtet, dass in Religionen Lachen, Schöpfung und Geburt, Weisheit, Essen, Freude, Sexualität und Erotik innerhalb eines phänomenologischen Feldes angesiedelt sind.[103] Dasselbe kann in der altägyptischen Religion an dem Lachen des Geb und dem Lächeln der Nut, wenn der/die Tote in den Himmel aufsteigt (PT 511, pyr. § 1149b, bei Pepi I. und Neith), an dem über die Unwissenheit des Schiffbrüchigen lachenden Schlangengott (pPetersburg 1115, 149), an dem über die schöne Maat dieses Tages lachenden Re (Tb 64, pBM EA 10477 (pNu), 4) und am Allherrn, den die entblößte Scheide der Hathor zum Lachen bringt (Horus und Seth, pChester Beatty I, rto. 4, 1), beobachtet werden. Das Gastmahl in Maxime 7 erhält durch die Sinnstiftung in Ptahhotep D135–144 zusätzlich eine religiöse Konnotation, weil der Sinn für das Verhalten des *hörbaren Körpers* über den *Ka* des Großen und die Anweisungen der Nacht gestiftet wird:

[D135] Was den Großen angeht, (wenn) er bei der Mahlzeit ist (wörtlich: hinter den Speisen ist), (dann) ist seine Anweisung gemäß dem Befehl seines *Ka*.
[D140] Der Große, er gibt, wenn ein Mann nicht aufdringlich ist.
[D141–142] Es ist der *Ka*, der seine (d.h. des Großen) Arme ausstreckt (um zu geben). (Und) dass Brot gegessen wird, geschieht gemäß dem Plan des Gottes.

102 GILHUS, *Laughing Gods, weeping virgins*, S. 3–4.
103 Ebd.

> [D143–144] Was realisiert wird, ist das Verhalten (oder: die Anweisungen) der Nacht. (Nur) ein Unwissender wird sich deswegen kleinlich verhalten.[104]

Essen, Lachen und die Freude des Großen werden miteinander verbunden. Das Szenarium des Gastmahls schildert den auditiven Aufbau eines Hörraumes der Freude. Die Initiative liegt beim Gastgeber, der damit über dessen Ordnung bestimmt. Das *Spacing* beginnt mit dem Verhalten eines sich unterordnenden Gastes, der seine Zurückhaltung durch Gesten (als Ausdruck für einen „bedeckten“ oder geschlossenen Körper) anzeigt, und abwartet, bis ihm das Wort erteilt wird. Wenn er sich auf diese Weise angenehm in den Hörraum eingebracht hat, kommt es zur Interaktion und Verständigung zwischen Gastgeber und Gast durch Lachen. Das Lachen des Gastgebers hat eine raumbildende Wirkung. Es bringt einen frohgestimmten Raum hervor. Es bietet dem Gast die Gelegenheit mit Sprechen und Lachen dabei zu sein. Seine Mitwirkung ist mit einer Preisgabe an den Anderen verbunden. Das Schlüsselwort zur Interpretation dieses Abschnittes, das dem Betragen des *hörbaren Körpers* seinen Sinn gibt, ist nach meinem Dafürhalten „die Anweisungen der Nacht“ (D143), weil dadurch die Aussagen zu dem Brot, der Gabe und dem Ausstrecken der Arme des *Ka* als Versorgung in der Nachtwelt motiviert werden. Letztere wird dem Gast zuteil, weil er durch sein Betragen das Herz des Großen erfreut. Das lautliche Verhalten zu Lebzeiten erhält seinen Sinn durch die Einbeziehung der nachtodlichen Existenz.[105]

Als Überbringer einer Botschaft

Das Verhalten des *hörbaren Körpers* als Überbringer einer Botschaft beschreibt Maxime 8 (Ptahhotep D145–159):

> [D145–147] Wenn du jemand bist, der zu den Vertrauten gehört, den ein Großer <zu> einem (anderen) Großen schickt, (dann) sei überaus präzise, [wenn] er dich schickt.
> [D148] (Nur) so, wie er (es) sagt/gesagt hat, darfst du die Botschaft verrichten.
> [D153] Sei nicht nachlässig (wörtlich: verschlucke nicht dein Herz) bei dem, was dir gesagt worden ist (oder: werden wird)!
> [D154] Hüte dich vor einem Fall von Vergesslichkeit!

---

104 Ptahhotep Version L2, pBM EA 10509, 2, 17–3, 1, D135 Rubrum.

105 Das Lachen wird in der Lehre eines Mannes für seinen Sohn in § 14, 1 erwähnt. Die Stelle ist aber so fragmentarisch, dass sie keine Information über die Handlungssituation liefert.

> [D155] Halte an der Maat fest (und) weiche nicht von ihr ab!
> [D156] Man erstattet (zwar) Bericht, (aber) nicht (indem/nachdem) jemand seinem Herzen Luft gemacht hat (wörtlich: nachdem das Herz sich gewaschen hat).[106]
> [D157] Gib Acht, dass du nicht verschlimmerst (wörtlich: verschlimmere nicht!) eine Rede [D158] die den (einen) Großen gegen den (anderen) Großen aufbringen wird.
> [D159] Rede nicht (schlecht) über irgendeinen Menschen, (weder über) einen Großen (noch über) einen Kleinen! (denn) es ist der Abscheu des *Ka*.[107]

Das Überbringen einer Botschaft ist eine Aufgabe, die den *hörbaren Körper* als vertrauenswürdig hervorhebt (D145). Das in ihn gesetzte Vertrauen betrifft das ihm mehrfach eingeschärfte gewissenhafte Überbringen der Botschaft und das Auftreten als Bote. Die ersten sechs Belehrungen betreffen den Inhalt der mündlichen Botschaft. Sie soll „überaus präzise" (*mtj ḥr-ḳd*) in D147, wortgetreu, das heißt, nur „so wie er es gesagt hat" (*mj ḏd =f*) in D148, gewissenhaft (D153) und vollständig (D154) überbracht werden. Der rot geschriebene Imperativ: „Halte an der Maat fest (und) weiche nicht von ihr ab!" (D155) wendet sich an den *hörbaren Körper* als einen Sprecher der Maat im Sinne des Zueinander-Redens als ein Akt des Gemeinsinns.[108] Dieses geht aus den auf die Äußerung folgenden drei Ermahnungen (D156–159) hervor. Sie formulieren sein Verhalten als Bote sowie als Sprecher der Maat: er soll Bericht erstatten, ohne seine eigene Ansicht über den Inhalt kundzutun (D156). Weil, falls der Bote sich nicht mit seiner Meinung zurückhält, der Umgang mit den Nachrichten eine unerwünschte Entledigung seines Auftrags impliziert, werden sie als Möglichkeit für sein Handeln dargelegt.

Die Aussagen: „Gib Acht! Verschlimmere nicht eine Rede, die den (einen) Großen gegen den (anderen) Großen aufbringen wird" (D157–158) und: „Rede nicht (schlecht) über irgendeinen Menschen, (weder über) einen Großen (noch über) einen Kleinen!" (D159) geben dem Boten die Gelegenheit, seine Fähigkeiten zu beweisen. Die Aufgabe, unangenehme Neuigkeiten ruhig und sachlich mitzuteilen appelliert an sein Feingefühl und an sein Vermögen, eine Botschaft in einer Weise darzulegen, dass der Empfänger sie annehmen kann, ohne dass sich daraus negative Folgen für den Absender ergeben. Nicht

---

106 Nur in der Version L2 ist die Graphie *jꜥw n jb*. Dils löst nach pPrisse auf mit *jꜥj.n jb* als *sḏm.n =f* mit *jb* als Subjekt, vergl. die Anmerkung zu D152 in der Version pPrisse.

107 pBM EA 10509, 3, 2–5, D145 und D155 Rubren.

108 Assmann, *Ma'at*, S. 85.

schlecht über jemanden zu reden appelliert an sein Verhalten gegenüber Mitmenschen. In der Lehre eines Mannes für seinen Sohn wird Verleumdung nur auf Textzeugen aus der 19.-20. Dynastie aufgegriffen:

> [17,1] [Nimm nicht] ein Wort (und) bringe es dann zurück *m jṯ.w mdw.t m jn.w s.t* [17,2] beachte nicht Verleumdungen gegen einen anderen *m sḏm.w sḏw.t r ky.*[109]
> [17,3] Stimme nicht den Worten eines Frevlers zu *m hnn<.w> n mdw.t n ꜥḏꜣ.w.*[110] [17,4] Gott richtet ihn in seiner Gestalt *wḏꜥ sw nṯr m ḫpr.w =f.*
> –Lücke–
> [17,6] Nicht werden ihm ausgeteilt Opferspeisen –.[111]

Wenn Fischer-Elferts Vermutungen auf die Rekonstruktion des aufgrund der bisherigen Beleglage äußerst unsicheren Textes zutreffen, dann läge hier eine Sinnstiftung durch die nachtodliche Existenz vor. In der Lehre eines Mannes, § 19, 10, wird der Sohn nochmals dazu ermuntert, verleumderische Rede nicht zu beachten. Die § 13–14 in der Kemit summieren die wesentlichen Punkte beim Überbringen einer Botschaft. Sie artikulieren (wie auch Ptahhotep D145–159) Genauigkeit, Diplomatie, Feingefühl und die erwünschte Erfüllung seiner Aufgabe:

> Wiedergegeben werden soll[112] (nur) das, was (mein) Vorgesetzter sagte, damit (?) die Angelegenheiten geregelt (wörtlich: bezwungen) werden (?).
> Ich bin ein Schweiger der Vorhalle, der die Hitze bezwingt durch die Erzeugnisse der Lippen, einer, der frei von Geschwätzigkeit ist.
> (Du) ergebener Schreiber (wörtlich: der Schreiber da), der vortrefflich <für seinen Herrn> ist, ein Geschickter seiner Dienstleistung![113]

---

109 Dils liest pBerlin P 11288, rto. 17, 2: *m sḏm sḏwj.t r k<y>* „Höre nicht auf etwas, das (den einen) beim anderen schlecht macht“, vergl. Komm. zur Übers., in: TLA, Zugriff 2015–06–14.

110 Dils, ebd., liest: *m h{r}<nn> mdw.t ={j}* „Schenke keine (zustimmende) Beachtung an eine Rede [……]“ oder: „Bestätige/Gestehe nicht eine Sache [……]“

111 Lehre eines Mannes, § 17, 1–6, pBerlin P 11288, rto. 17, 1–6.; oG 382, Fischer-Elfert, *Lehre eines Mannes*, S. 174–180.

112 Mit Jäger, *Altägyptische Berufstypologien*, S. 164, Anm. 147, zu passivem *whm.w* ergänzt.

113 Kemit, § 13–14, oBrüssel E.3208+oDeM 1171, 18–21 (Ramses III.), Übers. Popko, in: TLA, Zugriff 2015–06–17. Die Stelle ist lückenhaft erhalten auf oMMA 35144 und oMMA 36112, rto. 12, vso. 1–3 (18. Dyn.).

Die Aussage: „Ich bin ein Schweiger der Vorhalle, der die Hitze bezwingt durch die Erzeugnisse der Lippen, einer, der frei von Geschwätzigkeit ist" (*jnk gr ḫnt.j dr srf m ḳmꜣm.w sp.t. šw m ꜥšꜣ.t ḫrw* ={*k*}) hat vor „einer, der frei von Geschwätzigkeit ist" ein Pausenzeichen. Gibt sie ein Strophenende an – oder möglicherweise eine „Kunstpause", die der Redner an dieser Stelle einlegt, um das Schweigen, von dem hier die Rede ist, oder die Bedeutung der folgenden Aussage über das Lautverhalten zu demonstrieren?

Die Begriffe „Schweiger" und „Schwätzer" gewinnen durch ihre Verwendung in der Klage über die verkehrte Welt an Schärfe. Sie steht auf dem Verso der Lehre des pRamesseum II:

> ‚Ankläger' sagt man über den Weisen. ‚Schwätzer' sagt man über den Redner.
> Der Name des Schweigers ist als ‚Frevler' behandelt worden.
> Der Sachkundige kann seine (des Schweigers) Natur nicht erkennen.[114]

„Schweiger" und „Schwätzer" bilden Begriffe der Maat, dem Kitt der eine solidarische Gesellschaft zusammenhält. Ihre Bindung an die Maat bestimmt über die gesellschaftliche Akzeptanz der beiden Verallgemeinerungen. Sie ist beim Schweiger gegeben. Der Schwätzer stößt auf Ablehnung. Die Lehre des Kairsu, § 12, 10–13, 3, formuliert:

> [12,10] Der Schwätzer gilt als Ungerechter.
> [13,2–3] Nur für den Beliebten ist eine Stadt gegründet worden.[115]

Die Abstrahierung des *hörbaren Körpers* zu „Schweiger" bestimmt ihn als den gesammelten, gemäßigten und klugen Sprecher der Maat. Die Differenzierung wird über die Abstrahierung „Schwätzer" erreicht. Diese benennt einen *hörbaren Körper*, der über die genannten Eigenschaften nicht verfügt, durch sein auditives Verhalten Unrecht begeht, und im Hörraum der Stadt unerwünscht ist. Letzteres wird außer bei Kairsu auch in der Lehre eines Mannes für seinen Sohn, § 12, 1, formuliert: „Man stützt sich auf den Schweiger in der Ratsversammlung, zurückgehalten wird der Schwätzer".[116] Die Sinngebung für das Redeverhalten wird über die Maat erreicht.

---

114 PBM 10755, VSO. II, 4 (12. Dyn.), BARNS, *Five Ramesseum Papyri*, Taf. 9.

115 OKairo JE 56842+oDeM 1172, x+12–14, Rubren: „Wiedergegeben werden soll (nur) das, was mein Vorgesetzter sagte"; „einer, der frei von Geschwätzigkeit ist", und die Pausenzeichen, Übers. POPKO, in: TLA, Zugriff 2015-10-07.

116 Übers. FISCHER-ELFERT, *Lehre eines Mannes*, S. 150.

Zu dem Benehmen des Boten im Vorfeld der Übermittlung wird in der Lehre des Cheti angegeben:

> [24,2] Wenn du bei einem Hausherrn in sein Haus eintrittst, indem seine Beschäftigung einem anderen vor dir gilt (wörtlich: indem seine Arme für einen anderen vor dir sind),
> [24,3] (dann) mögest du dich hinsetzen mit deiner Hand an deinem Mund. Bitte nicht um eine Sache, die neben ihm liegt!
> [24,4] Du mögest für ihn wie folgt handeln: „Gib/Stell hin!"
> Hüte dich davor, an den Tisch heranzutreten (wörtlich: zum Tisch hinaufzusteigen)!
> [25,1] Sei gewichtig in dir (?), damit <dein> Ansehen groß ist.
> [25,2] Sage kein Wort, das es zu verbergen gibt (wörtlich: des Verbergens)![117]

Das Szenarium führt folgendes vor Augen: Der Hausherr und die Reihenfolge weiterer anwesender Personen bestimmen die Ordnung des Hörraumes im Empfangsbereich eines Hauses. Diese soll akzeptiert werden (§ 24, 2–4). Die Körpersprache des Untergeordneten besteht in der Wahrung eines physischen Abstandes zu Übergeordneten. Seine Zurückhaltung wird als Abwartenkönnen näher bestimmt. Sie wird als ein positives Verhalten ausgelegt, das dem *hörbaren Körper* im auditiven Raum einen guten Platz einräumt. „Mit deiner Hand an deinem Mund" (§ 24, 3) ist als Schweigen der Höflichkeit,[118] als Gestus für das Schweigen aus Respekt[119] und als Gestus des sorgfältigen Abwägens[120] gedeutet worden. Ob der Ausdruck in den Lehren als Metapher gebraucht wird, oder als Gestus ausgeübt wurde, ist nicht zu entscheiden. Die Aufforderung: „Gib" oder „Stell hin!" (§ 24, 4) deutet vielleicht auf einen mitgebrachten Brief oder ein Empfehlungsschreiben hin. Der Abstand zum Tisch vermittelt das unaufdringliche Warten, das einem untergeordneten Sprecher wie einem Boten obliegt. Die Unterordnung wird aber durch die nächsten beiden Aussagen zum Ansehen und zum kompetenten Lautverhalten (§ 25, 1–2) relativiert. Möglicherweise ist mit dem Ansehen (§ 25, 1) nur die Präsenz im

---

117 Cheti, § 24, 2–25, 2, pSallier II, 9, 7–10, 1, Rubren § 24, 1 und bei § 24, 2 ein in roter Tinte unter *r-gs =f* hinzugefügtes *=k*.

118 BRUNNER-TRAUT, Weiterleben der ägyptischen Lebenslehren in den koptischen Apophthegmata am Beispiel des Schweigens, in: HORNUNG/KEEL, *Studien zu altägyptischen Lebenslehren*, S. 201.

119 DOMINICUS, *Gesten und Gebärden*, S. 19. Siehe dort auch weitere Belegstellen.

120 FISCHER-ELFERT, *Lehre eines Mannes*, S. 170.

Raum gemeint (damit der Wartende nicht vergessen wird). Andernfalls bezieht es sich auf das Sprechen. Dann sind: „Sei gewichtig in dir" und: „Sage kein Wort des Verbergens" Handlungsweisen, die dem *hörbaren Körper* Gelegenheit geben, sich das Ansehen des gemäßigten Boten, der sich seines Auftrags bewusst ist und nichts ausplaudert, zu erwerben, oder zu erhalten.

Als Herr eines Besitztums

Wie aus den Anfangszeilen der Maxime 11: „Du sollst dein Herz nicht gegen ihn erheben, wegen dessen, was du über ihn von früher weißt" (Ptahhotep D178–179) hervorgeht, ist das Bild des Reichen, das die Lehre des Ptahhotep vermittelt, ambivalent. Maxime 9 greift beide Seiten des Besitzenden auf:

> [D161] Wenn du pflügst und es Wachstum auf dem Feld gibt, (indem/weil) der Gott es dir in großem Maße gibt (dann) sollst du dich nicht in prahlerischer Weise deswegen aufplustern (wörtlich: ausstrecken).
> [D164] Sei nicht überheblich gegenüber dem (oder: belästige nicht den), der keinen Besitz hat!
> [D165–166] (Und) hüte deinen Mund im Beisein deiner Nachbarn (oder: Hausgenossen, Anhänger), (damit) das, was die Hochachtung vor einem Schweigenden bewirken wird, existiert.
> [D167–168] (Denn) was einen Herrn mit Charakter (*ḳd*) angeht, der (zugleich) ein Herr mit Besitztümern ist, wie ein Krokodil greift er zu im Gerichtshof (oder: in der Ratsversammlung).[121]

Ich verstehe, entgegen den meisten Übersetzern,[122] hier den Gebrauch von *ḳd* „Wesen; Gestalt; Charakter"[123] nicht positiv, im Sinne von Charakterstärke, sondern negativ. Er bezeichnet eine Person von hassenswertem Wesen. Denkbar wäre auch für einen Mann von launischer, unberechenbarer Art, worauf im zweiten Brief des Heqa-nacht die Anwendung des Lexems für die Nilüberschwemmung, die man erdulden muss, hinweisen könnte.[124] In diesem Sinne gebraucht, lässt sich D167–168 als generelles Bild eines „Herrn mit Besitztümern" verstehen. Mit ihm lässt sich nicht rechten, bei Gericht greift er zu, ist gierig wie ein Krokodil,[125] das unerwartet zuschlägt. Er ist der in der

121 Ptahhotep D161–168, pBM EA 10509, 3, 5–7.

122 Vergl. Dils' Komm. zu D167, pPrisse = pBN 186–194.

123 *Wb* 5, 75.3–77.1, TLA, Lemma-Nr. 162430, Zugriff 2015–06–18.

124 Vergl. pMMA Hekanakhte II, rto. 5a.

125 Das Bild des Krokodils wird auch bei Ptahhotep D262 (Version L2) in Maxime 15 als Metapher für die Gier, die in jedem Menschen lauert, verwendet: „(Aber sobald) das

Lehre eines Mannes, § 18, 1, beschriebene Frevler, der durch Habgier zu seinem Besitz kommt. Er repräsentiert die negative Möglichkeit für das Benehmen des Reichen. So verstanden, fügt sich die Aussage in den Ko-text, der eine Beschreibung der Alternativen ist, ein. Um dem negativen Bild des Reichen nicht zu entsprechen, soll er weder mit seinem Reichtum prahlen noch sich vor dem Armen aufspielen (D161). Es handelt sich bei: „belästige nicht den, der keinen Besitz hat" (D164) vielleicht auch um ein Belästigen, indem man an den weniger Bemittelten Forderungen stellt, oder mit Bitten an ihn herantritt,[126] die er aufgrund seiner misslichen Lage nicht erfüllen kann, was zu seinem „Leiden noch ein weiteres hinzufügt" (wie in der Lehre eines Mannes, § 22, 8, die Phrase für einen Zustand lautet, der durch das unsoziale Verhalten eines Mitmenschen hervorgerufen wird). Für die nächsten Aussagen schlägt DILS als alternative Übersetzung vor: „hüte deinen Mund (*zꜣꜣw rʾ =k*) im Beisein deiner Nachbarn, damit die Respektbezeugung (wörtlich: das Empfinden von Hochachtung) vor einem Schweigenden existiert" (D165–166). Sie zeigt als Reaktion der Umwelt das Ansehen auf, das er – obwohl reich – genießen kann. Diese Gelegenheit eröffnet sich für einen Reichen, der nicht prahlt, nicht den Armen belästigt und seinen Mund hütet.

In der Lehre des Merikare werden vom Besitzer eines größeren Haushaltes oder eines Landgutes das Sprechen nach der Maat, Aufrichtigkeit, sowie dass er seinen sozialen Verpflichtungen nachkommt, gefordert:

> [45–47] Du mögest Maat in deinem Haus sagen, (damit) dir die Beamten, die auf dem Land sind, Ehrfurcht bezeugen. Die Genauigkeit des Herrn ist die Aufrichtigkeit des Herzens. Es ist der repräsentative Bereich (wörtlich: Vorderhaus), der die Ehrfurcht in die Dienstgemächer (wörtlich: Hinterhaus) setzt. Tue die Maat, solange du auf Erden bleibst. Bringe den Weinenden zum Schweigen![127]

In diesen Zeilen geht es, mit ASSMANN, um die Solidarität im Sinne einer Ordnung, die auf einem gegenseitigen Vertrauen beruht, zu dessen Aufrechterhaltung der einzelne mit seinem Handeln beitragen muss:

---

verborgene Krokodil auftaucht, (so) entsteht (auch) die Ablehnung" *bss kꜣp.w ḫpr sfꜣ.t*, pBM EA 10509, 4, 11.

126 *twꜣ* „(jemanden) bitten; (eine Forderung) erheben", *Wb* 5, 248.5–7, TLA, Lemma Nr. 170130, Zugriff 2015-06-11.

127 Merikare 45–47, pMoskau 4658, 3, 17–4, 0, Rubrum: „Tue die Maat solange du auf Erden bleibst", DILS, in: TLA, Zugriff 2015-06-13.

> Tue die Ma`at“ heißt also, in der Form eines kategorischen Imperativs paraphrasiert: „Handle stets so, dass du das Netz des Füreinander-Handelns nicht zerreißt“ oder kürzer: „Handle solidarisch.“ Solidarisch handeln heißt: das Vertrauen rechtfertigen, das die Gesellschaft einem Handeln entgegenbringt. Genau Entsprechendes ist mit dem Imperativ „Sage die Ma`at“ gemeint, nämlich nicht „Sage die Wahrheit“ bzw. „Du sollst nicht lügen“, sondern: „Sprich solidarisch, im Einklang mit dem in deine Rede gesetzten Vertrauen. Zerstöre nicht mit deiner Zunge die Solidarität des Vertrauens, den sozialen Einklang.[128]

Indem er die Maat sagt, trägt der *hörbare Körper* zum Zusammenhalt des Hauswesens, Respekt und Vertrauen bei. Die folgende Aussage in der Lehre des Cheti benennt einen Loyalitätskonflikt:

> [28,1] Sag keine Lüge (*m ḏd.t grg*) zu {seiner} <deiner> Mutter gemäß dem Wunsch dieses hohen Beamten![129]

Sie stellt das lautliche Gebaren innerhalb der Familie über das anderer sozialer Räume. Für das Beruhigen (*sgr*) des Weinenden als soziale Pflicht findet sich eine Parallele auf der Stele des Antef, Sohn der Senet.[130] Eine umfassende Darstellung des Verhaltens eines Besitzenden bildet der von FISCHER-ELFERT „Über die Harmonie von Wort und Geste“ überschriebene § 10 der Lehre eines Mannes für seinen Sohn:

> [10,1] ... Verhaltensweise (?).
> [10,2] Lass Zuneigung zu Dir walten, halte deinen Arm nieder.
> [10,3–4] Sei nicht hochschultrig wenn du angesprochen wirst/grüßt (?). Sei fürsorglich zu den *mr.t*-Dienern.
> [10,5–6] Man hat Respekt vor dem Diskreten [...]. Gegrüßt wird,[131] wer selbst grüßt auf dem Wege.
> [10,7] Einen Besonnenen fordert man auf zu sprechen.

128 ASSMANN, *Ma'at*, S. 77f.

129 Cheti, § 28, 1, pSallier II, 10, 4–5.

130 SBM EA 581, B5.

131 Trj „achtungsvoll behandeln“, „respektieren“, „achtungsvoll begrüßen“, *Wb* 5, 318.1–2.

> [10,8] Über den Herrn des Mundes (aber) ist man ver[ärgert],
> [10,9] man flucht über den-dessen-Stimme-laut-ist.[132]

Der niederzuhaltende Arm (*sdḥ rmn*) und sein Gegensatz „hoch an Schulter" (*ḳȝj-ḳꜥḥ*) in 10, 2–3 zeigen friedliche Absichten, oder aber „eine Arroganz, die an Rebellion denkt" an. Das „hoch" in Bezug auf die Schulter des Hochmütigen[133] kehrt wieder als „hoch" in Bezug auf die Stimme in 10, 9: „man flucht über den-dessen-Stimme-laut-ist" (*wꜥȝ =tw ḥr ḳȝj-ḫrw =f*). Eine negative Aussage zu einer lauten Stimme findet sich auch in der Rede des Sasobek:

> Wenn die Rede zu dem Sanftmütigen gelangt, ist sie besser als der Zank des Schreihalses (*ḳji-ḫrw*), so dass sie seine (d.h. des Sanftmütigen) Würde verbreitet.[134]

Das undramatische, im täglichen Umgang geübte auditive Verhalten des Besitzers ist an der Achtung, die sich in seiner Körperhaltung ausdrückt, und an der korrekten Anrede erkennbar. Bei der Aussage: „Einen Besonnenen fordert man auf zu sprechen" (*wšd =tw ḳb.w r md.t*) in § 10, 7 muss offenbleiben, ob der „geduldige" (*wȝḥ-jb*) oder der „kunstvoll" seine Worte setzende (*nfr mdw*) Sprecher gemeint ist.[135] Der Besonnene, wörtlich „der Kühle" (*ḳb.w*), kehrt in der Lehre eines Mannes, § 19, 4, wieder. Dort bezeichnet er den beliebten konstruktiven Redner, das Gegenbild des destruktiven Typus der feurigen Rede. Der Besonnene, der Ruhige und der Geduldige werden nach den Belegstellen aus der Zeit Sesostris' I.[136] als Männer, die sich unter Leuten bewegen, dargestellt. Damit bekommt der *hörbare Körper*, wenn er als ein Besonnener bezeichnet wird, den Beiklang sozialer und vermittlerischer Fähigkeiten. Der Hausherr vermeidet in seinem Wortgebrauch Ausschweifungen, die die Hausgemeinschaft sprengen könnten:

---

132 Lehre eines Mannes für seinen Sohn, § 10, 1–9, IFAO Inv. 2010, ergänzt mit: OIC 16997, rto.+IFAO Inv. 2719, rto.+OG 343+OG 399+oMMA 14.1.454, Übers. FISCHER-ELFERT, *Lehre eines Mannes*, S. 136–142.

133 Vergleiche auch Lehre des Ptahhotep D374: „Sei nicht hochmütig (*m ḳȝi jb =k*), damit du nicht gedemütigt wirst!" (pPrisse 12, 1).

134 PRamesseum I (BM 10754), Rede des Sasobek, B3, 12–13, Übers. DILS, in: TLA, Zugriff 2007-10-17.

135 FISCHER-ELFERT, *Lehre eines Mannes*, S. 136 mit Anm. f.

136 FISCHER-ELFERT, ebd., S. 313–314.

> [10,3] Ihre (der Arbeiter) Stimmen (*ḫrw*) sind es, die die Mauern zusammenhalten.[137]

In der Lehre eines Mannes, § 21, wird das Sprechverhalten des Familienoberhauptes als eine entgegenkommende und den Zusammenhalt und die Ordnung der Gemeinschaft fördernde Eigenschaft der Zunge beschrieben:

> [21,1] Man erbittet einen Spruch des Geduldigen.
> [21,2] Der mit einigender Zunge ist es, der die Familie zusammenkommen lässt/zusammenbringt,
> [21,3] keinen Anhang gibt es für den Schwätzer [......] seine/r/n [...] Feinde/n.[138]

Die „einigende Zunge" (*ꜣw.w ns*) bildet möglicherweise ein Synonym für das Sagen der Maat. Das lässt sich aus der Funktion des Gestus,[139] der ausnahmslos positiven Denotation der „Zunge" (*ns*)[140] und der Zunge als das Organ, an das die Wirksamkeit des Sprechens gebunden wird, schließen. „Man erbittet einen Spruch des Geduldigen" (*jw nḥ =tw ṯꜣs n wꜣḥ-jb*) in § 21, 1 und „der mit einigender Zunge" greifen die in § 10, 4–7 genannten fürsorglichen und Respekt erheischenden Eigenschaften des *hörbaren Körpers* wieder auf. „Der mit einigender Zunge ist es, der die Familie zusammenkommen lässt" (*jn ꜣw.w ns stkn mhw.t*) in § 21, 1–2 setzt unterschiedliche Auffassungen oder Uneinigkeiten, die geschlichtet werden müssen und Verhandlungsgeschick erfordern, als denkbar voraus. Deshalb kann sich § 21, 1 auf das Schlichten oder einen Richtspruch des Hausherrn beziehen. Der Vielredner oder Schwätzer (*ꜥšꜣ-ḫrw*) genießt keinen Schutz im Familienverband (§ 21, 3), sondern wird aus der Gemeinschaft ausgeschlossen.

Bestätigt wird die Fürsorge für die Hausbewohner durch Maxime 18 (in pPrisse 20):

> [D320–321] <Einer, der herauskommt>, indem er seine Hausgenossen/Anhänger ignoriert, ist ein armseliger Typ. Ihm mangelt es an der Gabe/den Erzeugnissen der Rede.

---

137 *L'Enseignement Loyaliste*, § 10, 3, zit. nach FISCHER-ELFERT, *Lehre eines Mannes*, S. 383.

138 OIFAO Inv. 2536, x+6+oMi 16, FISCHER-ELFERT, *Lehre eines Mannes*, S. 225–236, meine Übers.

139 Siehe meine Behandlung vom Einziehen der Zunge als Gestus der Einmütigkeit, in Kap. 1.1.

140 FISCHER-ELFERT, *Lehre eines Mannes*, S. 266.

[D322–323] (Schon) ein wenig von dem, worauf man begierig ist, wird einen ruhigen Mann (wörtlich: einen Kühlen) aus einem Streitsüchtigen entstehen lassen (oder: … wird einen ruhigen Mann zu einem Streitsüchtigen werden lassen).[141]

Die Hausgemeinschaft wird hier und in der folgenden Lehre eines Mannes, § 24, als ein geordnetes Szenarium, das es zu wahren gilt, dargelegt. Sich aus Streitigkeiten heraushalten und die Vermeidung verdrießlicher Worte sichern den Familienfrieden:

[24,1] Suche keinen Streit (wörtlich: Schicke dein Herz nicht zum Kampf aus)!
[24,2] Sei {gierig} <unergründlich> (*snk* mit Krokodil-Determinativ), wenn du über die Großfamilie hinweggehst (oder: wenn du an der Großfamilie vorbeigehst).
[24,3] Trenne nicht zwei Männer in ihrem Zorn!
[24,4] (Denn) gegen den, der ihn schlichten will, wendet sich der Streit.
[24,5] Er (d.h. der Streit?) pflegt [die beiden Kontrahenten zu …] des Mundes zu machen.
[24,6] Der andere (d.h. der sich einmischt?), er handelt wie ein Feind.
[24,7] Gelassen/ruhig (wörtlich: kühl) ist, wer sein Gesicht taub stellt und nicht schimpft/provoziert.
[24,8] Es ist der Mann (von Rang) (selbst), der seinen Gegner/Widersacher (oder: den Streit mit ihm) wachsen lässt. oder: Es ist der Mann von Rang (selbst), der seinen Gegner/Widersacher dauerhaft macht/festigt.
[24,9] Glücklich ist, wer sich in seinem Mund (oder: seiner Sprache) beherrscht.
[24,10] (Denn) in einer Kampfansage (oder: einem Kampfruf) entarten Anschuldigungen. oder: (Denn) aus einem aggressiven/kämpferischen Satz werden Anklagen/Anschuldigungen.[142]

Diese Kennzeichnung des *hörbaren Körpers* bildet den letzten Abschnitt in der Lehre eines Mannes für seinen Sohn. Die hier genannten „provozieren“ (*štm*) und „Kampfansage“ (*ṯz ꜥḥꜣ*), sowie die in derselben Lehre verwendeten „verletzend“ (*smn*), „vorwurfsvoll; anklagend“ (*ḥwrw*), „verfälschend“ (*ꜥḏꜣ*), „wankelmütig“ (*jṯj-jnj*), eine zu wortreiche Antwort dem Ignoranten gegenüber (*wšb.t n-ḫm*), überhastetes, unüberlegtes Reden (*ḫꜣḫ-r'*) und „verleumderische“

141 Ptahhotep D320–323, pBM EA 10509, 5, 5–6.
142 OIFAO Inv. 2536, x+15–17, Übers. und Komm. Dils, in: TLA, Zugriff 2015-06-18.

(*wṯz* oder *kn.t*) Worte, kennzeichnen dort die Eigenschaften der schlechten Rede (*ẖn-ḥwrw*).[143]

Unstimmigkeiten charakterisieren den Hörraum der Hausgemeinschaft. Das Szenarium auf einem Besitztum erinnert an die Handlungssituation in der Schule, in der als angebrachte Verhaltungsweisen dem Schüler die Kontrolle von Affekten und überlegtes Sprechen vor Augen geführt werden. Die Strategie, um eine ruhige Atmosphäre zu gewährleisten, ist hier wie dort: sich selbst als den überlegenen Geduldigen, den anderen als den Widersacher zu betrachten (§ 24, 6 und § 24, 8), keine Auseinandersetzung mit diesem zu suchen (§ 24, 1), sich aus Konflikten herauszuhalten (§ 24, 3–5) und sich nicht provozieren zu lassen (§ 24, 7). Die sozialen Auswirkungen auf seine nähere Umgebung kennzeichnen den Herrn eines Besitztums als denjenigen, der für den Zusammenhalt der Hausgemeinschaft verantwortlich ist. Um seiner Aufgabe gerecht zu werden, tritt er als ein *hörbarer Körper* auf, den die Eigenschaften des kühlen, geduldigen, beherrschten Redners und eine gute Verhandlungstaktik auszeichnen. Weitere Aussagen zum Verhalten im persönlichen Umfeld betreffen den Sohn und die Frau.

Der hörbare Körper in der Sohnesrolle

Nachdem Ptahhotep seinem Sohn das Szenarium eines wohlhabenden Mannes ausgemalt und ihn in Maxime 11 zum Respekt vor einem Armen aufgefordert hat, geht er auf den *hörbaren Körper* in der Sohnesrolle ein. Möglicherweise bildet die Maxime 12 (Ptahhotep D197–216) den Übergang zwischen der häuslichen Atmosphäre und der Erläuterung der Handlungssituation bei der Anhörung von Bittstellern und vor Gericht, weil ein Sohn, der die an ihn gestellten Erwartungen nicht erfüllt, vom Vater „gerichtet“ und verstoßen wird:

> [D197] Wenn du fähig bist, dann sollst du einen Haushalt gründen!
> [D198] (Und dann) sollst du einen Sohn erzeugen, dem der Gott eine freundliche Gesinnung gibt (wörtlich: einen Sohn von: der Gott stimmt freundlich).
> [D199] Wenn er zuverlässig ist, (und wenn/indem) er sich um deine Art bemüht (oder: wenn er sich nach deiner Art entwickelt),
> [D200] (und wenn/indem) er auf deine Lehre hört,
> [D201–202] (dann) mache seine Richtlinien wirksam (oder: fördere seine Lage) in deinem Haushalt, (damit/so dass) er deine Sachen in Ordnung hält (wörtlich: für deine Sachen am entsprechenden Ort sorgt).

143 Vergl. die Zusammenstellung bei FISCHER-ELFERT, *Lehre eines Mannes*, S. 292.

[D203] Suche für ihn jeden fähigen Fall (d.h. Fälle, wo er seine Fähigkeit unter Beweis stellen und Ruhm ernten kann)!
[D204] (Denn) es ist dein Sohn, den dein *Ka* für dich erzeugt.
[D205] Du solltest dein Herz nicht von ihm trennen.
[D206] (Nun) kann (aber) ein Sprössling (auch) als Feind handeln:
[D207–208] Wenn er fehlgeht, (und wenn/indem) er deine Anweisungen missachtet, (und wenn; oder: so dass) er deine Lehre nicht befolgt,
[D209] dann ist sein Verhalten (oder: seine Anweisungen) in deinem Haushalt schlecht.
[D210] (Wenn/nachdem) er sich allem, was von dir gesagt wird, widersetzt hat, (dann) fließt sein Mund über (?; oder: fordert das Schicksal heraus?)
[D211] (und zwar) mit schlechter Rede.
[D212] Dass er nichts besitzt, übersieht er (?; wörtlich: Fern in seiner Vorstellung ist, nicht gibt es (etwas) in seinen Händen).
[D213–214] Du sollst ihn vertreiben. (Denn) es ist nicht dein Sohn. (Und eindeutig) nicht dir ist er geboren worden.
[D215] Du sollst ihn belasten mit (?) seiner gesamten Redeweise (wörtlich: Zunge).
[D216] Es ist einer von denen, den sie (d.h. die Götter) abgelehnt haben.
[D217] Es ist einer, dessen Unheil der Gott (schon) im (Mutter)leib verhängt (wörtlich: geschlagen) hat. [D218] Der, den sie (d.h. die Götter) geführt haben, kann nicht fehlgehen. [D219] (Aber) der, den sie (d.h. die Götter) schiffslos gemacht haben, kann keine Fähre/Überfahrt finden.[144]

Die Handlungssituation ergibt sich durch Aufgaben, die der Sohn im väterlichen Haushalt für seinen Vater erledigt. Der vorbildliche Sohn hört auf die Lehre des Vaters und wird von diesem gefördert (D199–202), weil er der erwünschte Erbe ist. Er wird später für seinen Vater als Totenpriester handeln und auf diese Weise dessen *Ka* erhalten (D204). Die Sinnstiftung erfolgt zum einen über die Horusrolle des Sohnes, zum anderen über die Darstellung des vorbildlichen Sohnes als ein von den Göttern für diese Rolle bestimmter. Beide Aspekte werden auch auf dessen Gegenbild angewendet, das im zweiten Teil der Maxime präsentiert wird. Die Aussagen D207–208: „Wenn er fehlgeht, indem er deine Anweisungen missachtet, so dass er deine Lehre nicht befolgt" und D210–211: „Nachdem er sich allem, was von dir gesagt wird, widersetzt hat, (dann) fließt sein Mund über, (und zwar) mit schlechter Rede" (*šꜣ r' =f m md.t ḫz.t*) bezeichnen den missratenen Sohn. Wie vielleicht D212 andeuten könnte,

144 PBM EA 10509, 3, 12–19, D197, D213 Rubren.

trägt er mit nichts zum Bestehen der Familie bei. In diesem Fall besteht die Aufgabe des Vaters darin, den Sohn zu vertreiben (D213). Die Aussage D215: „Du sollst ihn belasten mit seiner gesamten Redeweise (wörtlich „Zunge“)“ (*bꜣk =k sw m ns =f r ḳd =f*) fordert vom Vater eine Gesamtbeurteilung des Sohnes, um in der Lage zu sein, diesen schweren Schritt zu tun. Durch die Wortwahl „Zunge“ (*ns*) wird ausgesagt, dass der Sohn mitsamt den Wirkungen seiner Rede verstoßen wird, was aus FISCHER-ELFERTs Ergebnissen für das Wortfeld „Rede“ gefolgert werden kann. Derselbe stellt zu den in der Lehre eines Mannes für seinen Sohn vorkommenden Verbindungen *ꜥḳꜣ-ns, ḳꜣj-ḫrw, ꜥšꜣ-rꜥ, ꜣw-gr, ꜥšꜣ-ḫrw, cꜣḫ-rꜥ und ꜣw-ns* fest:

> Sämtliche im Beziehungskasus stehenden Substantive, also „Zunge“, „Stimme“, „Mund, Äußerung“ sowie „Schweigen“ bzw. „Nicht-Reden“ fungieren als Mitglieder des Bedeutungsfeldes ‚REDE‘. Sie alle sind positive bzw. negative Realisationen der *md.t* – „Rede“. Dabei fällt auf, dass sich diejenigen Verbindungen mit positiver Denotation auf die *ns* – „Zunge“ beschränken, dagegen jene mit negativer Denotation auf den *rꜥ* – „Mund“ und die *ḫrw* – „Stimme“ verteilen. Des Weiteren ist festzustellen, dass die mit diesen Lexemen *rꜥ* und *ḫrw* verknüpften Adjektive durchweg ein Bedeutungselement enthalten, das ein Zuviel an etwas ausdrückt.[145]

Die Rede bildet den Bewertungsmaßstab für den männlichen *hörbaren Körper*. Mund und Stimme fungieren als gesellschaftlich bedingte Variable, während die Zunge hiervon ausgenommen ist. Die Bedeutung der Zunge als Metapher des Sprechens und Ausdruck der Kompetenz des *hörbaren Körpers* ergibt sich aus ihrer Verbindung mit dem Herzen, sprich, der Gesinnung. So heißt es bei Ptahhotep im Epilog:

> Es ist der hohe Beamte bei seiner guten Tat, der sein Herz und seine Zunge verwebt.[146]

Desgleichen werden Herz und Zunge in der Lehre eines Mannes für seinen Sohn aufeinander bezogen:

---

145 FISCHER-ELFERT, *Lehre eines Mannes*, S. 266.

146 Ptahhotep D527–528, pPrisse, 15, 13, DILS, in: TLA, Zugriff 2010–12–10, erwägt es als Zusammenarbeit der beiden Organe.

> Die Beliebtheit eines Mannes (von guter Herkunft) [...] auf/wegen seiner Zunge.
>
> Es ist das Herz, das bewirkt, wie man sich verhält (wörtlich: das das Verhalten bewirkt).
>
> (Nur) in/aus einem mit besonnenem Temperament entsteht ein Gerichtsurteil.[147]

Durch die ergänzende Aussage über das Entstehen eines Gerichtsurteils bildet die Stelle eine Parallele zu der gemeinsamen Nennung von Hu, Sia und Richten sowie ihrer Zuordnung zu dem jeweiligen Organ in kosmologischen Aussagen[148] und in der Loyalistischen Lehre.[149] Aus der Aufrichtigkeit der Zunge entsteht „Wirksamkeit" (*ʿḳꜣ*).[150] Einmal Gesprochenes ist Getanes. Der Zögling in der Lehre eines Mannes für seinen Sohn wird gewarnt:

> „Es gibt kein Verschlucken der Stimme für den der seine Zunge zu sehr liebt" (*nn ḥkk n ḫrw n mr ns.f*).[151]

In der Lehre des pRamesseum II ist die Lesung *ns* sehr unsicher. Trifft sie zu, und bezieht sich die Stelle auf den „Törichten" (*wḫꜣ*), von dem in der vorausgehenden Zeile die Rede ist, so könnte die Stelle als Beleg für das ungeschickte Sprechverhalten eines Mannes, der durch seine Zunge seinen Gegnern Argumente liefert, dienen:

---

147 Lehre eines Mannes, § 11, 5–7, pBM EA 10775d, x+1. In der Textsynopse von FISCHER-ELFERT sind bei § 11, 5 zwei Verse ineinandergeschoben. Der fehlende Vers ist nun teilweise auf oIFAO 2010 und wird jetzt vom neu publizierten pBM EA 10775d bestätigt. Siehe hierzu den ausführlichen Komm. von DILS, in: TLA, 2010–12–14.

148 In Verbindung mit dem Allherrn auch in Admonitions 12, 12, und in pLeiden I 344, rto., falls dieser Hymnus schon in die Zeit Amenhoteps III. datiert, was aufgrund eines Passus daraus in TT 192 von ASSMANN (*ÄHG*, S. 558) für möglich gehalten wird. Siehe auch ZANDEE, Das Schöpferwort im Alten Ägypten, in: FS *Obbink*, S. 41ff.

149 Lehre des Kairsu, § 2, 5, auf sKairo CG 20538, pRifeh = pLondon UC32781, rto. und pLouvre E 4864, 2, 6. Desgl. in der Lehre des Kairsu § 5, 1, auf oAshmolean 1938.912, 1 und oDeM 1235, 4.

150 Lehre eines Mannes, § 9, 5, oMoskau I.1.d 473+oDeM 1098, 3.

151 Lehre eines Mannes, § 11, 5. Übers. mit Komm. c), FISCHER-ELFERT, *Lehre eines Mannes*, S. 143.

Er macht eine Zunge für [...], um seinem [...] zu antworten,
(und) eine andere (Zunge?) für den, der seinen Widersacher (?) nicht kennt.[152]

Als Ausdruck der Kompetenz des *hörbaren Körpers* findet die Zunge in den Biographien Verwendung:

Ich war einer ... mit ergrauter Zunge (*skm ns*) im Rat der Beamten.[153]

Mencheperreseneb rühmt sich auf seiner Hockerstatue des „richtigen Gebrauchs" (*ꜥḳꜣ*) seiner Zunge,[154] Ichernofret auf seiner Stele seiner „geschickten Zunge" (*spd ns*),[155] wobei auch an eine „tüchtige" Zunge im Sinne einer effektiven gedacht sein könnte. Ein metonymischer Gebrauch der Zunge, die hier aber als „das was sich im Munde befindet" (*jm.j-rꜥ*) umschrieben wird, erfolgt in dem Titel „Zunge, die das Herz zufriedenstellt im ganzen Land".[156]

Die Ambivalenz der Wirkung einer Rede wird an die Zunge gebunden. So wie Rechtfertigung, und damit Rettung, mit der Zunge verknüpft werden, so auch ihr Gegensatz – das, was über die Zunge kommt, kann „verletzen" oder „zerstören" (*ḥdj*).[157] Die schlechte Tätigkeit einer Zunge wird durch die Benennung drastischer Maßnahmen ausgeschlossen. In einem Schlangenzauber des Mittleren Reiches wird gesagt: „*ḥkꜣ.w* ist auf der Zunge", deshalb muss diese, will man den Feind unschädlich machen, abgeschnitten werden.[158] Lippert bringt das Herausschneiden der Zunge als Strafe für wiederholtes Prozessieren.[159]

152 Lehre des pRamesseum II (BM 10755), vso. I, 3, Übers. und Komm. Dils, in: TLA, Zugriff 2010-12-13, der die Aussage dahingehend versteht, dass einer dem einen dieses, dem anderen jenes sagt.

153 Stele des Cheti, Vorsteher der Steinbrucharbeiten, 6–7, Übers. mit Komm. Fischer-Elfert, *Lehre eines Mannes*, S. 38. Gardiner, The Tomb of a Much-travelled Theban Official, in: *JEA* 4, S. 33f, Taf. VIII, 6–7, übersetzt: „hoary tongue". Der Ausdruck „mit ergrauter Zunge" (*skm ns*) findet sich auch in Urk. IV, 67.14 und Urk. IV, 127.15.

154 Kairo 547, Borchard, *Statuen und Statuetten* II, S. 92–93, Taf. 91, Urk. IV, 993.6.

155 SBerlin 1204, Sethe, *Lesestücke*, Text 14, S. 70.23.

156 Brief des Qen-hor-chepeschef an den Wesir Pa-nehesi, pBM 10683, vso. 4.7 = Chester Beatty III, vso. 4–5.

157 Die Lehre des Amenemope, § 10.21, pStockholm MM 18416, x+1.2–3–x+1.3.

158 PRamesseum IX, 1, 1–2. Stegbauer, in: TLA, Zugriff 2010-12-14.

159 Lederhandschrift Louvre AF 1577, Quellenangabe nach Lippert, *Einführung in die altägyptische Rechtsgeschichte*, S. 64.

Der Epilog (Ptahhotep D569) resümiert: „Der gehorchende Sohn, der ein fähiger Sohn ist, ist einer, der beachtet wird“.[160] Ein ungehorsamer Sohn wird in der Familie nicht zugelassen. Der Vater hat für die Belehrung seines Sohnes, insbesondere für sein richtiges Lautverhalten, zu sorgen und die Entwicklung seiner Fähigkeiten zu fördern. Ein Mann, der bei dieser Aufgabe versagt, wird in der Lehre des Kairsu, § 12, 8–13, 7, gezeichnet. Dass es sich auch hierbei um den Sohn in der Horusrolle handelt, geht eindeutig aus Kairsu, § 14, 7–9, hervor, der von dem Erben und der Wahrnehmung seiner Aufgaben im Totenkult handelt:

> [12,8] Es gibt keinen Erben für den mit (immer wieder) herausgerissenem/entwurzeltem Herzen.
> [12,9] Groß ist das Ansehen dessen, der Herr <seines> Wesens/Befindens (?) ist (d.h. der sich beherrschen kann).
> [12,10] [Der Schwätzer gilt als Ungerechter (wörtlich: der mit zahlreichen Worten ist ein Ungerechter auf dem Herzen).] (oder: Geschwätz gilt als Unrecht.)
> [13,1] [Es ist der Böse,] der seinen Teil zerhackt.
> [13,2] (Nur) für den Beliebten ist eine Stadt gegründet worden.
> [13,3] (Seine) Aufmerksamkeit/Wohltätigkeit ist das Denkmal eines Mannes (von guter Herkunft).
> [13,4] Schweigen/Bescheidenheit ist wirkungsvoll, [...] ist gut.
> [13,5] [Wer das Unheil bedenkt/voraussieht, wird nicht (?) ...].
> [13,6] [Wer die] Befehls[gewalt hat, ist jemand, der sich (dem Gegner) stellt (wörtlich: der sich umwendet).]
> [13,7] {Der Brutale} <der Milde/Sanftmütige>, die Kuh kalbt (wörtlich: erzeugt) für ihn.[161]

„Es gibt keinen Erben für den mit (immer wieder) herausgerissenem Herzen“ (§ 12, 8) ist sehr unterschiedlich übersetzt worden, zuletzt von Pascal Vernus als „der impulsive Mensch“.[162] Angesichts der Vertreibung eines missratenen Sohnes, zu der bei Ptahhotep aufgerufen wird, könnte es sich meines Erachtens bei der Aussage Kairsu, § 12, 8, um die Darstellung eines Erblassers handeln, der schon mehrere untaugliche Söhne weggeschickt hat.

---

160 Ptahhotep Version L2+L2G, pBM EA 10509, Fragm. 3, 3. Dils hat für *mꜣꜣ* „beobachtet“

161 Holztafel tCarnarvon 2, vso. 10–12 (Anfang 18. Dyn.), ergänzt mit oTurin CGT 57547, Übers. und Komm. Dils, in: TLA, Zugriff 2015–06–22.

162 Vergl. den Komm. zu § 12, 8, ebd., und Vernus, *Sagesses de l'Égypte pharaonique*, S. 265–278.

Für einen Mann wie diesen, ohne Erben, einen Schwätzer, „der seinen Teil zerhackt“, ist in der Gesellschaft kein Platz. „Schweigen“ (*gr*), „Wohltätigkeit“ (*wꜣḥ-jb*), ein vorausschauendes Benehmen und sich den Aufgaben stellen (falls § 13, 6 in diesem Sinne zu verstehen ist) zeichnen den guten Vater und das gute Mitglied der Gesellschaft aus. Ordnung in seinem Hauswesen zu schaffen ist für den Vater ein Kämpfen in der Gemeinschaft. Es gewinnt seinen Sinn aus der Verbindung seines Betragens zu Lebzeiten mit dem Handeln für ihn bei der Beerdigung. Die Totenpriester (*ḥm-kꜣ*) sollen, wozu die Lehre des Kairsu in § 14, 9 auffordert, bei der Beerdigung vor der Mumie den Name des Toten „rufen“ (*njs*). Der Sohn muss, wenn er seine Aufgaben im Totendienst versieht, über die hierfür nötigen materiellen Mittel verfügen und rituelle Sprechakte ausführen.

Im persönlichen Umfeld wurden mit dem Gast, dem Vermittler einer Botschaft, dem Oberhaupt einer Hausgemeinschaft und dem Sohn bisher nur *hörbare Körper* männlichen Geschlechts in das Szenarium eingeführt. Frauen fungieren dort in der Rolle der Gattin.

Der weibliche hörbare Körper

Über den weiblichen hörbaren Körper wird in Maxime 36 (in pPrisse 37), gesprochen:

> [D499–504] [Wenn du dir eine Ehefrau nimmst], und zwar eine üppige Frau, eine mit fröhlichem [Herzen, die] ihre Stadt [kennengelernt hat], indem sie [in den beiden Gesetzen] ist (?). Sie lacht wegen der Erfüllung (?) des Herzens.[163]

Auf der Stele des Merer aus Gebelein, heute in Krakow, findet sich eine der ansonsten seltenen Aussagen über den weiblichen *hörbaren Körper*:

> Seine Frau, seine Geliebte, die Leibliche, einziger Königsschmuck, die Hathorpriesterin, die mit guter Rede (*nfr.t ḏd*), die reine Dinge und weißes Brot darbringt, die mich erfreut mit allem beliebten …[164]

Dieselbe Idealisierung trifft man auf der Stele Kairo CG 1651 an, für die FISCHER ebenfalls die Gebeleinregion als Ort der Herkunft vermutet:

---

163 Ptahhotep D499–504 (Version L2+L2G), pBM EA 10509, Fragm. 4, 3 und 3, 2, D499 Rubrum.

164 SKrakow, MNK XI 999. ČERNÝ, The stela of *Mrr* in Cracow, *JEA* 47, S. 5–7 und Taf. 1. Zuletzt MORENZ, *Die Zeit der Regionen im Spiegel der Gebelein-Region*, S. 288.

> Seine Frau, seine Geliebte, die lachend kam und ging,[165]
> die Gutherzige, die sagt was man liebt tagtäglich über Jahre.
> Die nicht fehlerhaft ist, indem sie nicht schädigte das zur Waage gehörige.
> Die Gelobte der Hathor, *Dmj =s-n =j*.[166]

Die Aussage „nicht schädigte (sie) das zur Waage gehörige“ zeigt, dass es sich hier um das Lachen der Heiterkeit und Ausgeglichenheit handelt, das in der altägyptischen Ethik den Menschen, der sich mit der Maat in Einklang weiß, kennzeichnet. Es dient als soziale Geste dazu, die Selbstbeherrschung des Menschen, seine Beliebtheit und damit sein Eingebunden-sein in die Gesellschaft zu verdeutlichen. Auf die Aussage: „die lachend kam und ging“ (*jwj.t ns.t sbt.tj*) dürfte Waltraut GUGLIELMIS Feststellung zum Lachen als Ausdruck der Gruppensolidarität in den Biographien zutreffen. Sie schreibt: „Sie beruhen zudem auf einer bewussten Haltung, nicht auf einer befreienden Emotion“.[167] Die Eigenschaften der Ehefrauen werden vom MORENZ aufgrund des Kontextes als eine Darstellung der Gattin nach dem Vorbild der Hathor, gleichzeitig aber auch als das kulturell konstruierte Idealbild der Frau eingestuft.[168] Die Biographie des Jdw bestätigt das Ideal des frohgemuten Verhaltens einer Frau ihrem Mann gegenüber:

> Ich tat dieses für diese *ʿ.s-n-K3.(j)* (seine Ehefrau) wegen der Größe ihres Ansehens [in meinem Leib].
> Niemals sagte sie ein Wort, das mein Herz abstieß, nie war sie böse, solange sie jugendfrisch im Leben war.[169]

Die Frau wird in ihrer Rolle als Gattin „mit guter Rede“, „lachend“, „die sagt, was man liebt“ und nichts sagt, „was das Herz abstößt“ idealisiert. Durch diese Aussagen wird außer dem Gastgeber und dem Gast (beim Gastmahl) auch der Ehefrau die Gelegenheit zum Lachen eingeräumt. Im Vergleich zu dem

---

165 *Jj* in *tj* emendiert, siehe MORENZ, *Die Zeit der Regionen im Spiegel der Gebelein-Region*, S. 300, Anm. 650.

166 SKairo CG 1651, FISCHER, The Nubian Mercenaries of Gebelein during the First Intermediate Period, in: *Kush* 9, S. 45, Anm. 3.

167 GUGLIELMI, Lachen und Weinen in Ethik, Kult und Mythos der Ägypter, in: *CdÉ* LV, S. 71.

168 MORENZ, *Die Zeit der Regionen im Spiegel der Gebelein-Region*, S. 300, Anm. 652.

169 Grab des *Jdw* (*šnnj*), Südwand der Kultkammer, Schachturkunde für die Ehefrau des *Jdw*, PM V, 119, EDEL, *Hieroglyphische Inschriften des Alten Reiches*, S. 9–25, Urk. I, 115.17–117.6, KLOTH, *Die (auto-) biographischen Inschriften*, S. 233, Dok. 16.

männlichen *hörbaren Körper*, zu dessen Symbolisierung (ausgenommen in seiner Rolle als Gastgeber) Lachen nicht verwendet wird, zeichnet es den weiblichen aus.

In Maxime 21 (Ptahhotep D337–338, 333, 335) wird dem Ehemann das Recht eingeräumt, seine Frau zu „befragen" (*šni*) und „zurechtzuweisen" (*šnꜥ*):

> [D337] [Eine Frau], sie sollte ihrem Arm überlassen werden (?)!
> [D338] [Wenn] sie [befragt/verflucht] wird, so hat sie Böses getan.
> [D333] Eine Frau, die tut, was sie beobachtet, ist ein Sturmwind.
> [D335] [Es geht darum, sie in] deinem [Haus zu behalten] und sie zurechtzuweisen.[170]

Auf seinem Besitztum hat der Hausherr wie beim Sohn so auch bei der Frau die Rolle des Richters. Die Frau soll im Hause bleiben. Wie sich das *Spacing* bei einer Befragung der Frau gestaltet ist offen. Es hängt vermutlich vom Einzelfall ab.[171]

Das Verhalten an Orten der Anhörung

Die an eine Amtsausübung gebundene Anhörung wird in der Lehre des Ptahhotep bei der Audienz eines Wesirs gegenüber den Bittstellern, als Mitglied der Ratsversammlung und als Richter bei der Rechtsprechung beispielhaft ausgemalt.

Die Audienz

Die Audienz wird in Maxime 13 (Ptahhotep D220–231) erläutert. Sie findet im Torgebäude statt und behandelt die Rolle des Besuchers, also desjenigen, der angehört werden will. Die Positionierung des *hörbaren Körpers* beginnt schon im Vorfeld der Anhörung:

> [D220] Wenn du im Torgebäude/Eingangsportal[172] bist, [D221] dann ist (dein) Verhalten (oder als Imperativ) gemäß deiner Position, [D222] die dir am ersten Tag auferlegt worden ist.

---

170 PBM EA 10509, 6, 2–3.

171 Die Stelle: „Vollkommene Rede ist besser verborgen als Grünstein. (Aber) sie kann gefunden werden bei den Dienerinnen über den Mahlsteinen" (Ptahhotep D58–59) werte ich mit PARKINSON (*Poetry and Culture*, S. 259) nicht als eine Aussage zum Sprechverhalten einer sozialen Gruppe, sondern als literarisches Stilmittel.

172 Nach JUNGE spielt sich die Szene in der Audienzhalle ab. Ders. interpretiert die Positionierung als Ausdruck der Abhängigkeit vom Gott, vergl. JUNGE, *Die Lehre Ptahhoteps*, S. 40.

> [D223] Missachte es (das auferlegte Verhalten) nicht! (oder: Betritt es (das Torgebäude) nicht!) Hüte dich vor deiner Zurückweisung!
> [D225] Geräumig ist der Platz dessen, den der Herold herbeiführt (oder: der eingeführt wird, indem er angemeldet ist; d.h. der willkom-men ist).
> [D226] Vorsichtig ist der, der aufgerufen eintritt.
> [D227] Das Torgebäude/Eingangsportal funktioniert nach einer festen Ordnung [D228] und sein ganzer Handlungsverlauf (wörtlich: Verhalten) gemäß einer Regel (wörtlich: entsprechend der Messschnur).
> [D229] Es ist der Gott, der (einen) fähig macht (wörtlich: der die Fähigkeit macht), [D230] (und) der die Stellung des jungen/aktiven Körpers befördert.
> [D231] Man hat sich nicht gewendet zu einem, der seine Arme eingesetzt hat (oder: Nicht erreicht man etwas mit seiner (eigenen) Kraft).[173]

Das Szenarium platziert einen Besucher und den Herold in einem sozialen Raum mit festgelegten Positionen. Die Bestimmung in D225: „Geräumig ist der Sitzplatz dessen, der eingeführt wird, indem er angemeldet ist" (*wsḫ s.t n.t stꜣ wḥm.w*) kann als Melder einen Herold oder einen Schreiber bezeichnen. Ostraka belegen das Torgebäude als den Ort, an dem die Stimme (*ḫrw*) des Schreibers ertönt.[174] Die Beamten rufen den Schreiber, damit dieser andere herbeirufe (*srj.w ḥr-ꜥš =k r-njs-ktḫ.w*).[175] Den Anweisungen für den Wesir[176] zufolge wurde der soziale Raum bei einer Anhörung als Sphäre der Gleichberechtigung im Hinblick auf das Recht zu sprechen für den Richter oder Wesir und die Angeklagten oder Bittsteller konzipiert. Sie legen bei Rechmire, TT 100, für die Audienzhalle eine Sitzordnung für den Wesir, die Gaufürsten und den Kammerherrn fest – die Schreiber sitzen in Hörweite – und bestimmen die Sprechordnung der Berichterstatter „der Reihe nach".[177] Das Gewicht, das diesem Regelwerk (das für den Wesir schriftlich festgelegt war) und seiner Befolgung durch den *hörbaren Körper* beigemessen wird, bezeugt ihre Erwähnung in D226–228. „Vorsichtig ist der, der aufgerufen eintritt" (D226) betont die Aufmerksamkeit, die der Besucher auf die Einhaltung der Regeln verwenden soll, die laut D221 seiner Position entsprechen sollen. Die

---

173 Ptahhotep (Version L2+L2G), pBM EA 10509, 4, 2–5.

174 FISCHER-ELFERT, Zwei Marginalien zu antikem und ägyptologischem Umgang mit Literatur, in: *ZÄS* 128, S. 86–88.

175 ODem 1598 II, 3–4. Ähnlich oMi 18, rto. 3–4: „um andere herbeizurufen, wird er (der Schreiber) gerufen (*ꜥš.tw.f r-njs-ktḫ.w*).

176 DAVIES, *Rekh-mi-Rê*, Taf. XXIV–XXVI. Von VAN DEN BOORN, in: *Or* 51, S. 369–381, an den Anfang der 18. Dyn. datiert.

177 TT 100, Querhalle, O-Wand, S, DAVIES, *Rekh-mi-Rê*, Taf. XXVI, Kol. 2–3, S. 89.

nächsten zwei Aussagen betonen die Unumstößlichkeit der Bestimmungen, die an einem Ort der Anhörung herrschen: „Das Torgebäude funktioniert nach einer festen Ordnung und sein ganzer Handlungsverlauf (wörtlich: Verhalten) entsprechend der Messschnur“ (D227–228). Der Angemeldete erwirbt sich seinen Platz im sozialen Raum durch sein aufmerksames, die Regeln beachtendes Vorgehen. In den abschließenden zwei Aussagen wird dem *hörbaren Körper* eingeschärft, sich unterzuordnen und sich in eine bestehende Ordnung einzufügen. Das geschieht, indem seine Fähigkeiten und Stellung als von Gott gegeben, und das Handeln aus eigenem Antrieb als zwecklos, dargelegt werden. Die Sinnstiftung erfolgt am Ende der Maxime durch die Aussage, dass es der Gott ist, der die Stellung befördert.

Die Texte geben keinen Hinweis darauf, dass an Orten der Anhörung die Ordnung des auditiven Raumes durch den Schutzgott der jeweiligen Beamtenschaft,[178] der über den Bereich der Amtsausübung waltete, beeinflusst war. Bei Ptahhotep charakterisiert „der eingeführt wird, indem er angemeldet ist“ und „der aufgerufen eintritt“ die Position. Eine höhere als die hier geschilderte beschreibt *Wpj-wꜤwt-ꜤꜤw*, Priester und Bürgermeister von Elephantine:

> Ich wurde gemacht zu einem der eintreten kann ohne ihn anzusagen (*jrj.kwj -Ꜥḳ j-ḏd =f*).[179]

Diese Position setzt die übliche Ordnung des auditiven Raumes, die durch die Ankündigung des Eintretenden durch den Herold mit dem *mdw*-Stab[180] eröffnet wird, außer Kraft. An ihre Stelle tritt die Vertrautheit mit dem König als die, in diesem Fall die Ordnung bestimmende Größe.

Die in Theben gefundene, aber bisher nur durch einen Textzeugen aus der 12. Dynastie, den Papyrus Prisse 1, belegte Lehre des Kagemni, 1, 1–3, formuliert den *hörbaren Körper* im Hinblick auf den Hörraum und unterstreicht dessen Bedeutung. Sie ist auf demselben Papyrus überliefert wie die Lehre des Ptahhotep, Version P. Die Nähe von Ptahhoteps Maxime 13 zu dem überlieferten Beginn der Lehre des Kagemni (vielleicht fehlt der Anfang) spricht für Intertextualität:

---

178 Das „Berufsnomen“, vergl. HELCK, Priester, Priesterorganisation, Priestertitel, in: *LÄ* IV, Sp. 1084–1097.

179 Stele, Staatliche Sammlung ägyptischer Kunst, München, Glyptothek WAF 35, Kol. 22, 4. Strophe, BARTA, Ein metrisch geformter Stelentext des Mittleren Reiches, in: FS *Fecht*, S. 70f.

180 Siehe die Darstellung bei Rechmire, TT 100, Querhalle, O-Wand, S, DAVIES, *Rekh-mi-Rê*, Taf. XXV.

> [1,1] Der Respektvolle ist wohl behalten und der Zuverlässige/Genaue ist gepriesen.
> Das Zelt des Bescheidenen (wörtlich: Schweigenden) steht offen (wörtlich: ist geöffnet).
> [1,2] Der Platz des Ruhigen (*hrw*) ist geräumig. Rede nicht (zu viel)![181]
> (Denn) die Messer sind scharf [1,3] gegen den, der vom (rechten) Weg abweicht.[182]

Das Szenarium ist wiederum der Ort einer Anhörung, die durch eine bedeutende Persönlichkeit vollzogen wird. Das wird durch den physischen Ort angedeutet, der bei Ptahhotep ein Torgebäude (*rwy.t*), der gebräuchliche Ort für Anhörung und Rechtsprechung, ist, bei Kagemni das „geöffnete Zelt" (*wn ẖn*) eines respektierten Mannes, der als „Zuverlässiger" (*mtj*) und „Schweiger" (*gr.w*) charakterisiert wird. Bei Ptahhotep wird das Verhalten des *hörbaren Körpers* als physische Bewegung eines Hörenden („der aufgerufen eintritt") beschrieben. Bei Kagemni wird es durch den Imperativ: „Rede nicht (zu viel)!" (*m mdwj.w*) als stimmliches Handeln eines „Ruhigen" (*hrw*) benannt. Beide Lehren betonen die Wichtigkeit, die Ordnung des sozialen Raumes einzuhalten. Bei Ptahhotep als „Richtschnur" (*sẖr*) explizit erwähnt, entspricht sie einer Ordnung des auditiven Raumes, der der Hörende unterworfen ist, bei Kagemni ist es der Sprechende. Der Unterschied ist möglicherweise durch die Zielgruppe bedingt, die bei Ptahhotep durch einen jungen Schüler (D229) verkörpert ist. Das sollte jedoch nicht darüber hinweg täuschen, dass die Texte zwei unterschiedliche Phasen eines Prozesses entwerfen. Das Szenarium bei Ptahhotep schildert den vor dem Torgebäude wartenden, das bei Kagemni den eintretenden Besucher.

Maxime 14 (Ptahhotep D232–248) schärft dem Zuhörer die Wichtigkeit eines „Vertrauensmannes" (*kfꜣ-jb*) oder einer Anhängerschaft ein:

> [D232] Wenn du mit Menschen zusammen bist, [D233] dann schaffe dir Anhänger in der Rolle (wörtlich: als) eines Vertrauensmannes!

181 Oder: „Verleumde nicht". Die von mir gewählte Übersetzung passt m.E. besser, da die folgenden Aussagen 1, 3–6 die Mäßigung betreffen.

182 PPrisse 1, 1–3, JÉQUIER, *Le papyrus Prisse et ses variantes*, Hieroglyphische Umschrift ab 1, 3b bei SETHE, *Lesestücke*, S. 42–43, Zeilenzählung nach Gardiner, Übers. DILS, in: TLA, Zugriff 2009-11-09. Ders. versteht „der vom (rechten) Weg abweicht" als „der sich nicht an die Regeln hält"

> [D234] (Denn die Rolle) eines Vertrauensmannes ist gut für deinen Ruf.[183]

Der Vertrauensmann bewirkt für den *hörbaren Körper*:

> [D240] Dein Ruf ist gut, (auch) ohne dass du sprichst.
> [D241] Dein Körper ist genährt. (Und) deine Aufmerksamkeit gilt deiner Umgebung. [D242] Ruhm gehört dir, (auch) ohne dass du es weißt.[184]

Das Szenarium entwirft die Beziehungen des *hörbaren Körpers* zu seinem gesellschaftlichen Umfeld. Diese werden sehr hoch bewertet. Da der Schüler in den bisherigen Szenarien noch in untergeordneten Positionen auftrat, könnte das auch für Maxime 14 zutreffen. Ist das der Fall, ergibt sich ein Szenarium aus einem Vertrauensmann und einem Debutanten: Das noch ungefestigte Ansehen der eigenen Person kann durch einen Vertrauensmann ausgeglichen werden, der dann durch die Würde, die er ausstrahlt, für Ehrfurcht sorgt. Die Aussage: „Dein Ruf ist gut, (auch) ohne dass du sprichst" (D240) legt dem Zuhörer nahe, um seinen guten Ruf nicht zu riskieren, vorsichtshalber nicht selbst zu sprechen. Ein Vertrauensmann oder eine Anhängerschaft werden als wichtiger dargestellt als das eigene Handeln. Die Aufmerksamkeit soll der Umgebung gelten.

Die Sinnstiftung erfolgt über die Maat als Tugend. Sie ergibt sich aus den generellen Aussagen im zweiten Teil dieser Maxime:

> [D243] (Aber) das Herz dessen, der auf seinen Bauch hört (d.h. der seiner Leidenschaft gehorcht), geht in die Irre, (und zwar indem/weil) es seine Kleinheit[185] an die Stelle seiner Beliebtheit stellt. [D245–246] So wird sein Herz kahl (?) und sein Gesicht traurig dadurch, dass (wörtlich: unter) sein Herz gegen ihn handelt.
> [D247] Der mit hitzigem Herzen leidet (wörtlich: ist) unter dem, was der Gott veranlasst. oder: Das Herz ist heiß dadurch, dass (wörtlich: unter) der Gott (es) veranlasst. [D248] Wer auf sein (hitziges) Herz hört, gehört dem Feind.[186]

---

183 Ptahhotep (Version L2+L2G), pBM EA 10509, 4, 5, D232 Rubrum.

184 PBM EA 10509, 4, 7.

185 DILS übersetzt *ktt* (TLA, Lemma-Nr. 165900) mit: „Kleinlichkeit"

186 PBM EA 10509, 4, 7–9, Zugriff 2015–06–23.

Die Leidenschaft wird als Beweggrund für das Handeln des *hörbaren Körpers* zur Sprache gebracht. Sie wird im Bauch lokalisiert, während das Herz für die Vernunft und das richtige Tun steht. ASSMANN setzt für die Erfindung der Tugend und die damit verbundene „Ausdifferenzierung einer personalen Innenwelt" das Mittlere Reich an: „Der ‚Außenstabilisierung' des Individuums durch seine Einbindung in das Gesellschaftsgefüge mit dem König als Zentrum steht nun eine ‚Innenstabilisierung' durch das Herz gegenüber, das als Sitz von Wollen, Denken und Fühlen die Führung übernimmt".[187] In dem neuen Menschenbild halten sich Außen und Innen die Waage. Die Aussage D241 bezieht sich auf die Außenwelt. Eine Leidenschaft hindert den *hörbaren Körper* nicht daran, seiner Umgebung seine Aufmerksamkeit zu widmen, wenn sie nicht in unbedachten Worten ausgelebt wird. Solange er diesen Grundsatz befolgt, sichert er sich das Wohlbefinden und einen guten Ruf. Die Alternative D243–248 bezieht sich auf die Innenwelt. Sie stellt die Leidenschaft als Triebkraft für ein egoistisches Verhalten dar, das die eigene Person wichtiger nimmt als sie ist. Die Hitze, die der Gott veranlasst hat, wird zum Prüfstein für den Menschen, er leidet unter ihr. Erliegt er ihr, gehört er dem Feind. Auf dem Wege über eine Ausweitung des Maatkonzeptes – sie besagt, dass ein Gerechter kraft seiner Tugend ausgewogen handelt – wird hier der Sinn für das Nichtsprechen gestiftet.

Den Prestigegewinn, der mit der Aufgabe verbunden ist, einen Zwist unter Bittstellern zu schlichten, behandelt die Lehre eines Mannes, § 12, 5–9:

> [12,5] Wenn du zu jemandem wirst, an den man Bitten richtet, [12,6] und du zwei Parteien zu trennen hast bei einem Streit, [12,7] dann höre sie an beim Kommen (?), Einen [nach dem anderen (?)].
> [12,8] Bezüglich zweier Parteien beurteile ihren (jeweiligen) Charakter, [12,9] so dass sie hervorgehen in Zufriedenheit.[188]

Die Situation: „Wenn du zu jemandem wirst, an den man Bitten richtet" (*jr wnn =k m spr.w.n =f*) in § 12, 5 erscheint ebenso in der Lehre eines Mannes, § 16, 2. Es wird dort aber auf die Rechtsprechung und das Anhören beider Seiten der streitenden Parteien bezogen. Die Verpflichtung, beide Seiten zufrieden zu stellen, bietet den Anlass zu unparteiischem Handeln. Eine Vorbedingung hierfür ist das Anhören aller Betroffenen. Die Aussage: „dann höre sie an beim

187 ASSMANN, *Ma'at*, S. 119.

188 PBM EA 10775d, x+3–5, Übers. FISCHER-ELFERT, *Lehre eines Mannes*, S. 150–155, unter Berücksichtigung von DILS' Komm. in: TLA, Zugriff 2015-09-30. FISCHER-ELFERT hat: "(Prozess) Parteien".

Kommen“ (§ 12, 7) bezeichnet möglicherweise (wie in Ptahhotep D267) den Grund für ihr Kommen, andernfalls könnte sie vom Schlichter das, zu diesem Zeitpunkt noch unbeeinflusste, Zuhören verlangen. Abhängig vom Kontext, der die Vermittlungsleistung erbringt, sind Unterschiede zwischen der Lehre und der Biographie zu verzeichnen. Rechmire beschreibt sich als einer

> Der sich nicht schlägt auf eine Seite, der zwei Parteien herausgehen lässt (als) Zufriedene. Der den Armen/Schwachen trennt und (= vom) Reichen/Starken, ohne dass es ein weinendes Gesicht gibt, bei dem der sich bittend an ihn wendet.[189]

In seiner Biographie auf der Südwand der Querhalle versichert derselbe:

> Ich richtete Bittsteller, ich war nicht parteiisch, ich ließ mich nicht bestechen, ich war nicht ärgerlich über den der als Bittsteller kam. Ich habe ihn nicht abgewiesen, ich erduldete ihn in seinem Augenblick des Zorns.[190]

Mentuhotep, Sohn des Hapy, rühmt sich auf seiner Stele:

> (I was one) who payed attention until he (the petitioner, here a *nḏs*) had explained his afflictions and until he had emptied out the condition of his heart, one who listened to his speech and relieved his afflictions, who judged a man fairly …
>
> There was not any opposition against any agent or sealbearer of an institution. On the contrary, it was said: Pay attention. Do not be dismissive (?) towards a petitioner until he has said why he has come.[191]

In der Lehre wird der *hörbare Körper* in der Rolle des hohen Beamten oder Wesirs zu einem unparteiischen Anhörenden und Schlichter idealisiert. Er handelt, um alle, die zu ihm kommen, zufriedenzustellen. Die Biographie präsentiert einen *hörbaren Körper*, der sich beherrscht, und selbst in einem Szenarium der Gefühlsausbrüche, wenn dem Bittsteller das Herz herausfährt (*prt-jb*), eine neutrale Haltung bewahrt. Er handelt aus sozialen Beweggründen.

Die Idee von Reden als Verhandlungstaktik seitens des Bittstellers wird in Maxime 16 (Ptahhotep D 264–274) entwickelt:

---

189 Urk. IV, 1118.6–7, FISCHER-ELFERT, ebd., S. 167.

190 TT 100, Querhalle, S-Wand, DAVIES, *Rekh-mi-Rê*, Taf. XI, 24–25, meine Übers. in Anlehnung an HAGEN, *Text in Context*, S. 50.

191 SLondon UC1433, 11–14, HAGEN, *Text in Context*, S. 161.

> [D264] Wenn du einer bist, an den man Bitten richtet,
> [D265] dann sei freundlich,[192] wenn du auf das hörst, was der Bittsteller sagt.
> [D266] Weise ihn nicht ab, bis er seinen Bauch ausgekehrt haben wird
> [D267] (und) bis er gesagt haben wird, weshalb er gekommen ist.
> [D268] Ein Bittsteller liebt es mehr, dass seine Sprüche beachtet werden,
> [D269] als dass man ein Ende macht mit dem, weswegen er gekommen ist.
> [D270] Er ist darüber erfreut, mehr als irgendein (anderer) Bittsteller,
> [D271] (und) mehr als darüber, dass verwirklicht wird, was vorher angehört worden ist.
> [D272] Einer mit vollkommener Rede ist einer, der das Herz erfreut.
> [D273] Was den angeht, der den Bittstellern eine Ablehnung erteilt,
> [D274] (so) sagt man: „Warum nur tut er das?“[193]

Das Szenarium ist identisch mit dem bei der Amtseinsetzung des Wesirs. Als Anhörender bestimmt der Wesir über den Zeitpunkt und die Rededauer. Er entscheidet somit über den Raum, den der Bittende im Hörraum einnimmt. Es ist sein geduldiges Zuhören, das dem Bittsteller die Gelegenheit gibt, sein Anliegen in Sprüchen vorzutragen. Nach Maxime 13 soll der Raum für den *hörbaren Körper* des Bittstellers geräumig sein. Der Anlass für die Bitte wird heruntergespielt. Stattdessen wird eine vollkommene Art der Rede, die nicht näher bezeichnet wird, hervorgehoben. Die betreffende Aussage ist bei Ptahhotep D268 und der Amtseinsetzung des Wesirs gleich:[194] „Er ist darüber erfreut, mehr als irgendein (anderer) Bittsteller, (und) mehr als darüber, dass verwirklicht wird, was vorher angehört worden ist.“ (*mrj spr.w hnn ṯz.w =f r ḳn.t jy.t.n =f ḥr =s*). Die Bedeutung von *ṯz* als Verknüpfung, das heißt den Zusammenschluss mehrerer Verse zu einer sinnvollen Einheit,[195] unterstreicht den ästhetischen Aspekt der Rede.

Das Aufeinandertreffen von Mitgliedern unterschiedlicher sozialer Gruppen kennzeichnet den Ort der Anhörung. Die auditive Gestaltung des sozialen Raumes obliegt in diesem fiktiven Szenarium allen, die sich dort aufhalten. Gemeinsamkeit wird bei der Anhörung durch die Freude gestiftet, die „schöne Rede“ auf beiden Seiten hervorruft (D268–272). Weil Freude einigend wirkt, erscheint die Ablehnung einer Bitte unter diesen Umständen unverständlich

192 „Sei freundlich“ (*hrw*) übersetzt Hagen (*Text in Context*, S. 163) mit: „calm“, das besser das Idealbild des *hörbaren Körpers* als „der Ruhige“ einfängt.

193 PBM EA 10509, 4, 11–4, 14.

194 Urk. IV, 1090.9–1091.1. Hagen, *Text in Context*, S. 192f.

195 Simon, *Textaufgaben*, S. 104–110.

(D273–274). ASSMANN bringt die Stelle als Beispiel für das Zuhörenkönnen als eine hohe Beamtentugend.[196] In den Idealbiographien des Alten Reiches, wird das Verhalten des *hörbaren Körpers* zum Schutz des Schwächeren betont. Ein Gaufürst beteuert auf der Eingangsfassade:

> Ich hörte die Rede von einem, dessen Kehle eng war, und ich vertrieb das Böse für den Bedürftigen.[197]

Nur in den Biographien erfolgt die Sinnstiftung über die soziale Verpflichtung, die der Grabherr wahrgenommen hat. Das in der Lehre entwickelte Szenarium fokussiert hingegen den *hörbaren Körper* des Wesirs. Auf eine soziale Verpflichtung wird nur indirekt, durch den Hinweis auf die unverständliche Ablehnung des Gesuchs, hingedeutet (D273). Auf Seiten des Bittstellers wird die Not bis zur Nichtigkeit herabgespielt (D268–271). Die soziale Fürsorge wird zur Hervorhebung der Rede an die Peripherie verwiesen. Wo sie erwähnt wird, bildet sie keine Ursache für das Handeln, liefert sie keine Begründung. Thematisiert wird die Rede. Sie steht im Zentrum. Weil sie erfreut, kann sie eine Zustimmung bewirken. Die Bittsteller fungieren im Szenarium als Statisten, ihr Auftritt dient lediglich dem Kontrast, um das Verhalten eines vorbildlichen hohen Beamten zu benennen. Die Verse ab D268 haben deshalb den Stellenwert eines literarischen Stilmittels und können nicht als Aussage über den Bittsteller als *hörbarer Körper*, der den Anhörenden beeinflussen kann, gewertet werden.

In der Ratsversammlung

Zur Sprache als sozialer Faktor führt Antonio LOPRIENO an: „Auch im Ägyptischen scheinen linguistische Neuerungen (wie der Gebrauch des determinierten Artikels der *pꜣ*-Reihe) in den höheren Schichten später übernommen worden zu sein, was auf ein vorhandenes Bewusstsein des sozialen Charakters der sprachlichen Norm hindeutet".[198] Sowohl die Art ihres Sprechens als

---

196 ASSMANN, *Ma'at*, S. 73–75.

197 Dendera, heute Philadelphia Univ. Museum, Inv. Nr. E. 16794 A-G, 16795–8, PM V, 111, Urk. I, 271.4–13, KLOTH, *Die (auto-) biographischen Inschriften*, Dok. 14. Weitere Beispiele sind: „Ich bewahrte den Schwachen vor dem der mächtiger war als er", Inschriftenband des Menanchpepj (Mnj), Kairo JE 32147, PM V, 110, Urk. I, 269.4–9, KLOTH, Dok. 30, und: „Ich entschied die Angelegenheit [eines Schwachen gegenüber] dem Starken in gerechter Weise", Giza, Ostfriedhof, Mastaba G 7152, Scheintür in der Kultkammer des Sechemanchpeteh, PM III^1, 191 (1), BADAWY, *The Tombs of Iteti, Sekhem'anch-Ptah, and Kamenoferet at Giza*, Abb. 19, KLOTH, Dok. 70.

198 LOPRIENO, Sprechen, in: *LÄ* V, Sp. 1216.

auch der Grad ihrer Hörbarkeit differenzieren soziale Gruppen. In der Lehre des Cheti werden die Laute einiger Berufszweige, satirisch überspitzt,[199] als Kontrast zum „hörenden Schreiber" (*sẖꜣ.w sḏm*) dargestellt:

> Er (der Töpfer) stampft mit seinen Füßen. Die Funktion des Mörsers übernimmt er selbst.[200]
>
> Der Feldarbeiter klagt/trauert bis in Ewigkeit mehr als das Perlhuhn. Seine Stimme ist lauter als die des abw-Vogels.[201]

Mehrere Ägyptologen vermuten, es handele sich bei dem zu *ꜥbw* emendierten Vogel um einen Raben.[202] In diesem Fall würde ein grober und aufdringlicher Laut den Gegensatz zur gebildeten Rede des Schreibers schaffen. Nathalie BEAUX hat die Lautsymbolik des Perlhuhns untersucht. Sie kommt zu dem Ergebnis, dass es sich um einen Streitruf handelt, mit dem das Huhn die aufgehende Sonne begrüßt.[203] FISCHER-ELFERT emendiert das *ꜥb* zu *jꜥb* „worfeln", „Aufhäufen (des Getreides)". Die Stelle lautet in seiner Übersetzung:

> Der Feldarbeiter ist mehr als das Perlhuhn am Klagen. Seine Stimme ist laut bis zum/beim Aufhäufen des Getreides.[204]

Angewendet auf die Stelle in der Lehre des Cheti hieße das, dass das Perlhuhn den Feldarbeiter als einen Frühaufsteher charakterisiert, dessen Klagen während des ganzen Sommers schon morgens vernehmbar sind.[205] Die Lauterzeugung der Handwerker, Träger und Landarbeiter steht in scharfem Kontrast zu der der Beamten. Unter den Arbeitern finden sich Geschwätzige und Maulhelden, Witz und Lachen.[206] Laut der Lehre eines Mannes, § 1, 5–8,

---

199 JÄGER, *Altägyptische Berufstypologien*, passim.

200 Lehre des Cheti, § 9, 5, pSallier II, 5, 9.

201 Lehre des Cheti, § 13, 1, pSallier II, 6, 8.

202 BRUGSCH, *Hieroglyphisch-demotisches Wörterbuch* V, S. 195. BURKARD, *Textkritische Untersuchungen zu Ägyptischen Weisheitslehren des alten und mittleren Reiches*, S. 54f, und LICHTHEIM, *Ancient Egyptian Literature* I, S. 187.

203 BEAUX, La pintade, le soleil et l'éternité, in: *BIFAO* 104, S. 21–38.

204 FISCHER-ELFERT, *Lehre eines Mannes*, S. 377.

205 Außer dem Perlhuhn und dem *ꜣbw*-Vogel wird für den Menschen auch der Schrei der Gans (*smn*), des Reihers (*bnw*) und des Falken (*bik*) verwendet. Diese Vogelrufe sind aber auf die Jenseitsliteratur begrenzt, wo durch ihre Verwendung der Verstorbene jeweils den Göttern Horus, Re bzw. Amun angeglichen wird.

206 GUGLIELMI, *Reden, Rufe und Lieder*, S. 193.

werden Garbenträger (*ḳnjw*) und Worfler (*ḳmꜣmw*) nicht im auditiven Raum der Ratsversammlung zugelassen:

> [1,5–6] Ausschöpfen der Worte geht vor Gewalt(anwendung), (denn) einen Garbenträger gibt es nicht, der zur Ratsversammlung zugelassen würde.
> [1,7–8] Wer zur Rede Zugang hat, ist einer, der das Gehörte offenbart. Es gibt keinen Worfler, bei dem Rat eingeholt würde.[207]

Die Landarbeiter werden hier als Kontrast zu einem Redner dargestellt, der „die Worte ausschöpft" (*pnḳ m r'-mdw*),[208] „der zur Rede Zugang hat" (*ꜥḳ m md.t*), der „das Gehörte offenbart" (*wbꜣ sḏm*) und „bei dem Rat eingeholt wird" (*nḏnḏ.y m-ꜥ =f*). Die lautliche Körperkonzeption – das Stampfen mit den Füßen – wird mit anderen Statussymbolen (hier der Tätigkeit der Landarbeiter) verbunden. Auf diese Weise wird eine Differenzsetzung gesellschaftlicher Gruppen bewirkt.

Maxime 15 in pPrisse, die in der Version L2 = pBM EA 10509 keine Entsprechung hat, führt dem Leser oder Hörer die Risiken vor Augen, denen ein Berichterstatter in der Ratsversammlung ausgesetzt ist:

> [D249] Berichte über deine Aufgabe ohne nachlässig zu sein.
> [D250] Gib deinen Ratschlag in der Ratsversammlung deines Herrn.
> [D251] Was den angeht, der über ihn hinaussteigt, wenn er redet,
> [D252] (dann) ist es nicht schlimm für den Boten, Bericht zu erstatten. (Und dann) gibt es nicht die Antwort:
> [D253] „Was denn, ich möchte es wissen".
> [D254] Es ist der in Bezug auf seinen Besitz Große, der sich irrt.
> [D255] Wenn er (der Große) überlegt, um ihn (den Boten) deswegen zu bestrafen,
> [D256] (so) verstummt er (der Bote) mit den Worten: „Ich habe gesprochen".[209]

Die Bedeutung von „steigen, übersteigen; ausgießen, überfließen" (*ṯṯf*) in D251 ist unsicher. Die verschiedenen Übersetzungsvorschläge nehmen entweder

---

207 Lederrolle BM EA 10258, 1, 4–5, FISCHER-ELFERT, *Lehre eines Mannes,* S. 28.

208 ODeM 1665+oGardiner 1 hat *pnḳ md.t.*

209 Ptahhotep D249–256, pPrisse 8, 11–14.

eine gute Qualität der Berichterstattung oder ein Verlieren der Fassung an.[210] Der Berichterstatter hat den hohen Status eines Beamten, der mit einem Auftrag betraut worden ist. Er ist eine Vertrauensperson. Sein Handeln besteht, der Aussage: „Gib deinen Ratschlag“ (D250) nach zu schließen, im Darlegen und im Beurteilen der Sachlage. Dabei braucht er sich von anderen, auch sozial höher stehenden (weil reicheren) Ratsherren, nicht dreinreden zu lassen. Es wird ihm die Möglichkeit eingeräumt, über das Ende seiner Rede zu bestimmen und zu verstummen. Durch die Aussage: „Ich habe gesprochen“ (*ḏd.n =j*) bekräftigt er seine Kompetenz. Sie gibt ihm die Möglichkeit, das in ihn gesetzte Vertrauen nicht durch Fragen des Reichen zu verwirken. Wie leicht dieses nämlich passieren kann, zeigt die Lehre eines Mannes, § 9, 3–8, die ich entgegen FISCHER-ELFERT nicht als das Sprechen über einen juristischen Tatbestand auffasse. Dort heißt es:

> [9,3–4] Man suspendiert eine Standesperson wegen eines erniedrigenden Vorfalls, so dass man sie nicht aussendet ein weiteres Mal.
> [9,5–6] Wirkung/Erfolg entsteht durch korrektes Betätigen der Zunge, es dürfen nicht schadenstiftende Reden missachtet werden, [9,7] es darf keine Beschönigung geben bei dem dem sie anvertraut werden. [9,8] Es gibt kein Vertrauen in den, der einen Vorwurf ignoriert.[211]

---

210 Zu den div. Übersetzungsvorschlägen siehe Komm. zu Version P, D251, DILS, in: TLA, Zugriff 2015–06–11. JUNGE versteht die Maxime 15 als einen Abschnitt, der dem Boten den Rücken stärkt, weil er nicht für den Inhalt einer Botschaft verantwortlich gemacht werden darf. In seiner Übersetzung lautet pPrisse, 8, 12–14 = D251–255: „Was nun das Lospoltern betrifft, wenn jener spricht, so ist es nichts Gravierendes für den Überbringer des Berichts – von wem, der es kennt, käme denn nicht eine Rechtfertigung? Es ist der für ihn zuständige Große, der irrt. Hat er die Absicht, ihn deswegen zurechtzuweisen, (so) bewahrt er grundsätzlich Stillschweigen, sagend: „Ich habe gesprochen“. Ders. kommentiert: „In erstaunlicher Deutlichkeit werden hier den Abhängigen Eigenrechte zugesprochen, deren Grenzen zu überschreiten den Mächtigen nicht zusteht“ (JUNGE, *Die Lehre Ptahhoteps*, S. 41). Eine derartig auf das Individuum bezogene Begrifflichkeit wie „Eigenrecht“ im Hinblick auf eine solidarische Gesellschaftsordnung anzuwenden, wie sie das alte Ägypten darstellt, erscheint mir bedenklich. Ein Mann, der über eine Aufgabe Bericht erstattet, ist nicht gleichbedeutend mit einem Boten, der eine Nachricht überbringt (über den in Maxime 8 gesprochen wird). Zwar wird bei Ptahhotep D249 für „Auftrag“ das Lexem *sšm* gebraucht und nicht *hꜣb* (Siehe den Komm. zu *hꜣb* auf DeM 1098, § 9, 4, FISCHER-ELFERT, *Lehre eines Mannes*, S. 122–123), aber der Berichterstatter hat den hohen Status eines Beamten, der mit einem Auftrag betraut worden ist.

211 Lehre eines Mannes, § 9, 3–8, FISCHER-ELFERT, ebd., S. 117–135.

Die Aussage: „so dass man sie nicht aussendet ein weiteres Mal“ (§ 9, 4) kommt einer Amtsenthebung gleich. Das Szenarium vermittelt eine Differenzierung des *hörbaren Körpers* innerhalb der zur Ratsversammlung zugelassenen Personen, indem sie zwischen den (mit einem Auftrag) ausgesandten und den nicht ausgesandten Sprechern unterscheidet.[212] Interpretiert man die Handlungssituation gestützt auf Maxime 2, in der vom Gleichgewicht die Rede ist (D63), ergibt sich folgende Möglichkeit, die Stelle im Hinblick auf den Hörraum zu verstehen: Die Ratsversammlung bildet einen auditiven Gesamtraum.[213] Nur bestimmten Berufen wird aufgrund ihrer Bildung und rednerischen Fähigkeiten gestattet, an seiner Erzeugung mitzuwirken. Der Gesamtraum kann im Hinblick auf die Ästhetik des Gesprochenen als ‚Verräumlichung eines Textes‘ im Sinne ASSMANNS verstanden werden. Seine Gestalt ergibt sich durch die Ausschaltung überschüssiger Vielheit, Selektion und semantische Rekurrenz.[214] Allerdings bewertet derselbe Autor die Wirkung der musikalisch-klanglichen Seite der Sprache (Rhythmus, Alliteration, Reim, usw.) im Verhältnis zur semantischen Rekurrenz gering, während es gerade der auditive Aspekt der Sprache ist, der den Hörraum erstellt. Alle Anwesenden sind gleichermaßen berechtigt zu reden. Dabei ist die Aufgabenverteilung für die Redner, das kommentierende Publikum und die Berichterstatter unterschiedlich. Der Einsatz der Sprechstimme des Berichterstatters wird dem Großen, der beim Sprechen zu viel Raum einnimmt, gegenübergestellt. Das „Verstummen“ oder „Stillschweigen“ (*gr*) des Berichterstatters balanciert die Hörlage aus. Es schafft den Ausgleich zur Wiederherstellung der Ordnung des auditiven Gesamtraumes, die durch den „Irrtum“ des Großen gestört und aus dem Gleichgewicht gebracht worden war.

Die Maxime 22 (Ptahhotep D350–355) gibt ein Beispiel für Sprechakte, die im Hörraum nichts zu suchen haben. In ihr wird vor der Verbreitung von Gerüchten gewarnt:

---

212 FISCHER-ELFERT, ebd., S 131.

213 Diese Idee findet sich im Hinblick auf musikalische Schallproduktion als Schöpfungsordnung bei PÉREZ ARROYO: „According to the Heliopolitan thinking, ‚music‘ was the spiritual expression of a universe understood as ‚proportion‘, a reflection of the order of the celestial sphere in which each one of its elements is also an ordered part of the *One*.“ PÉREZ ARROYO, *Music in the Age of the Pyramids*, S. 106.

214 ASSMANN, Hierotaxis, in: FS *Fecht*, S. 22f.

[D350] Du sollst nicht das Gerücht über eine Sache wiederholen, [D351] die du nicht gehört hast.[215]
[D358] Das Gerücht ist wie ein Fall von [Träumerei].
[D359] Es ist wirklich etwas, das sich auflöst. Hüte dich davor!
[D352] Nicht [......] ein Mann mit hitzigem Temperament,
[D353] der Dinge erzählt, die weder [gesehen] noch gehört worden sind.
[D355?] Siehe, ich bin neben dir, ohne dass es eine Unwahrheit ist.
[D355] Siehe, [......] Fähigkeit.[216]

Das Szenarium wird aus dem Zuhörer und einem Verbreiter von Gerüchten konstruiert. Unterstrichen wird die Bedeutung, sich eine eigene Meinung zu bilden und sich an Tatsachen zu halten. Die Benennung der Eigenschaften eines Gerüchtes bildet die Textoberfläche. Die Botschaft der Maxime erschließt sich aus der Verantwortung, die der *hörbare Körper* als Überbringer von Botschaften und als Berichterstatter trägt. Die Aussage D350 in der Version L2: „Du sollst nicht das Gerücht über eine Sache wiederholen, die du nicht (selbst) gehört hast" beschreibt ihn als Glied in einer Kommunikationskette, das das Gehörte weitergibt, und für den sich aus dieser Situation heraus Handlungsalternativen eröffnen. Da das Gerücht jeglicher Unterlage in der Wirklichkeit entbehrt, darf es nicht weitergegeben werden (D358–359). Die nächsten zwei Verse (D352–353) zeigen einen *hörbaren Körper*, der unverantwortlich handelt, weil er seine Neigung zum Fabulieren nicht im Zaum halten kann. Daraufhin wird durch die Aussage: „Siehe, ich bin neben dir, ohne dass es eine Unwahrheit ist" (D355?) Wirkliches als etwas demonstriert, das gegenwärtig, unmittelbar, neben dem Schüler vorhanden, zu sehen, und zu hören ist. Ethisches Verhalten wird aus der Gegenüberstellung von der Unzuverlässigkeit und Flüchtigkeit des Gerüchtes mit der konkreten Situation hergeleitet.

Die wichtige Rolle, die das überlegte Reden bei der Positionierung in der Ratsversammlung spielt, wird dem Schüler in Maxime 23 (in pPrisse 24) erklärt. Die Berechtigung der Anwesenden, das Wort bei der Ratsversammlung zu ergreifen, wird entweder durch die physische Nähe der Redner – der Sprecher wird mit seinem Herrn gepaart – ausgedrückt, oder durch die Wirkung der Rede nahelegt:

---

215 PPrisse hat: „Du hast es nicht (einmal) gehört!" (*n sḏm =k sw*), weshalb ich die wörtliche Übersetzung „gehört" der von DILS vorgeschlagenen mit „beurteilt" vorziehe.

216 PBM EA 10509, 6, 3–5.

> [D362] Wenn du ein Mann bist, der (seinem Herrn) nahe ist, [D363] [der in der Ratsversammlung] der hohen Beamten [sitzt],
> [D364] dann beherrsche deinen Mund! (Und) konzentriere dich (wörtlich: sammle dein Herz)!
> [D365] (Denn) Schweigen ist für dich wirksamer als das Äußern von Gedanken (wörtlich: das Herauskommen des Herzens).
> [D366] [Ein Weiser (?)] soll (erst) reden, nachdem er sich überlegt hat, dass er die Lösung hat, [D367] so wie (es) ein Experte inmitten der Menschenmenge macht.
> [D368] Das Reden ist schwieriger als [irgendeine andere] Arbeit.
> [D369] Es ist (nur) derjenige, der sie verstanden (wörtlich: gelöst) hat, der sie sich dienstbar machen kann (wörtlich: der sie als [Stab (?)] einsetzen kann).[217]

Die erste Aussage: „Wenn du ein Mann bist, der (seinem Herrn) nahe ist, der in der Ratsversammlung der hohen Beamten sitzt“ (D362), entwirft das Szenarium. Der *hörbare Körper* wird im sozialen Raum mit seinem Herrn gruppiert. Er befindet sich unter hohen Beamten, die über Fachkenntnis und rednerische Kompetenz verfügen. In pPrisse wird der Angesprochene als ein „fähiger“ (*jḳr*) Mann bezeichnet, was die Position des Redners zusätzlich erläutert, denn nur ein begabter Sprecher wird in die Versammlung mitgenommen. Daraufhin erfolgt in D364 der Rat für sein Betragen in der Handlungssituation: „dann beherrsche deinen Mund und konzentriere dich!“ (*ḥn r' =k sꜣḳ jb =k*). Er wird begründet mit: „Schweigen ist für dich wirksamer als das Herauskommen des Herzens“ (D365). Die Sachlage lässt sich aus den Aussagen zur Fachkenntnis und zur Schwierigkeit des Redens (D366–369) erschließen. Der Schüler verfügt momentan weder über genügend Kenntnisse noch Erfahrung. Schweigen ist in dieser Situation die beste Alternative. Er muss warten, bis er sich die nötige Fachkenntnis als Grundlage für das Reden erworben hat, wie Version P es zum Ausdruck bringt: „(Wenn) du reden wirst, (dann) sei dir sicher, dass du die Lösung hast“ (D366).[218] „Schweigen“ und Kenntnis zeichnen den *hörbaren Körper* aus. Seine Präsenz im auditiven Raum wird durch den inhaltlichen Wert der Aussagen und, für den noch unerfahrenen Sprecher, durch die Paarung mit einem Weisen erreicht.

In Maxime 24 (in pPrisse 26) wird das Szenarium für ein die Lage beruhigendes Lautverhalten entwickelt:

---

217 Ptahhotep D362–369, pBM EA 10509, 6, 5–8, D362 Rubrum.

218 PPrisse 11, 10.

[D388] Wende dich nicht aggressiv gegen einen Großen in seinem Handlungsmoment!
[D389] Erzürne nicht das Herz dessen, der beschäftigt (oder: bedrückt?) ist!
[D390] Lass ihn (wörtlich: lege ihn auf die Erde)! (Das) ist beruhigend für seinen *Ka*. (oder als Ausruf: „Frieden für seinen *Ka*!").
[D391] (Denn) auf den, der mit ihm streitet, stürzt sein Unmut herab.
[D395] Du sollst [das Gesicht] wieder vollkommen machen nach [dem Wutanfall].
[1 Vers zerstört].
[D397] Der Frieden ist [bei deinem *Ka*], der Unmut bei deinen Feinden.
[D398] Er (der Große?) ist der *Ka*, [der Beliebtheit gibt].[219]

Die Akteure sind zwei ungleiche Sprecher, der beschäftigte Große und ein unter diesem stehender Redner. Es wird eine potentielle Konfliktsituation exemplifiziert. Sie wird durch den höher stehenden Redner ausgelöst. Sie ist nicht verhandelbar. Wie bei der Berichterstattung, so wird auch hier das Verhalten des untergeordneten *hörbaren Körpers* gegenüber einem „Großen" thematisiert. Das Lexem „belastet" (*ꜣtp*)[220] wird im Beredten Bauern für einen Gemütszustand, der sich in Worten Luft machen muss, verwendet.[221] Dasselbe kann hier für den Großen angenommen werden. Der Handlungsbedarf für den Untergeordneten ergibt sich aus einem Verhalten, das zur Harmonie des Hörraumes beiträgt. Anstatt durch Widerworte den Unmut des Großen auf sich zu ziehen, lässt man ihn sich beruhigen und seine Fassung zurückgewinnen, formuliert als: „Du sollst das Gesicht wieder vollkommen machen nach dem Wutanfall" (D395). Die den Sinn stiftende Kernaussage lautet: „Der Frieden ist bei deinem *Ka*, der Unmut bei deinen Feinden" (D397). Die Sentenz leitet zu der abschließenden Aussage über: „Er ist der *Ka*, der Beliebtheit gibt" (D398). Sie bezieht sich meines Erachtens[222] auf den *Ka* des adressierten *hörbaren Körpers*. Dieser hat sich dadurch beliebt gemacht, dass er zur allgemeinen Beruhigung der Situation beigetragen hat, anstatt den Unmut des Großen zu erregen und in der Ratsversammlung eine Auseinandersetzung heraufzubeschwören.

219 Ptahhotep D388–398, pBM EA 10509, 6, 8–11, D388 Rubrum.
220 *Wb* 1, 23.15–24.3, TLA, Lemma-Nr. 340, Zugriff 2015-06-24.
221 Bauer, pBerlin P 3025+pAmherst II, 33.
222 D398 könnte sich, nach DILS, auf den *Ka* des Großen beziehen.

Die Maxime 25 ist in der Version der 18. Dynastie, pBM EA 10509, so lückenhaft, dass ich hier auf den in die 12. Dynastie datierten Papyrus Prisse zurückgreife:

> [D370] Wenn du mächtig bist, dann kannst du den Respekt vor dir verbreiten, [D371] und zwar durch Fachkenntnis und durch eine ruhige Art, zu reden.
> [D372] Erteile keine Befehle in persönlichem Namen (?, oder: zuerst), sondern nur dem Auftrag (oder: dem Zustand) entsprechend. [D373] (Denn) einer, der (mit Worten) herausfordert, gerät ins Unrecht.
> [D374] Sei nicht hochmütig, damit du nicht gedemütigt wirst (wörtlich: sei nicht hoch, was dein Herz betrifft, damit es nicht gedemütigt wird)!
> [D375] Schweige nicht! (Aber) hüte dich Anstoß zu geben, [D376] (indem/wenn) du eine Rede mit Wut/Feuer (?) beantwortest.
> [D377] Wende dein Gesicht ab (und) beherrsche dich! (oder als rhetorische Frage übersetzt: „Du möchtest eine Rede mit Zorn beantworten? (Dann) wende dein Gesicht ab und beherrsche dich!“)
> [D378] (Denn) die Flamme des Hitzkopfs (wörtlich: Heißherzigen) breitet sich aus (?; oder: verlischt).
> [D379] (Aber) der Freundliche, der beleidigt (wörtlich: getreten) wurde, sein Weg ist gebahnt.

Die daraufhin erfolgenden Verallgemeinerungen zeigen die Bedeutung eines ausgeglichenen Wesens, die das Ertragen einer Beleidigung sinnvoll erscheinen lässt:

> [D380–381] Wer den ganzen Tag schwermütig (?) ist, er wird/kann keinen schönen Augenblick verbringen. [D382–383] Wer den ganzen Tag fröhlich/leichtsinnig ist, er wird/kann keinen Haushalt gründen. [D384–386] Wer die Erfüllung abschießt (??), ist wie einer, der das Ruder hält, das am Land zurückgelassen ist, (wenn) ein anderes (Ruder) festgehalten wird. [D387] Wer auf sein Herz hört (d.h. sowohl der *mnš-jb* wie der *wnf-jb*) wird (sagen): „Wäre doch!“[223]

Das Szenarium umreißt eine hypothetische Situation, in der der *hörbare Körper* dem der anderen Räte in der Ratsversammlung ebenbürtig ist. Es gilt die Ausgewogenheit innerhalb des Hörraumes zu erhalten. Um das zu erreichen

223 Ptahhotep D370–387, pPrisse, 11, 12–12, 6, D370 Rubrum. Nur die Aussage: „einer, der (mit Worten) herausfordert, gerät ins Unrecht“ ist in pBM EA 10509, 6, 11–12 lückenlos erhalten.

wird als Verhaltensweise genannt: „Wende dein Gesicht ab (und) beherrsche dich!“ (D377). Begründet wird diese Haltung mit der Aussicht auf die Karriere (D379). Handlungsweisen, die das Gleichgewicht stören könnten, sind: „Erteile keine Befehle in persönlichem Namen“ (D372), „Sei nicht hochmütig, damit du nicht gedemütigt wirst“ (D374) und: „Schweige nicht! (aber) hüte dich Anstoß zu geben, indem du eine Rede mit Feuer beantwortest“ (*m gr zꜣw ḫn<d> =k wšb =k md.t m t{n}nsr*) in D375–376. Die Begründung hierfür lautet: „Denn die Flamme des Hitzkopfs breitet sich aus (oder: verlischt)“ (D378). Die Lehre eines Mannes, § 19, 1–12, zeigt, dass die Metapher „Feuer (der Rede)“ die Grenzen dessen bestimmt, was als lautliches Gebaren toleriert werden kann:

> [19,1] Die Rede aber ist ein Abbild des Feuers,
> [19,2] eine Flamme bedeutet eine Antwort an einen Unbelehrbaren (wörtlich: Unwissenden).
> [19,3] Wenn sie eindringt in den Mund des Schweigers,
> [19,4] macht sie den Besonnen (wörtlich: Kühlen) zu einem Schwätzer.
> [19,5] Vorteilhaft ist Ruhe, gut ist Geduld.
> [19,6] Antworte dem Wissenden, meide den Unbelehrbaren[224].
> [19,7] Es gibt keinen mit (vor)schnellem Mundwerk, der frei von [...] ist.
> [19,8] [Es gibt keinen Besitzer] von Gestank, dem man (seine) Gefühle offenbart (wörtlich: der geöffnet gewordene für ihn den Bauch).[225]
> [19,9] Der von kühlem Temperament ist der vollkommene an Liebe.[226]
> [19,10] Beachte (wörtlich: höre) nicht verleumderische Rede, billige nicht alles Gerede!
> [19,11] Wenn du den zurückweist/strafst, der um Rat ersucht bei Dir,[227]
> [19,12] schmerzlich ist (dann) ein „Hätte-ich-doch“![228]

---

224 Zur Präposition *n* bei *rwj*, siehe Komm. DILS zu 19,6, oMichaelides 16 = oLos Angeles M.80.203.209, (19.-20. Dyn.), in: TLA, Zugriff 2015–06–24.

225 FISCHER-ELFERTS Lesung wird der Länge der Lücke in oMichaelides 16 nicht gerecht. Ergänzung nach QUACK, in: *BiOr* 57, S. 541: *nn ḫꜣḫ rꜣ šw* [*m* ...] / [*nn ?nb?*] *ḫnš wn n=f ẖ.t*, vergl. DILS’ Komm. zu § 19, 7–8.

226 DILS, ebd., hat: „Beliebtheit“ *mr.yt* mit oMi 16.

227 FISCHER-ELFERT (*Lehre eines Mannes*, S. 202): *ḫsf =k {jw} nḏnḏ m-ꜥ =k*. DILS hat stark abweichend: „(Aber wenn) du zurückweist/strafst, (dann) hast du dich (vorher) erkundigt” *ḫsf =k jw nḏnḏ.n =k*.

228 OMi 16; oDem 1398; oDem 1399; oDem 1400, rto., Übers. FISCHER-ELFERT, *Lehre eines Mannes*, S. 189–208. Ders. bringt in diesem Zusammenhang auch einen Beleg für das Gegenteil, den nach Myrrhe duftenden Mund (der Enkelin Osorkons).

Die Rede als ein Abbild des Feuers oder der Flamme (§ 19, 1) bildet eine kulturspezifische Kontiguität.[229] Sie ist als Metapher für die Redeweise negativ konnotiert. Die Aussage: „eine Flamme bedeutet eine Antwort an einen Unwissenden/Unbelehrbaren“ (*<stꜣ> pw wšb.t <n> ḫm*) ist schwer verständlich. Fischer-Elfert ordnet sie zusammen mit den anderen negativen Eigenschaften: „verleumderische Rede“ (*mdw.t wṯs.t*), „hastiger Mund“ (*ḫꜣḫ rʾ*), „Gestank“ (*ḫnš*) und „Schwätzer“ (*ꜥšꜣ ḫrw*) auf einer Bedeutungsachse an. Die Verbindung von unqualifiziertem Reden mit Gestank (§ 19, 8) findet sich in der Beschimpfung des Horus als „Grünschnabel mit schlechtem Mundgeruch“.[230] Sowohl in Ptahhotep D378 als auch in der Lehre eines Mannes, § 19, 3, charakterisiert die Metapher „Feuer“ die Rede als Bewegung, ein Sichweiterfressen. Deshalb ist keiner gegen sie gefeit. Das Szenarium zeigt diese Gefahr auf: „Wenn sie eindringt in den Mund des Schweigers, macht sie den Besonnen (wörtlich: Kühlen) zu einem Schwätzer“ (§ 19, 3–4).[231] Bei allen Verwendungen der Metapher ist die Handlungssituation ein Dialog.[232] In der Wenn … dann-Konstruktion in § 19, 3 erreicht die Flamme den *hörbaren Körper* und zeitigt dort eine verheerende Verwandlung. Sie macht ihn zum Schwätzer, der wie auch der „Heiße“ oder das „Heißmaul“ aus der Gesellschaft ausgeschlossen wird.[233] Daraufhin wird als Alternative das Bild des kühlen besonnenen Schweigers gezeichnet, der dem Wissenden antwortet und den Ratsuchenden nicht zurückweist (§ 19, 5–6).

Die Maxime 26 (in pPrisse 27) zeichnet sich durch eine Sinngebung aus, die sich auf die nachtodliche Existenz erstreckt:

> [D399] Höre auf das, was nützlich ist für dich mit/wegen (?) […
> [D403] …] vollkommen, (so dass) man sich über dich freut. […
> [D413] …]. Es bedeutet, dass [deine Beliebtheit andauert] bei allen Menschen, die dich (?) lieben.
> [D414] Dein *Ka* ist einer, der das Gehorchen/Zuhören geliebt hat.[234]

---

229 Fischer-Elfert, ebd., S. 272.

230 Diese und weitere Verbalinjurien bei Müller-Wollermann, *Vergehen und Strafen*, S. 156f.

231 Fischer-Elfert, *Lehre eines Mannes*, S. 191, die Darstellung der semantischen Gegenpole Feuer/Unbesonnenheit – Kühle/Besonnenheit, S. 224.

232 Das trifft auch auf ihre Verwendung in den Prophezeihungen des Neferti 48–50 zu. In D377 wird der Dialog durch das Abwenden des Gesichtes abgebrochen. Dieser Effekt der Geste würde die Übersetzung von *sḫr* (TLA, Lemma Nr. 145460) in D378 mit „verlischt“ plausibel machen.

233 Fischer-Elfert, *Abseits von Ma'at*, S. 91–130.

234 Ptahhotep D399–414, pBM EA 10509, 6, 15–17.

In der Version P des Mittleren Reiches sind alle Aussagen erhalten, durch die eine Sinnstiftung als Aussicht auf eine Versorgung in der nachtodlichen Existenz erreicht wird. Das Rubrum und der Beginn werden als ein Auftrag zur Belehrung formuliert:

> [D399] Belehre einen Großen über das, was nützlich/wirkungsträchtig für ihn ist! [D400] (Und) lass seine Akzeptanz entstehen inmitten der Menschen!
> [D401] Du sollst (auch) dafür sorgen, dass (die Tatsache, dass) er weise ist, seinem Herrn auffällt.
> [D404] (Dann) wird deine Versorgung bei seinem *Ka* vorhanden sein.
> [D406] Der Leib (oder: die Gefühle) {der Geliebtheit} <des Geliebten> ist auf die Geschenke gerichtet.
> [D407] (Und) dein Rücken wird dadurch bekleidet sein.
> [D408] Wenn seine Akzeptanz existiert, dann gilt deine Aufmerksamkeit (wörtlich: Gesicht) dem Lebensunterhalt deines Haushalts bei dem Edlen, den du liebst. [D410] (Denn) er lebt davon, (so dass) er dir ebenso eine gute Stütze sein wird.
> Es bedeutet außerdem, dass deine Beliebtheit andauert [D413] im Leib derer, die dich lieben. Siehe, wer es liebt, zuzuhören (oder: zu gehorchen), ist ein *Ka*.[235]

Das Szenarium bildet die Weitergabe des Wissens ab. Sie eröffnet dem *hörbaren Körper* des Belehrten die Gelegenheit aufzufallen (D399–401). Die Belehrung eines Reichen sichert dem Lehrer die materielle Existenz (D406–410). Der Sinn für die Anwendung seiner Kenntnisse wird über seine materielle Versorgung und die Bedeutung des „Zuhörens" für beider *Ka* gestiftet (D413).

Bei der Rechtsprechung

Die Sprechstimme ist das wichtigste Instrument im Hörraum der Rechtsprechung. Rechtsgeschäfte konnten zunächst durch einen Sprechakt vor Zeugen abgeschlossen werden. Zur Vollstreckung war jedoch eine schriftliche Urkunde notwendig.[236] Die Stimme allein wurde folglich nicht als ausreichend angesehen. An performativen Sprechakten sind promissorische und assertorische Eide schon für das Alte Reich belegt.[237] Der richterliche Titel

235 PPrisse, 12, 09–13, D399 Rubrum.

236 LIPPERT, *Einführung in die altägyptische Rechtsgeschichte*, S. 40.

237 LIPPERT, ebd., S. 12, für das NR, S. 53f.

„Verhörer“ (*sḏm.y*) begegnet erstmalig in der 13. Dynastie.[238] „Herolde“ (*wḥm.w*) waren ab der 12. Dynastie als Schlichter[239] und Richter tätig.[240] Männer und Frauen waren bei Prozessen als Zeugen zugegen. Auf die Bedeutung eines autorisierten Sprechers für das Gesetz deutet die Tatsache, dass drei der in Prozessprotokollen zitierten Gesetze als wörtliche Rede des Königs bezeichnet werden.[241]

Die Maxime 27 (in pPrisse 28) schildert das Gericht als Szenarium der versuchten Einflussnahme auf den Richter:

> [D415] Wenn du ein Mann von guter Herkunft bist, der zum Verhör gehört, [D415] ein hoher Beamter des Richtens [der Menge, dann weise die Unterstützung] des Gerichteten [zurück].
> [D418] Sei nicht parteiisch, wenn du die beiden Männer [richtest]. (Denn) der Abscheu Gottes ist die Parteilichkeit.
> [1 Vers zerstört].
> Ergreift [er] Partei für den von [ihm] Geliebten, so [neigt] er sich einem Herrn von Bestechungsgeldern zu (d.h. wer als Richter Partei für einen Freund ergreift, ist schon korrupt).[242]
> Sorge dafür, dass [...] lieben [... (oder: Stelle die Beliebtheit [...).[243]

Die Wenn ... dann-Konstruktion: „Wenn du ein Mann von guter Herkunft bist, der zum Verhör gehört, ein hoher Beamter des Richtens/der Menge“ (D415) positioniert im Hörraum den Richter, das heißt einen ranghohen Beamten und Mann mit *sozialem Kapital*, und zwei Männer, die er zu richten hat. Handlungsalternativen werden nicht entworfen. Die Verwendung des Imperativs, die Klassifizierung der Parteilichkeit als „Abscheu des Gottes“ (D418) und die Wahl zweier Zitate aus der Lehre für König Merikare sind Mittel, um dem zukünftigen Richter ein moralisch einwandfreies Verhalten einzuschärfen.

---

238 LIPPERT, ebd., S. 44.

239 GASSE, Ameny, un porte-parole sous le règne de Sésostris Ier, in: *BIFAO* 88, S. 91.

240 Ein Textbeispiel zur richterlichen Funktion des *wḥm.w* bringt SHOUFU, „Schlichten“ und „Richten“, in: *SAK* 31, S. 228.

241 PTurin 2021+pGenf D 409, 2.11 u. 3.4–5, Statue Kairo CG 42208 c, 14 und pKairo CG 58092, rto. 1.10–11, Quellenangaben nach LIPPERT, *Einführung in die altägyptische Rechtsgeschichte*, S. 47.

242 Die beiden Verse sind ein Zitat aus der Lehre für König Merikare, pPetersburg 1116 A, vso. IV, 9, (HELCK, *Merikare*, S. 25), daher die Ergänzung *gsꜢ =f n*, vergl. Komm. DILS, in: TLA, Zugriff 2015–06–24.

243 Ptahhotep D415–418, pBM EA 10509, 6, 17–7, 3, evtl. D415 Rubrum.

In der Lehre des Ptahhotep wird gegen parteiisches Handeln religiös argumentiert, in der Lehre eines Mannes, § 11, 1–2, mit dem Vorteil, der sich daraus für den *hörbaren Körper* ergibt. Bestechlichkeit wirkt auf einen üblen Charakter, weil sie ihn gefügig macht. Zum parteiischen Handeln bei Gericht heißt es in der Lehre eines Mannes, § 16, 1–5:

> [16,1] Richte nicht den Mann, der einflussreicher ist als du!
> [16,2] Hast du zwei Parteien zu trennen bei einem Streit, [16,3] dann sei [nicht (?)] parteiisch (?) [für den … (?)] gegen (?) einen erbärmlichen Fall, [16,4] gemäß dem, was aus dem Mund des Antwortenden kommt.
> [16,5] Wenn du zwei Parteien zu richten hast im Gerichtskollegium, [16,6] dann setz' dich hin mit deiner Hand an deinem Munde, [16,7] dann wird dir deine Rede nicht zum Nachteil gereichen.[244]

Das Szenarium platziert den Richter einmal im Verhältnis zu einer höher, ein andermal zu einer niedriger stehenden Person. Der im Rechtswesen angewendete Ausdruck für „Parteilichkeit" (*rdj.t ḥr-gs*) heißt wörtlich „(sich) auf die Seite legen".[245] Sich nicht einem der beiden Parteien zuneigen, dieses Einhalten der Mitte – das Gewicht (an der Lotschnur) spielen, wie es im Beredten Bauer (Version B1) 160 heißt – wird als das rechtmäßige Handeln entworfen. Die erste Aussage: „Richte nicht den Mann, der einflussreicher ist als du" (§ 16, 1) bedeutet, dass er den bestehenden Abstand zwischen Richter und Angeklagtem nicht verändern soll. Die zweite Aussage: „dann sei nicht parteiisch [für den …(?)] gegen (?) einen erbärmlichen Fall" (§ 16, 3) besagt vermutlich, dass er nicht zugunsten des Reichen handeln soll. Die Sinngebung für unparteiisches Handeln vor Gericht unterscheidet sich damit von der bei der Anhörung eines Bittstellers. Bei Gericht werden soziale Positionen gewahrt. Im unrealistischen Szenarium bei der Anhörung hingegen durch Freude vorübergehend (das heißt, solange dieser Hörraum besteht) angenähert.

In der Lehre eines Mannes für seinen Sohn ist die einzige Aussage zum *hörbaren Körper* des Richters: „dann setz' dich hin mit deiner Hand an deinem Munde" (§ 16, 6). Sie beschränkt sich auf einen Gestus, den FISCHER-ELFERT als abwägend deutet.[246] Auch in der Lehre des Ptahhotep wird nicht auf das

244 FISCHER-ELFERT, *Lehre eines Mannes*, S. 166.

245 Ebd., S. 168.

246 Ebd., S. 170.

Gewicht der Stimme bei der Rechtsprechung eingegangen.[247] Die Gestik wird dort in Maxime 33 aufgegriffen:

> [D463–466] Wenn [du den Charakter eines „Freundes“] untersuchst, [dann … [Regele den Fall mit ihm alleine, bis] du nicht mehr [unter seinem Wesen] leidest … [Lücke von 2 Versen]
> [D474] [Fasse dich nicht ins] Gesicht! [D475] Pass auf![248]

pPrisse, 14, 9–11, hat:

> [D471] Wenn das, was er gesehen hat, ihm entgeht (oder: durch ihn ans Licht kommt), (indem/so dass) er einen Fall regelt, über den du dich ärgerst, dann sei (dennoch) freundlich zu ihm, oder fasse (dich wenigstens) nicht ins Gesicht (?)! Nimm dich zusammen! (Und) offenbare ihm nicht die Angelegenheit! Antworte nicht mit (oder: in/bei) einem Fall von Aggressivität/Arroganz!

Nach der Version P wird erneut das Szenarium der Unstimmigkeit und Aggression skizziert, das vom *hörbaren Körper* Selbstbeherrschung und die Kontrolle von Affekten fordert. Nach den Belegstellen für „Freund“ (*ḫnms*)[249] wird das Lexem überwiegend für fragwürdige Freunde verwendet. Das Szenarium besteht aus dem *hörbaren Körper* und einem solchen Freund. Zwischen beiden herrscht Unstimmigkeit. Damit ist, wie schon in Maxime 24 (in pPrisse 26), eine Konfliktsituation gegeben. Die Beteiligten sind aber diesmal nicht der Handelnde und ein Großer, dem man sich beugen sollte, sondern zwei Gleichberechtigte. Gestützt durch die Parallele des Richtergestus in der Lehre eines Mannes, § 16, 6, könnte „Fasse dich nicht ins Gesicht“ (*m jtj.w ḥr*) in D474 den Schweigegestus mit der Hand vor dem Mund bezeichnen, was aber nicht zur Handlungssituation passt. Möglicherweise wird vor einem Gestus des Überraschtwerdens gewarnt. Das würde aber voraussetzen, dass er seinen Freund nicht gut kennt. Es könnte sich auch um einen unhöflichen Gestus handeln, dann signalisiert er dem Gegenüber die schlechte

247 Die einzige Aussage über Lauterzeugung als Performanz im Szenarium der Rechtsprechung, Fischer-Elfert, *Lehre eines Mannes*, § 11, 5, beruht auf einer Zusammenschiebung zweier Verse in der Textsynopse und ist deshalb hinfällig. Vergl. Dils, Komm. zu § 11, 5 auf pBM EA 10775d, in: TLA, letzter Zugriff 2015–06–18.

248 Ptahhotep D463–475, pBM EA 10509, 7, 14–17, D463 Rubrum, ergänzt nach pPrisse14, 7–9.

249 *Wb* 3, 294.17–295.7, TLA, Lemma-Nr. 118260, Zugriff 2015–06–27.

Meinung, die er von ihm hat. Weil sie sein Ansehen schädigt, gereicht sie dem Ausführenden selbst zum Schaden.

Das Verhalten des Weisen

In den bisher behandelten Quellen dient die *imitatio auctorum antiquorum* als Leitidee. Das durch die Erfahrung des Wandels ausgelöste Verhalten des Weisen schildern die Worte des Chacheperreseneb.[250] Sie schärfen den Blick für Szenarien, die den Verfall des *imitatio*-Postulats für den *hörbaren Körper* anzeigen. ASSMANN betrachtet den Text als: „Klage über den der Schriftkultur inhärenten Variations- und Innovationsdruck",[251] durch den sich die Schriftkultur von mündlichen Überlieferungsformen unterscheidet. In Bezug auf Mündlichkeit schreibt er:

> Wiederholung ist hier kein Problem, sondern strukturelle Notwendigkeit. Ohne Wiederholung bricht der Prozess der Überlieferung zusammen [...]. Als Problem erscheint Wiederholung erst dort, wo sie für den Prozess der Überlieferung keine strukturelle Notwendigkeit mehr besitzt und wo sich die Bewahrung des Wissens und die Zugänge zum Wissen von der Person des Sängers und seinen ritualisierten Auftritten gelöst haben. Diese Möglichkeiten sind in der Schriftkultur angelegt.[252]

Wie in den Lehren, so verwendet auch der Weise Sprache *in propria persona*. Christophe BARBOTIN versteht den Text als Prolog zum Dialog eines Mannes mit seinem *Ba*.[253] Dem wird von PARKINSON widersprochen, der eher von einer Affinität zu den Monologen in der Rede des Sasobek und im Beredten Bauern ausgeht, in denen der angesprochene Dialogpartner ebenfalls Stillschweigen bewahrt. Er zeigt anhand von Parallelen in der Literatur des Mittleren Reiches, dass der Text keine Auseinandersetzung mit literarischen Konventionen bildet, sondern dass er sich der etablierten Formen der Rede bedient, jedoch auf eine solche Art und Weise, dass diese dadurch belebt und wirkungsvoll werden.[254] Der Text ist in vier Abschnitte à 4–6 Zeilen eingeteilt und mit Verspunkten versehen. Der erste Abschnitt umfasst die Verse 1–4 auf dem Recto, der zweite rto. 5–9, der dritte rto. 10–14, der vierte die Verse 1–6

250 OKairo JE 50249 (MSS Gardiner AHG/31.58, 1–3), tBM EA 5645, rto. 1–14, vso. 1–6.

251 ASSMANN, *Das kulturelle Gedächtnis*, S. 98.

252 Ebd.

253 BARBOTIN, Le dialogue de Khâkheperrêseneb avec son ba, in: *RdÉ* 63, S. 1–20.

254 Vergl. PARKINSON, *Poetry and Culture*, S. 200–201.

auf dem Verso. Als kulturelles Artefakt lässt sich der Text als Diskurs über den *hörbaren Körper* lesen. Er beginnt:

> [1] Das Sammeln von Reden, das Auslesen von Sprüchen, das Aussuchen/Erforschen von (oder: das Streben nach) Redewendungen durch intellektuelle Suche (wörtlich: mit dem Suchen durch das Herz), was der Wab-Priester von Heliopolis, Seni's Sohn Chacheperreseneb, genannt Anchu, durchgeführt hat, [2] wobei er sagt:
>
> „Hätte ich doch unbekannte Redewendungen, ungewöhnliche/seltene Sprüche, bestehend aus neuen Wörtern, die (einem) noch nicht untergekommen sind (oder: die nicht (wieder) vergehen), frei von Wiederholungen, ohne einen Spruch von überlieferter Sprache oder [3] etwas, was (schon) die Vorfahren gesagt haben.[255]

Der Name Chacheperreseneb beinhaltet den Thronnamen Sesostris II., eines Herrschers, der sich durch eine friedvolle Regierungszeit auszeichnet. „Anchu" bedeutet, dass er als ein Lebender zu seinen Zeitgenossen spricht, und der Titel „Wab-Priester von Heliopolis" kann als eine Anspielung auf den erdichteten Weissager Neferti verstanden werden.[256] Name und Titel wecken positive Konnotationen. Das Textprofil verlegt den Text nicht in eine Krisenzeit. Die Worte des Chacheperreseneb entwerfen ein fiktives Szenarium für die Anpassung an neue Verhältnisse, die massive Umwertungen erfordern. Hierzu schreibt PARKINSON: „I suggest that the introduction was intended as a rhetorical device to enhance the virtuosity of what follows, and is not incompatible with the conventions of contemporaneous literary texts".[257] Der Sprecher geht auf eine Tradition ein, die in der Wiederholung der Redewendungen und Sprüche besteht. Er legt den intellektuellen Umgang mit ihr, das „Suchen durch das Herz", als das, was ihn geformt hat, dar. Die Bedeutung des Ausdrucks „ohne einen Spruch von überlieferter Sprache" *nn ṯ3s n zbj.t r'* (rto. 2) ist unklar. VERNUS, und mit ihm die meisten Übersetzer, denkt bei dem hier als „überlieferte Sprache" übersetzten Ausdruck an die mündliche Überlieferung.[258] Unterschiede in der Bedeutung der Aussage ergeben sich durch das Verb *zbj*, das entweder als „gehen" – ein Gehen von Mund zu Mund – verstanden wird,

255 TBM EA 5645, rto. 1–3. Ich folge der Übersetzung von DILS in der online Ressource Thesaurus Linguae Aegyptiae, Zugriff 2015–05–13.

256 PARKINSON, *Poetry and Culture*, S. 201.

257 PARKINSON, Khakheperreseneb and Traditional Belles Lettres, in: FS *Simpson*, S. 648.

258 VERNUS, *Essai sur la conscience de l'Histoire dans l'Égypte pharaonique*, S. 8.

dann liegt die Betonung auf dem Prozess der Weitergabe, oder als „vergehen“,[259] dann liegt die Betonung auf der Sprache als etwas, das der Vergangenheit angehört. Die zweite Alternative trifft hier wohl zu, denn der nächste Vers handelt von einer Sprache, die nicht länger ihren Zweck erfüllt:

> Ich möchte meinen Leib durchseihen wegen dessen, was in ihm ist, als ein (mich) Lösen von jedem (bisherigen) Sprecher, denn das, was (bereits) gesagt worden ist, wird/kann doch nur wiederholt werden. Das, was (bereits) gesagt worden ist, ist (längst/ein für allemal) gesagt. Man prahlt (einfach) nicht (wörtlich: nicht gibt es das Prahlen) mit den Worten der Vorfahren, [4] nur weil die Nachfolger (es/sie) (als gut) empfinden.[260]

Die Aussage „Ich möchte meinen Leib durchseihen wegen dessen, was in ihm ist“ (rto. 3) belegt die in der didaktischen Literatur vertretene Vorstellung von einem Körper, in den die Rede eingegangen ist, und der damit eine Passage für die (gehörte) Rede, oder einen Behälter für die Sprüche der Vorfahren bildet, aus dem der Redner schöpfen kann. Die Überlieferungskette wird als ein schier unausweichlicher – BARBOTIN spricht von schicksalshaft[261] – Einfluss auf den *hörbaren Körper* dargestellt. Indem Chacheperreseneb die Berufung auf die Tradition zitiert, bringt er sie in die Erzählung als das ein, was ihn zu dem Typus des Weisen gemacht hat, den er zum Zeitpunkt der Äußerung verkörpert. Die entsprechende Stelle in der Lehre des Merikare lautet:

> Ahme deine Väter und deine Vorfahren nach! Man arbeitet […] durch Wissen. Siehe, ihre Worte dauern in Schriften. Öffne, damit du liest und die Weisen nachahmst.[262]

Das traditionelle Spruchgut bildet eine Entität, die als eine an den *hörbaren Körper* gebundene Ressource dargestellt wird. Bei Merikare bildet die Rede eine Kraft, und die Tradition eine Anleitung für ihren Gebrauch. Bei Chacheperreseneb reicht das alleine nicht aus. Ihr herkömmlicher Träger muss sich deshalb von der Tradition „lösen“ (*fḫ*).[263] DILS wirft in seinem Kommentar die Frage auf, ob der Sprecher seinen Leib auf der Suche nach dem, was an Gutem darin ist, filtern, oder sich von dem Unerwünschten darin reinigen

259 Vergl. Komm. DILS, in: TLA, Zugriff 2013-01-16.
260 TBM EA 5645, rto. 3–4.
261 BARBOTIN, Le dialogue de Khâkheperrêseneb avec son ba, in: *RdÉ* 63, S. 6–7.
262 Lehre des Merikare 110, QUACK, *Studien zur Lehre für Merikare*, S. 25.
263 *Wb* 1, 578.6–15, TLA Lemma-Nr. 63970, Zugriff 2015-05-13.

möchte. Er schließt die erste Möglichkeit aus. Die zweite Alternative bedeutet nichts weniger, als den *hörbaren Körper* aus einer Kette der Überlieferung herauszulösen. Die abschließende Aussage: „Man prahlt (einfach) nicht mit den Worten der Vorfahren, nur weil die Nachfolger (es/sie) (als gut) empfinden" fasst die Situation zusammen: Die alten Sinnstrukturen treffen nicht länger zu. Das erfordert eine neue Sprache. Dass der Weise der Vergangenheit eine negative Bedeutung zuschreibt, ist äußerst ungewöhnlich. Es muss bei den damaligen Zuhörern Überraschung, wenn nicht gar Betroffenheit, hervorgerufen haben.[264] Der zweite Abschnitt beginnt:

> [5] Ein (echter) Sprecher hat (noch) nicht gesprochen, so dass einer, der (wirklich) sprechen wird, (noch) sprechen kann, und so dass ein anderer das, was dieser sprechen wird, (für gut) befinden kann.
>
> Man hat hinterher nicht (mehr) zugunsten (?) einer zu beredenden Angelegenheit geredet, wenn man (sie) schon längst erledigt hat (wörtlich: indem sie (sie) gemacht haben). Es gibt (bisher?) keine Rede, die ihr Zitiert-Werden beabsichtigt.
>
> [6] Das ist (nur) vergebliches Bemühen (wörtlich: Suchen); das ist (nur) eine Lüge. Es gibt keinen, der seinen (d.h. des betreffenden Redners) Namen anderen in Erinnerung rufen wird. Ich habe diese Dinge so gesagt, wie ich (sie) erfahren (wörtlich: gesehen) habe, von der ersten Generation an
>
> [7] bis zu denen, die danach gekommen sind, während sie das Vergangene imitierten. Wüsste ich doch, was die anderen nicht wissen, genauer gesagt, etwas, was (noch) nicht wiederholt worden ist! Dann würde ich es sagen, damit mein Herz mir antwortet.
>
> [8] Ich würde es (d.h. mein Herz) aufklären über mein Leiden, (und) ich würde die Last, die auf meinem Rücken liegt, auf es abwälzen, (nämlich) die Redewendungen als das, was mich schwächt/quält (und) ich würde ihm das, was ich seinetwegen (oder: durch es) erleide, kundtun,
>
> [9] damit ich „Ah!" sagen könnte wegen meiner fiebrigen Aufregung (?; oder: vor Erleichterung/Beruhigung).[265]

Ab jetzt handelt der Text von der Schwierigkeit, über ein noch nicht dagewesenes Problem etwas Wichtiges zu sagen. Die Aussage: „Ein (echter) Sprecher hat (noch) nicht gesprochen, so dass einer, der (wirklich) sprechen wird, (noch) sprechen kann, und so dass ein anderer das, was dieser sprechen wird, (für

264 Parkinson, Khakheperreseneb and Traditional Belles Lettres, in: FS *Simpson*, S. 649.
265 TBM EA 5645, rto. 5–9.

gut) befinden kann“ (rto. 5) leitet bei Chacheperreseneb zur Gegenwart über. In den Prophezeiungen des Neferti 14–15 leitet die Frage des Weisen: „Von dem was geschehen ist, (oder) von dem was geschehen wird, o Herrscher, mein Herr?“ und die Antwort des Königs: „Von dem was geschehen wird doch! Denn das heute ist ja (schon) entstanden. (Also) übergehe es!“[266] auf die Zukunft über. Sie versetzt den *hörbaren Körper* in eine Situation der Neuorientierung, in der seine Aufgabe darin besteht, durch sein zukünftiges Sprechen eine neue Tradition – hier formuliert als „Rede, die ihr Zitiert-Werden beabsichtigt“ – einzuleiten. Diese Aufgabe ist eine Sache der Gegenwart, nur ihre wirkliche Erfüllung sichert dem Weisen einen Ruf. Die gleiche Dringlichkeit benennen die Prophezeiungen des Neferti 20–21:

> Rege dich, mein Herz, dass du dieses Land beweinst, in dem du zu leben begonnen hast. (Denn) Schweigen bedeutet Bewässern (d.h. die schlechte Lage begünstigen). Siehe, das worüber gesprochen werden sollte (der Zustand des Landes) wird etwas sein, das Respekt/Ablehnung verlangt (*ḏd.tj r =f m str.yt*).[267]

Die Aussage bei Chacheperreseneb: „Ich habe diese Dinge so gesagt, wie ich (sie) erfahren habe, von der ersten Generation an bis zu denen, die danach gekommen sind, als sie Vergangenes imitierten“ (rto. 6–7) bildet möglicherweise ein übliches literarisches Verfahren, um das eigene Werk ins Verhältnis zu dem anderer zu setzen.[268] Das folgende: „Wüsste ich doch, was die anderen nicht wissen, genauer gesagt, etwas, was (noch) nicht wiederholt worden ist!“ (rto. 7) ist ein Weiterführen des Gedankens: „während sie das Vergangene imitierten“.[269] Das Schlüsselwort zu ihrem Verständnis bildet „imitieren“ (*zni*). Es fehlt der Sprecher, der eine neue Interpretation vornimmt. Der Weise selbst ist nicht dieser Sprecher, denn er ist (noch) der vereinsamte, zur Verständigung unfähige. Die Aussage: „ich würde die Last, die auf meinem Rücken liegt, auf es abwälzen, (nämlich) die Redewendungen als das, was mich schwächt/quält (und) ich würde ihm das, was ich seinetwegen (oder: durch es) erleide,

---

266 PPetersburg 1116 B, Kol. 2, vso. 14–15. Diese und alle weitere Stellen aus den Prophezeiungen des Neferti gebe ich in der Übers. von DILS/FELBER, in: TLA, Zugriff 2015–06–26.

267 PPetersburg 1116 B, Kol. 2, vso. 20–21.

268 PARKINSON, *Poetry and Culture*, S. 201.

269 TBM EA 5645, rto. 7 interpretiert PARKINSON (The Text of Khakheperreseneb, in: *JEA* 83, S. 67) im Sinne von etwas Verborgenem, das es aufzufinden gilt, und schließt von da auf eine verbrauchte („worn-out“) Sprache. M.E. liefert der Text, wenngleich das Wort „Suchen“ (*ḥjḥj*) in rto. 1 verwendet wird, keinen Anhaltspunkt für diese Interpretation.

kundtun“ (rto. 8) beschreibt einen *hörbaren Körper*, der unter den Redewendungen leidet und sie als Belastung empfindet. Aus diesem Dilemma kann ihn nur eine sich nicht auf die Nachahmung beschränkende Rede befreien. Eine Rede, die „ein anderer für gut befinden kann“ (rto. 5) ist eine, mit der er sich verständlich machen kann. Der ersehnte Augenblick der „Erleichterung“ (*srf*) tritt erst dann ein, wenn er in der Lage ist, seinem Herzen sein Leid kundzutun (rto. 9). Chacheperreseneb fährt fort:

> [10] Es ist so, dass ich mir Gedanken mache über das, was geschieht, (über) den Zustand, der überall im Lande geschehen ist. Veränderungen geschehen; (es) ist nicht wie im Vorjahr. Das (eine) Jahr ist noch beschwerlicher als das andere (wörtlich: sein Zweiter/Gefährte). Das Land ist in Aufruhr (oder: mobilisiert?), für mich zu einer Beeinträchtigung (wörtlich: Zerstörung) geworden, und gemacht zu etwas, das (für immer) ruht (d.h. tot ist).[270]

Im dritten Abschnitt umreißt der Sprecher das Szenarium des ständigen Wandels und der Veränderung zum Schlechten hin. Die Lücke in: „Das Land ist in Aufruhr, für mich zu einer Zerstörung geworden, und gemacht zu etwas, das ruht“ (rto. 10) ist nach PARKINSON ergänzt, der hierzu bemerkt: „The phrase *jrw m ḥtpw* can be taken as describing the land as having been made into a state of being ‚gone to rest‘, or ‚resting in peace‘. This is an effective piece of wordplay, which reverses the usual positive sense of *m-ḥtp* to express the reversed and fatal state of the world“.[271] Die Aussage ist eine Formel für die gestörte Beziehung des Sprechers zu einem Land, das nicht mehr seiner Bestimmung folgt.

In den folgenden Versen wird die Veränderung als ein verbrecherischer Zustand dargestellt, dessen Auswirkungen sich über alle Seinsbereiche, dem der Götter, der Menschen und der Toten, erstrecken:

> [11] Die Gerechtigkeit ist vor die Tür gesetzt worden, das Unrecht herrscht (wörtlich: ist) im Innern der Ratshalle. Die Angelegenheiten (oder: Pläne) der Götter sind gestört worden, ihre (kultischen) Bedürfnisse (oder: Anweisungen) sind übergangen/vernachlässigt worden. In einer tiefen Krise steckt das Land (wörtlich: dass das Land existiert, ist <im> Vorbeigehen an ein Leiden); Gejammer/Trauer herrscht (wörtlich: ist) in jedem Ort.

270 TBM EA 5645, rto. 10.

271 PARKINSON, The Text of Khakheperreseneb, in: *JEA* 83, S. 67.

> [12] Städte und Gaue sind in Aufschrei/Weheruf; alle Leute zusammen leiden (wörtlich: sind) unter Ungerechtigkeit. Das was Respekt gebietet (wörtlich: die würdevolle Ausstrahlung): man hat ihm den Rücken zugekehrt; die Herren des Schweigens (d.h. die Respekt gebietenden Toten) sind angegriffen/gestört worden. Die Morgendämmerung setzt jeden Tag ein, (aber) das Gesicht ist bestürzt durch das, was (während der Nacht?) geschehen ist. Ich möchte mich dazu äußern (wörtlich: einen Spruch abgeben),[272]

Die beschriebene Krise wird den Menschen zur Last gelegt. Gemeinsam ist allen bisher durchgespielten Szenarien, dass sie das Verhalten des *hörbaren Körpers* mit sozialer Anerkennung verknüpfen. Die Worte des Chacheperreseneb prangern den Mangel an Respekt an. Die Aussagen: „Der Würde, man hat ihr den Rücken zugekehrt" und „die Herren des Schweigens (*nb.w sgrj*) sind angegriffen worden" (rto. 12) benennen, dass sowohl der gesellschaftliche Zusammenhalt der Lebenden untereinander, als auch die Verbindung zu Menschen in der nachtodlichen Existenz nicht länger gegeben ist. Vielleicht bezieht sich: „das Gesicht ist bestürzt durch das, was geschehen ist" (rto. 12) besonders auf die Zerstörung des Gemeinsinns mit den Toten, einem der tragenden Kommunikationsmodelle der altägyptischen Kultur. Der Verfall der Sitten wird ebenso in den Prophezeiungen des Neferti 41–42 aufgegriffen, und dort mit dem Egoismus gepaart:

> Über Krankheit wird man mit einem Lachen lachen. Man wird den Tod nicht (mehr) beweinen (oder: um den Verstorbenen weinen); (Und) man wird nicht (mehr) fastend die Nacht verbringen bei einem Todesfall (Denn) das Herz eines Menschen ist (nur noch) mit sich selbst beschäftigt.[273]

Das Lachen, das den Lehren nach die Menschen öffnet und näher zusammenbringt, bildet hier eine verwerfliche Reaktion des *hörbaren Körpers*. Chacheperreseneb kann sich mit einer unsolidarischen Gesellschaft nicht identifizieren. Er leidet und wünscht sich sein Herz als Gesprächspartner:

> [13] (denn) meine Glieder sind (mit einer Bürde) beladen, (und) ich bin trübe gestimmt wegen meines Herzens. Es (das Herz) duldet (es), wenn meine Gefühle (wörtlich: mein Leib) seinetwegen verborgen sind. Es ist

272 TBM EA 5645, rto. 11–12.

273 PPetersburg 1116 B, Kol. 4, vso. 41–42.

> so, dass ein anderes Herz einlenken (?; oder (darunter) gebückt gehen) würde. Was (nämlich) das Herz angeht, das tapfer ist in einer schwierigen Lage: es ist der Gefährte seines Besitzers. Hätte ich doch ein Herz von der Sorte, die leiden kann (die weiß, etwas zu ertragen/dulden)! [14] Dann würde ich mich darauf verlassen können. Ich würde es beladen mit Worten des Elends (und) ich würde mein Leiden zu ihm hintreiben.[274]

Die Aussagen zum Herzen als „den Gefährten seines Besitzers" (rto. 13 und ebenso der Schluss in vso. 6) charakterisieren das Herz, weil es sein Schicksal teilt, als einen verständnisvollen Zuhörer. Die Aussage: „Ich würde es beladen mit Worten des Elends (und) ich würde mein Leiden zu ihm hintreiben" (rto. 14) artikuliert den Bedarf des Redners, die elende Lage in Worte zu fassen, und diese Beschreibung an jemanden weiterzugeben. Im vierten Abschnitt, er steht auf dem Verso, findet der Sprecher die Worte für die Situation, in der er sich unter den geschilderten Umständen befindet:

> [1] Er sagt zu seinem Herzen: Komm doch, mein Herz, damit ich zu dir spreche! Du sollst mir meine Sprüche beantworten, (und) du sollst mir erklären (wörtlich: lösen) die Sachen, die überall im Lande sind. (Denn) die, die (einst) hell waren, sind niedergeworfen. Es ist so, dass ich mir Gedanken mache über das, was geschehen ist. Kummer ist aufgekommen[275]

Die Wendungen, mit denen der Sprecher sich an sein Herz wendet und um Antwort bittet, beginnen formelhaft wie ein Gebet.[276] Die Ratshalle bildet in guten Zeiten einen Ort des rechten Sprechens. Sie war als ein Szenarium des Unrechts bereits in rto. 11 aufgegriffen worden; jetzt geht der Sprecher auf die für Männer seines Standes außer Kraft gesetzten Machtverhältnisse ein – „die (einst) hell waren", das sind die in weiße Gewänder gekleideten Beamten,[277] sind niedergeworfen – und fährt fort:

> [2] heute (und) (beim) (nächsten) Sonnenaufgang sind die Fremden nicht weitergezogen. Jedermann ist still deswegen. Das ganze Land ist im Ausnahmezustand (wörtlich: in grobem Zustand). Keine Person (wörtlich: Leib) ist frei von Ungerechtigkeit. Alle Leute zusammen betreiben

---

274 TBM EA 5645, rto. 13–14.

275 TBM EA 5645, VSO. 1.

276 PARKINSON, *Poetry and Culture*, S. 203.

277 Vergl. DILS' Komm. zur Übersetzung von tBM EA 5645, vso. 1.

> es. Die *ḥꜣtj*-Herzen sind in Trauer versetzt. Der (sonst) eine Weisung erteilt (wörtlich: das Gesicht zeigt)
> [3] ist (jetzt) einer, dem eine Weisung erteilt wird. (Und doch) sind die Herzen von beiden (wörtlich: das Herz, das zu ihnen beiden gehört) zufrieden. Jeden Tag wacht man morgens dazu auf; (aber) die Herzen schieben es nicht beiseite. Der gestrige Bedarf dabei ist wie (der von) heute, weil die Masse ähnlich vorgeht (wörtlich: wegen des Es-Nachahmens durch viele). Die Einsicht ist blockiert. Es gibt keinen Klugen, der (es) versteht (wörtlich: indem er erfahren ist).[278]

Die Schilderung greift mit: „sind die Herzen beider zufrieden“, „Einsicht“ und dem „Klugen, indem er erfahren ist“ drei Begriffe auf, die in den Lehren das Szenarium bei der Anhörung kennzeichnen. Sie verneint deren Existenz. Mit der Ungerechtigkeit, unter der alle leiden, entwirft der Sprecher das Szenarium einer unsolidarischen, dem Leben nach der Maat entfremdeten Gesellschaft. Dass die Maat und das Vertrauen in sie unerschütterlich sind, und der *hörbare Körper* sich deshalb von ihr leiten lassen soll, wird an Ptahhotep, Version L2, Maxime 5 deutlich:

> [D84–87] Wenn du ein Mann in leitender Stellung bist, der dabei ist, eine Richtlinie/Verhaltensregel für das Volk zu verordnen, dann suche dir alles Wohltuende, bis deine Richtlinie gänzlich fehlerfrei sein wird.
> [D88–89] Wirkungsvoll ist die Maat. (Und) dauerhaft ist ihre Effektivität (oder: indem sie dauerhaft und effektiv ist).
> [D90–91] Sie ist nicht gestört worden seit der Zeit dessen, der sie erstellt hat. Man bestraft den, der ihre Gesetze übertritt (wörtlich: an ihren Gesetzen vorbeigeht). (Aber) das ist etwas Fernes in der Vorstellung (wörtlich: im Gesicht) des Unwissenden.
> [D93] Die Ungerechtigkeit hat noch niemals ihr Ziel erreicht (wörtlich: die Ungerechtigkeit hat in der Vergangenheit nicht ihre Angelegenheit an Land gebracht).
> [D94] (Freilich) ist es das Fehlverhalten, das (immer wieder) Reichtum (mit Gewalt) ergreift.
> [D97–98] (Aber wenn) {die Kraft} <das Ende> da ist, (dann) dauert (nur) die Maat an. (Und) ein Mann wird nicht sagen können: „Es sind die Besitztümer meines Vaters“.[279]

---

278 TBM EA 5645, vso. 2–3.

279 PBM EA 10509, 2, 6–9, Rubrum D84. Maatgerechtes Verhalten und das Auseinanderbrechen der Gesellschaft ohne es werden in Maxime 17 (pPrisse, 19) thematisiert.

Die Maat ist das leitende Prinzip für den Wissenden. Sie überdauert alles, insbesondere alle Phasen der Ungerechtigkeit.

Als nächstes Thema greift Chacheperreseneb die Inaktivität eines *hörbaren Körpers* auf, der sich aus Schwäche dieser gesellschaftsfeindlichen Situation fügt:

> [4] Es gibt keinen Wütenden (*ḏnwd*), der sich (dazu) äußert (wörtlich: indem er einen Spruch abgibt). Wenn man morgens aufsteht, dann (nur) um (es) jeden Tag zu ertragen. Langwierig und schwer ist mein Leiden. Der Schwache besitzt keine Kraft, damit er sich rettet vor einem, der mächtiger ist als er.[280]

Die gleiche Problematik artikulieren die Prophezeiungen des Neferti 24: „Das Land ist zugrunde gerichtet; (aber/denn) keiner kümmert sich darum, keiner spricht (darüber), keiner vergießt (deswegen) Tränen"[281] und Neferti 38: „Siehe, wer hören sollte, verhält sich taub! Wer schweigt ist vorn!"[282] Die hier geforderte Aktivität in Krisenzeiten sollte nach der Lehre des Merikare 110 spätestens dann eintreten, wenn die Kommunikation mit den Göttern nicht mehr gewährleistet ist: „Der Schweiger wird zum Gewalttätigen, wenn die Altäre geschädigt werden".[283] Die Motivierung für das vom *hörbaren Körper* geforderte Handeln bildet die Auswirkung des geschilderten Zustandes auf alle essentiellen Formen der Kommunikation.

In den Worten des Chacheperreseneb wird die Handlungssituation erläutert, die sich für den *hörbaren Körper* aus einem derartigen Szenarium ergibt:

> Es ist etwas Leidvolles, über das zu schweigen, was man gehört hat, (aber) es ist etwas Kummervolles, zu antworten [5] dem Unwissenden. Eine Redewendung abzulehnen (oder: zu kritisieren) verursacht Feindseligkeit; das Herz kann die Wahrheit nicht akzeptieren. Der Bericht einer Tatsache (?) ist nicht (länger) geduldet worden; alles, was ein Mann liebt, ist sein (eigener) Spruch. Jedermann ist fixiert (wörtlich: gegründet) auf krumme Geschäfte; aufgegeben ist die Aufrichtigkeit der Worte.[284]

Die in den Lehren aufgegriffenen Verhaltensweisen des *hörbaren Körpers* taugen nun nicht länger zur Kommunikation. Sollte bei Ptahhotep D47–50

---

280 TBM EA 5645, VSO. 4.

281 PPetersburg 1116 B, Kol. 3, vso. 24.

282 PPetersburg 1116 B, Kol. 4, vso. 38.

283 QUACK, *Studien zur Lehre für Merikare*, S. 65.

284 TBM EA 5645, VSO. 5.

der Weise den Unwissenden zur Kenntnis der Sprechens (nach den Regeln) unterrichten, so bereiten ihm nun die Antworten, die er dem Unwissenden geben muss, Kummer. Das Streben nach Redewendungen, und damit auch das Ausschöpfen der Sprache, stoßen bei den Zuhörern auf Feindseligkeit. Die Weitergabe des Gehörten ist nicht gewährleistet, weil sie bei einem Egoisten nicht auf ein aufnahmefähiges Ohr trifft. Aus dem besonnenen und geduldigen *hörbaren Körper*, der Aggressionen vermeidet, wird nun einer, der sie fördert. So auch in Neferti 49–50. Dort wird dieses Verhalten damit erklärt, dass man die Wahrheit nicht ertragen kann:

> Wenn man eine Aussage beantwortet, ist der Arm mit dem Stock herausgefahren. Wenn man spricht, dann wie einer der ihn tötet. Eine Rede wirkt auf das Herz wie Feuer: man wird nicht ertragen können, was aus meinem (?) Mund hervorgeht.[285]

Desgleichen verschließt man sich der Wahrheit in der Lehre des pRamesseum II: „Ankläger sagt man über den Weisen".[286] Dem Berichterstatter, dem in Ptahhotep, Maxime 15, bei der Beurteilung einer Sachlage der Vorrang eingeräumt worden war, wird nicht zugehört. Die in der Lehre des Merikare 45–47 geforderte Aufrichtigkeit bildet nicht länger einen moralischen Wert, der dem, der sich daran hält, Ansehen verschafft. Der Weise macht sich über die neue Situation Gedanken. Er leidet unter Redewendungen, die nur in Wiederholungen und Nachahmungen bestehen. Unter diesen Umständen erschließt sich als Sinn für auditives Handeln die Suche nach einer Sprache, die nicht entzweit, sondern einen verständnisvollen Zuhörer findet. Die Schlussworte des Chacheperreseneb bringen den ersehnten Augenblick:

> Wenn ich zu dir spreche, [6] mein Herz, dann damit du mir antwortest. Ein Herz, das angegriffen wird (oder: berührt worden ist; wörtlich: das erreicht wird/worden ist), kann nicht schweigen. Siehe, der Bedarf des Dieners ist wie (der) des Herrn."[287]

Der Weise kann sich verständlich machen. Das Herz wird als ein Zuhörer angesprochen, den seine Worte erreichen und der auf das Gehörte reagiert. Mit dieser Kommunikation ist der Neubeginn für eine solidarische Gemeinschaft gemacht.

---

285 PPetersburg 1116 B, Kol. 5, vso. 49–50.

286 Lehre des pRamesseum II (BM 10755), vso. II, 4.

287 TBM EA 5645, vso. 6.

Der Hörraum ist die ägyptische Gesellschaft, in die die Vorfahren mit eingeschlossen sind. Die Verbindung mit den Göttern und den Toten ist gestört. Respektlosigkeit, die Unfähigkeit zu Hören und Aggressivität gegenüber dem Redner kennzeichnen die Beziehungen zwischen den Menschen. In einer so gearteten Gesellschaft kann sich der *hörbare Körper* nicht mehr auf die Sinngebungen und traditionellen Werte berufen, aus denen er bisher seine soziale Anerkennung bezog. Diese Situation stellt den Akteur vor ein Handlungsproblem, das in seinem auditiven Verhalten sichtbar wird. Der ursprünglich positive Begriff des Wiederholens und Nachahmens, *die imitatio auctorum antiquorum*, erfährt eine Umwertung. Sie wird zum negativen Nachahmen und unaufrichtigen Worten umgedeutet. Die Sinnmuster, über die der *hörbare Körper* verfügt, verwendet er: Er ist der Maat, das heißt der Wahrheit und der Aufrichtigkeit der Worte – selbst um den Preis der vorübergehenden Vereinsamung – verpflichtet. Die an das Herz gerichteten Worte bestätigen das ungebrochene Primat des Hörens. Der ausgefeilte Stil des Sprechers *in propria persona* belegt sein Wissen vom Umgang mit der Sprache.

2.3 Spacing

> [Der Ort] ist eine verdichtete Ubiquität. Eine Aufschichtung von heterogenen Lagern. Jedes dieser Vorkommen ist so etwas wie eine unleserlich gewordene Buchseite, ein Verweis auf eine andere Art von territorialer Einheit, von sozioökonomischer Verteilung, von politischen Konflikten und identifikatorischer Symbolisierung. Das Ganze, das aus unzeitgemäßen Teilen besteht, die noch mit zusammengebrochenen Totalitäten verbunden sind, wird von subtilen und kompensatorischen Gleichgewichten organisiert, welche stillschweigend die Komplemetaritäten sichern. […] Diese Arbeit und ihr Spiel werden erst von dort aus unsichtbar, wo die Beobachtung aus der Distanz einer Klasse, die sich vom Rest „unterscheidet", nur das Verhältnis zwischen dem, was sie erzeugen will, und dem was ihr widersteht, erfasst.[288]

Die Lehren beschreiben Hörräume, die die Beamtenschaft erzeugen will. Sie entwerfen das Know-how für einen *hörbaren Körper*, der am Aufbau eines bestimmten ästhetisch und hierarchisch strukturierten Hörraumes mitwirken soll. Durch Bewegungen und den Einsatz oder Entzug der Sprechstimme, denen Gestus und Körperhaltung zugeordnet sind, bringt der Akteur ein be-

288 De Certeau, *Kunst des Handelns*, S. 354f.

stimmtes räumliches Engagement, eine Übereinkunft, performativ hervor.[289] Er positioniert sich in Relation zu anderen. Die Stellung, die er sich durch sein Verhalten im auditiven Raum erobert, hängt von den Anwesenden, die an der Ordnung eines Hörraumes partizipieren, ab. Die physische Nähe – der Sprecher wird mit seinem Herrn gepaart – oder die Wirkung der Rede positioniert ihn unter den Anwesenden als eine zum Sprechen berechtigte Person.

Differenzsetzungen und Grenzen

Die Asymmetrie der Macht gestattet nur bestimmten Personengruppen an der Erzeugung eines auditiven Raumes mitzuwirken. Der Herr eines Besitztums, seine Frau und sein wohlgeratener Sohn, Beamte, Boten, Gäste, Herolde, Lehrer, Räte, Richter, Schreiber, Schüler, Weise und Wesire wirken an der Erzeugung des auditiven Raumes mit. Die Frau, die von ihrem Gatten im Grab bedacht und der Sohn, der von seinem Vater akzeptiert werden will, folgen geschlechtsspezifischen Regeln für auditives Handeln. Sohn und Frau bewähren sich im Hörraum der Familie. Das Handeln des Hausherrn wirkt sich auf die Familie und den öffentlichen Hörraum – die Beamten auf dem Land, Bittsteller, die *mrt*-Diener, streitende Parteien und einen Vertrauensmann – aus. Der Vater sorgt für den Übergang vom familiären zum administrativen Bereich durch die Betrauung des Sohnes mit geeigneten Aufgaben.

In dem Gegensatzpaar „Schweiger-Schwätzer“ erhält der *hörbare Körper* seine Begrifflichkeiten. Diese Abstrahierungen machen ihn manipulierbar und beherrschbar. Die Differenzierung erfolgt über den Einsatz der Sprechstimme. Ihrem sparsamen Gebrauch wird der höchste Wert beigemessen. Der die Ruhe bewahrende und sich zurückhaltende Redner geht keine Risiken ein, die mit dem Sprechen in Aktion verbunden sind. Einer, der Übles redet, würdigt sich herab (Ptahhotep D64), der schwache Redner straft sich selbst (Ptahhotep D80), er bringt den Großen gegen den anderen Großen auf (Ptahhotep D158), er redet (schlecht) über irgendeinen Menschen (Ptahhotep D159), oder er handelt mit schlechter Rede wie ein Feind (Ptahhotep D210–D211). Das Feuer einer Rede bestimmt die Grenze für ein Lautgebaren, das toleriert werden kann.

Eine Differenzsetzung durch den *hörbaren Körper* des *Anderen* kennzeichnet den spezifischen Hörraum der Ratsversammlung. Die Ratsherren verkörpern das Ideal des „Schweigers“. Unterschiede zwischen beauftragten und nicht mit einem Auftrag ausgesandten Sprechern basieren auf Vertrauen. Die Vorherrschaft der Beamten in der Ratsversammlung erreichen die Lehren

289 Der Raum ist ein Geflecht von beweglichen Elementen. Er ist ein Resultat von Aktivitäten, die ihm eine Richtung geben, ihn verzeitlichen und ihn dahin bringen, als eine mehrdeutige Einheit von Konfliktprogrammen und vertraglichen Übereinkünften zu funktionieren. De Certeau, Praktiken im Raum, in: Dünne/Günzel, *Raumtheorie*, S. 345.

durch die intersektionelle[290] Verknüpfung von Hörbarkeit und Körperzeichen der Landarbeiter. Die Differenzsetzung beruht auf der akustischen Signifikanz der Stimme, auf ihrer Vokalität außerhalb der Rede. Die Getreideworfler werden nicht mit einer menschlichen Stimme beschrieben, sondern Klagen wie ein Huhn. In der Berufssatire wird den Töpfern das Stampfen mit den Füßen bei der Arbeit als Geräusch angelastet. Das Aufeinandertreffen unterschiedlicher sozialer Gruppen kennzeichnet die Szenarien der Amtsausübung. Alle Anwesenden verhalten sich als Hörende, sei es, dass sie warten bis sie gerufen werden, oder den guten Ruf eines Redners würdigen. Ihr Verhalten bestimmt sie als Mitglieder der ägyptischen Hörkultur. Bei Chacheperreseneb ist der *Andere* in den Fremden, die (in Krisenzeiten) nicht weiterziehen, verkörpert.

Die Ästhetik des auditiven Raumes

Der auditive Raum wird durch die Sprechstimme und das Lachen hervorgebracht. Seine Beziehungen und Positionen verändern sich ständig. Als Handlungsvollzug an die Gegenwart gebunden, verleiht die Erzeugung und Wahrnehmung eines Lautes dem Hörraum Ereignishaftigkeit und Unwiderruflichkeit. Er gibt dem Sprecher Möglichkeiten, das Verhältnis zwischen ihm und den Zuhörern durch einen Prestigegewinn nachhaltig zu gestalten. Er eröffnet den Akteuren Gelegenheiten, ihr Ansehen zu verwirken. Folgende Wortverbindungen in der Lehre eines Mannes an seinen Sohn benennen die ästhetische Qualität der Rede: „mit gerader Zunge" (*ʿḳꜣ-ns*), „lang an Schweigen" (*ꜣw-gr*), beschränkt auf die Antwort des Verständigen (*wšb n-rḫ*), „Antwort in Vollendung" (*wšb m-nfr.yt*), „Spruch eines Geduldigen" (*ṯꜣz n-wꜣḥ-jb*) und schließlich „gedeihlich" (*wꜣḏ*) weil „kontrolliert an Mund" (*ḥn m-rʾ*).[291] Sie und das Maß der Rede entscheiden über die Ästhetik auditiver Räume, die durch Männer erstellt werden. Heiterkeit und Ausgeglichenheit bestimmen die Ästhetik von Hörräumen, an denen Frauen partizipieren. Das Handeln eines mit einem Auftrag betrauten Boten in der Ratsversammlung zeichnet sich dadurch aus, dass er seine Rededauer selbst bestimmen kann.

Ein Hörraum bildet eine Einheit. Er wird als Gesamtraum konzipiert. Das Ziel des *Spacing* besteht im Beitrag zu dessen Ausgewogenheit. Ideales *Spacing* erhält die Harmonie und das Gleichgewicht des auditiven Raumes. Es basiert auf der Berechtigung, sich zu äußern oder zu verstummen, einer Verteilung der Aufgaben und Handeln im rechten Augenblick. Das vom *hörbaren Körper* in den jeweiligen Kontexten erwünschte oder geforderte Handeln ist: relatives Schweigen, schönes Reden, Lachen zum richtigen Zeitpunkt, vollständig

290 Intersektionalität beschreibt die Überschneidung von verschiedenen Diskriminierungsformen in einer Person.

291 Vergl. die Zusammenstellung von FISCHER-ELFERT, *Lehre eines Mannes*, S. 292f.

und mit Fachkenntnis berichten, einen Vortrag rechtzeitig beenden, durch die Zunge einigen, die Eskalation eines sich anbahnenden Konfliktes verhindern, sich aus Streitigkeiten heraushalten, auf die Sprechstimme verzichten und eine Beleidigung einstecken. Ein *Spacing*, das den auditiven Raum aus dem Gleichgewicht bringt, ist negativ konnotiert. Unerwünscht sind: das schlechte Reden über irgendeinen Menschen, das Verbreiten von Gerüchten, der „Vielredner“ (*mdw.tj*), der „Schwätzer“ (*ʿšꜣ ḫrw; ʿšꜣ-rʾ*), der „Hitzkopf“, einer mit lauter Stimme, eine schlimme oder böse Rede, eine „Rede mit Feuer“ (*md.t m nsr*), „Schimpfen“ (*sḥwrj*), Aggressivität und unpassendes Lachen.

Das Verhalten des idealen Redners und Respekt spiegeln den ruhigen Zustand des Landes wieder. Die aggressive Reaktion eines Angesprochenen in Krisenzeiten ist im routinemäßigen Verhalten nicht vorgesehen. In den Worten des Chacheperreseneb bezeichnet sie die ästhetische Verletzung des Hörraumes. Sie erfordert einen Redner vom Schlage Chacheperresenebs, der mit unbekannten Redewendungen, ungewöhnlichen Sprüchen und neuen Wörtern wieder einen ausgewogenen Hörraum erzeugt.

Machtstrukturen

Im harmonischen Hörraum kann ein echter, wirklicher Sprecher sprechen, und ein anderer kann das, was dieser sprechen wird, für gut befinden, sagt Chacheperreseneb. Die Ordnung des auditiven Raumes wird durch das Handeln und die Reaktion auf dieses Handeln erzeugt. Sie bildet eine symbolische Struktur, deren Ordnung nie ganz festgelegt ist. Mehrere Szenarien bringen emotional-affektive Identifizierungen der Handlungssituation zur Sprache. Sie dienen der Disziplinierung des *hörbaren Körpers*. Im Klassenzimmer sitzen aggressive Mitschüler. Ein Diskussionsgegner mit führendem Verstand fordert zu einem anmaßenden Verhalten heraus. Streitende Parteien verlocken dazu, sich einzumischen. Ein Großer in seinem Handlungsmoment wirkt herausfordernd. Unter Freunden herrscht Unstimmigkeit.

Disziplinierung

Disziplinierungsszenarien erzwingen die Unterordnung. Im Vorfeld des Sprechens oder des Angehörtwerdens bildet Warten und das Einhalten der Reihenfolge die Vorbedingung für auditives Handeln. Der *hörbare Körper* macht sich währenddessen unhörbar. Er schweigt. Er schließt seinen Körper. Er senkt den Blick. Die räumlichen Positionen des Körpers, seine Bewegungen und seine Gestik signalisieren Unterordnung. Der Bote tritt nicht an den Tisch des Großen heran/steigt nicht zum Tisch hinauf. Der Schüler geht außer Hörweite der hohen Beamten. Er beugt den Arm, krümmt den Rücken. Er beherrscht sich: Der Arm fährt nicht heraus, der Blick ist nicht auf den Gastgeber oder dessen Teller gerichtet, er hält die Schulter nieder, sitzt mit der Hand am

Munde da, fasst sich nicht ins Gesicht. Der Platz im physischen Raum korreliert mit der Position im Hörraum. Der Platz des Ruhigen ist geräumig.

Die Hör-Ordnung des Raumes

Einige Szenarien illustrieren feste Strukturen, andere öffnen für ein *Spacing* durch verhandelbare Machtrelationen. Der Empfangsbereich eines Hauses und das Torgebäude illustrieren feste Strukturen. Die auditive Ordnung wird durch den Gastgeber, der das Wort erteilt und durch sein Lachen den Hörraum prägt, den Herold, oder den Beamten, der jemanden rufen lässt und anhört, gestaltet. Ein störungsfreier auditiver Raum mit festen Strukturen ergibt sich aus dem Handeln der Anwesenden zum richtigen Zeitpunkt. Er gewährt dem Besucher die Möglichkeit, über seine Ordnung zu verfügen, indem er sich daran hält. Durch einen Verstoß macht er sich unbeliebt und wird in Zukunft nicht mehr gerufen.

Die ästhetische Hierarchisierung öffnet für ein verhandelbares *Spacing*. Es wird in den Szenarien der Diskussion durchgespielt. Die Position im Hörraum ist nicht mit der gesellschaftlichen Stellung der Akteure identisch. Ein *hörbarer Körper* mit niedrigerem Sozialstatus verbessert seine Position durch einen Einsatz der Sprechstimme, der zur Harmonie des auditiven Raumes beiträgt. Die erlangte Vorherrschaft beruht auf Selbstbeherrschung, relativem Schweigen und rhetorischer Überlegenheit. Die Zeit für sein Handeln oder eine Reihenfolge sind nicht festgelegt. Der *hörbare Körper* schaltet sich in ein prozessuales lautliches Geschehen ein. Auch in der Ratsversammlung ergeben sich der Zeitpunkt und die Art und Weise seines Tuns aus der jeweiligen Situation. Da für diese Räume keine Ordnung festgelegt ist, wird Überraschungsmomenten ein gewisser Raum eingeräumt. Sie verfügen deshalb aus theoretischer Perspektive über ein stärkeres Subversions- oder Transgressionspotential der Stimme. Das *Spacing* bestätigt diese Öffnung. Die Handlungsumwelten, in denen der Sprecher seine soziale Stellung verbessern kann, werden als Disziplinierungsszenarien vermittelt. Der Schüler und zukünftige Beamte lässt einem anderen Akteur, „der in seinem Augenblick ist" Zeit zum Reden, er übt Selbstbeherrschung, bewahrt Ruhe und fügt sich den Umständen.

2.4 Sinnstrukturen

Motivationale Wissensordnungen werden interpretativ als Hintergrundverstehen beim *Spacing* eingesetzt. Drei Motive lassen sich im allgemeinen Teil der Maximen und den Worten des Chacheperreseneb unterscheiden: (1) Der Sinn wird auf dem Wege über religiöse Vorstellungen gestiftet, (2) durch die Maat und (3) es liegt keine religiöse Begründung vor. Die in den Lehren vermittelten kollektiven Sinnmuster werden vom *hörbaren Körper* gleichzeitig getragen. Ihre Vernetzung ist so stark, dass man von einem Schema zur Interpretation des Redeverhaltens sprechen kann, in dem einzelne Aspekte mehr oder weniger hervorgehoben werden. Es ist aber gerade ihre Vernetzung religiöser, ökonomischer, sozialer und moralischer Aspekte, die eine sozial verbindliche Ordnung von Gültigkeit, Wahrheit und Legitimität errichtet. Die historisch und sozial spezifischen Kontextualisierungen gründen sich auf:

1) Sinngebungen, die über religiöse Vorstellungen erfolgen. Hierunter fallen das auditive Handeln als göttliche Bestimmung, Fähigkeiten und Stellung des *hörbaren Körpers* als von einem Gott gemacht, das Verstoßen des missratenen Sohnes als einer, der von den Göttern nicht für diesen Vater bestimmt war, parteiisches Handeln als Abscheu des Gottes und das Leiden und Handeln des Weisen, wenn die Götter nicht versorgt und die Toten nicht respektiert werden. Die durch die Versorgung in der nachtodlichen Existenz motivierten auditiven Handlungen sind das Königslob, das Tabu des Königsnamens, das den *Ka* des Gastgebers erfreuende Verhalten bei einem Mahl, das Unterlassen der Verleumdung, die Belehrung und Förderung des Sohnes, Beherrschung und Sanftmütigkeit des Besitzenden und Hören auf das (in Version P: die Belehrung eines Großen darüber), was für den *hörbaren Körper* nützlich ist.

2) Die Maat. Durch sie motiviert werden: das Sprechen als Herr eines Besitztums, der die Familie und die Hausgemeinschaft zusammenhält, das Überbringen einer Botschaft, das Nichtsprechen, die gesellschaftliche Stellung des beliebten Schweigers und der Ausschluss des frevelhaften Schwätzers. Das in den Worten des Chacheperreseneb geschilderte Szenarium ist die Aufhebung kultureller Praktiken mit Sinnverlust als Folge. Der Routinekreislauf wird unterbrochen. Das Handlungswissen[292] und das motivationale Wissen[293] der Akteure

---

292 „Das Handlungswissen ist das inkorporierte Wissen um ein der Situation angepasstes Handeln, das heißt, des impliziten Wissens um die kompetente Partizipation an routinisierten Handlungsabläufen", RECKWITZ, *Die Transformation der Kulturtheorien*, S. 578. Zur Angepasstheit scheibt er: „Die kulturellen Schemata, aus denen sich die Wissensordnungen zusammensetzen, sind jeweils mit Bedingungen ihres >angemessen< erscheinenden Gebrauchs verbunden. Sie sind für den Akteur nicht beliebig anwendbar, vielmehr folgt die Anwendung bestimmten Kriterien, die angeben, wann beispielsweise ein Objekt als >kleinbürgerlich< und wann als >hochkulturell< >zählt<, wann ein Text als wissenschaftlich und wann als künstlerisch gelten kann (und damit auch, wie diese Phänomene zu bewerten sind und wie mit ihnen umzugehen ist). Der in seine Praktiken involvierte Akteur kann ein Schema nur anwenden, wenn ihm – in der Regel routinisiert – die Kriterien erfüllt erscheinen, die die Verwendung des Schemas regeln." Ebd., S. 626.

293 Ohne das motivational-teleologische Element der Strategien und Wünsche erscheinen soziale Praktiken nicht denkbar. Es umschreibt die für die Schematisierung von Praktiken

funktionieren nicht länger. Die evaluative Dimension, deren Fehlen den geschilderten Ausnahmezustand kennzeichnet, ist das Handeln nach der Maat als ein die Menschen zusammenführendes Prinzip. Dem *hörbaren Körper* wird die Dringlichkeit seines Handelns nahegelegt.

3) Nicht religiöse Sinnmuster. Mit dem Altern wird die Weitergabe des Wissens an die nächste Generation motiviert, mit dem Gewinn an Sozialprestige das Erwerben der Bildung, mit dem Ideal des Weisen die Zuverlässigkeit, mit dem Ideal des Schweigenden das Gerufenwerden sowie Geduld und Verschwiegenheit. Ebenso werden das Nichtverletzen eines schwachen Redners, Schlichten und das Nichtweitertragen von Gerüchten nicht religiös begründet sowie die Differenzsetzung über die Stimme des *Anderen* in Verbindung mit körperlicher Arbeit.

Die Sinngebung gilt dem Schüler und dem Lehrer.[294] Ein Indiz für eine Verschiebung in der Gewichtung der Akteure und der Motivierung findet sich am Beginn der Maxime 16. Die Aussage über ein Handeln, das für den *hörbaren Körper* nützlich ist, wird in Ptahhotep (Version L2) D399–400 auf das Hören der Lehre und den Schüler bezogen: „Höre auf das [...] so dass man sich über dich freut". In Version P hingegen wird sie auf das Weitergeben der Lehre bezogen: „Belehre einen Großen über das, was nützlich/wirkungsträchtig für ihn ist! (Und) lass seine Akzeptanz entstehen inmitten der Menschen! [...] dann wird deine Versorgung bei seinem *Ka* vorhanden sein" (Ptahhotep D399–400, 404). Darüber hinaus erbrachte der Vergleich zwischen Lehren und Biographien Unterschiede in der Motivierung, die sich auf das Medium, das die Vermittlungsleistung erbringt, zurückführen lassen. Das Handeln des *hörbaren Körpers* an Orten der Anhörung bezeichnet in beiden Übermittlungskontexten die Amtsausübung eines hohen Beamten, aber nur in den Biographien wird es als soziales Handeln motiviert.

---

notwendige verknüpfende Wirkung der Bewertung. „Entscheidend ist aber, dass die teleologischen Elemente nicht unabhängig von den kognitiven Wissensordnungen existieren, sondern im Gegenteil erst in deren Kontext denkbar und sinnvoll werden. Dafür muss aber deutlich werden, dass die Sinnmuster nicht allein eine >*kognitive*< Dimension besitzen, das heißt angeben, wie die Phänomene strukturiert erscheinen, sondern darauf aufbauend, gleichfalls eine *evaluative* Dimension umfassen, in der die auf eine bestimmte Art und Weise schematisierten Phänomene unter Umständen mit einer bestimmten (möglicherweise emotional aufgeladenen) Bewertung verknüpft werden." Ebd., S. 580.

294 Bergman, Gedanken zum Thema „Lehre-Testament-Grab-Name", in: Hornung/Keel, *Studien zu altägyptischen Lebenslehren*, S. 101.

KAPITEL 3

Orientierungslaute in Landschaft und Nekropole

> The sense of hearing cannot be closed off at will. There are no earlids. When we go to sleep, our perception of sound is the last door to close and it is also the first to open when we awaken.
>
> The eye points outward; the ear draws inward. It soaks up information.
>
> MURRAY SCHAFER[1]

Orientierungslaute kennzeichnen eine Hörkultur. Der Ausdruck ist vom Begriff *Orientierungspunkt* abgeleitet und bezieht sich auf einen Laut oder eine Lautkombination, die einmalig ist, oder Eigenschaften besitzt, welche die Menschen in dieser Gemeinschaft dazu bringen, auf sie besonders zu hören. Mit den Darstellungen von Landschaft und Nekropole werden Hörräume untersucht, die auf den Wänden der Felsengräber von Tell el-Amarna im allgemeinen nicht länger thematisiert werden. Ausnahmen sowie die Verwendung bestimmter auditiver Codes in Amarna zeigen, dass Grund- und Orientierungslaute der Gemeinschaft auch unter veränderten historischen Verhältnissen kulturelle Vorstellungen prägen. Insbesondere durch die Bedeutung, die sie für die Versorgung und die soziale Identität des Grabherrn haben, und die dieser sich sichern möchte, verfügen die Bildinhalte über ein kommunikatives Potential zur Vermittlung von Orientierungslauten an die Betrachter. Der Anbringungsort der Wandmalereien in den besuchten Räumen der Grabanlage bildet den Übermittlungskontext für ein ganzes Netz von Kenntnissen, Praktiken und Vorstellungen, sowohl im Hinblick auf die Weiterexistenz als auch auf das irdische Dasein.[2] Ein Strang dieses Netzes ist die symbolische Verwendung und visuelle Vermittlung der in der altägyptischen Gesellschaft als lebenswichtig erachteten Orientierungslaute. Diese sind: die Arbeitsrhythmen des Bauernjahres, die menschliche Stimme und das Klangmuster für den Empfang bei einem Gott.

---

1 SCHAFER, *The Soundscape*, S. 11.

2 HARTWIG, *Tomb Paiting and Identity*, S. 48. MEYERS, *A Program of Political Theology in Amarna Tomb Art*, S. 102.

 | DOI 10.1163/9789004354951_005

3.1 Hörräume der Landschaft

Vom Alten Reich und bis zur Spätzeit werden Reden und Rufe, Lieder, Instrumentalmusik und Tanz auf den Wänden der Privatgräber der ägyptischen Elite dargestellt.[3] Visualisiert werden Hörräume, in denen Landarbeiter bei der Aussaat, Lagerung und Verarbeitung der Feldfrüchte reden und singen. Ochsen- und Eseltreiber rufen auf der Tenne. Bei der Kornernte erklingen Flötentöne. Schlaghölzer geben den Rhythmus beim Fortbringen der Ernte und beim Keltern. Beim Fang und bei der Viehzählung wird zur Lautunterdrückung gemahnt. In der Sumpflandschaft sind die Gesänge und Rufe der Hirten, das Flüstern der Vogelfänger und das Lied der Fischer beim Einziehen des Netzes zu hören, auf dem Fluss sind es die Zurufe der Schiffer.[4] Diese Form der Repräsentation auditiver Räume erhält ihre reichste Ausprägung am Beginn der 18. Dynastie in El Kab. Arbeitsgeräusche sind als Orientierungslaute durch Reiseerzählungen belegt: In der Erzählung des Schiffbrüchigen kennzeichnen die Geräusche beim Anlegen die Ankunft in der Residenz.[5] Das Rufen der Herde eines Beduinen holt Sinuhe wieder in die Welt zurück.[6]

Reden und Lieder bei der Aussaat, dem Lagern und Verarbeiten der Feldfrüchte

Eine Durchsicht der von Guglielmi untersuchten Beischriften zeigt, dass bei der Bestellung der Felder, der Ernte und der Viehzucht Arbeitsgeräusche überwiegen. Der Einsatz der Stimme besteht in Rufen, die die Arbeiter anfeuern,

3 Altenmüller, Die Reden und Rufe beim Dreschen in den Gräbern des Alten Reiches, in: FS *Goedicke*, S. 9–24. Erman, *Reden, Rufe und Lieder auf den Gräberbildern des Alten Reiches*. Erman/Ranke, *Ägypten und ägyptisches Leben im Altertum*. Guglielmi, *Reden, Rufe und Lieder auf altägyptischen Darstellungen der Landwirtschaft, Viehzucht, des Fisch- und Vogelfangs vom Mittleren Reich bis zur Spätzeit*. Grapow, *Wie die Alten Ägypter sich anredeten*. Grunert, Bierbrauer unter sich, in: *GM* 173, S. 91–112. Ders., Neues aus den Rufen und Reden im Doppelgrab der Königinnen Nebet und Khenut, in: *GM* 174, S. 59–63. Ders., Sprachen Schlächter schlechter?, in: *GM* 186, S. 43–57. Junker, *Zu einigen Reden und Rufen auf Grabbildern des Alten Reiches*. Montet, *Les Scènes de la vie privée dans les tombeaux égyptiens de l'Ancien Empire*.

4 Brunner-Traut (Arbeitslieder, in: *LÄ* I, Sp. 379–385) bringt als Beleg für ein Arbeitslied ein Lied der Soldaten. Von diesem wird hier abgesehen, da vermutlich ein Triumphzug den Kontext des überlieferten Siegesliedes bildet. Auch Hörereignisse wie das Fischerstechen, das nur für das Alte und das Mittlere Reich belegt ist, werden nicht berücksichtigt.

5 PPetersburg 1115, 3–5, Golénischeff, *Les papyrus hiératiques N 1115, 1116A et 1116B de l'Ermitage Impérial à St. Pétersbourg*, 1–2 und Taf. 1–8.

6 Sinuhe B19–25.

sie zur Eile antreiben und den Faulenzer brandmarken. Letzteres erweist auch die Antwort, die einem redefreudigen Sämann von seinem Arbeitskollegen am Ochsengespann erteilt wird:

> „Oh Großer, Dauerredner (*ḏd-r ͗*)! Lass ihn (den Samen) den Grund treffen zu seiner Zeit!"[7]

Ob der Treiber beide Hände am Ochsengespann hat, oder eine Hand im Redegestus dargestellt ist, lässt sich aufgrund des Erhaltungszustandes nicht feststellen. Gegen einen Redegestus spricht, dass selbst der Landarbeiter, der wegen seines Redens gerügt wird, nicht durch einen Gestus als Sprecher gekennzeichnet ist. Sein Reden ist auf die Arbeit als Sämann bezogen. Im Grab des Paheri aus der Zeit Thutmosis' III. steht ein Lied über den beiden Ochsengespannen beim Einpflügen der Saat:

> „Ein schöner Tag! Man hat es kühl! Die Rinder ziehen. Der Himmel ist nach unserem Wunsch. Wir arbeiten (ja) (oder: Lasst uns arbeiten) für den Fürsten."[8]

Im Lied werden die gute Witterung und die Freude an der Abeit besungen. Der Prahlhans kommt unter den Arbeitern nicht gut weg. Ein Mann bringt die Flachsbündel zu einem Alten, der den Flachs kämmen soll. Der Alte tut so, als bereite ihm das gar keine Mühe:

> „Und wenn du mir 11009 (Bündel) bringst, so werde ich sie (doch alle) kämmen (?)!"

Daraufhin sagt der Arbeiter:

> „Halt dich dran! Mach nicht so viele Worte (*mjrj ͑šꜣ r ͗*), du Alter, Glatzkopf von Bauer!"[9]

---

7 Grab des Djehuti-Nacht, Deir el-Berscheh 1, re. Wand, o. Reg., NEWBERRY, *El Bersheh* II, Taf. 8, Fragmente 7, 8, Taf. 1, GUGLIELMI, *Reden, Rufe und Lieder*, S. 11.

8 EK 3, Grabkapelle, W-Wand, S, 3. Reg., PM V, 177 (5–6), TAYLOR, *Paheri*, Taf. 3, GUGLIELMI, *Reden, Rufe und Lieder*, S. 18.

9 EK 3, Grabkapelle, W-Wand, S, 3. Reg., PM V, 177 (5–6), TAYLOR, *Paheri*, Taf. 3, GUGLIELMI, *Reden, Rufe und Lieder*, S. 55.

Der Hörraum beim Lagern der Feldfrüchte entsteht durch die Stimmen der Arbeiter, die bei einer reichen Ernte viel zu tun oder schwere Lasten zu tragen haben und deshalb stöhnen, sich necken oder schimpfen. Aus dem Grab des Paheri in El Kab stammt das Lied der Träger beim Beladen der Lastschiffe mit Korn und Emmer:

> Sie sagen: „Sollen wir den ganzen Tag Korn und weißen Spelt tragen?
> Die Scheunen sind doch schon so voll, dass die Kornhaufen oben überlaufen (wörtlich: laufen über an ihren Öffnungen).
> Die Schiffe doch so schwer beladen, dass das Korn überquillt!
> Und doch treibt man uns zur Eile an (wörtlich: aber man treibt uns zur Eile im Gang)!
> Ist unser Herz von Erz?“[10]

Alle sind mit dem Tragen der Lasten beschäftigt. Keiner ist mit einem Ruf- oder Redegestus oder in die Hände klatschend gezeigt. Es ist die Tätigkeit selbst, die den Takt des Liedes angibt. Einen Beleg für das Stöhnen bei harter Arbeit bildet die Klage des jungen Mannes, der leicht zurückgebeugt die Garben zu einer Kornmiete aufhäuft:

> „Es leidet mein Rücken.“[11]

Die am Dialog Beteiligten sind nicht durch Gesten als Redner, sondern ausschließlich durch ihre Tätigkeit als Arbeiter gezeigt. Dies ist auch der Fall bei der Unterhaltung zweier Weinträger, die mit ihren Krügen vor verschlossener Kellertür warten. Der vordere Träger, der an die Tür klopft, wendet sich an seinen Hintermann:

> „Der Diener ist eingeschlafen!“

Der andere, ein Weingefäß auf dem Kopf tragend, das er mit beiden Händen festhält, vermutet:

> „Er ist vom Wein betrunken!“

---

10 EK 3, Grabkapelle, W-Wand, S, PM V, 177 (5–6), der Text steht oberhalb der Szene, TAYLOR, *Paheri*, Taf. 3. Var. auf einer Wandmalerei aus Theben, heute Louvre 8703. GUGLIELMI, *Reden, Rufe und Lieder*, S. 77f.

11 Sakkara, Grab des Mehu, Korridor, S-Wand, PM III², 620 (9), ALTENMÜLLER, *Mehu*, S. 121, Szene 20.3.1, Text T 91, Taf. 24b.

Der Wächter, der hinter der Kellertür hockt, beteuert seine Unschuld:

> „Ich hab' überhaupt nicht geschlafen!"[12]

Die Sprecher werden als Träger dargestellt, der Mann hinter der Kellertür als ein Schläfer, der seinen Kopf mit der rechten Hand stützt. Häufig lässt die Situation einen Rückschluss auf die Art und Weise des Sprechens zu, was im folgenden Beispiel auch durch die Wortwahl gestützt wird. Bei der Herstellung des Dattelbieres scheucht ein Arbeiter, der gerade Datteln durch ein Sieb presst, gereizt einen bettelnden Jungen weg:

> „Magst du und die dich gebar vom Nilpferd geholt werden, der du mehr isst als ein Königssklave beim Pflügen! Sieh, du hältst mich von der Arbeit ab!"[13]

Inwieweit die von allen Autoren als Schimpfwörter aufgeführten Ausdrücke der Rinderhirten und Fischer[14] als Beleidigung empfunden wurden, muss offen bleiben. Grapow beobachtet, dass die Ägypter niemals mit Tiernamen geschimpft haben.[15] In den bisher angeführten Beispielen sind die Worte Jungen, alten und jungen Männern, Arbeitern und Aufsehern in den Mund gelegt. Frauen reden bei der Zubereitung des Brotes miteinander. Die Frau am Mörser sagt:

> „Fürwahr die Gerste ist frisch!"

Und die Müllerin antwortet:

> „Nicht kann dieses (die frische Gerste) unter den Reibstein kommen."[16]

---

12 Grab des Antef, TT 155, Halle, re. Rückwand, u. Szene, PM I, 1^2, 263 (5), Säve-Söderbergh, *Four Eighteenth Dynasty Tombs*, Taf. 15, Guglielmi, *Reden, Rufe und Lieder*, S. 90.

13 TT 60, Halle, PM I, 1^2, 122 (10), Davies, *Antefoker*, Taf. 11, Guglielmi, *Reden, Rufe und Lieder*, S. 86. Kein Redegestus.

14 Erman, *Reden, Rufe und Lieder auf den Gräberbildern des Alten Reiches*, S. 25ff, Guglielmi, *Reden, Rufe und Lieder*, S. 180, Anm. 573, Müller-Wollermann, *Vergehen und Strafen*, S. 156.

15 Grapow, *Wie die Alten Ägypter sich anredeten*, S. 94.

16 Sakkara, Grab des Mehu, Korridor, S-Wand, PM III^2, 620 (9), Altenmüller, *Mehu*, S. 107, Szene 14.1.2, Text T 59 und T 60, Taf. 16a. Kein Ruf- oder Redegestus.

Der Inhalt der Rede ist im Kontext des Grabes als rituelle lautliche Handlung zu bewerten. Das als frisch bezeichnete Nahrungsmittel integriert es in die Umgebung des nachtodlich existierenden Grabherrn. Die Reden gestalten den von Reden und Geräuschen erfüllten Hörraum des Mahlhofes. Die Arbeitsgeräusche werden durch den Inhalt des Dialogs als das Stampfen des Mörsers bei frischer Gerste und als das Reibegeräusch des Mahlsteins bei getrockneter Gerste indirekt beschrieben. Die Mitgabe mahlender Dienerinnen als Uschebtis könnte nicht nur zur Versorgung des Grabherrn, sondern auch weil das Geräusch am Mahlstein einen Orientierungslaut der Gesellschaft dargestellt hat, erfolgt sein. Die Nennung der Szene in der Lehre des Ptahhotep schließt zumindest diese Idee nicht aus.

Aufforderungen bei der Viehzählung

Das Treffen aller Hirten bei der Viehzählung war eine willkommene Gelegenheit, Neuigkeiten auszutauschen. Die Abrechnung soll aber geordnet und nicht zu laut vonstattengehen. Die Beamten lassen übermäßigen Lärm durch die Aufseher dämpfen.[17] Im Grab des Nebamun ermahnt der Aufseher die am Boden hockenden Hirten:

> „Sitzt doch (still) und redet nicht (*m jrj md.t*)!“[18]

Er hat dabei den rechten Arm leicht angewinkelt und die Handfläche nach außen weisend erhoben. Die Geste wird von Dominicus als weisende Geste bei Aufsehern gedeutet.[19] Bei der Berichterstattung einem Beamten gegenüber soll sich jeder auf das, was er zu sagen hat, konzentrieren. Ein Mann mit Vögeln in Körben wird von dem hinter ihm kommenden Gänsehirt ermahnt:

---

17 Darauf könnte die fragmentarische Beischrift zwischen den Viehtreibern und den Rindern im Grab des Nebamun hindeuten: „ [...] are shouting out about [...] [on t]his good occasion of people speaking“ (*n ḏt rmṯ*), BM EA 37976, Parkinson, *The Painted Tomb-Chapel of Nebamun*, S. 105, Abb. 111.

18 BM EA 37978, Parkinson, ebd., S. 99, Abb. 107, Guglielmi, *Reden, Rufe und Lieder*, S. 155.

19 Dominicus, *Gesten und Gebärden*, S. 127, Abb. 40.

> „Beeile dich nicht so (wörtlich: beeile deine Beine nicht so), du mit den Vögeln! Hör (lieber) auf dich (*r sḏm =k n =k*),[20] du wirst keine andere Gelegenheit finden für das, was du zu sagen hast (*n ḏdw.t =k*)!“[21]

Ähnlich auch der Anführer, der einen Schüchternen am Genick packt und ihn anherrscht:

> „Sprich in der Gegenwart (*ẖrw m-bꜥḥ*)!“[22]

Ein Hirte, den rechten Arm mit nach unten geöffneter Hand erhoben (im weisenden Redegestus[23]), in der Linken ein aufgerolltes Lasso haltend, ermahnt die Viehhirten, sich beim Reden auf das Nötigste zu beschränken:

> „Come (on)! Get yourself away! Do not talk (*m ir md.t*) before the Favoured One – people talking are what he abominates! He does what is right and he will not be neglectful about any report.“[24]

Die Ermahnungen des Hirten mit dem Lasso zeigen, dass die Hierarchie der Berufe sich auch in der Ordnung des sozialen Raumes bei der Viehzählung niederschlägt. Standespersonen bestimmen über die auditive Ordnung der Räume, in denen sie sich aufhalten. Auf informeller Ebene brauchen sich die Arbeiter nicht kurz zu fassen, oder zu warten bis sie zum Sprechen aufgefordert werden. Die Anwesenheit des Herrn, oder eines Vorstehers bei der Abrechnung (in der Rolle des Grabherrn), verändert die Ordnung der Hörraumes. Sie erlegt den Landarbeitern und Hirten Regeln auf. Die Arbeiter sollen die Gelegenheit zum Reden wahrnehmen, jetzt sprechen, sich kurz halten und miteinander nicht zu laut reden. Der Hörraum wird durch die Stimmen der Hirten, Vogelfänger und

---

20 BRUNNER nimmt einen Schreibfehler an und liest *sḏm =k rn =k* „bis du deinen Namen hörst“, d.h. der Voreilige soll warten, bis er aufgerufen wird. Siehe Komm. zur Übersetzung, GUGLIELMI, *Reden, Rufe und Lieder*, S. 155.

21 BM EA 37978, PARKINSON, *The Painted Tomb-Chapel of Nebamun*, S. 100, Abb. 103 und 108, GUGLIELMI, *Reden, Rufe und Lieder*, S. 154. Hier lässt sich dieselbe weisende Geste (der re. Arm angewinkelt, die Handfläche nach außen weisend) beobachten wie bei dem Aufseher (im selben Grab), was eigentlich zu einem Gänsehirten nicht so recht passt.

22 NEWBERRY, *El Bersheh* I, Taf. 18/2, GUGLIELMI, *Reden, Rufe und Lieder*, S. 133.

23 DOMINICUS, *Gesten und Gebärden*, S. 95f.

24 BM EA 37976, PARKINSON, *The Painted Tomb-Chapel of Nebamun*, S. 113, Abb. 109. Siehe auch GUGLIELMI, *Reden, Rufe und Lieder*, S. 140ff und FRANDSEN, On the Avoidance of Certain Forms of Loud Voices and Access to the Sacred, in: FS *Quaegebeur* II, S. 976ff.

die sie ermahnenden Beamten, untermalt von den Lauten der Tiere, erzeugt. Das Dämpfen lauter Stimmen, die zur Figur werden könnten (siehe unten), die Menge der versammelten Männer sowie der Zusammenklang aller Laute und Geräusche deuten auf ein Stimmengewirr hin.

Flötenspiel und Gesang bei der Korn- und der Flachsernte

Melodien und Lieder zur Arbeit sind soziale Praktiken, die durch ein Musikinstrument und die Stimme den Rhythmus und die Ausdauer physischer Tätigkeiten steigern. Ein Beispiel für Instrumentalmusik ist der Flötenspieler bei der Flachs-[25] und bei der Kornernte.[26] Beischriften, die ihn zum Blasen auffordern,[27] unterstreichen, dass es sich hierbei um einen visualisierten Hörraum handelt. Im Grab des Mehu trägt der Flötenspieler einen Beamtenschurz und steht seitlich.[28] In den anderen Darstellungen stehen die Musikanten inmitten der Feldarbeiter. Normalweise wird in den Ernteszenen die lange Rohrflöte (*mꜣ.t*) gespielt. Sie misst knapp zwei Ellen (52, 5 cm) in der Länge und etwa einen Finger (1, 875 cm) im Durchmesser. Die Anzahl der Abschnitte variiert zwischen fünf und sieben. Das Instrument wurde aus der an den Nilufern wachsenden Spezies, *Arundo Donax*, hergestellt. Die Flötenspieler wählten das geeignete, kräftig und dicht gewachsene Rohr, wussten zu welcher Jahreszeit es geschnitten werden sollte, waren mit der Technik des Schneidens und Trocknens der Pflanze vertraut und konnten das Instrument stimmen. Die Auswahl des Rohres erfolgte nach der Anzahl der Knoten und dem Abstand zwischen Knoten und Loch. Um ein glattes Mundstück zu erhalten, wurde das Rohr kurz über dem Boden abgeschnitten. Dann musste es innerhalb eines Jahres verarbeitet werden. Zunächst wurde die Innenseite geglättet, danach das Mundstück, und schließlich die Löcher gebohrt.

Das Stimmen erfolgte entweder durch das Zustopfen der Löcher mit Wachs, oder das Kürzen des Rohres am unteren Ende. Um das Austrocknen zu

---

25 G 2136, Kahjef, PM III, 76 (2–3), JUNKER, *Giza* VI, Abb. 43, HICKMANN, *Ägypten, Musikgeschichte in Bildern* II, Abb. 45. Nianchnesut, PM III², 694, Cleveland Museum of Art 1930.736, Katalog Nr. 77 und Taf. 8. Siehe auch GRUNERT, Bierbrauer unter sich, in: *GM* 173, S. 102, und DOMINICUS, *Gesten und Gebärden*, S. 103.

26 Sakkara, Grab des Mehu, Korridor, S-Wand, PM III², 620 (10), ALTENMÜLLER, *Mehu*, Taf. 23. Sakkara, Mastaba des Mereruka, Raum A 13, PM III², 533 (80), DUELL, *Mereruka* II, Taf. 169, PÉREZ ARROYO, *Music in the Age of the Pyramids*, S. 256, Foto 3 und S. 258, Foto 4. Sakkara, Mastaba des Ti, Innere Halle, PM III², 472 (34), STEINDORFF, *Das Grab des Ti*, Taf. 124, PÉREZ ARROYO, *Music in the Age of the Pyramids*, S. 311, Foto 43.

27 JUNKER, *Zu einigen Reden und Rufen*, S. 32f.

28 ALTENMÜLLER, *Mehu*, S. 119.

verhindern, wurde das Instrument innen und außen mit Leinöl eingeölt. Der Spieler hielt das Instrument mit beiden Händen, das Mundstück lag auf der Unterlippe. Die Löcher wurden mit dem ersten oder zweiten Fingerglied zugehalten. Vermutlich erlaubte eine kontinuierliche Blastechnik einen lang gehaltenen Ton oder eine lange musikalische Phrase.[29] Zur Flöte (*wḏꜣ, wꜣr, mꜣ.t*) wurde auch gesungen.[30] Die Schnitter bei der Kornernte in der Mastaba des Mereruka und in der des Ti werden sowohl durch Flötenspiel als auch einen Sänger ermuntert, der bei Mereruka gleichzeitig als Schnitter tätig ist und bei Ti sich die linke Hand ans Ohr hält, während die Rechte den Redegestus beschreibt. Flötenspiel und Gesang folgten der Diatonischen Skala altägyptischer Musik.[31] Der Musikologe PÉREZ ARROYO nimmt an, dass maatgerechtes Musizieren gestimmte Instrumente als Verwirklichung kosmischer Ordnung voraussetzte.[32]

Ein fester Einschlag bei der Darstellung der Kornernte sind die Reden und der Zank der Ährensammlerinnen.[33] Erntearbeiterinnen werden als fleißig dargestellt. Ährenleserinnen loben die gute Ernte, bei welcher für sie auch etwas abfällt. Letzteres könnte zeigen, dass der Grabbesitzer seinen sozialen Verpflichtungen nachkommt. Auf eine derartige Rezeption in Bezug auf den Grabherrn verweist die Besucherinschrift auf dem vollen Korb oberhalb der zankenden Ährensammlerinnen im Grab des Menna,[34] falls diese mit einer Opferformel oder einem Gebet für den Toten endete. Die untadelige Haltung des Grabherrn regt den Besucher zum Schreiben eines Gebetes für ihn an. Die Mittagszeit ist an der Helligkeit, den bereits teilweise abgeernteten Arealen und dem Ährenlesen erkennbar. Letzteres geht aus der Bescheinigung über den eigenen Fleiß des Schreibers Pentawer hervor:

---

29 PÉREZ ARROYO, *Music in the Age of the Pyramids*, S. 169f.

30 Für Tempelpersonal ist der Flötenunterricht belegt durch pAnastasi IV, 12, 2–3. Es wird das Singen zur *wḏꜣ*-Flöte und zur *wꜣr*-Flöte gelehrt, vergl. DZA 22.066.420. Nach den Grabinschriften des Alten Reiches in Giza und Sakkara wird zur *mꜣt*-Flöte gesungen, siehe die Belegstellen zur *mꜣ.t* „Langflöte“, *Wb* 2, 6.8–10, TLA, Lemma-Nummer 66170, Zugriff 2010-08-17.

31 LAWERGREN, in: *MGG* 4, Sp. 41, HAGEL, Calculating Auloi – The Louvre Aulos Scale, in: *Studien zur Musikarchäologie* IV, S. 373–390.

32 PÉREZ ARROYO, *Music in the Age of the Pyramids*, S. 107.

33 EK 3, Grabkapelle, W-Wand, S, 4. Reg., TT 69, Querhalle, S-Wand, PM I, 1^2, 135 (2).

34 TT 69, Besucherinschr., HARTWIG, An Examination of Art Historical Method and Theory, in: VERBOVSEK et al., *Methodik und Didaktik*, S. 318 und Farbtaf. 2.

> Und dann, zur Mittagszeit, wenn das Korn heiß ist, setze ich alle Menschen, die mit dem Getreideschneiden beschäftigt sind, an das Ährenlesen, abgesehen von den Schreibern und Hörigen, die ihr tägliches Maß (er)bringen beim Lesen des alten (wörtlich: gestrigen) Strohs (?).[35]

Im Grab des Paheri ist der Wechselgesang der Schnitter dem Gesang beim Einpflügen der Saat (siehe oben) sehr ähnlich:

> Im Antwortsingen sagen sie (*ḫn n wšb ḏd =sn*):
> „Heute ist es schön! Komm heraus auf das Feld! Der Nordwind ist aufgekommen! Der Himmel ist nach unserem Wunsch! Lasst uns arbeiten und unser Herz zusammennehmen!“[36]

Die Schnitter arbeiten paarweise im hohen Korn. In der Mitte steht ein einzelner Mann. Er hat die Sichel unter den Arm geklemmt und stillt seinen Durst aus einem großen Bierkrug. Die Ermunterung und das Durchhalten körperlicher Arbeit lassen rhythmische Gesänge vermuten. Der Wechselgesang koordinierte auch die Arbeitsgeräusche der Schnitter: das Sicheln und das Rascheln der bündelweise gegriffenen Halme.

Die Repräsentation dieses Hörraumes und seiner Rhythmen idealisiert die Erntezeit. Die durch die Menschen auf dem Lande erzeugte Vielstimmigkeit kennzeichnet ihn. SCHAFER geht von einem Figur-und-Grund-Modell der Wahrnehmung aus. Hierbei entspricht die Figur dem Signallaut oder dem Orientierungslaut, der Grund den ringsum vorhandenen Grundtönen an einem bestimmten Ort, an dem alle Laute vorkommen. Mit Hilfe dieses Modells, bei dem Figur und Grund umgekehrt werden können, erklärt er die Tatsache, dass eine akustische Figur fallengelassen und zu einem nicht wahrgenommenen Grund wird, oder dass ein Grund plötzlich zu einer Figur wird – zu einem Hörereignis, einem Orientierungslaut, einem vitalen auditiven Erlebnis. Ob ein Laut Figur oder Grund ist, hängt nicht von der physikalischen Dimension des Lautes ab.[37] Angewendet auf den Hörraum der Kornernte heißt das: Der Ort, an dem alle Laute vorkommen, sind die Felder, auf denen gearbeitet wird. Zum polyphonen Raum der Ernte tragen das Spielen der Flöte, die bittenden oder zänkischen Stimmen der Frauen und der Wechselgesang der Schnitter

35 PSallier I = pBM EA 10185, rto. 5, 1–2 (Sethos II.), Übers. POPKO, in: TLA, Zugriff 2015-07-18.

36 EK 3, Grabkapelle, W-Wand, S, 4. Reg., TAYLOR, *Paheri*, Taf 3, GUGLIELMI, *Reden, Rufe und Lieder*, S. 41, Text B 3.

37 SCHAFER, *Klang und Krach*, S. 191f.

bei. Es wird ein Verlauf dargestellt. Die Figur am Morgen sind Flötentöne und Gesang, mit den Geräuschen der Schnittertätigkeiten als Grund. Die Figur in der Mittagszeit sind die Stimmen der Menschen beim Ährensammeln. Ihre Reden bilden die Orientierungslaute, die den Hörraum kennzeichnen, wenn die Sonne am höchsten steht. Die Arbeitsrhythmen der Schnitter, die Stimmen der Arbeiter und Ährensammlerinnen und Flötenspiel erzeugen den Hörraum im Niltal während der Erntezeit bei einer guten Ernte, kühlendem Nordwind und bei Tage.

Die Rufe der Rinder- und der Eseltreiber auf der Tenne

Im Grab des Djehuti-Hetep in el-Berscheh bezieht sich ein Lied auf die Rinder, die Sesostris III. als Kriegsbeute aus Syrien mitgebracht hat, und die sich nunmehr in der Obhut des Grabherrn befinden. Der Anfang des Liedes fehlt:

> … die Rinder von *Rṯnw* während der Viehzählung:[38] „Vorher seid ihr durch Sand gestapft, jetzt tretet ihr auf Kräuter und fresst Pflanzen."[39]

Dass jede der kurzen Zeilen auf *-ṯn* endet, könnte auf ein Arbeitslied hindeuten, das gesungen wird, um die Herde auf dem Weg zu neuen saftigen Weideplätzen anzutreiben.[40] Im Grab des Setau[41] und bei Paheri, der hier zitiert wird, singt der Mann, der die dreschenden Rinder auf der Tenne im Kreise treibt und dazu die Peitsche schwingt, ebenfalls ein rhythmisches mit einem dreifach wiederholten *ḥwj.ṯn n.ṯn* beginnendes Lied:

> „Drescht für euch, drescht für euch, ihr Rinder, drescht für euch, drescht für euch!
> Das Stroh zum Futter, das Korn für eure Herren!
> Lasst eure Herzen nicht matt werden! Es ist kühl und angenehm."[42]

---

38 Ich folge der Ergänzung zu *ṯnwt* durch BLACKMAN, An indirect Reference to Sesostris III's Syrian Campaign in the Tomb-Chapel of *ḏḥwty-ḥtp* at El-Bersheh, in: *JEA* 2, S. 13–14.

39 Deir el-Berscheh, Grabkapelle des Djehutj-hotep, NEWBERRY, *El Bersheh* I, Taf. 17–18, Urk. VII, 51.13–52.4.

40 Entgegen BRUNNER-TRAUT (Arbeitslieder, in: *LÄ* I, Sp. 382). Dies. hält es für ein einmaliges Gelegenheitslied.

41 Grab des Setau, PM V, 181, (5), LD III, 10d.

42 EK 3, Grabkapelle, W-Wand, S, PM V, 177 (5–6), TAYLOR, *Paheri*, Taf. 3, Übers. BRUNNER-TRAUT, Arbeitslieder, in: *LÄ* I, Sp. 382.

Bei den Rinderhirten im Grab des Mehu werden Zug- und Lasttiere als Genossen des Menschen angesprochen.[43] Im selben Grab finden sich ein Lied, mit dem die Tiere geweckt werden, und Reden der Eseltreiber auf der Tenne:

> „Die Morgenzeit ist da, o Herde!"[44]

Die Tiere sollen das Getreide austreten. Die Arbeiter rufen sich zu:

> „Mache ein ‚zurück!' mit ihnen, (mein) Genosse!"[45]

Der Sinn des Zurufs ist, nach ALTENMÜLLER, dass sich eigenwillige Esel wieder in die Reihe einordnen sollen.[46] Ebenso überzeugend ist seine Darlegung des an einen Treiber gerichteten Rufes beim Rundlauf der Esel:

> „Ein Umkehren und ein Dich wiedersehen ist es, was du machen sollst."[47]

Der Treiber wird aufgefordert, die im Kreis gehende Herde in Gang zu halten. Die Lieder und Zurufe betonen die Bewegung. Die Wahrnehmung dieses Hörraumes besteht im Rhythmus der Rinder und Esel, die auf der Tenne im Kreis laufen, und den Rufen und Liedern der Treiber, die diese Bewegung den Tieren vorgeben und sie damit zum Weitergehen bringen. Die Beischriften verlegen den Hörraum auf den Morgen. Verglichen mit den oben besprochenen Ernteszenen, kennzeichnen die Zurufe beim Dreschen die Tenne nicht als einen auditiven Raum einer guten Ernte, sondern als einen Raum der kreisförmigen Bewegung (*pẖr*) und rhythmischen Reihung. Man könnte darüber spekulieren, ob diese Konnotation der Tenne und die Tanzbarkeit des

---

43 ALTENMÜLLER, *Mehu*, S. 142f.

44 Sakkara, Grab des Mehu, Korridor, S-Wand, PM III^2, 620 (13), ALTENMÜLLER, *Mehu*, S. 120, Szene 20.2.2, Text T 90, Taf. 24a. Siehe dort auch ähnliche Wecklieder.

45 ALTENMÜLLER, *Mehu*, S. 120, Szene 20.3.2, Text T 94. Siehe dort auch Lit. Hinweise zur Diskussion dieser Phrase. Zusammenstellung der Belegstellen bei ALTENMÜLLER, Die Reden und Rufe beim Dreschen in den Gräbern des Alten Reiches, in: FS *Goedecke*, S. 9–24. Darin ist Beleg S 18 zu ergänzen durch die neueste Literatur zur Eselherde, Sakkara, Mastaba des Kajemnofret, O-Wand, 7. Reg., jetzt Boston MFA 04.1761, SIMPSON, *The Offering Chapel of Kayemnofret in the Museum of Fine Arts, Boston*, S. 18 und Taf. F.

46 Soweit das einleuchtende Verständnis der Stelle, das von ALTENMÜLLER, Die Reden und Rufe beim Dreschen in den Gräbern des Alten Reiches, in: FS *Goedecke*, S. 19, vertreten wird.

47 ALTENMÜLLER, *Mehu*, S. 121. Desgleichen Sakkara, Mastaba des Ti, Opferkammer, O-Wand, PM III, 472–473 (34).

Reigens bei der Übernahme des Dreschens von Emmer ins Ritual eine Rolle gespielt haben könnte. Allerdings wird in der fünften bis zehnten Szene des Dramatischen Ramesseumpapyrus die Kreisbewegung nicht anders angesprochen, als am Schluss durch die in Staffelung dargestellten Tiere, Vignette 5, und die Ritualanweisung: „Die Esel", „Aufstieg zum Himmel".[48]

Der Rhythmus von Schlaghölzern beim Fortbringen der Ernte und beim Keltern

Das rhythmische Aneinanderschlagen von Hölzern (*mꜣḥ*)[49] ist bei der stets auf der Ostwand dargestellten Auflistung der Ernte belegt.[50] Die Schlaghölzer werden in Sakkara von einem Paar und in Giza von einer Gruppe tanzender Männer betätigt. Als Instrumente dienen ein kurzes und ein langes Schlagholz. Hans HICKMANN vermutet, dass mit einem kurzen Schlagholz auf den Arbeitsstock des Hirten oder Eseltreibers geschlagen wurde.[51] Die Kleidung der Tänzer unterscheidet sich in den Darstellungen. Bei Neferirtenef tragen beide Männer den hochgebundenen Arbeitsschurz und Ringe um die Fußgelenke. Sich dabei anblickend, tanzen sie in der Mitte des Registers. Rechts von ihnen wird eine mit Säcken beladene Herde Esel auf einer Kräuterweide zum Dreschplatz getrieben. Oberhalb der Herde steht:

> Herde der 2300 Esel.[52]

---

48 PBM EA 10610 (pRamesseum B), rto. 33, Vign. 5, nach der Zählung von SCHNEIDER, Neues zum Verständnis des Dramatischen Ramesseumpapyrus, in: FS *Assmann*, S. 231–255. SETHE, *Dramatische Texte zu altaegyptischen Mysterienspielen* II, S. 134ff.

49 Von SACHS (Die Musikinstrumente des alten Ägyptens, in: *Mitteilungen aus der Ägyptischen Sammlung* 3) als „Stabklappern", von HICKMANN (*Ägypten, Musikgeschichte in Bildern* II) als „Plattenklapper" bezeichnet.

50 Grabkomplex des Neferbauptah, G 6010, Raum I, O-Wand, nördl. Hälfte, 2. Reg., PM III, 169 (1–2) (bei PM, Raum II, Schlaghölzer nicht erwähnt), WEEKS, *Mastabas of Cemetery G 6000*, Taf. 1. Sakkara, Mastaba des Nfr-irt.n.f, O-Wand, li. Hälfte, jetzt Brüssel E.2465, PM III^2, 584 (8), VAN DE WALLE, *La chapelle funéraire de Neferirtenef*, Taf. 12, HICKMANN, *Ägypten, Musikgeschichte in Bildern* II, Abb. 46. Sakkara, S 915, Grab des Nikauhor und der Sechem-Hathor, Opferkammer, O-Wand, südl. der Tür, PM III^2, 498 (bei PM Schlaghölzer nicht erwähnt), QUIBELL, *Excavations at Saqqara 1907–08*, Taf. LXII, VANDIER, *Manuel* IV, Abb. 219.2, DECKER/HERB, *Bildatlas zum Sport* I, Dok. S 8.1–S 8.3, S. 840f. Sakkara, Mastaba des Kajemnofret, O-Wand, 6. Reg., jetzt Boston MFA 04.1761, SIMPSON, *The Offering Chapel of Kayemnofret in the Museum of Fine Arts, Boston*, Taf. F.

51 HICKMANN, *Ägypten, Musikgeschichte in Bildern* II, S. 78.

52 Ergänzung der Zahl nach VAN DE WALLE, *La chapelle funéraire de Neferirtenef*, S. 59.

Der linke Teil der Szene ist bei Neferirtenef nicht erhalten. In der Mastaba des Kajemnofret stehen die beiden Tänzer in der gleichen Position zwischen der Eselherde und einer Gruppe Männer in kurzem Schurz, von denen jeder einen langen Stock über der linken Schulter trägt. Oberhalb der Tiere steht:

„Eine Eselherde – der Anblick ist schön!“[53]

Der erste in der Gruppe schlägt zwei Hölzer aneinander und fungiert als Tanzpartner des anderen Schlagholzspielers, der nur ein Band um die Hüften trägt. Die gleichartige Szene im Grab des Nikauhor wird von VANDIER als „Danses spontanées à la fin des Moissons“ interpretiert, der die Freude der Bauern bei der eingebrachten Ernte zum Ausdruck bringt.[54] Die nur bei Nikauhor vorhandene Beischrift zwischen den beiden Tänzern: *m sṯj* (als Imperativ von *sṯj* „attackieren“?)[55] deutet eher auf einen getanzten Schaukampf hin. Der Stocktanz ist in einem Aufführungskontext für Schaukämpfe jedoch nicht belegt. In der Mastaba des Neferbauptah tanzen mindestens fünf, mit kurzen Röcken bekleidete, Schlagholzspieler (*mꜣḥ.w*) im Register oberhalb der beladenen Esel, die das Korn bringen.[56]

Während die Hirten mit Schlaghölzern einen Tanzrhythmus erzeugen, handelt es sich beim Keltern um einen Arbeitsrhythmus. Das Aufeinanderschlagen von Hölzern gibt den Keltern den Takt und die Ausdauer beim Austreten der Trauben.[57] Dieses besagt die folgende Beischrift, die bei Mereruka

53 SIMPSON, *The Offering Chapel of Kayemnofret in the Museum of Fine Arts, Boston*, S. 18. Die Männer mit den langen Stöcken sowie die Musikanten werden von ihm als Kämpfer gedeutet.

54 VANDIER, *Manuel* IV, S. 401.

55 QUIBELL, *Excavations at Saqqara 1907–08*, Taf. LXII. Die Beischrift ist heute nicht mehr zu überprüfen.

56 G 6010, Raum I, O-Wand, nördl. Hälfte, 2. Reg., WEEKS, *Mastabas of Cemetery G 6000*, S. 21, Fig. 9.

57 Durch die Beischrift als rhythmuserzeugende Handlung gesichert bei: Sakkara, Mastaba des Mereruka, Raum A 12, PM III², 531 (66), DUELL, *Mereruka* II, Taf. 114, HICKMANN, *Ägypten, Musikgeschichte in Bildern* II, Abb. 47, PÉREZ ARROYO, *Music in the Age of the Pyramids*, S. 294, Foto 23. Desgl. Sakkara, Grab des Neferherenptah, PM III², 637 (2), HICKMANN, *Catalogue Général*, S. 3. Ders. *Musicologie pharaonique*, S. 16, Abb. 2. Ohne Beischrift: Sakkara, Nefer, Opferkammer, 4. Reg., PM III², 640 (1–2), ALTENMÜLLER/MOUSSA, *The Tomb of Nefer and Ka-Hay*, Taf. 1 und 9. Berlin ÄM 15071, PM III², 750, SACHS, Die Musikinstrumente des alten Ägyptens, in: *Mitteilungen aus der Ägyptischen Sammlung* 3, Abb. 2. PORTER/MOSS führen als weiteren Beleg G 2370, Senedjemib, Raum III b nach REISNER, PM III, 86 (12) an.

oberhalb der beiden Musiker mit kurzen Schlaghölzern in den Händen steht:

> Rhythmus schlagen (*mꜣḥ*).[58]

In den Mastabas des Mereruka und des Neferherenptah sowie auf dem Berliner Bruchstück ÄM 15071 sind die Musikanten, sich gegenübersitzend, in einer kreisrunden Scheibe abgebildet. Weil Instrumentalmusik bei der Ernte, aber nicht beim Säen oder Pflügen visualisiert wird, werden Flötentöne und Schlagrhythmen als Orientierungslaute der Erntezeit verbildlicht. Ikonographisch wird dies erreicht, indem sie mit einer ganz bestimmten, durch die Tätigkeit, die Tageszeit und die Jahreszeit definierten Situation verbunden werden. Laut DIODOR VON SICULUS ist die Erntezeit *šmw* durch tiefe Töne gekennzeichnet.[59] Im Grab des Userhat, TT 56, singen die Kelter bei der Weinernte, was durch ihren geöffneten Mund angezeigt wird.[60] Der Text eines bei der Traubenernte gesungenen Liedes ist erst im Grab des Petosiris den Gärtnern im Weinberg in den Mund gelegt:

> „Komm, unser Gebieter, sieh Deine Beete und erfreue Dich an ihnen.
> Die Winzer vor Dir treten Trauben aus. Es liegen viele Trauben auf (dem) Boden.
> Mehr Saft ist in ihnen als im letzten Jahr. Trinke und sei trunken.
> Höre nicht auf, zu tun, was Du liebst. Sie sind Dir gewachsen, Deinem Herzen zu dienen …
> Der Abend kommt. Viel Tau liegt auf den Trauben.
> Lasst uns sie eilends austreten und zu unserem Herrn bringen.
> Alles was geschieht, geschieht durch Gott.
> Unser Herr soll sie zufrieden trinken und Gott dafür loben.
> Opfere davon dem guten Geist dieses Gartens, dass er viel Wein im nächsten Jahr gibt.“[61]

---

58 *Wb* 2, 30.14, *mꜣḥ* „in die Hände klatschen; Takt schlagen“. HICKMANN, *Ägypten, Musikgeschichte in Bildern* II, S. 78.

59 DIODOR VON SICULUS, *Historische Bibliothek*, Kap. 16.

60 MEKHITARIAN, *Egyptian Painting*, S. 61. Sänger mit offenem Mund auch in TT 78, BRACK, *Haremhab*, S. 152–156. Weitere Beispiele bei ASSMANN, Die Gestalt der Zeit in der ägyptischen Kunst, in: ASSMANN/BURKERT, *5000 Jahre Ägypten*, S. 11–32, bes. S. 25 und Abb. 16.

61 SCHOTT, *Altägyptische Liebeslieder*, Text 74, S. 124.

Das im Lied angesprochene Dankopfer findet bereits im Alten Reich seinen ikonographischen Niederschlag in den Gebeten an die Göttin Renenutet. Während die Arbeiter die Trauben austreten, spendet der Winzer der Erntegöttin aus einem Krug einige Tropfen des Neuen Weines. Er sagt dazu:

> „Dir zum Wohle, Renenutet! Gib Speise und Nahrung!“[62]

Auch ohne eine Rezitationsanweisung darf man aus der Situation – die Dankbarkeit des Kollektivs der Winzer und Kelter – und der im Tempeldienst geübten Praxis, Götter laut mit der menschlichen Stimme zu adressieren, schließen, dass die Worte zum Opfer laut gesprochen wurden. Im Neuen Reich ist dem Keltern in den Gräbern des Rechmire[63] und des Antef[64] ein Bittgebet an Renenutet, die zur Zeit Amenhoteps I. in Theben einen Kult besaß, beigeschrieben.[65] Das Opfer zur Erntezeit wurde im Freien, vor einem vermutlich nur für diese Gelegenheit dort aufgestellten Götterbild, verrichtet. Die Worte sind im Grab des Antef als „Gesang“ (*ḥn*) bezeichnet. Die Orientierungslaute der Weinernte sind geschlagene Rhythmen beim Austreten des Weines und Dankgebete. Die rhythmischen Arbeitslaute der Ernte bilden einen außerordentlichen Kontrast zur ruhigen Landschaft während der Wachstums- und Reifezeit. Die geschlagenen Tanzrhythmen pointieren die Zeit des Festes. Das Sprechen beim Gebet unterscheidet sich von den anderen Formen der menschlichen Stimme, wie Zanken, Necken, Schimpfen usw., durch eine rituelle Art und Weise des Vortrags. Als Hörereignisse kennzeichnen der Klang der Schlaghölzer und die Renenutet adressierende Männerstimme das Ende der Erntezeit und das Land als fruchtbar unter der Ägide einer Göttin.

Die Sumpflandschaft

Belegt sind Gesänge und Rufe der Hirten in der Sumpflandschaft, das Flüstern der Vogelfallensteller und das frohe Lied der Fischer beim Einziehen des Netzes. Als repetitive Praxis stellen Arbeitslieder Orientierungslaute dar, die

62 TT 90, Grab des Nebamun, PM I, 1^2, 184 (8), Urk. IV, 1625, DAVIES, *The Tombs of Two Officials*, Taf. 30, GUGLIELMI, *Reden, Rufe und Lieder*, S. 91.

63 TT 100, Querhalle, N, W-Wand, 2. Reg. v. o., PM I, 1^2, 210 (10), DAVIES, *Rekh-mi-Rê*, Taf. 45.

64 TT 155, PM I, 1^2, 263 (5), SÄVE-SÖDERBERGH, *Four Eighteenth Dynasty Tombs*, S. 17, Taf. 15.

65 SKairo JE 59636, PM II^2, 73, LACAU, La Stèle J.E. 59636 du Musée du Caire, in: LACAU, *Mélange Mariette*, S. 225. Ikonographischer Nachweis der Göttin Renenutet in thebanischen Gräbern der 18. Dyn. siehe BROEKHUIS, *De Godin Renewetet*, S. 11ff, zu ihrer Verehrung in Kornspeichern, KLUG, Darstellungen von Königsstelen, in: FS *Gundlach*, S. 59–75.

für den Hörraum der jeweiligen Tätigkeit typisch sind. Für die Sumpflandschaft sind sie in der Hirtengeschichte belegt:

> Die Weisen der Hirten rezitieren einen Wasser(zauber)gesang (zum Schutz vor Krokodilen) (*ḥr šd.t ḥs.w-mw*) mit dem Aussprechen des betreffenden Spruchs: „Meine *Kas*/Lebensgeister sind in Jubel, (ihr) Hirten, (ihr) Männer! Man kann mich nicht vertreiben von diesem überschwemmbaren Feld (im) Jahr der hohen Überschwemmung".[66]

Die Musikwissenschaftlerin Doris STOCKMANN unterscheidet bei Musik zur Arbeit nichttaktmäßige (Typ A) und taktmäßige Prozesse (Typ B). Beim Typ A, unter den ich das Hirtenlied einordnen möchte, steht die Signalfunktion im Vordergrund. Er schützt die Arbeiter in kritischen Momenten und besorgt die psychophysische Koordinierung. Beispielsweise erzeugt antiphonaler, das heißt antwortgebender Gesang,[67] durch den Einsatz des Vorsängers eine Phase der Anspannung, auf die bei der Antwort durch den Chor eine Phase der Entspannung folgt. Bei Typ B, dem die meisten bisher besprochenen Arbeitslieder zugeordnet werden können, dominiert die rhythmische Koordinierung, das heißt, der Arbeitstakt. Dieser bildet die psychophysische Stütze der Arbeitsbewegungen und die magische, unterhaltende oder identifikatorische Wirkung, die zusammen die ästhetische Funktion ausmachen.[68] Das Hirtenlied zeigt, dass lautliche Praktiken für Eigenschaften des Raumes, im zitierten Fall handelt es sich um dessen Gefährlichkeit, konstitutiv sind. Gleichzeitig bringt die dem Raum zugewiesene Bedeutung lautliche Praktiken hervor. Im Grab des Mehu lässt die Angst vor den unter der Wasseroberfläche der Herde auflauernden Krokodilen den Hirten, der die Rinder durch die Furt treibt, den folgenden Zauberspruch rufen. Der Hirte hält dabei, als Begleitgeste zum Ruf, die linke Hand an den Mund:

---

66 PBerlin P 3024, x+12–16, Rubrum: „mit dem Aussprechen des betreffenden Spruchs (*m ḏd r<ꜣ>.f pn*)". GARDINER, *Hieratische Papyrus aus den Königlichen Museen zu Berlin* 5, Übers. DILS, in: TLA, Zugriff 2009-12-09.

67 Unter „antiphonaler Gesang" wird eine alternierende musikalische Aufführung durch mehrere Gruppen verstanden. Das *MGG* erwähnt als frühesten Beleg für einen Wechselgesang (5. Jh. v. u. Z.) Nehemia 12, 31–43; dem wird durch die archäologischen Befunde aus dem alten Ägypten widersprochen.

68 STOCKMANN, Volks- und Popularmusik in Europa, in: *Neues Handbuch der Musikwissenschaft* 12, S. 65.

„O du Hirte! Dein Gesicht möge leben gegen diesen *šy*, der im Wasser ist und ‚blinden Hauptes' kommt. Pass sehr auf ihn auf, du Hirte! Deinen Arm über das Wasser."[69]

Der Spruch signalisiert und beschwört die Gefährlichkeit des Ortes. Der Hirte begegnet der Gefahr durch das Sagen oder Singen der Worte. *šy* ist ein Deckname für das Krokodil. Auch die Tabuisierung des gefährlichen Tieres wird lautlich vollzogen, das Aussprechen seines Namens vermieden. Eine Parallele hierfür bildet die Überschrift einer Spruchfolge zur Abwehr von Krokodilen im magischen Papyrus Harris: „Die schönen Sprüche für das Singen, die den Schwimmenden abwehren".[70] Die Gefahr provoziert darüber hinaus lautliches Handeln. Die Männer, die die Boote staken, werden nämlich durch Zurufe aufgefordert, sich der Gefahr zu entziehen und sich nicht zu fürchten:

„Rudere sehr!
Fürchte dich nicht vor ihm!
Rudere kräftig mein Genosse!"[71]

Auch das von Gudrun MEYER als religiöser Text im Kontext des Grabes untersuchte Hirtenlied des Alten Reiches ist ein Text, um den Gefahren, die im Wasser lauern, zu begegnen.[72] Der Grundtext des Liedes lautet in ihrer Übersetzung:

„Der *Bt* ist im Wasser unter einer Menge von Fischen (Var.: inmitten der Fische). Er spricht mit dem Wels und er begrüßt sich mit dem Hecht (Oxyrhynchos-Fisch)."[73]

69 Sakkara, Grab des Mehu, Korridor, N-Wand, PM III², 620 (13), ALTENMÜLLER, *Mehu*, S. 141, Szene 25.2, Text T 177, Taf. 39, 40 a-b. Siehe dort auch Hinweise auf Varianten. Zum Rufgestus DOMINICUS, *Gesten und Gebärden*, S. 99f und Abb. 24.

70 Zur Überschrift und den apotropäischen Sprüchen gegen das Krokodil aus dem mag. pHarris 501 = pBM EA 10042, rto. 6, 4–9, 14 (19. Dyn.) merkt ESCHWEILER an: „Die Bezeichnung ‚Schwimmender' verweist bereits auf die folgende Gruppe und zeigt an, dass die Hymnen hier als magische ‚Legomenoi' instrumentalisiert worden sind." ESCHWEILER, *Bildzauber im alten Ägypten*, S. 57.

71 Sakkara, Grab des Mehu, Korridor, N-Wand, PM III², 620 (13), ALTENMÜLLER, *Mehu*, S. 142, Szene 25.2, Texte T 178–T 179b, Taf. 40a. Alle auf den Booten sind mit Rudern beschäftigt, kein Ruf- oder Redegestus.

72 MEYER, Das Hirtenlied in den Privatgräbern des Alten Reiches, in: *SAK* 17, S. 235–284. Siehe dort auch die Quellen.

73 Ebd., S. 244f.

Bei dem mit einem Widder und einer Person determinierten Bata (*Bt*) handelt es sich um einen Gott oder den vergöttlichten Grabherrn.[74] Die erweiterten Textvarianten beginnen mit einem Anruf an *Bt*, der ihn dem Westen zugehörig adressiert. Das Hirtenlied erzeugt das Wasser als Hörraum. Es wird wahrgenommen als ein Existenzbereich der Toten, in dem sich die dort befindlichen Lebewesen miteinander unterhalten, und in dem, wie MEYER anhand von Sargtexten darlegt, der Grabherr von den Fischen beschützt wird.

Die Aufforderungen beim Vogelfang, wie „Zieh zu" oder „Packe an, schnell! Es gibt einen Fang für uns"[75] betonen den Vogelreichtum der Sumpflandschaft. Ein Vogelfänger, der hinter einem Busch verborgen fünf Pelikanen auflauert, sagt zu seinen Leuten, die das Fangnetz zusammenziehen sollen:

> „Passt auf! Zieht ganz tüchtig! Da! Reichlich vorhanden (wörtlich: es gedeihen) diese reinen Vögel!"[76]

Der Schweigegestus (die linke Hand auf den Mund gehalten) sowie die Situation deuten auf leises Sprechen hin. Das Schweigen bietet den Gegensatz zum Geschrei der Vögel, von dem in *The Pleasures of Fishing and Fowling* erzählt wird:

> „Nachdem wir das laute Geschrei seiner Vogelschar gehört haben (*sḏm.n =n hmhm.t ꜥbd.w =f*), fangen wir sie im Netz."[77]

Das Geschrei der Vögel bildet den Grundton der Sumpflandschaft als Ausdruck des Überflusses. HARTWIG bemerkt zu den künstlerischen Aspekten der Landschaftsdarstellungen in TT 69: „Other images suggest sounds, such as the startled flapping of birds flushed out of the papyrus swamp by Menna's throw-stick".[78] In TT 69 ist der Rezipient nur auf das Bild angewiesen. Das

74 ALTENMÜLLER (Kälberhirte und Schafhirte, in: *SAK* 16, S. 17) vermutet im *Bt* einen Psychopompus in der Gestalt eines Schafhirten.

75 Sakkara, Grab des Mehu, Torraum, S-Wand, PM III², 620 (3), ALTENMÜLLER, *Mehu*, S. 93, Szene 7.1, Text T 13, Taf. 20a. Ähnlich Text T. 149 und auch die Arbeitsanleitungen zum Fischfang, T 156–157; T 175. In der 18. Dyn. findet sich das Kommando zum Zuziehen des Klappnetzes bei der Vogeljagd (ohne Beischrift) in TT 52, Querhalle, N-Wand, W, Subreg., PM I, 1², 101 (6), http://www.osirisnet.net/tombes/nobles/nakht52/e_nakht_05.htm.

76 TT 78, Längshalle, N-Wand, PM I, 1², 155 (13), BOURIANT, *Tambeau d'Harmhabi*, S. 429f, BRACK, *Haremheb*, S. 63, Szene 163, Taf. 67a und 73b, Übers. GUGLIELMI, *Reden, Rufe und Lieder*, S. 153. Den rechten Arm hat der Vogelfänger im weisenden Gestus erhoben.

77 PMoskau o. Nr. B4, 8, DILS, in: TLA, Zugriff 2010-08-21.

78 HARTWIG, *The Tomb Chapel of Menna*, S. 171.

Geräusch der auffliegenden Vögel wird nicht beschrieben, hingegen findet das Schwirren des Wurfholzes in den Texten Beachtung. Das Lexem *ʿmʿꜣ.t* wird sowohl für das bei der Jagd verwendete Wurfholz als auch für das Klangholz der Hathor verwendet.[79] Das Geräusch, das sein Schwirren durch die Luft erzeugt, ist, wie frühe Belege zeigen, apotropäisch ausgelegt worden: In PT 469 (pyr. § 908c–g) symbolisiert das Wurfholz eine Verteidigungswaffe der Götter. In der Mastaba des Ni-anch-Pepi[80] und in Tb 145[81] wird es in einem Schutzspruch für den Toten verwendet. In CT V 252b-256b wird es als gefährlicher Bote der Götter bezeichnet. Die Szene der Vogeljagd mit dem Wurfholz vermittelt demnach als Signal- und Orientierungslaut nicht das Fluggeräusch der Vögel, sondern das des Wurfholzes. Auch an Fischen herrscht Überfluss. Das zeigt das Lied der Fischer, die beim Einziehen des Netzes singen:[82]

> „Dieser Fang ist ein Fest (alternativ: Solch ein Fischzug, solch ein Fang)! Es (das Netz) kommt, nachdem es uns einen schönen Fang eingebracht hat!“[83]

BRUNNER-TRAUT vermutet, dass es sich bei diesem kurzen Text um einen Liedanfang handelt. Sie bemerkt im Hinblick auf den Rhythmus: „Das Lied mag mit seinem Rhythmus das gleichmäßige, ruckartige Ziehen des schweren Netzes erleichtert haben“.[84]

Gefahren und Überfluss kennzeichnen die Sumpflandschaft. Für die Männer im Boot und die Hirten ist das Papyrusdickicht eine Umwelt, deren Gefahren mit beschwörenden Liedern und Rufen begegnet wird. Für die Vogelfänger und die Fischer mit dem Netz bildet es hingegen einen generativen Raum, wie er im Hathorkult durch das Schütteln der Sistren gestaltet wird. Diese doppelte Bedeutung der Sumpflandschaft wird bestätigt durch das Gedicht vom ruchba-

---

79 TLA, Lemma-Nr. 37760, Zugriff 2016-05-03. Belege allerdings aus der Spätzeit.

80 Sakkara, Mastaba des Ni-anch-Pepi, Grabkammer, Sarkophag, linker Bettenholm.

81 PTurin 1791. Dort ist für „Wurfholz“ das Lexem *ḳmꜣ* (*Wb* 5, 33.7) verwendet.

82 Sakkara, Mastaba des Ti, Kapelle, N-Wand, PM III^2, 475 (44), STEINDORFF, *Das Grab des Ti*, Taf. 117. Sakkara, Mastaba des Kagemni, PM III^2, 523 (21), VON BISSING, *Die Mastaba des Gem-ni-Kai* I, Taf. 19. Neferirtenef, PM III^2, 583 (2), heute Brüssel E.2465, VAN DE WALLE, *La chapelle funéraire de Neferirtenef*, S. 70, Taf. 13. Meir D 2, Pepi-Anch, BLACKMAN, *Meir* IV, S. 29 und Taf. 8.

83 Brüssel E.2465, VAN DE WALLE, *La chapelle funéraire de Neferirtenef*, S. 70, mit Anm. 239, meine Übers. in Anlehnung an VAN DE WALLES. Variante: „Es kommt und bringt einen schönen Fang“, vergl. GUGLIELMI, *Reden, Rufe und Lieder*, S. 160 u. 190.

84 BRUNNER-TRAUT, Arbeitslieder, in: *LÄ* I, Sp. 381.

ren Namen im Gespräch eines Mannes mit seinem *Ba*.[85] In allen Fällen handelt es sich bei den Sümpfen jedoch um einen ambivalenten Ort, bedingt durch die dort im Wasser lauernden Gefahren oder die sprühende Energie einer Göttin, die besänftigt werden muss, wobei jedes Mal die menschliche Stimme und Musik eingesetzt werden. Die Orientierungslaute der Sumpflandschaft sind die apotropäischen Gesänge und Sprüche der Fischer und das schwirrende Wurfholz bei der Vogeljagd. Die Darstellung dieses Hörraumes erfolgt zum Schutz des Grabherrn.[86] Dies trifft aber nur auf die Wasserlandschaft zu, denn die Darstellung der Krokodile findet sich nur in der Krokodilspassage (eine gefährliche Stelle, die die Rinderhirten auf dem Heimweg passieren müssen) und den Wasserstreifen. Hingegen wird in den detailreichen Szenenfolgen der diversen Ernte-, Fang- und Hegetätigkeiten inmitten der Sümpfe, in deren Verlauf die Arbeiter doch besonders gefährdet erscheinen, die Abbildung des Krokodils konsequent vermieden.[87] Die Kommandorufe zum Einziehen der Netze bei Fisch- und Vogelfang sind Signallaute, auf die der Mensch besonders hört. Sie evozieren einen Hörraum des Überflusses.

Die Zurufe der Schiffer auf dem Fluss

Bei der Schifffahrt wird der Göttin Hathor für den guten Fahrtwind gedankt.[88] Die Rede an Hathor ist förmlich und auf die Fahrt in den „Schönen Westen" bezogen. Lebensnah nimmt sich dagegen die Rede des Lotsen im Ruderschiff, die von einem Anweisungsgestus[89] begleitet ist, aus:

> „O, weiche aus, mein Genosse, wegen dieses Schiffes, welches (unter Segeln) stromaufwärts fährt!"

Dann wendet sich der Lotse an die Männer am Steuer:

> „Nach Steuerbord ihr Schiffsführer, wegen des Landes inmitten des Stromes. Fahrt es nicht an!"[90]

85 Lebensmüder 87–101.

86 ALTENMÜLLER, Kälberhirte und Schafhirte, in: *SAK* 16, S. 1–19.

87 HERB, *Der Wettkampf in den Marschen*, S. 303.

88 Sakkara, Grab des Mehu, Korridor, S-Wand, PM III^2, 620 (10), ALTENMÜLLER, *Mehu*, S. 114, Szene 19.1.2, Text T 73, Taf. 19b.

89 DOMINICUS, *Gesten und Gebärden*, S. 110. Gestus des Lotsen und desgl. Gestus zum Weiterleiten der Anweisung bei den Steuerleuten und Segelrichtern von ALTENMÜLLER (*Mehu*, S. 115) irrtümlich als Abwehrgestus gedeutet.

90 Sakkara, Grab des Mehu, Korridor, S-Wand, PM III^2, 620 (10), ALTENMÜLLER, *Mehu*, S. 115, Szene 19.2.1, Texte T 75 und T 76, Taf. 20a.

Entgegenkommenden Schiffen muss der Weg freigemacht werden. Hierzu ruft der Lotse:

> „Nach Backbord , mein Genosse, wegen des großen Schiffes! Halte dich von ihm sehr fern (sinngemäß: macht ihm den Weg frei)! Es kommt …!“[91]

Die Steuerleute der Lastschiffe rufen sich oder dem Segelrichter zu:

> „Handhabe das Steuerruder (und richte) dein Gesicht auf das Schiff, das sich vor Dir befindet!“
> „Nach Steuerbord wegen des Landes inmitten des Stromes. Mögest du nicht auflaufen!“
> „Achte auf das Lenktau wegen des guten Windes! Siehe sie (Hathor) gibt ihn.“[92]

Die Kommandos der Schiffer auf dem Fluss haben nichts mit den Zurufen der besorgten Ruderer, die dem Krokodil entkommen wollen, gemeinsam. Sie bestehen aus knappen Anweisungen an die Steuerleute. Erklärungen und Wünsche betreffen den Wasserstand, den Schiffsverkehr und den zur Umschiffung gefährlicher Stellen benötigten Nordwind.

Das Kriegsgeschrei

Darstellungen in TT 74, dem Grab des Rekrutenschreibers und Vorstehers der Armeeschreiber Tjanuni, geben Hörräume in seinem Berufsleben bei der Armee wieder. Das Kriegsgeschrei wird in seinem Überreichungsspruch für den König genannt. Tjanuni wünscht dem Herrscher nach dem üblichen „Leben, Dauer und Stärke, Kraft und Sieg gegen alle Länder“ bei der Überreichung eines Blumenstraußes:

---

91 Sakkara, Grab des Mehu, Korridor, S-Wand, ALTENMÜLLER, *Mehu*, S. 116, Szene 19.2.2, Text T 77, Taf. 20b.

92 Sakkara, Grab des Mehu, Korridor, S-Wand, ALTENMÜLLER, *Mehu*, Szene 19.3, S. 117, Texte T 78–80, Taf. 21b und 22a. Siehe dort auch Hinweise auf Parallelen in Meir bzw. Giza. Die Steuerleute halten mit beiden Händen das Ruder. Zu Schiffkommandos siehe auch GRUNERT, Neues aus den Rufen und Reden im Doppelgrab der Königinnen Nebet und Khenut, in: *GM* 174, S. 61.

ABB. 1
Trommler bei der Armee. TT *74, Querhalle, linke Rückwand,* IV. *Register. Institut für Altertumswissenschaften, Ägyptologie, Johannes Gutenberg Universität Mainz, Diathek, Aegyptologie_*UMZ_ZA*_Aegyptologie_276698.*

„Dein Kriegsgeschrei sei in den Herzen aller Fremdländer,
gemäß dem Befehl deines erhabenen Vaters Amun, des Herrn der Throne der beiden Länder.
Alle Fremdländer seien unter deinen Sohlen, so dass du leben mögest wie Re.„[93]

„Sein Kriegsgeschrei" (*hmhm.t =f*) charakterisiert das Schlachtfeld des siegreichen und furchteinflößenden Herrschers.[94] Weitere bei einem Feldzug erzeugte Klänge werden bei der Berufsausübung des Rekrutenschreibers durch die Militärmusiker ins Bild gebracht.

Die Truppe besteht aus acht Mann, die mit weit ausholenden Schritten marschieren. Sie wird angeführt von zwei Trompetern, die ihr goldenes Instrument, in denen vermutlich der Stopper steckt, rechts geschultert tragen. Ihre linke Hand ist zur Faust geschlossen, der Daumen zeigt abwärts. Ihnen folgen fünf Männer mit den zwei Straußenfedern der Libyer im Haar, die in jeder Hand ein schwarzes Schlagholz halten. Der erste schlägt sie etwa in Augenhöhe aufeinander. Bei den anderen vier Männern weist die linke Hand nach unten, die

93 TT 74, Querhalle, W-Wand, BRACK, *Tjanuni*, S. 38f, Text 27. Parallele in TT 75.

94 Karnak, Amuntempel, 8. Pylon, Dankesrede Thutmosis' I., Kol. 14, PM II2, 174 (517), Urk. IV, 265–274, HOFMANN, *Königsnovelle*, S. 143, 146. Siehe auch die Belegstellen zu „Kriegsgebrüll" *hmhm.t*, *Wb* 2, 490.9–17, TLA, Lemma-Nr. 98500, letzter Zugriff 2015-05-30. Zur Furcht bspw. zweite Stele des Kamose, 3. Feldzugsbericht des Amenhotep IV. Achenaten auf der Buhen Stele, x+2.

rechte ist nach oben abgewinkelt. Sie schwingen beim Marschieren die Hölzer abwechselnd nach oben und nach unten und schlagen sie dazwischen zusammen. Den Schluss bildet ein Trommler (siehe Abb. 1). Er trägt sein Instrument auf dem Rücken. Anbetend erhebt er beide Hände, den Mund hat er geöffnet. Alle Musiker sind von dunkelbrauner Hautfarbe, von der sich der weiße ägyptische Schurz mit spitzem Mittelstück abhebt. Der Trommler ist durch das krause Haar und eine leichte Fettleibigkeit als wohlsituierter Nubier dargestellt, er hält etwas Abstand zu den anderen Musikern.[95] Die mit der Armee verbundenen, aber im Grab nicht gespielten Instrumente, erzeugen die Lauterwartung von Signaltönen und Rhythmus des siegreichen ägyptischen Heeres.

Die Rezeption visualisierter Hörräume der Landschaft

Belegt ist der Besuch der zugänglichen Räume der Grabanlage bei Nekropolenfesten durch die Familie und vermutlich auch weitere Mitglieder des Haushaltes des Verstorbenen. Mehrere Grabbesitzer der thebanischen Nekropole berichten von ihrem Besuch früherer Gräber.[96] Wie Besucherinschriften zeigen, wurden Grabkapellen auch um ihrer Schönheit willen besucht.[97] Die Graffito von Schreibern lässt den gezielten bildungspolitischen Besuch der Gräber zum Erwerb eines traditionellen Wissensfundus am Beginn des Neuen Reiches vermuten.[98] Externe Faktoren wie Erwartungen, lokale und zeitliche Umstände, kulturelle Komponenten und Stimmungen konditionieren den Blick des Betrachters. In ihrem architektonischen und kulturellen Kontext ist das sichtbare Bild der Übergang in eine Wirklichkeit, die äußerlich und innerlich, hiesig und jenseitig zugleich ist.

Ein Kunstwerk ist ein kommunikatives System, in dem die konventionellen Zeichen einer Kultur durch den Betrachter artikuliert und in der Gesellschaft verbreitet werden:

> In this regard, a painting exists as a system of signs, a type of discourse that is bathed in the same circulation of signs that permeates the rest of society. [...] While visitor inscriptions preserve the thoughts of the literate, what about those whose literacy was sketchy at best? Here it can be presumed that the process of viewing for them may have been a

95 TT 74, Querhalle, Westwand, S, li., 4. Reg., Szene 14, BRACK, *Tjanuni*, S. 42f, Taf. 9, 36b, 28a und 33.

96 HAGEN, *Text in Context*, S. 208.

97 GUGLIELMI, *Reden, Rufe und Lieder*, S. 210. HARTWIG, *Tomb Painting and Identity*, S. 43–49.

98 GNIRS, Zum Verhältnis von Literatur und Geschichte in der 18. Dynastie, in: BICKEL, *Vergangenheit und Zukunft*, S. 170.

> collective experience within the Theban chapel, organized around the various necropolis festivals or family visiting situations. Semi- or non-literate viewers may have understood the composition, provided the text adjacent was read aloud to him or her. Reinforcing the hypothesis are a number of Appeals to the living, which describe the (hoped-for) actions of tomb visitors in terms of „hearing“ the text.[99]

Im Bild dargestellte Musik und Laute werden im Bild reflektiert. Die Wahrnehmung der visualisierten Hörräume ist ein aktiver Vorgang, durch den sich der hörende Mensch auf die Welt bezieht. Sehen wird zu einer Tätigkeit, durch die die gehörte Welt erscheint. Die Bedeutung von Hörereignissen gründet sich auf Symbolisierungen und der damit einhergehenden Differenzierung von Lauten. SCHAFER unterscheidet zwischen „Grundtönen“ (*keynote sounds*), „Signallauten“ (*signals*) und „Orientierungslauten“ (*soundmarks*). Die allgegenwärtigen „Grundtöne“ einer Landschaft werden durch Geographie, Klima und Fauna bestimmt: „Ein Grundton ist der Grundstein, und obwohl das auf ihm aufgebaute Material seine konstitutive Bedeutung oft verdeckt, gewinnt es doch nur auf seiner Grundlage Eigentümlichkeit. Grundtöne hört man nicht immer heraus; sie werden überhört, aber nicht übergangen, denn sie werden zu Hörgewohnheiten, die sich unbewusst festsetzen“.[100] Unter „Signallauten“ versteht er klar konturierte Laute, auf die Aufmerksamkeit gerichtet wird. Sie können herausgehört werden und als akustische Warnzeichen fungieren. Sie können in Codes organisiert die Übertragung komplizierter Botschaften an Empfänger, die sie dechiffrieren können, ermöglichen.[101] Orientierungslaute machen das akustische Leben einer Gemeinschaft einzigartig.[102]

---

99 HARTWIG, An Examination of Art Historical Method and Theory, in: VERBOVSEK et al., *Methodik und Didaktik*, S. 318.

100 SCHAFER, *Klang und Krach*, S. 16. Viele der einzigartigen Grundtöne werden durch Materialien produziert, die an verschiedenen geographischen Orten zu finden sind, wie Bambus, Stein, Metall oder Holz, bspw. bei der Bearbeitung der Materialien oder ihrer Verwendung als Bodenbelag.

101 „Bei Lautsphärenstudien werden Signallaute den GRUNDTONLAUTEN, wie Figur und Grund bei visueller Wahrnehmung, gegenübergestellt“. SCHAFER, *Klang und Krach*, S. 317, Hervorh. i. O. Äquivalente für die ornithologisch klassifizierten Freudenrufe, Notsignale, Territorialverteidigungsrufe, Warnrufe, Flucht- und Sammelrufe der Vögel können in der menschlichen Lautgebung gefunden werden (ebd., S. 46). Ein mythologischer Signallaut im alten Ägypten ist der Schrei des Falken.

102 Ebd., S. 10. Deshalb müssen sie geschützt werden. Ein modernes Projekt in Japan hat das Land auf seine Tonlandschaften hin inventarisiert und beispielsweise Plätze, die durch die Laute der Vögel, die dort auf ihrem Zug rasten, oder das Geräusch, das ein bestimmter Wasserfall verursacht, als Tonlandschaften unter Naturschutz gestellt. CARLYLE, *Autumn*

Bei einem fertig dekorierten Grab der frühen 18. Dynastie bedecken Landschaften, Hörräume, die der Grabherr bei seiner Berufsausübung oder in seinem Garten wahrgenommen hat, und das Talfest die Längswände der ersten Halle. Die Deckenbemalung weckt die Vorstellung eines Wohnraumes oder einer Laube. Mit hellen leuchtenden Farben und verbildlichten Stimmen und Tönen schaffen die Wandbilder ein Umraumerlebnis der Lebenswelt des fruchtbaren Nillandes bei Tage. Das Erlebnis wirkt auf heutige Besucher, die aus der Wüste kommend in das Grab eintreten, schlagartig. Bei den von Lärm, Glanz, Farben, Blumen und Trubel geprägten Nekropolenfesten war der Kontrast zwischen dem Vorhof und der Querhalle, Wüste und Lebenswelt, vermutlich geringer.

Im Neuen Reich steht oder sitzt der sehr groß und in seiner Amtsgestalt präsentierte Grabherr den Szenen aus der Landwirtschaft gegenüber. Als ihr Betrachter ist er im Bild gegenwärtig.[103] Der Unterschied im Hörraum zwischen ihm und den Landarbeitern wird durch die Alltagssprache der Arbeiter verdeutlicht. Sie steht im Gegensatz zur gewählten Redeweise des Grabherrn und betont dadurch dessen Elite- und Aufseherstatus. Die Beischriften zu einer Gruppe Landarbeiter, die den Boden für Flachssamen herrichtet, lenkt die Aufmerksamkeit des Betrachters auf die Unterschiede in der Redeweise. Der säende Junge lobt das Jahr in wohlgesetzten Worten:

> „Das Jahr ist gut, frei von Schäden, gesund an allen Pflanzen, und auch die Kälber gedeihen vorzüglich!“

Der alte Mann, der den Pflug führt, antwortet ihm mit ironischer Bewunderung, die in der übertrieben gewählten Formulierung „Ausspruch“ (*prw m-r'*) zum Ausdruck kommt:

> „Wie schön ist der Ausspruch Deines Mundes mein Kind!“[104]

In den Gräbern des Alten Reiches könnte die Umgangssprache dazu gedient haben, die Arbeitsszenen auditiv so typisch und lebensnah wie möglich zu gestalten. Für die Saitenzeit ist diese Intention im Grab des Ibi belegt:

Leaves, S. 94–95. Eine altägyptische Tonlandschaft ist die Wüste bei Sonnenaufgang mit dem Gebrüll der Paviane.

103 Zur Interaktion zwischen Subjekt und Objekt, HARTWIG, *Tomb Painting and Identity*, S. 48.

104 EK 3, Grabkapelle, W-Wand, S, PM V, 177 (5–6), Urk. IV, 125, TAYLOR, *Paheri*, Taf. 3, GUGLIELMI, *Reden, Rufe und Lieder*, S. 16.

„... hört (*sḏm.tn*) das Gestreite (*sẖwn*) derer, die sprechen (*sḏꜣm*) mit ihren Gefährten, hört das Singen (*ḥsj*) der Musiker (wörtlich: Taktgeber *dẖn.w*) und das Klagen (*nẖwy*) der Trauernden; findet den Namen eines jeden Mannes über sich mit jedem Amt nach seiner Bezeichnung, die Herden, Bäume und Gräser, ihre Namen über sich, indem sie die Kehlen (oder: Münder und Kehlen *rʾ.w ẖẖ.w*) bewegen."[105]

Der ägyptische Ausdruck für die Umgangssprache „Pa-Sagerei" (*ḏd pꜣw*) zeigt, dass die Verwendung der Demonstrativpronomen, aus denen im Neuägyptischen Possessivartikel werden, als Kennzeichen der vulgären Sprache empfunden wurde.[106] Weitere Charakteristika der Umgangssprache sind der Imperativ mit verstärkendem Zusatz, die Umschreibung mit „tun" (*jrj*),[107] die Einleitung eines Satzes mit der deiktischen Partikel „Siehe" (*mk*)[108] das Weglassen des Fragepronomens, die einfache Formel „Freu Dich!" und die Begrüßung „Willkommen!". Die Reden haben als Thema den Wettstreit der Beschäftigten, das gute Gelingen und die Wünsche für den Grabherrn. Die ideologische Überformung als Reden zur Profilierung des Grabherrn ist in der 5. bis 6. Dynastie am geringsten. Im Neuen Reich wird die Beziehung zwischen Herr und Untergebener dem Verhältnis zwischen König und Beamten nachgeformt. Diensteifer, Ergebenheit und Unterwürfigkeit gehen bis zur Servilität.[109]

Mit der Tätigkeit verbundene Geräusche und Lautgebote beeinflussen die Sprechweise. Es gibt zwar Reden, in denen sich Arbeiter eine Pause wünschen, aber eine Unterhaltung während einer Ruhepause ist meines Wissens nirgends belegt. Die Beispiele hier schildern jedoch Arbeiter, die reden, während

105 TT 36, Grab des Ibi, Pfeilerraum R 2, westl. Pfeilergang, li. Wandteil, PM I, 1², 67 (23), Übers. KUHLMANN/SCHENKEL, *Das Grab des Ibi* I, Taf. 23, 10–12. KUHLMANN, Eine Beschreibung der Grabdekoration mit der Aufforderung zu kopieren und zum Hinterlassen von Besucherinschriften aus saitischer Zeit, in: *MDAIK* 29, S. 209f. Zu „indem sie die Kehlen bewegen" vermutet er (ebd. Anm. 29), dass die Bewegung der Tiere beim Fressen gemeint sein könnte.

106 GUGLIELMI, *Reden, Rufe und Lieder*, S. 177f. Sie folgert, mit FECHT (*Literarische Zeugnisse zur „Persönlichen Frömmigkeit" in Ägypten*, S. 205f), dass deshalb *pꜣ, tꜣ* und *nꜣ* zur Kennzeichnung der sonst hochsprachlichen Reden und Rufe in den Gräbern des Alten Reiches zur Charakterisierung der Volkssprache verwendet worden sind.

107 Die Umschreibung mit „tun" (*ỉrj*) und das Weglassen des Fragepronomens wird im Mittleren Reich aufgegeben.

108 Es wäre zu diskutieren, ob die Partikel in den Darstellungen ein bildliches Mittel ist, d.h. ihre häufige Verwendung einem Kontext verdankt, in dem dauernd auf die Ausführung der Tätigkeiten hingewiesen wird, um deren Performanz für den Betrachter sicherzustellen.

109 GUGLIELMI, *Reden, Rufe und Lieder*, S. 215.

sie warten, bis ihnen die Kellertür geöffnet wird oder sie an die Reihe kommen. Sprecher sind mit geschlossenem Mund dargestellt, die singenden Kelter einmal mit geöffnetem. Bei Szenen der Feldarbeit dominiert die Darstellung der Tätigkeit. Keine Redegesten triggern die Rezeption der Feldbestellung als Hörraum. Anders verhält es sich im Sumpf und auf dem Nil. Schweigegesten kennzeichnen das Abwarten des Vogelfängers. Ruf- und Rezitationsgesten finden sich bei der Schifffahrt. Die Aufforderungen beim Vogelfang und die Steuerbefehle auf den Schiffen zeigen, dass der Arbeitsgang den Zeitpunkt eines Zurufs bestimmt und vice versa. Tiere werden durch Rufe und die Anrede als „Genosse" oder „Dienerin"[110] in den sozialen Raum der Menschen einbezogen.

Alle Szenen spielen sich bei Tage und im Freien ab. Naturgeräusche, wie das zur Jahreszeit Achet am Katarakt vernehmbare Brausen der Nilflut, der als Stimme des Seth mythologisierte Donner, der Wind und der Widerhall (*wḥm*)[111] fehlen. Es werden keine Hörereignisse aufgegriffen, die nicht durch den Menschen verursacht werden. Was die auditiven Räume der Landschaft auszeichnet, ist ihre Darstellung als eine Umwelt, auf die der Mensch seine Rhythmen durch körperliche Arbeit und die sie begleitenden Gesänge überträgt. Grabherr und Besucher können sich darin wiedererkennen.[112]

Lieder kommunizieren Hörräume. Sie werden entweder von einem einzelnen Arbeiter, von einem Vorsänger oder von einer Arbeitsgruppe gesungen. Der Gesang der Hirten bannt die Gefahren der Sumpflandschaft. Götter sind auf dem Land und auf dem Wasser durch den Ausspruch ihres Namens, durch Worte beim Dankopfer (nur auf dem Land) und Bitten um Schutz im Hörraum vertreten. Bei der Bestellung der Felder sind Reden und Lieder aufgezeichnet. Der Gesang beim Austreten der Trauben und die auf den Feldern und beim Keltern gespielte Instrumentalmusik kennzeichnen die Erntezeit. Dem gleichen topographischen Raum können folglich je nach der Tätigkeit und der Jahreszeit unterschiedliche Laute zugeordnet werden. Die eine bestimmte Tages- oder Jahreszeit, Witterungsverhältnisse und Orte indizierenden Orientierungslaute sind:

---

110 ALTENMÜLLER, *Mehu*, Taf. 24a, Szene 20.2.2, Text T 89 bzw. Taf. 41a-b, Szene 25.3.1, Text T 180. Siehe auch GRAPOW, *Wie die Alten Ägypter sich anredeten*, S. 64.

111 Die Idee, dass es sich bei dem Lexem *wḥm* „Wiederholung" auch um eine Bezeichnung des Echos handeln könne, verdanke ich einem Gespräch mit Frank KAMMERZELL anlässlich meines Vortrags im Excellence Cluster TOPOI im November 2008 in Berlin.

112 Zur Rezeption von Bildern, HARTWIG, *Tomb Painting and Identity*, S. 43–49, bes. von Landschaftsdarstellungen (Natural Resource Icon), S. 103–112.

1. Reden und kurze Lieder beim Säen und Pflügen rühmen die günstige Zeit, den Boden und das gute Wetter.
2. Das Stampfen des Mörsers bei frischer und das Reibegeräusch des Mahlsteins bei getrockneter Gerste.
3. Das Stöhnen, sich Necken oder Schimpfen der Arbeiter und Träger beim Einbringen und Verarbeiten einer reichen Ernte.
4. Das Stimmengewirr der Hirten bei der Viehzählung.
5. Flötentöne und Gesang mit den Schnittertätigkeiten als Arbeitsgeräusche am Morgen und die Stimmen der Ährensammlerinnen auf den Feldern in der Mittagszeit.
6. Zurufe auf dem Dreschplatz als Kennzeichen einer kreisförmigen Bewegung und rhythmischen Reihung.
7. Am Ende der Ernte die geschlagenen Tanzrhythmen der Hirten und Eseltreiber, der Klang der Schlaghölzer, Lieder beim Keltern und die Männerstimme des an Renenutet gerichteten Gebetes für das fruchtbare Land unter der Ägide einer Göttin.
8. Im Sumpf die Beschwörungsweisen der Viehhirten auf dem Wasser, das Lied der Fischer beim Einziehen der Netze, das Flüstern des Vogelfängers und die Signallaute zum Zuziehen der Netze beim Vogelfang.
9. Die Kommandorufe der Nilschiffer bei schiffbarem Wasserstand und gutem Fahrtwind.

Die hier aufgeführten Laute (1)-(7) kennzeichnen unterschiedliche Jahreszeiten im Bauernjahr des alten Ägypten. Frohe Lieder und Reden, die die Hoffnung auf eine gute Ernte zum Ausdruck bringen, charakterisieren die Feldbestellung in der Jahreszeit Peret. Laute der Betriebsamkeit, der Menge, Rhythmen und religiöse Sitte der Erntezeit bezeichnen die Jahreszeit Schemu. Die Rufe der Schifffahrt (9) bei günstigem Wind und ausreichendem Wasserstand sind typisch für die Jahreszeit Achet. Im Gegensatz zum Fruchtland kennzeichnet das Sumpfgebiet keine für bestimmte Jahreszeiten typische Laute. Seine Laute (8) konstituieren es als einen ambivalenten Ort des Reichtums (an Vögeln und Fischen) und der dort lauernden Gefahren (die Beschwörung gegen das Krokodil und möglicherweise auch das Schwirren des Wurfholzes). Das Geschrei der Vögel bildet den Grundton der Sumpflandschaft. Bei Zugvögeln ist er an die Zeit des Vogelzugs in der Jahreszeit Peret gebunden. Er wird eine Hörgewohnheit, die sich unbewusst festsetzt. In der Vogelfangsaison tritt er (nach schriftlichen Quellen) in den Vordergrund. Die Kommandorufe der Schiffer und die auf einem Feldzug gespielten Töne von Trompete und Trommel sind klar konturierte Signallaute, auf die die Schiffer und Soldaten hören müssen. Vom Menschen erzeugte Orientierungslaute legen ihre Zeitlichkeit als Eigenschaft des auditiven Raumes fest. Das Fehlen oder Vorhandensein von Grundtönen, die Kombination von Orientierungslauten und die für diesen Ort zuständigen Götter bewirken die Differenzierung:

- der auditive Raum der Erntezeit, an dem gesungen, gespielt und getanzt wird. Es ist der Raum des Tages und der Jahreszeit Schemu. Seine Göttin ist Renenutet. Er unterscheidet sich vom Hörraum der Feldbestellung bei der nicht musiziert wird. Für letzteren werden keine Grundtöne angegeben.
- der auditive Raum des Sumpfes, an dem gerufen, geflüstert, gesungen und beschworen wird. Zeitangaben beziehen sich auf den Abend, der im Hirtenlied genannte Gott ist Bata. In der Jahreszeit Peret tritt der Grundton, der Lärm der Vogelscharen, in den Vordergrund.

Der Übermittlungskontext schützt die Orientierungslaute. Durch den Bildträger werden sie in einen Wahrnehmungsraum der nachtodlichen Existenz integriert. Hierdurch erlangen sie eine religiöse und für das Dasein vor und nach dem Tod existenzielle Bedeutung. Reden, Rufe, Lieder und Flötenspiel fungieren im Bild als symbolische Hörzeichen für eine Landesnatur, die der Überfluss auszeichnet. Im Rezeptionskontext der Grabhalle rufen sie den Betrachtern diejenigen Eigenschaften einer bestimmten Umwelt auditiv in Erinnerung, die für das Weiterleben unentbehrlich sind. Das Niltal bei einer guten Ernte garantiert den Göttern und den Vorvätern die Versorgung mit Opfern. Die Gefährlichkeit des Papyrusdickichts ist für den Grabherrn bedeutsam, weil es einen Landschaftstypus verkörpert, den er in seinem nachtodlichen Dasein durchfährt.

Die das auditive Leben der Bewohner des Niltales symbolisierenden Laute bringen die Fülle und den Ertrag des Fruchtlandes sowie den Fisch- und Vogelreichtum des Deltas zu Gehör. Sie erzeugen die Illusion altägyptischer Lebensräume ohne Missernten, Hunger oder eine zu niedrige Nilüberschwemmung. Das Mittel zur Illusionierung bildet die Darstellung der Landschaften als symbolische Hörräume mit den für die Gemeinschaft kennzeichnenden Orientierungslauten. Die visualisierten symbolischen Laute und Klangkombinationen mobilisieren den Dialog zwischen Bild und „hörendem" Rezipienten. Die damaligen Bewohner des Niltales waren Menschen, die sich mit Hilfe ihres Gehörs in der Landschaft orientierten, drohende Gefahren rechtzeitig erlauschten und durch Rufe Verbindung miteinander aufnahmen. Auf sie wirkten visualisierte Orientierungs- und Signallaute als Figuren und Brennpunkte einer „tönenden Umwelt" (*soundscape*). Die Darstellung der Laute stimulierte die Imagination des Betrachters: Beschwörende Lieder appellierten an seine Hellhörigkeit. Das Schwirren des Holzes bei der Vogeljagd repräsentierte Gefahren, das Gezänk auf den Feldern die Tagesmitte. Rufe erweckten den Hörer in ihm, Lieder und Tänze den Rhythmus einer Festzeit.

3.2 Das Talfest – die Stimme des Grabherrn in der Gesellschaft der Lebenden

Der Sonnenaufgang bildet im mythischen Diskurs das Ereignis, um den Toten als *hörbaren Körper* in der Tageswelt darzustellen. Seine Teilnahme daran gesellt ihn den Göttern in Heliopolis oder den Sonnenaffen zu. Anders verhält es sich bei den Nekropolenfesten. Die Gesellschaft des Talfestes holt den Grabherrn in die Lebenswelt und den Hörraum der Menschen hinein. Der Verstorbene trägt seinen Namen und ist (von den Mumienbinden befreit) ein Mitglied der Tischgemeinschaft. Die Kommunikation zwischen den Lebenden und dem *Ka* des Grabherrn findet über Reden, die das Überreichen der Gaben als einen beabsichtigten rituellen und sozialen Akt vermitteln, und Trinksprüche statt. Tanz, Gesang und Musik einer Festgesellschaft übertragen sich auf den *hörbaren Körper*. Das Fest dauerte die ganze Nacht an. Die Stimme des Verstorbenen – als Vogelstimme eine imaginierte Figur des Nachlebens[113] – ist beim Talfest eine durch die Erinnerung der Betrachter in die Gegenwart des Festes hereingeholte Präsenz des Grabherrn.

Die Darstellung des Talfestes

Im zehnten Monat des Jahres, im Sommer, zwischen Ernte und Überschwemmung fand das „Schöne Fest vom Wüstental" (*ḥ3b nfr n jnt*) statt, zu welchem der Gott Amun von Karnak über den Nil herüberkam, um die Götter des Westens in ihren Heiligtümern zu besuchen. Jan ASSMANN nennt drei Gründe für die Eigenart des Festes. Sie beruht, erstens, auf der Differenz zum Alltag in seiner zeitgleichen kulturellen und gesellschaftsspezifischen Ausprägung. Ein Brauch, der nur einmal im Jahr stattfindet, ist gegenüber einem alltäglichen ausgezeichnet. Fülle, Lebensfreude und Genuss zusammen mit den Vorvätern charakterisieren das Talfest. Der Anblick der Götterprozession, der in der Farbe der Reinheit weiß gekleideten und geschmückten Festteilnehmer, der Duft von Lotusblüten, Kränzen, Salbkegeln, den beim Gelage applizierten Ölen und auf die ausgebreiteten Festgaben gegossenen wohlriechenden Stoffe, Speisen, nach denen der Gast nur die Hand auszustrecken braucht, und ständig

---

113 WEIGEL, Die Stimme als Medium des Nachlebens, in: KOLESCH/KRÄMER, *Stimme*, S. 16–22.

ABB. 2 *Talfest.* TT *56, Querhalle, östlicher Teil der Südwand. Nach Beinlich-Seeber,* AVDAIK *50, Taf. 1.*

nachgefüllte Weinschalen, glänzender Schmuck und goldene Gefäße, Musik und Tanz erfreuen alle Sinne. Dass die Trunkenheit die Schranke zwischen Leben und Tod verschwinden lassen sollte, ist eine häufig geäußerte Vermutung.[114] Die Inszenierung des Festes als das Herstellen und Auflebenlassen der Beziehung zwischen Menschen in unterschiedlichen Existenzbereichen sprechen eher dagegen, denn um die Vereinigung darzustellen, muss die Unterschiedlichkeit markiert werden. ASSMANNS zweiter Punkt, die Differenz zu anderen Festen der betreffenden Zeit und Gruppe, wird durch die Lauterzeugung gesetzt. Der Aufführungskontext für Laute und Klänge eines bestimmten Festes ist eingebettet in den sozialen und kulturellen Kontext, in dem sie erzeugt werden, und bildet mit den damit in Zusammenhang stehenden Verhaltensweisen und diesen zugrundeliegenden Konzepten eine Einheit.[115] Drittens, ergibt sich die Eigenart des Festes aus der spezifischen Verfasstheit des kulturellen Gedächtnisses einer Gesellschaft.

114 Siehe „Banquet Icon", HARTWIG, *Tomb Painting and Identity*, S. 98–103.

115 BURCKHARDT QURESHI, Musical Sound and Contextual Input, in: KADEN/MACKENSEN, *Soziale Horizonte von Musik*, S. 252.

„Das kulturelle Gedächtnis ist immer auskristallisiert in konkreten Objektivationen wie Mythen, Riten, Tänzen, Ornamenten, Kleidung, Schmuck, Tätowierungen, Tischsitten, Nationalgerichten [...] kurz: allen symbolischen Formen, in denen eine Gruppenidentität sich auszudrücken vermag."[116] Das jährliche Talfest bildet „einen Kommunikationsraum, der der Zirkulation des kulturellen Sinns zum Zwecke der Inganghaltung der Gruppenidentität"[117] vorbehalten ist. Alle Familienmitglieder, Freunde und Kollegen versammelten sich vermutlich im Vorhof des Grabes, um gemeinsam mit ihren verstorbenen Angehörigen (den Grabherrn selbst und weitere verstorbene Verwandte) das Festmahl, das von Musik und Tanzdarbietungen begleitet wurde, zu begehen. Reden, Rhythmen und Gesänge spielen eine wesentliche Rolle bei seiner Inszenierung. Sie sind ein System symbolischer Formen, das an der Ausbildung einer kollektiven Identität, bei der die Toten dazugehören, mitwirkt, und deren Reproduktion über die Generationsfolge hinweg ermöglicht. „Die Feste dramatisieren den kulturellen Charakter der Wirklichkeit, indem sie in der Inszenierung des Anderen ihr Auch-anders-Möglichsein aufzeigen."[118] Die durch diesen Akt der Verfestigung ausgebildete Identität ist der Zweck des Talfestes. Sie soll durch seine Darstellung den Rezipienten in Erinnerung gebracht werden.

In TT 56 erstreckt sich die Darstellung der Feier über den gesamten östlichen Teil der Südwand der Querhalle (siehe Abb. 2).[119] Die Überreichung der Gaben nimmt davon fast zwei Drittel ein. In der rechten Bildhälfte sitzen der Grabherr Userhat und seine Frau Mutneferet auf Löwenbeinstühlen mit hoher Lehne vor einem Tisch mit Speisen, die, wie es der Zug der Opferträger dem Betrachter vor Augen führt, vom Speisentisch des Gottes hervorkommen. Das Paar trägt knöchellange feine Gewänder, breite Kragen und auf dem Kopf einen Salbkegel. Userhat hat die rechte Hand auf die Brust gelegt, den linken Arm zum Opfertisch vorgestreckt. Mutneferet umarmt ihren Gatten, ihre linke Hand liegt auf seinem Oberarm. Ein Spiegel mit Etui und ein kleiner Affe, der eine Frucht verzehrt, sind unter Mutneferets, die Schreiberutensilien

116 ASSMANN, Der zweidimensionale Mensch, in: Ders., *Das Fest und das Heilige*, S. 21.

117 Ebd., S. 24.

118 Ebd., S. 27.

119 TT 56, Querhalle, S-Wand, O, BEINLICH-SEEBER/SHEDID, *Userhat*, Taf. 1. Außer dem Talfest umfasst das Bildprogramm der Querhalle: Reinigung und Mundöffnung neben der Scheintür im Osten, die Stele auf der Schmalseite im Westen, auf den Längswänden Darstellungen der Berufsausübung des Verstorbenen, den Grabherrn vor dem König und Opferhandlungen, die Userhat im Umgang mit den Göttern zeigen, PM I, 1^2, 111–112 (1–11). Für die Verteilung der Darstellungen, das Verhältnis der Szenen zueinander, die Ausführung, etc. wird der Leser auf BEINLICH-SEEBER/SHEDID, *Userhat*, hingewiesen.

unter Userhats Stuhl zu sehen. Goldene Krüge und Vasen stehen neben dem Opfertisch. Das Paar blickt nach Osten. Die beiden Töchter überreichen dem Paar einen Kragen und eine Trinkschale mit Wein, der Sohn, *wꜥb*-Priester des Ptah, einen Stabstrauß. Die Kinder des Userhat sprechen:

> „Für deinen *Ka*! Feiere einen schönen Tag in deinem schönen Haus der *nḥḥ*-Ewigkeit, deinem Sitz der *ḏt*-Ewigkeit! Mögest du darin wohnen, indem dein Herz fröhlich ist beim Begleiten dieses Guten Gottes, Osiris, des Herrschers der *ḏt*-Ewigkeit. Er möge dich die Opferbrote empfangen lassen, die vor ihm sind als tägliche Ration"
>
> (sagt) deine geliebte Tochter, die Hofdame, Gelobte des Guten Gottes Henutnofret;
>
> seine geliebte Tochter Nebettaui.
>
> „Er lobt dich, nämlich Amun-Re, wenn er in ab-Achet[120] ruht an seinem Fest des Westtales"
>
> (gesagt) von deinem geliebten Sohn, dem *wꜥb*-Priester des Ptah ...[121]

Der Überreichungsspruch der Kinder konstituiert den Adressierten als den hörenden Grabherrn, seine drei Kinder als die Sprechenden. Die hier zu „er lobt dich" verkürzte Standardformel bei der Blumengabe des Sohnes „er lobt dich, er liebt dich" führt Amun-Re als einen befriedigten und handelnden Gott ein.

In der linken Bildhälfte teilt sich das Register in drei auf. Im obersten sitzen ihre beiden Töchter Henutnofret und Nebettaui an einem Opfertisch. Sie blikken nach Westen, also zu den Eltern hin. Unter ihrem Stuhl sitzt ein fressendes Äffchen vor einem vollen Korb mit Früchten. Seine an ein Stuhlbein gebundene Leine stellt es als ein beim Fest verwöhntes Haustier dar, das mit seinem Wesen zur Atmosphäre beiträgt. Neben dem Opfertisch der Töchter stehen zwei mit Blüten umwickelte, tönerne Weinkrüge. Mit einem Trinkspruch überreicht ihnen eine Dienerin eine gefüllte Weinschale. In der Linken hält sie das Weingefäß. Im mittleren Register sitzen die Musiker. Der Harfner ist bei Userhat sehend dargestellt.[122] Er wird von drei Musikerinnen begleitet. Die erste spielt eine Doppeloboe, die beiden anderen klatschen in die Hände. Im untersten Register sitzen mit untergeschlagenen Beinen drei weibliche Gäste auf dem Boden. Die Damen strecken ihre rechte Hand zu dem vor ihnen stehenden Trinkgefäß und den auf der Matte ausgebreiteten Speisen aus, ihre

120 Bezeichnung des Totentempels Amenhoteps II.

121 Urk. IV, 1479.2–10, BEINLICH-SEEBER/SHEDID, *Userhat*, Text 11, 6–18, S. 56.

122 Wie auch der Harfner im Grab des *Ḳn-Jmn*, TT 412, Detailansicht bei SHEDID, *Stil der Grabmalereien*, Taf. 6d.

linke Hand liegt zum Gruß auf der rechten Schulter. Eine Dienerin wendet sich einem Gast zu. Der Rest der Wand ist zerstört. Wie schon beim Grabherrn und seiner Frau bildet eine Opfermatte die Standlinie bei den trinkenden Damen im zweiten Register von unten. Dienerinnen versorgen die Gäste mit Getränken oder betupfen sie mit Salbölen. Nur die gesprochenen Texte der Opferszenen sind in farbigen Hieroglyphen ausgeführt, die übrigen Kolumnen sind rot vorgezeichnet, aber leer geblieben.

Der Grabherr und seine Frau feiern mit der engsten Familie, gleichrangigen Gästen und Kollegen, was sich aus ihrer Größe, dem nur von vornehmen Gästen getragenen Salbkegel und ihrer Platzierung in den oberen und mittleren Registern ergibt. In den unteren beiden Bildstreifen sind in kleinerem Maßstab vermutlich Verwandte und Untergebene des Grabherrn dargestellt. Die Markierung der Geschlechter wird durch die Haartracht, die Kleidung, die Zuordnung der Sprecher, die Gruppierung in nur weibliche oder nur männliche Gäste und deren Sitzgelegenheiten erreicht. Während die weiblichen Gäste auf dem Boden hocken, sitzen die männlichen auf einem Stuhl in einer Weinlaube. Die Männer strecken die Hand zu einem Speisetisch, neben dem mit Pflanzen umwickelte Krüge stehen, aus. Beim Überreichungsspruch sind die Reden auf die Nachkommen unterschiedlichen Geschlechts verteilt. Die Töchter referieren in ihren Wünschen auf die Feier im Haus, die Begleitung und die Opferbrote. Der Sohn spricht, während er den beim Talfest im Tempel von Amun-Re geweihten Blumenstrauß überreicht.

Die Rezeption der Talfestdarstellung

In TT 56 nimmt die Visualisierung des Talfestes eine ganze Wand ein. Die Wand liegt dem Eingang gegenüber. Sie empfängt das beste Licht. „In ästhetischer Hinsicht war das Blickpunktsbild der Ort, an dem sich bedeutende Funktionen des Grabes herausheben ließen."[123] Die Feier am Grab vereint Grabherrn, Angehörige und Untergebene, indem sie den Grabherrn durch Sprüche, Lieder und Rhythmen in die anregende Atmosphäre des rauschenden, erotischen, duftenden und klingenden Festes der Lebenden herüberholt. Die Betrachter fanden im Bild das ihnen vertraute Fest wieder. Voraussetzung dafür war die Verwendung von Darstellungskanon und Konventionen im Hinblick auf

123 Vergl. FITZENREITER, Totenverehrung und soziale Repräsentation im thebanischen Beamtengrab der 18. Dynastie, in: *SAK* 22, S. 105. „We can assume that the *Blickpunktsbild* offered critical information about the deceased's life and social environment and how he or she wanted to be *sustained* in the next world", HARTWIG, *Tomb Painting and Identity*, S. 52, meine Hervorh.

Dargestelltes und Dekorum, mit dem die Grabbesucher vertraut waren.[124] Die Vermittlungsstrategie des Werkes, um den Illusionismus eines im wörtlichen Sinne glanzvollen Festes zu erzeugen, war die Verwendung mineralischer Farbstoffe und die Oberflächengestaltung mit Bienenwachs und metallischen Einlagen, die, wenn sie bei geöffneter Tür vom Tageslicht erreicht wurden, schimmerten oder aufleuchteten. Die Standardpalette der Künstler in der Zeit Amenhoteps II. bestand aus: schwarz (Ruß), Cremeweiß (Kalziumsulphat), Hellweiß (Huntite, ein Kalzium-Magnesium Karbonat), rotem Ocker (enthält Haematit), gelbem Ocker (Goethite und Limonite) sowie blauem und grünem Glasfluss. Der Glasfluss wurde grob gemahlen, um die Farbkraft des Pigments zu erhalten. Diese Methode bedurfte mehr Bindemittel, was in einer dickeren Farbschicht und Leuchtkraft resultierte. Mit einer hellweißen Grundierung wurde die Durchsichtigkeit von Rot und Ocker erreicht. Impastotechniken ließen die Figur des Grabbesitzers als Mittelpunkt des Festes hervortreten.[125] Im sozialen Umfeld des Grabherrn fanden sich die Betrachter selbst. Auf einem Stelentext aus der Zeit Amenhoteps III. wird dem Grabherrn das Hören des Festlärmes beim Talfest gewünscht:

> Mögest Du zusammen sein mit der Mannschaft der Königsbarke.
> Mögest du die Stimme des Geschreis (*ẖrw hmhmwt*) vernehmen an den heiligen Stätten Thebens,
> mögest du deinen Gott Amun schauen bei seinem Schönen Fest des Wüstentales und ihm in die Kapellen und Tempel folgen.[126]

---

124 Parkinson, *The painted Tomb-chapel of Nebamun*, S. 30.

125 Siehe die Material- und Farbstoffanalysen sowie Maltechniken von dem ebenfalls in Scheich Abd-el-Gurna liegenden Grab TT 69 (Amenhotep III.) in Hartwig, *The Tomb Chapel of Menna*, S. 45, Kap. 3 und 7 (bes. S. 170–173), für die zeitgleiche Grabkapelle des Nebamun aus der Beamtennekropole von Dra Abu el-Naga, Parkinson, *The painted Tomb-chapel of Nebamun*, S. 50–56.

126 TT C1, Seyfried, *Bemerkungen und Quellen zum ḥ3b nfr n jnt, dem „schönen Fest des Tales" in Theben*, S. 80, Nr. 42. Ein Beleg außerhalb des thebanischen Raumes stammt aus Elephantine. Dem dortigen Bürgermeister wird auf seiner Stele gewünscht: „Möge er den Jubel (*hnw*) hören aus dem Munde der (Bewohner des) thinitischen Gaues am Hakerfest in der Nacht des Schlafes", Staatliche Sammlung ägyptischer Kunst, München, Glyptothek WAF 35, Kol. 22, 4. Strophe, Barta, Ein metrisch geformter Stelentext des Mittleren Reiches, in: FS *Fecht*, S. 70f. Desgl. die abydenische sLouvre C 3 (MR), Assmann/Bommas, *Totenliturgien* II, S. 275, Végh, Der Tag des Hörens der Sünden, in: *MAJA* 4, S. 266–270.

Zum Hören, Riechen und Sehen des Festes geht der Tote in die Tageswelt hinaus.[127] Die hierfür erforderliche Bewegungsfreiheit als Gabe eines Gottes besingt in TT 74 ein Lautenspieler, der sich auf dem Weg zum Opfer für Amun und beim Talfest zwischen die Opferträger einreiht.[128] Er ist mit einem weißen knielangen Schurz und darüber einem langen durchsichtigen Mantel bekleidet. Auf dem Kopf trägt er eine braunrote Kappe, die die Ohren frei lässt. Er hat die Augen geöffnet und spielt auf einer zweisaitigen Laute mit langem Stiel. In der rechten Hand hält er das Plektrum, das mit einer Schnurschlaufe versehen ist.[129] Er singt bei beiden Gelegenheiten:

> „Du hast geopfert, die Tore sind geöffnet.
> Empfangen wurde, was du gemacht (dargebracht) hast, denn deine beiden Arme sind rein beim Opfern und Amun empfängt es (das Opfer).
> Er möge dir Leben, Heil und Gesundheit geben und Freude in der königlichen Gunst.
> Für deinen *Ka* in einer schönen Lebenszeit, Tjanuni. Der Himmel öffne sich, die Erde tue sich auf!“[130]

Mit dem Lied richtet er sich an den Grabherrn. Die Aussagen „die Tore sind geöffnet“ und „Der Himmel öffne sich, die Erde tue sich auf“ geben Horizontbereiche wieder. Der Text bestätigt die Annahme des Opfers und die erhoffte Gegengabe des Gottes für den *Ka* des Verstorbenen. Sie besteht im Herauskommen am Tage, um beim Hauptfest der thebanischen Nekropole an der Prozession teilzunehmen und sich zusammen mit den Lebenden bei der anschließenden Feier im Grab „einen schönen Tag zu machen“.

Die Kommunikation zwischen dem *Ka* des Grabherrn und den Lebenden, seiner Frau und seinen Töchtern findet außer über Reden, die das Überreichen

---

127 TT 69, südl. Türlaibung am Durchgang von der Quer- zur Längshalle, SCHOTT, *Das schöne Fest vom Wüstentale*, Inschrift 71 (siehe dort auch weitere Quellen). HARTWIG, *The Tomb of Menna*, Abb. 2.12.a, S. 65.

128 TT 74, Querhalle, südl. u. nördl. O-Wand, BRACK, *Tjanuni*, S. 30, Abb. 5, Taf. 23a und 23b. Früher publ. bei SCHOTT, *Das schöne Fest vom Wüstentale*, Inschrift 60. Ebenso findet sich ein Lautenspieler unter den Opferträgern in TT 90.

129 Siehe zur Laute die musikarchäologischen Untersuchungen von EICHMANN, The Design of Ancient Egyptian Spike Lutes, und ders., Neuaufnahme einer Schalen-Spießlaute von Deir el-Medina (Grab 1389) /Ägypten, in: *Studien zur Musikarchäologie* IV, S. 363–371 und S. 551–568.

130 Urk. IV, 1009.6–11, BRACK, *Tjanuni*, S. 31, Text 16 und 17. Siehe auch das Lied der Sänger in der Opferprozession beim Talfest in TT 69, Querhalle, re., HARTWIG, *The Tomb Chapel of Menna*, Abb. 2.8a–b, S. 50, 53.

der Gaben als einen beabsichtigten rituellen und sozialen Akt vermitteln, auch über Trinksprüche statt. Die Trinksprüche werden in der Regel von Frauen, in TT 56 einer Dienerin,[131] im Grab des Tjanuni von einer der Töchter,[132] im Grab des Haremheb von seiner Mutter,[133] oder auch von der Ehefrau[134] gesprochen. Der Spruch auf dem Bruchstück eines Trinkgefäßes in Kairo wünscht ununterbrochene Trunkenheit:

> Der Wein möge kommen, er geselle sich zum Bier.
> Er möge dein Haus mit Freude überfluten,
> sodass du Tag und Nacht trunken bist ohne aufzuhören.[135]

Die Trinksprüche enden mit der Erwähnung der Spenderin: „Aus der Hand von....“, mit der sie sich bei der Trinkenden in Erinnerung bringt. Hierdurch wird die soziale Bindung zwischen den Beiden aktualisiert und in die Gegenwart des Festes hereingeholt. Dieselbe Bindekraft verdeutlicht der Ruf eines Dieners, der dem Bruder des Grabherrn einen Trunk anbietet:

> Deinem *Ka* im Hause Deines Bruders! Möget Ihr Euer Zusammensein nie unterbrechen![136]

Nirgends wird der Trinkspruch erwidert. Dem Grabherrn oder seiner Gattin sind keine Worte in den Mund gelegt. Seine gesellschaftliche Stellung ergibt sich im Bild aus den verwendeten Statussymbolen, im Hörraum aus Verwandtschafts- und Amtsbezeichnungen, die ohne den Namen mitzunennen als Rufe in die Trinksprüche eingeschoben sind.[137] Das soziale Umfeld des Grabherrn gibt seine Position in der Familie und im Leben der Stadt wieder.[138]

---

131 BEINLICH-SEEBER/SHEDID, *Userhat*, S. 57, Text 12, 4–6.

132 TT 74, BRACK, *Tjanuni*, Text 22.

133 TT 78, BRACK, *Haremheb*, Text 10.

134 Grab des Nacht, TT 181, SCHEIL, *Tombeau des Graveurs*, Taf. V.

135 Wörtlich: „indem es nicht ein Aufhören für dich gibt“, Kairo CG 18435, VON BISSING, *Steingefäße*, (Cat. Gén. XLVII), S. 83 mit Nachtrag S. XLVI, JANSEN-WINKELN, Zu einigen „Trinksprüchen“ auf ägyptischen Gefäßen, in: *ZÄS* 116, S. 149f.

136 TT 82, Gang, N-Wand, Festfeier, DAVIES/GARDINER, *Amenemhet*, Taf. XV–XVI, SCHOTT, *Das schöne Fest vom Wüstentale*, Inschrift 130.

137 Ebd., S. 847f.

138 Zur Bedeutung der Bilder zur Bestätigung der sozialen Identität des Grabherrn, FITZENREITER, *ꜣḫ n jtn* als *ꜣḫ n jḳr rꜥ*, in: *SAK* 37, S. 85–124. Als „commemorative image“, HARTWIG, *Tomb Painting and Identity*, S. 40–50. Als Sicherung des sozialen Zusammenhangs über den Tod hinaus zu seiner Versorgung siehe FITZENREITER,

ABB. 3
Musikantinnen. TT 80, Querhalle, rechte Rückwand, III. Register. Bleistiftzeichnung, Davies MSS 10.32.1, Griffith Institute, Oxford. Nach Shedid, AV 66, Abb. 80.

In diese Gesellschaft wird er integriert. Die Darstellung und die in polychromen Hieroglyphen wiedergegebenen Spruchtexte erzeugen die Vorstellung von einem Grabherrn, der bei der Feier hören und sich an der Musik, dem Tanz und den Überreichungs- und Trinksprüchen erfreuen kann. Bei den Musikern in TT 82 bringt der geöffnete Mund der Harfnerin die Performativität der Singstimme im Bild zum Ausdruck.[139]

Die Gesten und das Instrument der drei hockenden Damen sind in TT 56 kaum noch erkennbar.[140] Besser erhalten ist die Musikszene im Grab des Djehuti-Nefer, TT 80, das ebenfalls in Scheich Abd-el-Gurna liegt (siehe Abb. 3):

> In Grab 80 wird die Gruppe gelockert und durch Richtungsbezüge zu einer Gruppe verspannt. Die Richtungsbezüge entstehen durch die Schrägen der Instrumente, durch Blick- und Bewegungsrichtungen, durch Andeutungen von Kurven in Kleidung und Armbewegungen. Jedes der drei Mädchen zeigt [...] ein anderes Bewegungsmotiv, das vor allem [...] die Schrittstellung betrifft. Die erste wird mit weit ausholendem Schritt dargestellt. Die mittlere knickt leicht ein, hat aber die Füße eng zusammengestellt. An der letzten wird dasselbe Motiv, jedoch in weitem Schritt, wieder aufgenommen. Die Oberkörper sind [...] alle aufrecht, eine senkrechte Körperachse liegt ihnen zugrunde, dazu kommt jedoch bei den beiden vorderen Mädchen noch das Umwenden des Kopfes dazu.

Totenverehrung und soziale Repräsentation im thebanischen Beamtengrab der 18. Dynastie, in: *SAK* 22, S. 113.

139 TT 82, Gang, N-Wand, DAVIES/GARDINER, *Amenemhet*, Taf. XV.

140 BEINLICH-SEEBER/SHEDID, *Userhat*, Taf. 1.

> Die Abstände zwischen den Musikantinnen sind so gewählt, dass auch durch die weit überstehenden Instrumente, wie z.B. den Lautenhals der ersten, keine Überschneidungen entstehen.[141]

Auch beim Hockermotiv der Sängerinnen tragen darstellerische Elemente zur Herstellung eines bewegten Motivs bei. Den Figuren wird Raum zugestanden, das geradansichtige Darstellungsprinzip wird abgewandelt oder teilweise aufgegeben (Drehung des Kopfes, Schulter, Rückenansichten), die Körperachse wird geknickt, die Körperlinien werden stärker gerundet, die Kanten gemildert.[142] Die Zusammensetzung der Musiker wechselt. Harfe und Laute sind die üblicherweise gespielten Saiteninstrumente. Häufig spielt eine der Damen Flöte oder Doppeloboe,[143] seltener die Rahmentrommel,[144] oder klatscht mit den Händen zur Begleitung des Gesanges und des Tanzes. Die Festlieder besingen den Duft, die Schönheit, den Glanz[145] und die Zufriedenheit der Götter,[146] wenden sich mit Festwünschen an den Grabherrn[147] oder besingen die Schönheit des Tages.[148]

Der Hörraum des Talfestes setzt sich zusammen aus dem Lärm der Prozession,[149] dem Überreichungsspruch der Kinder, den Trinksprüchen, den

---

141 SHEDID, *Stil der Grabmalereien,* S. 81f,. Taf. 13a und Abb. 87. TT 22 und TT 95 werden als Parallelen herangezogen.

142 Ebd., S. 84, Taf. 11 a–d.

143 Bspw. TT 52, DAVIES, *Nakht*, Taf. 10; TT 79, GUKSCH, *Nacht-min und Men-cheper-ra-seneb*, Taf. 36–37; TT 82, DAVIES/GARDINER, *Amenemhet*, Taf. V und XV; Grab des Nebamun, PARKINSON, *The painted Tomb-chapel of Nebamun*, Abb. 83.

144 TT 95, li. Eingangswand, SHEDID, *Stil der Grabmalereien*, Taf. 12 und S. 82, Abb. 88. Um eine Verwechslung mit der Schellentrommel auszuschließen, wird hier nicht die Bezeichnung Tamburin verwendet.

145 Text oberhalb der Musikerinnen im Grab des Nebamun, PARKINSON, *The painted Tomb-chapel of Nebamun*, S. 78; Lied eines Harfenspielers, TT 11 (Hatschepsut), SCHOTT, *Das schöne Fest vom Wüstentale*, Inschrift 135; Lied der Sängerinnen, TT 38, W-Wand, N, (Thutmosis IV.), SCHOTT, ebd. Inschrift 147.

146 TT 125, Gang, N-Wand, SCHOTT, ebd. Inschrift 136.

147 TT 82, Gang, N-Wand, (Thutmosis III.), DAVIES/GARDINER, *Amenemhet*, Taf. 15, SCHOTT, *Das schöne Fest vom Wüstentale*, Inschrift, 139, desgl. Inschr. 137, 141, 142.

148 Lied der Sängerinnen, TT 200, Halle, W-Wand, N, (Amenhotep II.), SCHOTT, ebd. Inschrift 143.

149 Dargestellt sind: Schlachtungen für das Opfer, das Singen dazu, das Bringen von heiligen Sträußen und Gaben des Gottes aus seinem Tempel als Zeichen seiner Huld unter Geleit von einem Sänger oder Sängerchören (seit Thutmosis IV.) und das Empfangen dieser Gaben als „Opferanteil an dem was vom Tisch des Götterherrn kommt", SCHOTT, *Das schöne Fest vom Wüstentale*, S. 782.

Klang von heiteren, die Lebensfreude besingenden Liedern, Tanzrhythmen und der erinnerten Stimme des Grabherrn. Am auditiven Raum für den Verstorbenen und die Lebenden wirkt die nicht dargestellte Stimme des Grabherrn und die seiner Gattin ebenso mit wie die Lauterzeugung der Kinder, Diener, Musiker und Tänzerinnen. Der Musiksoziologe Christian KADEN schreibt zur funktionellen Resonanz der Musik in einem rituellen Kontext: „Durch ihre Affektbindung, ihr emotives Potential sorgt sie dafür, dass der Ritus nicht zum Planspiel verkommt, sondern sich jene Trunkenheit erhält, in der das Wirkliche mit dem Fiktiven eins wird“.[150] Die passive Rolle des Grabherrn bildet im Bild eine Strategie, um ihn als Mittelpunkt der Feier hervorzuheben:

> Er wird in besonderer Weise von seinen nächsten Angehörigen, so wie es das Fest verlangt, versorgt. Für ihn singen, spielen und Tanzen Sänger und Musikanten. Alle anderen nehmen an der Feier teil für einen schönen Tag in seinem Hause, in dem er beim „Sitzen in der Halle“ sein Herz erfreut. Diese überragende Rolle des Gefeierten macht sich schon in der Bildaufteilung, die ihm mehr Raum gewährt als jedem anderen, bemerkbar, ein Zeichen seiner Stellung im eigenen Haus und in seinem Grabe.[151]

Es ist „der sich erinnernde, der ‚in zwei Zeiten‘ lebende, der *zweidimensionale* Mensch, der Feste feiert“.[152] Die aus Lebenden und Toten zusammengesetzten Festteilnehmer dienen der Inszenierung einer allumfassenden Gemeinschaft, die durch die Vorstellung von zwei, für das Leben unabdingbare Existenzbereiche mythologisch begründet ist. Diese Verbindung wird dem Rezipienten, der bei der Feier dabeigewesen ist, wie auf einer Fotografie vermittelt. Die Fotografie etabliert kein Bewussein des Dabeiseins, sondern ein Gewahrwerden des Dortgewesenseins. Es verbindet räumliche Gegenwart mit ereignishafter Vergangenheit. Es erzeugt eine unlogische Verbindung aus dem Hier-und-jetzt und dem Dort-und-damals.[153]

„Die Irreversible Vergänglichkeit im Hier und Jetzt eines Ereignisses verbündet und ergänzt sich mit dem Dabeigewesensein derjenigen, die dieses Ereignis erfahren haben. Daher macht die Aisthesis eines Vollzugs, also das was an ihm wahrnehmbar ist, den Kern des Performativen aus“.[154] Wahrgenommen werden Stimmen, Sprüche, Lieder und Zurufe. Im Mittelpunkt der Ereignisse steht

150 KADEN, *Musiksoziologie*, S. 219.

151 SCHOTT, *Das schöne Fest vom Wüstentale*, S. 836.

152 ASSMANN, Der zweidimensionale Mensch, in: Ders., *Das Fest und das Heilige*, S. 25.

153 BARTHES, Rhetoric of the Image, in: *Image – Music – Text*, S. 44.

154 KOLESCH/KRÄMER, Stimmen im Konzert der Disziplinen, in: Dies., *Stimme*, S. 10.

der Tote, an den sie gerichtet sind und dessen Persönlichkeit den Besuchern im Blickpunktbild in Erinnerung gebracht wird. Das Nichtbeobachtbare führt die Imagination über das Phänomen seiner Materialität hinaus und ermöglicht so die Erfahrung von Sinn. Das Fehlen einer Rede des Grabherrn, seine „Unhörbarkeit" hebt die nicht dargestellte Kommunikation hervor. Sie bildet eine beabsichtigte Leerstelle. In der Interaktion zwischen Bild und Betrachter repräsentiert sie eine Verbindung, die der Betrachter herstellen muss. Visuelle und auditive Erinnerung verschwistern sich. Die Leerstelle wird ausgefüllt mit dem Klang und der Affektmodulation der Stimme des Grabherrn, an die sich die Besucher erinnern. Sie wird zur erlebten Präsenz der Stimme eines Individuums, die nach Roland BARTHES schon zu Lebzeiten die Spur „eines unverfügbaren Anderen" darstellt. Die im Dialog mit dem Bild geschaffene Verbindung integriert sowohl die Stimme des Grabherrn als auch den hörenden Betrachter in den auditiven Raum des Talfestes. Sie stimuliert beider Zugehörigkeit zu einer umfassenden Gemeinschaft, die über die Gruppe der real Anwesenden hinausgeht.

3.3 Orientierungslaute der Nekropole

Die Zeitgebundenheit lautlicher Performanz wird an der Nekropole besonders deutlich.[155] Sie ist ein Raum der Nacht, des Schweigens und des Empfangs bei einem Gott. Die Nacht wird als gefährliche Zeit[156] verstanden: „Mögest du mich vor dem retten, der des Abends sein Auge schließt, der alles mit tiefer Nacht umhüllt!"[157] Im Balsamierungsritual wird die Nacht als Ruhephase

155 DOUGLAS (The Lele Of Kasai, in: *African Worlds*, S. 12) nennt Stammesbräuche, die die Erzeugung spezieller Geräusche aus Furcht vor göttlichem Zorn beschränken. Bei den Lele von Kasai sind Geräusche, die mit dem Tag verbunden sind, immer nachts verboten.

156 Ein Beispiel für die Durchführung sozialer Praktiken, je nachdem ob die Nacht als schützend oder gefährlich aufgefasst wird, bringt STRÜVER, Grundlagen und zentrale Begriffe der Foucaultschen Diskurstheorie, in: *Handbuch Diskurs und Raum*, S. 78. In dem von ihr beschriebenen Fall handelt es sich um die physische Bewegung im öffentlichen Raum der Gegenwart.

157 Tb 064, pKairo CG 51189 (pJuja), 484–485, BACKES, in: TLA, Zugriff 2010-06-10. Während der Nacht ruhen die Kämpfe: „Er steht bei jenem Bezirk von Cheraha, bei dem Kollegium über der Flut, bis er gesehen wird in seiner Stunde der Beruhigung des Abends", Tb 149, pBM EA 10477 (pNu), 106–107, BACKES, in: TLA, Zugriff 2010-06-11. Der Gegensatz, das Kriegsgeschrei bei Tage, wird in der historischen Inschrift der Hatschepsut erwähnt: „Alle Fremdländer sprachen wütend (*ḥr =sn nš n-jb*) und rückten kampflustig vor, die Feinde verschworen sich (*ḥr ngmgm*) in ihren Tälern mit (?) den Worten (*ḥr md.wt*) [...]", Hist.

angesprochen. Bei der Einbalsamierung der rechten Hand wird rezitiert: „Gehe in der Nacht als schöner Mond auf, am 15. Festtage (das Fest des Vollmondes), um nach dem Erstrahlen (der Sonne) Ruhe (*wnw*) entstehen zu lassen".[158] In einem Schlangenzauber wird die Erde als Raum des Schweigens konzipiert: „die Erde liegt im Schweigen, ein jeder Gott verbringt die Nacht unter den Großen".[159]

Der Begriff *Jgr.t* „das Schweigen" für das Totenreich,[160] das Epitheton für Osiris „Herr des Schweigens" und der Name der Nekropolengöttin *Mrj =s-gr* „Sie liebt das Schweigen" charakterisieren die Nekropole als einen Ort des Schweigens und der Götter. Die Aufforderung sich an einem Ort, der im Umfeld der Götter liegt, auditiv unauffällig zu benehmen, findet sich in der Erzählung des beredten Bauern: „Sei nicht laut, was deine Stimme angeht, o Landmann! Siehe, du bist in der Nähe der Landestelle des Herrn des Schweigens (*dmj n Nb-sgr*)".[161] Für die 18. Dynastie ist Schweigen als das angebrachte Verhalten einer Privatperson in der Gegenwart eines Gottes durch die Stele des Wesirs User belegt: „Nicht erhob ich die Stimme im Haus des Herrn des Schweigens".[162] Nicht unbedingt auf die Nekropole, aber auf das Verhalten in der Gegenwart eines Gottes bezogen, ist die Ermahnung in den Lehren des pChester Beatty IV: „Hüte dich, die Stimme in seinem Haus zu erheben! Was Gott liebt, ist Schweigen".[163] Auch die Klage der Merit-Re, die die Mumie ihres Gatten bei der Mundöffnungszeremonie umarmt, belegt die Konnotation der Nekropole als

---

Inschr. der Hatschepsut, Y+8–9, PM II, 342, NAVILLE, *Deir el Bahari* VI, Taf. CLXV, Übers. POPKO, *Geschichtsschreibung*, S. 169.

158 PBoulaq 3, 9, 6–7, meine Übers. STERNBERG-EL-HOTABI, Balsamierungsritual pBoulaq 3, in: *TUAT* II, S. 427, übersetzt das hier mit „Ruhe" wiedergegebene *wnw* (*Wb* 1, 315.13, TLA, Lemma-Nr. 46370, Zugriff 2010-06-10) mit „Frieden". SETHE hingegen denkt an Nachtruhe. Er übersetzt: „um Ruhe zu schaffen nach den Strahlen" *sḫpr wnw m-ḫt stj*, DZA 22.371.870.

159 PRamesseum IX, 1, 3, Übers. STEGBAUER, in: TLA, Zugriff 2010-06-11.

160 *Wb* 1, 141.3–6, TLA, Lemma-Nr. 32770, Zugriff 2010-06-11.

161 Bauer (Version B1) 57–58 und Bauer (Version R) 60, Übers. DILS, in: TLA, Zugriff 2009-12-03.

162 Stele Uriage = Grenoble Inv. Nr 1954, 6, Urk. IV, 1031.6, DZIOBEK, *Denkmäler des Veziers User-Amun*, S. 90f. Spätere Quellen zum Schweigegebot bei FRANDSEN, On the Avoidance of Certain Forms of Loud Voices and Access to the Sacred, in: FS *Quaegebeur* II, S. 975–1000. Der Geschwätzige wird vom Kultdienst ausgeschlossen, der Heiße (als Gegensatz zum Schweiger) aus dem Tempelbezirk vertrieben, vergl. FISCHER-ELFERT, *Abseits von Ma'at*, S. 47ff bzw. S. 130ff.

163 PChester Beatty IV = pBM EA 10684, vso. 5.2 (19. Dyn.), Übers. DILS, in: TLA, Zugriff 2009-12-03. Desgl. in der Lehre des Ani (21. Dyn.): „Mach keinen Lärm (*m jr jrt ḫrw*) in der Kapelle des Gottes, sein Abscheu ist Schreien", pBoulaq 4, IV, rto. 1–2, Die Lehre des Ani, Version B 17, 1–2, QUACK, *Die Lehren des Ani*, S. 94f und 158.

Ort des Schweigens: „Der liebte mit mir zu plaudern, du schweigst und sprichst nicht".[164] Die vergöttlichten Toten sprechen erst, nachdem sie den Status eines Gottes erlangt haben: „Du sollst selbst reden, nachdem du die Gestalt eines Gottes empfangen hast, auf dass du dadurch groß seist unter den Göttern, die an der Spitze des Sees sind".[165] Der Weg des Toten, bis er sich unter den Göttern befindet, wird im Sargschlittenzug rituell vollzogen.

3.4 Der Empfang bei einem Gott

Unter dem Sargschlittenzug wird der Transport der Mumie, des Sarges, der Kanopen und des Tekenu von der Balsamierungshalle bis zum Grab, wo die Träger den Sarg übernehmen, verstanden.[166] Er ist in der 18. Dynastie in El Kab,[167] nahezu in allen dekorierten Gräbern der thebanischen Beamtennekropolen[168] sowie in Gräbern der Handwerker in Deir el-Medineh[169] dargestellt. Seine Darstellung befindet sich in der Regel im Korridor, der seit der 11. Dynastie im Grab den „Weg in den Westen" architektonisch umsetzt und seit der 17. Dynastie zur klassischen Längshalle umgestaltet diesen Weg durch seine Bildinhalte gestaltet.[170] Vor Thutmosis IV. wird die Klage um den Toten auf das Sterbehaus, das heißt auf den physischen Raum der Stadt und das Ostufer verlegt, während sich im Bestattungsgeleit im Westen keine Klagen finden.[171] Die historische Entwicklung seiner Darstellungsformen[172] geht mit einer Veränderung der Rezeptionsbedingungen einher, sie wird zur Rezeptionsgeschichte. Den Kern der Beisetzungsprozession bildet zu allen Zeiten der Sargschlittenzug.

164 TT 49, (Tutanchamen-Haremhab), Davies, *The Tomb of Nefer-hotep at Thebes*, Taf. 24, GRAPOW, *Wie die Alten Ägypter sich anredeten*, S. 27, LÜDDECKENS, *Totenklagen*, Text 48, Abb. 39, S. 109f.

165 PT 422 (pyr. § 762b–c), TOPMANN, in: TLA, Zugriff 2010-09-06.

166 „Der Akt des Tragens des Sarges auf den Schultern der neun Gefährten folgte auf die Prozession mit den von Rindern auf dem Schlitten gezogenen Sarg, und nur diese galt als *jrt.t ḳrs.t nfr.t*, der Akt des Tragens dagegen nicht", LÜDDECKENS, *Totenklagen*, S. 69.

167 EK 3, Grabkapelle, W-Wand, N. EK 7, Grabkapelle, O-Wand.

168 Eine Zusammenstellung der Gräber mit Begräbnisdarstellungen der 18. Dyn. bei ALTENMÜLLER, Bestattungsritual, in: *LÄ* I, Sp. 748–749. Darstellungen dieser Szene in Thebanischen Privatgräbern überhaupt PM I^1, 471.

169 Aus der 18. Dynastie stammt die Darstellung im Grab des May, Deir el-Medineh, TT 338, PM I^1, 406 (2).

170 KAMPP, *Die Thebanische Nekropole* I, S. 112–114.

171 LÜDDECKENS, *Totenklage*, S. 9ff.

172 Hierzu ASSMANN, *Tod und Jenseits*, S. 394–396 und 405–408.

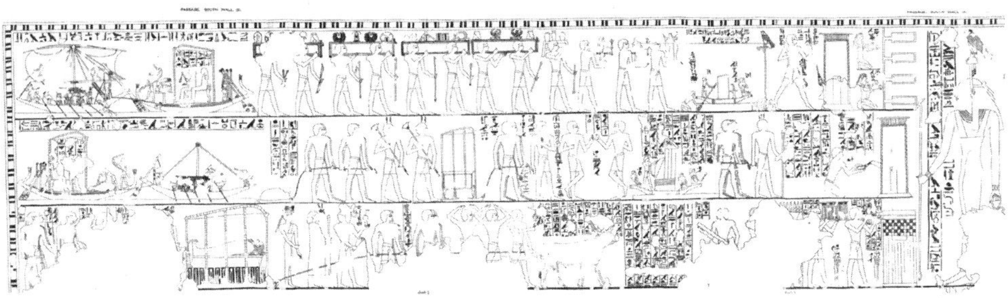

ABB. 4 *Sargschlittenzug. TT 82, Korridor, Südwand, mittlerer und östlicher Teil. Nach Gardiner und Davies, The Tomb of Amenemhet, Taf. X–XII.*

Seine archaisierende Darstellung auf den Grabwänden schafft einen Prototyp. Er hebt die über die Zeiten hinweg sich erhaltende Wirksamkeit des Rituals für den Verstorbenen hervor. Um diese zu vermitteln, beschränkt der Künstler sich auf das Wesentliche, typisiert und generalisiert es.[173]

Die Darstellung des Sargschlittenzuges

Der Sargschlittenzug (siehe Abb. 4) beginnt mit dem Schlitten, auf dem die Mumie unter einem Baldachin transportiert wird. Dieser wird von einem roten Ochsenpaar gezogen. Oberhalb der Zugochsen steht folgendes Lied:

> „Ein schönes Begräbnis veranstalten für den Schreiber, der das Korn von Amun misst, Amenemhat,
> den Gott hinaufsteigen lassen zu seinem Horizont,
> ihn geleiten zur Treppe des Totenreichs.
> Willkommen in Frieden, Willkommen in Frieden beim großen Gott!

---

173 Weil es das Wesentliche im Ritualablauf erfasst, soll das Klangmuster am Prototyp ermittelt werden. Die von DAVIES als repräsentative Darstellung dieses Übergangsrituals eingestufte, sich auf das Wesentliche konzentrierende und Lieder, Zurufe, Reden und Rezitationen umfassende Darstellung im Grab des Schreibers Amenemhat aus der Zeit Thutmosis' III. wird als Quelle gewählt. Scheich Abd el Gurna, TT 82, Korridor, S-Wand, mittlerer und östl. Teil, PM I, 1², 165 (10), DAVIES/GARDINER, *The Tomb of Amenemhet*, S. 48ff, Taf. X–XIII. Zur Übernahme der Traditionen SETTGAST, *Bestattungsdarstellungen*, S. 33, Anm. 1, zur Prozession ASSMANN, *Tod und Jenseits*, S. 394ff und S. 405ff, zum Bestattungsritual auch ASSMANN/BOMMAS, *Ägyptische Totenliturgien* II, S. 275ff. Dort gehen die Autoren auch auf Veränderungen der Totenliturgien während des Neuen Reiches ein. Zur Stilentwicklung in der Nachamarnazeit HOFMANN, *Bilder im Wandel*, passim, und RADWAN, Der Trauergestus als Datierungsmittel, in: *MDAIK* 30, S. 115–129 und Taf. 18a–c.

> Ziehe dahin in Frieden zum Himmel, zum Horizont,
> zum Binsengefilde, zur *dwꜣt*, zur *sšmt*-Halle, zum Ort, wo dieser Gott weilt."[174]

Die Platzierung des Liedertextes spricht dafür, dass es von den Personen, die an der Spitze des Zuges gehen, im Wechsel gesungen wurde. Diese sind der Treiber der Ochsen, zwei Tänzer,[175] Priester und die Zugmannschaft des Schlittens, auf dem die Mumie transportiert wird. Der Text thematisiert das Begräbnis als den schönen Beginn einer Reise, die den Toten zu den Orten des großen Gottes führen wird. Der erste Teil des Liedes bildet einen Epilog. Er präsentiert der Umgebung (innerhalb des physischen Hörbereichs) den Zweck des kommenden Ereignisses. Daraufhin wird der Verstorbene adressiert. Er wird begrüßt, und ihm wird für seine zukünftigen Aufenthaltsorte am Himmel und in der Duat der Reisesegen gegeben. Die gesprochenen oder gesungenen Worte, die sich an den Toten richten, behandeln ihn als jemand, der hören kann.

Der Rindertreiber hält einen belaubten Zweig in der rechten Hand, seine Linke weist nach unten. Ihm ist bei Amenemhat kein Zuruf an die Tiere beigeschrieben. Bei der Statuenprozession im Grab des Priestervorstehers und Bürgermeisters von El Kab, Renni, richtet der Treiber folgende Worte an die Zugtiere:

> „... eure Stiere zusammen
> Eure Kälber sind gesund auf dem Felde, indem ihr Herz fröhlich ist.
> ... auf dem Bruchland eures Hirten.

174 TT 82, Korridor, S-Wand, u. Reg., Text oberh. der Zugtiere, Kol. 4–11. Die Kolumnen 1–3, oberhalb der Köpfe der Zugtiere, gehören zu dem Text, den der Vorlesepriester am Eingang des Grabes spricht, DAVIES/GARDINER, *Amenemhet*, S. 49, Taf. XI, Übers. ASSMANN, *Tod und Jenseits*, S. 186. Assmann schreibt „Lichtland" für das hier mit „Horizont" wiedergegebene Lexem *ꜣḫt*. Der Text findet sich ebenso in EK 7, Grabkapelle, O-Wand, TAYLOR, *Renni*, Taf. VII–VIII, EK 3, Grabkapelle, W-Wand, N, TAYLOR, *Paheri*, Taf. V, TT 100, DAVIES, *Rekh-mi-Rê* I, Taf. XCII, TT 224, nach der Angabe bei SETTGAST, *Bestattungsdarstellungen*, S. 37, Anm. 4, und auf dem Ostrakon 051(aus TT 71), HAYES, *Ostraka and Name Stones from the Tomb of Senmut (No. 71) at Thebes*, Taf. 10.

175 Im Grab des Paheri und des Rechmire gehen an dieser Stelle drei Männer im Jubelgestus. Der von DOMINICUS (*Gesten und Gebärden*, S. 58ff und Abb. 13c) im Bestattungsgeleit als Trauergestus klassifizierte Jubelgestus (von *ḥꜥj* „jubeln"), der ihr zufolge auch als Zeichen der Klage ausgeführt wurde und der *hnw*-Gestus (ebd., Abb. 14a-i) kommen im Sargschlittenzug des Amenemhat nicht vor.

Euer Herr geht ein in die Erde an diesem Tage,
die Flamme ist mit Euch.
Euer Feuer ist der Weg zur Metzelung des Gemetzelten Eures Herrn."[176]

Im Grab des User-Amun rufen die Rinder, die den Sarg ziehen:

„Zum Westen! Zum Westen!
(Du) unser Herr, zum Westen, der uns Futter gab, wie es sein Herz wollte, der unsere Fehler nicht beachtete."[177]

Das Dreigliederschema (bei User) hat auffordernden Charakter. Es hat dieselbe Stilform wie das Dreschlied bei Paheri, wobei das dritte Glied durch eine Verbindung erschwert wird. Als Arbeitslied eines Treibers, der damit die Zugochsen antreibt, koordiniert und unterstützt es die Fortbewegung des Zuges. Die Worte thematisieren das Ziel der Reise und die enge Beziehung zu ihrem Herrn, der als guter Mensch dargestellt wird. Auch in dem folgenden Beispiel dient die Person des Toten zur Motivierung der Zugtiere:

[Vor dem Rinderpaar]: Veranlasse, dass man zu den Ochsen sagt:
„Zieht sehr! Lasst Eure Herzen nicht müde werden! Der Fürst ist mit Euch!"
[Die Rinder antworten]: „Wir wollen sehr stark ziehen vor dem Fürsten!"[178]

Wie bei den Szenen der Arbeit so werden auch bei der Darstellung des Bestattungszuges Haustiere lautlich in die menschliche Gemeinschaft integriert. Die Verwendung des Neuägyptischen in den Rinderliedern steht im Gegensatz zur Klassischen Sprache der Priestergesänge.[179] Stil und Sprache der Beischriften zu den Tieren weisen sie dem Arbeitsmilieu im diesseitigen

176 EK 7, Grabkapelle, O-Wand , PM V, 183 (9–10), TAYLOR, *Renni*, Taf. 11, Übers. LÜDDECKENS, *Totenklagen*, S. 31f.

177 TT 260, Grabkapelle, S-Wand, PM V, 344 (2), LÜDDECKENS, *Totenklagen*, Text 28, S. 73f, SCHOTT, *Altägyptische Liebeslieder*, Text 106, S. 140. Weitere Rindertexte, die das enge Verhältnis zwischen dem Verstorbenen und den Tieren belegen, sind LÜDDECKENS, Text 29 (TT 89) und Text 77 (TT 218).

178 Grab des Huj, TT 54, Inschr. B 11, PM I, 1^2, 105 (6), heute Oriental Institute, Chicago, Inv. Nr. O.I. 11074, Übers. POLZ, *Das Grab des Hui und des Kel*, Taf. 8, Szene 2, 1, Inschrift B 11, S. 35, LÜDDECKENS, *Totenklagen*, Text 38, S. 93f. Ähnlich auch die von LÜDDECKENS behandelten Text 27 (TT 24), Text 31 (TT 181), und Text 73 (Sakkara, Grab des Mrymery).

179 LÜDDECKENS, *Totenklagen*, S. 173.

Ägypten zu. In einem Grab in Deir el-Medineh steht über einer Kuh, ihrem Kalb und dem Treiber in der Bestattungsprozession:

> Spruch der Rede einer Kuh:
> „Das Weinen um Dich ist groß, die *Mr.t*-Kuh ist traurig ... trauern um ihren Herrn."[180]

Ein Grundlaut, das Schnauben und Brüllen der Ochsen oder das Muhen der (später auch als Zugtiere verwendeten) Kühe, wird durch die Rindersprüche und -lieder in Äußerungen transponiert, die der Fortbewegung oder der Trauer Ausdruck verleihen. Die Bildbeischriften verkörpern Zugtiere, die ihren Herrn an mythische Orte (des Gemetzels) bringen, oder den Verlust ihres guten Herrn im besonnten Ägypten betrauern.

Auf den Rindertreiber folgen zwei Männer, die, nach DAVIES, die Arme im Trauergestus erheben.[181] Ihre Beine und Füße sind nicht erhalten. Die rautenförmig nach oben gehaltenen Arme sind meines Wissens im Neuen Reich als Trauergestus bei Männern nicht belegt.[182] Bei Frauen ist diese Position der Arme als Gestus der Trauer sehr selten. In den von Marcelle WERBROUCK behandelten Szenen finde ich ihn nur vier Mal,[183] in keinem der Fälle im Bestattungsgeleit. Zwar gibt es ein Erheben der Arme als Trauergestus bei Männern im Alten und im Neuen Reich,[184] hierbei sind die Hände aber wie beim Jubelgestus weit auseinander nach oben gehalten[185] und nicht wie hier

---

180 TT 218, Grab des Amennacht, PM I, 1², 317 (1), LÜDDECKENS, *Totenklagen*, Text 77, S. 154f.

181 DAVIES/GARDINER, *Amenemhet*, S. 49, Taf. XI.

182 DOMINICUS, *Gesten und Gebärden*, S. 59, Abb. 13a, bringt einen Beleg für das AR aus Meir, beim Speiseopfer.

183 Diese sind im Einzelnen: Die klagenden Frauen im Grab des Chaemhat, TT 57 (18. Dyn.), PM I, 1², 117 (18) u. (19), eine Frau mit rautenförmig erhobenen Armen in der Gruppe klagender Frauen auf der Stele des Merymery (19. Dyn.), heute in Leiden, PM III², 705 (III–IV), und bei einer der knienden Trauernden bei der Totenfeier am See im Grab des Minnacht, TT 87, PM I, 1², 179 (8), Guksch, *Die Gräber des Nacht-Min und des Men-cheper-Ra-Seneb*, Szene 21, Taf. 12. Vergl. WERBROUCK, *Les Pleureuses dans l'Égypte ancienne*, Taf. IX und Fig. 24, bzw. Taf. XXXVII, Taf. IV u. Fig. 172.

184 TT 100, DAVIES, *Rekh-mi-Rê* I, Taf. XCII, unterstes Register.

185 DOMINICUS, *Gesten und Gebärden*, S. 58ff mit Abb. 13, auch bei Paheri, EK 3, Grabkapelle, W-Wand, an derselben Stelle im Zug.

zu einer Raute geformt.[186] Sie gehören deshalb bei Amenemhat zwei Tänzern.[187] Männer in derselben Pose sind in der Darstellung der Begräbnisprozession im thebanischen Grab des Kenamun durch die Beischrift „Tanzen seitens der Sänger" (*ḥbj.t jn šmꜥw.w*) als Tänzer ausgewiesen.[188] Die Tänzer kommen aus der gleichen Richtung wie der Tote und nähern sich mit diesem zusammen der Westgöttin. Durch die physischen Bewegungen der Tänzer wird die von ihren Rhythmen freigesetzte Energie, während des Übergangs auf den *Ka* des Toten übertragen. Das wird besonders deutlich, wenn die Tänzer ihn begleiten. Die Beischrift zu den Tänzern des Rautentanzes in der Pfeilerhalle des Nebkauhor, die sich zum Rhythmus der singenden (*ḥsj.t*) und klatschenden (*mꜣḥ nfr*) Sängerinnen auf den Toten zubewegen, lautet:

> Schön Tanzen (*jbꜣ*) für deinen *Ka*, täglich.[189]

Der Text zur Tanzgruppe in der Grabkapelle des Cheni nennt ebenso den *Ka* des Grabherrn als denjenigen für den getanzt wird.[190] Weil in anderen Gräbern anstelle der Tänzer Männer im Jubelgestus[191] auftreten, bringt der rituelle Tanz eventuell auch die Freude über die Reise zum ersehnten „Schönen Westen" und die bejubelte Ankunft bei den Göttern als Zweck des Rituals zum Ausdruck.

---

186 Der Tanz mit dieser Armhaltung wurde von BRUNNER-TRAUT (*Der Tanz im Alten Ägypten*, S. 59f) zunächst als archaisierender strenger Tanz, später wegen der Position der Arme als „Rauten-Schreittanz", der im Kult seine Verwendung findet, klassifiziert. BRUNNER-TRAUT, Tanz, in: *LÄ* VI, Sp. 219. Fotos von Darstellungen aus der 5. Dyn. sind abrufbar im *Online Giza archives project, Museum of Fine Arts*, Boston, http://www.gizapyramids.org/code/emuseum.asp?page=indexsurvey, letzter Zugriff 2010-06-13.

187 Die Position der Arme und der Hände ist identisch mit der der *jbꜣ*-Tänzer in der Mastaba des Mereruka, Raum AX, und im Grab des Nenchefetka, Sakkara, D. 47, heute Kairo JE 28504 = CG 1533, BORCHARDT, *Denkmäler des Alten Reiches*, S. 231f, Taf. 47.

188 TT 93 (Amenhotep II.), DAVIES, *The Tomb of Kenamun at Thebes*, S. 41, Taf. XXXIX.

189 Sakkara, Unas-Friedhof, Mastaba des Neb-kau-Hor, Pfeilerhalle, N-Wand, 2. Reg. v. u., Personenbeischrift zu jedem der sechs Tänzer, PM III2, 628 (7), HASSAN, *Excavations at Saqqara, 1937–1938* I, S. 22–23, Abb. 2–3, 5–7, Taf. XIA, XII–XIII, XIVB.

190 „Singen, *ḫb*-tanzen und *jbꜣ*-tanzen durch die Leute seiner Totenstiftung für den *Ka* des Fürsten, unterägyptischen Sieglers, Einzigen Freundes, Stolisten des Min, Priestervorstehers, [...] Cheni", Achmim, Grab H 24 des Schepsi-pu-Min/Cheni, Grabkapelle des Cheni, N-Wand, westl. des Schreins, KANAWATI, *The Rock tombs of El-Hawawish*, S. 26–28, 45, Taf. 3, 7a, Abb. 22. Corrigenda Bd. 9, Fig. 37. Unter der gemischten Tanzgruppe sind zwei Tänzer in der Position mit den rautenförmig erhobenen Armen.

191 Entgegen DAVIES und DOMINICUS handelt es sich m.E. auch im Kontext der Bestattung um einen Jubel-, und nicht um einen Trauergestus.

Auf die Tänzer folgen zwei Mal drei Männer am Zugseil. Eine stark beschädigte Inschrift zwischen ihnen bestimmt sie als: „Alle *pꜥt*- und *rḫyt*-Völker".[192] Als nächstes schreiten ein durch seine Tätigkeit und die Beischriften als räuchernd und libierend bezeichneter Priester, ein durch die Beischrift als *ḥm nṯr* ausgewiesener Stolist mit Knebelbart, der einen bis zum Saum seines langen Mantels reichenden Lotusknospenstab trägt,[193] und das große Klageweib (*ḏr.t wr.t*), das ist Isis, am Kopfende des Schlittens mit der Mumie. Hinter dem Schlitten schreitet das kleine Klageweib (*ḏr.t nḏs.t*), das ist Nephthys. Im Mythos über Osiris besorgt das Klagen der beiden „Klagefrauen", „Weihen" oder „Klagevögel" die körperliche Wiederherstellung des Osiris. So heißt es in einem Pyramidentext:

> Von den beiden Weihen (*ḏr.tj*) des Osiris ist sein Schaden beseitigt worden.[194]

Ihre Aufgabe im Hinblick auf eine tote Privatperson wird im Sargtextspruch 24 klar formuliert:

> Die beiden Weihen, das sind Isis zusammen mit Nephthys, klagen für dich (*ḥꜣ n =k*).[195]

Die ausführlichsten Belege zu ihrer Lauterzeugung, die im Rahmen der Osirismysterien aufgeführten Stundenwachen und pBerlin 3008,[196] sind in die griechisch-römische Zeit zu datieren. Für die Art und Weise des Klagens im Neuen Reich ist die Forschung deshalb auf die Aussagen im Totenbuch angewiesen:

> Die Klageweiber, sie raufen sich wegen dir die Haare (*wn =sn ḥr =k*).
> Sie schlagen deinetwegen mit ihren beiden Armen (*ḥjỉ =sn n =k m ꜥ.wj =sn*).

---

192 DAVIES/GARDINER, *Amenemhet*, S. 49, Taf. XII, unteres Register.

193 „Lediglich die Tatsache, dass auf seine Darstellung im Sargzug der Späten Gruppe [Hatschepsut bis Thutmosis IV.] – selbst in verkürzten Szenen – nie verzichtet wurde, lässt auf seine große Bedeutung innerhalb des Beisetzungszuges schließen", SETTGAST, *Bestattungsdarstellungen*, S. 36.

194 Pyr. § 308e.

195 CT I 74e-f.

196 HORRACK, *Les Lamentations d'Isis et de Nephthys d'après un manuscrit hiératique du Musée Royal de Berlin*, LICHTHEIM, *Ancient Egyptian Literature* III, S. 116ff. Weitere Quellen siehe COENEN/KUCHAREK, New Findings on the Lamentations of Isis and Nephthys, in: *GM* 193, S. 45–50.

Sie schreien für dich (*sbḥ =sn n =k*).
Sie klagen[197] für dich (*ht3 =sn n =k*).
Sie weinen für dich (*rmj =sn n =k*).
Dein *b3* jubelt (*ḥꜥj b3 =k*).
Dein Leichnam ist *3ḫ*-mächtig (*3ḫ ḫ3.t =k*).[198]

Das im Totenbuch häufig in Kombination mit *Wsjr* für die „Klagefrauen" verwendete Lexem *j3kb.yt*[199] bezeichnet speziell die Klagefrauen des Osiris. Die Wirkung der Klage liegt in der Wiederbelebung, hier als das Jubeln des *b3* und die *3ḫ*-Mächtigkeit des Leichnams ausgedrückt.

Die „Totenklage" (*ḳmd.t; jrj mr*[200]) und das „Beweinen" („weinen" *rmj*;[201] *bjf*;[202]) spielen im Mythenkreis um Osiris eine so bedeutende Rolle, dass die Stimmen von Isis und Nephthys als Orientierungslaute klassifiziert werden können. Im Bestattungszug werden Isis und Nephthys von professionellen Klagefrauen (*ḏr.t*[203]) vor, beziehungsweise hinter dem Sarg verkörpert. Das Paar wird stets unterschieden als „große Klagefrau" (*ḏr.t wr.t*) und „kleine Klagefrau" (*ḏr.t nḏs.t*). Sie sind nicht dem Sarg zugewendet, sondern stehen oder knien beide in Zugrichtung. Diese Position könnte die Rolle der Klagefrauen als Handelnde in einem *Rite de Passage*, der in Gestalt eines Weges vollzogen wird, unterstreichen. KEES vermutet, dass die Klagefrauen ihren Namen wegen ihrer schrillen, an das Geschrei von Raubvögeln erinnernden Klagerufe haben.[204] Wie die Übersetzungsvorschläge für die Lexeme *ḥ3j* „klagen; (jmdn.) beklagen; kreischen; (bei der Totenfeier) tanzen",[205] *sbḥ* „Schreien; Geschrei",[206] *sbḥ* „aufschreien"[207] und *ḏswj* „rufen; rezitieren"[208] zeigen, hat diese Auffassung auch lexikographisch ihren Niederschlag gefunden.

197 BACKES hat „kreischen". Die Schreibung von *htt* ist fraglich.

198 Tb 180, pLouvre 3073, 9–10, meine Übers. in Anlehnung an BACKES (TLA, Zugriff 2010-09-07), der die Präpositionen anders übersetzt.

199 *Wb* 1, 34.14–15, TLA, Lemma-Nr. 21050, Zugriff 2010-09-07.

200 TLA, Lemma-Nr. 600643, bzw. *Wb* 2, 96.5, TLA, Lemma-Nr. 28860, Zugriff 2010-08-28.

201 *Wb* 2, 416–417.10, TLA, Lemma-Nr. 94180, Zugriff 2010-08-28. Belegt seit den Pyramidentexten, Beweinen des Bruders, pyr. § 1281a, Beweinen des Vaters, pyr. § 1163c.

202 *Wb* 1, 442.12–14. Griechisch-römische Zeit. Festgesänge von Isis und Nephthys, pBM EA 10188, 3, 2–6, DZA 22.827.200, und pBM EA 10188, 7, 20–24, DZA 22.827.210.

203 In ihrer Eigenschaft als Göttinnen auch *ḥ3y.tj*, *Wb* 3, 7.7 oder *j3kb.tj*, LGG I, 115, bezeichnet.

204 KEES, Totenglauben und Jenseitsvorstellungen der alten Ägypter, S. 177.

205 *Wb* 3, 6.10–11, TLA, Lemma-Nr. 100650, Zugriff 2010-09-04.

206 *Wb* 4, 91.1–7, TLA, Lemma-Nr. 131910, Zugriff 2010-08-29.

207 *Wb* 4, 90.11–18.

208 *Wb* 5, 609.3–5, TLA, Lemma-Nr. 185420, Zugriff 2010-09-04. Pyr. § 872a.

Die Texte geben jedoch keinen Hinweis auf den Charakter des Klanges als schrill. Die Untersuchungen zeitgenössischer Totenklagen weisen auf einen Variationsreichtum der Lamentation hin. Zum Beispiel weist die albanische Totenklage Registerwechsel zwischen Kopf- und Bruststimme auf, der in einer eigenartigen, von unten nach oben schlagenden Septimenformel realisiert wird, und zugleich als Kadenzelement dient. Dieser Klagetypus wird sowohl solistisch als auch antiphonal im Vorsänger-Chor-Wechsel ausgeführt, wobei die Frauengruppe gewöhnlich bei Erreichen der mehrmals wiederholten Klageformel einsetzt. Auch heterophonische Elemente sind bei diesen Gruppenklagen häufig.[209] Für die Annahme eines derartigen Variationsreichtums der Lamentation in der altägyptischen Kultur sprechen die schriftlichen Belege zum Schrei der Isis. In einem Schlangenzauber des Neuen Reiches wird der „Schrei" (*sbḥ*) näher bestimmt als der Laut einer „betrübten" oder „niedergeschlagenen" Frau (*s.t jnd.tj*):

> Der große Gott hielt an seinem Platz an, als man für ihn die Fahrt seiner Mannschaft stoppte: „Was ist das, was ist das, dieses, das ich gehört habe? Rettet die Elenden vor dem Starken, die Klagenden (*jwj*) vor dem, der den Arm mit seiner Kraft erhebt!"
>
> Da sprachen die, die im Gefolge des Gottes waren: „Ist das nicht die Klage (*ỉww*) eines Elenden? Ist das nicht das Geschrei (*sbḥ*) einer betrübten Frau? - Isis ist es!"[210]

Der Umstand, dass der Schrei der Isis ein weithin vernehmbarer Hilferuf ist, legt einen Signallaut nahe. Das hier für den Schrei der Isis verwendete Lexem *sbḥ* wird auch für den überraschten Schrei der Königin beim Anblick des Sinuhe verwendet.[211] Als Signallaut erfordert das Ausstoßen der Schreie eine entwickelte Gesangstechnik, um die Klage durchdringend, die Aufmerksamkeit erregend und weitreichend zu gestalten. Unklar ist, ob die Klagerufe während der Rezitationen der Priester unterbrochen, gedämpft oder mit unverminderter Stärke vorgetragen wurden. Die Funktion der Totenklage, die Wiederherstellung und Belebung des vollständigen Osirisleibes, spricht für einen ununterbrochenen, ausdauernden Einsatz der Stimmen. Dies wird durch das Lied in TT 49 bestätigt, in dem die Anwesenden zu unermüdlichem Klagen aufgefordert werden:

---

209 Stockmann, Volks- und Popularmusik in Europa, in: *Neues Handbuch der Musikwissenschaft* 12, S. 83.

210 Schlangenzauber Neues Reich, pBM EA 9997+10309, pBM EA 9997, 3, 16–18 (Spruch 3), Stegbauer, in: TLA, Zugriff 2010-08-29.

211 Sinuhe B266, oAshmolean 1945.40, 53, aus Deir el-Medineh.

> Worte zu sagen seitens der Klagefrauen:
> „Wehe! Wehe! (*jm.w jm.w*)
> Heil! Heil! Heil! Heil! (*ꜥḏ ꜥḏ ꜥḏ ꜥḏ*)
> Klagt unermüdlich! (*nẖww n wrd*)
> Ach, der Verlust! (*ẖj tꜣ ꜣḳ.yt*)
> Der gute Hirte ist gegangen zum Land der Ewigkeit….!
> Der Du reich an Leuten (warst), Du bist jetzt im Land, das die Einsamkeit liebt!
> Der es liebte, seine Beine zu öffnen beim Gehen, ist gefesselt, eingewickelt und gehemmt!
> Der reich an Stoffen, sich zu kleiden liebte, schläft im abgelegten Kleid von gestern!“[212]

Durch die Interjektionen werden die Anwesenden zur Erzeugung des Orientierungslautes, bestehend aus zwei Wehe- und vier Heilrufen, aufgefordert. In drei Versen wird das Dasein auf Erden dem Dasein im Zustand der Mumifizierung gegenübergestellt. An diesem Text lässt sich die Ergänzung der traditionell auf die Nekropole begrenzten Klage der professionellen *ḏr.tj*, die *für* den Toten klagen (1–4) mit der Klage der Trauergemeinde, die *um* den Toten klagt (5–8) beobachten. Die Beischriften im Grab des Debeheni belegen ebenfalls eine ununterbrochene Lautproduktion, da während der (abschließenden) Opferhandlungen die Klage fortgesetzt wird:

> *oberstes Reg.*: Das Opfern des Opfers seitens des Balsamierers.
> *unterstes Reg.: li., senkrecht*: Die Darreichung gemäß der Schrift des Opfertisches.
> *unterstes Reg.: li. Personenbeischrift*: Ein Balsamierer.
> *unterstes Reg.: li.*: Das (tänzerische) Beklagen seines Leibes, der vollständig ist (*ḥꜣj.t jwf =f tm.j*).
> *unterstes Reg.: Mitte*: Die Opfergaben auf dem Opfertisch.
> *unterstes Reg.: re., waagerecht u. senkrecht*: Das Singen der Frau wegen des Klagens (*ḥsj.t jn ẖnr.t n ḥꜣj.t*).[213]

---

212 TT 49, Grab des Neferhotep (Ende der 18. Dyn.), PM I, 1^2, 92 (8), DAVIES, *The Tomb of Nefer-hotep at Thebes*, Taf. XXII–XXVII, LÜDDECKENS, *Totenklagen*, Text 49, Abb. 40, S. 111f.

213 Opferritual und Opferfest, Giza, Central Field, Felsgrab des Debeheni, Raum 2, S-Wand, Beischrift unterstes Reg. li., PM III, 230–293, HASSAN, *Excavations at Gîza* 1932–1933, S. 177–179, Taf. L, Abb. 122, Übers. GRUNERT, in: TLA, Zugriff 2010-06-03. Das von ihm mit „Haremsdame“ übersetzte *ẖnr.t* wird von mir mit „Frau“ übersetzt.

Die Wendung „Singen wegen des Klagens" stützt, dass möglicherweise die Klage während der Opferhandlungen in einen rhythmischen Singsang übergeht. Dadurch wäre die Klage nicht unterbrochen, und ein gleichmäßiger Rhythmus beibehalten worden. In den strophisch gegliederten Klageliedern ist bei Neferhotep die Mittelstrophe reicher gestaltet als die erste und die letzte.[214] Dieser Form mag auch eine inhaltliche Steigerung entsprechen, die zu einer Intensivierung des Vortrags führt. Der Wortrhythmus einer Klage, bei der der erste und der letzte Ruf gleichartig sind, bedingt einen anderen Höreffekt als eine Klage mit schwerem Schluss. Die Klagen der beiden Frauen, Isis und Nephthys, bleiben nicht auf die Nekropole begrenzt, sondern wirken durch Festspiele[215] und Schutztexte in weitere Bereiche innerhalb der altägyptischen Kultur hinein.

Im Sargschlittenzug kennzeichnen strenge und sparsame Gesten die symbolische Darstellung der professionellen Klagefrauen.[216] Sie umfassen mit der rechten Hand den herabhängenden linken Arm oberhalb des Handgelenks. Ihre Haartracht variiert. Beide sind durch Beischriften als *ḏr.tj* ausgewiesen. Weder hier noch an einer anderen Stelle im Bestattungsgeleit ist ihnen eine Äußerung in den Mund gelegt. Nirgends werden ihre Laute bezeichnet. Es ist deshalb nicht auszuschließen, dass ihre verhaltenen Gesten das Ende der Klage, das heißt, den zum Zeitpunkt der Bestattung balsamierten, rituell wiederhergestellten und vergöttlichten Körper des Toten bildnerisch zum Ausdruck bringen sollen.

Auf die kleine Klagefrau folgen die „Gefährten" (*smr.w*), die durch ihre Zepter und Stäbe als Würdenträger und Inhaber hoher Ämter ausgewiesen sind. In kurze Zeilen aufgeteilt steht zwischen ihnen der Text eines im Wechselgesang vorgetragenen Liedes. Der Vorsänger beginnt:

> Worte sprechen [durch den Vorlesepriester:
> „In Frieden, in Frieden beim großen Gott!]"

Der Antwortgesang der Gefährten konstituiert den Verstorbenen in der Nekropole:

> Worte sprechen durch die Freunde (*smr.w*):
> „Gehen [in Frieden! In Frieden zu] seinem Grab [der Nekropole],

---

214 LÜDDECKENS, *Totenklagen*, Text 48, S. 109f. ASSMANN, *Tod und Jenseits*, S. 187.

215 DRIOTON, *Ce que l'on sait du théâtre égyptien*, passim.

216 Neben ihrer anthropomorphen Form findet sich seit der frühen 19. Dyn. ihre Darstellung als Falke, WERBROUCK, *Les Pleureuses dans l'Égypte ancienne*, S. 9.

> Möge er empfangen Opferspeisen unter den Großen im Gefolge des Osiris Amenemhat, gerechtfertigt".[217]

Im Grab des Paheri wird die Anrede an den Verstorbenen von einem Priester mit Schriftrolle, dort bezeichnet als „Oberster Vorlesepriester" (*ẖr.j-ḥ3b.t-ḥr.j-tp*), vorgetragen und im Wechselgesang von zwei Würdenträgern, dort bezeichnet als *šms.w*, aufgegriffen.[218] Worauf LÜDDECKENS hinweist, wünscht die dem Sarg folgende Gruppe dem Toten, er möge die Opferspeisen im Gefolge des Osiris empfangen. Durch die Wahl der Sänger, die diese Zeilen vortragen, sind die Freunde im Bestattungszug mit dem Gefolge des Osiris identisch.[219] Der Gesang besorgt, in ASSMANNs Terminologie, ‚die sakramentale Ausdeutung' der Würdenträger.

Im Register darüber setzt sich der Zug mit einem Vorlesepriester *ẖr.j-ḥ3b.t* fort, der einen bis zum Boden reichenden Lotusknospenstab in der linken Hand und einen Leinenstreifen in der rechten hält. Das nächste Zugtau liegt in den Händen dreier Männer (in gestaffelter Darstellungsweise). Es gehört zu einem Papyrusnachen. Auf diesem steht der offene Sarg. Auch dieser wird flankiert von zwei Klagefrauen, jedoch kniet diesmal die *ḏr.t nḏs.t* am Bug, während die *ḏr.t wr.t* im Heck sitzt.[220] Ein Priester hockt im Bug, ein weiterer sichert mit seinen Händen das kostbare Gut. Beide Klagefrauen blicken, wie immer, in Geh- oder Fahrtrichtung der Prozession. Diese Bildsequenz symbolisiert eine mythische Überfahrt zu Wasser.[221]

Als nächstes folgen zwei *mww*-Tänzer, durch die Beischrift zwischen sich als *ḥb.t mww* ausgewiesen. Die männlichen Tänzer blicken sich an. Ihre Arme sind angewinkelt, die Daumen ihrer zur Faust geballten linken Hand zeigen zueinander. Auf einem Bein stehend, das andere angewinkelt, und nur mit der Fußspitze den Boden berührend, bestätigt ihre Körperposition sie als Tänzer. Der Kopfschmuck der *mww* im Alten und Mittleren Reich, eine Krone aus Schilf- oder Papyrusstängeln, fehlt bereits in der Darstellung bei Amenemhat. Desgleichen zeigen die Hände nicht mehr, wie beispielsweise in TT 60, mit

---

217 DAVIES/GARDINER, *Amenemhet*, S. 49, Taf. XII, unteres Register, Text ergänzt nach der Var. bei Paheri.

218 EK 3, Grabkapelle, W-Wand, nördl. Ende, PM V, 180 (9), TAYLOR, *Paheri*, Taf. V.

219 LÜDDECKENS, *Totenklagen*, Text 22, S. 63.

220 Die Beischrift weist die große Klagefrau als *ḏr.t sms.t* aus, der Zeichnung nach sitzt dort ein Mann. Das Grab ist heute vermauert, die Darstellung lässt sich also am Original nicht nachprüfen.

221 ASSMANN, *Tod und Jenseits*, S. 400f.

ausgestrecktem Zeige- und Mittelfinger nach unten. Bei Antefoker ist auch eine Rede der *mww* beim Sargschlittenzug aufgezeichnet. Der Priester spricht:

> Kommt ihr *mww*![222]

Die vier dem Zug entgegen tanzenden *mww* antworten:

> Sie hat ihr Haupt geneigt.[223]

BRUNNER-TRAUT interpretiert die Worte der *mww*-Tänzer wie folgt: „Durch ihre Antwort ‚Sie hat ihr Haupt geneigt' erteilen sie im Auftrage der Nekropolengöttin Hathor-*smy.t* (?) die Erlaubnis zur Beisetzung".[224] Nach ALTENMÜLLER verkörpern die *mww*-Tänzer die Toten, die den während des Bestattungsrituals herangeführten Neuverstorbenen in das Reich des Sonnengottes holen. Sie fungieren als Fährmann und Wächter für den Toten in Schwellenbereichen und haben die Aufgabe, den Transport der Mumie einzuleiten und dessen Durchführung zu überwachen.[225] Eine zweite Inschrift bei Amenemhat, sie steht oberhalb der Tänzer, bestimmt ihre Tätigkeit:

> Der *ḫb.t*-Tanz für ihn ausgeführt durch die Leute von Pe.[226]

Der Text identifiziert sie mit den „Leuten von Pe" (*rmṯ P*), einem Teil der alten Königsstadt Buto.[227] Ausgewiesen als „Leute von Pe" schaffen die Tänzer durch ihre Herkunft sowie ihre tänzerische Pose die Verbindung zu, und die Begegnung mit, den Vorfahren. Die *mww* kommen von den Vorvätern. Sie betätigen sich als Grenzgänger und Psychopompus des Verstorbenen Amenemhat. Dem Zug entgegen tanzend und ihn daraufhin begleitend, erzeugen sie durch

---

222 Dasselbe rufen, nach der Angabe bei BRUNNER-TRAUT (*Der Tanz im Alten Ägypten*, S. 43), die Priester im Grab des Sehetibre. In Sakkara, Mastaba des Neb-kau-hor tanzen die *Mww* auf den *ḫr.j-ḥ3b.t* zu, über ihnen steht: „Veranlassen, das Kommen der *mww*", HASSAN, *Excavations at Saqqara 1937–1938* I, S. 9, Abb. 9, Taf. XIIA.

223 TT 60, Korridor, S-Wand, unterstes Register. DAVIES, *Antefoker*, Taf. XXII.

224 BRUNNER-TRAUT, *Der Tanz im Alten Ägypten*, S. 43.

225 ALTENMÜLLER, Zur Frage der *MWW*, in: *SAK* 2, S. 1–37. Siehe dort auch die aufgelisteten Quellen. Beschreibung der Szenen bei DECKER/HERB, *Bildatlas zum Sport*, Dok. S1.1–S1.40, S. 723ff.

226 DAVIES/GARDINER, *Amenemhet*, S. 49, Taf. XI, ALTENMÜLLER, Zur Frage der *MWW*, in: *SAK* 2, Abb. 3. Nach ALTENMÜLLER (S. 2, Anm. 12) gehört die Beischrift nicht zu den *Mww*.

227 *RÄRG*, S. 129.

ihre Richtungsänderung die Nekropole als einen Ort des Gehens zu den Vorvätern.

Den *mww*-Tänzern schließt sich ein *ẖr.j-ḥ3b.t* an, der eine zusammengebundene Buchrolle in der linken Hand hält und deswegen vermutlich auswendig folgendes ruft:

> Worte sprechen durch den Vorlesepriester:
> „O Volk von Pe,[228] Dep, Hermopolis, *nṯr.t*, Sais, *ḥw.t-wrw*, verbeugt (euch)!
> Adlige (*ẖ3m pꜥ.t*),[229] verbeugt (euch)!
> Leute aus dem Volk (*ẖ3m nḏs*)? (und) alle Völker (*rḫy.t*)!
> Es kommt der Gott, macht *s3-t3*! (2 x)".[230]

Die Worte des *ẖr.j-ḥ3b.t*, die die Hörer zur Ehrenbezeugung in Form des *s3-t3*-Ritus an heiligen und mythischen Orten auffordern, konstituieren auditiv den Toten als Gott. Der Zusatz im Grab des Ahmose, TT 224, formuliert, dass die dem Königsbegräbnis nachempfundene Ankündigung[231] an alle Völker gerichtet ist:

> Rezitation nach Süden, Norden, Westen, Osten, während ihr den NN zu seiner Stätte geleitet.[232]

Sie schafft, indem sie die Bewohner heiliger und mythischer Orte zur Ehrenbezeugung aufruft, einen imaginierten Existenzbereich für den Toten, in welchem dieser als Gott verehrt wird. Nach PT 224 zu folgern liegt die Grenze dieses Raumes in der Erde:

> Wie befriedigend ist doch dein Befinden! Du bist verklärt, o Unas, unter deinen Brüdern, den Göttern. Wie ...(?) ist es, wie ...(?) ist es! Schütze

228 Bei Ahmose, TT 224, *r rmṯ P* „zu den Leuten von Pe".

229 Die Lesung *pꜥt* wird gestützt durch die Nennung des Adels als Trauergemeinde beim Tode des Königs in Sinuhe und der traditionellen Nebeneinanderstellung von *pꜥt* und *rḫy.t* (FEDER, Komm. zu Sinuhe, Berlin P 10499, 10, in: TLA, Zugriff 2010-06-18) sowie dem Vergleich der göttlichen Stellung des Toten mit „Horus, Herr der Menschheit und der Götter (*nb pꜥt nṯr.w*)", in PT 468 (pyr. § 895b–d) bei Pepi I. Für die Durchsicht meiner Übersetzung danke ich Åke Engsheden, Stockholm Universität.

230 DAVIES/GARDINER, *Amenemhet*, S. 50, Taf. XI, mittleres Register.

231 ASSMANN, *Tod und Jenseits*, S. 394.

232 TT 224, ALTENMÜLLER, *Die Texte zum Begräbnisritual in den Pyramiden des Alten Reiches*, S. 136.

> deine Kinder! Hüte dich vor jener deiner Grenze, die in der Erde ist! Lege deinen Leib an und komm zu ihnen! (4 ×)[233]

Bei Amenemhat umfasst dieser Raum alle mythischen Völker. Er ist somit allumfassend in zeitlicher und in räumlicher Ausdehnung. Dass derartige Texte bei der Aufführung laut gerufen wurden, ist wahrscheinlich, denn die Rezitationsanweisung „zwei Mal" beziehungsweise „vier Mal" legt nahe, dass der Tote mit diesem Vers in Ost und West oder in alle vier Himmelsrichtungen, das ist überallhin, angekündigt wurde.

Hinter dem Vorlesepriester folgt der von drei Männern gezogene Schlitten mit dem Löwenbett, auf diesem der Kanopenkasten. Möbel und Kasten sind, wie schon die Mumie, durch einen Baldachin geschützt. Die Zugmannschaft wird zum Anpacken aufgefordert:

> „Eure Arme an eure Seile!"[234]

Seine Nennung in der Darstellung und die Bedeutung der Zugbewegung in Mythologie und Ritual spricht dafür, den Zuruf nicht ausschließlich als Laut der Arbeit einzustufen. Die Aufforderung steht direkt unterhalb der Hände, die das Ende des Zugseils halten. Es muss offen bleiben, wer diese Stimme verkörpert. Das „Eure Arme an eure Seile" könnte auch noch an die von dem Vorlesepriester aufgezählten Völkerschaften gerichtet sein.[235] Der Priester fordert damit zunächst die Bewohner der einzeln aufgeführten Orte zum Ziehen, und danach „alle Völker" (*rḫy.t. nb.t*) zum *sꜣ-tꜣ* auf. Der Zuruf bewirkt die auditive Umsetzung des Ziehens als Signal- oder Orientierungslaut. Er ergänzt das Arbeitsgeräusch (das Reiben der Schlittenkufen auf dem Untergrund) mit dem Arbeitsruf einer Zugmannschaft. Die Bedeutung dieses Zurufs in einem rituellen Kontext ergibt sich aus einer Stelle im Amduat, wenn in der vierten Nachtstunde der Sonnengott über den Sand des Sokarlandes gezogen wird:[236]

> Verweilen danach im Ziehen durch die Majestät dieses Gottes in der geheimen Höhle des Westens;

---

233 PT 224 (pyr. § 221a-c), TOPMANN, in: TLA, Zugriff 2010-09-03.

234 DAVIES/GARDINER, *Amenemhet*, S. 50, Taf. XI, mittleres Register.

235 Mit SETTGAST, *Bestattungsdarstellungen*, S. 39, und ALTENMÜLLER, *Die Texte zum Begräbnisritual in den Pyramiden des Alten Reiches*, S. 136.

236 Vergl. HORNUNG, *Amduat* III, Komm. zur 4. Stunde, S. 41.

> Sorgen[237] für die, die in ihr sind, durch seine Stimme (*m ḫrw =f*), ohne dass er sie sieht.
> Der Name dieser Höhle ist „mit lebenden Erscheinungsformen".
> Der Name des Tores dieser Höhle ist „Welches das Ziehen verbirgt".[238]

Die Stelle bestätigt die Wirkungskraft der Stimme an einem imaginären, „verborgenen" Ort. Sie ermöglicht dem Sonnengott in der Duat, dank seiner Stimme, Macht auszuüben. Die Wirkung der Stimme unter diesen Umständen wird durch folgende Aussage zur 5. Stunde bestätigt:

> Die Gottheiten, unter denen dieser Gott ist, hören die Stimme Res (*sḏm =sn ḫrw Rꜥw*), wenn er der Umgebung dieses Gottes zuruft (*ḏwj =f r hꜣw nṯr pn*).[239]

Der Zuruf setzt das Ziehen auditiv um und schafft, nach der Stelle aus dem Amduat zu schließen, einen durchreisten Hörraum, in dem die Stimme eines Gottes erklingt, dieser Ruf gehört wird und etwas bewirkt. Weil der Zuruf die adressierten Personen in die rituelle Umgebung integriert, wird ihr Ziehen zur Tätigkeit für einen Gott.

Dem Kanopenschlitten folgen zwei *smr*. Sie tragen jeder eine langstielige Papyrusdolde. Sie füllen den Raum vor dem kommenden Tekenuschlitten aus, der von zwei Mal zwei Männern gezogen wird. Die Beischrift lautet:

> Ziehen des Tekenu durch die Leute von *Ḳd*[240] (und) den Priester der Selket (*srḳ.t*).[241]
> Das Hervorkommen (aus) der Stadt.[242]

---

237 Sethe hat „regieren", vergl. Dokument DZA 20.765.300.

238 Amduat, Kurzfassung, 4. Stunde, nach Texten aus den Gräbern des Neuen Reiches, Hornung, *Amduat* III, 75–78, Taf. 6 (pBerlin 3001), Hieroglyphische Umschrift, S. 7, Übers. S. 29.

239 Amduat, Kurzfassung, 5. Stunde. Hornung, *Amduat* III, 92–93, S. 29.

240 Die Stadt Qd ist identisch mit Qdm, vergl. Gomaa, *Besiedlung Ägyptens während des Mittleren Reiches* 1, S. 102. Für den Hinweis danke ich Åke Engsheden.

241 Settgast, *Bestattungsdarstellungen*, S. 40, versteht die auf den Szenentitel: „Ziehen des Tekenu, durch das Volk von *Ḳd*" folgenden Worte als Regieanweisung für einen Priester der Skorpiongöttin, der den Zug anführt.

242 Lies: *prj.t <m> njwt*. Das hier ergänzte und mit „Hervorkommen aus der Stadt" wiedergegebene prj.t n.t liest Altenmüller (*Die Texte zum Begräbnisritual in den Pyramiden des Alten Reiches*, S. 134, Anm. 67) als „Herauskommen des Gutsbewohners" (*prj.t njw.tj*) und sieht darin möglicherweise einen Verweis auf den Priester, der bei den Tekenu-Riten

Kommen und Gehen (4 x)
durch die Wesen des Weidelands,[243] des Vertreters der nördlichen Gaue
und der Seen der Heket.[244]

Die Rezitationsanweisung „vier mal" kennzeichnet altägyptische Liturgien. Vermutlich singen die vier Zugleute des *tknw*-Schlittens, das sind die beiden *smr*, der *srḳ.t* und die *rmṯ Ḳd*, das Lied. Das viermal vorgetragene „Kommen und Gehen" bewirkt zudem die auditive Umsetzung der Bewegung. Der Inhalt des Liedes verbalisiert die durchreisten ägyptischen und mythischen Landschaften. Die Beischrift zum *tknw*-Schlitten bei Paheri zeigt, dass der Schlitten zu Gebieten unterwegs ist, die für den Verstorbenen Orte des angenehmen Lebens sein werden:

„Zum Westen!
Zum Westen, dem Land des angenehmen Lebens, zu dem Ort, wo du dort existierst!
Komm!"
„Siehe, hier komme ich!"[245]

Wenn man das „Siehe, hier komme ich" (*mk.wjjj.kwj*) als Worte des Verstorbenen interpretiert, kündigt er selbst sein Kommen an. Bei der Aufführung verkörpern die Sänger, eventuell auch ein Priester, der als Solist die Worte des Verstorbenen vorträgt, die Stimme des jetzt als sprechend aufgefassten vergöttlichten Toten.[246] Ebenfalls zum Bestattungszug gehören die Opferträger, die die königliche Grabausstattung herbeibringen. Ihnen sind bei Amenemhat keine Worte beigeschrieben.

---

vor dem Grab die Rolle des Tekenu übernommen hat. Die vorgeschlagene Übersetzung greift möglicherweise die in den Idealbiographien häufig gebrauchte Formel „ich bin aus meiner Stadt gekommen" auf. Eine weitere Möglichkeit wäre mit Billing (*Nut*, S. 165ff) *nw.t* als Göttername der Göttin Nut oder der Westgöttin (LGG III, 535–540) in ihrem Aspekt als Stadt oder Raum zu lesen.

243 Altenmüller, *Die Texte zum Begräbnisritual in den Pyramiden des Alten Reiches*, S. 134, Anm. 68, erwägt, ob „Wesen des Weidelands" (*ḥsbj*) ebenfalls eine Bezeichnung für den Tekenu sein könnte.

244 Davies/Gardiner, *Amenemhet*, S. 51, Taf. XI, meine Übers. in Anlehnung an Altenmüller, *Die Texte zum Begräbnisritual in den Pyramiden des Alten Reiches*, S. 134. Parallelen in TT 112 und TT 125.

245 EK 3, Grabkapelle, W-Wand, mittleres Reg., Taylor, *Paheri*, Taf. V, meine Übers.

246 Zur interpersonellen Form der Verklärung siehe Assmann/Bommas, *Totenliturgien in den Sargtexten des Mittleren Reiches* I, S. 29ff.

Die Prozession mit dem Sargschlitten wird am Eingang des Grabes von einem Vorlesepriester, der einen entrollten Papyrus hält, empfangen. Nach DOMINICUS ersetzt in der 18. Dynastie der Vorlesepriester die Vorsänger beim Bestattungsgeleit. Sie übersetzt die Beischrift wie folgt:

> Worte sprechen durch den Vorlesepriester (und) den Chor der Vorsänger (*šzp-n.t-dḫn*).[247]

Ihre Übersetzung impliziert mit dem Chor der Cheironomen eine weitere Gruppe außer dem *ẖr.j-ḥꜣb.t*, die bei der klanglichen Gestaltung des Empfangs durch die Göttin der westlichen Wüste mitwirkt.[248] Bei Amenemhat könnte deshalb die erhaltene Schulter und die Linie eines Hinterkopfes mit Perücke (rechts neben dem Vorlesepriester) zu einem Vorsänger, der den Rhythmus angibt (wobei er zur „Westgöttin" *smy.t Jmnt.t* blickt), ergänzt werden.[249] Die folgenden Worte werden im Wechselgesang vorgetragen. Dieses wird bestätigt durch die antithetische Darstellung des gleichen Vortrags bei Rechmire. Der den Zug am Grab empfangende *ẖr.j-ḥꜣb.t* übernimmt hierbei die Rolle des Vorsängers:

> Gesprochen vom *ẖr.j-ḥꜣb.t*:
> „Lobpreis (*jꜣw*) wird gegeben im Himmel, Jubel (*hnw*) in der Unterwelt! Hoch ist dein Ruhm, wie groß sind deine Denkmäler!"[250]

---

247 DOMINICUS, *Gesten und Gebärden*, S. 177.

248 Die Angabe des Rhythmus mit den Händen ist in der abweichenden Darstellung im Grab des Mentuherkhepeshef, TT 20, Querhalle, S-Wand, PM I, 1², 35 (4–5), durch das Aneinanderschlagen von Stöcken ersetzt. Der Mann mit den Schlagstöcken ist als *sḥḏ* (*Wb* 4, 227.8–15) bezeichnet, DAVIES, *Five Theban Tombs*, Taf. II. Rhythmisches Stockschlagen, ausgeführt von Priestern, kommt auch bei der Einführung des Sarges in das Grab vor (ALTENMÜLLER, Bestattungsritual, in: *LÄ* I, Sp. 761), bspw. TT 60, Korridor, DAVIES, *Antefoker*, Taf. XXI.

249 DAVIES/GARDINER, *Amenemhet*, Taf. XI, unteres Reg. ganz re. neben dem Vorlesepriester. Mein Ergänzungsvorschlag erfolgt aufgrund der nach der Zeichnung erhaltenen Linien des Mannes mit der Körperhaltung des Taktgebers bei VANDIER, *Manuel* IV, Taf. 18, Abb. 142. Vergl. DOMINICUS, *Gesten und Gebärden*, Abb. 64b.

250 Die Kolumnen sind vom Schreiber durcheinandergebracht worden. Der Text, den der Priester anstimmt, findet sich in TT 82 irrtümlich oberhalb der Köpfe der Rinder, die den Sargschlitten ziehen, vergl. LÜDDECKENS, *Totenklagen*, Kommentar S. 46. Die richtige Textfolge steht in TT 100, PM I, 1², 212 (15) X, DAVIES, *Rekh-mi-Rê* II, Taf. LXXV–XCIV. LÜDDECKENS, *Totenklagen*, Text 20a, S. 37f, Abb. 16.

Der Sängerchor antwortet:

> „Willkommen, macht *sꜣ-tꜣ* für den Schreiber, der das Korn von Amun misst, Amenemhat, gerechtfertigt.
>
> Lobpreis (*jꜣw*) im Himmel in Freude dem Webermeister von Amun, Amenemhat, gerechtfertigt.
>
> Jubel (*hnw*) für dich, dem Gott bei seiner Erhöhung, für den Verwalter des Wesirs, Amenemhat, gerechtfertigt.
>
> Möge der Gott scheinen im Inneren seines Palastes, der erstrahlte wie Re selbst, Amenemhat, gerechtfertigt.
>
> Reinheit für dich, *sꜣ-tꜣ* vor dir, der erschienen ist im [...] Amenemhat, gerechtfertigt.
>
> O, möge sich die Neunheit erfreuen an deiner Schönheit, des Aufsehers der Äcker, Amenemhat, gerechtfertigt.
>
> Mögen für dich aufstehen die Götter in der großen Halle für den Schreiber des Wesirs, Amenemhat, gerechtfertigt.
>
> Sei gegrüßt, o Götterneunheit, für den Verwalter, der das Volk zählt, Amenemhat, gerechtfertigt.“[251]

Vor dem Grab endet der in der Nekropole beim Sargschlittenzug gestaltete auditive Raum. Er besteht während des Tages, wenn die Sonne über dem Horizont steht. Letzteres ist anzunehmen, da der Tote mit der untergehenden Sonne den Horizont überschreitet und in den Schönen Westen eintritt. Idealerweise wurde der letzte Wechselgesang bei Sonnenuntergang vorgetragen. Hierdurch wurde der Lebensrhythmus des Verstorbenen auch zeitlich mit dem natürlichen Sonnenzyklus zur Deckung gebracht. Die im Lied geschilderte Situation thematisiert das Erscheinen des nunmehr vergöttlichten Toten im Bereich der Götter. Dem Inhalt des Liedes nach zu schließen erklingen bei seinem Empfang „Lobpreis“ – er gilt dem gerechtfertigten Webermeister des Amun, der richtig gelebt hat – und „Jubel“ für den, sich nunmehr im Status eines Gottes befindenden Amenemhat. Der Inhalt des Liedes lässt eine veränderte, diesem Thema entsprechende Weise des Gesanges vermuten. LÜDDECKENS bemerkt hierzu: „Die längeren ägyptischen Totenklagen zeigen eine saubere inhaltliche Gliederung. Der Wechsel des Stils in einer Klage deckt sich stets mit dem Wechsel des Inhalts“.[252] Der am Eingang des Grabes aufgeführte Wechselgesang vollzieht auditiv den Übergang des Toten. Er macht ihn für alle

251 DAVIES/GARDINER, *Amenemhet*, S. 51, Taf. XI. LÜDDECKENS, *Totenklagen*, Text 20b, S. 37f, Abb. 15.

252 LÜDDECKENS, *Totenklagen*, S. 181.

an der Bestattung teilnehmenden Personen, den als hörend vorgestellten und im Lied begrüßten Verstorbenen eingeschlossen, hörbar.

Der Zug bewegt sich auf die Personifikation der westlichen Wüste (*smy.t Jmnt.t*) zu, die mit dem *wꜣs*-Zepter in der rechten und dem *ꜥnḫ*-Zeichen in der linken Hand den Verstorbenen im Grab erwartet.[253] Der Göttin sind Worte in den Mund gelegt, die sie nach PT 458 dem Ankommenden „zuruft" (*ḏsw*),[254] sie werden bei Amenemhat aber als „gesprochen" (*ḏd*) deklariert:

> Gesprochen von der Westwüste/westlichen Nekropole:
> „Der Kornmesser, der Schreiber Amenemhat! (Sei) mir willkommen! (Sei) mir willkommen in Frieden,
> damit ich mich mit dir vereinige[255] und dich mit meinen Armen umschließe und Leben beauftrage (*sšm*)!
> Ich schütze deinen Leib und meine Arme haben dich auf immerdar umschlungen!"[256]

Durch diesen imaginierten Willkommensgruß wird der Verstorbene in die Gemeinschaft der Westgöttin gerufen. Die Nekropole wird als ein Raum dargestellt, in dem er in ihren Armen beschützt ist.[257] In TT 32 spricht der Tote selbst ein Gebet an die Westgöttin.[258] Der früheste Beleg für den beim Begräbnis konstituierten Hörraum des Empfangs durch die Westgöttin stammt aus der Zeit Amenhoteps I. Er findet sich im Grab des Renni, EK 7, und ist dort den Trägern des Sarges in den Mund gelegt:

> Worte zu sagen von den Gefährten (*smr.w*):
> „Möge die Westgöttin Dir ihre Arme öffnen,

---

253 Direkt vor ihr (im mittleren Register) wird von einem *jm.j-ḫn.t* das Opfer eines Schenkels vollzogen. Diese Szene gehört zur Fahrt zu den heliopolitanischen Stätten, vergl. ALTENMÜLLER, Bestattungsritual, in: *LÄ* I, Sp. 757.

254 Bei Pepi I., PT 458 (pyr. § 863c): „der Westen wird dir zurufen (*ḏsw n =k jmn.t.t*) wie Nephthys, wie Horus, der seinen Vater Osiris geschützt hat"

255 GARDINER hat: „that I may embrace thee", SETHE, Dok. DZA 23.473.270, emendiert *ḫnm* zu *nhj* „wünschen", ASSMANN übersetzt „in dich aufnehme"

256 TT 82, Korridor, S-Wand, DAVIES/GARDINER, *Amenemhet*, S. 48, Taf. X, REFAI, *Die Göttin des Westens in den thebanischen Gräbern des Neuen Reiches*, S. 72. Für die Durchsicht meiner Übersetzung danke ich Åke Engsheden, Universität Stockholm.

257 Empfang und Schutz des Toten in der Nekropole sind die seit den Pyramidentexten belegten üblichen Funktionen der Westgöttin, vergl. SETTGAST, *Bestattungsdarstellungen*, S. 32, und REFAI, *Die Göttin des Westens in den thebanischen Gräbern des Neuen Reiches*, S. 32.

258 ASSMANN, *ÄHG* 225.

möge sie Dir ihre Arme hinstrecken,
Die Westgöttin jubelt über[259] [...]
Zum Westen! Zum Westen! mit (?) dem Fürsten, Gaufürsten und Vorsteher der Priester, Renni.
Zum Westen, dem Ort, wo deine Sehnsucht weilt!“[260]

Der erste Teil des Liedes enthält Wünsche für den Toten, in denen die Westgöttin genannt wird. Daraufhin wird die Göttin durch ihr lautliches Verhalten, nämlich als jubelnd, gekennzeichnet. Die Rufe „Zum Westen!“ erzeugen als Hörereignis den Weg, auf dem sich der Verstorbene befindet. Die Träger kündigen dessen Kommen durch ihr Rufen oder Singen an. Der zweite Teil des Liedes bezeichnet das Reiseziel als einen ersehnten Ort. Die Lauterzeugung beim Sargschlittenzug gestaltet die Nekropole auditiv spezifisch als Empfangsraum der Westgöttin. Mit der Übernahme des Sarges durch die Träger endet er. Die folgenden Aussagen der „Neun Freunde“ bringen zum Ausdruck, dass die Bestattung zu Ende ist, die Reise des Toten aber weitergeht. In den Gräbern des Rechmire und des Dua-er-neheh sagen sie:

„Zum Westen, zum Westen, dem Land der Gerechtfertigten, nach Ausführung des schönen Begräbnisses.“[261]

Im Grab des Amenemhat sprechen die „Neun Freunde“, die, den Sarg auf ihren Schultern tragend, mit der kleinen (*ḏr.t nḏs.t*) und der großen Klagefrau (*ḏr.t wr.t*) vor der Prunkscheintür stehen:

Gesprochen von den neun Freunden:
„Emporsteigen und Hinabsteigen unter Osiris Amenemhat.[262] [... sein Sohn] Horus hat dargereicht seine *wrr.t*-Krone an der Spitze der Götter, dem Schreiber Amenemhat, gerechtfertigt. Du hast niedergeschlagen

259 ASSMANN übersetzt *hjj.t m* mit „jubelt dir entgegen“!

260 EK 7, Grabkapelle, O-Wand, PM V, 183 (9–10), TAYLOR, *Renni*, Taf. 12/13, meine Übers., LÜDDECKENS, *Totenklagen*, Text 15, Abb. 12, S. 35f, ASSMANN, *Tod und Jenseits*, S. 172, siehe dort auch weitere Textbeispiele zum Empfang durch die Westgöttin.

261 TT 100, Längshalle, S-Wand, westl. Hälfte, PM I¹, 212 (15), DAVIES, *Rekh-mi-Rê* I, Taf. LXXXIX, mittleres Register. Grab des Dua-er-neheh, TT 125, PM I¹, 240 (10), SÄVE-SÖDERBERGH, *Four Eighteenth Dynasty Tombs*, S. 11–21. Vergl. ALTENMÜLLER, Bestattungsritual, in: *LÄ* I, Sp. 762 mit Anm. 30.

262 In Spruchvarianten der Neun Freunde, die bei der Einführung des Sarges in den Grabschacht als Träger sprechen, werden diese mit den vier Horussöhnen, die die Sokarbarke tragen, identifiziert. Vergl. ASSMANN, *Tod und Jenseits*, S. 430f.

deine Feinde unter dir. <Dein Schutz ist> hinter dir. Mögest du erscheinen im *ḥw.t-ḫn.t!*"[263]

Der Sargschlittenzug wird als ein zeitlich begrenzter Abschnitt und eine Wegstrecke ausgelegt. Wie die Textvarianten bestätigen, verfügten die Sänger, Tänzer und Sprecher über ein Repertoire, das sie durch die Nennung der Titel und des Namens des Verstorbenen sowie durch Zusätze, die die Eigenart des Toten benennen, auf den jeweiligen Grabherrn abstimmten.[264] Die ikonographische Entwicklung zeigt einen Wandel der kulturellen Konzeption auditiv gestalteter Räume in der 18. Dynastie an. Verstärkt wird der Verstorbene durch textliche Zusätze in Liedern und Klagen und im Sargschlittenzug durch Reden, die den Zugtieren beigeschrieben sind, in seinem Sozialgefüge angesprochen und damit auch als solcher wahrnehmbar. Diese Entwicklung steht in Einklang mit den von Friederike KAMPP gemachten Beobachtungen, dass in der frühen 18. Dynastie großer Wert auf die Betonung der Längshalle als ‚Übergangselement' gelegt wurde, und dass das 18. Dynastie-Grab in erster Linie dem Totenkult des Grabherrn dient, wobei dieser gewissermaßen „passiver" Rezipient des Kultes ist.[265]

Der hier beschriebene Sargschlittenzug im Grab des Amenemhat hält sich streng an das alte königliche Vorbild. Seine Visualisierung zeigt den durch Lieder, Tänze, Zurufe, Rezitationen und Begrüßung rituell vollzogenen Weg in den Westen auf. Die Aufführungsstile entsprechen den Liederinhalten. Durch die Bewegung des Schlittens und der Tänzer, ihre Herkunft, Bewegungsrichtung und Begegnung werden durchreiste Gebiete dargestellt. Der Reisende selbst wird in einen unversehrten, in zunehmendem Maße vergöttlichten Körper eines Vorfahren ritualisiert. Er wird hierzu vor seiner Ankunft durch die Anrede als ein hörender, während der Passage durch Weinen und Klagen als ein zu schützender, oder durch das Schweigen der Klagefrauen als ein bereits wiederhergestellter Körper, und kurz vor seinem Erscheinen im Westen als ein sprechender Körper adressiert. Die als „Alle *pꜥt*- und *rḫy.t*-Völker" und als „Leute von *Ḳd*" adressierten Zugmannschaften sind nicht durch Gesten oder Rezitationsanweisungen als Sänger ausgewiesen. Zum *sꜣ-tꜣ* und zum Ziehen aufgefordert, werden sie als Hörer und ihre Verehrung bekundende Untertanen in die rituelle Umgebung integriert. Zurufe machen die Fortbewegung hörbar. Sie ergehen an die Mannschaft des Tekenu und an die Völker in Zusammenhang

---

263 DAVIES/GARDINER, *Amenemhet*, S. 53, Taf. X, unterer Bildstreifen, ergänzt nach TT 100, LÜDDECKENS, *Totenklagen*, Text 24, S. 64ff.

264 LÜDDECKENS, *Totenklagen*, S. 181.

265 KAMPP, *Die Thebanische Nekropole* I, S. 118f.

mit der kurz bevorstehenden Ankunft des Toten im Bereich der Götter. Im Gegensatz zur Ankunft in der Nekropole, wo die Begegnung mit den Vorfahren durch Tänzer gestaltet wird, vollzieht sich die bejubelte Ankunft bei den Göttern rein auditiv. Die mit diesen Übergängen verknüpften Hörereignisse werden durch ihre Kombination zu einem Klangmuster, das die Ritualisierung des Toten in einen Gott und die Wahrnehmung der Nekropole als durchreistes Gebiet und Empfangsraum der Westgöttin kennzeichnet.

Der Bestattungszug soll nach alter Väter Sitte vonstattengehen.[266] Alle Offizianten, laut Rezitationsanweisungen ausgebildete Vorlesepriester, Tänzer, professionelle Klagefrauen und Sänger und das als *smr.w*, bei Paheri noch *šms.w*, bezeichnete Geleit, wirken durch Tanz, Stimme und Rhythmen am Ritual mit. Inwieweit die „Freunde" (*smr.w*) durch ein Berufsgeleit vertreten waren, muss offen bleiben. Bei Amenemhat sind ihnen keine Namen oder Titel beigefügt. Den Tänzern sind weder Instrumente beigegeben, noch Lieder in den Mund gelegt. Sie gestalten die Nekropole durch ihre Schritte und Armhaltung beim Rautentanz als den Ort der Westgöttin, als *mww* durch ihren Tanz und ihre mythische Herkunft als Ort der Vorväter. Die Worte der Priester sind in der klassischen Sprache mit altertümlichen Schreibungen abgefasst. Der archaisierende Sprachstil konnotiert die Nekropole als einen Hörraum, in dem der Tradition entsprechend gehandelt wird. Die Visualisierung des Hörereignisses auf den Wänden der Grabanlage markiert, schützt und festigt sein Klangmuster. Es bildet einen Orientierungslaut. In den Bildern des Leichenzuges nach königlichem Ritual fehlt jede Andeutung einer den Schmerz um den Toten ausdrückenden Klage. Dies trifft auch auf die Darstellung bei Amenemhat zu. Die klagenden Frauen sind dort getrennt vom Sargschlittenzug, oberhalb der Tür auf der Ostwand der Grabkapelle, dargestellt.[267] Die Betonung liegt beim Ritual der Königsbestattung auf dem Weg zu den Göttern, wo der Leichnam *bꜣ*- und *ꜣḫ*-mächtig, das heißt fähig zur Zeugung und zur Überschreitung des Horizontes, jubelnd aufgenommen wird.

Das Klangmuster

Beim Sargschlittenzug wird die Nekropole durch Rufe, Ankündigung, Tänze und Wechselgesänge als der Hörraum gestaltet, in dem die Westgöttin den vergöttlichten Verstorbenen empfängt und bei sich aufnimmt. Das Klangmuster setzt sich aus Lauterzeugungen in der nachstehenden Reihenfolge zusammen:

266 Scheich Abd-el-Gurna, TT 110, Stele des Djehuti (Hatschepsut bis Thutmosis III.): „Man macht dir die Prozession wie den Vorfahren", SETTGAST, *Bestattungsdarstellungen*, S. 114.

267 DAVIES/GARDINER, *Amenemhet*, Taf. XXIV, unteres Register.

1. Epilog und Anrede: „Ein schönes Begräbnis veranstalten ...“:

   Akteure: Das Lied steht über den Rindern am Beginn des Sargschlittenzuges, vermutlich singen es im Wechsel Personen, die an der Spitze des Zuges vor dem Schlitten mit der Mumie gehen
   Adressat: Umgebung, daraufhin der Verstorbene
   Form: Wechselgesang
   Wirkung: Vermittelt in einem Epilog den Aufführungskontext, introduziert die Person, für die das Ritual ausgeführt wird, begrüßt den Toten und gibt ihm den Reisesegen

2. Arbeitslied (in anderen Gräbern)

   Akteure: Treiber, die Tiere
   Adressat: Rinder
   Form: Zuruf
   Wirkung: Koordiniert und unterstützt die Fortbewegung des Zuges, integriert die Laute der Zugtiere und der Arbeit in den beschallten Raum der Nekropole

3. Rautentanz

   Akteure: zwei männliche Tänzer, auch als Sänger (*šmʿ.ww*) bezeichnet
   Adressat: tanzen für den *Ka* des Toten
   Form: *ḫb*- oder *ḥbj.t*-Tanzen
   Wirkung: Übertragen der durch Rhythmen freigesetzten Energie auf den *Ka* des Toten während seines Übergangs von der Tageswelt in die Nekropole, Jubel über die Reise zu einem Gott

4. Klagen der beiden *ḏr.tj*

   Akteure: professionelle Klagefrauen in den Rollen von Isis und Nephthys
   Adressat: klagen für den Toten
   Form: Schreien, Klagen und Weinen, keine artikulierten Worte, möglicherweise Schweigen als Ausdruck für das Verstummen der Klagen, weil der Körper wiederhergestellt und der Tote vergöttlicht ist
   Wirkung: Herstellen der körperlichen Unversehrtheit des Toten

5. Lied: „in Frieden.... Zum Grab der Nekropole“

Akteure: Vorlesepriester und Würdenträger, die dem Schlitten mit der Mumie folgen
Adressat: der Chor
Form: Wechselgesang, Vorsänger: Priester (*ẖr.j-ḥꜣb.t*), Chor: *smr.w*
Wirkung: ‚Die sakramentale Ausdeutung‘ der Freunde (*smr.w*) als Gefolge (*šms.w*) des Osiris

6. Tanz der *Mww*

Akteure: zwei sich anblickende männliche Tänzer in der Rolle der *rmṯ P*
Adressat: der Tote
Form: *ḫb.t*-Tanz
Wirkung: Herstellen der Nekropole als Raum der Begegnung mit den Vorfahren und der Bewegung in beide Richtungen

7. Gesang: „Es kommt der Gott macht *sꜣ-tꜣ*“

Akteure: Vorlesepriester
Adressat: Völker mythischer Orte und Menschen aller Gruppierungen
Form: Ankündigung und Aufforderung, den Gott durch Verbeugung und *sꜣ-tꜣ* zu ehren
Wirkung: Konstituierung des Toten im sozialen Raum als Gott

8. Arbeitsruf: „Eure Arme an eure Seile!“

Akteure: anonym, oder wie im Amduat die Stimme eines Gottes (verkörpert durch einen Vorlesepriester?)
Adressat: Zugmannschaft des Schlittens mit den Kanopen
Form: Zuruf
Wirkung: Auditive Umsetzung des Ziehens, die Macht der Stimme in dunklen nächtlichen Räumen etwas zu bewirken

9. *tknw*-Text: „Kommen und Gehen (4 ×) ...“

Akteure: 2 *smr*, Priester der *srḳt*, möglicherweise auch die Zugmannschaft des *tknw*-Schlittens in der Rolle der *rmṯ Ḳd*, (bei Paheri die Stimme des Verstorbenen)

Adressat: Die Bewohner der genannten Landschaften
Form: Liturgie mit viermaliger Wiederholung
Wirkung: Auditive Umsetzung der Bewegung, Verbalisierung der durchreisten Gebiete (bei Paheri Ruf an den Toten und Ankündigung seines Kommens)

10. Gesang: „Lobpreis wird gegeben ...“

Akteure: Vorsänger: Priester (*ḫr.j-ḥ3b.t*), Chor: (*šzp-n.t-dḫn*) vor dem Grabeingang
Adressat: Der Verstorbene, die Götterneunheit
Form: Wechselgesang
Wirkung: Erscheinen des vergöttlichten Toten im Westen

11. Westgöttin

Akteure: Personifikation der Nekropole (imaginiert? von einer Person dargestellt?), (in anderen Gräbern indirekt in den auditiven Raum eingebracht über Wünsche für den Toten, er möge bei ihr aufgenommen werden, oder durch ein an sie gerichtetes Gebet des Verstorbenen)
Adressat: Der Verstorbene
Form: Direkte Rede
Wirkung: Bejubelte Aufnahme des Toten im Westen

Das Klangmuster zeigt, dass die Beschallung beim Sargschlittenzug die Nekropole als Empfangsraum der Westgöttin (1–2: Wechselgesang, Arbeitslied), als Übergangsraum (3–6: *ḫb*-Tänzer, Klagen der *ḏr.tj*, Wechselgesang „In Frieden ...“, *mww*-Tänzer), als Raum der Götter (7–9: „Es kommt der Gott ...“, Zuruf, *tknw*-Text) und als Raum des Erscheinens (10–11: Wechselgesang „Lobpreis ...“, Begrüßung durch die Westgöttin) erzeugt. Drei Lieder werden von alternierenden Solisten und Gruppen aufgeführt. Die Wechselgesänge sind das Rinderlied, das an der Spitze des Zuges beim Eintritt in die Nekropole gesungen wird, das Lied des sich aus Würdenträgern zusammensetzenden Gefolges hinter dem Schlitten mit der Mumie und das Lied vor dem Grabeingang. Ihr Einsatz innerhalb des Aufführungskontextes erweist, dass die antiphonale Aufführungspraxis jeweils beim nächsten Schritt der, neue Gruppen einbeziehenden, Sakralisierung eingesetzt wird. Beim ersten Wechselgesang wird als ontologische Ebene (auf der sich der Verstorbene befindet) noch die Erde eingehalten, der Weg zum Himmel als vor ihm liegend besungen. Der zweite Wechselgesang bewirkt die Sakralisierung des Gefolges in das des Osiris. Beim dritten Wechselgesang erzeugen Vorsänger und Sängerchor einen beschallten Raum, in dem die Götterneunheit begrüßt wird.

Die Rezeption der Sargschlittenzugdarstellung

Die Bedeutung, die Amenemhat den Künstlern, die sein Grab bauten und dekorierten, beigemessen hat, ist im Eingang an der Darstellung eines Festmahles für sie, mit der Kennzeichnung der Gäste als Baumeister, Vorzeichner und Bildhauer, ersichtlich.[268] Die Wandbilder im Zentrum und Ostteil auf der Südwand des Ganges, der zur Grabkapelle führt, dienen der Zukunft des Grabherrn. Sie sichern seine nachtodliche Existenz durch seine enge Bindung an die ihn versorgenden Lebenden. Der Sargschlittenzug schließt an die Darstellung der Abydosfahrt an. Die Ritualszenen nehmen drei Register in Anspruch. Der Zug bewegt sich auf die Westgöttin zu. Dem Bild des Bestattungszuges gegenüberliegend, wird auf der Nordwand ein Bankett, und unterhalb diesem die Mundöffnung gezeigt. Seine Platzierung ist dazu angetan, dem Betrachter die Nähe zu einem Ort, an dem er mit dem Verstorbenen Verbindung aufnehmen kann zu übermitteln, ihn auf den Vollzug des Opfers in der Grabkapelle vorzubereiten und auf den Kontakt mit den Vorfahren einzustimmen.

Das Ritual vollzieht den Übergang des Menschen von der Lebenswelt zu den Aufenthaltsorten der Vorväter bei den Göttern. Es konstituiert die Nekropole als einen religiösen Übergangsraum. Die Darstellung der im Ritualisierungsprozess erzeugten Klänge, Laute und Tänze vermittelt spezifische Vorstellungen von der Ankunft des Toten bei der Westgöttin und seinem Aufenthalt dort. Die Visualisierung des rituellen Hörraumes bildet somit eine Strategie zur Verstetigung religiöser Vorstellungen. Sie wird in einer Bilderfolge auf der Wand des Ganges, der von der Tageswelt weg in das Grab hinein führt, umgesetzt. Die Opferformeln an der Decke, die Ausschmückung mit dem *ẖkr*-Fries und die Darstellungen von Göttern und religiösen Ritualen erheben den zur Grabkapelle führenden Gang über die Alltäglichkeit eines Wohnhauses hinaus. Sie versetzen den Besucher in eine geheiligte Umgebung. Die lange Eingangspassage des hier untersuchten Grabes hat als Pufferzone diese Umstellung begünstigt.

Die Darstellungsweise in TT 82 begrenzt sich auf die wesentlichen Momente einer königlichen Bestattung des Alten Reiches.[269] Der Unterschied zwischen einer Bestattung der 18. Dynastie, an der die meisten von ihnen vermutlich schon teilgenommen hatten, und dem dargestellten alten Ritual wurde von den

268 DAVIES/GARDINER, *Amenemhet*, Taf. VIII.

269 Ebd., S. 55.

Rezipienten erkannt, hatten sie doch am zeitgemäßen Ereignis den Wandel der Begräbnissitten selbst erlebt. Beim Betrachten der Wandbilder aus Anlass eines Nekropolenfestes hatten die Betrachter an diesem Tag schon selbst die Fahrt über den Nil und den Weg zur Nekropole in einer Prozession zurückgelegt. Um mit den Opfergaben zur Grabkapelle zu gelangen, mussten die Besucher zuerst den (in TT 82 ungewöhnlich langen) Eingang, die Querhalle und dann den einige Meter langen Gang durchschreiten. Sie bewegten sich dabei weiter in die Grabanlage und Räume, die kaum noch oder gar nicht mehr vom Tageslicht erreicht werden, hinein. Bis sich die Augen der Besucher an das Halbdunkel oder die Beleuchtung durch Fackeln oder Öllämpchen gewöhnt hatten, verging eine Weile. Die vor der Beschädigung des Wandbildes kontinuierlich aufeinanderfolgenden Abschnitte zeigen den Zug und den rituellen Ablauf des Geschehens. Zum Betrachten muss sich der Rezipient entlang der Wand bewegen. Die Anordnung der Bilder stimuliert ihn. Schritt für Schritt folgt er dem Zug. Das Auge wandert von Gruppe zu Gruppe und von einem Register zum anderen. Er selbst geht auf die Westgöttin, deren Bild die ganze Höhe der Wand einnimmt, zu.

Die Erzählung des Sinuhe nennt als essentielle Handlungen bei einer Bestattung: „Rinder ziehen dich. Sänger sind vor dir. Der Tanz der *mww* wird dir gemacht am Eingang deines Grabes. Man wird dir den Opferbedarf ausrufen“.[270] Zurufe und Aufforderungen wirken auch im Bild als Hörzeichen. Sie ergehen an die Mannschaft des Tekenu und an die Völker im Zusammenhang mit der kurz bevorstehenden Ankunft des Toten im Bereich der Götter. Sie mobilisieren die auditive Erinnerung an den Sargschlittenzug. Die Anrede der als „Alle *pꜥt*- und *rḫy.t*-Völker“ und als „Leute von *Ḳd*“ adressierten Zugmannschaften, die zum *sꜣ-tꜣ* und zum Ziehen aufgefordert werden, regt den Betrachter dazu an, dem Sargschlitten seine Verehrung zu bekunden.

Die Bewegungsrichtung der Tänzer und des ausgesendeten Hörschalles ist die Zugrichtung. Hiervon sind nur der seinem Tanzpartner zugewendete *mww*-Tänzer und der Vorlesepriester, der am Eingang des Grabes dem Zug entgegensieht, ausgenommen. Ihre gegenständige Position bezeichnet, in Ritual und Bild, die zentralen Punkte des Aufeinandertreffens, zuerst des Toten mit den Vorfahren, danach mit den Göttern. Das Bild übermittelt die Begegnungen dem Betrachter durch die Körperpositionen und den Wechselgesang von Priester und Sängerchor vor dem Grabeingang. Wechselgesänge, in denen ein Vers des Vorgesanges als Wendung im Antwortgesang wiederverwendet wird, sind zahlreich. Ihre Form variiert von einem einfachen, von zwei Frauen abwechselnd gerufenen Ausruf bis hin zum strophisch gegliederten Lied. Zwei oder drei

270 Sinuhe B194–195.

Klagende, Vorsänger und singende Gruppen sind belegt. Sie verknüpfen die Gesänge von Solisten und Chören zu einem zueinander in Beziehung stehenden Klangereignis. Bei den Wechselgesängen im Bestattungsritual kommt es zu einer Rückkopplung des Vorsängers mit dem Chor, der den Höhepunkt des Gesanges, bestehend in Name und Titel des Verstorbenen, oder eine Phrase des Vorsängers aufnimmt. Dieses lässt sich bei der Aufführung des antiphonalen Gesanges vor dem Grab des Amenemhat beobachten, wo das *rdj.w jꜣw m pt* des Vorsängers vom Chor in der zweiten Zeile seines Antworthymnus als *jꜣw m pt* aufgegriffen wird. Die Betrachter des Sargschlittenzuges haben vermutlich am Begräbnis des Mannes, dessen Grab sie besuchen, teilgenommen. Die Darstellung der Wechselgesänge ruft die Erinnerung an die Aufführung und die vom Hörereignis erzeugte Beziehung wach.

Vermutlich wirkt sich auch die Gewichtung der Orientierungslaute, auf die im Bild hingewiesen wird, auf den Betrachter aus. In der Nekropole entspricht Schweigen dem Grundton, die professionelle Klage der Figur. In der Darstellung des Sargschlittenzuges tritt der Grundton der Westwüste, das Schweigen, in den Hintergrund. Auch die akustische Figur der Klage wird fallengelassen und zu einem nicht wahrgenommenen Grund. An ihre Stelle tritt der auditive Raum des Empfangs. Er wird gestaltet durch Rezitation, Tanz und antiphonalen Gesang. Wechselgesänge zur Sakralisierung des Toten und seines Gefolges, die Ankündigung in alle Weltgegenden und der jubelnde Empfang bei einer Göttin werden zum entscheidenden, das Ritual und sein Klangmuster kennzeichnenden Hörereignis.

KAPITEL 4

Der hörbare Körper im Bilddiskurs der Amarnazeit

Um zu untersuchen, wie in der Regierungszeit Amenhoteps IV. Achenaten (1353–1336) der *hörbare Körper* in einem gesellschaftlichen Zusammenhang wahrgenommen und zum Aufbau sozialer Räume eingesetzt wurde, bedarf es zunächst der Klärung, wie im Bilddiskurs[1] die Mitglieder einer bestimmten sozialen Gruppe als *hörbare Körper* dargestellt und differenziert wurden. Hierfür wurde eine Datenbank erstellt.[2] Ein veränderlicher Parameter für die Kennzeichnung des *hörbaren Körpers* ist der Mund.

4.1 Die Ikonographie des Mundes

Innerhalb der Erforschung der Altägyptischen Kunst hat die Form des menschlichen Mundes kein besonderes Interesse erfahren. Beispielsweise weist Heinrich SCHÄFER nur auf eine ungewöhnliche Missbildung, auf die Strenge des Mundes im Mittleren Reich und auf die erste Darstellung eines offenen Mundes im Neuen Reich hin. Er beschließt das Thema mit der Bemerkung: „Die Form des Mundes und der Augen sind wesentliche Kennzeichnen der Kunst in Amarna".[3] So ist es nicht verwunderlich, dass Forscher ihre Aufmerksamkeit der Entwicklung der Mundformen in der Zeit Amenhoteps IV. Achenaten und dessen Vorgänger, Amenhotep III.[4] gewidmet haben. Dies gilt jedoch in erster Linie für die königliche Rundplastik. In der Spätphase der Stilentwicklung unter Amenhotep III. ist der ‚Expressionismus', der bisher als die entscheidende

1 Unter dem Begriff Bilddiskurs wird eine Gruppe von bildlichen Aussagen verstanden, „die eine bestimmte Sichtweise zur Verfügung stellen, um etwas darzustellen bzw. bildlich auszudrücken, als eine besondere Art von ‚visuellem Wissen' über einen Gegenstand". MIGGELBRINK/SCHLOTTMANN, Diskurstheoretisch orientierte Analyse von Bildern, in: GLASZE/MATTISSEK, *Handbuch Diskurs und Raum*, S. 185.

2 Siehe Anhang. Weil fast alle Objekte in den online-Collections der großen Museen angesehen werden können, ist auf eine Bilddatenbank verzichtet worden.

3 SCHÄFER, *Principles of Egyptian Art*, S. 292f.

4 KOZLOFF/BRIAN, *Egypt's Dazzling Sun*. ERTMAN, Images of Amenhotep IV. and Nefertiti in the Style of the Previous Reign, in: FS *William J. Murnane*, S. 89–94.

 | DOI 10.1163/9789004354951_006

TABELLE 1 *Anzahl und Verteilung der Belege für die in der Datenbank abgefragten Kriterien zur Differenzierung bestimmter Personengruppen durch lautliches Handeln im Bilddiskurs der Amarnazeit*
Der Redegestus für den König ist nur bei einer Amtshandlung belegt. Die Kategorie „Kultmusik" bezieht sich auf Musik, die innerhalb der Kultbereiche des Tempels gespielt wird. Die Abkürzung „Deko" wird für die Fremdvölkerikone auf einem abgebildeten Bauteil verwendet.

Gestus	Ägypter königlich	Ägypter nicht königl.	Ägypterin königlich
Mund geöffnet	–	23	1
Lauterzeugung	8	125	45
Anbetung	5	15	3
Trauer	1	3	2
Redegestus	1	19	–
Red + Dialog	–	31	–
Rufgestus	–	2	–
Jubel	1	20	–
Kultmusik	–	13	40
Bankettmusik	–	–	–
Musik, diverse	–	3	–
Tanz	–	10 (Freude)	–
Lauterwartung	–	–	–
Lautvermeidung	–	9	–
Schlaf	–	3	–

Neuigkeit der frühen Bildnisse Amenhoteps IV. Achenaten galt, bereits unverkennbar zum Durchbruch gekommen.[5]

Der Mund bei königlichen Personen

Die Position des Mundes, im Verhältnis zum ganzen Körper, erklärt sich durch die Veränderung des Rasters, das von den Künstlern verwendet wurde. Gay ROBINS stellt für den Körper von Personen die Hypothese von

5 MÜLLER, H. W., Ein ägyptischer Königskopf des 15. Jahrhunderts v. Chr., in: *Münchner Jahrbuch der Bildenden Kunst*, III/IV, S. 80.

Ägypterin nicht königl.	Asiate	Asiatin	Libyer	Libyerin	Nubier	Nubierin	Syrer	Syrerin
7	2	–	–	–	17	1	–	–
139	14	–	7	–	35	3	5	9
6	–	–	–	–	1	–	1	–
2	–	–	–	–	–	–	–	–
2	–	–	–	–	2	1	2	–
2	–	–	–	–	–	–	–	–
–	–	–	–	–	–	–	–	–
3	–	–	–	–	3	–	2	–
–	–	–	–	–	–	–	–	–
31	11	–	–	–	–	–	–	–
46	1	–	5	–	5	1	–	4
27	–	–	2	–	23	1	–	3
	2 (Deko)				3 (Deko)			
20	14	–	–	–	1	–	–	2
–	–	–	–	–	4	–	1	–
–	–	–	–	–	1	–	–	–

der Vergrößerung des traditionellen Rasters von 18 auf nunmehr 20 bei stehendenden, und von traditionellen 14 auf nunmehr 15 Felder bei sitzenden Personen, im Grab Thutmosis' IV., KV 43, und in der Amarnazeit auf. Nach ihren Messungen liegt die Kehle im 18. oder 18,5 Quadrat bei stehenden, im 14. Quadrat bei sitzenden Figuren. Der Kopf ist dadurch verhältnismäßig klein. Zum Vergleich: Bei Tutanchamen liegt die Unterlippe auf der gleichen Höhe wie bei Achenaten die Kehle.[6] Die ausführlichste Untersuchung der Form der Lippen bei der königlichen Rundplastik der Amarnazeit stammt von Maya

6 Robins, *Proportion and Style in Ancient Egyptian Art*, S. 121–148.

MÜLLER. Unter Amenhotep III. hat die Königin Teje einen Mund mit hochgezogenen Mundwinkeln und eine Oberlippe, die dicker ist als die untere. Ihre Gesichtszüge sind stark an die ihres Gatten angeglichen. Ganz anders wird in der Amarnazeit der Mund der Königin Teje gebildet:

> Der auffallendste Zug ist der Mund mit der dicken, bis dicht an die Winkel gepolsterten Unterlippe, deren Rand im mittleren Teil etwas horizontalisiert ist. Die Mundspalte bildet einen stark abwärts weisenden Bogen, während der Oberlippenrand in der Mitte eine flache Konkave und seitlich zwei kräftige Bogen mit relativ weit hinausgeschobenem Rundungsakzent ausweist. Die Breitenausdehnung der Oberlippe ist größer als diejenige der unteren, so dass die Enden der Oberlippe über die untere herabzuhängen scheinen. (*Genau genommen verhält es sich so, dass die beiden Lippen zusammen endigen, dass die Enden der Unterlippe aber so dünn sind, dass sie auf Darstellungen vernachlässigt werden können*).[7]

Im Profil wird deutlich, dass die Oberlippe weit vorn an der Nasenscheidewand angewachsen ist. Die Oberlippe ist vorgeschrägt. Die kurze untere Hautlippe springt unter dem gerundeten unteren Lippenrot zurück. Dieselbe Autorin schließt daraus, dass in der Amarnazeit[8] ideologisch bedingt ein Emanzipationsprozess eintrat, der eigene Züge der Königin Teje freilegte. Auch das Gesicht der Nefertiti macht diesen Prozess durch.[9] In der älteren Stilphase ist es stark den Gesichtszügen Achenatens angeglichen. In der jüngeren Stilphase gleicht es weniger denen des Königs: Ihr Mund kennzeichnet jetzt ein M-förmiger Oberlippenrand und eine fast waagerecht ausgezogene Spalte. Der untere Lippenrand ist in der Mitte etwas horizontalisiert. Die Enden treffen in einem feinen Grübchen zusammen. Im Profil ist die mittellange Hautoberlippe wenig vorgeschrägt, die kurze Hautunterlippe springt unterhalb des ziemlich begradigten Lippenrots konkav zurück. Die Kinnbasis verläuft waagerecht, Lippen und Kinn treten gleich weit hervor.[10] Den Mund des Achenaten in der älteren Stilphase von Amarna beschreibt MÜLLER am Beispiel der Kolossalstatue Kairo JE 49529 wie folgt:

---

7 Gezeigt am Objekt Berlin ÄM 21834, MÜLLER, M., *Die Kunst Amenophis' III. und Echnatons*, S. I – 86, meine Hervorh.

8 Die Amarnazeit umfasst die Regierungszeit von Amenhotep VI. Achenaten, Semenchkare und den Anfang der Regierung Tutanchamens bis dieser Achetaten verließ.

9 Einen guten Überblick über die Entwicklung des Mundes bei Nefertiti gibt ARNOLD, *The Royal Women of Amarna*, S. 65–96.

10 MÜLLER, M., *Die Kunst Amenophis' III. und Echnatons*, S. I – 93.

> ... den enormen weit vortretenden Lippen, die sich durch ihre quellende, geradezu kugelige Plastizität auszeichnen. Der Rand der Oberlippe bildet einen ausgeprägten Amorbogen, während die Mundspalte V-förmig ist und die Unterlippe, die weniger Breitenausdehnung hat als die obere, zu einem vollen Halbkreis ausholt.[11]

In der jüngeren Stilphase, exemplifiziert an der Statue Hannover KM 1970.49, beherrscht der große füllige Mund des Königs immer noch das Gesicht, aber die Enden der Mundspalte sind jetzt abwärtsweisend – eine Tendenz die sich im Verlauf der Stilentwicklung noch verstärkt.

> Der obere Lippenrand beschreibt einen kräftig geschwungenen Amorbogen mit einer kleinen mittleren Einsenkung, die fast eine Spitze bildet [...]. Der weit nach unten ausgreifende Bogen der unteren Lippenleiste ist kreissegmentförmig. Die dicke Fettpolsterung konzentriert sich im Mittelbereich des unteren Lippenrots, das daher eine geringere Breitenausdehnung hat als das obere. Die Enden der Oberlippe scheinen somit beidseitig über die Unterlippe herabzuhängen. [...]. Die Nasenspitze wirkt [in der Seitenansicht] sehr knapp, weil die Hautoberlippe weit vorn an der Nasenscheidewand angewachsen ist. [...]. Die kurze Hautoberlippe tritt konkav hervor, während die Linie über die dicken Schleimhautlippen hinweg in zweifach konvexem Schwung verläuft. Die ebenfalls sehr knapp bemessene Hautunterlippe bildet einen konvexen Rücksprung.[12]

Weil die typische Gestaltung des Mundes an der Rundplastik der Amarnazeit für meine Beurteilung eines geschlossenen beziehungsweise geöffneten Mundes bei königlichen Personen die Grundlage bildet, wird hier auch die Beschreibung des Mundes bei den Prinzessinnen zitiert:

> Der Mund ist recht groß und die Mundwinkel enden etwa waagerecht. Der obere Lippenrand beschreibt einen Amorbogen und auch die Mundspalte ist leicht gewellt wegen des Tuberculums. Der Rand der Oberlippe, die im Mittelteil sehr prall gepolstert ist, schwingt in großem Bogen nach unten aus. Die Mundpartie stimmt sehr genau mit derjenigen Echnatons überein, nur dass die Lippen etwas weniger dick sind bei der Tochter.[13]

---

11 Ebd., S. I – 82.

12 Ebd., S. I – 90.

13 Ebd., S. I – 94f.

Die Entwicklung der Kunst in der Amarnazeit greift auch in die ikonische Darstellung des Kindermundes ein. Der emblematische Gestus des Kindesalters, der an den Mund gelegte Finger, wird bei den Prinzessinnen aufgegeben. In der Szene der königlichen Familie auf dem Berliner Relief[14] zeigen sie auf etwas oder spielen mit der Hand am Gesicht ihrer Eltern. Bei der ikonographischen Darstellung des Königs als Kind der Sonne wird er jedoch beibehalten.[15]

In der Forschung wurde angenommen, dass sich die Künstler der Amarnazeit in der Rundplastik an dem orientierten, was in vorausgehenden Epochen zur Darstellung des Andersartigen und nicht der Norm entsprechenden gedient hat:

> Traditionally, the subjects of such abnormal images were foreigners, herdsmen, or other people living outside ordinary Egyptian society – old people and persons of strong character or what we would call ‚individuality'. To depict human beings – or human conditions – of this type, Egyptian artists since early times endowed them with certain features that served almost as codified symbols: hollow cheeks, strongly marked cheekbones, hooded eyes, and *lines and folds at the corners of the mouth and between mouth and nose*. All these features were now incorporated [...] into the early images of King Amenhotep IV/Akhenaten and Queen Nefertiti. To Egyptian eyes, king and queen were thus characterized as extraordinary beings.[16]

Das Königspaar wird mit dem Außenseiter ausgetauscht.[17] Demzufolge wären in der Amarnazeit soziale Codes, und damit einhergehend auch die Zielgruppen, denen die Codierung gilt, umgewertet worden. Im weiteren Verlauf emanzipiert sich dann das weibliche Antlitz von dem des königlichen Gatten. Es kommt zu einer ikonographischen Differenzierung der Geschlechter.[18]

---

14 Berlin ÄM 14145.

15 Belege bei ARNOLD, *The Royal Women of Amarna*, S. 56, Anm. 83.

16 Ebd., S. 20, meine Hervorh.

17 Ähnlich ROBINS, The Representation of Sexual Characteristics in Amarna Art, in: *The SSEA Journal* XXIII, S. 29. Ihr zufolge war vor Amarna die Darstellung nackter männlicher Personen (mit den Genitalien) auf Personen ohne sozialen Status, wie bspw. Bauern oder Kinder, die noch keinen Platz in der Gesellschaft der Erwachsenen eingenommen haben, begrenzt. Neu ist, den König nackt und feminisiert darzustellen (Kolossalstatuen aus Karnak).

18 ARNOLD, *The Royal Women of Amarna*, S. 59.

Der Mund bei nichtköniglichen Personen

Die meistzitierten Belege für die Darstellung von ausländischen Personen mit offenem Mund stammen aus dem memphitischen Grab Haremhabs,[19] das nicht mehr der Amarnazeit zuzurechnen ist. Die eindeutigsten voramarnazeitlichen Belege sind das in die frühe 18. Dynastie datierte Schlachtenrelief mit gefallenen Syriern[20] und die Darstellung der nördlichen Feinde Ägyptens, die am Schopf gebündelt von Thutmosis III. erschlagen werden.[21] In beiden Ikonen werden Ausländer durch ihre offenen Münder als besiegte Feinde Ägyptens dargestellt. Die Amarnakunst zeichnet sich hingegen durch eine vornehme und würdige Darstellung der Ausländer aus.[22] Es würde sich also auch hier um eine Neucodierung der Zielgruppe, in diesem Fall vom Nichtägypter zum Mitglied der Gesellschaft in der Residenzstadt, handeln.

Ein Beispiel für eine geschlechtliche Differenzierung vor der Amarnazeit bieten Darstellungen der Trauergemeinde. Im Grab des Nebamun und des Ipuki findet sich der offene Mund bei den klagenden und gestikulierenden Ägypterinnen, aber nicht bei den ruhig hockenden Männern.[23] In der Zeit Amenhoteps III. werden bei Standespersonen die Lippen runder dargestellt. Die Linienführung des Profils wird zur Statusdifferenzierung verwendet. Im Grab des Menna ist bei den kleineren Figuren der Opferträger das Profil (vor allem die Kinn-Mund-Partie) deutlicher und verkürzt.[24] Kent WEEKS untersucht, wie anatomische Kenntnisse sich zu ihrem soziokulturellen Milieu verhalten. Ihm zufolge dienten zur sozialen Markierung von Personen Fettleibigkeit und Körperbehaarung, für die er den Terminus *déformations professionelles* einführt. Im Hinblick auf den Mund schreibt er:

> In relief, it [the mouth] was always shown in profile, outlined by either a finely carved or painted line, and not matter what the figure was doing – mourning, singing, eating, drinking, talking – the mouth was always shown closed. Generally, about the only variation permitted was in the thickness of the lips, and this was usually determined by the race of

19 MARTIN, *The Memphite Tomb of Horemheb Commander-in-Chief of Tutanchamun* I, Taf. 99–105 und 114. Überblick bei GILROY, Outlandish Outlanders: Foreigners and Caricature in Egyptian Art, in: *GM* 191, S. 35–52.

20 Rogers Fund MMA, 13.180.21, BRAND, Tuthmoside Battle Relief, in: *The American Discovery of Ancient Egypt*, S. 170–171.

21 Karnak, Amuntempel, VII. Pylon, LECLANT, *Ägypten* II, Abb. 58.

22 COONEY, *Amarnareliefs from Hermopolis in American Collections*, S. 42.

23 TT 181, Querhalle, W-Wand, unterstes Reg., DAVIES, *The Tombs of Two Sculptors at Thebes*, Taf. XX.

24 HARTWIG, *The Tomb Chapel of Menna*, S. 145–146.

> the figure being represented. Egyptians, Asiatics and Cretans, for example, were represented with lips of ‚normal' (to the Egyptian artist) thickness, while the lips of Negroes from the south were thicker and fuller. During the Amarna Period, of course, the form of the mouth and the lips underwent a change ...[25]

Um zu prüfen ob, und gegebenenfalls wie, gewisse gesellschaftliche Gruppen im Bilddiskurs der Amarnazeit durch lautliches Handeln gekennzeichnet werden, wurde eine Datenbank erstellt. Die Aufschlüsselung der darin abgefragten Kriterien zur Kennzeichnung des *hörbaren Körpers* und die Interpretation der Ergebnisse bilden den Gegenstand der folgenden Abschnitte.

4.2 Die Daten

Die heute in Museen über die ganze Welt verstreuten Personendarstellungen aus der Amarnazeit bilden die Materialbasis für eine Datenbank zur Erfassung einer möglichen Kennzeichnung des *hörbaren Körpers* als Differenzsetzung im Bilddiskurs. Sie umfasst die in den Museen und der einschlägigen Fachliteratur zugänglichen Flachbilder (Einlagen, Fußböden, Ostraka, Reliefs,

25 WEEKS, *The Anatomical Knowledge of the Ancient Egyptians and the Representation of the Human Figure in Egyptian Art*, S. 124. WEEKS Beobachtungen werden von ASSMANN (Preservation and Presentation of Self in Ancient Egyptian Portraiture, in: FS *Simpson*, S. 69) und MOERS aufgegriffen. Letzterer dehnt die soziale Markierung auf den Gesichtsausdruck und den offenen Mund als Mittel zur Karikierung aus: „Nacktheit, unkontrollierter Haarwuchs oder Glatzenbildung, offener Mund und ein dümmlicher Gesichtsausdruck, all diese Dinge gelten ägyptologisch als typisierte Repräsentationsformen dieser Schichten. Wenn ich Recht habe und die Codierung von Personenhaftigkeit und damit kommunikativer Relevanz in materiellen wie in sprachlichen Bildern wohl unter anderem auch durch eine spezifische Repräsentation von Körperlichkeit geregelt wird, dann stellen solche Bilder in der ägyptischen Kultur eine Möglichkeit dar, die in ihnen besonders markierten Menschen – Unterschichtenangehörige und Fremde – in Relation zu dem Kommunikationssystem, aus dem diese Codierung stammt, als vergleichsweise irrelevante Unpersonen wahrzunehmen", MOERS, Ägyptische Körper-Bilder in physischen, visuellen und textuellen Medien, in: *Imago Aegypti* I, S. 21. Er stützt sich hierbei auf die Beurteilung des ramessidischen oCambridge E.GA. 4324.1943 durch William PECK (*Drawings from Ancient Egypt*, S. 151, Komm. zu Abb. 82). Hingegen interpretiert BRUNNER-TRAUT (*Egyptian Artist's Sketches*, No 14, S. 40) das selbe Ostrakon: „His mouth gapes open, which reflects less the quality of his intelligence than the physical strain of the work." Zur Problematik des Begriffs „Karikatur", THOMPSON, The Term ‚Caricature' as Applied to Amarna Art, in: FS *Barry J. Kemp* II, S. 538–552.

Siegel, Stelen, Täfelchen, Talatats und Wandmalereien) aus der Regierungszeit Amenhoteps IV. Achenaten, sowie die lautlich handelnden Personen, die an den Wänden der Hallen, Säulenhallen und Schreine in den Felsengräbern von Tell el-Amarna dargestellt sind. Die Breite der Quellen sollte zur Erfassung von Gestaltungsmerkmalen dienen, die möglicherweise nur auf eine Objektgruppe zutreffen und auf das verwendete Material zurückzuführen sind. Bei individuell gestalteten Gesichtern und Gesten wurde jede Person einzeln, bei gestaffelten Darstellungen wurde nur der Personentypus, der sich in der Reihe wiederholt, erfasst.

Ein einzelner Datensatz umfasst folgende Daten: Die Periode, wobei „Amarna" für die Zeit, in der die Stadt Achetaten bestand, und „Präamarna" für die Regierungszeit Achenatens vor der Gründung von Achetaten steht, Standort, Inventarnummer, Fundort, Datierung und Bildträger. Für die Kontextualisierung des lautlichen Handelns, die in Kapitel 5 behandelt wird, sind der physische Raum, der oder die Adressaten, an die das lautliche Handeln gerichtet ist, und der Typus einer lautlichen Handlung von Bedeutung. In szenischen Darstellungen lassen sich drei Lauthandlungstypen unterscheiden. Lauterzeugung ist jede Art von Schallerzeugung, die der Körper selbst, oder mit Hilfe von Instrumenten produziert. Auf sie kann aus Gesten, einem geöffneten Mund oder einem beigeschriebenen Text geschlossen werden. Der Typus Lauterwartung dient zur Erfassung von Musikern, die ihre Instrumente in der Hand tragen, während sie auf ihren Einsatz warten. Unter Lautvermeidung werden die willentliche Vermeidung von Schall durch Schweigen, die Hemmung eines Klanges und die Beruhigung von Tieren abgehandelt.

An sozialen Kriterien des *hörbaren Körpers* werden das Geschlecht, der soziale Status, der sich aus der Stellung bei Hof, den Titeln oder der Tätigkeit ergibt, und die Ethnie als geographische Größe, die auf die Herkunft einer Person schließen lässt, berücksichtigt. Letztere wird in die fünf Gruppen, Ägypter, Asiaten, Libyer, Nubier und Syrer, zusammengefasst. Kriterien zur Differenzierung bestimmter Personengruppen durch lautliches Handeln sind: ein geschlossener oder geöffneter Mund, Gesten und das Instrument. Es wird zwischen einem Rede-, Ruf-, Jubel- und einem Rhythmusgestus (Cheironomie, Tanz oder Händeklatschen) unterschieden. Unter Instrument werden sowohl die Art des Musikinstrumentes als auch die durch Texte oder Gesten indizierte Stimme eines Sprechers/einer Sprecherin oder eines Sängers/einer Sängerin eingetragen. Zur Erfassung von Arbeitsgeräuschen wurde ein Arbeitsgestus eingetragen. Es wird kein Anspruch auf Vollständigkeit erhoben. Angestrebt wurde eine Datenmenge, die zuverlässige Aussagen über die ikonographischen Merkmale gestattet, die eine lautlich handelnde Gruppe kennzeichnen und sie dadurch von anderen Gruppen unterscheidet. Ich verwende die übliche

Bezifferung der Gräber, bei der Ausrichtung der Grabwände folge ich Norman de Garis Davies, *The Rock Tombs of El-Amarna* I–VI. Bei den Quellenangaben wird hinter der Inventarnummer in Klammern die ID-Nummer des Datensatzes in meiner Datenbank angegeben.

4.3 Aufschlüsselung der Daten

Die Datenbank beläuft sich auf insgesamt 1309 Datensätze.[26] Davon sind 1145 in die Amarnazeit, 164 in die Voramarnazeit datiert. Das korreliert mit der Herkunft der Quellen aus Achetaten beziehungsweise Karnak. Ein Hauptgewicht auf Amarna war beabsichtigt, da die Datenbank eine Voraussetzung für die Untersuchung urbaner Räume in Achetaten darstellt. Die Funde aus Karnak wurden, um den frühen Ansatz einer Entwicklung aufzudecken, oder um möglicher Parallelen willen, aufgenommen. Darstellungen auf Stelen, Hausaltäre, Türstürze, Balustraden, Schranken und nicht in einem Tempel zu verortende Opferhandlungen des Königs wurden als „imaginierte Räume" katalogisiert.

Die Handlungstypen verteilen sich auf 405 Datensätze mit einer Lauterzeugung, 39 mit einer Lauterwartung und 14 mit einer Lautvermeidung. Die Gesamtsumme für Lauterzeugung ergibt sich aus 120 Einträgen „Lauterzeugung" (Jubel u.a.), 9 Einträgen „Totenklage" und 68 Einträgen für den Redegestus.[27] Letztere wurden näher bestimmt als „Anweisung" (2), „Dialog" (36) und „Sprechen" (28). Unter Lauterzeugung fallen außerdem die Einträge für Klangerzeugungen durch Musiker. Sie wurden eingeteilt in „Bankettmusik" (48), diverse Anlässe wie „Festmusik" (21), „Festmusik zum Empfang (des Belohnten)" (43) und nicht näher zu bestimmende „Musik" (4), „Kultmusik" (57) sowie das Üben von Musik und Tanz (21). Um den Empfänger gesprochener Worte in der Datenbank zu erfassen, wurde „Zuhören" (20) eingetragen. Der Typus „Lauterwartung" liegt ausschließlich bei Musikern vor, die auf ihren Einsatz warten oder grüßen. Der Typus „Lautvermeidung" gliedert sich auf in Knechte und einen vornehmen Syrer, die ihre Tiere zur Ruhe bringen, (13) und 1 Armeetrompeter, der sein Instrument nicht an den Mund gesetzt hat. „Ruhe", bewahrt durch schlafende Diener, oder nachts wachende oder schlafende Soldaten (13), bilden keine willentliche Lauthandlung. Keinem Handlungstypus ist die Stille, die in menschenleeren Räumen herrscht (15),

26 Höhere ID-Nummern sind durch gelöschte Datensätze zustande gekommen.

27 Unterschiedliche Summen kommen dadurch zustande, dass in Tabelle 1 nur die Belege aufgeführt sind, bei denen die Ethnie zu bestimmen war.

zuzuordnen. Die letzteren wurden ebenfalls eingereiht, weil sie sich zu anliegenden auditiven Räumen verhalten. Die Datenbank umfasst 861 männliche und 408 weibliche Personen, die übrigen Daten entfallen auf Darstellungen von in erster Linie königlichen Köpfen auf Übungsstücken, bei denen das Geschlecht nicht zu bestimmen ist. Eine soziale Kennzeichnung bestimmter Personengruppen durch einen offenen Mund, Instrumente oder Gesten für eine willentliche Lauterzeugung oder -vermeidung verteilt sich wie folgt:

Ägypter, königlich

Von insgesamt 454 in der Datenbank erfassten ägyptischen Männern sind 140 königliche Personen.

Mund offen

Ein König wird nirgends mit geöffnetem Mund dargestellt.

Anbetungs- und Trauergestus

Der König Amenhotep IV. Achenaten wird fünf Mal mit einem Anbetungs-[28] und ein Mal mit einem Trauergestus[29] gezeigt.

Rede-, Ruf- und Jubelgestus

Bei zwei Ehrengoldverleihungen streckt der König während seiner Rede, deren Text in der Darstellung gegeben wird, gebend die Hand vor.[30] Einmal beschreibt die Hand bei der Verleihung einen Redegestus.[31] Im Kontext der Amtseinsetzung ist der König in zwei Fällen lediglich durch den Text seiner Rede als Sprecher gekennzeichnet.[32] Bei den männlichen königlichen Personen dominiert Sprechen als Lauterzeugung. Alle Reden zeigen den König bei der Ausübung seines Amtes. In den Quellen gibt es keinen einzigen Beleg für eine Rede des Königs im Kultbereich des Tempels. Auf einer Darstellung aus Karnak trommelt sich der König auf die Brust wie einer der *Bas* von Nechen, in deren Gesellschaft er sich befindet.[33] Es ist der einzige Beleg für einen Jubelgestus

---

28 MMA 66.99.41 (ID 423). Luxor J 206 (ID 269). Buffalo 37.6 (ID 415). Kansas City, Atkins Mus. 44–45 (ID 425).

29 TA 26, Königsgrab, Raum γ, Wand B (ID 631). Parallelen, nicht in die Datenbank aufgenommen, sind zweimal in Raum α, Wand F. Zu ergänzen ist Raum γ, Wand A, MARTIN, *The Royal Tomb at El-'Amarna* II, Taf. 58, 60, 68.

30 TA 4, Säulenhalle, S-Wand, W (ID 959). TA 8, Säulenhalle, W-Wand, S (ID 1080).

31 TA 8, Säulenhalle, W-Wand, N (ID 1034).

32 TA 4, Säulenhalle, O-Wand, unten (ID 989). TA 5, Halle, N-Wand, unten (ID 993).

33 Luxor AG 2420 (ID 571).

des Königs. Auf der anderen mythologischen Darstellung befindet sich der König in Gesellschaft der Sonnenaffen und übt die Prostration aus.[34]

Ägypterin, königlich

Die Datenbank umfasst 134 weibliche königliche Personen.

Mund offen

Nur bei einer Prinzessin, die mit ihrer kleinen Schwester zusammen dargestellt ist, ist der Mund geöffnet.[35] Sonst werden weibliche königliche Personen nirgends mit geöffnetem Mund dargestellt.

Anbetungs- und Trauergestus

Die Königin Nefertiti wird drei Mal mit einem Anbetungsgestus,[36] sie und die Prinzessinnen werden ein Mal mit einem Trauergestus[37] gezeigt.

Rede-, Ruf- und Jubelgestus

In dieser Personengruppe ist weder ein Rede- oder Rufgestus noch der Text einer Rede, noch der Jubelgestus nachzuweisen.

Musik

Bei weiblichen königlichen Personen dominiert als Lauterzeugung die Musik der Sistren für den Gott. Dieses Kultinstrument wird ausschließlich von der Königin und den Prinzessinnen gespielt. Das zweite für Frauen übliche Kultinstrument, die Menit, kommt als Kultinstrument in Amarna nicht vor.[38] Nefertiti spielt das Sistrum auf zwei Belegen aus Karnak. Ihre Darstellung unterscheidet sich von denen der Prinzessinnen durch ein ungewöhnlich großes Instrument vom Typus Hathor-Sistrum,[39] oder weil sie in jeder Hand ein Sistrum trägt.[40] 41 Objekte zeigen Prinzessinnen, die ein Sistrum spielen.[41] Da

---

34 Louvre E 25481 (ID 1177). München ÄS 5338 (ID 312).

35 Hannover KM 1963.35 (ID 287).

36 MMA 61.117 (ID 204). Kairo JE 41473 (ID 794). Leipzig 2126 (ID 339).

37 Königsgrab, TA 26, Raum γ, Wand B (ID 631). Nicht in die Datenbank aufgenommene Parallelen sind TA 26, Raum α, Wand F (zweimal). Zu ergänzen ist TA 26, Raum γ, Wand A, MARTIN, *The Royal Tomb at El-ʿAmarna* II, Taf. 58, 60, 68.

38 Es gibt aber aus Karnak einen Beleg für die Menit als Gefahren abwehrend (DORSTEWITZ, *Menit und Aegis*, S. 72). Sie hängt dort am Sattel eines Pferdes von einem Zweispänner, vergl. HOFFMEIER, The Chariot Scenes, in: *The Akhetaten Temple Project* II, S. 37, Taf. 20.

39 Luxor J 267 (ID 570).

40 Luxor J 268 (ID 820).

41 Berlin ÄM 31286 (ID 298). Boston MFA 67.637 (ID 128). Boston MFA 36.561 (ID 366). Boston MFA 39.58 (ID 370). Boston MFA 1992.18 (ID 384). BM EA 63964 (ID 413). Brooklyn.

Prinzessinnen außerhalb der kultischen Handlungen für den Gott Aten niemals mit einem Sistrum gezeigt werden, handelt es sich in allen Fällen bei einem erhobenen Bügelsistrum um die Erzeugung von Kultmusik. Einmal spielt eine königliche Person, vermutlich Meretaten, die Laute.[42]

Tanz

Tanzen und Händeklatschen sind in dieser Personengruppe nicht nachzuweisen.

Ägypter, nichtköniglich

Die 302 als Ägypter eingestuften nichtköniglichen männlichen Personen umfassen folgende Berufsgruppen: Arbeiter, Aufseher der Arbeiten, Bäcker, Bauarbeiter, Bauer, älterer höherer Beamter, (mit dem Ehrengold) Belohnter, Diener, Fächerträger, Gärtner, vornehmer Herr, Herold, Hirte, Höfling, Inspektor, ein Jüngling im Palast, Jungen auf dem Land und in der Palastwache, Koch, Landarbeiter, Lastenträger, Männer im Trauerzug, die Menschen der Behörde und alle Untergebenen des Hauses, Musiker, Oberster der Polizeitruppe, Offizier, Opferträger, Palastdiener, Pferdeknecht, Priester (Erster Diener des Aten), Ruderer und Fischer, Sänger, Schlachter, Schreiber, Soldat, Städter, Standartenträger der Phyle, Tempeldiener, Tempelmusiker, Türwächter, Stallknecht, Verstorbener, Vorsteher der Arbeiter, Vorsteher der königlichen Privatgemächer, Vorsteher des Schatzhauses, Wagenlenker, Wesir und Würdenträger.

Offener Mund

Ein offener Mund findet sich bei einem der älteren höheren Beamten, die sich mit einer Rispe in der Hand vermutlich vor dem König verbeugen,[43]

60.197.6 (ID 9). Brooklyn 35.2000 (ID 158–159). Brooklyn 16.60 (ID 162). Detroit DIA 66.8 (ID 23). Hannover KM 1935.200.195 (ID 549). Kairo JE 65041 (ID 225, 231). Kairo RT 10.11.26.4 (ID 227). Kairo RT 30.10.26.12 (ID 230). Kairo JE 59311 (ID 673). Kairo JE 64971 (ID 793). Kairo JE 87300 (ID 800). Kairo JE 63853 und Kairo JE 63854 (ID 804). Kairo JE 87300 (ID 806). Kansas City, Atkins Mus. 44–35 (ID 426). Louvre E 16672 (ID 1173). Louvre E 27722 (ID 1184). Oxford AN1893.1–41 (71) (ID 338). Oxford AN1893.1–41 (75) (ID 429). Oxford AN1893.1–41.121 (ID 891). London UC035 (ID 141). London UC083 (ID 148). London UC401 (ID 684, 151). CoA I, Objekt 22/273 (ID 666). Richmond VMFA 63-20-3 (ID 24). Roeder 826.VIII D (ID 1235). Turin S 18053 (ID 1143). TA 4, Säulenhalle, S-Wand, O (ID 979). TA 4, Säulenhalle, O-Wand, oben (ID 984–985). TA 6, Türgewände, O, oben (ID 999). TA 6, erste Halle, W-Wand (ID 1014–1015).

42 Brooklyn 60.197.9 (ID 89), BOSSE-GRIFFITH, Two Lute-Players from the Amarna Era, in: *Amarna Studies*, S. 70–77.

43 Norbert Schimmel Coll. MMA 1985.328.9 (ID 57).

einem Musiker, der die Laute spielt,[44] zweimal bei einem sich unterhaltenden Palastdiener,[45] einem sich bei der Audienz vor dem König verbeugenden vornehmen Herren[46] und zwei Wagenlenkern, die während der Fahrt die Pferde anfeuern. Der Beleg aus TA 9 zeigt den Wagenlenker bei einem Königslob, dessen Text oberhalb steht.[47] Ebenso ist der Mund eines Opferträgers,[48] eines dem Belohnten zujubelnden Offiziers,[49] des Dieners (auf einer Privatstele[50] und einer Wandmalerei[51]), eines Höflings mit Stabstrauß vor einer Königsstatue[52] und des den König grüßenden Wesirs[53] geöffnet. Desgleichen ist der Mund offen bei dem, den König grüßenden „Ersten Diener des Aten",[54] bei dem Standartenträger des Obersten der Polizeitruppe vor dem Palast,[55] drei Sängern und zwei Harfenspielern während sie musizieren,[56] dem Obersten der Polizeitruppe während seiner Lobrede auf den König[57] und bei einem vornehmen Herren.[58] Abgesehen von den fünf Fällen (von 22), deren Handlungskontext nicht ermittelt werden kann, ist die Darstellung eines Ägypters mit geöffnetem Mund an eine Lauterzeugung gebunden.

Anbetungsgestus

Insgesamt ist der Anbetungsgestus 15 Mal belegt.[59] Fünf Mal bei den knienden Beterfiguren auf Türstürzen der Oberschicht,[60] vor den Göttern Isis und

44 MMA 27.6.1 (ID 67).
45 Brooklyn 61.195.2 (ID 80). London UC2277 (ID 132).
46 Roeder 999.VIII D (ID 1239).
47 Norbert Schimmel Coll. MMA 1985.328.20 (ID 1240). TA 9, Halle, N-Wand, unten (ID 360).
48 London UC071 (ID 146).
49 London UC409 (ID 150).
50 Berlin ÄM 14122 (ID 486).
51 London UC2280 (ID 648).
52 Kairo JE 47203 (ID 1252).
53 Roeder PC 212 (ID 769).
54 TA 4, Säulenhalle, N-Wand, W (ID 1321).
55 TA 9, Halle, O-Wand, N (ID 1329).
56 TA 4, Säulenhalle, S-Wand, O, Subreg. (ID 980–983). TA 4, Säulenhalle, N-Wand, O, oben (ID 987).
57 TA 9, Halle, O-Wand, N (ID 1069).
58 Louvre E 25426 (ID 1175).
59 Die Anzahl der Belege bezieht sich nur auf die Darstellung von lebenden Mitgliedern der Bevölkerung. Darstellungen des Grabherrn im Eingangsbereich der Felsengräber sind nicht berücksichtigt.
60 In die Datenbank aufgenommen sind: Boston MFA 62.1168 (ID 124). Kairo JE 55503 (ID 668). Dazu kommen noch die folgenden, bei BUDKA, *Der König an der Haustür*, auf-

Sched auf einer Privatstele[61] und bei einem Höfling auf der Darstellung des Sonnenaufgangs im Königsgrab.[62] Drei Mal ist ein hoher Beamter nur mit einem Anbetungsgestus dargestellt[63] und fünf Mal ist er zusätzlich durch einen Gebetstext als Sprecher ausgewiesen.[64] Einmal findet sich der Anbetungsgestus bei einem Diener. Das Szenarium ist folgendes: Mehrere Mitglieder eines Haushaltes begrüßen vermutlich den heimkehrenden Belohnten. Als letzter in der Reihe steht in einigem Abstand ein Diener. Den Besen hat er gegen sein Knie gelehnt, die beiden Arme anbetend erhoben, wobei die Hände (mit der Innenfläche nach vorn) über Kopfhöhe ausgestreckt sind.[65]

Trauergestus

Der Trauergestus bei nichtköniglichen Männern ist nur in dem Grab TA 1, Schrein, im Begräbniszug auf der Westwand belegt (ID 1327). Sieben trauernde Männer stehen dort hinter dem rezitierenden Priester. Sie sind nicht durch Beischriften bezeichnet. Der Kleidung nach sind es Kollegen und Freunde des Verstorbenen, die wie er der Elite der Gesellschaft angehören. Sie haben die rechte Hand im Trauergestus auf den Scheitel gelegt, der linke Arm hängt herab. Im selben Schrein, auf der Ostwand, haben sich mehrere trauernde Männer in den Zug der Träger mit der Grabausstattung eingereiht (ID 1300). Sie sind ebenfalls nicht durch eine Beischrift als Verwandte des Verstorbenen bezeichnet. Sie setzten sich aus vornehm gekleideten kahlköpfigen Männern und einem Mann mit einer bis auf die Schultern reichenden Perücke zusammen. Der erste von ihnen ist stark zerstört, die anderen drei haben die linke Hand im Trauergestus auf den Scheitel gelegt. Das Relieffragment Brooklyn 54.188.2 (ID 200) stammt vermutlich aus TA 26.

Redegestus

Bei 50 nichtköniglichen männlichen Personen findet sich ein Redegestus. Er kennzeichnet folgende Personen als sprechend: Palastdiener, die sich

---

geführten Belege aus Amarna mit erhaltener Beterfigur: Berlin ÄM 20376, Berlin ÄM 21597 und Kairo RT 20.6.28.9.

61 Kairo JE 46954 (ID 518).

62 TA 26, Raum α, Wand A, heute Brooklyn 54.188.5 (ID 166).

63 Worcester Art Mus. 1949.42, urspr. TA 25 (ID 615). TA 4, Säulenhalle, S-Wand, W (ID 1320). Stockholm MME 1972.002 (ID 849).

64 TA 1, Säulenhalle, N-Wand, O (ID 930). TA 4, Säulenhalle, S-Wand, W (ID 960, 961). TA 9, Halle, O-Wand, N, unten (ID 1071). TA 9, Halle, S-Wand, O (ID 1098).

65 MMA 1991.361 (ID 449).

miteinander[66] oder mit einem Türwächter[67] unterhalten, ein Palastdiener, der einem Diener Anweisungen gibt,[68] und ein Tempeldiener, der die Opferträger einweist.[69] Der Redegestus findet sich auch bei Dienern im Gespräch mit Wagenlenkern[70] und mit einem Schreiber.[71] Er liegt auch bei einem Schreiber vor, dem (auf einer Stele) ein Gebet in den Mund gelegt ist,[72] bei Schreibern, die ihrem Übergeordneten etwas berichten oder eine Botschaft entgegen nehmen,[73] sowie bei einem vornehmen Herrn[74] und dem Vorsteher des Schatzhauses,[75] die mit Schreibern sprechen. Desgleichen kennzeichnet der Redegestus vornehme Herren, die miteinander,[76] mit einem Wagenlenker[77] oder zum König sprechen.[78] Der Redegestus kennzeichnet die Wagenlenker im Gespräch mit einem vornehmen Herrn und dem Belohnten,[79] einem Offizier,[80] einem Aufseher[81] und Dienern.[82] Des Weiteren kennzeichnet er: den Priester, der das Totengebet vor der Mumie rezitiert,[83] den Ersten Diener des Aten, der den König begrüßt,[84] einen Belohnten, der nach dem Ehrengoldempfang zu seiner Dienerschaft spricht,[85] einen nicht näher zu bestimmenden Mann, der zu einem anderen spricht,[86] einen Aufseher, der etwas zu einem Türwächter

66 Boston MFA 63.427 (ID 77–78). TA 25, Säulenhalle, N-Wand, O (ID 1127).
67 Brooklyn 61.195.2 (ID 79–80). TA 25, Säulenhalle, N-Wand, O (ID 1125). Türwächter mit Redegestus auch TA 2, Säulenhalle, S-Wand, O, Subreg. (ID 937).
68 MMA 1991.237.47 (ID 105).
69 Luxor J 223, Talatatwand, unterstes Reg. (ID 842).
70 Zweimal in TA 25, Säulenhalle, N-Wand, O (ID 1110, 1112).
71 TA 25, Säulenhalle, N-Wand, O (ID 1130).
72 Kairo JE 29746 (ID 514).
73 TA 9, Halle, S-Wand, W (ID 1076). TA 9, Halle, W-Wand, S (ID 1092). TA 25, Säulenhalle, N-Wand, O (ID 1129).
74 Luxor J 223, Talatatwand, oberstes Reg. (ID 844).
75 TA 1, Säulenhalle, N-Wand, W, Subreg. (ID 1197).
76 TA 5, Halle, S-Wand, unten (ID 997, 998). TA 8, Säulenhalle, W-Wand, N (ID 1036).
77 TA 4, Säulenhalle, W-Wand (ID 965).
78 TA 9, Halle, O-Wand, S (ID 1217).
79 TA 4, Säulenhalle, W-Wand (ID 966).
80 TA 8, Säulenhalle, W-Wand, N (ID 1039).
81 TA 8, Säulenhalle, W-Wand, S (ID 1062).
82 Zweimal in TA 25, Säulenhalle, N-Wand, O (ID 1109, 1111).
83 TA 1, Schrein, O-Wand (ID 932).
84 TA 4, Säulenhalle, N-Wand, W (ID 975).
85 TA 6, erste Halle, S-Wand, W, Subreg. (ID 1003).
86 TA 8, Säulenhalle, W-Wand, N (ID 1041).

sagt,[87] den Obersten der Polizeitruppe, der mit einem Schreiber[88] oder mit dem Wesir spricht,[89] und den mit dem Obersten der Polizeitruppe sprechenden Wesir,[90] einen Polizeioffizier, der etwas zu einem Landmann sagt.[91] Er findet sich auch bei den Palastwachen und bei den Jungen, die sich nach dem Jubel in der Stadt erkundigen und ihn miterleben wollen,[92] und schließlich einen mit der Palastwache sprechenden Besucher (vornehmer Herr).[93] Nur bei einem der durch einen Redegestus gekennzeichneten Männer findet sich zusätzlich ein geöffneter Mund, es ist der Palastdiener auf dem Relieffragment Brooklyn 61.195.2, der mit einem Türwächter spricht (ID 79–80).

Rufgestus

Ein Rufgestus ist bei einem Diener, der sich im Palast zwischen dem Frauen- und dem Königstrakt mit einem anderen unterhält,[94] und bei einem Offizier, der einem Streitwagen etwas entgegenruft, belegt.[95]

Jubelgestus

Eine häufig in den Felsengräbern von Amarna gezeigte lautliche Handlung sind die beiden seitlich erhobenen Arme, der Jubelgestus (Gardiner A 28). Er ist bei folgenden 29 nichtköniglichen männlichen Personen belegt: Belohnte vor dem König,[96] die Menschen der Behörde und alle Untergebenen des Hauses von…,[97] Diener,[98] ein Fächerträger,[99] Inspektoren,[100] hohe Beamte,[101]

87 TA 8, Säulenhalle, W-Wand, S (ID 1059).
88 TA 9, Halle, S-Wand, W (ID 1075).
89 Zweimal in TA 9, Halle, W-Wand, S (ID 1077, 1096).
90 Zweimal in TA 9, Halle, W-Wand, S (ID 1078, 1097).
91 TA 9, Halle, W-Wand, S (ID 1090).
92 TA 25, Säulenhalle, N-Wand, O (ID 1101–1102, 1104, 1106–1107).
93 TA 25, Säulenhalle, N-Wand, O (ID 1105). TA 8, Säulenhalle, W-Wand, S (ID 1212). Dort spricht der Besucher mit einem der Wächter, die die Palastwache vor einer Zeremonie zum Fest herrichten, aufgrund des Erhaltungszustands der Wand nicht sicher zu beurteilen.
94 TA 8, Säulenhalle, W-Wand, S (ID 1057).
95 TA 8, Säulenhalle, W-Wand, S (ID 1063).
96 Cambridge E.GA.4510.1943 (ID 215). TA 5, Halle, S-Wand, unten (ID 1323). TA 1, Säulenhalle, N-Wand, W (ID 929). TA 2, Säulenhalle, N-Wand, O (ID 1204). TA 6, erste Halle, S-Wand, W (ID 1002). TA 7, Halle, W-Wand (ID 1019, 1026).
97 TA 5, Halle, S-Wand, unten (ID 1322).
98 TA 6, erste Halle, S-Wand, W, Subreg. (ID 1004).
99 TA 25, Säulenhalle, N-Wand, O (ID 1345).
100 TA 8, Säulenhalle, W-Wand, S (ID 1087).
101 TA 25, Säulenhalle, N-Wand, O (ID 1113).

der Oberste der Polizeitruppe vor dem König,[102] ein Offizier,[103] der Oberste Priester des Atentempels,[104] der Standartenträger der Phyle der jungen Krieger bei der Amtsernennung[105] und die Mitglieder der Phyle, wenn sie den Belohnten zum kleinen Atentempel begleiten,[106] Untergebene seines Hauses,[107] vornehme Herren[108] und Wagenlenker.[109] Sämtliche Darstellungen stammen aus dem Kontext der Ehrengoldverleihung oder Amtseinsetzung.

Musik

Unter den ägyptischen männlichen Personen gibt es 13 Datensätze für das Ausüben von Kultmusik. Blinde Tempelmusiker[110] und vier Sänger (sehend) beim Opferritual im *gm-pꜣ-Jtn*[111] sind durch die Geste der Cheironomie gekennzeichnet. Desgleichen die Herolde vor dem Tempel in TA 3.[112] Es gibt unterschiedliche Handzeichen, um durch die Bewegung der Hände wechselnde Tonhöhen und den Rhythmus von Rezitationen und Musik anzugeben.[113] Auf den Flachbildern der Amarnazeit sind beide Handflächen waagerecht oder leicht nach oben weisend, etwa in Brusthöhe aufeinandergelegt. Ein blinder Musiker begleitet die Sänger im Tempel auf der Laute,[114] in der anderen Gruppe schlägt der Instrumentalist die Sigmaharfe.[115] Auf einem Relief spielt ein sehender ägyptischer Musiker im Rahmen einer Prozession.[116] Da es keine Götterprozessionen in Achetaten gab, wurde die Klangerzeugung

102 TA 9, Halle, O-Wand, N (ID 1069).

103 London UC409, ursprünglich TA 25, N-Wand, O (ID 150).

104 TA 4, Säulenhalle, O-Wand, unten (ID 990).

105 TA 1, Säulenhalle, O-Wand, Subreg. (ID 920).

106 TA 8, Säulenhalle, W-Wand, S, 4. Reg. v.u., auf dem Weg zum Tempel. Zweimal in TA 2, Säulenhalle, S-Wand, O, Subreg. (ID 941 und 942).

107 Zweimal in TA 2, Säulenhalle, S-Wand, O, Subreg. (ID 939 und 940).

108 Roeder 472.VII (ID 714) und Roeder 266.VII A (ID 707). Zweimal in TA 25, Säulenhalle, N-Wand, O (ID 1346, 1347).

109 TA 8, Säulenhalle, W-Wand, S (ID 1317). Zweimal in TA 9, Halle, N-Wand, unten (ID 274, 361). TA 2, Säulenhalle, S-Wand, O, Subreg. (ID 1325).

110 TA 3, Halle, W-Wand (ID 956, 958). TA 4, Säulenhalle, N-Wand, W (ID 977). TA 4, Säulenhalle, S-Wand, O, Subreg. (ID 980, 982–983). TA 4, Säulenhalle, N-Wand, O, oben (ID 988).

111 TA 6, erste Halle, W-Wand (ID 1016).

112 TA 3, Halle, W-Wand (ID 1319).

113 HICKMANN, E., Cheironomie, in: *LÄ* I, Sp. 914–915.

114 TA 3, Halle, W-Wand (ID 957).

115 TA 3, Halle, W-Wand (ID 955). TA 4, Säulenhalle, N-Wand, W (ID 978). TA 4, Säulenhalle, S-Wand, O, Subreg. (ID 981). TA 4, Säulenhalle, N-Wand, O, oben (ID 987).

116 MMA 27.6.1 (ID 67).

von mir nicht als „Kultmusik“ sondern als „Festmusik“ klassifiziert. Die Harfe mit dem Königskopf auf der Westwand von TA 3 stimmt mit dem Instrument des Harfners auf der Stele des Imenemheb aus der 18. Dynastie überein, der den Titel „Vorsteher der Sänger“ trägt und für die aufgehende Sonne spielt.[117]

Die in TA 6 auf der Westwand im *gm-pꜣ-Jtn* während des Opferrituals agierenden und die hinter dem räuchernden Priester spielenden vier Cheironomen auf der Südseite, Ost, in TA 4 tragen den typischen unten abgerundeten, bis zu den Waden reichenden Leinenmantel der *jm.j-r'-ḥs.ww*. Auch die Herolde, die auf der Nordwand desselben Grabes den König vor dem Tempel ankündigen, tragen diesen Mantel. Im Neuen Reich werden sowohl die Sänger als auch die Instrumentalisten, die Harfe, Laute oder Leier spielen, als „Vorsteher der Sänger“ (*jm.j-r'-ḥs.ww*) bezeichnet. Die als spielend dargestellten Musiker bezeugen den Ausdruck als Berufsbezeichnung und schließen seine ausschließliche Verwendung als Ehrentitel aus. Sibylle EMERIT hat anhand weiterer Titel eine hierarchische Organisation der Musiker festgestellt, in der die Vorsteher der Sänger die höchste Position besetzen. Sie konnten an den Hof oder an den Tempel geknüpft sein und haben, wie Gräber, Statuen und Grabbeigaben bezeugen, durch die Zeiten eine hohe Position in der altägyptischen Gesellschaft bekleidet.[118] Es stellt sich die Frage, ob es sie auch in Amarna gegeben hat, oder ob die in den Tableaus der Gräber dargestellten Personen einfache Sänger waren. Für einen höheren Rang sprechen ihr rituelles Handeln im Tempel, ihr Spiel im Hof des Stelenheiligtums, die Sandalen, die sie tragen, und ihre Darstellung als ältere Männer, denen das berufliche Wissen innerhalb ihrer Familie weitergegeben worden sein könnte.[119] Die für den Auftritt im Tempel erforderliche Reinheit weist sie nicht unbedingt als Mitglieder der Priesterschaft aus.

Tanz

Nur wenige Belege gibt es für den Tanz von ägyptischen Männern. Nirgends wird ein Ägypter als Tänzer gezeigt, sondern es handelt sich in allen 10 Fällen um einen Ausdruck von Erregung. Ein tanzender Jüngling im Palastgarten[120]

117 SBM EA 22557.

118 EMERIT, Le statut du chef des chanteurs-*hesou* (*ỉmy rꜣ ḥsww*) dans l'Égypte ancienne, in: EMERIT, *Le statut du musicien dans la Méditerranée ancienne*, S. 89–124.

119 KASPARIAN, Les sons du pouvoir dans l'Égypte ancienne, in: SCHETTINO/PITTIA, *Les sons du pouvoir dans les mondes anciens*, S. 59. Siehe auch die mehrere Titel, darunter „Vorsteher der Musiker“ (*ỉmj-r' ḫnr*), tragenden hohen Beamte bei NORD, The term *ḫnr*: ‚harem' or ‚musical performers'?“, in: FS *Dows Dunham*, S. 137–145.

120 Brooklyn 60.197.3 (ID 81).

ist in Gesellschaft von Frauen, die einen Vogel aufscheuchen. Der zweite Beleg ist ein Mitglied des Haushaltes, das freudig tanzend den zurückkehrenden Hausherrn begrüßt.[121] Der Freudentanz, bei dem die nur mit dem vorderen Teil den Boden berührenden Füße[122] mit dem Jubelgestus der Arme kombiniert werden, findet sich bei Untergebenen, die einem Belohnten vor dem Wohnhaus[123] oder auf dem Weg vom Palast zum Tempel zujubeln.[124] Er ist einmal (durch das vorgesetzte Bein des belohnten Würdenträgers indiziert) bei dem Belohnten während des Ehrengoldempfangs belegt.[125] Auf einem sich heute in New York befindenden Fragment tanzt eine Gruppe vornehmer Herren, die, worauf ihre Sandalen hindeuten, vermutlich im Umkreis des Königs anzusiedeln sind.[126]

Lautvermeidung

Die Ruhe, die in den Korridoren des Palastes herrscht, bringen die schlafenden Palastdiener zum Ausdruck.[127] Eine willentliche Handlung findet sich bei den Knechten. Es ist die insgesamt neun Mal belegte Lautvermeidung der Offiziere und Pferdeknechte[128] sowie der Stallknechte, die ihre Tiere beruhigen, indem sie ihnen über die Nase streichen,[129] oder sie mit einem Beschwörungsgestus zur Ruhe bringen.[130]

Ägypterin, nichtköniglich

Die 196 als Ägypterinnen eingestuften nichtköniglichen Personen umfassen folgende Mitglieder gesellschaftlicher Gruppen: Amme (für Königsfamilie), (mit dem Ehrengold) Belohnte, Dienerin, Ehefrau eines Belohnten, Familienmitglieder, Hausherrin (Frau eines Söldners), Frau des Verstorbenen, Hofdame, Hofmusikerin, Kindermädchen (der Prinzessin), Landarbeiterin,

---

121 TA 7, Halle, W-Wand (ID 1328).

122 HERB, *Der Wettkampf in den Marschen*, S. 32f.

123 TA 2, Säulenhalle, S-Wand, O, Subreg. unten (ID 941–942).

124 TA 2, Säulenhalle, S-Wand, O, Subreg. oben (ID 939–940), TA 8, Säulenhalle, W-Wand, S (ID 1079).

125 TA 7, Halle, W-Wand (ID 1019), vergl. Komm. DAVIES, *Amarna* VI, S. 5.

126 MMA 1991.237.1 (ID 861).

127 Oxford AN1893.1–41(116) (ID 688). TA 8, Säulenhalle, W-Wand, N (ID 1032). TA 25, Säulenhalle, N-Wand, W (ID 1131).

128 Amarnarelief Samml. De Menil (ID 680). TA 1, Säulenhalle, O-Wand, Subreg. (ID 917). TA 1, Säulenhalle, N-Wand, O, Subreg. (ID 931). TA 25, Säulenhalle, N-Wand, O (ID 1117).

129 Boston MFA 63.960 (ID 43). Luxor J 223, Talatatwand, Mitte, Stallknecht in den Rinderställen (ID 843). TA 8, Säulenhalle, W-Wand, N (ID 1044). Turin S 18142 (ID 1139).

130 TA 8, Säulenhalle, W-Wand, N (ID 1045).

leitende Musikerin, Mitglieder des Haushaltes, Musikerin, Tempeltänzerin, Tänzerin, Tochter, (junge, alte, vornehme) Städterin und Verwandte.

Offener Mund

Ein offener Mund findet sich bei einer Hofdame in einer trinkenden Gruppe,[131] einer älteren Städterin, die die Rahmentrommel schlägt,[132] einer Dienerin, die ihrer Herrin etwas berichtet,[133] einer Frau mit Handtrommel, die in einem Garten einen Vogel aufscheucht,[134] zwei beim Sedfest tanzenden Tempeltänzerinnen[135] und einer Frau in einer Musikergruppe, die während des Opferrituals im Gem-pa-Aten vor dem Temenos eine runde Handtrommel schlägt.[136] Ausgenommen die Hofdame in einer trinkenden Gruppe, die ihr Kinn in die Hände stützt, ist die Darstellung eines geöffneten Mundes mit einer Lauterzeugung verbunden.

Anbetungsgestus

Bei sechs nichtköniglichen Ägypterinnen findet sich der Anbetungsgestus. Diese sind die leitende Musikerin von Frauengruppen mit Handtrommeln in der Prozession beim Tributempfang und vor dem Temenos (dem Tempel zugewandt)[137] und zwei Städterinnen, bei denen nicht sicher ist, wem der Gestus gilt.[138]

Trauergestus

Der Trauergestus findet sich in TA 1, Schrein, auf der O-Wand und auf der W-Wand. Die trauernden Frauen sind durch Beischriften als Gattin und Schwester des Verstorbenen ausgewiesen.[139]

Redegestus

Der Redegestus ist bei Frauen sehr selten, insgesamt 3 Mal, belegt. Er findet sich bei zwei Hofdamen, die sich im Frauentrakt des Palastes miteinander unterhalten.[140] Äußerst fraglich ist der Beleg aus den Landschaftsdarstellungen

131 Norbert Schimmel Coll. MMA 1985.328.14 (ID 34).

132 Norbert Schimmel Coll. MMA 1985.328.11 (ID 52).

133 Stockholm MME 1983.002 (ID 1231).

134 Brooklyn 60.197.3 (ID 82).

135 Luxor J 803 (ID 247–248).

136 TA 6, erste Halle, W-Wand (ID 1313).

137 TA 1, Säulenhalle, W-Wand, N, Subreg. (ID 928), fraglich. Zweimal in TA 6, erste Halle, W-Wand (ID 1007, 1009).

138 Roeder 931.VIII (ID 783). TA 8, Säulenhalle, W-Wand, N (ID 1047).

139 TA 1, Schrein, O-Wand (ID 1324). TA 1, Schrein, W-Wand (ID 933).

140 TA 25, Säulenhalle, N-Wand, W (ID 1132–1133).

in TA 1, Säulenhalle, Ostwand, Subregister, Südteil (ID 922), die, wenn meine Deutung zutrifft, eine Parallele zu Brooklyn 60.197.3 bilden würde, wo Frauen einen Vogel aufscheuchen.

Der Jubelgestus

Für den Jubelgestus bei Frauen gibt es drei Belege: die Anführerin der Musikerinnen auf dem Weg des Belohnten vom Palast zum Tempel,[141] die Ehefrau eines Belohnten (und somit der Oberschicht zuzurechnen), die ihren Gatten vor dem Haus empfängt[142] und eine Städterin, die dem Belohnten zujubelt.[143]

Musik

Die bei weitem häufigste „Lauterzeugung" ist auch bei nichtköniglichen Ägypterinnen das Spielen eines Instrumentes. Für sie gibt es 82 Belege. Es lassen sich zwei Musikergruppen erkennen, die sich durch ihre Kleidung, ihre Instrumente und die Orte ihres Auftritts unterscheiden. Die eine Gruppe bilden die Hofmusikerinnen (*summa summarum* 39), die Saiteninstrumente, Flöte und Doppeloboe spielen, oder singen. Sie treten nur im Haus auf, sei es bei königlichen Banketten[144] oder wenn sie im Frauentrakt des Palastes das Musizieren und Tanzen üben.[145] Sie werden in den Bankettszenen immer als Ägypterinnen dargestellt. Die andere Gruppe bilden die Städterinnen (*summa summarum* 29). Sie spielen Schlaginstrumente und Klappern, sei es um den König zu grüßen,[146] den Belohnten nach der Ehrengoldverleihung zu seinem Wohnhaus zu folgen,[147] ihn vor seinem Wohnhaus zu

141 TA 8, Säulenhalle, W-Wand, S (ID 1065).

142 TA 7, Halle, W-Wand (ID 1026).

143 TA 6, erste Halle, S-Wand, W, Subreg. (ID 1001).

144 Norbert Schimmel Coll. MMA 1985.328.12 (ID 45–49). Amarnarelief Samml. Roy R. Neuberger (ID 50–51). Brooklyn 36.882 (ID 190–194). Luxor J 210 (ID 249–253). Luxor J 266 (ID 584). Roeder 494.VII (ID 701), möglicherweise aufgrund der großen Bogenharfe auch Roeder PC 113 (ID 735). TA 1, Säulenhalle, S-Wand, O, Subreg. (ID 905–909). TA 2, Säulenhalle, S-Wand, W, Subreg. (ID 934–936). TA 7, Halle, O-Wand (ID 1022–1025).

145 TA 3, Halle, W-Wand, unten (ID 950–953). TA 8, Säulenhalle, W-Wand, S (ID 1050–1052). TA 25, Säulenhalle, N-Wand, O, oberhalb Tür (ID 1118–1120, 1122–1123). TA 25, Säulenhalle, N-Wand, W, oberhalb Tür, (ID 1134). Evtl. könnte es sich auch bei Stockholm MME 1983.002 (ID 1232) um eine das Lautenspiel übende Hofmusikerin handeln.

146 Norbert Schimmel Coll. MMA 1985.328.11 (ID 52). TA 6, erste Halle, O-Wand, bei Ausfahrt des Königs (ID 1215).

147 TA 8, Säulenhalle, W-Wand, N (ID 1048–1049). TA 4, Säulenhalle, S-Wand, W, Subreg. (ID 962–963, 1295–1298), möglicherweise auch Berlin ÄM 31303 (ID 1221–1224).

empfangen[148] oder um ihn zum Tempel zu begleiten.[149] Zwei Gruppen spielen vor dem Temenos.[150] Beide Gruppen können auch kombiniert sein.[151] Zwei Frauen spielen in einem Palastgarten.[152] Auf allen Belegen spielen die Frauen außerhalb eines Gebäudes, meistens auf der vom König täglich auf dem Weg vom Palast zum Tempel befahrenen Königsstraße. Da bei ihnen keine nichtägyptische Ethnie angedeutet wird, wurden sie von mir als Ägypterinnen eingestuft. Ein Berufsorchester ist nicht auszuschließen, ist aber zumindest auf dem New Yorker Talatat MMA 1991.361 nicht augenfällig. DAVIES nimmt an, dass es sich bei ihnen um Tempelpersonal handelt.[153] Gegen diese Annahme spricht, dass die Damen niemals innerhalb des Temenos auftreten, ihre Gesichtszüge im Vergleich zu den Hofmusikerinnen weniger verfeinert sind[154] und ihre Instrumente und Zweige, mit denen sie winken, für eine profane Musikergruppe sprechen. Deshalb wurden sie in der Datenbank unter der Bezeichnung „Städterin" geführt.

Die große Rolle, die, wie von einigen Forschern vertreten, der Alphabetisierungsfaktor für die Beurteilung der religiösen Musikausübung von Frauen spielt,[155] geht von der Annahme aus, dass das Lesen eine Vorbedingung für das Erlernen verbaler, musikalischer und tänzerischer Fertigkeiten im Kult bildet. Die Beherrschung von Musik und Tanz, im Hinblick auf Liedertexte eine gute Memotechnik und die Einhaltung von Reinheits- und Diätregeln bilden jedoch die benötigten Körpertechniken für die Beteiligung von Frauen am Kult. Diese erfordern keine Lese- und Schreibausbildung. Genviève PIERRAT-BONNEFOIS schließt aus Bestattungen von anonymen Damen (ohne Titel), denen Instrumente und Schminkgefäße ins Grab mitgegeben wurden, auf Frauen am Rande des Beamtenstandes, die im Theben der frühen 18. Dynastie in den Häusern der Elite als Dienerinnen, Ammen, Musikerinnen und Tänzerinnen

148 MMA 1991.361 (ID 451–452). TA 2, S-Wand, O, Subreg. (ID 1292–1294). TA 6, erste Halle, S-Wand, W, Subreg. (ID 1000). TA 7, Halle, W-Wand (ID 1029–1030).

149 TA 8, Säulenhalle, W-Wand, S (ID 1065–1067).

150 TA 6, erste Halle, W-Wand (ID 1008, 1010–1013, 1311–1314).

151 Luxor J 269 und Anschluss Luxor J 265 (ID 807–810, 822–824). Man beachte auch die verdoppelte Anzahl Hofmusikerinnen im Freien bei der Audienz des Königs in TA 7, Halle, O-Wand (ID 1022–1025).

152 Brooklyn 60.197.3 (ID 82–83).

153 DAVIES, *Amarna* I, S. 29.

154 Dies wird besonders deutlich an Norbert Schimmel Coll. MMA 1985.328.11 (ID 51–56), trifft aber ebenso auf Berlin ÄM 31303 (ID 1221–1224), Berlin ÄM 31288 (ID 302–306), Berlin ÄM 31289 (ID 1225–1228), Turin S 18060 (ID 320–322) und die Darstellungen auf den Grabwänden zu.

155 LUISELLI, *Die Suche nach Gottesnähe*, S. 126.

beschäftigt waren. Auch ambulante profane Musikerinnen schließt sie nicht aus.[156] Aufgrund der durch anthropomorphe Vasen belegten Frisur (fülliges Haar, das im Nacken geflochten wird) vermutet sie eine syrische Herkunft der Frauen. Diese Haartracht findet sich nicht bei den Städterinnen, die in die Datenbank aufgenommen wurden.

Lauterwartung

Eine Gruppe von ägyptischen Hofmusikerinnen, die noch nicht spielen, sondern ihre Instrumente halten, während sie auf ihren Einsatz warten, ist drei Mal belegt. Sie sind in der Datenbank als Handlungstypus „Lauterwartung" geführt.[157] Desgleichen handelt es sich um eine Lauterwartung bei Städterinnen, die ihre Handtrommeln zur Begrüßung dem König, der sich im Tragesessel dem Ort des Tributempfangs[158] oder im Wagen dem Temenos nähert, entgegenhalten.[159] Die Frauen blicken dem König entgegen. Ihre Linke hält (mit der geöffneten Handfläche nach oben) die Trommel wie eine Opfergabe in die Höhe, die Rechte bleibt hinter dem Instrument unsichtbar. Die Leiterin der Gruppe hat beide Hände anbetend vorgestreckt.[160]

Tanz

Für tanzend dargestellte Frauen gibt es 27 Belege. Frauen, die dem Palasthaushalt angehören, sind nicht bei einem Auftritt gezeigt, sondern wenn sie im Frauentrakt des Palastes tanzen oder üben.[161] Auf einem Talatat aus Karnak führen zwei Tempeltänzerinnen einen Tanz im Rahmen des Sedfestes auf.[162] Auf einer Privatstele ist eine Tochter des Verstorbenen zur Laute tanzend gezeigt.[163] Die meisten Frauen sind Städterinnen, die jemanden mit

---

156 Pierrat-Bonnefois, Musiciens de Thèbes, in: Emerit, *Le statut du musicien dans la Méditerranée ancienne*, S. 139–146.

157 Hannover KM 1978.16 (ID 607–608). TA 1, Säulenhalle, S-Wand, W, Subreg. (ID 895–898). TA 3, Halle, W-Wand, unten (ID 954).

158 TA 1, Säulenhalle, W-Wand, Subreg. (ID 1193–1194).

159 TA 4, Säulenhalle, N-Wand, W (obere Gruppe im Bild: ID 967–970, untere Gruppe im Bild: ID 971–974, 1305–1310).

160 TA 1, Säulenhalle, W-Wand, Subreg. (ID 928).

161 TA 25, Säulenhalle, N-Wand, O (ID 1120–1121). TA 8, Säulenhalle, W-Wand, S (ID 10509). MMA 1991.237.68 (ID 108, 110–111).

162 Luxor J 803 (ID 248), zum Kontext vergl. Zauzich, Kat. Nr. 29, in: Settgast, *Nofretete Echnaton*.

163 Kairo JE 46954 (ID 521).

Festmusik und Tanz empfangen.[164] Aus dem Rahmen fällt ein Relieffragment aus Hermopolis Magna, auf dem zwei der Kindermädchen (der Prinzessinnen) tanzen. Das Motiv hat keine Parallele in den Amarnagräbern.[165]

Asiaten

Die 43 als Asiaten eingestuften, das heißt aus dem vorderasiatischen Raum stammenden, nichtköniglichen männlichen Personen umfassen die Berufsgruppen: Fächerträger, Gesandter, Hofmusiker, Ruderer, Soldat und Wagenlenker. Im Rahmen des Tributempfangs und der Königspropaganda werden Asiaten als Gefangene dargestellt.

Offener Mund

Der Mund war nur bei einem Teil der Quellen erhalten. Bei 29 Personen ließ sich der Mund beurteilen, er ist bei 27 geschlossen, bei zwei geöffnet. Diese sind ein Flötenspieler, der sein Instrument an die geöffneten Lippen gesetzt hat,[166] und einer von zwei Ruderern.[167]

Anbetungs- und Trauergestus

Ein Anbetungs- oder Trauergestus ist bei Asiaten nicht belegt.

Rede-, Ruf- und Jubelgestus

Der Rede-, Ruf- und Jubelgestus ist in dieser Personengruppe nicht nachzuweisen.

Musik

Außer dem oben bereits erwähnten Flötenspieler in einer Prozession sind sehende und blinde Hofmusiker asiatischer Herkunft belegt. Zwei Orchester, die mit verbundenen Augen bei Banketten spielen, setzen sich aus vier oder fünf Spielern mit Saiteninstrumenten (große Standleier, ein oder zwei Leiern, Winkelharfe oder Laute) und einem Sänger zusammen.[168] Die große Standleier

---

164 Norbert Schimmel Coll. MMA 1985.328.11 (ID 53). MMA 1991.361 (ID 452). Brooklyn 64.199.1 (ID 174). TA 2, Säulenhalle, S-Wand, O, Subreg. (ID 943, 1290–1294). TA 4, Säulenhalle, S-Wand, W, Subreg. (ID 962, 1298). TA 7, Halle, W-Wand (ID 1028). TA 9, Halle, N-Wand, oben (ID 1074).

165 Roeder PC 97 (ID 730–731).

166 MMA 27.6.1 (ID 66).

167 Boston MFA 1989.104 (ID 383).

168 Luxor J 210 (ID 254–258). TA 1, Säulenhalle, S-Wand, W, Subreg. (ID 899–904). Bei dem Erhaltungszustand der Wand in TA 1 kann auch am Original nicht mit Sicherheit ent-

hurritischer oder hetitischer Herkunft[169] wird immer von zwei Herren gespielt. Bei ihrem Auftritt sind ihre Augen durch eine Binde verdeckt. In der Vorzeichnung in TA 7 sind sie, während sie sich vor dem König verbeugen, als sehend dargestellt.[170] Ein Titel, Berufsbezeichnungen oder eine Organisation, mit deren Hilfe der Status der Musiker zu erfassen wäre, sind nicht überliefert. Das einzig sichere ist ihr Spiel bei Banketten, was sie als an den Hof geknüpft ausweist, und ihre aus Asien stammenden Instrumente, die sie als fähige und an die musikalische Tradition ihres Herkunftslandes gebundene Spieler auszeichnen. Letzteres wird auch durch ihre asiatische Kleidung verbildlicht: Stufenröcke, Capes und Kappen, die glatt oder mit einem umgeschlagenen Rand aufgesetzt sind. Eine Erklärung für die verbundenen Augen kann möglicherweise der in Kap. 5 untersuchte Kontext liefern.

Lauterwartung und Lautvermeidung

Die beiden Musikergruppen auf dem Westteil der Südwand in TA 1 begegnen uns auch auf dem Ostteil, aber hier ist es umgekehrt. Die einheimischen Musikerinnen spielen, während die asiatische Gruppe[171] wartend bei den Instrumenten steht. Dass jeweils eine der Gruppen spielt, die andere wartet, legt den Gedanken nahe, dass beim Bankett zu Ehren der Königsmutter Teje alternierende Orchester auftreten. DAVIES vermutet, die Königsmutter habe ihre asiatischen Hofmusiker mitgebracht.[172] Auf der Ostwand hält der erste Musiker mit seiner linken Hand die große asiatische Standleier am Rahmen, die rechte hat er auf die Saiten gelegt, so als wolle er ihr Klingen vermeiden.[173] Auf der Parallele im Metropolitan Museum, New York, hält der wartende Musiker die Leier mit einer Hand am Rahmen, ohne dabei die andere Hand auf die Saiten zu legen.[174] Das sich heute in Jerusalem befindende Relieffragment mit

schieden werden, ob die Musiker verbundene Augen haben oder ob das Band die Kappe unten abschließt.

169 GREEN, The Origins of the Giant Lyre and Asiatic influences on the Cult of The Aten, in: *SSEA Journal* XXIII, S. 59.

170 TA 7, Halle, O-Wand (ID 1020–1021).

171 TA 1, Säulenhalle, S-Wand, O, Subreg. (ID 910–915). Bei dem Erhaltungszustand der Wand kann auch am Original nicht mit Sicherheit entschieden werden ob die Musiker verbundene Augen haben oder ob das Band die Kappe unten abschließt.

172 DAVIES, *Amarna* III, S. 6.

173 TA 1, Säulenhalle, S-Wand, O, Subreg. (ID 910). Die Handposition entspricht auch der Spieltechnik der Leier: „One hand beats the strings […], while the fingers of the other are spread out behind the strings, muting the ones that were not to be heard as a clear note“, MANNICHE, *Musical Instruments*, S. 89, Abb. 3, S. 90 (= Nachzeichnung Luxor J 210).

174 MMA 1991.240.13 (ID 64).

asiatischen Musikern, denen die Augen verbunden sind und von denen zwei eine Leier und einer eine Laute trägt,[175] schließt an das Stück in Brooklyn mit den sich unterhaltenden Palastdienern an.[176] Die sich ergebende Szene deutet auf Musiker hin, die vor der Tür zum Empfangssaal auf ihren Einsatz warten.[177] Die Musiker mit verbundenen Augen auf dem Relief BM EA 47988 (siehe Abb. 5) lassen sich nicht kontextualisieren.

Tanz

Eine außergewöhnliche Feinddarstellung zeigt am Hals oder im Rücken mit der Wappenpflanze gefesselte Asiaten auf Zehenspitzen. Sie findet sich auf der Balustrade des Erscheinungsfensters in TA 2 und TA 8[178] sowie auf den Fußböden des Großen Palastes.[179] Diese Fußstellung bei Männern asiatischer Herkunft ist nur auf der Dekoration von Bauelementen zur Königspropaganda nachzuweisen. Die Darstellung der Fremden auf Zehenspitzen ist nicht durchgängig. Am Erscheinungsfenster in TA 7 stehen sie mit der ganzen Sohle auf dem Boden.

Asiatinnen

Nichtkönigliche Asiatinnen sind nicht dargestellt. Wie aus den Amarnabriefen geschlossen werden kann, befanden sich aus Vorderasien stammende Frauen am Hofe in Amarna. Bei den dargestellten Hofdamen, Hofmusikerinnen, Musikerinnen und Tänzerinnen im Frauentrakt des Palastes findet eine asiatische Herkunft keinen ikonographischen Ausdruck.

Libyer

Für als Libyer eingestufte nichtkönigliche männliche Personen gibt es in der Datenbank 13 Belege. Sie umfassen die Berufsgruppen: Fächerträger, Gesandter, Musiker, Offizier und Soldat. Auf einem sich heute im Pushkin Museum, Moskau, befindenden Fragment ist ein Libyer als Gefangener

175 Israel Museum 66.33.11 (ID 59–61).

176 Brooklyn 61.195.2 (ID 79–80).

177 Diese Platzierung neben der Tür mit Oberlicht ist eindeutig auf der Parallele Karnak, CFÉ 4122+CFÉ 2154, nicht in Datenbank aufgenommen, siehe MANNICHE, *Les scènes de musique sur le talatat du IXe pylône de Karanak*, Abb. 2.

178 TA 2, Säulenhalle, S-Wand, O (ID 1200). TA 8, Säulenhalle, W-Wand, S, DAVIES, *Amarna* VI, Taf. XIX.

179 Rekonstruktion des bei el Hagg-Quandil ausgegrabenen Bodens im Museum Kairo (ID 474) und die Darstellung der Völker im Gr. Palast, südl. Frauentrakt, Räume E, F, Boden, WEATHERHEAD, *Amarna Palace Paintings*, Abb. 12, 16, S. 17–21.

dargestellt.[180] Der Libyer auf dem Reliefffragment im Petrie Museum stammt von einer Balustrade mit einer Fremdvölkerdarstellung.[181]

Offener Mund

Bei keinem der Belege findet sich die Darstellung eines geöffneten Mundes.

Anbetungs- und Trauergestus

Ein Anbetungs- oder Trauergestus ist bei Libyern nicht belegt.

Rede-, Ruf- und Jubelgestus

Der Rede-, Ruf- oder Jubelgestus ist in dieser Personengruppe nicht nachzuweisen.

Musik

Zwei Typen von Lauterzeugung libyscher Musiker sind belegt. Sie finden am Ort des Tributempfangs oder in der Prozession statt. Mit den Händen,[182] zwei Klappern oder Schlaghölzern[183] schlagen sie den Rhythmus für eine Gruppe nubischer Tänzer. Die in einem Kästchen in der Nähe des Königspalastes im Achenaten gefundenen Klappern[184] deuten auf den königlichen Haushalt oder den Tempel als Eigentümer der Instrumente, die bei Staatsakten von Libyern gespielt wurden, hin.

Tanz

Eine Gruppe Libyer im typischen Gewand mit überkreuzten Bändern tanzt einen Stocktanz.[185]

Libyerinnen

Für Libyerinnen gibt es in der Datenbank keinen Beleg.

180 Moskau, Pushkin Museum of Art i.l.a. 5610 (4127) (ID 590).

181 London UC068 (ID 131, 136). Nicht in die Datenbank aufgenommen ist ein aus Amarna stammender mit Kampfszenen bemalter Papyrus, auf dem in einer Szene ein Libyer einen Ägypter angreift, PARKINSON/SCHOFIELD, Akhenaten's Army?, in: *Egyptian Archaeology* 3, S. 34–35.

182 TA 1, Säulenhalle, W-Wand (ID 925). TA 2, Säulenhalle, O-Wand (ID 945).

183 MMA 27.6.1 (ID 65). TA 1, Säulenhalle, W-Wand (ID 926). TA 2, Säulenhalle, O-Wand (ID 946).

184 STEVENS, *Private Religion*, S. 203.

185 Oxford AN1983.1–41.111 (ID 685–686).

Nubier

Männer nubischer Herkunft sind mit 102 Belegen die am häufigsten dargestellte ethnische Gruppe. Sie finden sich in allen gesellschaftlichen Bereichen, und zwar als: Armeemusiker (Trommler, Trompeter), Bogenschütze, Diener, Fächerträger, Gartenarbeiter, Gefangener, Gesandter, Hirte, Köche, Musiker, Offizier, Palastwache, Pferdeknecht, Polizeioffizier, Ruderer, Soldat, Tänzer, Träger, Untergeordneter, vornehmer Herr, Mitglieder der Wüstenpolizeitruppe[186] und Würdenträger.

Offener Mund

Die Darstellung eines geöffneten Mundes findet sich bei musizierenden Nubiern,[187] einem jubelnden Soldaten,[188] einem Ruderer,[189] Stocktänzern,[190] Tänzern[191] und einem Amulett zur Abwehr von Gefahren durch die dargestellten Gefangenen.[192] Bis auf den Ruderer sind alle Belege an eine Lauterzeugung (Musik, Jubel) gebunden. Der offene Mund bei allen klatschenden Musikern in einer Gruppe[193] und bei allen Stocktänzern in einer Gruppe[194] bedeutet möglicherweise Gesang oder im Rahmen der Darbietung ausgestoßene Kriegsrufe.

Anbetungs- und Trauergestus

Der Anbetungsgestus findet sich bei der Wüstenpolizeitruppe hinter ihrem Obersten, während sie das Herrscherlob ausruft: „O vollkommener Herrscher, der Denkmäler für seinen Vater erschafft, möge er es für immer und ewig

186 Das Wort *Mḏ3j*, das ursprünglich die Bewohner eines südlich von Ägypten gelegenen Landes bezeichnete, ist zu einer allgemeinen Bezeichnung für Polizei geworden. Es wird für Polizei oder für eine militärische Eskorte gebraucht, die aus Mitgliedern unterschiedlicher Abstammung zusammengesetzt sein kann (CHRISTOPHE, La stèle de l'an III de Ramsés IV au ouâdi Hammâmât (no 12), in: *BIFAO* 48, S. 35 u. 38, Anm. 2). Die bildlichen Darstellungen von Eskorten und Polizisten sind auf den Amarnatableaus stets als Männer unterschiedlicher Abstammung dargestellt, weshalb in der Datenbank die Wüstenpolizeitruppe, ihren Obersten ausgenommen, mit dem Oberbegriff „Nubier" klassifiziert wurde.

187 MMA 27.6.1 (ID 70–74).

188 MMA 1991.237.2 (ID 75).

189 Boston MFA 1989.104 (ID 381).

190 Brüssel E.8194 (ID 572–574).

191 TA 2, Säulenhalle, O-Wand (ID 944, 1302–1304). TA 25, Säulenhalle, N-Wand, O (ID 1349, 1351).

192 Täfelchen Kairo JE 59330 (ID 472).

193 MMA 27.6.1 (ID 70–74).

194 Brüssel E.8194 (ID 572–574).

wiederholen, o guter Herr!".[195] Die zweite Jubelrede derselben Truppe wird nicht durch einen Gestus, sondern nur durch den Text oberhalb der Personen angegeben.[196] Der Anbetungsgestus findet sich auch bei dem Leiter der nubischen Tanzgruppe im Hof vor dem Erscheinungsfenster[197] und auf einem Fragment, heute in Amsterdam (fraglich).[198] Der Trauergestus ist für diese Personengruppe nicht belegt.

Redegestus

Der Redegestus findet sich zwei Mal in dieser Personengruppe: Ein Mann mit Redegestus blickt auf und spricht zu einem wesentlich größer dargestellten Übergeordneten, der sich auf einen Stock stützt.[199] Der Redegestus findet sich desgleichen bei einem Polizeioffizier der seinem Obersten etwas berichtet.[200]

Jubelgestus

Der Jubelgestus liegt bei bewaffneten nubischen Soldaten[201] und bei einem mit königlichen Geschenken belohnten Nubier vor.[202]

Musik

Ein Übungsstück im Fitzwilliam Museum, Cambridge, zeigt den Kopf eines blinden nubischen Musikers.[203] Ein nubischer Armeetrommler schlägt beim Tributempfang den Rhythmus für die Darbietungen der Tänzer und Akrobaten.[204] Bei dem auf den König und Teje wartenden Trompeter in TA 1 spricht die Haartracht für eine nubische Herkunft.[205] Dasselbe gilt für die Armeemusiker aus der Eskorte des Königs, die vor dem Temenos die Trompete blasen, während sich der König im Wagen dem Tempel nähert.[206] Die beiden Trompeter im Offizierschurz in TA 2 sind vermutlich ebenfalls nubischer Herkunft. Sie

195 TA 9, Halle, O-Wand, N, unten (ID 1072).

196 TA 9, Halle, O-Wand, N, oben (ID 1070).

197 TA 25, Säulenhalle, N-Wand, O (ID 1116).

198 Amsterdam APM 8538 (ID 1289).

199 Cambridge E.GA.4515.1943 (ID 636). Der Redegestus wird im Fitzwilliam Museum online-Kommentar als Verehrungsgestus interpretiert, http://data.fitzmuseum.cam.ac.uk/id/object/58966, letzter Zugriff 2013-10-03.

200 TA 9, Halle, W-Wand, S (ID 1094).

201 MMA 1991.237.2 (ID 75–76).

202 Roeder 266.VII A (ID 706).

203 Cambridge E.GA.4507.1943 (ID 206).

204 TA 2, Säulenhalle, O-Wand (ID 947).

205 TA 1, Säulenhalle, O-Wand, Subreg. (ID 916).

206 TA 3, Halle, W-Wand (ID 948). TA 4, Säulenhalle, W-Wand (ID 1360).

stehen beim Tributempfang hinter den Libyern, die den Rhythmus für eine nubische Tanzgruppe schlagen.[207] Da ihr Kopf nicht erhalten ist, stützt sich die Beurteilung der Ethnie auf spätere Belege für nubische Trompeter.[208] Auch bei den anderen Belegen für Trompeter[209] ist die Beurteilung der Ethnie aufgrund des Erhaltungszustandes der Quellen unsicher. Keiner der Musiker ist durch eine Beischrift bezeichnet.

Tanz

Für tanzende Nubier gibt es in der Datenbank 23 Belege. Beim Tributempfang tanzt eine Männergruppe zum Rhythmus eines nubischen Trommlers.[210] Ein zweite Musiker- und Tanzgruppe tritt vor der Rampe auf, die zum Thronbaldachin hinaufführt und auf der die Würdenträger dem Königspaar ihre Reverenz erweisen. Sie tragen eine Frisur mit einem kurzen breiten Haartuch, die ein Indikator für professionelle nubische Tänzer sein könnte. Sie tanzen mit deutlichen Gebärden, eng beieinander, wie Tänzer, die ihre Körperrhythmen aufeinander abstimmen.[211] Dieselbe Gruppe, hier aus ihrem Leiter und sechs Männern bestehend, tanzt bei der Ehrengoldverleihung in TA 25. Ihr Leiter steht tanzend und dabei die Arme im Anbetungsgestus vorstreckend vor dem belohnten Paar Eje und Ti.[212] Vier Belege gibt es für mehrere Nubier, die einen Stocktanz aufführen.[213] Eine außergewöhnliche Feinddarstellung zeigt am Hals oder im Rücken mit der Wappenpflanze gefesselte Nubier, die auf den Zehenspitzen „tanzen". Sie findet sich auf dem Erscheinungsfenster in TA 2[214] und TA 8[215] sowie auf den Fußböden des Großen Palastes.[216] Tanzgruppen, deren Mitglieder unterschiedlichen Ethnien angehören, darunter die in der

207 TA 2, Säulenhalle, O-Wand (ID 1358–1359).

208 BILLIG, Die Trompete aus dem Statuentempel II D von Musawwarat es Sufra, in: *MittSAG* 11, Berlin, S. 72–79.

209 MMA 1985.328.11 (ID 55). MMA 1991.240.14 (ID 436).

210 TA 2, Säulenhalle, O-Wand (ID 1326).

211 TA 1, Säulenhalle, W-Wand (ID 927). TA 2, Säulenhalle, O-Wand (ID 944, 1301–1304), die Tänzer werden von DAVIES (*Amarna* II, S. 11) als „Street-boys" bezeichnet.

212 TA 25, Säulenhalle, N-Wand, O (ID 1115–1116, 1348–1352).

213 Brüssel E.8194 (ID 572–574). Hildesheim PM 4823 (ID 622–625). Luxor Freilichtmuseum (ID 832). TA 25, Säulenhalle, N-Wand, O, vor dem Palasttor (ID 1114).

214 TA 2, Säulenhalle, S-Wand, O, DAVIES, *Amarna* II, Taf. XXXIV, aufgrund des Erhaltungszustandes unsicher.

215 TA 8, Säulenhalle, W-Wand, S, DAVIES, *Amarna* VI, Taf. XIX, Beleg eindeutig.

216 Gr. Palast, Raum E, F, Boden, WEATHERHEAD, *Amarna Palace Paintings*, Abb. 12 und 16.

Datenbank unter „Nubier“ zusammengefassten Medja, sind schon für das späte Mittlere Reich im Festkalender von Lahun belegt.[217]

Lauterwartung und Lautvermeidung

Auf Lauterwartung deutet der Offizier mit der Trompete auf einem Relieffragment in New York, der einem ankommenden Wagen entgegenblickt, hin.[218] Nubische Pferdeknechte beruhigen die geschmückten Pferde des auf den König wartenden Wagens.[219] Der Pferdeknecht, der, während er wartet, das königliche Gespann beruhigt, ist in den Amarnagräbern ein Standardmotiv. Es findet sich bei der Ehrengoldverleihung[220] und während Achenaten Teje in den „Sonnenschatten“ einführt.[221] Die Pferdeknechte sind dort aber Ägypter. Ebenfalls als Lautvermeidung kategorisiert wurde ein nicht spielender nubischer Trompeter, der sein Instrument und den Stopfer in der linken Hand trägt,[222] denn er steht, wie auch der Offizier, der das Pferd des königlichen Streitwagens beruhigt, im Temenos.

Ruhe

Die am Nilufer nachts am Feuer wachenden oder schlafenden Soldaten nubischer Herkunft verkörpern die Nachtruhe.[223] Sie könnten in der Amarnazeit ein ikonographischer Ausdruck für die das Land schützende Wortgewalt des Königs sein, die im Hymnus auf Sesostris III. ihren Ausdruck findet: „Die Zunge seiner Majestät war das, was Nubien einschüchtert. Seine Befehle (*tꜣš*) waren das, was die Asiaten in die Flucht schlägt, – jugendlich Einzigartiger, der an seiner (des Landes Ägypten) Grenze kämpft (?), der seine Gefolgsleute niemals müde werden lässt, der die Edlen bis zum Tagesanbruch schlafen lässt, weil seine Truppen für ihren Schlaf da sind und weil sein (des Königs) Herz ihr Beschützer ist, dessen Befehle seine (des Landes) Grenzen festgesetzt haben, dessen Rede beide Ufer zusammengefügt hat“.[224] Wenn man diese Aussagen zum Schlaf als Symbol für ein gesichertes Land in Rechnung stellt, drücken

217 PLondon UC32191 (pKahun XLI.1), SCHNEIDER, *Ausländer in Ägypten während des Mittleren Reiches und der Hyksoszeit*, S. 276.

218 MMA 1991.240.14 (ID 463).

219 Boston MFA 1971.295 (ID 377). Amarnarelief Basel, Samml. Borowski (ID 1237–1238).

220 TA 25, Säulenhalle, N-Wand, O (ID 1117). TA 1, Säulenhalle, N-Wand, O, Subreg. (ID 931).

221 TA 1, Säulenhalle, O-Wand, Subreg. (ID 917).

222 TA 1, Säulenhalle, O-Wand, Subreg. (ID 916).

223 Boston MFA 67.921 (ID 420). Brooklyn 64.148.3 (ID 180–181).

224 London UC32175, rto. (= pKahun LV.1, 7–11), Übers. POPKO, in: TLA, letzter Zugriff 2008-06-03.

möglicherweise die am Nilufer schlafenden Soldaten Ägypten als ein Land, von dem Gefahren abgewehrt sind, aus.

Nubierinnen

Die Datenbank umfasst zwei Relieffragmente und einen Talatat mit Nubierinnen. Um Lautererzeugung handelt es sich bei einer Tänzerin[225] und möglicherweise auch bei einer Frau inmitten winkender und musizierender Städterinnen, die beide Arme erhebt, so als ob sie winke oder eine Handtrommel schlüge.[226] Auf einem Talatat in Stockholm[227] ist eine neben einer ägyptischen Lautenspielerin (im gleichen Maßstab wie diese), mit einem Fell um die Hüften bekleidete Frau vermutlich eine nubische Dienerin. Ebenfalls unter die Gruppe Nubierin subsumiert wird eine Medjafrau, die zu einem Jungen mit einem Esel etwas sagt.[228]

Syrer

Die als Syrer eingestuften, das heißt ursprünglich im syrisch-palästinensischen Raum beheimateten, nichtköniglichen männlichen Personen umfassen die Berufsgruppen: Fachertrager, Gesandter, Hoher Staatsbeamte, Soldat (der Leibwache), Wagenlenker und Würdenträger. Im Rahmen des Tributempfangs werden Syrer als Gefangene dargestellt. Wenn der hohe Beamte Tutu wirklich syrischer Abkunft war, ergeben sich durch diesen Herrn fünf Belege (von insgesamt 28) für lautliche Handlungen dieser ethnischen Gruppe.

Offener Mund

Kein Syrer wird mit einem geöffneten Mund dargestellt.

Anbetungs- und Trauergestus

Der Belohnte steht mit anbetend erhobenen Händen vor dem Königspaar während er zum König spricht.[229] Zwei Syrer in weißen Mänteln grüßen den König mit vorgestreckten Armen und nach außen weisenden Handflächen.[230] Dieser Grußgestus unterscheidet sich von der Anbetung, da die Arme nicht erhoben, sondern waagerecht vorgestreckt werden. Ein Trauergestus ist in dieser Personengruppe nicht belegt.

---

225 Roeder 469.VII B (ID 717).

226 Turin S 18052 (ID 1157).

227 Stockholm MME 1983.002 (ID 509).

228 TA 9, Halle, W-Wand, S (ID 1089).

229 TA 8, Säulenhalle, W-Wand, N (ID 1035).

230 Luxor J 272 (ID 817–818).

Redegestus

Der Redegestus ist zwei Mal bei dem belohnten Syrer Tutu zu finden, und zwar beide Male, wenn er das Wort an ihm untergebene Gruppen richtet.[231]

Jubelgestus

Der Jubelgestus findet sich ein Mal bei dem neuen Amtsträger Tutu während seiner Rede an den König.[232] Desgleichen jubeln die Syrer auf einem Relieffragment aus Hermopolis; ihre Ethnie ist dort durch die neben ihnen abgebildeten syrischen Gefäße indiziert.[233]

Musik und Tanz

Für Musik und Tanz von Syrern gibt es keinen Beleg.

Lautvermeidung

Im Rahmen der Tributabgabe findet sich ein stattlich gekleideter syrischer Würdenträger, der die für den ägyptischen König bestimmten Pferde beruhigt.[234]

Syrerinnen

Es finden sich neun Belege für eine Darstellung von Frauen oder Mädchen syrischer Herkunft in der Datenbank.

Anbetungs- und Trauergestus

Die Darstellung einer Syrerin im Anbetungsgestus befindet sich heute in San Jose.[235] Der Trauergestus ist für diese Personengruppe nicht belegt.

Musik und Tanz

Sechs Syrerinnen, vier von ihnen sind an ihren Gewändern mit übereinandergelegten Falbeln erkennbar,[236] finden sich unter den Musik und Tanz übenden Damen im Frauentrakt des Palastes.[237] Auf einem Relief, heute in Hannover, warten syrische Hofmusikerinnen auf ihren Einsatz.[238]

231 TA 8, Säulenhalle, W-Wand, N, spricht zu Freunden (ID 1046) und TA 8, Säulenhalle, W-Wand, S, spricht zu Inpektoren (ID 1086).

232 TA 8, Säulenhalle, W-Wand, S (ID 1060).

233 Roeder 699.VIII (ID 761).

234 TA 2, Säulenhalle, O-Wand (ID 1203).

235 San Jose, RIM Inv. Nr. RC 1741 (ID 594).

236 BRESCIANI, Der Fremde, in: DONADONI, *Der Mensch des Alten Ägypten*, S. 279.

237 TA 8, Säulenhalle, W-Wand, S, Tanz (ID 1053), Musik (ID 1054–1055). TA 25, N-Wand, O, Tanz (ID 1124). Zwar ohne gefalteten Rock, aber mit derselben Frisur, TA 25, N-Wand, W (ID 1134–1136).

238 Hannover KM 1963.2 (ID 587–588).

4.4 Zusammenfassung und Interpretation der Ergebnisse

Die abgerufenen Daten für die geschlechtliche, soziale und ethnische Kennzeichnung bestimmter Personengruppen durch einen offenen Mund oder lautliches Handeln ergeben folgendes Bild (siehe auch den Überblick in Tab. 1):

Die Darstellung des Mundes ließ sich insgesamt bei 924 Objekten beurteilen, davon war der Mund 75 Mal geöffnet und 849 Mal geschlossen dargestellt. Bei den übrigen Flachbildern ist entweder keine Person dargestellt, der Kopf nicht erhalten oder der Mund zerstört, sei er mutwillig ausgehackt oder auf andere Art nicht bewahrt. Bei den auf Talatats in kleinerem Maßstab dargestellten Bäckern, Brauern, Handwerkern und Arbeitern ist der Mund häufig nur durch einen Strich angedeutet.[239] Eine königliche Person wird (von einer Ausnahme abgesehen) nicht mit geöffnetem Mund dargestellt. Die Darstellung eines nichtköniglichen Ägypters oder Ägypterin mit geöffnetem Mund ist an eine Lauterzeugung gebunden. Die Personen sind entweder in einem religiösen Kontext dargestellte Musiker (auf einer Stele, im Tempel), gehören zur gehobenen Gesellschaft von Achetaten (Beamte, Standartenträger[240]), oder zum königlichen Haushalt (Palastdiener, Wagenlenker). Die Spärlichkeit der Quellen – ein einziger Beleg für einen älteren höheren Beamten mit geöffnetem Mund – erlaubt keinen Schluss auf eine altersbezogene Kennzeichnung. In allen anderen ethnischen Gruppen ist nur ganz vereinzelt ein geöffneter Mund dargestellt worden, ohne dass ein Muster erkennbar wäre. Bei einem Asiaten und bei Nubiern ist er an eine Lauterzeugung geknüpft, bei Syrern und Libyern kommt er gar nicht vor. Auf einem bemalten Palastfußboden werden neben den Neun Bogen (die die Fremdvölker repräsentieren) abwechselnd ein Gefangener Nubier mit offenem Mund und ein gefangener Asiate mit geschlossenem Mund dargestellt. Da die Ausländer unterschiedlich gemalt sind und gefangene Nubier im Relief mit geschlossenem Mund dargestellt werden vermute ich, dass der geöffnete Mund der Nubier auf dem Palastfußboden die Lösung des zeichnerischen Problems darstellt, im dunklen Gesicht die Lippen zu zeigen.

Fazit: Ein geschlossener Mund dient als Statusmerkmal. Er unterscheidet königliche von nichtköniglichen Personen. Wo er bei nichtköniglichen Personen verwendet wird, bezeichnet er eine Lauterzeug (sprechen, rufen,

---

239 Bspw. Boston MFA 63.427 (ID 77–78). Brooklyn 65.16 (ID 198).

240 SCHULMAN, *Military Rank, Title, and Organization in the Egyptian New Kingdom*, S. 69. Des Weiteren stützen den Rang eines Standartenträgers in Achetaten die Beförderung des Grabherrn zum Standartenträger einer Phyle in TA 1 und die königliche Vergabe eines Grabes, TA 15, an Suti, den Standartenträger der Leibgarde.

musizieren). Bei allen Personen nichtägyptischer Herkunft ist in der Regel der Mund geschlossen. Die Darstellung eines offenen Mundes ist für den untersuchten Zeitraum nicht als soziale Markierung bestimmter Randgruppen (siehe Anm. 25) nachzuweisen. Er wird nicht zur ikonographischen Vermittlung von Ethnien oder Außenseitern verwendet.

Für den Anbetungsgestus gibt es in der Datenbank 52 Belege. Unterschiede entstehen durch den Adressaten. Als Gestus, der dem Gott Aten gilt, ist er dem Königspaar und Mitgliedern der Oberschicht beiderlei Geschlechts vorbehalten. Als Gestus dem König gegenüber findet er sich nur bei Nichtägyptern: Ein Mal bei der Anbetung des Königs und der Königin durch den Syrer Tutu nach Erhalt des Ehrengoldes. In zwei Fällen lässt sich der Kontext für Nubier mit Anbetungsgestus feststellen. Diese sind das Königslob durch die Polizeitruppe und die Verehrung des belohnten Paares Eje und Ti durch den nubischen Leiter einer Tanzgruppe. Vermutlich ebenfalls einem Ehrengoldempfänger gilt der Gestus auf MMA 1991.361. Die Verehrung vollzieht sich durch einen Diener bei dessen Empfang zu Hause.

Die Darstellung von Personen mit Trauergesten findet sich nur in einem Beamtengrab, weshalb zum Vergleich auch das königliche Grab hinzugezogen wurde. Der König, die Mutter und die Schwestern der verstorbenen Prinzessin in dem königlichen Grab, TA 26, oder Männer trauern mit der auf den Kopf erhobenen rechten Hand.[241] Mit beiden vor das Gesicht geschlagenen Händen trauern ein Mann und eine Frau im Königsgrab[242] und Frauen in TA 1.[243] Auch die zum Himmel gereckten Arme finden sich bei Männern und Frauen.[244] Dementsprechend liegt die für die Ramessidenzeit festgestellte geschlechtsspezifische Markierung durch Trauergesten[245] für die Amarnazeit noch nicht vor. – Der ruhige Trauergestus für Männer, bei dem das Kinn mit der Hand gestützt wird, ist ja auch erst für die Nachamarnazeit belegt.[246] – Ein Unterschied zwischen den nichtköniglichen trauernden Frauen in TA 1 und den Frauen im Königsgrab besteht in der Fußhaltung. In TA 1 liegt bei allen

---

241 TA 26, Halle E, Wand B, TA 26, Raum α, Wand F und TA 26, Raum γ, Wand B und C, MARTIN, *The Royal Tomb at El-'Amarna* II, Taf. 26, 58, 68 und 72. TA 1, Schrein, O- und W-Wand, DAVIES, *Amarna* III, Taf. XXII und XXIII.

242 TA 26, Raum γ, Wand A, C, MARTIN, *The Royal Tomb at El-'Amarna* II, Taf. 63, 72.

243 TA 1, Schrein, W-Wand, DAVIES, *Amarna* III, Taf. XXIII.

244 TA 26, Halle E, Wand B, eine Frau. TA 26, Raum γ, Wand A, der Mann vor dem Wesir, die Frau vor dem Löwenbett mit der Mumie, eine Frau in der Frauengruppe. TA 26, Raum α, Wand F, nur in der Frauengruppe, MARTIN, *The Royal Tomb at El-'Amarna* II, Taf. 26, 68, bzw. Taf. 58.

245 SWEENEY, Walking alone forever, in: *NIN* 2, S. 27–48.

246 RADWAN, Der Trauergestus als Datierungsmittel, in: *MDAIK* 30, S. 115–129 mit Taf. 18.

Personen die ganze Sohle auf dem Boden auf. Dagegen stehen im Königsgrab manche Frauen und Männer auf den Zehenspitzen, vermutlich soll dies ihre Erregung anzeigen.[247] Diese Fußhaltung lässt sich an keinem Mitglied der königlichen Familie beobachten.

Bei den nichtköniglichen Gruppen aller Ethnien überwiegen männliche Personen. Dargestellte Ägypterinnen sind mit 196 Beispielen relativ häufig. Der Befund stimmt gut mit der Bedeutung der Frauen überein, die sich aus der Nennung ihres Namens, Titels oder ihrer Darstellung in acht von insgesamt neunzehn mit Namen und Titel versehenen Felsengräbern erschließen lässt. Für Nubierinnen sind nur vier, für Syrerinnen neun Belege vorhanden. Durch lautliches Handeln gekennzeichnete weibliche Personen asiatischer und libyscher Herkunft kommen gar nicht vor. Es sind jedoch (in die Datenbank nicht aufgenommene) Frauen und Kinder aus den entsprechenden Ländern bei der Tributabgabe in TA 1 auf der West-, in TA 2 auf der Ostwand der Säulenhalle gezeigt.

Außer im Hinblick auf den Status (königlich versus nichtköniglich) werden durch auditives Verhalten Unterschiede des Geschlechtes und der Ethnie markiert. Bei königlichen Personen findet durchgängig eine geschlechtsspezifische Codierung durch die Lauterzeugung statt. Sprechende männliche Personen werden mit dem Redegestus oder den Text einer Rede dargestellt. Beides kommt bei weiblichen Mitgliedern des Königshauses nicht vor, sie werden mit einem Sistrum musizierend gezeigt. Dieselbe Codierung – Männer sprechen, Frauen musizieren – erstreckt sich auf nichtkönigliche Personen ägyptischer Herkunft. Ein Rede- oder Rufgestus findet sich in dieser Gruppe bei 52 männlichen, aber nur bei zwei weiblichen Personen. Bei Musik und Tanz verhält es sich umgekehrt. 104 Belege für den Auftritt weiblicher Instrumentalisten und Sängerinnen (31 Bankettmusik, 10 Festmusik, 36 Festmusik zum Empfang) und 27 für Tänzerinnen stehen insgesamt 16 Belegen für männliche ägyptische Berufsmusiker gegenüber (10 Sänger, 4 Harfner, 2 Lautenspieler). Ein Objekt zeigt einen im Garten tanzenden Jungen, neun Belege gibt es für vor Freude oder Erregung tanzende Männer. Andere ethnische Gruppen folgen diesem Muster nicht. Beim Auftritt von Asiaten, Libyern und Nubiern erscheinen ausschließlich männliche Tänzer und Musiker.

Die durch ein deformiertes Auge als blind markierten ägyptischen Tempelmusiker haben als Zeichen der Reinheit stets kahlrasierte Schädel. Die im Palast durch eine Augenbinde des Sehens beraubten asiatischen Hofmusiker tragen Kappen oder Tücher. Beide Gruppen treten als Sänger und Spieler von Saiteninstrumenten auf. Zu den als blind markierten Tempelmusikern

---

247 TA 26, Raum α, Wand F, TA 26, Raum γ, Wand B, C, MARTIN, *The Royal Tomb at El- El-'Amarna* II, Taf. 58, 68, 72.

entwickelt Lise MANNICHE die interessante These, dass Blindheit sowohl „nicht sehen können", „nicht sehen dürfen" als auch „nicht sichtbar sein" bedeuten kann. Die „blinden" Musiker im Hof des Stelenheiligtums könnten deshalb ein quasi unsichtbares Substitut für den König sein, den sie nur bei dessen Abwesenheit vertreten. Die Funktion der Kultmusik besteht ihr zufolge in der Beihilfe zur Transformation der Opfergaben in eine immaterielle Substanz, die sich der Gott Aten zuführen kann.[248] Die Augenbinde wird von den Hofmusikern nur zeitweise, nämlich bei ihrem Auftritt, getragen. Bei den sehenden Leierspielern, die sich in TA 7 neben der großen asiatischen Standleier verbeugen, ist bei einem von ihnen ein winziger Rest der bei DAVIES dargestellten Augenpunkte[249] am Original noch zu erkennen.

Eine zu große Nähe mit der Göttlichkeit wird beispielsweise im Judentum und der römischen Religion als Grund für die Blindheit der Männer angesehen. Im Gegensatz zu ihren männlichen Kollegen sind weibliche Musiker immer als sehend dargestellt. MANNICHE erwägt, ob sich der Unterschied im Hinblick auf das Geschlecht durch die Rolle der Frauen im Kult erklärt, die sie näher in den Kontakt mit einem Gott brachte, sowie, dass Frauen durch die apotropäische Wirkung des Sistrums in der Lage waren die Gefährlichkeit des Gottes zu beruhigen.[250]

Die Idee einer geschlechtsspezifischen Codierung trifft nur dann zu, wenn die Personen auf dem Londoner Relief BM EA 47988 (ID 400–404) alle männlich sind,[251] was aufgrund der unterschiedlichen Größe, der Kleidung und der Perücken fraglich ist. Das Relief (siehe Abb. 5) zeigt fünf (zwei und drei gestaffelt) Personen mit verbundenen Augen. Da nur bei Hofmusikern, die bei Banketten musizieren, verbundene Augen belegt sind, treten sie vermutlich bei Hofe auf. Weil nur die obere Körperhälfte auf dem Bruchstück erhalten

248 MANNICHE, Symbolic Blindness, in: *CdÉ* 53, S. 18.

249 TA 7, Halle, O-Wand, DAVIES, *Amarna* VI, Taf. VI.

250 MANNICHE, Symbolic Blindness, in: *CdÉ* 53, S. 20. Ein Beleg für den von ihr in diesem Zusammenhang angeführten alten Titel „die den Seth sieht", (*Wb* 2, 3.17) aus der frühen 18. Dynastie, findet sich in der Geburtslegende der Hatschepsut, wo die Königin betitelt wird: „die den Horus sieht", „die den Seth sieht", Urk. IV, 224. Deutungen, von denen hier abgesehen wird, sind: die Darstellung der Augenbinde als Privilegierung des dank seiner Blindheit perfekt spielenden Musikers (KASPARIAN, Les sons du pouvoir dans l'Égypte ancienne, in: SCHETTINO/PITTIA, *Les sons du pouvoir dans les mondes anciens*, S. 64) und die Darstellung der Augen als gesenkte Lider, die zusammen mit der strengen Mimik auf die Konzentration des Harfners bei der musikalischen Aufführung verweisen soll (SIMON, *Textaufgaben*, S. 211f, KRAH, *Die Harfe im pharaonischen Ägypten*, S. 41).

251 HALL, A Portrait of Smenkhkere and other Amarnah Fragments in the British Museum, in: *JEA* 17, S. 165, ebenso PM IV, S. 233.

ABB. 5 *Musiker mit verbundenen Augen. Relief, Kalkstein, 39 × 21,5 cm, London,* BM EA *47988. Foto: Verfasserin.*

ist, sind Instrumente, die in der Hand getragen werden, nicht auszuschließen. Ein Raum für den Auftritt lässt sich nicht ermitteln. Am linken Bildrand verläuft eine senkrechte Linie, die eine Wand im Palast andeuten könnte. Handelt es sich um zwei weibliche und drei männliche Personen,[252] dann wären die hinteren drei „Männer“ kleiner als die beiden „Frauen“ dargestellt, denn Kopf und Schulterpartie der Zweiergruppe sind größer. Bei ihr beträgt die Höhe des Kopfes 8,6 cm, bei der Dreiergruppe beträgt die Kopfhöhe nur 7,0 cm. Bei der Zweiergruppe sind Hals und Schulterpartie zwar muskulös ausgebildet, der Nacken hat jedoch eine weibliche konkave Line. Das zweigeteilte Haar mit langen Zöpfen findet sich auch auf Brooklyn 86.226.26, wo es einem sich verbeugenden Diener mit Schurz gehört. Bei den Musikern ist noch ein Tuch über das Haar gelegt. Trotz der Beschädigung ist der volllippige geöffnete Mund zu erkennen. Bei der dem Betrachter näheren Person ist der Mund geschlossen. Das Haar bedeckt die Ohren. Die drei kleineren Personen tragen feine plissierte, über der Brust geknotete Damengewänder. Das Ohr bedeckende glatte

252 ROEDER, *Amarnareliefs aus Hermopolis*, S. 303.

Zipfelperücken wurden von Männern und Frauen bei Hofe getragen. Die Arme liegen am Körper an, der linke ist möglicherweise angewinkelt, der Rest ist abgebrochen. Ihre Gesichter wirken männlich und eher nicht ägyptisch. Dass es sich dennoch um Sänger ägyptischer Herkunft handelt ergibt sich aus pLondon UC32191 (pKahun XLI.1). In dieser Festliste sind nur die Tänzer Ausländer, die Sänger hingegen Ägypter. Die Lippen des hintersten der drei Musiker sind geöffnet. Das verdeutlicht der Vergleich mit dem, dem Betrachter am nächsten stehenden Sänger mit geschlossenen Lippen. Bei dem mittleren ist der Mund ausgehackt. Es handelt sich hier also um Männer, die durch ihre Kleidung weibliche Attribute bei ihrem Auftritt tragen. Damit wäre bei der Zweiergruppe eine beabsichtigte „indeterminative Gender"-Markierung[253] und bei der männlichen Dreiergruppe eine weibliche Kennzeichnung gegeben. Wie diese zu werten ist, lässt sich nicht entscheiden, da meines Wissens keine Vorstellungen zur Art des Vortragens, zum Geschlecht der Musiker oder den Regeln für deren Auftritt bei Hofbanketten überliefert sind.

Aus der Tatsache, dass die ägyptischen Orchester sich nur aus Hofmusikerinnen zusammensetzen, ergibt sich nicht ohne weiteres, dass nur weibliche, oder als solche erscheinende, Bankettmusiker auftreten durften, zumal die asiatischen Hofmusiker dieser Kleiderregelung nicht folgen. Die Darstellung der Hofmusikerinnen als Ägypterinnen trifft nur auf ihre Darstellung beim Bankett zu. Für eine Herkunft syrischer Sängerinnen unter den Hofmusikern sprechen der Bericht von Thutmosis' III. Syrienfeldzug, demzufolge er: „270 Sängerinnen der Großen jedes Fremdlandes mit ihren Instrumenten um zu Vergnügen aus Silber und Gold auf ihren Schultern"[254] nach Ägypten gebracht haben soll, und die Amarnakorrespondenz. Eine syrische Herkunft wird nur bei den im Frauentrakt übenden Musikerinnen dargestellt. Die Unterschiede, die der Bilddiskurs durch den Aufführungskontext markiert, kennnzeichnen den Status der Hofmusikerinnen. Er ist bei den bei Banketten auftretenden Damen höher anzusetzen. Dies deutet darauf hin, dass die neutrale Beurteilung der Ethnizität von Beamten ausländischer Herkunft[255] zwar auf die männliche Oberschicht Achetatens zutreffen mag, aber nicht generell auf Ausländer.

Das Lautverhalten der Ethnien wird im Bilddiskurs zur Differenzsetzung verwendet (siehe Tabelle 1). Am häufigsten findet sich der Redegestus unter

---

253 Siehe GREEN, Ritual Banquets at the Court of Akhenaten, in: KNOPPERS/HIRSCH, *Egypt, Israel, and the Ancient World*, S. 217, mit weiterer Literatur.

254 Urk. IV, 1305.7–9.

255 SCHNEIDER, Akkulturation – Identität – Elitekultur, in: GUNDLACH/KLUG *Der ägyptische Hof des Neuen Reiches*, S. 210.

den Ägyptern. Die soziale Stellung der Sprechenden ist breit gestreut. Sie reicht vom Palastdiener und Türwächter bis zum Inhaber des höchsten Priesteramtes im Atentempel. Dialoge finden zwischen Personen mit gleichem Status statt, die entweder aus der Verwaltung oder aus der Umgebung des Königs stammen (Wesir und Oberster der Polizeitruppe, vornehme Herren, Palastdiener). Dialoge zwischen den Wagenlenkern und den hohen Beamten markieren den hohen Status der Wagenlenker. Sie hatten als zuständig für die sichere Beförderung ihrer Herren eine Vertrauensstellung inne. Bei Dialogen zwischen Personen unterschiedlichen Ranges ist nur der Übergeordnete, der dem Rangniederen eine Anweisung gibt, durch einen Redegestus gekennzeichnet. Hiervon ausgenommen sind die Schreiber. Der Redegestus weist sie auch einem vornehmeren Mitglied der Gesellschaft gegenüber als Sprecher und Berichterstatter aus.

Der Jubelgestus findet sich bei ägyptischen Männern, einem syrischen Belohnten und nubischen Soldaten mit Schilden. Kein Anbetungs-, Trauer- oder Jubelgestus kann bei Asiaten und Libyern nachgewiesen werden. Jubelnde Soldaten sind nicht auf die Amarnazeit beschränkt.[256] Deshalb ist nur 1 Beleg mit jubelnden Nubiern, der vermutlich nicht aus dem Grabkontext stammt, erstaunlich, zumal der König in den Amarnabriefen mehrmals um Truppen gebeten wird.[257] Bei Frauen tritt der Jubelgestus nur im Rahmen einer Tanzdarstellung auf.

Dass der Rede-, Ruf- und Jubelgestus bei Ägyptern, Syrern und Nubiern vorliegt, aber bei Asiaten und Libyern nicht nachzuweisen ist, weist auf eine unterschiedliche Codierung der betreffenden Ethnien hin. Diese wird auch im Sonnenhymnus ausgedrückt: „Die Fremdländer Syrien und Kusch – sie gehören zu Ägypten“.[258] Syrien und Kusch umreißt das ägyptische Hoheitsgebiet im Nordosten und im Süden. Andere Ethnien, die ebenfalls unter ägyptischer Hoheit stehen, werden im Hymnus nicht genannt. Syrer und Nubier haben als Berufssoldaten eine lange Tradition.[259] Die in der Datenbank für Syrer erfassten Berufsgruppen und die ägyptische Ausstattung eines Syrers, der eine aus

256 Für die frühe 18. Dynastie: Urk. IV, 141, Urk. IV, 307, und SCHULMAN, *Military Rank, Title, and Organization in the Egyptian New Kingdom*, Beleg 72.

257 SCHULMAN, ebd., S. 15. Korrespondenz des Ribb-addi von Byblos, el-Amarna Tablets BM EA 70, BM EA 76, BM EA 83, BM EA 88, BM EA 103, BM EA 107, BM EA 117, BM EA 118, BM EA 127, BM EA 130, BM EA 132, des Abi-milki von Tyros (el-Amarna Tablet BM EA 152) und des Abdi-ḫiba von Jerusalem (el-Amarna Tablet BM EA 287) mit Achenaten, MORAN, *The Amarna Letters*, S. 127, 139–168, 280.

258 TA 25, Eingang, W-Wand, Großer Sonnenhymnus, 8.

259 GNIRS, *Militär und Gesellschaft*, S. 134.

Ägyptern bestehende Eskorte des Königs anführt,[260] belegen für Achetaten das hohe Sozialprestige dieser Gruppe. Aus der Karriere des Syrers Tutu geht hervor, dass die Beherrschung von Fremdsprachen für ihn eine Statuserhöhung darstellt.[261] Formuliert als das korrekte Überbringen von Worten, integriert es ihn in die Gesellschaft. Im Sonnenhymnus wird auf den Status und die Unterschiedlichkeit in der Sprechweise eingegangen:

> „Du setzt jedermann an seinen Platz und sorgst für seinen Bedarf, so dass ein jeder seine Nahrung hat und du seine Lebenszeit festlegst.
> Die Zungen sind in der Rede verschieden und ihr Charakter ebenfalls. Ihre Hautfarbe ist unterschieden, denn du unterscheidest die Ausländer."[262]

Gemäß der im Sonnenhymnus geäußerten Idee, dass das Vorkommen mehrerer Zungen ein Zeichen der differenzierten Schöpfung darstellt,[263] könnten alle Ethnien mit einem Rede- oder Rufgestus zu Wort kommen. Es würde der Vielfalt der Schöpfung Ausdruck verleihen. Das Fehlen des Rede-, Ruf- und Jubelgestus bei Asiaten und Libyern spricht gegen eine Aufnahme dieser Idee in den Bilddiskurs.

Asiaten und Libyer sind ausschließlich, Nubier auch als Musiker dargestellt. Das kennzeichnet sie als Ausländer. Im Hinblick auf die Ethnie ist folgende Beobachtung Stephan SEIDLMAYERs von Bedeutung:

> Tatsächlich war ja die Stabilität ihrer fremden ethnischen Identität die Grundlage ihrer Wertschätzung im Milieu der ägyptischen Elite. Die Situation der Söldner ebenso wie die des nubischen Dienstpersonals lässt einen gemeinsamen Nenner erkennen. In beiden Fällen ist ihre Lage strikt herrschaftlich determiniert. Die Zugehörigkeit zu einem fremden Ethos ist dabei ein Teil der Definition ihrer Rolle und damit ihres Status in der ägyptischen Gesellschaft.[264]

---

260 TA 6, erste Halle, O-Wand, DAVIES, *Amarna* II, Taf. XIII.

261 Urk. IV, 2015–2016.

262 TA 25, Eingang, W-Wand, Großer Sonnenhymnus, 8.

263 SAUNERON, La différenciation des langages d'apres la tradition Égptienne, in: *BIFAO* 60, S. 41.

264 SEIDLMAYER, Nubier im ägyptischen Kontext im Alten und Mittleren Reich, in: *Akkulturation und Selbstbehauptung*, S. 99.

Die musizierenden und tanzenden Nichtägypter sind eine Darstellung differentieller Identitäten. Der Tanz, und das was durch ihn ausgedrückt wird, bildet ein Merkmal zu ihrer ethnischen Unterscheidung von den Ägyptern. Damit erfolgt die kulturelle Konstruktion des Körpers des *Anderen*, außer über die bisher in der Forschung beachteten Hautveränderungen,[265] Haare, Kleidung und Waffen, auch über Bewegung und Rhythmus.

In der Königspropaganda auf Palastfußböden und der Balustrade des Erscheinungsfensters werden Asiaten und Nubier gefesselt und auf den Zehenspitzen „tanzend" als besiegte Feinde dargestellt. Das Gehen oder Stehen auf Zehenspitzen, das als Tanz ausgelegt wird,[266] findet sich in der Amarnakunst außer auf den Feinddarstellungen noch bei Adoranten aus dem sozialen Umfeld des Belohnten, den Männern, die in Sandalen „tanzen", auf einem Relieffragment in New York und bei den trauernden Männern und Frauen im Königsgrab. Gemeinsam für alle Quellen ist der hohe Status der „Tanzenden", angezeigt durch vornehme Kleidung, Standeszeichen (Sandalen bei den Ägyptern und Kopfschmuck bei den Nubiern) oder die Anwesenheit bei dem Begräbnis einer Prinzessin. In diesen Kontexten könnte ein erregter Zustand, der sich aber nur in der Fußstellung äußert, das sich beherrschende Mitglied der Gesellschaft kennzeichnen. Ausgehend von dieser Hypothese handelte es sich bei den gefesselten Nubiern und Asiaten auf Zehenspitzen – und nur diese sind es, die „tanzend" dargestellt werden – um eine Neucodierung als Mitglied der Gesellschaft, die über die Körperbeherrschung erfolgt.

Unter den Quellen finden sich keine Arbeiter mit einem Rede-, Ruf-, Jubel- oder Rhythmusgestus. Die mit einer Arbeit verbundenen Geräusche sind eine Begleiterscheinung der Tätigkeit. Sie bilden als solche keine willentliche Lauthandlung. Das schließt zwar nicht aus, dass ein Arbeiter seine Tätigkeit auch absichtlich laut ausüben kann. Dabei handelt es sich jedoch um individuelle Situationen, und nicht um die kulturspezifische Kennzeichnung durch das auditive Verhalten einer Gruppe. Letztere erfolgt bei Arbeitern ausschließlich über Bewegungen, die sich aus der Tätigkeit ergeben. Sie werden als Erzeuger von Arbeitsgeräuschen dargestellt und durch eine fehlende auditive Kennzeichnung der Person als eine schweigende Gruppe vermittelt. In der folgenden Aussage aus der Loyalistischen Lehre sind mit „Stimme" deshalb wohl die Arbeitsgeräusche gemeint:

265 Auf die Haut als Bedeutungsträger machte mich der Vortrag von Angelika LOHWASSER, „Schminken und Tätowieren – Veränderungen der Haut im Alten Ägypten", Mainz, 4. Mai 2009, aufmerksam, in dem sie Bemalung, Brandmarkierung, Tätowierung und Schmucknarben aufgriff.

266 HERB, *Der Wettkampf in den Marschen*, S. 32.

> Die Leute sind es, die das produzieren, was es gibt. Man lebt von dem was in ihren Armen ist. Denn die Arbeiterschaft (*j3w.t*) ist es, die Speisen produziert. Ist das Haus leer wird sein Fundament untergraben. Ihre Stimme (*ḫrw*) hält die Mauern aufrecht.[267]

Die an Bildern und der Berufssatire zu beobachtende Kennzeichnung der Gruppe durch körperliche Arbeit erfolgt in der zitierten Stelle durch das, was in ihren Armen ist.

267 POSENER, *L'Enseignement Loyaliste*, § 9, 7–8 und 11, 9–12 = Lehre des Kairsu, § 10,1–3, pLouvre E 4864, rto. 3,8–9.

KAPITEL 5

Achetaten – Lautliches Spacing urbaner Räume

Die Betonung urbaner Räumlichkeiten ist das Merkmal der Darstellungen in den Felsengräbern von Tell el-Amarna. Sie reichen vom Tempel und Palast bis zum Wohnhaus und beziehen die Straßen und die Wachtürme am Stadtrand mit ein. Die wandfüllenden, umrahmten, plastischen Bilder werden mit dem von ASSMANN hierfür gemünzten[1] und sich mittlerweile in der Ägyptologie eingebürgerten Begriff „Tableau" bezeichnet. Sie liegen alle in dem für damalige Besucher zugänglichen Bereich der Grabanlage.[2] Der Zeitabschnitt erstreckt sich von der Gründung der Stadt im 6. Regierungsjahr Amenhoteps IV. Achenaten (1353–1336) bis zu ihrer Aufgabe im zweiten Regierungsjahr Tutanchamens (1332–1323).

Die Stadt Achetaten wurde nach knapp 20 Jahren aufgegeben, die Gräber nicht fertiggestellt. Erst durch ihre Wahrnehmung werden Medien gefestigt. Die Tableaus bilden ungefestigte Medien. Von daher erhebt sich Frage, ob sie bei einem von ihrer Wahrnehmung ausgehenden Ansatz als Quellen herangezogen werden können. MEYERS belegt den Besuch der Gräber mit archäologischen Befunden. Hierzu rechnen die zu den Gräbern führenden Straßen und die in den Grabkapellen gefundenen Votivstelen.[3] Bei Gräbern, die nicht für Bestattungen benutzt wurden, sind die Rezeptionsbedingungen für Besucher erfüllt, die sie während ihrer Bau- und Dekorationsphase aufsuchten. Wie alle Grabmalereien, so sind auch die Visualisierungen des auditiven *Spacings* in Amarna Spuren der sozialen, religiösen, wirtschaftlichen und künstlerischen Verhältnisse ihrer Entstehungszeit.[4] Als Strategie der Verstetigung hat die materielle Medialisierung der Hörräume in Bilderfolgen und ikonischen Konstellationen auf den Wänden der Grabhalle ihren Zweck nicht erfüllt. Es ist aber gerade dieser Zweck, sowie die elementare Funktion von Medien, die Vielfalt des Zusammenlebens in einer urbanen Gesellschaft zu verstehen, die das auditive *Spacing* als Lesart der Reliefs erlaubt. Sie vermitteln dem

1 ASSMANN, Flachbildkunst des Neuen Reiches, in: *Propyläen Kunstgeschichte* 15, S. 311–315.

2 Weitere in der Datenbank erfasste Bildquellen für Lauterwartung, -erzeugung und -vermeidung werden wegen ihres unbekannten oder ungesicherten Kontextes lediglich als Parallelen herangezogen.

3 MEYERS, *A Program of Political Theology in Amarna Tomb Art*, S. 17f.

4 HARTWIG, *Tomb Painting and Identity*, S. 3.

 | DOI 10.1163/9789004354951_007

damaligen Betrachter und der heutigen Forschung, wie in der Gesellschaft von Achetaten Ordnung und Orientierung erreicht wurde.

Weil sich alle Tableaus in der ersten Halle befinden und aufgrund des kurzen Bestehens von Achetaten in keinem Grab die zweite Halle dekoriert ist, kann eine geplante Darstellung von auditiven Räumen der Landschaft und der Nekropole nicht ausgeschlossen werden. Für sie sprechen Darstellungen von Familienangehörigen im hinteren Raum,[5] Szenen aus der Landwirtschaft in den Subregistern der Säulenhalle von TA 1 und Bestattungsszenen auf der Ostwand der Statuennische in drei Gräbern. Gegen diese Pläne spricht das Fehlen der Scheintür als Übergangsbereich ins Jenseits und der Nebenkultstellen, die nicht mehr benötigt wurden, da das Grab seine Versorgungsfunktion verloren hatte.[6] Versorgt wird der Verstorbene nun durch die Gunst des Königs, der täglich im Tempel das Ritual der Schöpfung und Weiterexistenz vollzieht,[7] und die Opfergaben im Tempel.[8] Die Rezitation des Priesters vor der Mumie in TA 1: „Möge dir ein Totenopfer bestehend aus deinem Brot und Bier aus deinem Haus dargebracht werden. Möge für dich Wasser aus deinem Garten libiert werden. Möge [man dir Früchte?] von deinen Bäumen bringen“,[9] das Totengebet in TA 25, Decke der Säulenhalle (Mittelkolumne), sowie die Speisetisch- und Opferszenen in den Statuennischen zweier Gräber[10] erweisen, dass dennoch eine persönliche Versorgung des Toten für wesentlich erachtet wurde.

Der Grabbau ist eine Investition in die soziale Stellung. Als solche bildet er neben dem Wohnhaus eine der Bühnen für die Zurschaustellung von Status in der Gesellschaft.[11] Mittels der Beziehung zum König kann der Grabbesitzer

5 VAN DER WAY, Überlegungen zur Jenseitsvorstellung in der Amarnazeit, in: *ZÄS* 123, S. 158. Es handelt sich um die Kennzeichnung einzelner Personen als Verwandte und Bekannte des Grabherrn in den Wandbildern verschiedener Anlagen, die Doppelstatue in TA 11 und die Stelen in TA 23.

6 Die Verdrängung der Speiseszenen durch die Götteropfer und das Fehlen von Scheintür und Stele weist SPIEGEL schon für die Zeit vor Amenhotep IV. Achenaten nach. Vergl. SPIEGEL, Die Entwicklung der Opferszenen in den Thebanischen Gräbern, in: *MDAIK* 14, S. 190–207. Mit der Umdeutung der Seinsbereiche und der Orientierung der Toten nach Osten bleibt die Scheintür weiterhin überflüssig. Mit Ausnahme von TA 3 und TA 9 wird in den Gräbern auf Stelen verzichtet.

7 HESSE, *Die Privatgräber von Amarna*, S. 93.

8 HORNUNG, Zur Struktur des ägyptischen Jenseitsglaubens, in: *ZÄS* 119, S. 126.

9 TA 1, Schrein, O-Wand, Kol. 2–4, SPERVESLAGE, in: TLA, Zugriff 2014-10-20, DAVIES, *Amarna* III, Taf. XXII.

10 TA 6, Statuennische. TA 23, Statuennische, ARP, *Die Nekropole als Figuration*, S. 18.

11 Ebd., S. 146–147. Bei der Selbstthematisierung des Grabherrn als visuelle Übermittlung gesellschaftlicher Wertvorstellungen geht ARP von einer höfischen Gesellschaft aus, in der die Elite durch den Bezug auf den König ihren Stand markieren und festigen kann.

begründen, dass ihm das Grab zu Recht gewährt wurde. Weil er dadurch seinen Fortbestand sichert, kann die Rechtfertigung des Grabinhabers als ein die architektonische Gestaltung und die Dekoration in hohem Maße bestimmender Faktor angenommen werden. In der Beziehung zwischen König und Grabherr sieht ARP einen konstanten Faktor der Gestaltung, dem mit Ausnahme von TA 9 alle Gräber, in denen König und Grabherr in gleicher Größe dargestellt sind, folgen. Anhand eines Vergleichs zwischen der regelrechten Darstellung und der Ausnahme weist sie die mögliche Verhandlung von Prestige nach.[12]

Visualisierungen entfalten ihre eigene Wirkkraft. Sie können das, weil sie eingebettet sind in soziale Normen – Stile, technische Standards, Gebrauchsnormen, vorhandene und tradierte Bildervorräte –, die ihnen Bedeutung verleihen.[13] Vor der Amarnazeit war in den Beamtengräbern bereits eine Entwicklung im Gange, die von der zunehmenden Diesseitsbezogenheit und der Experimentierfreudigkeit zeugt, die sich an den Amarna-Tableaus beobachten lässt:

> Je stärker aber die Grabbilder zum ästhetischen Gebilde werden und als Kunstwerk den Betrachter mit einbeziehen desto vielfältiger und verfeinerter werden auch die Bildgedanken, sodass man schließlich zu einer außerordentlichen Bereicherung und einem großen Raffinement des Bildwerkes gelangt. Genrehafte Züge tauchen nun gleichfalls in vielen Darstellungen auf.[14]

Eine Identität von Malern am Königshof und in den Elitegräbern ist für Amenhotep III. nachgewiesen.[15] Die Rezeption thebanischer Motive in Amarna wird, aufgrund der geographischen Nähe Thebens und der Annahme, dass der Herrscher Handwerker und Künstler aus dem thebanischen Raum in seine neue Residenz mitgenommen hat, im Kommunikationsakt zwischen Bild und Betrachter eine Rolle gespielt haben. Cyril ALDRED bringt als Beispiel für eine thebanische Tradition ein Motiv aus TT 69: Auf dem Berliner Hausaltar streckt sich die Prinzessin Anchesenpaaten, um mit dem Goldschmuck am Ohr der Königin zu spielen, in derselben Art und Weise wie ein Bauernmädchen im Grab des Menna, um am Haar ihrer Mutter zu ziehen.[16] HARTWIG macht auf

---

12 ARP, Echnaton und die *rites de passage*, in: *Imago Aegypti* 2, S. 7–17.

13 MIGGELBRINK/SCHLOTTMANN, Diskurstheoretisch orientierte Analyse von Bildern, in: GLASZE/MATTISSEK, *Handbuch Diskurs und Raum*, S. 185.

14 GUGLIELMI, *Reden, Rufe und Lieder*, S. 210.

15 HARTWIG, *Tomb Painting and Identity*, S. 33.

16 ALDRED, Tradition and Revolution in the Art of the XVIIIth Dynasty, in: SCHMANDT-BESSERAT, *Immortal Egypt*, S. 56.

Trends zur Darstellung der belebten Natur in TT 69 aufmerksam.[17] Die offensichtliche Verwendung thebanischer Motive bei der Darstellung lautlicher Akteure wird in der Untersuchung berücksichtig.

5.1 Die Verteilung der Szenen

In allen architektonischen Formen des Amarnagrabes sind, bis auf den Übergang ins Jenseits, das Jenseitsgericht, Nekropolenfeste und die Jenseitsversorgung, alle traditionellen Themen vertreten. Der Anbringungsort bestimmter Themen wechselt. Die in den frühen Gräbern mehr auswärts orientierte indeterminierte Atenverehrung an den Wänden des Eingangs tritt zugunsten der determinierten Version zurück. Sie findet sich dann als Verehrung im Tempel im ersten Raum der Grabanlage. Die Ehrengoldverleihung oder Amtseinsetzung wird in den frühen Gräbern in der Regel an der Vorderwand der ersten Halle platziert, später auch an der Seiten- und der Rückwand. Die Darstellung des Grabherrn bei seiner Amtsausübung, unter die auch der Tributempfang rechnet, unterliegt keinen bestimmten Regeln.[18]

Neu für Amarna sind die Audienz- und Bankettszene der Königsfamilie, die Darstellung von Innenräumen, die Fahrt der königlichen Familie im Streitwagen sowie die indeterminierte[19] und die im Tempel oder Palast verortete determinierte Atenverehrung.[20] Die Audienz- oder Bankettszene kann eine ganze Wand einnehmen, oder mit der Ehrengoldverleihung oder der Ausfahrt des Königs kombiniert sein.

Der Bildträger sind Felswände, auf die nach der Einmeißelung des versenkten Reliefs eine dünne Gipsschicht aufgetragen wurde. An Stellen, an denen der Fels für dieses Verfahren ungeeignet war, wurde eine dicke Schicht Gips aufgetragen und in diese das Relief modelliert. Mit Ausnahme von TA 23 sind nur kleinformatige Details gelegentlich nicht reliefiert, sondern gemalt. Fassade, Tafeln am Fuß der Türpfosten, Türlaibungen, Sturzfelder und Säulentafeln

---

17 HARTWIG, *The Tomb Chapel of Menna*, S. 172.

18 HESSE, *Die Privatgräber von Amarna*, S. 78.

19 Der indeterminierten Götterverehrung, sei es der Aten oder auf einer Stele ein anderer Gott, eine Göttin oder der Tote, entspricht in meiner Datenbank die Angabe „imaginierter Raum"

20 HESSE, *Die Privatgräber von Amarna*, S. 89f. Siehe dort auch die Literatur zum Vergleich der Szenen zwischen Amarna und thebanischen Vorläufern. Entgegen HESSE sieht FITZENREITER (*ꜣḫ n jtn* als *ꜣḫ n jḳr rꜥ*, in: *SAK* 37, S. 112) die Bankettszenen als eine Übernahme des Familienmahles beim Talfest aus der Thebanischen Beamtennekropole an, die aber mit neuen Inhalten gefüllt wird.

zeigen die opfernde königliche Familie, den anbetenden Grabbesitzer oder seine Gattin ohne einen Verweis auf Ort und Zeit. Die Tableaus hingegen zeigen mehrere Personen an einem konkreten in Achetaten liegenden Ort, deren Handlungen sich entwickeln und fortsetzen können.[21] In TA 4 und TA 9 setzen sich die Darstellungen auf der Nachbarwand fort. Die Datumangabe des Tributempfangs oder Bildelemente, die die Tageszeit indizieren (das Feuer in der Wüste den Morgen, die Lampen beim Bankett den Abend), geben den Zeitpunkt der Handlung an.

TABELLE 2 *Die am Aufbau des sozialen Raumes beteiligten Personengruppen in den Amarnatableaus.*
In der Rede des Königs bei der Ehrengoldverleihung adressierte Personen werden als Anwesende im Hörraum mit eingetragen. Es wird nicht zwischen Sonnenschatten, Großem Atentempel, kleinem Atentempel und Maru Aten unterschieden, sondern der Oberbegriff Tempel wird für alle sakrosankten Räume verwendet.

Anbringungsort	Dargestellter Raum	Nicht lautlich handelnde Personen und Gruppen	Vorkommende Lauthandlungstypen
Grab des Huya TA 1 Säulenhalle, S-Wand, O	Mittelhalle des Palastes	Königliche Familie mit Teje und Baketaten beim Speisen Mundschenk (= „Der Gelobte des Herrn der Beiden Länder, Vorsteher der Privatgemächer des Königs,…") Vorkoster Höflinge Palastdiener	
			Lauterwartung von asiatischen Musikern mit Augenbinde Lauterzeugung durch Hofmusikerinnen mit Saiteninstrumenten

21 Arp, *Die Nekropole als Figuration*, S. 16–17.

TABELLE 2 *Die am Aufbau des sozialen Raumes beteiligten Personengruppen in den* (cont.)

Anbringungsort	Dargestellter Raum	Nicht lautlich handelnde Personen und Gruppen	Vorkommende Lauthandlungstypen
TA 1 S-Wand, O Subreg.	Landschaft	Frauen bei der Kornernte	Lauterzeugung durch Ährensammlerin, Mann der Schakal verscheucht
		Männer im Papyrus	Lauterzeugung durch Vorarbeiter
TA 1 O-Wand	Temenos	Offiziere Fächerträger vornehme Herren mit Kästen Wagenlenker mit königl. Gespannen	Lautvermeidung durch Trompeter, Pferdeknecht
TA 1 O-Wand	zwischen 1.und 2. Pylonen	König, seine Mutter Teje Baketaten Kinderfrauen Priester Fächerträger Höflinge Diener (z.T. mit Tischen und Kästen)	
	im Pylonen	Priester „Vorsteher der Privatgemächer des Königs, Vorsteher des Schatzhauses, Hausvorsteher der Königsmutter und großen königlichen Gemahlin Teje, Huja“	
TA 1 O-Wand	Statuenheiligtum	räuchernder Priester neben Altar	
TA 1 O-Wand	Sanktuar	menschenleer	

Anbringungsort	Dargestellter Raum	Nicht lautlich handelnde Personen und Gruppen	Vorkommende Lauthandlungstypen
TA 1 O-Wand	vermutlich Palasthof	Truppe „Erschienen im Glanz der Maat“ Standartenträger der Phyle „Aten erscheint für ihn“ Mitglieder der Phyle Standartenträger der Phyle der jungen Krieger „Aten erscheint für ihn“ Truppe „Aten erscheint für ihn“ „Vorsteher der königlichen Privatgemächer und Vorsteher des Schatzhauses“ Trägerschaft des Atentempels von Achetaten	Lauterzeugung durch Adoranten, Belohnten (= „Standartenträger der Phyle der jungen Krieger“)
TA 1 O-Wand Subreg.	Landschaft	Männer beim Vogelfang Männer bei der Papyrusernte Fischer in Papyrusnachen	Männer, die mit Rufen, Stöcken und Tüchern Tiere verscheuchen, Frau am Ufer (Trommel?)
TA 1 N-Wand, O	Erscheinungsfenster	Königspaar Prinzessinnen Kinderfrauen Diener	
	Portikus		Lauterzeugung durch Rede des Belohnten
TA 1 N-Wand, O	Erscheinungsfensterhof	vornehme Herren Wagenlenker mit königl. Gespann	Lautvermeidung durch Pferdeknecht

TABELLE 2 *Die am Aufbau des sozialen Raumes beteiligten Personengruppen in den* (cont.)

Anbringungsort	**Dargestellter Raum**	**Nicht lautlich handelnde Personen und Gruppen**	**Vorkommende Lauthandlungstypen**
TA 1 N-Wand, O	Bildhauerwerkstatt	„Vorsteher der Bildhauer der großen königlichen Gemahlin Teje“ Bildhauer Inspektor der Werkstätten („Der Gelobte des Herrn der Beiden Länder, Vorsteher …“) Schreiber des Schatzhauses	
TA 1 S-Wand, W	Mittelhalle des Palastes, abends	Königliche Familie mit Teje und Baketaten beim Umtrunk Palastdiener Höflinge Kinderfrauen	Mundschenk („Der Gelobte des Herrn der Beiden Länder, Vorsteher der Privatgemächer des Königs,…“) kündigt als Herold mit Stab die Hofmusikerinnen (Lauterwartung) an Lauterzeugung durch asiat. Laute u. Standleier, übrige asiatische Musiker mit Augenbinde (?), tragen ihre Instrumente (?)
TA 1 W-Wand	Königstrakt	Palastdiener	Ruhe durch schlafenden Diener
TA 1 W-Wand	Palasthof mit geschlossenem Erscheinungsfenster	Diener	

Anbringungsort	**Dargestellter Raum**	**Nicht lautlich handelnde Personen und Gruppen**	**Vorkommende Lauthandlungstypen**
TA 1 W-Wand	Prozessionsweg	Königspaar im Tragesessel Offiziere (Sessel tragend) Wedelträger Fächerträger räuchernder Priester vor Sessel Prinzessinnen Kinderfrauen Höflinge Diener	
			Lauterzeugung durch nubische Tänzer, den Rhythmus schlagende Libyer und klatschende Nubier
TA 1 W-Wand	Ort des Tributempfangs	Völker des Nordens mit Tribut Völker des Südens mit Tribut Offiziere und Wache mit Gefangenen Familien der Tributvölker syrische Dolmetscher Wagenlenker mit königl. Gespannen Offiziere Würdenträger	
			Lauterwartung von Städterinnen mit Handtrommeln
TA 1 W-Wand, Subreg.	Landschaft	Frau unter Baum mit Vogel Landleute beim Pflügen und Worfeln	
TA 1 N-Wand, W	Erscheinungsfenster Portikus	Königspaar Prinzessinnen Kinderfrauen hoher Beamte, der Huja reinigt?	

TABELLE 2 *Die am Aufbau des sozialen Raumes beteiligten Personengruppen in den* (cont.)

Anbringungsort	Dargestellter Raum	Nicht lautlich handelnde Personen und Gruppen	Vorkommende Lauthandlungstypen
			Lauterzeugung durch Rede des Ernannten (= „Vorsteher der Privatgemächer des Königs, Vorsteher des Schatzhauses und Hausvorsteher im Haus der Königsmutter")
TA 1 N-Wand, W	Erscheinungs-fensterhof	vornehme Herren Höflinge Schreiber Diener	
TA 1 N-Wand, W	Schatzhaus	Vorsteher des Schatzhauses („Vor-steher der Privatgemächer des …") Offizier Schreiber Diener	
TA 1 Schrein O-Wand	Nekropole	Mumie	Lauterzeugung durch rezitierenden Sem-Priester bei der Mundöffnung (?) und Totenklage der weiblichen Verwandten und Männer
Subreg.		Herren mit Rindern am Fluß?	Totengebete, Trauer
TA 1 Schrein S-Wand	Nekropole		Lauterzeugung durch Totenklage der Mutter und Frau

Anbringungsort	**Dargestellter Raum**	**Nicht lautlich handelnde Personen und Gruppen**	**Vorkommende Lauthandlungstypen**
TA 1 Schrein W-Wand	Nekropole	Opferträger Träger der Grabausrüstung	Lauterzeugung durch Totenklage der weiblichen Verwandten und Männer
Grab des Merire II TA 2 Säulenhalle, S-Wand, O	Königstrakt	Palastdiener	Lauterzeugung durch Türwächter
TA 2 S-Wand, O	Erscheinungsfenster	Königspaar Prinzessinnen Höflinge Fächerträger vornehme Herren	
	Portikus	Belohnter (= „Hausverwalter, Vorsteher des königl. Frauenhauses der großen königl. Gemahlin Nefertiti, Vorsteher des Schatzhauses, königlicher Schreiber")	
TA 2 S-Wand, O	Erscheinungsfensterhof	Würdenträger Wesir Höflinge Schreiber vornehme Herren Wagenlenker mit königl. Gespannen Fächerträger ausländische Gesandte gemischte Männergruppe	

TABELLE 2 *Die am Aufbau des sozialen Raumes beteiligten Personengruppen in den* (cont.)

Anbringungsort	**Dargestellter Raum**	**Nicht lautlich handelnde Personen und Gruppen**	**Vorkommende Lauthandlungstypen**
TA 2 S-Wand, O	vor Palasttor	die Erde küssender Freund Träger der Gaben des Königs Vorsteher des Schatzhauses Pferdeknecht (Offizier)	
			Lauterzeugung durch Belohnten (Redegestus?) Jubel und Freudentanz vornehmer Herren Wagenlenker
TA 2 S-Wand, O	vor Wohnhaus	Belohnter im Wagen	Lauterzeugung durch Männer seines Haushalts, Städterinnen mit Rahmentrommeln und Klappern, Tänzerinnen
TA 2 S-Wand, O	Garten m. Kapelle	menschenleer	
	Empfangsräume	menschenleer	
	Wohnhaus, rückwärtiger Teil		Lauterzeugung durch Freudentanz der weiblichen Mitglieder des Haushaltes
TA 2 O-Wand	unter Thronbaldachin am Ort des Tributempfangs	Königspaar Prinzessinnen Kinderfrauen Diener Würdenträger Höflinge Fächerträger Belohnter Schreiber Akrobaten	

Anbringungsort	Dargestellter Raum	Nicht lautlich handelnde Personen und Gruppen	Vorkommende Lauthandlungstypen
			Lauterzeugung durch jubelnde Sieger in den Schaukämpfen Nubischer Trommler und drei nubische Tänzer klatschende Nubier, fünf nubische Tänzer, vier schlagende Libyer und zwei nubische Trompeter
		Völker des Südens mit Tribut Familien der Tributvölker Völker des Nordens mit Tribut Offiziere mit Gefangenen	
			Lautvermeidung durch einen tributpflichtigen Syrer
		räuchernder Priester vor Tragesessel Priester mit Stabsträußen und Tieren Diener Wagenlenker mit königl. Gespannen Polizisten und Soldaten der Eskorte	
TA 2 N-Wand, O	Königstrakt	Diener	
TA 2 N-Wand, O	Palasthof mit geschlossenem Erscheinungsfenster	Königin Semenchkare vornehme Herren Höflinge Diener	
			Lauterzeugung durch Jubel des Belohnten

TABELLE 2 *Die am Aufbau des sozialen Raumes beteiligten Personengruppen in den* (cont.)

Anbringungsort	**Dargestellter Raum**	**Nicht lautlich handelnde Personen und Gruppen**	**Vorkommende Lauthandlungstypen**
TA 2 S-Wand, W	Laube im Palastgarten, abends	Königsfamilie Mundschenk	
			Lauterzeugung durch Hofmusikerinnen mit Saiteninstrumenten
Grab des Ahmose	Königsstraße	militärische Eskorte	
TA 3 Halle, W-Wand			Lauterzeugung durch Trompeter
TA 3 W-Wand	vor Tempel	Opferträger (Tiere, Geflügel, Lotus) Priester mit Stabsträußen Wächter mit Krummschwert	
			Lauterzeugung durch Herolde
TA 3 W-Wand	Gem-pa-Aten	Tempeldiener	
TA 3 W-Wand	Hof des Stelenheiligtums	Priester mit Stabsträußen und Tieren auf dem Weg zum Schlachthof	
		Tempeldiener	Lauterzeugung durch zwei Gruppen blinde Musiker (Harfe und Sänger, Laute und Sänger)
TA 3 W-Wand	Statuenhof	menschenleer	
TA 3 W-Wand	Sanktuar	menschenleer	
TA 3 W-Wand unten	Mittelhalle des Palastes	Königsfamilie beim Speisen Mundschenk („Wedelträger zur rechten Seite des Königs, Vorsteher der Ruit-Halle, Hausvorsteher des Hauses des Achenaten") Kinderfrauen	
		Diener	Lauterwartung durch Hofmusikerinnen

Anbringungsort	**Dargestellter Raum**	**Nicht lautlich handelnde Personen und Gruppen**	**Vorkommende Lauthandlungstypen**
TA 3 W-Wand unten	Königstrakt	Palastdiener	
TA 3 W-Wand unten	Frauentrakt	Frauen	Lauterzeugung durch Musik und Tanz übende Hofmusikerinnen
Grab des Merire I TA 4 Säulenhalle, S-Wand, O	Opfertisch im Eingangsbereich	Königspaar „Größter der Sehenden des Atentempels in Achetaten“ Priester „Die ersten Diener des Aten im Atentempel in Achetaten“	Lauterzeugung durch Prinzessinnen mit Sistrum
		räuchernder Priester	vier blinde Sänger
		Offiziere Diener Fächerträger, Höflinge	blinder Harfner, Sänger
	abfahrbereit	Höflinge Wagenlenker mit Gespannen	
TA 4 O-Wand oben	Königstrakt	menschenleer	
TA 4 O-Wand oben	Palasthof mit geschlossenem Erscheinungsfenster	menschenleer	
TA 4 O-Wand oben	vor Tempel	Wagenlenker mit königl. Gespannen ausländische Gesandte Standartenträger Diener Fächerträger Soldaten	

TABELLE 2 *Die am Aufbau des sozialen Raumes beteiligten Personengruppen in den* (cont.)

Anbrin-gungsort	**Dargestellter Raum**	**Nicht lautlich handelnde Personen und Gruppen**	**Vorkommende Lauthandlungstypen**
TA 4 O-Wand oben	Vorhof	Königspaar Priester Höflinge Diener	
			Lauterzeugung durch Prinzessinnen mit Sistrum
TA 4 O-Wand oben	Gem-pa-Aten	menschenleer	
TA 4 Forts. N-Wand, O oben	Hof des Stelenheilig-tums	Diener neben Schlachthaus	Lauterzeugung durch blinden Harfner, Sänger
TA 4 Forts. N-Wand, O oben	Sanktuar	menschenleer	
TA 4 O-Wand unten	Hafen	Wachsoldaten Besatzung an Deck Wagenlenker und Pferdeknechte mit königlichen Gespannen Stallburschen in Rinderställen	
TA 4 O-Wand unten	Tempelbereich zwischen Hafen und Getreidesilos	Königin, Prinzessinnen Höflinge, Diener, Offiziere Vorsteher des Schatzhauses Wesir Priester Schreiber Wedelträger Fächerträger	
			Lauterzeugung durch Reden des Königs und des Belohnten
TA 4 O-Wand unten	Getreidesilos	Schreiber Höflinge	

Anbringungsort	Dargestellter Raum	Nicht lautlich handelnde Personen und Gruppen	Vorkommende Lauthandlungstypen
TA 4 O-Wand unten	Tempelmagazine mit Baumhof und Thronbaldachin	menschenleer	
TA 4 Forts. N-Wand, O unten	kleinere Wohnhäuser	menschenleer	
TA 4 Forts. N-Wand, O unten	Palast	menschenleer	
TA 4 Forts. N-Wand, O unten	vor Wohnhaus		Lauterzeugung durch Reden der Männer des Haushaltes
TA 4 Forts. N-Wand, O unten	Wohnhaus	Pferd im Stall	
TA 4 Forts. N-Wand, O unten	Heiligtum	menschenleer	Stille
TA 4 Forts. N-Wand, O unten	Garten	menschenleer	Stille
TA 4 S-Wand, W	Erscheinungsfenster	Königispaar und Prinzessinnen Belohnter vor Verleihung	Lauterzeugung durch Rede des Königs
	Portikus	Schreiber Fächerträger Offiziere	Rede des Ernannten (= „Größter der Sehenden des Aten im Atentempel in Achetaten"),

TABELLE 2 *Die am Aufbau des sozialen Raumes beteiligten Personengruppen in den* (cont.)

Anbringungsort	Dargestellter Raum	Nicht lautlich handelnde Personen und Gruppen	Vorkommende Lauthandlungstypen
TA 4 S-Wand, W	Erscheinungsfensterhof	Schreiber Offiziere Gabenträger, Diener	Lauterzeugung durch Angehörige der Elite (u.a. Wesir, Priester, Straußenfederwedelträger), die Merire auf den Schultern tragen
TA 4 S-Wand, W	vor Wohnhaus	Wagenlenker mit Gespann Männer seines Haushaltes Fächerträger Standartenträger	Lauterzeugung durch Worte einer Tänzerin, Städterinnen mit Handtrommeln
TA 4 W-Wand	Königstrakt	Palastdiener	
TA 4 W-Wand	Palasthof mit geschlossenem Erscheinungsfenster	Diener	
TA 4 W-Wand	vor Palasttor	militärische Eskorte	Lauterzeugung durch Wagenlenker und einen vornehmen Herren
TA 4 W-Wand	Königsstraße zwischen Palast und Tempel	König allein im Wagen Königin allein im Wagen Prinzessinnen in Wagen Höflinge und Wagenlenker in Wagen	

Anbringungsort	**Dargestellter Raum**	**Nicht lautlich handelnde Personen und Gruppen**	**Vorkommende Lauthandlungstypen**
		„Größter der Sehenden des Atentempels …“ im Wagen militärische Eskorte Standartenträger Fächerträger den Zug grüßender Offizier	Lauterzeugung durch nubischen Trompeter
TA 4 Forts. N-Wand, W	vor Temenos	„Die ersten Diener des Aten im Atentempel in Achetaten“ syrische Fächerträger Opferträger mit Tieren Diener Wächter Opferprozession	Lauterwartung von zwei Gruppen Städterinnen mit Handtrommeln Lauterzeugung durch Herolde „Größter der Sehenden des Atentempels …“
TA 4 N-Wand, W	Tempelvorhof	menschenleer	
TA 4 N-Wand, W	Gem-pa-Aten	menschenleer	
TA 4 N-Wand, W	Hof des Stelenheiligtums	Diener neben Schlachthaus	Lauterzeugung durch blinden Harfner, Sänger
TA 4 N-Wand, W	Sanktuar	menschenleer	

TABELLE 2 *Die am Aufbau des sozialen Raumes beteiligten Personengruppen in den* (cont.)

Anbringungsort	Dargestellter Raum	Nicht lautlich handelnde Personen und Gruppen	Vorkommende Lauthandlungstypen
Grab des Pentu	Königstrakt	Palastdiener	
TA 5 Halle, S-Wand unten	neben dem Palastgarten	Türwächter	
			Lauterzeugung durch vornehme Herren/ Diener
TA 5 S-Wand unten	Thronsaal des Palastes	König Diener	
			Lauterzeugung durch Jubel des Belohnten
TA 5 S-Wand unten	Palasthof mit geschlossenem Erscheinungsfenster	Belohnter Fächerträger Standartenträger Wagenlenker des königl. Gespannes Herr im Verehrungsgestus	
			Lauterzeugung durch jubelnden Herren, „Menschen der Behörde und alle Untergebene des Hauses von …"
TA 5 W-Wand	Mittelsaal des Palastes	Königspaar	
TA 5 N-Wand oben	vor Tempel	Königspaar Prinzessinnen (ohne Sistrum) Fächerträger Höflinge, Offiziere, Diener Wagenlenker mit Gespannen	
	im Tor	zwei begrüßende Priester	

Anbringungsort	**Dargestellter Raum**	**Nicht lautlich handelnde Personen und Gruppen**	**Vorkommende Lauthandlungstypen**
TA 5 N-Wand oben	Tempelvorhof	Königspaar Fächerträger Höflinge Diener Schreiber	(von Davies rekonstruierte Lauterzeugung durch Jubel des Belohnten)
TA 5 N-Wand oben	Sanktuar	menschenleer	Stille
TA 5 N-Wand unten	Hafen mit königlichen Schiffen	menschenleer	
TA 5 N-Wand unten	Garten (nur kleiner Rest erhalten)	menschenleer	
TA 5 N-Wand unten	Tempelbereich am Hafen	Königin Prinzessinnen, Kinderfrauen Diener Fächerträger Beamte Schreiber Priester Stallburschen in Rinderställen	Lauterzeugung durch Rede des Königs Rede des Belohnten
Grab des Panehesi TA 6 erste Halle, S-Wand, O	Opfertisch im Eingangsbereich	Königspaar Prinzessinnen mit Blumen „Erster Diener des Aten im Atentempel von Achetaten“ räuchernder Priester Priester nubische Fächerträger	

TABELLE 2 *Die am Aufbau des sozialen Raumes beteiligten Personengruppen in den* (cont.)

Anbringungsort	**Dargestellter Raum**	**Nicht lautlich handelnde Personen und Gruppen**	**Vorkommende Lauthandlungstypen**
TA 6 S-Wand, O	vor Tor	Wagenlenker mit Gespannen „Erster Diener des Aten" Priester Fächerträger Höflinge Diener	
TA 6 O-Wand	Königstrakt	Diener	
TA 6 O-Wand	Königsstraße zwischen Palast und unbekanntem Ziel	König allein im Wagen Königin allein im Wagen Prinzessinnen und Gefolge in Wagen Mann mit Kasten im Wagen Militärische Eskorte Standartenträger Fächerträger die Erde küssendes Volk den Zug grüßende Offiziere	
			Lauterzeugung durch Städterinnen mit runden Handtrommeln
TA 6 S-Wand, W	Erscheinungsfenster	Königspaar Prinzessinnen Höflinge Diener	
	Portikus	Belohnter (= „Gelobter des Herrn der Beiden Länder, Erster Diener des Aten im Atentempel von Achetaten") Höflinge	

Anbringungsort	**Dargestellter Raum**	**Nicht lautlich handelnde Personen und Gruppen**	**Vorkommende Lauthandlungstypen**
TA 6 S-Wand, W	Erscheinungsfensterhof	Ausländische Gesandte Schreiber Fächerträger Palastdiener vornehme Herren Wagenlenker mit Gespann	
			Lauterzeugung durch Jubel des Belohnten
TA 6 S-Wand, W Subreg.	vor Wohnhaus	Untergebene Fächerträger Standartenträger und Eskorte Verehrende und die Erde küssende Männer seines Haushaltes	
			Lauterzeugung durch Belohnten (Redegestus), jubelnde Dienerschaft, Wagenlenker, Städterinnen mit Handtrommeln
TA 6 W-Wand	vor Temenos	Wachsoldaten Offiziere Herold	
			Lauterzeugung durch zwei Gruppen Städterinnen mit Handtrommeln
TA 6 W-Wand	Temenos	Wagenlenker mit königl. Gespann Tempeldiener	
TA 6 W-Wand	Tempelvorhof	Priester Fächerträger Kastenträger von Offizier begleitet	

TABELLE 2 *Die am Aufbau des sozialen Raumes beteiligten Personengruppen in den* (cont.)

Anbringungsort	Dargestellter Raum	Nicht lautlich handelnde Personen und Gruppen	Vorkommende Lauthandlungstypen
TA 6 W-Wand	Gem-pa-Aten	Königspaar Eine Prinzessin mit Opfergabe Kinderfrauen Höflinge, Diener „Erster Diener des Aten im Atentempel von Achetaten“ 6 assistierende Priester	Lauterzeugung durch zwei Prinzessinnen mit Sistrum, Sänger
TA 6 W-Wand	Hof des Stelenheiligtums	„Oberaufseher der Rinder des Aten“ Diener neben Schlachthof	
TA 6 W-Wand	Sanktuar	menschenleer	
TA 6 N-Wand	Opfertisch im Eingangsbereich	Königspaar „Erster Diener des Aten im Atentempel von Achetaten“ Diener	
Grab des Parennefer TA 7 Halle, O-Wand	Thronbaldachin für Audienz	König „Königlicher Mundschenk mit reinen Händen“	
TA 7 O-Wand	Palasthof vor Thronbaldachin	Diener	Lauterzeugung durch doppelte Gruppe Hofmusikerinnen mit Gesang und Saiteninstrumenten Lauterwartung von sehenden asiatischen Hofmusikern, Lauterzeugung durch Musiker (fragmentarisch)
TA 7 W-Wand	Königstrakt	Diener	

Anbrin-gungsort	**Dargestellter Raum**	**Nicht lautlich handelnde Personen und Gruppen**	**Vorkommende Lauthandlungstypen**
TA 7 W-Wand	Erscheinungs-fenster Portikus	Königspaar Prinzessinnen Kinderfrauen Mutnedjmet Wesir Wedelträger, die die Insignien halten Schatzmeister Schreiber	
			Lauterzeugung durch Jubel des Belohnten
TA 7 W-Wand	Erscheinungs-fensterhof	Ausländische Gesandte Offizier Mundschenk vornehme Herren Höfling Wagenlenker mit Gespannen Schreiber Gabenträger	
TA 7 W-Wand	vor Wohnhaus	Gabenträger Belohnter im Wagen	
			Lauterzeugung durch „Die Hausherrin und Gelobte der großen königlichen Gemahlin“ (= Frau des Belohnten) Städterinnen mit Handtrommeln, Tänzerinnen, vor Freude tanzender Mann
Grab des Tutu TA 8 Säulen-halle, W-Wand, S	Frauentrakt	Palastdiener	Lauterzeugung durch Tanz und Musik übende ägyptische und syrische Hofmusikerinnen

TABELLE 2 *Die am Aufbau des sozialen Raumes beteiligten Personengruppen in den* (cont.)

Anbringungsort	**Dargestellter Raum**	**Nicht lautlich handelnde Personen und Gruppen**	**Vorkommende Lauthandlungstypen**
TA 8 W-Wand, S	zwischen Frauen- und Königstrakt	Palastdiener	Lauterzeugung durch Aufseher und Türwächter
TA 8 W-Wand, S	Königstrakt	Palastdiener Türwächter	Lauterzeugung durch Aufseher
TA 8 W-Wand, S	Erscheinungsfenster	Schatzmeister	Lauterzeugung durch Reden des Königs und des Ernannten (= „Erster Diener des Königs im Atentempel, Kammerherr“)
TA 8 W-Wand, S	Erscheinungsfensterhof	Schatzmeister Gabenträger Schreiber	Lauterzeugung durch ausländische Gesandte, Fächerträger (Offiziere), Beamte, Schreiber, Wesir und Höflinge, königlichen Wagenlenker
TA 8 W-Wand, S	Palastwache	Wächter Pferdeknechte bei Wagen und ausgespannten Pferden	Möglicherweise Lauterzeugung durch einen Besucher und Palastwächter

Anbringungsort	**Dargestellter Raum**	**Nicht lautlich handelnde Personen und Gruppen**	**Vorkommende Lauthandlungstypen**
TA 8 W-Wand, S	vor Palasttor	Phyle (Standartenträger der Krieger) die Erde küssende Männer	Lauterzeugung durch Belohnten Inspektoren, seinen jubelnden Wagenlenker, Freudentanz der Männer (Freunde, Untergebene)
TA 8 W-Wand, S	Straße zwischen Palast und kleinem Atentempel	Herren im Wagen Gabenträger Diener Stallknechte mit Ochsen die Erde küssender Mann	Lauterzeugung durch Jubel und Freudentanz der Männer, Offizier, Inspektoren, Phyle Städterinnen mit Handtrommeln
TA 8 W-Wand, S	vor Tempel	Tempeldiener	Lauterzeugung durch Belohnten im Wagen, Tempeldiener, Männer
TA 8 W-Wand, S	Tempel	menschenleer	
TA 8 W-Wand, N	Königstrakt	Palastdiener	
TA 8 W-Wand, N	Zwischen Königs-und Frauentrakt	Palastdiener	Ruhe durch schlafenden Diener

TABELLE 2 *Die am Aufbau des sozialen Raumes beteiligten Personengruppen in den* (cont.)

Anbringungsort	Dargestellter Raum	Nicht lautlich handelnde Personen und Gruppen	Vorkommende Lauthandlungstypen
TA 8 W-Wand, N	Frauentrakt	Frauen	Lauterzeugung durch Tanz und Musik übende ägyptische und syrische Hofmusikerinnen
TA 8 W-Wand, N	Palasthof mit geschlossenem Erscheinungsfenster und nicht bevölkertem Portikus	Königin, Prinzessin Mutnedjmet mit Gefolge („Sonnenküken“, Fächerträger, Wedelträger, Kinderfrauen, Diener) Wesir Höflinge Schreiber „Die Beamten und Leiter des ganzen Landes“ (Beamte, Offiziere mit Fächern, evtl. ausländische Gesandte mit ihren Lieferungen) Gabenträger, Knechte mit Ochsen Wagenlenker mit königl. Gespannen	Lauterzeugung durch Rede des Königs Rede des Belohnten
TA 8 W-Wand, N	Palastwache (nur kleiner Rest erhalten)	Träger Männer	evtl. Lauterzeugung durch Palastwächter
TA 8 W-Wand, N	vor Palasttor	Wagenlenker mit Gespannen Gabenträger Stallknechte mit Ochsen hohe Beamte und Freunde des Belohnten	

Anbringungsort	**Dargestellter Raum**	**Nicht lautlich handelnde Personen und Gruppen**	**Vorkommende Lauthandlungstypen**
			Lautvermeidung durch Stallknechte Lauterzeugung durch Belohnten, Wagenlenker und Offiziere, zwei Männer, Städterinnen mit Handtrommeln
Grab des Mahu TA 9 Halle, O-Wand, S, oberes Reg.	Königsstraße zwischen Tempel und Grenzstele	Königspaar u. Prinzessin im Wagen Eskorte (der Wüstenpolizei) Wesir „Oberster der Polizeitruppe von Achetaten, Mahu“	
TA 9 Forts. oben S-Wand, O	vor Grenzstele bei Ankunft	Eskorte (der Wüstenpolizei) Mahu	
TA 9 O-Wand, S unten	Fahrt entlang der Stadtgrenze	Königspaar u. Prinzessin im Wagen Eskorte (der Wüstenpolizei) Oberster der Polizeitruppe vor Wagen mit Königspaar Oberster der Polizeitruppe hinter Wagen mit Königspaar Wachen an Wegen u. am Stadtrand	
TA 9 Forts. unten S-Wand, O	vor Grenzstele bei Abfahrt	Eskorte Wesir Sandalenträger, Mahu, Diener Wächter	Lauterzeugung durch Obersten der Polizei
TA 9 O-Wand, N oben	Palasthof	Standartenträger Polizeitruppe Höfling Fächerträger Wagenlenker mit Gespannen	
			Lauterzeugung durch Obersten der Polizei

TABELLE 2 *Die am Aufbau des sozialen Raumes beteiligten Personengruppen in den* (cont.)

Anbringungsort	Dargestellter Raum	Nicht lautlich handelnde Personen und Gruppen	Vorkommende Lauthandlungstypen
TA 9 O-Wand, N	Temenos		Lauterzeugung durch Obersten der Polizei Standartenträger, Polizeitruppe
TA 9 Forts. N-Wand	vor Temenos		Lauterzeugung durch Tänzerin, Städterinnen mit Handtrommeln Wagenlenker
TA 9 W-Wand, S 1. Reg. v.o.	am Feuer, morgens	Günstling des Königs	Lauterzeugung durch Obersten der Polizei und Wesir
	Warenlager	Oberster der Polizei Polizisten	
Forts. S-Wand, W			Obersten der Polizei und Schreiber, Schreiber und Obersten der Polizei
TA 9 W-Wand, S 2. Reg. v.o.	vor Wachturm am Stadtrand	unbewaffnete Polizisten (Offiziere) Landleute mit Fischen, Broten, etc.	Lauterzeugung durch Polizist der Waren entgegennimmt, Landfrau
Forts. S-Wand, W	im Wachtturm	bewaffneter Polizist Szene zerstört	
TA 9 W-Wand, S 3. Reg. v.o.	vor Wachgebäude morgens	Polizisten Wüstenbewohner Wagenlenker mit Gespann	Lauterzeugung durch Obersten der Polizei und Offizier
Forts. S-Wand, W	im Gebäude	Küchenjunge Polizist	

Anbringungsort	Dargestellter Raum	Nicht lautlich handelnde Personen und Gruppen	Vorkommende Lauthandlungstypen
TA 9 W-Wand, S 4. Reg. v.o.	Ort der Rechtsprechung	Oberster der Polizeitruppe und Wagenlenker im Wagen Eskorte (Polizisten) Wüstenbewohner Polizisten mit Gefangenen den Wesir begleitende hohe Beamte Führer der Armee	
			Lauterzeugung durch Wesir und Obersten der Polizei
Forts. S-Wand, W		Laufende Polizisten	
Grab des Eje TA 25 Säulenhalle, N-Wand, O	Erscheinungsfenster	Königsfamilie „Sonnenküken Hemet-nesu-er-neheh und Mutef-Re“ Fächerträger Höflinge Diener	
	Portikus	„Wedelträger zur rechten Seite des Königs, Vorsteher aller Pferde seiner Majestät, Schreiber, Gottesvater“ und „Die große Amme der großen königlichen Gemahlin Nefertiti, Königsschmuck“ (beide belohnt)	
TA 25 N-Wand, O	Erscheinungsfenster, Hof		Lauterzeugung durch 7 nubische Tänzer und (zu ergänzende) Rhythmus schlagende und klatschende Libyer
		Würdenträger Wesir Höflinge	

TABELLE 2 *Die am Aufbau des sozialen Raumes beteiligten Personengruppen in den* (cont.)

Anbringungsort	Dargestellter Raum	Nicht lautlich handelnde Personen und Gruppen	Vorkommende Lauthandlungstypen
		Fächerträger ausländische Elitesoldaten vornehme Herren Offiziere libysche Offiziere Diener Schreiber Priester ausländische Gesandte Wagenlenker mit königl. Gespannen Pferdeknecht	Lautvermeidung durch Pferdeknecht
TA 25 N-Wand, O	vor Palasttor	Belohnter Gabenträger die Erde küssende Freunde Fächerträger Standartenträger	Lauterzeugung durch Freunde, Stocktänzer, Angehörige der Elite, Offiziere, Wagenlenker und Diener
TA 25 N-Wand, O	Palastwache		Lauterzeugung durch Wächter und Jungen, Wächter und Besucher, Jungen untereinander
TA 25 N-Wand, O	Königstrakt	Palastdiener	Lauterzeugung durch Palastdiener und Schreiber
TA 25 N-Wand, O oberh. Tür	zwischen Königs- und Frauentrakt		Lauterzeugung durch Palastdiener und Türwächter

Anbringungsort	Dargestellter Raum	Nicht lautlich handelnde Personen und Gruppen	Vorkommende Lauthandlungstypen
TA 25 N-Wand, O oberh. Tür	Frauentrakt	Frauen Diener	Lauterzeugung durch Tanz und Musik übende ägyptische und syrische Hofmusikerinnen
TA 25 N-Wand, W oberh. Tür	Frauentrakt	Frauen Diener	Lauterzeugung durch Musik und Tanz übende Hofmusikerinnen
TA 25 N-Wand, W oberh. Tür	zwischen Frauen- und Dienertrakt	Palastdiener, essend	Ruhe durch schlafenden Diener
TA 25 N-Wand, W oberh. Tür	Dienertrakt	Diener	

Unter urbanen Räumen werden hier sämtliche im Stadtbereich liegenden Räume zusammengefasst. Die Tabelle 2 zeigt auditive Räume, die durch unterschiedliche Lauthandlungstypen in den folgenden urbanen Bereichen erstellt werden:

- Palast Mittelhalle und Laube im Palastgarten mit Vorräumen
  - Thronbaldachin für Audienz im Palast und Hof davor
  - Privaträume (Königs-, Frauen-, Dienertrakt und Korridore dazwischen), Garten
  - der Palasthof bei geschlossenem Erscheinungsfenster
- Erscheinungsfenster (inklusive Portikus und Erscheinungsfensterhof)
- vor dem Palasttor
- Palastwache
- vor dem Wohnhaus eines Belohnten
- Wohnhaus eines Belohnten (rückwärtiger Teil), Stall

- Straße zwischen Palast und kleinem Atentempel
- Königsstraße, die Paläste und Tempel miteinander verbindet, und Weg zur Grenzstele
- vor dem Temenos
- Tempel
  - Temenos
  - Kultbereiche (Vorhof, zwischen 1. und 2. Pylonen, *gm-pꜣ-Jtn*)
  - Hof des Stelenheiligtums = *ḥw.t-bnbn* (inklusive Schlachthof = *wsḫ.t*)
- Wirtschaftsbereich des Tempels am Hafen
- Tempelbereich am Hafen
- Prozessionsweg zum Ort des Tributempfangs
- Ort des Tributempfangs
- Grenzstele und Wachturm am Stadtrand
- Warenlager
- Ort der Rechtsprechung
- Nekropole

Menschenleere Gebäude sind in dieser Liste nicht mit aufgeführt, da sie keine sozialen Räume darstellen. Desgleichen sind Räume ohne einen angezeigten Lauthandlungstypus nicht berücksichtigt. Möglicherweise wären Kultbereiche im Tempel, in denen nicht durch lautliches Handeln markierte Personen dargestellt sind, als kultisches Schweigen zu kategorisieren. Darauf wurde hier verzichtet, da auch andere Räume außerhalb dieses Kultbereichs durch mehrere Personen zwar als soziale, aber nicht als auditive Räume codiert sind. Aus der Tabelle 2 geht hervor, dass sich gleichartige soziale Räume in mehreren Gräbern finden, und dass in einem Grab auch Landschaft und Nekropole als Hörräume visualisiert sind.

5.2 Die Rezeption visualisierter Hörräume der Stadt

Die Wandbilder von Tell el-Amarna befinden sich *in situ*. Mit dem architektonischen Kontext und einem Betrachter, in dessen Körper die dargestellten Orientierungslaute eingeschrieben sind, ist ihre ursprüngliche Rezeptionssituation gegeben. Die in den Tableaus dargestellten auditiven Räume werden als *Spacing* in den Augen des Betrachters untersucht. Das Augenmerk ist auf die Positionierung von Menschen gegenüber anderen Menschen und deren Verknüpfung zu Ensembles gerichtet. Sprecher und Musiker werden als Zeichen und Symbole gelesen, die den Kontakt zu einem Betrachter etablieren, der ihre sozialen, religiösen und ästhetischen Aussagen versteht.[22] Der Rezipient ist ein Bewohner von Achetaten. Er kann sich mit den symbolischen Hörereignissen seiner Stadt identifizieren. Ihn sollen die Beziehungen im Bild aktivieren und stimulieren. Er rezipiert die sprechenden, spielenden und singenden Akteure. Er erkennt, mit wem ihre Stimmen und Instrumente gepaart sind. Er erfasst den Kontext für ihren Auftritt. Er sieht im Würdenträger einen Mann, der sich in Gegenwart des Königs äußern darf. Ihm klingt das Trommeln in den Straßen im Ohr. Sein Körper spürt die Spannung, wenn Trompetenstöße den König ankündigen. Er hat erlebt, wenn der Jubel der Volksmenge auch ihm die Arme hochreißt. Er erkennt sich wieder im Hofbeamten, Mitglied einer Phyle, Palastdiener oder Priester, der das Königslob ausruft. Für ihn wird das Betrachten und „Hören" der Bilder zu einer Tätigkeit, durch die die Welt der Amarnazeit in ihrer Hörkultur erscheint.[23]

Die Grabdekoration bildet eine kognitive Struktur, die in Abhängigkeit von der Architektur die einzelnen Elemente zu einem sinnvollen Ganzen zusammenfügt. Die Säulenreihen flankieren den Weg entlang der Tableaus, der zu den Statuen des Grabherrn führt:[24]

---

22 KEMP, The Work of Art and Its Beholder, in: CHEETHAM, *The subjects of art history*, S. 188.

23 Der soziale Raum einer Stadtkultur umfasst sowohl auditive als auch imaginierte Hörräume. Den imaginierten Hörräumen ist Kap. 6 gewidmet. Bisherige Untersuchungen sind nicht von der historischen Rezeptionssituation in Achetaten ausgegangen, sondern von sakrosankten Räumen (GREEN, Ritual Banquets at the Court of Akhenaten, in: KNOPPERS/HIRSCH, *Egypt, Israel, and the Ancient World*, S. 203–222), Schwellenbereichen (FITZENREITER, *ꜣḫ n jtn* als *ꜣḫ n jḳr rꜥ*, in: *SAK* 37, S. 85–124) und Grenzziehungen in den thebanischen Beamtennekropolen. Phänomene der Amarnazeit werden von HORNUNG und den meisten Ägyptologen als ein „Verwischen der Grenzen" behandelt, einer Idee, die ersterer auch auf Wohnhäuser, also auf traditionell nicht sakrosankte Bauten ausdehnt (HORNUNG, *Echnaton*, S. 106). Diese Etikettierung der Veränderungen greift jedoch nicht, weil sie von Grenzen ausgeht, die in Achetaten gar nicht erst gezogen werden. Es ist anzunehmen, dass eine Lesung der Bildinhalte, die auf der religiösen Ikonographie der Voramarnazeit fußt, eine gewisse Rolle bei der Syntheseleistung für den damaligen Betrachter spielte. Sie verbietet sich jedoch als hermeneutischer Ausgangspunkt bei einem Ansatz, der die starke ideologische und theologische Überformung der Bildinhalte in ihrem aktuellen historischen und gesellschaftlichen Kontext berücksichtigt. Sie wird deshalb durch eine Lesart ersetzt, die die Bilder im Kontext der Amarnazeit betrachtet.

24 Die Nord- und die Südgräber unterscheiden sich in Anlage und Größe. Die Gräber der Nordgruppe (TA 1–TA 7) setzen sich wahlweise aus kleinen Säulenhallen (bis maximal 4 Säulen) und langen rechteckigen Hallen zusammen. Die Statuenkammern finden sich am Ende der Eingangsachse. Das Merkmal der Südgruppe (TA 8–TA 25) ist eine Säulenhalle mit mindestens 4 bis maximal 24 Säulen, die parallel zur Eingangswand aufgestellt sind. TA 9 hat keine Säulen, aber im Gegensatz zu den Nordgräbern keine längs, sondern eine quer zur Eingangsachse liegende Halle.

> Maximal zwei Säulen stehen [in der Nordgruppe] zwischen einem Rezipienten, der sich auf der Eingangsachse bewegt, und den Tableaus; sie regen dazu an, die Details aus der Nähe, von dem Raum zwischen ihnen und der Wand aus, zu betrachten – und dies wird durch die Inhalte derart geleitet, dass die Bewegung jeweils parallel zu der auf der Eingangsachse stattfindet. Am Ende der Eingangsachse ist bereits vom Eingang aus das Rundbild des Grabherrn zu sehen. [...] Auch die säulenlosen Gräber stimmen mit dem System der Ausrichtung von Wanddekoration und Statue überein, indem die Tableaus von dem Weg aus zu betrachten sind, der zur Statue führt.[25]

Der breite Rahmen des Bildes, der nichts von dem Dargestellten abschneidet, gibt dem Tableau einen förmlichen und vollständigen Charakter, es scheint als eine eigene Welt zu existieren, die zur Betrachtung einlädt.[26] Die Säulen rahmen die zentrale Szene des Tableaus für den mittig davor stehenden Betrachter ein. Sie grenzen das Bild ab. Der Wechsel von Rahmung und Ausschnitt aktiviert den Betrachter. Die Kunsthistorikerin Elizabeth MEYERS schreibt zur Verstärkung der Bildinhalte durch architektonische Elemente und die Verteilung auf den Grabwänden:

> The decorative system not only reinforces the axial thrust and line of procession through the tomb, but seems designed to give primacy to key spatial areas for relief decorations. The use of columns to frame the major relief panels is only one device used to focus attention to particular areas of the decorative reliefs. Another device to emphasize the major panels is their subject, the king engaged in some official activity such as visiting the temple, offering to the Aten, appointing officials or awarding officials for past service. The centralization of these panels is reinforced by the periphery scenes on either side of the main relief. The scenes framing the major panels all contain either periphery activities related to the function of the major panel or subsidiary scenes representing activities in areas adjacent to the center of the major panel. In each of these panels the action points to the main relief when related to the subject matter of the scene. The reliefs and the space utilized for them also reveal an

---

25 ARP, *Die Nekropole als Figuration*, S. 122.

26 MEYER SCHAPIRO, Über einige Probleme der Semiotik der visuellen Kunst, in: BOEHM, *Was ist ein Bild?*, S. 258.

> importance of subject as it is precisely these areas that contain reliefs depicting Akhenaten.[27]

Die Szenen erschließen sich sukzessiv. Um die Tableaus auf der Eingangswand zu betrachten, muss sich der Grabbesucher zur Türöffnung, durch die das Tageslicht hereinfällt, umdrehen. Die Größe der die ganze hohe Wand einnehmenden Darstellungen verlangt einen beweglichen Betrachter. Die Halle wird zum Aktionsraum. Sie erfordert von ihm, dass er für einen Gesamteindruck des Tableaus einige Schritte zurücktritt, wobei er durch die Bildkomposition bedingt *de facto* den Abstand zwischen sich und dem Königsbild vergrößert, dass er an den etwa 7–10 m, in großen Anlagen bis zu 16 m langen Wänden entlanggeht, sich zum Ansehen der Subregister herunterbeugt, zum Betrachten des im Erscheinungsfenster platzierten Königs hinaufsieht und für den Blick auf die oberhalb der 3 m hohen Türöffnung und unter der Decke dargestellten Wohntrakte und Wachen des Palastes den Kopf in den Nacken legt. Beim Betrachten der Ausfahrten des Königs an den Wänden entlangwandernd, vollzieht er eine Vorwärtsbewegung. Die mediale Inszenierung erzwingt, dass er als respektvoll den Abstand zu seinem Gegenüber wahrender, sich bückender und aufblickender Betrachter genau die Körperhaltungen einnimmt, in denen er auf den Tableaus in Gegenwart des Königs erscheint. Indem er diese „Bedeutungshaltungen"[28] einnimmt, setzt sich der Rezipient zum König ins Verhältnis.

In seiner Darstellung findet sich der Grabbesitzer selbst im Bild. Als Betrachter erlebt er sich selbst im Raum. Außer der medialen Inszenierung und dem Detailreichtum der Bilder aktiviert die Nachahmung städtischer Bauelemente in der Hallenarchitektur den Betrachter. Körperpositionen, Bewegungen und die Gangart auf Rampen wecken seine inkorporierte Erinnerung. Er kann in dem durch Darstellungen und Architektur geschaffenen Raum – die Stadt Achetaten – den für ihn arrangierten Erfahrungskontext wahrnehmen.[29] Sie stimulieren seinen Dialog mit den gezeigten Räumen und die Einnahme seines Platzes darin. Die Bildinhalte nehmen auf die Art und den Ort seiner Tätigkeit Bezug. Beispielsweise ist die Tempeldarstellung in jenen Gräbern ausführlich und detailreich, deren Inhaber seinen Titeln und Ämtern nach einen besonderen Bezug zum Tempel hatte. Die geschilderte Welt wird weder in die Vergangenheit noch in die Zukunft transponiert. Die

---

27 MEYERS, *A Program of Political Theology in Amarna Tomb Art*, S. 48.

28 ARP, *Die Nekropole als Figuration*, S. 113.

29 Der gleiche Effekt wird von Gabriele SCHMID (*Illusionsräume*, S. 31f) für den Betrachter eines Panoramas aufgezeigt.

für den damaligen Betrachter gewahrte Gleichzeitigkeit unterstützt die im Bild angelegten Effekte. Sie machen den Vollzug wiederholbar.

Die Strahlen von der Sonne zum König und die physische Nähe des Belohnten zum König symbolisieren die zentralen Beziehungen. Sie besetzen im Bild ästhetische Schlüsselfunktionen. Religion[30] und Königsideologie in Amarna bilden den Höhepunkt einer sich über Generationen erstreckenden Entwicklung: „Das revolutionäre Moment der Amarna-Theologie besteht darin, diese Neue Sonnentheologie aus dem Ganzen der ägyptischen Gottesvorstellungen isoliert und als das Insgesamt des religiösen Weltbildes verabsolutiert zu haben".[31] Die Stadt und das Ostgebirge sind der Aufenthaltsort des Sonnengottes, der Horizontberg, über dem der Aten aufgeht, und das Tor, durch das der Gott seine Stadt betritt.[32] Der König wird als irdische Hypostase des Gottes Aten konzipiert und dargestellt. Er besetzt deshalb in der „pharao-zentrierten Ikonographie"[33] grundsätzlich die höchste Stelle im sozialen Raum. Die zentrale Position des Königs begrenzt die Darstellung. Sie entscheidet darüber, was im Bild sichtbar gemacht werden kann.

Der zukünftige Grabherr betrat die Halle als einen Ort, der in der nachtodlichen Existenz die Stadt Achetaten als Lebenswelt für ihn und seinen *Ba* (*bꜣ ꜥnḫ*) in sich birgt. Die Auswahl der Motive, die in allen dekorierten Grabhallen vorkommen, ist auf seine Bedürfnisse zugeschnitten: Der Opfervollzug durch den König garantiert ihm die Versorgung, Amtsausübung und Ehrengoldverleihung repräsentieren seine Beziehung zum König, der triumphale Heimweg nach der Verleihung integriert ihn als Ehrengoldträger in den Hörraum der Stadtgesellschaft, die sich seines Namens erinnern wird. Um zu gewährleisten, dass die Gesellschaft der Lebenden sich seiner erinnert, müssen die Bilder so gestaltet sein, dass sie den Besucher engagieren, die dargestellten Taten

---

30 Die Ausgrabungen (siehe STEVENS, *Private Religion*) haben viele Zeichen der Frömmigkeit zutage gefördert, die sich nicht mit dem propagierten Staatskult vereinbaren lassen. M.E. ist die Trennung von Staatsreligion und persönlicher Frömmigkeit eine theoretische Aufteilung, die der historischen Gesellschaft in der 18. Dynastie nicht gerecht wird, weil sie zwei nebeneinander existierende homogene Formen von Religionsausübung postuliert, die, wie die an andere Götter gerichteten Votivstelen im Bereich des Altars von Wohnhäusern und andere Funde zeigen, nicht unbeeinflusst voneinander gelebt wurden.

31 ASSMANN, Geheimnis, Gedächtnis und Gottesnähe, in: ASSMANN et al., *Thebanische Beamtennekropolen*, S. 287.

32 REICHE, Überlegungen zum nichtköniglichen Totenglauben, in: SCHADE-BUSCH, *Wege öffnen*, S. 217f.

33 LABOURY, Amarna Art, in: UEE, http://digital2.library.ucla.edu/viewItem.do?ark=21198/zz0026vj6m, letzter Zugriff 2014-12-12.

und Karrieren ihn beeindrucken und an sein Pflichtbewusstsein und seinen Gemeinschaftssinn appellieren.[34] In der physischen Nähe des Belohnten bei der Ehrengoldverleihung erkennt der Rezipient einen Vetrauten des Königs. In einem Fall (TA 9, Halle, O-Wand) ist der stehende, nichtkönigliche Grabbesitzer in Relation zum König im Streitwagen nahezu gleich groß dargestellt. In der Regel bleibt aber der Bedeutungsmaßstab durch den überlebensgroßen König im Verhältnis zu seiner innerbildlichen Umgebung und zum Betrachter beibehalten. In TA 8 wird die bedeutende Position des (vor dem König klein dargestellten) Grabbesitzers im Hörraum durch den Platz vermittelt, den der Text seiner langen Rede einnimmt.[35] Beigeschriebene Titel und Namen einer Person stellt diese über andere Personen, die nicht namentlich bezeichnet sind. Es gibt keine generellen Unterschiede in der Sichtbarmachung einer Lauthandlung zwischen Texten, die Reden, Lieder oder Ausrufe wiedergeben, und gegenstandsbezogenen Gesten für Reden, Singen, Jubeln und Beruhigen. Werden mehrere dieser Mittel innerhalb einer Darstellung verwendet, können sie jedoch der Nuancierung von Statusunterschieden dienen.

Der Palast

Der Königspalast ist in allen dekorierten Gräbern dargestellt. Wohnhäuser und Königspalast folgen der gleichen Raumstruktur. Hof und Palast haben zwei Eingänge. Man gelangt durch ein Tor von der Königsstraße in den Palasthof mit dem Erscheinungsfenster. Der Palast ist unterteilt in einen vorderen Teil mit Empfangszimmer und Vorräumen, einen Mittelteil mit der von Säulen getragenen Mittelhalle samt Nebenräumen und den dahinter liegenden Teil der Privatsphäre. Der durch das Schlafzimmer verdeutlichte Königstrakt, der Frauen- und der Dienertrakt sind durch Korridore getrennt.[36] Außer diesen Räumen sind die Laube im Palastgarten, ein Thronbaldachin für die Audienz in einem der Höfe und der Raum außerhalb der Gartenmauer dargestellt.

Mittelhalle mit Vorräumen und Laube im Palastgarten

Die Mittelhalle dient als Speise- und Empfangsraum. Bei Anwesenheit des Königs bildet sie das Hauptmotiv eines Tableaus. Im Rahmen einer Palastdarstellung wird die Mittelhalle in Abwesenheit des Königspaares (mit

---

34 HARTWIG, *Tomb Painting and Identity*, S. 43–49.

35 TA 8, Säulenhalle, W-Wand, N, DAVIES, *Amarna* VI, Taf. XVII.

36 RICKE, *Der Grundriss des Amarna-Wohnhauses*, S. 58–68.

zusammengestellten Sesseln),[37] oder kurz vor dessen Eintreffen (mit vorbereiteten Speisentischen) dargestellt.[38]

In TA 1 auf dem Ostteil der Südwand speisen das Königspaar, ihre Töchter Meretaten und Neferneferuaten, die Mutter des Königs und die Prinzessin Baketaten unter der Strahlensonne. Das aus Kinderfrauen und Höflingen gebildete Gefolge, der Mundschenk Huya, Palastdiener und Vorkoster sind anwesend (siehe Abb. 6). Auf der Westseite derselben Wand findet sich das Pendant als Umtrunk am Abend ohne Strahlensonne, aber dafür mit sechs brennenden Lampenständern (siehe Abb. 7). In beiden Szenen treten alternierend zwei Orchester auf.[39] Ein Orchester besteht aus sehenden ägyptischen Musikerinnen, das andere aus asiatischen Musikern mit verbundenen Augen. Ebenfalls am Abend findet der Trunk in einer Laube im Palastgarten in TA 2 statt. Dort schenkt Nefertiti ihrem königlichen Gemahl ein, die Prinzessinnen bringen Blumen und Gaben. Der Mundschenk, die Vorkoster und die auf Harfen, Leiern und Laute spielenden Hofmusikerinnen vervollständigen das Bild.[40] Auf der Westwand in TA 3 speisen das Königspaar und die Prinzessinnen bei Tage. Kinderfrauen, Diener und drei Musikerinnen füllen den Raum während des Mahles.[41] Stark zerstört ist die Szene auf der Westwand in TA 5. Von Achenaten und Nefertiti sind nur Reste erhalten. Sie zeigt aber, den Speisen und den Resten eines Atenstrahls nach zu urteilen, den Saal ebenfalls bei Tage.[42] Eine weitere Trinkszene findet sich auf der Ostwand in TA 7, diesmal während der Audienz des Königs unter einem Thronbaldachin (siehe Abb. 8). Mundschenk und Diener versorgen den Herrscher. Ein aus mindestens zwei Gruppen zusammengesetztes Orchester singt und spielt. Musiker verbeugen sich oder warten auf ihren Einsatz.[43]

---

37 TA 1, Säulenhalle, W-Wand, DAVIES, *Amarna* III, Taf. XIII (nur ein leerer Sessel sichtbar). TA 4, Säulenhalle, W-Wand, DAVIES, *Amarna* I, Taf. XVIII. TA 6, erste Halle, O-Wand, DAVIES, *Amarna* II, Taf. XIV.

38 TA 4, Säulenhalle, O-Wand, oben, DAVIES, *Amarna* I, Taf. XXVI. TA 7, Halle, W-Wand, DAVIES, *Amarna* VI, Taf. IV. TA 8, Säulenhalle, W-Wand, N und S, DAVIES, *Amarna* VI, Taf. XVII bzw. XIX. TA 25, Säulenhalle, N-Wand, DAVIES, *Amarna* VI, Taf. XXVIII. BICKEL (Der leere Thron Echnatons, in: FS *Othmar Keel*, S. 205) interpretiert die leeren Sessel als Sichtbarmachung des Königs und Sinnbild der dauerhaften Präsenz des Königspaares *in absentiam*.

39 TA 1, Säulenhalle, S-Wand, O und W, DAVIES, *Amarna* III, Taf. IV-VII.

40 TA 2, Säulenhalle, S-Wand, W, Laube im Palastgarten, DAVIES, *Amarna* II, Taf. XXXII.

41 TA 3, Halle, W-Wand, unten, DAVIES, *Amarna* III, Taf. XXXIII-XXXIV.

42 TA 5, Halle, S-Wand, unten, DAVIES, *Amarna* IV, Taf. X. Diese Bankettszene lässt sich für die Untersuchung nicht auswerten.

43 TA 7, Halle, O-Wand, Audienz, DAVIES, *Amarna* VI, Taf. VI.

ABB. 6 *Bankett mit alternierenden Orchestern, morgens.* TA 1, *Säulenhalle, Südwand, östlicher Teil, unten. Nach Davies, Amarna* III, *Taf.* V, *Ausschnitt.*

In allen Bankettszenen spielen Musikergruppen. Ihre Funktion ergibt sich aus ihrer Beziehung zum König. Nirgends ist eine Rede überliefert oder ein Redegestus angezeigt. Der auditive Raum wird nur von den Musikern geschaffen. Die Bankettszenen unterscheiden sich voneinander durch ihre lautliche Codierung. Nur in TA 1 beim Besuch der Königsmutter Teje und in TA 7, wenn der trinkende König unter einem Thronbaldachin in einem der Palasthöfe Audienz gibt, treten alternierende Orchester mit ägyptischen und asiatischen Musikern auf. Hingegen findet sich in den Szenen, in denen die Familie unter sich ist (TA 2, TA 3), jeweils nur eine musizierende Gruppe. Sie besteht aus einheimischen Hofmusikerinnen. Achenaten setzt Musik zur Durchsetzung seiner Ideologie ein.[44] Die Ursache für die alternierenden Orchester in zwei Bankettszenen liegt in der kulturellen Konzeption der Situation als Empfang bei einem Gott. Das Klangmuster des Sargschlittenzugs (siehe Kap. 3.4) ist hierfür der traditionelle Orientierungslaut. Die Mitglieder der Hofgesellschaft waren durch ihre Teilnahme an Begräbnissen mit ihm vertraut. Der auditive Raum des Empfangs bei einem Gott wird nunmehr dem Palast zugeordnet.

Der antiphonale Gesang alternierender Orchester bewirkt die Sakralisierung des Hörraumes. Dieser überträgt seine rituellen Eigenschaften auf die Anwesenden. Der Ausdruck „die Finsternis bei Tage sehen" ist eine in der Totenwelt verankerte Gebetsformel und ein Ausdruck für Gottesferne. Sie kann nur mit den asiatischen Musikern, denen die Augen verbunden sind, in Verbindung gebracht werden, wenn diese im Bild als

44 „Akhenaten utilisa la musique pour affirmer la réalisation de son projet théocratique, qui passait par la transformation de la Cour en un espace aussi sacré que celui des temples", KASPARIAN, Les sons du pouvoir dans l'Égypte ancienne, in: SCHETTINO/PITTIA, *Les sons du pouvoir dans les mondes anciens*, S. 61.

distanziert vom anwesenden göttlichen König markiert werden sollen. Eine Statusdifferenzierung ist bei den Bankettszenen gegeben:

> L'utilisation de ce motif pour la famille royale et le roi lui-même contribuait à figurer ceux-ci à l'instar d'êtres humains presque ordinaire. En même temps, le fait de placer ces images à caractère faussement ‚familier' dans une tombe ou encore dans un autel destiné à la vénération, situait le motif à distance de l'ici-bas. En effet, le roi et les seins, dignes de vénération, relèvent de la sphère quasi divine. Il existe une tension entre le contenu de ces images qui les rapproche de ceux auxquels elles sont destinées, et leur support qui joue un rôle d'éloignement, en rétablissant une distance, une limité infranchissable. Ainsi, les emplacements choisis pour ces images conduisent à créer une distance que le contenu de l'image tend à réduire.
>
> Cette sphère intime ressortit à un milieu qui s'offre en spectacle mais auquel le dignitaire n'a pas véritablement accès. Ce n'est que dans le cadre de certaines scènes des tombes privées que le fonctionnaire approche la famille royale à l'occasion du moment d'intimité qu'est le repas pris en famille, mais uniquement comme un serviteur représenté à une échelle très réduite. Cette manière de figurer le mort dans sa propre tombe, l'inscrit dans un système hiérarchique où le roi, les membres de famille royale et le dieu Aton occupent les places prépondérantes. C'est par le biais de leur présence que le mort pouvait espérer avoir accès à l'éternité.
>
> La famille royale est un milieu clos. Cette ‚réclusion' a ses propres raisons: elle est indispensable pour préserver le caractère sacré du roi et de son entourage. Cela explique pourquoi l'image du couple royal ou encore de la famille est isolée: on y associe volontiers les jeunes princesses ou la reine mère Tiyi. [...] Nous sommes dans le domaine de l'imaginaire, dans une autre sphère qui n'est plus terrestre mais divine.[45]

Die soziale Distanz wird einerseits durch die Bildinhalte verringert und andererseits durch sie beibehalten. Es besteht ein unüberbrückbarer Abstand zwischen den königlichen und den nichtköniglichen Personen. Dasselbe trifft auf die fremden Musiker zu.

Die Sichtbarmachung des Fremdartigen wird bei den asiatischen Musikern durch ihre Darstellung als wartende Musiker zusätzlich verstärkt. Dies geht aus der Vorbereitung des Auftritts von Musikern bei einem hethitischen Fest hervor:

---

45 Spieser, *Offrandes et purification à l'époque amarnienne*, S. 101.

ABB. 7 *Bankett mit alternierenden Orchestern, abends.* TA *1, Säulenhalle, Südwand, westlicher Teil, Subregister. Nach Davies, Amarna* III*, Taf.* VII*, unten, Ausschnitt.*

A. Der König befiehlt das Orchester auftreten zu lassen:
„Dann kommt der Führer der Leibgarde herein und kündigt dem König an: ‚Soll man die Harfe bringen'.
Der König sagt: ‚Man bringe sie'".

B. Der GAL MEŠEDI gibt den Befehlt an den Herold weiter:
„Dann geht der Führer der Leibgarde in den Hof hinaus und sagt zum Herold: ‚Harfe! Harfe!'".

C. Der Herold geht hinaus und fordert die Sänger auf, mit ihren Musikinstrumenten hereinzukommen:
„Der Herold geht zum Tor hinaus und sagt zu den Sängern: ‚Harfe! Harfe!'. Die Sänger greifen zu den Harfen."

D. Die Sänger und die Musiker nehmen ihre Plätze ein:
„Der Herold läuft voran; und dann bringen die Sänger die Harfe herein. Sie nehmen ihren Platz vor der Tribüne ein. Die Sänger, die Statuenanbeter, der Rezitationspriester und der *kita* marschieren mit den Harfen und sie gehen und nehmen ihren Platz ein."
Dann folgt das Kultmahl.[46]

Mit dem Ruf „Musik" (*zinir*) wird immer der Anfang einer musikalischen Handlung bezeichnet. Er bildet die Aufforderung an das Orchester hereinzukommen und sich bereitzuhalten. Das hattische Wort *zinir* wird als Aufforderung

46 BADALI, Beziehungen zwischen Musik und kultischen Rufen innerhalb der hethitischen Feste, in: *ZDMG, Suppl.* 7, S. 286–288.

stets in gleichem Kontext gebraucht. Es steht immer in Beziehung zur Harfe. Die Zustimmung des Königs wird stets über einen Vermittler an die Musiker weitergegeben. Nach einer Quelle geht der Mundschenk den Harfnern voran. Das hethitische Szenarium deckt sich mit den hinter dem Mundschenk wartenden asiatischen Musikern (siehe Abb. 6). Schließt man hier eine Parallele in zwei Kulturen aus, dann wird mit den asiatischen Musikern auch die Vorbereitung ihres Auftritts ins Bild übernommen.

Außer durch den Abstand zum König und seinem Gefolge mittels Ferne/Blindheit und Hethitisch/Übernahme der Vorbereitung, wird die Fremdartigkeit der Gruppe durch ihre Kleidung und ihre Instrumente ausgedrückt. Die auf der großen Standleier und anderen asiatischen Instrumenten spielenden Musiker erzeugen *fremde* Klänge. – Es handelt sich um die bildliche Umsetzung der Passage im Sonnenhymnus, die Aten als Schöpfer von Völkern mit anderen Zungen (inbegriffen andere Klänge) preist.[47] – Der Umgang mit dem Andersartigen[48] erfolgt im Vergleich zur Gruppe der ägyptischen Musikerinnen. Diese werden ohne Augenbinde, ägyptisch gekleidet und auf einheimischen Instrumenten[49] vertraute Klänge spielend dargestellt. Wo beide Gruppen abwechselnd auftreten, werden sie in die höfische Kultur als Hofmusiker unterschiedlicher Gottes- und Königsnähe integriert. Vereinbar ist diese Interpretation mit ägyptischen Stelenfunden und Quellen zu asiatischen Personennamen mit dem theophoren Element der nordsyrischen Gottheit Reschep im Namen.[50] Ideehistorisch kommt in den gottesfernen Musikern der Bankettszenen eine Distanzierung des Königs zu seinen Vorgängern Amenhotep II. (der Reshep unter seine Beschützer einreihte) bis Amenhotep III. zum Ausdruck. Das in TA 7 von den einheimischen Orchestern vermutlich im Wechselgesang vorgetragene Lied bestätigt den funerären Kontext als *Sitz im Leben* für die musikalische Gestaltung des Empfangsraumes bei einem Gott:

---

47 MANNICHE, Musical Practices at the Court of Akhenaten and Nefertiti, in: *Studien zur Musikarchäologie* II, S. 234.

48 ASSMANN, Zum Konzept der Fremdheit im alten Ägypten, in: SCHUSTER, *Die Begegnung mit dem Fremden*, S. 77.

49 Die Hofmusikerinnen spielen nach der Darstellung in TA 1, Säulenhalle, W-Wand, die große Bogenharfe, Lauten und die schon im MR in Beni Hassen belegte Form der Leier. Letztere repräsentiert einen Instrumententypus, der MANNICHE (An Egyptian Lyre in Leiden, in: *Studien zur Musikarchäologie* V, S. 129) zufolge bis zum Ende der Amarnazeit in Ägypten gespielt wurde.

50 LIPIŃSKI, *Resheph*, S. 159–180.

> „O der du fortbestehst in Millionen von Jahren … o leuchtendes Kind des Aten!
>
> Mögest du dich für uns verjüngen … denn du leuchtest wie der Glanz des Aten und du siehst seine wunderschönen Strahlen.
>
> … (um?) für dich die Zahl(?) der Jubiläumsfeste zu verdoppeln.
>
> Möge er für dich jedes Land gedeihen lassen. Möge er dir geben … um nach deinem Wunsch zu handeln…. der die Herzen belebt … für … Wa-en-Re, den Aten liebt."[51]

Der Gesang greift Aspekte der ewigen Erneuerung auf. Die Wünsche gelten der ewigen Verjüngung und dem Königtum. Liederinhalt und alternierende einheimische und asiatische Musiker gestalten die königliche Audienz in TA 7 als Empfang bei einem Gott. Die einheimische Gruppe besingt den König als Gotteskind. Die asiatischen Leiern und mesopotamischen Langhalslauten[52] bestätigen die Veränderung des *musical idiom* im neuen Aufführungskontext des Palastes.

Auf die Platzierung einheimischer und fremder Musiker zum *Spacing* des Empfangsraumes bei einem schweigenden und zuhörenden Gottkönig, das sich *in situ* nur in den Amarnagräbern findet, deuten auch die folgenden Fundstücke mit asiatischen Musikern, denen die Augen verbunden sind, hin:

Der im Amuntempel von Karnak gefundene Sandsteintalatat Luxor J 210[53] verweist auf die Verwendung des Motivs schon vor der Gründung Achetatens. Asiatische Musiker und einheimische Musikerinnen sind dort durch eine Papyrussäule getrennt. Die asiatische Musikergruppe befindet sich vom Betrachter aus rechts der Säule. Zwei in Stufenröcke gekleidete Männer mit konischen Mützen, was sie als aus dem vorderasiatischen Raum stammend kennzeichnet, spielen auf einer mannsgroßen asiatischen Standleier. Rechts von ihnen spielen vier ebenso gekleidete Musiker. Beim ersten sieht man das obere Ende seines Trigonons, einer Form der Winkelharfe, herausstehen. Der zweite spielt eine Leier. Der dritte ist vermutlich ein Sänger. Beim vierten Musiker lässt sich keine Tätigkeit erkennen. Allen asiatischen Musikern sind

---

51 TA 7, Halle, O-Wand, Audienz, Kol. 1–4, DAVIES, *Amarna* VI, Taf. VI, S. 5f. Mit DAVIES, MURNANE und ARP als Lied der Sänger verstanden, entgegen SPERVESLAGE, in: TLA, Zugriff 2015-02-05, der den Text für eine Rede des Parennefer ansieht.

52 MANNICHE, *Ancient Egyptian Musical Instruments*, S. 45–47.

53 Luxor J 210 (ID 254–258), früher im Luxor Museum, zukünftig im Site Museum von Tell el-Amarna, CHEVRIER, Rapport sur les traveaux de Karnak (1937–1938), in: *ASAE* 38, S. 605, Taf. CX, *Luxor Museum of Ancient Egyptian Art* 1979, S. 122, Kat. Nr. 174, FREED et al., *Pharaohs of the Sun*, Kat. Nr. 29, S. 210.

ABB. 8 *Audienz mit mehreren Orchestern, Musiker an der Standleier sehend.* TA *7, Halle, Ostwand. Nach Davies, Amarna* VI, *Taf.* VI, *Ausschnitt.*

die Augen verbunden. Links der Säule musizieren mindestens sechs ägyptische Damen in bodenlangen Mänteln. Auf ihren Perücken sitzen Salbkegel. Sie spielen Saiteninstrumente, Doppeloboe oder klatschen den Rhythmus mit den Händen. Es fällt auf, dass hier beide Musikergruppen gleichzeitig spielend dargestellt werden. Aus dem Atentempel von Karnak sind Bankettszenen aus Anlass des Hebsed belegt,[54] was möglicherweise auch bei Luxor J 210 für einen Empfang sprechen könnte.

54 ATP II, Taf. 10.2. Siehe auch die Bankettszene mit einheimischen und fremden Musikern in ATP I, Taf. 57, und die Rekonstruktion einer Bankettszene in Gegenwart der Königin mit einheimischem Orchester (ATP I, Taf. 69) und asiatischen Musikern auf der Anschlußwand, ATP I, Taf. 71 (dort ist das durchbrochene Oberlicht der für den Mittelsaal typischen Tür zu sehen), sowie Luxor J 266 (ID 581–684), FREED et al., *Pharaohs of the Sun*, Kat. Nr. 31, S. 210.

Lauterwartung durch asiatische Musiker belegt das in Hermopolis Magna gefundene Relief, heute Israel Museum 66.33.11.[55] Sein Anschluss an das linke Ende des Fragments Brooklyn 61.195.2, auf dem sich zwei Diener unterhalten,[56] sichert als Kontext einen Auftritt im Palast. Die fünf asiatischen Musiker haben verbundene Augen. Sie tragen spitze, die Ohren bedeckende Kappen, enge Mäntel und einen Umhang, der bis über die Mitte ihrer Oberarme hinab reicht. Sie spielen nicht.

Desgleichen belegt MMA 1991.240.13[57] eine Lauterwartung von zwei oder drei Männern in Stufenröcken. Der obere Teil der Szene fehlt. Der erste hält mit der rechten Hand eine große Standleier am Rahmen. Sein linker Arm hängt herab. Der ebenso gekleidete Musiker hinter ihm (eventuell sind es zwei gestaffelt dargestellte) lässt die Arme ebenfalls herabhängen. Da die große asiatische Standleier immer von zwei Männern gespielt wird, vermute ich in dem zweiten Musiker aufgrund der Parallele in TA 1, Südwand, Ostseite, wo bei den wartenden Musikern in der Bankettszene auch kein zweiter Mann an der Standleier steht, ebenfalls einen Standleierspieler. Die am linken Rand des Fragments MMA 1991.240.13 noch teilweise sichtbaren Gefäße stützen meine Interpretation dieser Gruppe als asiatische Musiker, die auf ihren Einsatz im Kontext einer Trinkszene warten.

Hofmusikerinnen erscheinen *in situ* nur in den Bankettszenen und im Frauentrakt des Palastes.[58] Das von ROEDER publizierte Kalksteinrelief Nr. 494.VII zeigt am linken Ende der Wand in einem Hof eine Statue der Königin mit Opferbroten und -gemüsen und hinter/neben ihr die Statue einer

55 Israel Museum 66.33.11 (ID 59–63), ROEDER, *Amarna-Reliefs aus Hermopolis*, 412.VII, Taf. 71, S. 199. COONEY (*Amarnareliefs from Hermopolis in American Collections*, Nr. 45, S. 70) hält sie möglicherweise für Frauen. Seine Vermutung wird von keinem anderen Forscher geteilt.

56 Brooklyn 61.195.2 (ID 79–80).

57 MMA 1991.240.13 (ID 64), zusammengesetzt aus Roeder PC 61 und Roeder PC 251, ROEDER, *Amarna-Reliefs aus Hermopolis*, Taf. 179 und 208.

58 Ursprünglich aus Amarna stammende Funde, die Hofmusikerinnen mit Saiteninstrumenten darstellen, sich aber nicht mit Bestimmtheit kontextualiseren lassen, sind: Brooklyn 36.882 (ID 190–194), PENDLEBURY, *CoA* III, Taf. LXVII, 4. Hannover KM 1978.16 (ID 607–608), ROEDER, *Amarna-Reliefs aus Hermopolis*, PC 48, Taf. 174. Norbert Schimmel Coll. MMA 1985.328.12 (ID 45–49), ROEDER, *Amarna-Reliefs aus Hermopolis*, PC 10, Taf. 171, S. 203, ALDRED, *Akhenaten and Nefertiti*, S. 149, Kat. Nr. 74, COONEY, *Amarnareliefs from Hermopolis in American Collections*, Nr. 42, S. 67. Amarnarelief Samml. Roy R. Neuberger (ID 50–51), COONEY (ebd., Nr. 43, S. 68) vermutet aufgrund eines Säulenschaftes einen Garten. Roeder PC 113 (ID 735–739), ROEDER, *Amarna-Reliefs aus Hermopolis*, Taf. 189, S. 190, 303, Verbleib unbekannt.

Prinzessin mit Sistrum auf einem Sockel stehend.[59] Der Hof ist von einem Umgang mit Tor eingefasst. In einem Raum, der an diesen Umgang anschließt, sitzt auf einem kreisrunden Polster eine Frau in einem Kleid, das ihr bis auf die Füße reicht. Die Zipfelperücke bedeckt das Ohr. Sie hält mit ihrer rechten Hand eine fünfsaitige Leier, deren Saiten sie mit ihrer Linken zupft. Vom unteren Zimmer desselben Gebäudeteils ist das Palmenkapitell einer Säule erhalten. Eine an die Wand gelehnte Stange in den anschließenden Räumen wird von ROEDER möglicherweise als Rest eines Instrumentes gedeutet. Aufgrund der Statuen im Hof und dem Geschlecht der Spielenden handelt es sich vermutlich um den südlichen Frauentrakt des Großen Palastes.

Einen Hinweis auf den zu erwägenden Einsatz von Hofmusikerinnen im Tempel gibt eine Aussage auf der Restaurationsstele des Tutanchamen:

> Seine Majestät, LHG, reinigte die Sklaven und Sklavinnen, die Sängerinnen und Tänzerinnen, die als Untertanen im Königspalast waren, wobei ihre Arbeitsleistung dem Palast und dem Schatzhaus des Herrn der Beiden Länder zugerechnet wurde.[60]

Die musizierenden Frauen unter Amenhotep IV. Achenaten gehörten nur zum Palast. Die in einem Brunnen gefundenen Ringeinlagen mit dem Motiv einer Lautenspielerin und einer die Rahmentrommel schlagenden Frau sind kein Hinweis auf den Status von Musikerinnen, sie waren vermutlich Geschenke an den König.[61] Der Vergleich mit den Städterinnen erweist, dass der Status einer Musikerin mit dem Instrument verknüpft war. Die bei Banketten von den Hofmusikerinnen gespielten Instrumente sind die Große Bogenharfe, Winkelharfe, Laute, Leier, Flöte und Doppeloboe.

Privaträume, Garten und der Palasthof bei geschlossenem Erscheinungsfenster

Der Palast wird als ein Raum der Erwartung, als belebter Palast oder als ruhiger Raum gekennzeichnet. Das *Spacing* der Privaträume und des Gartens erfolgt

---

59 Roeder 494.VII, ROEDER, *Amarna-Reliefs aus Hermopolis*, Taf. 58, S. 170, 174, 181 (Statuen) und S. 202, 212 (Musikerin).

60 SKairo CG 34183, 21–22, Urk. IV, 2030.1–11, ebenso Fragm. d. Restaurationsstele aus dem Monthtempel, LACAU, *Stèles du Nouvel Empire*, S. 224–231, Taf. 70, SPERVESLAGE, in: TLA, Zugriff 2013-12-04.

61 CoA II, Taf. XLIX, ID.16 und 22/24, STEVENS, *Private Religion*, S. 46, Abb. II.2.17. BOSSE-GRIFFITH, Two Lute-Players from the Amarna Era, in: *JEA* 66, S. 71.

durch Männer und Frauen aus dem Palasthaushalt, die nicht der königlichen Familie angehören.

Der Palast als Raum der Erwartung

Wird der Palast wie in TA 3 mit einem geöffneten Erscheinungsfenster gezeigt, durch das die Sonne hereindringt und auf die Königsfamilie scheint,[62] bildet er einen Hörraum der Erwartung. Das *Spacing* erfolgt durch Hofmusikerinnen, die zusammen üben, oder, mit ihrer Harfe bereitstehend, beim Bankett spielen werden. Auf dem Südteil der Westwand in TA 8 wird Tutu durch den König im Erscheinungsfenster in das Amt des Hohepriesters eingesetzt. Hier bestimmt der im Palast erwartete König das *Spacing*. Geschäftigkeit prägt es: Im Frauentrakt üben Hofmusikerinnen ägyptischer und syrischer Herkunft Spiel und Tanz.[63] Im Korridor zwischen Frauen- und Königstrakt sagt ein Palastdiener etwas zu seinem Kollegen. Im Umgang vor dem Königstrakt, in dem ebenfalls rege Tätigkeit herrscht, sitzt ein Aufseher. Er ist in einen bis zu den Waden reichenden Mantel gekleidet und hält in der linken Hand einen Stab; die rechte ist im Redegestus erhoben. Ihm hört ein Türwächter in einem gebauschten Schurz zu. Dieser steht an die Wand gelehnt, wobei er sich mit dem rechten Bein an der Wand abstützt. Beide tragen lange Perücken. Stab und Kleidung lassen den Sprecher als den dem Zuhörer übergeordneten Mann erscheinen. Das gleiche *Spacing* trifft auf die Palastdarstellung auf dem Ostteil der Nordwand der Säulenhalle in TA 25 zu (siehe Abb. 9).

Im Frauentrakt üben Hofmusikerinnen ägyptischer und syrischer Herkunft auf ihren Instrumenten. Die große, aus Asien stammende Standleier und weitere Saiteninstrumente befinden sich noch in ihren Aufbewahrungsräumen. Die Diener sind in allen Wohnbereichen mit der Vorbereitung eines Mahles, dem Kühlen der Getränke, dem Auftischen der Speisen in der Mittelhalle und mit dem Fegen der Höfe beschäftigt. In den Korridoren zwischen dem Diener- und dem Königstrakt redet das Palastpersonal miteinander. Im Königstrakt sprechen ein Schreiber und ein Aufseher. Die Hand, die den Redegestus

62 TA 3, Halle, W-Wand, DAVIES, *Amarna* III, Taf. XXXIII–XXXIV, VOMBERG, *Erscheinungsfenster*, S. 93.

63 TA 8, Säulenhalle, W-Wand, S, DAVIES, *Amarna* VI, Taf. XIX. Die Frauen im unteren Raum (ID1053–1055) sind mit einem Stufenrock bekleidet. Sie tragen eine dreigeteilte Frisur mit langen in einer Locke endenden Strähnen. Dieselbe Kleidung und Frisur findet sich in TA 25, Säulenhalle, N-Wand, O, oberh. der Tür, bei den Frauen, die zur Winkelharfe spielen und tanzen, und auf dem Reliefragment Hannover KM 1963.2 (ID 588). Ihren Stufenröcken nach handelt es sich um Syrerinnen. In TA 8 tanzt die Frau in der Mitte, wobei sie die Arme im Tanz bewegt. Rechts und links von ihr sitzen auf niedrigen Kissen zwei Musikerinnen, von denen eine die Leier spielt.

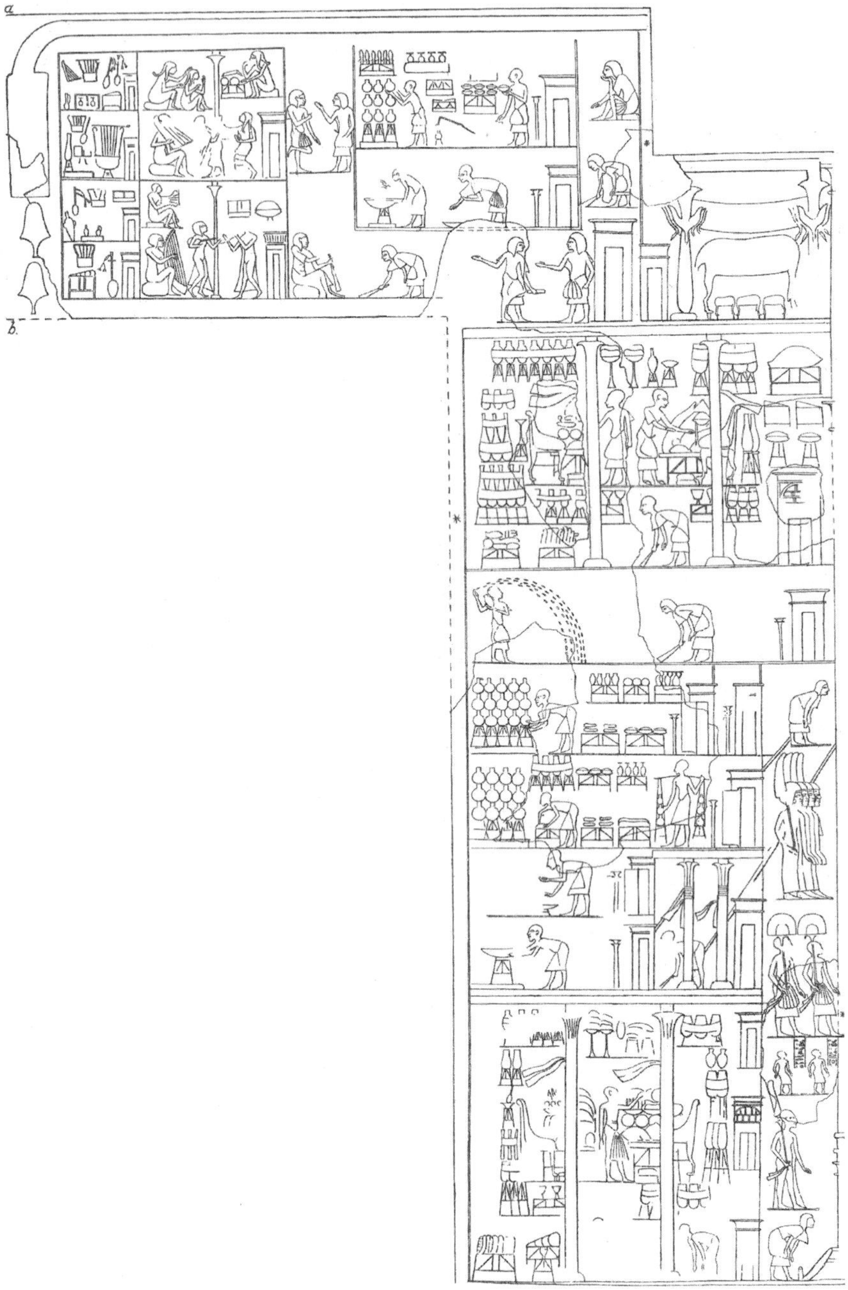

ABB. 9 *Palast als Raum der Erwartung.* TA *25, Säulenhalle, Nordwand, östlich und oberhalb der Tür. Nach Davies, Amarna* VI, *Taf.* XXVIII.

beschreibt, weist bei beiden Herren in die gleiche Richtung, was beim modernen Betrachter den Anschein erweckt, dass eine Information weitergegeben wird.[64]

Ein Relief, heute in Boston,[65] vermittelt den Palasthof mit dem geschlossenen Erscheinungsfenster als Raum der Erwartung. Diener bereiten den Ort zur Ehrengoldverleihung vor. Links des Erscheinungsfensters unterhalten sich zwei Palastdiener oder -wächter. Im Bild ganz rechts vor dem Tor sind noch die Reste eines Mannes erhalten. Rechts innerhalb der Hofmauer stehen die Schilde und Waffen der Wachen bereit, die noch nicht angekommen sind. Neben dem Erscheinungsfenster stehen ein Mann in gebauschtem Schurz mit einem Stock, wohl ein Aufseher, der die Waffen bewacht, und ein Mann mit einem Wasserkrug auf der Schulter. Der Träger blickt sich nach den miteinander sprechenden Palastdienern um.

Der belebte Palast

Im belebten Palast sind König und Gott anwesend. Ausgeprägt ist seine Darstellung auf der Westwand der Halle in TA 7.[66] Die Belebung vollzieht sich durch die Sonnenstrahlen (siehe Abb. 10). Es beginnt bei den Eingangstoren, die hier nicht nur deutlich als einflügelige Nebeneingänge und zweiflügeliger Haupteingang unterschieden werden, sondern dadurch, dass der Aten über dem geteilten doppelten Türsturz scheint. Die Strahlenhände des Gottes erreichen ungehindert das Königspaar im Erscheinungsfenster, dem sich Mutnedjmet und die Prinzessinnen mit ihren Kinderfrauen vom Palast her nähern. In der Mittelhalle strahlt der Aten auf die gefüllten Tische und die Löwenstühle, im Schlafzimmer des Königs auf das Löwenbett. Einzelne Diener kühlen mit Fächern und Wedeln Speisen und Getränke. Im Hörraum zieht einzig und allein der im Portikus des Erscheinungsfensters in Jubel ausbrechende Belohnte die Aufmerksam auf sich. Er bildet den Kristallisationspunkt der Lauterzeugung.

Eine Ausnahme bildet das *Spacing* als ruhiger Palast bei der Anwesenheit des Herrschers in TA 5.[67] Der Hof mit dem geschlossenen Erscheinungsfenster

64 TA 25, Säulenhalle, N-Wand, O, und oberh. der Tür, DAVIES, *Amarna* VI, Taf. XXVIII (ID 1125–1130; 1118–1124).

65 Boston MFA 63.427 (ID 91), ROEDER, *Amarna-Reliefs aus Hermopolis*, PC 127, Taf. 191, S. 198, 195, 196, COONEY, *Amarnareliefs from Hermopolis in American Collections*, Nr. 48, S. 78, ALDRED, *Akhenaten and Nefertiti*, S. 139, Kat. Nr. 63, FREED et al., *Pharaohs of the Sun*, Kat. Nr. 66, S. 224 und Abb. 44.

66 TA 7, Halle, W-Wand, DAVIES, *Amarna* VI, Taf. IV und VI.

67 TA 5, Halle, S-Wand, unten, DAVIES, *Amarna* IV, Taf. VIII.

ABB. 10 *Belebter Palast. TA 7, Halle, Westwand. Nach Davies, Amarna VI, Taf. IV, Ausschnitt.*

ist menschenleer. Der Belohnte ist der Leibarzt des Königs. Er wird vom König im Thronraum des Palastes empfangen. Soweit die Beschädigungen der Wand eine Beurteilung zulassen, sitzt der König nicht unter der Strahlensonne. Im Königstrakt sind Diener beschäftigt. Ein Türwächter stützt sich mit dem Bein an der Wand ab, außerhalb des Palastgartens unterhalten sich zwei vornehme Herren oder ranghohe Diener miteinander. Das *Spacing* findet möglicherweise seine Erklärung in der Darstellung der Wohnbereiche des Palastes als Einfluss- und Berufssphäre des Arztes.

Der Palast als ruhiger Raum

Während der König mit seiner Familie zum Tempel, zum Ort des Tributempfangs oder mit unbekanntem Ziel unterwegs ist, ist der Palast, kenntlich am geschlossenen Erscheinungsfenster, eine Herkunftsangabe. Der Königstrakt ist entweder menschenleer und still,[68] oder ruhig, da sich nur die beschäftigten Diener alleine oder höchstens zu zweien in den Höfen oder Räumen aufhalten.[69] Ein

68 TA 4, Säulenhalle, O-Wand, oben, DAVIES, *Amarna* I, Taf. XXVI.

69 TA 2, Säulenhalle, N-Wand, O, DAVIES, *Amarna* II, Taf. XLI. TA 4, Säulenhalle, W-Wand, DAVIES, *Amarna* I, Taf. X, XVIII. TA 6, erste Halle, O-Wand, DAVIES, *Amarna* II, Taf. XIII–XIV.

Diener oder ein Türhüter versinnbildlicht die Ruhe, die in Abwesenheit des Königs im Palast herrscht. Er sitzt an eine Mauer gelehnt leicht vorgebeugt mit verschränkten Armen, die Ellenbogen liegen auf den Knien auf, die untere Gesichtshälfte ist hinter seinem Arm verborgen, oder er schläft mit der Hand den Kopf stützend in den Korridoren des Palastes.[70] Während im Palast Ruhe waltet, kann sich vor dem Tor jemand unterhalten. Am Gespräch vor der Umfassungsmauer beteiligen sich der Majordomus und ein Wagenlenker, also beides Männer, die im Palast beschäftigt sind.[71] Eine identische Szene findet sich vor dem Tor des Erscheinungsfensterhofes während der Amtsernennung in TA 8.[72]

Auf dem Nordteil der Westwand in TA 8 ist das Erscheinungsfenster geschlossen dargestellt.[73] Die Königsfamilie (die Prinzessin Mutnedjmet mit ihrem Gefolge neben sich) hat im Palasthof unter freiem Himmel Platz genommen. Zur Ehrengoldverleihung haben sich im Hof der Belohnte, der Wesir, vornehme Herren, Schreiber, Gabenträger, Stallknechte mit Ochsen, Offiziere mit Fächern, gemischte Männergruppen, die Wagenlenker mit den königlichen Gespannen und Höflinge versammelt. König und Geehrter sprechen. Während der König im Palasthof amtiert, entspricht der Lautcode der Palasträume dem des abwesenden Königs. Im Königstrakt herrscht Ruhe, wenngleich hier jeweils bis zu drei Diener in einem Raum oder im Hof beschäftigt sind (siehe Abb. 11). Petra VOMBERG vermutet, dass in TA 25 der Westteil der Nordwand als Szene mit geschlossenem Erscheinungsfenster angelegt war.[74] Das würde für den links oberhalb der Tür dargestellten Trakt bedeuten, dass er die ruhigen Räume in Abwesenheit des Königs visualisiert. Diese Annahme wird durch das *Spacing* bestätigt. Im Dienertrakt sind einzelne Diener mit Aufräumen beschäftigt, eine Leierspielerin übt, eine Frau unterweist im Tanz, andere Musikerinnen und Diener essen.[75] Im Korridor schläft ein Türwächter.[76] Außer dem schlafenden Diener oder Türwächter *in situ* findet sich dieser Akteur für das *Spacing*

---

70 TA 1, Säulenhalle, W-Wand, N, Königstrakt (ID 923), DAVIES, *Amarna* III, Taf. XIII. TA 8, Säulenhalle, W-Wand, N, Königstrakt (ID 1032), DAVIES, *Amarna* VI, Taf. XVII, S. 10, 36. TA 25, Säulenhalle, N-Wand, W, oberh. der Tür, Frauentrakt (ID 1131), DAVIES, *Amarna* VI, Taf. XXVIII.

71 TA 4, Säulenhalle, W-Wand, vor dem Tor (ID 965–966), DAVIES, *Amarna* I, Taf. XVIII.

72 TA 8, Säulenhalle, W-Wand, S, vor dem Tor, DAVIES, *Amarna* VI, Taf. XX.

73 TA 8, Säulenhalle, W-Wand, N, DAVIES, *Amarna* VI, Taf. XVII.

74 VOMBERG, *Erscheinungsfenster*, S. 691.

75 Demnach könnte auch das Bruchstück mit einem essenden Diener, Cambridge E.GA.2302.1943 (ID 208), aus der Darstellung eines Palastes bei Abwesenheit des Königs stammen.

76 TA 25, Säulenhalle, N-Wand, W, oberh. der Tür (ID 1118; 1131–1136), DAVIES, *Amarna* VI, Taf. XXVIII.

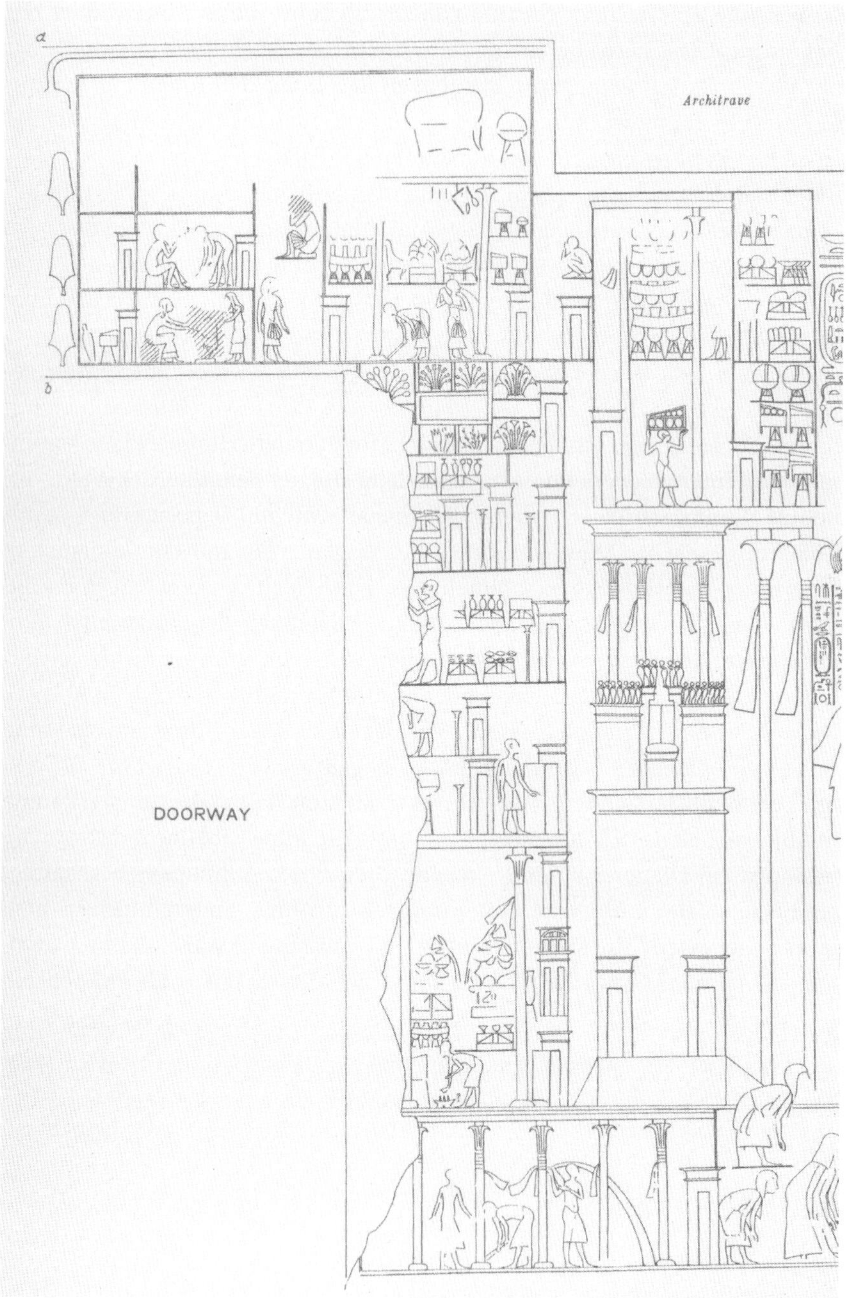

ABB. 11 *Ruhiger Palast.* TA *8, Säulenhalle, Westwand, nördlicher Teil. Nach Davies, Amarna* VI*, Taf.* XVII*, Ausschnitt.*

ABB. 12
Schlafender Erntearbeiter. TT 69, Querhalle, Südteil, Eingangswand.
FOTO: VERFASSERIN.

ruhiger Räume auf Objekten in den Sammlungen von New York und Oxford. Auf dem Relief im Metropolitan Museum of Art[77] schläft der Aufseher, dem abgebildeten Baum nach zu urteilen, außen an eine Gartenmauer gelehnt. Auf dem Relief im Ashmolean Museum[78] wird der schlafende Diener oder Türhüter, worauf die senkrechte und die von dieser waagerecht abgehenden Linien hindeuten, ebenfalls für das *Spacing* des Palastes als Ort der Ruhe eingesetzt.

In den thebanischen Gräbern ist der Schläfer ein in den Ernteszenen verwendetes Motiv. Ein Mann sitzt oder schläft in der beschriebenen Körperhaltung unter einem Baum am Feldrain, wo er sich von der Arbeit ausruht[79] (siehe Abb. 12) oder wartet bis ihm die Haare geschnitten werden.[80] In TT 155 sitzt ein schlafender Diener hinter der Tür in einem gut gefüllten Weinkeller, zu dem vier Träger volle Krüge bringen.[81] Da es sich immer um eine ideale Ernte handelt, dient hier der Schläfer dazu, das Land Ägypten als Raum der Fülle zu vermitteln. Er demonstriert die viele ermüdende Arbeit, die eine reiche Ernte mit sich bringt. In Amarna wird das Motiv in einen neuen Kontext überführt.

---

77 MMA 68.16 (ID 466), Fundort unbekannt, früher Sammlung E. Kofler, Luzern.

78 Oxford AN1893.1–41 (116) (ID 688), Fundort Amarna, Gr. Palast, PETRIE, *Tell el-Amarna*, Taf. XI, 7, WHITEHOUSE, *Ancient Egypt and Nubia in the Ashmolean Museum*, Kat. Nr. 42, Abb. 80, S. 80–81.

79 TT 57, Querhalle, S-Wand, O, PM I, 1^2, 116 (13). TT 69, Querhalle, S, O-Wand, PM I, 1^2, 135 (2).

80 TT 56, Querhalle, S-Wand, W, PM I, 1^2, 112 (11), BEINLICH-SEEBER/SHEDID, *Userhat*, Taf. 29.

81 TT 155, Halle, re. Rückwand, u. Szene, PM I, 1^2, 263 (5), SÄVE SÖDERBERGH, *Four Eighteenth Dynasty Tombs*, Taf. 15.

Auf Talatats belegte Szenen wie der Palasthof bei Nacht, gekennzeichnet durch entweder auf dem Dach oder im Hof schlafende Wächter,[82] und die am Nilufer beim Lagerfeuer wachenden oder schlafenden Soldaten,[83] sind nicht Bestandteil der Reliefs auf den Grabwänden. Die Nacht als Ruhezeit wird in den Amarna-Gräbern ausgeblendet. Das erklärt sich vermutlich durch die Abwesenheit des Aten als ein todesähnlicher Zustand wie er im großen Sonnenhymnus formuliert wird:

> Wenn du im westlichen Horizont untergehst, ist das Land in Finsternis und im Zustand des Todes. Die Schlafenden sind im Gemach, die Köpfe sind verhüllt.[84]

Auf den Tableaus wird durch die schlafenden Diener und Türhüter der Schlaf als solches in die Tageswelt eingebracht. Das auditive *Spacing* des Palastes, als ein Raum der Erwartung, als belebter Palast oder ruhig, ist konform mit der bevorstehenden Ankunft des Königs, seiner Anwesenheit oder Abwesenheit. Mit dem *Spacing* durch die Schläfer wird erreicht, dass die Palastbereiche bei Abwesenheit des Königs dem Zustand der Menschen bei Abwesenheit des Gottes entsprechen. Das könnte auch auf den Palast als Raum der Erwartung zutreffen, falls dieser eine Parallele zum Tempel vor Sonnenaufgang, wenn die Morgenopfer vorbereitet werden, bildet.

Das Erscheinungsfenster

Die Unterschiede im Tätigkeitsbereich und der gesellschaftlichen Stellung des Beamten entsprechen den jeweiligen physischen Räumen, an denen die Amtseinsetzung oder die Belohnung mit dem Ehrengold durch den König stattfindet. In den Gräbern des Huya, Merire I, Merire II, Panehesi, Parennefer, Tutu und Eje vollzieht sich die Ehrengoldverleihung im Erscheinungsfenster.[85]

---

82 Roeder PC 270, ROEDER, *Amarnareliefs aus Hermopolis*, Taf. 208, S. 189. VOMBERG, *Erscheinungsfenster*, S. 128, Abb. 54.

83 Boston MFA 67.921 (ID 420), Fundort Hermopolis Magna, ALDRED, *Akhenaten and Nefertiti*, S. 141, Kat. Nr. 65. Kairo JE 65950 (ID 579), Fundort laut JdE Tell el-Amarna, Central City, Königspalast. MMA 1991.240.11 (ID 1219).

84 TA 25, Eingang, W-Wand, Gr. Sonnenhymnus, Kol. 3, Sandman, Texts, 93.17–18.

85 TA 1, Säulenhalle, N-Wand, W und O, DAVIES, *Amarna* III, Taf. XVI–XVII. TA 2, Säulenhalle, S-Wand, O, DAVIES, *Amarna* II, Taf. XXXIII. TA 4, Säulenhalle, S-Wand, W, DAVIES, *Amarna* I, Taf. VI. TA 6, erste Halle, S-Wand, W, DAVIES, *Amarna* II, Taf. X. TA 7, Halle, W-Wand, DAVIES, *Amarna* VI, Taf. IV. TA 8, Säulenhalle, W-Wand, S, DAVIES, *Amarna* VI, Taf. XIX. TA 25, Säulenhalle, N-Wand, O, DAVIES, *Amarna* VI, Taf. XXIX. BINDER, *The Gold of Honour in New Kingdom Egypt*, S. 103–113.

Für den Belohnten ist das „Erscheinungsfenster" (*sšd-n-ḫꜥ*) ein Ort, von dem „der Gelobte seiner Majestät", Eje, sagt, dass er:

> ... seine [des Königs] Schönheit sieht, wenn er in seinem Palast erscheint, indem ich vor den hohen Beamten und den Freunden des Königs bin, der erste aller Gefolgsleute seiner Majestät.[86]

Susanne BINDER identifiziert die Szenen der Ehrengoldverleihung mit Hilfe des Jubelgestus bei dem belohnten Beamten.[87] Für den hier untersuchten sozialen Raum und die an dessen Gestaltung und Hörordnung beteiligten Personen sind ihre Untersuchungsresultate für das gesamte Neue Reich von Bedeutung:

- Officials with responsibilities in the temples, both in the ritual and the administration of the temple estate, are among the recipients of the reward at all times.
- The Gold of Honour is *not restricted to officials in only one occupational sector.*
- Officials with the *šby.w* are *associated with all occupational sectors* in society – the armed forces, central, provincial and territorial governments, the royal building program and craftsmanship, temples and the personal service of the king.
- The Gold of Honour is *not associated with a specific office.*
- The offices held include *many ranks*, from various types of un-ranked guards (*jr.j, zꜣw.tj* and perhaps also in this category, the *šms.w nswt*) and scribes to men in rank of *ḥr.j, jm.j-r'* or even the vizier and the *jdn.w* of the king.
- The numbers do not support a correlation between the Gold of Honour and either the honorific position as ‚fan-bearer to the right of the king' nor the official's education with the royal children as *ẖrd n.y kꜣp.*
- No occupational title, no honorific rank or epithet is exclusive to the recipients of the Gold of Honour, nor does a specific family background or family connection make an official more likely to becoming a rewardee.[88]

86 TA 25, Eingang, O-Wand, Gebet an d. König, Kol. 11–12, DAVIES, *Amarna* VI, Taf. XXV. Beischriften und Texte werden, wenn nicht anders vermerkt, nach SPERVESLAGE, in *Thesaurus Linguae Aegyptiae, Strukturen und Transformationen des Wortschatzes der ägyptischen Sprache, Sächsische Akademie der Wissenschaften, Leipzig*, letzter Zugriff Februar 2015, zitiert.

87 BINDER, *The Gold of Honour in New Kingdom Egypt*, S. 103, Anm. 436.

88 Ebd., S. 223–231.

Zu dem von Amenhotep IV. Achenaten mit dem Ehrengold belohnten Personenkreis bemerkt sie: „From the occupational titles held by the officials in his reign one can see that Akhenaten's choice of people is strategic across the top offices in the sectors crucial to the new capital".[89] Sein Arzt, sein Mundschenk und sein Hausvorsteher sind als für die persönliche Sicherheit des Königs zuständige Herren ausgezeichnet worden. Wie für andere Perioden so gilt auch für Amarna, dass unter den Ehrentiteln am häufigsten „Schreiber des Königs" erscheint. Der Ausdruck „einer der das Herz des Königs erfüllt" (*mḥ-jb*) belegt für zwei der zehn von Achetaten belohnten Herren einen direkten Zugang zum König. Durch das Ehrengold werden die Günstlinge zu einem „Gelobten des Wa-en-Re" (*ḥs.y-wꜥ-n-rꜥw*) und gehören fortan zum inneren Kreis um den Herrscher.[90] Die breite soziale Streuung der Belohnten erklärt sich aus der Situation, in der der Beamte die Aufmerksamkeit des Königs auf sich gezogen hat:

> The texts tell us that – with few exceptions – the rewarding with the Gold of Honour was a personal encounter with the king. The location where this took place is not often clearly specified but it is clear that the location varied. Depending on where the King was ‚on-the-move', which projects preoccupied his activities and which festivals he was involved in, officials in different sectors would have come to his attention and the king would have had the opportunity to appreciate their contributions and their loyalty.[91]

Die Gunst, das *ḥsw.t*-Gefüge, bezeichnet die positive königliche Reaktion auf erbrachte Leistungen, die den Mittelpunkt des Beamtenlebens bildet (ihm den sozialen Aufstieg und die Versorgung sichert) und gleichzeitig dem König ein Führungsinstrument in die Hand gibt, um seine Vorhaben mittels leistungswilliger Beamten durchzusetzen.[92] Stellvertretend für den sozialen Aufstieg und die gesellschaftliche Position eines Ehrengoldempfängers wird hier der Text bei Panehesi zitiert. Er sagt:

> Verehrung Dir, mein Gott, der mich baute, der mir Wohltaten erwies, der mich entstehen ließ, der mir Nahrung gab und meinen Bedarf regelte durch seinen *Ka*. Der Herrscher, der mich machte unter den Menschen,

89 Ebd., S. 243.
90 Ebd., S. 263.
91 Ebd., S. 224.
92 GUKSCH, *Königsdienst*, S. 39–45.

> der veranlasste, dass ich mich seinen Günstlingen zugesellte und dass mich jedes Auge kannte, weil ich erhoben wurde vom Ende; der veranlasste, dass ich reich wurde, als ich gering war. Alle meine Zeitgenossen küssen die Erde, weil ich geworden bin zu einem Günstling dessen, der ihn machte. Mein Dorf kam zu mir, indem ich respektiert und gerühmt wurde deswegen auf Geheiß des Herrn der Maat.[93]
>
> Oh jeder einzelne der in Achetaten ist und sich eine schöne Lebenszeit wünscht: Ich will euch erzählen (*sḏd*) von den Wohltaten, die mir der Herrscher erwies: Er veranlasste, dass ich zu den Fürsten (*sr.w*) und Freunden (*smr.w*) gehörte ... als ich erwartete, mich den Fürsten anzuschließen, fand ich mich als Königsbekannten ... so soll jeder über mich sagen: wie groß (alt: blühend) ist NN.[94]

Guksch beurteilt treffend die biographischen Phrasen über die Niedrigkeit der eigenen Herkunft in den Beamtengräbern als Relationsangaben. Ihr zufolge wird in Amarna der Abstand zwischen Beamten und König vergrößert, weil es keine Beamten mehr mit dem Selbstbewusstsein und dem Hintergrund der alten ersten Familien gibt – die Aufstiegsmöglichkeiten für Schreiber und Beamten zweiten und geringeren Grades in der Verwaltung waren damit gegeben – und weil sich der Beamte gegenüber dem als Gott verehrten Herrscher arm macht:

> *smnḥ* „beten" ist als „sich arm machen vor Gott" zu deuten. Die Bezeichnung als *nmḥ* erkennt damit den grundlegenden Status der Anhänger Echnatons gegenüber ihrem persönlichen Gott an: Von sich aus sind sie ihm gegenüber nichts, doch durch ihn können sie alles werden.[95]

Der Türsturz in den Privathäusern[96] und die kurze Form des Sonnenhymnus auf der als Grenzstele gestalteten Stele, TA 9, Halle, S-Wand – dem klassischen

93 TA 6, Eingang, westl. Türlaibung, Kol. 7–13, Davies, *Amarna* II, Taf. VII, Sandman, Texts, 24.1–7, Guksch, *Königsdienst*, Beleg 008(01). Der Text ist dem knienden Grabherrn, der beide Arme im Anbetungsgestus erhoben hat, beigeschrieben. Oberhalb ist die Königsfamilie mit *sḫm*-Zepter bzw. Sistren in der einleitenden Phase für den Opfervollzug dargestellt.

94 TA 6, Eingang, östl. Türlaibung, Kol. 8–19, Davies, *Amarna* II, Taf. VIII, Guksch, *Königsdienst*, Beleg 008(02). Die Anrufung an die Grabbesucher ist dem knienden Grabherrn, der beide Arme im Anbetungsgestus erhoben hat, beigeschrieben. Oberhalb ist die Königsfamilie mit Räucherarm und Gabe während des Opfervollzugs dargestellt.

95 Guksch, *Königsdienst*, S. 29.

96 Siehe die Quellen aus Amarna bei Budka, *Der König an der Haustür*, S. 115–128, 233.

Ort der Biografie des Grabherrn – bestätigen Religiosität als eine soziale Kategorie in Achetaten. Religiosität wird durch Anbetung sowie den König sehen und hören können ausgedrückt. In TA 14 wird in einem Gebet an den König das Hören seiner Stimme (*jw.j ḥr sḏm ḫrw =f*) explizit formuliert.[97] Biographien erwähnen die Nähe zum Körper des Königs (*tkn m ḥꜥw nṯr*).[98] Die physische Nähe, das in Hörweite des Königs sein, sind das zentrale Bildelement in den Darstellungen der Ehrengoldverleihung. Der Belohnte steht unmittelbar vor dem König oder im Portikus des Erscheinungsfensters.[99] Aussagen in der Biographie des Eje benennen dieses Privileg und weitere Tugenden des *hörbaren Körpers* des hohen Beamten. Der Text beginnt:

> Der Wedelträger zur rechten Seite des Königs, großer Freund, der an seinen Herrn herantritt, wirklicher Schreiber des Königs, den er liebt, der Gottesvater Eje, der Gerechtfertigte, sagt:
>
> „Ich bin einer, der maßvoll und rechtschaffen ist, der frei von Betrügereien ist.
>
> Mein Name erreichte den Palast wegen (meiner) Wirkungsmächtigkeit für den König und wegen des Hörens seiner Lehre (*ḥr sḏm sbꜣ.yt =f*) und des Handelns nach seinem Gesetz, ohne die Worte zu vermischen oder die Stimmung zu schädigen.
>
> Meine Größe(?) besteht in der Vollständigkeit meines Ausspruches, (als) einer der unversehrt ist, nachdem er ein schönes Alter erbeten hat, einer, der das Leben liebt".[100]

Das Epitheton „der an seinen Herrn herantritt" (in TA 4: „wer vor dir steht") kennzeichnet mit der räumlichen Nähe zum König den *hörbaren Körper* als den eines Vertrauenswürdigen. Nur dieser darf sich in Hörweite des Königs aufhalten. „Ich bin einer, der maßvoll und rechtschaffen ist, der frei von Betrügereien ist" benennt einen *hörbaren Körper*, der im Sinne der Maat handelt. Die Aussage wird an der Decke der Pfeilerhalle variiert:

---

97 TA 14, Eingang, nördl. Türlaibung, Kol. 11, DAVIES, *Amarna* V, Taf. II, S. 16, GUKSCH, *Königsdienst*, Beleg (011)01, ebenso in TA 25, Eingang, O-Wand, Kol. 18, Beleg (011)02.

98 TA 3, Türsturz re., Kol. 1, DAVIES, *Amarna* III, Taf. XXVII, und, kaum überraschend, im Grab des königlichen Leibarztes Pentu, TA 5, Türsturz re., Kol. 1, DAVIES, *Amarna* IV, Taf. II. Siehe auch GUKSCH, *Königsdienst*, S. 35–36.

99 Zum Zugang bestimmter Statusgruppen in den Nahbereich des Königs als Referenzpunkt in Selbstrepräsentationen, AUENMÜLLER, Gefolgschaft und Nähe, in: NEUNERT et al., *Text: Wissen – Wirkung – Wahrnehmung*, S. 75–88.

100 Biographische Inschrift, TA 25, Säulenhalle, S-Wand, li. Türpfosten, außen, Kol. 4, DAVIES, *Amarna* VI, Taf. 32, Sandman, Texts, 88, SPERVESLAGE, in: TLA, Zugriff 2011-11-30.

> Er bestattet mich, weil mein Mund voll Rechtschaffenheit war.[101]

In der Deckeninschrift wird entweder auf die Vorstellung vom Jenseitsgericht, das heißt, der Rechtfertigung durch einen Gerichtsbeschluss angespielt, oder es liegt eine Übertragung derselben Idee in das Umfeld des Achenaten vor. Dann entscheidet der König im Einzelfall über das verdienstvolle Handeln des Beamten; die Belohnung mit einem Grab ist gezielt auf den *hörbaren Körper* gerichtet. Die Aussagen „ohne die Worte zu vermischen oder die Stimmung zu schädigen" (*tm šbj mdw ḥḏj bjꜣ.t*) und „meine Größe besteht in der Vollständigkeit meines Ausspruches" (*ꜥꜣ=j tm m r'=j*) betreffen die Ästhetik der Rede. Sie binden das Reden in den Kontext der lebengebenden Atmosphäre des Königs ein. Auf der Stele des Hor wird über den Herrscher gesagt: „A great one sweet of character to the one who follows him, who gives the breath of life to the one who praises him".[102] Aus dem Zitat zur Arkandisziplin auf der Haustür des Maa-nachtef wird erkennbar, dass Reden gefährlich sein kann:

> Möge er Eintritt als Gelobter und Austritt als Geliebter gewähren, (mit) verschlossenem Mund, ohne dass ein negatives Ereignis herbeigeführt wird.[103]

Die Aussagen „(ohne) die Stimmung zu schädigen" und „ohne dass ein negatives Ereignis herbeigeführt wird" erinnern an die Bedenken, die zu Beginn der 18. Dynastie bei der Bitte um einen Sprechakt zerstreut werden: „Nicht Fluch noch Lästerung liegt darin. Nicht bedeutet es Streit mit einem anderen. Nicht Ausbeutung eines, der gelegentlich in Not ist".[104] Der im Eingang von TA 3, dem Grab des Ahmose, an den König gerichtete Wunsch:

> „Möge er jeden Tag Ein- und Ausgehen aus dem Königspalast und einen Körper im (Zustand der) Freude gewähren"[105]

bildet inhaltlich eine Parallele zu: „Der mit guten Nachrichten eintritt und mit Lob herausgeht"[106] auf der Stele des Intef. Der Wunsch wird zwar in TA

101 TA 25, Säulenhalle, Decke, Westkolumne.

102 SKairo JE 71901, 6, LANDGRÁFOVÁ, *It is My Good Name that You Should Remember*, Nr. 81, S. 256–257.

103 Berlin ÄM 20376, re. Türpfosten, Kol. 28.

104 Urk. IV, 122.13–15, HERRMANN, *Stelen*, S. 148.

105 TA 3, Eingang, li. Türpfosten, Kol. 1, DAVIES, *Amarna* III, Taf. 27.

106 SLouvre C 26, gr. Inschr., 5, Urk. IV, 967.1–2, HERRMANN, *Stelen*, S. 117.

3 nicht ausdrücklich mit lautlichem Handeln verbunden, doch spielt wohl die Vorstellung von einem *hörbaren Körper*, der die Stimmung nicht schädigt, mit herein, wenn der König einen „Körper im (Zustand der) Freude" gewährt. Das zur Bezeichnung rednerischer Kompetenz in thebanischen Quellen verwendete „trefflich" oder „ausgezeichnet" (*jḳr*)[107] findet sich in der Amarnazeit nicht als Qualifizierung der Rede. Das Hören formuliert Eje auf dem rechten Türpfosten seines Grabes:

> „Und ich höre (auf) seine Stimme, ohne Unterlass".[108]

Der angesehene Beamtentitel „Geheimnishüter von dem, was nur einer hören darf"[109] entwickelt sich in den Amarnatexten zum Topos: „Hören der Stimme des Königs" (*msḏr ḥr sḏm ḫrw.f*). Guksch unterscheidet zwischen einem Hören der Stimme des Königs allgemein und der Stimme, die die Lehre spricht.[110] Das Hören als Annehmen der Lehre benennt den *hörbaren Körper* als einen Gefolgsmann des Königs:

> Wie wohl ergeht es dem, der deine Lehre des Lebens hört. Er wird sich sättigen an deinem Anblick bis er das Alter erreicht.[111]

Ein Gefolgsmann des Königs ist von rechter Gesinnung:

> Der wird nicht arm sein, der deine Anordnungen hört und der zulässt, dass sie in seinem Herzen wiederholt werden. Wie ausgezeichnet ist wer vor dir steht und wer (deine) Lehren in sein Herz lässt, denn du gewährst

---

107 Guksch, *Königsdienst*, S. 88–90.

108 TA 25, Säulenhalle, S-Wand, re. Türpfosten, Kol. 3. Weitere Belege Sandman, Texts, 76.11; 99.10; 170.9–10 und 172.13. Assmann (Weisheit, Loyalismus und Frömmigkeit, in: Hornung/Keel, *Studien zu altägyptischen Lebenslehren*, S. 42) versteht sie als Aussage zur Beherzigung von Achenatens Lehre.

109 *Wb* 1, 277.7; *Wb* 4, 388.4. Jones, *Titles OK*, no. 2357. Der Titel findet sich auch erweitert zu: „Geheimnishüter von dem, was nur einer hören darf, am großen Eingang von Oberägypten" (*r.j-sštꜣ-n-sḏm.t-wꜥ-m-r'-ꜥꜣ-šmꜥ.w*), Jones, *Titles OK*, no. 2358. Siehe auch die mit Hören gebildeten Epitheta aus dem Mittleren Reich bei Doxey, *Egyptian Non-Royal Epithets*, S. 382.

110 Guksch, *Königsdienst*, S. 36.

111 TA 14, Eingang, nördl. Laibung, Kol. 11, Davies, *Amarna* V, Taf. II, Sandman, Texts, 59–63, Guksch, *Königsdienst*, Beleg (070)07. Ebenso TA 4, Säulenhalle, S-Wand, W, D2, Rede des Königs bei Amtsernennung. Weitere Parallelen bei Guksch, ebd., S. 182–185.

> ihm ein (hohes) Alter deiner Gunst und eine schöne Zeit während deiner Herrschaft.[112]

Der Grabherr von TA 8, Tutu, rühmt sich in seiner Rede an die Inspektoren[113] und in seiner Biographie, dass er die Wahrheit sagt und Nachrichten korrekt übermittelt:

> Was die Boten aus allen Fremdländern betrifft, so war ich jeden Tag im Palast und hinterbrachte dem Hof ihre Worte. Ich kam wieder heraus [zu den Boten] als königlicher Gesandter mit allen Vorschriften seiner Majestät.[114]

Diese Aussage ist der einzige Beleg, den man für den *hörbaren Körper* der Amarnazeit als Glied einer Kommunikationskette anführen könnte. Dagegen spricht aber, dass die Kommunikation zwischen dem König und den Vertretern der Fremdländer nicht als eine Wiederholung (*wḥm*) oder ein Weitergeben von Worten, sondern als eine Ausstattung mit Vollmachten bezeichnet wird. Auch wird das Lexem „Mittler" (*wḥm.w*) nicht für Tutu verwendet.[115] Im Vergleich zur Voramarnazeit wird die Eingliederung in die Gesellschaft als Glied einer Kommunikationskette verringert. Das zeigen auch die Aussagen zur Lehre des Königs. Der König begründet die Ehrengoldverleihung an Merire I:

> „… weil er die Unterweisung des Pharao, er lebe, sei heil und gesund, hört und weil er alles, was bezüglich dessen gesagt wird, macht."[116]

Nicht die Weitergabe durch das Wort dominiert in der Amarnazeit, sondern, wie bei einem Diener, das Handeln, das auf das Gehörte hin erfolgt.[117] GUKSCH erwägt, ob unter dem „Ausführen der Lehre" (*jrj sbꜣ.yt*) die Verehrung

112 TA 4, Säulenhalle, S-Wand, Türrahmen, Türsturz, li. Seite, Kol. 25–27, Königslob, SPERVESLAGE, in: TLA, Zugriff 2015-05-11.

113 Urk. IV, 2016.

114 Urk. IV, 2017, Übers. HELCK, S. 60, Sandman, Texts, 75.6–18,

115 Zur Funktion des *wḥm.w*, GASSE, Ameny, un porte-parole sous le règne de Sésostris Ier, in: *BIFAO* 88, S. 83–93.

116 TA 4, Säulenhalle, O-Wand, u. Reg., B.1. Eine Parallele findet sich bei der Beförderung des Tutu, TA 8, Säulenhalle, W-Wand, S, Rede des Königs, Urk. IV, 2012.

117 Siehe der Gebrauch des Verbs *sḏm n* in der Bedeutung von „dienen" und „gehorchen" (*Wb* 4, 390.6–7) und die Berufsbezeichnungen für einen Diener/in als „der (die) auf den Ruf gehorcht" (*sḏm-ʿš; sḏm.t-ʿš*). Sie bezeichnen jemand, der eine Anordnung empfängt und auf das Gehörte hin handelt.

des Königs zu verstehen sei.[118] Die starke ideologische Überformung der Amarnatexte sollte nicht den pragmatischen Aspekt des Unternehmens vergessen lassen. Der König förderte Beamte, die ihm halfen seine Bauvorhaben, etc. zu realisieren. Die praktischen Anforderungen und die Aussage in TA 8, der noch in der klassischen Form verfassten Handlungsbiographie des Tutu:

> Mögest du ihm erhören, was in seinem Herzen ist, mögest du es ausführen so wie es aus seinem Mund kommt.[119]

sprechen für ein Verständnis des „Machens der Lehre" als Verwirklichung königlicher Ideen. Es handelt sich also bei *jrj sbꜣy.t* (im Gegensatz zu dem ebenfalls in den Amarnatexten verwendeten „Hören seiner Lehre" *ḥr sḏm sbꜣ.yt =f*) eher nicht um eine Wissensvermittlung und die daraus resultierende Befolgung der Lehre im Sinne religiös-rituellen Handelns, sondern um das praktische Umsetzen königlicher Amtsaufträge.[120] Für diese Interpretation sprechen die Paarung des Belehrens mit dem frühen Aufstehen in TA 8: „Er (der König) stand früh auf, um mich täglich zu unterweisen damit ich seine Lehre mache"[121] und die Worte des Königs, der bei seinen Gunsterweisen an dem Belohnten das Hören und das Handeln lobt. Das „Hören" als Kulturtechnik im Sinne des Befolgens der Lehre Achenatens wird in den Reliefs als ein bejubelter Gewinn an Sozialprestige aufgrund der richtigen Lebensführung thematisiert. Der Jubelgestus wird beim *Spacing* zur Gruppierung von Menschen und als Kennzeichnung für eine hierarchische Beziehung verwendet. Der Belohnte oder beförderte Amtsträger jubelt dem an der Spitze der Gesellschaft stehenden König zu. Personengruppen jubeln

---

118 GUKSCH, *Königsdienst*, S. 57. Zu Anbringungsort und Besonderheiten der Biographie der Amarnazeit, ebd., S. 22–24.

119 TA 7, Eingang, Türlaibung re, REICHE, *Ein hymnischer Text*, S. 348.

120 Aus dieser Interpretation geht hervor, dass ich nicht die Auffassung teile, dass es sich bei Aussagen wie „Der Herr unterwies mich, dass ich seine Lehre mache" (GUKSCH, *Königsdienst*, Dok. (070)01) um eine Belehrung durch den König im Sinne einer religiösen Unterweisung handelt.

121 GUKSCH, Dok. (070)02. Das thebanische Vorbild aus der Zeit Thutmosis' III. bis Amenhoteps II. befindet sich in TT 88: „Ich war wachsam in meiner Stellung um seine Macht zu preisen, und ich stand früh auf um ihn täglich zu verehren. Ich gab mein Herz an das, was er sagte, und war nicht nachlässig bei dem, was er mir auftrug". GUKSCH, Dok (088)04. Die Stelle wird von ihr (ebd., S. 74) als Beleg zum Thema Pflichteifer und der „wachsamen Erfüllung der Aufgaben" gebracht.

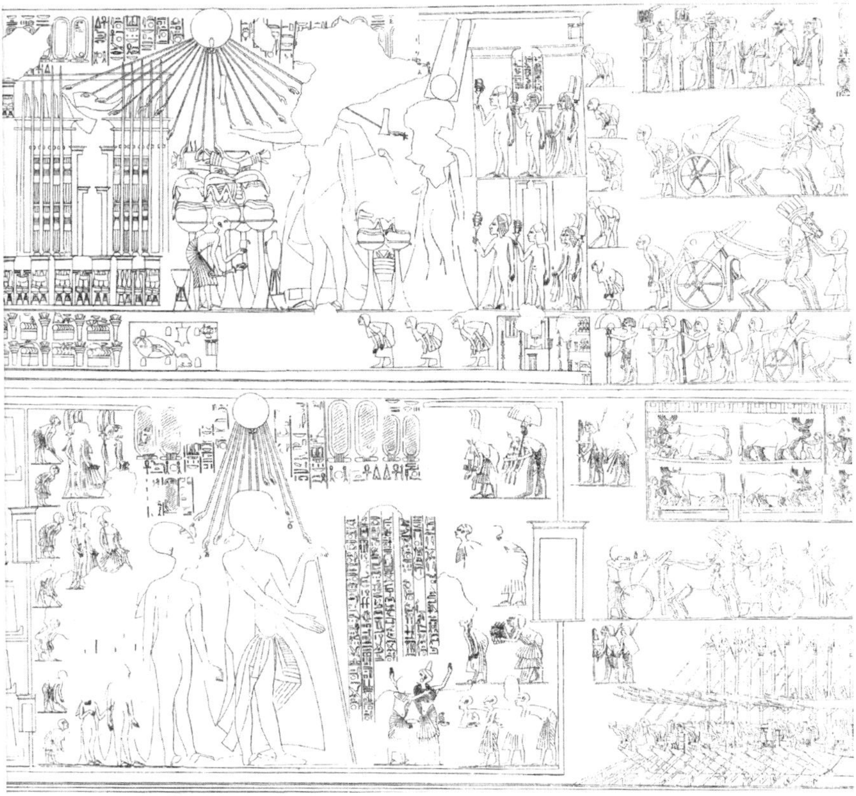

ABB. 13 *Ritual zur Ermächtigung der Ritualisten im Vorhof des Großen Atentempels (oben), Amtsernennung in einem Wirtschaftsbereich des Tempels am Hafen (unten). TA 4, Säulenhalle, Ostwand, westlicher Teil. Nach Davies, Amarna I, Taf. XXV.*

dem Beamten, dem sie unterstellt, oder dem Hausherrn, dem sie untergeben sind, zu.

Die Amtseinsetzung und die Ehrengoldverleihung ereignen sich jeweils im Beisein verschiedener Personenkreise und somit in unterschiedlichen sozialen Räumen. In drei Gräbern sprechen sowohl der König als auch der Ernannte/Belohnte. In TA 4 und TA 8 ist eine direkte Rede des Königs bei der Einsetzung in das Priesteramt wiedergegeben. Auf der Südwand der Säulenhalle in TA 4 wendet sich der König im Erscheinungsfenster mit folgenden Worten an Merire I:

> „Siehe, ich nehme dich zu mir als Größten der Sehenden des Aten im Atentempel von Achetaten. Ich mache es wegen deiner Beliebtheit mit den Worten:

‚Mein Diener, der die Lehre hört. Was jede Angelegenheit betrifft, die du verrichtest: Ich bin damit zufrieden. Ich gebe dir das Amt, damit du von den Speisen Pharaos, er lebe, sei heil und gesund, deinem Herrn im Atentempel, essen mögest.'“[122]

Die Rede ist strikt formal. Die im Austinschen Sinne performativen, das heißt eine Handlung des Königs vollziehenden Worte,[123] bewirken die Amtseinsetzung in Gegenwart der Spitze des Landes. Sie vollzieht sich im Beisein des Wesirs, der Priester, Straußenfederwedelträger und sonstigen Angehörigen der Elite, die bei Merire I im Portikus stehen. Dort versehen auch die Schreiber, Fächerträger und Offiziere ihre Aufgaben. Die Elitebeamten, die Merire I auf den Schultern tragen, antworten mit einem Lob. Sie preisen den König als den vollkommenen Herrscher, der Generationen über Generationen entstehen lässt. Der zum Atenpriester ernannte Merire I fügt dem hinzu:

„Zahlreich sind die Dinge, die Aten geben kann, um sich (selbst) zu erfreuen.“[124]

Die Ehrengoldverleihung an Merire I (auf der Ostwand der Halle) unterscheidet sich von seiner Amtseinsetzung durch den physischen Ort und den sozialen Raum. Sie findet im Wirtschaftsbereich des Tempels beim Hafen statt (siehe Abb. 13 unten und S. 435).

Die formale Amtseinsetzung im Erscheinungsfenster und eine zweite Szene mit einer Rede des Königs zur Versorgung des Würdenträgers in TA 4 haben einen Vorgänger in TA 8. Die Rede des Königs bei der Amtseinsetzung des Tutu als „Erster Diener des Nefer-cheperu-Re-wa-en-Re im Atentempel von Achetaten“ steht auf der Südseite der Westwand. Ihr Wortlaut ist (abgesehen vom Amtstitel) mit TA 4 identisch. Der Kammerherr antwortet mit einer langen Lobpreisung des Königs.[125] Auf der Nordseite der Westwand empfängt der König (zusammen mit Familie, Schwägerin und Gefolge) Tutu am Palasteingang. Bei dieser Gelegenheit wendet sich der Herrscher an die Beamten und Leiter des ganzen Landes. Er fordert sie auf, die ihnen auferlegten Abgaben an Schätzen, Bronzegefäßen und Rindern dem Belohnten zu geben. Die betroffenen Personen haben sich mit den Tieren und den anderen

---

122 TA 4, Säulenhalle, S-Wand, W, B.1.

123 AUSTIN, *How to do things with words*.

124 TA 4, Säulenhalle, S-Wand, W, B.5–7.

125 TA 8, Säulenhalle, W-Wand, S, DAVIES, *Amarna* VI, Taf. XIX, Urk. IV, 2012–2014.

Gaben im Palasthof eingefunden. Schreiber zeichnen alles auf. Tutu bedankt sich beim König mit einer langen Rede.[126]

In TA 5 finden sich drei Szenen der Gunsterweise des Königs, davon zwei in Tempelbereichen, eine im Palast. Auf dem oberen Teil der Nordwand ereignet sich die „Auszeichnung" (*fkꜣ*) des „Königlichen Schreibers, Kammerdiener des Königs, Kammerherrn, Oberarzt und Ersten Diener des Aten im Atentempel in Achetaten" in einem Vorhof des Tempels. Anwesend sind der König, die Königin sowie einige Fächerträger, Höflinge und Diener. Dem jubelnden Belohnten wird das Ehrengold umgelegt. Ein Mann assistiert dem Schatzmeister, drei Diener verbeugen sich vor dem König, Schreiber halten das Ereignis fest, und tragen vermutlich die Gaben in eine Liste ein.[127] Auf dem unteren Teil der Nordwand findet die Verleihung in Anwesenheit desselben Personenkreises in einem Tempelhof direkt am Hafen statt (siehe S. 435).

Die Strahlenhände des Aten zeigen den König bei der Amtsernennung im Erscheinungsfenster und der Ehrengoldübergabe, die unter freiem Himmel erfolgt, mit dem Gott vereint. Besonders deutlich wird diese Verbindung bei Darstellungen des Erscheinungsfensters mit einem offenen Dach und einem geteilten Fenstersturz. Dadurch sind Palast- oder Tempelhof geheiligt, solange der König in ihnen weilt. Das *Spacing* geschieht durch den sprechenden König. Die Apposition zu Pharao qualifiziert die Stimme des Königs als die des vollkommenen Sohnes des Gottes Aten. Auf allen Tableaus mit Reden des Königs und des Empfängers der königlichen Gunstbeweise trägt der Belohnte einen Priestertitel. Seine Antwort verknüpft ihn mit dem König. Die Stimmen der Akteure gehören dem vollkommenen Sohn des Gottes und dem Priester des Aten. Sie etablieren eine kultische Relation. In TA 5 und TA 8, wo nur die Stimmen dieser beiden vernehmbar sind, während der Rest der Anwesenden schweigt, wird der Belohnte aus der Menge der Würdenträger als der einzige unter ihnen, der im sozialen Raum hörbar und somit der vorderste ist, hervorgehoben.

In TA 4 ist darüber hinaus das Lob der Elitebeamten, die mit Merire I den gesellschaftlichen Status teilen, und ihn als einen der Ihren auf die Schultern heben, vernehmbar. In allen drei Fällen liegt eine Übereinstimmung von sozialem Status, sprich Elite, und der Position im Hörraum vor. Falls durch die

---

126 TA 8, Säulenhalle, W-Wand, N, Palasthof, DAVIES, *Amarna* VI, Taf. XVII, Urk. IV, 2008–2011. DAVIES, ebd., S. 10–11, interpretiert die Abgaben als Geschenke, die Tutu dem König als Gegengabe für seine Amtseinsetzung macht. Ich gehe bei meiner Interpretation vom Kontext der Grabhalle aus, deren Bilder die Versorgung des (wieder lebenden) Grabherrn vermitteln sollen.

127 TA 5, Halle, N-Wand, oben, Vorhof d. Tempels, DAVIES, *Amarna* IV, Taf. VI–VII.

letztgenannte Form des *Spacing* auch hohe Beamte, die keinen Priestertitel tragen, in den Hörraum integriert werden (was sich wegen der fehlenden Beischriften nicht nachprüfen lässt) wird durch den Einschluss weiterer gesellschaftlicher Gruppen die Ordnung des sozialen Raumes verändert.

Ein anderes Mittel zur Visualisierung der gesteigerten sozialen Position im Hörraum besteht in der Darstellung des Belohnten als einzigen Sprecher oder Jubelnden. Es wird auf der Ostseite der Nordwand in TA 1 angewendet. Huya steht, mit Gold am Hals und an den Unterarmen geschmückt, allein im Portikus des Erscheinungsfensters. Die Arme hat er im Anbetungsgestus erhoben. Mit seiner Rede wendet sich „Der Gelobte des Herrn der Beiden Länder, Vorsteher der Privatgemächer des Königs, Vorsteher des Schatzhauses, Hausvorsteher der großen königlichen Gemahlin Teje“ direkt an den König:

> „O vollkommener Herrscher, der tüchtig im Entstehenlassen ist, (für) den Aten aufgeht! Zahlreich sind die Dinge, die Aten geben kann, um sich (selbst) zu erfreuen. O Pharao, er lebe, sei heil und gesund, Sohn (des Aten), durch dessen Anblick ich lebe!“[128]

Der Belohnte dankt dem König, und über diesen auch dem Aten, für die Lebensgabe. Die Konstitution des Hörraumes in TA 1 unterscheidet sich vom *Spacing* in TA 4, TA 5 und TA 8 durch die Qualität der Stimme. Anstatt auf einer kultischen Relation liegt jetzt der Aspekt auf dem König als der Herrscher „für den Aten aufgeht“ und Huya als einem seiner Hofbeamten. REICHE analysiert die Sonnengott-König-Beziehung in derartigen Aussagen:

> Inhaltlich handelt es sich um die Handlungen des Gottes, die in zweierlei Hinsicht eine Besonderheit aufweisen. Zum einen sind die Handlungen auf den König gerichtet [...]. Der König erscheint dabei nicht als Handlungs*objekt* (wie die Schöpfung), sondern als Handlungs*partner* des Gottes. Aten befähigt den König, in seiner Rolle als König und indem er in Gemeinschaft mit ihm lebt, zum Handeln, und zwar zu einem Handeln, das auf ihn selbst gerichtet ist.[129]

Die Ruhe der übrigen Anwesenden vor dem Erscheinungsfenster wird hier bei Huya durch die Lautvermeidung des Pferdeknechtes, der die Tiere beruhigt, noch unterstrichen.[130] Das gleiche *Spacing* wird bei der Amtsernennung des

128 TA 1, Säulenhalle, N-Wand, O, Kol. 19–20, DAVIES, *Amarna* III, Taf. XVII.
129 REICHE, *Ein hymnischer Text*, S. 337.
130 TA 1, Säulenhalle, N-Wand, O, Subreg., DAVIES, *Amarna* III, Taf. XVII.

Huya auf der Westseite derselben Wand angewendet. Diese findet ebenfalls im Erscheinungsfenster statt. Die Armstellung der Huya zugewandten Person und die Schale auf einem Tischchen könnten auf eine Salbung, Reinigungs- oder Bekleidungszeremonie hindeuten. Wie es die Textzeile über den Schreibern ausweist, wird Huya zum „Vorsteher der Privatgemächer des Königs, Vorsteher des Schatzhauses, Hausvorsteher der großen königlichen Gemahlin" ernannt. Das Subregister illustriert seine Tätigkeit als Vorsteher des Schatzhauses. Der Lobpreis des jubelnd die Arme erhebenden Huya gilt dem *Ka* des Königs, dem Herrscher, der die Beamten erschafft, dem Großen Nil des ganzen Landes.[131]

Als Jubelnder ohne eine beigefügte Rede werden Merire II beim Tributempfang,[132] derselbe im Palasthof bei der Belohnung durch Semenchkare,[133] Pentu bei der Auszeichnung durch den König im Vorhof des Tempels,[134] Panehesi vor[135] und Parennefer im Portikus des Erscheinungsfensters[136] dargestellt. Auf der Ostseite der Südwand in TA 2 wird keine Lauterzeugung gezeigt.[137] Dort liegt bei der Raumkonstitution das Gewicht auf der Platzierung von beweglichen Gütern (Goldkragen). Die zweite Art des *Spacing* (ohne kultische Relation) erzeugt lediglich einen Repräsentationsraum für den neuen Sozialstatus.

Neben der auditiven Paarung mit dem König oder der Positionierung als alleiniger Sprecher oder Jubelnder ist ein drittes Mittel zur Hervorhebung der gesellschaftlichen Stellung das Königslob der Menschen, die der Zeremonie beiwohnen. Die dritte Art des *Spacing* betont die soziale Einbettung des Belohnten. Von ihm machen Merire I, Tutu, Huya und Mahu Gebrauch. Der Kreis der Adoranten variiert. Bei Merire I ist es das Lob seiner gleich ihm elitären Kollegen,[138] bei Tutu sind es die breitgefächerten höheren Berufsgruppen aus der Verwaltung (ausländische Gesandte, Fächerträger *ḥbs.w bhtj ntj m šsm.w n ḥm*, höhere Beamte, Schreiber) und am Hof (Wesir, Wedelträger,

131 TA 1, Säulenhalle, N-Wand, W, Kol. 26–28. Eine Salbung oder Reinigung mit gleichem Szenenaufbau findet sich im Kontext der Ehrengoldverleihung an Chaemhat, TT 57, Querhalle, W-Wand, N, (Amenhotep III).

132 TA 2, Säulenhalle, O-Wand, Tributempfang, DAVIES, *Amarna* II, Taf. XXXVII.

133 TA 2, Säulenhalle, N-Wand, O, Palasthof, DAVIES, *Amarna* II, Taf. XLI, auch dort mögl. Hinweis auf eine Bekleidungszeremonie.

134 TA 5, Halle, N-Wand, oben, Vorhof d. Tempels, DAVIES, *Amarna* IV, Taf. VI. Die Auszeichnung auf der S-Wand, unten, lässt sich nicht auswerten, da Reden auf den zerstörten Wandteilen gestanden haben können.

135 TA 6, erste Halle, S-Wand, W, DAVIES, *Amarna* II, Taf. X.

136 TA 7, Halle, W-Wand, DAVIES, *Amarna* VI, Taf. IV.

137 TA 2, Säulenhalle, S-Wand, O, DAVIES, *Amarna* II, Taf. XXXIII.

138 TA 4, Säulenhalle, S-Wand, W, DAVIES, *Amarna* I, Taf. VI, VII.

Wagenlenker des Königs).[139] Bei Huya und Mahu ruft die ihm untergebene Phyle[140] beziehungsweise Polizeitruppe[141] das Lob aus. Die sozialen Gruppen, die im Rahmen der Verleihung in Jubel ausbrechen dürfen, unterscheiden sich. Ihr Status steht in Beziehung zu dem des Begünstigten. Entweder teilen sie sein Sozialprestige, wie bei Merire I und Tutu, oder sie sind ihm untergeordnet, wie bei Huya und Mahu. Das Königslob verbindet den Belohnten mit den Menschen, mit denen er bei seiner Amtsausübung zu tun hat. Es stellt sie als Vertrauensleute und Freunde des Belohnten und als loyale Untertanen dar. Über die Wichtigkeit eines Vertrauensmannes und einer Anhängerschaft belehrt die Lehre des Ptahhotep, Maxime 14.

In TA 25 sprechen weder der König im Erscheinungsfenster noch die Belohnten Eje und seine Frau Ti, „Die große Amme der großen königlichen Gemahlin Nefertiti". Das auditive *Spacing* besorgt dort eine Gruppe von sieben tanzenden nubischen Männern mit den (zu ergänzenden) den Rhythmus schlagenden Libyern. Die Tänzer drücken die Bedeutung aus, die das Ereignis für den Belohnten hat, und gestalten es als ein gesellschaftliches Ereignis.[142] Auf derselben Wand (in den Szenen der Palastwache) bildet die Auszeichnung des Grabherrn das Stadtgespräch.[143]

Das *Spacing* bei der Ehrengoldverleihung betont dessen soziale Bedeutung. Die Aufnahme in die Elite und der Widerhall des Ereignisses in der Gesellschaft werden auditiv gestaltet. Der König und sein Günstling werden entweder in eine kultische oder in eine amtliche Beziehung zueinander gesetzt. Bei der

139 TA 8, Säulenhalle, W-Wand, S, DAVIES, *Amarna* VI, Taf. XX.

140 TA 1, Säulenhalle, O-Wand, Subreg, DAVIES, *Amarna* III, Taf. VIII. Die Reihe der dargestellten Phylen lassen als Vorbild an die Ausbreitung des Jubels von Truppe zu Truppe in der Thronerhebungslegende der Hatschepsut (siehe Kap. 1.2, Rhytmus und Emotionen einer Gemeinschaft) denken.

141 In TA 9, Halle, O-Wand, N, DAVIES, *Amarna* IV, Taf. XVII, ist von der Ehrengoldverleihung nur der Palasthof, indiziert durch die Kapitelle des Portikus, erhalten. Dort bringt der jubelnde Mahu das Königslob aus, hinter ihm verbeugt sich die Polizeitruppe. Ein Standartenträger wendet sich dem Belohnten zu, die Höflinge dem wohl zu ergänzenden König.

142 „The rich repertoire of music in many African cultures, in focusing people's activity on many specific occasions, speaks of a concern to develop a means of recognizing the important moments of an individual's life and referring them to a common tradition." CHERNOFF, *African Rhythm and African Sensibility*, S. 34. Auf den afrikanischen Kontext altägyptischer Darstellungen weist auch PODEMAN-SÖRENSEN, Ritual Art, in: AHLBÄCK, *Dance, Music, Art, and Religion*, S. 262, hin.

143 TA 25, Säulenhalle, N-Wand, O (ID 1115–1116, 1148–1152), DAVIES *Amarna* VI, Taf. XXX. Zum hohen Status der Ammen siehe FEUCHT, Frauen, in: DONADONI, *Der Mensch im Alten Ägypten*, S. 376.

kultischen Beziehung positionieren sich im Hörraum nur diese beiden Akteure. Der in den Priesterstand erhobene richtet eine Fürbitte an den Gott. Die Stimmen von König und Priester dominieren den sozialen Raum in Relation zu einer zwar zahlenmäßig überlegenen, aber nicht hörbaren Gruppe, welche ohne Unterschied alle übrigen Anwesenden umfasst. Die Stimme des Königs, der Beamte erhebt, gewinnt das Gewicht eines Schöpferwortes. Sie wird zum Hörereignis. Das *Spacing* schafft und unterhält die Vorstellung von der Qualität der königlichen Stimme und der daraus resultierenden Ordnung des auditiven Raumes. Spricht oder jubelt hingegen nur der Ernannte oder Belohnte, dann wird dessen den König rühmende Stimme oder Jubel zum Hörereignis. Alle weiteren Personen, die bei dieser Gelegenheit hörbar in den sozialen Raum eingebracht werden, brechen in ein Königslob aus. Diese Gruppen bestätigen den König als Erhalter der Gesellschaft, der, wie die gängige Formel lautet, „Generationen entstehen lässt“. Alle Betrachter der Tableaus, egal auf welcher sozialen Ebene sie sich befinden, erkennen sich selbst in den jubelnden, grüßenden und lobpreisenden Menschen.

Vor dem Palasttor

Der Ort außerhalb der Umfassungsmauer des Palasthofs wird als öffentlicher Hörraum durch Männer, die sich vor dem Tor unterhalten,[144] den jubelnden Empfang des Belohnten[145] und die Ansprache eines Ehrengoldträgers gekennzeichnet. Der Belohnte wird vor dem Tor von seinen Amtskollegen und Untergebenen, die in TA 5 als „Menschen der Behörde und alle Untergebenen des Hauses“ bezeichnet sind, seinem Wagenlenker und vermutlich auch Freunden empfangen. Auf der Nordseite der Westwand in TA 8 warten vor der Palasthofmauer mehrere Gespanne. Wagenlenker, Offiziere und Diener unterhalten sich. Die ihre Handtrommeln schlagenden Städterinnen schließen sich dem Zug der Gabenträger an. Jubelnde Menschen sind nicht dargestellt. Nur der Herold oder Diener vor den Musikantinnen erhebt beide Arme (siehe Abb. 14). Nach dem Gunsterweis im Palasthof wendet sich Tutu vor dem Tor an dieselbe Zielgruppe wie zuvor der König in seiner Rede, nämlich an die Obersten im zivilen und militärischen Bereich, die die Abgaben für den

144 TA 4, Säulenhalle, W-Wand, DAVIES, *Amarna* I, Taf. X, XVIII (nur dort in Abwesenheit des Königs). TA 8, Säulenhalle, W-Wand, S, N, DAVIES, *Amarna* VI, Taf. XX, XVIII. TA 25, Säulenhalle, N-Wand, O, DAVIES, *Amarna* VI, Taf. XXX.

145 TA 2, Säulenhalle, S-Wand, O, Davies, *Amarna* II, Taf. XXXIII. TA 5, Halle, S-Wand, unten, DAVIES, *Amarna* IV, Taf. VIII (sehr fragmentarisch). TA 8, Säulenhalle, W-Wand S, DAVIES, *Amarna* VI, Taf. XX. TA 25, Säulenhalle, N-Wand, O.

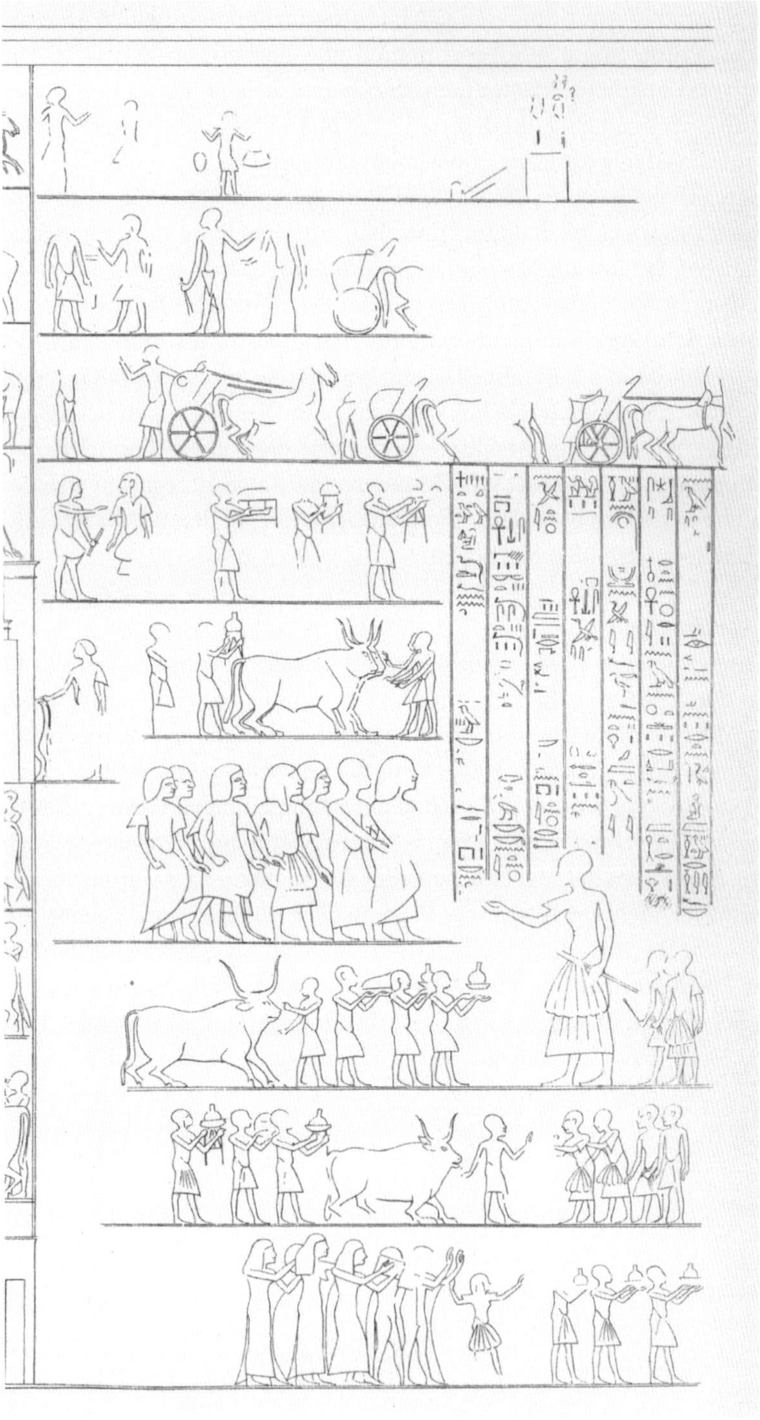

ABB. 14 *Vor dem Palasttor.* TA *8, Säulenhalle, Westwand, nördlicher Teil. Nach Davies, Amarna* VI, *Taf.* XVIII, *Ausschnitt.*

Belohnten liefern sollen.[146] Einige Beamte und die für den Heimtransport der Geschenke benötigten Palastdiener und Knechte aus den königlichen Stallungen umringen den Sprecher. Die Stiere werden durch ein Über-die-Nase-Streichen oder einen Beschwörungsgestus zur Ruhe gebracht.

Das Beruhigen der Tiere findet sich im thebanischen Grab des Nebamun. Der dort durch eine hieratische Beischrift bezeichnete „Kuhhirt des Amun Meru“ streicht einer Kuh über die Stirn, nachdem die Tiere mit einem Brandzeichen gekennzeichnet worden sind. DAVIES macht auf die Ähnlichkeit der Tierdarstellung mit einem Boden in Tell el-Amarna aufmerksam.[147] In zwei thebanischen Gräbern wird das Motiv bei der Viehzählung verwendet.[148] In TT 151 findet sich der Beschwörungsgestus zur Beruhigung eines Opfertieres bei einem Schreiber, der vor den Stallungen steht.[149] Der Kontext für das Beruhigen der Stiere in der Amarnazeit ist das Heimführen nach der Ehrengoldverleihung oder die Fütterung in den Stallungen.[150] Das Beruhigen der Tiere im Stall deutet, der thebanischen Vorlage nach zu schließen, auf ein *Spacing* im Zusammenhang mit der Arbeit hin. Der Gestus könnte die Abendruhe als Zeit der Fütterung anzeigen. Auf dem Nordteil der Westwand der Säulenhalle in TA 8 hingegen handelt es sich um die Wiedergabe einer königlichen Anordnung in einem sozialen Raum vor dem Palasttor, in dem sich Beamte und Untergebene aufhalten. Im Hörraum agieren der Belohnte – mit der Wiederholung der Rede, die ihm die Versorgung sichert – und die Stallknechte, die die ihm vom König geschenkten Stiere durch ein Über-die-Nase-Streichen oder einen Beschwörungsgestus zur Ruhe bringen. Die Wiederholung der königlichen Rede, und als deren Folge

146 Urk. IV, 2011.

147 TT 90, W-Wand, N, Subreg., PM I, 1², 184 (8), DAVIES, *The Tombs of Two Officials of Tuthmosis the Fourth*, S. 32, Taf. XXXI. Eine Quellenangabe fehlt. Es handelt sich wohl um das Kalb, Carlsberg Glyptotek, pKopenhagen AE.IN 1649, WEATHERHEAD, *Amarna Palace Paintings*, S. 310, Taf. 60.

148 In TT 74 führt ein Rinderhirte mit der Linken den vordersten Stier am Strick und streicht ihm mit der rechten Hand über die Nase, TT 74, Querraum, W-Wand, PM I, 1², 146 (10), WRESZINSKI, *Atlas*, Taf. 237, BRACK, *Tjanuni*, Taf. 39. Ein Hirte, der eine Kuh beruhigt, findet sich in TT 93, Säule B, W-Seite, PM I, 1², 192 (17), DAVIES, *The Tomb of Kenamun at Thebes*, Taf. LXI.

149 TT 151, Querhalle, li. Wand (Thutmosis IV.-Amenhotep III.), PM I, 1², 261 (2), HARTWIG, *Tomb Painting and Identity*, Abb. 36.

150 Luxor J 223, Talatatwand, (ID 843), LAUFFRAY, Les 'Talatat' du IX. Pylône de Karnak et le Teny-Menou, in: *Cahiers de Karnak* VI, 1973–1977, S. 67–89 mit Taf. XIV–XIX. Boston MFA 63.960 (ID 43), COONEY, *Amarnareliefs from Hermopolis in American Collections*, Nr. 39, ROEDER, *Amarna-Reliefs aus Hermopolis*, PC 52, Taf. 182, S. 190. Turin S 18142 (ID 1139), Roeder PC 118, ebd., Taf. 190.

die Lautvermeidung, bestimmen das *Spacing*. Darüber hinaus unterstreicht die Ruhe der übrigen Anwesenden, die in den fehlenden Jubelgesten ihren Ausdruck findet, das Gewicht des Herrscherwortes.

Diesem Hörraum wird auf dem Südteil derselben Wand Rede und Jubel auf dem Weg zum Atentempel gegenübergestellt. Auf der Südseite erreicht das *Spacing* durch Menschen, die dem vom Erscheinungsfenster zurückkehrenden Belohnten zujubeln, seine deutlichste Ausprägung. Die Männer, an die Tutu nach seiner Ernennung zum Priester das Wort richtet, sind als „Inspektoren" (*rwḏ.w*) bezeichnet. Sie bilden eine erregte Gruppe Adoranten,[151] die vor dem Redner die Erde küssen oder im Knien oder Stehen jubelnd die Arme erheben. Sie antworten auf die Ansprache des Tutu mit einem Königslob. Sein Wagenlenker, vermutlich Freunde und Untergebene reißen jubelnd beide Arme hoch und tanzen vor Freude. Nur die Phyle steht abwartend. Danach besteigt Tutu, angetan mit dem Ehrengold, seinen Streitwagen und begibt sich zum kleinen Atentempel.

Auf demselben Tableau ist der Nebeneingang, durch den man den Palasthof betritt, durch eine kleinere Tür, Speisen und die *spd*-Hieroglyphe (Gardiner M 44) bezeichnet. Vor ihm steht der Hausvorsteher. Er spricht mit einem Wagenlenker im Offiziersschurz, der ihm antwortet, bevor er sich mit seinem Kollegen auf den Weg macht. Schreiber kommen zum Palast. Zwei Wagen sind zu dem Aufstellungsort der Speisen unterwegs. Ein Offizier ruft dem ersten Gespann etwas entgegen. Davies ordnet die Szenen in den unteren Registern den Ereignissen im Palast vor der Amtsernennung zu: „Servants and soldiers are dashing to and from the palace in chariots, conveying messages and officials. The major-domo stands at the gate and demands the business of those entering".[152] Durch das *Spacing* mittels der Männer und Offiziere, die dem Palasthaushalt angehören, werden die Straße und der Raum vor dem Gebäude der Einflusssphäre des Königspalastes zugeordnet.

In TA 25 überwiegen Jubel und Tanz. Der Ehrengoldempfänger zeigt den Adoranten seine neuen roten Handschuhe.[153] Einer küsst vor ihm die Erde, ein jubelnder Mann, der vor ihm kniet, berührt seine Hand, ein dritter befühlt mit der Linken seine Armreifen. Dieser und zwei andere Männer haben

151 Parallele Hannover, KM, Kriegsverlust, ehemals Bissingsche Samml. S. 0761 (ID 307–308), Loeben, *Die Ägyptensammlung des Museum August Kestner und ihre (Kriegs-)Verluste*, Abb. S. 289, Katalog, S. 219.

152 Davies, *Amarna* VI, S. 13. Die gleiche Szene vor dem Palast in TA 4, Säulenhalle, W-Wand, in der niemand beim Palast ankommt, sondern der König zum Tempel abgefahren ist, spricht gegen ihre Zuordnung zum Anlass einer Amtsernennung.

153 TA 25, Säulenhalle, N-Wand, O, Davies, *Amarna* VI, Taf. XXX und London UC408.

die Rechte im Anbetungsgestus erhoben (siehe Abb. 15). Der Kontakt ist hier ein haptischer wie bei einer Kratophanie.[154] Die Adoranten wollen mit der Kraft des Königs, die sich an dem Ehrengoldempfänger und „Gottesvater" zeigt, in Berührung kommen.[155] Drei Gruppen, bestehend aus Dienern mit einem Fächerträger, vornehmen Herren in feinen Hemden und Offizieren – die Standarte lässt eine Phyle vermuten – jubeln Eje zu. Eine Gruppe Männer im Offiziersschurz tanzt einen Stocktanz. Die Tänzer sind nur in Umrissen mit Tinte vorgezeichnet. Alle Parallelen für einen Stocktanz zeigen nubische Tänzer.[156] Die auf dem Hildesheimer Relief PM 4823 über den Köpfen erkennbaren jubelnd erhobenen Hände deuten auf einen ähnlichen Kontext wie in TA 25 hin. Vor der Palasthofmauer warten mehrere Gespanne. Die Wagenlenker und Diener unterhalten sich. Die im Register oberhalb im Wortlaut wiedergegebenen Reden der Palastwache lassen auch bei ihnen als Gesprächsthema die Ehrengoldverleihung vermuten.

Der öffentliche Bereich, der außerhalb der Palastmauer beginnt, wird als sozialer Raum durch die Lauterzeugung und -vermeidung unterschiedlicher Personenkreise konstituiert. Je nach Anlass dominieren Rede und Ruhe, Rede und Jubel oder Jubel und Tanz. Das *Spacing* vermittelt eine hierarchische Gesellschaftsordnung. An deren Spitze steht der Belohnte, dessen Ansprachen bei Tutu wörtlich wiedergegeben sind und dessen Stellung als die eines Mannes, der die Worte des Königs wiederholt, unterstrichen wird. An zweiter

154 Ein religionsphänomenologischer Begriff für Manifestationen der Macht, die in den ontologischen Bereich einbricht und eine Erwählung der Person oder des Gegenstandes, durch den sie sich äußert, offenbart. Im Gegensatz zur Theophanie und Hierophanie muss es sich bei der Kratophanie um keine göttliche oder heilige Macht handeln, vergl. ELIADE, *Die Religionen und das Heilige*, S. 38–49.

155 Der aus diesem Grunde gesuchte Kontakt wird auf demselben Tableau auch am Wesir deutlich, der sich zum König im Erscheinungsfenster vorbeugt und ihn mit seiner Hand berühren will.

156 Brüssel E.8194 (ID 572), FREED et al., *Pharaohs of the Sun*, Kat. Nr. 117, S. 239 und Abb. 116, CHAPPAZ, *Akhénaton et Néfertiti, soleil et ombres des pharaons*, Kat. Nr. 181, Abb. S. 253. Sandstein-Talatat, Luxor Freilichtmuseum (ID 832). Hildesheim PM 4823 (ID 622–625), http//www.globalegyptianmuseum.org, MONREAL, *Egipto milenario*, Kat. Nr. 34, WILDUNG/GRIMM, *Götter und Pharaonen*, Kat. Nr. 183A. Vier durch Gesichtsschnitt und Frisur als Nubier charakterisierte Männer, die einen Stocktanz tanzen. Sie sind bis zur Taille erhalten. Vom ersten Tänzer ist das Profil unterhalb des Auges weggebrochen. Die Schulterlinie lässt darauf schließen, dass beide Arme erhoben sind, doch ist nur der linke Arm mit der nach vorn offenen Hand auf dem Bruchstück erhalten. Über seinem Kopf ist die nach vorn offene rechte Hand des zweiten Tänzers zu sehen.

ABB. 15 *Gespräche auf der Palastwache (oben), darunter der Empfang des Belohnten vor dem Palasttor.* TA *25, Säulenhalle, Nordwand, östlicher Teil. Nach Davies, Amarna* VI*, Taf.* XXX.

Stelle stehen die von ihm angesprochenen Inspektoren, deren Lob ebenfalls als Text gegeben wird. Die Basis der sozialen Pyramide bilden die jubelnden Freunde und Untergebenen. Sie bestätigen den Status des Belohnten und verleihen dem auditiven Raum den Charakter des Gedeihens und der Freude. – In TA 25 besorgen diese Charakterisierung die Stocktänzer. – Die Phyle und die mit Gesten huldigenden Personen bringen sich in den öffentlichen Raum nicht hörbar ein. Sie stellen durch ihre Körperposition und ihre Aufgabe als Eskorte eine Beziehung zum Belohnten her.

Bei der Spiegelung der Ereignisse *vor* dem Palasttor werden Hörräume *im* Palasthof nuanciert. Die jeweilige Ordnung des Hörraumes wird in beiden Versionen beibehalten: Die Wiederholung der königlichen Rede fordert auch vor dem Palasttor die Ruhe der übrigen Anwesenden. Die Rede des Belohnten und der Jubel durch anwesende Berufsgruppen im Palasthof kehren draußen wieder. Eine nubische Tanzgruppe im Hof findet ihre Entsprechung außerhalb der Umfassungsmauer durch nubische Stocktänzer.

Palastwache
Auf dem nördlichen und dem südlichen Teil der Westwand in TA 8 wird die Palastwache für eine Feierlichkeit hergerichtet. Auf der Ostseite der Nordwand in TA 25 wird den dort verkehrenden Jungen, Wachen und Besuchern die Ehrengoldverleihung an den Grabherrn Eje und seine Frau Ti als Stadtgespräch in den Mund gelegt. Nur TA 25 lässt sich für das *Spacing* auswerten. Der Bildstreifen direkt unter der Decke schließt die Szene des Empfangs des Eje durch seine Freunde und Untergebenen vor dem Palasttor ab (siehe Abb. 15). Die in den vier unterschiedlichen Szenen am Dialog Beteiligten sind der Wächter und ein Junge, der Wächter und ein Besucher und zwei Jungen untereinander. Zwischen den Anwesenden findet in der ersten Szene ein aus Rede und Antwort bestehendes Gespräch statt. Der Wachposten fragt:

> „Wem jubelt man denn zu, mein Kleiner?"

und der Junge antwortete:

> „Man jubelt Eje, dem Gottesvater, und Ti zu."

Daraufhin bemerkt der Wachposten:

> „Sie sind zu Menschen aus Gold gemacht."

Und der Junge bestätigt das mit der Aufforderung:

> „Sieh sie dir an! Kostbarkeiten der Lebenszeit sind es!"

In der zweiten Szene wird der Dialog fortgesetzt. Der Wachposten (der ja auf seinem Posten bleiben muss) schickt den Jungen los:

> „Lauf doch und sieh dir diesen großen Jubel an, um zu sagen, (für) wen er ist. Komm aber schnell (zurück)!"

Der Junge, schon im Begriff wegzugehen, wendet sich um und sagt:

> „Gemacht! Sieh mich (an)!"

In der dritten Szene werden auf einer höheren gesellschaftlichen Ebene Rede und Antwort zum selben Thema wiederholt. Auf der Wache sitzen auf Klapphockern der jetzt informierte Wachposten und ein Besucher in Stufenperücke mit knielangem Schurz. Der Besucher fragt den Wächter:

> „Wer ist das, dem (dort) zugejubelt wird?"

worauf ihm der Wächter antwortet:

> „Steh auf, dann siehst du die schöne Angelegenheit, (nämlich) das, was Pharao, er lebe, sei heil und gesund, für Eje, den Gottesvater, und Ti macht. Pharao gibt ihnen Millionen an Goldgeschenken und ebenso alle (anderen) Dinge."

In der vierten Szene spricht ein Junge zum anderen:

> „Pass auf den Stuhl und den Beutel auf, damit wir sehen können, was für Eje, den Gottesvater, gemacht wird."

Der andere Junge, ebenfalls auf ein schnelles Erfahren der Neuigkeit erpicht, antwortet ihm:

> „Zögere doch nicht! Ich werde gehen, um sie (für dich) zu meinem Vorgesetzten zu bringen."[157]

In den Beischriften wird das Sehen des Ereignisses thematisiert, in der Handlungssituation Frage und Antwort.

Das *Spacing* besorgen über die Geschehnisse in der Stadt schon, oder noch nicht, informierte Personen. Zuerst weiß es der Junge, dann der Wächter, dann der Besucher und schließlich wiederum die Jungen, die von sich aus die Neuigkeit als erste erkunden. Alle Sprecher, außer dem schon im Losrennen begriffenen Jungen und dem Jungen mit dem Beutel, sind mit einem Redegestus dargestellt. Die Ehrengoldverleihung ist *das* Stadtgespräch. Es ist eine Neuigkeit, die sich durch die Jungen und die Palastwache wie ein Lauffeuer verbreitet. Im Darstellungskontext sind die Sprecher auf der Palastwache nur ein Glied in der Nachrichtenkette, an der die unterhalb gezeigten Wagenlenker und Diener ebenso beteiligt sind. Die Reden der einfachen Leute (Jungen, Wachen, Pferdeknechte und Diener in einem Privathaushalt) konstituieren als sozialen Raum den städtischen Bereich, der sich bis zur Palastwache erstreckt. An seiner Gestaltung sind nur sprechende männliche Personen unterschiedlichen Alters beteiligt. Das Gesprächsthema der einfachen Leute und die getanzten

157 TA 25, Säulenhalle, N-Wand, O, Palastwache, Szene 1–4, DAVIES, *Amarna* VI, Taf. XXX.

Rhythmen vor dem Palasttor machen aus der Belohnung des Grabbesitzers ein öffentliches Ereignis. Dass der Grabherr selbst nirgends namentlich bezeichnet ist und sein Name nur in den Reden der Städter ausgesprochen wird, hebt diesen Aspekt hervor. Die geschlechtliche Differenzierung, die männliche Personen mit der Sprechstimme assoziiert, wird in allen Gesellschaftsschichten eingehalten.

Vor dem Wohnhaus

Nach dem Empfang des Ehrengoldes legt der Belohnte den Weg vom Palast zu seinem Wohnhaus im Wagen zurück. Bei Merire II und Parennefer folgt ihm der Zug der Palastdiener, die die königlichen Geschenke für ihn nach Hause tragen.[158] Es handelt sich, um mit Löw zu sprechen, um ein *Spacing* von Gütern und Menschen als Bewegung zur nächsten Platzierung. Merire I und Panehesi werden zu Fuß von Phylen, deren Fächer- und Standarten über ihre Köpfe emporragen, eskortiert. Das auditive *Spacing* erfolgt durch eine Gruppe Rhythmusinstrumente spielender, singender und tanzender Städterinnen. Sie gestalten den Weg vom Palasttor bis zum Wohnhaus des Belohnten als einen Hörraum der Freude und des festlichen Empfangs. Da keine Ethnie angedeutet wird, werden sie von mir als Ägypterinnen eingestuft. Sie bilden im Siedlungsbereich stets nur eine Gruppe, bestehen ausschließlich aus weiblichen Mitgliedern und setzen sich aus Musikerinnen und Tänzerinnen zusammen. Ein Berufsorchester ist nicht auszuschließen. Auf den Tableaus ist dargestellt, wenn sie den Geehrten begleiten, oder wenn sie ihn vor seinem Wohnhaus empfangen.[159] In allen Fällen spielen die Frauen außerhalb eines Gebäudes auf der Straße. Die Städterin, die die Frauengruppe in TA 4 anführt (siehe Abb. 16), trägt einen langen Mantel. Sie steht mit beiden Sohlen auf der Grundlinie, tanzt also selbst im Augenblick nicht.[160] In der rechten Hand erhebt sie einen Blumenstrauß, die Linke hat sie, wie beim Anbetungsgestus, mit der Handfläche nach außen erhoben. Der Refrain, den sie singt, besteht in einem Königslob. Er steht in der Kolumne vor ihr. Sie „sagt“:

> „Wirklich groß ist deine Belohnung! Es ist Wa-en-Re, der sie gibt!“

---

158 TA 2, Säulenhalle, S-Wand, O, DAVIES, *Amarna* II, Taf. XXXIII, XXXVI. TA 7, Halle, W-Wand, DAVIES, *Amarna* VI, Taf. V-VI.

159 TA 4, Säulenhalle, S-Wand, W, Subreg., DAVIES, *Amarna* I, Taf. IX. TA 6, erste Halle, S-Wand, W, Subreg., DAVIES, *Amarna* II, Taf. XI, oben. In TA 8, Säulenhalle, W-Wand, S (DAVIES, *Amarna* VI, Taf. XXI)), empfangen sie den Belohnten vor dem Palasttor, schließen sich dann aber den Gabenträgern an, während Tutu zum kleinen Atentempel fährt.

160 Nach DAVIES, *Amarna* I, Taf. VI. Dies lässt sich am Original nicht nachprüfen, da die Wand schadhaft und mit Putz aufgefüllt worden ist.

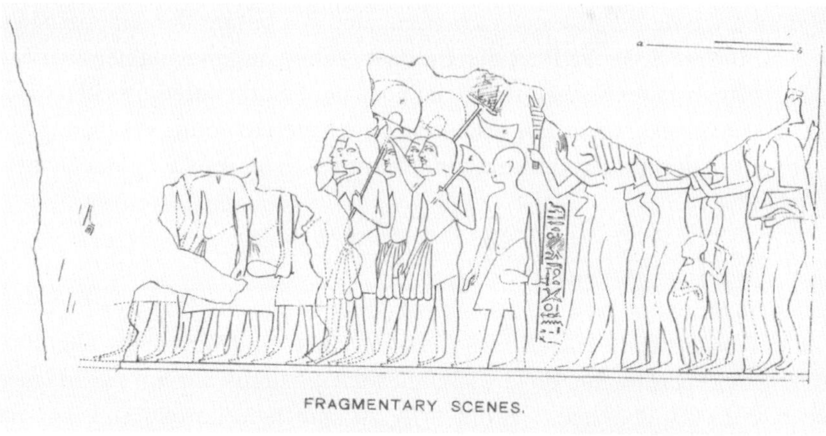

ABB. 16 *Städterinnen begleiten den Belohnten nach Hause.* TA *4, Säulenhalle, Südwand, westlicher Teil. Nach Davies, Amarna* I*, Taf.* IX*, Ausschnitt.*

Die Frauen schlagen eckige Rahmentrommeln und (nach den Parallelen zu ergänzende) runde Handtrommeln. Frauen ohne Instrument winken mit Blumen. Zwischen den Frauen schwingt eine kleiner dargestellte Tänzerin einen Palmenzweig. DAVIES hält sie für einen Tanzlehrling.[161] Möglicherweise ist Boston MFA 63.962 für das *Spacing* des Siedlungsgebietes als Hörraum des Tanzes und der Freude ein Beleg, der nicht in Verbindung mit der Ehrengoldverleihung steht.[162] Die Häuser mit mehreren Räumen und einem Innenhof stehen am Nil- oder einem Kanalufer. Vor den Häusern tanzen drei Frauen in knöchellangen Kleidern. Sie schwingen über dem Kopf Blumen und Zweige.

Reliefs mit Städterinnen, die wie bei Merire II und anderen Ehrengoldempfängern vor dem Wohnhaus winken, tanzen und spielen, haben Parallelen in den Sammlungen von Berlin, New York und Turin. Eine Hilfe bei ihrer Kontextualisierung bietet die Bewegungsrichtung der Tänzerinnen. In TA 2, TA 4, TA 6, TA 8, auf Berlin ÄM 31289,[163] MMA 1985.328.11[164] und einem

161 DAVIES, *Amarna* I, S. 21.

162 Boston MFA 63.962 (ID 125–127), ROEDER, *Amarna-Reliefs aus Hermopolis*, PC 116, Taf. 189, S. 407, ALDRED, *Akhenaten and Nefertiti*, S. 140, Kat. Nr. 64, COONEY, *Amarnareliefs from Hermopolis in American Collections*, Nr. 47, S. 75 (er deutet die Wohnungen als Haushaltsräume des Palastes), FREED et al., *Pharaohs of the Sun*, Kat. Nr. 150, S. 250.

163 Berlin ÄM 31289 (ID 1225–1230), *Ägyptisches Museum Berlin* (1965), Kat. Nr. 760.

164 MMA 1985.328.11 (ID 52–56), ROEDER, *Amarna-Reliefs aus Hermopolis*, PC 76, Taf. 185, S. 203, COONEY, *Amarnareliefs from Hermopolis in American Collections*, Nr. 44, S. 70, SETTGAST, *Von Troja bis Amarna*, Kat. Nr. 297.

Relief, das heute in Turin ist,[165] blicken die musizierenden Frauen in Gehrichtung. Deshalb bilden sie einen Teil des Zuges. Hingegen sind die Tänzerinnen in TA 7 ein Teil der jubelnden Volksmenge vor dem Haus. Sie sind einander zugewandt und bilden dadurch einen lebhaften Kontrast zu den in einer Reihe gehenden Gabenträgern. Auf dem Relieffragment Berlin ÄM 31288 (siehe Abb. 17) gehen die Frauen und Mädchen ebenfalls nicht in eine Richtung, sondern spielen und tanzen.[166] Der Rhythmus der Gruppe wird deutlich an den fliegenden Haaren einer Frau. Sie rasselt mit einer Klapper in der Form eines gegabelten Zweiges. Die Frau links von ihr scheint, der Armhaltung und der Position der Hand nach zu schließen, ebenfalls eine Klapper zu spielen. Beide sind nach rechts gewandt. Die dritte Frau ist im Profil dargestellt. Sie blickt zu ihnen hin und klatscht den Rhythmus mit erhobenen Händen. Die Frau in der hinteren Reihe dreht sich zu der klatschenden um. Sie bewegt sich nach rechts und schlägt mit der rechten Hand eine runde Handtrommel. Vor ihr hält eine Frau einen Lotus in der Hand, ihr Blick ist nach oben gerichtet. Die Füße der Frauen sind nicht erhalten, sodass nicht mit Sicherheit zu ermitteln ist, ob sie tanzen. Falls sie tanzen, legt die gegenläufige Blickrichtung die Möglichkeit eines Reigens nahe, oder dass in entgegengesetzte Richtungen getanzt wird.

Die Ankunft vor dem Wohnhaus nach dem Gunsterweis des Königs wird bei Merire I, Merire II, Panehesi und Parennefer gezeigt. Ein Truppenkommandant wendet sich in seinem Grab in Deir Rifeh mit folgenden Worten über die Vorteile der Loyalität an die Besucher: „Wer auf seinem Wasser wandelt, wird eine ihm zujubelnde Hausgemeinschaft haben".[167] Dieses Motto leitet auch in Tell el-Amarna die Darstellung des Empfangs, den seine Frau, Verwandte und die Männer seines Haushaltes oder Dorfes dem Ehrengoldempfänger oder dem in sein Amt eingesetzten Priester vor seinem Wohnhaus bereiten. Ersteres ist durch TA 7 bezeugt. Dort ist die Frau des Parennefer namentlich gekennzeichnet, wenn sie ihren Mann, der in seinem Wagen ankommt, jubelnd empfängt.[168] In TA 4 ist der Wortlaut der Begrüßung des Merire I vor seinem Wohnhaus wiedergegeben:

---

165 Turin S 18060 (ID 319–322), CHAPPAZ, *Akhénaton et Néfertiti, soleil et ombres des pharaons*, Kat. Nr. 176, S. 251.

166 Berlin ÄM 31288 (ID 302–306). Ebenso bewegen sich die Städterinnen in verschiedene Richtungen auf ÄM 31303 (ID 1221–1224), CHAPPAZ, ebd., Kat. Nr. 175, S. 251.

167 MONTET, Les tombeaux de Siout et de Deir Rifeh, in: *Kêmi*, Bd. 6, S. 150–151, GNIRS, Zum Verhältnis von Literatur und Geschichte in der 18. Dynastie, in: BICKEL, *Vergangenheit und Zukunft*, S. 164.

168 TA 7, Halle, W-Wand, DAVIES, *Amarna* VI, Taf. V-VI.

ABB. 17 *Musizierende Städterinnen. Ägyptische Museum und Papyrussammlung, Staatliche Museen zu Berlin, ÄM 31288. Foto: Dietlinde Karig, Credit line: Ägyptische Museum und Papyrussammlung, Staatliche Museen zu Berlin.*

> „Willkommen in Frieden, nachdem du deine Belohnung empfangen hast, o Größter der Sehenden des Aten im Atentempel von Achetaten, Merire, Gerechtfertigter!"[169]

Der Belohnte wird mit der üblichen Grußformel empfangen. Das Aussprechen des neuen Amtstitels bestätigt hörbar den neuen Status des Hausherrn. Bei Panehesi wird in Text und Bild der Gewinn an Sozialprestige durch eine Auszeichnung von Seiten des Königs dadurch ausgedrückt, dass ihn jeder (wörtlich: jedes Auge) kannte und respektierte:

169 TA 4, Säulenhalle, N-Wand, unten, Fortsetzung von O-Wand (ID 991, 992), Erster Sprecher, DAVIES, *Amarna* I, Taf. XXV.

> Alle meine Zeitgenossen küssen die Erde weil ich geworden bin zu einem Günstling dessen, der ihn machte. Mein Dorf kam zu mir, indem ich respektiert und gerühmt wurde deswegen auf Geheiß des Herrn der Maat.[170]

In TA 7 tanzt hinter dem Wagen des Günstlings ein Mann. Freudentänze von Männern sind bereits in der 12. Dynastie durch die Erzählung des Sinuhe B201 und die Biographie Sarenputs I., Bürgermeister von Elephantine, belegt. Sinuhe tanzt aus Freude über den Brief des Königs, der ihm die Rückkehr nach Ägypten zusagt. Sarenput I. freut sich über seine Beförderung: „Ich tanzte wie die Gestirne des Himmels". In demselben Text wird auch der Tanz mit dem Jubel verbunden: „Meine Stadt war in Feststimmung, meine jungen Leute waren beim (laut) jubeln, als man das/mein Tanzen hörte dort".[171] In TA 2 jubeln und tanzen mehrere Männer, mit nacktem Oberkörper und einem geraden Schurz bekleidet, neben oder hinter dem Wagen des Belohnten. Männliche und weibliche Tänzer und Sprecher, die den Geehrten willkommen heißen, können ein Indikator für die Bestimmung einer Szene als der Empfang vor dem Wohnhaus sein, weil auf dem Weg dorthin nur Frauen tanzen und spielen und vor dem Palasttor nur Männer tanzen und sprechen. Aus diesem Grund stellt auch der Talatat in New York, MMA 1991.361, eine Begrüßung durch die Hausgemeinschaft dar.[172]

Wohnhaus

Das größere Wohnhaus der Oberschicht von Achetaten ist im Grab des Merire I und des Merire II dargestellt, von der Vorzeichnung des Hauses in TA 7 ist fast

170 TA 6, westl. Eingangswand, DAVIES, *Amarna* II, Taf. VII, GUKSCH, *Königsdienst*, Beleg 008(01–02).

171 Qubbet el-Hawa no. 36, Grabfront, große biographische Inschr., Kol. 14–15, Urk. VII, 3.13–20, Übers. FRANKE, *Das Heiligtum des Heqaib auf Elephantine*, S. 193 mit Anm. 14.

172 MMA 1991.361 (ID 449–453), ROEDER, *Amarna-Reliefs aus Hermopolis*, PC 47, Taf. 178, S. 302–303. Mitglieder seines Haushaltes begrüßen vermutlich den Belohnten bei seiner Ankunft vor dem Haus. Das lässt sich nur aus den Personen erschließen, da kein Gebäudeteil ein Wohnhaus oder eine Straße andeutet. Auf eine in größerem Maßstab dargestellte Frau in einem durchsichtigen bodenlangen Mantel, von der nur noch der re. Ellbogen, der Rest des Rückens und die Beine erhalten sind, folgen von re. nach li.: Zwei Frauen, die runde Handtrommeln schlagen. Zwischen sich haben sie eine kleiner als sie dargestellte Tänzerin mit angewinkelten Armen ohne ein Instrument. Die linke Hand hat sie erhoben (vielleicht zum Tanz) mit den Fingern schnipsend. Auf die Frauen folgt ein in ein feines Ärmelgewand gekleideter Herr mit einer langen Perücke. Er hat beide Arme anbetend erhoben. In einigem Abstand steht als letzter in der Reihe ein Diener mit Besen, beide Arme anbetend erhoben, wobei die Hände (mit der Innenfläche nach vorn) über Kopfhöhe ausgestreckt sind, den Besen hat er gegen sein Knie gelehnt.

nichts übrig.[173] In beiden Fällen ist das Wohnhaus der Zielort des Hausherrn, der von einer Belohnung durch den König zurückkehrt. In TA 4, bei Merire I, wird die Ruhe des Hauses (bei Abwesenheit des Hausherrn) durch ein fressendes Pferd im Stall symbolisiert. Die lautliche Codierung des Wohnhauses des in sein Amt erhobenen Priesters bildet somit eine Parallele zum ruhigen Palast in Abwesenheit des Königs. Auf der Ostwand in TA 2 wird der rückwärtige Teil der Wohnanlage beim Eintreffen des Belohnten als sozialer Raum des Jubels dargestellt: Im Frauentrakt des Wohnhauses oder in dem hinter dem Gebäude liegenden Hof, vermutlich mit einem Dienerinnenhaus darin, tanzen die weiblichen Mitglieder des Haushaltes einen Freudentanz für Merire II.[174] Falls sie Musik und Tanz noch üben, bildet das Wohnhaus eine Parallele zum Palast als Raum der Erwartung. Das Wohnhaus und der Garten mit einem privaten Schrein sind menschenleer.

Straße vom Palast zum kleinen Atentempel

Die Nebenstraßen in der Innenstadt von Achetaten, darunter auch die vom Palast zum kleinen Atentempel führende Straße, verlaufen in Ost-West Richtung. Auf der Südseite der Westwand im Grab des Tutu steht der Grabherr in seinem Wagen. Er hält sich am Wagenkorb fest. Der Wagenlenker hält die Zügel straff, die Pferde sind im Lauf dargestellt. Die jubelnden und vor Freude tanzenden Herren folgen entweder dem Gespann, oder sie zeigen ihre Verehrung und leben ihre Freude am Wegrand aus.[175]

Königsstraße

Die Königsstraße durchzieht Achetaten von Norden nach Süden und verbindet Paläste und Tempel miteinander. Sie führt bis zum Stadtrand. Die Fahrt der Königsfamilie verläuft in TA 3, TA 4 und TA 6 in eine Richtung. Auf der Ostwand in TA 9 wird das Fahren in beide Richtungen dargestellt, dort hat die

173 TA 4, Säulenhalle, N-Wand, O, DAVIES, *Amarna* I, Taf. XXXII, S. 39. TA 2, Säulenhalle, S-Wand, O, Davies, *Amarna* II, Taf. XXXVI. Zum Aufbau des Wohnhauses in Achetaten, RICKE, *Der Grundriss des Amarna-Wohnhauses*, S. 16–20.

174 Dienerinnenhäuser sind archäologisch nachgewiesen bei Tell el-Amarna O 49.10 und M 50.8, BORCHARDT/RICKE, *Wohnhäuser*, S. 247 bzw. 287. Parallelen für die Körperposition der Tänzerin sind Brooklyn 60.197.3 (ID 81), ROEDER, *Amarna-Reliefs aus Hermopolis*, PC 34, Taf. 175, S. 203, COONEY, *Amarnareliefs from Hermopolis in American Collections*, Nr. 49, S. 78, ALDRED, *Akhenaten and Nefertiti*, S. 198, Kat. Nr. 131. MMA 1991.361 (ID 452), ROEDER, ebd., PC 47, Taf. 178, S. 302–303. MMA 1991.237.68 (ID 108–111), ROEDER, ebd., PC 312, Taf. 215, S. 202. Bei allen ist die Figur in einem häuslichen Kontext dargestellt.

175 TA 8, Säulenhalle, W-Wand, S, Straße vom Palast zum kl. Atentempel, DAVIES, *Amarna* VI, Taf. XX, S. 10–13.

Ausfahrt aber nicht den Tempel zum Ziel, sondern bricht von diesem zu einer Grenzstele auf und kehrt von dort wieder zurück.

Auf der Ostwand der Halle in TA 6 startet die eskortierte Wagenfahrt über die Königsstraße vom Palast. Das Ziel ist nicht angegeben. Der bis auf einen Diener in der Mittelhalle und einen im Hof menschenleere Palast ist eine Herkunftsangabe. Gespanne und Eskorte drücken Bewegung aus. Das *Spacing* der Königsstraße erfolgt mittels der Wagen, Eskorte, Standarten- und Fächerträger, die nicht durch Laute gekennzeichnet sind, und des nur auf diesem Tableau gezeigten Publikums.[176] Die Erde küssende oder kniende Menschen mit anbetend erhobenen Händen und drei den Gespannen entgegensehende grüßende Offiziere bilden die schweigende Gruppe. Zwei Städterinnen (höchstens vier in gestaffelter Darstellung, für mehr wäre an der schadhaften Stelle kein Platz) mit runden Handtrommeln kennzeichnen die Königsstraße als auditiven Raum. Die den König huldigenden Menschen und die Musikantinnen sind auf dem Tableau oberhalb der Eskorte platziert. Sie befinden sich in Höhe mit den Gottes- und Königskartuschen, denen sie zugewandt sind. Durch die Bildkomposition wird dem *Spacing* der Königsstraße ein religiöser Sinn beigemessen. Freude, Tanz und Jubel visualisieren Orientierungslaute der Stadtbevölkerung. Der Auslöser dieser Freudenstimmung ist die Gunst oder das Erscheinen des Königs. Das *Spacing* der Königsstraße durch trommelnde Städterinnen und Zurufe unterscheidet die hier besprochene Ausfahrt von jenen Wagenfahrten des Königs, die die Grenzstele oder den Tempel zum Ziel haben.

Auf der Ostwand der Querhalle von TA 9 verlässt das Königspaar mit Meritaten den Tempel in südliche Richtung, um sich zu einer Grenzstele zu begeben. Vermutlich führt der König dort ein Ritual aus.[177] Es dominiert die Bewegung der Menschen vom Zentrum zur Peripherie, die bis zur Ankunft eingehalten wird. Auf der Fortsetzung der Szene auf der Südwand finden sowohl die Ankunft als auch die Abfahrt statt. Bei der Abfahrt ruft der Polizeioberste auf der Südwand, östlich der Scheintür, dem zurückblickenden König einen Gruß zu:

> „O Wa-en-Re, du wirst für immer existieren, o Erbauer von Achetaten, den Re selbst erschaffen hat!"[178]

Die Verteilung der Szenen lassen den Ruf des Polizeichefs den Übergang von der Süd- zur Ostwand überbrücken und das Ohr des Königs auf der Ostwand

176 TA 6, erste Halle, O-Wand, DAVIES, *Amarna* II, Taf. XIII.

177 O'CONNOR, An Interpretation of a Scene in the Tomb of Mahu, in: *BES* 9, S. 44–45.

178 TA 9, Halle, O-Wand, S, mit Forts. auf S-Wand, O, unterstes Reg., DAVIES, *Amarna* IV, Taf. XX–XXI, XXV, XXVIII. REICHE, *Ein hymnischer Text,* S. 327, Anm. 109.

erreichen. Geht man von einer Gleichsetzung der Grabwände mit dem Ort der Ereignisse aus, dann verkörpert die als Grenzstele gestaltete Scheintür mit dem kleinen Sonnenhymnus die Grenze zwischen Siedlungsgebiet und Wüste. Der König bewegt sich nur innerhalb der Stadtgrenzen – wie es auch auf den Grenzstelen formuliert wird –, der Oberste der Polizei sichert sie.

Vor dem Temenos

Die Fahrt der Königsfamilie vom Palast zum Tempel ersetzt die Götterprozessionen.[179] In TA 3 ist nur die Ankunft der Eskorte vor dem Tempel erhalten. Unter dem Geleit, das den von Pferden gezogenen Wagen mit Achenatens Familie folgt, sind Elitesoldaten ägyptischer, syrischer, libyscher und nubischer Herkunft. Der Zug der im Laufschritt eilenden Soldaten teilt sich in zwei mal zwei Reihen. Zwischen diesen steht, das ganze Register vor sich freien Raum habend, ein Trompeter in Offizierskleidung. Er hält sein Instrument, eine „single conde tuba" (*snb*)[180] mit beiden Händen an den Mund. Er bläst den mit Standarten und Waffen ausgerüsteten Läufern entgegen, die das königliche Gefährt eskortieren. Colleen MANASSA vermutet, der freie Platz verbildlicht den Schallraum für den Trompetenton. Sie bringt die Szene als Beispiel dafür, dass „sound can be portrayed in a more subtle fashion".[181]

Auf der Westseite der Halle in TA 4 dominiert die Bewegung der Königsfamilie. Der verlassene Palast und der für die Ankunft gerüstete Tempel (auf der anschließenden Wand) rahmen als Beginn und Ziel der Fahrt die Reise ein.[182] Die Eskorte eilt voraus. Die Streitwagen, die vom König, der Königin und den Prinzessinnen selbst gelenkt werden, preschen in vollem Lauf die Königsstraße entlang. Ihnen folgen die Höflinge in gelenkten Streitwagen. Merire I eröffnet mit seinem Wagen den Zug der Fächerträger, Höflinge und Tempeldiener. Zwei Offiziere blicken dem Zug entgegen. Der kniende ist ein Wächter. Er hat Stab und Krummschwert vor sich auf die Erde gelegt und grüßt den Zug mit waagerecht vorgestreckten Armen, die Handflächen weisen nach vorn. Er gehört zum Tempelpersonal, wie es die gleichartige Darstellung des Wächters auf der Fortsetzung dieser Szene und in TA 3 indiziert. Die Armhaltung des stehenden

179 ASSMANN, Palast oder Tempel?, in: *JNES* 31, S. 146, 155. STADELMAN, Prozessionen, in: *LÄ* IV, Sp. 1162. SCHLÜTER, *Sakrale Architektur im Flachbild*, S. 374.

180 TA 3, Halle, W-Wand, DAVIES, *Amarna* III, Taf. XXX, XXXI. HOLMES, The Greek and Etruscan Salpinx, in: *Studien zur Musikarchäologie* VI, S. 245.

181 MANASSA, Sounds of the Netherworld, in: ROTHÖHLER/MANISALI, *Mythos und Ritual*, S. 109.

182 TA 4, Säulenhalle, W, mit Forts. auf N-Wand, DAVIES, *Amarna* I, Taf. X–XA.

Offiziers[183] spricht für einen nubischen Trompeter. Beide Arme sind angewinkelt, die Ellenbogen (was sich durch das Halten des Instrumentes ergibt) leicht gegeneinander versetzt, die Handgelenke befinden sich in Höhe des Mundes zirka eine Handbreit vor dem Gesicht. Von den Händen, dem Instrument und dem Gesicht des Mannes ist nichts erhalten.[184]

Die Trompete ist in Ägypten seit dem Neuen Reich belegt.[185] Kein Mundstück ist erhalten. Um die dünnwandigen Metallinstrumente[186] vor dem Verbeulen zu schützen, wurde ein hölzerner Stöpsel in das Instrument gesteckt. Damit dieser nicht herausfallen konnte, wurden die Instrumente bei Nichtbenutzung mit dem Trichter nach oben getragen.[187] In einer Spielpause wurden die Stöpsel in der Hand gehalten,[188] während des Spielens manchmal unter den Arm geklemmt.[189] Mehrere Erklärungen für das *Spacing* der Königsstraße durch den spielenden Trompeter bieten sich an: (1) Er lenkt mit der Trompete als rein militärisches Instrument die Eskorte. Dass der Trompeter ein fester Einschlag in der Eskorte war, bestätigt das Tableau auf der Ostwand der Halle in TA 1, wo er mit ihr zusammen im Temenos wartet. (2) Er macht den Zeitpunkt der Vorbereitungen für das Morgenritual (die im Tempel in vollem Gange sind) in der Stadt hörbar. Für die zweite Erklärung spricht, dass auch im Königsgrab

183 VON LIEVEN (The Social Standing of Musicians in Anient Egypt, in: *Studien zur Musikarchäologie* V, S. 357) vermutet anhand von den Akten eines ramessidischen Grabräuberprozesses, in den drei Trompeter des Tempels verwickelt waren, dass diese der unteren Mittelklasse angehörten.

184 Würde der Offizier grüßen, dann wäre die Position der Arme paralleler und der Winkel des Ellenbogens flacher.

185 NAVILLE, *Deir El Bahari* VI, Taf. CLV. Diese Datierung folgt MANNICHE, *Ancient Egyptian Musical Instruments*, S. 33. Bei dem von ZIEGLER im *Catalogue des instruments de musique égyptiens* Nr. 117 als Trompete aufgeführten Gegenstand Louvre N 909 und ebenso bei BM EA 5295 handelt es sich um den Fuß eines Opfer- bzw. Räucherständers. Vergl. FISCHER, The Trumpet in Ancient Egypt, in: FS. *Edwards*, S. 103, Anm. 3.

186 Zu Materialdicke und Bauweise MONTAGUE, One of Tutᶜankhamūn's trumpets, in: *JEA* 64, S. 133–134.

187 TT 74, Querhalle, südl. W-Wand, PM IV, 1, 145 (5). Der in der Form an eine Trompete erinnernde Gegenstand auf der Stele Hildesheim PM 397 ist nicht als Trompete einzustufen, FISCHER, The Trumpet in Ancient Egypt, in: FS *Edwards*, S. 108. Das trifft vermutlich auch auf die von MOSTAFA (Eine Pyramidionstele eines Trompeters aus dem Ägyptischen Museum in Kairo, in: *Proceedings of the Ninth International Congress of Egyptologists* 1, S. 97–108) behandelte Stele in Kairo zu.

188 DAVIES, *Amarna* III, Taf. VIII, XII.

189 NELSON, *Medinet Habu* II, Taf. 109.

in Tell el-Amarna Trompeter bei Sonnenaufgang spielen.[190] Zieht man diese Parallele sowie die Tatsache, dass die Fahrt des Königs den Sonnenlauf nachvollzieht, in Betracht, wird durch das *Spacing* der Raum vor dem Temenos und die Königsstraße als Hörraum zur Zeit des Sonnenaufgangs gestaltet. Der Kontext der Grabhalle spricht ebenfalls für die zweite Alternative, weil der lebende *Ba* des Verstorbenen, der sich morgens auf den Weg zum Tempel begibt, dann ikonographisch durch den Signalton der Trompete geweckt und in den Sonnenlauf und den Lebensrhythmus der Stadt integriert wird.

Auf der Nordwand der Halle im Grab des Merire I wird der König bei seiner Ankunft vom Tempelpersonal vor dem Temenos begrüßt (siehe Abb. 18). Als erste erreichen vier Herolde den Tempel. Sie kündigen dem Tempelpersonal formell die Ankunft des Königs an.[191] Sie sind kahl rasiert und tragen die typischen unten gerundeten Mäntel der „Vorsteher der Sänger" (*jm.j-r'-ḥs.ww*). Auffallend ist ihre stark vorgestreckte Körperposition, gerade so, als ob alles sie zum Tempel hinziehen würde: mit dem hinteren Fuß nur mit den Zehen den Boden berührend, den Rücken gekrümmt, den Kopf vorgestreckt, die Handflächen im Cheironomengestus in Brusthöhe aufeinandergelegt. Das Begrüßungskomitee steht mit dem Rücken zum Tempel; alle haben die Hände zum Gruß vorgestreckt und blicken den Ankommenden entgegen. Es besteht aus folgenden Personengruppen: mehrere durch eine Beischrift bezeichnete Priester: „Erste Diener (*bȝk*) des Aten im Atentempel in Achetaten",[192] und in deren Mitte der „Größte der Sehenden des Atentempels …", vier an ihren Frisuren kenntliche Fächerträger syrischer Herkunft,[193] drei vornehm gekleidete und Sandalen tragende Herren aus der Oberschicht mit Stabsträußen und geschmückten, für das Opfer bestimmten Stieren, kniende, um der Reinheit willen kahlrasierte Diener (möglicherweise sind es die Priester, die die Stiere vor dem Schlachten begutachten müssen), die Erde küssende, vornehm gekleidete Herren[194] oder Tempeldiener in Perücken, zwei den König grüßende Gruppen Städterinnen mit Handtrommeln, deren Leiterin beide Hände dem

---

190 TA 26, Raum α, Wand B, MARTIN, *The Royal Tomb at El-*'Amarna II, Taf. 43.

191 TA 4, Säulenhalle, N-Wand, W, DAVIES, *Amarna* I, Taf. XA, XIII–XIV. Mit DAVIES, ebd., S. 29. BLACKMAN hält sie möglicherweise für eine Art „lector of the old religion, who walked in front of the king when he proceeded in state to a temple, and by this recitations dispelled inimical powers – *those hostile to the king*", BLACKMAN, A Study of the Liturgy Celebrated in the Temple of the Aton, in: *Gods, Priests and Men*, S. 253, Hervorh. i. O.

192 Titel wie *bȝk* eines Königs oder *bȝk* eines Gottes tauchen in der Amarnazeit zum erstenmal auf und zeigen die enge Anbindung der Titelträger an ihren Herrn. Vergl. HOFMANN, *Zur sozialen Bedeutung zweier Begriffe für „Diener": bȝk und ḥm*, S. 190f.

193 München ÄS 7171, SCHNEIDER, *Ausländer in Ägypten während des Mittleren Reiches und der Hyksoszeit*, S. 188f mit Abb.

194 DAVIES, *Amarna* I, S. 29, stuft sie als Laien ein.

König zum Gruß entgegenstreckt, ein Wächter mit Stab und Krummschwert sowie der Opferprozession.

Das auditive *Spacing* besorgen zwei lauterzeugende Gruppen. Sie nehmen dadurch im sozialen Raum eine hohe Position ein. Die übrigen Anwesenden werden als nicht hörbar dargestellt.[195] Die erste Gruppe sind die Herolde. Worauf der Cheironomengestus hindeutet, kündigen sie in einer Art Sprechgesang den König formell an. Als zweites richtet der „Größte der Sehenden des Aten im Atentempel in Achetaten" die Begrüßungsworte an den König:

> „Willkommen in Frieden! ... sehen ... Möge er gewähren ... Herr(?) der Beiden Länder."

Beide Musikerinnengruppen spielen nicht. Sie halten zum Gruß ihre Instrumente hoch. Deren Leiterinnen, Priester, Herren und Tempeldiener grüßen ebenfalls. Der auditive Raum wird durch die Lauterwartung bei den Musikerinnen und die Männerstimmen der Herolde und des Priesters als Empfang bei einem Gott gestaltet. Die durchsichtigen, unter der Brust geknoteten Mäntel der Musikerinnen könnten eine Reminiszenz an den Hathorkult darstellen. Das wäre auch gut mit dem Liedertext bei der Audienz in TA 7, Halle, O-Wand vereinbar (siehe oben), wo ja ebenfalls ein Empfangsraum bei einem Gott hergestellt wird. Die Musikerinnen tragen etwa bis auf die Schultern reichende Perücken. Ihre Leiterin ist etwas größer dargestellt. Sie trägt eine üppige in vielen kleinen Zöpfchen endende Perücke. Suzanne ONSTINE bringt zwei Belege für den Titel *šmꜥy.t n.t pꜣ Jtn*, „Sängerin des Aten", aus der Zeit Achetatens. Die Haartracht des Kalkstein-Uschebti einer gewissen Isis, Sängerin des Aten, ist identisch mit der Perücke der Leiterin der weiblichen Musikergruppe.[196]

Frauen aus unteren Gesellschaftsschichten, die im täglichen Kult und bei Festen sangen und tanzten, sind für den Monthtempel in Medamut durch pBoulaq 18 als Festpersonal belegt, ihre Entlohnung durch pLondon UC32191 (pKahun XLI.1).[197] DAVIES nimmt an, dass die Musikerinnen zum Tempelpersonal gehören. Die Tempelmusikerinnen in der frühen 18. Dynastie

195 Von dem Brüllen der Opferstiere, die in der Opferprozession mit offenem Maul dargestellt sind, DAVIES, *Amarna* I, Taf. XIV, wird hier abgesehen, da sich die Untersuchung auf die Lauterzeugung der Menschen konzentriert.

196 BM EA 8644 und Kalkstein-Uschebti MMA 66.99.38, ONSTINE, *The Role of the Chantress in Ancient Egypt*, S. 28. Zur Haartracht als sozialer Indikator siehe ROBINS, Hair and the Construction of Identity in Ancient Egypt, in: *JARCE* 36, S. 55–69, mit weiterer Literatur.

197 QUIRKE, Women in Ancient Egypt, in: *Studies in Honour of H. S. Smith*, S. 229.

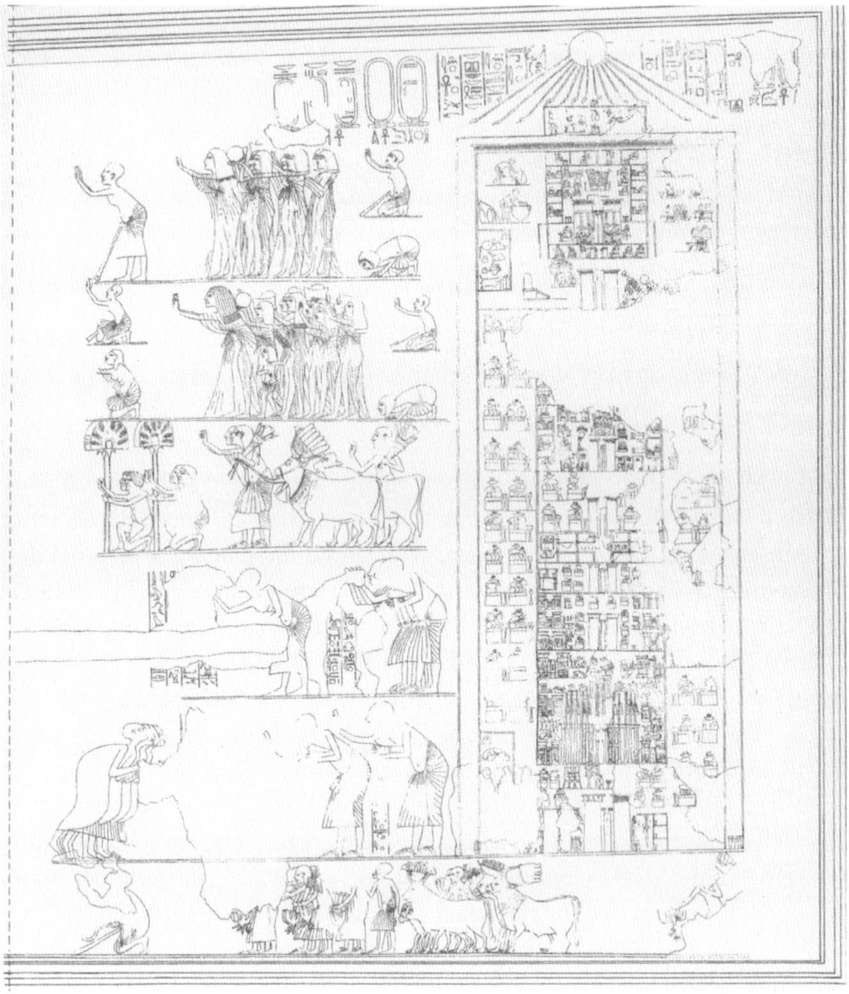

ABB. 18 *Empfang vor dem Temenos.* TA *4, Säulenhalle, Nordwand, westlicher Teil. Nach Davies, Amarna* I, *Taf.* XA.

waren Damen aus der Oberschicht, während sie sich in der 19. Dynastie aus niedrigeren sozialen Gruppen mit diffuserem Hintergrund rekrutierten.[198] Die hierarchische Ordnung zwischen der musizierenden Gruppe und ihrer Leiterin bestätigt möglicherweise ein Grabräuberpapyrus, falls die bestatteten Damen nicht nur den Titel einer Sängerin trugen.[199] Die an der Ramessidenzeit

198 ONSTINE, *The Role of the Chantress in Ancient Egypt*, S. 36.

199 PBM EA 10221 (pAbbott).

beobachtete Veränderung könnte bereits in Amarna eingeleitet worden sein. Durch Status, Art des Instrumentes und Aufführungsort wird zwischen der von den Prinzessinnen übernommenen Rolle der Sistrumspielerin im Kult (*ḥs.t; šmꜣy.t*) und den Musikerinnen, die bei Festen und bei der Kultausübung des Königs außerhalb der Temenosmauern spielen (*ẖnr*), unterschieden. Eine Phyle der Tempelmusiker oder der Titel eines Phylenvorstehers (*jm.j-r'-zꜣ.w*) der Sänger ist meines Wissens für Amarna nicht belegt.[200] Gegebenenfalls hätte diese Organisation nur die *šmʿyt nt pꜣ Jtn*, die die Musikergruppe als „Oberste Sängerin" (*šmʿyt wrt*) leiten, betroffen. Gegen die These einer Zugehörigkeit der Frauen zum Tempelpersonal spricht, dass sie nirgends *im* Tempel dargestellt sind.[201]

Auf der Westwand der Säulenhalle im Grab des Panehesi ist der Besuch des Tempels weiter fortgeschritten. Das Opferritual ist im Gange. Die vor dem Temenos stehenden Wachsoldaten, Offiziere und ebenfalls zwei Gruppen Städterinnen mit Handtrommeln sind dem Tempel zugewandt (siehe Abb. 19). Die Leiterinnen und vor ihnen ein Herold, der seinen Stab unter den rechten Arm geklemmt hat, haben jetzt die Hände anbetend erhoben. Wie schon bei Merire I tanzen die Damen nicht, denn ihre Sohlen liegen ganz auf dem Boden auf. Die Frage, ob sie auf ihre Trommeln schlagen, kann durch einen Vergleich mit den Städterinnen vor dem Temenos in TA 4 (siehe oben) eindeutig beantwortet werden. Die Instrumente in TA 6 werden gespielt, denn es reichen hier (bis auf einen Arm, der einen Zweig schwingt) keine winkend erhobenen Hände über die Köpfe hinaus. Die Instrumente werden auch nicht über Kopfhöhe, sondern maximal bis in die Höhe des Gesichtes gehalten und geschlagen. Die flache rechte Schlaghand mit ausgestreckten Fingern ist vor der Trommel zu sehen. Das ist besonders deutlich bei den Musikerinnen mit den eckigen Rahmentrommeln, es ist aber auch bei den runden Handtrommeln gut erkennbar (siehe Abb. 20). Eine in etwas kleinerem Maßstab dargestellte Dame klatscht in die Hände.[202]

Der Tempel ist Sitz des Gottes Aten, „Re-heqa-achti, der im Horizont jubelt in seinem Namen Re, der Vater, der als Aten gekommen ist, der Leben für immer und ewig gibt, der große lebende Aten, Herr des Jubiläumsfestes, Herr von allem, was die Sonne umkreist, Herr des Himmels, Herr der Erde

---

200 Entegegen TEETER, Inside the Temple, in: *The Life of Meresamun*, S. 26. Die Organisation der Sängerinnen während des NR in Phylen auch bei FEUCHT, Frauen, in: DONADONI, *Der Mensch im Alten Ägypten*, S. 386.

201 Mit BLACKMAN, A Study of the Liturgy Celebrated in the Temple of the Aton, in: *Gods, Priests and Men*, S. 253.

202 TA 6, erste Halle, W-Wand, DAVIES, *Amarna* II, Taf. XVIII, S. 20.

ABB. 19 *Vor dem Temenos während des Opferrituals. TA 6, erste Halle, Westwand. Nach Davies, Amarna II, Taf. XVIII, Ausschnitt.*

im Atentempel von Achetaten". Er wird besucht von dem „König von Ober- und Unterägypten, Nefer-cheperu-Re-wa-en-Re, dem Leben gegeben ist, der Sohn des Re, Achenaten, der groß in seiner Zeit ist", der „großen königlichen Gemahlin, Nefertiti, sie lebe für immer und ewig" und den Prinzessinnen, „die leibliche Königstocher die er liebt, Meritaten", Meketaten und Anchesenpaaten. Die im Bild dargestellte Strahlensonne und die Kartuschen von Gott und König bestimmen den Tempel als sakrosankten Raum. Dementsprechend bildet der Empfang bei einem Gott den Kontext für das *Spacing* vor dem Temenos. Als Code für dessen auditive Gestaltung wurde der Wechselgesang festgestellt, der beim Sargschlittenzug eine stufenweise Sakralisierung bewirkt und in Amarna bei der Audienz des Königs durch alternierende Orchester verbildlicht ist. Vor dem Temenos erzeugt das *Spacing* mit zwei Musikergruppen einen Empfangsraum bei dem Gott Aten. Wiederum lässt sich die Abhängigkeit des

ABB. 20
Vor dem Temenos während des Opferrituals. TA *6, erste Halle, Westwand.*
FOTO: VERFASSERIN.

musical idiom vom Aufführungskontext beobachten: Die ausländische Gruppe ist vor dem Tempel durch ein zweites einheimisches Orchester ersetzt worden.

Die Musikerinnen vor dem Temenos unterscheiden sich von den Hofmusikerinnen im Palast durch ihre Instrumente. Das Schlagen der Trommeln verändert die Atmosphäre des Raumes. Durch zwei Gruppen, von denen jede unterschiedliche Rhythmen auf zwei runden Handtrommeln, zwei eckigen Rahmentrommeln und mit den Händen schlägt, gewinnt er die Qualität eines dem sakrosankten Raum vorliegenden Ortes, an dem die im Tempel Anwesenden durch apotropäische Rhythmen geschützt werden müssen. Die apotropäische Lauterzeugung gibt Gottesnähe ein. Ungeklärt ist, wann ihr Spiel einsetzt. Haben die Gruppen schon bei der Ankunft des Königs – nach der Begrüßung, denn die Schlaginstrumente würden die Stimme des Priesters übertönen – musiziert, dann setzen sich die Rhythmen vor dem Tempel fort. Spielen die Damen nur während des Opferrituals, dann könnte ihr Trommeln, außer Gefahren abzuwehren, auch die Zeit der Kultausübung außerhalb des Temenos hörbar anzeigen. Das Ersetzen der „als gottesfern" markierten

Gruppe mit einem zweiten einheimischen Frauenorchester übersetzt den sozialen Kontext in die musikalische Aufführung. In der Aufführungssituation vor dem Temenos gibt das Spiel der Städterinnen die Stadt, in deren Mitte der Tempel – ein mit der Kraft des Gottes geladener Raum! – liegt, wieder. Die apotropäische Funktion der Lauterzeugung vor dem Temenos verstärkt den Effekt des *Spacing*. Sie erzeugt auditiv ‚ein Vorzimmer des Gottes' und weitet damit die Wahrnehmung der Kultbereiche für die Stadtbewohner aus.

In TA 8 wird der vom Palast zum kleinen Atentempel führende Weg als sozialer Raum im Kontext der Amtsernennung des Grabherrn zum Priester im Königskult und des sich daran anschließenden Tempelbesuches dargestellt. Entsprechend herrschen Königslob, Jubel und Musik vor. Das Ziel, nämlich der Tempel, bestimmt auch hier das *Spacing*. Standartenträger, hinter ihnen die jubelnden Mitglieder der Phyle, eröffnen den Zug. Ihnen folgen, von einem Diener und der Leiterin der Gruppe angeführt, sieben Musikantinnen. Sie ähneln den in TA 4 und TA 6 vor dem Temenos spielenden Frauen. Sie tragen bodenlange durchsichtige Mäntel. Ihre Strähnenperücken sind nur in TA 8 mit einem Salbkegel bekrönt. Sie spielen auf runden oder eckigen Handtrommeln, winken und tanzen. Ihre Leiterin ist etwas größer dargestellt. Sie trägt eine üppigere Perücke und ebenfalls einen Salbkegel. Sie hat beide Hände jubelnd erhoben. Die Ausstattung der Musikerinnen mit einem Salbkegel lassen diese vornehmer erscheinen als die Städterinnen, die auf dem Nordteil derselben Wand die Gabenträger nach Hause begleiten. Möglicherweise sollen die Salbkegel Frauen aus der Familie des Grabherrn bezeichnen. Der frisch ernannte „Erste Diener des Königs im Haus des Aten in Achetaten", der Kammerherr Tutu, bringt, noch im Wagen stehend, vor dem Tempel ein Königslob aus.[203]

Beim *Spacing* in TA 8 werden der zum Priester im Königskult erhobene Tutu, die jubelnde Phyle, das jubelnde Tempelpersonal und die trommelnden und tanzenden Musikantinnen eingesetzt. Die Gruppe der Gabenträger, die große Blumensträuße für das Ritual bringen, der Stallknechte, die die Opferstiere zum Tempel führen, und der Träger und Diener schweigt. Zuoberst in der Hierarchie des sozialen Raumes steht der Belohnte, dessen Königslob im Wortlaut gegeben wird. Der Jubelgestus bei Phyle und Tempelpersonal positioniert diese Institutionen an zweithöchster Stelle. Die Musikerinnen bestehen

---

203 TA 8, Säulenhalle, W-Wand, S, 3. und 4. Reg. v. u., DAVIES, *Amarna* VI, Taf. XX. Eine aus Karnak stammende Parallele für eine tanzende Frau mit Salbkegel ist Brooklyn 64.199.1 (ID 174), ALDRED, *Akhenaten and Nefertiti*, S. 119, Kat. Nr. 36, CHAPPAZ, *Akhénaton et Néfertiti, Soleil et ombres des pharaons*, Kat. Nr. 51, REDFORD, *The Akhenaten Temple Project* I, Taf. 43.

hier nur aus einer Gruppe. Sie gestalten keinen Empfangsraum, sondern sind Bestandteil des Festzuges, der den Belohnten zum Tempel geleitet.

Der Tempel

Zu den hinsichtlich der Themenwahl auffälligen Unterschieden der amarnazeitlichen Beamtengräber zählt Arnulf SCHLÜTER den Wegfall des Totengerichts, das durch eine Anbindung des Verstorbenen an den König als Richter und Garanten der Fortexistenz ersetzt wird, und die Verortung aller dargestellten Geschehnisse im Diesseits.[204] Für die Grabbesucher gewinnt der Tempel in diesem Kontext seine Bedeutung als Institution zur Versorgung des *Ba* durch die Opfer. Das Fehlen von Privatstatuen, Opfergaben- und Votivdepots[205] sowie eines archäologischen Nachweises für ein Kultbild des Aten im Tempel deutet darauf hin, dass in Analogie zu dem Gott Aten der lebende *Ba* (*bꜣ ꜥnḫ*) die Opferspeisen direkt, und nicht über eine im Tempel aufgestellte Statue, entgegennimmt. Erstmalig werden in den Felsengräbern die inneren Bereiche des Tempels dargestellt.

Der Temenos

Der Temenosbereich ist durch den Wagenlenker des königlichen Streitwagens, Tempeldiener, Priester und Privatpersonen als sozialer Raum dargestellt. Während in TA 1 der König seine Mutter in den Tempel „Sonnenschatten" (*šwt-Rꜥ.w*) führt, wartet die Begleitung des Königs im Temenos. Sie besteht aus Offizieren oder Polizisten, Fächerträgern im Offiziersschurz, Kastenträgern, einem Trompeter und den Wagenlenkern und Pferdeknechten der königlichen Gespanne. Dieser soziale Raum wird durch die Lautvermeidung des Trompeters, der sein Instrument und den Stopfer in der linken herabhängenden Hand hält, und des Pferdeknechts, der das tänzelnde Pferd des ersten königlichen Gespannes beruhigt, als Hörraum gestaltet (siehe Abb. 21).[206] Parallelen zur Lautvermeidung zeigen, dass es sich in den Amarnatableaus immer um für den König bestimmte Pferde[207] oder die Pferde des Streitwagens,

204 SCHLÜTER, *Sakrale Architektur im Flachbild*, S. 370 und 380.

205 STEVENS, *Private Religion*, S. 280.

206 TA 1, Säulenhalle, O-Wand, Subreg. (ID 916–917), DAVIES, *Amarna* III, Taf. VIII u. XII, S. 8, HANKE, *Amarna-Reliefs aus Hermopolis*, S. 48. Eine Parallele für einen nicht spielenden Armeetrompeter bildet MMA 1991.240.14 (ID 436), ROEDER, *Amarna-Reliefs aus Hermopolis*, PC 242, Taf. 205.

207 Empfang des syrischen Tributs, TA 2, Säulenhalle, O-Wand (ID 1203), DAVIES, *Amarna* II, Taf. XXXVII, XXXIX, S. 41–42.

ABB. 21 *Lautvermeidung im Temenos.* TA 1*, Säulenhalle, Ostwand. Nach Davies, Amarna* III*, Taf.* VIII*, Ausschnitt.*

der im Temenos[208] oder im Palasthof[209] auf den König wartet, handelt. Die Darstellung der Ausfahrten des Königs symbolisiert Eile. Die wartenden Streitwagen sind künstlerisch so gestaltet, als ob die Pferde auf Bewegung drängten und deshalb beruhigt werden müssen. Dass es sich aber nicht nur um unterdrückte Bewegung, sondern auch um Lautvermeidung handelt, kann an dem nicht spielenden Trompeter abgelesen werden.

Die Darstellung eines Streitwagens ist eine Innovation der frühen 18. Dynastie. Sie findet sich in den Gräbern des Paheri und des Renni in El Kab. Der Wagenlenker wartet neben dem Gespann am Feldrain auf den Grabherrn, der seine Amtsgeschäfte versieht. Bei Paheri sagt er zu den Pferden:

> „Steh still! Sträub dich nicht, treffliches Gespann des Fürsten, das sein Herr liebt, dessen sich der Fürst gegen jedermann rühmt!"[210]

208 TA 6, erste Halle, W-Wand, DAVIES, *Amarna* II, Taf. XVIII. Boston MFA 1971.295 (ID 377), ROEDER, *Amarna Reliefs aus Hermopolis*, PC 111, Taf. 189.

209 TA 1, Säulenhalle, N-Wand, O, Subreg., DAVIES, *Amarna* III, Taf. XVII. TA 25, Säulenhalle, N-Wand, O (ID 1117), DAVIES, *Amarna* VI, Taf. XXIX. Evtl. auch Amarnarelief Basel, Samml. Borowski (ID 1237–1238), früher Samml. Leon Pomerance, COONEY, *Amarnareliefs from Hermopolis in American Collections*, Nr. 35. Amarnarelief Samml. De Menil (ID 680), COONEY, ebd., Nr. 51.

210 EK 3, Grabkapelle, W-Wand, GUGLIELMI, *Reden, Rufe und Lieder*, S. 19.

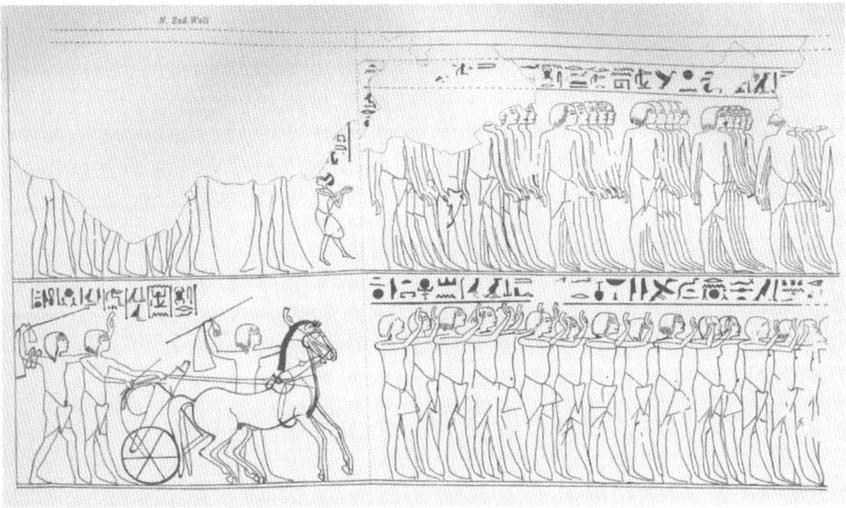

ABB. 22 *Polizeitruppe, Wagenlenker und Städterinnen bringen das Königslob aus. TA 9, Halle, Nordwand und Ostwand, nördlicher Teil. Nach Davies, Amarna IV, Taf. XIX.*

Die Pferde gehören in El Kab nicht dem König, aber bereits hier handelt es sich um eine Beruhigung edler Tiere. Diese wird in El Kab dem Betrachter durch die Rede des die Zügel haltenden Wagenlenkers vermittelt, in Tell el-Amarna durch die Gestik des Pferdeknechts, der dem Tier über die Nase streicht. Das Motiv eines wartenden Gespannes, das beruhigt werden muss, wird vom Feldrain in die städtischen Bereiche von Achetaten übertragen. Die Lautvermeidung konstituiert einen Hörraum, während der König sich im Tempel oder im Palast aufhält. Durch die parallele Verwendung des *Spacing* in diesen beiden Gebäuden wird wie für den Gott, so auch für den König ein auditiver Raum der Beruhigung hergestellt. Diese Analogie trägt zur Vergöttlichung des Herrschers bei.

Ein *Spacing* des Temenos durch Lauterzeugung liegt auf der Nordhälfte der Ostwand im Grab des Mahu, TA 9, vor. Der Belohnte mit seiner Polizeitruppe besucht den Tempel. Mahu, behängt mit dem Ehrengold, richtet vor dem Pylonen des Großen Atentempels an den Gott eine Fürbitte für den König. Er befindet sich also innerhalb des Temenos. Seine Polizisten rufen das Königslob aus.[211] Die Szene setzt sich auf der Nordwand fort. Die dort neben dem Gespann des Grabherrn jubelnden Wagenlenker, eine Tänzerin und Städterinnen sind in keinem anderen Grab innerhalb des Temenos dargestellt. Das legt nahe, den Übergang zwischen der Ost- und Nordwand als architektonische Markierung

211 TA 9, Halle, O-Wand, N, 3.-5. Reg. v. o., DAVIES, *Amarna* IV, Taf. XVIII–XIX.

der Temenosmauer zu verstehen (siehe Abb. 22).[212] In keinem anderen Grab ist der Temenos durch eine Lauterzeugung gekennzeichnet. Vornehme Herren, Opferträger, Stallknechte, die die Opfertiere zum Schlachthof führen, vielleicht auch Priester, die sie als Fleischbeschauer für das Opfer begutachten müssen, und Tempeldiener werden beim *Spacing* als schweigende Männer in diesen sozialen Raum integriert. Dieser Befund ist insofern interessant, weil im Temenos Personen der Oberschicht Achetatens dargestellt werden, die, worauf BLACKMAN aufmerksam macht,[213] als Laien und Privatpersonen durch Opfergaben an der im Tempel ausgeübten Verehrung des Aten beteiligt waren. Inwieweit ihre Darstellung im Kontext des Grabes ihren tatsächlichen Zutritt zum Temenos betrifft, ist unsicher. Die in einer Grabkapelle gefundene Stele des Ani, auf der der Schreiber Nebwawi einen Ochsen bringt, spricht für eine rein ideelle Darstellung von Privatpersonen mit Opfertieren zur Sicherung ihres Bedarfes.[214]

Das *Spacing* des Temenos wird durch Akteure der Lautvermeidung, schweigende Männer und, in einem Fall, eine betende Person mit ihren Untergebenen vollzogen. Ein vom Atentempel in Karnak stammender Gebäudeteil mit einer Rede der Opferträger[215] steht nicht in Einklang mit diesem *Spacing*. Inwieweit das *Spacing* in den Gräbern, das den Temenos als einen Hörraum der Ruhe konstituiert, sich auf Vorstellungen von der angebrachten Lautstärke eines dort gesprochenen Gebetes oder einer Lobpreisung ausgewirkt hat, muss leider offen bleiben.

Bildet bei der Darstellung der Kultbereiche der Tempel von Achetaten das Ziel der Besucher, dann ist er, wie in TA 8, menschenleer oder vermittelt, wie in TA 3 und auf der Nordwand in TA 4, den Hof des Stelenheiligtums (*ḥw.t-bnbn*) als Hörraum der Opfergabe. Der Kultbereich des „Sonnenschatten" genannten Tempels im Grab des Huya, TA 1, wird einmal mit einem räuchernden Priester neben dem Altar dargestellt. Er ist im Gegensatz zu seinem Temenos nicht als auditiver Raum gekennzeichnet. Der Fokus liegt dort auf den seine

212 TA 9, Halle, N-Wand, O. Von den Städterinnen ist nur die untere Hälfte erhalten. Die erhaltene kleine Tänzerin, die im Abstand vor ihrer Gruppe stehende Leiterin und die Ehrengoldverleihung als Anlass für den Tempelbesuch sichern die Identifikation der Damen mit den musizierenden Städterinnen, die bei dieser Gelegenheit nie fehlen. Hierbei ist allerdings problematisch, dass sich sowohl auf der Ost- als auch auf der Westseite der Südwand die Szenen der Längswände fortsetzen, ohne dass dort der Wandübergang eine Grenze indiziert. Stattdessen markiert dort die Stele auf der Südwand einen Übergang.

213 BLACKMAN, A Study of the Liturgy Celebrated in the Temple of the Aton, in: *Gods, Priests and Men*, S. 253f.

214 STEVENS, *Private Religion*, S. 313.

215 ATP II, Block TS 5410, SPALINGER, A Hymn of Praise to Akhenaten, in: REDFORD, *The Akhenaten Temple Project* II, Taf. 16.

Mutter in den Tempel begleitenden König. Im Grab des Pentu findet die Ehrengoldverleihung im Vorhof eines kleineren Tempels statt.[216] Kultbereiche des großen Atentempels werden nur dann als auditive Räume visualisiert, wenn der König dort ein Ritual vollzieht.

Das Gem-pa-Aten

Das Tableau auf der Westwand der ersten Halle im Grab des Panehesi, TA 6, zeigt das *gm-pꜣ-Jtn* während des Ritualvollzugs. Keine Rede indiziert einen mündlichen Dialog zwischen König und Gott. Auch die Datensammlung zum *hörbaren Körper* der Amarnazeit hat keine einzige Rede für den König im Kultbereich des Tempels ans Tageslicht gebracht. Eine Ausnahme hiervon bildet möglicherweise ein Beleg aus Karnak, der den König in Gesellschaft der *Ba* von Nechen zeigt. Der Inschrift auf der Statuette eines *Ba* von Pe nach zu schließen, rezitieren sie für Aten einen Text entsprechend dem Modell der Stundenwachen:

> Zu zitieren von (der Göttergruppe) Die *Bas* von Pe: „Das Loben den Re-Harachte – der jubelt im Horizont, in seinem Namen als Licht, welches in der Sonnenscheibe ist, wenn er ruht im westlichen Lichtland des Himmels auf dem erhabenen und reinen Hügel des Re."[217]

ASSMANN erklärt das Fehlen eines Dialogs zwischen Gott und König bei den Opferdarstellungen mit der Strahlung, die als einzige Äußerung des Gottes keiner symbolischen Übersetzung durch eine Beischrift bedarf.[218] Dennoch ist der Gott Aten, entgegen einer innerhalb der Ägyptologie weitverbreiteten Auffassung, nicht stumm. Belege für eine Rede des Gottes finden sich in der Gründungslegende auf den Grenzstelen von Achetaten und auf den im Königsgrab gefundenen Bruchstücken eines Sarges:

> … gesagt vom lebenden Aten: „Meine Strahlen erleuchten…".[219]

und somit in beiden Fällen außerhalb des Atentempels. Der haptische Kontakt mit dem Gott bleibt durch die anthropomorphen Strahlen des Aten erhalten. Die Ikonographie erhebt den umarmenden und durch sein Erscheinen

---

216 TA 5, Halle, N-Wand, oben, Vorhof d. Tempels, DAVIES, *Amarna* IV, Taf. VII.

217 Sandman, Texts, 147 H, HAFEMANN, in: TLA, Zugriff 2014-11-22.

218 ASSMANN, Palast oder Tempel, in: *JNES* 31, S. 146. Desgl. SPIESER, *Offrandes et purification à l'époque amarnienne*, S. 85.

219 MARTIN, *The Royal Tomb at El-'Amarna* I, Taf. 13, S. 307–308, GOLDWASSER, The Aten is the Energy of Light, in: *JARCE* 46, S. 163.

gebenden Gott zum Symbol. Die mit der Wiedergabe von Götterreden entfallende Betonung des *do-ut-des* wird mit Opferdarstellungen auf Tempel- und Palastwänden kompensiert. Die Aktionsrichtung wird von der Horizontale[220] auf die Vertikale verlegt. Der optische Kontakt auf gleicher Ebene, eine *unio mystica* zwischen König und Gott,[221] wird aufgegeben. Eine Spolie aus dem 10. Pylonen des Amuntempels in Karnak[222] belegt die Übergangszeit, in der der am Dialog beteiligte Gott durch ein zweites Königsbild ersetzt wird.

Christina REICHE schließt auf das Tempelritual als *Sitz im Leben* für einen hymnischen Text, der das Verhältnis zwischen dem Aten und dem König thematisiert. Der Text hat die Konstitution des Königs in seiner kultischen Rolle, das ist die des Kindes gegenüber seinem Vater Aten, sowie seine Herrschermächtigkeit zum Ziel. Sie vermutet, dass ein Priester als Sprecher agiert. Mit Panehesi und Tutu sind in Achetaten zwei Priester aus dem Kult für den lebenden König belegt. REICHE erwägt den letzten Vers im Text des Hymnus bei Huya:

„Ich bin ein dem Herrn der Beiden Länder Folgender (*jw =j m šms.w*)"

---

220 Amun-Re umarmt Amenhotep II., Karnak, Hebsedtempel, östl. Pfeilerreihe, S-Pfeiler, PM II, 186. Berührung der Hände in der Geburtslegende, Amenhotep III., Luxor Tempel, südl. Räume, PM II, 316–333. Die Hathorkuh leckt die Hand von Hatchepsut, Deir el-Bahari, Hathorkapelle, Vestibul, N-Wand und Deir el-Bahari, Hathorkapelle, Hypostylhalle, W-Wand, PM II, 351 (33.2), NAVILLE, *Deir el Bahari* IV, Taf. 87, 94.

221 BERGMAN, Skådandet, in: FS *Hans Hof*, S. 174–184.

222 Louvre E 13482 3 (ID 585), FREED et al., *Pharaohs of the Sun*, Kat. Nr. 21, Abb. 38, SPIESER, *Offrandes et purification à l'époque amarnienne*, Kat. Nr. 1, Abb. 1, MÜLLER, *Die Kunst Amenophis' III. und Echnatons*, Taf. 38a. Opfer im Tempel beim Heb Sed. Akhenaten, als identisches Doppelbild dargestellt, ist mit dem Afnet Kopfschmuck bekleidet. Er streckt dem Strahlenaten einen Räucherarm entgegen. Vom Betrachter aus li. gibt er die Weihrauchkörner auf den Räucherarm, re. räuchert er. Die Hände des Aten formen die Zeichen *ḥb sd, wꜣs* und *ꜥnḫ*. Bei den Königskartuschen mit der neuen Namensform Achenatens steht die Bezeichnung „vollkommener Gott" (*nṯr nfr*). Nach VERGNIEUX (Eine außergewöhnliche Sakralarchitektur, in: *Im Lichte von Amarna*, S. 87) zeigt hier die Ikonographie den Übergang zwischen dem Dialog (König und Gott gegenüber) zum König allein unter dem Gott. In der Übergangszeit, nachdem der Aten an den Himmel oberhalb gesetzt ist, wird das Königsbild verdoppelt, um den Freiraum vor dem König zu füllen, den vorher üblicherweise der Gott ausgefüllt hatte. Die Verdoppelung des Königsabbildes, das dem König gegenübergestellt wurde, sollte zwei verschiedene Szenen eines im selben Raum durchgeführten Rituals darstellen. Links handelt es sich um die Ritualphase, die der Räucherung vorausgeht.

als eine Aussage, mit der der sprechende Priester seine Berechtigung zum Kultvollzug für den König erklärt.[223] Durch die Ausübung des Kultvollzugs legitimierte sich der ägyptische Herrscher überhaupt erst für sein Königsamt.[224] Den Ritualablauf, der den König zum rituellen Handeln in der Sohnesrolle ermächtigt, schildert sie wie folgt:

> Der König begibt sich morgens in den Tempel in die Umarmung seines Vaters, der ihn mit seinen Sonnenstrahlen umfängt. Gleichzeitig werden von bevollmächtigten Sprechern hymnische Texte rezitiert, deren Sinn darin besteht, dass sie in *mitwirkender Begehung*, in *respondierendem Mitvollzug* das mittragen sollen, was die Begegnung zwischen Gott und König zur Folge hat, nämlich die *Konstituierung des Königs als Kind des Sonnengottes Aton und Herrscher über Ägypten.* Dies geschieht mittels der Fürbitten, die abschließend explizit das Erscheinen des Königs in der gegenwärtigen Sprechsituation wünschen (*jmj sw dj*). Anschließend tritt der König, wie im wünschenden Mitvollzug enthalten, aus den Strahlen seines Vaters hervor (*prj m st.wt =k*) und zeigt sich den versammelten Menschen, worauf alle in Jubel, d.h. Akzeptanz und Bestätigung, ausbrechen. Solchermaßen in seiner Rolle als Herrscher und in seiner kultischen Rolle des Kindes gegenüber seinem Vater (*pꜣj =k šrj pꜣ kꜣ nfr*) bestätigt, vollzieht er den Kult für den Gott Aton.[225]

Die rituelle Berechtigung zum Kultvollzug wäre aufgrund der „versammelten Menschen, die in Jubel, das heißt Akzeptanz und Bestätigung, ausbrechen" im Eingangsbereich des Tempels anzunehmen. Das stimmt mit der Darstellung im Grab des Merire I überein, die das Ritual zwischen dem großen Pylonen und dem Per-hai ansiedelt (siehe Abb. 13 oben).[226] Der Status des zum Ritualvollzug berechtigten Königspaares[227] ist aus dem *ḫrp*- oder *ꜥbꜣ*-Zepter in ihrer Hand ersichtlich. Das Erheben des *ḫrp* bildet die einleitende Geste,

223 Reiche, *Ein hymnischer Text*, S. 360.

224 Zur Sakralität und Legitimierung des Königs und die sakrale Affimation durch Kultvollzug, Braun, *Pharao und Priester*, S. 291–316.

225 Reiche, *Ein hymnischer Text*, S. 366, Hervorh. i. O.

226 TA 4, Säulenhalle, O-Wand, oben, zw. großem Pylon und Per-hai, Davies, *Amarna* I, Taf. XXV. Vomberg, (*Untersuchungen zum Kultgeschehen im Großen Aton-Tempel von Amarna*, S. 32) geht von einem mobilen Altarensemble aus, das auf den bei den Ausgrabungen 2012–2013 zutage geförderten Kalksteinflächen installiert gewesen sein könnte.

227 Für die Königsmutter belegt auf dem Schrein der Teje, KV 55.

mit der der Ritualist anzeigt, dass er zum Vollzug der Kulthandlung ermächtigt ist.[228] Geht man davon aus, dass der König sich nicht seiner Umgebung, sondern dem Gott gegenüber als berechtigter Kultvollzieher legitimieren muss (wie es außerhalb Amarna ja auch im täglichen Tempelritual Usus ist), könnten die hymnischen Texte durch die vier Cheironomen im *gm-pꜣ-Jtn* rezitiert worden sein und dort den Ritualverlauf eingeleitet haben.

Eine weitere Vorbedingung für den Kontakt mit dem Gott ist die rituelle Reinigung. Die Reinigung mit Wasser, das Räuchern und die Darreichung eines Lotus bedeuten die Rückkehr in einen „état initial, étape obligée pour établir un contact entre le terrestre et le divin et vice-versa, et ainsi provoquer un effet dans la sphère divine, ou encore dans les deux sphères à la fois".[229] Der Begriff von Reinheit umfasst in der Amarnazeit vier wesentliche Bedeutungen:

- die Erneuerung des Daseins, weshalb auch die Strahlen des Aten den König reinigen
- das Auserwähltsein, das bis in die Privatsphäre der Häuser übergreift
- die Reinheit der Opferspeisen, deren Reste (*spyt*) sich der Grabherr wünscht[230]
- die direkte Abkommenschaft von Aten

Die amarnazeitliche Ikonographie beschränkt die Darstellung kultischer Handlungen auf Ermächtigung zum Kult, Reinigung und Opfer. Die früher den König vertretenden Priester werden zu seinen Hilfskräften herabgestuft. Die Darstellungen stimmen mit der Aussage auf den Grenzstelen überein:

> Ich bin es, der die Opfer für Aten, meinen Vater, im Atentempel in Achetaten selbst durchführt.[231]

Neu sind die Körperhaltungen des Königs, die ihn im täglichen Kult als Verehrer der Gottheit zeigen: im Anbetungsgestus einen oder beide Arme erhebend (*ḏwꜣ; jꜣw*), der Proskynese (*sn-tꜣ*) und der Prostration.

Das *Spacing* durch Cheironomen und Prinzessinnen im Grab des Panehesi gestaltet das *gm-pꜣ-Jtn* des Atentempels in Achetaten als einen Hörraum, in dem das metallische Klappern der Bügelsistren und die männlichen

228 Entgegen Blackman, A Study of the Liturgy Celebrated in the Temple of the Aton, in: *Gods, Priests and Men*, S. 238–254, der es als die Heiligung der Gaben interpretiert.

229 Spieser, *Offrandes et purification à l'époque amarnienne*, S. 3.

230 TA 25, Säulenhalle, Eingang, O-Wand, Kol. 27.

231 Grenzstele K, 34, Grenzstele M, 33 und Grenzstele X, 33.

Stimmen der Sänger erklingen. Beides sind die traditionellen Laute bei der Ritualisierung der Umgebung und des Ritualisten sowie der Kontaktaufnahme mit einem Gott. Im Zentrum steht das Königspaar, das Weihrauchkügelchen in drei auf dem Opfertisch brennende Schalen streut (siehe Abb. 23). Die älteste Prinzessin reicht die Opfergaben an. Zwei Prinzessinnen (begleitet von Kinderfrauen, Wedelträgern und Dienern) spielen mit der Rechten das Sistrum.[232] Einschränkend muss festgehalten werden, dass ohne eine Beischrift, die die Tätigkeit der Prinzessinnen benennt, nicht mit Sicherheit zu entscheiden ist, ob es sich wirklich um eine Lauterzeugung handelt, das heißt die Sistren geschüttelt werden, oder ob die Instrumente nur hochgehalten und dem Gott gezeigt werden.[233] Der Typus des Instrumentes, das Bügelsistrum, das im Gegensatz zum Naossistrum kein Bild der Göttin trägt, spricht jedoch für ein Spielen. Die Kultmusik der Prinzessinnen hat ihre Vorläufer in den Priesterinnen, die im Hathorkult das Sistrum spielen.[234] Die partielle Nacktheit der Königin und der Prinzessinnen deutet den Fruchtbarkeitsaspekt der Hathor an.[235] Die Ausübung von Diensten der Priester, die über die Gabe oder eine die Opferhandlung begleitende Musik in direkten Kontakt mit der Gottheit treten, wird im *gm-pꜣ-Jtn* ausschließlich von Mitgliedern der Königsfamilie wahrgenommen.[236] Der König fungiert als *ḥm nṯr tpj*, die Königin als *ḥm.t nṯr*. Königspaar und Priester werden als Personen „mit reinen Händen" bezeichnet. Die rituelle Reinheit der Prinzessinnen ist ikonographisch belegt.[237]

Östlich des großen Altars singen vier Priester. Sie sind kahlrasiert. Ihre Tätigkeit ist nur durch die Cheironomengebärde indiziert. Sie entsprechen den männlichen Cheironomen, die andernorts als *šzp-n.t-dḫn* ausgewiesen sind. Sie tragen aber nicht die runden Sängerroben, sondern gerade, bis

232 TA 6, erste Halle, W-Wand, Gem-pa-Aten, DAVIES, *Amarna* II, Taf. XVIII.

233 Im Hinblick auf die ptolemäischen Tempel wird diese Frage von ELWART, Sistren als Klang des Hathorkultes, in: MEYER-DIETRICH, *Laut und Leise*, S. 37–60, erörtert.

234 Zur Religionspraxis bei Frauen aus der Elite siehe LUISELLI, *Die Suche nach Gottesnähe*, S. 126–129 mit weiterer Literatur.

235 SPIESER, *Offrandes et purification à l'époque amarnienne*, S. 114.

236 In der Nekropole wird die Funktion auch von Priestern wahrgenommen, belegt durch DAVIES, *Amarna* II, Taf. XXII. BLACKMAN (A Study of the Liturgy Celebrated in the Temple of the Aton, in: *Gods, Priests and Men*, S. 252f) schließt eine schematische Darstellung nicht aus: „Possibly a large number of sistrum shaking musician-priestesses functioned in the temple of the Aten, as in the ordinary Egyptian temples of the preceding and subsequent periods, the royal daughters schematically representing them in the, what are after all in most respects, highly conventional reliefs."

237 MMA 1985.328.8 (ID 21), weitere Belege bei SPIESER, *Offrandes et purification à l'époque amarnienne*, S. 89–105.

ABB. 23 *Gem-pa-Aten während des Opferrituals.* TA *6, erste Halle, Westwand. Nach Davies, Amarna* II, *Taf.* XVIII, *Ausschnitt.*

über die Waden reichende Tuniken. Ihrer Kleidung nach haben sie vermutlich die Stellung eines Priesters im Königskult inne. Ein hymnischer Text im Rahmen des Hebsed von Amenhotep IV. Achenaten in Karnak bezeichnet die Sänger „Kinder des Königs" (*ms.w nswt*), ihren Vortrag „Gesang" (*ḫnw*).[238] Die Sänger und Priester blicken zum König hin. Sie können also ihren Gesang oder das Anreichen der Gaben auf die jeweilige Phase im Ritualvollzug abstimmen. Wahrscheinlich war der große Sonnenhymnus ein Teil der Liturgie im Atentempel.[239]

Die in den Totengebeten geäußerte Bitte, die Stimme des Königs zu hören, und die Rezitation: „Möge man dich im Ritual des Aten anrufen" des libierenden Priesters in TA 1, bei der auch Gaben aufgezählt werden,[240] lassen vermuten, dass mit der Übersiedelung nach Achetaten die rituelle Lauterzeugung beim Vollzug des Opfers im Tempel beibehalten wird. Beim Räuchern, Libieren und Opfern werden die zur Ritualisierung der Gaben nötigen Sprüche rezitiert. Für

238 ATP II, Block 0105 11312, SPALINGER, A Hymn of Praise to Akhenaten, in: REDFORD, *The Akhenaten Temple Project* II, S. 29–33, Abb. 16.

239 TOBIN, *The Intellectual Organization of the Amarna Period*, S. 250–254. Zur überzeugenden Stützung seiner These führt er die ausführliche Schilderung des Zustandes der Schöpfung während der Nacht und das Fehlen königsideologischer Einschübe im Großen Hymnus an Aten an.

240 TA 1, Schrein, O-Wand, DAVIES, *Amarna* II, Taf. XXII.

den Atenkult müssen die Sprüche des Opferrituals im Hinblick auf mythische Bezüge natürlich abgewandelt worden sein, aber ein völliger Verzicht auf ihre Rezitation und einen beim Kultvollzug stummen König oder Priester anzunehmen, erscheint mir angesichts der Sprechhandlungen als eine traditionelle Praxis zur Ritualisierung (siehe die Zeitspanne der Quellen bei TACKE, *Das Opferritual des ägyptischen Neuen Reiches*) in der altägyptischen Religion ausgeschlossen.[241] Einen Hinweis auf die Lobpreisung im täglichen Ritual gibt die Inschrift auf dem Stelophoren des Amun-em-Ipet:

> [...] Lobpreis (*jꜣ.w*) in allen Herzen ... gepriesen (*dwꜣ*) im täglichen Ritual, als Aten, der aufgeht ... um Ägypten zu beleuchten für den geliebten Sohn des Herrn der beiden Länder ...[242]

BLACKMAN rekonstruiert für das tägliche Ritual im Atentempel folgende Handlungen:[243]

Im Vorhof:
- Räucherung und Libation in einer Szene zusammengefasst
- Eventuell erneute Räucherung
- Heiligung der Gaben durch Erheben des *sḫm*- oder *ḫrp*-Zepters, 4 × Ausstrecken des Armes
- Erheben der Opfergabe[244]
- Reinigungsritual der königlichen Familienmitglieder

Im gm-pꜣ-Jtn:
- Besteigen der Treppe des großen Altars
- Räucherung
- Anreichen der Gaben durch Prinzessin begleitet von Sistrenmusik
- Anreichen der Gefäße mit Flüssigkeiten durch Priester neben dem Altar begleitet von Gesang
- Überschütten des Altars mit Blumensträußen

241 Mit HORNUNG, *Echnaton*, S. 83, und BLACKMAN, A Study of the Liturgy Celebrated in the Temple of the Aton, in: *Gods, Priests and Men*, S. 238–254.

242 Amarnazeit, Stelophor, Statueninschr., 4, HAFEMANN, in: TLA, Zugriff 2014-08-27.

243 BLACKMAN, ebd., S. 238–254.

244 In der Gabe von Salbölen sieht BLACKMAN (ebd., S. 247) einen Ersatz für das Salben der Kultstatue: Dem Gott wird jetzt das Öl gereicht, damit er sich selber salben könne.

VOMBERG geht von täglichen Kulthandlungen im Vorhof, dem ersten Hof, dem zweiten Hof und vor dem Sanktuar aus, die sie als Prozessionsstationen verstehen möchte.[245] SCHLÜTER schließt aus der Darstellung des Rituals auf der Ost- beziehungsweise Westwand im Königsgrab, dass das Morgen- und das Abendritual die wichtigsten Kulthandlungen in den Atentempeln waren, wobei er das Morgenopfer noch etwas stärker gewichtet. In diesem Zusammenhang vermutet er: „Die Betonung des Sonnenaufgangs in den Sonnenhymnen wiederum lässt ebenfalls eine Verknüpfung von Stundenritualen mit bestimmten Litaneien vermuten. Das frühe Aufstehen wird dabei in Biographien als erstrebenswertes Handeln erwähnt und auch vom König praktiziert".[246]

Die bisherigen, aufgrund von Texten gewonnenen Ergebnisse, so spekulativ sie auch sein mögen, gehen von Kultmusik, Hymnen und Lobpreisungen während des Ritualvollzugs aus. Der oben rekonstruierte Ritualablauf kann nicht darüber hinwegtäuschen, wie wenig sich aus den Tableaus erschließen lässt. SCHLÜTER stellt für dieses Manko eine Liste zusammen. Die für die vorliegende Untersuchung wichtigsten offenen Fragen daraus lauten:

> Wozu dienen zwei unterschiedliche und voneinander offensichtlich inhaltlich nicht abhängige Strukturen wie das *gm-pꜣ-Jtn* und das *ḥw.t-bnbn* innerhalb eines Tempelareals? Welche Funktionen haben die einzelnen Bereiche, die nicht einmal eine gemeinsame durchgängige Prozessionsachse aufweisen?
>
> Was passierte innerhalb der weiten Fläche im Zentrum des Tempelareals zwischen den beiden Gebäuden? Nach derzeitigem Wissenstand handelt es sich um eine völlig unbebaute Fläche.[247]

Zu ihrer Beantwortung kann der Vergleich zwischen den Hörräumen, die im *gm-pꜣ-Jtn* und jenen, die im *ḥw.t-bnbn* visualisert werden, weiterhelfen.

Der Hof des Stelenheiligtums

Der Hof des Stelenheiligtums, in den Amarnatexten als *ḥw.t-bnbn* bezeichnet, ist außer dem *gm-pꜣ-Jtn* und dessen Vorhof, der einzige Raum, der sowohl nach den Bild- als auch nach den Textzeugen als auditiver Raum erzeugt

245 VOMBERG, *Untersuchungen zum Kultgeschehen im Großen Aton-Tempel von Amarna*, S. 93. Ihre Zusammenführung der Darstellungen in den Gräbern und auf Talatats zu einer Abfolge des Kultgeschehens erscheint mir zu hypothetisch.

246 SCHLÜTER, *Sakrale Architektur im Flachbild*, S. 373.

247 Ebd., S. 372.

wird.[248] Sein ritueller Status wird durch die archäologisch nachgewiesenen Reinigungsbecken angezeigt.[249] Im TA 25 wünscht sich der Grabherr Eje vom König:

> Möge ich deine angenehme Stimme im *ḥw.t-bnbn* hören, wenn du tust, was dein Vater, der lebende Aten, lobt.[250]

Fünf Zeilen weiter wird die Stimme der Königin und die von ihr erzeugte Kultmusik erwähnt:

> [...] und der großen königlichen Gemahlin, die er liebt, die mit ihrer Schönheit vereinigt ist, die Aten mit ihrer Stimme und mit ihren schönen Händen, die das Sistrum tragen, erfreut, die Herrin der Beiden Länder, Nefertiti, sie lebe für immer und ewig, während sie für immer und immer an der Seite von Wa-en-Re ist[251]

Die durchgängige geschlechtliche Kennzeichnung des ägyptischen *hörbaren Körpers* (Männer sprechen, Frauen musizieren) lässt mich annehmen, dass die Königin im Ritual des Aten singt. Das hier für „Sistrum" gebrauchte Lexem *zšš.t* bezeichnet nicht das von den Prinzessinnen geschüttelte Bügelsistrum, sondern das bei Nefertiti auf den Karnak Talatats abgebildete Hathor-Sistrum. Die Wünsche der Grabherren lassen vermuten, dass man im *ḥw.t-bnbn* dem König so nahe ist, dass man seine Stimme, wie auch die der Königin, und das metallische Klappern des Sistrums bei Opferhandlungen hören kann. Auf dem Türsturz des „Ersten Wagenlenkers seiner Majestät und Vorsteher der Pferde des ganzen Stalles" Ranefer wünscht sich der Hausherr in seinem Lobpreis, der *Ka* des Königs möge das Empfangen von Opfergaben veranlassen, die in Gegenwart des Re am Platz des Benben (*m bꜣḥ Rꜥw m st bnbn*) hervorkommen.[252]

---

248 Ich gehe hier nur auf die in den Tableaus visualisierte Lauterzeugung ein. Zu Opferhandlungen vor der dort aufgestellten und archäologisch nachgewiesenen Stele und der eventuell auch dort platzierten Statue des thronenden Königs, siehe KLUG, Darstellungen von Königsstelen, in: FS *Gundlach*, S. 41–104.

249 KEMP, Tell el-Amanra, in: *JEA* 100, S. 5, Abb. 1, 3, 4 und 10.

250 TA 25, Eingang, O-Wand, Kol. 18. In der Parallele in TA 9, Halle, N-Wand, Tür, li. Türpfosten, Kol. 3, ist der Bezug auf das *ḥw.t-bnbn* ausgelassen.

251 TA 25, Eingang, O-Wand, Gebet an den Aten, Kol. 23.

252 Tell el-Amarna N 49.18, Tür zw. Vorraum und Loggia, re. Türpfosten, oberer Teil, Kol. 1, *CoA* I, Abb. 1, BUDKA, *Der König an der Haustür*, Kat. Nr. 32, S. 124. Ronald LEPROHON (Cultic activities in the temples at Amarna, in: REDFORD, *The Akhenaten Temple Project* II, S. 49) erwägt Prozessionen im Hof des Stelenheiligtums. Auch eine Rede des Königs

Die folgende Aussage im kleinen Sonnenhymnus stellt den Aten als einen Gott dar, der vornehmlich durch die Versorgung mit Opfern zufriedengestellt wird:

> Sänger (*ḥs.ww*) und Musiker (*šmꜥ.w*) jubeln (*nhm*) vor Freude[253] in der Halle des *ḥw.t-bnbn* und jedes Sonnenschattens in Achetaten und an jedem Ort, an dem du zufrieden bist und an dem sich Nahrung, Speise und Opfergaben befinden.[254]

Der Dienst für den Gott erschöpft sich geradezu in diesem einen Handeln. Das könnte, durch den Kontext der Grabhalle bedingt, eine Fokussierung zum Zweck der Sicherung der Opferversorgung für den Grabherrn darstellen. Allerdings weist auf den Grenzstelen der Aten den König an, Achetaten mit Nahrung zu füllen.

Die Visualisierung des Hut-Benben als auditiver Raum erfolgt nicht über den König und die Königin, sondern über Tempelmusiker. Diese sind alle männlich und durch ein deformiertes Auge als blind dargestellt.[255] Sie haben als Zeichen der Reinheit stets kahlrasierte Schädel. Drei oder vier Sänger, die in die Hände klatschen (TA 4), oder sie wie Cheironomen zusammengelegt haben (TA 3, TA 4, S-Wand), werden von einem Spieler von Saiteninstrumenten, Sigmaharfe[256] oder Laute, begleitet. Sie sitzen immer im südlichen Teil des Hofes. Das entspricht der traditionellen Richtung, aus der die Nilüberschwemmung und folglich Hapis Opfergaben kommen, was schon an den Särgen des Mittleren Reiches mit den immer am Südende abgebildeten Kornsilos zu beobachten ist. In dem Grab des Suti wird in den Opferformeln die Nilflut (Hapi) als Bringer

---

zur Verkündigung seiner Lehre schließt er nicht aus. Diese Idee ist jedoch abzulehnen, denn hierbei geht derselbe von der Idee einer Verkündigungsreligion aus, die für das alte Ägypten nicht zutrifft. Belege für die Zubereitung der Opfergaben, die durch das dort lokalisierte Schlachthaus bedingt sind, und für die Verteilung der Umlaufopfer im *wsḫ.t* -Hof, bei LEPROHON, ebd.

253 EMERIT übersetzt « poussent des cris de joie », vergl. EMERIT, Le vocabulaire de la musique égyptienne ancienne et ses particularités: in: *Studien zur Musikarchäologie* VI, S. 431. Ausgehend von der Ikonographie mit aus Harfen- oder Lautenspielern und Sängern zusammengesetzten Gruppen nehme ich von einer Übersetzung „stoßen Freudenschreie aus" Abstand.

254 Kleiner Aten-Hymnus, 10–11, Sandman, Texts, 13.15–14.5, meine Übers. Der Text steht im Eingangsbereich bei Merire I, Apy, Ani und Tutu, diese Zeile ist in keinem der vier Gräber ausgelassen.

255 Zu Lexemen für die symbolische Blindheit der Harfner, VANBINA, Die Blindheit der Harfner, in: *GM* 223, S. 92.

256 Nach der von Bo LAWERGREN in: *MGG* 4, Sp. 56, vorgeschlagenen Nomenklatur.

ABB. 24
Blinde Musiker im Hof des Stelenheiligtums. TA *3, Halle, Westwand. Nach Davies, Amarna* III, *Taf.* XXX, *Ausschnitt.*

des Reichtums angesprochen,[257] bei Merire I der König als Hapi, auf dessen Befehl man reich wird.[258] Huya betet den König als den erschaffenden Hapi und die Königsmutter Teje als Herrin von zahlreichen Speisen und Nahrung an.[259] Auch die Aussage im Grab des Parennefer: „Man misst die Leistungen für (jeden) anderen Gott mit gestrichenem Maß, doch für den Aten misst man so, dass es überquillt",[260] betont die Menge der Opfer. Dementsprechend symbolisieren die blinden Musiker das *ḥw.t-bnbn* als einen Raum der konkreten Gabenmenge für den Gott und der fassbaren Fülle des Landes.[261]

257 TA 15, Eingang, re. Türpfosten, Opferformeln, Kol. 3.

258 TA 4, Vorkammer, S-Wand, O, Lobpreis an d. König, Kol. 2, bzw. Säulenhalle, S-Wand, Türsturz, Kol. 23.

259 TA 1, Durchgang zum Schrein, Türrahmen innen, Kol. 3, bzw. re. Türpfosten, außen, Kol. 4.

260 HORNUNG, *Echnaton*, S. 54.

261 SPIESER, *Offrandes et purification à l'époque amarnienne*, S. 86: „der Akzent liegt auf der Unbegrenztheit der Opfergaben" (meine Übers.). ASSMANN (Palast oder Tempel?, in: *JNES* 31, S. 148) spricht von einem „Wald" von Opfertischen. Der König erwähnt in seiner Rede an Merire I, TA 4, Säulenhalle, S-Wand, W, D 3: „Ich gebe dir das Amt, damit du von den Speisen Pharaos, er lebe, sei heil und gesund, deinem Herrn im Atentempel, essen mögest", womit ein Beleg für das Umlaufopfer gegeben ist.

Die Blindheit ist ein Mittel zur Abstraktion. Ihre symbolische Funktion im Bild lässt sich gut mit Lise MANNICHES Idee von einer körperlosen Stimme, die die Umwandlung der Opfergaben befördert, vereinbaren. Die blinden „unsichtbaren" Musiker besetzen den Platz des nicht anwesenden Königs.[262] Ein Lied in TT 78, das ein blinder Sänger – sein Mund ist weit geöffnet –, ein Harfner und ein Lautenspieler singen, während das Tier für das Brandopfer zerlegt wird, richtet sich an den Gott:

> Weihrauch, Salböl, Rinder erfreuen das Antlitz des Amun am Morgen, an dem er erschienen ist, wenn er erscheint in Karnak um das Schöne zu empfangen.
>
> Empfange aus der Hand des königlichen Schreibers, der gelobt ist, jeden Tag, für dein schönes Gesicht, Herr der Brandopfer, deinen Duft, den des Gotteslandes.[263]

Ein ähnlicher Vortrag, an den Gott Aten gerichtet, lässt sich meines Erachtens gut für die Musiker im Hut-Benben annehmen.[264]

Der variierende Einsatz der Musiker im Hof des Stelenheiligtums vermittelt unterschiedliche Phasen des Opferbetriebs. Als doppelte Fülle (im Sinne von einer Menge oder von Dualität) treten im Grab des Ahmes, TA 3, zwei Gruppen blinder Musiker auf. Ein Harfner mit vier Sängern und ein Lautenspieler mit vier Sängern spielen und singen (siehe Abb. 24) während die Priester und Tempeldiener mit Stabsträußen, Geflügel und geschmückten Opferstieren auf dem Weg zum Schlachthof sind.[265] Auf der Westseite der Nordwand im Grab des Merire I, TA 4, spielt hingegen kurz vor der Ankunft des Königs, wenn die Opfer fertig zubereitet, die Tiere geschlachtet und die Altäre gefüllt sind, nur eine Gruppe.[266] Sie besteht aus einem Harfner und vier Sängern. Zum Verzehr bereite Gaben auf den Opfertischen und die erst unmittelbar vor dem Opferritual zerteilten Fleischgaben verbildlichen die Menge der Gaben. Im Schlachthof liegen ein gebundener Ochse mit drei Beinen,

262 MANNICHE, Symbolic Blindness, in: *CdÉ*, S. 18.

263 TT 78, Querhalle, O-Wand, S, BRACK, *Haremheb*, Szene 3.2, Text 6, Abb. 7, S. 26f, Taf. 10, 32b, 35a.

264 BLACKMAN, A Study of the Liturgy Celebrated in the Temple of the Aton, in: *Gods, Priests and Men*, S. 252, geht von einer Beteiligung der im Hut-Benben platzierten Musiker bei der Tempelliturgie aus.

265 TA 3, Halle, W-Wand, Hut-Benben, DAVIES, *Amarna* III, Taf. XXX.

266 TA 4, Säulenhalle, N-Wand, W, Hut-Benben, DAVIES, *Amarna* I, Taf. XA und XI. Drei der Sänger sind teilweise erhalten, der vierte ist zu ergänzen.

dessen Haut, der abgetrennte Kopf und auf einem Tisch ein Rippenstück und der Vorderschenkel. Diener neben dem Schlachthof (*wsḫ.t*) sind noch damit beschäftigt, die bei der Schlachtung verwendeten Gefäße und den Boden zu reinigen. Die gleiche Situation ist auf dem Ostteil derselben Wand gegeben, die Tiere und deren Teile im Schlachthof sind hier aber verdoppelt.[267] Der Harfner, dessen Sigmaharfe in einem Königskopf endet, und die Sänger musizieren, nachdem die Zubereitung der Opfergaben abgeschlossen ist und der König zwischen großem Pylonen und Per-hai das Ritual vollzieht, das ihn zum Kult berechtigt. Im Grab des Panehesi fehlen die Musiker. Im *wsḫ.t*-Hof fallen keine Gaben ins Auge. Die Diener putzen und der Oberaufseher der Rinder des Aten inspiziert den ruhigen Hof nach der Zubereitung der Opfer, während der König das Opferritual im *gm-pꜣ-Jtn* Ausführt.[268]

Darüber hinaus wird eine aus einem Harfner und sieben Sängern zusammengesetzte Gruppe blinder Musiker in der Säulenhalle von TA 4, direkt neben dem Eingang, bezeichnenderweise auf der Südwand, dargestellt.[269] Das Tableau zeigt den Grabherrn bei seiner Amtsausübung als „Größter der Sehenden des Atentempels in Achetaten", der dem König während der Opferhandlungen assistiert. Die Atenstrahlen gehen hier *nicht* sichtbar von der Sonnenscheibe aus, sondern kommen hinter den Wolken, quasi aus dem Verborgenen, hervor. Deshalb kann die Szene im Kontext des Grabes im Sinne eines ewigen Priesterdienstes für den Aten gedeutet werden. Die lautlichen Akteure sind, bis auf die Haltung der Hände, ihrer Darstellung auf der Nordwand derselben Halle nachgebildet, wo die blinden Musiker (dort sind es allerdings 4 anstatt 7 Sänger und ein Harfner) musizieren, während der König und die Königin vor einem für Aten reichlich gedeckten Tisch das Ritual zur Kultermächtigung vollziehen. Hier in der Opferszene auf der Südwand haben die Sänger die Hände aufeinandergelegt wie die Cheironomen während des Opfervollzugs im Gem-pa-Aten (siehe Abb. 23). Versteht man die Verborgenheit der Strahlen als Zeitlosigkeit oder einen bildlichen Ausdruck, um das Opferritual nicht an den Tag zu binden, dann könnte die symbolische Blindheit der Tempelmusiker in diesem Falle die Nacht andeuten, da erst durch die Sonnenstrahlen „die Augen gesunden".[270] Die Verlegung der Szene in die Ewigkeit findet bei Panehesi ihre

267 TA 4, Säulenhalle, N-Wand, O, oben, Hut-Benben, DAVIES, *Amarna* I, Taf. XXV oben, XXXIII.

268 TA 6, erste Halle, W-Wand, Hut-Benben, DAVIES, *Amarna* II, Taf. XVIII–XIX.

269 TA 4, Säulenhalle, S-Wand, O, DAVIES, *Amarna* I, Taf. XXII, S. 30–31.

270 TA 1, Grabeingang, li. Türlaibung, TA 3, Grabeingang, li. Türlaibung, TA 4, Durchgang vom Vorraum zur Halle, li. Türlaibung, Sandman, Texts, 7–9, REICHE, *Ein hymnischer Text*, Vers 6, S. 150–152, 166.

Entsprechung in der Bitte um zukünftige Opfergaben, die bei jedem Fest des lebenden Aten aus dem *ḥw.t-bnbn* kommen.[271]

Der Vergleich der Darstellungen in TA 3, TA 4 und TA 6 erbringt, dass der soziale Raum aus Opferträgern, Dienern und den als blind dargestellten Musikern, oder nur aus dem Oberaufseher der Rinder und Dienern gebildet wird. Die Musiker werden immer als spielend und singend dargestellt. Ihre Funktion besteht – falls meine Interpretation zutrifft – darin, das *ḥw.t-bnbn* durch ihre Stimmen und Klänge als auditiven Raum der Opfermenge zu gestalten und die Entgegennahme der Opfer durch den Gott rituell durch Sprechgesänge zu bewerkstelligen. Die zahlenmäßige Bindung der Akteure an die unterschiedlichen Phasen des Opferbetriebs ergibt:

Indeterminiert, verborgen	1 verdoppelte Gruppe
Vor dem Opferritual	2 Gruppen Musiker
Während der Ermächtigung zum Kultvollzug	1 Gruppe
Während des Opferrituals	1 Gruppe
Nach dem Opferritual	0

Die Aufstellung zeigt eine Beziehung zwischen dem Opferbetrieb zu bestimmten Tageszeiten und dem *Spacing*, die durch die Anzahl und die Anwesenheit der als blind dargestellten Musikergruppen zum Ausdruck kommt. Diese Beziehung könnte durch den Grabkontext und das *ḥw.t-bnbn* als der Ort, an dem die *Bas* der Toten ihre Opferspeisen erhalten, verursacht sein.

Die indeterminierte Opferdarstellung, bei der die Sonnenstrahlen nicht direkt von der Sonnenscheibe ausgehen, sondern hinter den sie teilweise verbergenden Wolken hervorbrechen, baut auf der in der altägyptischen Religion verbreiteten Idee von verborgenen Vorgängen als nächtliche auf. Die Stimmen aller sieben als blind dargestellten Sänger (daher die verdoppelte Gruppe) und das Spiel des ebenso als blind gezeigten Harfners erklingen, solange der Aten sich mit der Nacht vereinigt hat und „kein Auge das andere sieht".[272] Sie verbildlichen buchstäblich den Jubel von Sängern und Musikern, wie es in der oben zitierten Passage des kleinen Sonnenhymnus heißt, „an *jedem* Ort, an dem du [Aten] zufrieden bist und an dem sich Nahrung, Speise und Opfergaben befinden". Möglicherweise spielt hier auch eine voramarnazeitliche Idee hinein, die sich in der religiösen Sitte äußerte, die Opfer bei Mondfesten vor allem in der zunehmenen Phase besonders reichlich zu gestalten, damit der Himmelskörper seine volle Gestalt wieder erreiche. Sie würde auch die zwei

271 TA 6, Süddtür, re. Türpfosten, Kol. 3, Sandman, Texts, 26.17–18.

272 TA 5, Eingang, S-Wand, Hymnus an Aten, Kol. 5.

Gruppen Musiker im Hof des Stelenheiligtums als Markierung der Zeitphase vor Sonnenaufgang erklären.

Angenommen, die Anzahl der Musiker steht für die Stärke des Jubels, der bei einer großen Menge an Opfergaben besonders laut erschallt, dann verbildlichen zwei Gruppen besonders reichliche, und die fehlende Gruppe nach Abschluss des Rituals die verteilten oder konsumierten Gaben. Drei der Darstellungen befinden sich im selben Grab, und zwar in TA 4, in dem sich auch die indeterminierte Szene befindet. Die Blindheit der Tempelmusiker bei Tage erklärt sich aus der Übernahme des blinden Harfners aus den Bankettszenen in den thebanischen Gräbern. Im Kontext der Amarnagräber wird er an den Speisetisch des Gottes und der *Bas* ins *ḥw.t-bnbn* versetzt.

Das *Spacing* der Kultbereiche bestätigt die von SCHLÜTER für das *gm-pꜣ-Jtn* und das *ḥw.t-bnbn* angenommenen völlig unterschiedlichen Funktionen. Das *gm-pꜣ-Jtn* ist der rituelle Raum für die Kontaktaufnahme des Königs mit dem Gott, die sich nur dort, nur durch den König (mit Nefertiti an seiner Seite und unter den Klängen seiner Töchter) und nur als Opferritual vollzieht. In den Ritualablauf ist die Ritualisierung der Körper des Königs und der Königin zu denen eines Kultberechtigten einbezogen. Das *ḥw.t-bnbn* ist der Ort, an dem die Toten am Speisetisch des Gottes zu ihren Opfern kommen. Die Musiker erzeugen durch die konkreten Zeiten des Opferbetriebs den Tagesrhythmus und synchronisieren ihn mit dem Sonnenlauf. Auf die Frage zum unbebauten Tempelareal zwischen den beiden Gebäuden werde ich im nächsten Kapitel zurückkommen.

Wirtschaftsbereich des Tempels am Hafen

Auf dem unteren Teil der Ostwand in TA 4 findet die Belohnung des Merire I in einem Hof, der zwischen Hafen und Getreidesilos liegt, statt. Der König ist in Begleitung seiner Familie. Deren Gefolge, einige Diener und drei Offiziere halten sich im Hintergrund bereit. Seine Majestät steht auf einen Stab gestützt. Er streckt die Rechte vor. Wedelträger halten seine Insignien, Fächerträger wahren die Würde dieser Zeichen. Merire I trägt als einziger einen Salbkegel. Er steht jubelnd vor dem König. Außer ihm sind keine Freunde und Kollegen der Elite anwesend. Der Schatzmeister schließt ihm die Goldkette am Hals, drei Helfer halten weitere Kragen bereit. Schreiber notieren das Ereignis, der Wesir und zwei Priester verbeugen sich vor dem König. Dieser wendet sich an den Vorsteher des Schatzhauses:

> „O Vorsteher des Schatzhauses, beschenke den Größten der Sehenden des Aten in Achetaten, Merire. Gib ihm Gold an seinen Hals und seinen Rücken (?) und Gold an seine Füße, weil er die Unterweisung des Pharao,

er lebe, sei heil und gesund, hört und weil er alles, was bezüglich dessen gesagt wird, macht.

Die schönen Plätze, die Pharao, er lebe, sei heil und gesund, im Tempel des Benben und im Atentempel des Aten in Achetaten eingerichtet hat, sind mit jeder schönen Opfergabe und mit Gerste und Emmer gefüllt. Zahlreich sind die Opfergaben des Aten für Aten."

Die Ehrengoldverleihung ereignet sich in einem Hof neben den mit Gerste und Emmer gefüllten Speichern des Tempels. Sie verortet die Auszeichnung im Ressort des Belohnten und führt die befriedigende Erfüllung seiner Aufgabe vor Augen. Deshalb ordnet der König die Gabe an. „Der Größte der Sehenden des Aten im Atentempel von Achetaten, der Wedelträger zur rechten Seite des Königs, Gelobter des Herrn der Beiden Länder, Merire", antwortet:

> „Wa-en-Re, der vollkommene Sohn des Aten, sei gesund! Gewähre, dass er deine Lebenszeit verbringt! Gewähre, dass er für immer und ewig existiert."[273]

Der Belohnte erbittet vom Gott die Fortdauer des Lebens für den König. Dass er dies nur als Inhaber des Priesteramtes tun kann, bekräftigt der Empfang in seinem Wohnhaus. Dort wird er genau in diesem Aspekt von seinen Leuten begrüßt:

> „Willkommen in Frieden, nachdem du deine Belohnung empfangen hast, o Größter der Sehenden des Aten im Atentempel von Achetaten, Merire, Gerechtfertigter!"[274]

Der Hörraum wird durch die Rede des Königs und des Belohnten erzeugt. Der Vorsteher des Schatzhauses ist im Hörraum präsent, weil der König sich mit einem Vokativ an ihn wendet und ihn mit seinem Titel adressiert.

Desgleichen ereignet sich auf dem unteren Teil der Nordwand von TA 5 „Das Auszeichnen des Schreibers des Königs, Kammerdieners des Königs, ersten Dieners des Aten im Atentempel in Achetaten" Pentu im Tempelbereich am Hafen.[275] Durch den Rinderhof mit Stallburschen wird dieser ebenfalls als ein Wirtschaftsbereich präsentiert. Bei der Auszeichnung im äußeren Hof

---

273 TA 4, Säulenhalle, O-Wand, unten, Kol. B.1–7, Wirtschaftsbereich, DAVIES, *Amarna* I, Taf. XXV, XXX, S. 33–36.

274 TA 4, Säulenhalle, O-Wand, unten, erster Sprecher, Kol. C.1–6.

275 TA 5, Halle, N-Wand, unten, Wirtschaftsbereich, DAVIES, *Amarna* IV, Taf. VIII, IX.,

sind der König, die Königin und drei Prinzessinnen mit ihren Kinderfrauen und Dienern anwesend. Das Relief ist stark zerstört. Nach der Parallele in TA 6 wird Pentu von Fächerträgern, Schreibern, Beamten und Priestern begleitet. Von der Rede des Königs sind nur geringe Spuren erhalten. Pentu wendet sich in seiner Antwort an den Aten:

> „Erhalte den Pharao, er lebe, sei heil und gesund, deinen vollkommenen Sohn, bei Gesundheit, o Aten! Gewähre, dass er deine Lebenszeit erreicht. Lass ihn ewiglich dauern!“[276]

Wie in TA 4 richtet der Belohnte (seines Zeichens Priester des Aten) Kraft seines Amtes eine Fürbitte an den Gott. Er bittet um die Gesundheit und die Fortdauer des Lebens für den König. Das *Spacing* entspricht dem des Hörraumes im Erscheinungsfensterhof. Durch ihre Worte sind nur der König und, nach ihm, der Belohnte hörbar. Ihre Reden bestimmen die Ordnung des auditiven Raumes. Alle übrigen Anwesenden werden, ohne Rücksicht auf ihre Zugehörigkeit zur Königsfamilie oder ihren sozialen Rang, als schweigende Zuhörer dargestellt. Eine weitere Auszeichnung des Pentu findet im Palast statt. Die Szene ist stark zerstört, nur von den vor dem Palast in Jubel ausbrechenden Menschen ist ein Rest des Textes erhalten.[277]

Prozessionsweg zum Ort des Tributempfangs

Die Tragesesselprozession auf dem Weg zum Tributempfang ist auf der Westwand in TA 1 angebracht. Da nach derzeitigem Forschungsstand der südlichste der drei im Norden der Stadt gelegenen Wüstenaltäre als der Thronbaldachin am Ort des Tributempfangs identifiziert wird,[278] ist der Weg, den die Prozession nimmt, nicht mit der Königsstraße identisch. Das eskortierte Königspaar unter der Strahlensonne sitzt in einem Tragesessel aus Elektron, vor und hinter sich die Wedel- und Fächerträger. Die Sänfte wird von Offizieren getragen. Vor ihr geht ein räuchernder Priester. Hinter ihr gehen die Prinzessinnen, Kinderfrauen, Höflinge und Diener. Den Zug eröffnet eine Gruppe von vier nubischen Tänzern. Libyer im Offiziersschurz schlagen für diese den Rhythmus. Nubische Militärs in Tuniken mit gebauschtem Schurz

---

276 TA 5, Halle, N-Wand, Kol. A.4–6, Wirtschaftsbereich.

277 TA 5, Halle, S-Wand, unten, Palasthof, DAVIES, *Amarna* IV, Taf. VIII.

278 GUNDLACH, Hof–Hofgesellschaft–Hofkultur im pharaonischen Ägypten, in: GUNDLACH/KLUG, *Der ägyptische Hof des Neuen Reiches*, S. 16f. Bereits vermutet von PENDLEBURY, *The City of Akhenaten* III, S. 209.

klatschen in die Hände.[279] In der Eskorte des Königs geht auch der Grabherr, „Der Gelobte des Herrn der Beiden Länder, Vorsteher der Privatgemächer des Königs, Vorsteher des Schatzhauses, Hausvorsteher im Haus der Königsmutter und großen königlichen Gemahlin Teje, Huya."

Am Ort des Tributempfangs ist der Thronbaldachin noch leer, die Altäre sind gefüllt. Die tributpflichtigen Völker des Nordens (Syrien *ḫr*) und des Südens (Kusch *kꜣš*) sowie die des Westens und des Ostens haben sich mit ihrem Tribut auf dem Festplatz eingefunden. Offiziere, Würdenträger, Wachen mit den Gefangenen und deren Familien, syrische Dolmetscher und die Wagenlenker mit den königlichen Gespannen stehen bereit. Im Subregister warten die noch nicht spielenden und deshalb von mir mit „Lauterwartung" klassifizierten Städterinnen, die ihre runden und eckigen Handtrommeln dem erwarteten König entgegenhalten.[280] Die Person in langem Mantel mit einem Salbkegel könnte eine Sängerin des Aten sein, die als Leiterin der Gruppe am Rand des Prozessionsweges, wo vielleicht auch die winkenden Personen stehen, den König begrüßt. Der Anblick des in der Sonne erglänzenden, auf den Schultern getragenen Sessels aus Elektron mit dem Königspaar dominiert die Prozession. Durch ihn werden Achenaten und Nefertiti zu einem Teil der Göttertriade erhöht. Die von Libyern und Nubiern geschlagenen, geklatschten, getanzten und getrommelten Rhythmen machen die Tragesesselprozession, die sich zum Ort des Tributempfangs begibt, weithin hörbar. Die apotropäische Funktion der vor dem König musizierenden und tanzenden ethnischen Gruppen stellt den Weg, auf dem sich der König mit Nefertiti unter den Strahlen seines Gottes aufhält, als machtgeladen und gefährdet dar.[281] Die Erzeugung apotropäischer

279 TA 1, Säulenhalle, W-Wand, Prozession, DAVIES, *Amarna* III, Taf. XIII–XV, S. 9–12.

280 DAVIES ordnet die Städterinnen einem Empfangskomitee des Huya vor dessen Wohnhaus zu, von dem nur dieser Rest erhalten wäre. In diesem Fall gehen sie hinter dem Belohnten, von dem nur die Füße, der Saum seines langen Mantels und ein Rest der Schädelkalotte mit dem Salbkegel darauf zu sehen sind. Die ihm zuwinkenden Hausbewohner, von denen noch drei winkende Hände auf dem Relief erhalten sind, müssten tanzen, da nur drei einzelne Füße die Standlinie berühren. Für meine Deutung, dass die Musikerinnen die ankommende Prozession erwarten, spricht, dass in TA 4 ebensolche Städterinnen mit emporgehaltenen Handtrommeln den König vor dem Temenos erwarten und auf der Ostwand der ersten Halle in TA 6 Städterinnen auf der Königsstraße dem Streitwagen des Königs entgegenblicken und ihre Trommeln grüßend erheben oder schlagen, vergl. DAVIES, *Amarna* II, Taf. XIII.

281 Einen Beleg für Apotropäik bei einer Prozession durch die Rezitation von Sprüchen, die den Feind befrieden, bietet die Stele Neferhoteps I., 27, Hofman, *Königsnovelle*, Text 4, S. 87, 92.

Klänge durch Nubier (*nḥsj*) könnte schon vor der Amarnazeit zu deren Ruf als Zauberer (*ḥkꜣ.w*) beigetragen haben.[282]

Das *Spacing* des Weges übermittelt die Idee einer Prozession ohne Störungen, bei der alles wie geplant verläuft. Der Hörraum dehnt sich über den geographischen Raum des Prozessionsweges hinaus aus. Der Raum der Aufführung verliert auf diese Weise seine Grenzen und öffnet sich für Räume, die außerhalb liegen. Die im Ritual erzeugten und getanzten Körperrhythmen beschützen den König, machen seine Fortbewegung im öffentlichen Raum hörbar, kündigen sein Erscheinen an und übertragen sich auf die Anwesenden (siehe unten). Bei der Ankunft am Festplatz werden die Laute und Klänge der Umgebung, wie das Brüllen der Opfertiere, in den Hörraum der Prozession eindringen, ihn vielfältiger gestalten und erweitern.

Ort des Tributempfangs

Die Darstellung des Tributempfangs ist eine Übernahme aus der thebanischen Nekropole.[283] Die Inschrift (auf der Ostwand der Säulenhalle in TA 2) datiert sie ins Jahr 12 von Achenatens Regierungszeit. Dadurch wird sie als ein historisches Ereignis vermittelt.[284] Das Königspaar hat unter dem Thronbaldachin Platz genommen. Dort stehen auch die sechs Prinzessinnen mit ihren Kinderfrauen und zwei vornehmen Dienern. Den neben dem Thronbaldachin abgesetzten Tragesessel beräuchert ein Priester. Zuvorderst auf der zum Thron hinaufführenden Rampe verbeugt sich der bei dieser Gelegenheit mit Goldkragen belohnte Grabherr Merire II, Schreiber halten das Ereignis fest. Mehrere Würdenträger, Höflinge und Fächerträger, ihrem Rang entsprechend platziert, verbeugen sich vor dem König. Libyer schlagen mit Hölzern den Tanzrhythmus für eine sich aus fünf nubischen Tänzern zusammensetzende Gruppe. Drei Nubier klatschen dazu den Rhythmus mit den Händen.[285] Zwei Armeetrompeter, vermutlich nubischer Herkunft, haben ihr Instrument an den Mund gesetzt (siehe Abb. 25).[286] Ringer führen Schaukämpfe auf. Drei

---

282 Siehe Kap. 7, Anm. 164.

283 HARTWIG, *Tomb Painting and Identity*, S. 73–76, zum Thronbaldachin, S. 54–73.

284 TA 2, Säulenhalle, O-Wand, DAVIES, *Amarna* II, Taf. XXXVII-XL, S. 38–43. Zum fiktiven Charakter der Darstellungen siehe HALLMANN, *Die Tributszenen des Neuen Reiches*, passim.

285 Die Szene ist an dieser Stelle lückenhaft erhalten. Die Zuordnung der schlagenden bzw. klatschenden Gruppen erfolgt nach ihrer Darstellung in der Prozession auf dem Weg zum Tributempfang.

286 Fraglich, da sich weder bei DAVIES, *Amarna* II, Taf. XXXVII, noch am Original mit Sicherheit entscheiden lässt, ob beide gestaffelten Personen (im untersten Register der O-Wand zwischen den klatschenden Libyern und den die Hand militärisch grüßend vorstreckenden Herren) eine Trompete an den Mund halten. Ihre Gesichter sind zerstört

ABB. 25 *Tänzer und Musiker vor dem Thronbaldachin am Ort des Tributempfangs.* TA 2, *Säulenhalle, Ostwand. Nach Davies, Amarna* II, *Taf.* XXXVII, *Ausschnitt.*

Nubier tanzen mit ausgebreiteten Armen zum Rhythmus eines nubischen Trommlers. Die Völker des Nordens – in deren Mitte ein vornehm gekleideter Syrer, der die Pferde beruhigt – und die Völker des Südens küssen die Erde, oder haben sich auf die Knie geworfen und erheben die Arme im Anbetungsgestus. Die Offiziere mit den Gefangenen und deren Familien erscheinen vor dem König. Priester mit Stabsträußen und den für das Opfer bestimmten Tieren, Diener, Wagenlenker mit königlichen Gespannen, Polizisten und Soldaten der Eskorte halten sich in der Nähe des Königs auf. Eine gemischte Männergruppe wohnt dem Staatsakt ebenfalls bei. Sie bewundert die prächtig ausstaffierten Pferde des königlichen Streitwagens und repräsentiert vermutlich das teilnehmende Volk.

Am Ort des Tributempfangs, an dem eine Vielfalt an Menschen und Gütern aus allen Himmelsrichtungen zusammenströmt, dominiert ein *Spacing* von Gütern und Menschen als Bewegung zur nächsten Platzierung. Die Codierung des aus diesem Anlass geschaffenen Hörraumes erfolgt durch den die Pferde beruhigenden Syrer, die zum König hin ausgerichteten Trompeten und die von Libyern und Nubiern erzeugten und in Tänzen beantworteten Rhythmen.

In den Tributszenen repräsentieren Nubier würdige Verehrer des ägyptischen Königs.[287] Dieses trifft auf alle den König grüßenden Oberhäupter der vertretenen Völker und auf den die Pferde beruhigenden Syrer zu. Letzterer

---

und nur beim vorderen Mann sind zwei abgewinkelte Arme, ein Stück waagerechtes Rohr und Reste, die zu dem Trichter des Instrumentes gehören, erhalten.

287 SPIESER, *Les noms du pharaon*, S. 81f.

ist aus der Tributablieferung im Grab des Rechmire übernommen worden.[288] Das Motiv einer nubischen Gruppe aus drei, vier, fünf oder sieben tanzenden Männern erscheint außer bei Merire II noch bei Huya – sie bildet dort die erste Gruppe in der Prozession, die gerade den Ort des Tributempfangs erreicht – und bei der Ehrengoldverleihung des Eje. Gemeinsam ist den drei Auftritten der Kontext eines besonderen Ereignisses, das durch die geschlagenen und getanzten Rhythmen zum Bestandteil einer gemeinsamen Tradition wird.

Man kann davon ausgehen, dass beim *Spacing* des Tributempfangs die zur Darstellung des Hörraumes verwendeten Akteure sanktioniert sein mussten. Deshalb handelt es sich bei den nubischen Tänzern (siehe Abb. 25, 26) keinesfalls um die von DAVIES vermuteten Straßenjungen,[289] sondern um die Illustration geschickter Tänzer aus den südlich von Ägypten liegenden Gebieten (siehe Abb. 27). Es muss offen bleiben, ob die Männer im Rahmen der Tributabgabe angekommen sind, oder ob sie als Musiker im Dienste der Armee in Ägypten ansässig waren. Für letzteres sprechen ihr militärischer Rang, ihre Darstellung schon unter Hatschepsut,[290] und ihr Auftritt vor dem König in der Prozession und am Ort des Tributempfangs. Art, Ausdruck, Rhythmus, Tempo und Verlauf des Tanzes lassen sich nicht ermitteln. Einzig seine Aufführung in diesem rituellen Rahmen steht fest. Der Tag für dieses Ereignis ist sicher sorgfältig gewählt worden. Der zweite Monat der Saatzeit, Tag 2, fällt mit dem Fest der Ankunft der Göttin Neith in Sais zusammen, was aber als Festdatum einer traditionellen Göttin für die Wahl des Tages in Achetaten unwahrscheinlich ist. Der ramessidische Tagewählkalender sagt für 2 *prt* 8:

> Gut! Gut! Gut!
>
> Mach dir einen schönen Tag in einem Heiligtum. Die Götter und Göttinnen feiern ein Fest an diesem Tag.[291]

Das Datum hilft also bei der Suche nach der Einordnung des Tanzes in einen Festzyklus nicht weiter, doch welche Hinweise gibt der gesellschaftliche Kontext der Darbietung?

---

288 TT 100, Querhalle, südl. Teil, W-Wand, DAVIES, *Rekh-mi-Rê*, Taf. II, XXIII. In TT 90 (DAVIES, *The Tombs of Two Officials of Tuthmosis the Fourth*, Taf. XXVII) wird ebenfalls ein Pferdepaar als Tribut abgeliefert, dort findet sich aber kein Beruhigungsgestus.

289 Ihre Auslegung als „Street-boys" (DAVIES, *Amarna* II, S. 11) und „bizarre" oder „groteske Bewegungen" (BRACK, *Haremheb*, S. 40) sind eine Rezeption der modernen Forschung.

290 Deir el-Bahari, Hathorkapelle, Hypostylhalle, N-Wand, NAVILLE, *Deir el Bahari* IV, Taf. XC.

291 LEITZ, *Tagewählerei*, S. 235f.

ABB. 26 *Tänzer beim Tributempfang.* TA 2, *Säulenhalle, Ostwand.*
FOTO: VERFASSERIN.

Der Tributempfang bildet das einzige historische Fest zur Sicherung der Königsherrschaft, das, falls es stattgefunden hat, unter Einbeziehung einer großen Öffentlichkeit in Achetaten gefeiert wurde. Als ein Festritual des Götter- und Königskultes diente es „der Propagierung der zentralen Position des Königs und damit der Sicherung der bestehenden Gesellschafts- und Weltordnung. Vergegenwärtigt wurde die herrschaftsideologische Botschaft im Verlauf der Feste durch die Demonstration und die damit verbundene Affirmation des wechselseitigen Verhältnisses der Festteilnehmer".[292] Die Hofgesellschaft war durch die Königsfamilie, deren Gefolge und die höchsten Würdenträger des Landes vertreten. Die Intention, nicht allein ganz Ägypten sondern „alles was die Sonne umkreist" um den Herrscher versammelt zu sehen, konnte kaum überzeugender als durch die Fremdvölker, die dem König ihre Schätze bringen, verwirklicht werden. Die innerbildliche Zielgruppe der herrschaftsideologischen Botschaft sind die Festteilnehmer, bestehend aus ägyptischen und ausländischen Würdenträgern, Militärs, Tempelpersonal, der ägyptischen Bevölkerung und den Tribut leistenden Völkern. Letztere werden

292 ROTH, „Angesichts des ganzen Landes", in: PRECHEL, *Fest und Eid*, S. 133.

ABB. 27
Tänzer. Aus Chernoff, African Rhythm and African Sensibility, Bildteil, 20.
FOTO, AKAN EXECUTIONER'S DANCE: A DANCE OF AGILITY, AUSSCHNITT

in den Inschriften zum Königspaar umrissen als „Syrien und Kush, West und Ost". Die Gegenleistung des Königs besteht in der Lebensgabe:

> Alle Fremdländer sind zusammen vereint und die Inseln inmitten des „Großen Grün" bringen die Abgaben für den König auf dem großen Thron von Achetaten des Empfangens von Lieferungen jedes Fremdlandes, weil ihnen (dafür) der Atem des Lebens geschenkt wird.[293]

Die Ehrengoldverleihung an Merire II erfolgt im Rahmen des Tributempfangs. Auch sie ist Lebensgabe. Wie die Parallele einer kollektiven Ehrungszeremonie beim Sedfest im thebanischen Grab des Cheruef[294] nahelegt, unterstützt die demonstrierte Macht des Königs die Intention des Grabherrn, sich dem Betrachter als ein Würdenträger zu präsentieren, der dem Personenkreis eines so reichen, den Lebensatem gebenden Königs zugehört.

Afrikanische Musik[295] ist laut CHERNOFF: „a cultural activity which reveals a group of people organizing and involving themselves with their own

---

293 TA 2, Säulenhalle, O-Wand, dokumentarische Inschr., Kol. 21–23. Vergleiche auch die Buheninschrift, HELCK, „Feldzug" unter Amenophis IV. gegen Nubien, in: *SAK* 8, S. 124.

294 TT 192, erstes Sedfest Amenhoteps III., EPIGRAPHIC SURVEY, *The Tomb of Kheruef*, Taf. 24.

295 Der Terminus „afrikanische Musik" wird hier von dem Musikethnologen John Miller CHERNOFF übernommen. Er diskutiert den Begriff in *African Rhythm and African Sensibility*, S. 29–36.

communal relationships".[296] Damit besetzt sie eine Schlüsselposition bei der auditiven Konstitution des sozialen Raumes. Polymetrie, das heißt die Verwebung von unterschiedlichen und kontrastierenden Rhythmen, und die aktive Teilnahme der Zuhörer und Tänzer kennzeichnen sie. Ein Rhythmus gibt den anderen: „the basic organization of rhythms is the essential composition, what an African might call the beat, of a piece of music. The coherence of the conflicting rhythms is thus based upon a kind of tension which gives the music its dynamic power".[297] Ein Trommler trägt mit seiner persönlichen Wiederholung antwortender Rhythmen und ein Zuhörer mit seinem „metronomischen Sinn" für das Klatschen der Hände zur Dynamik und Komplexität der Polymetrie bei. Der Tanz vermittelt zwischen Musik und Kontext, indem er dem Rhythmus eine sichtbare und physische Form gibt.[298]

Im rituellen Kontext des Tributempfangs muss der Tanz in Beziehung zum ägyptischen Herrscher und zu den Tributvölkern betrachtet werden. Hinter den Fächerträgern am Beginn der Rampe, die zum Thron hinaufführt, kommen zuerst Nubier mit zwei in das Stirnband gesteckten Federn, was ihren Status als höhere Militärs anzeigt. Sie sind dem König, vor dem sie sich verbeugen, zugewandt. Ihre Arme sind nicht erhalten. Möglicherweise klatschen sie mit den Händen wie auf der Parallele Louvre E 32558. Auf sie folgen fünf nubische Tänzer. Sie tanzen zum Rhythmus der von mehreren Libyern geschlagenen Schlaghölzer einen lebhaften Tanz. Wahrscheinlich gehören auch die zwei blasenden nubischen Trompeter noch zur Musikergruppe. Sie haben ihre Instrumente zu dem im Zentrum thronenden König hin ausgerichtet. Sie lenken mit dem Schall der Trompete die Aufmerksamkeit auf die Präsenz des Herrschers. Drei Nubier in knöchellangen gegürteten Röcken klatschen zum Tanz den Rhythmus mit den Händen. Alle blicken zum König hin.

Die Akteure sind mit dem König zusammen auf dem Festplatz eingetroffen. Wer sind diese, woher kommen sie, warum und wo tanzen sie?[299] Die Kleidung weist die Musiker als Armeeangehörige aus. Die Untersuchung des Bilddiskurses hat die Eingliederung nubischer Männer in die ägyptische Gesellschaft erwiesen (siehe Kap. 4.4). Die Fasstrommel (*ḳmḳm*),

296 CHERNOFF, ebd., S. 37, Hervorh. i. O.

297 Ebd., S. 53.

298 Ebd., S. 143.

299 ÅKESSON, Lecture at the International Symposium for Research on Ancient Cultures, Sofia, June 29, 1982, in: *Att ge spår i luften*, S. 19. Zur Ethnizität als handlungskonstituierende Identität der betreffenden nichtägyptischen Gruppen MEURER, *Nubier in Ägypten*, und SCHNEIDER, *Ausländer in Ägypten während des Mittleren Reiches und der Hyksoszeit*, mit weiterer Literatur.

ein ägyptisches Importgut, ist bereits im Mittleren Reich vermutlich aus Nubien nach Ägypten eingeführt worden.[300] Seit der 18. Dynastie ist sie ikonographisch[301] sowie durch ein Fundstück[302] belegt. Dieser Typus der Röhrentrommeln zeichnet sich dadurch aus, dass der Mitteldurchmesser größer ist als der Enddurchmesser. Das Austrommeln der Rhythmen erfolgt durch dumpfe Schläge mit der ganzen Handfläche auf die Mitte der Felle, oder durch hellere Schläge am Fellrand, die durch die Finger ausgeführt werden.[303] Das Instrument wurde wahrscheinlich von nubischen Trommlern, die seine Eigenart beherrschten, und einem in Nubien beheimateten musikalischen Idiom entsprechend gespielt. Polymetrie zeichnet das Trommelspiel in Ghana und im Sudan ansässiger Gruppen aus. Ein Trommler spielt nie allein, er kann seinen Einsatz immer nur in Beziehung zu anderen Instrumenten bestimmen. Er erwidert in einem musikalischen Dialog das Metrum anderer Instrumente.[304] Die Aufgabe einer Aufführung ist niemals auf die musikalischen Aspekte oder auf die Integration der Bewegungen, die die Tänzer ausführen, begrenzt. Sie besteht darin, das Spiel des Ensembles, Sprache, Tanz und soziale Bedeutung zusammenzuführen.[305]

Musik entsteht in enger Beziehung zur Kontextsituation und erfüllt bestimmte Aspekte mit mehr Ausdruckskraft. Das bestätigt die in die 17. Dynastie datierte Biographie des Trommlers Emheb aus Edfu. Er war, wie es der Name seiner Mutter zeigt, nubischer Herkunft:

> *Die Beischrift zu den Personen, die unter einer Flügelsonne im Giebelfeld abgebildet sind. Zu dem auf einem Podest in Herrscherpose (in der Linken einen Lotusstab, in der Rechten ein ꜥnḫ-Zeichen) dargestellten Emheb:*
> Vorsteher des Hauses, Emheb, geboren von der Fürstin[306] Bjjm.
> *Zu dem auf einem hohen Podest stehenden Horus von Edfu (mit wꜣs-Zepter und ꜥnḫ-Zeichen in den Händen, ein ꜥnḫ-Zeichen geht zu seiner Nase):*
> Horus Behedetj, der große Gott seiner Stadt, der das Leben wiederholt.

---

300 HICKMANN, Die altägyptischen Röhrentrommeln, in: *Oriens* 17, S. 176.

301 Quellen bei ZIEGLER, *Catalogue des instruments de musique égyptiens*, S. 71f.

302 Kairo CG 69350.

303 HICKMANN, Die altägyptischen Röhrentrommeln, in: *Oriens* 17, S. 178.

304 CHERNOFF, *African Rhythm and African Sensibility*, S. 45. Ein Ensemble von drei Trommlern ist auf einem Topffragment dargestellt, VANDIER, Deux sujets originaux sur ostraca figurés, in: *RdÉ* 12, S. 83–88, fig. 2.

305 CHERNOFF, *African Rhythm and African Sensibility*, S. 87. Auch im Hinblick auf die Ästhetik afrikanischer Musik wird der Leser auf diesen Autor hingewiesen.

306 *ꞽIrj-pꜥt* Fürstin oder Prinzessin, jedenfalls handelt es sich um einen hohen Hofrangtitel.

Zu der nicht mit einer Standlinie versehenen Hathor:

Hathor, die Herrin von Dendera.

Der linksläufig geschriebene Text:

[1] Ein Opfer, das der König gibt, damit Osiris, Herr von Busiris, Großer Gott, Herr von Abydos geben möge ein [2] Anrufungsopfer, bestehend aus Brot, Bier, Rindern und Geflügel für den *kꜣ* des Fürsten und beliebten Bürgermeisters [3] Emheb, genannt Tamereru, der das Leben wiederholt. Er sagt:

„Ich bin einer, [4] der folgt seinem Herrn auf Reisen,

der keine Schwäche zeigt gegenüber der Rede,[307] [5] die er sagt.

Dann gab ich alle Tüchtigkeit und Biegsamkeit (des Armes) in meine beiden Hände.

[6] Dann wurde zu Hetinet gesagt: Komm![308]

Ich werde [7] ihn herausfordern in der Ausdauer (des Trommelns)![309] – dann bekämpften ihn[310] meine

Finger siegreich [8] 7000[311] Takte (lang).[312]

Ich verbrachte drei Jahre[313] mit dem Schlagen [9] der Trommel (*ḳmḳm*) jeden Tag,

indem ich ähnlich machte [10] meinen Herrn jeder seiner Reden.

[11] Er ist ein Gott. Ich bin ein Herrscher. Er war [12] am Töten, ich war am Beleben.[314]

[13] Ohne jedes Fremdland zu zählen erreichte ich Miu.

Ich folgte ihm [14] bei Nacht und bei Tag, wodurch ich Avaris erreichte.

Dann [15] kaufte mein Herr Gemishena für unterägyptische Gerste, [16] einen Krug Öl …“.[315]

307 *ḫn Wb* 3, 289.1.

308 Lesung mit Černý (*The Stela of Emhab*, S. 89), der nicht die gesamte Zeichenfolge nach *ḏd.n* als Eigenname sieht.

309 *ꜣw* als zeitliche Ausdehnung des Trommelns.

310 *Wb* 2, 505.1–4.

311 Popko (*Geschichtsschreibung*, S. 178) geht von einer hieratischen Zahlenlesung aus und übersetzt mit 37000.

312 Mit Baines (The Stela of Emhab, in: *JEA* 72, S. 43, Anm. m), der für *ꜣw* eine musikalische Zeiteinheit annimmt.

313 Mit Morenz (Em-Habs Feldzugsbericht, in: *Ägypten und Levante* 15, S. 174, Anm. 28), der unter Hinweis auf das *sp* in der Schreibung nicht von einem Regierungsjahr ausgeht.

314 Diese generelle Formulierung steht in Einklang mit dem hierarchischen Aufbau des Bildfeldes und dem *ꜥnḫ*-Zeichen in der Hand des Emheb.

315 Stele Kairo JE 49566, 5–9, Černý, Stela of Emhab from Tell Edfu, in: *MDAIK* 24, S. 87–92, Taf. XIII. Meine Übers.

Emheb rühmt sich besonders seiner Kraft und Ausdauer sowie seines Geschicks als Trommler. Die erste Aussage nach der Opferformel: „Ich bin einer, der folgt seinem Herrn auf Reisen, der keine Schwäche zeigt gegenüber der Rede, die er sagt" (Z. 4–5) lässt Claude VANDERSLEYEN fragen, ob die Aufgabe eines Trommlers darin besteht, dem Heer die Befehle des Pharaos weiterzugeben.[316] Das in diesem Text mit „Reisen" übersetzte Lexem *nmt.t* bedeutet eigentlich „Gang", „Schritt" und „Prozession".[317] Seine erste Erwähnung fand Emheb durch Étienne DRIOTON, der ihn deshalb als umherziehenden Schauspieler einstufte.[318] Alle späteren Bearbeiter der Stele kritisierten diese Idee, gingen von einem militärischen Kontext aus, und dachten an Feldzüge.[319] „Ich verbrachte drei Jahre mit dem Schlagen der Trommel jeden Tag, indem ich ähnlich machte (*stwt*) meinen Herrn jeder seiner Reden" (Z. 9–10) könnte als Aussage zur Verflechtung von Musik und gesellschaftlicher Position verstanden werden. Der Trommler bestätigt durch sein Schlagen das Prestige des Königtums und etabliert somit hörbar den Status des Herrschers im sozialen Raum.[320]

316 VANDERSLEYEN, Emheb, le prince nubien qui jouait du tambour, in: *Hommages à Jean Leclant* II, S. 402.

317 *Wb* 2, 271.1–3.

318 DRIOTON, *Ce que l'on sait du théâtre égyptien*, S. 15f.

319 BAINES, The Stela of Emhab, in: *JEA* 72, S. 41–53. GOEDICKE, *m-ḥb*: An Untiring Percussionist?, in: *BES* 14, S. 19–31. GRIMM, Calembour, Trommelwettstreit oder Kampf auf Leben und Tod in der autobiographischen Steleninschrift des Emhab?, in: *JEA* 75, S. 220–224. MORENZ, Em-Habs Feldzugsbericht, in: *Ägypten und Levante* 15, S. 169–180. STÖRK, Die Trommel des Königs, in: *GM* 133, S. 101–109. VANDERSLEYEN, Emheb, le prince nubien qui jouait du tambour, in: *Hommages à Jean Leclant* II, S. 399–402 und zuletzt POPKO, *Geschichtsschreibung*, S. 173ff. GRIMM und POPKO räumen ein, dass auch die Möglichkeit besteht, „dass das ‚Schlagen der Trommel' eine Metapher für eine herausragende Leistung des Emheb ist"

320 Zum Vergleich sei hier auch CHERNOFFS Beobachtung afrikanischer Gruppen im Hinblick auf die Bedeutung, die die Verbindung des Königs zu seinen Vorfahren für das Königtum hat, erwähnt: „Die Trommel ist die Stimme der Ahnen, die über das sittliche Leben der Gemeinschaft wachen. Die älteren sind deshalb die besseren Teilnehmer weil sie mehr Verstorbene kennen. Wenn ein Oberhaupt vor seinem Volk tanzt, ist das ein Sich-zeigen. Er verbindet in seinem Tanz ästhetische und moralische Kompetenz, „die alle befriedigende Schönheit seines Tanzes ist ein sichtbares Zeichen für seine enge Verbindung zu den Vorfahren und ein Beweis seiner Autorität." CHERNOFF, *African Rhythm and African Sensibility*, zit. nach der deutschen Ausgabe, *Rhythmen der Gemeinschaft*, S. 179.

Zu den Aufgaben eines Trommlers gehört die Stimulierung und Aktivierung der Anwesenden.[321] Im Hinblick auf die körperliche Leistungsfähigkeit schreibt CUDJOE:

> The real art of a master drumming does not consist in merely playing beautiful contrasting themes, but in the drummer's ability to introject his themes before the dancer shows obvious signs of waning vigor. A true master must time his utterances to replenish the dancer's physical and aesthetic energy at the right psychological moment.[322]

„Er war am Töten, ich war am Beleben" (Z. 12) liest sich als Quintessenz der erfolgreichen Berufsausübung eines Trommlers, der mit seiner Kunst die Tänzer – und im Krieg natürlich auch Soldaten – angespornt, und auf diese Weise belebt hat. Angesichts der Bedeutung, die der Teilnahme an religiösen Festen für das Weiterleben beigemessen wird, ist zu erwägen, ob Emheb in seiner Biographie auch auf seine Mitwirkung bei Ritualen, die der Erneuerung des Königtums und der Belebung des Landes dienten, anspielt. Alle Tänzer sind nubischer Herkunft, sie unterscheiden sich aber durch ihre Haartracht und ihre Tanzbewegungen, sodass es sich vermutlich um unterschiedliche Völker aus den südlichen Gebieten handelt.

Die aus Nubiern bestehende Dreiergruppe Tänzer mit einem Trommler der Fasstrommel tanzt neben den Ringern, die mittels ihrer Schaukämpfe Konflikt und den Sieg über das Chaos vorführen.[323] Sie ist damit genau zwischen den noch zum König gehörenden Festteilnehmern und den Fremdvölkern lokalisiert. Die Mitwirkung durch klatschende Zuschauer fehlt bei dieser Gruppe. Weil der Tanz der Demonstration der Feindüberwindung zur Seite gestellt ist, könnte er die Feindabwehr variieren, was aber nur eine Verdoppelung der gezeigten Thematik wäre. Ebenfalls im Kontext der Herrscherthematik kann der Tanz dem König als Souverän gelten.[324] Man könnte darüber spekulieren, ob die drei auf Zehenspitzen mit erhobenen Köpfen und ausgebreiteten Armen tanzenden Männer eine gesteigerte Form, eine durch das Trommeln erreichte

321 Ebd., S. 65f.

322 CUDJOE, The Techniques of Ewe Drumming and the Social Importance of Music in Africa, in: *Phylon* 14, S. 288, zit. nach CHERNOFF, *African Rhythm and African Sensibility*, S. 66.

323 WILSDORF, *Ringkampf im alten Ägypten.*

324 Vielleicht findet sich hier ein Hinweis auf den schon in den Pyramidentexten belegten „Tänzer des Gottes" *jbꜣw nṯr*. Das müsste aber noch genauer untersucht werden.

Intensität des rituellen Tanzes, verkörpern. Hierbei ist daran zu erinnern, dass Musik und Tanz ihre Wirkung unter kontrollierten Formen erzielen:

> The act of creation is above all purposeful, never random, and the goal is balance and fulfilling interdependence. As they display style and involvement, people make their music socially effective, transforming the dynamic power of the rhythm into a focus for character and community.[325]

Der Zweck von Musik und Tanz ist die Eingliederung des Menschen in die Gemeinschaft und das Sichzurechtfinden in neuen Verhältnissen:

> An individual learns the potentials and limitations of participation in a communal context dramatically arranged for the engagement, display, and critical examination of fundamental cultural values. These values form part of an elaborate set of generative themes which pattern the experience of everyday life and the institutionalization of customs. In the midst of change, they characterize a culture's continuity from generation to generation, suggesting the underlying strengths which vitalize the efforts of individuals and communities as they meet the realities of new situations.[326]

Die Aufgabe der Musiker und Tänzer könnte deshalb, neben der Hervorhebung des Königs als Überwinder der Feinde und Geber des Lebens, auch in der Integration der Neuankömmlinge aus dem Süden des ägyptischen Hoheitsgebietes sowie der Stärkung ihrer ethnischen Identität dienen. Die Neuankömmlinge sind Männer, die der Kopffeder nach zu schließen, in ihrem Volk einen höheren Rang bekleiden, Frauen der südlichen Völker, die ihre Kinder an der Hand führen oder mit einem Stirnband in Körben tragen, und die Träger mit den Abgaben. Lokalisiert in Achetaten bringt dieselbe Musik, indem sie die kulturelle Identität fördert, auch die Entfernung von ihrer Heimat, Unterschiede und die in Amarna herrschende Gesellschaftsordnung mit dem König an der Spitze zu Bewusstsein.[327]

Bei dieser Interpretation fällt den beiden Tanzgruppen jeweils eine unterschiedliche Rolle zu. Im Mittelpunkt des Festgeschehens steht die Inszenierung des Königs als Garant der Weltordnung und sein Anspruch

---

325 CHERNOFF, *African Rhythm and African Sensibility*, S. 155, siehe auch seine Kritik des Begriffs ‚Ekstase', ebd., S. 141.

326 Ebd., S. 154.

327 STOKES, *Ethnicity, Identity and Music*, S. 3.

auf die Weltherrschaft. Diese Rolle des Herrschers als den Sieger und den Überwinder des Chaos fokussieren die Schaukämpfer sowie die Dreiergruppe Tänzer mit Trommler. Die fünf hinter den Würdenträgern zu Schlaghölzern und Trompeten tanzenden Männer verkörpern hingegen die komplexen Machtverhältnisse innerhalb der ägyptischen Gesellschaft – verdeutlicht durch die sich vor dem König verbeugenden Würdenträger, ihn grüßende Familien, ihn anbetende und sich vor ihm niederwerfende Völker.

Das *Spacing* erbringt: Der sich aus den unterschiedlichen ethnischen Gruppen und gesellschaftlichen Rängen zusammensetzende soziale Raum wird durch die Polymetrie der Rhythmen als ein komplexer Hörraum codiert. Die Ausführenden des Rituals spiegeln die in Ägypten herrschenden Machtverhältnisse wieder: Die der ägyptischen Armee angehörenden libyschen Musiker und Trompeter (vermutlich nubischer Herkunft) stehen hinter den Tänzern und damit am weitesten vom König entfernt. Durch die Ausrichtung ihrer Körper und Instrumente auf den König hin bilden sie die Loyalität der Streitkräfte ab. Die dem König am nächsten stehenden hohen Militärs nubischer Abstammung nehmen mit dem Klatschen der Hände den Rhythmus auf. Sie bilden auf diese Weise das Glied zum König, dem sie sich zuwenden. Die nubischen Tänzer in der Mitte repräsentieren hier sowohl die in Ägypten angesiedelten als auch die eingetroffenen Fremdvölker und andere Bevölkerungsgruppen. Die variierende Körperhaltung der Männer lässt einen lebhaften Tanz vermuten. Die Tatsache, dass Rhythmen Energie freisetzen und zirkulieren lassen, spielt bei der Ritualisierung eine entscheidende Rolle. Sie schafft die Atmosphäre des Raumes, eine Räumlichkeit, der Ereignischarakter zukommt, und die bewirkt, dass sich der Zuschauer als ein lebendiger Organismus, der im Austausch mit seiner Umgebung steht, erlebt.[328] Die zum *Spacing* beim Tributempfang eingesetzten Akteure visualisieren die vitale Atmosphäre des auditiven Raumes und machen Gemeinschaft erfahrbar.

Stadtrand

Der Grabherr von TA 9, Mahu, wird im Zusammenhang mit einem Besuch des Königspaares am Stadtrand vernehmbar, wenn er bei deren Abreise sich neben der als Grenzstele gestalteten Scheintür verbeugt und mit anbetend erhobenen Händen ruft:

328 FISCHER-LICHTE, *Ästhetik des Performativen*, S. 98.

> „O Wa-en-Re, du wirst für immer existieren, o Erbauer von Achetaten, den Re selbst erschaffen hat."[329]

Er steht bei diesem Ausruf neben dem sich ebenfalls verbeugenden Wesir. Diesem ist keine Aussage in den Mund gelegt. Weil er beim Königsbesuch in der Eskorte mitlaufend dargestellt wird, wird er überhaupt zwischen die anderen Würdenträger eingereiht.

Das *Spacing* der Stadtgrenze westlich der Scheintür und auf der Westwand in TA 9 erzeugt den sozialen Raum der höheren Beamten, den der Landleute, die die Verpflegung für die Wachsoldaten bringen, den der Wüstenpolizei und der Wüstenbewohner.[330]

Warenlager

Im obersten Bildstreifen ist es morgens, die Feuer in der Wüste wärmen die Polizisten und Besucher. Es wird das Zwiegespräch zwischen Mahu und dem Wesir, der von einem gewissen Heqanefer begleitet wird, sowie die Besichtigung eines Warenlagers durch den Polizeichef und seinen Schreiber, der ihm die Lagerbestände zeigt und den Stand berichtet, mit Lautäußerungen verbunden. Vom Wesir wird in den Anweisungen für den Wesir, 28, gesagt:

> Er (der Wesir) kümmert sich um jede Lebensmittelversorgung an jeden Anspruchsberechtigten.[331]

Der Polizeichef, der Wesir und der Schreiber reden, was durch den Gestus, aber nicht durch Worte angezeigt wird. Nur diese drei sind hörbar, die Polizisten und der vornehme Heqanefer werden nicht auditiv in den sozialen Raum eingebracht, wenn man nicht den beigeschriebenen Namen des vornehm gekleideten und auf einen Stab gestützten Herren als hörbare Nennung seines Namens verstehen will.

Wachturm

Bei der Zurschaustellung des gut bestückten und bewachten Waffenlagers im Wachturm und der Proviantlieferung durch die Bauern und Fischer im 2. Register von oben ist der Grabherr nicht dabei. Eine der Landfrauen, die

---

329 TA 9, Halle, südl. Teil, O-Wand, Kol. 26–27, O'CONNOR, An Interpretation of a Scene in the Tomb of Mahu, in: *BES* 9, S. 41–52.

330 TA 9, Halle, südl. Teil, W-Wand, Forts. auf S-Wand, DAVIES, *Amarna* VI, Taf. XXIV–XXV, XXVIII.

331 Übers. DZIOBEK, *Die Gräber des Wesirs User-Amun*, S. 84.

ABB. 28 *Warenanlieferung vor dem Wachturm am Stadtrand. TA 9, Halle, Westwand, südlicher Teil. Nach Davies, Amarna IV, Taf. XXIV, Ausschnitt.*

die Waren auf Eseln bringen, und einer der die Waren entgegennehmenden Polizisten im Offiziersschurz sind durch den Redegestus gekennzeichnet (siehe Abb. 28).

Ein Beleg für die Sprechhandlung von Landfrauen findet sich in den Amarnagräbern nur an dieser Stelle. Das *Spacing* unterscheidet diesen auditiven Raum von allen anderen. Die übliche Geschlechterverteilung bei ägyptischen Personen wird durchbrochen, was auf eine fremde Herkunft der Landfrauen hindeuten könnte. Diese Vermutung stützt ein Brief in den Semna Dispatches aus der Zeit Amenemhets III. Das Recto des Papyrus BM 10752 ist die Kopie eines Briefbuches mit einer Sammlung Verwaltungsschreiben. Sie stammt ihrem Fundort, dem Ramesseum, nach aus Theben. In den Briefen wird von Wüstenbewohnern berichtet, die mit Eseln kommen und mit der Festung Handel betreiben wollen.[332] Der fünfte Brief beginnt mit einer Einleitung, die den Bericht als Prototyp für die Begebenheiten auf einer Festung ausweist:

> Die Kopie des Schriftstücks, das ihm gebracht wurde, war das, was man von der Festung von Elephantine gebracht hatte, als etwas, was eine Festung einer (anderen) Festung gibt.

Darauf folgen eine allgemeine Anrede und der Bericht:

> Informiert sei dein Herz, indem du gesund und wohlauf bist, darüber, dass zwei Medja-Männer, drei Medja-Frauen und zwei Kinder aus der

332 PBM 10752, rto. x+6–8, 12–13, Dispatch 1, SMITHER/GUNN, The Semnah Dispatches, in: *JEA* 31, S. 6–7, Taf. II, IIa.

Wüste herabgestiegen sind im Regierungsjahr 3, Monat 3 der Peret-Zeit, Tag 27, und sie sagten: „Wir sind gekommen um dem Haus des Palastes, LHG, zu dienen".

Befragt nach der Angelegenheit der Wüste sagten sie auch gleich: „Wir hören keinerlei Sachen, aber die Wüste stirbt infolge des Hungers", so sagen sie.

Da veranlasste der Diener, dass man (sie) (zurück)weisen soll in ihre Wüsten(gebiete) (noch gleich) an diesem Tag.

Da aber sagte eine von diesen Medja-Frauen: „Oh wenn ich doch nur meinem Mann gegeben wäre in dieser…"

Und dann sagte der Medja-Mann: „Ist nur der, der sich darbringt auch einer, der Handel treiben (darf?) …"?[333]

Bei der im Bild mit einem Redegestus versehenen Frau könnte es sich deshalb um eine Medja-Frau handeln.

Ort der Rechtsprechung

Die beiden unteren Bildstreifen gehören zusammen. In der Wüste wird dem Polizeichef am Morgen berichtet. Auf dem untersten Bildstreifen bringt er Gefangene zum Verhör. Der Wesir begrüßt die Ankömmlinge im Beisein hoher Beamten und Armeeführer vor dem Portikus eines Gebäudes mit Hohlkehle. Dieses könnte die *ꜥry.t*-Halle sein, von der in den Anweisungen für den Wesir, 4 und 6, als das Gebäude die Rede ist, zu dem Ortsvorsteher und Bürgermeister hinbeordert werden. Das Wort bedeutet „Torweg"[334] und bezeichnet den klassischen Ort der Rechtsprechung im Alten Orient. Es könnte aber auf ein größeres Amtsgebäude übertragen worden sein, in dem die Gefangenen verhört werden (Anweisungen für den Wesir, 8). Letzteres ist die bei Mahu dargestellte Situation. In der Wüste und beim Vorführen der Gefangenen vor den Wesir werden feine Unterschiede in der Darstellung des auditiven Raumes gemacht. Der Polizeioffizier, der seinem Vorgesetzten berichtet, wird nur durch den Redegestus bezeichnet. Hingegen werden der Oberste der Polizei und der Wesir sowohl durch den Gestus als auch durch den Wortlaut ihrer Rede als Sprecher dargestellt. Der Wesir spricht:

333 PBM 10752, p.4, rto. x+7–12, Dispatch 5, ebd., S. 9, Taf. V, Va. Übers. VITTMANN, in: PORTEN, *The Elephantine Papyri*, Text A3, S. 41–42. Diese Stelle ist meines Wissens der einzige schriftliche Beleg für die Rede einer Medja-Frau (*mḏꜣ.yt*). Bearbeitet für TLA von HAFEMANN, Zugriff 2015-03-07.

334 *Wb* 1, 209.6, TLA, Lemma-Nr. 39310, Zugriff 2015-05-01.

„Solange Aten fortdauert, dauert auch der Herrscher fort."

Es handelt sich hier wohl um eine Grußformel. Die Rede des Mahu, der dem Wesir drei Gefangene bringt, bezeugt seine Amtsausübung als Polizeichef. Er sagt:

> „Mögen die Beamten (diese) Menschen verhören, die die Wüstenbewohner rekrutiert haben."[335]

Die übrigen anwesenden Personen, die sich nicht hörbar positionieren, sind: „die hohen Beamten des Pharaos LHG", „die Führer der Armee, die vor ihm stehen", der Wagenlenker des Mahu und Polizisten. Sie verleihen dem Ereignis Gewicht. Die Reihenfolge der Sprecher lässt sich aus den Sprechertexten ermitteln. In ihrer Eigenschaft als Begrüßung, die vor dem Amtsgebäude erfolgt, spricht zuerst der Wesir. Die Anweisungen für den Wesir, 22–25, verdeutlichen seine Führungsposition:

> Veranlasse, dass jeder Amtsvertreter – angefangen mit dem untersten Amt – zur Wesirshalle eintritt, um seinen Kollegen zu begrüßen. Er selber (der Wesir) schickt die Bürgermeister und Ortsvorsteher zum Pflügen und Ernten. Man berichtet ihm jede Rechtsangelegenheit, ihm berichtet man den Zustand der Grenzfestung von Oberägypten, (sowie) jede Festnahme wegen Plünderei.[336]

Durch seine Begrüßungsworte wird der Wesir als erstes und an oberster Stelle in den auditiven Raum eingebracht. Dieses *Spacing* steht in Einklang mit seiner gesellschaftlichen Position, weil er unter den Anwesenden das höchste Amt bekleidet. Als zweites spricht dann der Polizeichef. Diese Reihenfolge steht in krassem Gegensatz zum *Spacing* durch diese beiden Herren auf der Ostwand, wo der Polizeichef in seinem Amtsbereich eindeutig als über dem Wesir stehend gezeigt wird. Der satirische Einschlag: „Er selber schickt die Bürgermeister und Ortsvorsteher zum Pflügen und Ernten" könnte die seltsame Darstellung des in der Eskorte mitlaufenden Wesirs auf der Ostwand als Verspottung des Wesirs begreiflich machen.[337] Das unterschiedliche *Spacing*

---

335 TA 9, Halle, südl. Teil, W-Wand, u. Reg., Kol. 27 und 23, GUGLIELMI, *Reden, Rufe und Lieder*, S. 217.

336 Ergänzt nach TT 100, Übers. DZIOBEK, *Die Gräber des Wesirs User-Amun*, S. 83–84.

337 TA 9, Halle, O-Wand, S, DAVIES, *Amarna* VI, Taf. XX.

auf der Ost- und auf der Westwand im Grab des Mahu, TA 9, demonstriert den Effekt der Positionierung im Amtsbereich. Obwohl in beiden Fällen Polizeichef und Wesir als Akteure eingesetzt werden, bewirkt die Lauterzeugung eine Umkehrung der Positionen, die mit dem jeweiligen Amtsinhaber und dessen Aufgabenbereich in dem betreffenden Hörraum konform ist.

Die für das *Spacing* der Wachtürme eingesetzten Sprecherrollen, der Offizier, und vor allem der Sonderfall einer Frau mit Redegestus, bilden aus den Semna Dispatches bekannte Situationen ab, der Ort der Rechtsprechung aus den Anweisungen des Wesirs bekannte Szenarios. Die zum Verständnis der Szenen herangezogenen Texte und durch die Darstellung der auditiven Räume vermittelten Machtstrukturen wurden von den Rezipienten, die selbst in der Verwaltung und der Exekutive tätig waren, erkannt. Durch die Darstellung wohlgenährter Frauen, denen es gut geht, und Gefangener, die nicht gleich zurückgeschickt, sondern dem Wesir zum Verhör gebracht werden, werden die Handlungssituationen so verändert, dass sie Ägypten in der Regierungszeit Achenatens als wohlhabenden Rechtsstaat verbildlichen.

Nekropole

In TA 1 und dem Königsgrab TA 26 übernehmen keine professionellen Klagefrauen, sondern Männer und Frauen das Trauern.[338] Durch den Austausch der lautlichen Akteure bildet die Trauer in diesem historischen Zeitabschnitt nicht Teil eines mythologischen Diskurses. Die Nekropole wird als ein Raum der Trauer konzipiert, an dessen Gestaltung Verwandte, Kollegen und Freunde beiderlei Geschlechts mitwirken. Der ehemals beim Sargschlittenzug in der Nekropole erzeugte Orientierungslaut des Empfangs bei einem Gott verschwindet aber nicht ganz aus der Hörkultur. Er wird in andere Kontexte überführt und, nunmehr dem Palast und dem Raum vor dem Temenos zugeordnet, den Besuchern der Grabhalle vermittelt.

Landwirtschaft

Wie die Untersuchung der Räume der Landwirtschaft in Kapitel 3 gezeigt hat, spielen die Stimmen und Töne der Erntezeit und die Danksagung an die Göttin Renenutet in der Jahreszeit *šmw* und die Vogelschreie und Gesänge der Hirten

338 TA 1, Schrein, O- und W-Wand, DAVIES, *Amarna* III, Taf. XXII und XXIII. TA 26, MARTIN, *The Royal Tomb at El-'Amarna* II, S. 45–48. Zwar gilt die vorliegende Untersuchung den nichtköniglichen Gräbern, doch um die Trauerdarstellungen in TA 1 mit einer anderen Darstellung vergleichen zu können, wurde hier ausnahmsweise auch das Königsgrab von Amarna herangezogen.

im Sumpf eine entscheidende Rolle als Orientierungslaute der altägyptischen Gesellschaft. Sie werden in den Tableaus nicht länger vermittelt. Die ungebrochene Bedeutung des Hörens für die Erinnerung des Grabherrn im Hinblick auf die zur Opferversorgung notwendigen Räume der Landwirtschaft, Fisch- und Vogeljagd wird am Grab des Huya offenbar. In diesem Grab sind die traditionellen Szenen der Landwirtschaft dargestellt.[339] Sie beginnen unterhalb der Bankettszenen auf der Südwand und setzten sich auf der Ostwand fort. Sie sind durch Ährensammlerinnen, einen Mann, der einen Schakal verscheucht, den Rufen eines Vorarbeiters und der Männer, die mit Rufen, Stöcken und Tüchern Tiere verscheuchen, sowie einer Frau mit einer Trommel (?), die am Ufer die zurückkehrenden Boote erwartet, als Hörräume codiert. Wenn nicht das Zelt mit dem gefüllten Brotkorb ein Heiligtum der Renenutet darstellen soll, sind die Landschaftsbilder ohne einen Hinweis auf Götter. Einige der in Tell el-Amarna gefundenen Kobragöttinnen könnten Renenutet darstellen.[340] Funde in der Annexe 450 der vor der Siedlungsmauer lokalisierten Kapelle 561 im Arbeiterdorf deuten möglicherweise auf ihre Verehrung hin.[341] Auch das in T.38.79 im Bereich der nördlichen Vorstadt von Achetaten gefundene Ostrakon, das einen Mann im Anbetungsgestus unter einem Baum zeigt,[342] weist auf die Verehrung einer Gottheit, die mit der Natur verknüpft ist, hin.

5.3 Strukturen des auditiven Spacings urbaner Räume

Die meisten auditiven Räume befinden sich innerhalb eines Gebäudekomplexes. Den dargestellten Räumen eignet mehr oder weniger Öffentlichkeitscharakter. Auf den privaten Bereich beschränkt sich das *Spacing* von Räumen der Ruhe, der Erwartung, der Familie unter sich (alle im Palast, die Ruhe auch im Gehöft eines wohlhabenden Mannes) und der Freude (Wohnhaus). Eingeschränkt ist der Teilnehmerkreis bei Räumen der Repräsentation (Erscheinungsfenster, Palasthof, Wirtschaftsbereiche des Tempels, Tragesesselprozession, Tributempfang) und des Empfangs bei einem Gott (Bankett in der Mittelhalle, Audienz im Palasthof, vor dem Temenos). Nur

339 TA 1, S-Wand, O, W, und O-Wand, unteres Subreg., DAVIES, *Amarna* III, Taf. V, VII–VIII.

340 STEVENS, *Private Religion*, S. 50–51, 100–103, 139–141.

341 BOMANN, *The Private Chapel in Ancient Egypt*, S. 59.

342 CoA II, Objekt 30/487, PENDLEBURY, *CoA* II, 58, STEVENS, *Private Religion*, S. 158, Abb. 11.6.7.

einem bestimmten Personenkreis vorbehalten sind rituelle Räume (Temenos, Kultbereich, Hof des Stelenheiligtums).

Physische und soziale Räume korrelieren nicht. Die Untersuchung des Palastes zeigt an gleichen physischen Orten durch *Spacing* entstehende unterschiedliche auditive Räume. Das *Spacing* der Wohnbereiche (erwartend, belebt oder ruhig) ist konform mit der bevorstehenden Ankunft des Königs, seiner Anwesenheit, oder Abwesenheit. Im belebten Palast sind König und Gott anwesend. Die ruhigen Palastbereiche bei Abwesenheit des Königs bilden eine Parallele zu dem Zustand der Menschen bei Abwesenheit des Gottes. In der Mittelhalle des Palastes wird mit Hilfe der Anzahl und Art von Musikergruppen zwischen Empfangsraum und familiärem Beisammensein unterschieden. Umgekehrt konstituieren Sprecher und Musiker gleiche soziale Räume an unterschiedlichen physischen Orten. Letzteres wird an den als auditiver Empfangsraum gestalteten Trinkszenen deutlich, die einmal im Mittelsaal des Palastes, ein andermal in einem Palasthof mit einem Thronbaldachin stattfinden. In beiden Fällen verfügt der soziale Raum über die gleichen Eigenschaften: Den Anlass zu seiner Gestaltung gibt ein Empfang oder eine Audienz bei einem vergöttlichten König, der König ist anwesend, die Lauterzeugung liegt ausschließlich in den Händen von Musikern, es treten alternierend einheimische und asiatische Ensembles auf. Diese Eigenschaften ergeben sich aus der Tradition des Wechselgesanges beim Sargschlittenzug, wenn der Grabherr von der Westgöttin empfangen wird.

Aus der Angleichung königlicher Wohnbereiche an die auditiven Räume bei An- und Abwesenheit des Gottes folgt eine Ästhetik des Hörraumes, die auf den religiösen Vorstellungen der Amarnazeit fußt. Die Stärke einer Institution kann an der Verwendung ihrer zentralen Erzählung in den unterschiedlichsten Kontexten gemessen werden:

> Narrative takes an event and makes it part of a plot, that is, an action-account. The event cannot do this for itself, but must be ‚emplotted' by the actors who must evaluate the various possible scenarios available to them. The events that become part of a narrative are selected from all that we know of the world. They are placed in a temporal order that implies causation and provides closure. And they are placed in a structure of relationships. [...] The process of emplotment is an inherently moral exercise, giving meaning at the same time that it creates explanation and order. This process of emplotment need rarely be conscious; internalized narratives guide most action through habit. Nor are narratives grand stories that explain the world. They need only be unspoken accounts that

> take an event and give it meaning by making it part of an implied episode or chapter, accounts that identify the characters in the event as part of a larger cast and that situate the event in a meaningful setting.[343]

Sämtliche Formen des auditiven *Spacings* im urbanen Kontext beziehen sich auf den König. Die Verwendung der Idee von der An- und Abwesenheit des Gottes findet ihren bildlichen Ausdruck in belebten versus ruhigen Räumen des Königspalastes. Sie verleiht dem ruhigen Haus den Charakter der schlafenden Welt, wenn der Aten untergegangen ist, und schreibt dem Hausherrn bei seiner Rückkehr belebende Eigenschaften zu. Der Grabherr von TA 4, Merire I, überträgt sie auf sein Wohnhaus.

Das rekonstruierte *Spacing* im *gm-pꜣ-Jtn*, das *Spacing* des Tributempfangs und des Prozessionsweges dorthin folgt den traditionellen Vorgaben ritueller Räume. Das *gm-pꜣ-Jtn* wird durch die Mitglieder der Königsfamilie, die verschiedene Aufgaben im Kult wahrnehmen, Priester und Cheironomen als ritueller Raum gestaltet. Die weiblichen Mitglieder der Königsfamilie übernehmen die Lauterzeugung der Hathorpriesterinnen. Es zeichnet sie aus. Harfenmusik und Gesang bezeichnet die immaterielle Überführung von Opfern in Übergangsbereichen von der Menschen- zur Götterwelt. Sie wurden beim Talfest vor dem Speisentisch des Grabherrn durch blinde Musiker aufgeführt. Die Ästhetik des Kontaktbereiches (Musik und körperlose Stimmen oder Stimmen, die sich vom Körper gelöst haben) wird auf den Hof des Stelenheiligtums und (in TA 4) auf das Grab übertragen. Lautvermeidung oder ein Gebet kennzeichnet den Temenos. Die bei der Tragesesselprozession erzeugten und getanzten Körperrhythmen beschützen den König, machen die Fortbewegung des Königs vernehmbar, kündigen sein Erscheinen an und übertragen sich auf die Anwesenden. Das *Spacing* am Ort des Tributempfangs folgt der Ästhetik des Hörraumes in einem afrikanischen Kontext. Trommler und Tänzer übersetzen den sozialen Kontext des Ereignisses in das musikalische Idiom der Aufführung und beziehen es auf eine gemeinsame Tradition.

Bei der Übernahme von Orientierungslauten lassen sich Strukturen des *Spacing* erkennen, die dem auditiven Raum, in dem der König sich aufhält, und urbanen Bereichen die ästhetischen Qualitäten des Schöpferischen oder der Heiligkeit verleihen. Bei der Codierung werden bekannte Klangmuster verwendet, die der Rezipient erkennen kann. Sie haben ursprünglich Hörräume des Übergangs in der Nekropole gekennzeichnet. Der Wegfall von Übergangsräumen in nächtliche ontologische Bereiche wird nicht

343 AMMERMAN, Religious Identities and Religious Institutions, in: *Handbook of the Sociology of Religion*, S. 213.

kompensiert, der Eingang zur Grabkammer wird in der Grabarchitektur verschleiert.[344] Verborgene Räume werden durch die Darstellung der Innenräume des Palastes und des Tempels ersetzt. Die Vorstellung von einem generativen umschlossenen Raum wird (in einem Grab) durch den Aten im Königstrakt des belebten Palastes symbolisiert. Der generative Raum als religiöse Vorstellung wird hierbei jedoch von der Nacht auf den Tag übertragen. Die Dunkelheit als Eigenschaft des Urmilieus wird ihm genommen. Auf mythologischer Ebene wird die zyklische Bewegung der Sonne durch die Fahrt des Herrschers auf der Achse der Königsstraße ersetzt. Sie folgt einer Zentrum-Peripherie-Struktur.

Kennzeichnend für den Empfangsraum bei einem Gott ist die Lauterwartung. Sie weist auf ein zukünftiges Ereignis hin. Beim Sargschlittenzug war dieses die Begrüßung der Götterneunheit. In den Bankettszenen ist es die Nähe zu dem, dem Gott angeglichenen König. Vor dem Temenos ist es der Kontakt mit dem Gott Aten. Dieses Klangmuster wird nur hierfür verwendet. Es zeichnet diese performativen Hörräume aus.

Das *Spacing* der Wege, Straßen, Wachen, Stadtgrenze und dem Ort der Rechtsprechung gestaltet Orte, an denen unterschiedliche Gesellschaftsgruppen zusammentreffen. Das ist konform mit den Orten der Anhörung in den Lehren. Die in den Klassikern der didaktischen Literatur geschilderten Orte der Anhörung dienen in einem Grab zur Illustration der Amtsausübung des Grabbesitzers. Gezeigt werden das Bringen der Gefangenen zum Amtsgebäude des Wesirs und die Audienz beim König. Es handelt sich somit nicht um eine Anlehnung an die Darstellung des Jenseitsgerichts. Das *Spacing* von Grenzbereichen betont den Morgen als die bedeutsamste Tageszeit. Der Polizeichef besichtigt das Warenlager morgens. Die Feinde, die die Wüstenbewohner rekrutiert haben, werden dem Wesir am Morgen vorgeführt. Vor dem Temenos markieren ein spielender Trompeter oder die Städterinnen mit Handtrommeln vermutlich die Zeit des Sonnenaufgangs.

Der öffentliche Bereich beginnt vor der Palastmauer, begreift die Palastwache mit ein und erstreckt sich bis vor das Wohnhaus. *Spacing* durch Jubel fasst die dort hörbaren Personen zusammen und setzt diese in Beziehung zu der Person oder Zielgruppe, der die Lauterzeugung gilt. Sobald Reden und Königslob verklungen sind, dominieren die Gesänge und das Trommeln der Städterinnen, die vermutlich von Rufen durchsetzt erschallten. Die Städterinnen erwarten den Belohnten vor der Palastmauer und folgen ihm bis vor sein Wohnhaus. Das Trommeln bewirkt, dass die Auszeichnung in der Stadt gehört wird. Wagenlenker, Diener, Laufjungen und Palastwachen verbreiten die Nachricht, indem sie sich miteinander unterhalten. Auch wenn nur ein

344 Auf dem Weg vom Eingang zur Statue des Grabherrn ist der Grabeingang nicht zu sehen.

Bürger der Stadt bejubelt wird, so wertet Jubel den öffentlichen Raum auf, weil er ihm die am Beginn des kleinen Sonnenhymnus geschilderte Atmosphäre verleiht:

> Anbeten des „Re-heqa-achti, der im Horizont jubelt in seinem Namen Re, der Vater, der als Aten gekommen ist", der Leben für immer und ewig gibt.
>
> Sei gegrüßt, im Himmel Aufgehender, der morgens am Horizont des Himmels leuchtet!
>
> Willkommen in Frieden, Herr der Opfergaben!
>
> Das ganze Land ist wegen deines Erscheinens versammelt, ihre Arme sind in Lobpreis (erhoben) wegen deines Aufganges, während sie huldigen.
>
> Wenn du für sie leuchtest, jubeln sie in die Höhe des Himmels und empfangen Freude und Jauchzen.
>
> Wenn sie deine Majestät sehen, jubeln sie.[345]

Wie in der Thronerhebungslegende der Hatschepsut breitet sich nach einem Gunsterweis der Jubel hierarchisch, das heißt, von oben nach unten aus. Der König wird als Auslöser des Phänomens präsentiert. An zweiter Stelle steht der Belohnte (nachdem, wie bei beim Vater Hatschepsuts, das Wort des Königs in ihn gefallen war). Der Jubel der Phylen (TA 1, Säulenhalle, Ostwand) und der Kollegen verbildlichen die Ausbreitung des Jubels im Palasthof. Durch die Wiederholung der königlichen Rede vor dem Palasttor wird der auditive Raum, in dem das Wort des Königs wirkt und Jubel auslöst, auf den Personenkreis der Untergebenen im Amtsbereich des Belohnten ausgedehnt. Auf sie folgen sein Wagenlenker und eventuell Freunde und weitere Personen aus seinem persönlichen Umfeld. Die Städterinnen erzeugen durch ihren Tanz und ihr Schlagen der Handtrommeln den Rhythmus einer „Stadt im Fest(rausch)". Da ihr Spiel im Stadtkern und im Siedlungsbereich von dem Palasttor bis vor das Wohnhaus des Belohnten und (durch eine Tanzszene belegt[346]) auch im Arbeiterdorf stattfindet, gestaltet es alle öffentlichen Räume in Achetaten. Im Siedlungsbereich gesellt sich der Jubel der Mitglieder seines Hauses oder Dorfes dazu. Jubel bestätigt den erhöhten Status des Belohnten. Er verleiht dem

345 TA 1, Eingang, O-Wand, kl. Sonnenhymnus, Kol. 1–3.

346 Tell el-Amarna, Long Wall Street 10, Empfangsraum, W- und N-Wand, KEMP, Wall Paintings from the Workmen's Village at el-ʿAmarna, in: *JEA* 65, S. 47–53, Abb. 2 und Taf. VIII, STEVENS, *Private Religion*, S. 217, Abb. II.12.2.

sozialen Raum den Charakter des Gedeihens und der Freude. Männer (vermutlich Untergebene), die dem Belohnten durch Proskynese huldigen, symbolisieren im Bild ebenfalls dessen neuen Status. Die Differenzierung erfolgt über weder hörbare noch durch Verehrungsgesten charakterisierte Gruppen. Nicht im öffentlichen Bereich hörbar dargestellt sind: Gabenträger, die dem Belohnten die Geschenke nach Hause tragen, Standarten- und Fächerträger, Pferde- und Rinderstallknechte, Schiffsbesatzungen, Wachsoldaten, einmal die Phyle und, von zwei Ausnahmen abgesehen, die Frauen des Haushalts.

Die Königsstraße wird nur dann durch Städterinnen und Zurufe als öffentlicher Hörraum konstituiert, wenn die Fahrt des Königs nicht dem Tempel gilt. Das *Spacing* dieser Ausfahrten bietet ein gutes Beispiel für die eigene Wirkkraft, die die Visualisierung entfaltet. Durch die Bildkomposition bei Panehesi, TA 6, wird dem *Spacing* der Königsstraße ein religiöser Sinn beigemessen. Durch die Verteilung auf den Wänden im Grab des Mahu, TA 9, verbindet der Zuruf zwei Bereiche miteinander. Ansonsten bestimmt das Ziel, das ist der Tempelbesuch der königlichen Familie, das *Spacing*. Die Fahrt wird ausschließlich als Bewegung gestaltet. Erst vor dem Temenos wird der auditive Raum geschaffen.

Die Differenzsetzung mittels auditiver Räume lässt sich besonders deutlich an der Amtseinsetzung hoher Beamter und bei der Ehrengoldverleihung beobachten. Beim *Spacing* dieser Räume fällt das Ensemble von Menschen und Gütern ins Auge. Die Bewegung von Gütern kann dominieren. Das *Spacing* durch Menschen verwendet die Beziehung und Gruppierung von lauterzeugenden Personen. Der Belohnte wird im Hörraum durch seine Stimme oder die physische Nähe mit dem König verknüpft. Die Machtstruktur des auditiven Raumes räumt nur einem Priester des Aten das Recht ein, an den Gott eine Fürbitte für den König zu richten. Der bei diesem Anlass konstituierte auditive Raum schafft und unterhält die kulturelle Vorstellung von:

- der königlichen Stimme als Schöpferwort
- der Berechtigung eines Priesters des Aten an den Gott eine Fürbitte für den König zu richten
- dem nur für die Oberschicht der Verwaltung, den Hof, die Militärs und die Polizei geltenden Recht sich in Gegenwart des Königs zu äußern
- nicht sprechen und Ruhe bewahren als das angepasste Verhalten der übrigen Versammelten

Die Gruppierung des belohnten Priesters mit dem König, während alle übrigen Anwesenden schweigen, kennzeichnet den Hörraum durch religiös-rituelle

Eigenschaften. Dieser religiöse Raum unterscheidet sich von dem durch das *Spacing* geschaffenen Repräsentationsraum, in dem nicht die Stimme des Königs die Ordnung des Hörraumes bestimmt. Dort brechen einige der anwesenden untergeordneten Gruppen in Jubel oder in ein Königslob aus.

Ratschläge in der Lehre eines Mannes für seinen Sohn, § 22 betonen die Wichtigkeit eines Vertrauensmannes und Anhangs. Letztere verbildlichen in den Tableaus Untergebene, die dem Belohnten auf der Heimfahrt nach der Ehrengoldverleihung zujubeln.

KAPITEL 6

Imaginierte religiöse Hörräume in der Amarnazeit

Unter einem imaginierten religiösen Raum wird die Vorstellung von einem ontologischen Bereich der Götter verstanden, der konstitutiv für das Weltbild innerhalb eines Religionskörpers ist. Imaginierte religiöse Räume können in Grab und Tempel aufeinanderstoßen, durch Hausaltäre, Wandbilder, Büsten und Statuetten im Hausbereich repräsentiert, oder (bezeugt durch Graffito an Wegen und Steinbrüchen, Gebete auf Stelen, vergrabene Votivgaben und Orakelpraktiken) wie Inseln in unterschiedliche Umgebungen eingestreut sein. Der ontologische Bereich der Götter kann als abgegrenzt, oder als in den ontologischen Bereich der Menschen integriert vorgestellt sein. Die Grenzziehung zwischen den beiden Seinsbereichen wird als Isolierung sakrosankter Räume mit Hilfe von Mauern, Reinheitsgeboten und Lautregeln[1] sowie durch den Ausschluss gewisser gesellschaftlicher Gruppen vom Betreten heiliger Bezirke praktiziert. Aus der Theologie Achenatens ergeben sich Konsequenzen für die Errichtung, Ausdehnung und Eigenschaften imaginierter Hörräume und deren Erzeugung durch die Stimme.

Die Quellen zeichnen sich durch ihren Zugang für große Teile der Stadtbevölkerung aus. Sie befinden sich gut sichtbar auf den Felswänden am Stadtrand, an den Türen der Wohnhäuser, in Wohnräumen, in denen auch Gäste empfangen wurden, an Kapellen im Siedlungsbereich, auf einem Felsen in der Nähe des Arbeiterdorfes und in dem für Besucher offenen Teil der Grabanlage. Um die Art der rituellen Umgebung bei einer Kommunikation mit der Gottheit, dem König oder einem Verstorbenen durch die Stimme zu erkunden, greife ich auf Erika FISCHER-LICHTES *Ästhetik des Performativen* zurück.

1 FRANDSEN, On the Avoidance of Certain Forms of Loud Voices and Access to the Sacred, in: FS *Quaegebeur* II, S. 975–1000. MEYER-DIETRICH, „Du weißt, was du getan hast!“, in: Dies., *Laut und Leise*, S. 121–146.

 | DOI 10.1163/9789004354951_008

6.1 Aussagen zur Stimme auf den Grenzstelen

Die Stimme ist Trägerin von Bedeutung, Objekt[2] und Gegenstand ästhetischer Bewunderung.[3] Sie verleiht der Autorität des Sprechers oder der Sprecherin Wirkung. Die Stimme löst sich vom Körper, sie wird zum Objekt. „Die Stimme (*le signifiant flottant*) ist ein Körpergeschoss, das sich von seinem Ursprung losgerissen, das sich emanzipiert hat und doch körperlich bleibt."[4] Die menschliche Stimme hat in der altägyptischen Religion einen hohen Stellenwert. Dialoge mit Göttern, Gebete, Götternamen, Hymnen, Ohrenstelen, Orakelprotokolle und Ritualtexte belegen ihren Gebrauch im Umgang mit Göttern. Sprechakte werden in Ritualtexten als gehört bestätigt.[5] Die Gründungslegende und die Beischriften zur Königin auf den Grenzstelen von Achetaten geben Hinweise auf die symbolische Qualität, die der Stimme eines Gottes, des Königs oder der Königin in einem bestimmten Kontext zugeschrieben wurde. Achenaten ließ insgesamt 15 Grenzstelen in seinem fünften, sechsten und achten Regierungsjahr am Ost- und Westufer des Niles errichten. Die Höhe der Stelen schwankt, die kleinste ist 2,23 m, die größte 7,62 m hoch. Aussagen zur Stimme finden sich nur in der frühen Textvariante der Grenzstelen J, K, N, Q, S, U und vermutlich auch R.[6] Die Inschrift datiert die gut erhaltene Stele K ins Regierungsjahr 5, Monat 4 der Jahreszeit Peret, Tag 13. Das Giebelfeld zeigt

---

2 Die Bezeichnung Objekt wird von DOLAR (*His Master's Voice*, S. 98–111) übernommen, der im Rückgriff auf LACANS Terminologie *objet petit a* die Stimme als Triebobjekt behandelt.

3 Ein Zeugnis für die Stimme als Gegenstand ästhetischer Bewunderung ist der Dialog der Liebenden in den „Sprüchen der großen Herzensfreude" des Papyrus Chester Beatty I. GARDINER, *The Library of A. Chester Beatty: pChester Beatty* I, Taf. 22–26. Im siebenten Lied schildert der Liebeskranke die Wirkung bei der Ankündigung ihres Besuches und in ihrer Gegenwart durch das Hören ihres Namens und ihrer Stimme: „Wenn man mir sagt: Siehe, sie ist da! belebt es mich. Ihr Name ist das, was mich erhebt. Wenn sich ihr Auge öffnet verjüngt sich mein Leib. Wenn sie spricht, dann erstarke ich", pChester Beatty I, rto. Abschnitt C, SCHOTT, *Altägyptische Liebeslieder*, Das siebente Lied, S. 43.

4 DOLAR, *His Master's Voice*, S. 99. Diese Idee leitet vermutlich auch MANNICHES Vermutung im Hinblick auf die Tempelmusiker im *ḥw.t-bnbn* in Achetaten, deren Stimmen zwar zu hören sind, die aber als blind dargestellte Sänger nicht gesehen werden, mit anderen Worten, nicht körperlich anwesend sind.Vergl. MANNICHE, Symbolic Blindness, in: *CdÉ*, S. 18.

5 CT II 86e-87c: „Meine Worte sind (im Tribunal) gehört worden"

6 DAVIES, *Amarna* V, Taf. XXIX–XXXII, XXXVII–XXXVIII. Ihre Standorte siehe die Karte im online Amarnaprojekt, http://www.amarnaproject.com/pages/amarna_the_place/boundary_stelae/map.shtml, letzter Zugriff 2016-05-01. Literatur siehe TLA, Texte der Amarna-Periode, Berlin-Brandenburgische Akademie der Wissenschaften, http://aaew.bbaw.de, letzter Zugriff 2016-05-01.

das Königspaar und die Prinzessinnen Meritaten und Meketaten unter der Strahlensonne beim Vollzug des Opfers. Die Gründungslegende der Stadt ist als ein Dialog zwischen Gott und König verfasst. Für die vom Leser oder Hörer zu erbringende Syntheseleistung ist die kulturelle Vertrautheit mit imaginierten religiösen Räumen Voraussetzung.

Die Stimme des Gottes

Die Erzählung baut auf der Vorstellung von einem zum König sprechenden und hörenden Gott auf. Sie beginnt mit der Schilderung der Situation:

> An diesem Tag, als man in Achetaten war, erschien seine Majestät auf einem großen Streitwagen aus Elektrum, genau wie Aten, wenn er in seinem Horizont aufgeht und die Erde mit der Liebe und der Schönheit des Aten erfüllt.
>
> Einschlagen des schönen Weges nach Achetaten, seinen Wohnsitz der Urzeit, den er sich geschaffen hat, um täglich darin zu ruhen, den sein Sohn Wa-en-Re ihm geschaffen hat, sein großes Denkmal, das er ihm geschaffen hat, sein Horizont, in dem sein Umkreis entsteht.
>
> Man erblickte ihn mit Freude und das Land war in Jubel und jedermann in Jauchzen, als sie ihn sahen.[7]

Der Gott wird mit großen Opfergaben zufriedengestellt, die Rituale vom König vollzogen, der sich währenddessen in der Gegenwart (*m-bꜣḥ*) des Gottes aufhält:

> Da befand sich seine Majestät vor dem Vater „Re-Harachte, der im Horizont jubelt, in seinem Namen Sonnenlicht, das in der Sonne ist" und die Strahlen des Aten waren über ihm als Leben, Dauer, Wohlergehen ... ewig und ewiglich.[8]

Daraufhin lässt der König seine Höflinge, die Großen des Palastes, die Vorsteher der Menfat-Truppen und Vorsteher der Arbeit holen und fordert sie auf, den Gott zu erblicken, der ein Denkmal wünscht. Der Text betont, dass kein anderer als der Gott den König unterwiesen hat, und das Land (an dem Achetaten

---

7 Grenzstele K, Kol. X–XII, DAVIES, *Amarna* V, Taf. XXIX, diese und die weiteren Texte aus Amarna werden, wenn nicht anders vermerkt, nach SPERVESLAGE, in: TLA, letzter Zugriff 2016-05-18, zitiert.

8 Grenzstele K, Kol. XVI.

als der Wohnsitz des Gottes errichtet werden soll) niemandem gehört. Der Gott „unterweist" (*mtr*) den König:

> „Siehe! Fülle Achetaten mit Nahrung, ein Magazin für alle Sachen."
> Und mein Vater „Re-Harachte, der im Horizont jubelt in seinem Namen Sonnenlicht, das in der Sonne ist" sprach (weiterhin) (*sḏd*) zu mir:
> „Es wird für mich ewig und ewiglich Achetaten sein."[9]

Der König leistet daraufhin einen Eid, dass er Achetaten errichten wird. Die Höflinge bestätigen die Entscheidung des Königs und rühmen ihn und den Gott:

> „Du bist der Herrscher, der die wirkungsmächtigen Dinge leitet und der die Rituale der Ewigkeit kennt, er (Aten) jedoch ist der, der (Dinge) in dein Herz gibt, an jedem Ort, den er wünscht."[10]

Ein als *sḏd* bezeichneter mündlicher Erzählakt ist grundsätzlich an ein rezipierendes Gegenüber gerichtet.[11] Er basiert hier auf einer genuin mündlichen Verlautbarung des Gottes, die an den König gerichtet ist. Der Aten wird durch sein Epitheton als jubelnder, in der Gründungslegende als sprechender, und durch die Worte, die der König an ihn richtet (siehe unten), als hörender Gott aufgefasst. Die Stimme des Gottes ist körperlos. Die Idee von einer Götterstimme, die sich vom Körper gelöst hat und (als *Ba* des Schu) seine Worte in die Menge trägt, ist durch den Sargtext CT 75 für Atum (siehe Kap. 1.3) und durch den an den Beginn der 18. Dynastie datierten pRhind als Stimme, die in der Tageswelt gehört wird, für Seth belegt.[12]

Ab dem Jahr 6 werden in der Inschrift die Maße des Territoriums angegeben. Die Erzählung verwendet die Idee des Gottesorakels, von der erstmalig Hatschepsut und Thutmosis III. Gebrauch machten, um sich als Könige zu legitimieren. Im Orakel spricht nur der Gott, während auf den Grenzstelen eine Wechselrede geschildert wird. Die Ähnlichkeit von Orakelprotokollen mit Gerichtsakten liegt in erster Linie dann vor, wenn die Befragung erfolgt, um den Entscheid des Orakelgottes in Fragen der Amtseinsetzung, des Landbesitzes

---

9 Grenzstele K, 2–3.

10 Grenzstele K, 5.

11 SIMON, *Textaufgaben*, S. 126f.

12 PRhind (pBM 10057+10058), 7, (Ahmose, Jahr 13.-15.), RAUE, *Heliopolis und das Haus des Re*, S. 401.

oder der Erbberechtigung zu erhalten.[13] Durch die Aussage: „Es wird für mich ewig und ewiglich Achetaten sein" bestätigt der Gott die Gabe. Der Aten wird als Zeuge des Königs benannt und der König leistet einen Eid. Dadurch wird dem Landbesitz des Gottes die Form eines juridischen Beschlusses verliehen. Bei einem Orakelentscheid bezieht die Autorität sich auf das Gottesurteil als solches.[14] Beim lauten Vorlesen des Stelentextes tritt der paradoxe Effekt der „Politik der Stimme" ein:

> Es muss einen Teil der Stimme geben, der dem Buchstaben Autorität verleiht, und es gibt einen Punkt, an dem sich der Buchstabe auf eine stillschweigend vorausgesetzte Stimme verlassen muss, um seiner Autorität gewiss zu sein. Dieser eigentlich unhörbare Teil der Stimme bringt sich im ritualisierten Gebrauch der Stimme eindrucksvoll wieder zu Gehör, dessen konkrete Tonhaftigkeit die verborgene Stimme gewissermaßen als Stellvertreterin ihrer selbst erscheinen lässt.[15]

Die Stimme des Aten wird durch die Aussage auf den Grenzstelen zu einem Objekt. Indem sie den Landbesitz und das darauf errichtete Achetaten als einen Ort der Opferfülle annimmt, wird sie zu einer Macht, die in das Leben der Menschen eingreift. Nach der Bestätigung durch die Götterstimme „spricht"

13 RÖMER, *Gottes- und Priesterherrschaft in Ägypten am Ende des Neuen Reiches*, S. 167 und Anm. 139.

14 „... das jeweilige partikulare Interesse, welches durch das Orakel eine für alle anderen verbindliche Allgemeingültigkeit erlangt hat [...], hängt ganz von dem öffentlich bezeugten Ereignis ab, dass der Gott dies einmal sichtbar als seinen Willen ausgesprochen hat. Es ist jedoch an diesem Willen Gottes, eben weil er in sich unbestimmt ist und sich nur durch die ad hoc gegebenen Orakelantworten definiert, keinerlei Sicherheit zu finden, dass er nicht genauso gut auch – vielleicht bei einer späteren Gelegenheit – das gegenteilige Anliegen billigen könnte. Daher die Versuche im Orakel, den Gott auf die einmal gefällte Entscheidung festzulegen, indem der Gott selbst jene Möglichkeit ausschließen soll und beteuert, dass er nichts Gegenteiliges wolle." RÖMER, ebd., S. 226.

15 DOLAR, *His Master's Voice*, S. 164. Der hier angesprochene Gebrauch der Stimme als Objekt und Garant des Gesetzes ist daran ersichtlich, dass erst die Urteilsverkündung das Urteil rechtkräftig sein lässt. Diese Wirkung der Stimme wird für das Neue Reich durch die Krönungsinschrift des Haremhab auf der Turiner Statue (Urk. IV, 2114–2115) belegt. In der öffentlichen Orakelbefragung, anlässlich der Tempelfeste in Karnak und in Deir el-Medineh beim Auszug Amenhoteps I. wird die Antwort des Gottes in eine Bewegung der Barke oder des Tragestuhls mit der Kultstatue umgesetzt. Auf die Tonhaftigkeit der Stimme wird zugunsten einer Körperbewegung des Gottes, die dem Entscheid Autorität verleiht, verzichtet. Dass ein verborgener Priester die Stimme des Gottes hörbar macht, ist erst für die römische Zeit durch eine Statue mit Sprechrohr bestätigt.

(*sḏd*) wieder der König. Er gibt nach dem *do-ut-des*-Prinzip dem Gott die Stadt als Gegengabe:

> Dann erhob seine Majestät seinen Arm zum Himmel,[16] zu dem, der ihn geschaffen hat, „Re-Harachte, der im Horizont jubelt in seinem Namen Sonnenlicht, das in der Sonne ist", um zu sprechen:
>
> „Es lebe mein Vater ‚Re-Harachte, der im Horizont jubelt in seinem Namen Sonnenlicht, das in der Sonne ist', der vollkommene lebende Aten, der Leben bestimmt und Leben gedeihen lässt; mein Vater, der bei mir ist als/in
>
> … auf seiner Reise, meine Schutzmauer von Millionen von Ellen, meine Erinnerung an die Ewigkeit, mein Zeuge für die Zeit der Ewigkeit, der sich mit seinen Händen selbst geschaffen hat; kein Kunstfertiger kennt ihn;
>
> der täglich leitet (durch) Auf- und Untergehen ohne Unterlass, während er im Himmel oder auf der Erde ist und alle Augen ihn sehen; dessen
>
> … nicht ist, wenn er die Erde mit seinen Strahlen erfüllt, dass er alle Leute belebe, indem er veranlasst, dass meine Augen satt werden, wenn sie ihn täglich sehen, wenn er in diesem Atentempel in Achetaten aufgeht und ihn mit sich selbst und mit seinen Strahlen der Schönheit und der Liebe erfüllt. Weil er sie (die Strahlen) als Leben und Wohlergehen auf ewig und ewiglich auf mich gibt, errichte ich Achetaten für Aten, meinen Vater an dieser Stelle."[17]

Die Aussagen zur Stadtgründung errichten durch die Stimmen des Gottes und des Königs einen imaginierten Hörraum, der die Stadt und den Himmel umfasst. Sie beruht auf der Vorstellung, dass der Aten durch seine Stimme dem König seinen Willen kundtut, der König diesem entspricht, und als erinnernde Instanz und Zeuge dem göttlichen Akt beiwohnt. Die Gegenwart des Gottes wird durch die Aussagen „der täglich leitet durch Auf- und Untergehen ohne Unterlass" und „wenn er in diesem Atentempel in Achetaten aufgeht" mit dem Sonnenlauf als heiligen Rhythmus in Übereinstimmung gebracht. Sie wird

16 Der Ausdruck beschreibt wohl den Anbetungsgestus, wie er im Bildfeld der Grenzstele N von König und Königin ausgeführt wird, DAVIES, *Amarna* V, Taf. XXXIII. In derselben Darstellung hat der Opfertisch die Form eines Thrones. Sollte damit Achetaten buchstäblich als der mit Nahrung gefüllte Sitz des Gottes verbildlicht werden?

17 Grenzstele K, 8–11.

über den aktuellen Augenblick der Stadtgründung hinaus ausgedehnt und am physischen Ort des Tempels verankert. „Indem er veranlasst, dass meine Augen satt werden, wenn sie ihn täglich sehen" schildert die *unio mystica* zwischen dem Gott Aten und dem König.[18] Sie ereignet sich durch die Strahlen. Der Tempel von Achetaten wird durch die Vereinigung von Gott und König als sakrosankter Bereich etabliert. In der Fortsetzung des Textes begründet der König die Wahl des Ortes und bestimmt seine kultische Rolle,[19] die er in Zeile 34 wiederholt:

> „Ich bin es, der die Opfer für Aten, meinen Vater, im Atentempel in Achetaten selbst durchführt."

Im weiteren Verlauf wird die Unabänderlichkeit des Beschlusses betont, das Errichten von Tempeln und Palästen sowie die Anlage der Gräber für die Königsfamilie, die Mnevis-Stiere und die Priester festgelegt. Blasphemie wird unterbunden:

> „Wenn ich eine Meldung aus dem Mund irgendeines hohen Beamten, aus dem Mund irgendeines..., aus dem Mund irgendeines..., aus dem Mund irgendeines Nubiers, aus dem Mund irgendeines Menschen ... gegen [meinen] Vater hören sollte."[20]

Die mit einem Dialog zwischen König und Gott begründete und auf den Grenzstelen als rechtmäßiger Beschluss verstetigte Anlage von Achetaten bildet das *Spacing* des Stadtgebietes. Es erzeugt einen imaginierten Raum, in dem der Gott spricht, den er bejaht und annimmt, und dem er durch sein Auf- und Untergehen einen Rhythmus verleiht. Die Stadt jubelt bei seinem Erscheinen. Gotteslästerung ist verboten. Leider ist der Text zu zerstört, um alle aufgezählten Personen und die Strafandrohung des Königs zu rekonstruieren. Diesbezügliche Aussagen werden auf den späteren Stelen nicht aufgegriffen, oder sind dort nicht erhalten. Vom Eingreifen der Gottesstimme wird am wohldefinierten Ort und zu einem wohldefinierten Zeitpunkt Gebrauch gemacht. Die Stimme wirkt in der Erzählung von der Stadtgründung als

---

18 Einige ikonographische Beispiele für eine *unio mystica* bei BERGMAN, Skådandet, in: FS *Hans Hof*, S. 174–184.

19 Grenzstele K, 12: „und damit ich ihm darin opfere"

20 Grenzstele K, 21.

Bedeutungsträger. In einem Hymnus wird sie als Schöpferwort qualifiziert, dem die Menschen in dieser Stadt ihre Existenz verdanken:

> O Gott, der vor den Augen (der Menschen) von der Maat lebt, du bist es, der erschaffen hat, als es niemanden gab, der all dies erschaffen hat. Aus deinem Mund sind sie herausgekommen.[21]

Beim Ritual geht es um die Kodifizierung der Stimme und ihre öffentliche Repräsentation. Die Stimme des Gottes dient als Mittel der sozialen Performanz, als Siegel der Gemeinschaft und als Anerkennung ihrer symbolischen Wirksamkeit. Wie die Stimme des Gottes so ist auch die des Königs der sozio-symbolischen Textur von Achetaten insgesamt, dem symbolischen Stoff, den Gebräuche verwahren,[22] eingeschrieben.

Die Stimme des Königs

Die Worte des Königs werden, ebenso wie die des Gottes, auf den Grenzstelen protokolliert, an den Leser vermittelt und durch seinen Eid (eine im Sinne AUSTINS performative Sprechhandlung, die vom König im öffentlichen Raum vollzogen wird) gesetzeskräftig. Der Eid, die Grenzen von Achetaten, die dem östlichen und westlichen Horizont gleichgesetzt werden, nicht zu überschreiten, bezieht sich auf die Korrespondenz zwischen dem als heilig definierten Gebiet und dem Kosmos, den es gleichzeitig darstellt. Der König gelobt, sie nicht zu verändern oder zu zerstören.[23] Da nach den überlieferten Zeugnissen ein Dialog zwischen Gott und König nur bei der Stadtgründung stattfindet, erscheinen beide Sprecher ausschließlich in diesem Kontext, wodurch beider Stimmen die Qualität des Schöpferwortes als Stimme in ihrer reinsten Form erhalten bleibt.

Die Stimme ist eine Entität, die sich ausschließlich durch ihre Funktion definiert – der stumme Laut, die lautlose Stimme. Sie ist jenseits der Sprache, die schon Zwang ist, denn „um zu sprechen, muss man die Laute einer Sprache so erzeugen, dass sie deren differentieller Matrix genügen, das Phonem ist die in der Matrix gefangene Stimme".[24] Diese Qualität wird dem Betrachter der Opferszenen vermittelt, in denen der König in seiner kultischen Rolle agiert, ohne dass ihm Worte in den Mund gelegt sind. „Die Wirksamkeit des

---

21 TA 3, Eingang, O-Wand, Hymnus an die untergehende Sonne, Kol. 5–6.

22 DOLAR, *His Master's Voice*, S. 154.

23 REICHE, Überlegungen zum nichtköniglichen Totenglauben, in: SCHADE-BUSCH, *Wege öffnen*, S. 221f.

24 DOLAR, *His Master's Voice*, S. 28–31.

Symbolischen ist vom Überschuss der Stimme abhängig, die sich geräuschlos in seine Eingeweide eingenistet hat."[25] Das ikonographisch implizierte Schweigen verleiht der Stimme des Königs das Gewicht einer Götterstimme.

Die Stimme der Königin

Die Königin wird auf den Grenzstelen durch die Wirkung ihrer Stimme näher beschrieben:

> Die Fürstin, die Große im Palast, die Schöngesichtige, die Schöne mit der Doppelfeder, Herrin der Freude, man jubelt, wenn man ihre Stimme hört, Herrin der Liebenswürdigkeit, groß an Liebe, deren Wesen den Herrn der beiden Länder zufrieden sein lässt, Große des Harims des Aten, die ihn zufriedenstellt bei seinem Aufgehen im Horizont, für die alles getan wird, was sie gesagt hat, die große königliche Gemahlin, die er liebt, Herrin der beiden Länder, Nefertiti, sie lebe ewiglich.[26]

Dieser Inschrift nach bildet die Stimme der Königin ein Objekt ästhetischer Bewunderung, das beim Hörer eine Reaktion auslöst. Die ästhetische Qualität eines Hörereignisses wird beeinflusst von der Bedeutung, die Laute für eine Gemeinschaft haben. Im Grab TA 18 preist der Grabherr Nefertiti:

> Lobpreis für den *Ka* der großen königlichen Gemahlin des Wa-en-Re, deren Doppelfedern hoch sind, deren Wesen glänzend und deren Stimme im Palast schön klingt.[27]

Desgleichen wird die Stimme der Königin im Gebet des Eje gepriesen:

> „und der großen königlichen Gemahlin, die er liebt, die mit ihrer Schönheit vereinigt ist, die Aten mit ihrer Stimme und mit ihren schönen Händen, die das Sistrum tragen, erfreut, die Herrin der Beiden Länder, Nefertiti, sie lebe für immer und ewig, während sie für immer und immer an der Seite von Wa-en-Re ist, wie der Himmel unter dem, was in ihm ist, fortdauert und während dein Vater Aten im Himmel aufgegangen ist, um dich täglich zu beschützen, wie er dich geboren hat.[28]

---

25 Ebd., S. 166.

26 Grenzstelen A, N, S, U, K und J, übers. nach Grenzstele K, 7–9.

27 TA 18, li. Türpfosten, Kol. 4.

28 TA 25, Eingang, O-Wand, Gebet an den König, Kol. 22–26.

Die Apposition „die Gott N mit ihrer Stimme und mit ihren schönen Händen, die das Sistrum tragen, erfreut" ist auch für Ahmes Nefertari belegt.[29] Über die ästhetische Charakterisierung der Stimme und die Reaktion beim Hörer hinaus wird hier die kommunikative Funktion genannt. Im Gegensatz zu der vom Körper losgelösten Stimme des Gottes, werden Stimme und kultische Klangerzeugung der Königin an den Körper gebunden. Als Orte, an denen die Stimme der Königin erklingt, werden der Palast (Grenzstelen, TA 18) und der Tempel (TA 25) genannt. Da die Appositionen die Stimme der Königin nur in diesen beiden Gebäuden verorten, ist sie nicht im öffentlichen Raum hörbar. Der Hörbereich erstreckt sich jedoch vertikal über einen durch ihre Stimme und den Klang der Sistren für Aten konstituierten imaginierten Raum, der (wie auch beim König) Tempel und Himmel umfasst.

Die Stadt Achetaten als Ort des verbalen Dialogs zwischen König und Gott und zwischen der musizierenden Königin und dem Gott bildet einen imaginierten religiösen Hörraum. Der Aten als unterweisender, sprechender und hörender Gott war dem König erreichbar. Die Weihung Achetatens an den Gott hat in der Forschung dazu geführt, die Stadt als Makrotempel und Kultbühne zu behandeln.[30] Eine gegensätzliche Position vertritt STEVENS: „Even the most open-minded readings of the Amarna ‚sacred landscape' do not offer the idea that religion was a major shaping factor in the internal layout of residential urban space".[31] Diese aufgrund der materiellen Befunde getroffene Aussage kann durch die imaginierten Räume, in denen die Götter in den menschlichen Daseinsbereich integriert werden, revidiert werden. Beispiele für die immaterielle, aber hörbare Präsenz eines Gottes in einer Stadt sind das Aussprechen oder Rufen eines theophoren Personennamens,[32] Grußformeln und das Gebet. Beim Gebetsvollzug wird ein imaginierter religiöser Hörraum erzeugt.

---

29 GITTON, *L'épouse du dieu Ahmes-Nefertary*, S. 71.

30 REICHE, Überlegungen zum nichtköniglichen Totenglauben, in: SCHADE-BUSCH, *Wege öffnen*, S. 220f.

31 STEVENS, *Private Religion*, S. 304.

32 CONDON, Two Account Papyri of the Late Eighteenth Dynasty (Brooklyn 35.1453 A and B), in: *RdÉ* 35, S. 57–82. GABOLDE, *D'Akhenaton à Toutânkhamon*, S. 21–23. HARI, *Répertoire onomastique amarnien*, IX, Nr. 83–84, S. 202. HESS, *Amarna Personal Names*, S. 233–240. Zur Änderung des Rufnamens in der Amarnazeit auch BICKEL, „Ich spreche ständig zu Aton…", in: *JANER* 3, S. 24. Zur Bedeutung theophorer Namen im öffentlichen Bereich, DALY METCALF, *Making Muslim Space in North America and Europe*.

6.2 Gebetsorte im Siedlungsbereich

Als religiöse Symbole stimulieren Darstellungen der angebeteten Gottheit oder des Beters an ganz bestimmten Orten zum Gebet. Beterdarstellungen bilden einen Gegenstand, mit dem der Rezipient in einem performativen Raum interagiert. Die menschliche Stimme ist das angebrachte Mittel, um den Gott anzusprechen und zu preisen, sei es (wie auf den Grenzstelen) die Stimme des Königs, sei es die (durch den Sonnenhymnus an den Grabeingängen belegte) Stimme des oder der Verstorbenen oder die des lebenden Städters oder der Städterin. Sowohl das laute als auch das leise Beten ist ein rituelles Handeln in Ort und Zeit, das imaginierte auditive Räume schafft, weil nach altägyptischer Vorstellung beides vom Gott gehört wird. Als repetitive Praktiken unterhalten Beten und Lobpreisen diese Vorstellungen, führen zu deren Materialisierung in Darstellungen des Beters und der Ohren des Gottes und erzeugen ein religiöses Wissen von der Erreichbarkeit des Gottes.[33]

Das Gebet

Das Gebet ist eine religiöse Kommunikationsform, in der sich religiöses Selbstverständnis, religiöses Wollen und Wünschen sprachlich oder gedanklich artikuliert, und durch die sich der Mensch zu einem wie auch immer gearteten Gegenüber, zu einem Du, in Verbindung zu setzen sucht.[34] Wie jedes kommunikative Handeln ist die Form des Betens Rahmenbedingungen unterworfen:

> Das Gebet – als gestifteter Dialog mit der Sphäre des Göttlichen zu verstehen – wurde in Ägypten durch eine codierte, wiedererkennbare und performative Gestik dargestellt und gleichzeitig aktualisiert. Aus der Analyse der Determinative für *snmḥ* „beten“ und *rdj.t jꜣw* „lobpreisen“ / *dwꜣ* „anbeten“, wie sie auf den Gebetsstelen vorkommen, konnte erschlossen werden, dass die Rezitation von persönlichen Bitten in einen öffentlichen Kontext eingebettet war, der die Gottes*anbetung* zur Voraussetzung hatte.[35]

33 Der folgende Abschnitt betrifft nur das an den Gott Aten, den König oder die Königin gerichtete Gebet. Für die Religionsausübung, die sich nicht an die vom Königshaus lancierten Götter richtet, wird der Leser auf Anna Stevens' *Private Religion at Amarna* hingewiesen.

34 FLASCHE, Gebet, in: *HrwG* II, S. 456f.

35 LUISELLI, Das Bild des Betens, in: *Imago Aegypti* 2, S. 94–95, Hervorh. i. O.

Ausdruck für Beten als religiös-rituelle Praxis der Amarnazeit sind Reinheit, Berechtigung zum Gebet und Körperhaltung.

Reinheit

Form und Inhalt einer Kontaktaufnahme mit dem Gott entwickeln sich entsprechend dem religiösen Umfeld in einem historischen Moment. Auf die Reinheit vor einer Annäherung oder Kontaktaufnahme mit dem König oder dem Gott Aten macht Spieser aufmerksam. Sie weist in diesem Zusammenhang auf die archäologisch nachgewiesenen Toiletten und Bäder in den Wohnhäusern von Achetaten hin.[36] Ein viereckiges weißes Kalksteinbecken, das in der Mittelhalle des Hauses P 47.17 gefunden wurde, trägt die Statue eines Beters.[37] Zwar ist die Mittelhalle als Speisezimmer benützt worden, und in der heißen Jahreszeit wird Wasser dort auch zum Kühlen des Raumes versprengt worden sein, doch können die in mehreren Wohnhäusern dort platzierten Wassergefäße mit einem Auffangbecken zu einer Libation, die von Rezitationen begleitet war,[38] meines Erachtens auch zur Reinigung vor einem Opfer und einem Gebet gedient haben. Im Hinblick auf die Reinheit des Gebetsortes wurden weißverputzte Räume und geflochtene Matten erwägt.[39]

Berechtigung zum Gebet

Für den Siedlungsbereich von Achetaten sind nur betende Männer belegt. Der Beter kniet vor den Kartuschen, die unterschiedlich angeordnet sein können. Der Sozialstatus des Beters ist in allen Fällen die Oberschicht. Das erklärt sich durch die Quellen, die alle aus den Häusern der Elite stammen, und durch die königliche Kontrolle, der sowohl die Darstellung des Beters vor den Königskartuschen als auch der Ort ihrer Anbringung unterlagen.[40] Mit letzterem war dem König ein Mittel in die Hand gegeben, den von ihm propagierten Aten- und Königskult zu manifestieren und loyale Personen zu privilegieren. Die Erlaubnis zur Darstellung war nicht an eine bestimmte Berufsgruppe, einen Titel oder Rang geknüpft.[41] „Individuelle Erfahrungen werden in Formeln

36 Spieser, *Offrandes et purification à l'époque amarnienne*, S. 3f.

37 Borchardt/Ricke, *Wohnhäuser*, S. 119, Plan 31, vor der NW-Wand, Stevens, *Private Religion*, S. 195.

38 Libationsbecken wurden in 40 Häusern gefunden, die meisten in der Mittelhalle, Stevens, ebd., S. 234f, 272.

39 Ebd., S. 274 bzw. 297.

40 Spieser, *Les noms du Pharaon*, S. 85–87.

41 Siehe die Verteilung bei Budka, *Der König an der Haustür*, S. 70.

dargestellt, welche für das Ritual angemessen sind, das den Rahmen für die persönliche Teilnahme an religiösen Handlungsabläufen darstellt".[42]

Das Aussprechen normgebundener heiliger Texte setzt einen berechtigten Sprecher voraus. Der Ausschluss bestimmter Gruppen vom Tempelbesuch und -dienst förderte eine Auffassung, dass die Anrufung eines Gottes nur bestimmten Personen vorbehalten war. Ein Indikator dafür, dass Menschen nicht so ohne weiteres König oder Gott anrufen konnten, sind mutmaßlich Stelen, die – dem Raumkonzept des Gegentempels folgend – auf der Vorderseite das Ziel der Anrufung und auf der Rückseite den knienden Beter zeigen.[43] Hinweise auf die Gebetsberechtigung in Metatexten sind selten und kommen nur im Grabkontext vor.[44] Einen Hinweis auf die Berechtigung einer lebenden Person zur verbalen Annäherung an den verehrten König oder Gott gibt möglicherweise der Beiname des nichtköniglichen Beters. In den zwölf vollständigen Namensnennungen auf Türen in Achetaten stellt das häufigste für den Beter verwendete Beiwort „der Gerechtfertigte" (*mꜣꜥ-ḫrw*) dar. „Der das Leben wiederholen möge" oder „der wieder lebt" (*wḥm ꜥnḫ*) ist zwar noch in Gebrauch, wird aber zum Teil zusammen mit *mꜣꜥ-ḫrw* verwendet. „Der Versorgte" oder „der Ehrwürdige" (*nb jmꜣḫ.w*) ist viermal belegt. Diese Beinamen sind bereits im Mittleren Reich nicht an den Grabkontext gebunden. Sie können eine lebende Person bestimmen und sind ab der Amarnazeit Bestandteil einer mehr oder weniger festgelegten Konstruktion.[45] Im täglichen Tempelritual musste sich der den König vertretende Priester, der sich dem Kultbild näherte, als vom König zu dieser Handlung autorisierte Person ausweisen.[46] Ausgehend von dieser Legitimierung können die Ehrenbezeichnungen meines Erachtens als den Beter qualifizierende Beinamen verstanden werden, die diesen als berechtigt ausweisen, sich dem König und Gott im Gebet als ein Gerechtfertigter (der zur Erhaltung der kosmischen Ordnung beiträgt) zu nähern. Im Falle des Merire I wird der Erfüllung dieser Aufgabe die Lokalität „in Achetaten" hinzugefügt.[47]

---

42 LUISELLI, *Die Suche nach Gottesnähe*, S. 33.

43 CoA III, Objekt 32/100, PENDLEBURY, *CoA* III, Bd. 1, S. 19, Bd. 2, Taf. LIX.2,.3. CoA III, Objekt 34/42, PENDLEBURY, *CoA* III, Bd. 1, S. 45, 232, Bd. 2, Taf. LXXIII.8, 9, CVII.2,3, STEVENS, *Private Religion*, S. 279.

44 REICHE, *Ein hymnischer Text*, S. 347.

45 BUDKA, *Der König an der Haustür*, S. 49–52.

46 Amunritual, pBerlin 3055, Spruch 11, BRAUN, *Pharao und Priester*, S. 116.

47 Sandman, Texts, 32.6. Zu *mꜣꜥ-ḫrw* bei Gebeten der Verstorbenen siehe REICHE, Überlegungen zum nichtköniglichen Totenglauben, in: SCHADE-BUSCH, *Wege öffnen*, S. 210. Siehe auch die Belegstellen für den Zusatz *mꜣꜥ-ḫrw* im vorliegenden Kapitel, Anm. 202.

Im Hinblick auf die Verwendung des Beinamens *nb jmȝḫ.w* für Lebende im Siedlungsbereich vermutet Julia Budka eine inhaltliche Erweiterung des Begriffes.[48] Wenn meine These zur Verwendung der Epitheta „der Gerechtfertigte" (*mȝꜥ-ḫrw*) und „der Versorgte" oder „der Ehrwürdige" (*nb jmȝḫ.w*) als Berechtigung zum Gebet zutrifft, dann handelt es sich hier um die Ermächtigung einer Privatperson zum Umgang mit einem Gott. Dieser Statusgewinn bedeutet für den Beter überhaupt erst die Möglichkeit, sich nicht über die Gabe von Opfern und nicht an einem geheiligten Ort, sondern mit der Stimme im Bereich seines Wohnhauses an einen Gott zu wenden.

Körperhaltung

Im Relief werden die betende Person und der durch seine Kartusche repräsentierte gehuldigte Gott zu einem Gesamtmotiv vereint. Das verbale Element wird im Gebetsablauf mit einer Gestik verbunden, die die institutionalisierten Verhaltensnormen der Kollektivität im religiösen Akt widerspiegelt.[49] Der konventionelle Gestus des einen Gott anbetenden Menschen oder Tieres (die Sonnenaffen) ist schon seit dem Alten Reich belegt. Der Beter steht oder kniet vor dem Götterbild oder der Kartusche. Er hat beide Hände erhoben, wobei die Handflächen nach vorn zeigen (Gardiner A 30, A 4). Die stehende Haltung hat sich in der Amarna-Schreibung von *dwȝ*  bzw.  und  „preisen, anbeten",[50] *snmḥ*  „beten, flehen"[51] und *jȝj*  „anbeten, beten, preisen (des Gottes)"[52] erhalten. Die kniende Haltung  und  findet sich bei der Anbetung (*dwȝ*) des Königs in TA 4.[53]

Zwischen Thutmosis III. und der Amarnazeit vollzieht sich in der Gebetspraxis eine entscheidende Veränderung. Auf dem Türsturz ändert sich die dargestellte Körperhaltung des Beters vom Stehen zum Knien.[54] Zu bedenken ist, dass die Körperhaltung einen Moment in einem Bewegungsablauf

---

48 Budka, *Der König an der Haustür*, S. 50.

49 Luiselli, *Die Suche nach Gottesnähe*, S. 28.

50 Siehe die Belegstellen für die Schreibung in der Amarnazeit von *dwȝ* „preisen; anbeten", *Wb* 5, 426.6–428.7, TLA Lemma-Nr. 177930, mit dem stehenden Mann in TLA.

51 *Wb* 4, 165.16–166.4, TLA, Lemma-Nr. 137530, Zugriff 2014-11-20, TA 25, Säulenhalle, Decke, Mittelkolumne.

52 *Wb* 1, 28.6, TLA Lemma-Nr. 20050, Zugriff 2014-11-20, Berlin ÄM 20376, Türsturz, Kol. 23.

53 TA 4, Vorkammer, S-Wand, O, Lobpreis an den König, Kol. 1 und 6. Davies, *Amarna* 1, Taf. XXXIX. Beim knienden Bein des Beters liegt der Fußrücken nicht auf dem Boden auf, sondern nur die Fußspitze berührt den Boden. Diese Variante findet sich aber leider nicht in dem hier verwendeten Programm Winglyph.

54 Budka, *Der König an der Haustür*, S. 14.

darstellen kann, doch handelt es sich bei einer der Anbetung vorausgehenden Proskynese um die Begrüßung oder Huldigung, die dem verbalen Akt vorausgeht.[55] Die kniende Position ist nicht durchgehend verwendet worden.[56] In dem Graffito auf der Ostseite des Felsens in Assuan steht der betende Bak, seines Zeichens Aufseher der Arbeiten in den Roten Bergen und Oberster der Bildhauer der königlichen Monumente im Atentempel von Achetaten, mit einem Blumenstrauß in der linken Hand, die Rechte anbetend erhoben, vor dem Altar, an dem Achenaten dem Aten opfert.[57] In Tell el-Amarna ist die stehende Gebetshaltung im Eingangsbereich der Felsengräber erhalten. Der Grabherr wird als herausgehender beziehungsweise bei Sonnenuntergang zurückkehrender Grabherr mit Name, Titeln und bisweilen auch Ehrenzeichen auf den Türgewänden stehend dargestellt. Er preist den aufgehenden Aten.[58]

55 *RÄRG*, S. 207.

56 Der Gebetsgestus als kollektives Symbol ist von LUISELLI untersucht worden. Sie beachtet zwar Kopfhaltung und Blickrichtung, jedoch differenziert sie nicht zwischen der stehenden und der knienden Gebetshaltung. Ihr zufolge ist die *dwꜣ* -Haltung der Hände „das ikonische Element", das von unmittelbarer Bedeutung für die Vermittlung und die Rezeption der bildlichen Botschaft ist. Die Darstellung der Beine hingegen ist sekundär. Sie kann variieren, da sie „semantisch unbelastet" ist. Vergl. LUISELLI, Das Bild des Betens, in: *Imago Aegypti* 2, S. 91. Ihre im Hinblick auf einen rituellen Gestus wenig überzeugende Interpretation begründet sie mit der Unveränderlichkeit der Handhaltung, die als das sich wiederholende Element die Rahmenbedingungen für den Vollzug derjenigen rituellen Handlungen darstellt, die der Mensch zum Kontakt mit der Gottheit zu vollziehen hatte. Ihre Argumentation berücksichtigt weder die Körperposition als Produkt kultureller Einschreibungen noch die kontextuelle Beschaffenheit einer rituellen Handlung (hierzu BELL, *Ritual Theory Ritual Practice*, S. 98–101).

57 Assuan, Graffito von Bak und Men aus der Zeit Amenhoteps IV. Achenaten, HABACHI, Varia from the reign of king Akhenaten, in: *MDAIK* 20, Abb. 11, S. 85–92. Mein Dank geht an Cornelius von Pilgrim, der mir half, die Stele in Assuan zu inspizieren.

58 Parennefer steht mit Ehrengold behängt, betend die Hände bis in Augenhöhe erhoben in TA 7, Grabeingang, südl. Türgewände. Er blickt zum Ausgang, der Sonne entgegen, und lobpreist den Aten, DAVIES, *Amarna* VI, Taf. III. In TA 3 ist die Fassade mit dem Türsturz außen, re. u. li. erhalten, auf dem der Grabherr Ahmes die Kartuschen stehend anbetet. Desgl. steht Ahmes beim Hymnus an Aten, in TA 3, Eingang O- und W-Wand, DAVIES, *Amarna* III, Taf. XXVII–XXIX. Auf der Fassade des Pentu, TA 5, zeigen die Tafeln am Fuße der Türpfosten und am Eingang, nördl. u. südl. Türgewände, den Grabherrn stehend, DAVIES, *Amarna* IV, Taf. II–IV. Vergl. auch die stehenden Grabherren in TA 1, Eingang, O- und W-Wand, beim Hymnus an Aten und in TA 1, Durchgang zum Schrein, O- und W-Wand, DAVIES, *Amarna* III, Taf. II–III, XX. Merire I steht in TA 4, Türgewände der Außenwand, O und W, TA 4, Vorkammer, S-Wand, O und W, und TA 4, östl. Türgewände der Innenwand. Seine Frau Tenre steht ihm dort auf dem westl. Türgewände gegenüber,

Unterschiede in der religiösen Gestik zwischen Männern und Frauen sind nicht festzustellen. Die in TA 4 einen Hymnus an Aten mit Fürbitten für König und Königin sprechende Frau des Grabherrn Merire I, mit Namen Tenre, blickt aus dem Grab heraus.[59] Sie steht alleine und hat die Hände anbetend erhoben. Interessanterweise ist sie im Vergleich zu ihrem Gatten und den anderen betenden Grabherren nicht auf der Fassade oder am Eingang, sondern weiter innen, auf der westlichen Türlaibung des Durchgangs vom Vorraum zur Säulenhalle platziert, was auf eine geschlechtsspezifische Codierung bestimmter Orte in den Wohnhäusern der lebenden Bevölkerung hindeuten,[60] oder, im Vergleich mit TA 25, wo Grabherr und Gattin am Eingang knien, auf Tenres (im Vergleich mit Ti) niedrigere gesellschaftliche Stellung anspielen könnte.[61]

Im Siedlungsbereich wird der Beter ausnahmslos kniend gezeigt. BUDKA erklärt die kniende Gebetshaltung als Neuerung der Amarna-Ikonographie, um Privatpersonen von den bei der Anbetung des Aten ausschließlich stehenden Mitgliedern der Königsfamilie zu unterscheiden.[62] Ausgehend vom religiösen Handlungskontext könnte meines Erachtens die in Tell el-Amarna nur bei den Verstorbenen gezeigte stehende Gebetshaltung diesen als den aufgerichteten, das heißt, den wieder lebenden, und deshalb im Aten die wiederbelebende Kraft verehrenden Menschen darstellen. Die im Siedlungskontext verwendete kniende Haltung zeigt hingegen den zur Macht aufblickenden Menschen. Diese Interpretation muss Vermutung bleiben, gesichert ist jedoch die Abhängigkeit der unterschiedlichen Körperhaltungen vom jeweiligen Kontext, in dem der Aten angerufen wird. Die Ausnahme, das kniende Paar in Grab TA 25, bezeugt die Verhandelbarkeit der Position.[63]

Die Stimme des Beters

Beten ist ein verbaler stimmlicher Akt. „Mit und in der Stimme entstehen alle drei Arten von Materialität: Körperlichkeit, Räumlichkeit und Lautlichkeit".[64] Alle drei Eigenschaften besitzen Ereignischarakter.

DAVIES, *Amarna* I, Taf. XLI, XXXVII–XXXVIII. Panehesi und eine Prinzessin stehen in TA 6, innere Laibung der Nordtür, DAVIES, *Amarna* II, Taf. II. Merire II steht in TA 2, Eingang, O- und W-Wand, ebd., Taf. XXX–XXXI.

59 Den ihr in den Mund gelegten Text hat REICHE (*Ein hymnischer Text*, passim) analysiert.

60 Entgegen MESKELL können laut KLEINKE (*Female Spaces*, S. 74) und KOLTSIDA (Birth-bed, sitting place, erotic corner or domestic altar?, in: *SAK* 35, S. 165–174) keine Frauenbereiche in den Wohnhäusern eindeutig identifiziert werden.

61 DAVIES, *Amarna* I, Taf. XXXVI.

62 BUDKA, *Der König an der Haustür*, S. 23.

63 BELL, *Ritual Theory Ritual Practice*, S. 208.

64 FISCHER-LICHTE, *Ästhetik des Performativen*, S. 219.

Körperlichkeit

Die Stimme lenkt die Aufmerksamkeit des Lauschenden auf ihre eigenen, sich im und mit dem Atem verströmenden besonderen Qualitäten, in denen das leibliche In-der-Welt-Sein des Sich-stimmlich-Verlautbarenden sich für andere vernehmbar ausspricht.[65] Durch ihre Körperlichkeit beeinflusst sie gleichermaßen die Wahrnehmung des/der Ausführenden – der/die Sprechende hört sich selbst – und die der im physischen Raum anwesenden Zuhörer.

Die Hinwendung zur Gottheit findet sich stets in der Anrufung mit den offiziellen Epitheta standardisiert.[66] Die schon seit dem Mittleren Reich geübte konsequente Anwendung von einleitenden Gebetsformeln weist auf ein formalisiertes Gebet, das laut gesprochen wurde, hin. Hinweise auf die Lautstärke des Betens sind für die Amarnazeit nicht belegt.[67] „Preisen" (*jꜣj*) und „rufen" (*ꜥš*) bedeuten eine laute Verständigung mit einer Gottheit. Prinzipiell besteht zwischen Gebet und Hymnus kein Unterschied.[68] Die an Aten gerichteten hymnischen Texte in TA 1, TA 3 und TA 4 beginnen mit einem Anruf an den Gott im Vokativ, die Bitten werden im Prospektiv oder im Imperativ geäußert.[69] Die enge Beziehung zwischen Körper und Stimme zeigt sich vor allem beim Jubeln. „Jauchzen" (*ḥꜥj*) und „jubeln" (*hnw*) finden zusammen mit den oben erwähnten Lexemen Verwendung, wobei *ḥꜥj* in Amarna, von TA 1 abgesehen, immer mit dem Gestus des Jubelns, den beiden neben dem Kopf erhobenen Armen 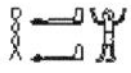 (Gardiner A 28), determiniert ist. Der *hnw*-Gestus des „Jubels"  (Gardiner A 8) findet sich bei den *Ba* von Nechen, bei Achenaten auf einem Talatat aus Karnak[70] und ist im Grab des Huya, TA 1, Eingang, W-Wand, Hymnus an Aten, Kol. 4, belegt. Die kniende Person schlägt sich abwechselnd mit der rechten und der linken Faust auf die Brust. Dieses Trommeln macht den Ruf zwar nicht lauter, führt aber zu einer rhythmischen Vibration des Körpers und lenkt die Aufmerksamkeit auf den Jubelnden.

Materielle Zeugen für die Vorstellung, dass das Gebet von einem Gott gehört wird, sind die in Tell el-Amarna gefundenen Ohren und Ohrenstelen.[71] Votive

65 Ebd., S. 224.

66 LUISELLI, *Die Suche nach Gottesnähe*, S. 147.

67 Für die 21. Dyn. belegt in der Lehre des Ani, pBoulaq 4, 17.2–3.

68 *RÄRG*, S. 204; LUISELLI, *Die Suche nach Gottesnähe*, S. 30.

69 Siehe auch REICHE, *Ein hymnischer Text*, S. 168–174 bzw. 187–190.

70 Luxor AG 2420 (ID 571).

71 Ohrenfunde aus Amarna sind: Oxford AN1927.143.407. London UC1235, STEVENS, *Private Religion*, S. 42. Kairo JE 48098 (fraglich). CoA III, Object 31/521, PENDELBURY, *CoA* III, 102. CoA III, Object 31/390. Ohrenstele sLondon UC722, SAMSON, in: *CoA*, III, 229, Taf. CVIII. Fayenceohr BM Kat. IV, 344, COONEY, *Catalogue of Egyptian Antiquities in the British Museum* IV, S. 39, STEVENS, *Private Religion*, S. 84, Abb. II.3.5. Ohrenstele

und Amulette geben einen Hinweis auf die akustischen Organe anthropomorpher Götter. Die Verwendung einzelner Ohrenfunde war vermutlich unterschiedlich. Meine Inspektion der Ohrenfunde, die heute im British Museum aufbewahrt werden,[72] hat erwiesen, dass die aus Fayence gearbeiteten kleineren Stücke nur ein Loch aufweisen. Dieses ist in der Regel am oberen Rand, kurz unterhalb der Ohrleiste gebohrt.[73] Seine Lokalisierung schließt das Loch als Andeutung der Ohrmuschelhöhle, *cavum conchae*, aus. Der materielle Befund spricht dafür, dass die Löcher an den Fayence-Ohren zum Durchfädeln eines Halsbandes gedient haben können. Ohrenamulette sollten vermutlich gegen Ohrensausen, Schwerhörigkeit und Gehörverlust schützen, die nach pEbers eine Begleiterscheinung oder Folge von Ohrenleiden waren.[74] Dabei wirkte entweder das Ohr selbst als Amulett, oder es symbolisierte wie auf den Ohrenstelen das Ohr des Gottes.[75] Es diente als Zeichen, dass sein Träger unter den Schutz dieses Gottes gestellt war, oder der Verbindung zu einem hörenden Gott. Diese Beziehung kommt in dem theophoren Personennamen „ein Gott hört"[76] und in dem Namen des von Thutmosis III. auf der Ostseite des Amuntempels von Karnak errichteten Gebetsort „Der die Gebete erhört"[77] zum Ausdruck.

CoA II, Objekt 30/334 aus Tell el-Amarna T 36.77, *CoA* II, 52, Taf. XXXV.5, STEVENS, *Private Religion*, S. 149f. Nicht von mir berücksichtigt sind die Funde von Ohren aus den Bildhauerwerkstätten.

72 Ich möchte an dieser Stelle Richard Parkinson und seinen Mitarbeitern vom Department of Ancient Egypt and Sudan, British Museum, London, für ihre freundliche Unterstützung danken.

73 Diese sind die nur einige cm hohen Fayence-Ohren BM 41071, BM 41075, BM 41076.

74 PEb 764–770. WESTENDORF, *Handbuch der Altägyptischen Medizin*, S. 157ff.

75 Dieser ist als solcher durch das Epitheton, *sḏm spr(w).t* „der die Eingabe(n) erhört", *sḏm nḥt* „der die Bitte erhört" oder *msḏr sdm* „hörendes Ohr" ausgewiesen, vergl. GUGLIELMI, Zur Bedeutung von Symbolen der Persönlichen Frömmigkeit, in: *ZÄS* 118, S. 121. Siehe auch: BLOK, Remarques sur quelques stèles, in: *Kêmi* 1, S. 122–135. GUGLIELMI, Die Funktion von Tempeleingang und Gegentempel als Gebetsort, in: *Ägyptische Tempel – Struktur, Funktion und Programm*, S. 55–68. MORGAN, *Untersuchungen zu den Ohrenstelen aus Deir el Medine*. SADEK, *Popular Religion in Egypt during the New Kingdom*, S. 16–23 u. 245–267. VARGA, Les oreilles de la divinité, in: FS *Lipinska*, S. 319–322. Beispiele aus griechischer Zeit behandelt KAYSER, Oreilles et couronnes, à propos des cultes de canope, in: *BIFAO* 91, S. 207–217 mit Taf. 61 und 62.

76 GIVEON, A God who hears, in: FS *Zandee*, S. 38–40.

77 HABACHI, Nia, the wab-Priest and Doorkeeper of Amun, in: *BIFAO* 71, S. 81.

Gesichert erscheint mir, dass es sich bei Votiven um das Ohr als symbolische materialisierte Form des Hörens eines Gottes handelt.[78] Das hölzerne Ohr BM 41077, das aus Kalkstein gearbeitete linke Ohr BM 47527 und das aus dem gleichen Material gefertigte rechte Ohr BM 51256 weisen eine tiefe Ohrmuschelhöhle auf.[79] Diese und weitere in Tempeln, Gräbern[80] und in einem Votiv-Depot aus der 19. Dynastie gefundenen Ohren mögen als Votive für Ohrenheilung und das Erhören anderer Bitten[81] dort abgelegt worden sein. Der archäologische Befund, dass auf den Ohrenstelen in keiner Inschrift das Hörvermögen des Stifters angesprochen wird, spricht nicht gegen diese Möglichkeit, weil die Bitten in der Regel generell formuliert sind. Der Gott wurde möglicherweise auch als Richter, der über die Wahrung der Rechts- und Sozialordnung wacht, angerufen.[82] Die Funde von Ohrenamuletten und Ohrenstelen in Tell el-Amarna belegen die Vorstellung von einem den Gott anrufenden Menschen, dessen Lobpreisungen und Gebete von dem Gott gehört werden.

Räumlichkeit

Ein Gebetsort ist ein performativer Raum. Letzteren zeichnet eine Räumlichkeit aus, die flüchtig und transitorisch ist. Er eröffnet Möglichkeiten, ohne die Art ihrer Nutzung und Realisierung festzulegen. Jede Bewegung von Menschen, Objekten, Licht, jedes Erklingen von Lauten vermag ihn zu verändern.[83] Es ist erst seine jeweilige Verwendung, die ihn konstituiert und eine spezifische temporäre Räumlichkeit hervorbringt. Beim Gebet wird Räumlichkeit durch eine Überblendung von physischen und durch die Stimme geschaffenen imaginierten Hörbereichen hervorgebracht. Sie weist den Gebetsort als einen performativen Raum aus, für den der Beter und die angebeteten Personen oder Götter die Urheber sind. Durch die Stimme und die Wahrnehmung sowohl

78 Entgegen MORGAN, *Untersuchungen zu den Ohrenstelen aus Deir el Medine*, S. 49, mit PINCH, *Votive Offerings to Hathor*, S. 251. Zur Kommunikation mit einem Gott durch dessen Hören, EMERIT, Listening to the gods, in: MEYER-DIETRICH, *Laut und Leise*, S. 72ff.

79 Bei MORGAN (*Untersuchungen zu den Ohrenstelen aus Deir el Medine*) ungenau als „Ohrloch" bezeichnet. Es handelt sich nicht um Löcher, sondern um Vertiefungen an den Objekten.

80 TT 104, Fund B 104.1, und TT 80, Fund B 80.7, SHEDID, *Stil der Grabmalereien*, S. 177 und Taf. 44a, bzw. 69f.

81 PINCH, *Votive Offerings to Hathor*, S. 246–250.

82 GUGLIELMI, Zur Bedeutung von Symbolen der Persönlichen Frömmigkeit, in: *ZÄS* 118, S. 120f.

83 FISCHER-LICHTE, *Ästhetik des Performativen*, S. 187f.

der eigenen Stimme als auch die der als hörend konzipierten angebeteten Personen (der Aten, der König und wie die Kartusche der Königin anzeigt, auch weibliche Mitglieder der Königsfamilie in ihrem religiösen Aspekt) sind Sprech- und Hörbereich identisch. Alle am Kommunikationsakt beteiligten halten sich im imaginierten auditiven Raum auf.

Die sich durch den Gebetsvollzug ereignende Überlagerung von physischem und imaginiertem Raum schafft am Gebetsort eine Atmosphäre, die sich durch die Gegenwart des Sprechers und die Anwesenheit des Gottes auszeichnet. Handelt es sich um gleichberechtigte Akteure, wie der Aten und sein *Ka*, der König, braucht die Stimme keine ontologischen Grenzen zu überwinden. Diese Situation vermitteln ikonographisch die Atenstrahlen. Handelt es sich nicht um den König, umfasst der imaginierte Hörraum in jedem Fall ontologisch unterschiedliche Akteure, die beide in der Tageswelt angesiedelt sein können. Nach der Theologie Achenatens ist der angerufene Gott nur der Aten oder der König. Vor der Amarnazeit wurde der Donner mit der Stimme des Seth gleichgesetzt. Mit dem Wegfall Seths und anderer Götter und Göttinnen, die durch ihre Stimme oder ihr Schweigen imaginierte Räume für sich und den lebenden Menschen geschaffen haben, wird der imaginierte Hörbereich auf den im Gebet an Aten und König erstellten Raum konzentriert und begrenzt.

Atmosphäre ist ein spezifischer Modus von Gegenwärtigkeit von Dingen. Symbolische Kultobjekte, insbesondere anthropomorphe Bilder, geben dem Raum ihrer Anwesenheit Gewicht und Orientierung. Sie drängen sich der Aufmerksamkeit des Wahrnehmenden in besonderer Weise auf.[84] In einem religiös-rituellen Kontext können auch Bildlosigkeit[85] und der leere Raum[86] Atmosphäre entfalten. Mit der Verbildlichung der Energie der Sonne durch anthropomorphisierte Strahlen[87] kreiert die Ikonographie der Amarnazeit eine neue Symbolik für den Sonnengott und für die Königsfamilie. Die Königskartuschen, das Flachbild mit der knienden Beterfigur auf dem Türsturz, das Altarbild der königlichen Familie unter dem Strahlenaten *wirken*. Das Relief strahlt in die Umgebung hinein, nimmt dem Raum um den Gegenstand seine Homogenität, erfüllt ihn mit Spannungen und Bewegungssuggestionen und verändert ihn dadurch.

Ein starkes atmosphärisches Wirkpotential können Licht, Geräusche, Klänge, Laute und Musik entfalten. Sie vermögen Kontexte und Situationen

84 Ebd., S. 202.

85 GLADIGOW, Anikonische Kulte, in: *HrwG* I, S. 472–473.

86 METTINGER, *No Graven Image*?, S. 19, spricht von „empty-space-aniconism". Ein anikonisches Objekt ist bspw. der leere Thron Achenatens.

87 GOLDWASSER, The Aten is the Energy of Light, in: *JARCE* 46, S. 159–165.

aufzurufen, die für denjenigen, der sie wahrnimmt, emotional aufgeladen sind. Die Wirkung des Lichtes bei Sonnenaufgang hat im Erleben der Menschen sowohl als Naturphänomen als auch als Gestaltwerdung eines Gottes seine Wirkung entfaltet. Im Hinblick auf den mit der Anbetung erzeugten auditiven Raum kann FISCHER-LICHTEs Betrachtung zur Performance Kunst, die den performativen als einen atmosphärischen Raum hervortreten lässt, Geltung beanspruchen:

> Im Hinblick auf eine Ästhetik des Performativen wird damit vor allem dreierlei geleistet: Zum einen wird unabweisbar deutlich, dass Räumlichkeit in Aufführungen kein Werk- sondern ein Ereignischarakter zukommt, dass sie flüchtig und transitorisch ist. Zum anderen empfindet der Zuschauer im atmosphärischen Raum seine Leiblichkeit auf ganz spezifische Weise. Er erlebt sich als einen lebendigen Organismus, der im Austausch mit seiner Umwelt steht. Die Atmosphäre dringt in seinen Leib ein, durchbricht seine Körpergrenzen. Damit wird drittens der performative Raum als ein liminaler Raum ausgewiesen, in dem Verwandlungen durchlaufen werden und Transformationen stattfinden.[88]

Die Wahrnehmung von Lauten erzeugt immer dann eine Atmosphäre, wenn sie den Hörer in einen Zuhörer verwandelt. Wenn die Geräusche und Laute den Körper des Zuhörers zu ihrem Resonanzraum machen, dann hört er sie nicht mehr als etwas, das von außen an sein Ohr dringt, sondern spürt sie als einen innerleiblichen Vorgang.[89]

Lautlichkeit

Der kurzlebige, seine Zeit hervorbringende Charakter eines Ereignisses wird an der Lautlichkeit besonders deutlich. Das Hervorbrechen eines Klanges, das Raumgefühl, das die Ausbreitung der Schallwellen dem Hörer vermittelt, die Flüchtigkeit eines verklingenden Lautes, sie alle Wirken auf denjenigen, der einen Laut vernimmt, ein. Durch die Stimme, die sich im Raum ausbreitet, wird beim laut gesprochenen Gebet, Lobpreis oder Hymnus ein durch die menschliche Stimme erzeugter Hörraum hervorgebracht. Die folgenden Punkte machen ein laut gesprochenes Gebet wahrscheinlich: (1) Körperlichkeit: Das alternierende Trommeln auf die Brust beim *hnw*-Gestus belegt die Steigerung der Körperlichkeit in einem rituellen Akt. Weil Lautstärke physische Kraft erfordert, bildet sie ein Mittel, die Körperlichkeit des Beters zu intensivieren. (2) Medium:

88 FISCHER-LICHTE, *Ästhetik des Performativen*, S. 208.

89 Ebd., S. 207.

Die menschliche Stimme ist in der altägyptischen Religion hoch geschätzt. Sie bildet im Tempelritual, in Erzählungen und im Totenkult das angepasste Mittel um einen Gott zu adressieren. (3) Modus: Der Gebrauch des Vokativs sowie die regelmäßige Formel am Beginn, die den im Imperativ oder Prospektiv formulierten Bitten vorausgehen, bezeugen eine starke Ritualisierung und die laut gesprochene Tempelliturgie als *Sitz im Leben* für Gebete. (4) Bezeichnung der Handlung: Die Verben „anrufen" (*dwꜣ*), „lobpreisen" (*jꜣj*), „rufen" (*ꜥš; njs*) und die gemeinsame Verwendung dieser Lexeme für Lauterzeugung zusammen mit „jubeln" und „jauchzen" (*ḥꜥj; hnw*) legen eine laute Kommunikation mit der Gottheit nahe. (5) Ikonographie: Die Ohren des Gottes auf Stelen belegen eine Auffassung von Lobpreisen als eine auditive soziale Handlung, die vom Angerufenen und den Lebewesen in der Umgebung des/der Adoranten wahrgenommen werden soll. (6) Gesellschaftliche Anerkennung: An den Gott eine Fürbitte für den König zu richten ist korrektes soziales Verhalten. Durch hörbares religiöses Verhalten wird die richtige Lebensweise demonstriert. (7) Die Intensität der Stimme ist in Ritualtexten und dem Mythenkreis um Isis, deren Schrei im Himmel gehört werden kann, ein probates Mittel um einen Gott zu erreichen. (8) Wirksamkeit: In den Anrufungen wird der Besucher um das Aussprechen der Opferformel gebeten, was als eine für den Verstorbenen wirksame Sprechhandlung konzipiert wird.

Der Kultbereich des Tempels ist ein durch Klänge (die sich aus dem beiläufigen Aneinanderstoßen von Opfergefäßen und Metallgeräten ergeben[90]), Geräusche (Schritte) und Kultmusik hervorgebrachter Hörraum. Die in den Tableaus dargestellte Lautvermeidung im Temenos weist darauf hin, dass Geräusche, die den Hörraum des Tempels beeinflussen konnten, unerwünscht waren und die Bewohner von Achetaten ein Ohr für zufällige Geräusche wie Tierlaute hatten. Sistren und Gesang im Tempel und die menschliche Stimme des Beters sind auf den Gott hin ausgerichtet. Sie sollen eine beabsichtigte Aufmerksamkeit beim Adressaten erregen.

Praktiken bringen Zeitlichkeit hervor. Die Zeiten des Gebets, die in den Sonnenrhythmus eingebettet sind, ergeben einen Rhythmus. Auf der Stele des Schreibers Nacht-Min wird die raum-zeitliche Dimension des Rufens (*njs*) zu Gott durch die unterschiedliche Phasengestalt des Gottes, nämlich Re, wenn er aufgegangen ist bis zu seinem Untergang und Atum, wenn er untergeht, ausgedrückt.[91] Das trifft auch für die Phasengestalt des Sonnengottes zu, der sich am

---

90 Zu den verwendeten Materialien, TAWFIK, Aton Studies 5. Cult Objects on Blocks from the Aton Temple(s) at Thebes, in: *MDAIK* 35, S. 335–344.

91 Stele des Nacht-Min, Samml. Bissing, Sandman, Texts, 144–145.

Tageshimmel als Aten zeigt. Im Grabeingang des königlichen Leibarztes Pentu werden die Nachtphase als Verdunkelung der Augen, ihr Anfang und Ende als freudige Ereignisse, besungen:

> Wenn du als Lebender und in Freude untergehst, freuen sich alle Augen; sie verdunkeln sich nach deinem Untergang und bei deiner Vereinigung mit dem Himmel. Ein Auge sieht nicht sein Zweites. Alle schleichenden Schlangen schlafen (...) um deine Schönheit zu sehen ist es, dass sie aufwachen! Wenn du erscheinst, können sie sehen und sie fühlen sich vollendet, wenn du ihnen deine Strahlen gibst.[92]

Die Vereinigung ist eine in der ägyptischen Kosmogonie verankerte Vorbedingung der Schöpfung, die in der Theologie Achenatens anstatt zwischen Re und Osiris nun zwischen Sonne und Himmel stattfindet. Der nächtliche Sonnenlauf als *Verlauf* wird hierbei verneint und durch einen körperlichen Rhythmus aus Nichtsehen und Sehen, Schlafen und Wachen ersetzt. Die Zeiten, in denen man sich an den Gott wendet, sind in den Tag-und-Nacht-Rhythmus eingebettet. Dieses wird ebenfalls in einem Sonnenhymnus im Grabeingang des Pentu formuliert:

> Sei gegrüßt, im Himmel Aufgehender, der morgens am Horizont des Himmels leuchtet!
> Willkommen in Frieden, Herr der Opfergaben!
> Das ganze Land ist wegen deines Erscheinens versammelt, ihre Arme sind in Lobpreis (erhoben) wegen deines Aufganges, während sie huldigen.
> Wenn du für sie leuchtest, jubeln (*nhm*) sie in die Höhe des Himmels und empfangen Freude und Jauchzen (*šzp =sn rš.wt ṯḥḥw.t*).[93]

In diesen, im Grabkontext gemachten Aussagen erhält das morgendliche Erwachen durch den Anblick des Aten seinen Sinn.[94] Der Sonnenaufgang gilt als wichtigster Zeitpunkt für das Gebet. Dieser Moment, das Erblicken des

---

92 TA 5, Eingang, S-Wand, Hymus an Aten, Kol. 4–6, SPIESER, Amarna et la négation du cycle solaire, in: *CdÉ* 76, S. 23–29.

93 TA 5, Eingang, N-Wand, Hymus an Aten, Kol. 3–5.

94 Schriftliche Belege zur Anbetung des Aten bei Sonnenauf- und Sonnenuntergang durch den König sind die Inschrift auf einer Libationsschale und Karnak, Altar A, Inschr. A, Kol. 3 HABACHI, Varia from the reign of king Akhenaten, in: *MDAIK* 20, Abb. 1, S. 70–74.

Morgenlichtes als Schöpfungsaugenblick, birgt die Gotteserfahrung schlechthin. Sie löst die Schaffung eines von Freude und Jauchzen geprägten imaginierten Hörraumes aus, der sich von der Erde bis zum Himmel erstreckt, nach dem *do-ut-des*-Prinzip auf Gegenseitigkeit beruht, und das ganze Land umfasst. Die Aussage im Sonnenhymnus macht die Einbettung des Gebetsaktes in den Sonnenzyklus auch für die Zeiten des privaten Gebets wahrscheinlich, wenn nicht ein besonderes Ereignis, wie beispielsweise der auf den Tableaus gezeigte Tempelbesuch nach der Amtseinsetzung, außerordentliche Zeiten der Gottesanrufung veranlasste. Sonnenauf- und Sonnenuntergang als private Gebetszeiten stimmen gut mit ihrer Nennung in privaten Briefen und den archäologischen Befunden überein.[95] Die Häufigkeit des individuellen Betens ist, wie es der Brief des Salbenschreibers Ramose zeigt, auch in Achetaten von der Dringlichkeit der Bitten, und somit der Disposition des Beters, und, im Hinblick auf die Handlung, vom performativen Raum abhängig gewesen.[96]

Performative Räume für das Gebet

Die Platzierung von Statuen und Hausaltären sowie der Anbringungsort von Beterdarstellungen vermitteln einen physischen Ort als performativen Raum, in dem die Anrufung eines Gottes zum Ereignis werden kann.[97] Dieser Ort kann grundsätzlich überall liegen, innerhalb der Stadt, an der Stadtgrenze oder in der Landschaft. Traditionell waren im alten Ägypten physische Orte wie Haus, Wege, Gräber allgemein, sakrosankte abgetrennte (*ḏsr*) Orte hingegen nicht allgemein verfügbar. LUISELLI unterscheidet zwischen religiösen Spezialisten und anderen Bevölkerungsgruppen. Als Zugangsmöglichkeit zur Sphäre des Göttlichen für einen bestimmten Personenkreis beschreibt sie die diesem vorbehaltene rituelle Reinheit (*wꜥb*) und die für das Eindringen in das Verborgene und Geheime (*sštꜣ*) erforderliche Kenntnis. Innerhalb der Bevölkerung wurden dem Individuum festgelegte rituelle Praktiken (von ihr klassifiziert als Magie)

95 STEVENS, *Private Religion*, S. 303.

96 PRobert Mond 1, 2–3 und pRobert Mond 2, 2–4, PEET, Two Letters from Akhetaten, in: *Annals of Archaeology and Anthropology* 17, S. 82–97. LUISELLI (*Die Suche nach Gottesnähe*, S. 50) merkt dazu an: „Es muss offenbleiben ob diese Bitten eine formell festgelegte Struktur mit Einführungsformeln beinhalten, oder ob sie vor dem Hintergrund der seit der Amarnazeit in den Briefen belegten Phraseologie ‚ich spreche jeden Tag zu GN' zu deuten sind." BICKEL, „Ich spreche ständig zu Aton …", in: *JANER* 3, S. 40–42, plädiert gegen eine Floskel.

97 Belege zu Gebetsorten im Siedlungsbereich bei LUISELLI, *Die Suche nach Gottesnähe*, S. 180–187, zur Verteilung der Türinschriften in der Stadt, BUDKA, *Der König an der Haustür*, S. 80–81 und 83.

und religiöse Gebetsformeln unmittelbar zugänglich gemacht.[98] Vor Amarna sind Gebete mit Themen, die Krankheit, Gottesferne, Vergebung, und somit nicht das Jenseits betreffen, nur auf Ostraka belegt.[99] Erst in den Felsengräbern von Tell el-Amarna kommen Fürbitten für den König und den Grabherrn sowie Lobpreisungen für Achenaten als Lebensspender hinzu.[100] Wegen des Zusammenhanges zwischen Gebetsinhalt und Anbringungskontext ergeben sich durch neue Orte auch neue Gebetsinhalte.

Der Tempel

Der Kultbereich des Tempels war ausschließlich der Königsfamilie, Priestern und Tempelpersonal vorbehalten und für den lebenden Städter nicht zugänglich, er ist somit als Gebetsort für lebende nichtkönigliche Personen auszuschließen. Pentu schließt in seinem Grab dem Hymnus an Aten das Bittgebet um Bewegungsfreiheit für seinen *Ba* an:

> (…) Gib, dass ich in meinem Ort der Ewigkeit ruhe, dass ich mit meiner Höhle der Ewigkeit vereinigt werde, dass ich ausgehe und eingehe in meinem Grab, ohne dass mein *Ba* getrennt wird von dem was er liebt.[101]

Der Wunsch integriert den Toten in einen imaginierten Raum, der außerhalb des Grabes liegt. Andere Gebete bestimmen diesen Ort als das *ḥw.t-bnbn* oder die *wsḫ.t*-Halle. An ihm erhalten die *Bas* der Toten ihre Opfer.[102] Folglich wird der Atentempel in Achetaten zwar weiterhin als ein abgegrenzter, aber nicht länger als ein abgeschlossener Raum gedacht. Diese Vorstellung könnte eine Erklärung für den weiten unbebauten Raum im Großen Atentempel als Versammlungsplatz der *Bas* liefern, die dort zu ihren Opfern kommen.[103]

Die Darstellung von Laien mit Opfergaben auf dem Weg zum Schlachthof und des mit dem Streitwagen auf den König wartenden Wagenlenkers könnte dafür sprechen, dass sich auch Personen, die nicht zum Tempelpersonal

98 LUISELLI, *Die Suche nach Gottesnähe*, S. 22–23.

99 LUISELLI, ebd., S. 156. POSENER, La piété personelle avant l'âge Amarnien, in: *RdÉ* 27, S. 195–210.

100 Zum Inhalt der Fürbitten für den König und ihre Dringlichkeit siehe BICKEL, „Ich spreche ständig zu Aton …", in: *JANER* 3, S. 34–39 und REICHE, *Ein hymnischer Text*, passim.

101 TA 5, Eingang, S-Wand, Kol. 6–9, Gebet. LUISELLI, *Die Suche nach Gottesnähe*, S. 157.

102 HORNUNG, Zur Struktur des ägyptischen Jenseitsglaubens, in: *ZÄS* 119, S. 126.

103 Die Fläche ist bereits von KEMP und GARFI, *A Survey of the Ancient City of el-'Amarna*, Taf. 11, als „crowd space?", d.h. als Versammlungsplatz (allerdings für die lebende Bevölkerung bei religiösen Festen) erwägt worden.

gehörten, innerhalb des Temenos aufhalten durften. Diese werden aber weder mit einem Huldigungs- noch mit einem Gebetsgestus dargestellt. Einen Beleg gibt es für den Temenosbereich als Gebetsort. Der Grabherr Mahu, seines Zeichens Polizeichef, richtet seine Fürbitte für den König im Temenos kniend an den Aten. Meines Wissens ist für Amarna kein Gegentempel nachgewiesen. Die Anwendung der Temenosmauer als Gebetsort ist ungewiss, da nichts darüber bekannt ist, wie die Menschen sich innerhalb des Stadtkerns bewegten.[104] Der Kultbereich des Tempels ist somit nur gesichert als ein performativer Ort für das religiöse Handeln des Königs, der Königin, der Prinzessinnen und der beim Ritual assistierenden Priester und Sänger. Letztere treten in eine direkte Beziehung zum Gott.[105] Wie die Bildung von performativen Orten für das Gebet innerhalb, ist auch die außerhalb sakrosankter Bereiche abhängig von der generellen Verfügbarkeit von Orten für bestimmte Bevölkerungsgruppen.

Gebetsorte in der Öffentlichkeit

Die im Stadtzentrum lokalisierten Gebäude R 43.2, mit seinem modernen Namen Haus der Königsstatue bezeichnet, und R 43.1A mit dem vermutlich dazugehörigen Altar R 43.1B sowie 24 Kapellen des Arbeiterdorfes sind archäologisch nachgewiesen. Das Heiligtum R 43.2 ist wahrscheinlich auf dem Talatat Kairo JE 47203 dargestellt.[106] Räucherwerk, Speisereste, Opfergaben, Votive und in den Boden eingelassene T-förmige Wasserbecken deuten auf rituelle

104 STEVENS, *Private Religion*, S. 303.

105 BICKEL, „Ich spreche ständig zu Aton …“, in: *JANER* 3, S. 34–37.

106 Kairo JE 47203 (ID 1250–1254), PEET/WOOLLEY, *The City of Akhetaten* I, S. 115, Taf. XXVIII, 1, SEIPEL, in: *Nofretete Echnaton*, Kat. Nr. 32. STEVENS, *Private Religion*, S. 249–253 mit Abb. II.14.2. Im linken Bilddrittel befindet sich eine Säule. Rechts von dieser verbeugen sich drei und zwei kahlrasierte Höflinge oder Priester in gestaffelter Darstellungsweise. Der geschlossene Mund ist leicht variiert, doch sind alle mit vollen Lippen dargestellt. Jeder der Herren hält über der rechten Schulter einen Strauß mit Lotusblüten. Alle Hände sind als geschlossene linke Hand gezeichnet. Ihr Oberkörper ist nackt. Sie tragen einen vorn gebauschten plissierten Schurz, der noch das Knie bedeckt. Sie beugen den Oberkörper waagerecht nach vorn. Der Kopf blickt geradeaus auf den unteren Teil einer Sitzstatue des Königs mit Sockel links von der Säule (vielleicht handelt es sich um die neben der Stele abgebildete Sitzstatue des Königs im großen Atentempel, wahrscheinlicher ist m.E. aber die inschriftlich belegte Königsstatue in dem archäologisch nachgewiesenen Heiligtum R 43.2 in Achetaten, in dem der König kultisch verehrt wurde (vergl. TIETZE, *Amarna*, S. 86, Abb. 38). Dazu passt auch die auf dem Talatat dargestellte Säule, da die Statue in R 43.2 in einer Säulenhalle aufgestellt war. Aufgrund des Fundortes ist auch Maru-Aten nicht auszuschließen. Auf der Grundlinie oberhalb der Herren sind nackte Füße zu sehen.

Handlungen, die vermutlich von Rezitationen begleitet waren, und auf gesprochene (auf Stelen verewigte) an Gott und König gerichtete Lobpreisungen und Bitten hin. Je nach ihrer Lage wird der Besuch der Kapellen in der Forschung unterschiedlichen sozialen Gruppen zugeordnet: Das nur 350 m südöstlich vom Kleinen Atentempel gelegene Haus der Königsstatue den Schreibern und Verwaltungsbeamten, die Kapellen des Arbeiterdorfes dem Ahnenkult und die Kapelle 561 den Wachsoldaten.[107] In dem Gebäude P 48.4, das im Siedlungsgebiet liegt und als Heiligtum für die Arbeiterschaft gedeutet wurde, fand man eine Stele, auf der sich der Beter an die Triade von Elephantine, Chnum, Satis und Anukis, richtet, was eine von dort stammende Gemeinschaft vermuten ließ.[108] Gebetsorte im öffentlichen Raum in Form von kleinen nicht begehbaren Schreinen, Kapellen in der Stadt und am Arbeitsplatz werden von STEVENS diskutiert. In diesem Zusammenhang wirft sie die Frage auf, ob die Gartenschreine der Wohnhäuser möglicherweise auch für Personen, die nicht zum Haus gehörten, zugänglich waren:

> The location of the shrines is not entirely convincing as evidence for their public accessibility, but it is possible to suggest a corresponding social framework for their use as such. Although we know fairly little about the dynamics of social interaction in the city, the closely packed quarters of the North Suburb, where most of the shrines […] are located, could reflect close social ties here. Otherwise, no public shrines have been identified within this area. Perhaps for the owners of the larger estates there also was a sense of civic duty in being patron of a shrine, and the sense of prestige gained from ownership of such a building could have been enhanced by granting others access to it, whether close associates or members of the broader public.[109]

Die von ihr angesprochenen Möglichkeiten im Hinblick auf die Zugänglichkeit zu Gebetsorten bringen sowohl die soziale Vielschichtigkeit Achetatens als auch denkbare Verbindungen zwischen gesellschaftlichen Gruppen zum Ausdruck. Die Errichtung von Kapellen bietet Institutionen eine Möglichkeit, religiöse und damit zusammenhängende soziale und ethnische Unterschiede

---

107 BOMANN, *The Private Chapel in Ancient Egypt*, S. 58. Quellen, Architektur und Lage siehe ebd. S. 3–37.

108 Stele, P 48.4, BORCHARDT/RICKE, *Wohnhäuser*, S. 222, Taf. 28, Inschr. 7, SEIDLMAYER, Zu einigen Architekturinschriften, in: *MDAIK* 39, S. 204–206.

109 STEVENS, *Private Religion*, S. 302.

zu betonen. Als Folge einer Institutionalisierung der Unterschiede entsteht eine Vielfalt sozialer Bereiche und miteinander wetteifernder Gruppen. Bestimmten Gruppen wird das „Anbeten" oder „Lobpreisen" des Aten und des Königs eingeschärft. Die Anrufung richtet sich an den Grabbesucher:

> O jeder einzelne, der das Leben liebt und der (sich) eine schöne Lebenszeit wünscht. Preist (*dwꜣ.w*) den König, den Einzigen des Aten, es gibt keinen anderen Großen außer ihm. Er wird euch eine Lebenszeit in Fröhlichkeit, (mit) Speisen und Einkünften von dem, was er gibt, schenken.[110]

„Anbeten" oder „Lobpreisen" stellen ein religiöses Lautverhalten dar. Es wird in den Texten aber nicht religiös, sondern mit dem materiellen Lebensstandard motiviert. In der der Anrufung vorausgehenden Biographie wird das „Anbeten" (*dwꜣ*) des Königs als Lebensgabe dargestellt:

> Ich lebe durch die Anbetung (*dwꜣ*) deines *Kas*.[111]

Die Anbetung gilt dem König in seiner Funktion oder Verkörperung der Lebenskraft des Gottes Aten. Sie richtet sich an ihn als Vermittler der Lebensgabe. Der Grabherr von TA 11, Ramose, bricht in den Wunsch aus:

> Möge ich dich Millionen mal preisen (*jꜣ.w*)![112]

In den Reden der Schreiber im Grab des Tutu, TA 8, werden die Schreiber zur Fürbitte für den König aufgerufen:

> Sprecht: „Lasst gesund sein Nefer-cheperu-Re-wa-en-Re, O du Aten, der die Menschen bildet und die Generationen werden lässt."[113]

---

110 TA 25, Säulenhalle, S-Wand, li. Türpfosten, Kol. 5.

111 TA 25, Säulenhalle, S-Wand, re. Türpfosten, Kol. 4. Siehe auch die Aufforderung: „Bete ihn an, damit er auf das hört, was du sagst" bei Merire, TA 4, Säulenhalle, N-Wand, Türrahmen, li. Türpfosten und die Aussage: „Ich preise Dich. Ich bete Deine Schönheit an", TA 4, Vorkammer, S-Wand, O, Lobpreis an den König, Kol. 6–7.

112 TA 11, Eingang, W-Wand, Gebet an den König, Kol. 2.

113 Urk. IV, 2014.

Der Lobpreis kann auch der Königin gelten, die in diesem Zusammenhang zu einem Mitglied der Göttertriade hochstilisiert wird.[114] Das Königslob ist die auditive Handlung, die in den Tableaus alle Amtshandlungen des Königs bestätigt, und zu der in den Anrufungen aufgefordert wird. Der Wortlaut variiert, aber es handelt sich stets um ein kollektives Lautverhalten, das durch die Sängerinnen in der Öffentlichkeit oder durch bestimmte Gruppen, wie die Polizeitruppe oder eine Phyle, in den diesen Einheiten zugänglichen Bereichen ausgeübt wird.

Die Kulturtechnik, die alle Gruppen im Hörraum vereint, ist der Jubel. Aus dem Sonnenhymnus im Grab des Ahmose lässt sich eine Darstellung des Jubels erschließen, die darauf hindeutet, dass dieser Ausdruck der Freude den Mitgliedern der Gemeinschaft eingeschärft wurde:

> Dein Sohn, den du liebst, der König von Ober- und Unterägypten, der von der Maat lebt, Nefer-cheperu-Re-wa-en-Re, hat das ganze Land und jedes Fremdland, das in all dem (liegt), was du umkreist, sobald du aufgehst, dazu angeleitet, zu jubeln, (*r jrj.t ḥnj*) wenn du aufgehst und ebenso wenn du untergehst.[115]

„Das im Jubel (*m ḥʿʿ.w*) sein“ bildet die Emotion der Gemeinschaft schlechthin. Es wird als die angepasste Begrüßung des Gottes, und somit als ein religiöser Zustand, sowie als Feststimmung charakterisiert:

> Sei gegrüßt, lebender Aten, der im Himmel aufgeht, indem er die Herzen überflutet. Jedes Land ist im Fest, weil es ihn sieht. Sie sind fröhlich im Jubel, wenn ihr Herr, der sie geschaffen hat, über ihnen aufgegangen ist.[116]

In einem Grab, TA 10, wird auch Tanzen (*jbꜣ*) mit aufgeführt.[117] Dem Toten wird „Fröhlichkeit“ (*nḏm-jb*), „Freude“ (*rš.wt*), „Jauchzen“ (*tḥḥw.t*) und der

114 TA 18, li. Türpfosten, außen, Kol. 4. Der Rest der Kolumne ist zerstört, DAVIES, *Amarna* V, Taf. XIII, Sandman, Texts, 65, SPERVESLAGE, in: TLA, Zugriff 2011-11-30.

115 TA 3, Eingang, O-Wand, Hymnus an die untergehende Sonne, Kol. 3–6.

116 TA 25, Eingang, O-Wand, Hymnus an Aten, Kol. 6–7. Weitere ikonographische Belege für den Jubel der Menschen sind: MMA 1991.237.2, London UC409, Cambridge E.GA.4510.194, Hannover KM S. 0761, (ehemals Bissingsche Samml.), LOEBEN, *Die Ägyptensammlung des Museum August Kestner und ihre (Kriegs-) Verluste*, Kat. S. 219, Abb. S. 289. Talatat, Karnak, CFÉ 3848, CHEVRIER, Rapport sur les traveaux de Karnak (1937–1938), in: *ASAE* 38, S. 605, Taf. CXI. Roeder 266.VII A, ROEDER, *Amarna-Reliefs aus Hermopolis*, Taf. 73, S. 182, 295.

117 TA 10, Eingang, W-Wand, kl. Sonnenhymnus, Kol. 7.

„Jubel" (*ḥʿʿ.wt*) bei Sonnenaufgang gewünscht,[118] dem König „Fröhlichkeit" und „Jauchzen", oder dass er „beim Anblick der Schönheit (*nfr*) des Aten jubeln möge (*ḥʿʿ =f*)".[119] Da auch der Gott als: „der im Horizont jubelt (*ḥʿj*) in seinem Namen Re" charakterisiert wird, erzeugt der Diskurs mit Hilfe des Gottesnamens und des *hörbaren Körpers* des Adoranten eine Vorstellung von einer Vereinigung des Gottes mit seiner Schöpfung, die sich durch den Jubel vollzieht. Der Jubel umfasst alle Hoheitsgebiete, selbst die Inseln inmitten des Meeres. Die von mir vorgenommene Einordnung der Belege als Einschärfung wird gestützt durch die Kennzeichnung des Jubels als kollektives Lautgebaren und die Konstruktion eines Gegenbildes für den *hörbaren Körper*, die nur für diesen Fall, und nur für die Amarnazeit und Horemhab belegt ist. Letzteres ist nicht der traditionelle Rebell und Aufrührer. Das Gegenbild zum Untertanen, der dem *Ka* des Aten (das ist der König) zujubelt, ist der Flehende:

> Ihre Großen sind in flehender Bitte (*nḥ.yt*), weil sie seiner Macht unterlegen sind.[120]

Hierdurch wird ein *hörbarer Körper* des *Anderen* geschaffen. Er wird benannt als ein Großer, der die Macht des ägyptischen Königs (über sein Leben zu entscheiden) spürt, und das diesem Umstand angepasste Lautverhalten zeigt.

Die Hauskapelle im Garten als Gebetsort

Hauskapellen im Garten sind für das Haus des Oberpriesters Pa-wah O 49.1, das Gehöft P 47.22, das Großgehöft des Vorstehers der Rinderherden des Aten im Tempel des Aten, Ramose Q 46.1, das Gehöft Q 46.2, die Großgehöfte O 48.11/12, P 47.17, P 48.2 und M 51.1 archäologisch belegt.[121] Stevens bringt Abbildungen der Schreine in den Gärten von T 34.1, T 35.9 und T 35.20.[122] Die Hauskapelle im Garten des Merire II ist auf der Südwand in TA 2 dargestellt.[123] P 47.22 und P 48.2 haben sowohl einen gemauerten Altar im Haus als auch eine Kapelle im

---

118 TA 1, Eingang, O-Wand, 2–3, TA 3, Eingang, li. Türpfosten, Kol. 3–13, TA 5, Eingang, N-Wand, 3–5.

119 TA 1, Eingang, W-Wand, Hymnus an Aten, Kol. 4. TA 4, Durchgang zur Säulenhalle, W-Wand, Hymnus an Aten, Kol. 10–11.

120 TA 3, Eingang, W-Wand, Hymnus an die aufgehende Sonne, Kol. 9. Urk. IV, 2013 (TA 7).

121 Borchardt/Ricke, *Wohnhäuser*, S. 240f, Abb. 35a, S. 133, 26, 29, 121, 209, 219, 281.

122 Stevens, *Private Religion*, S. 254, Abb. 11.14.3–5.

123 TA 2, Säulenhalle, S-Wand, O, Hauskapelle. Davies (*Amarna* II, Taf. XXXIII, S. 37f) spricht von einem kleinen Gebäude. Das gebundene Opfertier im Hof, die Gefäße auf Ständern daneben und das T-förmige Wasserbecken davor weisen auf einen privaten Gartenschrein hin, in dem nach der Ehrengoldverleihung geopfert wurde.

Garten. 24 private Votiv-Kapellen sind bisher im Arbeiterdorf archäologisch nachgewiesen worden.[124] Salima IKRAM identifiziert insgesamt 46 freistehende Schreine. Damit argumentierend, dass die Bauten nicht in einer Ost-West Richtung orientiert sind, und dass der König einziger Kultvollzieher ist, interpretiert sie die Kapellen und im Freien errichteten Altäre als Plätze, an denen sich der Mensch nicht direkt an den Gott, sondern an den König als Vermittler wendet.[125] Die Hauskapellen in Achetaten stellen ein Statussymbol in der Architektur dar.[126] Sie erfüllen diese Funktion nicht schon durch den Besitz des Baues, sondern erst als Teil einer Stadtkultur, auf die sich die Bewohner beziehen. Weil unter Achetaten Religiosität ein soziales Kriterium darstellt, heißt das im Hinblick auf die Gartenschreine, dass vor oder in ihnen religiöse Handlungen begangen wurden, die den Hausherrn und eventuell auch weitere Hausbewohner oder Mitglieder seines Dorfes, in den Augen der Gemeinschaft als Verehrer des Aten und des Königs erscheinen ließen. Die materiellen Funde belegen für Achetaten die private Ausübung der Religion.[127]

Der Hauseingang als Gebetsort

Das Wohnhaus verfügt über mehrere Möglichkeiten für die Einrichtung von Gebetsorten. Die Platzierung der Kartuschenverehrung am Eingang der Wohnhäuser impliziert ihre Verwendung als soziales Prestigeobjekt.[128] Die Texte an der Haustür sind königsbezogene Inschriften mit der Funktion, den Hausherrn als loyal und der Lehre Achenatens folgend auszuweisen. Als weitere Funktionen sind der Schutz des Hauses und seiner Bewohner anzunehmen.[129]

Archäologische Befunde belegen nicht das Gebet oder das Anrufen eines Gottes. Sie können nur zur Rekonstruktion eines Rahmens für das mündliche religiöse Handeln beitragen.[130] Der Umstand, dass Gebetsszenen auf dem Türsturz der reichen Hausbesitzer angebracht sind, sagt letztlich nichts über

---

124 STEVENS, *Private Religion*, S. 251.

125 IKRAM, Domestic shrines and the cult of the royal family in el-'Amarna, in: *JEA* 75, S. 100f.

126 CROCKER, Status symbols in the architecture of el-'Amarna, in: *JEA* 71, S. 56.

127 STEVENS, *Private Religion*, S. 271–281, 313 und 318–319.

128 BUDKA, *Der König an der Haustür*, S. 6. Quellennachweis für Tell el-Amarna ebd., S. 115–128, und SEIDLMAYER, Die Inschriften, in: BORCHARDT/RICKE, *Wohnhäuser*, S. 339–347.

129 Die Schutzfunktion des Königsnamens, die bei Amuletten eindeutig ist, gilt sicher auch für das Haus. Belege zu Amuletten mit den Namen des Aten, dem Königsnamen, Stelen und Kultstatuen des Königs bei STEVENS, *Private Religion*, S. 30–31, 63–67 bzw. S. 121–125, 133–138. In diesem Zusammenhang sei auch an die Schutzfunktion theophorer Personennamen erinnert.

130 STEVENS, *Private Religion*, S. 281.

den Gebetsort von Frauen und einfachen Leuten aus, es sei denn, letztere mussten einen anderen Eingang benutzen, was für Häuser mit zwei Eingängen stimmen könnte. Die im Anbetungsgestus dargestellte Leiterin der Musikerinnen und Gattinnen an den Grabeingängen belegen die Anbetung des Aten zumindest für Frauen aus der Oberschicht. In Tell el-Amarna gefundene Votivgaben für Taweret und Bes sprechen für Gebete um Geburt, Fruchtbarkeit und Schutz. Daraus schließen alle Forscher auf eine Frauendomäne.[131] Das bedeutet, auch weibliche Stimmen erreichen eine Gottheit. Aus der Schriftkenntnis der Elite ergibt es sich nicht, das Gebet der kleinen Leute zu negieren oder als Volksreligion und Magie abzustempeln. Der Sozialstatus einer Person bildet zwar eine Voraussetzung für den archäologischen Beleg, aber nicht unbedingt eine für die Handlung. Die Gottes- und Königskartusche ist das Objekt der Verehrung durch einen Adoranten, was szenisch festgehalten auch von nicht schreibkundigen Personen erkannt werden konnte.

Die Anbetung der Gottes- und der Königskartusche ist die am häufigsten belegte Form des Gebetes einer Privatperson. Die Entwicklung der Anbetung des Königsnamens, zunächst noch in einer kryptographischen Schreibung, beginnt unter Hatschepsut.[132] Die früheste Darstellung einer Privatperson, die den Königsnamen libiert, findet sich auf dem Türsturz im Grab des Renni aus der Zeit Amenhoteps I.[133] Der früheste Beleg für das Gebet an einem Türgewände von Wohnhäusern hoher Beamte stammt aus der Zeit Thutmosis' III.[134] Die kanonische Gestaltung des Türsturzes von Privathäusern der hohen Beamten vollzieht sich erst in der Amarnazeit. LUISELLI deutet sie als die Suche der Privatpersonen nach neuen Trägern für den verbalen und visuellen Ausdruck ihrer eigenen Frömmigkeit.[135] Die Namen des Aten, des Königs und der Königin sind in Kartuschen gesetzt. Die Verwendung der Kartuschen etabliert einen möglichen Gebetsort durch ihre Zeichenhaftigkeit. Die Königsnamen bezeichnen immer den göttlichen, dem König immanenten Aspekt.[136] SPIESER schreibt im Hinblick auf die Königsnamen als Teil eines metaphorischen Diskurses:

---

131 Ebd., S. 18.

132 SPIESER, *Les noms du Pharaon*, S. 84f.

133 EK 7, Türsturz, TYLOR, *Renni*, Taf. 1.

134 Grab des Senenmut, BUDKA, *Der König an der Haustür*, S. 8.

135 LUISELLI, *Die Suche nach Gottesnähe*, S. 180–181, siehe dort auch die Verteilung der Funde im Siedlungsbereich.

136 SPIESER, *Les noms du Pharaon*, S. 35.

> Ils sont les composants d'un langage symbolique qui sait véhiculer un ou plusieurs messages et ce, d'une manière tout à fait autonome. La légende hiéroglyphique peut livrer, quant à elle, un message qui lui est propre, sans faire obligatoirement redondance avec la représentation. Elle peut compléter, apporter des précisions difficilement représentables. De son côté, l'image peut véhiculer plus directement et plus fortement un message difficilement consignable par l'écrit [...], un contenu hautement symbolique ayant trait à la cosmogonie et au pouvoir tant créateur que protecteur du roi. Tous ces indices portent à croire que le nom du roi n'a pas fait l'objet d'une « personnification » mais qu'il a pu tenir lieu d'élément iconographique de base pour des êtres composites représentant le roi dans un aspect de divinité agissante.[137]

Auffallend in den Wohnbereichen Achetatens ist die häufige Platzierung der Kartuschennamen in einem urbanen Kontext und die Kombination der Zeichen. Gottesname, Königsname, Königinnenname, Beterfigur und Gebetstext sind zusammengefügt. Hierdurch wird auch der Beter in den religiösen Raum integriert. Der Beter setzt sich durch seine Körperposition zu der göttlichen Triade in Beziehung und handelt somit innerhalb desselben imaginierten Bereiches wie die von ihm adressierten Gott und König.

Das Auftreten der autonomen Kartusche des Königs- oder des Gottesnamens in den Verehrungsszenen bedeutet nach Spieser „que leur présence acquiert un statut iconique d'image qui met en parallèle le souverain avec le soleil levant".[138] Angebracht über den Türen, wird durch diese Parallele der Verzicht auf das *smꜣ tꜣ.wj*-Symbol am Thron des Königs vermieden, weil ikonographisch die Beiden Länder als ein Bereich mit dem Tempel des Aten im Zentrum vermittelt werden. Wenn ihre These zutrifft, dann wird in der Amarna-Ikonographie der traditionelle Dualismus durch eine Zentrum-Peripherie-Struktur ersetzt. Spieser zufolge, tritt bei der Kartuschenanbetung der König nicht als Mittler zwischen Menschen und Göttern, sondern als gepaart mit dem Gott auf. Ebenso geht Robert Hari von einer Paarung von Gott und König in den Kartuschen aus, da das Setzen des Gottesnamens in die Kartusche den König zum Mitregenten des Aten erhebt.[139] Der Königsname ist Baustein einer Bildsprache, die der Göttlichkeit des repräsentierten Königs gilt. Die Kenntnis, dass der König in seinem Namen gegenwärtig ist, die Heiligkeit des Gottes- und der Königsnamen in den Kartuschen sowie die Abbildung eines Betenden

137 Ebd., S. 41.

138 Spieser, Amarna et la négation du cycle solaire, in: *CdÉ* 76, S. 20–29.

139 Hari, *New Kingdom Amarna Period*, S. 7.

schaffen eine Atmosphäre. Sie ziehen die Aufmerksamkeit des Besuchers oder des Hausherrn, der nach Hause kommt, auf sich. Sie verleihen dem Türbereich die „Sphäre der Anwesenheit“ zwischen dem bebilderten Türsturz und der eintretenden Person.[140] Der Türbereich bildet somit einen archäologisch nachgewiesenen Rahmen für mündliches religiöses Handeln. Als ein performativer Ort[141] verfügt er über Eigenschaften, aufgrund deren das gesprochene Gebet an ihm zum Ereignis werden kann.

Das wichtigste Indiz für die Haustür als Gebetsort ist (1) die Tatsache, dass die Gebete, die sich an den König richten, in Amarna einen persönlicheren Ausdruck bekommen,[142] (2) die Entwicklung der Opferformel und (3) der starke Königsbezug. Die genannten Veränderungen sind durch die Haustür des Oberbaumeisters der Stadt Achetaten, Maa-nachtef, belegt. Die Texte stehen auf dem Türgewände des Haupteingangs, durch den man von dem Vorraum (Nr. 18) das Gebäude M 47.3 betritt.[143] Der Beter kniet mit erhobenen Händen und blickt auf die Kartuschen von Gott, König und Königin mit ihren Beinamen:

> *Mitte:* Re-Harachte, der im Horizont jubelt in seinem Namen Sonnenlicht, das in der Sonne ist, der Leben für immer und ewig gibt.
>
> *Rechts:* Der König von Ober- und Unterägypten, der von der Maat lebt, Nefer-cheperu-Re-Wa-en-Re, dem Leben gegeben ist; die große königliche Gemahlin, die er liebt, Nefertiti, sie lebe für immer und ewig.
>
> *Links:* Sohn des Re, der von der Maat lebt, Achenaten, der groß in seiner Zeit ist; die große königliche Gemahlin Nefertiti, sie lebe für immer und ewig.

Die Strahlensonne ist nicht abgebildet, weil die Kartusche die Gegenwart des Aten zum Ausdruck bringt.[144] Da die Szenen auf einem Türsturz symmetrisch angelegt sind, ergibt sich eine Gebetsrichtung zu den Kartuschen hin, die unabhängig von physischen Gegebenheiten und Himmelsrichtungen die angebetete Dreiheit ins Zentrum setzt. Im zentralen Feld rechts beziehungsweise links der Kartuschen des Aten und des Königspaares, Zeile 1–26, steht:

---

140 Fischer-Lichte, *Ästhetik des Performativen*, S. 202.

141 Ebd., S. 189.

142 Spieser, *Les noms du Pharaon*, S. 112.

143 Borchardt/Ricke, *Wohnhäuser*, S. 57 und Plan 17.

144 Spieser, *Les noms du Pharaon*, S. 45.

Türsturz rechte Seite:
Lobpreis für Aten und Huldigung für Wa-en-Re durch den Gelobten dessen, der groß in seiner Zeit ist.... Re(?) ... sein Auftrag, der Vorsteher der Maurer des Herrn der Beiden Länder, Oberster Mund,[145] Maa-nachtef.

Er spricht zu Aten, denn er hört alles, was auf dem Thron des Re gesagt wurde,... wie Aten.

Möge er eine schöne Lebenszeit wie seinen Gelobten gewähren.

Für den *Ka* des Vorstehers der Maurer in Achetaten, Maa-nachtef, des Gerechtfertigten.

Türsturz linke Seite:
Lobpreis für Aten und Huldigung für den Herrn der Ewigkeit durch den Gelobten des Wa-en-Re.... alle(?) ... die gemacht sind/hat(?) ... als/in(?) jedes Denkmal, das seine Majestät errichtet hat, Vorsteher der Maurer..., Schüler, den Seine Majestät unterrichtet hat, Maa-nachtef.

Ich komme zu dir, damit ich deine Schönheit preise, o Aten, der die Beiden Länder erleuchtet.

Möge er Leben, Heil und Gesundheit gewähren.

Für den *Ka* des Gefolgsmannes des vollkommenen Gottes, des Vorstehers der Maurer, Maa-nachtef, des Gerechtfertigten.

Rechter Türpfosten, Z. 27–28:
Ein Opfer, das der König und der lebende Aten, geben,[146] Herr der Ewigkeit, der das Schicksal bestimmt, der den Reichtum entstehen lässt, der alles, was er erschaffen hat, am Leben erhält.

Möge er Eintritt als Gelobter und Austritt als Geliebter gewähren, (mit) verschlossenem Mund, ohne dass ein negatives Ereignis herbeigeführt wird.

Für den *Ka* dessen, der nützlich für den König ist, der nicht vergesslich ist, Vorsteher der Maurer in Achetaten, Maa-nachtef, der wieder lebt.

Ein Opfer, das der König und der Sohn des Re, geben, der von der Maat lebt, Herr der Kronen, Achenaten, der groß in seiner Zeit ist, Herr der Lebenszeit, der für den, den er liebt, (Dinge) gibt und das Begräbnis dessen gedeihen lässt, der ihm (dem König) sein Herz zugewandt hat.

---

145 Hoher Beamtentitel.

146 Zur Folge der Opferherren (zuerst der König, dann der Gott), die sich durch das Umlaufopfer erklärt, siehe SATZINGER, Beobachtungen zur Opferformel, in: *LingAeg* 5, S. 182.

> Möge er eine schöne Lebenszeit in der Ansicht seiner Schönheit gewähren, ohne dass das Hören seiner Stimme aufhört.
>
> Für den *Ka* des einzigen Vortrefflichen, des Gelobten des vollkommenen Gottes, Ersten in der Gunst des Hofstaates, Schüler, den seine Majestät unterrichtet hat, Vorsteher der Maurer, Maa-nachtef, der wieder lebt.

In der Inschrift auf dem linken Türpfosten wird das Sehen erbeten, die entsprechenden Aussagen sind:

> Ein Opfer, das der König und der *Ka* des Königs geben, der von der Maat lebt, Herr der Beiden Länder, Nefer-cheperu-Re-wa-en-Re, Sohn des Aten, Vielgeliebter, man lebt und ist gesund, wenn man ihn sieht.
>
> Möge er gewähren, dass meine beiden Augen durch sein vollkommenes Angesicht gesättigt sind und dass ich täglich Wa-en-Re huldige.[147]

Die Gebete erfolgen in der Form von Fürbitten. Sie werden an den König gerichtet. Die Exklusivität der Sohn-Vater Beziehung zwischen König und Gott findet ihren Ausdruck in den Epitheta „Wa-en-Re", „Sohn des Re" und „Sohn des Aten".[148] Eine Fürbitte beinhaltet zum einen das Bestreben einer Wirkung beim Hörer zugunsten eines Dritten, zum anderen eine bestimmte Haltung des Sprechers hinsichtlich des Inhaltes. Der Sprecher bejaht im Wunsch den Inhalt der Aussage.[149] In den Inschriften werden Gott, König und Beter als lautlich handelnd gezeichnet. Der Gott wird durch das Epitheton „Re-Harachte, der im Horizont jubelt (*ḥꜥj*)" anthropomorph beschrieben, weil ihm die Tätigkeit des Jubelns zugelegt wird. Das Sprechen mit dem Gott und das Hören der göttlichen Stimme wird durch die Aussage: „Er spricht zu Aten, denn er hört alles, was auf dem Thron des Re gesagt wurde" dem König zuerkannt. Für die Aussage: „Möge er (der König) Eintritt als Gelobter und Austritt als Geliebter gewähren, mit verschlossenem Mund (*rʾ wḏꜣ*), ohne dass ein negatives Ereignis herbeigeführt wird" gibt es drei Deutungsmöglichkeiten. (1) Sie entspricht der im Tb 125 vorgebeugten Verleumdung, die das Zu-einem-Gott-gelangen verhindern würde, (2) sie drückt die Eigenschaft des Beters als eines Mannes, der

---

147 Türgewände, Haustür, Gehöft M 47.3 = Berlin ÄM 20376, SPERVESLAGE, in: TLA, Zugriff 2014-11-12, Zeilenzählung nach SEIDLMAYER, Die Inschriften, in: BORCHARDT/RICKE, *Wohnhäuser*, Inschrift 1, S. 340–341, Taf. 26, siehe dort auch weitere Literatur. BUDKA, *Der König an der Haustür*, Kat. Nr. 19, S. 34f.

148 Siehe hierzu SPIESER, *Les noms du Pharaon*, S. 108f.

149 REICHE, *Ein hymnischer Text*, S. 339.

das in ihn gesetzte Vertrauen wert ist, aus, (3) sie zielt auf das Schweigen im Tempel ab, das aus Thutmosis' III. Ermahnungen an die Priesterschaft bekannt ist. Dort werden die *wˁb*-Priester aufgefordert: „Verschließt euren Mund, sodass jeder Mann auf seinen Fuß sehe"![150] Aussagen, die das lautliche Handeln des Beters betreffen, sind: „Lobpreis (*rdj.t jꜣw*) für Aten und Huldigung (*sn-tꜣ*) für den Herrn der Ewigkeit" und „Ich komme zu dir, damit ich deine Schönheit preise (*jꜣi*), o Aten". Sie positionieren den Sprecher im Hörraum als einen Menschen, der dem Gott huldigt und ihn preist. Der Wunsch: „Möge er eine schöne Lebenszeit in der Ansicht seiner Schönheit gewähren, ohne dass das Hören seiner Stimme aufhört" verbindet den Beter mit dem König. Er bezieht sich auf die Gefolgschaft des Königs.

Eine gewisse Freiheit in der Gestaltung der Tür belegt die Sonderform der Haustür des Oberpriesters Pa-wah, Berlin ÄM 20375, mit vier Kolumnen. Die Sonnenhymne, Titel und Name des Hausbesitzers befinden sich am Hauseingang seines großen Gehöftes O 49.1 am Südostrand der Stadt. Die architektonische Gestaltung dieser Tür hat der Haustür des Maa-nachtef geglichen.[151] In den Gebeten des Hausherrn, die auf dem unteren Teil des linken Türpfostens stehen, wird in den Kolumnen 1 und 3 das Sehen als Herzenswunsch vorangestellt. In Kolumne 4 wird diesem Wunsch das Hören der Stimme des Königs hinzugefügt:

> Du bist das Licht. Ich lebe dadurch, dass ich dich sehe. Ich bestehe dadurch, dass ich deine Stimme höre. Für den *Ka* des Größten der Sehenden des Aten im Tempel des Re, Pa-wah.[152]

Sie wird als diejenige Eigenschaft des Menschen gewertet, die ihm ein Verbleiben in der Gesellschaft gestattet. Der Truppenführer und Vorsteher der Wagentruppe, Nechuempaaten, formuliert auf seiner Haustür die Nachfolge als Anbetung:

150 Urk. IV, 752.

151 Man kann also auch hier von einer Darstellung des Beters im Türsturz ausgehen, die sonst nur noch bei dem Türsturz von T 34.1 = Kairo JE 55503 und dem Türsturz Berlin ÄM 21597 vollständig, und bei F 51, Bruchstück eines Türsturzes aus P 47.10 (Schwelle des Obersten der Reiterei, Nachu-empaaten, BORCHARDT/RICKE, *Wohnhäuser*, Taf. 27A, B, SPIESER, *Les noms du Pharaon*, Abb. 4), teilweise erhalten ist.

152 Berlin ÄM 20375, li. Türpfosten, unterer Block, Kol. 4, SEIDLMAYER, Die Inschriften, in: BORCHARDT/RICKE, *Wohnhäuser*, Inschrift 8, S. 346. BUDKA, *Der König an der Haustür*, Kat. Nr. 36.

> Ich bete (*dwꜣ*) deine Vollkommenheit an wie (die des) Aten, Neferchepeu-Re-Wa-en-Re, (du) Herrscher, strahlend an Liebe! Mögest du in Ewigkeit dauern, mögest du Sedfeste feiern, mögest du Generationen von Menschen durchleben wie der Aten, indem ich dir nachfolge in Ewigkeit, wie einer, den du preist.[153]

Die Gebetstexte bestätigen den Hauseingang als einen performativen Ort für den Hausherrn und jeden anderen, der sich, indem er die Kartuschen, die Darstellung des Beters und die eingeschriebenen Texte auf sich wirken lässt, zum Sprechen eines Gebetes anregen lässt. Die hier im Siedlungskontext verwendete Form der Fürbitte stützt die Annahme anderer betender Personen außer dem Hausherrn selbst.

Das Hausdach

Aufgrund des Sonnenaufgangs als wichtigste Zeit für das Gebet schließt Stevens das Dach von Privathäusern als Gebetsort nicht aus.[154] Die dritte Möglichkeit ergibt sich durch Inschriften in den Nischen der Mittelhalle.

Gebetsorte im Inneren des Wohnhauses

Die axial hinter dem Empfangsraum liegende und in großen Häusern mit diesem durch mehrere Türen verbundene Mittelhalle ist ein Repräsentationsraum und der räumliche Mittelpunkt des Hauses.[155] Feste Einbauten sind die erhöhten Sitzplätze für den Hausherrn und seine Frau. Der Hausaltar, Sockel für Gefäße, Wasser- und Feuerbecken, Inschriften an den Türpfosten und den Scheintürnischen in der Breiten Halle und auf der Nordwestwand des quadratischen Zimmers[156] kennzeichnen performative Orte für religiöses Handeln im Haus.[157] Der Wortlaut der Texte und die gut erhaltene Bemalung der tiefen Halle in P 47.19 weisen auf die Ausschmückung eines Gebetsortes hin. Dort ist zwischen die beiden Teile der Doppelnische ein grüner Papyrusschaft mit gelben Fußblättern gemalt. Für eine die Nische oben abschließende Hohlkehle

153 Haustür des Gebäudes Tell el-Amarna Q 47.19, Haustür des Nechuempaaten, Borchardt/Ricke, *Wohnhäuser*, Taf. 27A, B, Budka, *Der König an der Haustür*, Kat. Nr. 24.

154 Stevens, *Private Religion*, S. 303.

155 Ricke, *Der Grundriss des Amarna-Wohnhauses*, S. 28–32.

156 Seidlmayer, Zu einigen Architekturinschriften, in: *MDAIK* 39, Inschrift 4l. Andere beschriftete Türpfosten im Inneren des Hauses, Inschrift 8b.

157 Weitere Nischen mit Gebetstexten siehe Stevens, *Private Religion*, S. 236.

scheint ursprünglich ein Uräenfries angelegt gewesen zu sein.[158] Kleine Nischen bilden einen möglichen Aufstellungsort für Kultobjekte.[159] Auf dem linken unteren Teil des Pfostens der Tür, die von Raum 15 in die breite Halle des Hauses des Ramose führt, befinden sich folgende Reste eines Gebetes:

> [...] Der Goldhorus, der die Maat liebt und die Lüge Abscheu sein lässt. Er gebe eine Lebenszeit beim [... für den *Ka* des ...] Rekrutenschreibers, Generals des Herrn der beiden Länder, Ramose, Herrn der Ehrwürdigkeit in Achetaten.[160]

Das Inschriftenfeld war durch einen gelben Grund und blaue Trennungslinien von der weißen Fläche abgesetzt. Der Name Ramose wurde aus Ptahmose korrigiert, indem das *ptḥ* mit Gips gefüllt und der, der Theologie Achenatens Genüge leistende Name[161] – wurde nur dieser aufgefasst als einer den der Gott hörte? – darüber gemalt wurde. Auf dem unteren Teil des rechten Pfostens der Scheintürnische in der Nordwestwand der breiten Halle sind erhalten:

> [...] täglich, Gefolgschaft leisten und ein Alter in Achetaten [...] Hausvorsteher Ramose, gerechtfertigt, des Herrn der Ehrwürdigkeit.[162]

Die Reste der Inschrift auf dem rechten Pfosten der Scheintürnische auf der Südwand (Inschr. 4c) lassen einen biographischen Text vermuten. Die Scheintüren sind gelb, die Türgewände sind in leuchtend gelber Schrift auf rotbraunem Untergrund ausgeführt, womit Intarsien in zwei Holzfarben nachgeahmt werden. Auf der Scheintürnische in der Nordwestwand der tiefen Halle steht:

---

158 Tell el-Amarna P 47.19, tiefe Halle, zw. Doppelnische, BORCHARDT/RICKE, *Wohnhäuser*, S. 124–125, Abb. 12, Taf. 10A–12C.

159 STEVENS, *Private Religion*, S. 246f und 297.

160 Tell el-Amarna P 47.19, Raum 15, li. Türpfosten.

161 Die Geschichtlichkeit des Namens, seine Möglichkeiten und seine Verletzlichkeit wird an der Schreibung eines theophoren Namens während der Amarnazeit, welche sorgfältig die Assoziation zu dem Gott Amun vermeidet, besonders deutlich, vergl. MOORE, *Any* as an Element in Theophoric Names, in: *JARCE* 33, S. 144.

162 Tell el-Amarna P 47.19, breite Halle, NW-Wand, Scheintürnische, re. Pfosten, SEIDLMAYER, Zu einigen Architekturinschriften, in: *MDAIK* 39, S. 191f, Inschr. 4a und b.

> [... für den *Ka*] des wahrhaft Nützlichen für den König [...] Ramose, gerechtfertigt. [...] [... Generals des Herrn] der beiden Länder, Ramose, gerechtfertigt.[163]

Von der Inschrift der Scheintürnische auf der Nordostwand der tiefen Halle sind am unteren Ende erhalten:

> [...] Eine Lebenszeit an schönem Leben, ohne Furcht und ohne [... Ramose], gerechtfertigt. [...] Ehrwürdigkeit [erreichen (?) ...], ohne [... Ra]mose, gerechtfertigt, des Herrn der Ehrwürdigkeit.[164]

Die Doppelscheintürnischen in der Nordwestwand und der Südostwand der tiefen Halle sind so angebracht, dass der Blick des Besuchers direkt auf sie fällt. Jede trägt in leuchtendem Gelb auf rotbraunem Grund eine biographische Inschrift, an die sich ein Gebet anschließt:

> [... Ramose,... geboren] von Jmachj, gerechtfertigt, der Herrin der Ehrwürdigkeit. Er sagt: „Ein jeder der in Achetaten ist [...] der Herrin der Nahrung und Speisen. Ihr gedeiht durch den Anblick des Gottes, des Aten, des Herrn der Ewigkeit. Speise, Nahrung und Jagdbeute sind in ihr, der Herrin des Wohlstandes. [...] die[...] und die Gepriesenen, die sein *Ka* lobt. Wa-en-Re dies geschah auf seinen Befehl.
>
> [...] Gefolgschaft zu leisten wie seine Gepriesenen und Edlen. Dann soll [...] Seht, ich war ein Geringer, aber Re, der vollkommene Gott, er blickt auf die Herzen. [...] ein [...]-herziger, der sich ein Haus wünscht wie meines und dessen Herz schwach dabei wird. Hört doch [... es gibt keinen anderen] außer ihm, dem Schicksalsgott, der alle Lebenszeit gewährt und ein Begräbnis <nach> dem Alter in seinem Lobe, vereint (?) mit seinem *Ka*.[165]

Die Doppelscheintürnische in der Südostwand der tiefen Halle trägt folgende Inschrift:

> [... Ich war verweist von] meinem Vater und meiner Mutter her. Der *Ka* [...] [...] und die deinen *Ka* bitten. Es ist ja keiner da außer dir [...] [... Vater und] Mutter, der Horus von Gold, groß an [Liebe], der Nil, groß

163 Tell el-Amarna P 47.19, tiefe Halle, NW-Wand, Scheintürnische, ebd. Inschr. 4f.
164 Tell el-Amarna P 47.19, tiefe Halle, NO-Wand, Scheintürnische, ebd. Inschr. 4g.
165 Tell el-Amarna P 47.19, tiefe Halle, NW-Wand, Doppelscheintürnische, ebd. Inschr. 4d.

> an Fluten (?). Er lässt uns täglich im Fest sein [...]. [...] ihn zu schauen. Gesund wird, wer auf ihn blickt. Freude ist es, ihn zu preisen. Wie froh bin ich in Achetaten, indem ich in [...] weile.
>
> [...] alle die [...] dem Wa-en-Re, die zu ihm sagen: „Du bist wie der Aten, indem du täglich für uns scheinst“, und die für ihn erflehen eine Ewigkeit [als Herr beider Länder (o. ä.)] [...]..., der erschafft wovon ihr lebt, so wie er mir ein schönes Haus gegeben hat, ausgestattet mit allen [guten] Dingen [...] [...] alle seine [...], reich an Besitztümern, mit dem Wohlstand, den du verleihst, so wie ich zum Herrn eines Dorfes gemacht bin, obwohl [ich ein Niederer (o. ä.)] war. [...] viele Opferbrote. Oh unser <Herr>, der seine kennt (??). Die fern von dir sind, sind [Habenichtse].[166]

In beiden Nischen dominieren auf der rechten Tür die Lobpreisungen des Aten (in seiner Rolle als der Stadtgott von Achetaten) und des *Ka* des Königs. Auf der linken Seite folgt der Topos des Geringen, der durch den König zum Hausbesitzer geworden ist. Abschließend wendet sich der Hausherr direkt an den Leser und fordert ihn zur Gefolgschaft des Königs auf.

Ein sicheres Indiz für die tiefe Halle als performativer Ort für religiöses Handeln ist der in diesem Raum platzierte Hausaltar. In O 49.16 liegt dieser in der Hauptachse des Raumes, an der Südwestwand, der Tür der breiten Halle gegenüber. Eine Treppe mit fünf Stufen führt hinauf. Links des Altars, vor der Mitte der Südostwand, sind die Reste eines flachen Wasserbeckens mit daneben angeordnetem Abflussgefäß aus Kalkstein archäologisch nachgewiesen.[167] In P 47.22 liegt der Hausaltar in einem von der Mittelhalle aus zugänglichen Raum. Hier wurden neben dem Altar, auf den wiederum eine Treppe hinaufführt, in den Boden eingelassene Töpfe für Wasser gefunden.[168] In dem Haus des Merire I, das auf der Nordwand seines Grabes dargestellt ist, steht in der Mittelhalle ein großer Altar, zu dem Stufen hinaufführen und neben dem Wasserkrüge in Ständern platziert sind.[169] In Haus P 48.2 lagen die Reste eines kleinen angebauten Hausaltars vor der Nordwand der Mittelhalle.[170] Vor der Rückwand im Osten standen die Wassergefäße, auf einer der gemauerten

166 Tell el-Amarna P 47.19, tiefe Halle, SO-Wand, Doppelscheintürnische, ebd. Inschr. 4e.

167 Tell el-Amarna O 49.16, Raum 3, Altar, Borchardt/Ricke, *Wohnhäuser*, S. 255, Abb. 38, Taf. 18B.

168 Tell el-Amarna P 47.22, Altar, Borchardt/Ricke, *Wohnhäuser*, S. 132, Abb. 18, Taf. 13A.

169 TA 4, Säulenhalle, N-Wand, O, Davies, *Amarna* I, Taf. XXXII, S. 39.

170 Tell el-Amarna P 48.2, Altar. Siehe auch die von Stevens, *Private Religion*, S. 219–235, behandelten Hausaltäre.

Sitzbänke wurde eine Statuette der Königin mit Opfertafel gefunden.[171] Mit dem Schrein aus der Mittelhalle der Dienstvilla des Panehesi, heute Kairo JE 65041, ist der mögliche Aufbau eines Altars erhalten. Der Fund ist insofern ein Sonderfall, da er einen Gebetsort in dem Dienstgebäude eines Priesters darstellt, das nur über den Temenos zugänglich war.[172]

In der Regel bestanden die Hausaltäre in Achetaten aus einer aus Nilschlammziegeln gemauerten Plattform, zu der drei bis vier Stufen hinaufführten. Die *in situ* gefundenen Einbauten befinden sich an der Nord-, Süd- oder Ostwand der Mittelhalle und waren nicht in eine bestimmte Richtung orientiert.[173] Stelen mit der Darstellung der Königsfamilie im vertrauten Umgang miteinander entstammen ebenfalls dem Bereich des Hauskultes. Sie zeugen, nach LUISELLI, von einer Einbeziehung der Volksreligion in die offizielle Theologie durch die Aufnahme von religiösen Ausdrucksformen. Unter der Voraussetzung, dass sie tatsächlich Medien religiöser Praxis waren, stellen die Hausaltäre in Amarna „den Gipfel der gesteuerten Fokussierung des Königs als Mittler zwischen Gott und Mensch dar".[174] Die Familienstelen sind Neuschöpfungen, „an denen die Elite von Amarna, die Anhängerschaft von Echnaton, ihr kulturelles Selbstverständnis deutet und praktiziert, gewissermaßen sich als Elite und Anhängerschaft selbst schafft".[175] FITZENREITER sieht in der häuslichen Ahnenverehrung den Vorgänger dieses Mediums. Spezifisch für diese ist, „dass die besondere spirituelle Macht des Königs den Sterblichen zugänglich gemacht wurde und von diesen zur Linderung ihrer häuslichen Nöte genutzt werden konnte".[176] Der Beter steht dem Hausaltar, und damit dem Bild der angebeteten Personen, gegenüber. Für den Wohnraum mit Altar und Stele gilt das gleiche wie für den Türsturz: zwischen dem Gegenstand und dem Beter entsteht ein spezifischer Modus von Gegenwärtigkeit, eine Atmosphäre der Anwesenheit.[177]

Die Räumlichkeit des Gebetsortes wird durch die Bewegungen, Stimmen und Wahrnehmung der betenden Akteure, die sich waschen, vor den Altar

171 Tell el-Amarna P 48.2, Raum 5, Altar, Fragm., Fund Nr. 27, BORCHARDT/RICKE, *Wohnhäuser*, S. 218, Abb. 30. Siehe auch die Statue BM EA 935, gefunden in Haus Tell el-Amarna L 50.12, die vermutlich aus einer Hauskapelle stammt, CHAPPAZ, *Akhénaton et Néfertiti, soleil et ombres des pharaons*, Kat. Nr. 117, Abb. 225.

172 PENDLEBURY, *CoA* III, Bd. 1, S. 26, Abb. 6.

173 STEVENS, *Private Religion*, S. 225f. Abweichende Lokalisierungen, siehe ebd., Tab. II.13.1.

174 LUISELLI, *Die Suche nach Gottesnähe*, S. 70. BICKEL, „Ich spreche ständig zu Aton …", in: *JANER* 3, S. 23–45.

175 FITZENREITER, *ꜣḫ n jtn* als *ꜣḫ n jḳr rꜥ*, in: *SAK* 37, S. 112.

176 Ebd., S. 110.

177 FISCHER-LICHTE, *Ästhetik des Performativen*, S. 202.

begeben, sich dem Götterbild zuwenden, die Hände emporstrecken und das Gebet sprechen, hervorgebracht. Sie weist die tiefe Halle als einen performativen Raum aus, für den die Stimme des oder der Beter und die angebeteten Personen die Urheber sind. In der breiten Halle und der tiefen Halle des Hauses P 47.24 sind vier Stelen in schlechtem Erhaltungszustand gefunden worden. Sie sind mit Darstellungen und Inschriften bemalt. Auf einer von ihnen wird der Gott Ptah angebetet.[178] Dieser und weitere Funde, in denen traditionelle Götter oder Vorfahren angerufen werden, weisen auf die vielseitige Verwendung von Altären als performative Orte für ein Gebet hin. Die Etablierung performativer Orte für ein Gebet im Haus- und Siedlungsbereich von Achetaten hat die Anrufung traditioneller Gottheiten keineswegs unterdrückt, sondern eher gefördert.

Aus dem Gebrauch der Mittelhalle als Gebetsort ergäbe sich durch die Amarnatheologie, dass dieser Raum nicht überdacht ist.[179] Das ist aber nicht mit den rekonstruierten Gebäuden, deren Räume in einem kühlen Halbdunkel gehalten wurden, zu vereinbaren. Aus der Bedachung ergibt sich ein grundlegender Unterschied zwischen Tempel und Wohnhaus als Räume zur Aten-Verehrung. In einem nach oben offenen Tempel wird der Aten selbst am Himmel *direkt erreicht*, im Wohnhaus hingegen sind Gott und König durch ihre Kartuschen oder das Abbild der Königsfamilie unter der Strahlensonne auf den Hausaltären *anwesend*. Als Folge davon herrschen in Tempel und Wohnhaus unterschiedliche Richtungen für religiöses Handeln vor. Der König kommuniziert mit dem Aten vertikal. Die Gebetsrichtung eines Städters im Haus ist die Horizontale, wobei er aber, da er kniet, zu dem Angebeteten aufblickt. Die Anlage von Gebetsorten im Inneren des Hauses entspricht, analog dem Atentempel im Stadtkern, einer Zentrum-Peripherie-Struktur mit dem Altar im Zentrum. Nicht zu beantworten ist die Frage, ob bei religiösen Handlungen am Hausaltar das Halbdunkel der tiefen Halle die älteren Hausbewohner an ihren Besuch eines Vorfahren in der Querhalle des Grabes erinnerte. Inwieweit Wandmalereien einen Gebetsort im Hause bezeichnen, muss offen bleiben, da sie auf die Funktion als Schutzsymbol begrenzt sein können, ohne das sich daraus Implikationen für einen Gebetsort ergeben.

Physische Bedingungen des Raumes wirken sich auf das auditive Handeln aus. Die Lage im Haus macht den Vollzug alltäglicher. Die baulichen Gegebenheiten beeinflussen die Gebetsrichtung. Wie es beim Türsturz am

---

178 Tell el-Amarna P 47.24, tiefe Halle, Stele, Fund Nr. 587, Sandstein, BORCHARDT/RICKE, *Wohnhäuser*, S. 136. Siehe auch die von STEVENS, *Private Religion*, S. 133–163, behandelten Stelen.

179 DAVIES, *Amarna* I, S. 39.

Wohnhaus der Fall ist, werden Gebetsorte bisweilen nicht durch eine permanente Grenzziehung von der Umgebung abgesondert. Die Atmosphäre, die zwischen religiösem Artefakt und Beter entsteht, kann dem physischen Raum die Eigenschaften eines die Kontaktaufnahme mit dem Gott stimulierenden Raumes verleihen. Der verbale Kommunikationsakt, an dessen Räumlichkeit der Beter und der angerufene König oder Gott beteiligt sind, wird durch die akustischen Eigenschaften der Umgebung beeinflusst.

Das Grab als potentieller Gebetsort

Da die Felsengräber der hohen Beamten von Achetaten nicht fertiggestellt wurden und den Toten nicht beherbergt haben, kann bei ihnen nur von einem intendierten performativen Ort gesprochen werden. Er ist dies für den Besucher, der ein dem Wohnhaus oder Tempel nachgebildetes Grab betritt, das durch seine Ausgestaltung und Zweckbestimmung die Voraussetzungen für eine Atmosphäre des Betens schafft, und für den als wieder lebend imaginierten Grabherrn. Der Grabherr Eje fordert in den Anrufungen (siehe unten) explizit zur Anbetung auf. Die in der Grabkapelle des Ani gefundenen sechs Stelen bezeugen einen Ahnenkult. Deren Stifter gehörten vermutlich einer männlichen Berufsgruppe aus dem Mittelstand an.[180] „Dank ihrer Zusammensetzung aus Text und Bild können Votivstelen als Zeugnisse von Gebetsäußerungen gelten und umschreiben den kultischen Rahmen für die an eine Gottheit gerichteten Bitten".[181]

Die Quellen aus Tell el-Amarna zeigen eine weitgehende Übereinstimmung der Konzeption von Haus- und Grabtür. Die dekorierten Türgewände des Wohnhauses und des Grabes unterschieden sich voneinander durch ihre Monumentalität.[182] Die Phraseologie bezeugt sowohl an der Haus- als auch an der Grabtür die an die Theologie Achenatens gebundenen religiösen Vorstellungen. Die Gebete an den Grabtüren werden vom Toten selbst gesprochen, der sich je nach dem Inhalt seiner Bitten an den Aten, den König oder die Königin wendet.[183] Demnach ist die Vorstellung von einem durch die Mundöffnung ritualisierten sprechenden Körper des Toten in Achetaten weiterhin lebendig. Dies wird durch folgenden Wunsch des Merire I bestätigt:

180 FITZENREITER, *ꜣḫ n jtn* als *ꜣḫ n jḳr rꜥ*, in: *SAK* 37, S. 95.

181 LUISELLI, *Die Suche nach Gottesnähe*, S. 238.

182 BUDKA, *Der König an der Haustür*, S. 7–10.

183 Zum Kommunikationsakt der Anbetung im Grabkontext, REICHE, *Ein hymnischer Text*, S. 339, 345, zur Aktualisierung der Sprechersituation, S. 251, 261–267.

> Möge er gewähren, dass das Fleisch und der Körper leben, indem sie den angenehmen Hauch des Nordwindes einatmen.[184]

Die Vorstellung, dass der Tote auch hören kann, bestätigt die Bitte auf dem Türpfosten im Grab des Mahu:

> Möge ich die Stimme des Königs hören, wenn er tut, was sein Vater, der Aten, lobt.[185]

Der Anbringungsort der Gebete ist mit dem Gebetsinhalt kongruent. Auf den Türlaibungen im Grab und den ins Grabinnere gerichteten Türumrahmungen überwiegen Bitten um Grab, Begräbnis, Opferversorgung und soziales Gedächtnis für den *Ba*, *Ka* und Status des Grabherrn und Königsnähe. Auf den zum Grabausgang gerichteten Umrahmungen der Türen überwiegen Bitten um Königsnähe, Gottesnähe, Opferversorgung und Leben.[186] Tutu betet in seinem Grab:

> Mögest Du (Aten) veranlassen, dass meine Augen ihn (den König) sehen, dass meine Arme ihn anbeten (*dwꜣ*), dass meine Ohren seine Stimme hören, sein *Ka* in meiner Gegenwart unaufhörlich.[187]

Die Darstellung des Beters an der Türlaibung zeigt den Grabherrn (in zwei Gräbern auch dessen Frau) mit Namen, Titel und Würdezeichen als einen Menschen, der wieder lebt, bei einem Kommunikationsakt, nämlich der hymnischen „Anbetung" (*dwꜣ*) des „Re-heqa-achti, der im Horizont jubelt in seinem Namen Re, der Vater, der als Aten gekommen ist". Der Text beginnt mit einem Anruf an den Sonnen- oder, mit ASSMANN, den „Lichtgott" in Form seiner ausführlichen Kartuschennamen: „Das Licht bezeichnet die dogmatische Namensformel als den ‚Namen' des Gottes. Damit ist die Form gemeint, in der

184 TA 4, Säulenhalle, N-Wand, li. Türpfosten, Kol. 4.

185 TA 9, Halle, N-Wand, Tür, li. Türpfosten. Möglicherweise dreht es sich hier um eine herkömmliche Vorstellung aus dem Totenglauben, nämlich um die Stimme des Gottes, die die Menschen zum Leben erweckt, und in TA 9 auf den König angewendet wird. Plausibel ist diese Interpretation durch eine Aussage in TA 4 und ihre Parallele in TA 6, die das Hören als Lebensgabe kennzeichnet. TA 4, Säulenhalle, S-Wand, Türrahmen, Türsturz, re. Seite, Kol. 17, bzw. TA 6, Sandman, Texts, 28.14–15, eine weitere Parallele ist Sandman, Texts, 172.12–13, zit. bei Assmann, Die „loyalistische Lehre" Echnatons, in: *SAK* 8, S. 18, Anm. 84.

186 REICHE, *Ein hymnischer Text*, S. 206.

187 REICHE, ebd., S. 213, Sandman, Texts, 76.19.

er dem Kult zugänglich ist, oder, wie es die spätere Fassung der Formel noch deutlicher sagt: kommt."[188] Der Text nimmt gleich zu Anfang Bezug auf die Kommunikationssituation und setzt ihren zeitlichen Rahmen fest: den täglichen Sonnenaufgang, bei dem der Aten am Himmel erscheint und der Grabherr mit einem Anruf an den Gott vor sein Grab tritt.[189] Für den Grabherrn ist es demnach das Tor, das als Ausgang[190] (und wie die Hymnen an die untergehende Sonne zeigen auch als Eingang) das Grab zum performativen Raum für ein Gebet werden lässt. Für den Besucher ist es, worauf der Ahnenkult hindeutet, die Gedächtnisfunktion, die ihn die Grabkapelle aufsuchen lässt.

Gebetsorte in der Landschaft

Auf einen möglichen Gebetsort außerhalb des Siedlungsbereiches weisen die Grenzstelen und der wie ein Habicht bemalte Felsblock beim Arbeiterdorf hin.[191] Da die Anbaugebiete zur Versorgung von Stadt und Tempel auf dem Westufer lagen, lässt sich über mögliche Gebetsorte auf den Feldern nichts sagen. In der Landwirtschaftsdarstellung in TA 1 sind keine Orte, Lieder oder Gebete repräsentiert, desgleichen finden sich keine Hinweise auf diese Hörräume in den Texten.

6.3 Anrufungen an die Grabbesucher

Die Texte stehen in Kontaktzonen, auf die der Grabbesucher aus der Tageswelt kommend stößt, oder an der Decke, die, wie aus den Tableaus und Deckentexten ersichtlich ist, den Himmel darstellt. Aus dem medialen Kontext folgt nicht notwendigerweise eine Sinnstiftung für ein Sprechen über ontologische Grenzen hinweg. „Auch die Nekropole von Amarna bezeugt die Trennung der Lebenden von den Verstorbenen, und die Gestaltung der Nekropole macht ganz im Sinne der Übergangsrituale den Versuch deutlich, die durch einen Wechsel der Daseinsform unterbrochene Kommunikation wieder aufzunehmen".[192] Die Anrufungen richten sich an einen herantretenden Adressaten, durch den der Kontext der verbalen Kommunikation erst vervollständigt wird.[193] In TA 6

188 ASSMANN, Die „Häresie" des Echnaton, in: *Saeculum* 23, S. 118 mit Anm. 39.
189 REICHE, *Ein hymnischer Text*, S. 315, 361.
190 Bspw. TA 10, Eingang, Decke.
191 STEVENS, *Private Religion*, S. 303.
192 ARP, *Die Nekropole als Figuration*, S. 154.
193 GUKSCH (*Königsdienst*, S. 12) spricht in diesem Zusammenhang von „inkompletten Szenen".

wendet sich Panehesi im Anschluss an die Verehrung des Aten und des Königs auf dem Ostteil der Außenwand an die Stadtbewohner:

> Oh jeder einzelne der in Achetaten ist und sich eine schöne Lebenszeit wünscht: Ich will euch erzählen (*sḏd*) von den Wohltaten, die mir der Herrscher erwies: Er veranlasste, dass ich zu den Fürsten und Freunden gehörte ... als ich erwartete, mich den Fürsten anzuschließen, fand ich mich als Königsbekannten ... so soll jeder über mich sagen: wie groß (alt: blühend) ist NN".[194]

In TA 8 wendet sich der Grabherr Tutu mit folgenden Worten an die ihn hörenden und ihm ihre Aufmerksamkeit schenkenden Besucher:

> O ihr Leiter aller Menschen, alle Schreiber, die ihre Pflicht kennen, ihr großen *wꜥb*-Priester des Atentempels, ihr Diener des Aten, ihr Beamten [...], deren Herzen im Leben erfahren sind, jeder der wünscht, das Alter zu erreichen, der die Totenriten und ein Begräbnis in Vollkommenheit wünscht, wenn man des Lebens satt ist! Hört doch wenn ihr in mein Grab eintretet und das Große seht, was mir getan worden ist, denn ich war ein Diener des Wa-en-Re, des Herrschers, der von der Wahrheit lebt.[195]

Die in TA 8 an der Kommunikation beteiligten sind Priester und Beamten im selben sozialen Umfeld wie der Sprecher, der sich durch seine Beziehung zum Herrscher in die Situation einführt. Der Grabherr beschreibt daraufhin seinen Dienst für den König, wobei er besonderen Wert auf seine Eigenschaften als Überbringer von Botschaften und als Dolmetscher legt:

---

194 TA 6, Eingang, Türgewände, O, Kol. 8–19 (unterhalb der Darstellung der Königsfamilie beim Opfer), Sandman, Texts, 25.5–12, GUKSCH, *Königsdienst*, Beleg 008(01–02). Ebenso eingeleitet wird die Anrufung in TA 6, erste Halle, Deckeninschr., Kol. 3, GUKSCH, Beleg (061)01, DAVIES, *Amarna* II, Taf. VIII bzw. XXI. Auch die Anrufung in TA 14, Eingang, südl. Türlaibung, benutzt die Einleitung: „Ich will euch erzählen von den Wohltaten, die mir der Herrscher erwies", DAVIES, *Amarna* V, Taf. IV, GUKSCH, Beleg (061)03.

195 TA 8, Säulenhalle, W-Wand, N, unten (als Beischrift zum Grabherrn, auf der direkt an den Eingang anschließenden Wand), DAVIES, *Amarna* VI, Taf. XIX, Urk. IV, 2015–2017, Übers. HELCK, *Urkunden der 18. Dynastie*. Die Platzierung unterhalb des Tableaus kann so verstanden werden, dass der Grabherr sich an die Besucher wendet, nachdem er vor dem Palasttor die königliche Rede wiederholt hat.

> Nicht wurde ich getadelt wegen einer Ungehörigkeit bei irgendeiner Botschaft seiner Majestät, indem ich oberster Mund des ganzen Landes war beim Heer …
>
> Was die Boten aus allen Fremdländern betrifft, so war ich jeden Tag im Palast und hinterbrachte dem Hof ihre Worte. Ich kam wieder heraus zu den Boten als königlicher Gesandter mit allen Vorschriften seiner Majestät.[196]

Weil die Anrufungen der vorbildlichen Biographie des Sprechers als ein Mann, der aus seiner Lebensweisheit schöpft, angefügt werden sowie durch den Anruf „Hört"[197] nehmen sie den Charakter der Lehre an. Wenn man die kurze Bauzeit der Stadt und die Tatsache bedenkt, dass fast alle Einwohner entweder mit deren Aufbau, in den Tempeln oder mit der Opferbeschaffung beschäftigt waren, ergibt sich ein verhältnismäßig homogenes Diskursfeld[198] zum Thema Dienst für den König. In diesem Feld ist das Reden über die Verdienste des Grabherrn anzusiedeln. Die religionshistorische Situation, in der der König mit dem Aten verbunden wird, erklärt ihrerseits, warum innerhalb dieses Diskursfeldes Aussagen, die zu sozialem Handeln aufrufen, mit einer Aufforderung zu einer Lobpreisung oder einem Gebet ergänzt sind. In TA 14, dem Grab des Maj, werden die Grabbesucher zum Staunen und vermutlich zur Fürbitte für den König aufgefordert:

---

196 Ebd.

197 „Eine Autorenangabe steht oft bei ägyptischen Autobiographien am Beginn des Werkes, häufig gefolgt von „Hört!" (*sdm.w*)! Dieser Ausruf bezieht sich nicht nur auf die Anrede der Adressaten und die Aufforderung den Text zu lesen, sondern er impliziert, sich den Lebenswandel des Autors als Vorbild zu nehmen", POPKO, *Geschichtsschreibung*, S. 100.

198 Ich kann mich Assmanns Idee (Die Loyalistische Lehre Echnatons, in: *SAK* 8, S. 6), dass es sich bei den Anrufungen um ein „Verkünden der Machterweise der Gottheit, die sich […] in erster Linie an die ‚Öffentlichkeit' richtet", nicht anschließen, denn die altägyptische Religion ist keine Verkündigungsreligion – in dem Sinne wie das Christentum diesen Begriff gebraucht –, und es gibt auch keine Belege, die dafür sprechen, dass sie unter Achenaten derartige Züge angenommen hätte. Die Quellen aus Tell el-Amarna belegen keine Bekanntmachung religiösen Gedankenguts unter rituellen Formen. Bezeugt ist hingegen ein Diskurs, ein kulturelles Symbolsystem (Landwehr, *Kulturgeschichte*, S. 9), den Achetatens Gesellschaft unter Amenhotep IV. Achenaten performativ erzeugt, um aus der sie umgebenden Realität eine sinnhafte Wirklichkeit zu machen. Einige der Mechanismen bei der Entstehung dieses Diskurses spricht Bickel in ihrem Artikel (Bickel, „Ich spreche ständig zu Aton …", in: *JANER* 3, S. 23–45) an: die Tilgung anderer Götter aus theophoren Personennamen, das Tragen von Amuletten und den Gebrauch von Grußformeln in Briefen. Ebenso erzeugen und unterhalten ihn die im vorigen Abschnitt behandelten performativen Orte für das Gebet.

> Hört, was ich jedem sage, Großen wie Kleinen! Ich will euch erzählen von den Wohltaten, die mir der Herrscher erwies. Dann sollt ihr sagen: „Wie groß ist das, was gemacht wurde für diesen Armen." Dann sollt ihr ... für ihn (den König) Millionen von Ewigkeitsfesten als Herr der Beiden Länder. Dann wird er für Euch handeln, wie er mir gegenüber handelte.[199]

In TA 25 werden die Grabbesucher auf den Pfosten der inneren Tür, durch die man die Säulenhalle von Süden kommend betritt, adressiert. Auf dem linken Türpfosten sagt der Wedelträger zur rechten Seite des Königs, Vertrauter des Königs im ganzen Land, wirklicher Schreiber des Königs, den er liebt, der Gottesvater Eje, der wieder lebt:

> O jeder einzelne, der auf der Erde lebt, jede Generation, die entstanden ist: Ich teile euch den Weg des Lebens mit und ich bezeuge euch meine Gunst.
>
> Ihr sollt meinen Namen rezitieren wegen dessen, was ich getan habe. Ich bin einer, der rechtschaffen auf Erden war.
>
> Betet zum lebendigen Aten, damit ihr gedeiht im Leben. Sagt zu ihm: „Möge der Herrscher gesund erhalten werden" so wird er eure Gunstbeweise vermehren.[200]

Die Aufforderung zum Gotteslob in einem Anruf an die Lebenden lässt sich nur in Amarna belegen. Sie wird auf dem rechten Türpfosten durch diejenige zum Königslob ergänzt. Dort wird die Anrufung ebenfalls der Biographie des Grabherrn angefügt. Dieser sagt von sich, dass er „dem *Ka* seiner Majestät folgt", „(auf) seine Stimme ohne Unterlass hört", „richtig für den Herrn der Beiden Länder handelt" und einer ist, „der seine Schönheit sieht, wenn er in seinem Palast erscheint". Die Anrufung beginnt in Kol. 5:

> O jeder einzelne, der das Leben liebt und der (sich) eine schöne Lebenszeit wünscht.
>
> Preist den König, den Einzigen des Aten, es gibt keinen anderen Großen außer ihm.

---

199 TA 14, Eingang, südl. Türlaibung, Kol. 3–6, DAVIES, *Amarna* V, Taf. IV, Mitte, S. 4, Sandman, Texts, 61.8–16, GUKSCH, *Königsdienst*, Beleg (061)03.

200 TA 25, Säulenhalle, S-Wand, li. Türpfosten, Kol. 5, DAVIES, *Amarna* VI, Taf. XXXII, Sandman, Texts, 99.2–4, BICKEL, „Ich spreche ständig zu Aton ...", in: *JANER* 3, S. 39.

Er wird euch eine Lebenszeit in Fröhlichkeit, (mit) Speisen und Einkünften von dem, was er gibt, schenken.[201]

Am Grabeingang von TA 25 wird über Gott und König als die beiden das Leben in Achetaten dominierenden und materiell sichernden Kräfte gesprochen. Der Grabbesucher wird nicht dazu aufgefordert ein Gebet für den Grabherrn, sondern eine Fürbitte für den König zu sprechen. Die Bitte in Bezug auf den Grabherrn beschränkt sich auf das Rezitieren seines Namens. Sie verstärkt die Bedeutung des intakten Namens einer „rechtschaffenen" (*mꜣꜥ*) Person als Mittel, um in der Gesellschaft weiterhin zu existieren.[202] „Gunst" (*ḥzw.t*) ist

201 TA 25, Säulenhalle, S-Wand, re. Türpfosten, Kol. 5, DAVIES, ebd. und S. 33, Sandman, Texts 99.16–100.1, ASSMANN, Die Loyalistische Lehre Echnatons, in: *SAK* 8, S. 8, übersetzt: „Verehrt den König, wie die Sonne, denn kein anderer ist groß außer ihm"

202 Der Zusatz „gerechtfertigt" (*mꜣꜥ-ḫrw*), *Wb* 2, 15.1–21, TLA, Lemma-Nr. 66730, Zugriff 2015-05-11, wird scheinbar (in manchen Gräbern fehlen Vergleichstexte, um die Anwendung des Zusatzes zu überprüfen) nur in den Opferformeln und für den Sprecher der Hymnen und Gebete, die an den Aten gerichtet sind, verwendet. Dieser Befund stützt meine Idee von *mꜣꜥ-ḫrw* als Beiname einer Person, die diese als berechtigt zum Sprechen eines Gebetes ausweist. Er findet sich in: TA 1, Eingang, O- und W-Wand, Hymnus an Aten, Kol. 10 bzw. 13, TA 1, Säulenhalle, Decke, Opfergebet, TA 1, Schrein, S-Wand, W und O (Beischrift zur Mutter und zur Frau des Huja), TA 3, Eingang, O- und W-Wand, Einleitung zum Hymnus an die unter- bzw. aufgehende Sonne, TA 3, Eingang, Türsturz, re. u. li. Seite, Lobpreis für Aten, TA 4, Durchgang zur Säulenhalle, O-Wand, Einleitung zum Aten-Hymnus (Grabherr), TA 4, Durchgang zur Säulenhalle, W-Wand, Einleitung zum Aten-Hymnus (seine Frau Tenre), TA 4, Säulenhalle, O-Wand, C.6, Begrüßung nach d. Einsetzung in sein Priesteramt, TA 4, Säulenhalle, S-Wand, O, Beischrift zu Merire I in der Opferszene vor Aten, TA 4, Säulenhalle, N-Wand, Türrahmen, li. u. re. Türpfosten, Kol. 1–4, Opferformeln, TA 4, Vorkammer, N-Wand, re. und li. Türpfosten, Kol. 1–4, Opferformeln, TA 5, Eingang, re. u. li. Türpfosten, Kol. 1–4, Opferformeln, TA 5, Eingang, N- und S-Wand, Einleitung des Atenhymnus, TA 5, Eingang, Türsturz, Lobpreis an Aten, Kol. 6, 12, TA 7, Eingang, S-Wand, Hymnus an Aten, Kol. 13, TA 9, Eingang, N-Wand, Kol. 11, Abschluss des kl. Sonnenhymnus, TA 9, Eingang, re. u. li. Türpfosten, Gebet, TA 9, Halle, N-Wand, Stele, Kol. 10. TA 9, Halle, S-Wand, Scheintür, Kol. 8 u. Abschluss des kl. Sonnenhymnus, TA 9, Halle, N-Wand, re. u. li. Türpfosten, Kol. 2–4, u. Türsturz, Kol. 21, Lobpreis an Aten, TA 13, Eingang, li. Türpfosten, Kol. 2–4, TA 15, Eingang, re. u. li. Türpfosten, Kol. 2–4, TA 21, Eingang, W-Wand, Kol. 9, TA 25, Eingang, li. Türpfosten, Kol. 4, Gebete, TA 25, Eingang, O-Wand, Beischrift zu Teje. Als Zusatz zum Namen beim Lobpreis an den König: TA 4, Eingang, re. Türpfosten, Kol. 6, TA 4, Säulenhalle, S-Wand, Türrahmen, re. Türpfosten, TA 4, Vorkammer, S-Wand, O, Kol. 6 und W, Kol. 7, 9. Eine Ausnahme ist der Zusatz *mꜣꜥ-ḫrw* in TA 9, Halle, O-Wand, Beischriften zu Mahu vor dem königl. Streitwagen.

eine Antwort auf die vorhergehende Bewährung des Anderen.[203] Deshalb bietet der Grabherr mit der Aussage „ich bezeuge euch meine Gunst“ einen Gegendienst an, wenngleich nicht gesagt wird, worin dieser im Einzelnen besteht.[204] Sanktionen für den Fall, dass der Grabbesucher den Namen nicht rezitiert, werden nicht angedroht.

Durch den verbalen Akt der Anrufung wird Räumlichkeit hervorgebracht. Sie lokalisiert die beteiligten Personen in einem imaginierten Raum innerhalb Hörweite. Der Grabherr von TA 25, Eje, bezeichnet sich als „ein Gelobter des Herrn im Besitz des täglichen Bedarfs“, „einer der maßvoll und rechtschaffen ist, der frei von Betrügereien ist“, einer dessen „Größe in der Vollständigkeit seines Ausspruchs besteht“, einer der von der Anbetung des *Ḳas* lebt und durch seinen (des Aten) Anblick gesättigt ist. Diese Eigenschaften werden verwendet, um ihn als einen *hörbaren Körper*, der lebt – das „auf der Erde“ wird weggelassen – und zur Ästhetik des auditiven Raumes beiträgt, zu beschreiben. Es findet sich keine Angabe zum Aufenthaltsort des Sprechers.

Die Besucher werden als lebende Menschen adressiert: „O jeder einzelne, der auf der Erde lebt“ und „O jeder einzelne, der das Leben liebt und der (sich) eine schöne Lebenszeit wünscht“. Bei Panehesi, TA 6, wird noch die Stadt hinzugefügt. Die Form der Ansprache zeigt, dass der imaginierte Hörraum ontologisch unterschiedliche Akteure umfasst. Ihr ontologischer Status ergibt sich nicht zwingend aus dem Daseinsbereich. Im Vergleich mit Anrufungen aus der Voramarnazeit verzichtet der Sprecher auf eine Ortsangabe. Er schildert seinen Aufenthaltsort nicht als einen Bereich der Götter, wo er etwas für den Toten tun kann. Beide Akteure können in der Tageswelt angesiedelt sein. Als einer, der vom Anblick des Aten gesättigt wird, teilt der Grabherr ḍas Dasein unter den Strahlen der Tagessonne mit dem Grabbesucher. Der imaginierte religiöse Raum wird nicht als Hörbereich, sondern als Gesichtsfeld gekennzeichnet. Diese Eigenschaft charakterisiert die Anrufung der Amarnazeit. Sie erstellt einen performativen Raum, bei dem der imaginierte Raum den physischen in so hohem Maße überlagert, dass ihm dadurch ein rein religiöser Charakter verliehen wird. Unterstützt wird diese Rezeption durch die Wirkung, die das Zusammenspiel von Botschaft und Architektur der Gräber als Tempel hervorruft.

---

203 ASSMANN, Weisheit, Loyalismus und Frömmigkeit, in: HORNUNG/KEEL, *Studien zu altägyptischen Lebenslehren,* S. 31.

204 „Ich bin dein Sohn, der wirkmächtig für dich ist und der deinen Namen rühmt“ (TA 10, Eingang, W-Wand, 9) ist im Grabkontext die einzige Aussage, in der der Tote seine Möglichkeit hervorhebt, etwas für einen anderen (hier der König) zu tun. Sie findet sich aber nicht in einer Anrufung, sondern in einer Lobpreisung des Königs.

Der imaginierte religiöse Raum ergibt sich durch den Anbringungsort des Textes, seine Form als Anrede, den Sprecher, die adressierten Personen und den Inhalt der Rede, demzufolge die Fürbitten des Grabbesuchers den Gott erreichen. Ihm werden auditive Eigenschaften und das Von-dem-Aten-bestrahlt-sein beigemessen. Die Kommunikation erfolgt zwischen Menschen, denen ihre unterschiedlichen Daseinsformen den ontologischen Status eines Wieder-Lebenden beziehungsweise eines Lebenden verleihen. Der Grabherr bringt sich durch die Anrede in die Gegenwart der Lebenden ein. Im Vergleich zur Fürbitte, mit der sich ein Lebender an den hörenden Gott wendet, ist bei der Anrufung die Reihenfolge der Aktionsrichtung umgekehrt. Der Grabherr wendet sich an den hörenden Besucher. Daraufhin wendet sich der lebende Sprecher mit einem Gebet an den hörenden Gott. In beiden Fällen wird ein vorgestellter Raum erstellt, für den Sprecher und Angesprochener die Urheber sind.

KAPITEL 7

Die Umgestaltung einer Hörkultur

Der soziale Akteur der Amarnazeit ist ein Mischgebilde, in den einerseits die traditionellen Orientierungslaute, Vorstellungen von Hörräumen und Lautpraktiken der altägyptischen Kultur eingeschrieben sind, der sich aber andererseits an den ideologisch durch den König und die urbane Gesellschaft von Achetaten neu hervorgebrachten Lebensumständen und auditiven Räumen orientiert und diese mitgestaltet. Daraus ergibt sich die Frage: Wie werden Hörräume ausformuliert, umgedeutet, rezipiert und inkorporiert, die neue Praktiken und neue Sichtweisen der Alltags- und der religiösen Welt und Erfahrungen produzieren, die mit den Mitteln der Voramarnazeit nicht zu entschlüsseln waren?

„Die Materialität einer Aussage ist konstitutiv für die Aussage selbst, weil eine Aussage einer Substanz, eines Trägers, eines Ortes und eines Datums bedarf. Sobald sich diese situativen Indices ändern, wechselt auch die Aussage ihre Identität."[1] Daraus folgt: Mit der Veränderung von Wahrnehmungsräumen, in denen die bildlichen Aussagen zur Hörkultur rezipiert werden, verändert sich die Aussage. Bei der Visualisierung der Hörkultur in Achetaten lassen sich drei unterschiedliche Wahrnehmungsräume unterscheiden. (1) Materialität und mediale Inszenierung der Tageswelt in der vorderen Halle der Grabanlage. Sie ist bei den Quellen der Voramarnazeit und der Amarnazeit gleich. Die hiermit gewahrte Identität der Aussagen bildet die Voraussetzung für einen Vergleich der auf den Tableaus dargestellten Hörräume mit denjenigen in El Kab und den thebanischen Querhallen. (2) Die Hörkultur der Amarnazeit zeichnet sich durch die Überführung von Lauten und Klangmustern aus Wahrnehmungsräumen des Übergangs (das ist die Nekropole und ihre Medialisierung auf der Wand der Längshalle) in neue Kontexte aus. Mit ihrer Einbettung in andere Kontexte verändert sich die Identität der Aussagen. (3) Wahrnehmungsräume im Siedlungsbereich.

7.1 Der Wahrnehmungsraum Grabhalle

Soziale, historische und symbolische Konstellationen treffen in Achetaten in singulärer Weise zusammen. Sie bedingen die ästhetische Repräsentation

1 Wirth, *Peformanz*, S. 42–43.

 | DOI 10.1163/9789004354951_009

seiner Hörkultur. Die Bedeutung, die der Ausstattung der Gräber beigemessen wurde, bestätigt, dass das kulturelle Wissen, das den notwendigen Hintergrund bildet, damit Menschen von der Weiterexistenz nach dem irdischen Leben überzeugt sein konnten, unter Achenaten unvermindert weiterbesteht. In El Kab und den thebanischen Querhallen erzeugen die Dekoration aller Wände, kräftige Farben und die Visualisierung von Gesängen, Reden, Rhythmen und Tanz die Illusion der Erntezeit und der Nekropolenfeste. In den Hallen von Tell el-Amarna konstruieren dieselben künstlerischen Mittel eine Welt der erlebbaren Gottes- und Königsgegenwart in der Stadt Achetaten unter der Sonnenscheibe am Tageshimmel. Die Beschränkung auf diese Zeitphase wird nur in einem Tableau nicht eingehalten. In der indeterminierten Opferszene in TA 4, Säulenhalle, S-Wand, O, kommen die Sonnenstrahlen aus den Wolken hervor. Dieser Unterschied in der Darstellung verdeutlicht sowohl die Erscheinungsweise von Hörräumen (in allen andern Tableaus) als auch eine gewisse Selbstständigkeit gegenüber den Deutungszuschreibungen und Handlungen für auditives *Spacing*.

Die Auswahl des Dargestellten

Neu hervorgebrachte auditive Räume, an denen sich die Gesellschaft von Achetaten orientiert, sie als Räume des Lebens darstellt, rezipiert und gestaltet, ist die königliche Residenz. Dies zeichnet sich in der erstmaligen Darstellung und auditiven Kennzeichnung von Innenräumen und Höfen des Palastes, des Tempels, öffentlichen urbanen Räumen und der Stadtgrenze ab. Begrenzt wird die Auswahl durch die Kompatibilität der in den Darstellungen vermittelten Vorstellungen mit der Amarnakultur, deren zentrale Erzählung auf den Grenzstelen von Achetaten vermittelt wird.

Ein denkbares Vorbild für einen auditiven Raum, das sich für die Übernahme in die Amarnagräber geeignet hätte, bildet beispielsweise die Hafenszene in der Querhalle im Grab des Chaemhat, TT 57, die sich in einer in Nubien liegenden Kolonie abspielt.[2] Zwar weisen die Schiffe eine starke Ähnlichkeit mit den in TA 4 und TA 5 abgebildeten auf,[3] aber die Marktszene ist nicht übernommen worden. Das kann ganz einfach daran liegen, dass keiner der Grabherren in Amarna ein Schiffskommandant war. Naheliegender ist jedoch, die Ursache in der Aussage auf den Grenzstelen zu suchen, dass der König die Grenzen der Stadt nicht überschreiten wird. Als Folge davon entsteht eine auf Achetaten konzentrierte Ikonographie, bei der nur Orte im Stadtkern, im Siedlungsgebiet und am Stadtrand dargestellt werden. Die Repräsentation eines außerhalb der

---

2 TT 57, Querhalle, O-Wand, S, PM I, 1², 115 (9).

3 PINO, The Market Scene in the Tomb of Khaemhat, in: *JEA* 91, S. 97, 102.

Grenzen von Amarna liegenden Territoriums führte zum Ausschluss des Motivs aus dem Bilddiskurs. Eine weitere Ursache könnte in der an den Marktszenen zu beobachtenden Verknüpfung mit der Göttin Renenutet liegen. Wie die Auswertung der Daten in Kap. 4 gezeigt hat, werden in der Amarnazeit Nubier in allen gesellschaftlichen Bereichen dargestellt und als sprechende, jubelnde, musizierende und tanzende Personen gekennzeichnet. Die Nubier boten somit keinen Anlass, um die Marktszene vom Bildprogramm der Grabhallen auszuschließen.

Differenzsetzungen

Wirkungen ungleich verteilter Ressourcen und sozialer Positionen und die durch diese Asymmetrien produzierten kulturellen Codes werden dem *hörbaren Körper* eingeschrieben. Die Ikonographie artikuliert und visualisiert diese gesellschaftlichen Strukturen als Differenzsetzungen auf dem Wege über Göttlichkeit, sozialen Status, Geschlecht und Ethnizität der Akteure in Hörräumen, in denen sich die Unterschiede in ihrem auditiven Handeln, der Position, die sie durch die Stimme darin einnehmen, die Instrumente, die sie spielen, den Tanz, den sie tanzen, und den jeweiligen Aufführungskontext ausdrückt.

Die Göttlichkeit des Königs wird durch die Codierung des Hörraumes bei der Audienz als Empfang bei einem Gott und die Angleichung der Hörräume bei seiner An- und Abwesenheit im Palast an die Phasen des Sonnenlaufs erreicht. Der Rang der weiblichen Mitlieder in der Umgebung des Königs wird über den Mund (ein geschlossener Mund dient als Merkmal königlicher Personen), die Art oder Anzahl der Instrumente und die Form der Klangerzeugung ausgedrückt, die die Königin von ihren Töchtern, die Hofmusikerinnen von Städterinnen, die einheimischen von asiatischen Musikern, unterscheidet.

Das Sistrum bildet ein Privileg von Königin und Prinzessinnen. Es zeichnet den zur Ausübung von Kultmusik berechtigen weiblichen *hörbaren Körper* aus. Das hegemoniale Zeichensystem der Musik, das weibliche Musiker über männliche und kultische Musik über profane stellt, wird bewahrt. Die ästhetischen Einschreibungen des *hörbaren Körpers* durch das Wahre, Gute und Schöne in der Musik erweisen sich daran, dass an der Wertung der Frauenstimme als erfreuend, der mit dem weiblichen Geschlecht verknüpften Ausübung von Musik bei Ägypterinnen und Syrerinnen und – im Archiv des Gedächtnisses – an der Kultmusik für die Göttin Hathor (wenngleich ohne die Menit) festgehalten wird. Die Differenzierung von Hofmusikerinnen *versus* Städterinnen erfolgt über das Spielen von Saiten- beziehungsweise Schlaginstrumenten und den Aufführungskontext in Gebäuden (Tempel, Palast) oder im Freien (vor Gebäuden und auf Wegen).

Der Redegestus ist das Merkmal des ägyptischen Mannes im sozialen Umfeld der Beamten. Ein offener Mund ist bei vornehmen Ägyptern belegt. Er ist in der Regel mit einer Lauterzeugung (sprechen, rufen, musizieren) im Palast oder im Tempel verbunden. Wie schon in den thebanischen Gräbern aus der Zeit Thutmosis' IV. wird der männliche *hörbare Körper* (der Grabherr oder sein Sohn) mit dem Sprechen zu einem Gott oder dem König und der hymnischen Rezitation verknüpft.

Die Markierung des männlichen *hörbaren Körpers* des *Anderen* als Musiker und Tänzer, die seit Hatschepsut belegt ist, wird weitergeführt. Sie findet ihren Ausdruck bei Libyern als Schlagholzspieler und Nubiern als Tänzer, Trompeter und Trommler in der Armee. Einen Fingerzeig auf die unterschiedliche Bedeutung nubischer Tanzgruppen gibt ihre Bindung an bestimmte auditive Räume, die durch die Darstellung nubischer Tänzer im Erscheinungsfensterhof und nubischer Stocktänzer außerhalb der Umfassungsmauer in TA 25, Säulenhalle, N-Wand, O, vermittelt wird. Der Auftritt gleichartiger Tanzgruppen im Palasthof und beim Tributempfang privilegiert diese gegenüber den Stocktänzern, die vor der Palastmauer tanzen. Eine Neuerung stellt die Markierung der Asiaten als nicht sehende Musiker, die auf Saiteninstrumenten ihrer Heimatländer spielen, dar. Wenn meine Deutung sich als richtig erweisen sollte, handelt es sich hierbei um eine Abstrahierung als der gottesferne *Andere* im höfischen Ritual, um das Bild des göttlichen Herrschers und der gottesnahen ägyptischen Hofmusikerinnen zu untermauern.

Bei einer quantitativ sehr ungleichen Verteilung der Quellen für die betreffenden Ethnien ist es gewagt von einer Artikulation der Spaltung der Gesellschaft zu sprechen, doch werden (im Gegensatz zu Nubiern und Syrern) Asiaten und Libyer weder mit einem Anbetungs- oder Trauergestus noch einem Rede-, Ruf- oder Jubelgestus als Mitglieder der religiösen Gemeinschaft der Verehrer des Aten ausgewiesen. Die zur Syntheseleistung notwendigen kulturellen Vorbedeutungen, die in ihrem Kontext verbleiben, sind libysche Schlagholzspieler im auditiven Raum der Tragesesselprozession, die Ankündigung des Königs durch Trompeter und Herolde, Rhythmen und Tanz beim Tributempfang und der Jubel in der Stadt. Dieser ikonographische Befund erweckt den Eindruck, als ob diejenigen Musiker in ihrem Kontext verbleiben, die Ägypten als militärische Gemeinschaft Ausdruck verleihen. Die Differenzsetzung durch libysche Schlagholzspieler scheint, worauf ein Talatat aus der Voramarnazeit mit nubischen Schlagholzspielern deutet,[4] jedoch erst im Bilddiskurs der Amarnazeit vollends zur Blüte gelangt zu sein.

---

4 Karnak, CFÉ 3974, MANNICHE, *Les scènes de musique sur le talatat du IX*^{e} *pylône de Karanak*, Abb. 10 (nicht in Datenbank aufgenommen).

Hervorhebung – König und Loyalität

Der in den Tableaus fokussierte Akteur ist der König. Seine Bedeutung für die nachtodliche Existenz lässt sich anhand einiger ausgewählter Aussagen erschließen. Sie sind an ihn gerichtet und stehen im Grab des „Gottesvaters (Priesters), Wedelträger zur rechten Seite des Königs, Vorsteher aller Pferde seiner Majestät und wirklicher Schreiber des Königs, den er liebt", Eje:

> Ich lebe durch die Anbetung deines *Kas*. Ich bin gesättigt, indem ich ihm folge, meinem Atem, durch den ich lebe, mein Nordwind, meine Millionen von Nilfluten im täglichen Fluss.
>
> Nefer-cheperu-Re-wa-en-Re, mögest du mir eine lange Lebenszeit in deiner Gunst gewähren. Wie glücklich ist dein Gelobter, o Sohn des Aten!
>
> Was er macht, wird fortbestehen und dauern, (solange) der *Ka* des Herrn der Beiden Länder bei ihm ist, bis in Ewigkeit. Er wird daher mit Leben gesättigt sein, wenn er alt wird.
>
> Mein Herr, der den Menschen erschafft und die Lebenszeit entstehen lässt, gib ein gutes Schicksal für den, den du lobst, dessen Herz mit der Maat zufrieden ist und dessen Abscheu die Unwahrheit ist.
>
> Wie außerordentlich glücklich ist der, der deine Lebenslehre hört!
>
> Er ist durch deinen Anblick gesättigt, ohne Unterlass, (denn) seine Augen sehen Aten täglich.
>
> Mögest du mir wie deinem Gelobten ein schönes Alter schenken. Mögest du mir ein schönes Begräbnis nach dem Befehl deines *Ka* in meinem Grab schenken, das du mir zugewiesen hast, um im Berg von Achetaten, dem gelobten Ort, darin zu ruhen.
>
> Möge ich deine angenehme Stimme im Benben-Tempel hören, wenn du tust, was dein Vater, der lebende Aten, lobt.[5]

Der König ist als Sohn, Kind (*šrj*) und *Ka* des Aten der Vollzieher seines Kultes. Die determinierte Verehrung legt diese Opferung genau zeitlich und räumlich in den Zusammenhang von Amarna-Stadt und der Königsachse fest. Mit diesem szenischen Ausdruck wird die tägliche Neuschöpfung formuliert. Ihr Konzept bietet überhaupt erst die Grundlage für die Existenz eines ‚diesseitigen Jenseits'.[6] Der König ist Garant für die Versorgung des Grabherrn, diese Abhängigkeit motiviert seine Darstellung in den Grabhallen.

Achetaten, „sein (des Aten) Wohnsitz der Urzeit, den er sich geschaffen hat, um täglich darin zu ruhen, den sein Sohn Wa-en-Re ihm geschaffen hat,

---

5 TA 25, Eingang, O-Wand, Kol. 14–18. Rechtfertigung und Gebet an den König.

6 HESSE, *Die Privatgräber von Amarna*, S. 90.

sein großes Denkmal, das er ihm geschaffen hat, sein Horizont, in dem sein Umkreis entsteht", bildet den religiösen Aktionsraum des Königs. Hier opfert er seinem Vater Aten, macht Nützliches für den, der ihn erzeugt hat, stellt ihn zufrieden mit dem, womit sein *Ka* zufrieden ist, leitet das Land für den, der ihn auf seinen Thron gesetzt hat und der sein Haus für die Ewigkeit mit Millionen und Hunderttausenden an Dingen versorgt. Hier erhebt er den Aten, erhöht seinen Namen und veranlasst, dass das Land für den, der es geschaffen hat, existiert.[7] Die herrschaftsideologische Horusrolle des Sohnes gegenüber den Vorfahren ist in der Amarnazeit unterrepräsentiert. Als Folge davon werden mit Sukzession, Erbberechtigung und Ahnenkult – der Aten ist zwar der Vater des Königs, aber kein Vorfahr, sondern der präsente Vater, in dessen Gegenwart sich der Sohn „der groß in seiner Zeit ist" aufhält – drei zentrale politische Themen der altägyptischen Kultur ausgeblendet. Auf diese Weise wird in einer Kultur, die auf prozessualen Denkmodellen aufbaut, eine Konzentration auf die Gegenwart erzwungen. Die Darstellungen verlegen keine Ereignisse in die Vergangenheit.

Die Stimme des Königs erzeugt Unterschiede, indem sie im Erscheinungsfenster nur den in sein Amt eingesetzten Priester direkt adressiert, andernfalls diejenigen, die die Versorgung des Beamten garantieren, anspricht, oder schweigt. Das *Spacing* begünstigt die Bedeutung der königlichen Stimme als Schöpferwort. Es betont deren Göttlichkeit durch Schweigen oder die ausgesuchten Ansprechpartner (Priester). Der Erscheinungsfensterhof wird zu einem Ort des machtlosen Schweigens, oder auch des Verstummens vor dem Glanz der königlichen Erscheinung.[8]

Die Tableaus vermitteln den Loyalitätsanspruch Achenatens an seine Untertanen und dessen Erfüllung durch den Grabherrn.[9] In den Aktivitäten erkennt sich der Betrachter. Sie zeigen die Herrschaftsangewiesenheit des Menschen, seine Mitwirkung bei einer historischen Begebenheit wie die Tributabgabe und seinen Beitrag zum reibungslosen Funktionieren des Opferbetriebs, Palasthaushaltes, Transport des Königs und zur Sicherheit der Stadt. Die am häufigsten verwendete Ausformulierung gilt Achetaten als Hörraum des Jubels. Der auditive Raum umfasst, wie schon in der

7 Vergl. Grenzstele A, Kol. 5–6 aus dem Regierungsjahr 6.

8 Ein Belegt aus der frühen 18. Dyn. ist Urk. IV, 967.11–13: „Der Ansehen gibt im Palast und Würde verschafft an der großen Stätte. Der Stimmen schweigen und Pracht entstehen lässt", meine Übers.

9 Zu Zeichen der Loyalität, ASSMANN, Die Loyalistische Lehre Echnatons, in: *SAK* 8, S. 1–32, LOPRIENO, Loyalty to the King, in: FS *Simpson* II, S. 533–552 und BUDKA, *Der König an der Haustür*, S. 53–54 mit Anm. 270.

Gründungslegende, das gesamte Stadtgebiet inklusive der im Osten liegenden Gräber und den Luftraum darüber bis zum Himmel. Er wird in der zentralen Erzählung auf den Grenzstelen als der Horizontbereich und der Hörraum symbolisiert, in dem der König die Stimme des Gottes hört, ihm antwortet – wobei er ihn als „der im Horizont jubelt in seinem Namen Sonnenlicht" anspricht –, und alle Menschen die Erscheinung des Gottes bejubeln.

Die Zunge ist in der Mundhöhle, am Eingang zum Körper, zum Verborgenen, setzt alles Gesagte um, entlässt das, was über die Lippen kommt – Gewinnbringendes oder Verletzendes – in die Wirksamkeit. Hingegen liegt der Mund an der Körperoberfläche, öffnet den Körper, stellt eine Verbindung zur sozialen Umgebung her. REICHE bemerkt zur Übersetzung von „(Gebiete) sind in Jubel (*hnw*) für seinen *Ka*":

> Jubel ist ein durch Transposition erzieltes Vorgangssubstantiv, das ein subjektives Verhalten (Jubel als Ausdruck von Freude) und ein soziales Verhalten (Jubel als Ausdruck von Zustimmung, Anerkennung) beinhaltet. Es wird auf diese Weise eine Situation präsentiert. Der Jubel erscheint nicht als momentane Handlung, als Reaktion auf etwas, sondern als eine grundsätzliche Haltung der genannten Personengruppen gegenüber dem König.[10]

Der Jubel bezeichnet den loyalen Untertanen schlechthin.

Der Jubel als Siegergestus, der nur im Alten und im Mittleren Reich, und da nur beim Fischerstechen belegt ist, erscheint als Siegergeste der Schaukämpfer, die beim Tributempfang die Feindüberwindung aufführen. Jubel ist der herkömmliche Ausdruck für die wieder erstandene Lebensfreude, die durch eine Göttererscheinung ausgelöst wird. Durch das Bild des am Grabeingang, sprich Ausgang, stehenden Grabherrn, der die Hände im Anbetungsgestus erhoben hat und den Aten mit dem Sonnenhymnus begrüßt, wird das jubelnde und bejubelte Erscheinen des Gottes als das Ereignis herausgestellt, das den wieder lebenden Menschen in die Tageswelt eingliedert. Dort befindet er sich in der Gesellschaft all derer, die aus Freude über dieses Ereignis jubeln, nach der Version des Sonnenhymnus in TA 10, Eingang, W-Wand, Kol. 6–8, aus Freude darüber tanzen oder singen und den Aten lobpreisen. Die herausragende Bedeutung des Ereignisses wird bereits durch Talatats aus Karnak (München ÄS 5338 und Louvre E 25481) unterstrichen, auf dem der König mit den Sonnenaffen gemeinsam anbetend dargestellt ist. Die Lauterzeugung des Verstorbenen im Horizontbereich bei Sonnenaufgang wird durch die

10 REICHE, *Ein hymnischer Text*, S. 206.

hymnische Anbetung des Aten bei Sonnenuntergang ergänzt. Die Anbringung des Sonnenhymnus im Eingangsbereich des Grabes, die Sichtbarmachung des Jubels und seiner Ausbreitung in den Tableaus und die Eindringlichkeit, mit der über ihn gesprochen wird, rückt die Reduzierung des Personenkreises, dem der Jubel gilt, in den Hintergrund. Nicht länger bejubelt wird die Geburt eines vergöttlichten Toten.

Fürbitte und Lobpreisung gelten dem König in seiner Funktion als *Ka*, sprich der Lebenskraft des Gottes Aten. Sie richten sich an den König als Vermittler der Lebensgabe. Die Aufforderungen zum Königslob kennzeichnen zwar schon zu Beginn der 18. Dynastie den loyalen Untertanen, doch nehmen sie in Achetaten die Form eines ständig öffentlich vorgetragenen Bekenntnisses und Tuns an. Das Königslob kann als das auditive Handeln bezeichnet werden, das den öffentlichen Raum der Amarnazeit von auditiven Räumen anderer historischer Epochen unterscheidet. Es wird in den Tableaus verwendet, um alle Amtshandlungen des Königs zu bestätigen. Es handelt sich stets um ein kollektives Lautverhalten, das in der Öffentlichkeit durch die Städterinnen, die den Ehrengoldempfänger durch die Straßen nach Hause begleiten, oder durch bestimmte Gruppen, wie die Polizeitruppe oder eine Phyle, in den diesen Einheiten zugänglichen Bereichen ausgeübt wird.

Die gesellschaftlichen Gruppen, die im Palasthof in ein Königslob und Jubel über die Verleihung ausbrechen, verfügen über das gleiche soziale Ansehen wie der Belohnte. Diejenigen, die ihm außerhalb der Palastmauer zujubeln, sind ihm untergeordnet. Die Unterschiede differenzieren soziale Gruppen durch ihre Hörbarkeit an ganz bestimmten Orten. Durch seine Vorrangigkeit avanciert Jubel zum alleinigen Orientierungslaut der Gesellschaft. Seine Nennung im Epitheton des Aten schützt ihn. Damit geht ein Wechsel des Ortes von Grundlauten der Gesellschaft einher. Vorher waren sie in der Landschaft beheimatet, nun werden sie im urbanen Bereich erzeugt. Als Orientierungslaut einer Stadtgesellschaft gewinnt Jubel die Bedeutung solidarischen Handelns. Verstärkt wird dieser Effekt durch die Ungleichheit der sozialen Gruppen, die mit dem Jubelgestus dargestellt werden, und das Königslob, das den jubelnden Menschen in den Mund gelegt wird.

Auditive Räume des Gottes und des Königs werden durch traditionelle Klangmuster von Orten im Siedlungsbereich und an der Stadtgrenze unterschieden. Beide Räume verhalten sich zueinander. Rituelle Räume werden durch alternierende Gruppen und die Wahl der Instrumente als sakrosankte Bereiche codiert, die der Stadtbevölkerung hingegen als Hörräume des Jubels, des Stadtgesprächs (Siedlungsbereich, Palastwache) und des Amtsbereiches (Stadtgrenze). Lauterwartung zeichnet die auditiven Räume des Empfangs bei einem Gott aus. Nur diese bekommen dadurch die Perspektive zukünftiger Hörereignisse. Letzteres gilt für die Hörräume bei der Audienz im Palast, vor dem Temenos und beim Tributempfang, solange der König dorthin unterwegs ist.

Fragmentierung – Der Weg vom Palast zum Tempel

Die Umsetzung der *vita* in Bilder findet bereits vor der Amarnazeit statt. Mit der Gründung von Achetaten ändern sich die Orte, an denen der Grabbesitzer lebt und handelt. Damit ändert sich auch die Auswahl der gezeigten und durch lautliches Handeln codierten Räume seiner Amtsausübung. Beibehalten wird die auditive Gestaltung des Weges vom Palast zum Tempel nach der Amtsverleihung und die Ankunft vor dem Pylonen. Die Ähnlichkeit der Darstellung in TA 9 mit derjenigen in TT 131 ist nicht zu übersehen. Deshalb soll die Szene bei User-Amun hier kurz zusammengefasst werden.

Die große Hauptszene ist die Amtsernennung. Sie findet nach der Beischrift in der Säulenhalle des Pharao statt. Thutmosis III. sitzt in einem Thronbaldachin, der oben von einem Uräenfries mit der geflügelten Sonnenscheibe abgeschlossen wird. Hinter ihm steht sein *Ka*. Der König blickt den vor ihm aufgereihten Amtsträgern und Höflingen (*smr.w nsw.t*) entgegen: dem Herold, dessen Aufgabe es ist, die Beamten vor den König zu führen, dem bejahrten Wesir Aamethu (Users Vater), zwei Höflingen mit über der Brust gekreuzten Armen, zwei Höflingen mit der rechten Hand auf der linken Schulter und schließlich dem frisch ernannten Wesir „Der Schreiber und Gottessiegler User-Amun, gerechtfertigt“. Das *Spacing* erfolgt über den zu User-Amun sprechenden König: „Schau dir das Büro des Wesirs an, sei wachsam in allem, was darin getan wird“.[11]

Die Wand nördlich der Szene ist in zwei Register aufgeteilt, das untere enthält die Lehre des Aamethu für seinen Sohn User, das obere die Tragesesselprozession des Königs zum Tempel von Karnak, an der der neu eingesetzte Wesir teilnimmt. Der König und ein Wedelträger neben ihm sind in erhabenem Relief gearbeitet, der Rest ist gemalt. Der Zug wird angeführt von den gerade vor dem Pylonen angekommenen Musikern (siehe Abb. 29): drei Libyer mit Schlaghölzern, ein Trompeter, ein Trommler und drei Sänger (gestaffelt).[12] Auf sie folgt die bewaffnete Elitetruppe. Ein zweiter nubischer Trommler, der

---

11 TT 131, Querhalle, O-Wand, DZIOBEK, *Die Gräber des Wesirs User-Amun*, S. 73–77, Szene 131-5-7, Taf. 72 und 83, GNIRS, Zum Verhältnis von Literatur und Geschichte in der 18. Dynastie, in: BICKEL, *Vergangenheit und Zukunft*, S. 139.

12 Von DZIOBEK (ebd., S. 77) als „Händeklatscher“, bezeichnet. Sie zeigen aber deutlich den Cheironomengestus mit den im Handgelenk waagerecht abgewinkelten Händen.

ABB. 29 *Tempelbesuch nach der Einsetzung als Wesir.* TT *131, Querhalle, Ostwand. Nach Dziobek, Das Grab des User-Amun, Taf. 72, Ausschnitt*

wie sein Kollege eine Fasstrommel schlägt, eröffnet die sich anschließende Eskorte, die, weil sie mit kurzen und langen Stöcken bewaffnet ist, von Eberhard DZIOBEK als Polizeitruppe eingestuft wurde. In dieser befinden sich auch zwei Standartenträger. Man könnte darüber spekulieren, ob die Anwesenheit der Polizeitruppe mit den Standartenträgern ausschlaggebend für die Wahl der Darstellung im Grab des Obersten der Polizeitruppe von Achetaten gewesen ist. Auch dort folgt auf die Amtseinsetzung der Besuch des Haupttempels. Die Standartenträger und die Polizeitruppe begleiten den Grabherrn bis vor den Pylonen. Doch nur dieser Teil deckt sich mit den Ereignissen in TA 9. Der König nimmt dort nicht am Tempelbesuch teil. Die den Zug anführenden Libyer mit Schlaghölzern, der Trompeter und der Trommler sind Militärmusiker. In den Sängern vermute ich Herolde, die das Nahen des Königs ankündigen. Ihr Auftritt ergibt sich aus der Teilnahme des Königs an der Prozession. Sie finden sich dementsprechend in Amarna in der Tragesesselprozession in TA 1 (Libyer mit Schlaghölzern) und in der Eskorte beim königlichen Tempelbesuch in TA 1, TA 3 (Trompeter) und TA 4 (Trompeter, Herolde).

Umplatzierung – Die Lebensgabe durch den König

Die Darstellung des Tributempfangs dient der Demonstration des Königs als Herrscher und Lebenserhalter „all dessen was die Sonne umkreist" sowie der Verstetigung und Integrierung gesellschaftlicher Wertvorstellungen. Sowohl vor als auch in der Amarnazeit werden nubische Musiker und Tänzer für sein *Spacing* verwendet. Die Aufgabe der Musik in diesem Kontext macht die Beibehaltung dieses *Spacing* unter Achenaten begreiflich. Die Darstellung auf der Ostwand in TA 2 lässt sich mit der Tributszene auf der Westwand in TT 78, dem Grab des Beamten Haremheb aus der Zeit Thutmosis' IV. bis Amenhoteps III., vergleichen. Die Tributabgabe findet dort ebenfalls im Rahmen der Berufsausübung des Grabherrn als Verwaltungsbeamter des Königs statt. Die Bildkomposition an der Rampe (TA 2) beziehungsweise der Treppe, die zum Thron hinaufführt (TT 78), setzt sich in beiden Fällen aus Gruppen von drei und fünf nubischen Tänzern, die sich jeweils durch ihre Kleidung und die Form der Tanzbewegung unterscheiden, und Musikern nubischer Herkunft zusammen. Sie ist zwischen den zum König gehörenden Höflingen (TA 2) oder Leibwächtern (TT 78) und den Frauen und Kindern der südlichen Tributvölker platziert.

In TT 78 leitet der Trompeter die Szene ein. Er hat sein Instrument zum König und der mit Äxten und Schilden bewehrten nubischen militärischen Einheit hin ausgerichtet. Zum Rhythmus eines Trommlers in ihrer Mitte tanzen drei Tänzer in einem kurzen Hüftfell oder -tuch – einer von ihnen springt hoch in die Luft – und fünf Tänzer, von denen vier über dem Hüfttuch noch ein wadenlanges Wickeltuch tragen. Libysche Offiziere mit Schlaghölzern und Nubier, die Schaukämpfe aufführen, fehlen.[13] Auf der Ostwand der Säulenhalle in TA 2 sind es ebenfalls zwei tanzende Gruppen. Eine aus fünf Tänzern bestehende tanzt zwischen den Würdenträgern und den Libyern, die den Rhythmus mit Schlaghölzern geben. Auf sie folgen zwei Trompeter, drei Nubier mit wadenlangen Wickeltüchern, die die Hände zum Gruß vorstrekken, die Schaukämpfer und abschließend die zweite Gruppe, bestehend aus drei Tänzern und einem Trommler mit einer Fasstrommel. In Amarna sind alle Tänzer rot, im thebanischen Grab sind zwei mit schwarzer und die übrigen mit roter Hautfarbe gemalt. Ein Vergleich der Tanzszenen mit dem von CHERNOFF publizierten Bild eines „Dance of agility" (siehe Abb. 27) erweist, dass die hoch springenden Nubier traditionelle afrikanische Rhythmen tanzen.

---

13 TT 78, Querhalle, W-Wand, N, 5. Reg., PM I, 1², 154, BOURIANT, *Tambeau d'Harmhabi*, Taf. IV, BRACK, *Haremheb*, Szene 8.4, S. 39f, Taf. 12, 47b, 51a–c und Taf. 87.

Durch die Platzierung des Tributempfangs als Blickpunktsbild erhalten Tanz und Trommeln in Amarna die Bedeutung von Orientierungslauten. Die Verstetigung von Hörräumen ist ein zentraler Bestandteil von Erinnerungskulturen. Sie betreffen den Kernbereich einer Kultur, für den ASSMANN den Begriff des kulturellen Gedächtnisses in die Debatte eingebracht hat.[14] Die Mitwirkung des Hörens an der Erzeugung des kulturellen Gedächtnisses erweitert den Kreis derjenigen, die in einer Gesellschaft Wissen verwalten und bei der Tradierung und Bewahrung kultureller Sinngebung mitwirken, über den schreib- und lesekundigen Teil der Bevölkerung hinaus.

Übernahme – Szenen aus der Landwirtschaft

Die Bedeutung von Orientierungslauten für die kollektive Erinnerung bezeugt das Grab des Huya, TA 1. Dort werden auf drei Wänden der Säulenhalle unterhalb der Tableaus die urbanen Räume mit Szenen aus der Landwirtschaft und der Sumpflandschaft ergänzt. Sie bilden dort *nicht* den Amtsbereich des Grabherrn. Die Bildkomposition mit der Wellenlinie des Weges hat Vorgänger in TT 52, vermutlich Thutmosis IV. bis Amenhotep III., und in TT 57 aus der Zeit Amenhoteps III.[15] Im Subregister auf der Westwand der Säulenhalle von TA 1 sind die ruhige Jahreszeit der Feldbestellung und Segelschiffe zu erkennen, auf der Südwand sind die Frauen in der Mittagszeit auf dem Kornfeld und ein Mann verscheucht einen Schakal. Im Subregister der Ostwand wird die sonst nur im Alten und Mittleren Reich belegte Krokodilspassage wiedergegeben, deren Gefährlichkeit apotropäische Sprüche und Gesänge der Fischer als Orientierungslaute des Sumpfes erzeugt. Die Anbringung der Szenen könnte also ihre Ursache in der Gefahren abwehrenden Funktion haben, wobei, falls diese Idee zutrifft und die Szene mit ihrem Anbringungsort auf der Ostwand korrespondiert, auch das archivierte Wissen für die Horizontüberwindung als Ort der Feindvernichtung eine Rolle spielen könnte. Einschränkend muss bemerkt werden, dass der untere Teil der Szene nicht erhalten, und kein Krokodil zu sehen ist. Jedoch ist das Reptil in der Parallele in TT 57 abgebildet. Die Krokodilspassage liegt stets auf dem Heimweg. Auf diesen findet sich in Amarna ein Hinweis durch die, die Männer am Ufer erwartende und eine runde Handtrommel (?) haltende Frau. In der Nachbarszene im selben Register werden durch das Schwenken von Tüchern und Stöcken Rinder daran gehindert ins Fruchtland einzufallen. Es handelt sich hierbei also ebenfalls um eine mit einer Lauterzeugung verbundene Abwehr von Gefahren. Die Kommandorufe zum Einziehen der Netze bei Fisch- und Vogelfang und das Geschrei der Vögel

14 ASSMANN, *Religion und kulturelles Gedächtnis*, S. 38.

15 TT 52, Querhalle, westl. Teil, S-Wand, 1. Reg. v.u., PM I, 1^2, 99 (1). TT 57, Querhalle, östl. Teil, S-Wand, 1. Reg. v.u., PM I, 1^2, 116 (13).

evozieren als Signallaute einen Hörraum des Überflusses, was sich gut mit der gleichfalls dort gezeichneten Fülle vereinbaren lässt.

Huya übernimmt traditionelle Darstellungen der Feldbestellung, der Ernte und des Einfangens. Da die Szenen in der Grabhalle angebracht sind, gilt für sie dasselbe wie für ihre Vorläufer: Man kann von einer Beeinflussung durch den Übermittlungskontext ausgehen, weil sie diejenigen Eigenschaften einer bestimmten Umwelt auditiv bezeichnet und dem Grabherrn in Erinnerung ruft, die für sein Weiterleben unentbehrlich sind. Die Gefährlichkeit des Papyrusdickichts ist für ihn bedeutsam, weil dieses einen Landschaftstypus darstellt, den er in seinem nachtodlichen Dasein passiert. Das Niltal bei einer guten Ernte garantiert ihm seine Versorgung mit Opfern. Desgleichen ergänzt der Grabherr von TA 25, Eje, die Szenen seines Königsgrabes, WV 23, mit der symbolischen Feindabwehr, das ist die Nilpferdjagd, und der Vogeljagd im Papyrusdickicht mit den dazugehörigen Orientierungslauten, dem Geschrei der Vögel und dem Schwirren des Wurfholzes.[16] Die Rezeption im Übermittlungskontext der Grabhalle hebt die Wichtigkeit von Orientierungslauten hervor, und lässt ihre Repräsentation auch unter veränderten kulturellen Bedingungen als sinnvoll erscheinen.[17]

Neuerungen – Das Spacing der Palastes

In den Tableaus sind Jubel und Tanz das Merkmal der Innenstadt und des Siedlungsgebietes. Sie werden dadurch stets als der Tageswelt zugehörig gekennzeichnet. Die Tageseigenschaft unterscheidet den öffentlichen Raum vom Palast. Dessen Darstellung in unterschiedlichen Ruhe- und Belebungsphasen gibt die Zeitphasen des Sonnenlaufes wieder. Der König kann den Vorfahren und dem Aten nur angenähert werden, indem er vergöttlicht wird. Die Analogie seines Daseins mit dem kosmischen Zyklus der Sonne macht die Aufnahme eines so intimen Raumes wie sein Schlafzimmer und dessen sorgfältige Einrichtung mit Löwenbett, Kopfstütze, Truhen oder einer zum Bett hinaufführenden Treppe, einem (Opfer-)tisch mit Speisen und Ständer mit Krügen ins Bildprogramm der Grabhallen plausibel.[18] Da der Sonnenlauf als Zeit der

---

16 WV 23, Eingangshalle, re., PM I, 28–29, PIANKOFF, Les peintures dans la Tombe du roi Ai, in: *MDAIK* 16, S. 247f, Taf. XXI, 1–2.

17 Siehe zur Bedeutung der Szenen auch LABOURY, Une relecture de la tombe de Nakht, in: TEFNIN, *La peinture égyptienne ancienne*, S. 49–81. SÄVE-SÖDERBERGH, *On Egyptian Representations of Hippopotamus Hunting as a Religious Motive*.

18 Ausstattung des Schlafzimmers von TA 3, Halle, W-Wand, unten, Königstrakt. Die Vergöttlichung wird auch über analoge Speisezeiten erreicht: In TA 4, Säulenhalle, O-Wand, oben, sind der Speisetisch des Gottes im Tempel und derjenige für den König im Palast gleichzeitig gedeckt.

An- und Abwesenheit oder Wirkungs- und Ruhephase des Aten ausgelegt wird, stellt die Visualisierung des belebten, von dem Aten bestrahlten Palastes beziehungsweise des ruhigen Königstraktes, in dem die Diener schlafen und das königliche Bett nicht bestrahlt wird, eine Analogie von König und Gott her. Übende Musikerinnen codieren den Palast als Hörraum der Erwartung des Königs, sprich Gottes. In diesem Fall, und nur dann, werden die Musikerinnen im Frauentrakt wie bei der Audienz ethnisch gekennzeichnet. Sie sind ägyptischer und syrischer Herkunft. (In TA 3 erfolgt die Kennzeichnung, soweit sich das an den spärlichen Resten der Darstellung beurteilen lässt, nicht. Dort handelt es sich um ein Bankett innerhalb der Familie). In zwei Gräbern wird die auditive Kennzeichnung des Palastes als ruhiger Raum (TA 4) und als Raum der Erwartung (TA 2) von den hohen Beamten für ihre Wohnhäuser übernommen.

Der Hörraum der Ehrengoldverleihung visualisiert die Belohnung eines Beamten, der die „Lehre des Königs“ befolgt. Merire I fasst die Quintessenz dieser Lehre zusammen:

> Lobpreis deinem *Ka*, der du von der Maat lebst, Herr der Beiden Länder, Nefer-cheperu-Re-wa-en-Re, o Nil, auf dessen Befehl man reich wird, mein *Ka* eines jeden Tages.
>
> Der wird nicht arm sein, der deine Anordnungen hört und der zulässt, dass sie in seinem Herzen wiederholt werden.
>
> Wie ausgezeichnet ist wer vor dir steht und wer (deine) Lehren in sein Herz lässt, denn du gewährst ihm ein (hohes) Alter in deiner Gunst und eine schöne Zeit während deiner Herrschaft.[19]

Der König wird als derjenige gelobt, dem die Gesellschaft – Arme und Reiche, Beamte, Generation über Generation – ihre Entstehung und Erhaltung verdankt. Die Gaben selbst, die Nennung des Goldes in der Rede des Königs oder der Auftrag des Königs, den Belohnten mit Gütern zu versorgen, verbildlichen die materielle Sicherung des Beamten, die auf dem Wege über die Ernennung zum Priester, die Ehrengoldverleihung und die Vergabe des Grabes erfolgt. Die Wiedergabe der königlichen Verfügung zu seiner Versorgung vor dem Palasttor macht die wirtschaftliche Bedeutung dieses Systems publik. Zufriedenheit für die Menschen und auch für den Gott Aten wird in einer rein materiellen Deckung der Bedürfnisse formuliert. Sie verbleibt auf dieser Ebene.

Die traditionellen Biographien idealisieren den *hörbaren Körpe*r als Glied einer verbalen Kommunikationskette. Der Diskurs benennt diese weitergebende, wiederholende und vermittelnde Funktion und die entsprechenden

19 TA 4, Säulenhalle, S-Wand, Türrahmen, Türsturz, li., Kol. 23–28.

Gegenbilder. Dieser Aspekt, der ihn in die Gesellschaft eingliedert, wird zur Differenzsetzung verwendet. Durch ihn wird zwischen dem *hörbaren Körper* eines Beamten, eines hohen Beamten (sprich „Geheimnishüter") und dem des Königs oder eines Gottes unterschieden. Die Differenzierung des Königs besorgen Aussagen zum Schöpferwort. Dieselbe Differenzsetzung wird in Amarna vorgenommen. Sie beruht in den Tableaus aber nicht auf der Funktion des *hörbaren Körpers* als Glied einer Kommunikationskette, sondern auf Königsnähe. Gesten und Texte markieren den König und die Ehrengoldempfänger als Sprecher über die Verdienste der Männer um den König. Sie erzeugen auf diese Weise den Hof des Erscheinungsfensters als einen Ort des herrschaftsmächtigen Sprechens.

Umformulierung – Der Tempel

Das *Spacing* der Kultbereiche des Atentempels und die musikalische Ausweitung der Gottesnähe vor dem Temenos erzeugt die Konzeption des Tempels als einen heiligen Ort, aber sie bewirkt nicht seine Wahrnehmung als einen exklusiven Ort. Es lässt sich kein *Spacing* feststellen, das den Tempel möglicherweise als Ort des Geheimnisses oder des Ausschlusses kennzeichnen würde. Desgleichen lässt sich keine Raumkonstitution des Tempels als generativer Ort, der das Standbild des Gottes beherbergt, oder als Ort des Auszuges – die Fahrten des Königs bewegen sich zum Tempel hin – beobachten. Stattdessen wird auditiv durch die Musiker im Hof des Stelenheiligtums und ikonographisch durch den von oben gebenden und empfangenden Aten die Vergabe der Opfer und die Bewegung der Opfer zum Gott hin erzeugt. Weder Reden des Gottes noch Schweigen kennzeichnen die Kultbereiche. Die musikalischen Praktiken innerhalb des Tempels errichten diesen uneingeschränkt als Ort der kultischen Lauterzeugung für einen Gott. Die in der Voramarnazeit durch hohe Temenosmauern abgeschirmten Kultgeräusche, Rezitationen und Musik waren in Achetaten außerhalb des sehr großen Temenos des Großen Atentempels von 800 m Länge und 275 m Breite vermutlich auch nicht zu hören. Die Hörkultur der Amarnazeit war also speziell darauf abgestimmt, die Stadtbevölkerung in einen Rhythmus der Opferzeiten einzubetten und Religion im öffentlichen Raum hörbar zu machen, ohne die Heiligkeit des Kultraumes anzutasten.

7.2 Wahrnehmungsräume des Übergangs

Übergreifend lässt sich beobachten, dass sich das *Spacing* sakrosankter und königlicher Hörräume aus der religiösen Sinngebung vor der Amarnazeit, in der Form der Amarnatheologie und aus Achenatens Königsideologie speist.

Der vor Amarna beim Sargschlittenzug in der Nekropole erzeugte auditive Raum des Empfangs bei einem Gott wird nunmehr durch die für das *Spacing* verwendeten Musikergruppen in den Audienz- und Tempelbesuchsszenen ausschließlich dem Palast und dem Raum vor dem Temenos zugeordnet. Der vor Amarna beim Bankett in der Nekropole erzeugte auditive Raum wird nunmehr dem Hof des Stelenheiligtums zugeordnet. Atentheologie und Königsideologie kommen beim *Spacing* des Königstraktes zum Tragen, wenn in den Privaträumen des Palastes durch Hörzeichen eine Analogie zwischen dem Zustand der Menschen bei Abwesenheit und Erwartung des Gottes und Abwesenheit und Erwartung des Königs geschaffen wird. Die behandelten Hörräume demonstrieren einen freien Umgang mit den Vorgaben, um kulturelle Lautpraktiken im Hinblick auf die bestehenden Verhältnisse zu variieren.

Umdeutung – Der Umgang mit Grenzphänomenen

In der traditionellen Religion gelangte der Mensch erst als Verstorbener in die unmittelbare Gegenwart der Götter. Aus den sich gegenseitig bedingenden Seinsbereichen Tageswelt und Duat werden in Amarna die zwei aufeinanderfolgenden Daseinsformen Leben und Wieder-Leben. Mubabinge Bilolo spricht von einer negativen Theologie, die provoziert, weil im Atenhymnus das Element des Mystischen und des Unbekannten fehlt.[20] Die Verlegung der verborgenen Räume in die Sichtbarkeit und der damit einhergehende Verlust eines gestalteten Übergangsbereiches für den Menschen schuf neue Lebensräume, die mit dem traditionellen mythischen Diskurs nicht zu erfassen, dem Wissen von der Verborgenheit von Nacht und Duat nicht zu entschlüsseln waren. Sie erzwang einen neuen Umgang mit dem Grenzphänomen Tod.

Die Vorstellung von einem nächtlichen Dasein existiert in der Theologie Achenatens nur für den Sonnengott, hingegen wird keine nachtodliche Existenzform des Menschen an den Nachthimmel verlegt. Die Nacht wird nicht als Hörraum begriffen. Im Großen Atenhymnus wird sie als Zeit der Diebe und des Schweigens beschrieben: „Dunkelheit ist Verhüllung, das Land ist im Schweigen, denn der, der sie geschaffen hat, ist in seinem Horizont untergegangen".[21] Der Grabherr wird traditionsgemäß als ein hörender und sprechender Körper wahrgenommen. Diesbezügliche Aussagen finden sich als Totengebete im Anschluss an die großen hymnischen Texte der Türlaibungen, im Anschluss an die kurzen *jꜣ.w*-Anrufungen an den Fassaden- und Türrahmungen sowie auf Deckeninschriften. Die Decken sind in den Amarnagräbern der Ort,

20 Bilolo, L'enjeu politique de la theologie negative du grand hymne a Jati, in: *GM* 93, S. 29.

21 TA 25, Eingang, W-Wand, Großer Sonnenhymnus, Kol. 4.

an dem Duat und Nekropole genannt werden. In den Inschriften von TA 1 und TA 25 tritt traditionelles Gedankengut zutage:

> Empfangen von Opferspeisen und allem was in Gegenwart des Wa-en-Re, Geliebten wie Aten, hervorkommt ... Milch und Speisen an deinem Platz, damit dein Name in deinem Grab fortdauern möge (*rwḏ rn = k <m> js =k*)
> –Zeichenreste– Mögen dich alle Generationen anrufen ... (*njs tw ḏꜣm.* (*Pl.*) *nb*)
> –zerstört– ohne dass dein Name in deinem Grab gesucht werden muss ... (*nn ḥjḥj rn = k m ḥw.t = k*).[22]

In TA 25 wird der Fortbestand des Namens an Re geknüpft:

> Mögest du Re jedes Mal anbeten, wenn er aufgeht. Wenn du ihn siehst, möge er hören, was du sagst. Möge er dir Atem geben und deine Glieder zusammenfügen. Möge er herauskommen und eintreten wie einer seiner Gelobten. Möge dein Leichnam (*ẖꜣ.t*) überdauern, möge dein Name fortbestehen, möge ... kommen, für deinen *Ka*.[23]

Bitten, die den Namen des Grabbesitzers zum Thema haben, wünschen ihm, dass der Name im Grab, auf Erden oder in Ewigkeit „fortdauert“ (*mn*;[24] *rwḏ*[25]). Der Name soll von den nachfolgenden Generationen täglich „ausgesprochen“ (*dm*),[26] im Ritual des Aten „angerufen“ (*njs*) und „erinnert“ (*sẖꜣ*) werden.[27] Er soll nicht „gesucht“ (*ḥjḥj*) werden. Das „Suchen“ des Namens ist ein Indiz für das Weiterbestehen einer Vorstellung zum Körper des Osiris, der von seinem Sohn Horus oder von seinen Schwestern „gefunden“ (*gmj*) werden muss. Sie ist an den Namen geknüpft worden. Die Unterdrückung des mythischen Diskurses wirkt sich auf die ontologische Markierung des Namens aus. Vor

---

22 TA 1, Säulenhalle, Decke, DAVIES, *Amarna* III, Taf. 20, Sandman, Texts, 40–42. Ebenso TA 1, Eingang, Decke, und TA 1, Durchgang zum Schrein, O-Wand, Kol. 3. Weitere Belegstellen bei REICHE, Überlegungen zum nichtköniglichen Totenglauben in der Amarnazeit, in: FS *Gundlach*, S. 210f.

23 TA 25, Säulenhalle, Decke, Ostkolumne.

24 TA 5, Eingang, li. Türpfosten, Kol. 4.

25 TA 4, Vorkammer, N-Wand, re. Türpfosten, Kol. 3.

26 „Möge dein Name an deinem Grab fortdauern. Mögen alle Generationen dich anrufen, wenn er (dein Name) in Erscheinung tritt“, TA 25, Säulenhalle, Decke, Ostkolumne.

27 „Möge dein Name für immer und ewig täglich genannt werden, wie es für einen trefflichen Gelobten wie dich getan wird“, TA 25, Säulenhalle, Decke, Mittelkolumne. Desgl. in TA 1, Schrein, O-Wand, Rezitation des Priesters vor der Mumie, Kol. 5–6.

Amarna verlieh der Zusatz „Osiris N“ dem Toten ein ontologisches Geschlecht und lokalisierte ihn bei den Göttern. In Amarna wird der Name nicht durch diese Beifügung markiert. Der intakte Name (*rn nfr*) bleibt erhalten. Die gesellschaftliche Besetzung des Namens verdichtet sich unter Achenaten in der Aussage: „Mein Name erreichte den Palast“, wie sie in der Biographie des Eje, TA 25, auf dem linken Türpfosten der Säulenhalle gemacht, und im Deckentext derselben Halle ausgedehnt und auf die nachtodliche Existenz übertragen wird: „Du bist der erste unter den Freunden des Königs und du bist gleichermaßen vor (allen) Verklärten“.[28] Die Namensform, „*Ka* des N“, die den Toten als einen mit erhaltener Lebenskraft ausgestatteten Ansprechpartner für die Lebenden benennt, wird beibehalten. Sie erfährt in der Bezeichnung „N, der wieder lebt (*wḥm ꜥnḫ*)“ eine neue Variante. Die gesetzliche Besetzung des Namens als der eines Gerechtfertigten durch den Zusatz *mꜣꜥ-ḫrw* wird weiterhin standardmäßig verwendet. Sie findet sich in acht Gräbern.

Die Vorstellung von der Rechtfertigung des *hörbaren Körpers* als ein performativer Akt, der dem Grabherrn die nachtodliche Existenz ermöglicht, wird als Rechtfertigung seines Lebens und Handelns in TA 25 zur Sprache gebracht. Sie stellt keine Rechtfertigung vor Gericht dar:

> Ich bin ein Diener, den sein Herr entstehen ließ. Er bestattete mich, weil mein Mund voll Rechtschaffenheit war. Wie glücklich ist der, der nach seiner Lehre handelt, denn er erreicht den Bezirk der Gelobten. Für den *Ka* des Gelobten des vollkommenen Gottes, dessen, der rechtschaffen gegenüber dem war, der offenherzig zu ihm war, dessen der das Unrecht verworfen hat, um Rechtes zu schaffen, des Gelobten, der dieses in Gunst erreicht hat,…[29]

„Er bestattete mich, weil mein Mund voll Rechtschaffenheit war“ benennt den *hörbaren Körper*, der im Sinne der Maat handelt. Die aus den Biographien der Voramarnazeit bekannte Idealisierung der hohen Beamten wird beibehalten. Durch den Anbringungsort als Deckentext, die Lösung von einer Darstellung des Jenseitsgerichts und die Nuancierung der Aussage in Bezug auf den Handelnden erhält sie ihren Sinn nun aber aus der Tat des Königs. Er ist der Geber des Grabes. Das letzte Totengebet der Westkolumne lautet:

> Mögest du die Gestalt eines lebenden *Ba* im herrlichen Berg von Achetaten annehmen. Mögest du herauskommen und eintreten gemäß

28 TA 25, Säulenhalle, Decke, Westkolumne.

29 TA 25, Säulenhalle, Decke, Westkolumne.

> dem Wunsch deines Herzens. Möge dein Rang auf Erden ausgerufen werden, während du Speisen an der Seite deines Gottes isst. Folge deinem Herzen zum Zeitpunkt dessen, was du wünschst. Dein Grab ist täglich im Fest, (im Zustand) der vollkommenen Würde in Frieden. Das Ergebnis dessen ist ein Begräbnis, das durch die Hände des Königs Wa-en-Re entsteht.

Für den Grabherrn wird erbeten, dass er beim Opferausruf nicht übergangen wird. Auch die traditionelle Formel zum Empfang des Opfers: „Möge man den Namen anrufen, damit man wegen der Stimme kommt" findet sich zwei Mal.[30] Die Idee eines Verstorbenen, der bei den Göttern isst, wird in den Tempel verlegt. Beim thebanischen Talfest war der Grabherr temporär in die Lebenswelt hereingeholt worden. Die Aussage: „Dein Grab ist täglich im Fest, gerade so, als wärst du im Leben" belässt den Verstorbenen täglich in der Welt von Achetaten. Die Säulenhallen in Amarna bilden infolgedessen einen dauerhaften Treffpunkt für zwei unterschiedliche menschliche Existenzformen, die beide auf der Erde gelebt werden. Dieser Eingriff in die Vorstellungswelt erforderte kein religiöses Wissen von einem auditiven Verhalten in verborgenen Bereichen. Als Folge davon wurde den Priestern, die dieses Wissen verwalteten, die Existenzgrundlage entzogen. Der Mensch in der nachtodlichen Existenz wird nicht wie jener der Voramarnazeit als Körper wahrgenommen, dessen Worte vor einem Göttertribunal gehört worden sind, der von Götterboten zu einer Lauterzeugung aufgefordert wird und dessen Stimme sich vom Körper lösen kann, um in andere ontologische Bereiche vorzudringen. Damit verschwand auch die Körperlichkeit des Menschen in der nachtodlichen Existenz als die eines hörenden, im Bereich der Götter sprechenden, vergöttlichten Menschen mit einem irdischen Rhythmus und einer eindringlichen Vogelstimme (siehe Kap. 1.3).

Die Darstellungen in TA 1 und im königlichen Grab, TA 26, deuten darauf hin, dass die Nekropole zwar als der auditive Raum des Abschieds, aber nicht mehr als der des Empfangs bei einer Göttin oder einem Gott gestaltet wird. Auf der Decke der Säulenhalle von TA 25 wird das Begräbnis beschrieben:

> Mögest du dich (mit) deinem Wohnsitz der Ewigkeit vereinigen. Möge dich dein Grab der Unendlichkeit empfangen. Ein Stier zieht dich (i.e. deine Leiche), ein Vorlesepriester ist vor dir, indem er die Barke mit Milch reinigt, ihre Zahl entspricht dem, was der König Wa-en-Re einem Gelobten, den er erschaffen hat, zuweist. Möge er dich zum

30 TA 5, Eingang, N-Wand, Kol. 7. TA 5, Eingang, re. Türpfosten, Kol. 2.

> Ort der Gelobten emporheben (als) einen, der seine Lebenszeit in Vollkommenheit vollendet hat. Dein Grab ist täglich im Fest, gerade so, als wärst du im Leben. Es ist dein Gott, der es für dich befohlen hat, der lebenden Aten, der Herr der Ewigkeit, und sie (die Anweisungen für das Begräbnis) bestehen für den Gerechten für immer und ewig fort, der frei davon ist, Unrecht zu tun. Für den *Ka* des Gelobten des vollkommenen Gottes, Wedelträgers zur rechten Seite des Königs, wirklicher Schreiber des Königs, den er liebt, des Gottesvaters Eje, des Gerechtfertigten.[31]

Kein Wort von *mww*-Tänzern, was sich aus der Unterdrückung des Ahnenkultes ergibt, auch kein Hinweis auf eine Lauterzeugung. Die Aussage: „Möge er dich zum Ort der Gelobten emporheben (als) einen, der seine Lebenszeit in Vollkommenheit vollendet hat" kehrt die traditionelle Richtung des Übergangs vom Erdendasein in die Nekropole um. Aus der Abwärtsbewegung: „aus meinem Gau bin ich herabgestiegen", wird eine Aufwärtsbewegung, ein Emporheben zu den oberhalb der Stadt gelegenen Felsgräbern von Amarna hinauf. Vorstellungen zum Hörbereich, die bisher durch das Handeln religiöser Spezialisten wie Totenpriester, *Mww*-Tänzer und Klagefrauen Gestalt gewonnen hatten, werden nicht länger als Teil einer Hörkultur vermittelt.

Entmythisierung – Die Veränderung der Totenklage

Nur in einem Beamten- und im Königsgrab ist das Trauern verbildlicht. Es kennzeichnet die Nekropole während der Bestattung. Die lautlichen Akteure werden ausgestauscht. Keine professionellen Klagefrauen in der Rolle von Isis und Nephthys, sondern Männer und Frauen übernehmen das Trauern. Der mythologische Diskurs wird unterdrückt. Die Totenklage verliert ihre Bedeutung als Orientierungslaut der Gemeinschaft. Die geschlechtsspezifische Rolle der Klagenden überdauert jedoch, denn obgleich Trauernde beiderlei Geschlechts in TA 1 und im Königsgrab dargestellt werden ist nur für Frauen eine namentliche Kennzeichnung belegt.

In der in Amarna artikulierten Weltkonstitution findet sich kein Beleg für eine Sinnstiftung des Handelns für einen Toten durch Rhythmen zu seiner Erweckung und Neugeburt, seine Konstituierung durch das Gesetz oder die Kontaktaufnahme zu ihm als Hörender. Rituale erzeugen und nähren nicht länger die Vorstellung von einem balsamierten hörenden Körper, der sich aus sich heraus gebären und in einen *hörbaren Körper* verwandeln kann. Aus dem Wegfall des Jenseits als einen Nachtbereich, in dem der Verstorbene aktiviert und neu geboren wird, erwuchsen neue Praktiken der Klage. Sie bauten nicht

31 TA 25, Säulenhalle, Decke, Ostkolumne.

auf seiner Erreichbarkeit in einem anderen ontologischen Bereich auf. Damit fällt das gesamte Feld der Trauer, das durch Handlungen, die zeigten was der Lebende für den Toten tun kann, gekennzeichnet und in eine kulturelle Form gebracht worden war, weg. Keines der in Kapitel 1 behandelten Rituale zum Schutz des Körpers, zu seiner Erweckung, Belebung und Wiedergeburt durch Rhythmen, die auf der Vorstellung von zwei sich gegenseitig bedingenden Seinsbereichen beruhen, dominiert länger die Kultur.[32]

Neue Grenzziehungen – Der Stadtrand

Ontologische Grenzen zwischen Seinsbereichen werden nicht markiert. Der Stadtrand bildet die Grenze zwischen Achetaten und Wüste. Hier treffen das Gebiet der Stadt- und das der Wüstenbewohner aufeinander. Der Dienstbereich des Obersten der Wüstenpolizei erstreckt sich über beide Gebiete. Sein Ruf, der den König als Erbauer von Achetaten adressiert, überwindet die Grenze zur Stadt. Die singuläre Darstellung einer Medja-Frau mit Redegestus platziert diese jenseits der Stadtgrenze in der Wüste und schreibt sie dem *hörbaren Körper* des *Anderen* zu.

Überführungen in neue Kontexte

Die Überführung von Hörereignissen in neue Kontexte bestätigt ihre vermutete Bedeutung für die kollektive Erinnerung. Um die umgebende Welt in Achetaten als die seine zu erkennen und in ihr zu handeln, wendet der *hörbare Körper* Deutungsmuster und Interpretationsleistungen an, die auf dem Gedächtnis einer Hörkultur basieren, in der sie als Orientierungslaute bestimmte Ereignisse kennzeichnen. Die Übernahme bestehender zentraler Klangmuster in andere Kontexte bewirkt, dass Sinnsysteme, über die die Menschen in Achetaten verfügen, sie in dieser historischen Situation dazu bringen, neue Hörräume auf eine ganz bestimmte Art und Weise zu verstehen.

Das Klangmuster des Empfangs bei einem Gott

Das Klangmuster des Sargschlittenzuges in der althergebrachten Form gestaltet auditiv den Empfang bei der Westgöttin. Hörbar sind die erfreuliche Ankunft des Neuankömmlings, die Bewilligung zum Eintritt, das Geleit zu den Vorfahren, die Ankündigung (als Gott) in einem Daseinsbereich der Götter

32 Von manchen Ägyptologen ist die im Schrein von TA 1 dargestellte Rezitation des Priesters vor der Mumie als Mundöffnung gedeutet worden. Das geht aber weder aus der Darstellung noch aus den Worten hervor. Robert HARI (*New Kindom Amarna Period*, S. 85) betont, dass die Ritualisierung der Opfergaben ohne jede Allusion auf das Jenseits erfolgt.

und aller Völker, den Weg des gezogenen Schlittens durch mehrere Gebiete, die Ankunft und den Jubel darüber im Himmel und in der Duat, Ankündigung, Jubel, Lobpreis und Wünsche für sein Dasein als Gott und schließlich die Begrüßung durch die Göttin. Der Wechsel des Gesangstils deckt sich stets mit dem Inhalt. Das traditionelle Klangmuster (siehe Kap. 3.6) erzeugt die Nekropole als

- Empfangsraum der Westgöttin (1–2: Epilog und Anrede, Wechselgesang)
- Übergangsraum (3–6: *ḫb*-Tänzer, Klagen der *ḏr.tj*, Wechselgesang „In Frieden ...“, *mww*-Tänzer)
- Raum der Götter (7–9: Ankündigung: „Es kommt der Gott ...“, Zuruf, *tknw*-Text)
- Raum des Erscheinens (10–11: Wechselgesang „Lobpreis ...“, Begrüßung durch die Westgöttin)

Die Wechselgesänge werden jeweils beim nächsten Schritt der neue Gruppen einbeziehenden Sakralisierung eingesetzt. Beim ersten Gesang wird als ontologische Ebene noch die Lebenswelt Ägypten eingehalten, der zweite bewirkt die Sakralisierung des Gefolges in das des Osiris, beim dritten erzeugen Vorsänger und Sängerchor einen auditiven Raum, in dem die Götterneunheit begrüßt wird. Der Effekt dieses Klangmusters besteht in der stufenweisen Sakralisierung eines Übergangsraumes. Die Untersuchung spricht für seine Übertragung auf den Raum, in dem der König Audienz gibt, und auf den Empfang vor dem Temenos des Großen Atentempels.

Mit der Übersiedelung des beim Sargschlittenzug erzeugten Klangmusters auf Räume in Achetaten findet die Übernahme der Klanggestalt eines spezifischen rituellen Übergangsraumes in einen urbanen Kontext statt. Die Aussage verändert sich dadurch. Der Bezug auf den Ahnenkult und eine Übergangsphase fehlen. Bei den heiligen Bereichen handelt es sich nicht länger um einen jenseitigen Ort. Im religionshistorischen Kontext der Amarnazeit und bei der Verwendung zur Sakralisierung von Räumen, die innerhalb der Tageswelt liegen, ist der Übergang zu den Vorvätern überflüssig. Durch die Verwendung der Abschnitte 7–11 im Kontext der königlichen Audienz und vor dem Temenos wird der Empfang auf das Ostufer verlegt und die Westgöttin durch den König beziehungsweise den Aten ersetzt. Alternierende Akteure der Aufführung werden beibehalten. Ist der empfangende Gott der König, werden sie nach der in Kapitel 5 vorgeschlagenen Interpretation als ägyptisch /weiblich /gottesnah und asiatisch /männlich /gottesfern unterschieden.

Die dem Königsbegräbnis nachempfundene Ankündigung in Abschnitt 7 betrifft nun den lebenden König. Die verbundenen Augen der asiatischen

Musikergruppe könnten auf rituellen Praktiken beruhen, die der althergebrachte Sargschlittenzug durch seine Sinnstiftung in Abschnitt 8 erreicht hatte. Dieser Teil zeichnet sich durch den *anonymen* Sprecher des Zurufs „Eure Arme an eure Seile!" und eine Stimme in verborgenen Bereichen aus, die bewirkt, dass das Handeln der adressierten Personen zur Tätigkeit für einen Gott wird. In Abschnitt 10 dient der Wechselgesang dem Lobpreis des vergöttlichten Königs. Ist wie in TA 4 der empfangende Gott der Aten, dann sind beide Musikergruppen ägyptisch /weiblich /gottesnah. Sie verkörpern vor dem Temenos – der König ist noch zum Tempel unterwegs – die Phase vor der Ankunft bei einem Gott. Sie spielen nicht und sind durch eine mit einem Zweig winkende Tänzerin in ihrer Mitte ergänzt. In TA 6 entspricht Abschnitt 10 dem Lobpreis beim Erscheinen des Gottes. Die Städterinnen spielen jetzt zum Tempel des Aten (in dem das Opferritual im Gange ist) hingewendet. Der Herold, der sie angekündigt hat, hat seinen Stab unter den Arm geklemmt und die Hände anbetend erhoben.

Im neuen Aufführungskontext geben die Musikerinnen die aktuelle städtische Umgebung wieder. Vor dem Temenos werden durch sie Empfang und Gottesnähe im Hörbereich der Innenstadt hervorgerufen. Trompetenstöße und Lautvermeidung setzen die Ankunft des Atenkindes, das zu seinem göttlichen Vater eilt, und die Zeit des Kontaktes zwischen Kind und Vater (der sich als *unio mystica* und eine Opferhandlung nach dem *do-ut-des*-Prinzip, verdeutlicht durch die Strahlenhände, vollzieht) voneinander ab. Die verdoppelten Gruppen Städterinnen lenken durch nicht spielen oder trommeln die Aufmerksamkeit auf die Kultbereiche vor und während der Opferhandlungen. Sie machen auf diese Weise die Zeiten für den täglichen Opferdienst hörbar. Die vor dem Temenos eingesetzten auditiven Mittel verleihen der Religion eine hörbare Präsenz in der Innenstadt.

Die Musik am Speisentisch des Gottes

Der Klang des Saiteninstrumentes, das von einem meistens als blind dargestellten Harfner geschlagen wird, der neben dem Opfertisch platziert ist, kennzeichnet in der frühen 18. Dynastie die Nekropolenfeste, bei denen sich die Lebenden zu dem/den Verstorbenen gesellen. Zu den mit einer Augenbinde versehenen Musikern in den Bankettszenen bemerkt MANNICHE: „The blindfold was evidently an innovation of the Amarna period, and may have been introduced as a compromise when customs applicable to the cult were extended to other contexts, in this case the palace".[33] Der Harfenklang des von einem blinden Harfner geschlagenen Instrumentes

33 MANNICHE, Symbolic Blindness, in: *CdÉ* 53, S. 20, Anm. 1.

wird meines Erachtens aber nicht in den Palast überführt, sondern dient zur auditiven Gestaltung des Großen Atentempels.[34] Die neben dem Opfertisch spielenden Harfner und Cheironomen werden in das *ḥw.t-bnbn*, den Hof des Stelenheiligtums, neben den Speisetisch des Gottes Aten und der lebenden *Bas* platziert. Falls MANNICHES Interpretation der als blind dargestellten Tempelmusiker als körperlose Stimmen zutrifft, kennzeichnen ihre Klänge als Stimme des Königs oder als Stimmen, die sich vom Körper gelöst haben, den Hof des Stelenheiligtums als einen auf der Erde liegenden Kontaktbereich, in dem Stimmen den Gott am Himmel erreichen. Ihre Aufgabe besteht in der Übertragung der Opfer an den Gott: „It is possible that invisible essence (sound) emanating from the tangible object (the musician or his instrument) was interpreted as symbolic of the immaterial substance transferred to the deity from the actual food offerings presented in the temple or the palace".[35] Die von Harfnern, Lautenspielern und Sängern[36] erzeugte Musik am Speisetisch des Grabherrn wird zur Musik am Speisetisch des Aten und der lebenden *Bas* im *ḥw.t-bnbn*. Sie wird dort auf den Tag festgelegt, wenn die Sonne am Himmel steht. Mit der Überführung in den Aufführungskontext des Tempels ändert sich der Inhalt der Aussage. Die Stimmen erreichen den Gott im *ḥw.t-bnbn* nicht wie bei den Nekropolenfesten abends und in der Nacht, sondern während des Tages.

Die Stimmen aller sieben als blind dargestellten Sänger (daher die verdoppelte Gruppe) und das Spiel des blinden Harfners als Jubel von Sängern und Musikern, „an jedem Ort, an dem du [Aten] zufrieden bist und an dem sich Nahrung, Speise und Opfergaben befinden" spricht dafür, dass der Opferbetrieb für den Aten ursprünglich nicht an einen bestimmten Ort gebunden war, sondern auch außerhalb des Tempels und in der Nacht vollzogen werden konnte. Die Übernahme der Szene in das Bildprogramm von TA 4 mit unter einer Art Wolke hervorkommenden Sonnenstrahlen stützt diese Vermutung. Es handelt sich in diesem Fall um ein Weiterbestehen von Sinnstrukturen für ein religiös-rituelles Handeln in verborgenen Räumen.

---

34 Zum Vergleich der Architektur siehe SCHLÜTER, *Sakrale Architektur im Flachbild*, S. 346.

35 MANNICHE, Music at the Court of the Sun-disc, in: *Amarna Letters* 65.

36 Die Darstellung von vier blinden Sängern, die mit ihrem Lied den Transport der Opfer zum Himmel befördern, und neben der Schlachtszene (in Amarna der *wsḫt*-Halle im Hof des Stelenheiligtums) platziert sind, hat einen Vorläufer in TT 181, Querhalle, südl. Teil, W-Wand, unterstes Register, DAVIES, *The Tomb of Two Sculptors at Thebes*, Taf. V. In TT 181 stehen die Sänger. Sie sind blind. Ihre Kopfhaltung verdeutlicht, dass sie den Schall nach oben aussenden.

Gemeinsam ist den bisherigen in andere Kontexte überführten Klängen und Klangmustern der ursprüngliche Aufführungskontext bei einem Übergang von der Menschen- zur Götterwelt. Ihre Funktion besteht in der Sakralisierung des Ortes, der Erzeugung von Gottesnähe und der Herstellung des Kontaktes zwischen Mensch und Gott. Die gleichen Funktionen erfüllen sie in den neuen Kontexten, was zu ihrer Verwendung in der Amarnazeit geführt haben könnte. Das rituelle *musical idiom* des Sargschlittenzuges wird durch die Auswahl der aufgeführten Abschnitte und die Unterschiede in der Zusammensetzung der beteiligten Musikergruppen und Tänzer im neuen Aufführungskontext (der Empfang beim König und beim Aten) variiert. Die Anzahl der Musiker am Speisetisch wird bei der Aufführung im Tempel erhöht. Die Instrumente werden den jeweiligen neuen Aufführungskontexten angepasst. BURCKHARDT QURESHIS These zur Variation der Lauterzeugung in Abhängigkeit von Veränderungen des Aufführungskontextes wird durch die Untersuchung bestätigt.

Die Ruhe

Um eine Überführung in einen anderen räumlichen Kontext und die damit einhergehende Veränderung der Aussage handelt es sich auch bei dem Motiv des Schläfers. Der Schläfer, der beim *Spacing* in der Thebanischen Nekropole das bebaute Land als Raum der Fülle kennzeichnet, dient in Amarna zum *Spacing* des Palastes. Seine Verwendung in dem neuen Kontext bewirkt eine völlig neue, auf die Ab- oder Anwesenheit des Königs hin ausgerichtete Sinngebung. Sie bewirkt beim Rezipienten die Vergöttlichung des Königs, indem sie eine Parallele zwischen der Abwesenheit des Königs und der des Gottes herstellt. Die Ruhe im Palast als Kennzeichen der Königsabwesenheit ist kontextspezifisch. Im Temenos kennzeichnet Lautvermeidung (Beruhigung der Tiere) Gottes- und Königsanwesenheit.

Fragmentierung – Die Festmusik aus den Bankettszenen

In den thebanischen Gräbern treten musizierende und tanzende Frauen beim Umtrunk oder Bankett auf. Musik und Trank schließen den Grabherrn in den sozialen Kontext der frohen Festgemeinschaft mit Freunden und Verwandten an einem „Schönen Tag“ ein. Durch Lotusblüten, Salbkegel und die Klangsymbolik mit dem Wunsch den Gott zu sehen wird eine erotische Atmosphäre der Wiedergeburt geschaffen. Im Hinblick auf den Betrachter schreibt HARTWIG:

> Furthermore, accomplished renderings, such as the three musicians in the tomb of Nakht, may have been deliberately placed on the wall to

> appeal to the viewer's aesthetic sense and impress upon him or her the status of the deceased as a worthy cult recipient who had access to such skilled artists.[37]

Tanz und Rhythmen der Gemeinschaft bei Nekropolenfesten finden sich in den Amarnagräbern im urbanen Kontext. Nur die Mitglieder der Königsfamilie nehmen an Banketten teil. Die soziale Einbettung nichtköniglicher Personen wird durch den Empfang vor dem Palasttor und die Heimfahrt des Grabherrn nach der Ehrengoldverleihung oder Amtseinsetzung erreicht. Kollegen, Untergebene, Freunde, Verwandte und Mitglieder seines Haushalts erwarten, bejubeln, begleiten und feiern den Belohnten. Vor seinem Wohnhaus wird er mit Musik und Tanz empfangen. Die musizierenden und tanzenden Frauen werden vom familiären Raum der Grabkapelle in den öffentlichen Raum der Stadt überführt. Die erotischen Konnotationen des Salbkegels[38] und die Symbolik der Wiedergeburt durch Lotusblüten wird auf die musizierenden Städterinnen übertragen, die aber jetzt nicht an den Blüten riechen, sondern mit ihnen winken.[39] Die Bildkomposition der Musikerinnen in den thebanischen Gräbern zeigen mehrere Motive, die bei den Städterinnen in Amarna wiederkehren:

1. Die Fortbewegung beim Tanz in Gehrichtung. Sie findet sich im Grab des Djehuti-nefer, TT 80. Die Musikerinnen setzen sich aus einer Lautenspielerin, einer Sängerin mit Klappern und einer Frau mit einer waagerecht gespielten Leier zusammen.[40] Die beiden vorderen blicken zur Lautenspielerin zurück. Alle drei tragen bodenlange Mäntel und tanzen, wie bei einer Prozession, mit unterschiedlich weiten Schritten in die gleiche Richtung.
2. Die Gruppierung von Musikerinnen und Tänzerinnen, in deren Mitte eine stets kleiner als die anderen Frauen dargestellte Person tanzt.[41] Die

---

37 HARTWIG, *Tomb Painting and Identity*, S. 103.

38 TA 8, Säulenhalle, W-Wand, DAVIES, *Amarna* VI, Taf. V.

39 TA 2, Säulenhalle, S-Wand, O, DAVIES, *Amarna* II, Taf. XXXIII.

40 TT 80, Querhalle, SHEDID, *Stil der Grabmalereien*, S. 82, Abb. 87 und Taf. 13. Mit PM I, 1^2, 158 (6) und entgegen SHEDID, S. 82.

41 TA 4, Säulenhalle, S-Wand, W, DAVIES, *Amarna* I, Taf. IX (inmitten Tänzerinnen). TA 2, Säulenhalle, S-Wand, O, DAVIES, *Amarna* II, Taf. XXXIII (zwischen einer Gruppe jubelnder Männer und Tänzerinnen). TA 6, erste Halle, S-Wand, W, unten, DAVIES, *Amarna* II, Taf. XI (inmitten Tänzerinnen). TA 7, Halle, W-Wand, DAVIES, *Amarna* VI, Taf. V (inmitten Tänzerinnen). TA 9, Halle, N-Wand und O-Wand, N, DAVIES, *Amarna* IV, Taf. XIX (zwischen Polizeitruppe und Tänzerinnen).

Gruppierung von Tänzern mit einer kleineren Person in der Mitte, die ein nubisches oder ägyptisches Mädchen oder auch ein kleinwüchsiger Mann im Dienste des Königs sein kann, findet sich im Grabkontext schon seit dem Alten Reich. Zu Beginn der 18. Dynastie trifft man auf sie beispielsweise beim Festmahl im Grab des Men-cheper-Ra-seneb, TT 79. Dort tanzt eine kleine Person zwischen der Spielerin einer Doppeloboe und einer Leierspielerin.[42] Sie ist von mir als typisches Personenarrangement für Schwellenbereiche gedeutet worden.[43] Ob dieser Sinn ihr auch in Amarna untergelegt wurde, oder nur eine konventionelle Bildkomposition für Musikerdarstellungen übernommen worden ist, lässt sich nicht entscheiden. Die Platzierung der kleinen Person inmitten der Städterinnen vor dem Temenos und in TA 9, wo sie ideologisch an einer Temenosmauer steht, spricht für Liminalität. Wenn sie auf alle Gräber, wo dieses Motiv verwendet wird, zutrifft, handelt es sich um eine Beibehaltung des rituell erzeugten Sinnes im Grabkontext.

3. Die Verwendung der Rahmentrommel und die Drehung der Körperachse bei den Tänzerinnen. Sie wird im Grab des Merj, TT 95, dargestellt. Eine Frau schlägt den Rhythmus auf einer großen viereckigen Rahmentrommel. Eine Tänzerin, die mit angewinkelten seitlich erhobenen Armen tanzt, blickt sich zur Trommlerin um.[44] Sie hat das linke Bein angezogen, ihre Körperhaltung ist identisch mit der der Tänzerinnen, die Parennefer nach der Auszeichnung vor seinem Haus empfangen.
4. Ein bei dieser Gelegenheit gesungenes Festlied. Es findet sich beispielsweise im Grab des Haremheb, TT 78. Der Grabherr sitzt in der Tracht eines hohen Beamten und angetan mit dem Ehrengold neben seiner Mutter bei Tisch. Er war vermutlich der Erzieher der Prinzessin auf seinem Schoß. Der soziale Kontext impliziert einen Ehrengoldempfänger,

---

42 TT 79, Querhalle, Festmahl, oberstes Register, PM I, 1^2, 157 (8), GUKSCH, *Die Gräber des Nacht-Min und des Men-cheper-Ra-Seneb*, S. 160, Szene 9,4, Taf. 36–37. Ebenso in TT 75, PM I, 1^2, 147 (4), DAVIES, *The Tombs of Two Officials of Tuthmosis the Fourth (nos. 75 and 90)*, Taf. V. Im Grab des Djeser-ka-Ra-seneb, TT 38, tanzt die kleine Person zwischen der Spielerin einer Doppeloboe und einer Lautenspielerin, PM I, 1^2, 70 (6), DAVIES, *Scenes from some Theban Tombs*, Taf. VI.

43 MEYER-DIETRICH, Dance, in: FROOD/WENDRICH, UEE, http://repositories.cdlib.org/nelc/uee/1134/.

44 TT 95, li. Eingangswand, PM I, 1^2, 195 (1), SHEDID, *Stil der Grabmalereien*, S. 82, Abb. 88 und Taf. 12a. Desgleichen spielt eine der Musikerinnen eine Rahmentrommel in TT 75, PM I, 1^2, 147 (4), DAVIES, *The Tombs of Two Officials of Tuthmosis the Fourth (nos. 75 and 90)*, Taf. V, in TT 95 und in der Bankettszene in TT 100, PM I, 1^2, 213 (18), DAVIES, *Rekh-mi-Rê*, Taf. LXVI.

> der des Königs Vertrauen genießt. Eine Frau reicht ihm eine Schale mit Salbe an. Sie spricht dazu: „Schmücke dich mit Kränzen, salbe dich mit feinem Öl, verbringe einen Festtag, indem dein Herz froh ist, dein Herz ist in Freude, wenn du Amun siehst (beim Talfest), er gibt, dass du bist unter den Sonnenmenschen, geachtet im Land der Lebenden".[45] Zwei Lautenspielerinnen spielen, eine Tänzerin beugt den Körper in diesem Moment weit herunter. Auf der Südwand in TA 4 ist einer Tänzerin mit einem Blumenstrauß der Refrain ihres Liedes beigeschrieben: „Wirklich groß ist deine Belohnung! Es ist Wa-en-Re, der sie gibt!" In beiden Fällen bestätigt das Lied den Grabherrn als einen in der Gesellschaft der Lebenden geachteten Mann, der diese Stellung dem Gott oder dem König verdankt.

Für die Fortbewegung beim Tanz in Gehrichtung, die Gruppierung von Musikerinnen und Tänzerinnen mit einer kleineren Person in ihrer Mitte, die Verwendung der Rahmentrommel, die Drehung der Körperachse bei den Tänzerinnen und Festlieder, die das Sozialprestige des Grabherrn bestätigen, finden sich Vorbilder in den Bankettszenen aus der Zeit Thutmosis' III. bis Amenhoteps II. und Thutmosis' IV. Ihre Wiederverwendung ist auf verschiedene Gräber in Tell el-Amarna verteilt. Die Motive und die mit ihnen verbundene Symbolik boten eine mögliche Auswahl und der Rückgriff auf sie eine Handhabe zur Variation. Sie ermöglichten den Künstlern in der Amarnazeit, traditionelle Werte und Sinngebungen im Hinblick auf das Klangmuster (*musical idiom*) des Familienfestes weiter zu verwenden.

Durch die Fragmentierung der Festszenen ergeben sich der Hörraum des königlichen Familienbanketts und der Hörraum des städtischen Festes. Tanz, Rhythmus und Festlied auf den Straßen bringen den Grabherrn nicht wie beim Talfest mit den Lebenden *und den Vorfahren* zusammen. Sie integrieren ihn ausschließlich in die lebende städtische Gesellschaft. Gleichzeitig wird mit der Verlegung in den Aufführungskontext des bejubelten Heimwegs die Erzeugung urbaner Bereiche als Hörraum des Festes und des Gedeihens erreicht. Der Grabherr ist weiterhin die Hauptperson, wenngleich nicht länger in einer Tischgemeinschaft, sondern in einem Festzug. Der Personenkreis der Festteilnehmer ist wegen fehlender Beischriften in den Tableaus nicht sicher zu beurteilen. Im Vergleich zu den thebanischen Banketten scheinen aber weniger Familienmitglieder und mehr Herren aus dem beruflichen Umfeld – sozial

45 TT 78, Querhalle, O-Wand, N, 2. Reg., BRACK, *Haremheb*, S. 29–30, Szene 4.3, Text 11b und Taf. 32a, 37a.

gleichrangige Beamte und Untergebene – vertreten zu sein. Damit spiegelt die Festgemeinschaft den öffentlichen Raum als neuen Aufführungskontext.

Die Überführung in den urbanen Raum brachte eine neue soziale Bestimmung bestimmter Instrumente mit sich. Die bei den Nekropolenfesten verwendeten Saiteninstrumente Harfe, Laute und Leier bleiben den Banketten der Königsfamilie vorbehalten. Hingegen werden Handtrommeln und Klappern bei dieser Gelegenheit nicht länger gespielt. Letztere kennzeichnen nunmehr den öffentlichen Hörraum, der vor dem Tor zum Palasthof beginnt und alle Straßen von Achetaten inklusive der Königsstraße einbegreift. Die Aufteilung in Hof- und Volksinstrumente könnte ihre Ursache in der exklusiven Bedeutung der Harfe und möglicherweise auch anderer Cordophone haben. Harfen erscheinen als Opfergaben und werden für einen Gott, König oder einen vergöttlichten Grabherrn gespielt, Leier und Laute sind aus dem Mittleren Osten eingeführt. Hingegen haben als vermutete Rhythmen der Gemeinschaft, was sich aus ihrem afrikanischen Kontext erschließen lässt, die Membranophone und Idiophone, zu denen in den Straßen getanzt wird, eine lange einheimische Tradition als Instrumente, die gesellschaftliche Ereignisse in Musik übersetzen.[46]

Umplatzierung der Texte – Anrufungen

Um eine veränderte Medialisierung handelt es sich bei den Anrufungen. Sie stehen im Eingang und an Decken. Der Wahrnehmungsraum für die Texte ist eine Kontaktzone, auf die der Grabbesucher aus der Tageswelt kommend stößt, oder zu der er hinaufblickt. Die mediale Inszenierung als Deckentext appelliert an die Körperlichkeit des Lesers, der wie zu einem Übergeordneten nach oben blicken muss. Der Grabbesucher wird weiterhin angerufen und als Hörender adressiert. Der Grabherr stellt sich als ein Beamter, der zu Recht ein Grab besitzt, dar. Er erzählt, wie er dank seiner Dienste für den König zu Wohltaten, Totenriten, Begräbnis und Grabanlage gekommen ist und empfiehlt dessen Nachahmung. Die Sinnstiftung für loyales Handeln folgt dem althergebrachten Versorgungskreislauf: Beamter → Großer als Wohltäter → materielle Versorgung über den Tod hinaus. Nuanciert wird das Schema, indem der Wohltäter (der in den Lehren des Mittleren Reiches allgemeiner als „ein Großer“ bezeichnet wird) in allen Fällen der König ist. Der Sprecher nimmt jedoch weder Bezug auf einen außerirdischen Ort, noch versucht er den Besucher zum Sprechen einer Opferformel oder eines Totengebetes für sich zu überreden. Stattdessen fordert er zu Gebet, Fürbitte und Lobpreis, die dem Aten oder

46 Eine genaue Untersuchung altägyptischer Kontexte, in denen Trommeln und Klappern gespielt wurden, ist Desiderat.

dem König gelten, auf. Der Vollzug der religiösen Sprechakte versetzt den Beter in die Position eines Menschen, der aufblickt. Die neue mediale Inszenierung als Deckentext verlangt dem Grabbesucher als Lesender der Anrufung und als Betender die Körperhaltung gegenüber einer höheren Macht ab.

7.3 Wahrnehmungsräume im Siedlungsbereich

Die Aussagen entstammen urbanen Wahrnehmungsräumen. Sie sind deshalb gesondert zu betrachten. Mit ihrer Hilfe kann gezeigt werden, welche Position unter Amenhotep IV. Achenaten einem hörbaren Mitglied in der Gesellschaft von Achetaten eingeräumt wurde.

Die Position des hörbaren Körpers in der Gesellschaft

Die Sinnstiftung für das Lautverhalten der hohen Beamten in den klassischen Lehren hatte sich durch eine so starke Vernetzung religiöser und im Hinblick auf die nachtodliche Existenz religiös-ökonomischer, sozialer und moralischer Aspekte ausgezeichnet, dass sie eine sozial verbindliche Ordnung von Gültigkeit, Wahrheit und Legitimität errichten konnte. In Achetaten ging es nun darum, eine sozial verbindliche Ordnung über eine tragfähige Vernetzung von religiösen, ökonomischen, sozialen und moralischen Aspekten im Zeichen der Atentheologie und der Herrscherideologie Amenhoteps IV. Achenaten zu errichten. Das Gelingen dieses Vorhabens formuliert die Rechtfertigung des Eje:

> Ich bin einer, der rechtschaffen für den König, der ihn entstehen ließ, ist, der pflichtgetreu für den Herrn der Beiden Länder und der wirkungsmächtig für seinen Herrn ist.
>
> Ich folge dem *Ka* seiner Majestät wie sein Gelobter, der seine Schönheit sieht, wenn er in seinem Palast erscheint, indem ich vor den hohen Beamten und den Freunden des Königs bin, der erste aller Gefolgsleute seiner Majestät.
>
> Er hat Maat in meinen Leib gegeben. Ich verabscheue Unwahrheit. Und ich weiß, was Wa-en-Re, meinen Herrn, der wissend ist wie Aten und der wahrhaftig erkennt, erfreut.
>
> Er hat für mich die Belohnung aus Silber und Gold vermehrt, denn ich bin der erste der hohen Beamten vor dem Volk. Mein Charakter und mein Wesen sind gut, (deshalb) richtete er meine Stellung hier ein.[47]

47 TA 25, Eingang, O-Wand, Kol. 11–13.

Die Stadt Achetaten wurde zu einem Kristallisationspunkt für loyalistische, moralische, religiöse und materielle Diskurse und Praktiken. Dadurch erlangte sie auch die für die heutige Forschung entscheidende Qualität eines für die Umgestaltung einer Hörkultur repräsentativen sozialen Raumes.

Einen Namen zu haben bedeutet im Symbolischen einen Platz zu haben. Der in schriftlichen Quellen bis dahin übliche Bezug zur Mutter durch das Matronymikon und zum Vater als Erbe oder Amtsnachfolger ist nicht länger nachweisbar. Der Wegfall des traditionellen Familienbezugs in der Schrift ist Ausdruck dafür, dass sich der symbolische Sitz für den Namen vollkommen verändert. Das alleinige Hinzufügen der Amts- und Ehrentitel zum Namen bewirkt, dass der Platz in dem idealisierten Bereich der Familie durch die Platzierung im engeren Kreis um den König ersetzt wird. Das *Spacing* beim Empfang des Belohnten nach der Amtseinsetzung oder Ehrengoldverleihung erweitert den Kreis durch Kollegen und Freunde. Die an den Türen des Wohnhauses vorgenommene Umbenennung von Ptahmose zu Ramose weist darauf hin, dass bei theophoren Rufnamen das Unter-den-Schutz-eines-bestimmten-Gottes-gestellt-sein, wenn dieser nicht der Aten ist, in der Beamtenschicht Achetatens nicht akzeptabel war.

Anleihen aus der Lehre eines Mannes für seinen Sohn in der Biographie des Generals Maja[48] sowie zwei Ostraka mit Auszügen aus der Lehre des Amenemhat[49] und möglicherweise die in einem „block of standard houses" im Großen Palast gefundenen zwei Ostraka mit Auszügen aus der Kemit[50] belegen, dass die genannten Texte in Amarna in Umlauf waren. Auch die ausgebildeten Schreiber, in jedem Fall diejenigen, die den Nachwuchs unterrichteten, sind im Erwachsenenalter in die neue Residenz mit umgezogen und haben ihr Schulwissen mitgebracht. Man kann also davon ausgehen, dass Klassiker wie die Lehre des Ptahhotep als Episteme für das Lautverhalten zur Hörkultur Amarnas beigetragen haben.

Idealbiographien und Anrufungen in den Kontaktzonen zweier ontologischer Bereiche und die in mehreren Maximen in der Lehre des Ptahhotep erfolgende religiöse Sinnstiftung für das Lautverhalten als Sicherung der Versorgung in der nachtodlichen Existenz erweisen, dass vor der Amarnazeit der Übergang ins Jenseits das Redeverhalten des Menschen motivierte. Die traditionelle Funktion des *hörbaren Körpers* als Glied einer Kommunikationskette zeichnete ihn im Leben und in der nachtodlichen Existenz aus. Die Unterdrückung dieses Aspektes in Amarna könnte ihre Ursache darin haben, dass speziell auf

48 FISCHER-ELFERT, *Lehre eines Mannes*, S. 327.

49 OBM EA 57458, oBM EA 57479, PARKINSON, The Teaching of King Amenemhat I at el-Amarna, in: *Studies in Honour of H.S. Smith*, S. 221–226.

50 KEMP, *The City of Akhetaten and Nefertiti*, S. 271.

den Übergang ins Jenseits hin ausgerichtete Kontinuitätsmodelle ihrer alten Sinngebung verlustig gingen. Regulative, wie die belohnte Solidarität mit dem König – das Königslob wird den Bewohnern von Achetaten eingeschärft, die Anrufungen fordern dazu auf –, evozieren als neue Karrieretechniken das explizit auf die Lehre des Königs bezogene Hören, das Reden zum König und das öffentliche Sprechen des Geehrten.

Das lautliche Verhalten des Beamten gegenüber einem Übergeordneten wird in den Lehren an verschiedenen Personen exemplifiziert. In Achetaten ist dieser stets der König. Die „Lehre des Königs" und die sie vermittelnde „Stimme des Königs" spielen eine Schlüsselrolle bei der moralischen und religiösen Sinngebung der sozial verbindlichen Ordnung von Amarna. Pa-wah formuliert ihre Bedeutung im Gebet auf seinem Türpfosten: „Du bist das Licht. Ich lebe dadurch, dass ich dich sehe. Ich bestehe dadurch, dass ich deine Stimme höre".[51] Das Hören der Stimme des Königs und seiner Lehre integriert den Beamten in den Kreis um den Herrscher. Bei der Ehrengoldverleihung begründet es die Gewährung von Privilegien, die als Gunst und Lebensgabe Achenatens Ideen zur Durchsetzung verhelfen.

Die in der klassischen didaktischen Literatur durch die Versorgung in der nachtodlichen Existenz motivierten Handlungen sind: das Königslob, das Tabu des Königsnamens, das den *Ka* des Gastgebers erfreuende Verhalten bei einem Mahl, das Unterlassen der Verleumdung, Beherrschung und Sanftmütigkeit des Besitzenden und Hören auf das, was für den *hörbaren Körper* nützlich ist. In Achetaten wird vor allem der letzte Punkt betont. Worauf ich keinen Hinweis in den Quellen der Amarnazeit gefunden habe, sind (1) Aussagen zu einem Namenstabu, (2) die Belehrung und Förderung des Sohnes und (3) das Maß der Rede. Das Fehlen von (1) erklärt sich aus der nicht durchführbaren Unartikulierbarkeit des Herrschernamens in einer Hörkultur, die das Königslob zum solidarischen Handeln erhebt. Der Gottesname wird auf der Grenzstele K, 21, durch die erklärte Absicht seitens des Königs Blasphemie zu ahnden geschützt. Punkt (2) bildet einen Beleg zur Unterdrückung des Diskurses zur Horusrolle im Hinblick auf die Vorfahren.[52] Inwieweit die Tatsache, dass der König nur Töchter hatte, eine Rolle dabei gespielt haben mag, sei dahingestellt.

---

51 Berlin ÄM 20375, Kol. 4. Merire I preist den König auf dem Türsturz in seinem Grab: „Ich lebe durch das Hören dessen, was du sagst", TA 4, Säulenhalle, S-Wand, Türsturz, Kol. 17. Mahu erbittet sich vom Aten in einem Text auf dem linken Türpfosten der Halle: „Möge ich die Stimme des Königs hören, wenn er tut, was sein Vater, der Aten, lobt," TA 9, Halle, N-Wand, Tür, li. Türpfosten, Kol. 3. Eje formuliert: „Wie außerordentlich glücklich ist der, der deine Lebenslehre hört!", TA 25, Eingang, O-Wand, Kol. 16.

52 Assmann, *Religion und kulturelles Gedächtnis*, S. 168.

Folgende Erklärung könnte auf (3) zutreffen: In der Voramarnazeit beansprucht der *hörbare Körper* im auditiven Raum nur die Redemenge, die er als Übermittler oder Berichterstatter korrekt weitergibt oder die ihm zusteht. Sinnfälliges lautliches Handeln gleicht die im Hörraum befindliche Lautmenge aus. In der Amarnazeit entscheidet anstatt Ausgeglichenheit die Stimmung über die Ästhetik des Hörraumes. Damit wird nur indirekt auf die Auslegung des auditiven Raumes als eine spannungsgeladene Atmosphäre angespielt. Gefahren im auditiven Raum werden nicht artikuliert, keine Aussagen stellen den Redner als sich beherrschend, ruhig und Konflikten aus dem Wege gehend dar. Die Beamten rühmen sich, „kein negatives Ereignis herbeigeführt zu haben", wofür ihnen der König „einen Körper im Zustand der Freude gewährt".

Vor Amarna bezogen die Lauterzeugung für einen Verstorbenen und die Totenklage ihren Sinn aus einem Handeln der Lebenden für den Toten, um dessen Körper zu schützen und sein Hervorkommen als Gott zu fördern. Dadurch banden sich die Nachkommen an die Vorfahren und erhofften von diesen Hilfe in kritischen Situationen. Sinnstrukturen, die ihren Ausdruck in einem Handeln für einen vergöttlichten Menschen finden, existieren unter Amenhotep IV. Achenaten weiterhin. Die kultische Verehrung der königlichen Familienstelen ersetzt den Ahnenkult. Die Menschen wenden sich jetzt an den lebenden König. Mit ihm verbindet sich die Gesellschaft von Achetaten, indem sie sein Bild auf den Hausaltar stellt, für ihn bittet, ihn anbetet und das Königslob ausbringt.

Die Entwicklung in Achetaten hat zur Errichtung neuer Gebetsorte im Siedlungsbereich beigetragen, weil private religiöse Handlungen zu einem Mittel zur Gewinnung sozialer Akzeptanz avancierten. Traditionelle Orte, die in Amarna weiterhin für ein Gebet in Anspruch genommen werden, sind kleine Heiligtümer in Tempelnähe wie die Schreine in den Höfen,[53] Königsstatuen, die im Stadtbereich aufgestellt sind,[54] und Grabkapellen. Neue und jetzt regelmäßig im Siedlungskontext auftretende performative Orte für ein Gebet sind die Gartenschreine, der Eingang, die Mittelhalle und möglicherweise auch das Dach der Wohnhäuser. Gebetsorte im Siedlungsbereich förderten sowohl Vorstellungen von auditiven Räumen, in denen sich die Menschen und

53 ASSMANN, Palast oder Tempel?, in: *JNES*, S. 154, spricht von Kiosken (wie der im Wirtschafthof des Tempels abgebildete) als Ruhe- und zugleich Erscheinungsorte des Königs.

54 Haus der Königsstatue R 43.2, STEVENS, *Private Religion*, S. 249, Abb. II, 14.1, KEMP, *Anatomie of a Civilization*, S. 28. Möglicherweise auch P 48.4, P 47.10 und Altäre am Arbeitsplatz, STEVENS, *Private Religion*, S. 252 bzw. 250. Die Vorstellung ist auch belegt durch die Priester vor der Königsstatue auf Kairo JE 47203.

der Gott innerhalb desselben imaginierten Bereiches befinden als auch die Anrufung der nicht vom Staat sanktionierten Götter. Es lässt sich eine zunehmende Verlagerung der Religion in die Öffentlichkeit und in die buchstäbliche All-täglichkeit beobachten.

Physische Gebetsorte der frühen 18. Dynastie, die in Achetaten nicht mehr in Anspruch genommen werden, sind Gegentempel wie der von Thutmosis III. an der rückwärtigen Außenwand des Achmenu angelegte, „hörendes Ohr" (*msḏr sḏm*) genannte Tempelbereich. Diese Unterstützung des Phänomens der persönlichen Zuwendung an einen Gott von Seiten der institutionellen Religion und die damit erfolgende Bindung des Volkes an die religiösen Zentren wird aufgegeben.[55] Mit den neuen architektonischen Gegebenheiten in Achetaten verschwinden Sphinxalleen und Tempeldächer[56] als Gebetsorte. Auch die Kulthandlung vor einem Götterbild während einer Prozession zur Feier des jährlichen Sonnenzyklus[57] entfällt. Die Huldigung des Königs bei dessen Auszug aus dem Palast ersetzt die des Gottes längs des Prozessionsweges.

Die Eigenschaft, die die Stimme des Königs als Kind des Aten, das aus seinem Leib gekommen ist, auszeichnet, ist ihre Wirkung als Schöpferwort. Als Schweigen und Stimme in ihrer reinsten Form wird sie im imaginierten Raum auf Grenzstelen und dem im Tempel materialisierten Horizontbereich greifbar. Diese Symbolisierung hat einen wesentlichen Anteil an der Vergöttlichung des Königs. Sein *hörbarer Körper* unterscheidet sich hierdurch von allen anderen. Im Sonnenhymnus auf der Ostwand des Eingangs in TA 25 heißt es vom Aten: „Du hörst für ihn das, was in seinem Herzen ist".[58] In das Bild des hörenden Gottes ist auch die Vorstellung von der Wahrnehmung einer noch nicht in Worte oder Laute umgesetzten Schöpfung eingeschlossen. Sie unterscheidet den Gott von allen anderen hörenden Lebewesen. Der Dialog zwischen dem König und dem Aten auf den Grenzstelen und die vor dem Temenos auditiv konstituierte Gottesnähe förderten eine auditive Verbindung zu einem Gott, die außerhalb des Tempels stattfindet.

Aus der in den Grenzstelen festgehaltenen Weihung der Stadt an den Aten und aus ihrer Bejahung durch den Gott ergibt sich das Hereinholen der

55 Die Szene bei Mahu, TA 9, Halle, O-Wand, N, der sich innerhalb der Umfassungsmauer vor dem Pylonen des Großen Atentempels (*pr-Jtn*) direkt an den Aten wendet, zeigt, dass die persönliche Hinwendung weiterhin an die Institution eines Tempels gebunden sein kann. Vergl. LUISELLI, *Die Suche nach Gottesnähe*, S. 158.

56 GUGLIELMI, Die Funktion von Tempeleingang und Gegentempel als Gebetsort, in: *Ägyptische Tempel*, S. 56.

57 CABROL, *Les voies processionnelles de Thèbes*, S. 711.

58 TA 25, Eingang, O-Wand, Kol. 4.

Gottesstimme in den Siedlungsbereich des Menschen. Daraus folgt für imaginierte religiöse Hörräume in der Amarnazeit: Die Vorstellung von einem Raum, der durch die Stimme erzeugt wird, beinhaltet eine direkte oder über einen Mittler[59] erfolgende verbale Kontaktaufnahme des Menschen mit dem Gott, bei der sich alle Beteiligten innerhalb desselben imaginierten Raumes befinden. Eine Aufteilung in heilige beziehungsweise profane Räume wird dieser Vorstellung von einem auditiven Raum, der ontologisch unterschiedliche Personen enthält, sowie der Streuung von imaginierten Räumen, die sich allerorts im Siedlungsbereich und dessen Umgebung befinden können, nicht gerecht. Dementsprechend bilden Götterbilder und Hausaltäre mit der königlichen Familie keine Schnittstelle zwischen heiligen und profanen Räumen.

Der Anbringungsort der Inschriften an den Haustüren und im Empfangsbereich der Wohnhäuser betont den öffentlichen Charakter von Symbolen, in denen sich Wissenselemente ausdrücken, die sie sozial mobilisieren. Unter der Voraussetzung, dass meine Interpretation der Beinamen „der Gerechtfertigte" (*mꜣꜥ-ḫrw*) und „der Versorgte" (*nb ỉmꜣḫ*) auf den Türstürzen und im Wohnhaus als Bezeichnung der Beterberechtigung zutrifft, bleibt die Rechtfertigung als wichtigste Bedingung für religiöses Handeln erhalten. Ihre Überführung vom Totengericht in die Tageswelt integrierte sie in die Stadtgesellschaft, machte sie sichtbar und förderte die auditive Erstellung imaginierter Hörräume und physischer Gebetsorte im Siedlungsbereich. Der Aufgabenbereich der Herren, die im Bereich ihres Wohnhauses einen Gebetsort errichtet haben, korreliert mit ihrer Nähe zum König. Der Einfluss, den die gesellschaftliche Integration auf die Entwicklung kultureller Praktiken ausübt, zeigt sich an der Verwendung loyalistischer Phrasen und der Hinwendung zum König auf Haustüren in Achetaten.[60] Wirtschaftliche Ressourcen (Wohnhaus, Garten, Bad für die Reinheit, vielleicht auch tägliche Opfergaben vor dem Hausaltar), die von der Gunst des Königs abhängige Möglichkeit der Darstellung des Beters und der Kartuschen mit dem Namen des Aten, des Königs und der Königin, die Berechtigung zum Beten und das Sozialprestige, das der Beter sich durch den religiösen Sprechakt erwirbt, beeinflussen den Gebetsvollzug und dessen Abbildung.

Die Mehrdeutigkeit kulturellen Handelns in einer Übergangsphase drückt sich in der Vielfalt der Orte für ein Gebet, der Gestaltung dieser Orte und den Gebetsinhalten aus. Auf dem Türsturz der Wohnhäuser von Achetaten kommt sie in der an den König oder den Gott gerichteten oder indifferent formulierten

59 Zu König und Privatpersonen als Mittler siehe LUISELLI, *Die Suche nach Gottesnähe*, S. 68–74.

60 BUDKA, *Der König an der Haustür*, Kat. Nr. 24, 25, 29, 33.

Anrufung der angebeteten Person[61] und den Variationen und Innovationen der Gebetstexte zum Ausdruck: Neu entwickelt sich die *jꜣw =k* Formel, es finden sich Vorläufer für neue Schreibungen, die Anordnung der Kartuschen variiert. Besonders stark tritt die Mehrdeutigkeit in einem Gebet der Anfangszeit hervor, das sich an „den König der Götter“, Re-Horachte, Month und den *Ka* des Königs wendet.[62] Im Gebet des Pa-wah auf dem Türpfosten seines Wohnhauses ist der Übergang mit der Hinwendung zum König (in diesem einmaligen Fall auch zur Königin) als Ansprechpartner des Beters und die Verbindung von König und Aten dann vollzogen.

Gemeinsam ist allen imaginierten Räumen ihre Konstituierung durch die Stimme und die Mitwirkung aller Beteiligten. Die Auffassung von einem beklagten Gott ist für die Amarnazeit nicht belegt. Die Vorstellungen gehen von einem hörenden und jubelnden Gott aus. Entsprechend dominieren in der Kommunikation mit ihm das Sprechen (Gebet, Hymnus, Lobpreisung) und der Jubel. Unterschiede ergeben sich aus der Kapazität, die der Stimme des Gottes als Schöpferwort und Zeuge, der Stimme des Königs „der Generationen entstehen lässt“ und der Stimme der Königin als den Gott erfreuend beigemessen wird. Jubel ist die einzige Äußerung, die allen Akteuren zugesprochen wird, die alle teilen und die alle miteinander verbindet. Die *Bas* der Toten im Tempel werden nicht als Sprecher, sondern als Hörer gekennzeichnet. Klagelaute werden nicht zur Gestaltung oder Überbrückung eines imaginierten Raumes erwähnt.

Neu ist die Symbolisierung des *hörbaren Körpers* des *Anderen.* Sie bewerkstelligt die ethnischen Asymmetrien Ägypter *versus* Ausländer über die Gegensätze:

zufriedengestellt *versus* flehend
Redner und Nichttänzer *versus* Musiker und Tänzer
gottesnah *versus* gottesfern

Der bisher als Unruhestifter und Rebell in der Stadt abstrahierte *Andere* ägyptischer Herkunft wird jetzt durch den *hörbaren Körper* eines den König anflehenden Ausländers geschaffen. Dieser erzeugt seinerseits die Idee von dem *hörbaren Körper* des Ägypters als einen, dessen Bedürfnisse durch den König zufrieden gestellt sind. Nach der Aussage im Hymnus an die untergehende Sonne kommen die Menschen aus dem Mund des Aten. Die Blickrichtung auf den Aten, den König und Achetaten im selben Text könnte die ethnozentrische

61 Ebd., Kat. Nr. 31.
62 Ebd., Kat. Nr. 28.

Umdeutung des *Anderen* plausibel machen. Die Ursache für die Formulierung im Ko-text zu sehen läge nahe. Die Übernahme des *Anderen* in die Darstellung der flehenden Abgeordneten in das memphitische Grab Haremhabs[63] stützt hingegen die Auffassung, dass es sich hier um eine kulturelle Umdeutung handelt.

7.4 Fazit

Folgende Diskurse und Praktiken verhelfen der Hörkultur in der Amarnazeit zu einem gesellschaftlich dominanten Ausdruck: Die religiöse Topographie lokalisiert die Stadt Achetaten im östlichen Horizont. Die zentrale Erzählung konstituiert diesen als auditiven Raum des Jubels über das durch den Aten erweckte Leben. Die Gründungslegende erzeugt das Bild einer auf die verbale Kommunikation zwischen Gott und König hin gegründeten Stadt. Die Vorstellung von Aten als hörender Gott zusammen mit der gesellschaftlichen Bedeutung, die religiösem Handeln beigegemessen wird, fördert den auditiven Kontakt zu dem Gott durch Hymnen und Gebete. Das Hören der Stimme und der Lehre des Königs werden zu Schlüsselbegriffen für eine materiell und sozial abgesicherte Lebensführung.

Wechselgesänge werden zur Sakralisierung verwendet. Der mit dem Sonnenlauf in Einklang gebrachte Zeitrhythmus verzichtet auf eine Verdichtung in Festen, macht sich frei vom Jahreszeitenrhythmus der Nilflut und ihrer mythologischen Ausdeutung als Rückkehr des Sonnenauges, und ersetzt sie durch eine tägliche hymnische Verehrung des Aten bei Sonnenauf- und Sonnenuntergang. Durch Vorstellungen von imaginierten Hörräumen in Grab und Tempel kann sich der Tote als einer, der wieder lebt, in die Gesellschaft der Lebenden einbringen. Die ästhetische Hegemonie im Bereich der Musik bleibt unangetastet. Die Wertschätzung eines Beamten, der durch sein Lautverhalten zur Ästhetik des auditiven Raumes beiträgt, basiert auf der schönen Rede und der Erhaltung der Stimmung. Neue Gruppen werden durch die Kennzeichnung über das Lautgebaren in die Gruppe des *Anderen* inkludiert.

Das auditive Handeln, das die Wandbilder der Felsengräber vermitteln, zeugt von der Umgestaltung der Hörkultur unter Anwendung traditioneller kollektiver Schemata. Die Tableaus belegen mit dem für bestimmte auditive Räume gleichen *Spacing*, dass es sich um kollektive Wissensvorräte, Praktiken, Differenzsetzungen und Werte handelt, die es den Menschen in Achetaten unter

63 MARTIN, *The Memphite Tomb of Horemheb Commander-in-Chief of Tutankhamun* I, Taf. 99–105.

neuen Verhältnissen ermöglichten, die Stadt als ihren Lebensraum zu gestalten. Auffallend ist die Übernahme von Klangmustern in die urbane Gesellschaft auf dem Ostufer, die auf dem Westufer in Übergangsbereichen eine Sakralisierung bewirkten (Sargschlittenzug und Bankett). Mit der Überführung in einen neuen Kontext veränderte sich nicht ihre Funktion, aber ihre Bedeutung. Aus dem Handeln für den Übergang eines Toten (durch Wechselgesänge) und für das Opfer am Speisetisch des Osiris N (durch Harfenspiel) wird die Lauterzeugung für den Audienz gebenden König und den Speisetisch des Aten im Hof des Stelenheiligtums. Die neue Bedeutung hat ihrerseits bewirkt, dass die Menschen in Achetaten ihr auditives Handeln aus einer religiösen Sinngebung bezogen, mit der sie ihre Welt gestalten konnten, und die sie für ihre Lebenswiederholung in idealisierter Form in die Grabdekoration aufnahmen.

An der Wiedergabe von Szenen aus der Landwirtschaft in einem Grab zeigt sich die Bedeutung von Orientierungslauten für eine Gesellschaft. Aufgegeben – oder jedenfalls in den Amarnagräbern in dem Zustand, in dem sie beim Verlassen der Stadt waren, nicht thematisiert – wird ein Handeln für den Toten, das auf dessen Erreichbarkeit in einem anderen ontologischen Bereich gegründet ist. Daraus resultiert der Sinnverlust für Lautpraktiken zum Schutz des Toten. Die Klage verliert ihre Bedeutung als Orientierungslaut der Gemeinschaft. Die Körperlichkeit des *hörbaren Körpers* eines Toten und die Eindringlichkeit seiner Stimme werden nicht mehr handelnd beantwortet. Die Körperlichkeit der Trauernden verliert ohne die verdienstvolle Bedeutung des Weinens an Ausdruckskraft, die Stimme verliert an Lautstärke, büßt ihre weitreichende, Grenzen überwindende Wirkung ein. Das dadurch entstehende Vakuum füllen Lautäußerungen der Freude. Der Jubel avanciert zum alleinigen Orientierungslaut der Gemeinschaft. Er verleiht der heterogenen Gesellschaft Achetatens die Aura der Eintracht.

KAPITEL 8

Die Opetprozession – dynamisches Spacing

Unter Amenhotep IV. Achenaten wurde die Opetprozession nicht durchgeführt. Nach dem Interludium der Amarnazeit verstand sich der Inschrift auf der sogenannten Restaurationsstele[1] zufolge Tutanchamen als Restaurator traditioneller religiöser Konzeptionen. Das Relief der Opetprozession in der Großen Kolonnade von Luxor bezeugt die Schritte zur Verwirklichung dieser Aufgabe durch die Wiedereinführung der Prozession der Thebanischen Göttertriade, des Königs und der Königin nach *Jpt-swt*, die Wahl eines für die Erzählung zentralen Gesanges und die Darstellung des Ereignisses im Tempel. Der Text des bei der Opetprozession gesungenen Trinkliedes steht auf der Chapelle Rouge der Hatschepsut[2] und im Achmenu Thutmosis' III.[3] Tutanchamen knüpft mit diesem Lied bewusst an Konzeptionen der Voramarnazeit an.

Darstellungen der Opetprozession aus dem Neuen Reich finden sich in Deir el-Bahari auf der Ostwand des oberen Hofes, südliche Hälfte,[4] in Karnak auf der Südwand der Chapelle Rouge der Hatschepsut,[5] im Tempel des Amun auf der Westwand der große Hypostylhalle (Sethos I.),[6] im Tempel Ramses' III. auf der westlichen Außenwand[7] und im Tempel des Chons auf der Westwand des ersten Hofes (Ramses XI.-Herihor),[8] in Luxor im Hof Ramses' II. auf der

---

1 SKairo CG 41504, Urk. IV, 2025–2032.

2 LACAU/CHEVRIER, *Une chapelle d'Hatshepsout à Karnak* I, S. 187f, GRIMAL, *La Chapelle Rouge*, südl. Außenfassade 3. und 5. Reg., Block 104 und 171. Weitere Varianten und Textbearbeitungen *RILT* I, S. 12.

3 BARGUET, *Le Temple de Amon-Re*, S. 175. Zur Diskussion des Achmenu als Barkenheiligtum WAITKUS, *Untersuchungen zu Kult und Funktion des Luxortempels*, S. 204–209.

4 PM II, 357f (79)-(82), KARKOWSKI, The Question of the Beautiful Feast of the Valley Representations in Hatshepsut's Temple at Deir el-Bahari, in: *Acts Cairo, October 2– 10, 1976. First International Congress of Egyptology*, S. 359–364, WAITKUS, *Untersuchungen zu Kult und Funktion des Luxortempels*, S. 231ff.

5 LACAU/CHEVRIER, *Une chapelle d'Hatshepsout à Karnak* I. Publikation der Wand nach der Rekonstruktion der Kapelle bei GRIMAL, *La Chapelle Rouge*, S. 43ff und 59ff. Besprechung dieser Darstellung bei WAITKUS, *Untersuchungen zu Kult und Funktion des Luxortempels*, S. 224–231.

6 NELSON, *The Great Hypostyle Hall at Karnak* I, Taf. 36.

7 THE EPIGRAPHIC SURVEY, *RIK* II, Taf. 90, 1.8.

8 THE EPIGRAPHIC SURVEY, *The Temple of Khonsu* I–II.

 | DOI 10.1163/9789004354951_010

West- und Südwand und in der Opferhalle Amenhoteps III.[9] Die vollständigste und detaillierteste Darstellung bietet das Relief der Opetprozession auf der West- und Ostwand der Großen Kolonnade des Tempels von Luxor.[10] Sie ist als Entwurf einer idealen Aufführung mit ungestörtem Verlauf zu werten. Mit ihr gibt es einen hervorragenden Beleg für eine spezifische Repräsentation von Hörräumen der altägyptischen Kultur vom Ende der 18. Dynastie. Das Relief wurde unter Tutanchamen begonnen, von Haremhab weitergeführt und unter Sethos I. fertiggestellt.[11] Die Szenen, die sich unter Ausschluss der Öffentlichkeit im Tempel ereignen, insbesondere die dort gesprochenen Reden der Götter sind mit in die folgende Beschreibung aufgenommen, um zu prüfen, wie sich der beschallte öffentliche Raum zu dem verhält, was unter Ausschluss der Öffentlichkeit im Allerheiligsten hörbar ist.

Unter Thutmosis III. wurde das „Schöne Fest von Opet" *ḥb nfr n Jpt* jährlich in der Überschwemmungsjahreszeit am II. Achet 15 gefeiert. Das Fest, bei dem der Gott Amun von Karnak das Heiligtum in Luxor besuchte, währte zu dieser Zeit elf Tage.[12] Es war so bedeutend, dass es bereits im Neuen Reich dem zweiten Monat der Jahreszeit Achet, *pꜣ n Jpt*, seinen Namen gab.[13] Der früheste Beleg stammt aus der 18. Dynastie.[14]

Der Sinn des Festes ist in der Forschung unterschiedlich aufgefasst worden. Sein erster Bearbeiter, George FOUCART, sieht darin den rituellen Vollzug der Reise der Sonne am Himmel.[15] Claas BLEEKER,[16] Alan GARDINER,[17] Henri

9 Teilweise wiedergegeben ist die Prozession in Karnak: Festtempel Thutmosis' III., „Achmenu" (sehr fragmentarisch), Tempel des Amun, III. Pylon, Nordturm, Ostseite (Amenhotep III.), Hof zwischen dem 9. und 10. Pylonen (Haremhab), Hof zwischen dem 8. und 9. Pylonen (Ramses II.) und im Barkenschrein Ramses' III. im 1. Hof. In Theben West: Ramesseum, Vorzimmer hinter dem ersten Säulensaal, und Medinet Habu im ersten Hof. Silberschale Berlin 14117. Die Quellen, bis auf den Totentempel Ramses' II. und der Silberschale Berlin 14117, und der Kultablauf des Opet im Luxortempel sind von Waitkus, *Untersuchungen zu Kult und Funktion des Luxortempels* besprochen, bzw. rekonstruiert worden.

10 THE EPIGRAPHIC SURVEY, *Reliefs and Inscriptions at Luxor Temple* (*RILT*) I, Taf. 18 und Taf. 68.

11 Zur Datierung der einzelnen Teile des Reliefs der Opetprozession *RILT* I, S. xvii.

12 Urk. IV, 824.10 und Urk. IV, 742.1–2. Unter Ramses III. dauerte das Fest 24 bzw. 27 Tage, zu den späteren Festdaten mit Literatur siehe WAITKUS, *Untersuchungen zu Kult und Funktion des Luxortempels*, S. 223.

13 MURNANE, Opetfest, in: *LÄ* IV, Sp. 574.

14 Südwand der Chapelle Rouge der Hatschepsut.

15 FOUCART, Études thébaines. La Belle Fête de la Vallée, in: *BIFAO* 24, S. 123–126.

16 BLEEKER, *Egyptian Festivals*, S. 78.

17 GARDINER, Inscriptions from the Tomb of Sirenpowet I., Prince of Elephantine, in: *ZÄS* 45, S. 127–128.

WILD,[18] Walther WOLF[19] und John BAINES[20] verstehen das Fest als *Hieros gamos*. Siegfried SCHOTT fasst es schlicht als einen Ausflug der Götter auf.[21] Laut William MURNANE,[22] und mit ihm Rolf GUNDLACH,[23] dient das Fest der jährlichen Erneuerung der Königsherrschaft. Lanny BELL versteht den Sinn des Festes im Zelebrieren des Kultes für den *Ka* des lebenden Königs.[24] Martin FITZENREITER folgt ihm darin, fügt aber zur Regeneration des *Ka* noch die des Landes durch das Kommen der Nilflut hinzu. Er interpretiert die Prozession als Übergangsphase eines *Rite de Passage*, der im Weg und in einer mystischen Vereinigung von lebendem König und Gott im Tempel von Luxor besteht und mit einem neuen Zustand des Königs bei der Rückkehr in den Karnaktempel seinen Abschluss findet.[25] Der jüngst von Wolfgang WAITKUS vertretene Zweck des Opetfestes ist die rituelle Legitimation des Königs als Gottessohn, die durch die jährliche Nilschwemme „magisch abgesichert" und „durch den Bezug zur naturweltlichen Ebene und der Einbindung einer ihrer Zyklen unterstützt" wird, wobei der „Peripherietempel" Luxor als Ort zur periodischen Erneuerung dient.[26] Der EPIGRAPHIC SURVEY spricht sich für die Bedeutung des Opet als ein wiederholtes Fest der Erneuerung aus. Dieser Sinn findet in der Bildkomposition als ein ununterbrochener Verlauf und in den Namen, die vom Usurpator absichtlich stehen gelassen wurden, ihren Ausdruck.[27] Coleman DARNELL führt als Zweck *Hieros gamos* und die Überführung des königlichen *Ka* zur Erhaltung des Königtums an.[28]

---

18 WILD, Les dances sacrées de l'Égypte ancienne, in: *Sources Orientales*, S. 54–57.

19 WOLF, *Opet*, S. 72–73.

20 BAINES, Public ceremonial performance in Ancient Egypt, in: INOMATA/COBEN, *Archaeology of Performance*, S. 281.

21 SCHOTT, The Feasts of Thebes, in: *Work in Western Thebes 1931–33*, S. 66–67.

22 MURNANE, Opetfest, in: *LÄ* IV, Sp. 574–579.

23 GUNDLACH, Tempelfeste und Etappen der Königsherrschaft in der 18. Dynastie, in: 4. *Ägyptologische Tempeltagung*, S. 58.

24 BELL, Luxor Temple and the Cult of the Royal Ka, in: *JNES* 44, S. 289–290.

25 FITZENREITER, Richtungsbezüge in ägyptischen Sakralanlagen – oder: Warum im ägyptischen Tempel das Sanktuar hinten links in der Ecke liegt (Teil 1), in: *SAK* 31, S. 147f.

26 WAITKUS, *Untersuchungen zu Kult und Funktion des Luxortempels*, S. 279, zu Luxor als „Peripherietempel" S. 283. Ders. gründet seine Interpretation der Nilfahrt von Luxor nach Karnak in erster Linie auf eine Szene, die sich der Darstellung auf der Westwand der großen Hypostylhalle rechts anschließt sowie deren Beischriften aus der Zeit Ramses' II. (GABOLDE, *Le „Grand Château d'Amon" de Sésostris 1er à Karnak*, S. 235–258). WAITKUS, ebd., S. 244–247 und 264–267.

27 *RILT* I, S. xx.

28 DARNELL, Opet Festival, in: UEE, http://escholarship.org/uc/item/4739r3fr, letzter Zugriff 2010-04-16.

Aufgrund der Botschaft der Texte, die den seinen Vater Amun rudernden König als Akteur und den Nil zur Zeit der Überschwemmung als Ort der Handlung ins Zentrum der Ereignisse rücken, und der Darstellung als ununterbrochener Verlauf schließe ich mich FOUCART und SCHOTT an, die die Reise selbst als das eigentliche Ritual ansehen. Interpretationen, die das Ereignis des Festes in dem sehen, was sich im Tempel von Luxor vollzieht, tendieren zu einem Verständnis der zurückgelegten Wegstrecken als Hin- beziehungsweise Rückfahrt. Als eine kosmische Zyklen vollziehende rituelle Handlung,[29] die in Karnak beginnt und endet, bildet die Prozessionsroute hingegen eine Schleife (*ceremonial loop*), bei der in Luxor nur verweilt wird.

Der Pylon bezeichnet den Ort, aus dem ein Gott herauskommt. Das an Festtagen von ihm, dem König und seinem Gefolge durchzogene Gebiet verkörpert den öffentlichen Raum, in dem Regeln zur Zurückweisung gewisser Gruppen aufgehoben oder begrenzt waren. Sie gewährten damit auch anderweitig ausgeschlossenen Bevölkerungsgruppen Zugang zum Heiligen. Das Ritual vollzieht eine mythologische Handlung zur institutionellen Vermittlung einer zentralen Erzählung[30] an alle beim Fest anwesenden Personen. Nach dem Amarnainterludium bildet es eine Maßnahme zur Restitution. Wieder hergestellt werden die traditionellen religiösen Vorstellungen von Schöpfungsprozessen als zyklische Bewegung (in deren Nachtphase die Lebenskraft im Verborgenen erneuert wird) und die Herrscherideologie. Letztere erlegt dem regierenden König auf, für den ungehinderten Verlauf kosmischer Zyklen zu sorgen.

Über die Teilnahme des Volkes an den großen Prozessionsfesten ist viel diskutiert worden.[31] Unbestreitbar ist die in den Festliedern das ganze Land und

---

29 Ausgehend von einer Inszenierung als Bewegung der Götter – ein Aspekt der auch von FITZENREITER, in: *SAK* 31, S. 132, angesprochen wird – vollzieht die Opetprozession eine Synchronisierung kosmischer Zyklen mit dem Kreislauf der Natur, vergl. BELL, *Ritual. Perspectives and Dimensions*, S. 102ff. Dementsprechend ist sie als kalendarischer Ritus mit dem Ziel die Schöpfung in Gang zu halten einzustufen.

30 Es kann sich bei einer Erzählung (*narrative*) sowohl um einen religiösen Mythos als auch eine Verbindung aus mehreren mythischen Motiven oder für die betreffende Kultur zentralen Erzählungen, die in der Geschichte des Volkes begründet sind und zur Darstellung von Ereignissen in der Gegenwart herangezogen werden, handeln.

31 Nach WOLF (*Opet*, S. 41) hat sich alles aus fern und nah auf die Beine gemacht. ASSMANN (Das ägyptische Prozessionsfest, in: *Das Fest und das Heilige*, S. 108) betont die jubelnde Volksmenge. FISCHER-ELFERT (*Abseits von Maat*, S. 115) behandelt den Ausschluss des „Heißen" von der Teilnahme am Fest. Laut K. und A. SCHLÜTER (Anmerkungen zur Interpretation von Festdarstellungen aus Deir el-Medineh, in: FS *Burkard*, S. 365f) war die Teilnahme der Allgemeinheit „nicht primär Sinn und Zweck der Prozessionen. Die

bisweilen auch den ganzen Erdkreis umfassende Jubelgemeinde fiktiv, jedoch sind ägyptische Festteilnehmer durch ihre summarische Darstellung ikonographisch präsent und damit auch konzeptionell in das Geschehen integriert. Sicherlich ist von lokalen Varianten im Hinblick auf die Zulassung breiter Bevölkerungsgruppen auszugehen. Der Anlass des Festes und die Anwesenheit des Königs werden dabei eine Rolle gespielt haben. Im Tagewählkalender wird für 1 *prt* 27 geraten: „Eile und verbringe den Tag in Feststimmung mit Sprüchen (*r'*) als einen schönen Tag an diesem Tag".[32] Die Empfehlung für 2 *šmw* 13 lautet: „Ihr Gefolge [*W3ḏt* in Dp] feiert ein Fest, während Lieder und Gesänge entstehen an diesem Tag. Atme den Rauch von Weihrauch und Myrrhe ein".[33] Die Bedeutung, die dem Erlebnis einer Prozession für das persönliche Schicksal beigemessen wird,[34] die Entwicklung der Festteilnahme in der Grabsemantik,[35] die Erwähnung des Volkes im Mut-Ritual[36] und die in der Tagewählerei erteilten Ratschläge sprechen für die Teilnahme großer Teile der Bevölkerung.

8.1 Der Verlauf der Opetprozession

Der Prozessionsweg beim Opetfest ist umstritten. Nach den Darstellungen auf der südlichen Außenwand der Chapelle Rouge wird zur Regierungszeit Hatschepsuts die Barke des Gottes Amun „auf dem Rücken der Männer"

Teilnahme beschränkte sich auf das Schauen vom Wegesrand aus". KUCHAREK (Die Prozession des Osiris in Abydos, in: *Archäologie und Ritual*, S. 57) vermutet, dass bei der Prozession des Choiakfestes der Bevölkerung der Zutritt zu den Tempeln und der ganzen Königsnekropole verwehrt war. Nach DERCHAIN-URTEL (Die Festbesucher in Esna, in: *4. Ägyptologische Tempeltagung*, S. 7) haben in Esna die Feste unter Teilnahme der Stadtbevölkerung und der Bewohner der umliegenden Orte stattgefunden. Die Besucher stehen mit ihren zahlreichen Äußerungen der Freude und der Anteilnahme im Vordergrund. Eine zunehmende Säkularisierung der Tempelareale in der griech.-röm. Zeit konstatiert BUDDE, Kommt und seht das Kind, in: PRECHEL, *Fest und Eid*, S. 73. Der Nilhymnus (BONNEAU, *La Crue du Nil*, S. 361ff) besingt eine Prozession aus Anlass der Überschwemmung, bei der sich die gesamte Bevölkerung an dem nunmehr herrschenden Überfluss freut.

32 PKairo JE 86637, II, 2, Übers. LEITZ, *Tagewählerei*, S. 223.

33 PKairo JE 86637, II, 6a, Übers. LEITZ, *Tagewählerei*, S. 360.

34 Siehe die Belege bei SADEK, *Popular Religion in Egypt during the New Kingdom*. Der Sonnenhymnus ÄHG, Text 7 B, 15, zitiert das Ergreifen des Zugseils der Nachtbarke durch die westlichen Götter, die über den Herrn des Alls jubeln; Hymnus zur 12. Stunde, ASSMANN, *ÄHG*, S. 89.

35 ASSMANN, *Geheimnis, Gedächtnis und Gottesnähe*, bes. S. 281–293.

36 PBerlin 3053, XVI, 3, VERHOEVEN/DERCHAIN, *Le voyage de la déesse libyque*, S. 20.

zwischen sechs Stationen (*wꜣḥ.t*), die namentlich aufgeführt sind, getragen.[37] Dies hat zu dem Schluss geführt, dass zur Zeit Hatschepsuts der Weg von Karnak nach Luxor auf dem Land und der zweite Teil der Reise auf dem Wasser erfolgten.[38] Die Reliefs auf den Innenseiten der Wände der Großen Kolonnade zeigen die Fahrt von Karnak nach Süden zum Tempel von Luxor (*Jp.t rs.jt*) und nach Norden zum Tempel von Karnak (*Jp.t s.wt*) zu Wasser.

Die Darstellung beginnt mit dem Verlassen des Palastes, westlich der Tür auf der Nordwand. Sie setzt sich auf der Westwand mit der Opferszene vor den Barken im Karnaktempel fort, zeigt den Weg vom Pylonen zum Nilufer, die Flussfahrt südwärts und das, was sich währenddessen am Ufer ereignet, die Ankunft in Luxor, den Weg zum Tempel und den Einzug in die Große Kolonnade. Sie schließt mit den Götterbarken im Luxortempel den ersten Teil der Reise ab. Die Opferszenen westlich und östlich der Tür auf der Südwand könnten das Geschehen während des Aufenthaltes in Luxor (dessen Länge unbekannt ist) verbildlichen. Auf der Ostwand setzt sich das Geschehen mit der Opferszene im Barkensanktuar fort, zeigt den Weg vom Luxortempel zum Nil, verläuft dort (wiederum das Geschehen auf dem Fluss und am Ufer darstellend) nordwärts und zeigt den festlichen Einzug in den Karnaktempel. Die Darstellung endet westlich der Tür auf der Nordwand mit dem Verlassen des Palastes – als Beginn einer wiederholten Reise?[39]

Da der Luxortempel in Nord-Südrichtung orientiert ist, entspricht die Darstellung der Fahrtrichtung der Götterreise von Karnak nach Luxor (auf der Westwand) beziehungsweise von Luxor nach Karnak (auf der Ostwand). Die Szenen auf den Längswänden sind wohl ausgewogen. Die Flussfahrt im Zentrum ist eingerahmt von der sich der Anlegestelle nähernden oder das Nilufer verlassenden Prozession und den Opferszenen in den Barkensanktuaren. Über dem ganzen Geschehen bildet die Himmelshieroglyphe den oberen Abschluss des Reliefs. Ursprünglich fand die Szene am Ostufer ihre Entsprechung in einer langen Reihe laufender, singender[40] und standartentragender Soldaten am Westufer. Durch die Zerstörung der Wände ist ein großer Teil des Reliefs nicht *in situ*. Der obere Teil der Szenen ist nicht erhalten.[41] Er wurde vom

37 Lacau/Chevrier, *Une chapelle d'Hatshepsout à Karnak* I, südliche Außenfassade.

38 Diskutiert bei Cabrol, *Les voies processionnelles de Thèbes*, S. 528f.

39 Zur Szenenfolge an Nord- bzw. Südwand siehe Anm. 63.

40 Westwand, Fragment 546, 1245, 626, 627, 619, 677, 488, 1829 und 357, Übers. und Komm. von Bruchstücken der Liedertexte *RILT* I, S. 45.

41 Daressy (*Notice explicative des ruines du temple de Louxor*, S. iii–ix) schätzt die ursprüngliche Höhe der Mauern auf etwa 15 Meter. Zu dem Erhaltungszustand einzelner Szenen, eingefügten Fragmenten und Ergänzungen sowie auf den epigraphischen und den ikono-

EPIGRAPHIC SURVEY soweit wie möglich nach den Parallelen auf der jeweils gegenüberliegenden Längswand der Großen Kolonnade ergänzt.

Nordwand

RILT, Taf. 3[42]

Die Szene westlich des nördlichen Eingangs in die Große Kolonnade zeigt den König Djesercheperure-Setepenre[43] beim Verlassen des Palastes. Er ist bekleidet mit dem *šnḏ.wt*-Schurz. An seiner *ꜣtf*-Krone reckt sich ein Uräus empor. In der Linken hält er die *nḫꜣḫꜣ*-Geißel, die in Schulterhöhe durch einen *šn*-Ring gefädelt ist. Die Rechte weist nach unten. Hinter dem König steht die Schutzformel. Vor ihm halten anthropomorphisierte *ꜥnḫ*- und *wꜣs*-Zeichen drei Stäbe, deren oberes Ende nicht erhalten ist. Der Titel vor dem König bestimmt den Zweck der Opetprozession als:

> Die Erneuerung des Denkmals für seinen Vater, den König von Ober- und Unterägypten, Nebmaatre.[44]

Der König wird von dem Gott Amun (angetan mit der Doppelfederkrone, am geraden Schurz einen *tj.t*-Knoten, *wꜣs*-Zepter und *ꜥnḫ*-Zeichen haltend) und von der Göttin Mut (das *ꜥnḫ*-Zeichen in der rechten Hand, mit der Linken Amuns Schulter berührend, eine Kopfbedeckung ist nicht erhalten) empfangen. Rede des Amun:

---

graphischen Kommentar wird der Leser auf die Publikation des EPIGRAPHIC SURVEY, *RILT* I–II hingewiesen.

42 Luxor, Gr. Kolonnade, N-Wand, westl. des Eingangs. Die Quellenangaben und die Einteilung in Episoden erfolgen nach der Publikation des EPIGRAPHIC SURVEY, *RILT* I–II.

43 Die Kartusche von Tutanchamen ist von Haremhab usurpiert worden.

44 Übers. und Komm. *RILT* I, S. 1, 5. In der vorliegenden Arbeit wird jeweils auf die Übersetzung mit Kommentar in der Publikation des Reliefs durch den EPIGRAPHIC SURVEY hingewiesen. Alle Übersetzungen der Texte in der Großen Kolonnade sind meine. Für die Durchsicht derselben danke ich Åke Engsheden (Trinklied) und Dagmar Budde (alle übrigen). Nach WAITKUS (*Untersuchungen zu Kult und Funktion des Luxortempels*, S. 257 bzw. 264–267) handelt der König in der Rolle des *ꞽIwn-mw.t =f* „Pfeiler seiner Mutter" für seinen verstorbenen Vater (den das Kultbild des Amun von Luxor auf der rituellen Ebene vertritt) und gleichzeitig als Hapi. Die betreffenden Szenen im Tempel von Luxor sind bei RUMMEL, *Pfeiler seiner Mutter – Beistand seines Vaters* (Teil I–II), http://www.sub.uni-hamburg.de/opus/volltexte/2007/3444/, Zugriff 2009-12-03, Kat. Nr. 20–23, zur Funktion des *ꞽIwn-mw.t =f* bei der Opetprozession S. 153ff.

> [... Djeser]cheperure-Setepenre, dem Leben gegeben ist, [...] alle [...], alle Tapferkeit (und) Sieg, alle Gesundheit (und) alle Freude wie Re, jeden Tag. (Ich) gebe dir[45] sehr zahlreiche Sedfeste wie Re.[46]

Rede der Mut:

> [... Herrsch]er der Freude (*ḥḳꜣ ꜣw.t-jb*),[47] während du die Flachländer anführst und die Bergländer dir Tribut zollen, zelebrierst du Sedfeste wie Re, von Ewigkeit (*ḏ.t*) zu Ewigkeit (*nḥḥ*).[48]

Das Verlassen des Palastes ist üblicherweise die erste Episode eines Szenenzyklus, in dem der König eingeführt und durch den Hauptgott des Tempels bestätigt wird. Sie befindet sich stets auf der Innenseite der Mauer. Der König wird mit Re verglichen. In Analogie zu Re am Himmel erscheint der König als Sonne auf Erden unter den Menschen.[49] Die Einführungsszenen bilden ein Übergangsritual, das sowohl zwischen der profanen und der göttlichen Sphäre als auch innerhalb des Tempels, beim Übergang zu einem wichtigen Teilkomplex erfolgt.[50] Im vorliegenden Fall tritt der König in die göttliche Sphäre ein.

Im Hinblick auf die Lauterzeugung lässt sich beobachten: Reden sind nur den Göttern in den Mund gelegt. Der König verbleibt stumm. Dadurch wird der Bereich, den der König mit dem Verlassen des Palastes betritt, als ein Raum, in dem nur die Götter sprechen, gekennzeichnet. Der König befindet sich in deren Gesellschaft.

Westwand

Episode 1

RILT, *Taf. 5*

Die Prozessionsbarken der Thebanischen Göttertriade und die Barke des Königs stehen auf ihren Podesten im Tempel in Karnak. Die Barke des Gottes

---

45 Vom Epigraphic Survey (*RILT* I, S. 1, 3) als *sḏm.n =f* übersetzt, während ich, ausgehend von meinem Verständnis des Textes als im Ritual gesprochene Götterrede, mich für einen präsentischen *sḏm =f* entscheide.

46 *RILT* I, Taf. 2 u. 3. Der Anfang der Götterreden ist nicht erhalten, sie reden den König in 2. Pers. Sing. an.

47 Zu diesem Epitheton siehe Assmann, *Der König als Sonnenpriester*, S. 67.

48 *RILT* I, Taf. 2 und 3. Möglich wäre auch eine Ergänzung (nach der Parallele Taf. 20, l. 4) zu „Ich setze dich ein als Herrscher der Freude", siehe Komm. *RILT* I, S. 1, 4.

49 Barguet, Note sur la sortie du roi hors du palais, in: FS *Daumas*, S. 52.

50 Traunecker, *La Chapelle d'Achôris à Karnak* II, S. 121.

Amun[51] und die Figur des Königs beanspruchen den meisten Raum. Die vor und hinter der Barke stehenden senkrechten Balken tragen das von einem Uräenfries gekrönte Dach des Schreins (nicht erhalten). Eine kleine kniende Figur des Königs auf einem kleinen mit Hapi als Bringer der Fruchtbarkeit verzierten Tischchen hält die Säule (somit den Himmel stützend) vor der Barke. Zwei Libationsgefäße, Stabsträuße mit Lotus, Tische mit Vasen und zwei T-förmige Wasserbecken auf Ständern befinden sich neben oder unter dem Bug der Kultbarke des Amun von Karnak. Die T-förmigen Becken stellen das Ende eines Kanals dar. Sie symbolisieren seit der Amarnazeit die Monate der Nilüberschwemmung als erneutes Aufleben des Landes.[52] Die Prozessionsbarke des Amun mit ihren langen Tragebalken ruht auf einem kapellenförmigen Untersatz. Auf diesem wird die Himmelshieroglyphe von vier Trägern in der Gestalt des Königs mit der *ḫprš*-Krone empor gehalten.[53] Auf dem Untersatz erkennt man das eigentliche Gestell auf dem die Barke aufsitzt. Unterhalb des Schreins mit der Kultstatue, genau an den Stellen, an denen sich der Schiffsrumpf vom Untersatz löst, sitzen zwei geflügelte Skarabäen, die mit den Vorderbeinen die Sonnenscheibe und mit den Hinterbeinen einen *šn*-Ring halten. Die Aegis des Hauptgottes zeigt (auf der Westwand, wo sie erhalten ist) den Widderkopf des Amun, auf dem sich ein mit der Sonnenscheibe im Gehörn gekrönter Uräus emporreckt.

Auf dem Opfertisch vor dem Schrein liegen die zubereiteten Speisen. An ihren Beinen zusammengebundene lebende Gänse hängen bündelweise am Tisch, sehen überall zwischen den Opferständern und einer Vase mit Papyrus hervor, drehen die Hälse und flattern mit den Flügeln. Davor steht, zum Gott hingewendet, alleine der zelebrierende König. Er trägt ein Gewand, das mit einem Gürtel um die Lenden befestigt ist. Es geht vorne auseinander und reicht hinten bis auf die Waden. Die Öffnung vorn wird durch ein prächtiges Schurzmittelstück verdeckt, das am unteren Ende mit einer Reihe Uräen verziert ist.[54] Er trägt außerdem den zeremoniellen Tierschwanz. In der linken Hand hält er einen Räucherarm. Mit der Rechten gießt er kühles Wasser

---

51 Zur Entwicklung der Barke des Amun siehe KARLSHAUSEN, L'évolution de la barque processionelle d'Amon à la 18e Dynastie, in: *RdÉ* 46, S. 119–138.

52 DESROCHES NOBLECOURT, Les trois saisons du dieu et le débarcadère du ressuscité, in: FS *Kaiser*, S. 67–80.

53 Zur Funktion der *ṯwꜣ pt* Szene, den Fortbestand des Sanktuars/Kosmos zu garantieren, siehe KURTH, *Den Himmel stützen*, S. 110, 143. Dort (Abb. 15) ist auch das schöne Exemplar eines Barkenuntersatzes aus der Zeit Sethos' I. (KHM Wien, Ägyptische Sammlung 5106) wiedergegeben.

54 Zur Entwicklung des Königsschurzes, BONNET, Die ägyptische Tracht bis zum Ende des Neuen Reiches, in: *UGAÄ* 7, S. 12ff.

aus einer Vase in der Form eines *ʿnḫ*-Zeichens auf einen Lotusstrauß. Der Szenentitel lautet:

> Die Räucherung vollziehen und Libieren für Amun-Re, Herr der Throne der beiden Länder.[55]

Der Gott antwortet auf das Opfer mit einer Rede, die teilweise (hinter dem Heck seiner Barke) erhalten ist:

> [...] das Amt des Atum und die Lebenszeit des Re im Himmel,
> [... die Jah]re des Atum[56] und die Kraft (*pḥ.tj*) deines Vaters, des Herrn der Götter,
> wie (bei) Re ewiglich (*ḏ.t*)
> die Stärke (*nḫt*) des [... Mon]th [an] deine Glieder wie (bei) Re für immer.[57]

Unter dem Heck der Tragbarke des Hauptgottes von Karnak stehen Standarten mit den Emblemen der Götter und des Königs. Zwischen diesen ist jeweils eine Zeile beginnend mit „Ich gebe dir ..." eingeschoben. Sie zählen die Gaben des Göttergeleits an den König auf, bestehend aus der Lebenszeit des Re und dem Königtum des Atum (Wepwawet), die Jahre der *nḥḥ*-Zeit auf dem Thron des Horus in Freude (Amun), die Insignien seines Vaters (für den König in der Rolle des ewig lebenden Re, erster Falke), Kraft und Sieg über alle Fremdländer (für den König in der Rolle des lebenden Re, zweiter Falke), die Macht (*wsr.w*) seines Vaters Re-Atum wie (bei) Re an jedem Tag (dritter Falke), das Königtum der beiden Länder zur Verjüngung seines Körpers und zum Bestehen seiner Denkmäler (Osiris), das Bestehen seiner Denkmäler in der *nḥḥ*-Ewigkeit wie (bei) dem Himmel (*wꜣs*-Zepter), die ganze Menschheit und alles was die Sonne umkreist unter seine Aufsicht (König). Daran schließen sich ein Schrein auf einem Schlitten, davor das *sḫm*-Sistrum der Hathor, das *wʿb*-Symbol für Reinheit und zwei *ḫw*-Wedel in Form einer Lotusblume, deren Stiel in der oberägyptischen Wappenpflanze endet. Außer der Einzahl des als Priester amtierenden Königs, der aus einer Vase dem einen Gott Amun libiert, ist auch die Abgeschlossenheit dessen, was sich im Tempel vollzieht, bildlich festgehalten. Die architektonische Begrenzung des Tempelbezirks bildet (nach der Parallele

55 Luxor, Gr. Kolonnade, W-Wand, Beischr. über dem Räucherarm, *RILT* I, Taf. 5.
56 WOLF (*Opet*, S. 52) ergänzt mit „[Die Lebenszeit des Re und die Jahre] des Atum".
57 *RILT* I, Taf. 7, Komm. zur Schreibung, *RILT* I, S. 1f, WOLF, *Opet*, S. 52, Inschrift 2.

auf der Ostwand) die Umfassungsmauer, die die Opferszene einrahmt und im Pylonen endet.[58]

Unterhalb der Hauptszene stehen die drei anderen Barken gemeinsam auf einem von einer Hohlkehle eingefassten Podium, auf das eine Rampe hinauf führt. Die erste, die Königsbarke, ist mit dem Bug zum Inneren des Tempels ausgerichtet. Sie weist damit zur Barke der Göttin Mut. Die Kapelle für das Kultbild auf der Barke besteht aus einem Schrein mit nach hinten abfallendem Dach, der unter einem Baldachin steht. Von der Rückseite des Schreins kommen Flügel, die sich, den Rumpf der Prozessionsbarke nach vorne umgreifend, über die Seitenwände legen. An den vier Ecken des Baldachins stehen Papyrusdoldensäulen. An der Vorder- und der Rückwand der Kapelle kniet je eine Königsfigur, die, den Himmel stützend, eine Säule hält. Der Schrein ist geschlossen. Alle Barken tragen seitlich am Bug das *wḏꜣ.t*-Auge. An den Stellen, an denen sich der Schiffsrumpf vom Untersatz löst, sitzen ebensolche Skarabäen wie bei der Kultbarke des Amun. Der Sphinx vom Typus „Sphinx debout ou passant",[59] und die zwei Königsfiguren auf Deck (eine stehend, ein Wassergefäß in den erhobenen Händen, eine kniend, zwei kugelige Weingefäße in Schulterhöhe haltend) waren vermutlich vergoldet.[60] An den Steuerrudern stehen zwei Figuren mit Götterbärten. Die Ruder und Balken enden in Falkenköpfen, die Ruderpinnen in Schlangen. An den Barken sehen die Köpfe der Aegis am Bug und am Heck nach vorne. Die drei kleineren Prozessionsbarken sind bis auf die unterschiedliche Aegis identisch. Über der Barkendarstellung im unteren Register erstreckt sich ebenfalls in voller Länge die Himmelshieroglyphe.

Zuvorderst, und damit im Relief genau unterhalb des zelebrierenden Königs, steht die königliche Prozessionsbarke. Sie ist kenntlich am Haupt des Königs mit *nms*-Kopftuch und der auf einem Uräenkranz sitzenden *hmhm*-Krone mit zwei Uräen,[61] von deren Hörnern zusätzlich Uräen paarweise herabhängen. Ein breiter Halskragen schafft die Verbindung zum Schiffsrumpf. Die Beischriften zur Königsbarke tragen keinen Rezitationsvermerk. Sie bestehen aus den Titeln des Königs und der Schutzformel. Die Kartuschen des Königs enthielten, bevor sie von Haremhab usurpiert wurden, die Titulatur Tutanchamens: „Horus: Starker Stier, mit vollkommener Geburt. Die beiden Herrinnen: Mit vollkommenen Gesetzen, der die zwei Länder beruhigt. Der Goldname: Der

58 Auf die Beschreibung von Dekorations- und Schriftresten, die für die Untersuchung des auditiven Verhaltens belanglos sind, wird hier verzichtet.

59 ZIVIE-COCHE, Sphinx, in: *LÄ* V, Sp. 1143.

60 WOLF, *Opet*, S. 7.

61 Von WOLF (*Opet*, S. 7) als Atef-Krone bezeichnet.

die Kronen erhebt, der die Götter zufriedenstellt". Die Beischrift am Heck seiner Prozessionsbarke lautet:

> Der Schutz allen Lebens umgibt ihn wie bei Re. Sein Herz ist froh zusammen mit seinem *Ka*, während er die Lebenden führt.[62]

Auf die Königsbarke folgen (im Relief genau unterhalb der Barke des Amun) die Barken der Göttin Mut und des Gottes Chons. Sie schauen dem Ausgang zu. Die Aegis der Mut zeigt die Göttin mit unbedecktem, bis auf die Schultern fallendem langem Haar. An ihrer Stirn reckt sich ein mit der Sonnenscheibe im Gehörn gekrönter Uräus empor.[63] Zwei goldene Halsbänder liegen auf dem breiten Kragen. Die Barke des Chons zeigt das Haupt des Falken mit der vollen Mondscheibe, zwei goldene Halsbänder liegen auf dem breiten Kragen. Der Raum zwischen und unterhalb der Barken ist ausgefüllt mit der Opferliste, Opfern und Götterreden. In der Beischrift hinter dem Schrein ihrer Barke adressiert Mut den König:

> Worte gesprochen von Mut, der Herrin des Himmels:
> „[Mein] geliebter leiblicher [Sohn], Djesercheperure-Setepenre,
> der für [mich] dieses schöne Denkmal gemacht hat [...]".[64]

Unterhalb ihrer Barke stehen fünf wörtliche Reden derselben Göttin:

> Worte gesprochen: „[Hiermit gebe ich] dir alles Leben, Dauer, Glück von mir aus."
> Worte gesprochen: „Hiermit gebe ich dir alle Gesundheit von mir aus."
> Worte gesprochen: „Hiermit gebe ich dir alle Freude von mir aus
> Worte gesprochen: als Belohnung (für) dieses dein Denkmal, das vollkommen ist, das rein ist,
> Worte gesprochen: das fest ist, das trefflich ist, und das du (für mich) gemacht hast."[65]

---

62 *RILT* I, Taf. 11, 7–11, Übers. S. 5.

63 Bei WOLF (*Opet*, S. 7) fälschlicherweise beschrieben als „Geierkopf".

64 *RILT* I, Taf. 8, 2–7, Übers. mit Komm. S. 2. Zeilenangaben nach *RILT* I. Meine Übersetzung folgt, wenn nicht anders angegeben, der Lesung des EPIGRAPHIC SURVEY.

65 *RILT* I, Taf. 8, 8–12, Übers. S. 2. Vom EPIGRAPHIC SURVEY sind die Performative als *sḏm.n =f* übersetzt worden, während ich mich, ausgehend von meinem Verständnis der Texte als gesprochene Götterreden und damit aktuelle rituelle Handlung, für einen präsentischen *sḏm =f* entschieden habe. WOLF, *Opet*, S. 53, Inschrift 5.

In der Beischrift hinter dem Schrein seiner Barke adressiert Chons den König:

> Worte gesprochen v[on Chons …]
> „[Djesercheperu]re-[Setepenre …]
> [Mein] Herz ist froh […]
> […] alle [Fla]chländer und alle Bergländer wie bei Re.“[66]

Unterhalb der Barke des Chons stehen desgleichen fünf wörtliche Reden:

> [Worte gesprochen: „Hiermit gebe ich dir] alles Leben, Dauer, Glück, Gesundheit von mir aus.“
> [Worte gesprochen: „Hiermit gebe ich dir alle Freu]de und alle Zufriedenheit von mir aus.“
> [Worte gesprochen: „Hiermit gebe ich dir alle Tapfer]keit und alle Siege von mir aus.“
> [Worte gesprochen: „Hiermit gebe ich dir alle Jahre] der *nḥḥ*-Zeit[67] und alle Fremdländer von mir aus.
> [Worte gesprochen: als Belohnung für] dieses dein Denkmal, das vollkommen ist und das rein ist.“[68]

Im Hinblick auf den beschallten Raum lässt sich feststellen, dass hier ebenso gilt, was für das tägliche Tempelritual zur Versorgung des Gottes auch aus anderen Tempeln bekannt ist: Allein der König ist berechtigt vor den Gott hinzutreten. Die Beischriften zu den rituellen Handlungen, die der König ausführt, sind nicht als Rezitationen gekennzeichnet. Nach der Darstellung führt der zum Fest anwesende König das Ritual in eigener Person aus. Sie weicht deshalb vom täglichen Tempelritual ab. Dort legitimiert sich der Große Reinigungspriester (*wꜥb-ꜥꜣ*) während er sich dem Kultbild nähert.[69]

Im Sanktuar äußert sich der König nicht, sondern handelt nur durch das Räuchern, Libieren und die dargebrachten Opfer. Die Götter hingegen

---

66 *RILT* I, Taf. 8, 45–51, Übers. mit Komm. S. 3.

67 Zu Neheh (*nḥḥ*) als einen Zeitbegriff, der die Gleichzeitigkeit des göttlichen mit dem irdischen Tag ausdrückt MEYER-DIETRICH, Herr der Ewigkeit, der die Jahre der Götter aufgehen lässt, und der, in den Re täglich hinabsteigt, in: HULTGÅRD/NORIN, *Le Jour de Dieu. Der Tag Gottes*, S. 1–18.

68 *RILT* I, Taf. 8, 52–56. Übers. mit Komm. S. 3, WOLF, *Opet*, S. 53, Inschrift 6.

69 PBerlin 3055, III, 8-IV, 2 (Spruch 9): „Es ist der König, der mich gesandt hat den Gott zu schauen.“ Varr. Abydos: „der mir befohlen hat“, GUGLIELMI/BUROTH, Die Eingangssprüche des täglichen Tempelrituals nach Papyrus Berlin 3055 (I, 1–VI, 3), in: FS *Te Velde*, S. 121f mit Anm. g.

sprechen zum König, denn ihre Gaben an den Herrscher sind durch die *ḏd mdw*-Formel, der bei der ersten Rede das Nomen agentis zugefügt ist, als gesprochene Worte gekennzeichnet. Durch ihre Sprechakte gestalten die Götter das Barkensanktuar als einen heiligen Raum. Dessen auditive Ordnung weist den Göttern seine Erzeugung zu: sie allein sprechen, während der König schweigt.

Episode 2

RILT, *Taf.* 12

Die reichlich beladenen Opfertische, die in der vorigen Szene im Tempel unterhalb der Götterbarken die Basis des Bildes bilden, setzen sich bis zur Mitte des geöffneten Pylonen fort. Dieser ist der von Amenhotep III. erbaute dritte Pylon des Amuntempels von Karnak in der Außenansicht. Das Relief gibt damit die Bauphase des Tempels zur Zeit Tutanchamens wieder. Die Weite des Tores ist eingeengt durch eine Schranke.[70] Der Zug mit den Priestern, die die Prozessions- oder Kultbarken auf ihren Schultern tragen, bewegt sich vom Pylonen zur Anlegestelle.[71] Ursprünglich (von der Szene ist nur etwa das untere Drittel der Träger erhalten) nahm auch hier die wesentlich größer als die anderen dargestellte Barke des thebanischen Hauptgottes den meisten Platz in Anspruch. An der Spitze des Zuges sind, schätzungsweise nur ein Viertel so groß wie der König, die Leute, die dem Zug voranschreiten, dargestellt.[72]

70 Aufgrund des Erhaltungszustandes des Reliefs ist es nicht mit wünschenswerter Schärfe auszumachen, wo die Opfertische enden und in die Darstellung des Endes des Priesterzuges übergehen. Der Übergang findet aber, wenn vielleicht auch nicht haargenau, so doch eindeutig im geöffneten Ausgang aus dem Tempel statt.

71 Dass Fassade und Pylon gleichzeitig den Hintergrund für die nächste Episode bilden, wird vom EPIGRAPHIC SURVEY als ein Beispiel gewertet, um Übergänge zwischen den einzelnen Episoden zu erleichtern oder zu verwischen (*RILT* I, S. xviii). Hierzu ist zu bemerken, dass die Einteilung in Episoden durch den EPIGRAPHIC SURVEY erfolgte. Es wird hier also zuerst etwas getrennt, das anschließend, ausgehend von der durch die Forschung vorgenommenen Einteilung in einzelne Szenen, unter dem Gesichtspunkt einer von den ägyptischen Künstlern und Handwerkern vorgenommenen Verbindung betrachtet wird.

72 Weitere Personen an der Spitze des Zuges sind nicht auszuschließen. Es wäre bei der angenommenen ursprünglichen Höhe des Reliefs auf jeden Fall Platz für zwei Personen derselben Größe in einem Register darüber gewesen. Ob in Wirklichkeit die große Barke voran zog und die drei kleineren sich anschlossen, oder umgekehrt, ist nicht zu entscheiden. Im ersteren Fall würde sich der König, der der Barke des Amun folgt, in der Mitte des Zuges befinden, im anderen Fall an dessen Ende (WOLF, *Opet*, S. 9). M.E. spricht die hervorragende Stellung des Gottes Amun dafür, dass auf dem Streckenabschnitt zur Anlegestelle die Reihenfolge besteht, die dann bei den Götterschiffen auf der Flussfahrt eingehalten wird (zuerst die Barke des Amun, dann die der anderen Götter).

Ein Trompeter,[73] der den ganzen Körper der Tragbarke des Amun zuwendet, hält sein Instrument (*šnb*) leicht aufwärts gerichtet mit beiden Händen an den Mund. In der Regel hält dabei die untere Hand das Instrument, die dem Gesicht nähere presst es an die Lippen.[74] Seine Gesichtszüge lassen sich nicht mehr erkennen. Er ist kahlrasiert, trägt einen knielangen geraden gegürteten Schurz und geht barfuß. Der an der Spitze des Zuges schreitende Trompeter hat eine Parallele im Grab des Nebamun,[75] in Deir el-Bahari[76] und in Amarna.[77] Dort ist er nubischer Herkunft und trägt eine halblange Perücke. Henry FISCHER bringt einige Belege für Trompeter im Rang eines Reinigungspriesters.[78] Die zwei erhaltenen Trompeten aus dem Grab des Tutanchamen haben eine Gesamtlänge von 58,2 cm, bzw. 49,4 cm.[79] Diese Länge stimmt mit den im Relief dargestellten Trompeten überein.

Neben dem Trompeter befindet sich ein ebenso gekleideter, barfuß gehender Priester, der mit der rechten Hand Wasser oder Milch zur Reinigung des Weges ausgießt.[80] Er wendet dabei nur den Oberkörper zum Gott hin. In der herabhängenden Linken hält er zwei Stöcke. Auch bei ihm ist das Gesicht nicht erhalten. Unmittelbar vor der Barke des Amun, mit dem Rücken zur Gehrichtung und dadurch den ganzen Körper der Barke zugewandt, schreitet ein räuchernder Priester in einem langen, über der Schulter befestigten Priestergewand und Sandalen. In Fünfer-, Vierer- und Dreierreihen tragen die Priester (im unteren Register erhalten) die Prozessionsbarken aus dem Tempel heraus zum Nil. Auf ihren Schultern ruhen die langen Tragestangen, die sie mit beiden Händen umfassen. Neben dem Schrein mit dem Kultbild gehen vier mit Panterfellen bekleidete *sm*-Priester. Letztere tragen nicht, sondern haben

---

73 Dies ist trotz der Beschädigung des Steines deutlich erkennbar. Von WOLF (*Opet*, S. 10), der nicht die detaillierte Chicagoer Publikation (*RILT* I–II) zu Verfügung hatte, beschrieben als: „Der erste mit Schurz hat beide Hände in Höhe des Gesichts erhoben".

74 MANNICHE, *Ancient Egyptian Musical Instruments*, S. 34.

75 TT 90, Querhalle, südl. W-Wand, geogr. Nordwand, PM I, S. 184 (4), abgebildet bei HICKMANN, *Ägypten, Musikgeschichte in Bildern* II, Abb. 43.

76 NAVILLE, *Deir El Bahari* VI, Taf. CLV.

77 DAVIES, *Amarna* III, Taf. XII. Weitere Quellen bei MANNICHE, *Ancient Egyptian Musical Instruments*, S. 31ff.

78 FISCHER, The Trumpet in Ancient Egypt, in: FS *Edwards*, S. 108.

79 Kairo CG 69850, Kairo CG 69851. Maßangaben nach HICKMANN, *Ägypten, Musikgeschichte in Bildern* II, S. 120.

80 Von WOLF (*Opet*, S. 10) wird die Tätigkeit beschrieben als: „zeigt mit der Rechten auf den Zug". Eine Beischrift ist nicht erhalten. M.E. sieht es wie ein Wasserguss aus. Die Stöcke oder das Gefäß (?), das er in der linken Hand hält, sind aufgrund des Erhaltungszustandes nicht zu bestimmen.

die rechte Hand zum Gruß erhoben, der linke Arm ist gestreckt. Die linke offene Hand weist nach hinten, sie liegt am Körper an. Vermutlich leiten sie den Zug und geben die nötigen Kommandos beim Niedersetzen und Aufnehmen der Barke.[81] Hinter der Barke des Amun geht der König:

> ... wie Re, von Ewigkeit (*ḏ.t*) zu Ewigkeit (*nḥḥ*)
> ausführend seine Ruderfahrt zu dem südlichen Opet.[82]

Als nächstes (im Relief unterhalb) kommt die Prozessionsbarke des Gottes Chons. Der vor ihr gehende Musikant ist ein Trommler. Er ist barfuß und geht in Zugrichtung. Er blickt zur Barke des Amun hin. Der hohe runde Schädel ist kahlrasiert, das Ohr ist (wie bei allen dargestellten Personen) wohl ausgebildet. Soweit erkennbar (die Mundpartie ist beschädigt) hat er die Gesichtszüge eines Ägypters. Das wäre aber sehr ungewöhnlich, denn in der Regel sind die Trommler nubischer Herkunft. Er ist mit einem knielangen, gegürteten, geraden Schurz bekleidet. Oberkörper und Instrument sind den Festteilnehmern am Wegrand zugewandt.[83] Seine große Fasstrommel (*ḳmḳm*) trägt er an einem Riemen um den Hals, sie hängt unterhalb des Nabels. Dadurch bleiben dem Musiker beide Hände frei. Er benötigt sie bei dem üblichen beidseitigen, also zweihändigen Spiel des Instrumentes. Er schlägt mit der bloßen Handfläche auf die Membrane, die aus gespannten Tierhäuten besteht. Hierzu muss er die Arme anwinkeln. Der rechte Arm ist nur leicht angewinkelt, der linke hingegen stark, den Eindruck der Bewegung vermittelnd.

Neben dem Trommler geht ein ebenso gekleideter Priester, der sich zur Barke des Chons hin (entgegen der Zugrichtung) verbeugt. Mit der Rechten hält er einen Stock in Schulterhöhe, die Linke ist gesenkt. Sie hält vermutlich eine Papyrusrolle. Alle Musikanten sind in der gleichen Größe abgebildet. Das gilt ebenso für die vier kahlrasierten, an Kleidung und Gestik erkennbaren Vorsteher der Sänger (*jm.j-r'-ḥs.ww*) im Relief genau unterhalb.[84] Wie sich

---

81 Nach WOLFS Zählung tragen die Barke Amuns 30 Priester, die des Königs 24 und die der Mut 18 Priester. WOLF, *Opet*, S. 10. Zur Anzahl der 30 Priester, die die Barke des Amun tragen siehe BUDDE, Dreißig Götter der Genese des Tempels, in: FS *Dieter Kurth*, S. 17–40. Auf sTurin 1554 wird „Horus, Herr der Dreißigerschaft" angerufen, *ÄHG* 153, 3.

82 *RILT* I, Taf. 4.

83 Da eine gezeichnete Fasstrommel nicht von der Seite als Instrument erkennbar ist, ergibt sich die Frage, ob die Trommel hier zu den Festteilnehmern hin ausgerichtet ist, oder ob es sich hierbei um eine ikonographische Konvention handelt.

84 Zum Kollektivum „Sängerschaft" GUGLIELMI, *Die Göttin Mr.t*, S. 14. Titel der Sänger und Musiker sind zusammengestellt bei KINNEY, *Dance, dancers and the performance cohort in the Old Kingdom*, S. 27ff (nur für das AR) und ONSTINE, *The Role of the Chantress*

aus der gestaffelten Darstellungsweise ablesen lässt, gehen sie nebeneinander, leicht vorgebeugt,[85] hinter der Barke des Amun. Sie halten ihre Hände mit angelegtem Daumen in Brusthöhe vor sich. Die Handflächen sehen zueinander. Die Arme sind dabei angewinkelt. Die Geste wird von DOMINICUS als Händeklatschen identifiziert.[86] Dieselbe Handhaltung haben auch die Sänger und Sängerinnen in den Festszenen in TT 192 aus der Zeit Amenhoteps III.[87] Die Beischriften identifizieren dort Händeklatschen als Geste des Jubels[88] bzw. des Gesanges.[89] Im Opetrelief fehlt an der Stelle der Gesichter der Stein, sodass nicht mit Sicherheit festgestellt werden kann, ob der Mund geschlossen oder geöffnet ist.[90] Keine Beischrift deutet darauf hin, dass die Sänger singen.[91] Laut GUGLIELMI besitzen Sänger im Königsritual *a priori* eine zwischen der

---

in Ancient Egypt. Zur Rolle der Sängerinnen der Hathor auch FEUCHT, Frauen, in: DONADONI, *Der Mensch im Alten Ägypten*, S. 386. Zu Titeln, die fälschlicherweise als Titel von Sängern oder Musikern gelesen wurden, EMERIT, Ces musiciens qui n'en sont pas, in: *Proceedings of the Ninth International Congress of Egyptologists Grenoble*, S. 653–663.

85 Die gebeugte Haltung der Personen gehört zu den von NIMS beobachteten Neuerungen im Stil, die bereits gegen Ende der Regierungszeit Amenhoteps III. in den thebanischen Privatgräbern zu beobachten ist, vergl. NIMS, The transition from the Traditional to the New Style of Wall Relief under Amenhotep IV, in: *JNES* 32, S. 181–187. Am stärksten ausgeprägt findet sich die vorgebeugte Haltung bei den vier Sängern in TA 4, N-W and, W, DAVIES, *Amarna* I, Taf. XIV, PM IV, 215, 4 (23).

86 DOMINICUS, *Gesten und Gebärden*, Abb. 64.

87 TT 192, West Portikus, südl. des Eingangs, u. Reg., THE EPIGRAPHIC SURVEY, *The Tomb of Kheruef*, Taf. 36, 40, 59, 61.

88 THE EPIGRAPHIC SURVEY, *The Tomb of Kheruef*, S. 47. *hnn* 2 x als Imperativ von *ḥnjnj* „jubeln" nach der Parallele im Grab des Chaemhet, TT 57, TLA, DZA 26.361.990. Die Deutung der Schreibung durch HICKMANN, *Ägypten, Musikgeschichte in Bildern* II, S. 84 ist nicht aufrechtzuerhalten.

89 THE EPIGRAPHIC SURVEY, *The Tomb of Kheruef*, S. 62.

90 Parallelen zu dieser Gruppe mit vier Sängern in gleicher Haltung finden sich in TA 4, Säulenhalle, N-Wand, W, DAVIES, *Amarna* I, Taf. XIV (Priester bringen die Opfer herbei) und, mit geöffnetem Mund, auf TA 4, Säulenhalle, S-Wand, O, DAVIES, *Amarna* I, S. 31, Taf. XXII, XXIII (Die Königsfamilie opfert Aton). In TT 55, Halle, O-Wand, PM I, 1², 105 (8), (Amenhotep IV.) ragen die Hände der drei aufrecht stehenden Sänger in den Text ihres Preisliedes hinein, DAVIES, *Ramose*, S. 14, Taf. XIII. In Medinet Habu, 2. Hof, N-Wand, begleiten zwei Sänger, in aufrechter Körperhaltung vor dem leeren Tragestuhl des Königs hergehend, den Auszug Ramses' III. zum Fest des Gottes Min. Sie sind, wie die Musiker, denen sie zugesellt sind, mit Federn und Stirnband (als Libyer oder hohe Militärs) geschmückt, NELSON, *Medinet Habu* IV, Taf. 196 D.

91 Dass im alten Ägypten schweigen als auditives Handeln aufgefasst wurde, zeigen die Schreibung des nur für das Neue Reich belegten Lexems „schweigen" (*sgꜣ*) mit dem Ohr, DZA 29.658.910, und Rezitationsanweisungen wie „4 x schweigen".

realweltlichen und götterweltlichen Ebene vermittelnde Position, wodurch sie an der zwischen beiden Ebenen liegenden Dimension, die durch den König als obersten Ritualherrn repräsentiert wird, teilhaben.[92] Auf die Vorsteher der Sänger folgen ein der Kultbarke des Chons räuchernder Priester und ein Fächerträger. Die Szene trägt den Titel:

> Die Räucherung vollziehen.

Die folgende Rede an den König spricht der Gott Chons:

> Worte gesprochen von Chons-in-Theben:
> „Mein geliebter Sohn, Herr der beiden Länder, Djesercheperure-Setepenre![93]
> Wie schön ist dieses Denkmal, das du für (mich) gemacht hast. (Ich) gebe dir
> die *nḥḥ*-Zeit als König der beiden Länder (und) Unendlichkeit (*ḏ.t*) auf dem Thron
> des Horus. Jedes Fremdland (sei) unter deinen Sohlen wie (bei) deinem Vater Re, jeden Tag."[94]

Als nächstes kommt die Prozessionsbarke der Göttin Mut. Der Raum zwischen der Prozessionsbarke des Chons und der der Mut und desgleichen zwischen der Barke der Mut und derjenigen des Königs ist sorgfältig ausgefüllt. Je ein Priester geht vor der Barke. Er lässt, wie es der Titel:

> Die Räucherung vollziehen für die Aegis (*ḥ3w.tj*)[95] der Mut, Herrin der beiden Länder.[96]

---

92 GUGLIELMI, *Die Göttin Mr.t*, S. 13.

93 „Mit heiligen Gestalten, ein Re", Thronname des Usurpators Haremhab.

94 Oberhalb der Barke von Chons, *RILT* I, Taf. 14, 2–13, waagerecht, Übers. S. 5, Zeilenangaben nach *RILT* I, WOLF, *Opet*, S. 54, Inschrift 8a. Wie auch bei den anderen Götterreden von mir wiederum als präsentischer *sḏm =f* übersetzt. Die Leserichtung ist auf den Pylonen hin, sodass die Reden so aufeinander folgen wie es sich aus der Perspektive des Zuschauers ergibt, der einen Gott nach dem anderen kommen sieht.

95 *Wb* 3, 28.13–16, „Antlitz eines Gottes", „etwas das man schaut". Zur möglichen Lesung von *ḥ3w.ty* als „Aegis" oder „doppelter Uräus" siehe Komm. zur Übersetzung, *RILT* I, S. 5. Siehe dort auch Literatur zur Räucherung der Aegis und der Uräen.

96 *RILT* I, Taf. 14, 15.

verdeutlicht, der Kultbarke den guten Duft aus dem Räucherarm aufsteigen und hält einen Krug Wasser.[97] Ein zweiter Priester fächelt mit einem langen *bh.t*-Wedel der Barke frische Luft zu. Ein dritter Priester, hinter der Barke, fächelt ebenfalls.[98] Die Komposition ist derart, dass von den insgesamt drei Personen zwischen den Barken der Götter Chons und Mut (und ebenso bei Mut und König) zwei in entgegengesetzte Himmelsrichtungen blicken und die dritte, für Milch und Räucherung zuständige Person, in ihrer Mitte haben. Die langen, schräg gehaltenen Stangen der Wedel ragen hoch über die Köpfe der Menschen hinaus. Die Göttin Mut richtet folgende Adresse an den König:

> Worte gesprochen von Mut, der Herrin des Himmels:
> „Mein Sohn Djesercheperure-Setepenre,
> der ein Denkmal gemacht hat für (seinen) Vater Amun-Re,
> auf dass er ihm geben möge ... des Atum,
> (und) seine Jahre [als] Herrscher der beiden Länder
> wie (bei) Re, von Ewigkeit (*ḏ.t*) zu Ewigkeit (*nḥḥ*).“[99]

Zwischen den Fächern und damit vor der Barke der Göttin Mut steht die zweite Rede derselben Göttin:

> Worte gesprochen: „Hiermit gebe ich dir alles Leben, Dauer und Glück von mir aus.“
> Worte gesprochen: „Hiermit gebe ich dir alle Freude von mir aus.“
> Worte gesprochen: „Hiermit gebe ich dir alle Gesundheit von mir aus.“
> Worte gesprochen: „Hiermit gebe ich dir alle Stärke von mir aus.“[100]

---

97 Die Flüssigkeit, die auf den Weg gesprengt wird, ist vom The Epigraphic Survey (*RILT* I, S. 5f) in allen Fällen als Milch gedeutet worden. Die Krüge der Reinigungspriester haben jedoch unterschiedliche Formen. In der zweiten Szene entsprechen weder die Form des Kruges vor der Barke Muts, noch die des Königs einem Milchkrug, sondern es sind die aus dem Reinigungsritual bekannten Schnabelkannen für Wasser.

98 Wie die Titel des Merire I nahelegen (Davies, *Amarna* I, S. 15), bekleideten Fächerträger angesehene Positionen sowohl in der Priesterschaft als auch bei Hof. Der Griff eines Fächers fand sich auch unter den Beigaben für Sennefer in seinem einfachen Grab, Deir el-Medineh DM 1159, sowie in anderen Gräbern in Deir el-Medineh, Bruyère, *Rapport sur les Fouilles de Deir el Médineh*, S. 41ff. Das könnte den hohen Rang der Handwerker, die für den Hof arbeiteten, bestätigen.

99 Oberhalb der Barke von Mut. *RILT* I, Taf. 14, 16–23, Übers. mit Komm. S. 5. Wolf (*Opet*, S. 54) war dieser Teil des Reliefs offensichtlich noch nicht zugänglich.

100 Im Gegensatz zu den dem Kultbildschrein zugeordneten ersten Götterreden ist bei der zweiten Rede jede Zeile mit *ḏd mdw* eingeleitet. *RILT* I, Taf. 14, 24–27, Übers. mit Komm. S. 5, Wolf, *Opet*, S. 54, Inschrift 8b.

Den Abschluss macht die Barke des Königs, die mit der Ritualhandlung betitelt wird:

> Die Räucherung vollziehen für deine beiden Uräen (*wꜣḏ.tj*), dieser vollkommene Gott.[101]

Folglich wird in den Beischriften zur Räucherung der Königs- und der Mut-Barke durch den Dualis 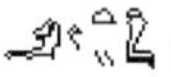 (bei Mut) und 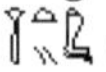 (beim König) die Bug- beziehungsweise die Heckverzierung angesprochen. Die Beischriften zur Barke des Königs sind nicht als Reden gekennzeichnet:

> Der vollkommene Gott, Sohn des Amun, den er zum König einsetzte auf seinem Thron. König von Ober- und Unterägypten, Herr der beiden Länder, Djesercheperure-Setepenre, den Amun mehr liebt als irgendeinen König.[102]

Der Uräus an der Krone (der Aegis) wird benannt: „Wadjet von Unterägypten". Die Epitheta des Königs lassen keinen Zweifel an der göttlichen Abkunft und der Legitimität des Herrschers, der sich in den Zug der Götterbarken einreiht:

> Herr der beiden Länder, Djesercheperure-Setepenre, Herr der Erscheinungen, Haremhab-Merenamen, dem Leben, Dauer und Glück gegeben sind wie Re.[103]

Auch oberhalb der kleiner dargestellten Prozessionsbarken erstreckt sich die Himmelshieroglyphe. Verglichen mit der Anordnung der drei kleineren Barken im Tempel ist die Reihenfolge jetzt umgekehrt. Am Ende des Zuges gehen vier Priester. Der erste, unmittelbar hinter der Barke des Königs, trägt einen Fächer. Was der zweite Priester hält, ist nicht festzustellen, der dritte hält eine Vase und der vierte eine Schriftrolle. Der blütenkelchförmige *ḫw*-Wedel eines durch die anderen Personen verdeckten Trägers ragt in die Toröffnung hinein.

Der Pylon, dessen Türflügel geöffnet und von zwei Sphingen flankiert sind, vermittelt als Aufführungskontext den Horizont als einen symbolischen Ort, an dem die Götter in ihrem Schiff hervorkommen. Der Auszug aus dem Tempel erreicht die Symbolik des Pylonen

---

101 *RILT* I, Taf. 16, 6.

102 *RILT* I, Taf. 16, 4–6, Text zwischen den Fächern nach der Mut- und vor der Königsbarke, Wolf, *Opet*, S. 54, Inschrift 8c.

103 *RILT* I, Taf. 16, 7–10, Beischrift zur Barke des Königs.

- durch die Umkehrung der Reihenfolge der Prozessionsbarken als Übergang
- durch das Arrangement der Fächerträger und Reinigungspriester zwischen den Barken als Horizont
- durch die am Tor beginnende Bewegung, erkennbar an der Körperhaltung der Priester, und die Zunahme der Personenanzahl als Ort zur Manifestierung der Formen

Die Verbindung vom Pylonen zur Anlegestelle als „Gottesweg“ (*wꜣ.t-nṯr*) wird rituell durch das Gehen und Tragen der Kultbarken auf der Prozessionsstraße, die Reinigung des Weges und die Räucherung geschaffen. Das Tragen der über die Köpfe der Menge erhobenen Barken könnte als Vorwärtsbewegung bereits auf dem Land „das Rudern“  der Götter verkörpern. Die heilige Sphäre für die reisenden Götter besorgen das Zufächeln von Luft und Wohlgeruch. Der hinter der Barke des Amun (und damit vor der Barke des Chons) schreitende König befindet sich inmitten der Götter.

Als auditive Konzeptionen sind zu werten: Nach den Texten, die den Kultbarken des Chons und der Mut beigeschrieben sind, reden die Götter. Der König, dem keine Worte in den Mund gelegt sind, die vier Vorsteher der Sänger hinter der Barke des Amun, denen kein Text beigeschrieben ist, und jeweils ein Priester, der einen zusammengerollten Papyrus in der Hand hält, vor der Barke des Chons (fraglich) und am Ende des Zuges, bekunden, dass nach wie vor nur die Götter sprechen. Dadurch wird die auditive Ordnung des heiligen Raumes (wie sie für das Barkensanktuar festgestellt worden war) bis zur Anlegestelle am Nil ausgedehnt.

Im Unterschied zum Sanktuar erklingen nach der Passage des Pylonen Trompetensignale, Trommelklänge und das Händeklatschen der Vorsteher der Sänger. Die Trompete tritt in Ägypten zur Zeit des Neuen Reiches als militärisches Instrument auf.[104] Der Trompeter, der sein Instrument der Barke

104 Quellen zur Trompete als militärisches Instrument finden sich in den Thebanischen Privatgräbern der 18. Dyn., wenn der Grabherr seine Tätigkeit als Beamter darstellt: Nebamun, TT 90, Querhalle, südl. W-Wand, geogr. Nordwand (Thutmosis IV. – Amenhotep III.), PM I, 1^2, 184 (4), DAVIES, *The Tombs of Two Officials*, Taf. XXVII, (Trompeter in Gehrichtung der Soldaten). Haremheb als Schreiber bei der Registrierung des Tributs, TT 78, Querhalle, N-Wand, BRACK, *Haremheb*, Taf. 51b. Tjanuni als Armeeschreiber bei der Aushebung der Rekruten, TT 74, Querhalle, südl. Westwand (Thutmosis IV.), PM I, 1^2, 145 (5), BRACK, *Tjanuni*, Taf. 9, 33. Die Darstellung des asiatischen Feldzugs Ramses' III. verdeutlicht den Einsatz der Trompete bei der Eroberung einer syrischen Festung, Medinet Habu, N-Wand zw. 1. und 2. Pylonen, außen, HEINZ, Wie wird ein Feldzug erzählt?, in: *Krieg und Sieg*, S. 52, Abb. 10. Weitere Darstellungen von Trompetern (*ḏd-m-šnb*, wörtlich „der mit der Trompete spricht“) bei MANNICHE, *Ancient Egyptian Musical Instruments*,

des Amun zuwendet, ist mit einem geraden Schurz wie ihn auch die Reinigungspriester und die Soldaten tragen bekleidet. Der Schall, den er aussendet, ist stark gerichtet[105] und wird als ein hoher Signalton gehört. Der Trompeter koordiniert den Zug der Barken von Mut und Chons und wendet sich, um besser gehört zu werden, zu den folgenden Schiffen um.[106]

Das Geleit des bei Tempelfesten agierenden Königs bildet eine militärische Eskorte. Ihr praktischer Zweck liegt darin, die Sicherheit des Königs zu garantieren. Ihr ritueller Einsatz soll die Eigenschaften des Königs als geliebter leiblicher Sohn eines Gottes, der diesem ein Denkmal macht und dafür von dem Gott als Gegengabe Tapferkeit, Siege und die Fremdländer unter seine Sohlen erhält, deutlich machen. Dieser Umstand rechtfertigt die Klassifizierung der Aufführungssituation bei Tempelfesten als religiös-ritueller Kontext. Das schließt aber nicht aus, dass durch die Kleidung des Musikers, seine Position im Zug und die Ausrichtung des Instrumentes religiöse oder militärische Konnotationen unterschiedlich gewichtet sein können. Angesichts der Tatsache, dass alle in der besprochenen Szene agierenden Trompeter, Trommler und Sänger ihren Körper und ihr Instrument auf die Prozessionsbarke des Amun hin ausrichten, ist hier die religiöse Orientierung als die maßgebliche anzusehen. Der Trompeter gehört zur Begleitung des Gottes. Belege zum religiös-rituellen Einsatz der Trompete bei Festprozessionen in der 18. Dynastie sind Darstellungen in Deir el-Bahari,[107] Wandmalereien in Privatgräbern aus Theben West,[108] und Reliefs aus Amarna.[109]

S. 32ff, ergänzt von Billig, Die Trompete aus dem Statuentempel II D von Musawwarat es Sufra, in: *MittSAG* 11, S. 75, Anm. 24.

105 „Der Schall der Trompete breitet sich stark in eine Richtung aus. Der Durchmesser des Schalltrichters beeinflusst diese Eigenschaft. Je enger der Schalltrichter, umso stärker gerichtet ist der Schall", vergl. Billig, ebd., Anm. 26.

106 Ebd., S. 76. Die Belege wären noch zu ergänzen mit dem nubischen Trompeter, der bei der Tributabgabe in TT 78 den Soldaten entgegen bläst, TT 78, Brack, *Haremheb*, Taf 51b, dem Amarnatableau in TA 3, Halle, W-Wand, auf dem der Trompeter zwischen zwei sich teilenden Divisionen Soldaten steht, Davies, *Amarna* III, S. 28, Taf. XXXI, XXXIX, und mit der Platzierung des Trompeters zwischen zwei sich begegnenden Abteilungen Soldaten in Deir el-Bahari, Naville, *Deir El Bahari* VI, Taf. CLV, untere Kolonnade, S.

107 Deir el-Bahari, untere Plattform, Naville, *Deir El Bahari* VI, S. 6, Taf. CLV, Festprozession.

108 TT 131, Querhalle, O-Wand, PM I, 1^2, 246 (9), Tuthmosis III. wird in einem Tragstuhl in der Festprozession zum Tempel getragen.

109 Grab des Huja, TA 1, Säulenhalle, O-Wand, Der Besuch im Tempel, PM IV, 211, 1 (3), Davies, *Amarna* III, Taf. VIII und XII. Grab des Ahmose, TA 3, Halle, W-Wand, Der Besuch im Tempel, PM IV, 214, 3 (5–7), Davies, *Amarna* III, Taf. XXXI. Norbert Schimmel Coll. MMA 1985.328.11, Cooney, *Amarnareliefs from Hermopolis in American Collections*, Nr. 44, S. 69f. Der Trompeter folgt in einigem Abstand einer Gruppe Tänzerinnen mit Rahmentrommeln und Lotus. Es kann sich also auch in diesem Fall nicht um einen

Über die Funktion der beiden Trompeten aus dem Grab des Tutanchamen lässt sich nur spekulieren. Die Trompete aus Silber, Kairo CG 69850, war ursprünglich mit Lotusblüten dekoriert. Das Motiv wurde später teilweise entfernt und Darstellungen von Amun-Re, Re-Horachte und Ptah hinzugefügt. Das andere Instrument aus Kupfer oder Bronze, Kairo CG 69851=JE 62008, ist ebenfalls mit diesen Göttern und dem König dekoriert. Laut MANNICHE handelt es sich um Truppenbezeichnungen.[110] Die Gebrauchsspuren an den Instrumenten sprechen gegen ihre Herstellung als Grabbeigaben. Das schließt ihre kultische Verwendung aber nicht aus, da ja die Trompete in diesem Zusammenhang ikonographisch belegt ist. Darüber hinaus ist ihre kultische Verwendung durch das kostbare Material, die eingravierten Götterbilder und den archäologischen Kontext gegeben. Sie bilden Grabbeigaben eines Königs, der für sein Weiterleben in das religiöse Festjahr und den *ḥ3b-sd*-Rhythmus eingebettet sein muss.

Der Ausrichtung des Instrumentes in der Opetprozession nach sendet der Trompeter seinen Schall zu dem Gott hin. Einen gleichartigen kultischen Einsatz der Trompete bezeugen eine Siegelabrollung aus Buhen, die in die 18. Dynastie datiert wird,[111] die Min-Prozession in Karnak,[112] das Loblied auf Ramses V. des pChester Beatty I,[113] ein aus der römischen Epoche stammendes Sargfragment aus Berlin,[114] eine kleine Statue aus der 25. Dynastie[115] und eine

militärischen Truppenaufmarsch handeln. SETTGAST (*Von Troja bis Amarna*, Kat. Nr. 297) vermutet, dass es sich hierbei um Dörflerinnen handelt, „die hier nach der Melodie eines Trompeters auf ihre Weise die Ankunft der königlichen Familie feiern."

110 MANNICHE, *Ancient Egyptian Musical Instruments*, S. 35. Laut FISCHER (The Trumpet in Ancient Egypt, in: FS *Edwards*, S. 108) können sie deshalb nicht als Belege für den Einsatz der Trompete im Kultbereich dienen.

111 HICKMANN, La trompette dans l'Égypte ancienne, in: *Supplément aux Annales du Service des Antiquités*, Abb. 23. Der Trompeter spielt vor dem König oder Osiris. FISCHER, The Trumpet in Ancient Egypt, in: FS *Edwards*, S. 108.

112 PM II^2, 28–29 (54–56), NELSON, *Ramses III's Temple within the Great Enclosure of Amon* I, Taf. 17, 18A, 19. VAN ELSBERGEN, *Untersuchungen zu den Darstellungen der Minprozession im Thebanischen Raum*, S. 82.

113 PChester Beatty I, vso. B I, 25–28, GARDINER, *The Library of A. Chester Beatty*, S. 41, Taf. 21. Nach diesem Text „ruft seine Mutter Isis mit der Trompete" (*mwt =f 3st ʿš m šnb*).

114 Berlin ÄM 12650, HICKMANN, Trompeteninstrumente, in: *MGG* 13, S. 771, BILLIG, Die Trompete aus dem Statuentempel II D von Musawwarat es Sufra, in: *MittSAG* 11, Abb. 6. Der Trompeter steht vor dem thronenden Osiris. Er hält das Instrument mit der linken Hand zum Gott hin ausgerichtet.

115 Louvre E 14719, VANDIER, Ouadjet et l'Horus léontocéphale de Bouto, in: *Fondation Eugène Piot, Monuments et Mémoires* 55, S. 12, fig. 2 a,b. Dort wird die Trompete für die Götter Horus und Wadjet von Buto gespielt.

Szene im Löwentempel von Musawwarat es Sufra.[116] Der demotische Papyrus Moskau 135 nennt unter dem Tempelpersonal zwei Musiker, von denen einer ein Trompeter sein könnte.[117] Der Trompeter hinter den Städterinnen auf dem Amarna-Fragment MMA 1985.328.11[118] richtet vermutlich sein Instrument auf den König, beim Triumphzug des Haremhab in der Felsenkapelle in Gebel es-Silsileh[119] und bei Ramses' III. Inspektion der Pferde in Medinet Habu[120] ist die Ausrichtung eindeutig.

Auch die Fasstrommel tritt in Ägypten zur Zeit des Neuen Reiches vorwiegend als ein in der Armee verwendetes Instrument auf. Das belegen die Quellen[121] und in der „Lobrede auf Memphis" die Erwähnung eines Trommlers als Musiker, der zum Milieu einer Garnisonsstadt gehört.[122] Trompete und Trommel haben außer ihrer Verwendung in einem militärischen Kontext auch den Einsatz im Ritual[123] gemeinsam. BILLIG bemerkt zu dem gemeinsamen Auftreten der beiden Instrumente:

> In dieser Kombination zeigt sich die Funktion der beiden Instrumente. Die Trompete mit ihrer scharfen Richtcharakteristik und den hohen durchdringenden Tönen eignet sich um Signale zu spielen. Sie ist gut

---

116 HINTZE, *Musawwarat es Sufra* I, 2, Taf. 67, BILLIG, Die Trompete aus dem Statuentempel II D von Musawwarat es Sufra, in: *MittSAG* 11, S. 77, Abb. 8.

117 PMoskau 135, rto. 2, PORTEN et al., *The Elephantine Papyri in English*, Dok. C 30, S. 358 mit Anm. 15.

118 MMA 1985.328.11 (Datenbank ID 56), Settgast, *Von Troja bis Amarna*, Kat. Nr. 297.

119 WRESZINSKI, *Atlas* II, Taf. 161–162, Speos von Gebel es-Silsileh, Laterale Halle, W-Wand (V II/11–12), THIEM, *Speos von Gebel es-Silsileh*, Nr. 90, Taf. 58, Text S. 142f. Generell ist die Ausrichtung von Instrumenten auf den Gott hin auch durch die Prozession auf der Steatitschale aus Persischer Zeit, heute im British Museum, London, belegt, ANDERSON, *Catalogue of Egyptian Antiquities in the British Museum* III: *Musical Instruments*, S. 8.

120 NELSON, *Medinet Habu* II, Taf. 109.

121 MANNICHE, *Ancient Egyptian Musical Instruments*, S. 7.

122 PSallier IV, vso. 1, 1–4, 8, LEM, S. 88ff, TACKE, *Verspunkte als Gliederungsmittel in ramessidischen Schülerhandschriften*, S. 77, 97–98 (Übersetzung nicht gesichert).

123 Louvre E 3308 zeigt einen Trommler mit der Fasstrommel bei einer Gründungszeremonie, ZIEGLER, *Catalogue des instruments de musique égyptiens*, S. 73. Eine Gruppe Musiker in einer Opferprozession, bestehend aus Trompetern, einem Sänger, zwei Trommlern und zwei Harfnern, zeigt das Relief im Tempel des Amun, Kawa, Tempel T, MACADAM, *The Temples of Kawa* II, Taf. XIV, HICKMANN, Die altägyptischen Röhrentrommeln, in: *Oriens* 17, Abb. 9, BILLIG, Die Trompete aus dem Statuentempel II D von Musawwarat es Sufra, in: *MittSAG* 11, Abb. 7. Aus der Spätzeit stammt eine Statuette des Gottes Bes, der auf eine Gefäßtrommel schlägt, HICKMANN, *Ägypten, Musikgeschichte in Bildern* II, S. 108, Abb. 72.

> hörbar, sogar über Schlachtenlärm hinweg. So können Botschaften und militärische Befehle über größere Strecken dem Heer vermittelt werden. Die Trommel kann eine gleichmäßige Schrittfolge ermöglichen und die Geschwindigkeit der Soldaten bestimmen.[124]

Die Trommelschläge bestimmen den Rhythmus und die Schnelligkeit, mit der sich der Zug zum Ufer bewegt. Die Gangart wird wohl gemessen gewesen sein, das lässt das Gewicht der Barken vermuten, wird aber auch durch die Aussage im Lied des Sänftenträgers Schepsi-pu-Min in seinem Grab in Achmim bestätigt: „Der Vertraute (Sänftenträger) geht langsam, wenn er (in der Sänftenprozession) auszieht".[125]

Die Aufgabe der Musiker ergibt sich aus der Symbolik des Aufführungsortes als Horizontüberschreitung und Hierophanie des Gottes. Die folgende Stelle aus den Sargtexten wird gesprochen, um das Kommen eines Gottes anzukündigen: „Ich bin es, der den Himmel für ihn zum Schweigen bringt. Ich bin es, der die Erde für ihn zittern lässt. Ich bin es, der ihn ankündigt, wenn er aus dem Horizont hervorkommt, und denen, die seinen Namen erforschen, Ehrfurcht einflößt".[126] Diese Vorstellung lässt, auf die Opetprozession übertragen, zusammen mit dem bisher gesagten folgenden Schluss zu: Der entgegen der Laufrichtung zum Gott hin spielende Trompeter, der zum Gott und zum Betrachter gewandte Trommler und die vier in Zugrichtung blickenden, in die Hände klatschenden Vorsteher der Sänger kündigen das Erscheinen der Thebanischen Göttertriade, in deren Mitte sich der König befindet, als ungeheuerliches und belebendes Ereignis an, und flößen den Anwesenden die Ehrfurcht vor den Göttern ein.

Episode 3
RILT, *Taf.* 17

Die Schiffe der Götter, des Königs und der Königin sowie deren Begleitung fahren stromaufwärts auf dem Nil nach Luxor. Den Anfang der Prozession zu Wasser bilden die Schiffe, die die Königs- und Götterbarken ziehen. Sie bestehen aus zwei Reihen von fünf hintereinander gestaffelten Segelbooten. Es folgt das stattliche Schiff des Königs mit 38 Ruderern auf jeder Seite. Von diesem

---

124 BILLIG, ebd., S. 75.

125 Achmim, Grab H 24, Pfeilerraum, N-Wand, westl. Teil oberh. der Träger, 1, Übers. BURCKHARD, in: TLA, Zugriff 2009-12-04. *jhm* „langsam gehen; zurückhalten", *Wb* 1, 118.19, TLA, Lemma-Nr. 30270, Zugriff 2009-12-04.

126 Sargtextspruch 75 (CT I 321b–323b).

ist nur der Kiel erhalten. Es trägt den Namen „Der die Götter befriedigt" (*sḥtp-nṯr.w*) und hat, nach früheren und späteren Darstellungen[127] zu schließen, die Flussbarke des Amun im Schlepptau. Die Schiffe des Königs und des Gottes Amun haben kein anderes Schiff neben, aber ein mit Opfergaben beladenes Transportschiff zwischen sich, welches die Verbindung der beiden großen Flussbarken herstellt.[128] Auf die Barke des Amun mit dem Namen „Mit mächtigem Bug" (*wsr-ḥꜣ.t*) folgt das Schiff der Königin mit der Flussbarke der Göttin Mut im Schlepptau und (auf der Ostseite nicht erhalten) das Schiff des Gottes Chons samt vier weiteren Begleitschiffen. Die Flotte nähert sich bereits Luxor, denn sie hat in Erwartung der nahen Landestelle schon die Segel gerafft.[129] Neben den letzten Schleppbooten und dem Königsschiff laufen am Ostufer in dichter Folge vier Standartenträger, vierzehn mit Schilden, Lanzen oder Streitäxten gerüstete Soldaten, gefolgt von vier weiteren Standartenträgern. Zwei „Große Gespanne seiner Majestät", versehen mit Bogentasche und Köcher, schließen sich an. Die Rossknechte, deren Zopfperücke ihren hohen militärischen Rang verrät, halten entweder die Zügel oder grüßen den Gott. Es folgt ein Offizier, der den Treidlern, wie es der Gestus (die Hand vor dem Mund) verdeutlicht, die Befehle zuruft (siehe Abb. 30).

Die Volksmenge ist im konventionellen Stil der 18. Dynastie summarisch dargestellt. Unterschiedliche Kleidung und Gesten verleihen ihr außerordentliche Lebendigkeit. Sie empfängt das Götterschiff freudig mit Winken. Ein durch seine Bauchfalten als wohlhabend charakterisierter Bürger kniet. Ein anderer hat sich auf den Boden geworfen und küsst die Erde. Einige, stehend oder dem Schiff entgegenlaufend, erheben die Hände zum Gruß. Genau an der Stelle, an der sich der Kiel der königlichen Barke aus dem Wasser erhebt, steht bei ihnen ein Trompeter in halblanger runder Perücke. Er ist mit dem Offiziersschurz bekleidet. Von seinem zum Gott hin ausgerichteten Instrument ist der Trichter noch erhalten. Ob er die Trompete mit beiden Händen oder nur mit der (noch erhaltenen) Rechten hält, während er die Linke am Zugseil hat, ist nicht mit Sicherheit festzustellen. Wie die grüßenden Bürger sieht auch er der Userhat-Barke entgegen. Er sendet den Schall zum Gott Amun und damit auch zu den auf ihn zukommenden Prozessionsteilnehmern. Er könnte rein praktisch die Zugmannschaft am Ufer koordinieren. Inmitten der Menge

---

127 Chapelle Rouge, Block 171, GRIMAL, *La Chapelle Rouge*, S. 61. Hatschepsut und Thutmosis III. halten ein Tau, das zur Userhat-Barke führt. Karnak, gr. Säulenhalle, W-Wand, nördl. Teil (Ramses II.).

128 Spuren deuten auf ein kleines Beiboot mit Aufbau hin. Auf der O-Wand ist dieses Schiff, beladen mit Opferspeisen und einem Entenkopf am Bug, gut erhalten.

129 Deutlich auf *RILT* I, Taf. 34, Fragment 6, 19 und 203.

ABB. 30 *Offizier mit Rufgestus. Tempel von Luxor, Große Kolonnade, Westwand.* FOTO: VERFASSERIN.

spielend erscheint mir aber eine Funktion im Hinblick auf den Gott wahrscheinlicher. Signallaute sind klar konturierte Laute, denen man genau zuhört. „Ein Signal ist ein Laut mit einer bestimmten Bedeutung, und es stimuliert oft eine direkte Reaktion."[130] Signallaute sind nicht nur gut zu hören, sie können als Orientierungslaute dienen, die sie auf besondere Weise für die Menschen einer Gemeinschaft erkennbar und beachtenswert machen. Der Trompeter lenkt durch die Ausrichtung seines Instrumentes die Aufmerksamkeit auf den Gott und setzt so im Klangmuster der Opetprozession ein Erkennungszeichen.

In der Menge, die sich flussaufwärts nach Süden bewegt, lassen sich die Taue in den Händen der Treidler noch eine gute Strecke weit verfolgen. Einige der etwa vierzig Treidler tragen den konventionell blattförmig wiedergegebenen Schurz der Offiziere, der vorne hochgerafft ist und einen Bausch bildet, dazu ein weites Hemd mit überfallenden Ärmeln. Ein Offizier der Gottesbarke des Amun, Amenemheb, ist namentlich bekannt. Die Aussage auf seiner Stele: „Als

130 SCHAFER, *Klang und Krach,* S. 216.

ich Offizier in der Userhat-Barke war, das Tau knotete ... am Opetfest“[131] bezeugt das mit dieser Tätigkeit verbundene Ansehen. Andere tragen reich gefältelte, wieder andere gerade Leinenschurze. Sie blicken mal zur Anlegestelle in Luxor mal zur Götterbarke hin. Mitten darin und an der Stelle, wo das Bugtau das Ufer erreicht, verleihen die Unteroffiziere[132] mit ihren kurzen, nach der Spitze sich verdickenden Knüppeln ihren Anfeuerungen Nachdruck. Rufend halten sie die Hand zum Mund erhoben.

Die Phyle der Ruderer (*zꜣ-ẖn.w*),[133] die die Userhat-Barke flussaufwärts schleppen, stimmt ein Lied an. Es steht in einer horizontalen Zeile oberhalb der Treidler, die die Userhat-Barke ziehen, und der Soldaten, die die Königsbarke am Ufer begleiten. Die in die Schrift hineinragenden Hände, Standarten und Lanzen betonen die Verbindung zwischen Sängern und Beischrift. Die Leserichtung entspricht der Zugrichtung. Das Lied preist das Erscheinen des thebanischen Haupt- und Reichsgottes Amun:

> Die Abteilung der Ruderer, die dabei sind das Bugtau[134] des Schiffes zu ziehen. Das Jubellied, das sie sagen:[135]
> „Der [Herrscher] der Erscheinungen[136] (ist) [in] seiner Barke wie Re im Himmel.
> Die ganze Erde ist vereint in Jubel beim Anblick seiner ... in seiner Flussbarke gleich Re in seiner Abendbarke.[137]

(An dieser Stelle des Textes findet in der Uferprozession der Übergang von den Treidlern, die die *wsr-ḥꜣ.t*-Barke ziehen, zu den Soldaten, die neben dem Schiff des Königs laufen, statt.)

---

131 Urk. IV, 859.8–13, HERRMANN, *Stelen*, S. 138.

132 Die Beschreibung militärischer Details ist von WOLF, *Opet*, S. 15 übernommen.

133 Gesang beim Rudern (ausgedrückt durch das ans Ohr Halten der Hände) ist bereits durch ein Holzmodell aus dem MR belegt, HICKMANN, *Ägypten, Musikgeschichte in Bildern* II, S. 80, Abb. 48. THE EPIGRAPHIC SURVEY (*RILT* I, S. 7) erwägt unter Berufung auf CAMINOS, The Chronicle of Prince Osorcon, in: *Analecta Orientalia* 37, S. 69–70, die Möglichkeit, dass einige Ruderer den „sailors of the sacred bark of Amun's estate“ angehörten. Siehe auch die Belegstelle zu „Mitglied der Ruderer des Herrschers“ (*ꜥnḫ-n-ẖn.yt-ḥḳꜣ*) im TLA, Lemma-Nr. 400166, Zugriff 2010-01-13.

134 „Bugtau“ *ḥꜣtt* (näg. *ẖntt*), zur ungewöhnlichen Schreibung *Wb* 3, 28.5–7.

135 THE EPIGRAPHIC SURVEY (*RILT* I, S. 7, Anm. b) emendiert das *r* und liest *ẖn nhmw ḏdw =sn.*

136 Der Titel „Herrscher der Erscheinungen“ *ḥḳꜣ-ḫꜥw* ist laut *LGG* V, S. 520, einmal belegt (Opet I, 157).

137 Schreibung der Barke *sk.tt, Wb* 4, 315.

… jubelnd.

Die ganze Erde ist in Freude bei der Ankunft im noblen Opet, seiner Stätte des Ersten Males.

Möge er geben … Leben und Glück seinem Sohn Djesercheperure-Setepenre,

ein Sohn, der dem, der ihn geboren hat, nützlich ist, so wie er seinen Vater Amun rudert,

um seinen *Ka* zufrieden zu stellen.

Möge er ihn rudern in Millionen von [Jahren] … Barke [Der, die] Götter [besänftigt]."[138]

Vermutlich handelt es sich um eine Art Sprechgesang. Das Schiff, das sie auf dem Nil ziehen, im Text explizit als „seine Flussbarke" (*wjꜣ =f n ḥr jtr.w*) bezeichnet, wird mit der Abendbarke des Re im Himmel gleichgesetzt, der Tempel von Luxor als Schöpfungsort konnotiert. Der König bekommt vom Gott als Gegengabe für sein Rudern Leben und Glück. Durch die Aussage „vereint in Jubel" wird die ganze Erde als sozialer Raum des Gottes, für den ihr Jubel bei seinem Anblick erschallt, dargestellt. Die für Festlieder typischen Formulierungen einer fiktiven Jubelgemeinde zeigen, dass in den konzipierten sozialen Raum imaginierte Bereiche einbezogen sind.[139] Der Gesang verleiht der Abteilung Ruderer, die ihn aufführen darf, das Ansehen einer Gruppe, die für den Gott tätig und mit dem König als Prototyp des nützlichen Sohnes solidarisch ist.

Auf gleicher Höhe mit dem Götterschiff des Amun bevölkern Musiker das Ufer. Den Anfang macht eine Gruppe von drei Nubiern, die zum Rhythmus einer von einem Nubier geschlagenen Fasstrommel tanzen.[140] Sie befinden sich unmittelbar hinter der Stelle, an der das Bugtau der Götterbarke das Ufer erreicht und eine konkrete Verbindung vom Götterschiff zum Ufer besteht (siehe Abb. 31). Der vorderste in der Gruppe hält das Gesicht schräg nach

---

138 *RILT* I, Taf. 18, Übers. mit Komm. *RILT* I, S. 7, WOLF, *Opet*, S. 56, Inschrift 14. Das Ende des Jubelliedes stößt an den Text des Preisliedes, mit dem der Offizier am Ufer in Luxor die *wsr-ḥꜣ.t*-Barke empfängt (WOLF, *Opet*, S. 15). Das kann m.E. dahingehend gedeutet werden, dass die unmittelbaren Textanschlüsse die Lieder als aufeinanderfolgend gesungen darstellen. Letzteres führt zu einem pausenlos beschallten Raum.

139 Zum Jubel bei dem Erscheinen des Gottes im Fest, GUGLIELMI, *Die Göttin Mr.t*, S. 70ff.

140 Die Szene ist besprochen bei HICKMANN, *Ägypten, Musikgeschichte in Bildern* II, S. 72, Abb. 73. Alle Tanzszenen, in denen Nubier auftreten, sind detailliert beschrieben von DECKER/HERB, *Bildatlas zum Sport*, S. 842–848.

ABB. 31
Nubische Tänzer. Tempel von Luxor, Große Kolonnade, Westwand. Am oberen Bildrand ist ein Teil der Textzeile des Jubelliedes sichtbar, das die Abteilung der Ruderer singt, die das Bugtau des Schiffes ziehen. Nach RILT *I, Taf. 18, Ausschnitt.*

unten, die beiden anderen blicken nach oben, das des vierten Mannes ist nicht erhalten.

Die Frisuren der Tänzer und des Trommlers sind kappenartig.[141] Ein wenig Raum zwischen sich und den vor und nach ihnen kommenden gewährt der Gruppe Bewegungsfreiheit beim Tanz. Der Oberkörper der Tänzer ist aufgerichtet, den Unterkörper (von der Hüfte bis übers Knie) bedeckt ein Fell, dessen Tierschwanz vorn fast bis auf den Boden hängt.[142] Nur der Trommler trägt einen Stoffschurz. Er trägt seine Trommel sehr schräg und dicht am Körper, was ihm ein starkes Anwinkeln des rechten Armes abnötigt. Bei einem Tänzer ist (aufgrund des Erhaltungszustandes) noch ein Fuß sichtbar, die Ferse lässt darauf deuten, dass er nur mit der Fußspitze den Boden berührt. Leicht angewinkelte Knie und Hüften verraten die Bewegung der Tänzer. Alle haben Rasseln[143] um das linke Fußgelenk gebunden und tragen große Ohrringe. Den Trommler zieren überdies Ringe am Hals und ein Armreif am linken Handgelenk (das

141 Von DRENKHAHN (*Darstellungen von Negern in Ägypten*, S. 69f) als Kappenfrisur Typ B beschrieben.

142 Gleichartig gekleidet sind die nubischen Gefangenen und Tänzer in der Darstellung des nubischen Feldzugs Haremhabs im Felstempel von Speos von Gebel es-Silsileh, Laterale Halle, W-Wand (V II/11–12), WRESZINSKI, *Atlas* II, Taf. 161f, DECKER/HERB, *Bildatlas zum Sport* (S.9.10), S. 846, Taf. CDXXXIV. Der nubische Fellschurz findet sich auch auf der Darstellung nubischer Krieger am Aufweg der Pyramide Sesostris' III., WILDUNG, *Sesostris und Amenemhet*, Abb. 151, S. 176, und MORENZ, *Die Zeit der Regionen im Spiegel der Gebelein-Region*, S. 310. Die Darstellungsweise dieser Fellschurze wird noch für die der Tänzer bei der Opetprozession der 20. Dyn., Karnak, Chonstempel, 1. Hof, westl. Seitenwand, verwendet, THE EPIGRAPHIC SURVEY, *The Temple of Khonsu* I, Taf. 19 und 21, DECKER/HERB, *Bildatlas zum Sport* (S.9.11), S. 848.

143 Von WOLF (*Opet*, S. 15) fälschlicherweise als „Bommeln" beschrieben.

rechte ist durch die Fasstrommel verdeckt).[144] Sie benützen für ihren Tanz einen langen, sich nach oben verdickenden Stock, den sie mit beiden Händen in Brusthöhe senkrecht vor sich halten.

Der Tanz wird in der Literatur als „Stocktanz" beschrieben[145] und als „Waffentanz" gedeutet.[146] Beim Opetfest handelt es sich jedoch weder um den Triumphzug eines siegreichen Königs noch um eine Feldzugsdarstellung.[147] Tänze, die in die Prozession religiöser Feste integriert sind, preisen ungeachtet des besonderen Anlasses im Einzelfall die Erscheinung eines Gottes. Hierbei werden von den Tänzern keine Waffen verwendet.[148] Im Grab des Cheruef handelt die Beischrift zu den Tänzern beim Sedfest Amenhoteps III. von der Ernte.[149] Der Dramatische Ramesseum Papyrus aus der 12. Dynastie enthält eine mythologische Ausdeutung des Dreschens.[150] Deshalb könnte es sich bei den Stöcken um einen Pflanzenschaft handeln, was für einen getanzten Lobpreis für den Gott sprechen würde. Zwar werden die für das Alte Reich überlieferten ägyptischen Erntetänze mit einem dünneren geraden Stock getanzt,[151] doch kann meine Vermutung durch die Festlieder, in denen Amun als ein Gott, der Leben und Wohlergehen gibt, besungen wird, sowie durch die folgende Stelle beim

144 *RILT* I, Taf. 25. Der Armreif wirkt kantig und könnte aus Elfenbein sein, wie die scheibenförmigen Armreife der tanzenden Nubier in TT 78, BRACK, *Haremheb*, S. 40, Taf. 51c.

145 HICKMANN, *Ägypten, Musikgeschichte in Bildern* II, S. 72.

146 WOLF, *Opet*, S. 16, WILD, Les dances sacrées de l'Égypte ancienne, in: *Sources Orientales*, S. 57, BRUNNER-TRAUT, *Der Tanz im Alten Ägypten*, S. 74, VANDIER, Deux sujets originaux sur ostraca figurés, in: *RdÉ* 12, S. 83–88, DRENKHAHN, *Darstellungen von Negern in Ägypten*, S. 83.

147 Zur Bildabfolge einer Feldzugsdarstellung siehe HEINZ, Wie wird ein Feldzug erzählt? in: *Krieg und Sieg*, S. 44f.

148 Die beim „Fest der zweiten Geburt" in Deir el-Bahari, Hathorkapelle, Hypostylhalle, N-Wand, von libyschen Tänzern verwendeten Wurfhölzer (NAVILLE, *Deir El Bahari* IV, Taf. XC) stellen nach WOLF (*Die Bewaffnung des altägyptischen Heeres*, S. 13) keine Waffen dar.

149 TT 192, Vorhof, Portikus, W, EPIGRAPHIC SURVEY, *The Tomb of Kheruef*, S. 47, Taf. 34–40.

150 Dramatischer Ramesseum papyrus 29–33, SETHE, *Dramatische Texte zu altaegyptischen Mysterienspielen* II, Szene 9 zu Bild 5, QUACK, Zur Lesung und Deutung des Dramatischen Ramesseum Papyrus, in: *ZÄS* 133, S. 77ff.

151 G 6010, Raum II, östl. Seitenwand (fraglich), PM III, 169 (1–2). Sakkara, Mastaba des Nfr-irt.n.f, Kultraum, östl. Seitenwand, jetzt Brüssel E.2465, PM III, 584 (6), DECKER/HERB, *Bildatlas zum Sport* (S.8.2), S. 841, Taf. CDXXXV. Sakkara, Grab des Nj-kaw-Hrw, Kultraum, östl. Seitenwand, S, PM III, 498, QUIBELL, *Excavations at Saqqara 1907–1908*, Taf. LXII, 2, DECKER/HERB, *Bildatlas zum Sport* (S.8.3), S. 841. Tanz beim Keltern, Sakkara, Mastaba des Mereruka, Raum XII, PM III², 531 (66), HICKMANN, *Ägypten, Musikgeschichte in Bildern* II, Abb. 47.

Fest des Min erhärtet werden: „während der oberste Vorlesepriester den ‚Tanz des Min' vorliest, der Vorsänger desgleichen, und während der Neger von Punt diesen Gott preist".[152]

Entscheidend für die Bedeutung des Tanzes ist, woher der Tänzer kommt.[153] Ihre Aufgabe als Vertreter des Grenzlandes besteht darin, die Ägypten von außen drohenden Gefahren abzuwehren.[154] Diese Botschaft setzt bei den Rezipienten voraus, dass für sie der Sinn der tanzenden Nubier in der Abwehr von Gefahren liegt. Sie gewinnt an Wahrscheinlichkeit durch Belege zur *ḥkꜣ*-Kraft der Nubier.[155] Im Hinblick auf die Interpretation des Tanzes durch die Zuhörer kann folgende Beobachtung CHERNOFFs geltend gemacht werden:

> Recalling the African who could claim to understand a certain piece of music by knowing the dance that goes with it, we might begin to perceive a dancer's feet, to which in fact there might often be rattles attached, as a part of the music: if a dancer with rattles tied onto his feet made a mistake we would hear it. In African music it is the listener or dancer who has to supply the beat: the listener must be *actively engaged* in making sense of the music; the music itself does not become the concentrated focus of an event, as at a concert. It is for this fundamental reason that African music should not be studied out of its context or as "music": The African orchestra is not complete without a participant on the other side.[156]

Demzufolge förderte die regelmäßige Teilnahme an den großen Tempelfesten, bei deren Prozessionen seit dem Beginn der 18. Dynastie Fremdvölkertänze

152 Medinet Habu, 2. Hof, N- und NO-Wand, o. Reg. (Ramses III.), DZA 21.183.800, Übers. SETHE.

153 ÅKESSON, Lecture at the International Symposium for Research on Ancient Cultures, Sofia, June 29, 1982, in: *Att ge spår i luften*, S. 19.

154 TA 8, Säulenhalle, W-Wand, S, DAVIES, *Amarna* VI, Taf. XIX, SPIESER, *Les noms du pharaon*, S. 83.

155 Die Anwendung von *ḥkꜣ*-Kraft der Ägypter gegen die *ḥkꜣ*-Kraft der Nubier, die beginnend mit den Ächtungstexten des Alten Reiches belegt ist und den Nubiern wirksame Kräfte zuschreibt, vergl. SEIDLMAYER, Nubier im ägyptischen Kontext im Alten und Mittleren Reich, in: *Akkulturation und Selbstbehauptung*, S. 98. Die Warnung Amenhoteps II. vor der *ḥkꜣ*-Kraft der Nubier, sBoston MFA 25.632, 11–12, Urk. IV, 1344 (Amenhotep II.), BRESCIANI, Der Fremde, in: DONADONI, *Der Mensch des Alten Ägypten*, S. 264f, 273f, DARNELL, The Stela of the Viceroy Usersatet (Boston MFA 25.632), his Shrine at Qasr Ibrim, and the Festival of Nubian Tribute under Amenhotep II, in: *ENiM* 7, S. 253.254 mit Anm. d.

156 CHERNOFF, *African Rhythm and African Sensibility*, S. 50.

einen festen Einschlag bildeten, nicht nur die Gewöhnung der Festteilnehmer, sie schulte sie auch.

Auf die Nubier folgen zwei „Libyer" mit ausgebreiteten Armen, die in jeder Hand einen gekrümmten Stab halten. Das obere Stabende ragt in die Schriftzeile hinein.[157] Sie tragen ein Kopftuch, dessen lange Enden über die Schulterblätter hinab reichen. Nach der Position des Oberkörpers zu schließen, tanzen sie entgegen der Prozessionsrichtung.[158] Fünf „Libyer" (in einer Reihe) mit Schlaghölzern geben ihnen den Rhythmus. Sie sind den Tänzern zugewandt. Ob sie ebenfalls tanzen ist nicht zu entscheiden, da der Stein an der Stelle der Füße erodiert ist. Alle tragen den gebauschten Schurz der Offiziere. Ihr Kopf ist ebenfalls mit einem Tuch bedeckt. An den Straußenfedern sind sie leicht als Libyer erkennbar. Sie haben den Mund geschlossen.[159] Verglichen mit der Darstellung des Libyers unter den ranghohen Militärs auf der Ostseite sind die Gesichtszüge der Tänzer und Musiker ägyptisch. Es ist deshalb nicht auszuschließen, dass es sich wie in Deir el-Bahari um als Libyer ausstaffierte ägyptische Soldaten beziehungsweise Offiziere handelt.[160] Die Schlaghölzer, die die fünf in den Fäusten halten und gegeneinander schlagen, sind schlank, leicht gebogen und am oberen Ende etwas verdickt. Das erhaltene Paar im Louvre aus dunklem dichtem Holz ist 68,5 cm und 63 cm lang.[161] Auf der Darstellung des Musikinstrumentes in der Opetprozession wirken die Hölzer

157 WOLF (*Opet*, S. 16) hält die beiden für Ägypter und nur die nächsten fünf mit Federschmuck für Libyer. Die Gesichter der beiden Tänzer sind nicht erhalten.

158 Von den Beinen und Füßen ist leider nichts erhalten, doch trägt die Parallele eines von den Libyern in einer Prozession aufgeführten Tanzes die Beischrift „Das Tanzen seitens der Libyer" (*jbꜣ.w jn tmḥ.w*), Deir el-Bahari, Hathorkapelle, Hypostylhalle, N-Wand, NAVILLE, *Deir El Bahari* IV, Taf. XC. Ein Unterschied in den Darstellungen liegt in den Wurfhölzern, die die Tänzer dort verwenden.

159 Außer dem Anlass (siehe oben) spricht auch der geschlossene Mund gegen WOLFS Annahme, dass sie ein Marschlied singen. Der angebliche „feste Marschschritt" (WOLF, *Opet*, S. 16) ist, da das Relief vom Knie abwärts zerstört ist, desgleichen eine Mutmaßung dess. Autors.

160 HELCK, Fremdvölkerdarstellungen, in: *LÄ* II, Sp. 319.

161 Kairo, CG 69462, Louvre N 1436a und b, abgebildet und mit Maßangaben versehen bei ZIEGLER, *Catalogue des instruments de musique égyptiens*, Kat. Nr. 1, S. 22. DECKER/HERB (*Bildatlas zum Sport* (S.9.1), S. 842) gibt die Länge der Schlaghölzer auf der Darstellung in Deir el Bahari mit 7–8 cm an. Sie sind von BRUNNER-TRAUT (*Der Tanz im Alten Ägypten*, S. 74) unrichtig als „Bumerangs zum Taktschlagen" gedeutet worden. Dies. hat übersehen, dass die Schlaghölzer der Rhythmusgruppe in Deir el Bahari sich deutlich von den Wurfhölzern der beiden Tänzer dort unterscheiden. PÉREZ ARROYO (*Music in the Age of the Pyramids*, S. 42) unterscheidet bei den Klappern eine in der Form an einen Bumerang erinnernde „Badarian Shape" von der sichelförmigen „Naqadan Shape". Erstere sind

im Verhältnis zur Körpergröße kürzer. Die Bedeutung des Tanzes, die sich aus der ethnischen Zugehörigkeit der Tänzer (sei sie nun tatsächlich gegeben oder durch ein Kostüm vorgespiegelt) ergibt, ist die der Libyer als Repräsentanten des Nordens.[162]

Die sich anschließende Gruppe wird von dem Text des Liedes, das sie singen, eingerahmt. Sie besteht aus acht Priesterinnen und vermutlich acht[163] Cheironomen oder Taktgebern (*šzp-n.t-dḫn*). Beide Gruppen sind in Zugrichtung vorwärts schreitend und ohne eine Wendung des Kopfes oder des Körpers dargestellt. Die Damen mit langem Haar gehen eine hinter der anderen. Sie tragen ein knöchellanges eng anliegendes Kleid. Jede Priesterin hält in der Rechten mit angewinkeltem Arm die im Kult verwendete Rassel, das Sistrum, senkrecht in Brusthöhe vor sich.[164] Die Inschriften auf dem Bügelsistrum der Priesterin des Amun, Henuttawi, aus der 21. Dynastie geben Hinweise auf mögliche Aspekte des Gottes Amun, neben dessen Barke die Sistren geschüttelt werden. Sie führen Mut, die große Herrin von Ischeru, Isis, die große Mutter des Gottes, und Amun-Re als Götter an. Unterhalb Mut steht: „Möge sie ausführen das Schütteln für dein schönes Gesicht, Amun-Re, Herr des Himmels". Unterhalb Isis steht: „Möge sie ausführen das Schütteln für dein schönes Gesicht, Amun-Re, Herrscher von Theben".[165] Wenn dasselbe auch für die 18. Dynastie zutrifft, schütteln die Priesterinnen das Instrument für

---

kleiner als die zur Jagd benutzten Bumerangs. Außer nach ihrer Morphologie klassifiziert ders. die Klappern je nach ihrer Schlagfläche auf der Innen- oder der Außenseite.

162 Zu dem rituellen Auftreten unterschiedlicher Bevölkerungsgruppen sowie ihre Zuordnung zu entgegengesetzten Himmelsrichtungen siehe ASSMANN, *Liturgische Lieder an den Sonnengott*, S. 127, Anm. 14, DARNELL, Hathor returns to Medamud, in: *SAK* 22, S. 47, und VERHOEVEN/DERCHAIN, *Le voyage de la déesse libyque*, S. 64ff.

163 Die Anzahl ist aufgrund des Erhaltungszustandes nicht zu beurteilen. Nur sechs Personen sind zu erkennen. Acht Cheironomen ergeben sich, wenn man von der gleichen Anzahl auf Ost- und Westwand ausgeht.

164 Die senkrechte Haltung des Sistrums ist an der Position des Griffs zweifelsfrei festzustellen. Während auf der Chapelle Rouge, Block 66, GRIMAL, *La Chapelle Rouge*, S. 64, das Sistrum vor Betreten des Tempels schräg nach oben dem Gott oder der Göttin gezeigt wird, wird es hier gerade gehalten. Auf der Talfestszene, Chapelle Rouge, Block 61, werden die Sistren wie hier gerade gehalten. Auf den Darstellungen von Amarna wird das Sistrum schräg zum Tageshimmel hin dem Gott entgegen gehalten, manchmal aber auch senkrecht, vergleiche die Abb. 18A und 18a bei COONEY, *Amarnareliefs from Hermopolis in American Collections*, S. 35f. Die Neigung des Sistrums scheint somit nicht, wie von mir früher angenommen, durch eine historische Entwicklung, sondern durch seine aktuelle rituelle Aufgabe bestimmt.

165 Inschrift auf dem Griff unterhalb des Hathorkopfes, Louvre E 11201, ZIEGLER, *Catalogue des instruments de musique égyptiens*, S. 55f.

Amun-Re in seinem Aspekt als Herr des Himmels und Herrscher von Theben. Sie verbinden den Gott mit Hilfe seiner Wirkungsbereiche mit den Göttinnen Mut, die ihn ja begleitet, und Isis oder (wie in unserem Fall) Hathor, die im Trinklied besungen wird. In der linken Hand hält jede Priesterin einen Halskragen aus Perlen mit Gegengewicht, die Menit (*mnj.t*), etwa in Höhe der Hüfte, wozu sie den Arm ebenfalls leicht anwinkeln muss.

Die Cheironomen gehen als ungeordnete Gruppe. Sie sind kahlrasiert, ihr gerader Schurz reicht bis zum Knie. Ihre Aufgabe besteht darin, durch Handzeichen den Bewegungsablauf der Melodie zu veranschaulichen.[166] Hierzu verwenden sie unterschiedliche Gesten. Auf dem Relief ist die Haltung der Hände leider nur bei einem Priester in etwa zu erkennen. Auf der Ostseite ist die Szene besser erhalten. Dort erheben die Priester die mit dem Daumen aufeinandergelegten Hände etwa bis in Schulterhöhe.[167] Die Geste in Kombination mit der Beischrift „Es kommt der Gott!" versinnbildlicht einen Ritus, mit dem man das Nahen des Gottes ankündigt.[168] In der Darstellung der Sokarprozession in Medinet Habu ist die Geste der Taktgeber identisch mit derjenigen in der Opetprozession in der Großen Kolonnade. Die Beischrift zu den Cheironomen lautet dort: „Geöffnet sind die Tore des Himmels, der Gott tritt hervor!"[169] GUGLIELMI schreibt zu dieser Cheironomengebärde:

> Während bei den Priestern der *ẖn*-Ritus, dessen incipit das *jj nṯr* bildet, offenkundig die Funktion einer feierlichen Ankündigungsgeste hat, die gleichzeitig als Cheironomengebärde dem folgenden Zug den Takt – und möglicherweise auch die Tonhöhe seines Gesanges angibt, weist die den König empfangende Gebärde, die für *Mr.t* charakteristisch ist, auf einen Begrüßungsritus hin. Mit ihr wird zwar die *ẖn*-Geste wiederholt, aber sie erhält durch das Gegenüber die Funktion eines Willkommensgrußes.[170]

Die Position der Priester neben der Barke in Richtung des Zuges – und nicht zum Gott gewandt! – erklärt sich aus der Funktion der Geste, die

---

166 HICKMANN, La chironomie dans l'Égypte pharaonique, in: *ZÄS* 83, S. 96–127, HICKMANN/THORAU, Handzeichen, in: *MGG* 4, Sp. 6–24. Eine neuere Interpretation der Handzeichen bei PÉREZ ARROYO, *Music in the Age of the Pyramids*, S. 119ff.

167 Die Geste der Cheironomen auf der Darstellung der Opetprozession auf der Chapelle Rouge, Block 66, ist die des Rezitationsgestus mit dem über Schulterhöhe erhobenen Arm.

168 GUGLIELMI, *Die Göttin Mr.t*, S. 21ff und Anm. 131.

169 Medinet Habu, Tempel, 2. Hof, S-Wand, o. Reg., NELSON, *Medinet Habu* IV, Taf. 226.

170 GUGLIELMI, *Die Göttin Mr.t*, S. 22.

hier nicht zur Begrüßung, sondern als Handzeichen für Melodie und Takt eingesetzt wird.

Das Trinklied besteht aus zwei Teilen. Sie wurden vermutlich im Wechselgesang vorgetragen.[171] Die Kolumnen sind um die Ausführenden in Form einer *ḥꜣb-sd*-Hieroglyphe  angeordnet. Das Lied beginnt mit zwei Kolumnen in der Mitte zwischen den Priesterinnen und den Cheironomen und setzt sich mit drei Kolumnen vor den Priesterinnen fort (besser erhalten auf der Ostwand, siehe Abb. 37). Der Text des zweiten Abschnittes beginnt am Südende mit einer waagerechten Zeile oberhalb der dargestellten Priesterinnen, setzt sich über die ganze Länge der Vortragenden nach Norden fort und schließt hinter den Cheironomen mit sechs Kolumnen ab. SETHE vermutet, dass das Lied in ständiger Wiederholung während der ganzen Flussfahrt gesungen wurde.[172] Diese Vermutung stimmt mit dem Zweck des Rituals, einen ununterbrochenen, ungehinderten Verlauf herzustellen und zu vermitteln, überein.

Das Lied steht ebenso auf der Südwand der Chapelle Rouge, oberhalb der Königsbarke, in der Hatschepsut und Thutmosis III. das Bugtau der Userhat-Barke in der Hand halten. Dort sind zwar keine Sänger abgebildet, aber der Text ist mit dem Vermerk: „Viermal über der Barke zu rezitieren" versehen.[173] Wurde diese Anzahl beibehalten, so wurde das Lied vier Mal vorgetragen. Hat SETHE Recht, wäre es auf der zwei Kilometer langen Prozessionsstraße[174] oder während der Fahrt auf dem Nil wesentlich häufiger gesungen worden. Zumindest ist eine mehrfache Wiederholung anzunehmen. Das ergibt sich aus der Dauer des Zuges, bei dem die Götterbarke entgegen der Strömung, die in der Jahreszeit Achet kräftig gewesen sein muss, durch Schiffe und Menschenkraft gezogen wurde. Ein viermaliger Vortrag in einem liturgischen Zusammenhang bringt die Vollständigkeit der Handlung zum Ausdruck. Aus dem Relief lässt sich erschließen, dass ein Singen in die vier Himmelsrichtungen unwahrscheinlich ist. Die Sänger sind ohne eine Körperdrehung und in Zugrichtung blickend dargestellt, während sonst die Körperhaltung der Musiker, Sänger und Tänzer

171 SETHE, Die beiden alten Lieder von der Trinkstätte, in: *ZÄS* 64, S. 1. Zu den verschiedenen Typen liturgischen Gesanges, des Sprechgesanges und der Preislieder im Alten Ägypten siehe PÉREZ ARROYO, *Music in the Age of the Pyramids*, S. 113f. Der folgende Abschnitt zum Trinklied ist die leicht abgeänderte Form meines Vortrags bei der 8. Ägyptischen Tempeltagung in Warschau 2008.

172 SETHE, ebd.

173 GRIMAL, *La Chapelle Rouge*, Block 104.

174 Entfernungsangaben nach CABROL, *Les voies processionnelles de Thèbes*, S. 36.

variiert und eindeutig zu ihrer rituellen Umgebung in Beziehung gesetzt wird. Durch die Aufführung des Liedes auf beiden Strecken der Schleife, die das Ritual beschreibt, erfolgt jedoch auf dem Weg nach Luxor eine Hinwendung der Sänger nach Süden, beziehungsweise auf dem Weg nach Karnak nach Norden. Die Reihenfolge der Himmelsrichtungen, in die sich der Zug bewegt, entspricht der im Wortlaut des Liedes:

> [1] [Der Chor der Taktgeber] beim Ausführen der Ruderfahrt der [2] Fluss[barke:[175]
> „Amun], Herr der Throne der beiden Länder! Mögest du ewig leben![176]
> [3] Eine Trinkstätte [ist ge]wählt,[177] der Himmel ist gestreckt bis nach Süden.
> (Eine Trinkstätte) [4] ist gewählt, der Himmel ist gestreckt bis nach Norden.
> Mögen die Schiffer des Königs [5] Djesercheperure-Setepenre,[178] den Amun[179] [liebt]
> und den die Götter loben, trinken!" – [so spricht Neith].[180]

Das zweite Teil des Liedes beginnt ebenfalls mit der Anrufung des Gottes Amun:

---

175 Der Text beginnt mit einem Infinitiv, den ich als Titel verstehe. Zu „Flussbarke" siehe die Verbindung *tp-itrw*, GARDINER, Tuthmosis III returns thanks to Amun, in: *JEA* 38, S. 21, Anm. 3. Auch bei einer reinen Landprozession, wie sie unter Hatschepsut durchgeführt wurde, handelt es sich um eine – wenngleich imaginierte – Flussfahrt des getragenen Schiffes. *tp-itrw* bildet demnach eine Eigenschaft der Götterbarke.

176 Subjunktiv durch Stativ ausgedrückt, siehe ALLEN, *Middle Egyptian*, S. 214.

177 Entgegen SETHE, Die beiden alten Lieder von der Trinkstätte, in: *ZÄS* 64, S. 1–5, und den Übersetzern des EPIGRAPHIC SURVEY, *RILT* I, 13, die sich für eine Übersetzung als „zimmern" bzw. „hewn out" entscheiden. Die Kosmogonie des Raumes spricht für die von SETHE ebenfalls erwägte Übersetzung als „auswählen" (der Stätte) des sonst nur in dieser Bedeutung belegten Verbums *stp*, das m.E. die Wahl der Stätte als einen Schritt im Schöpfungsprozess bezeichnet.

178 Usurpiert von Haremhab.

179 Amun ithyphallisch als Amun-Min determiniert.

180 Dass hier eine Göttin den Trinkspruch für die Schiffer ausspricht, drückt eine Trinkgemeinschaft zwischen Gott und Menschen aus. Die Formel „trinken mit Chons" auf einem Ostrakon aus Deir el-Medineh (oBM 5634, KRI III, 522, 7–8, 517, 1–2, ČERNÝ/GARDINER, *Hieratic Ostraca* I, Taf. 83/84) belegt, dass am Fest des Chons (1 Achet 14) getrunken wurde, und die Menschen vermutlich ihren Becher auf das Wohl des Gottes erhoben haben.

[6] [Rezitation: „Sei gegrüßt Amun, Urzeitiger der beiden Länder, der an der Spitze] von Karnak ist,[181]
bei Deinem Aufgehen inmitten Deiner Flotte an [Deinem Schönen Fest von Ipet].
[7] Eine Trinkstätte [ist erbaut für die Gruppe], die im Schiff der Schiffe ist.
Die Wege [8] des Akeru[182] [sind gegraben[183] für dich], o Hapi, Großer, [9] Der den Himmel
hochhebt![184] [Mögest du die beiden Damen zufrieden stimmen], Herr der [Roten
Krone], Horus[185] mit starkem Arm, [10] nachdem Hathor [das Schönste [11] des Schönen getan hat] für Djesercheperure-Setepenre, den Amun liebt
[12] und den die Götter loben [wird der Gott, versehen mit der Schönheit des Gottes,] gerudert".[186]
– so spricht Neith.[187]

Der Text des Liedes ist konstitutiv für das ganze Ritual.[188] Der durch den Inhalt im ersten Teil (1–6) konzipierte Raum gibt die aktuelle rituelle Umgebung wieder. Die diesbezüglichen Textstellen sind: „Eine Trinkstätte ist gewählt" und „Mögen die Schiffer des Königs trinken". Der Text beginnt zwar mit einem Anruf an den Gott Amun, die geschilderten Handlungen bleiben aber auf der irdischen Ebene der Ruderfahrt, nämlich der „Trinkstätte" (*mswr*) für die

181 Nach LGG V, S. 782 wäre die Übersetzung von *ḫnty Jpt-swt* „Vorsteher von Karnak", die ich aber unglücklich finde, weil sie an die irdische Stellung eines Beamten denken lässt, während hier an eine göttliche Eigenschaft gedacht ist.

182 Entgegen den Übersetzern des EPIGRAPHIC SURVEY, *RILT* I, 13, verstehe ich Akeru keinesfalls als Schlangendämonen. Die Schreibung als Doppelsphinx deutet auf den Erdgott Akeru, wie er zu dieser Zeit in den Thebanischen Königsgräbern auftritt.

183 *Mr* aufgeführt als Kunstwort für „graben", *Hwb*, S. 345.

184 EPIGRAPHIC SURVEY (*RILT* I, S. 12) liest *ḥꜥpy wr ꜥḥj* und übersetzt: „a great inundation is raised up".

185 „Horus" mit der Hieroglyphe für „Weg" *wꜣt* geschrieben.

186 *šdm.tw =f.* Zur initialen Verwendung des Passivs, POLOTSKY, The „emphatic" SDm.n.f. form, in: *Collected Papers*, S. 111.

187 *RILT* I, Taf. 26, 1–12, Übers. mit Komm. S. 12ff. WOLF (*Opet*, S. 56, Inschrift 15 a und b) übernimmt SETHES Übersetzung. Das Lied ist von SETHE (Die beiden alten Lieder von der Trinkstätte, in: *ZÄS* 64, S. 1–5) und JUNKER (*Der sehende und der blinde Gott*, S. 43f.) auszugsweise behandelt worden.

188 LACAU/CHEVRIER, *Une chapelle d'Hatshepsout à Karnak* I, S. 188.

Schiffer des Königs. Diese Handlungsebene findet ihre Parallele am Himmel und wird auf einer sich streckenden, das heißt, an Länge zunehmenden Süd-Nord-Achse verortet.[189]

Im zweiten Teil des Liedes wird der Gott Amun als „Urzeitiger der beiden Länder, der an der Spitze von Karnak ist, bei deinem Aufgehen inmitten deiner Flotte an Deinem Schönen Fest von Ipet“ (6) begrüßt. Die Anrede: „der an der Spitze von Karnak ist“ und „an Deinem Schönen Fest von Ipet“ erzeugt den performativen Ort für eine Hierophanie. Die adverbiale Bestimmung „inmitten deiner Flotte“ legt das „Aufgehen“ (*ḫꜥ.w*) des „Urzeitigen“ (*pꜣw.tj*) auf dem Wasser fest. Sie integriert den Nil in die rituelle Umgebung. Auch für das Schiff selbst gilt die Urzeitlichkeit. Dies geht aus der Beischrift zu der Userhat-Barke Amenhoteps III. auf der Ostseite des dritten Pylonen in Karnak hervor: „ihre Bugverzierungen lassen den Nun erglänzen, wie wenn die Sonne am Himmel aufgeht“.[190] Ein Beleg für das nächtliche Urmilieu in Zusammenhang mit der Opetprozession findet sich in Karnak. Dort heißt es vom König: „er hat das Zugseil in der Barke platziert wie Re in der Nachtbarke (*msk.tjt*). Alle Götter jubeln während sie Amun nach Theben bringen“.[191] Desgleichen weist die Dekoration der Userhat-Barke, bestehend aus den *bꜣ.w* von Pe und Nechen, Hapi und den *mr.tj*, die seit der 18. Dynastie zur Jubelgemeinde bei Sonnenaufgang gehören,[192] auf das Urmilieu hin.

Die jetzt (7) als Schöpfungsprodukt – als fertig gebaut – wiedergegebene Trinkstätte wird auf die Gruppe, die im Götterschiff ist, bezogen. Auch die folgenden Zeilen, die weiterhin aus dem Munde der Göttin Neith kommen, vollziehen eine Kosmogonie. Alles ereignet sich nun auf Götterebene: „Die Wege des Akeru sind gegraben für dich, o Hapi, Großer, Der den Himmel hochhebt!“ (8–9). Der Erdgott Akeru bezeichnet bereits in den Pyramidentexten bei einer Hierophanie die Erde.[193] Eventuell ist bei „Wege des Akeru“ an Kanäle gedacht, es wird sich aber, was meiner Ansicht nach wahrscheinlicher ist, um Wege in der dunklen Erde handeln, in denen das Wasser der Überschwemmung aufsteigt, eine Vorstellung, die im Nilhymnus und in den Sargtexten belegt

---

189 Zur Symbolik der Süd-Nord-Achse in Zusammenhang mit der Rückkehr des Sonnenauges und der Nilüberschwemmung, DESROCHES NOBLECOURT, *Amours et fureurs de La Lointaine*, passim.

190 Karnak, Amuntempel, III. Pylon, Ostseite, Urk. IV, 1653.

191 Große Hypostylhalle Ramses II., W-Wand, II. Pylon, südl. Hälfte, KRI II, 571. Einen weiteren Beleg bildet die Pianchiinschrift, 25–26, nach welcher der Festzug in der Nacht stattfindet, vergl. WOLF, *Opet*, S. 71.

192 GUGLIELMI, *Die Göttin Mr.t*, S. 174. Siehe dort auch Kap. VI, Mr.t als Barkengottheit.

193 In pyr. § 393b-c zittern die Knochen des Akeru beim Erscheinen des Unas.

ist.[194] Das Hochheben des Himmels durch Hapi spielt damit auf das Wasser als Träger der Götterschiffe an. Durch das Hochheben des Himmels handelt Hapi in der Rolle des Gottes Schu. Die Überschwemmung wird also mit der Vertikalen nach unten (Wege des Akeru) beziehungsweise nach oben (Hochheben des Himmels) verbunden. Wiederum lässt sich eine an Länge zunehmende Raumachse (dieses Mal sich von der Erde zum Himmel erstrekkend) beobachten.

Der als Doppelsphinx dargestellte Erdgott Akeru stellt laut Bonnet eine Variante der Horizontlöwen dar.[195] In der fünften Stunde im Amduat wird sein Charakter als Erdinneres verbildlicht. Er ist dort das „Fleisch" (*jwf*), in der Beischrift bezeichnet als „er atmet durch die Stimme des Großen Gottes. Was er zu tun hat, ist sein Bild zu hüten".[196] Im Pfortenbuch, das seit Haremhab das Amduat in den Königsgräbern ablöst, trägt der als Doppelsphinx dargestellte Akeru auf seinem Rücken oder seinen beiden Köpfen die Sonnenbarke.[197] Die Götter, die den Erdgott einrahmen, preisen das „schöne Eintreten" (*ʿḳ nfr*) und das „schöne Herauskommen" (*prj nfr*) der Sonnenbarke. Im Liedertext fügt die Nennung des Akeru somit der bisher konstituierten Raumachse Süd-Nord und der Vertikalen Erde-Himmel mit dem Ein- und Ausgang der Erde noch die Himmelsrichtung West-Ost hinzu.

Die durch den Inhalt des Liedes erzeugten Raumvorstellungen entsprechen dem ägyptischen Konzept der Schöpfung, die im Inneren (hier der Erde) ihren Anfang nimmt, heraustritt, und den Raum durch das Hochheben des Himmels schafft. Der nach Süden und Norden erweiterte Himmel beruht auf dem Konzept dehnbarer Grenzen wie sie mit dem Lexem *tꜣš* bezeichnet werden.[198] Indem die Worte Neith in den Mund gelegt werden, bildet der Raum ihr Werk. Sie wird als Urgöttin aufgefasst, in ihrem Aspekt als *Mḥy.t-wr.t* mit der Flut assoziiert und erschafft durch den Ausspruch.[199] Die Handlungen der Götter

---

194 Nilhymnus IX, 1–2 und Sargtextsprüche 317–319, bes. CT IV 118e–130b, CT IV 136a–138d, Meyer-Dietrich, *Nechet und Nil*, passim.

195 *RÄRG*, S. 12.

196 Amduat, 5. Stunde, u. Reg., 3. Szene, „Oval des Sokar eingebettet in die beiden Vorderteile des Akeru als Doppelsphinx", Hornung, *Das Amduat* II, S. 104.

197 Kenotaph Sethos I., Lefébure, *Hypogées royaux de Thèbes* II, Taf. 67. KV 2, Raum F, Angaben nach Hornung, *Zwei Ramessidische Königsgräber: Ramses IV. und Ramses VII.*, Taf. 1, 84. Ebenso findet sich diese Szene in den Gräbern von Merenptah, Tauseret und Ramses III.

198 Hornung, Von zweierlei Grenzen im Alten Ägypten, in: *Eranos* 49, S. 393–427.

199 El-Sayed, *La déesse Neith de Sais* I, bes. 51–65. Zur Beziehung der Neith zum Sonnengott siehe im *LGG* III, 511, die zum Neuen Reich angeführten Belege 1 und 2 aus dem Amduat und Beleg 28, Sargdeckel des Merenptah, 7–10.

fügen sich so zu einer Kosmogonie, in der Neith die Rolle Atums, Hapi die Rolle des Schu übernimmt, und die Erde für die Nilüberschwemmung gerüstet ist. Diese Schöpfungsvariante stimmt gut mit der Nilüberschwemmung – die auf kosmologischem Niveau nach der Dürre des Sommers selbst eine ‚Trinkstätte' darstellt – und dem Zeitpunkt der Feiern überein.[200] Die im Text hervorgerufenen Raumkonzeptionen bestätigen die rituelle Umgebung als Schöpfungsort. Einen solchen hatte die Phyle der Ruderer bereits besungen: „Das ganze Land ist in Freude bei der Ankunft im noblen Ipet, seine Stätte des Ersten Males".[201]

Vor allem der Schluss des Liedes hat zur Interpretation des Opetfestes als *Hieros gamos* geführt.[202] Wenn man, wie in dieser Arbeit, von dieser Idee abgeht, erhebt sich die Frage, was der Text: „Nachdem Hathor das Schönste des Schönen getan hat für Djesercheperure-Setepenre, den Amun liebt und den die Götter loben, wird der Gott versehen mit der Schönheit des Gottes gerudert" (10–11) besagt. Die Wendung „Schönheit" (*nfr.w*) des Königs" bildet eine Aussage zur Heiligkeit des Königs,[203] die in einem sozialen Kontext gemacht wird. Um gegensätzliche Kräfte zu balancieren, Veränderungen in die soziale Ordnung zu inkorporieren und Macht eine persönliche Form zu geben, bedient sich Macht der Kräfte des Schönen.[204] Schönheit dient der Konsolidierung sozialer Beziehungen:

> However, no matter how ordinary his face, it is important for the chief to dress as beautifully as possible in order to attest his fineness of position in appropriate visual impact. He must consequently prove that he knows and controls the forces of beauty as much as the forces of polity and social pressure. Beauty, the full embodiment of manly power, or the power of women, in feminine contexts, is mandatory where it is necessary to clarify social relations.[205]

---

200 Zur rituellen Synchronisierung von göttlichen und natürlichen Rhythmen siehe MEYER-DIETRICH, Herr der Ewigkeit, der die Jahre der Götter aufgehen lässt, und der, in den Re täglich hinabsteigt, in: HULTGÅRD/NORIN, *Le Jour de Dieu. Der Tag Gottes*, S. 1–18.

201 *RILT* I, Taf. 18, horizontaler Text oberhalb der Treidler, die die *wsr-ḥꜣ.t* Barke ziehen und der Soldaten, die die Königsbarke am Ufer begleiten.

202 Die Stelle wurde von WOLF (*Opet*, S. 57, Inschrift 15b) übersetzt: „wenn der Gott gerudert wird mit der Schönen des Gottes. Hathor hat bereits das Schöne der schönen Dinge getan dem König Haremhab".

203 BLUMENTHAL, *Phraseologie*, S. 79.

204 CHERNOFF, *African Rhythm and African Sensibility*, S. 167.

205 THOMPSON, An Aesthetic of the Cool, in: *Art News* 7/1, S. 42. Siehe im Zusammenhang mit Prozessionsfesten auch die Literatur zu *Mꜣꜣ-nfrw*, die leibhafte Gegenwart des Gottes, aufgelistet bei FISCHER-ELFERT, *Abseits von Ma'at*, S. 94f.

Im Lied wird die Gabe der Schönheit mit der Göttin Hathor verbunden. Das im Kult dieser Göttin verwendete Sistrum konnotiert die Fruchtbarkeit des Wassers und der Sümpfe.[206] Auf der Darstellung der Opetprozession auf dem Tempel Ramses' III. in Karnak halten die Frauen am Ufer Papyrusdolden und *mnj.t*.[207] Diese Variante bestätigt die Rezeption des Schüttelns der Sistren als auditive Wiedergabe des Papyrusdickichts im Kontext der Opetprozession.[208]

Die Betonung der Freude über das Kommen des Gottes, die Aufführung im Freien und die Bedeutung dieses Schüsseltextes legen eher einen kräftigen Gesang der Priesterschaft nahe. Die Priesterinnen und Cheironomen neben der Userhat-Barke bringen sich durch diesen Gesang in die rituelle Umgebung als Musiker ein, die das Vorrecht haben, Götterworte aufzuführen und, damit korrespondierend, sich in nächster Nähe der Götterbarke aufzuhalten. Es handelt sich bei den Ausführenden um für ihre Aufgabe in den Tempelschulen ausgebildete Berufsmusiker.[209] Vermutlich stellte das Kultpersonal von Karnak die Priesterschaft, die das Trinklied aufführt. Für diese Annahme kann ich keine Belege anführen. Doch sprechen sowohl das Privileg als auch die Aufführung im Chor, die eine Einübung des Gesanges und des Vortrags voraussetzt, eher für eine feste Gruppe als für einen Chor, der sich aus Sängern verschiedener Tempel rekrutiert.

Auf die Userhat-Barke folgt das Schiff der Königin. Ein Aufbau zeigt den König als Vernichter der Feinde.[210] Hinter ihm steht eine Göttin mit der Sonnenscheibe und Doppelfederkrone. Sie hält Geißel und *ꜥnḫ*-Zeichen. Das

---

206 MANNICHE, *Music and Musicians in Ancient Egypt*, S. 63.

207 Karnak, Tempel Ramses III., westl. Außenwand, THE EPIGRAPHIC SURVEY, *RIK* II, Taf. 88.

208 Im Hathorkult dienen die Rasseln dazu, die Göttin in ihrer Rolle als Tochter des Sonnengottes zu besänftigen (*sḥtp*) und die kreativen Kräfte ihres Vaters zu stimulieren. Zu den erotischen und den solaren Konnotationen der Nilüberschwemmung siehe DERCHAIN, Le lotus, la mandragore, et le perséa, in: *CdÉ* 50, S. 65–86 und DESROCHES NOBLECOURT, *Amours et fureurs de La Lointaine*, passim.

209 Zur Schulung im Gesang, siehe pAnastasi III, 3,7, Brief des Paibes, QUACK, Die Dienstanweisung des Oberlehrers aus dem Buch vom Tempel, in: *5. Ägyptologische Tempeltagung*, S. 159–171.

210 Eine Darstellung des Schiffes der Königin aus der Amarnazeit findet sich in der Norbert Schimmel Collection, MMA 1985.328.15, COONEY, *Amarnareliefs from Hermopolis in American Collections*, Nr. 51 und 51a, S. 82ff. Ein Talatat aus dem 9. Pylonen von Karnak, mit den Panelen von Kabinen, die die Königin in der Rolle der Feindvernichterin zeigen, findet sich bei REDFORD, *The Akhetaten Temple Projekt* I, Taf. 23, 2. Das Geschlecht in der Ikone der Feindvernichtung ist also beim Opetfest wieder das traditionelle männliche.

von Papyrussäulen getragene Dach des offenen Kioskvorbaus spendet den Schatten für einen Sitzplatz mit Polster. Ein gleichartiger Kiosk, aber ohne Vorbau, steht hinter der Kajüte. Diesmal reicht eine Göttin dem König bei der Feindvernichtung ein Sichelschwert. Am Heck des Schiffes flattern bunte Bänder. Ein dickes Schlepptau führt zur Barke der Mut. Das Schiff der Königin fährt mit eingezogenen Segeln. Seine 42 Ruderer werden von einem die Peitsche schwingenden Vorsteher im Bug angefeuert. In der Mitte zwischen den Ruderern steht ein Bootsmann. Er hat die Hand zum Mund erhoben, die Handfläche ist dem Gesicht zugekehrt. Wie sich aus dem Rufgestus vermuten lässt, gibt er den Rudertakt an. Am Bug misst ein Mann mit einer Peilstange die Wassertiefe. Auf dem Dach der Kajüte sieht man acht Männer. Die vorderen zwei blicken in Fahrtrichtung. Sie sind mit dem Segel und den Tauen beschäftigt. Die folgenden zwei grüßen das Schiff der Göttin Mut. Von den nächsten beiden sind nur die Beine noch erhalten. Einer steht in, der andere entgegen der Fahrrichtung. Auch der siebente und der achte Mann stehen zum Götterschiff hin. Sie sind mit dem Einziehen des Segels beschäftigt. Bootsleute wie diese hier sind auch auf den Schiffen in Deir el-Bahari dargestellt und dort mit Beischriften, bestehend aus Zurufen und Arbeitskommandos, versehen.[211] Die Darstellung vermittelt die Arbeitsgeräusche einer Flussfahrt: das Knallen der Peitsche und die Zurufe, die den Rudertakt angeben, das Eintauchen der Ruder ins Wasser, das Knarren von Tauen und Segeltuch und das Flattern der Bänder im Fahrtwind.

An der Aegis der Flussbarke der Mut erstrahlt das Haupt der Göttin mit langem Haar. Ein doppelter bekrönter Uräus ziert ihre Stirn. Die Sonnenscheibe zwischen den Hörnern sitzt auf einem Uräenkalathos. Das *wḏꜣ.t*-Auge am Bug ist vollständig erhalten. Aufbauten und Akteure an Deck sind nur in Bruchstücken bewahrt. Eine Beischrift betont die Kostbarkeit des Götterschiffes aus bester Libanonzeder.[212] Die Bordwand zieren zwei zueinander gewendete Falkenköpfe. Der Schrein mit der Prozessionsbarke der Mut ist in der Mitte des Decks abgesetzt worden. Die Figur des Königs ist vor dem Schrein der

---

211 Deir el-Bahari, Hathorkapelle, Hypostylhalle, N-Wand, NAVILLE, *Deir el Bahari* IV, S. 2, Taf. LXXXIX. Siehe auch den Beleg zu ʿš (*ḥꜣ.t*) „(am) Schiffsbug rufen (als Lotse)“, *Wb* 1, 227.10, TLA, Lemma-Nr. 854378, aus dem Brief des [Bu-te-Imen?] an [Sched-su-Hori?], pBN 197.VI, 6–7: „Und reiche dem Tjary (helfend) deine Hand im Boot. Und schau wachsam nach ihm … am Abend. Und rufe für ihn (am) Bug (= als Schiffsführer), dann ruft für dich Amun (am) Bug (= als Führer)“. Übers. HAFEMANN, in: TLA, Zugriff 2010-01-13. Siehe auch die Zurufe der Schiffer in Kap. 3.1.

212 *RILT* I, S. 15.

Kultbarke zweimal (Rücken an Rücken) und hinter dem Schrein einmal beim Vollzug der Opfer dargestellt. Der kostbare Schurz und das *ꜥnḫ*-Zeichen, das er in der Linken hält, sind noch erkennbar. Hinter der Figur des Königs stehen in wesentlich kleinerem Maßstab mindestens drei Priester. Einer von ihnen trägt einen Wedel.

Die Reihe der Treidler, die das Götterschiff der Mut ziehen, erstreckt sich bis zum Bug des Schiffes der Königin. Einige von ihnen sind mit einem dreiekkigen oder trapezförmigen militärischen Schurz angetan. Die Körperhaltung der Männer am Bugtau bringt die Anstrengung ihrer Arbeit zum Ausdruck. Diejenigen, die vom Schiff am weitesten entfernt sind, gehen aufrecht, blikken nach vorne und lassen das Ende des Taus durch beide Hände (die das Tau von unten her ergreifen) laufen. Die in der Mitte gehenden ziehen stärker. Sie schauen sich an, einige haben bereits eine Hand winkend erhoben. Die dem Schiff am nächsten ziehenden Treidler haben sich kräftig ins Zeug gelegt. Mit nach vorne gebeugtem Oberkörper stemmen sie ihre Beine in den Boden. Das Gesicht ist dem Götterschiff zugewendet. Sie gebrauchen wiederum beide Hände, wobei sie das Tau von oben her umfassen. Der erste und die letzten zwei Mann der Zugmannschaft tragen den Schurz der Unteroffiziere und einen Stock, der sie als Führer kenntlich macht. Der vordere trägt zusätzlich ein Sichelschwert, der vorletzte hält zum Ruf die Hand an den Mund.

Was sich bereits bei der Flussbarke des Amun beobachten ließ, ist ebenso bei der Barke der Mut der Fall: unmittelbar hinter der Stelle, an der das Bugtau der Götterbarke das Ufer erreicht und eine konkrete Verbindung vom Götterschiff zum Ufer besteht, tanzt eine Gruppe Nubier. Die Szene ist wesentlich schlechter erhalten als die der anderen tanzenden Nubier. Von einem Trommler sind nur noch Spuren zu erkennen.[213] Drei der jetzt vier Tänzer halten mit beiden Händen einen langen, sich nach oben hin verdickenden Stock. Der vierte aber reckt beide Hände in die Höhe und blickt zur Aegis der Mut-Barke hinauf.[214]

---

213 Es lässt sich am Original noch das Händepaar eines Tänzers, der einen Stock hält, ausmachen. Wie der Vergleich mit der vorherigen Gruppe nubischer Tänzer mit einem Trommler (ebenfalls auf der Westwand) ergibt, könnte die Linie über dem linken Unterarm des Tänzers vom Umriss einer Fasstrommel stammen.

214 Die Szene hat eine Parallele im Speos von Gebel es-Silsileh, Laterale Halle, W-Wand (V II/11–12), WRESZINSKI, *Atlas* II, Taf. 161, für die sie als Vorbild gedient haben könnte (Hinweis bei *RILT* I, S. 16, Ikonograph. Komm.).

Er trägt einen Armreif und wie sein nach unten blickender Nachbar[215] eine Kappe, die den oberen Teil des Ohres bedeckt.[216]

In der horizontalen Zeile oberhalb der Treidler, Tänzer und Anführer der nachfolgenden Gruppe von Standartenträgern steht der Text des folgenden Liedes:

> Die Abteilung der Ruderer und die Führer der Armee,[217] [die dabei sind]
> das Bugtau der Herrin der
> beiden Länder [zu ziehen], was sie sagen:
> „Der Himmel jubelt, die beiden Länder[218] sind in Feststimmung,
> die beiden Ufer sind in Jubel und Jauchzen (ausgebrochen),
> wenn sie die erste der Götter erblicken,
> während sie das Land mit ihrer Schönheit erhellt.
> Die Götter geben ihr Lobpreis, die ganze Menschheit preist sie,

---

215 Der Gesichtsausdruck der nach unten blickenden Tänzer ist in der ägyptologischen Literatur unkritisch als „ekstatisch“ bezeichnet worden. Siehe hierzu die Kritik von CHERNOFF, afrikanischen Tanz als „extatisch“ (eine Erweiterung der Verfassung, in der sich jemand befindet, bis zur Loslösung) zu bezeichnen, weil es sich nämlich im afrikanischen Tanz um eine Sammlung der Kräfte handelt. CHERNOFF, *African Rhythm and African Sensibility*, S. 141. Dieses Verständnis hat weitreichende Implikationen für die Interpretation der aus Nubien zurückkehrenden Hathor-Tefnut. Bezogen auf den Mythos vom Sonnenauge „offenbart“ sich Hathor-Tefnuts Zorn oder Hitze nicht, sondern existiert als kosmische Kraft. Die Göttin muss durch einen Spezialisten (den Gott Thot) „gekühlt“ werden, wie ein „heißer“ Tänzer, der sich mit kosmischen Kräften identifiziert.

216 Verglichen mit den Gesten der anderen nubischen Tanzgruppen in der Opetprozession verkörpert die Gruppe hier eine Mittelstellung. Den einförmigsten Eindruck macht die erste Gruppe an der Stelle, an der das Bugtau von Amuns Schiff das Ufer erreicht (siehe Abb. 30). Dort halten alle mit beiden Händen einen langen, sich nach oben hin verdickenden Stock. Auf der Fahrt nach Karnak (siehe Abb. 33) hält die Mehrzahl der neun Tänzer vor dem Königsschiff die Hände in die Höhe.

217 *Wb* 3, 29.8–9. Lesung *ḥ3w.tj-n-mšʿ* „Führer der Armee“ mit SCHULMAN, The Egyptian Chariotry, in: *JARCE* 2, S. 81 und Anm. 27. Diese Übers. ist in Übereinstimmung mit den Prozessionsteilnehmern, unter denen, wie es Offizierskleidung, -zöpfe und -stäbe im Relief zeigen, Armeeangehörige der höheren Ränge die Ehre hatten das Bugtau einer Götterbarke anzufassen, und mit der im Brief des Buteamun vertretenen Auffassung, dass für denjenigen, der im Boot für den Gott handelt, auch der Gott handelt.

218 Von WOLF (*Opet*, S. 58) nur als Singular wiedergegeben, es sind aber deutlich zwei *t3*-Hieroglyphen zu erkennen.

> während sie im Gefolge des Herrn der Götter an [seinem] schönen [Fest] von Opet ist".[219]

Aus dem Inhalt dieses chorisch gesungenen Festliedes[220] ergibt sich folgendes: Die Position der Göttin Mut („im Gefolge des Herrn der Götter") und die Gelegenheit („an seinem schönen Fest von Opet") sind der aktuellen Situation angepasst. Die Göttin wird in einer einzigen, nämlich ihrer solaren Eigenschaft, indirekt als gegenwärtig genannt: „während sie das Land mit ihrer Schönheit erhellt". Durch das Festlied wird für die Göttin ein ritueller Raum des Jubels und der Feststimmung geschaffen. Ihr Erscheinen und die Freude darüber werden bis auf den Himmel ausgedehnt.

Das Lied wird von all jenen gesungen, die gemeinsam die Flussbarke der Mut ziehen. Der Chor besteht nur aus Männerstimmen. Nach dem Trompeter, dem Trommler, den klatschenden Vorstehern der Sänger, der Phyle der Ruderer, der ersten nubischen Tanzgruppe mit Rasseln, den libyschen Tänzern und Musikern mit Schlaghölzern, den Priesterinnen und Taktgebern und der zweiten nubischen Tanzgruppe bildet der Chor die neunte Gruppe unter den Musikern bei der Prozession. Alle hier aufgezählten Gruppen haben nicht nur unterschiedliche Positionen im Festzug inne, sondern sie musizieren auch in einer Weise, die ihre Gruppe vor den anderen auszeichnet. Die von ihnen gespielten Instrumente und die von ihnen gesungenen Lieder verleihen den Musikern und Tänzern[221] jeweils das Ansehen, das sie als Institution im sozialen Raum haben:

> The extent to which music-making is a group activity points to another dimension of the integration of music and culture, that is, as an institution. The rich repertoire of many African cultures, in focusing people's activity on many specific occasions, speaks of a concern to develop a means of recognizing the important moments of an individual's life and referring them to a common tradition. This quality music shares with myth, pro-

219 *RILT* I, Taf. 28, Übers. mit Komm. S. 14f, WOLF, *Opet*, S. 58, Inschrift 16, MEYER, Festlieder zum Auszug Gottes, in: *4. Ägyptologische Tempeltagung*, S. 138f.

220 Zur Gattungsgeschichte des chorisch gesungenen Festliedes siehe ASSMANN, *Liturgische Lieder an den Sonnengott*, S. 246ff, dort auf S. 237f Textbeispiele zur Zustandsschilderung des ausgelösten Jubels.

221 Ein Mann rühmt sich, in Deir el-Bahari, Tempel Thutmosis' III., Vorhof, getanzt zu haben: „Ich machte Tanzen in seinem Vorhof und Gehen in seinem Portiko", MARCINIAK, *Les inscriptions hiératiques du temple de Thoutmosis III.*, Deir el-Bahari I, Nr. 12,6. Bei SADEK (*Popular Religion in Egypt during the New Kingdom,* S. 214) als Akt der Verehrung der Gottheit behandelt.

> verbs and folklore. Moreover, as a group activity, music is a means for tradition itself to be organized and communicated. In many African tribes, different social groups have rights and privileges with respect to different types of songs. [...] these groups are important not only as embodiments of tribal loyalties and continuities but often as organizations for political and economic action; in the villages, creative effort in musical competitions becomes a way of discriminating status, obligations, and identity.[222]

Der Männerchor ist aus Angehörigen verschiedener Berufszweige (Ruderer und Armee) zusammengesetzt. Ihr Vorrecht dieses Lied zu singen wird durch das privilegierte rituelle Handeln als Treidler der Mut-Barke bestätigt. Ihr Gesang integriert den Chor in eine imaginierte Jubelgemeinde für die Göttin Mut, die schlichtweg alle Menschen und Götter umfasst. Der aus zwei Gruppen zusammengesetzte Chor kann möglicherweise als Verkörperung „der beiden Ufer" interpretiert werden, eine Rolle, die der Chor bei Auszügen der heiligen Barke im Amunkult innehat.[223]

Hinter den Sängern des Preisliedes kommt (weiterhin neben der Flussbarke der Göttin Mut gehend) ein Offizier mit Stock und Sichelschwert, der neun Standartenträger anführt. Auf diese folgen vier (den Beinen nach sind es noch mehr) mit dem blattförmigen Schurz der Offiziere bekleidete Libyer. Sie halten, wie ihre Landsleute neben der Flussbarke des Amun, in jeder Hand ein Schlagholz. Diese hier halten die etwas schlankeren und stark gekrümmten Hölzer aber nicht am unteren Ende in der Faust, sondern in der Mitte, „sodass man den Eindruck gewinnt, dass sie dieselben abwechselnd mit dem unteren und dem oberen Ende zusammenschlagen".[224] Nur Reste zeugen von dem typischen Kopfschmuck der Libyer in Form von zwei Straußenfedern. Der untere Teil der Personen ist diesmal gut erhalten. Der Körper ist leicht vorgebeugt. Die Fußsohlen liegen ganz auf der Grundlinie auf.

Eine Gruppe Vorsteher der Sänger (*jm.j-r'-ḥs.ww*), in Kleidung und Gestik identisch mit jenen, die den Zug einleiteten, beschließt ihn auch. Einer von ihnen, der dem Betrachter am nächsten gehende, spielt auf einer Spießlaute. Die aus Mesopotamien stammende Laute wurde in Ägypten zu Beginn des Neuen Reiches, ca. 1550 v. u. Z. eingeführt. Die Instrumente unterscheiden sich in den

---

222 Chernoff, *African Rhythm and African Sensibility*, S. 34. Zum sozialen Aufstieg, den die Teilnahme an Prozessionen gewährte, vergl. Cabrol, *Les voies processionnelles de Thèbes*, S. 761f.

223 Assmann, *Liturgische Lieder an den Sonnengott*, S. 252.

224 Wolf, *Opet*, S. 18.

Proportionen von Griffbrettlänge und Resonanzkörper stark voneinander.[225] Der Resonanzkörper konnte aus Holz oder einem Schildkrötenpanzer bestehen. Ein hölzerner Stiel bildete den Saitenträger. Zur Befestigung der Saiten wurde das obere Stielende mit einer Schnur umwickelt. Eine Gazellenhaut war über die Öffnung der Resonanzschale gespannt. Ein Holzstückchen diente als Steg, ein Schilfrohr als Plektrum. Die Saiten waren wahrscheinlich aus Darm, sie wurden durch den Steg 6 mm über der Stieloberfläche gehalten. Ausgehend von einer Saitenlänge von 48,7 cm und der angenommenen Bundpositionen ergibt sich ein errechnetes Spielintervall von einer neutralen Terz, unterteilt in einen Dreiviertel- und einen Ganzton. Spießlauten können über den Oktavpunkt hinaus bebundet gewesen sein, was ein Lagenspiel ermöglichte.[226]

Genau unterhalb der Aegis am Heck der Mut-Barke steht entgegen der Zugrichtung ein Trompeter. Er trägt den Schurz der Offiziere. Mit seinem Rücken verdeckt er einen Teil des Lautenstiels. Das Gesicht umrahmt eine halblange Perücke.[227] Mit beiden Händen sein Instrument, das er an die Lippen gesetzt hat, umfassend, wendet er sich der vorausgehenden Szene (Musiker, Priester und Sänger, die von Karnak kommend gerade das Ufer erreichen) zu.[228] Als letzter in der Volksmenge am Ufer hat er den übrigen freien Raum um sich herum. Die geglückte Reise wird durch eine Beischrift zu dem die Flotte anführenden Schleppboot bestätigt:

> Ein vollkommenes Segeln nach dem schönen Opet, dem Ort des….[229]

Sie steht genau zwischen dem aufgegeiten Rahsegel des angekommenen Schleppschiffes und der Schulter des Königs, der (in der folgenden Szene) von der Anlegestelle zum Luxortempel zu Fuß der Prozessionsbarke des Amun folgt. Der erste Mann ist schon an Land gestiegen und küsst ehrerbietig die Erde.[230] Oberhalb der ankommenden Schiffe laufen am Westufer Soldaten

---

225 Eichmann, The Design of Ancient Egyptian Spike Lutes, in: *Studien zur Musikarchäologie* IV, S. 363–371.

226 Kairo CG 69420, Eichmann, Neuaufnahme einer Schalen-Spießlaute von Deir el-Medina (Grab 1389) /Ägypten, in: *Studien zur Musikarchäologie* IV, S. 551–568.

227 Nach der doppelten Linie der Perücke oberhalb der Stirn zu urteilen, könnte es sich hierbei um eine Perücke mit einem Fransenrand handeln.

228 Er wurde von Wolf (*Opet*, S. 9) wohl deshalb als erster Trompeter, der den Zug anführt, eingestuft.

229 Luxor, Gr. Kolonnade, Fragment 481, Ergänzung des Textes zu *jrt ẖnt nfrt* oder *šsp tp wꜣt nfrt*, *RILT* I, S. 17, Taf. 34.

230 Luxor, Gr. Kolonnade, Fragment 459, *RILT* I, Taf. 121.

entlang.[231] Am Ufer in Luxor steht ein Offizier. Seine Hände reichen in den Text eines Festliedes[232] hinein. Die Schreibrichtung zeigt an, dass der Sänger der aus Karnak kommenden Userhat-Barke entgegensieht:[233]

> [1] „Dein Aufgang ist schön, Amun-Re,[234] wenn du in der *wsr-ḥꜣ.t*-Barke bist
> (und) wenn [2] die gesamte Bevölkerung dir Lobpreis spendet.
> Das ganze Land ist in Feststimmung,
> weil dein ältester Sohn, [3] dein Erstgeborener, dabei ist, dich nach Opet[235] zu rudern.[236]
> Mögest du ihm die *nḥḥ*-Zeit geben als oberägyptischer König der beiden Länder
> und die Unendlichkeit als Jahre der Zufrie[denheit].[237]
> [4] Mögest du ihn behüten mit Leben, Dauer und Wohlergehen
> und ihn ein[setzen] als Herrscher der Freude.
> Mögest du ihn belohnen [mit] [5] Millionen und Hundertausenden an Sedfesten,

231 Luxor, Gr. Kolonnade, Fragment 546, 1245, 626, 627, 619, 677, 488, 1829, 357, *RILT* I, Taf. 123.

232 Es beginnt nicht mit „Gepriesen seist du" (*jꜣw.t tw*) und kann deshalb nicht als ein Hymnus eingestuft werden, der gesungen wird um den Gott willkommen zu heißen. Zur Begrüßung als Verlautbarungssituation eines Hymnus siehe FISCHER-ELFERT, Die Ankunft des Königs nach ramessidischen Hymnen, in: *SAK* 27, S. 68. Sein Beginn ist kennzeichnend für ein Festlied. Dessen *Sitz im Leben* ist das Prozessionsfest. Charakteristika eines Festliedes sind die Einleitung mit *wbn* „aufgehen" oder einem entsprechenden Verb für „erscheinen", die Adverbial- und Pseudoverbalsätze, die zum Ausdruck bringen, dass es sich hierbei um die Nennung begleitender Umstände handelt und nicht um eine Handlung, und die Erwähnung des auslösenden Ereignisses am Schluss, die zeigt, dass der Zustand zu dem es führt, „eine Art kosmischer Freudentaumel", das Entscheidende ist. Vergl. MEYER, Festlieder zum Auszug Gottes, in: *4. Ägyptologische Tempeltagung*, S. 135–142.

233 Der Text ist auf dem Relief noch unterhalb des Niles angebracht, der Sänger steht am Ende des Wassers. WOLF und der EPIGRAPHIC SURVEY haben das Lied an den Beginn der Flussprozession gesetzt. Wie oben bemerkt folge ich der Einteilung in Episoden wie sie vom EPIGRAPHIC SURVEY vorgenommen worden ist. M.E. ist das Lied der Ankunft in Luxor zuzuordnen.

234 An dieser Stelle wird der bis dahin stets als „Amun" adressierte Gott zum ersten Mal mit „Amun-Re" angesprochen.

235 Die Angabe des Reiseziels mit *Jpt* „Karnak" stützt die hier vertretene Auffassung, dass es sich nicht um eine Hin- und Rückreise, sondern um einen *ceremonial loop* handelt.

236 Ergänzt zu *ḥr ḫnt =k*.

237 Ergänzungen der Lacunae folgen den Vorschlägen des EPIGRAPHIC SURVEY, *RILT* I, S. 9f.

(denn er ist) dein geliebter Sohn, den [du auf deinen Thron] gesetzt hast.
[6] Er richtet deine [Kultka]pelle her, wie er deinen [Tem]pel für dich festlich gemacht hat.
Er verdoppelt deine Op[fer] für dich, [7] die [an ih]ren Plätzen eingerichtet sind,
wie (es dem) [früheren] Zustand (entspricht).
Mögest du für ihn Tapferkeit [8] über den Süden und S[iege] über den Norden befehlen,
der du für ihn die [Gren]zen Ägyptens erweitert hast
[bis zu den Enden des Himmels] [9] auf jeder Seite.
Mögest du veranlassen, dass seine Lebenszeit wie die Lebenszeit des Himmels ist,
auf dass er erscheine wie die Sonnenscheibe [darin].
[10] Es kommen zu dir die Aufrührer, den Rücken beladen mit [11] ihrem Tribut,
(bestehend aus) allen Dingen, vom Auserlesensten ihrer Güter,...
Lang[hornrinder, [12] Kurzhorn]rinder, Gazellen, Antilopen,
W[ein und Frü]chte ...[13] Wasser, Vögel ohne Ende – schwer sind sie beladen!
An deinem Fest des Opet opfert sie dein Sohn, [14] der das tut, was nützlich ist.
Mögen sich eure Herzen erfreuen, o Land [Ägypten]!
[15]... wenn ihr [s]eht Atum, zufrieden in seinem Opet.
Die Neun[heit ...] ...
[16]... vollkommener Herrscher, um zu tun, was uns zufrieden sein lässt![238]
Mut [in Karnak] [17] schafft deine Vollkommenheit,
indem [ihre beiden Arme] der Schutz deiner Glieder sind.
Chons in Theben, der Herr der Freude, [gibt] dir [18] deine Sedfeste (und) befestigt deinen Namen als dauernder König, ‚Horus, mit vollkommener Geburt'".[239]

Der regierende König Tutanchamen ist der zentrale Akteur. Er nimmt die Aufgabe des Sohnes wahr, die Denkmäler seines Vaters zu erneuern und seinen Vater zu rudern. Der Name seines Vorgängers ist in diesem Liedertext von

238 Der EPIGRAPHIC SURVEY (*RILT* I, S. 910, Anm. x) erwägt die Möglichkeit, dass die Sprecher dieser Aussage die Götter (die Enneade?) sind, die den König adressieren.

239 *RILT* I, Taf. 20, 1–18, Übers. mit Komm. S. 9f, WOLF, *Opet*, S. 55, Inschrift 12.

dem Usurpator Haremhab nicht geändert worden. Das kann als Indiz für eine bewusste Anknüpfung an den Kult, wie er von den Vorvätern gepflegt worden ist, gewertet werden.

> In raising certain cultural themes to the level of institutional processes, music informs character and provides continuity with traditional values. Under the pressure of conflict and change, Africans achieve the composure and confidence of purpose which ties the expressions of their lives to the expressions of composure and confidence on the faces of their ancestors, whose statues affirm the presence and power of moral judgment in a dynamic world.[240]

Der Sänger ist in einen Offiziersschurz gekleidet. Das Gesicht des Sängers und die Hand vor dem Gesicht sind nicht erhalten, die Linke hängt herab. Der Gestus kann nur aus dem erhobenen rechten Arm hergeleitet werden. Er hält die Arme vermutlich im Gestus des Rufes, der Anrede oder des Zeichengebens (*rdj-ʿ r*). Die Gesten sind in beiden Fällen die gleichen. DOMINICUS zitiert im Zusammenhang mit *rdj-ʿ r* aus den Pyramidentexten: „Du wirst deinen Arm ausstrecken zu ihnen, Du wirst deinen Arm ausstrecken zu den Göttern, sie werden dir Ehre geben und zu dir kommen unter Verbeugung, wie sie Ehre geben werden dem Re und zu ihm kommen unter Verbeugung".[241]

Das Festlied beginnt (1) mit einer kurzen Formel. Die nächste Aussage (2–3a) bezieht sich auf die aktuelle Situation, nämlich den Gott Amun-Re in seiner Barke. „Das ganze Land" und „die ganze Erde" schafft eine fiktive Festgemeinde, in die sämtliche Zuhörer und alle Menschen im Land integriert sind. Die Schilderung bestimmt den König (als „ältester Sohn" und „Erstgeborener") in seiner Sohnesrolle. Die drei folgenden Bitten, die an den Gott gerichtet sind, (3b–7a) gelten der Dauerhaftigkeit und dem Fest. Die Gegengabe des Königs wird eingeflochten, sie besteht in seinen Taten als Restaurator des Opferwesens und den dafür notwendigen Bauten. Die zwei nächsten Bitten an den Gott (7b–9) verbinden die königlich irdische Sohnesebene mit der göttlich himmlischen Vaterebene. Das Thema des Trinkliedes, nämlich die Erweiterung des Himmels nach Süden und Norden, wird wieder aufgegriffen und als vollendete Tat des Amun-Re geschildert: „der du für ihn die Grenzen Ägyptens erweitert hast

240 CHERNOFF, *African Rhythm and African Sensibility*, S. 171.

241 Pyr. § 1541c–1542b, vergl. DOMINICUS, *Gesten und Gebärden*, S. 93 und Abb. 21h.

bis zu den Enden des Himmels auf jeder Seite“ (8b–9a).[242] Sie wird mit einer Vorstellung der Sonnentheologie, die in der Amarnazeit ihren Höhepunkt erfuhr, abgeschlossen: „Mögest du geben seine Lebenszeit wie die des Himmels, auf dass er erscheine wie die Sonnenscheibe darin“ (9). Erneut schließt sich den Taten des Gottes eine Eulogie an (10–18). Sie besingt den König als Empfänger von Tributen, die dieser bei dem Opetfest opfert, – die Opferstationen auf dem Weg zum Tempel liegen ja in unmittelbarer Nachbarschaft. Nachdem der Sänger des Liedes Amun-Re als Erscheinenden und den König im aktuellen Kontext als Rudernden und Opfernden verankert hat, wird als drittes das Volk Ägyptens angesprochen (14b–15). Es wird als eine Gesellschaft, die sich über die Zufriedenheit der Götter freut, in die Situation eingebracht. – Das Volk wird auch in einem abendlichen Sonnenhymnus in einem Epitheton des Amun genannt. Der Gott ist der „Herr der Menschheit“ (*nb n tꜣ-tmm*).[243] – Die Formel ist mit der irdischen Herrschaft des Königs verbunden, „ihr liegt die Botmäßigkeit des Landes unter dem regierenden König (als Erben und Rächer des Osiris) zugrunde“.[244] Nach einem nur fragmentarisch erhaltenen Abschnitt schließt die Aufführung des Festliedes mit einem Lob des Königs ab. Er handelt zur allseitigen Zufriedenheit und erhält von Mut mütterlichen Schutz und von Chons die wichtigste Gabe an einen Sohn. Diese besteht in der Befestigung seines Namens.

Für die Flussfahrt und die sie begleitende Uferprozession lässt sich im Hinblick auf den auditiven Raum folgendes feststellen. Vielfalt kennzeichnet die zur Lauterzeugung verwendeten Mittel, das Spektrum der Aufführenden und die Liedertexte. Von den Kommandorufen für die Treidler abgesehen, kommen mit Trompete, Trommel, Fußrasseln, zwei Typen Schlaghölzern, Sistrum, Menit und Laute acht verschiedene Instrumente sowie die menschliche Stimme und die Hände zum Klatschen zum Einsatz. Es singen zwei Männerchöre, die bestimmte Berufsgruppen repräsentieren, ein gemischter Chor der Priesterschaft und ein Solist als Vertreter des Offizierchores. Der Peitschenknall und die Zurufe der Schiffer auf den fahrenden Begleitschiffen, die Arbeitsgeräusche beim Hissen und Einziehen der Segel, das Eintauchen der Ruder und der Peilstange, das Knarren der Segel und das Flattern der Bänder im Wind ergeben die Lautkulisse einer Ruderfahrt.

242 Zugegebenermaßen steht die Analyse dieser Textstelle auf wackeligen Füssen, da *r r-ꜥ pt ḥr wꜣt nbt* „bis zu den Enden des Himmels auf jeder Seite“ vom Epigraphic Survey (*RILT* I, S. 9, Anm. m) nach der Phrase in den *Battle Reliefs*, Taf. 5 II, 8–11, ersetzt worden ist.

243 Assmann, *Liturgische Lieder an den Sonnengott*, Text II, 3, 13, S. 229.

244 Ebd., S. 240, Anm. 13.

Die Götter, der König und die Schiffer des Königs werden über die Aufführung der Lieder indirekt in den auditiven rituellen Raum eingebracht. Von einer Ausnahme abgesehen sind alle gesungenen Lieder der Kategorie „Festlied" zuzuordnen. Die Ausnahme bildet das Trinklied. Der zweite Teil des Liedes, der mit einer Grußadresse der Göttin Neith an den Gott Amun beginnt, macht Neith als Sprecherin im Festgeschehen gegenwärtig und führt den Gott Amun und die Schiffer des Königs als die Hörer ein. Mut und Chons werden nicht begrüßt. Durch den Wechselgesang wird das Rudern zur Tätigkeit für einen Gott. Die bisherige auditive Ordnung, derzufolge nur die Götter das Wort an jemand richten, wird gewahrt. Die durch königliche Inschriften und Orakelprotokolle belegte Stimme der Götter als Antwort auf Orakelfragen ist der Darstellung der Opetprozession nicht zu entnehmen.

Die Priesterinnen und Cheironomen neben der Userhat-Barke, die das Privileg haben, Götterworte aufzuführen – und damit korrespondierend sich in nächster Nähe der Götterbarke aufzuhalten – besetzen die höchste Position unter den Musikern. Ihre und weiterer Musiker Teilnahme an der Prozession stellte eine Frage stets neu auszuhandelnder möglicher Privilegien dar. Einen Beleg für die jeweils neue Vergabe von Privilegien bietet Cheruef, der bei den in seinem Grab dargestellten Sedfesten Amenhoteps III. unterschiedliche Funktionen bekleidete.[245] Die beiden Zugmannschaften der Götterbarken singen Festlieder. Sie verherrlichen darin den Gott, dessen Barke sie treideln: Die Phyle der Ruderer zieht allein die Userhat-Barke und bejubelt Amun. Ein Chor aus Ruderern und Führern der Armee befördert gemeinsam die Barke der Mut und besingt „die Erste der Götter". Diese aus ein und zwei Gruppen zusammengesetzten Männerchöre erhalten sich durch eine geglückte musikalische Aufführung das Vorrecht ihrer Verbände in der Opetprozession zu singen. Der Chor aus Ruderern und ranghohen Militärs und der durch seine Kleidung als Offizier gekennzeichnete Sänger des Festliedes beim Aufgang des

245 TT 192. Beim ersten *ḥ3b-sd* ist er Palastleiter, beim dritten *ḥ3b-sd* fungiert er in der Rolle des *Jrj-pꜥt*. GUNDLACH (*Die Zwangsumsiedlung auswärtiger Bevölkerung als Mittel ägyptischer Politik bis zum Ende des Mittleren Reiches*, S. 183) schließt daraus: „Amenophis III. wiederum setzte den Hofstaat seines Jubiläumsfestes anders zusammen als den seiner normalen Residenz. Die Funktionen der Beteiligten und gleichzeitig Mitwirkenden wurden jeweils neu festgelegt, wobei interessanterweise diese Funktionen, die ja eigentlich temporär wahrgenommen werden konnten, in die praktische Politik hineinwirkten". Zur sozialen Herkunft der Teilnehmer an einer königlichen Prozession in der 18. Dynastie auch SCHULMAN, The Berlin ‚Trauerrelief' (No. 12411) and some Officials of Tutankhamun and Ay, in: *JARCE* 4, S. 55–68.

Re-Amun spiegeln die osmotische Vermischung von Militär und Gesellschaft am Beginn der 18. Dynastie[246] wieder.

Nubier, die südlichen Nachbarn der Ägypter, treten an der Stelle auf, an der das Bugtau eines Götterschiffes das Ufer erreicht. Aufgrund der rituell erzeugten Identität der *wsr-ḥ3.t-* mit der Sonnenbarke kann dieser Ort als Nahtstelle zwischen Himmel und Erde verstanden werden. Sie gestalten mit Musik und Tanz den Horizont im Südosten als den Ort, an dem bei Sonnenaufgang das Erscheinen eines Gottes bejubelt wird.[247] Die libyschen Tänzer und Musiker mit dem Schlagholz kommen in der Prozession stets hinter (das ist geographisch nördlich) den Nubiern. Die den Nordwesten repräsentierenden Libyer könnten somit im Festzug den Horizont bei Sonnenuntergang gestalten.[248] Das Privileg des Auftritts der Fremdvölker beim Opet kann aber nicht allein durch den Aufführungsort, eventuell noch verbunden mit der musikalischen Virtuosität des Trommlers oder eines anderen Musikers, erklärt werden. Desgleichen würde die These, dass Nubier und Libyer in der 18. Dynastie bei öffentlichen Anlässen die kosmopolitische Gesellschaft Ägyptens repräsentieren,[249] eine Akzeptanz und einen Status dieser Völker in der ägyptischen Gesellschaft voraussetzen, der ihnen das Privileg einräumt, als Musiker bei der Opetprozession aufzutreten. In diesem Zusammenhang ist ein Passus auf der Restaurationsstele des Tutanchamen aufschlussreich. Ich gebe zunächst den relevanten Textabschnitt der Stele:

> Es zimmerte seine Majestät [...] die Barken [der Götter] auf dem Nil aus dem neuen Zedernholz vom Besten des Libanon, vom Ausgewählten [...] [des Libanon], beschlagen mit Gold vom Besten der Fremdländer, so dass sie den Nil erhellen. Es reinigte seine Majestät Sklaven und Sklavinnen, Sängerinnen und Tänzerinnen, die vorher Mahlsklavinnen im Königshaus gewesen waren, indem ihre Arbeit für den Palast verrechnet wurde und für das Schatzhaus des Herrn der beiden Länder. Ich ließ sie geschützt und befreit sein für die Väter, alle Götter, da es mein Wunsch ist, sie zufriedenzustellen dadurch, dass [ich] tue, was deren *Ka* wünscht, denn sie beschützen das Land Ägypten.[250]

---

246 GNIRS, *Militär und Gesellschaft*, S. 2.

247 JUNKER, *Die Onurislegende*, S. 471–481.

248 Durch Tanz geschaffene Orte siehe MEYER-DIETRICH, „Tanz“ in: UEE, http://repositories.cdlib.org/nelc/uee/1134/ /2009-08-19.

249 STÄUBLI, *Das Image der Nomaden im Alten Israel und in der Ikonographie seiner sesshaften Nachbarn*, S. 41f.

250 Urk. IV, 2030.1–11, Übers. HELCK, *Urkunden der 18. Dynastie*, S. 367.

LOPRIENO sieht die Reinigung, von der hier die Rede ist als ein Indiz für die generelle kulturhistorische Entwicklung. Ausgehend von der Verwendung des Lexems *wꜥb* „reinigen" im Mittleren Reich, wo es „die Situation des ‚Bürger' (*nḏs*) bezeichnet, der durch Übernahme einer priesterlichen Funktion vom Pflichtdienst für den Staat befreit wurde",[251] schreibt er:

> Eine weitere Möglichkeit für den Sklaven, die Freiheit zu erlangen, bestand darin, vom König ‚gereinigt' zu werden (*swꜥb*) und dann als freier Mann in den Tempeldienst zu treten. [...] wurde mit *wꜥb* im Mittleren Reich die Situation des ‚Bürgers' (*nḏs*) bezeichnet, der durch Übernahme einer priesterlichen Funktion vom Pflichtdienst für den Staat befreit wurde. In gewissem Sinne erweist sich die semantische Entwicklung dieses Ausdrucks als ein Indiz für die generelle kulturhistorische Entwicklung: Bezog sich das Phänomen der ‚Reinigung' in der aristokratischen und sozusagen ‚nilozentrischen' Gesellschaft des Mittleren Reiches lediglich auf den Aufstieg eines einzelnen vom Status einer ‚abhängigen Person' zu dem eines Bürgers, so schloss es nun, in der kosmopolitischen Gesellschaft des imperialen Ägypten, auch den Wechsel vom Sklavendasein zum bezahlten Tempeldiener ein. In der komplexer gewordenen Gesellschaft des Neuen Reiches bezeichnet dieses Wort nicht mehr allein das Phänomen, dass ein einzelner Ägypter seine soziale Position verbesserte, sondern es bezog sich auch auf die Situation der ausländischen Sklaven als soziale Gruppe.[252]

Derselbe Autor richtet sein Augenmerk in erster Linie auf die „Sklaven und Sklavinnen". Das Zugeständnis eines neuen Status durch die „Reinigung" und den damit verbundenen Möglichkeiten in der ägyptischen Gesellschaft der 18. Dynastie zu avancieren, wird indessen ausdrücklich auch den „Sängerinnen und Tänzerinnen" (*šmꜥ.yt ḫby.t*) gewährt. Es kann als eine Maßnahme von Seiten Ägyptens verstanden werden, einerseits die Stabilität der fremden ethnischen Identität und ihre Wertschätzung im Milieu der ägyptischen Elite zu berücksichtigen, und andererseits den im Spannungsfeld zwischen Akkulturation und Selbstbehauptung lebenden Fremden gewisse Privilegien einzuräumen.[253] Der Status der gereinigten Sängerinnen und Tänzerinnen,

---

251 LOPRIENO, Der Sklave, in: DONADONI, *Der Mensch im Alten Ägypten*, S. 249.

252 Ebd.

253 Akkulturation zeigt sich, nach SEIDLMAYER, an Gräbern, Stelen und Inschriften, die bereits für das Mittlere Reich belegen, dass nubische Gruppen sich ägyptischer Ausdrucksmedien bedienten und an einer spezifisch ägyptischen Weltsicht partizipierten.

die für Gebelein bezeugte Teilnahme nubischer Söldner an der ägyptischen Weltsicht sowie die Betonung ihrer ethnischen Eigenart sprechen dafür, dass bei der Opetprozession auf institutionellem Niveau das Privileg nubischer Gruppen verhandelt wurde. Als Akteure, die den Horizont verkörpern, partizipieren Nubier an der öffentlichen Inszenierung einer für die altägyptische Kultur zentralen Erzählung. Sie verdanken ihre Position im Aufführungskontext ihrer Herkunft und verhandeln als Trommler und Tänzer ihren sozialen Status auf musikalischer Ebene.

Vermutlich tanzen und musizieren nicht Libyer, sondern ägyptische Soldaten, die als Libyer verkleidet sind. Einen von Libyern und Ägyptern gemeinsam getanzten Tanz legt folgender Passus aus dem Mut-Ritual nahe:

> Ist sie [die Göttin] aber in der Wüste, reißen wir für sie die Federn vom Rücken des Straußes aus, den die Temehu (Libyer) mit ihren Wurfhölzern erschlagen haben, wobei sie sich mit Tierbälgen verkleiden. Lasst uns für dich einen Jubel anstimmen, während für dich die Temehu tanzen. Wir (alle) wollen tanzen und singen für unsere Herrscherin.[254]

Der Auftritt libyscher Tänzer im Mutritual, in der Festprozession bei der Einführung der Hatschepsut in ihren Tempel *ḏsr-ḏsrw*[255] und in der Opetprozession betonen den Aspekt der Göttin als Herrin der Westwüste.

Episode 4
RILT, *Taf. 35*

Die folgende Episode, der Zug der Prozessionsbarken zum Tempel, ist durch eine senkrechte Linie vom bisherigen Bild geschieden. Die Prozessionsbarke des Amun nähert sich als erste dem Tor des Luxortempels. Die Priester, die mit den göttlichen Standarten vorausgehen, treten gerade in die Kolonnade

---

Hingegen zeugen der Gebrauch nubischer Trinknäpfe und die sorgfältige Observanz nubischer Lederkleidung und Frisuren auf (von Nubiern in Auftrag gegebenen) Stelen von nubischer Selbstwahrnehmung und kulturellem Selbstbewusstsein. SEIDLMAYER, Nubier im ägyptischen Kontext im Alten und Mittleren Reich, in: *Akkulturation und Selbstbehauptung*, S. 101f. Siehe auch MORENZ' Besprechung der Steintafel Boston 03.1848 als Selbstrepräsentation im Spannungsfeld Ägyptisch-Nubischer Kultureinflüsse, MORENZ, *Die Zeit der Regionen im Spiegel der Gebelein-Region*, S. 321ff.

254 PBerlin 3053, XVI, 6-XVII, 1, MÖLLER, *Hieratische Papyrus aus Berlin* I, S. 43ff. Übers. VERHOEVEN/DERCHAIN, *Le voyage de la déesse libyque*, S. 22, Anm. bs-bu.

255 Deir el-Bahari, Hathorkapelle, Hypostylhalle, N-Wand, Uferprozession, NAVILLE, *Deir el Bahari* IV, Taf. XC.

von Luxor ein.[256] Das nördliche Tor der Großen Kolonnade wird so gezeigt, als ob man es vom Tempelinneren her sähe.[257] Dadurch wird das Auge dorthin gelenkt, wo das Opfer im Heiligtum durchgeführt wird. Der Erhaltungszustand erlaubt keine Aussage zu den Personen, die unmittelbar vor der Barke des thebanischen Hauptgottes gehen – ob noch mehr Priester mit Standarten oder Musiker und Priester? Der König folgt zu Fuß der Barke des Amun. Er trägt in der Rechten das *ḥkꜣ.t*-Zepter und in der Linken das Lebenszeichen.

Als nächstes (im Relief unterhalb) kommt die Barke des Chons. Ihr voraus gehen (nach den erhaltenen Resten von Mänteln und Füßen zu schließen) eine Dreier- und eine Vierergruppe Vorsteher der Sänger. Einer der vorderen drei könnte die Laute spielen.[258] Die ihnen folgenden vier Sänger klatschen vermutlich in die Hände. Sie gehen alle zur Barke des Amun, zum König und zum Tempel hingewandt. Ein zur Barke des Chons gewandter Priester im wadenlangen Gewand mit Schärpe ist vermutlich ein Reinigungspriester. Fünf Libyer – ihrer Kleidung und ihren Instrumenten nach zu schließen ist es dieselbe Gruppe, die in der Uferprozession neben der Userhat-Barke agierte – haben die Hand um das untere Ende ihrer Schlaghölzer geschlossen. Das sich überkreuzende obere Ende der gekrümmten Hölzer deutet darauf hin,dass sie diese gerade aufeinanderschlagen. Der Trommler neben ihnen blickt wie sie in Gehrichtung. Er hat beide Handflächen auf die bespannten Enden seiner ihm waagerecht unterhalb des Nabels hängenden Röhrentrommel gelegt, beide Arme sind nur leicht angewinkelt. Unmittelbar vor der Barke des Chons ist der lange Stiel eines Fächers auszumachen, mit dem ein Priester ihr zufächelt. Es folgen die Barke der Mut und schließlich die Barke des Königs. Die Prozession der kleinen Götterbarken ist gedrängt. Das Prinzip eines Priesters, der sich zwischen den Barken umwendet und so seine Tätigkeit zum folgenden Götterbild hin orientiert, ist sorgfältig beibehalten worden. Die Armhaltung der vorletzten Person spricht für einen Fächerträger, der der Kultbarke der Göttin Mut zufächelt. Dahinter ist noch der Rest von der Figur eines räuchernden Priesters auszumachen.[259]

---

256 Nachweisbar an zwei Priestern, deren Schurzzipfel bzw. Stab schon im Hof sichtbar sind, während deren Oberarm noch durch den Türrahmen verdeckt ist. *RILT* I, Taf. 41, Foto, Luxor, Gr. Kolonnade, Fragment 2220, 10, 232, 4, 389, 40, ikonographischer Komm. S. 19.

257 Die spärlich erhaltenen Reste machen die Darstellung der Szenen, die sich auf der Innenseite der Torpfosten des nördlichen Eingangs in die Kolonnade von Luxor befinden, wahrscheinlich. *RILT* I, Taf. 42 und Komm. S. 19.

258 *RILT* I, Taf. 42. Nach der Publikation des EPIGRAPHIC SURVEY könnte eine Bogenlinie als Instrument, ein spärlicher Umriss als der angewinkelte Arm am Lautenstiel gedeutet werden. Am Original ist das leider nicht mehr zu beurteilen.

259 *RILT* I, S. 18.

ABB. 32 *Einzug in den Tempel von Luxor. Tempel von Luxor, Große Kolonnade, Westwand. Nach RILT I, Taf. 38.*

Die Barken und der König ziehen durch das Tor in die Große Kolonnade ein. Der Zug wird von zwölf sich nach hinten biegenden Tänzerinnen empfangen, die mit einem Schurz bekleidet sind, der das Gesäß bedeckt und vorn die Scham frei lässt (siehe Abb. 32 und 33).[260] Unmittelbar neben den Tänzerinnen ist eine Wand mit einer von innen her offenen Tür angedeutet. Die Tänzerinnen verdecken manchmal den Türrahmen dieses kleinen Eingangs, sodass es den Eindruck erweckt, als würden sie tanzend durch das Tor eintreten. Die sechs, die dem Tempeleingang näher sind, tragen halblanges Haar. Sie tanzen zurückgebeugt, das Gesicht zum Himmel gewendet, mit angewinkelten Armen. Die Ellenbogen stehen senkrecht nach oben,[261] die Fingerspitzen berühren die Schultern. Die Füße stehen fest mit der ganzen Sohle auf dem Boden auf. Die anderen sechs, die bis zu der Tür noch eine etwas längere Strecke zurücklegen müssen, tragen längeres Haar, das aber nicht bis auf den Boden reicht. Oberschenkel, Hüfte, Oberkörper und Arme bilden eine gleichmäßig geschwungene Linie, die Beine sind in den Kniekehlen angewinkelt. Ihre

260 WILD (Les dances sacrées de l'Égypte ancienne, in: *Sources Orientales*, S. 57) nimmt an, dass die Tänzerinnen zum Personal des Amun gehören.

261 Die Position der Arme bei DECKER/HERB (*Bildatlas zum Sport*, S. 717) unrichtig als am Körper angelegt beschrieben.

ABB. 33 *Tänzerinnen vor dem Pylonen des Tempels von Luxor. Tempel von Luxor, Große Kolonnade, Westwand.*
FOTO: VERFASSERIN.

übereinander gelegten Hände liegen auf dem Boden auf.[262] Sie sind ganz nach hinten übergebeugt und haben den Kopf so weit in den Nacken gelegt, dass sie zur Erde blicken.

Die Schreibung *ḫbj* „tanzen", 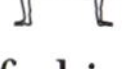 mit Gardiner B 37 determiniert, ist seit der 18. Dynastie belegt.[263] Die farbige Darstellung einer Tänzerin auf einem Ostrakon aus Deir el-Medineh[264] weist die typische gelbe Hautfarbe weiblicher Personen sowie schwarzes lockiges Haar, das bis auf den Boden reicht, auf. Haar und Fersen berühren sich fast. Die Tänzerin trägt einen

262 Im Gegensatz zu den Tänzerinnen im libyschen Gewand in der Sedfestdarstellung in TT 192, die vornübergebeugt oder nach vorne halb aufgerichtet tanzen (THE EPIGRAPHIC SURVEY, *The Tomb of Kheruef*, Taf. 34–40).

263 *Wb* 3, 250.5–13, DZA 27.725.010.

264 OTurin, Museo Egizio Suppl. 7052, FARINA, *La Pittura Egiziana*, Taf. 184, DECKER/HERB, *Bildatlas zum Sport* II, Taf. CDI (R3.26), siehe dort auch weitere Ostraka mit dem gleichen Motiv.

schwarzen Schurz mit dezentem weißem Muster und einem großen roten Flecken, der unterhalb des Nabels gebunden ist und die Scham frei lässt. Außer in der großen Kolonnade von Luxor agieren vier dieser Tänzerinnen in der Opetprozession auf der Südwand der Chapelle Rouge.[265] Bisherige Autoren haben ihr Augenmerk in erster Linie auf den kinematographischen Ablauf der Tanzfigur gerichtet. Der Tanz wurde als verschiedene Bewegungsphasen ein und derselben Tanzfigur aufgefasst, als „Überschlagtanz" verstanden und als „der akrobatische *ḫbj*-Tanz" klassifiziert.[266] Die Tänzerinnen wurden auch als „Akrobatinnen" behandelt.[267] Alle Forscher sind sich darin einig, dass der Tanz zu Ehren des Gottes Amun aufgeführt wird.[268]

---

265 Chapelle Rouge, Block 66, GRIMAL, *La Chapelle Rouge*, S. 64, LACAU/CHEVRIER, *Une chapelle d'Hatshepsout à Karnak* I, S. 198. Sie sind von CHEVRIER und LACAU der Ankunft in Karnak zugeordnet worden. Die Tänzerinnen unterscheiden sich voneinander (wie auch in unserer Darstellung) durch die Stärke der Biegung des Körpers nach hinten. Zwei Tänzerinnen nehmen, bis auf die etwas mehr angewinkelten Ellenbogen, dieselbe Haltung ein, wie die zum Boden blickenden Tänzerinnen vor dem Tempel in Luxor, die anderen zwei haben den Körper fast ganz zu einem Rund gebogen. Ihr Gesicht ist vollständig dem Boden zugewendet, das lange Haar schließt nahezu den Kreis, die stark angewinkelten Ellenbogen liegen am Körper an, nur die Fingerspitzen berühren die Standlinie. Dieselbe Position nehmen auch sechs der acht beim Talfest tanzenden Damen auf der Chapelle Rouge (bei der Ankunft in Karnak) ein. N-Wand der Chapelle Rouge, Block 61= Luxor JdE 151, GRIMAL, *La Chapelle Rouge*, S. 109, BRUNNER-TRAUT, *Der Tanz im Alten Ägypten*, Abb. 22, oberes Foto, DECKER/HERB, *Bildatlas zum Sport* II, Taf. CCCXCIV (R 3.16). Eine Tänzerin und der Rest einer zweiten in derselben Pose finden sich auch auf einem Fragment des Talfestes, Deir el-Bahari, Tempel Thutmosis' III., Fragment F 2259, PM II, 540, DABROVSKA-SMEKTALA, List of Objects Found at Deir el-Bahari in the Area of the Tuthmosis III'sTemple, in: *ASAE* 60, S. 102, Dok. 17, Taf. VIII, Inv. Nr. F 2259. Nach brieflicher Auskunft von Monika DOLINSKA vom 05-11-2009, gehört das Fragment zur Talfestprozession („Das Fest von Deir el-Bahari"), Oberer Hof, Nordseite, PM II[b], 358 (83/2), DAVIES, *The Graphic Work of the Expedition (1927–1928)*, BMMA 23-II, 66–69, Abb. 13. Besonders gut zu sehen auf dem Foto bei DECKER/HERB, *Bildatlas zum Sport* II, Taf. CCCXCIII (R 3.15). Die Tänzerin unterscheidet sich von den anderen hier aufgeführten Darstellungen nur durch ihren großen Ohrring. Die Tänzerinnen, die anlässlich des Talfestes der Hatschepsut (auf dem Weg nach Deir el-Bahari) ihren Körper nach hinten biegen, haben als Besonderheit, dass sie (wie auch oTurin 7052) nur mit den Zehenspitzen den Boden berühren.

266 BRUNNER-TRAUT, *Der Tanz im Alten Ägypten*, S. 48ff.

267 Bspw. von SETHE, der sie bei der Verzettelung, DZA 27.725.090, als „Akrobatinnen mit schwarz-weiß-roter Leibbinde" bezeichnet, und von DECKER/HERB, *Bildatlas zum Sport*, S. 708ff, der die Darstellung in der Großen Kolonnade (R3.23) und weitere Quellen (R3.14-R3.27, Taf. CCCXCIII–CCCXCII) als „akrobatische Überschläge" zusammenfasst.

268 LACAU/CHEVRIER, *Une chapelle d'Hatshepsout à Karnak* I, S. 198. Nach BRUNNER-TRAUT (*Der Tanz im Alten Ägypten*, S. 49) stammt er ursprünglich aus dem Hathorkult und ist

Bei einem Tanz, der im Eingangsbereich des Tempels zu Ehren eines Gottes aufgeführt wird, ist anzunehmen, dass er religiöse Konzeptionen in Körperbewegungen umsetzt. Außer dem Ort und der Person/Gott, für die getanzt wird, spielen das Geschlecht, die Anzahl der Tänzer und die Tageszeit eine Rolle. Da das Fest vermutlich am späten Nachmittag beginnt und der Gott auf dem Wege südwärts in seiner Nachtbarke besungen wird, kann als Zeitpunkt der Aufführung der Einbruch der Nacht angenommen werden. Es tanzen zwölf Tänzerinnen in den Tempel hinein. Der rote runde Flecken auf ihrem schwarzen Schurz versinnbildlicht möglicherweise die Sonne. Von daher bietet sich der Körper der Göttin Nut als zeitgleiches mythologisches Vorbild für die Tanzfigur an. Beim Empfang des Sonnenschiffes auf der Schlussvignette des Pfortenbuches ist dieser rückwärts zu einem Rund gebogen dargestellt.[269] Dasselbe würde auch erklären, warum der Schurz die Scham der Frauen frei lässt, die ja bei der Göttin Nut der Ort ist, aus dem morgens die Sonne geboren wird. Die aus Grabfunden stammenden Kalksteinfiguren in dieser Pose[270] sind nicht mit einer Inschrift versehen, um meine Vermutung, dass es sich hierbei um ein Modell der Göttin Nut handelt, zu bestätigen. Ein derartiger Beleg würde es auch zulassen, die Anzahl der Tänzerinnen als Verkörperung der zwölf Stunden des Sonnenlaufs zu interpretieren. Die Symbolik wird aber gestützt durch die Darstellung der sechs Göttinnen der Tag- und der sechs Göttinnen der Nachtstunden an der gewölbten Decke im südlichen Komplex der Opferkulträume der Hatschepsut in Deir el-Bahari, wo die Königin im Sonnenboot zwischen der letzten Tages- und der ersten Nachtstunde erscheint.[271]

Die erste der vier neben den Tänzerinnen stehenden Priesterinnen, die ihre Instrumente schütteln, trägt am rechten Oberarm einen Armreif. Die

---

dann in den Kult für Amun übernommen worden. Darüber hinaus vermutet Wild (Les dances sacrées de l'Égypte ancienne, in: *Sources Orientales*, S. 55) als speziellen Anlass zur Aufführung des Tanzes in Luxor den Empfang Amuns und die Unterwerfung unter den Gott.

269 Mit Osiris als gerundeter Körper bei BUDGE, *The Egyptian Heaven and Hell*, S. 303. Nut in dieser Körperposition bei Ramses IV., HORNUNG, *Das Buch von den Pforten des Jenseits*, S. 289ff.

270 Brooklyn 13.1024, BREASTED, *Servant Statues*, Taf. 84. Berlin ÄM 14570, KAISER, *Ägyptisches Museum Berlin*, S. 46, Kat. Nr. 469, Fotos bei DECKER/HERB, *Bildatlas zum Sport* II, Taf. CCCXCI (R 3.6–R 3.8).

271 Deir el-Bahari, südl. Opferhalle, Decke, NAVILLE, *Deir el Bahari* IV, S. 10–11, Taf. CXIV–CXVI. Von ULLMANN, *König für die Ewigkeit*, S. 42 (auf dem theologischen Hintergrund einer in N-S-Richtung verlaufenden Kultachse) als Einschluss der Königin in den Sonnenlauf interpretiert. Zur *Ka*-Statue des Königs im Sonnenlauf in Luxor, ebd., S. 154 ff.

Priesterinnen zeigen ihre Sistren (*zšš.t*)[272] dem Himmel, indem sie das Bügelsistrum noch etwas höher als das Gesicht leicht schräg nach oben halten.[273] In der linken Hand erheben sie die Halskette mit der *mnj.t*, wobei der Arm etwa neunzig Grad angewinkelt ist. Wie ihre Weihinschriften[274] zeigen, waren im Ritual verwendete Sistren Eigentum der Tempel. Das Sistrum bewirkt die Vereinigung mit Hathor.[275]

Vermutlich sind die Tänzerinnen des Tempels den ankommenden Göttern entgegengegangen, haben ihren Tanz vor dem Tor aufgeführt, und tanzen nun durch einen Seiteneingang für das Personal in den Tempel zurück.[276] Der Tanz schafft einen *gendered space*, wie er im alten Ägypten für Schwellenbereiche belegt ist.[277] Tanz und Musik üben eine apotropäische Wirkung aus.[278] Beide

272 Nach Reynders (Sescheschet and Sechem, in: FS *Quaegebeur* II, S. 1023) wird *zšš.t*, wenn es das Instrument bezeichnet, sowohl für das Bügel- als auch für das Naossistrum verwendet, während *sḫm* das Sistrum als Symbol der Hathor bezeichnet, das den Menschen in der Gegenwart der Göttin sein lässt.

273 Zur Deutung dieser Geste als das Ansichtigwerden der Göttin Hathor im Mittleren Reich, Meyer-Dietrich, *Senebi und Selbst*, S. 106. Für dieselbe Bedeutung in der griechisch-römischen Zeit spricht der Beginn des Standardhymnus: „Ich spiele hiermit das Sistrum vor deinem enthüllten Gesicht", Dem oCorteggiani D 1, Übers. Quack, Ein Standardhymnus zum Sistrumspiel auf einem demotischen Ostrakon (Ostrakon Corteggiani D 1), in: *Enchoria* 27, S. 110.

274 Louvre E 11201, Louvre N 4272, Ziegler, *Catalogue des instruments de musique égyptiens*, Nr. 66 und 67, S. 55f. BM 43070, Sistrumgriff, Spencer, A glazed composition sistrum handle inscribed for Amenrud, in: *JEA* 74, S. 232.

275 Reynders, Sescheschet and Sechem, in: FS *Quaegebeur* II, S. 1013–1026.

276 Ob sie dann im Tempel noch weitertanzen, ist nicht auszuschließen. Für diese Möglichkeit sprechen die Feiern in Medamud. Darnell, Hathor returns to Medamud, in: *SAK* 22, S. 47–94.

277 Der Terminus *gendered space* bezeichnet einen physischen oder virtuellen Raum, der aufgrund der Handlungen, die in ihm ausgeführt werden, mit einem bestimmten Geschlecht verknüpft wird. Gendered spaces erhalten ihre spezifischen Eigenschaften durch das, was in der betreffenden Gesellschaft als charakteristisch für das betreffende Geschlecht angesehen wird. Späte Belege zur Schaffung von liminalen *gendered spaces* sind: „Entblößen der Brüste vor ihr (der Göttin) seitens der Frauen dieser Stadt", Esna, 346.19; Entblößen der weiblichen Schamgegend auf der Pilgerfahrt nach Bubastis bei Herodot, *Historien* II, 60.

278 Roque, *Rapport sur les fouilles de Médamoud*, Taf. I, Drioton, *Rapport sur les fouilles de Médamoud. Les inscriptions*, Taf. II, III, Abb. 9, Badawy, The Approach to the Egyptian Temple, in: *ZÄS* 102, S. 85, Abb. 6. Die apotropäische Wirkung des Tanzes in Schwellenbereichen wird durch Kleinwüchsige und den Gott Bes verkörpert, Quellen siehe Meyer-Dietrich, Dance, in: Frood/Wendrich, UEE, http://repositories.cdlib.org/nelc/uee/1134/, Zugriff 2009-08-19.

der hier im Kult gebrauchten Rasseln, das *zšš.t-Sistrum* und die *mnj.t*-Kette, beschwichtigen den Zorn der Götter oder des Königs.[279] Der Eingangsbereich des Tempels bildet einen räumlichen Kontext, in dem die gesellschaftliche Ordnung im Hinblick auf die geschlechtliche Bedeutung der Götter nachgebildet wird. Das Sistrum bildet das Kultinstrument der Hathor. In ihrer Kuhgestalt trägt sie Kette und Menit um den Hals. Ihr kostbar gestalteter Schmuck kreiert das schöpferische Milieu, aus dem die Göttin hervortritt. Die Verbindung aus Halskette und *mnj.t* symbolisiert den Akt der Belebung.[280] Als Umwelt der Hathor erzeugt das Schütteln und Zeigen des Instrumentes einen weiblich konnotierten Raum der bestehenden Fruchtbarkeit.

Auf dem Weg vom Quai in Luxor[281] zum Tempel hält die Prozession mehrmals an, denn dort, wo der Fluss und der Menschenzug am Ufer enden, wird im untersten Bildstreifen das, was sich am Wegrand abspielt, dargestellt. Acht Kapellen (von denen einige oben in einem Uräenfries ihren Abschluss finden) haben ein jeweils von zwei Lotussäulen getragenes Vordach. Zum Fest ist das Gebäude mit bunten Bändern geschmückt. Aus jeder Vorhalle tritt ein Priester heraus zu den Opferständern und den sich auf dem Altar häufenden Festgaben für den *Ka* des Amun-Re, „Herr der Throne der beiden Länder, Vornehmster von Karnak". Vor dem ersten Altar steht, diesem zugewendet ein Priester, der mit der Linken räuchert und die Rechte im Rezitationsgestus erhoben hat. Die anderen Priester sind gerade dabei den Räucherständer empor zu halten,

279 Seit dem Mittleren Reich belegt: BRUNNER, Das Besänftigungslied in Sinuhe (B 269–279), in: *ZÄS* 80, S. 7–9. Doch findet sich die Besänftigung der Hathor, als Hathor-Tefnut, das erzürnte Sonnenauge, vor allem auf den Ptolemäischen und römischen Tempeln, so z.B. in Edfu, wo sie mit der Bitte um Schutz vor den Feinden Ägyptens kombiniert wird, Edfu, Außenwand der Umfassungsmauer, W-Wand, 2. Reg., Taf. 2d XIV, 104, 4–104, 8. Zur apotropäischen Wirkung des Sistrums auch REYNDERS, Sescheschet and Sechem, in: FS *Quaegebeur* II, S. 1020, und QUACK, Ein Standardhymnus zum Sistrumspiel auf einem demotischen Ostrakon (Ostrakon Corteggiani D 1), in: *ENCHORIA* 27, S. 116.

280 „Apport de la Menat et don du pectoral jouent un rôle complémentaire, le contrepoinds étant porté sur la nuque et le long de premières vertèbres dorsales, rappelant la relation entre les sept Uraei et les sept vertèbres cervicales tandis que le pectoral protège la region cardiaque, la gorge, le Haty. Présenter la Menat est un acte vivificateur." COLIN, Les objects sacres d'Hathor, in: *Proceedings of the seventh International Congress of Egyptologists*, S. 286f. Die von ihr angeführte Assoziation des Sistrums mit der sexuellen Kraft des Seth lässt sich erst für die griech.-röm. Tempel nachweisen, die paarig angeordneten Perlen des Verschlußstückes der Menit werden als die abgeschnittenen Hoden des Seth ausgedeutet, die Menit symbolisiert den Triumph über Seth, vergl. BUDDE, *Das Götterkind im Tempel, in der Stadt und im Weltgebäude*, S. 110.

281 Laut CABROL, *Les voies processionnelles de Thèbes*, S. 597, gibt es dafür keine archäologischen Belege.

das Räucherwerk anzufachen, die Myrrhe in eine Schale zu gießen oder noch weitere Stücke auf den Tisch zu legen.[282] Die Schlachtszenen haben sich vermutlich ebenfalls im Freien neben den Kapellen abgespielt. Zuerst wird die Schlachtung der Stiere gezeigt, daraufhin das Herbeibringen von Schenkeln, Köpfen, Rippenstücken und Grillklein. Ein Offizier in der Mitte ruft den Schlächtern etwas zu. Da die Fleischstücke so frisch wie möglich dem Gott vorgelegt werden sollen, ist es denkbar, dass er sie mit seinem Ruf zur Eile auffordert. Der Zug der Fleischträger für das Schlachtopfer wird angeführt von einem Mann, der wie sein die Gruppe abschließender Kollege mit einem Stock und dem sichelförmigen Unteroffiziersstab ausgerüstet ist. Er wendet sich zu den Trägern um und hat die Hand zum Ruf an den Mund erhoben (siehe Abb. 32). Zur Geräuschkulisse des Festes vor dem Tempel gehören die Arbeitsgeräusche der Schlächter, die Zurufe an die Träger der Fleischstücke und die Worte der Opferpriester in den Kapellen.

Die Untersuchung des Hörraumes auf dem Weg von der Anlegestelle am Nil zum Tempel in Luxor ergibt: Die Götter und der König schweigen. Die Gesänge sind verstummt. Auf diesem Abschnitt des Weges dominiert der Lärm des Opferbetriebs. Der Süden ist, wie es der ägyptische Name für Luxor *Jpt rs.jt* „südliches Opet" verdeutlicht, durch den Tempel selbst verkörpert, was erklären könnte, warum keine nubischen Tänzer auftreten. Die den Norden darstellenden Libyer sind vertreten. Die Umgruppierung von Sänger und Sängerinnen, die der Priesterschaft angehören, führt zu einer Konzentration von Musikern hinter der Barke des Amun und vor dem Tempel.[283] Die Sänger hinter der Userhat-Barke klatschen in die Hände und spielen eventuell auch die Laute, die Libyer und der Trommler schlagen den Rhythmus. Die Priesterinnen erzeugen durch ihre Instrumente den Raum vor der großen Kolonnade als mythologischen Horizontbereich mit den religiösen und geschlechtsspezifischen Bedeutungen des Papyrusdickichts als gefährdete, fruchtbare, weibliche Umwelt der Hathor. Die Tänzerinnen gestalten denselben Raum durch ihre Körperbewegungen als Schwellenbereich vor der Aufnahme des Sonnenbootes durch Nut.

282 *RILT* I, S. 18.

283 Dem freien Platz nach zu urteilen spielten keine Musiker vor der Userhat-Barke. Im unteren Drittel des Tores, hinter den Würdenträgern mit Standarten, eventuell dargestellte Musiker hätten das Recht zum Betreten des Tempels haben müssen, könnten damit also nur Priester gewesen sein.

Episode 5

RILT, *Taf.* 35

Die Kultbarken der Thebanischen Göttertriade stehen auf ihren Podesten im Tempel in Luxor.[284] Nach Rekonstruktion der Darstellung steht der König alleine (das Eingangstor in Luxor im Rücken) vor der Barke Amuns in ihrem Götterschrein. Der Schrein ist geöffnet, die den Gott mit ihren Flügeln schützenden Göttinnen sind sichtbar (mehr ist von der Szene nicht erhalten). Neben dem Schrein auf der Götterbarke knien der König und die *Bas* von Nechen. Sie sind flankiert von geflügelten Skarabäen. Die nur an dieser Stelle neun Standarten (während es sonst im Relief immer acht sind) unter dem Heck der *wsr-ḥȝ.t*-Barke werden von *ʿnḫ-*, *wȝs-* oder *ḏt*-Hieroglyphen gehalten, die mittels zwei Armen anthropomorphisiert sind. Zwischen jeder Standarte steht „[Ich gebe dir] Leben, Dauer, Glück wie Re".

Im gut erhaltenen Register unterhalb stehen die Barken von Mut (dem Ausgang näher) und Chons. Die Aegis der Barke der Mut trägt jetzt die Doppelkrone auf dem Kopftuch. Ein Uräus erhebt sich an ihrer Stirn. Drei goldene Halsbänder liegen auf ihrem breiten Kragen. Die Opfergaben erwecken den Eindruck des Überflusses.[285] Eine Liste zwischen den kleiner dargestellten Götterbarken gibt Auskunft über Anzahl und Art der reichlichen Opfer. In der Beischrift zu ihrer Barke spricht die Göttin Mut zum König:

> Worte gesprochen von Mut, der Herrin von Ischeru:
> „Mein geliebter leiblicher Sohn, Herr der beiden Länder,
> Menmaatre![286] Mein Herz freut sich deiner Beliebtheit und deines Jubels,[287]
> wenn du deine Schönheit erblickst.

284 Wie von WAITKUS (*Untersuchungen zu Kult und Funktion des Luxortempels*, S. 241) beobachtet erscheint die Barke des Königs, die mit den anderen Prozessionsbarken zusammen von der Anlegestelle der Flussbarken zum Luxortempel getragen wurde, nicht in der Szene. WOLF (*Opet*, S. 22) nimmt den Tempel von Luxor als den Standort der Barkenkapellen an. JOHNSON (Honorific figures of Amenhotep III in the Luxor Temple Colonnade Hall, in: FS *Klaus Baer*, S. 138, Anm. 23) fasst den Schrein als eine Wiedergabe der Großen Kolonnade auf.

285 Beschreibung der überwiegend aus Früchten aller Art bestehenden Opfer siehe WOLF, *Opet*, S. 41ff.

286 Sethos I., nicht usurpiert.

287 *ḥʿʿ=k*, sowohl WOLF als auch der EPIGRAPHIC SURVEY beziehen das Jubeln auf Mut.

Ich gebe dir[288] die *nḥḥ*-Zeit als König der beiden Länder,
weil du erschienen bist auf dem Thron des Atum.
Dein Name wird bestehend sein wie der Himmel
(und) deine Lebenszeit wie die (der) Sonnenscheibe darin."[289]

Die Rede der Göttin bestätigt den König als Sohn, der mit der Schönheit des Gottes versehen auf dem Thron des Schöpfergottes Atum erschienen ist. „Deines Jubels, wenn du deine Schönheit erblickst" knüpft an die Schlussworte der Göttin Neith im Trinklied an: „Nachdem Hathor das Schönste des Schönen getan hat für Djesercheperure-Setepenre, den Amun liebt und den die Götter loben, wird der Gott, versehen mit der Schönheit des Gottes, gerudert". Als Sprecherin wird Mut der Hathor angeglichen. Die Gaben der Mut greifen mit „der *nḥḥ*-Zeit als König der beiden Länder" und „der Lebenszeit wie die der Sonnenscheibe darin" zwei Wünsche aus dem Festlied, das bei der Ankunft in Luxor gesungen wurde, auf. Im Unterschied zur Formulierung im Festlied, „Mögest du geben seine Lebenszeit wie die des Himmels, auf dass er erscheine wie die Sonnenscheibe darin", ist in der Götterrede der Mut die Dauer an den Namen des Königs gebunden.

Die Aegis der Barke des Chons schmückt der falkenköpfige Mondgott mit Mondsichel und -scheibe. Drei goldene Halsbänder und zusätzlich ein Pektoral in Kapellenform liegen auf dem Kragen auf.[290] Wie vorher schon Mut so adressiert auch Chons den König:

---

288 Im Gegensatz zum Epigraphic Survey werden von mir die Götterreden im Tempel wiederum als präsentisches *sḏm =f* übersetzt.

289 *RILT* I, Taf. 46, 1–17, Übers. und Komm. S. 20, Wolf, *Opet*, S. 59, Inschrift 19a.

290 Das gleiche Pektoral findet sich auf der Bronzestatuette des Gottes Neferhotep im Musée Guimet 1147 (14 441), Roeder, *Ägyptische Bronzefiguren*, §11, S. 16, Abb. 21. Der Gott trägt dort die Doppelkrone, die laut Bonnet (*RÄRG*, S. 518) seine typische Kopfbedeckung darstellt. Frühester Beleg des Gottesnamens auf dem Rückenpfeiler der Statue Kairo CG 889, die vermutlich aus Sakkara stammt. Verknüpfung des Gottes zu Hathor-Neferhotep, *Wb* 2, 255.13 erst in pChester Beatty IX, vso. 2, 4–5 belegt. Chons wird mit diesem Gott auch in der Rede, die über seiner Barke steht, verbunden. Unterschiede in der Dekoration der Barke ergeben sich durch die Ausführung unter Sethos I. Vergl. *RILT* I, S. 19. Wolf (*Opet*, S. 22) nahm hingegen an, dass es sich hier nicht um die Barken von Karnak, sondern um Barken von Luxor handelt und ein Barkenwechsel stattgefunden habe. Er argumentiert mit der Ausrichtung der Barken, die aus dem Tempel heraus in Richtung Karnak blicken.

Worte gesprochen von Chons in Theben, Neferhotep in Karnak:[291]
„Mein geliebter leiblicher Sohn, Herr der Erscheinungen,[292]
Seti-Merneptah![293] Ich gebe dir sowohl den Süden als auch den Norden,
um deinen Mut an ihnen zu kühlen,[294]
und dass Flachländer und Bergländer [in deiner Faust umschlossen sind],[295]
ohne dass man deinen Arm abwehren kann
[in allen Ländern und Bergländern].“[296]

Chons spricht den König in der Rolle des Eroberers an, der sein Reich durch die Gaben des Gottes ausdehnt. Die Reihenfolge der Himmelrichtungen in der Prozession (erst Süden dann Norden) und den bisher gesungenen Liedern wird beibehalten. Die weiteren Texte sind nicht als Reden gekennzeichnet. Es sind die üblichen Schutzformeln hinter den Schreinen auf den Barken: „Der Schutz allen Lebens umgibt sie/ihn“. Hinter der Barke des Chons stehen Tische mit allerlei Gefäßen. Zwei *bh.t*-Wedel, zwei Fächer und ein Lotus-Stab werden wiederum von *ꜥnḫ*-, *wꜣs*- oder *ḏt*-Hieroglyphen gehalten.

Soweit der Erhaltungszustand dieser Szene eine Analyse zulässt, gilt für das Sanktuar die gleiche auditive Ordnung wie bisher: Nur die Götter sprechen. Wahrscheinlich ist den erhaltenen Reden der Götter Mut und Chons eine Rede des Amun-Re hinzuzufügen, da Teile einer Rede des Amun im Barkensanktuar von Karnak (vor dem Beginn der Reise) und eine Rede des Amun in der Opferszene auf der Südwand westlich der Tür erhalten sind. An dem Untersuchungsergebnis, einer auditiven Ordnung, der zufolge in den geheiligten Hörräumen der Tempel und der Götterbarken nur die Götter sprechen, würde dies nichts ändern.

291 *nfr-ḥtp m Wꜣst* als Beiname des Chons, *LGG* IV, S. 218. Nach VANDERSLEYEN (Aménophis III incarnant le dieu Neferhotep, in: *OLP* 6–7, S. 539 mit Anm. 25) wird Neferhotep als „l’enfant, le grand dieu qui réside a Karanak“ und als „le grand dieu vivant qui réside dans Thèbes“ an den Mondgott Chons angeglichen, da beide als Phasengötter einen vorübergehenden Zustand, der zur Verjüngung und einem Neubeginn führt, verkörpern. In diesem Zus.hang weist ders. auf die Identifikation des Königs mit Chons-Neferhotep hin.

292 WOLF übersetzt *ḫꜥw* mit „Kronen“.

293 Die Reliefs sind unter Sethos I. fertiggestellt worden.

294 *jꜥ ib =k*, *Wb* 1, 36.11. Der EPIGRAPHIC SURVEY übersetzt: „so as to satisfy your heart with them“.

295 Wie es die Ikonographie des Pharaos, der die Feinde hält, verbildlicht.

296 *RILT* I, Taf. 48, 1–17, Übers. mit Komm. S. 20f, WOLF, *Opet*, S. 59, Inschrift 19b. Die Ergänzungen sind vom EPIGRAPHIC SURVEY übernommen.

Südwand

Taf. 52 und 54

Auf der südlichen Innenwand der großen Kolonnade sind beidseits der Tür Opferszenen angebracht. Auf der nur noch im unteren Teil erhaltenen Szene westlich des Eingangs sieht man den König in seiner Rolle als Priester beim Verklären eines Trankopfers für Amun und Mut. Der König hält hierbei sein *smꜥ.t*-Zepter über vier wesentlich kleiner dargestellte Priester, die den Trank aus Amphoren in vier Standgefäße gießen.[297]

Auf der etwa bis zur Kopfhöhe der Personen erhaltenen Szene östlich des Eingangs gibt der König Nebmaatre in Gegenwart Amaunets Amun ein Lotusbouquet und einen Papyrus-Stabstrauß,[298] der seine Stängel zur Nase des Gottes hin neigt.[299] Der König trägt eine halblange Perücke und den Uräus an der Stirn. Da der thronende Amun im Relief höher platziert ist, ergibt sich für den stehenden König und den sitzenden Gott die gleiche Augenhöhe. Amun hält in der rechten Hand das *wꜣs*-Zepter, in der linken das *ꜥnḫ*-Zeichen. Über dem Arm, der das Zepter hält, steht die Rede Amuns: „[Ich] gebe dir alle Tapferkeit". Außer dieser Rede sind nur die Schutzformeln erhalten. Hinter dem König befindet sich auf ihren Sitzen die Neunheit von Theben, bestehend aus [Osiris, Isis], Horus, Hathor, Sobek, Tjenenet und Iunet.[300] Auf der Ostseite, die ja mit dieser Szene beginnt, wird die Neunheit in der Beischrift zum Königsschiff erwähnt: „Die Neunheit von Theben ist in Freude wenn Djesercheperure-Setepenre seinen Vater Amun rudert, um sich niederzulassen in Karnak".[301]

---

297 Luxor, Gr. Kolonnade, S-Wand, westl. des Eingangs, *RILT* I, Taf. 52. Dieser Teil der Dekoration wird von WOLF und vom EPIGRAPHIC SURVEY in die Regierungszeit Sethos' I. datiert.

298 GUGLIELMI, Zur Symbolik des „Darbringens des Straußes der Sechet", in: *ZÄS* 103, S. 101–112. Zu dem Blumenopfer des Königs (*ḥnk rnp.wt* oder *rdjt rnp.wt*), DITTMAR, *Blumen und Blumensträuße als Opfergabe im alten Ägypten*, S. 79ff.

299 Luxor, Gr. Kolonnade, S-Wand, östl. des Eingangs, *RILT* I, Taf. 54. Der EPIGRAPHIC SURVEY gibt auf der Übersicht und im Ablauf der Ereignisse diese Opferszene (Taf. 54) für die Innenseite der Südwand westlich der Tür an. In der Großen Kolonnade und auf der Übersicht (Key Plan) findet sich aber an dieser Stelle der Ausgang aus dem Palast (Taf. 119). Ich habe mich zu der Reihenfolge hier entschlossen, weil ich davon ausgehe, dass es sich bei der Reiseroute um eine rituelle Rundtour handelt, bei der der König die Nacht opfernd im Tempel verweilt. Daraus ergibt sich für das „Verlassen des Palastes" eine Position nach Beendigung der Reise in Karnak, die m.E. den Beginn eines neuen Zyklus verbildlichen könnte.

300 *RILT* I, Taf. 54.

301 *RILT* I, Taf. 68, 7–11.

Ostwand

Episode 6

Taf. 56

Die Barken der Thebanischen Göttertriade stehen auf ihren Podesten im Tempel in Luxor. Die Prozessionsbarken sind nach Karnak ausgerichtet. Die zwei goldenen Halsketten der Aegis des Amun sind bereichert mit einem geflügelten Skarabäus, zwei Falkenköpfen mit der weißen Krone und zwei *wḏꜣ.t*-Augen. Die Prozessionsbarke des Gottes Amun und die Figur des Königs beanspruchen den größten Raum. Dreizahl und Fülle dominieren die Szene. Drei Räucherbecken verströmen ihren Duft. Drei Vasen auf Ständern stehen vor dem Gott. Zwischen den Tischbeinen recken drei große Gänse ihre Hälse zu sieben Jungen hin. Reichlich sind die Opferspeisen. Lotusblütensträuße, Vasen und zwei T-förmige Wasserbecken finden sich unter dem Bug der Kultbarke. Der König steht alleine vor der Barke. In seiner Linken hält er den Räucherarm. Mit seiner Rechten gießt er aus drei *ḥs*-Vasen Wasser auf den Opfertisch. Die Szene ist tituliert:

> Die Räucherung vollziehen und Libieren für Amun-Re, damit er mache ‚Leben geben' wie Re.[302]

Hinter dem König steht die Schutzformel. Von dem Schrein auf der Tragbarke des Amun sind die schützenden Flügel zweier Göttinnen und der untere Teil eines Falken noch erkennbar. Neben dem Schrein knien eine Figur des Königs und die *Bas* von Nechen. Von den Figuren auf Deck sind noch erhalten: die Göttinnen *Mꜣꜥt* und „Herrin der Barke", Wegeöffner, Sphinx, zwei Figuren des opfernden Königs, die Figur des Königs an den Säulen[303] und zwei Männer mit Götterbart an den Ruderpinnen. Unter dem Heck der Barke stehen die Standarten des Göttergeleits. Sie tragen jetzt im Nacken eine *mnj.t*. Die Inschriften zwischen den Standarten zählen jeweils mit „Ich gebe dir …" beginnend die folgenden Gaben der Götter an den König auf: Die Lebenszeit des Re, die Jahre des Atum und alle Fremdländer unter seine Sohlen (Amun), das Königtum des Horus und die Stärke des Schu und der Tefnut (Mut), die Kraft der beiden Herren und ihre Anteile an Leben und Wohlergehen (erster Falke), der Thron des Geb und das treffliche Amt des Atum (zweiter Falke), die Stärke gegen den Süden, den Sieg über den Norden und die Furcht vor dir in allen Ländern (dritter Falke), die *nḥḥ*-Zeit als König der beiden Länder und Dauer als Herrscher der Freude (Anubis), das Amt, den Sitz, den Thron, die Lebenszeit

302 Luxor, Gr. Kolonnade, O-Wand, Szenentitel, *RILT* I, Taf. 56.

303 GUGLIELMI, *Die Göttin Mr.t*, S. 100.

und das Dasein auf Erden (des Osiris), alle Flachländer und alle Bergländer und die neun Bogen in ...(König).[304] Einem Schrein auf einem Schlitten, dem Sistrum der Hathor und dem *wꜥb*-Symbol ist nichts beigeschrieben.

Das Register unterhalb ist auf Höhe des Königs ausgefüllt mit Opfergaben und der Opferliste. Unterhalb der Barke des Amun steht zuerst die Prozessionsbarke der Göttin Mut, dann die des Chons. Jede von ihnen ist umgeben von Opferspeisen, unter denen Früchte dominieren, Lotusblüten und Vasen auf Tischen. Die Aegis der Mut trägt jetzt die Doppelkrone, zwei Halsbänder und ein Pektoral liegen dem Kragen auf. In ihrer Rede, die unterhalb der Himmelshieroglyphe vor dem Bug ihrer Barke beginnt und sich bis zu deren Heck fortsetzt, spricht die Göttin zum König:

> Worte gesprochen von [Mut,...]:
> „Mein Sohn, (mein) Erstgebo[rener,... Herr] der beiden Länder, Menmaatre,
> [Ich] bin deine Mutter, die deine Schönheit geschaffen hat.
> Ich habe dich geboren, dass du entsprechend meinem[305] Wunsche handelst.
> Ich gebe dir die Lebenszeit des Re und die Jahre des Atum.
> Ich gebe dir alle [Tapfer]keit.
> Ich gebe [dir alle Siege].
> Ich gebe dir alle Fr[eude].“[306]

Der Gott Chons spricht in einer Rede, die ebenfalls vor dem Bug seiner Barke beginnt und sich bis zu deren Heck fortsetzt, zum König:

> Worte gesprochen von Chons in Theben, Neferhotep:
> „Mein geliebter leiblicher Sohn, Herr der beiden Länder, Menmaatre.
> Mein Herz freut sich deiner Beliebtheit ...[307]
> Ich veranlasse, dass alle[308] Länder zu dir in Verbeugung [komm]en,
> weil ihre Tribute auf ihren Rücken sind.

---

304 *RILT* I, S. 22, WOLF, *Opet*, S. 59, Inschrift 21.

305 Schreibung mit langem Bart anstelle eines Göttinnendeterminativs.

306 *RILT* I, Taf. 59, 1–11, Übers. und Komm. S. 23. Ergänzung vom EPIGRAPHIC SURVEY übernommen.

307 Der EPIGRAPHIC SURVEY (*RILT* I, S. 23) ergänzt mit *šsp.n =í ꜥ3bt =k* „I having received your Hekatomb“, aber es ist nichts auf dem Relief erhalten, das diese Ergänzung stützen könnte.

308 Der Platz reicht zur Ergänzung mit einem *nb*-Korb.

> Ich gebe dir alle [Freude], alle Tapferkeit, alle Siege, [alle] Gesundheit, […].“[309]

Im unteren Register zeigt eine kleine Tür mit Hohlkehle den Ausgang in Richtung Karnak an. Der König hat das Tor von Luxor im Rücken.[310] In der Toröffnung nähern sich ehrerbietig bückend in einer Dreier- und zwei Zweierreihen Priester, die unter dem Arm oder in einem Kasten auf dem Rücken etwas tragen und zwei Träger mit dem Wedel, der sie als „Wedelträger zur Rechten des Königs“ charakterisiert. Sie sind in unterschiedliche Gewänder gekleidet. Der eine von ihnen ist ein Wesir.[311] Die kahlköpfigen Priester und die Wedelträger mit Perücke tragen ein bis auf die Knöchel reichendes Gewand mit kurzen Ärmeln und einen knielangen Schurz darüber. Das Tor verbindet die Szene, die sich im Tempel abspielt, mit dem Auszug aus Luxor und der Prozession zum Nilufer.

Die auditive Ordnung des Sanktuars wird beibehalten. Der König wird von Mut zum ersten Mal als „Erstgeborener“, und als einer, den sie geboren hat, adressiert. Der Inhalt der Götterrede bestimmt dadurch den Zeitpunkt der Reise als Sonnenaufgang. In Chons' Rede werden die Eigenschaften eines Herrschers betont.

Episode 7
RILT, *Taf.* 67

Das Relief mit dem Transport der Barken vom Luxortempel zum Nilufer hat durch eine später eingefügte Türöffnung großen Schaden erlitten. Der König, angetan mit der *ḫprš*-Krone, dem glatten, hinten bis auf die Waden reichenden Schurz mit dem prächtigen uräenverzierten Mittelstück und dem Tierschwanz, folgt barfuß der (nicht erhaltenen) Prozessionsbarke des Amun. Er hält in der angewinkelten Rechten das *ḥḳꜣ.t*-Zepter und in der herabhängenden linken Hand das *ꜥnḫ*-Zeichen. Vor dem König sind noch die Beine von zwei Priestern, die in Sandalen gehen, erhalten. Die Barke des Amun erreicht als erste das Ufer. Dahinter (im Bild wieder genau unterhalb) werden die Prozessionsbarken des Chons und der Mut getragen. Die Aegis der Chonsbarke erscheint außerhalb des Tempels nur mit der Scheibe, das heißt, ohne Mondsichel. Die Aegis der Barke der Mut ohne Doppelkrone. Wie schon beim Auszug aus Karnak zu

309 *RILT* I, Taf. 59, 13–27, Übers. und Komm. S. 23.

310 Detailiert beschrieben bei WOLF, *Opet*, S. 25f.

311 Die Anwesenheit dieser Personengruppe ist für die Zeit Ramses' II. durch den Brief des Schreibers Ramose an Hatia, der die Vorbereitung des Opetfestes zum Thema hat, belegt, oGardiner 362, 8–9, ČERNÝ/GARDINER, *Hieratic ostraca* I, S. 29, Taf. CVII, KRI III, 637.

beobachten war, verlassen (verglichen mit der Aufstellung im Sanktuar) die kleineren Prozessionsbarken in umgekehrter Reihenfolge den Tempel. Zuletzt folgt die Barke des Königs. In Höhe mit der Barke des Chons stehen dieser zugewendet vermutlich ein Trompeter[312] und ein Priester, dessen Tätigkeit nicht ermittelt werden kann.[313] Die Szene ist betitelt:

> [Öffnen der Wege vor dem Angesicht des Gottes], Amun, dem Herrn von Karnak.[314]

Vor der Barke des Chons (im Relief unterhalb) steht ein Reinigungspriester mit dem Räucherarm:

> Die Räucherung vollziehen vor dem Angesicht des Amun.[315]

Im untersten Register geht ein Reinigungspriester mit rasiertem Haupt und kurzem Schurz.[316] Er wendet sich zu den Barken um. Der rechte Arm weist mit einem Wedel auf den Barkenzug, in der linken Hand hält er einen Milchkrug und ein Bündel Stäbchen. Die Szene trägt den Titel:

> Das Reinigen des Weges vor dem Angesicht des Gottes. Rein! Rein![317]

Vor der Barke des Chons ist eine Rede an den König eingefügt:

> Worte gesprochen von Chons in Theben, dem Herrn der Freude:
> „Mein geliebter Sohn, Herr der beiden Länder, Djesercheperure-Setepenre."[318]

Die Szenen längs des Weges vom Tempel zum Nilufer entsprechen jenen auf der Ostwand. Sie zeigen wiederum die Schlachtszenen und die Wegstationen, an denen die Opfer verrichtet werden.

---

312 Diesbezügliche Diskussion bei *RILT* I, S. 26f. Am Original nicht überprüfbar.

313 Die Haltung der Hände, in denen er senkrecht in Brusthöhe etwas vor sich hält, könnte für einen kurzen Wedel sprechen.

314 *RILT* I, Taf. 67, 1, Übers und Komm. S. 25f. Am Original Beginn der Zeile nicht mehr überprüfbar.

315 *RILT* I, Taf. 67, 2, Übers und Komm. S. 25f.

316 Berechtigterweise von WOLF dieser Szene zugeordnet, obgleich die Personen bereits am Nilufer sind. Die Schreibrichtung ist linksläufig, während alle Texte der Uferprozession rechtsläufig geschrieben sind.

317 *RILT* I, Taf. 99, S. 37, WOLF, *Opet*, S. 61, Inschrift 23c.

318 *RILT* I, Taf. 67, Übers. S. 25f.

ABB. 34 *Quai in Luxor nach dem Schöpfungsakt. Tempel von Luxor, Große Kolonnade, Ostwand.*
FOTO: VERFASSERIN.

Dem Ufer am nächsten, das heißt, vor den Priestern an den Opfertischen der Kapellen, ist ein gebeugter Mann in mittlerer Größe dargestellt (siehe Abb. 34). Er wendet sich zu den Opferpriestern und Schlächtern und hält die rechte Hand zur Faust geschlossen an den Mund, was DOMINICUS als Geste des Schweigegebots erwägt.[319] In der Linken hält er vermutlich eine Rolle oder einen Stab. Er verbindet durch seine Größe die kleinen Männer in den Opfer- und Schlachtszenen vor ihm mit dem groß dargestellten Priester mit Wedel und Milchkrug. Dem Mann sind die folgenden Worte in den Mund gelegt:

> „Wie schwach ist die gackernde Gans!"[320]

Die Aussage wird vom EPIGRAPHIC SURVEY als mögliche Anspielung auf die Schwäche des Schöpfergottes nach dem Schöpfungsakt gedeutet. Die Lokalisierung der drei übereinander abgebildeten Akteure – der Trompeter, der Mann mit dem Gänsetext und der Reinigungspriester vor der Barke des

---

319 DOMINICUS, *Gesten und Gebärden*, S. 20, Abb. 19b. Bei Opferhandlungen (Abb. 14B/c) tritt sie, wie die Beischrift *s3ḫt* besagt, auch als Verklärungsgeste auf.

320 *bg33wy smn b3g3g* KILT I, Taf. 63, 17, S. 26, Anm. c-e. Im Kommentar wird u.a. darauf hingewiesen, dass bei diesem Ausruf, ebenso wie in den archaischen Trinkliedern der Flussprozession, die Determinative fehlen.

Chons – ist genau an der Stelle, wo die Prozession das Nilufer (deutlich kenntlich am Beginn der Wasserlinie) erreicht.[321]

Im Hinblick auf den beschallten Raum lässt sich im Vergleich zu dem Weg vom Pylonen zum Nilufer auf der Westseite eine Veränderung beobachten. Wenn die Ergänzung der Szene hier durch einen Trompeter zutrifft, treten beide Male Musiker auf. In der Szene auf der Westwand sprechen nur die Götter. Hingegen sprechen auf der Ostwand auch ein Reinigungspriester und der Mann mit dem Gänsetext. Dieser kommentiert die bestehende Situation, ohne eine der in den Festliedern üblichen Reaktionen hinzuzufügen. Der Gott Amun wird als *smn*-Gans bezeichnet. Die Metapher wird auf den Stelen der persönlichen Frömmigkeit vom Beter verwendet, um Amun als Gott, der durch seine süße Stimme erschafft, anzurufen.[322]

Episode 8
RILT, *Taf. 68*

Der Aufbau der Prozession längs des Flusses ist die symmetrische Wiedergabe der Flussfahrt auf der Westwand. Unterschiede ergeben sich dadurch, dass dieser Teil der Reise flussabwärts erfolgt. Alle Schiffe werden vom Strom getrieben. Die gerafften Segel der Begleitflotte, der Mast des Königsschiffes und die jetzt überflüssigen Treidler fehlen. Den Auftakt macht die Begleitflotte. In gestaffelter Darstellungsweise sieht man zwei Reihen Ruderschiffe, die mit Offizieren besetzt sind. Der Bootsmann ruft ihnen die Ruderbefehle zu. Er hält (im ersten Boot gut sichtbar) die Hand an den Mund. Zwei Fächerträger im Heck (geographisch Süden) mit der kappenartigen Frisur und (im zweiten Boot) ein Paar nach Süden blickende Ruderer mit breitem Halskragen unterscheiden sich als Nubier von der übrigen ägyptischen Mannschaft.[323] Auf dem Vordersteven prüft ein Mann mit einer Peilstange die Wassertiefe. Der Aufbau im Bug, der bei den ersten beiden Schleppkähnen gut erhalten ist, zeigt den König als Bezwinger der Feinde. Die Schiffe sind mit bunten Bändern geschmückt. Von den oberhalb liegenden fünf Schleppbooten konnten bisher nur drei Fragmente in das Relief eingefügt werden.

---

321 Deutlich sichtbar auf dem Foto, Taf. 66. Der Mann mit dem Gänsetext ist eines der vom EPIGRAPHIC SURVEY (*RILT* I, S. xix) aufgeführten Beispiele für Verbindungen, die der Prozession die Wirkung einer ununterbrochenen Bewegung verleihen.

322 GUGLIELMI/DITTMAR, Anrufungen der persönlichen Frömmigkeit auf Gans- und Widderdarstellungen des Amun, in: FS *Brunner-Traut*, S. 140.

323 *RILT* I, Taf. 72.

Der Mann im Heck des letzten Schleppboots wird als Bläser einer Trompete oder einer Oboe (*wḏnj*) gedeutet.[324] Sonst ist, außer der Parallele zu der hier besprochenen Darstellung auf der Westwand im Hof des Chonstempels,[325] kein Trompeter auf einem Schiff belegt. Die Oboe wird, laut MANNICHE, mit Ausnahme der Götter Bes und Anubis nicht von Männern und sehr selten als Soloinstrument gespielt.[326] Zwar wird sie auf den Musikszenen in Privatgräbern nur von Mädchen geblasen, doch erscheint ein männlicher Flötist auf einem Schminkbehälter, der in Nubien gefunden wurde und in die 18. oder 19. Dynastie datiert wird,[327] sowie auf zwei Ostraka.[328] Der Bläser im Heck des Bootes richtet sein Instrument zur Userhat-Barke und den Ruderern hin. Deshalb könnte das Instrument die Feststimmung nach dem geglückten Schöpfungsakt als das Erfreuen des Gottes und der Rudermannschaft verbildlichen.

Auf die Schleppboote folgt das Schiff des Königs (von diesem sind nur noch der Rumpf und ein Teil des Decks sichtbar) mit 37 Ruderern auf jeder Seite. Der erhaltene Teil der Beischrift unter dem Bug des königlichen Schiffes schildert die Stimmung des Volkes:

> Die Randgebiete (der Wüste) sind am Jauchzen,
> die beiden Länder sind in Fest(stimmung).
> Die Neunheit von Theben ist [in Freu]de,
> wenn Djesercheperure-Setepenre seinen Vater Amun rudert,
> um sich niederzulassen in Karnak.[329]

---

324 Rekonstruiert nach einem Foto von DARESSY, *RILT* I, S. 27. Am Original ist davon nichts mehr zu erkennen. Die durch Hans HICKMANN erfolgte Interpretation eines Gegenstandes als Trompete, die damit bereits im Alten Reich auf Jagdszenen im Papyrusdickicht erscheinen würde, ist von MANNICHE, *Ancient Egyptian Musical Instruments*, S. 32, angezweifelt worden. Die Trompete kennzeichnet nicht das kreative Wassermilieu.

325 THE EPIGRAPHIC SURVEY, *The Temple of Khonsu* I, Taf. 20.

326 MANNICHE, *Ancient Egyptian Musical Instruments*, S. 31.

327 ODeir el-Medineh Kat. Nr. 2004–2006, VANDIER, *Catalogue des ostraca figurés de Deir el-Médineh* 3, Abb. 7, Kinder tanzen unter einem Baum voller Früchte zum Klang der Oboe.

328 ODeir el-Medineh Kat. Nr. 2874 (Nummerierung nach VANDIER), 19. Dyn. und oKairo CG 25040 aus dem Grab Ramses' IX.

329 *RILT* I, Taf. 68, 7–11, WOLF, *Opet*, S. 61, Inschrift 26. Laut *RILT* I, S. 27, legt die Orientierung der Hieroglyphen die Vermutung nahe, dass es sich um einen gesprochenen Dialog, der sich an Amun richtet, handelt. MEYER (Festlieder zum Auszug Gottes, in: *4. Ägyptologische Tempeltagung*, S. 139) behandelt das Lied als Festlied, d.h. nicht als Dialog, sondern als Zustandsschilderung.

Der kurze Text mit dem typischen Aufbau eines Festliedes schildert die Situation. Es folgt die Userhat-Barke, ein mit Opferspeisen und Blumensträußen beladenes Beiboot, dessen Bug anmutig in den Hals einer Ente ausläuft, und das Schiff der Königin neben zwei Ruderbooten, die gemeinsam die Flussbarke der Göttin Mut im Schlepptau haben. Den Abschluss bilden zwei Schleppboote mit der Barke des Chons.

An der Spitze des Zuges (neben den Schleppbooten) laufen am Ufer in dichter Folge ein Fächer- und vier Standartenträger, ein Offizier, der den Kopf umwendet und die Rechte (mit der Handfläche nach außen) grüßend zu den Götterschiffen hin erhoben hat, eine Gruppe von Offizieren mit Lanzen, Äxten und Schilden und wieder ein Fächer- und vier ägyptische Standartenträger.[330] Dann folgen wieder ranghohe Militärs, die mit Bogen, Lanze oder Streitaxt bewehrt sind. Vom ersten sind nur die Beine erhalten, der zweite von ihnen ist durch die Kappenfrisur als Nubier zu erkennen, der dritte ist ein Ägypter und der vierte ist durch zwei Straußenfedern, den spitzen Kinnbart, die Schläfenlocke und das wehende Gewand als Libyer charakterisiert. Die anderen drei Offiziere sind nur von der Hüfte abwärts erhalten. Soweit erkennbar, könnte sich die Anordnung der vorigen drei wiederholen.

Als nächstes tanzen sieben Nubier zum Rhythmus einer von einem Landsmann geschlagenen Fasstrommel (siehe Abb. 35).[331] Bei einem Tänzer ist das Relief oberhalb des Rumpfes schadhaft. Der mittlere blickt in Zugrichtung schräg nach unten, die anderen wenden sich zum Königsschiff und zu den Götterbarken hin. Fünf von ihnen tragen ein Fell um die Hüften. Der lange Schwanz mit der Quaste reicht vom Knie fast bis zum Fußgelenk.[332] Zwei von ihnen tragen einen vorne gebundenen Leinenschurz. Außer durch die Kleidung unterscheiden sich die Mitglieder der Tanzgruppe durch die Frisur, die Armhaltung und den nach oben hin verdickten Stock, den drei von ihnen halten. Die Stöcke sind als Hinweis gewertet worden, dass die Tänzer zu einem uns noch unbekannten Zeitpunkt während des Opetfestes als Stockfechter auftreten.[333] Im Grab der Cheruef fechten die Darsteller (*rmṯ.w p, rmṯ.w dp*) beim Aufrichten des *ḏd*-Pfeilers mit Papyrusstängeln, die bis auf die Dolde in Größe und Form den Stöcken gleichen, die die nubischen Tänzer bei der

330 Wolf (*Opet*, S. 34) hält den ersten Standartenträger für einen Nubier.

331 Verglichen mit der Tanzgruppe vor der königlichen Flussbarke bei der Darstellung im Chonstempel, Hof, W-Wand, Opetprozession (The Epigraphic Survey, *The Temple of Khonsu* I, Taf. 21) sind es hier doppelt so viele Tänzer.

332 Die Quasten sind von Wolf (*Opet*, S. 35) als Zubehör von Troddeln beschrieben worden.

333 Decker/Herb, *Bildatlas zum Sport*, S. 846 (S 9.8), Taf. CDXXXIV.

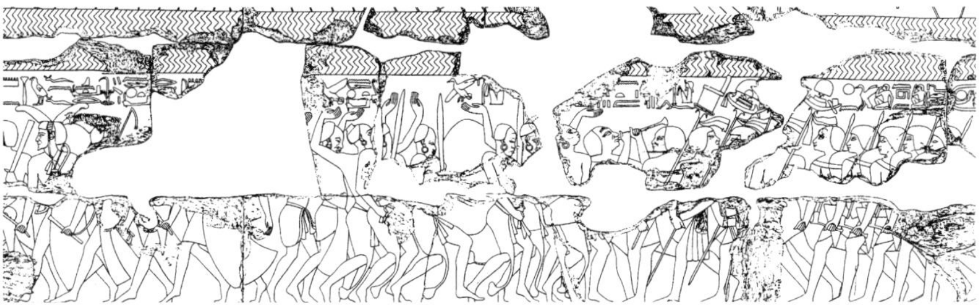

ABB. 35 *Zug neben dem Schiff des Königs auf dem Weg nach Karnak. Tempel von Luxor, Große Kolonnade, Ostwand. Oberhalb in der Zeile ist ein Textausschnitt des Festliedes, das den König preist, sichtbar. Nach* RILT *I, Taf. 91, Ausschnitt.*

Opetprozession verwenden.[334] Die Gruppe hier tanzt lebhaft mit erhobenen Armen, ein Bein auf Zehenspitzen, das andere berührt kaum den Boden. Die Muskeln sind angespannt, die Knie sind mitten in der Bewegung unterschiedlich stark angewinkelt, sodass der Eindruck entsteht, dass jeder Tänzer individuelle Bewegungen vollzieht. Verglichen mit ihrem Auftritt auf der Westwand haben die Tänzer jetzt keine Rasseln um die Fußgelenke gebunden. An den Körperbewegungen lässt sich ein gesteigerter Rhythmus erkennen, was auch eine Steigerung des Tempos bei den Trommelschlägen und möglicherweise auch den Trompetenstößen nahelegt.

Die Ähnlichkeit mit den nubischen Tänzern im Speos Haremhabs in Gebel es-Silsileh und im Tempel Ramses' II. in Beit El-Wali (für die die Szene in der Opetprozession als Vorbild gedient haben könnte) macht einen Jubel- und Siegestanz wahrscheinlich.[335] Nach seiner Position unmittelbar vor der Flussbarke des Königs zu urteilen, wird er vermutlich zu Ehren des Königs aufgeführt. Einen Hinweis darauf gibt auch der rechtsläufige Text, der in einer waagerechten Zeile über den Soldaten und den Tänzern steht. Die Standarten und die Arme und Stöcke der Tänzer reichen in die Zeile hinein und unterbrechen dadurch dreimal den Textfluss auf der ganzen Breite des Gefolges beziehungsweise der nubischen Gruppe:

> [Die Führer der Ar]mee jubeln vor seiner Majestät:
> „Wie gedeiht doch[336] der schöne Herrscher!
> Er hat Amun gerudert, so dass er (Amun) für ihn befiehlt

---

334 TT 192, West Portikus, westl. Seitenwand, N, THE EPIGRAPHIC SURVEY, *The Tomb of Kheruef*, Taf. 47, 61, DECKER/HERB, *Bildatlas zum Sport*, S. 565f (M 2), Taf. CCCXV.

335 *RILT* I, S. 36.

336 *Wb* 1, 266.2.

> Tapferkeit über den Süden und Siege über den N[orden].
> Amun, [der Gott, ist es, der ihm befiehlt].[337]
> (Möge) der Sieg dem Herrscher (gehören)!“[338]

Im Gegensatz zu den Liedern auf der Westseite, die alle einem Gott gelten, wird nun zum ersten Mal der König besungen. Wünsche für den König, die auf der Westseite an Amun gerichtet waren, werden nunmehr als Gegebenheit bejubelt. Die Rudertat des Königs wird als vollzogen besungen. Der König hat seine Aufgabe erfüllt. Er hat damit die Voraussetzung für ein göttliches Eingreifen geschaffen. Die Bitte, die an Amun bei seinem Aufgehen in Luxor gerichtet wurde, lautete: „Mögest du für ihn Tapferkeit über den Süden und Siege über den Norden befehlen, der du für ihn die Grenzen Ägyptens erweitert hast bis zu den Enden des Himmels auf jeder Seite“. Sie besagt, dass Amun bereits auf göttlicher Ebene gehandelt hat, es bedarf aber noch des Gottesbefehls, damit der König die Grenzen nach Süden und Norden durch militärische Siege erweitern kann. Amun wird in seinem Aspekt eines Gottes, der für den König befiehlt, geschildert. Sänger und Tänzer sind (entgegen der Gehrichtung der Prozession) dem Königsschiff und der direkt folgenden Barke des Amun zugewandt. Die Führer der Armee singen das Lied. Die militärischen Konnotationen sind stärker gewichtet. Durch seine Rudertat erhält der König das Land Ägypten.

Den Zwischenraum zwischen den Schleppbooten und dem Schiff des Königs füllt ein den Barken zugewandter und damit entgegen der Zugrichtung am Ufer stehender Trompeter aus (siehe Abb. 36). WOLF hält den Trompeter für einen Nubier, der ebenfalls für die Tänzer spielt, und stuft ihn als Führer der Gruppe ein.[339] Das Gesicht mit scharfen Nasolabialfalten, hohen Wangenknochen und drei Stirnfalten oder -wulsten ähnelt dem der Westasiaten, die im memphitischen Grab des Haremhab, Tutanchamen und seiner Gemahlin als Gefangene vorgeführt werden.[340] Die Stirnwulste wurden bei diesen von Geoffrey MARTIN als Falten eines alten Mannes eingestuft, Angelika LOHWASSER hält sie für Schmucknarben.[341] Der Trompeter hat sein Instrument, das himmel-

---

337 Die Rekonstruktion erfolgt nach dem Lied, das die Gemeinschaft der Ruderer singt, siehe S. 483.

338 *RILT* I, Taf. 91, 1, Übers. mit Komm. S. 35, WOLF, *Opet*, S. 63f, Inschrift 34a.

339 WOLF, *Opet*, S, 34.

340 Südwand, MARTIN, The Tomb of Horemheb Commander-in-Chief of Tutanchamen, in: *Archaeology* 31/4, S. 14–23, Abb. S. 20, und bartlos wie der Trompeter hier auf Abb. S. 22.

341 LOHWASSER, Schminken und Tätowieren – Veränderungen der Haut im Alten Ägypten. Vortrag, gehalten in Mainz 2009-04-05.

ABB. 36 *Trompeter vor den nubischen Tänzern. Luxor, Große Kolonnade, Ostwand.*
FOTO VERFASSERIN.

wärts in Richtung Userhat-Barke über die Köpfe der Menge herausragt, an den Mund gesetzt. Er umfasst es mit beiden Händen. Der Trompeter könnte mit dem Trommler zusammen für die tanzenden Nubier spielen. Gegen diese Vermutung spricht, dass die nubischen Tänzer in der Prozession sonst stets nur mit einem Trommler zusammen auftreten, sowie, dass der Trompeter mit dem Rücken zu den Tänzern steht. Wahrscheinlicher erscheint mir deshalb, dass er durch die Trompete spricht,[342] das heißt die Befehle des Amun, von denen im Lied die Rede ist, oder die Befehle des Königs weitergibt. Diese Möglichkeit ergibt sich auch aus dem Vergleich mit dem unter den Bürgern vor den Treidlern platzierten Trompeter auf der Ostseite. Dieser hat ebenfalls sein Instrument zum Gott hin ausgerichtet und schickt den Ton den auf ihn zukommenden Prozessionsteilnehmern entgegen. In beiden Fällen könnte der Trompeter die Begleit- beziehungsweise die Zugmannschaft der Barken am Ufer als ein Musiker, „der [wie Emhab] keine Schwäche zeigt gegenüber dem Ausspruch, den er (sein Herr) sagt"[343] koordinieren. Durch die Ausrichtung seines Instrumentes lenkt er nicht nur den Schall, sondern auch die Aufmerksamkeit auf den Gott.

342 Wie „ die Trompete spielen" *ḏd m šnb* wörtlich übersetzt heißt.

343 SKairo JE 49566, 5.

Das Königsschiff begleiten Gruppen von Standartenträgern und Wedelträgern und zwei Streitwagen abwechselnd mit Gruppen von Soldaten, die diesmal mit Lanzen und Streitäxten bewehrt sind. Wo sich das Heck des königlichen Schiffes aus dem Wasser erhebt und fast die Aegis der Userhat-Barke berührt, tanzen fünf Libyer. Sie sind mit dem blattförmigen Offiziersschurz bekleidet. Anstatt der Kopftücher tragen sie eine halblange, vorne in einem Zipfel endende Perücke und Straußenfedern im Haarband. Mit erhobenen Armen schwingen sie schlanke, gekrümmte Schlaghölzer. Diese dienen jetzt entweder als Tanzgerät oder zum Rhythmus geben, denn sie führen sie mit weit ausholenden Armbewegungen zusammen. Da sie die Hölzer (wie auch beim Schlagen) in der Mitte halten, ist die leichte Verdickung der beiden Stockenden gut sichtbar. Verglichen mit ihrem Auftritt auf der Westwand ist der Rhythmus jetzt gesteigert. Die Füße der Tänzer berühren den Boden diesmal nicht mit der ganzen Sohle, sondern nur mit den Zehen oder dem Fußballen. Auch die Beugung der Knie und der weite Schritt indizieren beschwingte Körperbewegungen. Oberhalb der Träger, Soldaten und Tänzer steht der Text des Freudenliedes, das zur Fahrt des Königsschiffes gesungen wird. Die Lanzenspitzen der Soldaten und der Federschmuck der Libyer reichen nur so weit in die Schrift hinein, dass sie den Text nicht unterbrechen:

> [Die Gemeinschaft der Ruderer], die im Gefolge seiner Majestät sind – das Freudenlied, das sie sagen:
> „Djesercheperure-Setepenre am Haupt seiner Fest(prozession) rudert den, der ihn geboren hat,
> weil dieser ihm überwiesen hat[344] das Königtum als Schicksal
> und die Lebenszeit des Re im Himmel,
> (er) der belohnt wird mit Tapferkeit und Sieg über jedes Fremdland, das ihn [angreift]![345]
> Möge Amun den Sieg überweisen[346] an Djesercheperure-Setepenre,
> denn Amun, der Gott, ist es, der ihm[347] befiehlt.
> (Möge) der Sieg dem Herrscher (gehören)!
> Der starke geliebte König rudert Amun, damit er …
> ihm gebe.…“[348]

344 *Wb* 1, 395.8–9.

345 Ergänzt mit *pḥ*.

346 *Wb* 4, 78.11–14, *swḏ* im Sinne von „vererben“.

347 Epigraphic Survey bezieht das *sw* auf *nḫt* und übersetzt mit: „decrees it“. Das mask. Pronomen kann sich aber nur auf den König beziehen.

348 *RILT* I, Taf. 91, 2, Übers. mit Komm. S. 35, Wolf, *Opet*, S. 64, Inschrift 34b.

Der König wird als Sohn und Erbe geschildert, der für seinen Vater handelt und deshalb seiner Bestimmung als König zugeführt wird. Die kontinuierliche Nennung des Ruderns als Tat des Sohnes ruft den Zuhörern ständig die Reise als Vorwärtsbewegung und Inganghaltung eines Verlaufs in Erinnerung. Die Parallele mit der Sonne am Himmel und die Betonung Amuns als Gott, der alles veranlasst, werden beibehalten. Im Textinhalt nimmt die Gewichtung militärischer Konnotationen weiterhin zu. Die Sänger sind explizit als „Gefolge seiner Majestät" bezeichnet und sind alle durch ihre Kleidung als Offiziere oder Rossknechte der „Gespanne seiner Majestät" ausgewiesen. Mit dem Inhalt des Festliedes korrespondiert die Darstellung der Königsfigur auf der Userhat-Barke als Vorfahr.[349]

Von der kostbaren Götterbarke sind nur der Schiffsrumpf, etwa die untere Hälfte der Kapelle mit der Prozessionsbarke des Amun, die davor auf Deck auf einem Sockel abgestellte Prozessionsbarke des Königs und die Mitreisenden auf dem Achterdeck erhalten.[350] Die Bordwand ist geschmückt mit einer Folge von Opferdarstellungen, in denen der König dem in einigen Szenen ithyphallischen Gott Amun und der Kultbarke des Amun Gaben darbringt. Hinter der Kapelle bildet (von der Krone abgesehen) die Figur des Königs[351] Amenhotep III., bekleidet mit der *ḫprš*-Krone, *ḥkꜣ.t*-Zepter und *ꜥnḫ*-Zeichen haltend, eine Miniaturausgabe des regierenden Königs, der barfuß der Kultbarke des Amun zum Ufer folgt. Über dem König ist erhalten: „Nebmaatre ... Amenhotep, mit Leben beschenkt wie Re, geliebt von [Amun-Re, König der Gött]er, Herr des Himmels" und die Schutzformel.[352] Der Szenentitel lautet:

> Der folgt[353] dem Gott im Tempel an allen seinen Festen von Opet, (nämlich) der König von Ober- und Unterägypten Nebmaatre, mit Leben beschenkt.[354]

---

349 „Damit weist er die gleichen Merkmale auf, wie die Statue Thutmosis' I. in der Opetprozession in Deir el-Bahari und man möchte hier eigentlich keinen Zufall sehen. In beiden Fällen handelt es sich um Vorgänger und Vorfahren, auf den sich die Legitimation des Herrschers stützt, in dessen Regierungszeit das dargestellte Opetfest fällt", WAITKUS, *Untersuchungen zu Kult und Funktion des Luxortempels*, S. 240.

350 Laut WOLF (*Opet*, S. 12) und ihm darin folgend WAITKUS (ebd., S. 239) findet die Tragbarke des Königs auch schon auf der Fahrt nach Luxor in der *wsr-ḥꜣ.t*-Barke Aufstellung.

351 Es handelt sich bei der Figur des Königs um eine Vervielfältigung der Darstellungsebene. JOHNSON, Honorific figures of Amenhotep III in the Luxor Temple Colonnade Hall, in: FS *Baer*, S. 138f.

352 *RILT* I, S. 28, 2–6.

353 Von mir als Partizip übersetzt.

354 *RILT* I, Taf. 75, S. 28, 1. WOLF, *Opet*, S. 61, Inschrift 28, übersetzt den Anfang: „Der Gefolgsmann des Gottes".

Vom König durch zwei Sonnenschirme (mit einem *šn*-Ring am Fuß) getrennt, reisen im Heck des Schiffes die Priester mit, die die Prozessionsbarke getragen oder begleitet hatten. Zwei Steuerleute mit kahlrasierten Schädeln halten die Ruderpinnen. Auf dem Vorderdeck räuchert und libiert der König der tragbaren Kultbarke des Königs, die vor dem großen prächtigen Schrein mit der Barke des Amun (dieser zugewandt) abgesetzt worden ist. Die Reste einer Götterrede kennzeichnen den Ort, an dem die Szene sich abspielt, als Raum der Götter. Die ersten senkrechten Zeilen sind linksläufig, die letzte ist waagerecht, rechtsläufig geschrieben:

> Amun-Re, Herr der Throne der beiden Länder:
> „Ich gebe dir alles Leben, Dauer und Glück.
> Ich gebe dir alle Freude.
> Ich [gebe] dir Leben, Glück, Freude, Ge[sundheit].“[355]

Den Raum zwischen Königsbarke und Sanktuar füllen, klein abgebildet, die *Bas* von Nechen im Gestus des Jubels, zwei mit dem Papyrusemblem des Nordens gekrönte Göttinnen und die Figur des opfernden Königs. Ein Stangenpaar in der Gestalt von Papyruspflanzen trägt den Falken und eine Kartusche. Es wird überragt von zwei schlanken Obelisken. Diese wiederum werden überragt von vier Masten.

Die Kapellen der Götterschiffe sind jetzt geöffnet, die tragbaren Kultbarken der Götter darin gut zu sehen.[356] Die Darstellung sichtbarer Kultbarken entspricht dem Sinn der Ruderfahrt nach Norden als Vollzug des Sonnenlaufs, wenn Re am Tag über den Himmel fährt. Die Kultbarke gleicht ihrer Darstellung im Tempel von Luxor auf derselben Wand. Es fehlen jetzt jedoch das Pektoral der Aegis (dafür aber drei Halsketten), der Sphinx, die *mr.tj* und der Götterbart bei den beiden Steuerleuten am Ruder. Die Opfergaben vor der Barke bestehen aus Papyrus (einzeln und zu Stabsträußen gewickelt) und Früchten. Vermutlich sind diese während der Fahrt erneuert worden, denn ein Mann im Beiboot mit

355 *RILT* I, S. 28, 7–10.

356 Entgegen WOLF (*Opet*, S. 31) und BAINES (Public Ceremonial Performance in Ancient Egypt, in: *Archaeology of Performance*, S. 268), die davon ausgehen, dass bei der Durchführung der Prozession die Kultbarken der Götter in ihrem Schrein niemals zu sehen waren. M.E. spricht nichts für diese Annahme. Das Götterbild mit seiner furchteinflößenden Macht bleibt ja abgeschirmt, auch wenn die Prozessionsbarken in den Kapellen auf den Flussbarken sichtbar waren. Auch JARITZ (*Die Tribünen vor ägyptischen Tempeln der 18. Dynastie bis zur Römerzeit*, S. 386) geht von offenen Schreinen in Bereichen, die außerhalb des Tempels liegen, aus.

den Opfergaben hebt gerade mit beiden Händen einen riesigen Stabstrauß auf. Ein zweiter Mann ist mit den Tüten beschäftigt, in die die Pflanzen gesteckt werden. Mit dem rechten Arm grüßt er die Userhat-Barke.[357] Die Stäbe mit den Götteremblemen hinter der Prozessionsbarke werden von anthropomorphisierten *ꜥnḫ*- und *wꜣs*-Zeichen gehalten. Sie sind jetzt anders angeordnet. Lotusblüte und Sistrum stehen zuerst. Anubis hat mit der Göttin Mut den Platz getauscht. Direkt hinter den Falken kommt Osiris, hinter ihm hat sich ein *wꜣs*-Zepter eingeschoben. Das *wꜥb*-Symbol und der Schrein schließen ab. Im Schrein über der Kultbarke ist eine Rede des Gottes teilweise erhalten:

> [Amun-R]e, Herr der Throne der beiden Länder, [Herr des] Himmels, Herrscher der Neunheit:
> „[Ich gebe di]r alle Flachländer und alle Bergländer.
> [Ich gebe di]r, Leben, Dauer und Glück von (mir) aus.
> [Ich gebe di]r alle Gesundheit von (mir) aus.
> [Ich gebe dir] alle Jahre von (mir) aus.
> [Ich gebe dir] alle Freude von (mir) aus.
> ... alle ... alle Gesundheit ...
> ... wie (bei) Re ... *nḥḥ*-Zeit."[358]

Die Götterreden konstituieren die Kapelle der Kultbarke und den Bereich, in dem der König der Königsbarke opfert, als heiligen Raum, in dem nur Götter sprechen. Diese auditive Ordnung eines Sanktuars gilt auf der ganzen Userhat-Barke: Alle Priester, die im Heck mitreisen, der König und die Männer an den Ruderpinnen sind mit geschlossenem Mund dargestellt. Es kommt keine Ruf- oder Rezitationsgeste vor. Kein Musiker befindet sich auf dem Schiff. Das Götterschiff unterscheidet sich dadurch von den Schleppbooten und den königlichen Schiffen, auf denen Schiffer und Offiziere mit Rufgesten dargestellt sind, und von den Ufern mit den Musikern, den rufenden Offizieren, den Chören und dem jubelnden Volk. Die Flussbarke eines Gottes wird somit im öffentlichen Teil der Reise durch die auf ihm herrschende auditive Ordnung als ein schwimmender Tempel konzipiert.[359]

---

357 *RILT* I, Taf. 80.

358 *RILT* I, Taf. 75, S. 28, 11–23.

359 Dieses Untersuchungsergebnis könnte angesichts des Erhaltungszustandes der Quelle angezweifelt werden. Es wird aber gestützt durch die Tatsache, dass die Flussbarken der Götter flussaufwärts geschleppt und getreidelt wurden, woraus folgt, dass auf ihnen nicht die Geräusche und Kommandos eines gesegelten und von einer Mannschaft geruderten Schiffes herrschten.

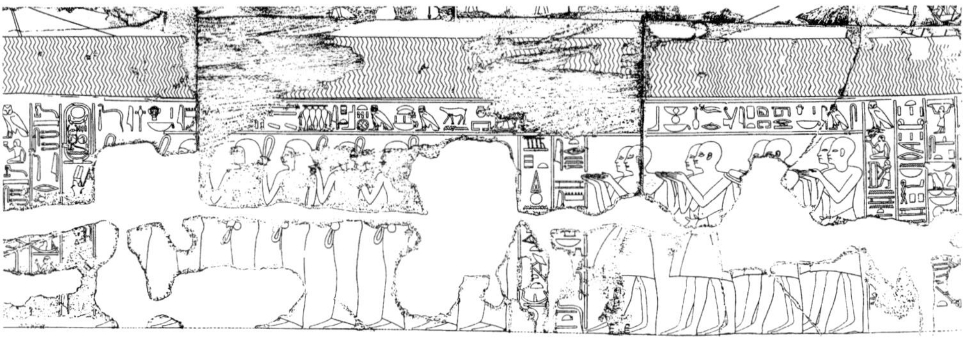

ABB. 37 *Sänger des Trinkliedes neben der Barke des Amun. Tempel von Luxor, Große Kolonnade, Ostwand. Nach RILT I, Taf. 68, Ausschnitt.*

Priesterinnen und Taktgeber neben der Userhat-Barke gehen jetzt zu Paaren geordnet. Sie sind in gleicher Weise von den Zeilen des Trinkliedes eingerahmt (siehe Abb. 37). Die Hände der vordersten zwei Cheironomen reichen in die Schrift hinein. Mit geringen Abweichungen wird das Trinklied wiederholt:

> [1] Der Chor der Taktgeber beim Ausführen der Ruderfahrt der [2] [Fluss] barke:
> „Amun, Herr der Thr[one der beiden Län]der! Mögest du ewig [leb]en!
> [3] Eine Trinkstätte ist gewählt, der Himmel ist gestreckt bis nach Süden.
> Eine Trinkstätte [4] ist gewählt, der Himmel ist gestreckt [bis nach Norden].
> [Mögen die Schiffer] des Königs [5] Djesercheperure-Setepenre, den Amun [liebt
> und den die Götter lob]en, [trinken!" – so spricht Neith].
> [6] Rezitation:
> „Sei gegrüßt Amun, [Urzeitiger] der beiden Länder, der an der Spitze von Karnak ist,
> bei Deinem Aufgehen inmitten [Deiner Flot]te.
> [Mögest Du Dich erheben an] Deinem Schönen [Fe]st von Ipet.
> Mögest Du Dich darüber freuen!
> [7] Eine Trinkstätte ist erbaut für die Gruppe, [die im Schiff der Schiffe ist.
> Die We]ge [8] des Akeru sind gegraben für dich, o Hapi, [Großer], [9] Der den Himmel hochhebt!
> Mögest du die beiden Damen zufrieden stimmen, Herr der Wei[ßen Krone,

> [10] Hor]us mit starkem Arm, nachdem Hathor das Schönste [11] des Schönen getan hat für
> Djeserchepeperure-Setepenre, den Amun liebt [12] und den die Götter loben,
> wird der Gott, versehen mit der Schönheit des Gottes, gerudert.“ – so spricht Neith.[360]

Der auf der Fahrt nach Norden gesungene Text weist im zweiten Teil Unterschiede auf. In der Apposition zu Horus sind die Kronen ausgetauscht worden. Auf dem Weg nach Luxor wurde die Rote Krone, auf dem Weg nach Karnak wird die Weiße Krone besungen (9). Auf der nordwärts führenden Strecke (6) ist Amun der Wunsch beigegeben, sich an seinem Fest zu erheben und sich darüber zu freuen. Das Ende des Liedes besingt die Erfüllung der Horusaufgabe des Königs (12). Die Identität der Gehrichtung mit der Blickrichtung, dem Halten der Sistren sowie der Hände beim Taktgeben betont eine Vorwärtsbewegung. Das ist in Einklang mit der rituellen Ruderfahrt. Vor und hinter dem Tempelpersonal gehen Standarten- und Fächerträger. Das mit Opfergaben vollgepackte Entenboot folgt dicht dem Heck von Amuns großem Schiff. Es fährt noch parallel zu den musizierenden Priestern.

Als nächstes kommt das Schiff der Königin vor der von zwei Ruderschiffen geschleppten Barke der Göttin Mut. Mit zwanzig Ruderern auf jeder Seite ist es ein großes Staatsschiff. Einige der Ruderer drehen sich zu ihrem Nachbarn um, sodass keine einheitliche Ausrichtung zu einem Gott oder einer Göttin hin erfolgt. Außer den zwei letzten in der Mannschaft haben sie breite Halskragen umgelegt. Sie werden von zwei Antreibern (einer am Heck, einer in der Mitte neben dem achten Mann) mit Rufen und Peitschenhieben angefeuert. Ein Mann im Bug misst mit einer Peilstange die Wassertiefe. Der Schiffer neben ihm hat die linke Hand mit dem Daumen hoch nach vorn ausgestreckt, der Arm ist dabei leicht angewinkelt und über Schulterhöhe erhoben.[361] Es fällt die in der Darstellung erreichte Identität mit der Geste der oberägyptischen *Mr.t* ins Auge.[362] Die Rolle der Königin als Musikerin und Lobpreisende wird durch die Beischrift ihres Schiffes bestätigt:

---

360 *RILT* I, Taf. 97, Übers. mit Komm. S. 12.

361 Die Geste ist bei DOMINICUS (*Gesten und Gebärden*, S. 77, Abb. 17c, S. 92, Abb. 22b) außer als Rezitationsgeste auch als Zeichen für die Standartenträger im Alten Reich aufgeführt. Diese Funktion würde in diesen Zusammenhang passen, wenn man die Korrespondenz dessen, was sich auf den Schiffen und am Ufer ereignet, berücksichtigt.

362 GUGLIELMI (*Die Göttin Mr.t.*, Taf. VIII–IX, zur Position der Hände auch Taf. XVI, S. 175) bringt Belege, wonach diese Göttin der Musik, die Geste auf einem Schiff stehend oder vor einem Götterschrein ausführt.

[1] Vornehme Dame, groß [an Lobpreisungen],[363] [2] die Herrin der Beliebtheit,[364] süß an Liebe,
Herr[in] [3] von Ober- und Unterägypten, (mit) reinem [Arm] [4] unter dem Sistrum,
[5] die den Gott mit [ihrer] Stimme [besänftigt],
[6] die Herrin des Ansehens, g[roß] an [7] Beliebtheit, die Fürstin der beiden U[fer des Horus],
[8] sobald Mut aufgeht, [9] wird ihr Lob[pr]eis gespendet,[365]
lässt sie sich nieder,[366] ist es, [10] um [ihre] Liebe zu verdoppeln,[367]
[11] die große Gemahlin des oberägyptischen Königs, [die er liebt].
[12] Herrin der bei[den Län]der in ihrer [Ge]samtheit, [13] die Herr[in] des Lobpreises,
[14] Mutnedjmet,[368] [15] rudert [Mut], [16] die Herrin des Himmels
[17] an ihrem schön[en] Fest von Opet.[369]

In der ersten Hälfte des Textes (1–7) wird die Königin mit den Eigenschaften der Göttin Hathor, als Göttin der Liebe, des Sistrums und der Horizontbereiche beschrieben. Im zweiten Teil (8–11) werden die Eigenschaften mit der Sonnenlaufsymbolik der Göttin Mut ergänzt. Abschließend (12–17) wird analog zur männlichen Tat (rudern des Amun durch den König) die weibliche Tat, bestehend in dem Rudern der Mut durch die Königin, geschildert. Durch diesen Text oberhalb des Schiffes wird die Königin (auch wenn der Titel hier nicht explizit formuliert wird) zur „Gottesgemahlin des Amun" (*ḥm.t nṯr n.t Jmn*). Sie trägt durch ihr Priesteramt dazu bei, den Gang der Welt zu erhalten. Die Aussage: „mit reinem Arm unter dem Sistrum" (3–4) informiert über den Status der Reinheit, der für die Königin in diesem Amt und ebenso für

363 Ersetzt nach Epigraphic Survey mit *ḥswt*.

364 *Wb* 1, 80.5.

365 Der Epigraphic Survey bezieht die Aussage auf Mut und durchbricht damit das Muster der Agenten. Von mir als Passiv übersetzt, wodurch in diesem Vers in allen Aussagen die Königin die Handelnde ist.

366 Die Ergänzung zu *htp =s* erfolgt ausgehend von der Sonnensymbolik der Göttin Mut. Siehe hierzu den Kommentar zur Übersetzung, *RILT* I, S. 31, Anm. f.

367 *r kꜣb mrwt =s* „um ihre Liebe zu verdoppeln". In den vorausgehenden Aussagen wird die Einzahl (Königin, ein Arm, ein Sistrum) eingehalten. In den nachfolgenden Aussagen die Beziehung zu einem Zweiten (König, Mut) hergestellt.

368 Der ursprüngliche Name der Königsgemahlin des Tutanchamen, Anchesenamun, ist in den Namen der Gemahlin Haremhabs geändert worden.

369 *RILT* I, Taf. 83, 1–17, Übers. mit Komm. S. 30f. Dort auch Literatur zu den diversen Textbearbeitungen. Wolf, *Opet*, S. 62, Inschrift 29.

die Priesterinnen oder Sängerinnen, die bei der Opetprozession das Sistrum anwenden, obligatorisch war. Das für die Priester und Hatschepsut (oder ihre Tochter Neferure als *ḥm.t nṯr*) gemeinsame Erlangen der Reinheit ist auf der Nordwand der Chapelle Rouge belegt.[370] Zum Status der Kultmusikantinnen in der 18. Dynastie schreibt Erika FEUCHT:

> Den Eindruck von Kultmusikantinnen erwecken auch die Damen der höheren Gesellschaft, die seit dem Neuen Reich als ‚Sängerin' oder ‚Musikantin' einer lokalen oder überregionalen Gottheit dienten und in Phylen organisiert ihren Monatsdienst übernehmen mussten, aber nicht den Priesterinnentitel trugen. Viele Frauen der thebanischen Beamten oder Priester waren ‚Sängerinnen des [Reichsgottes] Amun'. Unter Leitung der ‚Größten' unter ihnen, meist einem Mitglied des Königshauses oder einer Gemahlin eines Hohepriesters, traten sie zu Ehren des Gottes Amun auf. [...] im Neuen Reich [können wir] Frauen des Königshauses oder hoher Würdenträger bei Opferhandlungen beobachten. Diese Funktion, die eigentlich dem König oder seinem Stellvertreter zukam, deutet auf das hohe Ansehen dieser Frauen.[371]

Die Aussage „die den Gott mit ihrer Stimme besänftigt" (5) vermittelt eine wichtige Eigenschaft, die der Stimme im alten Ägypten zugeschrieben wurde. Sie beschreibt die weibliche Stimme (*ḫrw*) als eine apotropäische Macht, die zur Besänftigung eines Gottes eingesetzt wird. Dieselbe Eigenschaft ist für die männliche Stimme durch den Mythos von der Heimkehr des Sonnenauges, in dem der Gott Thot den Zorn der Göttin besänftigt, belegt.[372] Die Aussage „sobald Mut aufgeht, wird ihr Lobpreis gespendet, lässt sie sich nieder, ist es, um ihre Liebe zu verdoppeln" (8–10) nennt eine zweite wichtige Eigenschaft der Stimme. Es ist das Lobpreisen, die performative Kraft der Stimme, den Lauf der belebenden Kräfte in Gang zu halten. Dies ist in Medinet Habu, Sonnenkultraum, formuliert: „Der Beistand des Horachte, der den Feind fällt mit der *ꜣḫ*-Kraft aus seinem Munde, [der bewirkt], dass die Barke in Freude dahingleitet".[373]

370 Chapelle Rouge, Block 140, 292, N-Wand, 3. Reg., GRIMAL, *La Chapelle Rouge,* S. 216, LACAU/CHEVRIER, *Une chapelle d'Hatshepsout à Karnak* I, S. 327ff.

371 FEUCHT, Frauen, in: DONADONI, *Der Mensch im Alten Ägypten*, S. 386f.

372 Dem pLeiden I 384, SPIEGELBERG, *Der ägyptische Mythus vom Sonnenauge.* Textbeispiele zu dieser Vorstellung bei ASSMANN, *Liturgische Lieder an den Sonnengott*, S. 208f, 370.

373 NELSON, *Medinet Habu* VI, 422–423. Dieses und weitere Beispiele zur Wirkung des Preisens bei ASSMANN, *Liturgische Lieder an den Sonnengott*, S. 210ff.

Am Ufer begleiten das Schiff der Königin Standarten-, Fächer- und Wedelträger. Der letzte von ihnen, einen breiten Stab tragend, wendet sich zur Flussbarke der Göttin Mut um. Die Barke der Mut wird von zwei Ruderschiffen geschleppt. Die prächtige Aegis zeigt die Göttin mit der Stirnschlange und bekrönt mit der Sonnenscheibe im schlanken ausladenden Gehörn auf einem Uräenkranz. Auf Deck ist die Prozessionsbarke der Göttin in einer offenen Kapelle, die ein doppelter Uräenfries oben abschließt, gut sichtbar. Stabsträuße, Speiseopfer und Vasen stehen auf Tischen neben der tragbaren Kultbarke der Mut. Eine Figur des Königs (nur von der Taille abwärts erhalten) steht im Heck vor der Kapelle, die Beischrift unter einer Himmelshieroglyphe lautet:

> Der schöne Gott, Herr der beiden Länder, Nebmaatre, beschenkt mit Leben, Dauer, Glück wie Re in Ewigkeit (*ḏ.t*).[374]

Der Wesir, der Sem- und andere Priester reisen im Heck des Schiffes mit. Während der Flussfahrt versieht eine zweite Figur des Königs das Priesteramt für die Götterbarke. Sie steht räuchernd und libierend vor dem Barkenschrein auf dem Vorderdeck. Der Szenentitel lautet:

> Räucherung und eine Libation vollziehen, auf dass er mache ‚Leben geben'.[375]

Rücken an Rücken mit ihm steht eine weitere Figur des Königs, die rudert und vor sich im Bug einen Tisch mit Opfergaben hat.[376] Die Kapelle auf der Flussbarke der Mut ist umrahmt von einem Text. Dieser wird oben begrenzt von einem Geierweibchen (mit einem *šn*-Ring in jeder Klaue) zwischen zwei Falken mit angewinkelten Flügeln, die einen *šn*-Ring greifen. Der oberhalb des Hecks schwebende Falke ist ausgewiesen als „Behedetj, der große Gott, der Buntgefiederte, Herr des Himmels, Herr von Mesen", der oberhalb des Bugs schwebende Falke als: „Behedetj, der große Gott, der Buntgefiederte". Unter dem Geierweibchen, bezeichnet als „Nechbet, die Weiße von Hierakonpolis, Herrin der Himmels, Gemahlin der Götter, indem sie gibt Leben, Dauer und Glück", steht:

374 *RILT* I, Taf. 90.

375 *RILT* I, Taf. 82, 19.

376 Zu den Beischriften der einzelnen Figuren des Königs siehe *RILT* I, Taf. 82, S. 30.

> Mut, die Große, Herrin von Ischeru, Herrin des Himmels, Fürstin der Götter.[377]

Der linksläufige (in Fahrtrichtung geschriebene) Text neben der Kapelle lautet:

> [1] Ausführen der [schön]en Ruderfahrt durch den König, den Herrn der beiden Länder,
> Djesercheperure-[Setep]enre, [2] (nämlich) sein Rudern seiner [Mutter] Mut, der Herrin des Himmels,
> an ihrem [3] jährlichen Fest,[378] [wenn] sie im Gefolge des Herrn[379] der Götter ist an seinem Fest von
> [4] Opet, damit sie für ihn mache ‚Leben geben'.[380]
> *Der sich daran anschließende rechtsläufige Text ist eine Rede der Göttin Mut:*
> [6] Worte gesprochen von [Mut, der Herrin von Isch]eru:
> „Mein geliebter leiblicher Sohn, [7] Herr der beiden Länder, Djes[ercheperure-Setepenre,
> ich bin] deine Mutter, die deine Schönheit geschaffen
> [8] und dich gesäugt hat als du noch ein Königskind warst.
> Ich setze die Furcht vor dir in die Neunbogenvölker
> [9] und dein Ansehen in die Trogodyten Nubiens,
> indem deine *ḥḏ*-Keule über den Köpfen ist
> [10] und der Schrecken (den du verbreitest) in ihren Leibern (steckt) wie (der Pfeil) einer Harpune,[381]
> als Belohnung für [11] dieses schöne Denkmal das du mir gemacht hast.
> Du hast [mir] gezimmert [12] eine neue Tragbarke, geschmückt [13] [mit] allen kostbaren [Stei]nen,
> wie ein Sohn (tut), [14] … weil er seine Mutter liebt, die ihm gibt …".[382]

377 *RILT* I, Taf. 82, 5.

378 *Wb* 5, 270.11.

379 *nb* versehentlich als *k* geschrieben.

380 *RILT* I, Taf. 82, 1–4, Übers. mit Komm. S. 29.

381 *mi wꜥ* WOLF übersetzt „wie (in) einem einzigen", der EPIGRAPHIC SURVEY „all together". In Anbetracht der Trophäe Thutmosis' I., der auf der Heimfahrt nach Karnak den von seinem Pfeil durchbohrten Trogodytenhäuptling am Bug des königlichen Schiffes aufhängen ließ (PM V, 182, Urk. IV, 1–11.2, POPKO, *Geschichtsschreibung*, S. 187ff), habe ich mich zu dieser Übersetzung entschlossen.

382 *RILT* I, Taf. 82, 6–14, Übers. mit Komm. S. 29, WOLF, *Opet*, S. 63, Inschrift 32.

Der König wird von seiner göttlichen Mutter Mut (geschildert mit den Zügen der *Isis lactans*) für ihre Barke mit allem belohnt, was ein unerschrockener König braucht, um seine Feinde in Schach zu halten. Was für die Userhat-Barke festgestellt worden ist, kann auch für die Barke der Mut verzeichnet werden: Sie wird als heiliger Bereich, in dem nur die Götter reden, dargestellt und unterscheidet sich dadurch von allen auditiven Räumen auf dem Fluss und an den beiden Ufern.

Oberhalb der Offiziere, die am Ufer das Schiff der Königin begleiten, beginnt der Text eines Liedes. Er erstreckt sich in einer waagerechten Zeile über die Soldaten hinter dem Schiff der Königin und der Begleitung der Barke der Mut hinweg:

> Die Gemeinschaft der Ruderer und die Führer der Armee, die dabei sind, diesem herrlichen Gott zu
> folgen – das Freudenlied, das sie sagen:
> „Wie gedeiht doch der [schö]ne Herrscher, wenn er vor dem Angesicht des Amun ist,
> um ihn nach Karnak zu rudern an seinem jährlichen Fest,
> damit er (Amun) macht, was ihm gefällt[383] im herrlichen Opet,
> weil er sein großes Opfer[384] angenommen hat.
> Er hat für ihn befohlen die Lebenszeit des Re und die Jahre des Atum,
> sein Lohn besteht in Millionen von Jahren und Hundertausenden von Sedfesten,
> indem alle Fremdländer unter seinen Sohlen sind wie (bei) Re jeden Tag".[385]

Das Lied spricht den Gott nicht an, sondern beschreibt die Situation. Es ist deshalb als ein Festlied zu klassifizieren. Der Textinhalt (das Opfer des Königs wird vom Gott angenommen und erwidert) und der Zeitpunkt zu dem es gesungen wird, lassen vermuten, dass die Aufführung des Liedes zur Bestätigung der rituellen Handlung des Königs dient. Es wird aber nicht das Rudern als Tat des Königs hervorgehoben, sondern das große Opfer, das vom Gott angenommen wird. Das Rudern besorgt nur die Positionierung des Königs „vor dem

383 *Wb* 2, 498.11.

384 *ꜥ3bt* nur mit Determinativ geschrieben. Der EPIGRAPHIC SURVEY (*RILT* I, S. 23, Anm. d) führt Parallelstellen an zur Verbindung der Opferannahme und der Freude des Gottes darüber. WOLF verknüpft die Annahme des Opfers mit der Gabe von Lebenszeit und Jahren.

385 *RILT* I, Taf. 91, 3, Übers. mit Komm. S. 35, WOLF, *Opet*, S. 64, Inschrift 36.

ABB. 38 *Sänger und Musiker neben der Barke der Mut. Tempel von Luxor, Große Kolonnade, Ostwand. Nach* RILT *I, Taf. 91.*

Angesicht des Amun". Die Annahme des Opfers und seine Erwiderung mit einer Gegengabe liegen beim Gott.

Die Musikergruppe neben der Barke der Mut (siehe Abb. 38) setzt sich zusammen aus drei Lautenspielern mit einer glatten, auf die Schultern aufstoßenden Perücke und der hinten bis auf die Wade reichenden Tracht ägyptischer Vorsteher der Sänger (*jm.j-r'-ḥs.ww*).[386] Durch die Beischrift sind sie ausgewiesen als:

Sänger (*ḥs.ww*) von *ḫpšy.t*[387]

Neben ihnen befinden sich vier Libyer. Sie sind bekleidet mit dem blattförmigen Offiziersschurz. Ihre halblange Perücke, das Haarband und die zwei

386 Von WOLF (*Opet*, S. 64) fälschlicherweise als „Lautenspielerinnen" bezeichnet. Die Szene ist besprochen bei HICKMANN, *Ägypten, Musikgeschichte in Bildern* II, S. 42, Abb. 20. In der Nennung des Ortsnamens vermutet WOLF (*Opet*, S. 36) die Hervorhebung eines Ortes, der ebenso wie Kode (Uschebti Florenz 2099) im Ruf Sangeskundiger stand.

387 Eine Ortsbezeichnung. Außer Titeln gibt der Briefwechsel zweier Sängerinnen aus Memphis, die einem bestimmten Gott zugewiesen waren, Aufschluss über ihren sozialen Status und ihre Zugehörigkeit zu einem Ort, pSallier IV, vso. 1, 1–4, 8, TACKE, *Verspunkte als Gliederungsmittel in ramessidischen Schülerhandschriften*, S. 75ff. Zum Verhältnis eines Bürgers oder einer Bürgerin zu ihrer Stadt siehe auch das Gebet an Re-Horachte, pAnastasi II, 9, 2–10, 7, GARDINER, LEM, Text 11, S. 18f. Weitere Texte zum Lob der Stadt bei BURKARD/THISSEN, *Einführung in die altägyptische Literaturgeschichte* II. Siehe auch MEYER-DIETRICH, The City-god – an Expression for Localization, in: *From Hellenism to late Antiquity*, S. 140–162, und VERHOEVEN, Literarische Ansichtskarten aus dem Norden versus Sehnsucht nach dem Süden, in: *Kon-Texte*, S. 65–80.

Straußenfedern weisen sie als hohe Militärs aus. Sie gehen aufrecht, die ganze Fußsohle liegt dem Boden auf. Die einmal mit dem Rücken, einmal mit den Fingern der geschlossenen Faust zum Betrachter schauenden Hände, mit denen die Libyer das Schlagholz in der Mitte halten, verdeutlichen das Aneinanderschlagen der schlanken krummen Hölzer. Die Beischrift weist sie aus als:

> [Sänger (*šmˁ.w*) von] Libyen (*ṯḥmw*)

Ihnen folgen fünf kahlrasierte Sänger, aufgeteilt in eine Dreier- und eine Zweierreihe. Die ersten drei tragen Hemden, Schurze und ein wadenlanges, durchsichtiges Obergewand. Die anderen beiden treten mit nacktem Oberkörper und einem geraden knielangen Schurz bekleidet auf. Sie werden bezeichnet als:

> Die Sänger (*šmˁ.w*), die dabei sind vor dem Angesicht dieses herrlichen Gottes, Amun, dem Herrn der Throne der beiden Länder, zu singen (*šmˁ*).[388]

Den Schluss macht ein nubischer Trommler mit einer Fasstrommel. Das *nb s.wt tꜣ.wj* in der Apposition zu Amun füllt den Raum zwischen den Sängern und dem Trommler aus. Lautenspieler, Schlagholzspieler, Sänger und Trommler vereinen sich zu einem Ensemble, das mit einer musikalischen Darbietung den Gott unterhält, „damit er (Amun) macht, was ihm gefällt" (*jr =f hrrt =f*), wie es im Liedertext heißt. Ob der Trommler zum Ensemble gehört ist allerdings fraglich, da über seinem Kopf bereits die Beischrift beginnt, die die Handlung des neben ihm stehenden Priesters betitelt:

> Reinigen des Weges vor dem Angesicht des Gottes. Rein! Rein![389]

Im Relief genau über der Barke der Mut ist die Flussbarke des Chons zu sehen. Über ihr breitet die Flügelsonne ihre Schwingen aus. Die erhaltenen Fragmente indizieren, dass auch hier die tragbare Kultbarke in der jetzt offenen Kapelle zu sehen ist und die Figuren des Königs wie auf der Barke der Mut angeordnet sind. Die Fragmente des Textes ergeben nach der Rekonstruktion durch den EPIGRAPHIC SURVEY folgende Rede des Gottes Chons an den König:

---

388 Von WOLF (*Opet*, S. 64, Inschrift 35c) als Cheironomen aufgefasst und dementsprechend übersetzt.

389 *RILT* I, Taf. 91.

> Worte gesprochen von Chons in Theben, dem Herrn der Freude:
> „Mein geliebter Sohn Djesercheperure-Setepenre
> Ich gebe Dir alles Leben und Glück wie Re.
> Wie schön ist dieses Denkmal, das [du für mich] gemacht hast,
> Herr der beiden Länder,... Re ... *nḥḥ*-Zeit als ... Dauer ...“[390]

Auch in der Kapelle steht eine Rede des Gottes, von der nur der Anfang erhalten ist:

> Worte gesprochen von Chons in Theben, Neferhotep:
> „Mein geliebter Sohn Djesercheperure-Setepenre, beschenkt mit Leben....“[391]

Damit gilt für die Flussbarke des Chons dieselbe auditive Ordnung wie für die anderen Götterbarken. Die Barke des Chons wird von zwei Schleppkähnen gezogen. Den Offizieren und Standartenträgern, die am Ostufer die Schleppboote vor der Götterbarke des Chons begleiten, ist der Text eines Liedes beigefügt:

> [Die Ruder]er und Führer des Herrschers ...
> „... in Freude ... er [füllt] sein Herz ... indem er Amun rudert,
> damit er [ihm] geben möge Hundertausende von Jah[ren und Millionen] von Sedfesten,
> während er auf Erden weilt, indem er handelt wie es deinem Wunsch entspricht.
> A[mun]-Re [i]m Himmel [wie es] ein Sohn [tut,
> der] seinen Vater [liebt], damit er [ihn auf seinen Thron] setzen möge.“[392]

Auch hier ist das *do-ut-des*-Prinzip eingehalten. Von einer möglicherweise ursprünglich abgebildeten Menschenmenge, die bei der Opetprozession die Schiffe am Ostufer begleitete,[393] ist außer einigen Fragmenten nichts erhalten. Die wenigen Bruchstücke bezeugen jedoch die ikonographische Realisierung

---

390 *RILT* I, Taf. 88, 1–8, S. 33, vor und hinter der Kapelle.

391 *RILT* I, Taf. 88, 9–15, siehe S. 33 den ganzen vom EPIGRAPHIC SURVEY nach Parallelen rekonstruierten Text. Siehe dort auch die Rekonstruktion von Texten, die über der Aegis der Chons-Barke und oberhalb der Barke des Amun stehen und keine Götterreden darstellen.

392 *RILT* I, Taf. 90, 1–14. Text rekonstruiert aus den Fragmenten 674, 1158, 224, 191, 624, 676, 79, 87, 615 und 979, siehe *RILT* I, Taf. 68, S. 34. Fragment 676 ist überdies ein Beleg für die Darstellung laufender Soldaten am Ostufer des Niles.

393 Vergleiche *RILT* I, S. xviii.

des Konzeptes „der beiden Ufer (des Horus)“, die für den Gott in Freudenjubel ausbrechen. Daraus ergibt sich eine dreifache Bestätigung für einen beide Ufer umfassenden Hörraum: (1) durch die Aussagen zur Jubelgemeinde in den Festliedern, (2) den aus zwei Gruppen zusammengesetzten Chor (Ruderer und Führer der Armee) und (3) ikonographisch (die an beiden Ufern laufenden Soldaten).

Die thematische Verknüpfung[394] ist auch auf der Ostwand zu beobachten. Die Schiffe korrespondieren mit den jeweiligen Personengruppen am Ufer. Der vorausfahrenden Begleitflotte zu Wasser entspricht am Ufer ein Geleit, das aus Offizieren, Standartenträgern, libyschen und nubischen Gruppen besteht. Ein Trompeter, der sich der kommenden Gruppe zuwendet, leitet die Begleitung der Königsbarke ein. Diese wird von Offizieren, Standartenträgern und Streitwagen gebildet. Die Tänzer treten auf der Strecke nach Karnak stets vor dem herankommenden königlichen oder göttlichen Schiff auf. Sie überbrücken damit am Ufer den Zwischenraum zwischen der Begleitflotte und dem Schiff des Königs (Nubier) beziehungsweise zwischen dem Schiff des Königs und der Userhat-Barke (Libyer). In Höhe mit den Götterbarken von Amun und Mut folgen die für Götterschiffe obligatorischen Musiker. Hierbei ist zu beachten, dass laut Beischrift auch die Musiker, die neben der Flussbarke der Mut hergehen, für Amun spielen und singen. Das Schiff der Königin ist wie das ihres Gemahls von Offizieren und Standartenträgern begleitet, nur die Gespanne fehlen. Die nächste Station im Verlauf der Reise ist durch ein kleines Gebäude mit einer Opferszene bereits angedeutet.

Unter dem Vorbehalt, dass der Erhaltungszustand des Reliefs – dessen obere Hälfte mit eventuellen Götterreden und Liedern fehlt[395] – einen Befund erlaubt, ergibt sich im Hinblick auf den auditiven Raum: Die Ordnung des auditiven Raumes ist für die Schiffe und das Ufer unterschiedlich. Auf den Götterbarken gilt für das ganze Schiff die Ordnung des Sanktuars, in dem nur die Götter reden und ansonsten Schweigen geboten ist. Auf den anderen Schiffen, verdeutlicht durch Ruf- und Redegesten sowie Peitschenhiebe, darf gelärmt werden. Die Arbeitsrufe und das Geräusch der fahrenden Schiffe in Wasser und Wind verkörpern hörbar die Ruderfahrt. Jubel und tänzerische Bewegung sind auf dem Ostufer gesteigert. Das impliziert auch eine Steigerung des Rhythmus bei der Trommel, möglicherweise auch bei der Trompete. Auf der Fahrt südwärts wurde aller Gesang von Akteuren aufgeführt, die entweder das Bugtau einer Götterbarke zogen, eine Götterbarke begleiteten oder ihr entgegensahen. Auf

---

394 *RILT* I, S. xviii.

395 Fragmente zeugen von einem Preislied an Amenhotep III. im Rahmen des Opetfestes, ihre Lokalisierung ist aber fraglich, siehe *RILT* I, Taf. 123, S. 44f.

der Fahrt nordwärts ist die aus Sängern und Priesterinnen gebildete Begleitung der *wsr-ḥꜣ.t*-Barke und die aus der Gemeinschaft der Ruderer und Führer der Armee zusammengesetzte Begleitung der Barke der Mut dieselbe. Es tritt jetzt kein Solist mehr als Sänger eines Festliedes auf. Stattdessen wird eine Schwäche festgestellt, die auf eine Schöpfung folgt, die sich durch die Stimme ereignet oder ihr Ausdruck verleiht. Hinzu kommen neu zusammengesetzte Chöre. Die Liederinhalte heben stärker die Herrschereigenschaften des Königs hervor. Die dadurch zunehmende militärische Gewichtung des Festes zeigt sich auch an den Chören. Sie bestehen nun im Einzelnen aus den Führern der Armee, den Ruderern des Königs und, bei Chons, aus dem Chor der Ruderer und Führern des Herrschers. Ein Festlied (ohne Angabe von Sängern) und die Beischrift zur Flussbarke der Mut schildern die Jubelgemeinde, beziehungsweise die Macht der Stimme Götter zu besänftigen. Die Anzahl der Lautenspieler ist von einem auf drei erhöht worden. Die Schilderung der Jubelgemeinde in den Festliedern bezeugt das altägyptische Konzept eines durch die Beschallung erstellten sozialen Raumes. Durch Jubel und Jauchzen entsteht ein auditiver Raum für den Bejubelten, in den er sowohl selbst als auch die Massen, die ihn erzeugen, integriert sind. Dieser Hörraum ist ausdehnungsfähig.

Episode 9
RILT, *Taf. 101*

Die folgende Episode, der Zug der Prozessionsbarken vom Nil zum Tempel und die Ankunft in Karnak, ist durch eine senkrechte Linie vom bisherigen Bild geschieden. Diese Linie ist nur zu einem geringen Teil im zweiten Register erhalten. Bei der Ankunft in Karnak ist zum ersten Mal das Prinzip der vertikalen Gleichzeitigkeit der Szenen durchbrochen worden. Vier Vorsteher der Sänger (*jm.j-r'-ḥs.ww*), ein Lautenspieler, der sich zu fünf Libyern mit Schlaghölzern umwendet, und zwei Priester (der vordere mit großen Papyrusstängeln und einer Vase, der neben ihm mit Räucherarm und Vase zur Libation in der Hand) haben bereits den Pylonen erreicht (siehe Abb. 39).

Es ist zu erwägen, ob die Musiker den Einzug der Opfertiere in den Tempel begleiten, der im Register darunter dargestellt ist. Dort ist die Prozessionsstraße auf beiden Seiten von barfuß gehenden und in faltenreiche Gewänder gehüllte Priester flankiert. Sie tragen nördlich des Weges in einer Hand Papyrussträuße, südlich des Weges Lotussträuße. In der anderen Hand halten sie gebündelte Gänse. Manche der Priester tragen luxuriöse Perücken. Kahlrasierte Priester mit nacktem Oberkörper und geradem Schurz treiben gemästete Stiere mit geschmückten Hörnern zur Schlacht in den Tempel. Die freie Hand ist anbetend erhoben. Die Prozessionsbarke des Amun nähert sich als erste dem dritten Pylonen in Karnak. Von dieser Szene sind nur die Beine

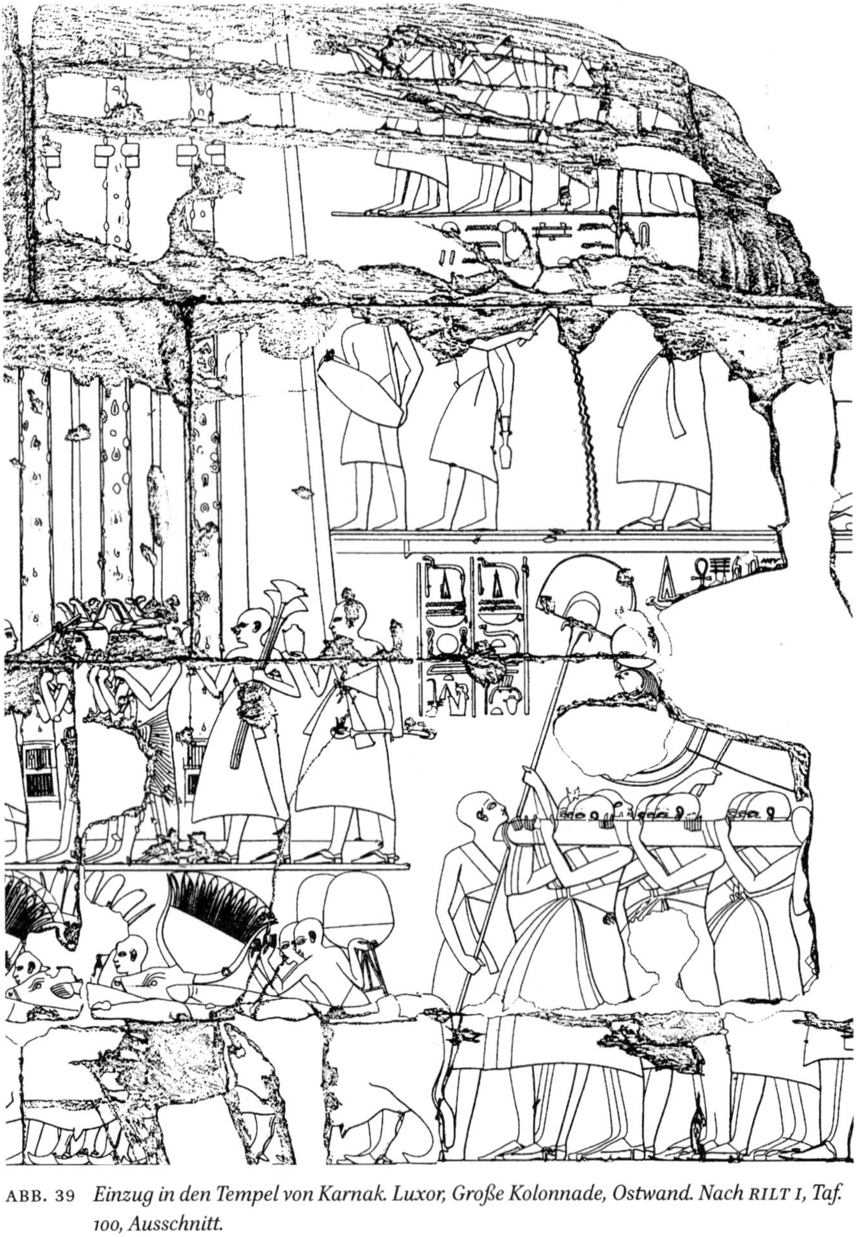

ABB. 39 *Einzug in den Tempel von Karnak. Luxor, Große Kolonnade, Ostwand. Nach* RILT I, *Taf. 100, Ausschnitt.*

ABB. 40 *Einzug in den Tempel von Karnak. Luxor, Große Kolonnade, Ostwand. Nach RILT I, Taf. 100, Ausschnitt.*

der in Sandalen schreitenden Priester und des Königs, der der Userhat-Barke barfuß folgt, erhalten. Den Zug eröffnen paarweise vier Sänger, die in die Hände klatschen. Wohl dem Priesterstand gehört die folgende stark zerstörte Person an. Ein sechster, entgegen der Gehrichtung stehender Mann, von dem nur die Beine erhalten sind, könnte ein Reinigungspriester sein. Es folgt ihm (im Register darunter) ein Trommler, von dessen Kopf nur die Kinnpartie erhalten ist. Er hat den Körper dem Tempel von Karnak zugewendet. Er trägt seine Fasstrommel dicht am Körper so schräg nach oben, dass er den rechten, eng am Körper anliegenden Arm beim Schlagen stark anwinkeln muss (siehe Abb. 39). Die linke Hand hat es bequemer, der Arm ist nur leicht angewinkelt. Der fehlende rechte Teil des Tragriemens scheint nie ausgeführt worden zu sein.

Auf den Trommler folgt ein Reinigungspriester mit einem Milchgefäß und einem Wedel in der Hand, betitelt:

> Reinigen des Weges, Rein! Rein![396]

Als nächstes kommt die Tragbare des Chons, der ein Priester zufächelt. Die erste Rede des Chons steht vor und hinter der Kapelle:

396 *RILT* I, Taf. 103, 1.

> Beschenkt mit Leben, Dauer, Glück, Gesundheit und alle Freude und Siege wie Re.

Die zweite Rede füllen zwei Kolumnen vor der Kultbarke des Chons:

> Worte gesprochen: „Ich gebe dir die *nḥḥ*-Zeit als oberägyptischer König."
> Worte gesprochen: „Ich gebe dir die Dauer [al]s Herrscher der Freude."[397]

Von den Priestern für die folgende Barke der Mut hat sich noch der Umriss eines Fächers und ein Räucherarm erhalten. Der *bh.t*-Fächerträger hinter der Barke ist ganz erhalten. Über der Barke steht:

> Mut, die Große, Herrin von Ischeru, Herrin [des Himmels], Fürstin aller Götter,
> indem sie gibt [Leben], Dauer, Glück und das Feiern[398] von Millionen Sedfesten wie Re jeden Tag.

Die zweite Rede der Mut steht in zwei Kolumnen vor der Barke:

> Worte gesprochen: „Ich ge[be dir] alle [Gesund]heit und alle Freude."
> Worte gesprochen: „Ich [gebe dir] alles Leben, Dauer [und Glück] wie Re jeden Tag."[399]

Den Schluss macht die Tragbarke des Königs, die sich auf dem Relief genau unterhalb des Königs, der hinter der Userhat-Barke zum Tempel schreitet, befindet. Ihr wird mit *ḫw*-Wedeln zugefächelt. Die Aegis mit der Krone heißt: „Wadjet, indem sie gibt, alles Leben und alle Gesundheit". Vor dem Schrein der Barke steht:

> König von Ober- und Unterägypten, Djeserchepeure-Setepenre,
> Sohn des Re, Haremhab-Merenamen, beschenkt mit Leben wie Re.

Hinter dem Schrein steht die Schutzformel. Der König wird durch die Beischrift vor der Barke ausgewiesen als:

---

397 *RILT* I, Taf. 103, 2, Wolf, *Opet*, S. 65, Inschrift 38a.

398 Das *t* des Infinitivs wurde von Wolf als Reste des Suffixpronomens *f* gelesen.

399 *RILT* I, Taf. 103, 5–10, Übers. und Komm., S. 38, Wolf, *Opet*, S. 65, Inschrift 38b.

> Der schöne Gott, Sohn des Amun, den er gemacht hat zum einzigen Herrn [a]uf der Erde,
> der König von Ober- und Unterägypten, Djesercheperure-Setepenre.[400]

Die Beischriften zur Königsbarke sind nicht als Reden gekennzeichnet.

Im Hinblick auf den Hörraum gilt bei der Ankunft die selbe Ordnung wie beim Auszug aus dem Tempel von Karnak. Im unmittelbaren Umfeld der Götter ist nur den Göttern selbst, dem rezitierenden Reinigungspriester und den Musikern die Erzeugung von Klängen mit Hilfe des Körpers (Stimme, Händeklatschen) und der Musikinstrumente – hier vertreten durch eine Laute, fünf Paar Schlaghölzer und eine Trommel – erlaubt. Es ist anzunehmen, dass die Musik zu Ehren des Gottes Amun gespielt wird. Alle Personen sind mit geschlossenem Mund dargestellt. Weit geöffnet sind jedoch die Nasenlöcher und die Mäuler der Stiere, durch die der Strick, an dem sie in den Tempel geführt werden, läuft. Das Gebrüll der Tiere gemahnt klanglich an die Szenerie des großen Opfers. Das Hören der Tierstimmen beschwört die Lebens- und Zeugungskraft herauf, die in den festlich geschmückten prachtvollen Stieren steckt. Als Tierstimme im Ritual ist das Brüllen des Stieres (*hmhm*) belegt im Kult des Min, wo es als Lobpreis bezeichnet wird,[401] durch die Apposition zu Osiris „brüllender Stier der Berge“ (*kꜣ-hmhm-ḏww*)[402] und als Brüllen des vergöttlichten Königs in der Unaspyramide. Das Brüllen (*nhmhm*) des Königs wird in den Pyramidentexten nach der Müdigkeit genannt.[403] Diese Reihenfolge der unterschiedlichen Zustände, nämlich zuerst die Müdigkeit/Schwäche (der *smn*-Gans) und dann die Erneuerung der Lebenskraft/das Brüllen (des Stieres), wird bei der Opetprozession eingehalten.

Episode 10
RILT, *Taf. 108*

„Der letzte Akt des großen Festes, das ‚Wiedereintretenlassen des Gottes‘ ist gekommen. Die Götterdreiheit von Karnak hat ihre Reise beendet. Die Priester

---

400 *RILT* I, Taf. 103, 11–12, Übers. und Komm., S. 38, WOLF, *Opet*, S. 65, Inschrift 38c.

401 Medinet Habu, 2, Vorhof, N- und O-Wand, NELSON, *Medinet Habu* IV, Taf. 200–203, 207, Quelle J, 10–11, VAN ELSBERGEN, *Untersuchungen zu den Darstellungen der Minprozession im Thebanischen Raum*, S. 75.

402 *LGG* VII, S. 266, pImouthes, Kol. 16.2, GOYON, *pImouthes*, Kol. 16.2.

403 „Es kommt doch dieser Unas, *xwrr* der Neunheit, ein unvergänglicher *Ach*, der dich übertroffen hat, der dich übertrifft, der müder ist als du, der größer ist als du, der gedeihender ist als du, der lauter brüllt als du.“ PT 218, (pyr. § 163a,b). Dieselbe Reihenfolge findet sich auch in der Erzählung des Sinuhe B24. Dort holt das Brüllen einer Viehherde den ermatteten Helden wieder ins Leben zurück.

haben die Barken in den Tempel zurückgetragen und sie auf ihre Untersätze gestellt. Jetzt betritt der König allein die Kapelle, um seinem Vater Amun das große Schlussopfer darzubringen".[404] Die Abgrenzung des Heiligtums ist durch die Umfassungsmauer, die die sich im Tempel ereignende Szene einrahmt und im Pylonen endet, wiedergegeben. Im offenen Schrein der Prozessionsbarke des Amun sieht man die beiden Maat-Göttinnen, die mit ihren Flügeln auf allen vier Seiten schützend den aufsteigenden Sonnenkäfer Chepri umgeben, der die Kugel der Morgensonne vor sich her rollend auf einem *nb*-Korb sitzt. Der König trägt die Blaue Krone, den hinten wadenlangen Schurz mit dem Uräen-Mittelstück, den Tierschwanz und Sandalen. Hinter ihm steht die Schutzformel. Über ihm schwebt die Geiergöttin Nechbet, „die Weiße von Hierakonpolis", mit einem *šn*-Ring in ihren Klauen. Der König gießt das Wasser aus einer goldenen oder silbernen *nmst*-Vase. Die Wasserlinie umrahmt die Barke Amuns in einem Schrein, der oben seinen Abschluss in einem Uräenfries findet. Die Linienführung des belebenden Wassers betont den Schutz, den die umschließende Geste gewährt. Der Szenentitel lautet:

> [Die Reinig]ung [vollzieh]en durch den König selbst für seinen Vater Amun-Re, wenn er sich (wieder) niederlässt [in Karnak].

Der folgende Text ist durch die Rezitationsanweisung als Rede gekennzeichnet. Hier spricht nun zum ersten (und einzigen) Mal der König. Er tut es in seiner Funktion als Priester, wenn er für Amun-Re die Reinigung vollzieht:

> Worte gesprochen 4 x:[405]
> [„Rein! Rein!"
> für] A[mun]-Re, dem Herrn der Throne der beiden Länder.
> „Rein! Rein!"
> für [seine Neunhe]it, damit er mache ‚Leben geben'.[406]

Die Rede findet im Sanktuar statt. Der König, der vor dem Schrein steht, ist durch die Beischrift über ihm ausgewiesen als:

> Der schöne Gott,... König von Ober- und Unterägypten,
> Herr der beiden Länder, [Djesercheperure-Setepenre],

---

404 Wolf, *Opet*, S. 38.

405 Der Platz gestattet es, vier mögliche Pluralstriche anzunehmen.

406 *RILT* I, Taf. 115, 1–2, Übers. und Komm. S. 41, Wolf, *Opet*, S. 65, Inschrift 39.

Sohn des Re, Herr der Erscheinungen, [Haremhab-Merenamen],
den Re groß machte, mit Leben beschenkt wie Re, ewiglich.[407]

In einem Text, der oberhalb des Bugs seiner Tragbarke steht, spricht Amun-Re zum König:

[Worte gesprochen von Amun-Re, Herr der Throne der beiden Länder, Herr des Himmels]:
„Mein geliebter leiblicher Sohn, [Herr der beiden Länder], Djeserchepere-Setepenre.
[Mein Herz ist froh] über das, was du für mich getan hast,
weil ich dein großes Opfer angenommen habe.
(Ich) gebe, dass deine Denkmäler bestehend sein werden wie der Himmel
(und) deine Lebenszeit wie die (der) Sonnenscheibe darin,
als Belohnung für dieses Denkmal, das fest ist, das trefflich ist, das rein ist
(und) das du gemacht hast für Amun, den Herrn der beiden Länder und Herrn des Himmels."[408]

Durch diese Rede bestätigt der Gott selbst dem König die geglückte Ausführung seiner rituellen Handlung. Über dem Heck seiner Prozessionsbarke steht die zweite Rede des Amun:

Worte gesprochen: „Hiermit gebe ich dir [alle …]."
Worte gesprochen: „Hiermit gebe ich dir alle [Sieg]e."[409]
Worte gesprochen: „Hiermit gebe ich dir alle Gesundheit."
Worte gesprochen: „Hiermit gebe ich dir alle Freude."
Worte gesprochen: „Hiermit gebe ich dir alles Leben, Dauer und Glück."
Worte gesprochen: „Hiermit gebe ich dir alle Flachländer und alle Bergländer vereinigt unter deine Sohlen."
Worte gesprochen: „Hiermit gebe ich dir die Lebenszeit des Re und die Jahre des Atum (und) die Kraft der beiden Herren (Horus und Seth) in deine Taten."[410]

---

407 *RILT* I, Taf. 108, 4–8, Übers. und Komm. S. 41.

408 *RILT* I, Taf. 110, 1–9, Übers. und Komm. S. 38, WOLF, *Opet*, S. 66, Inschrift 40c.

409 WOLF liest „Länder", dafür ist der Rest des Zeichens aber zu gerundet.

410 *Wb* 1, 156.21.

> Worte gesprochen: „Hiermit gebe ich dir die Kraft des Month in alle deine Glieder auf ewig, ewig."[411]

Der Raum zwischen und unterhalb der Götterbarken ist wie zu Beginn der Reise mit Gaben auf Tischen und Ständern, Blumen, Stabsträußen, Tempelgerät wie Libationsvasen und Räucherarm, Opferlisten und Standarten ausgefüllt. Auch die beiden T-förmigen Wasserbecken vor der Barke des Amun fehlen nicht. Zwischen den Standarten sind wiederum die Gaben an den König, beginnend mit „Ich gebe dir …" eingefügt. Die Reihenfolge und Gaben sind identisch mit denen auf der Ostseite. Desgleichen sind den anderen beiden Kultbarken der Götter (im Register darunter dargestellt) Reden beigeschrieben. Die erste Rede der „Mut, Herrin des Himmels und Fürstin der Götter" schließt sich direkt der Schutzformel hinter dem Schrein an. Sie lautet:

> Worte gespro[chen von Mut, Herrin] des Himmels, zu ihrem [geliebten leiblichen] Sohn:
> „[König von Ober-und Unterägypten],
> der für mich dieses schöne Denkmal gemacht hat,
> ich gebe dir dafür alles Leben, Dauer und Glück."

Die zweite Rede der Mut unter dem Heck ihrer Tragbarke lautet:

> Worte gesprochen: „Hiermit gebe ich dir al[les Leben, Dauer, Glück] von mir aus."
> Worte gesprochen: „Hiermit gebe ich dir alle [Gesund]heit von mir aus."
> Worte gesprochen: „Hiermit gebe ich dir alle [Freude] von mir aus …"[412]

Wie bei der Barke der Mut reicht die Opferliste bis vorne an den Schrein heran, die Reden stehen deshalb oberhalb und unterhalb des Hecks der Barke. Die erste Rede des „Chons Neferhotep":

> Worte gesprochen von Chons:
> „Mein geliebter leiblicher Sohn Djesercheperure-Setepenre,
> mein Herz ist froh beim Anblick des Monuments, das du gemacht hast."

---

411 *RILT* I, Taf. 110, 10–17, Übers. und Komm. S. 39, Wolf, Inschrift 40d.

412 *RILT* I, Taf. 113, 1–11, Übers. und Komm. S. 39, Wolf, Inschrift 41b.

Die zweite Rede von Chons:

> Worte gesprochen: „Hiermit gebe ich dir [alles Leben, Dauer], Glück [von mir aus]."
> Worte gesprochen: „Hiermit gebe ich dir alle …"
> Worte gesprochen: „Hiermit gebe ich dir alle Tap[ferkeit von mir aus]."
> Worte gesprochen: „Hiermit gebe ich dir alle [Länder] als Belohnung für
> Worte gesprochen: [dieses] Denkmal, das schön ist und das rein ist [und das du gemacht hast]."[413]

Die Kultbarke des Königs steht den Götterbarken zugewandt. Die Beischriften bestehen aus der Schutzformel, Titeln und über der Aegis: „Wadjet, Herrin von Unterägypten, indem sie gibt, alles Leben und alle Gesundheit". Der Königsbarke sind keine Reden beigefügt.

Das auditive Konzept heiliger Bereiche als Räume, in denen nur die Götter sprechen, wird während der ganze Opetprozession beibehalten. Neu ist die Rede des das Reinigungsritual zelebrierenden Königs. Die auditive Ordnung des Sanktuars bleibt gewahrt. Es ist nämlich sie, durch die der König in den Status eines Gottes erhoben wird, dem es gestattet ist, im Allerheiligsten in der Gegenwart des Gottes Re-Amun zu sprechen. Die Statuserhöhung des Königs wird am Ende der Reise durch seine Rede im Sanktuar zum Ausdruck gebracht.

Nordwand

RILT, Taf. 119

Die Darstellung der Opetprozession endet auf der Innenseite der Nordwand östlich neben dem Eingang der Großen Kolonnade. Amun-Re, mit der Doppelfederkrone, dem *wꜣs*-Zepter in der Rechten und ein *ꜥnḫ*-Zeichen in der herabhängenden Linken, trägt einen breiten Kragen, einen geraden Schurz und den Tierschwanz. Mut legt ihm ihre rechte Hand auf die Schulter. Die Göttin trägt eine lange Perücke, an ihrer Stirn erhebt sich ein Uräus, auf ihrem Haupt sitzt die Doppelkrone. Das eng anliegende Trägergewand reicht ihr fast bis zu den Knöcheln. In der Linken hält sie, wie ihr Gemahl, ein *ꜥnḫ*-Zeichen. In Augenhöhe ihnen gegenüber steht der König vor dem mit einem *ḫkr*-Fries gesäumten Tor zum Palast. Er unterscheidet sich von Re-Atum durch den *šnḏ.wt*-Schurz, die *ꜣtf*-Krone und *ḥkꜣ.t*-Zepter und Geißel, die er beide in der Linken hält. Von dem Geier mit einem *šn*-Ring in den Klauen ist noch ein

413 RILT I, Taf. 113, 44–55, Übers. und Komm. S. 41, WOLF, *Opet*, S. 66, Inschrift 41c. Ergänzungen folgen jenen des EPIGRAPHIC SURVEY.

Rest des Gefieders erhalten. Drei schlanke Stäbe stehen vor dem König. Sie werden von anthropomorphisierten *ʿnḫ*- und *wȝs*-Zeichen gehalten und tragen „Wepwawet von Oberägypten, Macht der beiden Länder, indem er gibt Leben, Dauer und Glück", das Symbol des Chons, und auf einer Lotusblüte „Behedetj, Großer Gott, Buntgefiederter, der aus [dem Horizont] hervorkommt".[414] Der Falkenstandarte ist eine *mnj.t* angehängt. Die Szene ist betitelt:

> Die Er[neue]rung des Denkmals für seinen Vater, den König von Ober- und Unterägypten Nebmaatre.[415]

Die Inschrift, die den Raum zwischen dem Geierweibchen und dem König ausfüllt, besagt:

> Wadjet, Herrin von Oberägypten, indem sie gibt Leben, Dauer und Glück.
> Der König von Ober- und Unterägypten, Herr der beiden Länder, Djesercheperure-Setepenre,
> Sohn des Re, der geliebt wird, Haremhab-Merenamen,
> Abbild des Re, der an der Spitze der beiden Länder ist, den Amun selbst erwählt hat,
> beschenkt mit Leben, Dauer und Glück wie Re.[416]

Den Göttern sind Reden in den Mund gelegt. Amun-Re begrüßt den König als seinen Sohn:

> Amun-Re, König der Götter, der an der Spitze von Karnak ist, [der resi]diert[417] in seinem noblen Opet,
> der große Gott, Herr des Himmels:
> „Sei willkommen in Frieden, mein geliebter Sohn, Herr der beiden Länder, geliebt von Re."
> Worte gesprochen: „Hiermit gebe ich dir
> das Königtum der beiden Länder und die Jahre des Horus in Freude."
> Worte gesprochen: „Hiermit gebe ich dir
> die Kraft der beiden Herren (Horus und Seth) und jedes Fremdland unter deine Sohlen auf ewig.

---

414 Von mir ergänzt zu *pr-ȝḫt*.

415 Luxor, Gr. Kolonnade, N-Wand, östl. des Eingangs, *RILT* I, Taf. 119, 21.

416 *RILT* I, Taf. 119, 14–19, Übers. und Komm. S. 41.

417 Ergänzt mit *ḥry-ib*.

> Hiermit gebe ich dir die *nḥḥ*-Zeit als König und die Unendlichkeit in Freude."[418]

Mut spricht zum König:

> Worte gesprochen von Mut, der Herrin des Himmels:
> „Ich bin deine Mutter, die deine Schönheit geschaffen hat,
> [beschen]kt[419] mit Leben, Dauer und Glück.
> [Die Große], Herrin von Ischeru, Fürstin aller Götter, das Auge des Re,
> die nicht Ihresgleichen hat, die Oberste der beiden Ufer des Horus."[420]

Die Götterrede des Amun-Re auf dem Relief, das auf der Innenseite der Großen Kolonnade angebracht ist, bestätigt den König als den erwählten Sohn und Abbild des Re. Mut versichert den König seiner Abstammung/Geburt durch eine göttliche Mutter. Dadurch befindet sich der König als einer von ihnen in der Gemeinschaft der Götter. Die auditive Ordnung des heiligen Raumes bleibt auch in dieser letzten Szene gewahrt.

8.2 Der beschallte Raum

Beim Vollzug der Prozession wird ein beschallter Raum erzeugt. Hierunter wird der Raum verstanden, in dem der Schall von einem menschlichen Ohr vernommen werden kann und auf den Hörer einwirkt. Seine Grundmodule sind die menschliche Stimme und das menschliche Ohr. Jeder Raum hat einen Hörpunkt, an dem ein Laut von einem menschlichen Ohr am deutlichsten vernommen werden kann. Im Hinblick auf einen polyphonen Raum entspricht der Hörbereich SCHAFERS Begriff „Akustischer Raum".[421] Der durch den Schall erstellte und wahrgenommene Raum ist stets zeitlich begrenzt. Die Grenzen des Raumes, die durch die Reichweite des Schalles bestimmt werden, bestehen so lange wie der Schall, der sie definiert. Sie können verändert werden. Der Schall bewegt sich im Takt der Sänger und Sängerinnen im Zug solange diese wandern. Grenzen, die durch die Reichweite von Geräuschen (bestimmt durch

418 *RILT* I, Taf. 119, S. 42, 1–7.

419 Ergänzt mit *ẖnm*.

420 *RILT* I, Taf. 119, S. 42, 8–11.

421 „Der akustische Raum eines Lautes ist der Bereich, in dem er zu hören ist, ehe er unter den Schallpegel des Umfeldes abfällt", SCHAFER, *Klang und Krach*, S. 312. Seine Definition lässt jedoch die Reaktion des Hörers unberücksichtigt.

Amplitude, Intensität und Lautheit) definiert werden, sind flexibel. Der Schall vermittelt dem Hörer einen dynamischen Raum. SCHAFER bringt Beispiele für „akustische Gemeinschaften", die ihre Siedlungsformen nach der Reichweite der menschlichen Stimme (d.h. der Rufweite) ausrichten.[422]

Zeit strukturiert und konstituiert die Tätigkeit selbst.[423] Das Tempo ist der Puls der Musik. Bei der Klangerzeugung integriert das Tempo den Hörer in die Zeiteinheit der Musik.[424] Der Rhythmus der Schlag- und Taktzeiten (ein Muster aus betonten und unbetonten Zeitschlägen) entscheidet darüber, welche Stimmung dem Raum vermittelt wird.[425] Wechselnde Tempi, Verzögerungen und Pausen können die Erwartung auf ein künftiges Ereignis steigern. Andererseits kann Geschrei oder Jubel ein eingetroffenes Ereignis unmittelbar bestätigen und dadurch beides zeitlich in Einklang bringen.[426] Folgende Faktoren erweitern, verringern oder beenden die Existenz des beschallten Raumes durch das Verklingen der Geräusche: Die Entfernung der Schallwelle von ihrer Quelle, eine unterschiedliche Schallenergie der Klangerzeugung, das An- und Abschwellen der Töne, Hindernisse für die Schallausbreitung und, bei Prozessionen, die Annäherung beziehungsweise Entfernung des Zuges.

„Schall ist die Ausbreitung von lokalen Druckschwankungen in einem elastischen Medium als Welle".[427] Er ist von den Eigenschaften des physischen Raumes, in dem er erzeugt wird, abhängig. Der beschallte Raum hat je nach der Ausbreitung der Schallwellen eine bestimmte Größe, vom Ort der Schallquelle und vom Standort des Hörers abhängige Grenzen und eine bestimmte Dauer. Je nach der Stärke und der ungehinderten Ausbreitung der Schallwellen wird er verkleinert oder vergrößert. Jede Schallwelle, die bei ihrer Ausbreitung im Freien nicht auf ein Ohr trifft, ist unwiderruflich verloren; soll sie eine Wirkung haben, setzt sie also einen Hörer voraus. Im Freien breiten sich Schallwellen vom Zentrum ihrer Erzeugung linear aus und stören sich nicht gegenseitig. Weil sie nicht zurückgeworfen werden, klingen sie im Freien schwächer als in einem geschlossenen Raum. Handelt es sich um weite Räume, sind Instrumente zur Verstärkung des Schalles nötig. Um im Freien

---

422 Ebd., S. 260f.

423 BOURDIEU, *Outline of a Theory of Practice*, S. 9.

424 OSTWALD, *The Semiotics of Human Sound*, S. 39.

425 HALL, *Musikalische Akustik*, S. 131.

426 Dieses akustische Verhalten findet sich im alten Ägypten in allen Situationen der Erscheinung (eines Kindes, der Sonne), die mit Jubel begrüßt und dadurch hörbar gemacht wird, vergl. BUDDE, „Kommt und seht das Kind", in: PRECHEL, *Fest und Eid*, S. 13–48.

427 HARRINGTON/REICHEL, www.phonetik.uni-muenchen.de/~reichelu/kurse/akust./, Zugriff 2009-06-07.

mit Sängern genügend Schallenergie aufzubringen, braucht man Chöre oder Ensembles. Außerdem ist es schwieriger Schall über eine große Zuhörerschaft zu verbreiten. Pfeiler, Mauern und Bäume können Hindernisse für den Schall darstellen oder ihn absorbieren. Der Charakter des Schalles ist im Freien „trokkener“, denn es fehlen der Hall und die Wärme eines Raumklanges. Auch das Klima spielt eine Rolle. In heißem Klima breitet sich der Ton schneller aus.[428] Zeit, Frequenz und Amplitude beeinflussen sich gegenseitig: ein lauter Ton klingt länger als ein leiser, ein Ton gleichbleibender Stärke scheint mit der Zeit schwächer zu werden und ein hoher Ton klingt lauter als ein tiefer Ton gleicher Stärke.[429]

Die Beschallung des Raumes muss den Anforderungen des physischen Raumes genügen. Vorrichtungen, um den Schall in die gewünschte Richtung zu lenken, sind auf der Darstellung in der großen Kolonnade von Luxor nicht zu finden. Der Tempel symbolisiert den heiligen, abgegrenzten (*ḏsr*) Ort schlechthin.[430] Pylon, Tempel- und Temenosmauern hindern die Ausbreitung des Schalles. Sie sind im Relief wiedergegeben. Die Aussendung hörbaren Schalles durch Gesang, Händeklatschen und Instrumente beginnt erst, nachdem der Pylon durchschritten und der Nil erreicht ist. Das Flussufer war nach der Darstellung nicht von Mauern begrenzt.

Arbeitsgeräusche, die zu einer Flussfahrt gehören, bereichern den beschallten Raum. Auf der ganzen Reise sind mehrere Personen auf Deck oder am Ufer mit dem Rufgestus dargestellt. Offiziere rufen ihre Weisungen zu den Treidlern, die das Bugtau der Götterbarken ziehen. Schiffer geben den Ruderern Befehle. Segel werden gehisst und gerefft, die Ruder in die Wellen getaucht. Die Geräusche schaffen das akustische Szenarium einer Prozession, die auf dem Fluss stattfindet. Man könnte darüber spekulieren, ob das Rauschen des zu dieser Jahreszeit ansteigenden Flusses ins Ritual einbezogen ist.[431] Die geographischen Verhältnisse des Nilbettes, die zwischen Karnak und Luxor weder Felsen, noch Stromschnellen oder ein Gefälle aufweisen, sprechen gegen diese Möglichkeit. Die einzigen von der Strömung und vom Wind hervorgerufenen

428 Bei einer Lufttemperatur von 20 Grad Celsius beträgt die Schallgeschwindigkeit 344 m/s, bei einer Temperatur von 30 Grad Celsius 350 m/s. HALL, *Musikalische Akustik*, S. 78–79.

429 SCHAFER, *Klang und Krach*, S. 165.

430 Zur Konzeption des Tempels als verborgener, exklusiver und generativer Ort, MEYER-DIETRICH, Der Tempel als Körper, in: *Structuring Religion*, S. 173–189. Zur Untersuchung des Begriffs *ḏsr* siehe HOFFMEIER, *Sacred in the Vocabulary of Ancient Egypt*.

431 Dieses Naturgeräusch würde im Rahmen des Rituals die Jahreszeit Achet lautlich (als Geräusch der Überschwemmungsfluten) repräsentieren und sie damit in die aktuelle Situation einbringen.

Naturgeräusche waren möglicherweise das Rascheln des Schilfes und anderer Pflanzen am Ufer. Die Geräuschkulisse der Flussfahrt wird zu Lande von dem Lärm des Opferbetriebs abgelöst. Dieser wird durch den Rezitationsgestus der Priester, das Schnattern der Gänse, die Rufe der Schlächter und das Brüllen der Stiere dargestellt.

Während der Prozession wird in die Hände geklatscht, die Trompete geblasen, die Trommel geschlagen, Halsketten und Sistren geschüttelt, die Laute gespielt, Schlaghölzer aneinander geschlagen und rhythmische Tänze mit Rasseln aufgeführt. Bei der Flussfahrt werden mindestens zehn Lieder oder Sprechchöre (neun im Chor und eines solo) aufgeführt. Falls die Gesänge der einzelnen Gruppen mehrmals gesungen wurden (was die Rezitationsanweisung für das Trinklied auf der Chapelle Rouge nahelegt) resultieren die musikalischen Aufführungen in einem gemischten Klangbild. Die Phyle der Ruderer und die im Lauf dargestellten Führer der Armee singen vermutlich im Takt ihrer Arbeit oder ihrer Gangart. Trommeln, Händeklatschen und Kommandorufe der Offiziere (die im Relief mit dem Sprechgestus erscheinen) geben den Treidlern den Takt zum Ziehen der Götterbarke, den Soldaten im Gefolge seiner Majestät den Laufrhythmus. Die Anschlüsse der direkt aufeinanderfolgenden oder aneinanderstoßenden Liedertexte in der waagerechten Zeile oberhalb der singenden Gruppen am Ufer machen eine ununterbrochene Klangerzeugung für die gesamte Dauer dessen, was sich im Freien abspielt, wahrscheinlich. Die in die Schriftzeile hineinragenden Standarten, Stöcke und Hände unterbrechen zwar die Schrift, der Text ist jedoch fortlaufend.

Die öffentlichen musikalischen Aufführungen in der Prozession verklingen erst beim Einzug der Barken in den Tempel von Luxor beziehungsweise Karnak. Mit der Einkehr in den Tempel beginnt für den König der Vollzug des Opferrituals. Höchstwahrscheinlich tanzte und musizierte die Bevölkerung aus Freude während der ganzen Nacht. Gestützt wird diese Vermutung durch die Liederzeile: „Mögen sich eure Herzen erfreuen, o Land Ägypten! ... während ihr seht Atum, zufrieden in seinem Opet".[432] Inschriften bei der Rückkehr der Göttin Rait-Tawy nach Medamud belegen eine nächtliche Fortführung des Festes für die Ptolemäerzeit.[433] Die Festbesucher im Sais der Römerzeit werden, während die Göttin Neith-Methyer von der Anlegestelle zum Tempel geführt wird, aufgefordert die Nacht durchzufeiern: „Die ganze Stadt soll

432 *RILT* I, Taf. 18, Lied des Solisten am Ufer in Luxor, 14b–15.

433 Medamut, Monthtempel, Eingang, S-Wand. Der Text preist Hathor in ihrem Aspekt des zurückkehrenden Sonnenauges als: „The Golden Goddess who is pleased by dances at night". Er beginnt: „Come, oh Golden One, who eats of praise, because the food of her desire is dancing", Übers. DARNELL, Hathor returns to Medamud, in: *SAK* 22, S. 49.

Freudenschreie ausstoßen. Niemand soll schlafen bis zum Morgengrauen. Ganz Esna ist in Festfreude".[434] Die pausenlose Lautproduktion vermittelt einen ungehinderten ständigen Verlauf des Ereignisses und dessen, was dadurch ausgedrückt werden soll.

Durch ihr dynamisches Schlagen, Klatschen und Rasseln setzen Trommler, Sänger und Tänzer Ereignisse auditiv um und stimmen sie aufeinander ab. Wie die rhythmischen Schläge einer Trommel so kann der hohe Signalton einer Trompete in der Menge gehört werden. Dies bringt die Position des Trompeters, der sein Instrument über die Köpfe der Menge hinaus zum Gott richtet, deutlich zum Ausdruck. Das Trommeln verleiht zusammen mit anderen Rhythmen der rituellen Umgebung die Qualität eines polymetrischen Raumes. Sich steigernde Tempi im Rahmen der Aufführung sind für die Reisestrecke nach Karnak (die der Fahrt des Sonnenbootes am Tage entspricht) durch die beschwingten und schnelleren Bewegungen der nubischen und libyschen Tänzer dargestellt. Eine Beruhigung schneller Rhythmen ist möglicherweise durch die Lautenspieler am Ende des Zuges gegeben. Bei der Laute, die bei der ersten Gelegenheit allein und bei ihrem zweiten Einsatz mit drei Instrumenten vertreten ist, handelt es sich um ein leises Instrument, das zur Beschallung bei der Prozession kaum geeignet war, es sei denn zur Beruhigung, indem es zum genauen Hinhören zwingt. Lautenspieler und -spielerinnen in den Festbanketten, an denen Familienmitglieder und Freunde teilnehmen, sprechen für Lautenklänge als Hörzeichen für eine intime Atmosphäre. In der Opetprozession zählt die Beischrift zum Schiff der Königin die Stimme und das Sistrum auf, um die Sphäre der Beruhigung und der Liebe zu schildern. Derselbe Text verankert diese musikalische Sphäre in der Zeit *im* Tempel, „wenn sie (Mut) sich niederlässt".[435]

Da mehrere Gruppen im Zug zu unterschiedlichen Zeiten singen und das Publikum jubelt, geht der Schall von mehreren alternierenden Schallzentren aus, die sich vereinen. Das führt zu einem dynamischen polyphonen Raum. Die Instrumente, die Klangfarben der ungleichen Chöre und die Reichweite des Schalles greifen ineinander. Je nach dem Abstand des Hörers zur Schallquelle kann ein Gesang nach dem anderen gehört werden oder ein Gesang im Vordergrund andere Chöre und Geräusche übertönen. Darüber hinaus kommt es bei Prozessionen, obgleich alle Mitglieder im Chor gleichzeitig singen, zu einem Nachschleppen des Tones.

---

434 Esna V, 302=207, 23, Übers. DERCHAIN-URTEL, Die Festbesucher in Esna, in: *4. Ägyptologische Tempeltagung*, S. 3–15.

435 *RILT* I, Taf. 83, 8–10.

Mehrmals nacheinander, und dadurch auch auf den verschiedenen Etappen der Ruderfahrt erfolgend, vermittelt die Ausbreitung der Schallwellen eine Zunahme des Raumes. Die Besonderheit des mit dem Zug wandernden Schalles erzeugt die Wahrnehmung eines rituellen Raumes mit dehnbaren Grenzen. Dessen Erweiterung geschieht in Abhängigkeit von der Bewegung und der Anzahl der Sänger südwärts – das entspricht den gesungenen Strecken des Himmels nach Süden. Auf der Reise nordwärts verkörpert die Beschallung das Strecken des Himmels nach Norden. Der durch Stimmen, Blas-, Schlag-, Rassel- und Saiteninstrumente, die Arbeitsgeräusche der Ruderfahrt, den Lärm des Opferbetriebs und den Jubel der Menge erzeugte vibrierende vielfältig beschallte Raum erhält seine Grenzen durch die Reflektion der Schallwellen[436] und die Hörweite. Je nach dem Standort des Hörers kann ein Gesang in der Lautstärke an- oder abschwellen. Es entzieht sich unserer Kenntnis wie laut die Sänger gesprochen oder gesungen haben und welche Geräusche übertönt werden mussten, doch finden sich Hinweise auf das altägyptische Konzept des sich vergrößernden und steigernden beschallten Raumes in den Liedertexten. Die charakteristische Reihenfolge für die Ausbreitung des Jubels in den Festliedern ist: Erde, Himmel, Götter.[437] Die folgende Zusammenstellung der Opetfestlieder zeigt die Variation des jeweiligen Hörraumes im Hinblick auf den Bejubelten, dessen Ansehen gesteigert werden soll.[438] Die jubelnde Menge wird unterwegs nach Luxor zum ersten Mal in Beziehung zu Amun genannt:

> Die ganze Erde ist vereint in Jubel beim Anblick seiner … in seiner Flussbarke wie Re in seiner Abendbarke … jubelnd. Die ganze Erde ist in Freude bei der Ankunft im noblen Opet, seiner Stätte des Ersten Males.[439]

---

436 Sind die Schallwellen bei den thebanischen Prozessionsfesten vielleicht von den Felswänden in Deir el-Bahari zurückgeworfen worden? Das würde Folgen für den Charakter des beschallten Raumes haben: „Doch der Raum den Echo und Widerhall implizieren, weist nicht die gleiche Umgrenzung auf. Der Widerhall weist auf einen riesigen einzelnen Raum hin, das Echo dagegen (bei dem man die Reflexion als eine Wiederholung oder Teilwiederholung des ursprünglichen Schalles unterscheiden kann) prallt von zahllosen Flächen ab. Widerhall und Echo verleihen Klängen die Illusion von Dauerhaftigkeit und den Eindruck von akustischer Autorität“, SCHAFER, *Klang und Krach*, S. 265.

437 ASSMANN, *Liturgische Lieder an den Sonnengott*, S. 259.

438 Mit POPKO, *Geschichtsschreibung*, S. 97, der das *šdm* der *nḫt.w* in Urk. IV, 1098.16 und Urk. IV, 1309.13 als Aussage zur Macht eines Königs, von dessen Taten selbst in fernen Ländern die Rede ist, interpretiert, und entgegen ASSMANN, *Liturgische Lieder an den Sonnengott*, S. 181, der den Jubel nicht als eine auf den Gott bezogene Handlung, sondern als einen Zustand, in den die betroffenen Wesenheiten (Himmel und Erde) versetzt werden, versteht.

439 *RILT* I, Taf. 18, 14b–15.

Für Amun wird die ganze Erde als eine Einheit abgesteckt. Die Soldaten und Schiffer, die das Bugtau der Flussbarke der Mut halten, singen:

> Der Himmel jubelt, die beiden Länder sind in Feststimmung, die beiden Ufer sind in Jubel und Jauchzen ausgebrochen, wenn sie die erste der Götter erblicken, wie sie das Land mit ihrer Schönheit erhellt.[440]

Im Hinblick auf die Göttin werden die Räume differenziert und zu den irdischen Bereichspaaren „die beiden Länder", „die beiden Ufer" noch der Himmel hinzugefügt. – Die Himmelshieroglyphe erstreckt sich der Ausrichtung des Textträgers folgend von Norden nach Süden und vice versa über die gesamte Länge des Reliefs und der Wand. – Der König wird im Festlied bei der Ankunft in Luxor mitbedacht:

> Dein Aufgang ist schön, Amun-Re, wenn du in der *wsr-ḥ3.t*-Barke bist und wenn die gesamte Bevölkerung dir Lobpreis spendet. Das ganze Land ist in Feststimmung, weil dein ältester Sohn, dein Erstgeborener dabei ist, dich nach Opet zu rudern.[441]

Für den Herrscher wird die Aufzählung der Räume (Erde, Himmel etc.) mit der Bevölkerung und dem Land Ägypten ersetzt. Die Vergöttlichung des Herrschers führt auf der Strecke nach Karnak dazu, dass in dem der Barke des Königs beigeschriebenen Festlied die Jubelgemeinde noch mehr erweitert wird:

> Die Randgebiete (der Wüste) sind am Jauchzen, die beiden Länder sind in Feststimmung. Die Neunheit von Theben ist in Freude wenn Djesercheperure-Setepenre seinen Vater Amun rudert.[442]

Sie umfasst nun die Randgebiete der Wüste, die beiden Länder und die Götterneunheit von Theben. Die Texte vermitteln das Ideal eines sich ständig erweiternden[443] und schließlich das gesamte Ägypten inklusive den Himmel darüber umfassenden fiktiven auditiven Raumes für die Götter und den vergöttlichten König. Im Unterschied zu den Göttern und dem König wird für die Königin keine öffentliche oder fiktive Jubelgemeinde aufgezeigt.

---

440 *RILT* I, Taf. 28.

441 *RILT* I, Taf. 20, 1–3a.

442 *RILT* I, Taf. 68, 7–10. Parallelen zur Freude der Neunheit bei ASSMANN, *Liturgische Lieder an den Sonnengott*, S. 238f.

443 Zu *t3š* zur Bezeichnung einer dehnbaren und erweiterungsfähigen Grenze, HORNUNG, *Von zweierlei Grenzen im Alten Ägypten*, S. 403ff.

Die Anzahl der Sänger reichte aus, um den praktischen Erfordernissen einer Freilichtaufführung zu genügen und den Gesang so zu verstärken, dass er gehört werden kann. Der Auftritt eines Solisten spricht hingegen für ein Verständnis der dargestellten Anzahl von Sängern als symbolisches Bild einer Menge.[444] Das repräsentative Konzept des beschallten Raumes verzichtet demnach auf eine Darstellung der tatsächlich erforderlichen Menge an Sängern zugunsten einer symbolischen Anzahl, die auf dem Relief in der Großen Kolonnade von Luxor ihrer jeweiligen Position im Verlauf des Rituals angepasst wird. Auch eine Vermehrung der Musiker zur Schaffung eines großen akustischen Profils lässt sich nicht zeigen.[445]

Rezipienten, die vormals der Hörergemeinschaft Achetatens angehörten, konnten bei der Aufführung die Kultzeiten im Tempel ankündigenden Töne der Trompete, die zur Sakralisierung eingesetzten Wechselgesänge, libysche Schlagrhythmen und die Tanzrhythmen nubischer Trommler bei einer Prozession erkennen. Nicht auszuschließen ist auch die Vertrautheit einiger Gruppen mit Klängen und Gesten, die während der Amarnazeit eventuell andernorts in religiösen Ritualen beibehalten wurden. Körperhaltung, Musik und Rhythmen erzählen die Handlung und platzieren den Zuhörer in ihr, indem sie den Körper über seine physischen Mechanismen Sinn und Zugehörigkeit erfahren lassen.

8.3 Die Rezeption des Reliefs der Opetprozession

Das Relief der Opetprozession in der Großen Kolonnade des Tempels von Luxor ist die sekundäre materielle Medialisierung einer zentralen Erzählung der altägyptischen Herrscherideologie und Religion. Hervorgehoben wird die Lauterzeugung: Reden, Rezitations-, Ruf- und Jubelgesten, Gesänge, die Position von Tänzern und Musikern im Zug, die verwendeten Instrumente,

---

444 Das Relief der Opetprozession visualisiert Raumvorstellungen unter Verwendung eines konventionalisierten Zeichensystems. Dies gilt sowohl für die Darstellung der physischen Räume als auch für die Territorialisierung auditiver Räume durch Darstellung der Musiker und der gesprochenen Liedertexte. Die hier zu beobachtende Verdichtung einer Teilnehmerzahl auf eine symbolische Gruppe lässt sich in dem Relief auch für die den Gott Amun grüßenden und verehrenden Bürger geltend machen.

445 Schafer (*Klang und Krach*, S. 105) spricht von einem „Lautimperialismus" wenn die Macht eines Lautes ausreicht, um ein großes akustisches Profil zu schaffen. Die Beherrschung des akustischen Raumes kann durch die Stärke und den Signalcharakter des Lautes erreicht werden, der andere Geräusche übertönt, unterbricht, oder die Aufmerksamkeit auf sich lenkt.

die durch die Ausrichtung der Instrumente geschaffenen Beziehungen und die Aufführungssituation für eine Rede, ein Lied oder einen Tanz. Das Relief stellt eine visuelle Repräsentation von unterschiedlichen auditiven Räumen dar, die im Verlauf des Ritualvollzugs erstellt werden. Sie fügen sich zu einer Karte zusammen, die über die auditive Territorialisierung des Raumes durch Beschallung im historischen sozialen Kontext[446] der Nachamarnazeit Auskunft gibt. Seine Anbringung in der Großen Kolonnade des Tempels von Luxor zeigt, dass die Gestaltung des Gottesweges[447] und des damit verbundenen beschallten Raumes in den Händen religiöser und staatlicher Institutionen lag.

Das Spacing

Das Relief, die „Karte", der Opetprozession repräsentiert den Handlungsraum der Thebanischen Göttertriade und des Königs als den dominanten Raum (*représentation de l'espace*) der altägyptischen Gesellschaft am Ende der 18. Dynastie:

> Les représentations de l'espace, liées aux rapports de production, à « l'ordre » qu'ils imposent et par là, à des connaissances, à des signes, à des codes, à des relations « frontales ». C'est donc l'espace conçu, celui des savants: des planificateurs, des urbanistes, des technocrates « découpeurs » et « agenceurs », de certains artistes proches de la scientificité, identifiant le vécu et le perçu au conçu. C'est « l'espace dominant dans une société ».[448]

Der Ritualisierungsprozess und die in seinen Phasen erzeugten Laute, Klänge und Geräusche entscheiden über Sinn, Ordnung und die religiösen und nichtreligiösen Konnotationen des Raumes. Der auditive Raum beinhaltet auch fiktive Räume und die Möglichkeiten, die das Raumkonzept seinen Benutzern einräumt. Prozessionen verwandeln den öffentlichen Raum vorübergehend in ein Kräftefeld, ein Konglomerat aus konzipierten, imaginierten und gelebten Räumen, in dem sich seit Émile DURKHEIMS Distinktion als „heilig" und

446 „It is in the nature of all maps, including the ‚scientific' maps of our own day, to construct a world in the image of society rather than to hold a mirror to an ‚objective' reality." HARLEY, New England cartography and the native Americans, in: *The new nature of maps*, S. 187.

447 Zur Prozessionsroute als Gottesweg (*w3t nṯr*) CABROL, *Les voies processionnelles de Thèbes*, S. 712 f.

448 LEFEBVRE, *Production de l'espace*, S. 48.

„profan" klassifizierte Bereiche[449] zueinander gesellen und miteinander vermischen. Gelebte Räume (*espace vécu*) sind nie zur Kohärenz und auch nicht zum Zusammenhalt verpflichtet.[450] Das bedeutet, dass religiös konnotierte Räume in einem säkularen Kontext, und umgekehrt, säkular konnotierte Räume in einem religiös-rituellen Kontext erstellt, und *in diesem Mischverhältnis* rezipiert und reproduziert werden. Durch seine Medialisierung im Tempel sind zum Rezipientenkreis in erster Linie die Priester, Würdenträger[451] und assistierendes Tempelpersonal zu rechnen. Erstere sind es auch, die das religiöse Wissen verwalten und bei Prozessionen als Ritualisten agieren.

Das auf dem Nil stattfindende Fest bildet ein Medium des kollektiven Gedächtnisses.[452] Die Lauterzeugung trägt entscheidend zur kollektiven Erinnerung und zur Erfahrung einer im Ritual vermittelten Erzählung bei. Die Musik selbst kann eine Erzählung bilden (Musik, Tänze, Rhythmen erzählen) oder Resonanz und Wirkung von aufgeführten Mythen bestimmen. Der Gegenstand der Erzählung bildet den funktionalen Kontext für das beim Fest erzeugte Klangmuster. Bei der Aufführung verleihen der rituelle Kontext und die Interpretation durch Musiker diesem Gegenstand die Wirkung einer

449 DURKHEIM, *The Elementary Forms of the Religious Life*, S. 38.

450 LEFEBVRE, Die Produktion des Raums, in: DÜNNE/GÜNZEL, *Raumtheorie*, S. 336.

451 Dass die Teilnahme an religiösen Prozessionen in Biographien Erwähnung fand, ist mehrfach belegt: Stele Uriage, Museum Grenoble Nr. 19, DZIOBEK, *Denkmäler des Veziers User-Amun*, S. 88ff, Urk. IV, 1031.3–6. Stele des Sehetepibre von Abydos, LICHTHEIM, *Ancient Egyptian Literature* I, S. 127. SToulouse 1175, VARILLE, La stèle égyptienne no 1175 du Musée de Toulouse, in: *KÊMI* 3, S. 39–43. Graffiti Deir el-Bahari 12.6, MARCINIAK, *Les inscriptions hiératiques du temple de Thoutmosis III*. Die Teilnahme an der Fahrt „mit jeder (heiligen) Barke" wird schon in den Ereignisbiographien des AR erwähnt, eindeutig bei Ptah-Schepses, Sakkara, Scheintür an der Außenfassade der Mastaba C1, heute London, Inv. Nr. 682, PM III^{2}, 424, Urk. I, 51.11–53.13, KLOTH, *Die (auto-) biographischen Inschriften*, Dok. 29, S. 159. Zur Darstellung schreibt ROTH: „[Es] werden augenscheinlich jeweils auch nur die im Darstellungskontext relevanten Festteilnehmer abgebildet. Schließlich zeigt ein Blick in die Privatgräber die Abhängigkeit vom Blickwinkel des Betrachters, bzw. Auftraggebers der Bildnisse. Hier scheint verschiedentlich eine äußerst ‚tatkräftige' Mitwirkung von Würdenträgern an den Festritualen auf, die in den Tempelreliefs keine Entsprechung findet, den tatsächlichen Umständen jedoch sicher näher kommt". ROTH, Der Herrscher im Fest, in: FS *Gundlach*, S. 218.

452 Die These, dass eine Kultur mehr Sinn produziert als für die Bewältigung des Alltags förderlich ist (ASSMANN, Der zweidimensionale Mensch, in: *Das Fest und das Heilige*, S. 13), kann ich nicht teilen. Ausgehend von einer sozialen Integration des Menschen, die durch die Klangerzeugung bei Festen erreicht wird, produziert das Fest m.E. keinen Überschuss, sondern gerade so viel Sinn, d.h. Einbettung in die Gesellschaft, wie für die Bewältigung des Alltags nötig ist.

Botschaft. Sie kann an alle oder an bestimmte soziale Gruppen gerichtet sein. Die Wahl der verwendeten musikalischen Mittel zu seiner Vermittlung ist eingebettet in eine Geschichte, die den historischen Kontext für die Aufführung erzeugt und in dessen Richtung sie weist.[453] „It is important to note that the narratives derived from religious tradition are not static. Sacred stories are both structured and improvised, determined by tradition and created out of human appropriation of that tradition".[454] Die Klänge, aus denen sich das Klangmuster der Prozession zusammensetzt, müssen dem Raum und dem Anlass aus dem sie stattfinden angepasst und so gestaltet sein, dass sie auditive Räume für die einzelnen Abschnitte des rituellen Verlaufs schaffen, die dem Ziel der gesamten Aufführung dienen. Die auditive Territorialisierung bei der Opetprozession gestaltet Räume des Schweigens, des Sagbaren,[455] des Musizierbaren, des möglichen Lärmens durch Arbeitsgeräusche und Tierstimmen. Sie verkettet sie mit den daran geknüpften Konnotationen von Macht und Göttlichkeit zu einer Erzählung über die Mitwirkung des Königs als Beistand des Sonnengottes[456] und *fils-créateur*,[457] der die Schöpfungsprozesse in Gang hält.

Klänge und Rhythmen werden strategisch bei der Vermittlung eingesetzt. Hieraus ergibt sich ihr Einsatz im Kontext der rituellen Aufführung:

> Ritual highlights a limited series of vivid images, while excluding much else from the perceptional field. Only certain characteristics of those involved in the rites are brought to attention, and these are often focused on with great intensity. At the same time, the symbols employed suggest a particular interpretation of what is being viewed.[458]

453 „Ich bin der Ansicht, dass die allgemeine akustische Umwelt einer Gesellschaft als Indikator für gesellschaftliche Zustände, deren Folge sie ist, angesehen werden kann und dass wir dadurch über die Entwicklungsrichtung dieser Gesellschaft einiges erfahren". SCHAFER, *Klang und Krach*, S. 13.

454 AMMERMAN, Religious Identities and Religious Institutions, in: *Handbook of the Sociology of Religion*, S. 219.

455 Mit „Räume des Sagbaren" ziele ich nicht auf FOUCAULTS Begriff *Heterotopien* ab (Von anderen Räumen, in: *Michel Foucault, Dits et Écrits*, S. 931–942), d.h. das Ausblenden des Sagbaren unter dem Mantel scheinbarer Öffentlichkeit, sondern auf das, was im Rahmen des rituellen Ereignisses durch die Aufführung der Erzählung vermittelt wird.

456 Zu dieser Rolle, ASSMANN, *Liturgische Lieder an den Sonnengott*, S. 369.

457 Siehe zu dieser Aufgabe BICKEL, *La cosmogonie égyptienne avant le Nouvel Empire*, S. 158–163.

458 KERTZER, *Ritual, Politics and Power*, S. 85.

Die Aufmerksamkeit wird auf den König gelenkt. Er ist der zentrale Akteur. Während das Götterbild stets in seinem Schrein verborgen bleibt, ist der König in allen Phasen des Rituals sichtbar. Er verlässt seinen Palast, folgt auf dem Weg zur Anlegestelle der Prozessionsbarke seines Vaters, räuchert der Kultbarke des Amun auf der Flussstrecke und geht hinter ihr vom Nilufer zum Tempel von Luxor. Er folgt zu Fuß der Prozessionsbarke des Amun vom Luxortempel zur Anlegestelle, gesellt sich auf dem Weg nach Karnak in Form seiner Prozessionsbarke zu derjenigen des Amun und räuchert dort beiden Kultbarken. Obgleich zentraler Akteur des Rituals,[459] ist der König außerhalb des Tempels nicht durch eine Rede, wohl aber durch sein Schweigen charakterisiert. Auf der Westwand vermittelt das Schlagen der Trommel seine Präsenz und seinen Status. Möglicherweise kann man die Arbeitsgeräusche auf den Begleitschiffen und die Kommandorufe für die Treidler als Verlautbarung seines Ruderns für den Vater dazurechnen. Auf der Ostwand wird der König auf dem Weg über das gesungene Herrscherlob im Hörraum etabliert. Ganz am Ende, wieder in der Barkenkapelle von Karnak, spricht der König als Priester. Beim Opetfest wird eine auditive Ordnung erstellt, der zufolge nur die Götter sprechen. Sie wird strikt eingehalten und erhebt dadurch den in Karnak das Reinigungsritual zelebrierenden König (sowie den ihn in der Öffentlichkeit vertretenden Priester) in den Status einer Person, die in Gegenwart des Gottes sprechen darf.

Die verwendeten religiösen Symbole sind *Jpt swt* als Stätte des „Ersten Males“ und Ort eines von Re-Atum vollzogenen kreativen Prozesses. Die zwei T-förmigen Kanalbecken und die Gaben auf den Opfertischen vor der Barke des Amun in Luxor verbildlichen die Monate der Nilüberschwemmung als erneutes Aufleben des Landes. Im Trinklied erhebt Hapi den Himmel. Der Fluss bildet den wesentlichen Schauplatz des Ereignisses. Das Ziel des Rituals besteht in der Darstellung des Sonnenlaufs als Fortbewegung, sprich „Rudern“, des Gottes Re-Amun unter Mitwirkung des Königs.

Vermutlich begann die Prozession am späten Nachmittag.[460] Sie erreichte den zwei Kilometer südlich liegenden Luxortempel[461] am Abend, ruhte dort und setzte am nächsten Tag ihre Reise in Richtung Karnak fort. Bei diesem angenommenen Verlauf, denn es gibt meines Wissens keine Belege zur Dauer des Aufenthaltes in Luxor, erstreckt sich die rituelle Ruderfahrt über einen

---

459 Zur zentralen Rolle des Königs, Cabrol, *Les voies processionnelles de Thèbes*, S. 712ff und S. 739ff. Auf der Chapelle Rouge wird ebenfalls die königliche Tat ins Zentrum gerückt. Dort halten Hatschepsut und Thutmosis III. die Bugtaue der Götterbarke.

460 Wolf, *Opet*, S. 71.

461 Entfernungsangabe nach Cabrol, *Les voies processionnelles de Thèbes*, S. 36. Die Route auf dem Nil war etwa 700 m länger.

vollständigen Sonnenzyklus. Die Himmelshieroglyphe bringt zum Ausdruck, dass die Veranstaltung unter freiem Himmel, die Gebäudekulisse, dass sie in der unmittelbaren Umgebung der Tempel und das lange Wasserband, dass sie auf dem Nil stattfindet. Die auditive Territorialisierung des Raumes gilt für diesen Hörraum. Hörräume außerhalb des Tempels verhalten sich zur auditiven Ordnung des Sanktuars. Sie geben dieselbe für heilige und götternahe Bereiche wieder und kontrastieren sie mit dem lauten Betrieb auf den nichtgöttlichen Schiffen. Die auditive Codierung des Sanktuars gilt für das Barkensanktuar, den Raum vom Tempel zur Anlegestelle und am Ufer neben der Userhat-Barke sowie für die Götterschiffe auf dem Fluss, die somit „schwimmende Tempel" sind. Das auf den Schiffen herrschende Schweigen und die Vermeidung von Navigationsgeräuschen stehen im Gegensatz zu dem lauten Betrieb auf den Schleppbooten und Begleitschiffen, wo Ruf- und Redegesten sowie Peitschenhiebe Lärm anzeigen.[462] Die Beischrift, die über dem Schiff der Königin auf dem Weg nach Karnak steht, gibt einen Hinweis auf das Lautverhalten in Räumen, die der Nachtruhe zugeordnet werden, und da die Königin mit ihrer Stimme besänftigt, eventuell auch zur Abwehr von Gefahren.

Lauterzeugung und Aufführungssituation verfügen über einen gemeinsamen Nenner.[463] Klang und Rhythmus entfalten durch die Aufführung in dem rituellen Kontext ihre symbolischen Eigenschaften.[464] Sie verleihen der Erzählung ihre Wirksamkeit. Die Erzähler sind die ausübenden Sprecher,

462 Jubel- und Grußgesten auf nichtgöttlichen Schiffen finden sich bereits im AR, Darstellung der mit asiatischen Kriegsgefangenen zurückkehrenden königlichen Flotte im Totentempel des Sahure, Abusir, Berlin ÄM 21830, ÄM 21833/1–2 und Berlin ÄM 21835–53.

463 „[The context-music interaction] operates on the basis of determinable underlying principles which constitute the ‚common denominators' linking the musical idiom with the context of performance. These principles serve as the reference, ‚translating context' into music, and in turn expressing context musically, thus making music hold contextual meaning", BURCKHARDT QURESHI, Musical Sound and Contextual Input, in: KADEN/MACKENSEN, *Soziale Horizonte von Musik*, S. 264.

464 „The fact is that musical structures are not unique to single communities or styles. Rather, they are generalized systems of sound communication which are used throughout a ‚musical area', […]. Whithin that common musical frame of reference, different musical idioms exist side by side, serving different purposes in different contexts of performance. What distinguishes them from one another, and thus identifies any particular musical idiom, are one or more individual musical features related to, or associated with the idiom's particular function or context of use." Ebd., S. 258. Weil das Relief keinen Aufschluss über Dauer und Intervalle gibt und die experimentelle Erforschung der Klangfarbe altägyptischer Instrumente in das Gebiet der Musikarchäologie fällt, ist die Untersuchung darauf angewiesen mit Hilfe des afrikanischen Kontextes das „musikalische Gebiet" heranzuziehen und in ihrem jeweiligen Aufführungskontext zu analysieren.

Sänger, Musiker und Tänzer. Ihre Platzierung, Art, Herkunft und Erscheinung, die Ausrichtung der Instrumente, Tonstärke, Dauer, Intervalle, Rhythmus und Klangfarben sind Hörzeichen und Codes in einem Ritualisierungsprozess. Sie übersetzen beim Ritualvollzug die rituelle Umgebung in die Hörbarkeit. Sie vermitteln den Rezipienten die Hauptrollen und deren Beziehungen zueinander. Sie bestimmen die Erfahrungshaftigkeit der Erzählung.[465] Die religiöse Bedeutung der verwendeten Reden und Klänge liegt in der Erzeugung eines imaginierten symbolischen Raumes, in dem die Beziehung zum Heiligen gestaltet werden kann. Die Akteure werden in Tabelle 3 nach den folgenden Kriterien zusammengestellt: Die Art der Musiker, ihre Anzahl, Ethnizität, Geschlecht, Position im Zug, Gesten und die Ausrichtung der Instrumente.

TABELLE 3 *Musiker, Tänzer und Rezitationen im öffentlichen Teil der Opetprozession*
Die Auflistung erfolgt aus der Sicht eines Betrachters, der dem Zug entgegenblickt, in der Reihenfolge ihres ersten Auftritts. Ein Auftritt in Klammern ist aufgrund des Erhaltungszustandes der Quelle unsicher.

Musiker	**Anzahl der Personen** **Ethnizität** **Geschlecht**	**Anzahl der Auftritte** **Position im Zug** **Ausrichtung des Instrumentes**
Trompeter (erzeugt einen signalisierenden Ton) Erster gerader Schurz wie die Reinigungspriester und Soldaten ihn tragen, dann Offiziersschurz	1–1–1 nach Luxor (1)–1–(1) nach Karnak Ägypter an der Spitze des Zuges, Nubier unter den Leuten am Ufer männlich	6 • an der Spitze des Zuges • unter den Bürgern am Ufer vor der Userhat-Barke • am Schluss des Zuges/Amun entgegenblickend • vor der Tragbarke des Chons • unter dem Königsgefolge vor der Barke des Königs • vor der Userhat-Barke Entgegen der Zugrichtung, Instrument zum Gott Amun hin ausgerichtet

465 „Erfahrungshaftigkeit“ *experientiality* bezeichnet das, was in Erzählungen an Handlung, Intentionen und Gefühlen berichtet und gleichzeitig evaluiert wird. FLUDERNIK, *Einführung in die Erzähltheorie*, S. 122.

Musiker	**Anzahl der Personen** **Ethnizität** **Geschlecht**	**Anzahl der Auftritte** **Position im Zug** **Ausrichtung des Instrumentes**
Trommler (Fasstrommel)		7
Erster gerader Schurz wie die Reinigungspriester und Soldaten ihn tragen, dann Offiziersschurz	1–1–(1)–1 nach Luxor	• hinter der Tragbarke des Amun • mit den nubischen Tänzern in der Prozession • evtl. mit den nubischen Tänzern • vor Betreten des Tempels in Luxor
	1–1–1 nach Karnak	• mit den nubischen Tänzern in der Prozession • neben der Mut-Barke • vor der Userhat-Barke
	Erster Ägypter (?) sonst Nubier männlich	Blickt zur Barke des Amun, Instrument zum Betrachter/zur Menge hin ausgerichtet (ikon. Konvention?)
Vorsteher der Sänger		6
Händeklatschen Laute spielend Priestergewand	4–3–3+4 nach Luxor	• hinter der Tragbarke des Amun • neben der Mut-Barke, einer spielt die Laute • hinter der Tragbarke des Amun, vor Betreten des Tempels in Luxor, einer spielt evtl. die Laute
Betitelt „Sänger von *ḫpšyt*“	3–3+2–5 nach Karnak	• neben der Mut-Barke, alle drei spielen die Laute • neben der Mut-Barke „im Angesicht des Amun“ • vor dem Pylonen in Karnak, einer spielt die Laute
	Oberägypter männlich	Körper vorgebeugt, zum Gott Amun hin ausgerichtet, Instrument zum Betrachter/zur Menge hin ausgerichtet (ikon. Konvention?)

TABELLE 3 *Musiker, Tänzer und Rezitationen im öffentlichen Teil der Opetprozession* (cont.)

Musiker	**Anzahl der Personen** **Ethnizität** **Geschlecht**	**Anzahl der Auftritte** **Position im Zug** **Ausrichtung des Instrumentes**
Chor:		6
Phyle der Ruderer sagt Festlied	2 nach Luxor	• ziehen Bugtau der Userhat-Barke, Lied für Amun (verbunden mit König, der ihn rudert)
Chor: Phyle der Ruderer und Führer der Armee		• ziehen Bugtau der Mut-Barke, Lied für Mut
Chor: Führer der Armee sagt Jubellied	4 nach Karnak	• Lied für König (verbunden mit Amun, der befiehlt)
Chor: Phyle der Ruderer im Gefolge des Königs		• Lied für König (verbunden mit Amun, der befiehlt)
Chor: Phyle der Ruderer und Führer der Armee		• Lied für König (verbunden mit Amun, der Opfer angenommen hat)
Chor: Ruderer und Führer des Herrschers		• Lied für König (verbunden mit Amun)
	multiethnisch männlich	Gehrichtung
Sänger		1
(Rezitationsgestus) Offiziersschurz	1 Ägypter männlich	• am Ufer in Luxor der Userhat-Barke entgegenblickend
Tänzer		3
mit Stöcken und Rasseln an den Fußgelenken	3–4 nach Luxor	• wo das Bugtau der Userhat-Barke das Ufer erreicht • wo das Bugtau der Mut-Barke das Ufer erreicht
Fellschurze ohne Rasseln	7 nach Karnak	• tanzen im multiethnischen Gefolge vor dem Königsschiff
	Nubier männlich	zum Königsschiff und der Userhat-Barke hin ausgerichtet, blicken in unterschiedliche Richtungen, Arme zum Teil nach oben gestreckt

Musiker	**Anzahl der Personen** **Ethnizität** **Geschlecht**	**Anzahl der Auftritte** **Position im Zug** **Ausrichtung des Instrumentes**
Tänzer		6
mit Schlaghölzern Kopftuch, Straußenfedern und Offiziersschurz	5+2–4–5 nach Luxor	• nach den Nubiern (geograph. nördlich) in der Prozession • neben der Mut-Barke • vor dem Betreten des Tempels in Luxor
	3+2–4–5 nach Karnak	• zwischen Königs- und Userhat-Barke
Betitelt “Sänger von *tḥmw*”		• neben der Mut-Barke • vor dem Pylonen in Karnak
	Libyer männlich	Gehrichtung oder den Mitgliedern ihrer Gruppe zugewendet, tanzen sie mit seitlich ausgestreckten Armen entgegen der Zugrichtung
Sistrumspielerinnen		3
halten Bügelsistrum, schütteln Halsketten mit Menit zitieren Neith	8–4 nach Luxor	• vor Cheironomen neben der Userhat-Barke • blicken zu den Tänzern vor ihnen beim Betreten des Luxortempels
Priesterschaft	8 nach Karnak	• vor Cheironomen neben der Userhat-Barke
	Ägypterinnen weiblich	Instrumente in der rechten Hand, etwa in Augenhöhe senkrecht, vor dem Tempel schräg himmelwärts Gehrichtung, bzw. zum Tempel hin
Cheironomen (zeigen die Melodie durch Bewegungen der Hände, die sie vor der Brust halten) zitieren Neith	8–4 nach Luxor	4 • nach Priesterinnen neben der Userhat-Barke • nach der Tragbarke des Amun, vor dem Betreten des Tempels in Luxor

TABELLE 3 *Musiker, Tänzer und Rezitationen im öffentlichen Teil der Opetprozession* (cont.)

Musiker	Anzahl der Personen Ethnizität Geschlecht	Anzahl der Auftritte Position im Zug Ausrichtung des Instrumentes
Priesterschaft	8–4 nach Karnak Ägypter männlich	• nach Priesterinnen neben der Userhat-Barke • vor der Userhat-Barke Gehrichtung
Tänzerinnen Knappes Hüfttuch, die Scham frei lassend, Tempelpersonal?	12 Ägypter innen weiblich	1 • vor dem Betreten des Tempels in Luxor Körper nach hinten gebeugt, den Ankommenden entgegenblickend
Priester, schweigend Schrift zusammengerollt Priester, Rezitationsgestus Reinigungspriester Rezitationsvermerk im Text Priesterschaft	1–1 nach Luxor 1–1–1 nach Karnak Ägypterinnen männlich	5 • nach dem Pylonen, vor der Barke des Chons (?), Ende des Zuges • zwischen letzter Wegstation und Tempel beim Vollzug des Opfers • Reinigen des Weges an der Spitze des Zuges, der bereits am Ufer angekommen ist • Reinigen des Weges vor dem Angesicht des Amun • Reinigen des Weges nach der Userhat-Barke der Götterbarke zugewandt
Mann mit Gänsetext Schweigegestus	1 nach Karnak Ägypter männlich	1 • beim Verlassen des Tempels in Luxor zur Opferhalle hin blickend

Musiker	Anzahl der Personen Ethnizität Geschlecht	Anzahl der Auftritte Position im Zug Ausrichtung des Instrumentes
Oboist heute davon nichts mehr erhalten	(1) nach Karnak	1 • im Heck eines Schleppbootes zum Gott Amun hin ausgerichtet
Opferstiere weit geöffnete Mäuler	5 nach Karnak	1 • beim Einzug in den Tempel von Karnak, brüllen 2 von links und 3 von rechts kommend betreten durch den Pylonen den Tempel von Karnak

Die in Tabelle 3 aufgelistete ethnische und soziale Zugehörigkeit der Musiker, Sänger, Tänzer und rezitierenden Priester belegt eine Breite, die ein variationsreiches und vielseitiges Klangmuster hervorbringt. Mit Westasiaten (in den Chören), Ägyptern, Nubiern und Libyern sind Angehörige vier verschiedener Völker vertreten. Die an der Beschallung mitwirkenden Akteure gehören vier Institutionen an, nämlich der Armee, der Priesterschaft, der Phyle der Ruderer und den Führern des Herrschers (eine Bezeichnung des Adels?). Die multiethnische Prozession schließt Mitglieder der unterworfenen Völker nördlich und südlich Ägyptens als Sänger, die den König als Herrscher und edlen Gott preisen, ein. Männer dominieren. Frauen sind lediglich als Priesterinnen, die die Kultinstrumente Sistrum, Halsketten und *mnj.t* schütteln, und als Tänzerinnen vertreten. Wenn man das „reden" (*ḏd*) der Lieder und den möglicherweise von Sistren und Menit begleiteten Trinkspruch der Göttin Neith als Sprechgesang und somit als Musik einstuft, kommen im öffentlichen Teil des Festes, von den Rezitationen der Reinigungspriester abgesehen, keine Reden vor.

Die menschliche Stimme bildet das angepasste Mittel um einen Gott anzurufen. Dieses Prinzip wird in dem Festlied, mit dem ein Sänger den Gott in Luxor begrüßt, und im Trinklied, in dem Priester die Grußadresse der Neith singen, beibehalten. Der Solist, der am Ufer in Luxor in einem Festlied die Situation beim Aufgehen Amuns schildert, könnte die Einheit versinnbildlichen, die nach ägyptischer Vorstellung die Voraussetzung für einen Schöpfungsprozess bildet. An dem von ihm getragenen Schurz der Offiziere wird die Politisierung der Musik besonders augenfällig.

Die Tabelle 3 veranschaulicht, dass die jeweilige singende Gruppe und ihre Position im Zug in Einklang mit dem Gott oder der Person steht, an die sich der Gesang richtet oder von der er handelt. Unabhängig von dem Ort, an dem der Trompeter sich gerade befindet, hält er sein Instrument stets zur Tragbarke des Amun oder zur Userhat-Barke hin ausgerichtet. Aus verschiedenen Richtungen kommend lenkt der Signalton der Trompete die Aufmerksamkeit auf den Gott. Ebenso richten die Festlieder auf der Westwand die Aufmerksamkeit auf Amun.

Der Trommler hat sein Instrument zum Festbesucher und somit auch zum Betrachter des Reliefs hin ausgerichtet. Da eine gezeichnete Fasstrommel nicht von der Seite als Instrument erkennbar ist, ergibt sich die Frage, ob die Trommel hier wirklich ausgerichtet ist, oder ob es sich hierbei nur um eine ikonographische Konvention handelt. Varianten in der Darstellungsweise – einmal waagerecht, ein andermal schräg hängend – sind ebenfalls kein zuverlässiger Indikator, da sie mit dem dem Bildhauer zur Verfügung stehenden Platz korrespondieren. Die vielseitige narrative Funktion des Trommlers äußert sich in den unterschiedlichen Situationen seines Auftritts, die die Tabelle 3 verdeutlicht. Sie besteht darin die Worte des Königs weiterzugeben, die Tänzer, das Publikum und weitere Teilnehmergruppen in die Erzählung zu integrieren und zur Erzählung mit einem Rhythmus beizutragen, der ein sich steigerndes Tempo vermittelt.

Die Vorsteher der Sänger treten neben den Götterbarken oder vor dem Tempel auf. Die Zahlenverhältnisse lassen vermuten, dass die Sänger der ersten Gruppe und die Sänger der zweiten Gruppe sich vor dem Tempel in Luxor beziehungsweise Karnak vereinigen. Das Klatschen mehrerer Personen kündigt die Ankunft des Gottes vor seinem Einzug an. Das Handeln der Sänger verdichtet die Atmosphäre. Sie fügen mit dem Klatschen der Hände einen weiteren Rhythmus zur polymetrischen und durch das Lautenspiel auch zur polyphonen Entwicklung der Schöpfungserzählung hinzu. Bei der Ausrichtung der Laute könnte es sich wie bei der Trommel um eine ikonographische Konvention handeln. Der Einsatz erst von einer und dann drei Lauten verkörpert im Relief den Zugang zu einem intimen familiären Raum.

Die Opetprozession verfügt über die ganze Darstellungsbreite höfischer Feste, die Herrschaft öffentlich erfahrbar machen.[466] In diesem Zusammenhang

466 *RILT* I, Taf. 91. Zum Schall in diesem Zusammenhang Wenzel, *Hören und Sehen, Schrift und Bild*, S. 143, der die auditive Repräsentation von Herrschaft an der Klanggestalt höfischer Räume im Mittelalter demonstriert.

sei nur an signifikante Symbole erinnert, wie Standarten, militärische Ränge, Streitwagen und Tanzgruppen, deren Mitglieder aus tributpflichtigen Ländern stammen. In den Chören, die von der Mitwirkung des Königs am Sonnenlauf und an der Nilüberschwemmung erzählen, sind mythologische und militärische Bedeutungen angesprochen. Wie an Tabelle 3 ersichtlich, singen (bis auf eine Ausnahme) bei den im Chor vorgetragenen Gesängen die Ruderer mit. Die Chormitglieder vermitteln die Bedeutung, die auf der Ruderfahrt des Königs liegt. Die Anzahl der Auftritte und die Zusammensetzung der Chöre verleihen mit Stimmengewalt einer wachsenden Menge, die zuerst dem Gott, danach König und Gott folgt, Ausdruck: Zuerst singt nur die Phyle der Ruderer abends, dann zwei Gruppen für die beiden Ufer. Der folgende Tag beginnt mit einer Gruppe am Morgen. Auf sie folgen ein großer multiethnischer und ein aus zwei Gruppen bestehender Chor und schließlich die Ruderer und Führer des Herrschers.

Die zunehmende militärische Gewichtung der Gesellschaft des Neuen Reiches[467] kommt in den Liederinhalten, der Zusammensetzung der Chöre und der Kleidung zum Ausdruck. Im Relief fungiert Musik als repräsentatives Ornament zur Machtdemonstration des Königs.[468] Außer dem Tempelpersonal[469] und den Tänzern tragen Sänger und Musiker ab ihrem zweiten Auftritt den Offiziersschurz. Die Auftritte der nubischen und libyschen Tänzer und Musiker machen das direkte Eindringen des Königsbildes und historischer Ereignisse in den hörbaren Raum eines Volkes sichtbar. Wie Tabelle 3 aufzeigt, treten Nubier und Libyer an den Kontaktstellen der göttlichen und irdischen Bereiche (Horizont) oder inmitten des multiethnischen Gefolges neben dem Königsschiff auf. Durch ihre Platzierung an den Kontaktstellen neben den Götterschiffen werden Nubier und Libyer als apotropäisch handelnde Tänzer (sie tragen nur dort Rasseln an den Fußgelenken) dargestellt.

---

467 GNIRS, *Militär und Gesellschaft*, passim.

468 SCHWALB, Tönende Zeitzeugen?, in: *Geschichte als Musik*, S. 10ff.

469 Das Tempelpersonal setzt sich aus den Sistrumspielerinnen, den Priestern, den Vorstehern der Sänger, den Cheironomen, den Tänzerinnen und dem Sprecher des Gänsetextes zusammen. WENZEL, *Hören und Sehen, Schrift und Bild*, S. 185, bringt die interessante Einrichtung reichlich entlohnter Sänger bei mittelalterlichen höfischen Festen. Diese sich nach dem Ereignis wieder ins ganze Land verstreuenden Troubadoure und Spielleute fungierten als Nachrichtendienst, der die Kunde des gelungenen Ereignisses im ganzen Reich verbreitete. Eine derartige Strategie zur Verbreitung der beim Fest inszenierten Erzählung kann m.E. für das alte Ägypten nicht ausgeschlossen werden. Sie würde bei reichsweiten Anlässen wie dem Opetfest für Chöre sprechen, deren Mitglieder sich für dieses Ereignis aus verschiedenen Teilen des Landes zusammengefunden haben.

Neben dem Königsschiff symbolisieren sie in die ägyptische Gesellschaft des Neuen Reiches integrierte Untertanen und Gefolgsleute des Herrschers.[470]

Die Sistrumspielerinnen gehen neben der Userhat-Barke. Ihr Klang erzeugt eine den Gott anregende, aktivierende und schützende Atmosphäre. Neben der Tanzgruppe beim Eintritt in den Luxortempel wenden sich die Sistrumspielerinnen zu den Tänzerinnen und damit auch zum Tempel hin. Sie zeigen ihre Instrumente dem Himmel. Es handelt sich hier also wahrscheinlich um die Ausrichtung der Sistren zur Göttin Hathor hin, die Göttin der Horizontbereiche, die nach dem Liedertext „das Schönste des Schönen" für den König getan hat. Da es Abend ist und die Tänzerinnen nach der hier vorgelegten Deutung die Aufnahme des Sonnenbootes durch Nut, die Personifikation des Nachthimmels, darstellen, würde es sich hierbei um den westlichen Horizontbereich handeln. Die solaren Konnotationen der verwendeten Instrumente, die spezifisch im Kult generativ wirksamer Gottheiten und als Begrüßung von Göttern eingesetzt werden, ergänzen sich mit den aquatischen Konnotationen zu einer Erzählung, die von beiden Naturzyklen, dem Sonnenlauf und der Nilüberschwemmung, handelt. Die Tänzerinnen führen den mythologischen Bereich der Göttin Nut zur Aufnahme der Sonne als nächsten Abschnitt der Erzählung ein und fahren damit in der Erzählung fort.

Die der Priesterschaft angehörenden Cheironomen finden sich nur neben, hinter oder vor der Userhat-Barke. Der Gestus ihrer Hände weist wie bei den Sistrumspielerinnen stets in Gehrichtung. Das Hineinreichen in die Kolumne betont seine Funktion als Handzeichen für Melodie und Wortrhythmus. Das Trinklied demonstriert den unmittelbaren Einfluss historischer Ereignisse auf die Gestaltung des Klangmusters. Mit der Wahl des Liedes knüpft Tutanchamen bewusst an die Voramarnazeit an und stützt so sein Bild als Restaurator religiöser Aufgaben. Acht Priesterinnen, ein Bügelsistrum (*zšš.t*) in der Rechten erhebend, die Menit mit der Linken haltend, oder eventuell auch schüttelnd, gehen vor den acht Cheironomen. Sie sind im Text als „Chor der Taktgeber" (*šzpt n.t dj-ẖn*) bezeichnet. Damit sind kollektiv beide Gruppen genannt. Die Anzahl des männlichen und des weiblichen Kultpersonals beim Trinklied legt eine vermutete Zahlensymbolik nahe. Sie könnte die Neunheit symbolisieren,

470 Die auditive Integration von Ausländern durch das Erlernen der ägyptischen Sprache ist in der Lehre des Ani aus der 21. Dynastie belegt: „Man lehrt den Nubier die ägyptische Sprache (wörtlich: die Reden eines Menschen Ägyptens), den Syrer und jeden (sonstigen) ebenso", pBoulaq 4, rto. 23.6, Übers. Dils, in: TLA, Zugriff 2009-12-03.

da die Beischrift zur Königsbarke auch die „Neunheit“ von Theben in die Jubelgemeinde einschließt. Die Annahme einer zur Verstärkung des Chores verdoppelten Achtheit erscheint mir für eine Zeitperiode plausibel, in der Theben bestrebt war die Achtheit, an deren Spitze Ptah in Memphis gestellt worden war, an Amun zu binden.[471] Als Zeitpunkt der Aufführung des Liedes wird „während der Ruderfahrt“ genannt. Es besteht also eine Gleichzeitigkeit der Aufführung mit der bedeutsamsten Handlung, die sich im öffentlichen Teil des Rituals auf dem Nil ereignet. Durch das Schütteln der sonst nur im Kult verwendeten Instrumente bilden das Rasseln und der Gesang auch musikalisch den Höhepunkt der Erzählung.

Reinigungspriester gestalten durch die Worte, die sie zur Reinigung sprechen, den von der Prozession zu Lande zurückgelegten Weg hörbar als Gottesweg. Der Nil erscheint im Verhältnis zu einem Landweg, der für die Götter erst rituell gereinigt werden muss, als eine von ihrem Wesen her reine und reinigende Wasserstraße, was bereits ein Spruch in der Pyramide Pepis I. belegt: „Die Kanäle (*mr.w*) sind voll, die Wasserläufe (*jtr.w*) fließen über – mit der Reinigung, die von Osiris kommt“.[472] Betrachtet als Rezitationen, die mit den Gaben zur Erhaltung der Schöpferkraft des Gottes im Zusammenhang stehen, geben das Schweigen der Priester zu Beginn, die Opferrezitation an der Station vor dem Erreichen des Tempels von Luxor, der Mann mit der Aussage zur schwachen Gans nach dem Aufenthalt dort und das Gebrüll der Stiere beim Einzug in Karnak auditiv den zyklischen Verlauf wieder.

Tabelle 3 illustriert, dass der erzeugte Schall in unterschiedliche Richtungen ausgesendet wird. Die Hauptrichtung der Solisten ist zum Gott hin, wobei sie entgegen der Gehrichtung spielen. Diese Ausrichtung bezeugt die Vorherrschaft des Göttlichen in der Ordnung des durch die Opetprozession gestalteten Hörraumes.

471 *RÄRG*, S. 6. Nach dem späten Text der saitischen Priesterschaft gebiert Neith, der ja die Worte des Trinkliedes in den Mund gelegt sind, die Achtheit. Urk. II, 75.15; Inschrift Louvre C 123, Kol. 1c, in: THIERS, Ptolémée Philadelphe et les prêtres de Sais: La stèle Codex Ursinianus, fol. 6 r +Naples 1034 +Louvre C.123, in: *BIFAO* 99, S. 423–445. Könnte hier eine alte Vorstellung aufgegriffen worden sein? QUACK (Rezension meines Beitrags in 8. Ägyptologische Tempeltagung: Interconnections between Temples, in: *WdO* 41/2, S. 263) denkt eher an eine sechzehnfach wiederholte Rezitation (wie bspw. in der Sokarlitanei).

472 PT 455 (pyr. § 848).

Die Interaktion von Ritual und auditivem Handeln

> Dynamic power is present in the cosmos, but as at a musical event, it is shaped and given form, incorporated into effective communication, and made willfully present where there was only potential by the power of human understanding, and it is not revealed but directed. In this sense, the African ritualization of community forms represents a coordinated effort to encounter, to mediate, and to control the power of life.
>
> JOHN MILLER CHERNOFF[473]

Im Relief werden lauterzeugende Personen umgruppiert. Am dynamischen *Spacing* wird die Validität von BURCKHARDT QURESHIs Modell in einem Ritualisierungsprozess getestet.[474] Als musikalische Struktur einer öffentlichen Realisation von Musik ist das Klangmuster der Prozession durch die gemeinsame Anwesenheit von Publikum und Interpreten völlig in ein konkretes gesellschaftliches und geschichtliches Umfeld eingebunden.[475] Wie verhalten sich musikalische Aufführung und das in Handlungen rituell vollzogene oder durch die Liedertexte als Inhalte vermittelte Geschehen zueinander? Wie ist das Verhältnis der musikalischen Aufführung zu ihrem geschichtlichen Hintergrund? Um Veränderungen zu erfassen werden in Tabelle 4 der Einsatz der Sprecher, Sänger, Musiker und Tänzer auf der jeweiligen Reiseetappe parallel dargestellt und die Umplatzierungen ausgewertet. Offiziere mit dem Rufgestus und Reinigungspriester werden nicht mit in die Tabelle aufgenommen.

Tabelle 4 zeigt den Einsatz der Instrumente und der menschlichen Stimme in Relation zu ihrem Aufführungskontext. Die Platzierung des Trompeters und der Person mit dem Gänsekommentar, die den Schall ihres Instrumentes oder ihrer Stimme in die Richtung aus der sie kommen senden, die Tänzer am Ufer zwischen den Flussbarken, der Sänger an der Anlegestelle und die Anhäufung

---

473 CHERNOFF, *African Rhythm and African Sensibility*, S. 164.

474 „[For analysing music as a process taking place in performance] the focus is on the performance occasion in its totality, to be considered as a socio-cultural institution with an established setting and procedure, supported by a shared conceptual framework and functioning within a particular socio-economic structure", BURCKHARDT QURESHI, Musical Sound and Contextual Input, in: Kaden/Mackensen, *Soziale Horizonte von Musik*, S. 260.

475 SCHWALB, Tönende Zeitzeugen?, in: *Geschichte als Musik*, S. 10–31.

TABELLE 4 *Die Position der Musiker in Relation zu ihrem Aufführungskontext als Verlauf*

Position	Karnak	Luxor
den Tempel verlassend	*sm*-Priester mit zusammengerollter Schrift	Person mit Gänsekommentar
sich dem Quai nähernd	Trompeter Trommler Sänger	Trompeter (?)
In der Prozession am Ufer	sich Luxortempel nähernd	sich Karnaktempel nähernd
am Ende der Schleppboote, (geograph. Süden)		nubische Tänzer ohne Rasseln, Trommler
zwischen Schleppbooten und Königsbarke		Trompeter
neben der Königsbarke	Trompeter	
zwischen Königs- und *wsr-ḥ3.t*-Barke		libysche Tänzer mit Schlaghölzern
neben der *wsr-ḥ3.t*-Barke	nubische Tänzer Trommler libysche Tänzer Libyer mit Schlaghölzern Priesterinnen mit Sistrum *mnj.t* Cheironomen	Priesterinnen mit Sistrum *mnj.t* Cheironomen
neben der Barke der Königin	keine Musiker	keine Musiker
neben der Barke der Mut	nubische Tänzer, Rasseln (?) Trommler (?)	Sänger, alle mit Laute, betitelt

TABELLE 4 *Die Position der Musiker in Relation zu ihrem Aufführungskontext* (cont.)

Position	Karnak	Luxor
	Libyer mit Schlaghölzern	Libyer mit Schlaghölzern, betitelt
		Sänger, betitelt
	Sänger, einer mit Laute	Trommler
Der letzte in der Prozession, der sich umwendet	Trompeter	
das Ufer erreichend	Sänger	
sich dem Tempel nähernd	Sänger, einer mit Laute (?)	Sänger
		Trommler
	Libyer mit Schlaghölzern	
	Trommler	
beim Betreten des Tempels	Tänzerinnen	Sänger, einer mit Laute
	Priesterinnen mit Sistrum	Libyer mit Schlaghölzern

von Musikern und Tänzern vor oder bei dem Betreten des Tempels[476] bezeugen die Konzeption von Schall, der unterschiedliche geographische, architektonische oder ontologische Bereiche miteinander verbindet. Weil dieses Verhalten an allen Orten, an denen Bereiche aufeinandertreffen, beobachtet werden kann, besteht der auditiv gestaltete rituelle Raum aus verschiedenen Räumen, die miteinander verbunden werden.

In heiligen Räumen sprechen nur die Götter. Diese Ordnung gilt für die Sanktuare, den Raum, in dem sich die Einführungsszene „Verlassen des Palastes" abspielt, und die Flussbarken der Götter (und dort nicht nur für die Kapellen, sondern das ganze Schiff). Außerhalb des Temenos tritt nur die Göttin Neith als Sprecherin in Erscheinung. Ihre Rede wird von den Priesterinnen und Cheironomen, die das Geleit der Götterbarke auf beiden Wegstrecken bilden,

476 Eventuell ist zu den durch den Klang ihres Instrumentes Räume verbindenden Musikern auch der Trommler neben der Barke der Mut, der genau neben dem Textabschnitt *Nb swt t3.wj* steht, zu rechnen.

wiedergegeben und dadurch vernehmbar gemacht. Verglichen mit den rein männlichen Chören, dem einen Sänger am Ufer in Luxor sowie den übrigen Sängergruppen, ist der gemischte Chor neben der Userhat-Barke einmalig. Die Verwendung der Kultinstrumente, der Liederinhalt, der priesterliche Status der Sänger und Sängerinnen, ihre Gesten und Position im Zug geben den rituell erzeugten Aufführungskontext, die heilige Umgebung, wieder.

Im Vergleich mit den anderen während der Prozession gesungenen Liedern ist das Trinklied der einzige einer Göttin in den Mund gelegte und ausschließlich auf der Götterebene angesiedelte Liedertext. Der Text, der Hapi, die Personifizierung der Nilüberschwemmung, erwähnt, ist Neith in ihrem Aspekt als „Die große Flut" (*Mḥy.t-wr.t*) in den Mund gelegt.[477] Der Gesang und der Klang der Instrumente erzeugt im Kontext der Aufführung das kreative Milieu der Wiedergeburt bei der Rückkehr des Nilwassers. Als Überschwemmung für das ganze Land sowie als Wasser zur Ruderfahrt der Götterbarken ist durch den Liedertext auch der Nil als Raum der Götter konnotiert. Dies bedenkend, bildet das Rudern seines göttlichen Vaters Amun ein rituelles Ereignis, das den König als den Sohn eines Gottes, der auf dem reinigenden, heiligen und generativen Wasser des Niles handelt, konstituiert. Die Beischrift zum Schiff der Königin ist über dem Wasser angebracht. Sie beschreibt die Königin als jemand, „mit reinem Arm unter dem Sistrum", „die den Gott mit ihrer Stimme besänftigt" und Mut Lobpreis spendet. Die Eigenschaften des heiligen reinen Wassers werden durch diesen Text bestätigt. Der Nil wird nicht als ein homogener Hörraum konzipiert. Auf ihm befinden sich geräuschvolle Schiffe, auf denen eine andere auditive Ordnung als die des heiligen Raumes gilt, die mit dieser kontrastiert. Beide zusammen ergänzen sich auf dem Wasser zu einem betriebsamen auditiven Raum, auf dem am Abend und bei Tage die Bewegung von Göttern dominiert.

Tabelle 4 illustriert, dass auf der Reisestrecke nach Luxor Sologesang, Tanz und Instrumentalmusik sich nur auf die Götter und ihre imaginierte göttliche Sphäre beziehen. Das Gottesgeleit des Amun und das der Mut erzeugen durch Gesang und Instrumente die Eigenschaften des sakrosankten Hörraumes. Der einzige Musiker, der zwar sein Instrument und damit auch die Aufmerksamkeit auf den Gott richtet, aber sich selbst nicht in dessen unmittelbarer Nähe befindet, ist der Trompeter.

Die Untersuchung bestätigt die Validität von BURCKHARDT QURESHIS Analysemodell. Die hier aufgezeigte Verbindung der Akteure – wem sie

477 Die Bedeutung der *Mḥy.t-wr.t* für den König ist durch die Beischriften zur Kuh auf der hinteren Innenwand des äußeren Schreins von Tutanchamen, Kairo JE 60664, belegt.

zugesellt sind, für wen sie singen und wann sie zum Einsatz kommen – zu einer der göttlichen oder königlichen Flussbarken bringt Veränderungen in einem dynamischen Klangmuster zum Ausdruck. Eine derartige Umgestaltung lässt sich auf der Strecke nach Karnak im Vergleich mit der Strecke nach Luxor feststellen. Während am ersten Tag die nubischen und libyschen Tänzer und Musiker das Geleit der Flussbarken der Götter begrenzen, findet sich am zweiten Tag diese Begrenzung bei der Barke des Königs. Als Begleitung der Userhat-Barke bleiben nur die Sistrumspielerinnen und Cheironomen.

Ein Unterschied zwischen dem Bezug zum Gott oder dem König wird gemacht. Die Nubier sind jetzt zahlreicher und ohne Rasseln tanzend, und die Libyer benutzen ihre Schlaghölzer nicht zum Schlagen, sondern schwingen sie beim Tanz in den erhobenen Armen. Die Umplatzierung des Gottesgeleits, das auf der Strecke nach Karnak zu dem Geleit für den König wird,[478] vermittelt den erhöhten Status des Königs. Die Umverteilung der Musiker korrespondiert mit der Entwicklung in den Liedertexten, die Aufmerksamkeit wird nunmehr dem König in Verbindung mit Amun geschenkt.

Ein Wechsel findet auch in der musikalischen Begleitung der Barke der Göttin Mut statt. Dort ist im zweiten Reiseabschnitt die Gruppe der Nubier auf einen Trommler geschrumpft. Die nubischen Tänzer im Ensemble sind durch zusätzliche Sänger und Lauten ersetzt worden. Ob die Titel zu den Musikergruppen einen durch die Vergabe der Namen abgeschlossenen Schöpfungsprozess darlegen soll, oder durch die Zeit der Fertigstellung des Reliefs bedingt ist, wage ich nicht zu entscheiden. Die Umgestaltung des Ensembles stimmt mit den besänftigenden und Gefahren abwendenden Eigenschaften der Stimme der Königin, die auf dem Weg nach Karnak in der Beischrift zu ihrem Schiff hervorgehoben werden, überein.

Völlig unterschiedlich sind die Musiker und Tänzer beim Betreten des jeweiligen Tempels. Sänger, Libyer mit Schlaghölzern und Trommler finden sich zwar beide Male mehr oder weniger nahe des Eingangs, aber die Tänzerinnen und Priesterinnen mit Sistrum treten nur in Luxor auf. Letztere können nicht spezifisch für den Tempel oder den Ort sein, da nach der Darstellung auf der Chapelle Rouge bei der Rückkehr von Luxor und desgleichen beim Talfest Tänzerinnen in derselben Pose und Sistrumspielerinnen beim Betreten des Tempels von Karnak auftreten. Gemeinsamen für ihr Auftreten ist nicht ein bestimmter Tempel, sondern der Einzug in einen Tempel, in dem sich der Gott „niederlässt“ oder „zur Ruhe begibt“, und den er abends erreicht.

---

478 Zum Gottesgeleit des Königs siehe ASSMANN, Das ägyptische Prozessionsfest, in: *Das Fest und das Heilige*, S. 107.

Nach Henri Lefebvre besteht die Aufgabe repräsentativer kultureller Auslegungen des Raumes darin, durch die Verwendung von Zeichen und Codes eine Ordnung durchzusetzen. Die Exklusivität der Götterbarke und ihrer rituell inszenierten Umgebung setzt den Gott an die Spitze. Im gesamten öffentlichen Teil der Veranstaltung ist dem König nicht ein Wort oder ein Laut in den Mund gelegt. Diese auditive Kennzeichnung erklärt sich durch die Hör-Ordnung eines heiligen Raumes, in dem nur die Götter sprechen und selbst der König solange schweigt, bis er „versehen mit der Schönheit des Gottes", das heißt, vergöttlicht sprechen darf. Der auditive Gesamtraum der öffentlichen Prozession steht jedoch zu dieser Ordnung in scharfem Kontrast. Der Jubel der Volksmenge wird überhöht als Jubel des gesamten Kosmos dargestellt. In dieser Resonanz manifestiert sich der Anspruch der Götter und des Königs auf ihren Herrschaftsraum. Die gemeinschaftsbildende Funktion des Gehörten erklärt die Sorgfalt, mit der Ritualspezialisten die auditive Gestaltung des Raumes bei der Opetprozession geplant haben, und ihre Vermittlung in einem Tempelrelief.

Die Restitution traditioneller Vorstellungen

Das Relief der Opetprozession in der Großen Kolonnade des Luxortempels verstetigt die Inszenierung einer Erzählung in einem historischen Kontext, in dem der öffentliche Vollzug von Aufgaben zur Inganghaltung der Schöpfung und zur Kontinuität des Königtums von besonderer Bedeutung ist. Nach dem Amarnainterludium dienen die Veränderungen, die das dynamische *Spacing* für das Königsbild bewirkt, der Wiederherstellung der traditionellen Königsrolle.

Der Raum zwischen zwei Tempeln wird als Hörräume der Götter, des Königs, der Königin, des Opferbetriebs und des Jubels zu dem Klangmuster einer zentralen Erzählung miteinander verkettet. Gemeinsam ist der Opetprozession und den Fahrten des Königs, die in der Amarnazeit die Götterprozessionen ersetzten, die Zentrum-Peripherie-Struktur und die Nord-Süd-Achse des Weges. Ein aus einer männlichen und einer weiblichen Sängergruppe zusammengesetzter Chor, der die Sakralisierung durch Wechselgesänge bewirkt, lässt sich an der Aufführung des Trinkliedes beobachten. Seine Platzierung neben der Götterbarke erklärt sich aus dieser Funktion. Die Epitheta der Königin in der Beischrift zu ihrem Schiff „mit reinem Arm unter dem Sistrum", „die den Gott mit ihrer Stimme besänftigt" betonen wie bei Nefertiti die Stimme und das Kultinstrument in ihren Händen, jedoch mit dem Unterschied, dass bei Nefertiti das Sistrum den Gott erfreut, bei den Königinnen Anchesenamun und Mutnedjmet es hingegen den Gott besänftigt. Wie in Amarna bekommt die Königin an der Seite ihres Gemahls eine aktive Rolle. Sie rudert die Göttin Mut. Weil in Amarna die Räume, in denen die Königin gehört werden kann, Palast und Tempel umfassen und bei der Opetprozession in den Festliedern keine fiktive Jubelgemeinde für die Königin aufgezeigt wird, begreift in beiden Epochen der für die Königin konzipierte Hörraum keine öffentlichen Bereiche ein. Das Schweigen Amenhoteps IV. Achenaten war als Schöpferwort in seiner reinsten Form gedeutet worden, das den Herrscher in seiner Rolle als Sohn des Gottes charakterisiert. Diese Kennzeichnung durch die Stimme trifft ebenfalls für den während der Opetprozession schweigenden und nur im Sanktuar zu einem Gott sprechenden König zu.

Der in der Amarnazeit unterdrückte Diskurs zur Horusrolle des Königs gegenüber seinen Vorfahren, als Thronfolger, als ein Sohn, der für seinen Vater handelt, *fils-créateur* und Inganghalter der Schöpfung wird durch die Götterreden und die Liedertexte in der Prozession erneut aufgenommen:

Horusrolle des Königs gegenüber seinen Vorfahren

Die Beischrift zu Osiris im Göttergeleit des Königs in Karnak lautet: „das Königtum der beiden Länder zur Verjüngung seines Körpers und zum Bestehen seiner Denkmäler". Die rituelle Inszenierung besteht aus Vorgängen, die sich bei Tage, und solchen, die sich in der Nacht vollziehen. Die Abgeschlossenheit dessen, was sich im Tempel ereignet, ist durch die architektonische Begrenzung des Tempelbezirks als Umfassungsmauer, die die Opferszene einrahmt und im Pylonen endet, im Relief verbildlicht. Der durch den Pylonen symbolisierte Horizont bildet einen Ort, an dem die Götter in ihrem Himmelsfahrzeug, dem Schiff, hervorkommen. Die im Tempel von Luxor sich in der Unsichtbarkeit ereignenden Vorgänge, die als: „versehen mit der Schönheit des Gottes" artikuliert werden, greifen das religiöse Wissen von regenerativen Vorgängen, die sich im Verborgenen vollziehen, auf.

Thronfolge

Der Gott Chons gibt dem König „Unendlichkeit auf dem Thron des Horus". Der Sänger am Ufer in Luxor lobpreist den König im Festlied, Kol. 18, als Herrscher, dessen „Name als dauernder König, ‚Horus mit vollkommener Geburt' durch Chons in Theben befestigt" wird. Im Trinklied, Kol. 10, wird der König als „Horus mit starkem Arm" tituliert. In den Götterreden, in denen Chons und Mut den König adressieren, wird die Sukzession aufgegriffen. Auf der Ostwand, Episode 5, spricht Mut: „Ich gebe dir die *nḥḥ*-Zeit als König der beiden Länder, weil du erschienen bist auf dem Thron des Atum". Die Ruderer und Führer des Herrschers auf der Westwand, Episode 8, singen: „Amun-Re im Himmel wie es ein Sohn tut, der seinen Vater liebt, damit er ihn auf seinen

Thron setzen möge“. Im Trinklied und im Festlied am Ufer in Luxor, Kol. 8, wird die Erweiterung der Grenzen besungen.

Der Sohn, der für seinen göttlichen Vater handelt, fils-créateur, Inganghalter der Schöpfung

Das bei der Ankunft am Ufer in Luxor gesungene Festlied nennt den König als den Sohn, der seinen Vater rudert. Es ist die zentrale Handlung, die im Ritual vollzogen wird. Die Arbeitsgeräusche auf den königlichen Schiffen präsentieren das Rudern als eine Aktivität des Königs und der Königin. Die Kommandorufe für die Treidler, die das Bugtau der Götterschiffe ziehen, machen die Fortbewegung hörbar. Die Schiffer werden im Lied von Neith andressiert. Als Chor tritt „Die Abteilung der Ruderer, die dabei sind das Bugtau des Schiffes zu ziehen“ auf, – zuerst allein, danach zusammen mit den Führern der Armee. Auf dem Weg nach Karnak bilden sie den Chor der Phyle der Ruderer im Gefolge des Königs, bei ihrem zweiten Auftritt singen sie gemeinsam mit den Führern der Armee und schließlich als Ruderer des Herrschers. Die Feindvernichtung, die sich in Amarna auf den Bilddiskurs mit der Darstellung Gefangener und den Schaukampf beim Tributempfang beschränkte, wird im Jubellied der Armee als Gaben – „Tapferkeit über den Süden und Sieg über den Norden“ – des Gottes, der mit dem Tun seines Sohnes zufrieden ist, in der klassischen Ikone des Königs als Feindvernichter auf den Kajüten der königlichen Barken und in der Rede der Göttin Mut, die die Furcht vor dem ägyptischen Herrscher in die Neunbogenvölker setzt, zur Sprache gebracht. Das Lied der Führer der Armee und die Umplatzierung von Musikern auf der Ostseite bestätigen den erfolgreichen Vollzug dieser Aufgaben.

Die Ausrichtung des Körpers und des Instrumentes bei Trompetern, Trommlern und Sängern zur Prozessionsbarke des Amun hin signalisiert die Göttlichkeit des Vaters (Re-Amun). Die apotropäischen Rhythmen der Tänzer deuten auf den kraftgeladenen Raum bei der Hierophanie der Thebanischen Triade hin.

Achenatens Vernachlässigung des öffentlichen Vollzugs von Ritualen zur Inganghaltung der Schöpfung und Kontinuität des Königtums wirft ein neues Licht auf das unter Tutanchamen begonnene Relief der Opetprozession in der Großen Kolonnade des Luxortempels. Die Opetprozession vollzieht rituell einen zyklischen Verlauf, knüpft an die mit der traditionellen Königsrolle verbundenen Aufgaben des Sohnes, der als Horus und Thronfolger für seinen Vater handelt an, und bestätigt ihren erfolgreichen Vollzug durch die Umplatzierung von Musikern. Die Rekonstitution dieser Sinnstruktur durch die Ruderfahrt und das Verweilen des Königs und der Götter im Luxortempel, in dem die *Ka*-kraft des Königs im Verborgenen erneuert wird, bildet deshalb einen spezifischen Aspekt der Opetprozession im historischen Kontext der Nachamarnazeit. Die im Tempel von Luxor sich in der Unsichtbarkeit ereignenden Vorgänge, das „Versehen mit der Schönheit des Gottes", greifen das Wissen von der Verborgenheit auf, das in der Amarnazeit nicht thematisiert worden war. Die Restitution von Königsrolle und einer sich im Verborgenen vollziehenden Regeneration erklärt das Gewicht, dass die Könige Tutanchamen und Haremhab seiner Darstellung in der Großen Kolonnade des Luxortempels beigemessen haben.

Zusammenfassung

Die sich in der Amarnazeit für die Bewohner Achetatens ergebende gesellschaftliche Problemlage wurde hier erstmals in ihrer Korrespondenz zur Semantik der Hörkultur untersucht. Die Untersuchungsergebnisse bestätigen den kreativen Umgang mit vorhandenen kulturellen Klangmustern, die Verwendung von Wechselgesängen zur stufenweisen Sakralisierung und Charakterisierung sozialer Räume der Götter schon vor dem 5. Jh. v. u. Z., die Abhängigkeit der Lauterzeugung und der Hörereignisse vom Kontext und die vielfältige Bedeutung der Stimme in einer Hörkultur, an der imaginierte Hörräume ein wesentlichen Anteil haben.

Wie eingangs formuliert sind Thema und Gegenstand dieser Arbeit die Position, die einem hörbaren Mitglied in der urbanen Gesellschaft von Achetaten eingeräumt wurde, und die Bedeutung bestimmter Hörräume im kollektiven Gedächtnis. Sie repräsentieren die temporäre soziale beziehungsweise die traditionelle Komponente einer Hörkultur. Als Quellen für die Regierungszeit Amenhoteps IV. Achenaten dienten die auditiven Räume, die einem Besucher durch die Wandbilder und Reliefs in den nichtköniglichen Felsengräbern von Tell el-Amarna vermittelt wurden. Die Grenzstelen sowie Funde im Siedlungsgebiet von Achetaten – Beterdarstellungen, Hauskapellen, Inschriften an Haustüren und in Empfangsräumen, Ohrenamulette und Stelen – wurden als archäologischer Nachweis für imaginierte religiöse Hörräume seiner Bewohner ausgewertet.

Der Wandel, der im Hinblick auf die Darstellung visualisierter Hörräume in den zugänglichen Hallen der Grabanlagen stattgefunden hat, bezeugt für die Amarnazeit die Umgestaltung einer Hörkultur. Daraus ergaben sich, erstens, die Ermittlung der Ausgangslage und, zweitens, eine hermeneutische Basis, die kulturellen Veränderungsprozessen Rechnung trägt. Zur Erfassung der Ausgangslage wurden in Kapitel 1 die Symbolisierungsprozesse aufgezeigt, die an der Herausbildung des *hörbaren Körpers* im alten Ägypten beteiligt sind, und in Kapitel 3 die Hörräume, die am Beginn der 18. Dynastie dem Grabbesucher vermittelt werden. Diese sind die Landschaft, das Talfest und der Sargschlittenzug. Sie wurden auf der Grundlage veröffentlichter Texte und Bilder unter umfangreicher Zuhilfenahme geleisteter ägyptologischer Forschung vorgestellt und ihre Orientierungslaute und Klangmuster ermittelt. Der Untertitel „Die Umgestaltung einer Hörkultur in der Amarnazeit" trägt der Tatsache Rechnung, dass innerhalb einer Gesellschaft grundsätzlich mehrere Hörkulturen Seite an Seite bestehen. Der *hörbare Körper* positioniert sich

 | DOI 10.1163/9789004354951_011

in einem dieser kulturellen Felder, das seine Form definiert. Die in Kapitel 4 ausgewerteten Daten zur Ikonographie zeigen auf, dass ein Feld sozial präformiert ist, und eine Hörkultur von den anderen differenziert wird. Weil die Grabherren alle der höheren Beamtenschaft angehören, wurde deren Feld mit seinen Hörräumen anhand der Lehren in Kapitel 2 dargelegt. Die schriftlichen und bildlichen Quellen für die Amarnazeit und die notwendigen Voruntersuchungen sind dem Anhang und dem Stellenindex zu entnehmen. In letzterem finden sich auch die Belege zur Restitution traditioneller Vorstellungen durch die Opetprozession.

Das im Kontext der Grabhallen und der Wohnhäuser visualisierte Wissen von der Hör-Ordnung sozialer Räume ist anhand des *Spacing* in einer historisch-kritisch verfahrenden Kulturanalyse untersucht worden, die kulturelle Phänomene der Lauterzeugung an den urbanen und den imaginierten Hörraum der Stadtkultur von Achetaten (1348–1318) bindet. Die Untersuchung einer Hörkultur ist ein in der Ägyptologie bisher kaum beachteter Forschungsansatz. Das machte die Entwicklung einer neuen hermeneutischen Grundlage und Methodenwahl erforderlich. Sie wurden in der Einleitung vorgestellt. Eine theoretische Basis, die einerseits Veränderungsprozesse, und andererseits den aktuellen Kontext, der in einer neuen Situation lautliches Handeln ermöglicht, berücksichtigt, und damit Kultur an den sozialen Raum zurückbindet, ergab sich durch eine Kombination aus Kulturtheorie, Raumsoziologie und Musikethnologie. RECKWITZ' Kulturtheorie ermöglichte es, den kulturellen Wandel der Amarnazeit als schöpferischen Umgang mit den zur Verfügung stehenden kollektiven Schemata auszulegen. Der Rückgriff auf die Raumkonstitution durch *Spacing* nach LÖW bot sich an, um Handlungs- und Konfliktformen im sozialen Raum durch Bewegung und stimmliche Positionierung zu analysieren. Die Übersetzung des sozialen Kontextes in die Hörbarkeit konnte durch BURCKHARDT QURESHIS Theoriebildung erklärt werden. Der Gewinn des hier entwickelten Ansatzes liegt in der Berücksichtigung der Wechselbeziehung zwischen Hörereignis und Kontext.

Auditive Räume stellen soziale Räume dar, die vom Menschen durch die Erzeugung oder -vermeidung von Lauten hervorgebracht werden. Ihre Visualisierung vermittelt Handlungs- und Werthorizonte. An der Darstellung städtischer Bereiche in den Felsgräbern von Tell el-Amarna hat sich gezeigt, wie auditive Räume ihre soziale und religiöse Bedeutung durch lautliches Handeln und die Verknüpfung von Stimmen und Tönen zu bestimmten Klangmustern oder -folgen erlangen, und wie diese im Wahrnehmungskontext der Grabhalle strategisch eingesetzt werden. Die Verwendung einer mit dem Sonnenlauf kongruenten religiösen Symbolik von Hörräumen im Palast gleicht den König dem Gott Aten an. Sie trägt auf diese Weise zu seiner Vergöttlichung bei. Die Paarung der Königstimme mit einem in das Priesteramt erhobenen Beamten unterscheidet diesen Hörraum von den anderen bei der Ehrengoldverleihung.

Auf Metaebene fungiert der auditive Raum als ein Analysebegriff, an dem die symbolische Organisation der Wirklichkeit, die die Akteure betreiben, untersucht werden kann. Weitere Schlüsselbegriffe, die sich als operabel erwiesen haben, sind Performanz und Klangmuster. Das kulturwissenschaftliche Konzept des Performativen als Konstitutionsleistung, das heißt, als erfahrbare, realitätsbildende Macht, ermöglichte es, sprechen, lachen, schweigen, musizieren, etc. als ein Handeln zu untersuchen, durch das soziale Räume aufgebaut, Prestige verhandelt und Positionen eingenommen werden. Der Begriff Klangmuster bezeichnet die auditive Codierung von Hörräumen. Er deckt sich mit Löws Terminus *Syntheseleistung*, die über Wahrnehmungs-, Vorstellungs- oder Erinnerungsprozesse Hörräume zusammenfasst. Die im kollektiven Gedächtnis verankerten Kombinationen von Hörereignissen wirken als auditive Codes sozialer Räume. Sie verfügen mit Medialität, Materialität und Iterabilität über alle Eigenschaften, die kulturelle Phänomene auszeichnen. Klangmuster konnten nur an den Darstellungen der Akteure ermittelt werden. Im Hinblick auf die tatsächlichen Klänge ist die Ägyptologie nach wie vor auf die Forschungsergebnisse der Musikarchäologie angewiesen.

Visualisierte Klangmuster bilden eine im Bild angelegte Voraussetzung zur ästhetischen Rezeption durch einen Betrachter. Als Mitglied der Kultur ist dieser ein *hörbarer Körper*, in den die dargestellten Hörereignisse eingeschrieben sind. Die Rezeptionsästhetik wurde bei der Betrachtung visualisierter Hörräume durchgängig angewendet. In Kapitel 8 wurde sie mit einem Abschnitt zum beschallten Raum ergänzt. Einen wesentlichen Vorteil von Kemps Rezeptionstheorie sehe ich in der vom Bild produzierten Asymmetrie der ästhetischen Kommunikation. Sie trägt dem spezifischen Bedeutungspotential der Bildkunst Rechnung. Die den Rezipienten stimulierende und aktivierende Kommunikation mit dem Bild, über die er nur in seiner Eigenschaft als hörender Betrachter verfügt, verhindert den Differenzverlust, der sonst bei einer Lesung kultureller Praxis droht. Als externer Faktor wirkt der architektonische Kontext, in dem der visualisierte Hörraum wahrgenommen wird, auf den Rezipienten. Da die Quellen *in situ* sind, konnte dieser ebenfalls in die Untersuchung einbezogen werden. Bei der Konstitution imaginierter religiöser Hörräume in Kapitel 6 wurde auf die Ästhetik des Performativen nach Fischer-Lichte zurückgegriffen. Da bei ihr der Akteur zunächst in potentielle Räume des Lautvollzugs platziert wird, tragen ihre Auslegungen in besonderem Maße der Ereignishaftigkeit und der Flüchtigkeit der Stimme Rechnung.

Obgleich Burckhardt Qureshi von der aktuellen Wiedergabe (*translation*) des Kontextes (*the social reality*) in der musikalischen Aufführung ausgeht, hat sich die Validität ihres Modells auch bei der Analyse von Hörräumen erwiesen, die in Bildern oder Reliefs vermittelt werden. Dieses Ergebnis trifft sowohl auf die Amarna-Tableaus als auch auf das Relief der Opetprozession zu. Mit Hilfe ihres Modells wurde es möglich, die unterschiedliche Zusammensetzung und Anzahl der musizierenden Gruppen in Palast und Tempel zu deuten, und die vor dem Temenos des Atentempels im öffentlichen Hörraum spielenden Städterinnen als einen die Stadt Achetaten repräsentierenden Klangkörper oder Chor zu erklären. Die Tabellen 3 und 4 veranschaulichen, dass bei der Opetprozession die rituelle Umgebung den Kontext bildet, den die Teilnehmer in Liedern und Tänzen wiedergeben. Klänge, Rhythmen und Gesänge übersetzen beim Ritualvollzug die rituell erzeugte Umgebung in die Hörbarkeit. Weil die Wiedergabe in den einzelnen Abschnitten der Prozession die jeweilige Phase des Ritualisierungsprozesses anzeigt, bringt sie den Ritualverlauf zu Gehör. Darin liegt auch ihre Stärke: Mehr als Lautstärke und akustische Parameter bestimmt die Dynamik des Hörbaren die Erfahrungshaftigkeit der im Ritualvollzug vermittelten Erzählung.

Eine Zusammenstellung der Hörräume von Achetaten mit ihren Akteuren findet der Leser in Tabelle 2, die Untersuchungsergebnisse sind am Ende der Kapitel 5 und 7 zusammengefasst. Ein bisher nicht eigens hervorgehobenes Ergebnis ist die vielseitige Beschaffenheit der Stimme in den hier untersuchten unterschiedlichen Kontexten. Die Stimme als performatives Phänomen wird in den folgenden Aspekten geschildert: Die Stimme entsteht in der Luftröhre, sie wirkt im Körper und verlässt diesen. Als Hörereignis sowie als erinnerte Stimme des Grabherrn verbindet sie Hörräume miteinander, sie dringt in andere ontologische Bereiche vor oder wirkt dort, ist durchdringend und lässt die Stimme anderer schweigen. Eine erhobene Stimme stört die Ruhe oder wehrt Gefahren ab. Die Stimme ist gerechtfertigt, das Herz ergötzend und belebend. Sie fügt den Sprecher in eine verbale Kommunikationskette ein. Ihr sparsamer Gebrauch bezeichnet rednerische Kompetenz. Die Stimme ist Ausdruck für den unbändigen Jubel beim Erscheinen eines Gottes. Die Götterstimme ist der symbolischen Textur der Gesellschaft eingeschrieben. Die Stimme eines Gottes oder des Königs wirkt als Schöpferstimme. Die Stimme der Königin erfreut oder besänftigt den Gott.

Auf den ersten Blick war es die Darstellung von Hörräumen der Landschaft in einem der Amarna-Gräber, die die Verankerung traditioneller Orientierungslaute repräsentierte. Erst die vorliegende Untersuchung erbrachte die differenzierte Verwendung traditioneller Klangmuster, die von der thebanischen Nekropole am Westufer in die Darstellung von Achetaten als Lebensbereich des Grabherrn auf das Ostufer übernommen worden sind. Die Ergebnisse erlauben Rückschlüsse auf die Sinngebung der Lebenswelt durch die Stimme, Orientierungslaute und die Bedeutung von Hörereignissen in einer Kultur. Durch den hier erarbeiteten Ansatz und seine Anwendung auf die Umgestaltung einer Hörkultur in der Amarnazeit kann die gemeinschaftsbildende Funktion des Gehörten einen neuen Stellenwert in der Erforschung historischer Kulturen erlangen. Dies wird als gewinnbringend für zukünftige Forschungen angesehen.

Anhang

Vorbemerkung

Da auf eine Bilddatenbank verzichtet wurde, werden im Anhang die in die Datenbank aufgenommenen Objekte in einem Katalog und in einer Tabelle präsentiert. Im Katalog werden der Reihe nach genannt:

ID-Nummer
Periode
Standort mit Inventarnummer
Fundort
Datierung
Bildträger
Literatur
Beschreibung

Die ID Nummer des Datensatzes ist der Schlüssel für das Objekt in der Tabelle, in der die Daten zur Erfassung lautlichen Handelns zusammengestellt sind. Letztere findet sich im Anschluss an den Katalogteil.

Die Periode „Präamarna" umfasst den Beginn der Regierungszeit von Amenhotep IV. Achenaten bis zur Übersiedelung des Hofes in die im 5. Jahr gegründete neue Residenz. „Amarna" umfasst die Regierungszeit von Amenhotep IV. Achenaten, Semenchkare und den Anfang der Regierung Tutanchamens bis dieser Achetaten verließ.

Zum Standort siehe die Abkürzungen für Museen und die Museen der unter dem Städtenamen geführten Objekte. Die hinter einer Inventarnummer des Museums oder einer Darstellung in situ in Klammer angegebene ID Nummer bezieht sich immer auf die Nummer des Datensatzes, die das Objekt in der Datenbank, die im Rahmen der vorliegenden Arbeit erstellt wurde, identifiziert.

Stehen hinter dem Fundort Angaben in Klammer, so beziehen sich diese auf den ursprünglichen architektonischen Kontext des Reliefs.

Bei der Datierung wird die Einordnung in die Stilphasen der Amarna-Kunst aus der einschlägigen Literatur übernommen.

Die Angaben zum Bildträger beschränken sich auf die Art, das Material und die Maße. Wenn es für die Auswertung der Darstellung von Bedeutung ist, werden sie mit Angaben zur Machart, Bemalung, Schäden oder Wiederverwendung ergänzt. Usurpierte figürliche Darstellungen, das sind die Umarbeitungen von Bildnissen der Kija, einer Gemahlin des Königs, zu dessen Tochter Meretaten, in denen Kopfform,

 | DOI 10.1163/9789004354951_012

Perücke und Kartuschen verändert, aber der Mund unverändert belassen wurde, werden unter dem Namen der ursprünglich dargestellten Person geführt.

Literaturhinweise werden nicht alphabetisch aufgelistet, sondern in der Reihenfolge: Angaben zur Publikation, bei nicht publizierten Objekten zur Grabung, von mir bei der Interpretation des Motivs verwendete Literatur, Hinweise auf die Katalognummern in Katalogen der Ausstellungen, in denen die Funde dem amerikanischen oder dem deutschen Publikum vorgestellt wurden, Katalognummern der großen Amarna-Ausstellungen der Jahre 1996–2012.

Es folgt eine kurze Beschreibung der Darstellung der Akteure und, falls dieser aus dem Relief hervorgeht, des Raumes, in dem sie handeln. In der Regel werden die Akteure in der Reihenfolge präsentiert, in der sie auch in der Tabelle erscheinen. In Ausnahmefällen, oder bei sehr vielen Akteuren in einer Darstellung, soll das Auffinden mittels einer eingeklammerten Information bei den fettgedruckten ID Nummern am Beginn eines Eintrags erleichtert werden. Gegebenenfalls wird auf Parallelen hingewiesen. Zitierte Beischriften, Reden und Lieder folgen, wenn nicht anders vermerkt, der Übersetzung von Sperveslage, in: TLA, http://aaew.bbaw.de, letzter Zugriff 2015-04-30.

Im Anschluss an den Katalog sind in einer Tabelle die Kriterien zur Ikonographie zusammengestellt. Sie sind in Kapitel 4 zusammengefasst und als Bilddiskurs zum hörbaren Körper in der Amarnazeit interpretiert worden. Diese sind:

Status. Hier werden als Indikator für die soziale Stellung Rang, Amt, Tätigkeit, Belohnung durch den König oder die Bindung an Institutionen, Tempel, Palast, Polizei, etc., eingetragen. Verwendete Abkürzungen sind: verb. A. = verbundene Augen

Geschlecht, abgekürzt M = männlich
W = weiblich

Ethnie. Der Begriff wird hier als eine geographische Größe, die auf die Herkunft einer Person schließen lässt, verstanden. Die verwendeten Abkürzungen sind:

Äg = Ägypter
As = Asiate
Li = Libyer
Nub = Nubier
Sy = Syrer

Handlungstyp. Mit seiner Hilfe wird der Vollzug einer lautlichen Handlung zu einem (vom Kontext abhängigen) bestimmten Zeitpunkt erfasst. Es werden drei Typen, unterschieden:

Lauterwartung
Lauterzeugung
Lautvermeidung

Offener Mund. Cooney (Amarnareliefs from Hermopolis in American Collections, S. 31) und Arnold (The Royal Women of Amarna, S. 70, 77) beschreiben bei manchen Bildnissen des Königs oder der Prinzessinnen den Mund als leicht geöffnet oder „on the verge of speaking". Die bereits unter Amenhotep III. übliche, weit vorn an der Nasenscheidewand ansetzende Oberlippe, die die untere Gesichtshälfte gleichsam nach vorne zieht, sowie die Bildung des Tuberculums und der Mundspalte in der Amarna-Kunst, bedingen bei der Rundplastik und dem Relief en creux im Profil und in der Seitenansicht, dass die Lippen auch bei einem geschlossenen Mund als leicht geöffnet erscheinen. – Ich konnte diese Wirkung im Louvre am Schatten, den der Kopf der Kolossalstatue des Achenaten auf die Wand warf, selbst beobachten. – Sie wurden in der Datenbank als geschlossener Mund katalogisiert. Ein offener Mund wurde nur dann eingetragen, wenn in der Seitenansicht die Lippen bis fast zum Mundwinkel geteilt sind, abgekürzt:

J = Ja für geöffneten Mund
N = Nein für geschlossenen Mund

Adressat sind der oder die Hörer/Hörerinnen, an die das Wort gerichtet wird, oder die sich in Hörweite befinden.

Gestus berücksichtig die Körperhaltung und ob der Akteur in Aktion gezeigt wird. Verwendete Abkürzungen sind:

Red = Redegestus
Ruf = Rufgestus
Jub = Jubelgestus
Arb = Arbeitsgeräusche

Instrument sind Musikinstrumente und die durch Texte oder Gesten indizierte Stimme eines Sprechers/einer Sprecherin oder eines Sängers/einer Sängerin. Bei den Trommeln wird nicht zwischen runden und eckigen Rahmentrommeln unterschieden. Sie werden alle als „Handtrommel" eingetragen. Um welche Form der Handtrommel es sich im Einzelnen handelt, geht aus dem Katalog hervor. Die an einem Riemen um den Hals gehängte, zweifellige große Röhrentrommel wird als „Fasstrommel" eingetragen. Der Eintrag „Bogenharfe" bezeichnet stets die große Standharfe mit 8–16 Saiten, deren Resonanzkörper die Form eines Bootes hat. Die kleinere, in den Tempeln gespielte

Form der Bogenharfe, deren Bogen oben in einem Kopf endet, wird hier, nach der im MGG vorgeschlagenen Nomenklatur, als Sigmaharfe bezeichnet. Trigonon und Winkelharfen werden als „Winkelharfe“ eingetragen.

Katalog

ID 1–4
Amarna
Norbert Schimmel Coll. MMA 1985.328.13
Hermopolis Magna
Amenhotep IV. Achenaten
Relieffragment, Kalkstein, bemalt, 24,1 × 53,5 cm, Gesichter in erhabenem Relief, Augen später ausgemeißelt
Cooney, Amarnareliefs from Hermopolis in American Collections, Nr. 21. Roeder, Amarna-Reliefs aus Hermopolis, PC 3, Taf. 170, S. 197, 199, 312. Roehrig, The Amarna-Reliefs, in: BMMA 49/4, S. 28. Aldred, Akhenaten and Nefertiti, Kat. Nr. 138. Settgast, Von Troja bis Amarna, Kat. Nr. 299. Chappaz, Akhénaton et Néfertiti, soleil et ombres des pharaons, Kat. Nr. 180.
Aufgrund der Richtung der Stangen und der Haltung der Hände kann es sich nur um Fächerträger handeln, so wie im Grab des Huya, TA 1, wo die Träger bei der Prozession vom Königspalast zum Ort des Tributempfangs die Fächer zum König im Tragesessel hin gerichtet halten. Die Träger blicken schräg aufwärts. Im Vordergrund sind die Zügel des Wagens des Königs zu sehen. Alle vier sind Ausländer. Von li. nach re.: erster von 4 Fächerträgern im Festzug: Die langen welligen Haare sind hinter die Ohren gestreift. Die Stirn ist faltig. An den Schläfen sieht das eigene Haar unter der Perücke hervor. Die Ohren sind deutlich modelliert und haben Löcher für Ohrringe. Scharfe Nasolabialfalte. Mit Cooney (S. 39) vermutlich Asiate, bei Settgast als Syrer bestimmt. Zweiter Fächerträger: Die Stirn ist faltig. Die langen, welligen Haare sind hinter die Ohren gestreift. An den Schläfen sieht das eigene Haar unter der Perücke hervor. Die Ohren sind deutlich modelliert und haben Löcher für Ohrringe. Scharfe Nasolabialfalte. Mit Settgast älterer Syrer. Dritter Fächerträger: Kurze, stufig geschnittene nubische Perücke. Von den Ohren sieht nur das durchbohrte Ohrläppchen hervor. Scharfe Nasolabialfalte. Mit Settgast ein Libyer. Vierter Fächerträger: Gesicht stark beschädigt. Kinn- und Mundpartie mit starker Nasolabialfalte. Mit Settgast ein Nubier.

ID 5
Amarna
Samml. Gillet G. Griffin
Hermopolis Magna

Amenhotep IV. Achenaten
Fragment, Kalkstein, 19,7 × 24,1 cm
Cooney, Amarnareliefs from Hermopolis in American Collections, Nr. 22a. Roeder, Amarna-Reliefs aus Hermopolis, PC 101, Taf. 187, S. 187.
Kopf eines Mannes mit vorgebeugtem Oberkörper, schräg abwärts blickend, volle Lippen, hohe Wangenknochen. Ohr unter der glatten schulterlangen Perücke von ägyptischem Schnitt verborgen. Cooney hält ihn möglicherweise für einen Nubier, Roeder für einen vornehmen Ägypter. Ich schließe mich aufgrund der Kopfhaltung und der Gesichtszüge, die der königlichen Amarna-Ikonographie folgen (mandelförmige Augen, hohe Wangenknochen, gerade Stirn mit ziemlich tiefem Perückenansatz, der nur wenig Platz zwischen den Augenbrauen und der Kopfbedeckung lässt, voller Mund) Roeder an. Die Körperhaltung spricht für eine Verbeugung vor dem König bei einem seiner öffentlichen Auftritte, beispielsweise im Erscheinungsfenster. Das Fragment gibt aber keinen sicheren Hinweis auf den räumlichen Kontext. Sehr ähnlich MMA 1985.328.19 (ID 319).

ID 6
Amarna
New York MMA 22.2.10
Tell el-Amarna, Bildhauerwerkstatt
Amenhotep IV. Achenaten
Ostrakon, Kalkstein
Freed et al., Pharaohs of the Sun, Kat. Nr. 116.
Kopf, Übungsstück gefunden in der Werkstatt eines Bildhauers. Nubier mit langem schlankem Hals, kurzem, im Nacken rundem Haar und großen Ohrringen, der geradeaus blickt. Runde fliehende Stirn, starker Bulbus der offenen Augen, tiefer Nasensattel, rundes Kinn und offener Mund. Ein sich verbeugender Nubier mit ähnlichem Profil, bekleidet mit einem Offiziersschurz, findet sich bei der Ehrengoldverleihung im Hof zwischen den Getreidesilos und dem Hafen in TA 4, Säulenhalle, Ostwand, unten (Davies, Amarna I, Taf. XXX). Aufrecht stehende, im Profil gezeigte Nubier finden sich als eines der Fremdvölker auf der Balustrade des Erscheinungsfensters bei der Ehrengoldverleihung in TA 7, Halle, Westwand (Davies, Amarna VI, Taf. IV) und TA 8, Säulenhalle, Westwand, südlicher Teil (Davies, Amarna VI, Taf. XIX).

ID 9
Amarna
Brooklyn 60.197.6
Hermopolis Magna
Amenhotep IV. Achenaten, 6.–9. Jahr
Relieffragment vom rechten Türpfosten, Kalkstein, bemalt, 22,2 × 51,7 cm, Gesicht des Königs zerhackt, das der Prinzessin unversehrt, Name der Prinzessin ausgemeißelt

Cooney, Amarnareliefs from Hermopolis in American Collections, Nr. 4. Roeder, Amarna-Reliefs aus Hermopolis, PC 24, Taf. 173, S. 148, 154, 157. Aldred, Akhenaten and Nefertiti, Fig. 116 (Detail).
Opfer im Tempel. Ob die Prinzessin schon vor dem Altar steht, oder noch im Torbereich, geht aus dem Fragment nicht hervor. Der Anbringungsort spricht eher für letzteres. Die Prinzessin folgt ihrem Vater, der dem Aten einen Stabstrauß emporhält. Sie hält das Bügelsistrum in Augenhöhe vor das Gesicht. Ihre Lippen erscheinen vorn ganz leicht geöffnet. Das ist aber der bildnerischen Darstellung des Mundes im Amarnastil zuzuschreiben. Sistrum schüttelnde Prinzessinnen finden sich in allen Opferszenen in den Amarnagräbern: TA 4, Eingang, Südwand, und Säulenhalle, Ostwand (Davies, Amarna I, Taf. XXII, XXV, XXVI), TA 6, Türsturz, Eingang, Türrahmen, Westwand (Davies, Amarna II, Taf. V, VIII, XVIII), TA 7, Fassade (Davies, Amarna VI, Taf. II). Der Mund der Prinzessin, wenn erhalten, ist in allen Fällen geschlossen.

ID 10
Amarna
Brooklyn 60.197.2
Hermopolis Magna
nach Amenhotep IV. Achenaten
Relieffragment, Kalkstein, bemalt, 52 × 23,4 cm
Cooney, Amarnareliefs from Hermopolis in American Collections, Nr. 6. Roeder, Amarna-Reliefs aus Hermopolis, PC 26, Taf. 173, S. 160, 404. Aldred, Akhenaten and Nefertiti, Kat. Nr. 125.
Vermutlich aus dem Großen Atentempel in Achetaten. Ritual des Ährenschneidens oder -opferns. Von einer Person, vermutlich dem König, ist die Schulter erhalten mit dem erhobenen Unterarm und die Hand, die Ähren fasst, um sie zu ernten oder dem Aten darzubringen. Das Gesicht ist zurückgebeugt. Langer Hals, glatte Perücke, deren Zipfel das Ohr bedeckt (König in ebensolcher Perücke in TA 4, Säulenhalle, Ostwand, unten, Davies, Amarna I, Taf. XXX). Die Szene hat keine Parallele in den Amarnagräbern.

ID 11
Amarna
Norbert Schimmel Coll. MMA 1985.328.3
Hermopolis Magna
Amenhotep IV. Achenaten, früher Amarnastil
Relieffragment, Kalkstein, bemalt, 21 × 34,5 cm
Cooney, Amarnareliefs from Hermopolis in American Collections, Nr. 7. Roeder, Vorläufiger Bericht über die deutsche Hermopolis Expedition 1938 und 1939, in: MDAIK 9, Taf. 7.c. Ders., Amarna-Reliefs aus Hermopolis, 255.VI, Taf. 5, S. 276. Aldred, Akhenaten and Nefertiti, Kat. Nr. 117. Settgast, Von Troja bis Amarna, Kat. Nr. 288.

König geradeaus oder leicht nach unten blickend. Der Ansatz einer blauen Krone im Nacken lässt eine Opferhandlung vermuten. Die horizontale Blickrichtung spricht aber gegen eine Opferhandlung, eher für die Entgegennahme des Tributs, eine Gabe im Erscheinungsfenster oder einen Gruß aus dem Streitwagen. Beim Fund war die rechte Hand (Handfläche nach vorn weisend) noch erhalten. Ikonographie des Königs: Hängendes Kinn, langer Hals mit zwei Querfalten oben, an der Halsvorderseite ist die Luftröhre als senkrechte Grube vertieft. Ohrläppchen mit runder Bohrung. Die vollen Lippen liegen nicht fest aufeinander.

ID 12

Amarna
Norbert Schimmel Coll. MMA 1985.328.2
Hermopolis Magna
Amenhotep IV. Achenaten, früher Amarnastil
Relieffragment, Kalkstein, bemalt, 24,5 × 54,5 cm
Cooney, Amarnareliefs from Hermopolis in American Collections, Nr. 9. Roeder, Amarna-Reliefs aus Hermopolis, PC 13, Taf. 171, S. 146, 154, 158. Roehrig, The Amarna-Reliefs, in: BMMA 49/4, S. 25. Aldred, Akhenaten and Nefertiti, Kat. Nr. 118. Settgast, Von Troja bis Amarna, Kat. Nr. 287.
Der König hält mit beiden Händen eine ungerupfte Gans mit zappelnden Beinen und offenem Schnabel empor. Auf den Armen des Königs stehen dreimal die Kartuschen des Aten in der jüngeren Fassung. Der äußerste Strahl des Aten hält das Anch vor die Nase des Königs. König mit langem Hals mit zwei Kehlfalten, hängendem Kinn und herabgezogenen Mundwinkeln. Das Anch-Zeichen vor der Nase reicht zur Raumbestimmung nicht aus, da es auch an Orten außerhalb des Tempels dem König gereicht wird.

ID 13

Amarna
Norbert Schimmel Coll. MMA 1985.328.5
Hermopolis Magna
Amenhotep IV. Achenaten, spät
Relieffragment, Kalkstein, bemalt, 22,2 × 54 cm
Cooney, Amarnareliefs from Hermopolis in American Collections, Nr. 10. Roeder, Amarna-Reliefs aus Hermopolis, PC 12, Taf. 170, S. 173, 176. Aldred, Akhenaten and Nefertiti, Kat. Nr. 129. Freed et al., Pharaohs of the Sun, Kat. Nr. 55. Settgast, Von Troja bis Amarna, Kat. Nr. 291.
Links ist noch der Mantel der Amme Tia sichtbar, daneben die Prinzessin Anchesenpaaten. Die Frisur und die Opferhandlung sprechen gegen eine Amme als die handelnde Person, da die Ammen oder sog. Kinderfrauen der Prinzessinnen nicht

aktiv am Kult teilgenommen haben. Neben der Prinzessin, die mit leicht vorgebeugtem Körper zwei Opferbrote oder Räucherschalen emporhält, steht die sich auf die Amme beziehende Inschrift: „Die Amme der Anchesenpaaten, Tia". Eine Prinzessin, die ebensolche Gaben dem Aten opfert, findet sich in TA 6, erste Halle, Westwand (Davies, Amarna II, Taf. V, XVIII).

ID 14
Amarna
Boston MFA 62.501
Hermopolis Magna
Amenhotep IV. Achenaten
Relieffragment, Kalkstein, bemalt, 23,5 × 52,5 cm
Cooney, Amarnareliefs from Hermopolis in American Collections, Nr. 11. Terrace, Bulletin, Museum of Fine Arts, Boston LX, Nr. 322, S. 134–135. Roeder, Amarna-Reliefs aus Hermopolis, PC 45, Taf. 182, S. 165, 280, 295. Freed et al., Pharaohs of the Sun, Kat. Nr. 108.
Proskynese hinter dem König bei Sonnenaufgang. Die Person ist mit einem durchsichtigen Mantel bekleidet, sie trägt eine mit einem Band zusammengehaltene Zopfperücke. Sie ist in die Knie heruntergebeugt, die Hände auf dem Boden dargestellt. Nur das Kinn berührt die Grundlinie. Die Frau (Roeder hält die Person eher für einen vornehmen Herrn), möglicherweise das „Kindermädchen", das ist die Gesellschaftsdame einer Prinzessin in der Königsfamilie, vollführt die Geste hinter dem König, dessen Fuß (in der Amarnazeit mit der Außenseite nur bei königlichen Personen dargestellt) auf dieselbe Körperhaltung hinweist. Im Register darunter ist das schwarze Haar einer ebenfalls den Boden küssenden Person erkennbar. Nach der Theologie findet die Begrüßung des Aten bei Sonnenaufgang am Horizont statt. Von den Baulichkeiten kommt in Achetaten am ehesten der große Atentempel, mit Statuen des Königs in dieser Pose, oder der kleine Atentempel, direkt neben dem Königspalast liegend und zum Sonnenaufgang hin ausgerichtet, in Betracht.

ID 15
Amarna
Brooklyn 60.197.8
Hermopolis Magna
Amenhotep IV. Achenaten
Relieffragment, Kalkstein, bemalt, 22,2 × 44,5 cm
Cooney, Amarnareliefs from Hermopolis in American Collections, Nr. 12. Roeder, Amarna-Reliefs aus Hermopolis, PC 28, Taf. 172, S. 404. Aldred, Akhenaten and Nefertiti, Kat. Nr. 92.
Die Königin, mit blauer Perücke und Uräus, küsst ihre Tochter Meritaten auf den Mund. Eine Hand der Strahlensonne reicht Nefertiti ein Anch-Zeichen. Die Augen

und die Inschrift neben den beiden sind nahezu vollständig ausgehackt, der Mund der Königin und der der Prinzessin unversehrt. Mund bei beiden sehr voll, die Lippen sind geschlossen.

ID 16–17
Amarna
Norbert Schimmel Coll. MMA 1985.328.7
Hermopolis Magna
Amenhotep IV. Achenaten, später Amarnastil
Relieffragment, Kalkstein, bemalt, 22,5 × 54 cm
Cooney, Amarnareliefs from Hermopolis in American Collections, Nr. 14. Roeder, Amarna-Reliefs aus Hermopolis, PC 8, Taf. 171, S. 171, 184, 200. Roehrig, The Amarna-Reliefs, in: BMMA 49/4, S. 27–28. Aldred, Akhenaten and Nefertiti, Kat. Nr. 136. Settgast, Von Troja bis Amarna, Kat. Nr. 293.
Zwei Höflinge (bei Roeder und Settgast „Kammerherren") hinter der Königin. Durch die gestaffelte Darstellungsweise ist von dem zweiten Höfling nur das Profil sichtbar. Er hat die Lippen „zum Küssen" des Bodens geschürzt. Oberhalb, und derselben Szene zugehörig, ist noch eine weitere Reihe gleichartiger Herren erhalten. Bei der großen Figur rechts, von der nur das Gesäß und die Oberschenkel auf dem Fragment erhalten sind, handelt es sich vermutlich um Nefertiti. Die zwei den Boden küssenden Herren halten ihre Wedel, von denen der Stil und der blütenförmige Ansatz erhalten sind, senkrecht. Die zwei (wesentlich kleiner dargestellten) im Vordergrund stehenden Personen in Sandalen gehören vermutlich ebenfalls zum Gefolge. Settgast vermutet in ihnen Hofdamen der Königin. Parallelen: TA 2, Säulenhalle, Südwand Ostseite, ein Mann vor dem Belohnten nach der Ehrengoldverleihung (Davies, Amarna II, Taf. XXXIII und XXXVI), TA 2, Säulenhalle, Ostwand, ein Asiate, ein Libyer und zweimal ein Nubier bei der Abgabe des Tributs vor dem König (Davies, Amarna II, Taf. XXXVII), TA 4, Säulenhalle, Nordwand, westlicher Teil, jeweils hinter den Musikantinnen küsst den Boden ein Mann (dort bekleidet mit vorn gebauschtem Schurz), der zu dem Tempelpersonal gehört, das den König vor dem Tempel empfängt (Davies, Amarna I, Taf. XIII, X A), TA 6, erste Halle, Südwand, Subregister, ein Mann vor dem Belohnten nach der Ehrengoldverleihung (Davies, Amarna II, Taf. XI), TA 6, erste Halle, Ostwand, vor dem König oder dessen Kartusche bei der königlichen Ausfahrt (Davies, Amarna II, Taf. XIII), TA 9, Halle, Westwand, zwei Männer vor dem Polizeichef (Davies, Amarna IV, Taf. XXVI). Die Höflinge werfen sich vermutlich vor dem König oder vor dem Aten nieder, während Nefertiti und die Prinzessinnen stehen. Ein räumlicher Kontext für letzteres wäre der Tempel, das lässt sich aber nicht mit Sicherheit aus dem Relief ableiten.

ID 18
Amarna
Samml. Leon Pomerance
Hermopolis Magna
Semenchkare
Fragment einer Türlaibung, Kalkstein, 21,5 × 26,3cm
Cooney, Amarnareliefs from Hermopolis in American Collections, Nr. 15. Roeder, Amarna-Reliefs aus Hermopolis, PC 27, Taf. 176, S. 144. Hari, New Kingdom Amarna Period, Taf. XXI.b, S. 24.
Königliche Person, dem der Strahlenaton ein Lebenszeichen an die Nase gibt. Cooney hält sie aufgrund der kurzgeschnittenen nubischen Perücke (mit Uräus) für Nefertiti mit Sistrum, Hari möglicherweise für Meritaten. Laut Roeder handelt es sich vermutlich um den Mitregenten Semenchkare. Dessen Mund ist nicht so voll und seine Nase kleiner als beim König. Die Lippen sind nicht ganz fest geschlossen. Für ein Sistrum ist der Gegenstand (weit über Augenhöhe) zu hoch gehalten. Auch sind die senkrechten Linien vom Griff aufwärts gerade, anstatt, wie bei einem Sistrum, gebogen. Deshalb könnte es sich meines Erachtens um den einleitenden Teil des Opferrituals handeln, in dem als Zeichen seiner Ermächtigung zu rituellem Handeln vom Ritualisten dem Gott das Sechem-Zepter gezeigt wird. Es ist unklar, ob dieses Ritual im Temenos oder im Kultbereich des Tempels vollzogen wurde.

ID 19–20
Amarna
Norbert Schimmel Coll. MMA 1985.328.6
Hermopolis Magna
Amenhotep IV. Achenaten
Relieffragment, Kalkstein, 22 × 28 cm, Relief en creux
Das Fragment ist aus zwei Stücken zusammengesetzt. Die Gesichter sind bei beiden Prinzessinnen teilweise ausgefüllt worden.
Cooney, Amarnareliefs from Hermopolis in American Collections, Nr. 16. Roeder, Amarna-Reliefs aus Hermopolis, 218.VII, Taf. 8, S. 283, 294. Dorman, Twenty-Four Amarna-Reliefs, in: Recent Acquisitions: A selection 1985–1986, S. 6–7. Roehrig, The Amarna-Reliefs, in: BMMA 49/4, S. 26–27. Aldred, Akhenaten and Nefertiti, Kat. Nr. 130. Arnold, The Royal Women of Amarna, Kat. Nr. 54. Settgast, Von Troja bis Amarna, Kat. Nr. 292.
Zwei Schwestern, die sich umarmen. Ältere Schwester, in frontaler plastischer Körperposition gezeigt. Settgast weist auf die Ähnlichkeit der Älteren mit dem Profil des Königs hin. Die untere Partie des Gesichtes ist bei der jüngeren Prinzessin beschädigt. Da die Prinzessinnen auch in der Öffentlichkeit einander umarmend dargestellt sind (TA 2, Säulenhalle, Ostwand, Davies II, Taf. XXXVII, XXXVIII, bei der Entgegennahme des Tributs im Jahr 12), kann der Raum nicht bestimmt werden.

ID 21

Amarna
Norbert Schimmel Coll. MMA 1985.328.8
Hermopolis Magna
Amenhotep IV. Achenaten
Relieffragment, Kalkstein, bemalt, 22,8 × 47 cm, umgearbeitet
Cooney, Amarnareliefs from Hermopolis in American Collections, Nr. 17. Roeder, Amarna-Reliefs aus Hermopolis, PC 17, Taf. 172, S. 181. Hanke, Änderungen von Bildern und Inschriften während der Amarna-Zeit, in: SAK 2, S. 79–93. Settgast, Von Troja bis Amarna, Kat. Nr. 294. Arnold, The Royal Women of Amarna, S. 106, Abb. 101. Freed et al., Pharaohs of the Sun, Kat. Nr. 92.
Rituelle Reinigung im Tempel. Kopf einer königlichen Person, von Wasserlinien umflossen. Links oben im Bild sind der bauchige Teil einer Vase und die Hand, die diese hält, sichtbar. Nubische Perücke, später mit Gips ausgefüllt. Vielleicht Kija, später in die älteste Tochter Meketaten mit Seitenlocke umgearbeitet. Lippen nicht ganz fest aufeinander. Wo die rituelle Reinigung stattfand ist ungewiss. Vergnieux weist auf die Ikonographie der königlichen Familie als die einer Kultstatue hin: „Avec la purification d'Aménophis IV par l'eau, il faut voir une libation sur la statue de cult", (Vergnieux/Gondran, Aménophis IV et les pierres du soleil, S. 191, zit. nach Chappaz, Akhénaton et Néfertiti, soleil et ombres des pharaons, S. 82).

ID 22

Amarna
Brooklyn 60.197.8
Hermopolis Magna
Amenhotep IV. Achenaten
Relieffragment, Kalkstein, 22,2 × 44,5 cm, bemalt
Cooney, Amarnareliefs from Hermopolis in American Collections, Nr. 12. Roeder, Amarna-Reliefs aus Hermopolis, PC 28, Taf. 172, S. 404. Aldred, Akhenaten and Nefertiti, Kat. Nr. 92.
Eine Prinzessin im Kleinkindalter küsst ihre königliche Mutter auf den Mund. Die Prinzessin ist „Die Prinzessin, von ihrem Fleisch, ihre geliebte Meritaten". Mund sehr volllippig. Ein Raum ist nicht zu ermitteln, vermutlich im Palast, in dem alle intimen Familienszenen dargestellt werden.

ID 23

Amarna
Detroit DIA 66.8
Hermopolis Magna
Amenhotep IV. Achenaten, ausgeprägter späterer Amarnastil
Relieffragment, Kalkstein, 21,6 × 26,7 cm

Cooney, Amarnareliefs from Hermopolis in American Collections, Nr. 18. Roeder, Amarna-Reliefs aus Hermopolis, PC 69, Taf. 183, S. 406. Aldred, Akhenaten and Nefertiti, Kat. Nr. 127.
Die Prinzessin steht vermutlich hinter der Königin, deren Schulter sichtbar ist. Sie schüttelt in der rechten Hand das Bügelsistrum, das sie in Augenhöhe schräg aufwärts hält. Da in den Amarnagräbern die Prinzessinnen außerhalb des Tempels niemals das Sistrum schütteln, ergibt sich der Tempel als der imaginierte Ort, an dem die Kultmusik erzeugt wird.

ID 24
Amarna
Richmond VMFA 63-20-3
Hermopolis Magna
Amenhotep IV. Achenaten, früher Amarnastil
Relieffragment, Kalkstein, 19 × 21,6 × 3,2 cm
Cooney, Amarnareliefs from Hermopolis in American Collections, Nr. 18a. Abgesägte Schmalseite D von Roeder, Amarna-Reliefs aus Hermopolis, 826.VIII D, Taf. 7, 10, S. 398.
Eine Prinzessin steht vermutlich hinter der Königin. Sie hält (senkrecht) in der rechten Hand das Bügelsistrum. Die Lippen stehen vorn ein wenig auseinander. Rest der Inschrift oberhalb: *dỉ=ṯ ꜥnḫ ḏ.t nḥḥ*. Stil wie auf der Säulentrommel Roeder 245.VII.

ID 25–28
Amarna
Norbert Schimmel Coll. MMA 1985.328.10
Hermopolis Magna
Amenhotep IV. Achenaten, thebanischer Stil der frühen 18. Dyn.
Relieffragment, Kalkstein, 23 × 54 cm, an der Oberkante stark gebrochen
Cooney, Amarnareliefs from Hermopolis in American Collections, Nr. 19. Roeder, Amarna-Reliefs aus Hermopolis, PC 15, Taf. 172, S. 184. Roehrig, The Amarna-Reliefs, in: BMMA 49/4, S. 28. Aldred, Akhenaten and Nefertiti, Kat. Nr. 137. Settgast, Von Troja bis Amarna, Kat. Nr. 296.
Zwei Kammerherren mit Fächern, hinter diesen, in einigem Abstand, sechs Höflinge mit Wedeln (zwei gestaffelte Dreiergruppen) und hinter diesen ein sich bückender Diener (über ihm ist die Hand eines ebensolchen zu erkennen) begleiten die königliche Familie beim Besuch des Tempels. Die Personen tragen die höfische Standardausrüstung: Die zwei Kammerherren tragen Fächer in der Rechten, die Höflinge tragen Lotusblütenstäbe, in die die Straußenfedern der Wedel gesteckt waren. Alle halten einen Zeugstreifen in der linken Hand. Am Original lässt sich bei

beiden Fächerträgern und bei einem der Höflinge in der hinteren Dreiergruppe der Mund mit geschlossenen Lippen gut erkennen. Zwei Diener folgen der königlichen Familie. Die Diener (waagerecht vorgebeugt, die beiden Arme auf die Beine gestützt) haben den Kopf so weit zurückgebeugt, dass sie geradeaus blicken. Sie tragen langes Haar, vorne mit einem Zipfel, das die Ohren frei lässt. Auf dem Fragment ist nur der untere Diener erhalten. Die Zusammensetzung des königlichen Gefolges ist ebenso in TA 4, Eingang, Südwand, Ostteil, Subregister unter der Opferszene (Davies, Amarna I, Taf. XXII und XXIV). Aus der Identität der Gruppe inklusive der Diener mit TA 4 ergibt sich als Kontext der Besuch des Königs mit Gefolge im Tempel. Letzteres befindet sich somit innerhalb des Tempels, auch wenn der genaue Aufenthaltsort nicht ermittelt werden kann.

ID 29–37
Amarna
Norbert Schimmel Coll. MMA 1985.328.14
Hermopolis Magna
Amenhotep IV. Achenaten, später Amarnastil
Relieffragment, Kalkstein, 21,5 × 53,5 cm
Cooney, Amarnareliefs from Hermopolis in American Collections, Nr. 23. Roeder, Amarna-Reliefs aus Hermopolis, PC 6, Taf. 170, S. 183. Aldred, Akhenaten and Nefertiti, Kat. Nr. 139. Settgast, Von Troja bis Amarna, Kat. Nr. 300.
Trinkende Gruppe. Cooney sieht, aufgrund der nubischen Perücke, aus der die große Ohrscheibe hervor sieht, die zehn unregelmäßig gruppierten Personen als Hofdamen an. Roeder hält sie für Männer nichtköniglicher Abstammung. Settgast spricht von einer höfischen Menge, deren Geschlecht sich nicht bestimmen lässt. Bis auf eine Person tragen alle ein Haarband auf der Stufenperücke. Sie blicken leicht aufwärts. Einige von ihnen strecken die Arme empor (wobei nicht zu ermitteln ist, was sie in der Hand halten), oder trinken aus Schalen. Am linken Rand sind noch der Rücken, der linke Arm mit der Hand, die eine Axt hält, und der rechte Ellenbogen eines in die entgegengesetzte Richtung nach vorn gebeugten Dieners sichtbar. Ich stufe, mit Cooney, die Gruppe als weiblich ein. Da gemischte Gruppen meines Wissens nicht vorkommen, müssten alle Hofdamen sein. Von re. nach li: Die vorderste Person in der hinteren (oberen) Gruppe streckt die Arme winkend empor. Möglicherweise hält sie auch etwas in der Hand. Die zweite streckt ebenfalls die Arme winkend oder etwas haltend empor. Ihr Gesicht ist nicht erkennbar. Von der dritten Hofdame ist nur der Kopf dargestellt. Von ihrer Nachbarin ist weder der Mund noch ein Gestus erkennbar. In der vorderen (dem Betrachter näher stehenden) Gruppe hält die erste Hofdame mit der Linken einen Gegenstand. Es handelt sich vermutlich um ein Tuch oder eine Weintraube, Roeder (S. 183) tippt auf einen Stabstrauß. Mit der Rechten führt sie eine

Trinkschale zum Mund. Ihre Lippen sind geschlossen. Von der zweiten Hofdame ist nur der Kopf zu sehen. Sie hat ihr Kinn in die Hand gestützt (wie im „Berliner Trauerrelief", merkt Roeder an). Ihr Mund ist geöffnet. Vielleicht äußert sie einen Trinkspruch. Die dritte Hofdame hält eine leicht geneigte Trinkschale vor den Mund. Ihre Lippen sind geschlossen. Von der vierten Dame ist nur der Kopf zu sehen. Die fünfte setzt eine Trinkschale an die Lippen. Cooney erwägt, dass es sich auch um ein Blasinstrument handeln könnte. Diese Möglichkeit halte ich wegen des Gedränges für unwahrscheinlich, da das Instrument mehr Platz erfordern würde, oder irgend etwas von ihm über den Köpfen zu sehen sein müsste. Wie die Frisuren und Ohrscheiben, so deuten ebenfalls die Trinkschalen auf eine Gruppe am Hof. Letztere sind flach wie die Trinkschale des Königs, dem Nefertiti Wein einschenkt in TA 2, Säulenhalle, Südwand, Westteil (Davies, Amarna II, Taf. XXXII). Verglichen mit den Trinkschalen auf MMA 1985.328.14 hat die Trinkschale des Königs einen Fuß. Auch die in Amarna in den Häusern Q 47.4, N 50.28 und O 47.9 gefundenen Gefäße (Berlin ÄM 22093, ÄM 30755, ÄM 37112) hatten ehemals einen Fuß. Sie sind aus Alabaster, Kalkstein und Keramik. Die Berliner Exemplare werden als Salb- und Kosmetikgefäße eingestuft (Im Lichte von Amarna, Kat. Nr. 39, S. 258 mit Abb.). Von der Form her entspricht ÄM 37112 aus Keramik am ehesten den Trinkschalen auf dem Relief. Die Szene hat keine Parallele in den Amarnagräbern.

ID 38–39
Amarna
Norbert Schimmel Coll. MMA 1985.328.19
Hermopolis Magna
Amenhotep IV. Achenaten
Relieffragment, Kalkstein, 21,6 × 46,7 cm, Relief en creux
Cooney, Amarnareliefs from Hermopolis in American Collections, Nr. 22. Roeder, Amarna-Reliefs aus Hermopolis, PC 4, Taf. 170, S. 197. Settgast, Von Troja bis Amarna, Kat. Nr. 305.
Militärische Eskorte des Königs. Zwei Soldaten in gestaffelter Darstellungsweise. Die Köpfe sind bis zum Auge hinauf in Hochrelief ausgeführt, weiter oben in versenktem Relief. Durch die Gesichtszüge und den starken Stirnwulst über den Augenbrauen sind sie als Nubier gekennzeichnet. Sie blicken aufwärts. Der dem Betrachter nächste hält eine Lanze, deren Schaft sein Kinn und das Gesicht seines Nachbarn überschneidet. Vor der Lanze, die beim zweiten Soldaten die Mund-Nasen-Partie überdeckt, sind dessen geschlossene Lippen deutlich herausgearbeitet. Hinter seinem Profil sind die doppelte Schädellinie und das Ohr eines weiteren Paares Soldaten zu erkennen.

ID 40–41
Amarna
Richmond VMFA 61–5
Hermopolis Magna
Amenhotep IV. Achenaten, später Amarnastil
Relieffragment, Kalkstein, 22,8 × 49,5 cm
Von Bothmer, Arts in Virginia 3/1, S. 27–28. Cooney, Amarnareliefs from Hermopolis in American Collections, Nr. 24. Roeder, Amarna-Reliefs aus Hermopolis, PC 104, Taf. 187. Aldred, Akhenaten and Nefertiti, Kat. Nr. 140.
Zwei Höflinge mit Wedel. Sie sind, mit nacktem Oberkörper, leicht vorgebeugt, der linke Arm nach vorn, der rechte nach hinten, im Lauf dargestellt. Da sie im Lauf gezeigt sind, begleiten sie vermutlich den König auf einer Fahrt entlang der Königsstraße, die, von Norden nach Süden führend, in Achetaten Paläste und Tempel miteinander verband. Der erste trägt eine lange Zopfperücke und Ohrscheibe. Der zweite, in nubischer Perücke, ist ebenfalls mit Ohrscheibe dargestellt.

ID 42
Amarna
Brooklyn 60.197.4
Hermopolis Magna
Amenhotep IV. Achenaten
Relieffragment, 23 × 54 cm, bemalt
Cooney, Amarnareliefs from Hermopolis in American Collections, Nr. 38. Roeder, Amarna-Reliefs aus Hermopolis, PC 33, Taf. 175, S. 405. Aldred, Akhenaten and Nefertiti, Kat. Nr. 67.
Der Stallknecht hat die rechte Hand im Maul eines Ochsen, dem er Futter hineinstopft. Mit der Linken hält er die vier Stricke der Tiere. Das Maul des daneben stehenden Ochsen ist offen. Parallele: Das Füttern der für das Opfer bestimmten Rinder, ohne ein beruhigendes Streichen über-die-Nase, findet sich in TA 4, Säulenhalle, Ostwand (Davies, Amarna I, Taf. XXIX).

ID 43–44
Amarna
Boston MFA 63.960
Hermopolis Magna
Amenhotep IV. Achenaten
Relieffragment, 22,8 × 52 × 3,5cm
Cooney, Amarnareliefs from Hermopolis in American Collections, Nr. 39. Roeder, Amarna-Reliefs aus Hermopolis, PC 52, Taf. 182, S. 190. Freed et al., Pharaohs of the Sun, Kat. Nr. 146.

In den beiden Öffnungen eines Rinderstalles sind zwei Männer dargestellt. Beide tragen glattes Haar mit herabhängendem Zipfel. Der linke Stallknecht streicht mit der linken Hand beruhigend über die Nase eines Rindes. Seine Rechte hält wohl den Strick des Tieres. Das Maul des Tieres ist offen. Von dem zweiten Stallknecht (rechts davon) ist nur der Kopf sichtbar. Parallelen für die Beruhigung der Tiere beim Füttern sind Roeder PC 118, ein Fragment aus TA 5 (Davies, Amarna IV, Taf. IX, fraglich), und Luxor Museum, Talatatwand des *ṯnj-mnw* (ID 843).

ID 45–49
Amarna
Norbert Schimmel Coll. MMA 1985.328.12
Hermopolis Magna
Amenhotep IV. Achenaten
Relieffragment, Kalkstein, 21 × 53 × 3,2 cm, Relief en creux, Farbreste
Cooney, Amarnareliefs from Hermopolis in American Collections, Nr. 42. Roeder, Amarna-Reliefs aus Hermopolis, PC 10, Taf. 171, S. 203. Roehrig, The Amarna-Reliefs, in: BMMA 49/4, S. 28. Aldred, Akhenaten and Nefertiti, Kat. Nr. 74. Freed et al., Pharaohs of the Sun, Kat. Nr. 145. Settgast, Von Troja bis Amarna, Kat. Nr. 298.
Mittelhalle im Palast. Links eine schmale Leiste, wohl Teil eines Gebäudes. Eine Gruppe von 5 Hofmusikerinnen. Sie tragen sehr feine lange Gewänder (bei der letzten ist die Linie des Mantels gut zu erkennen). Der obere Teil des Körpers ist nicht erhalten. Aufgrund der hellen schlanken Körper (Pigmentreste der ursprünglichen Bemalung) stufe ich sie als Ägypterinnen ein. Parallelen sichern den Kontext. Es handelt sich um Hofmusikerinnen, die in der Mittelhalle des Königspalastes bei Banketten auftreten. Die erste Musikerin spielt die große Bogenharfe. Sie greift mit beiden Händen in die Saiten. Die zweite spielt die Laute, in der Rechten hält sie das Plektrum, das mit einem Band am Instrument befestigt ist. Die dritte spielt ebenfalls die Laute. Die vierte spielt kein Saiteninstrument. Bei dem langen schlanken Gegenstand in ihrer rechten Hand könnte es sich um eine Flöte handeln. Dass auf dem Relief nur ein langes Rohr zu erkennen ist, spricht gegen eine Doppeloboe. Die fünfte zupft die Saiten einer sechssaitigen Leier. Zum Typus der Leier, E-Mail von Stefan Hagel, Wien, vom 25. 08. 2014: „das ist der Typus, den Bo Lawergren als ‚thin lyre' bezeichnet (flach, unten offen mit einem Block für den gekrümmten Saitenhalter; vgl. mein Instrument nach der Abbildung aus Megiddo auf http://www.oeaw.ac.at/kal/mane/). Da man annimmt, dass diese Leierform aus Syrien eingeführt wurde (im Wesentlichen beruhend auf dem Bild aus Beni Hassan), könnte sie der semitischen Kinnarum/knr entsprechen, und daher ägyptisch K-n-n-r." Parallelen: Brooklyn 36.882 (ID 190–194), Sammlung Roy R. Neuberger (ID 50–51), Roeder, PC 145 (ID 777), Roeder, PC 147 (ID 767–768), evtl. Roeder, PC 113 (ID 735–739). Parallelen des Motivs in den Amarnagräbern sind die weiblichen Kapellen mit Saiteninstrumenten: Königsfamilie trinkt mit Königsmutter

Teje, TA 1, Säulenhalle, Südwand, Ostteil, wo die Kapelle spielt (Davies Amarna III, Taf. V) und auf der Südwand, Westseite, wo sie dasteht, während die asiatische Kapelle spielt (Davies Amarna III, Taf. VII). Die Musikerinnen sind spielend dargestellt, während die Königin dem König einschenkt, in TA 2, Säulenhalle, Südwand, westlicher Teil (Davies Amarna II, Taf. XXXII), nicht spielend beim Bankett, während der Grabherr der Königin einschenkt, TA 3, Halle, Westwand (Davies, Amarna II, Taf. XXXIII) und ebd. in den Frauengemächern übend. Sie spielen, wenn der König Audienz gibt, in TA 7, Halle, Ostwand (Davies Amarna VI, Taf. VI). In TA 25, Säulenhalle, Nordwand, über der Tür (Davies Amarna VI, Taf. XXVIII) sind sie übend.

ID 50–51
Amarna
Samml. Roy R. Neuberger
Hermopolis Magna
Amenhotep IV. Achenaten
Relieffragment, Kalkstein, 22,9 × 55,3 cm
Cooney, Amarnareliefs from Hermopolis in American Collections, Nr. 43.
Zwei Hofmusikerinnen. Vermutlich gehörten weitere dazu. Die erste spielt die große Bogenharfe. Die zweite spielt die Laute. Die obere Körperhälfte ist nicht erhalten. Cooney (S. 68) erwägt aufgrund der schlanken Säule vor den Musikerinnen einen Auftritt im Garten. Aufgrund der Szenen in den Amarnagräbern nehme ich als Auftritt ein Bankett an (siehe Kommentar zu ID 45). Wegen der Parallelen stufe ich sie als Ägypterinnen und Hofmusikerinnen ein.

ID 52–54, 55 (Trompeter), 56 (Tänzerin)
Amarna
Norbert Schimmel Coll. MMA 1985.328.11
Hermopolis Magna
Amenhotep IV. Achenaten, laut Cooney memphitischer Stil
Relieffragment, Kalkstein, bemalt, 24 × 37,2 cm
Cooney, Amarnareliefs from Hermopolis in American Collections, Nr. 44. Roeder, Amarna-Reliefs aus Hermopolis, PC 76, Taf. 185, S. 203. Settgast, Von Troja bis Amarna, Kat. Nr. 297.
Musik zum Empfang. Städterinnen spielen und tanzen. Die Frauen tragen durchsichtige Mäntel. Die vorderste, eine ältere tanzende Frau, spielt die eckige Rahmentrommel. Ihr Mund ist geöffnet. Die zweite hinter der Trommlerin, eine ebenfalls ältere Frau, tanzt mit beidseits erhobenen Armen, wobei die Handflächen nach außen zeigen. Von der dritten sind nur die Körpervorderseite und der im Tanz erhobene rechte Arm (vor dem Gesicht der Trommlerin) zu sehen. Ihr Mund ist durch die Hand der anderen Tänzerin verdeckt. Eine, kürzer als die anderen dargestellte, tanzende Frau

dreht sich zur Gruppe hin um, sie hält sich einen Lotus vor die Nase, an dem sie (mit einem deutlich dargestellten) Nasenloch riecht. Parallelen: In den Amarnagräbern spielen Städterinnen bei der Ablieferung des Tributs, TA 1, Säulenhalle, Westwand, unten (Davies, Amarna III, Taf. XV). Sie folgen dem Geehrten nach dem Empfang des Ehrengoldes zu seinem Wohnhaus, TA 2, Säulenhalle, Südwand, Ostteil (Davies Amarna II, Taf. XXXIII und XXXVI), TA 4, Säulenhalle, Südwand, Westseite (Davies Amarna I, Taf. VI), TA 6, erste Halle, Südwand, Subregister (Davies Amarna II, Taf. XI). Sie empfangen den Belohnten wie in TA 7, Halle, Westwand (Davies Amarna VI, Taf. IV), oder gratulieren ihm wie in TA 8, Säulenhalle, Westwand, Südseite (Davies, Amarna VI, Taf. XXI). Sie spielen außerhalb des Temenos wie die zwei Musikergruppen in TA 6, erste Halle, Westwand, während der König im Tempel opfert (Davies Amarna II, Taf. XVIII), oder die Opfergaben zum Tempel gebracht werden, TA 8, Säulenhalle, Westwand, Nordseite (Davies, Amarna VI, Taf. XVIII). In allen Szenen spielen und tanzen die Frauen außerhalb eines Gebäudes auf der Straße. Weil keine nichtägyptische Ethnie angedeutet wird, werden sie von mir als Ägypterinnen eingestuft. Da auf MMA 1985.328.11 in kurzem Abstand ein Trompeter folgt, handelt es sich bei diesem Objekt womöglich um einen Empfang des Königs vor dem Temenos. Die Frauen stehen dann auf der vom König täglich auf dem Weg vom Palast zum Tempel befahrenen Königsstraße. Im Vergleich mit den Hofmusikerinnen sind die Gesichtszüge der Städterinnen weniger verfeinert.

Der Trompeter hinter den Frauen, von dem nur die Unterarme, die rechte Hand und das Instrument zu sehen sind, umfasst sein Instrument mit beiden Händen. Er hat es wohl an die Lippen gesetzt und auf den erwarteten König hin ausgerichtet. Vermutlich ist er von Beruf Armeemusiker. Trompeter kommen in der militärischen Eskorte bei der Fahrt des Königs zum Tempel vor, TA 3 (Davies, Amarna III, Taf. XXXI). In TA 4 (Davies, Amarna III, Taf. VIII) findet sich ein Trompeter bei der wartenden Eskorte vor dem Tempel. Beim Tributempfang, TA 1 (Davies, Amarna III, Taf. XV), richten zwei Trompeter den Schall zum König.

ID 57–58
Amarna
Norbert Schimmel Coll. MMA 1985.328.9
Hermopolis Magna
Amenhotep IV. Achenaten
Relieffragment, Kalkstein, bemalt, 22,8 × 54 cm
Cooney, Amarnareliefs from Hermopolis in American Collections, Nr. 55. Roeder, Amarna-Reliefs aus Hermopolis, PC 14, Taf. 171, S. 295. Aldred, Akhenaten and Nefertiti, Kat. Nr. 75. Settgast, Von Troja bis Amarna, Kat. Nr. 295.
Drei hohe Beamte, eine Blattrispe, Schilfstängel oder Ähre haltend, verbeugen sich. (Gegenstand ebenso bei Roeder, PC 218. Ähnlich, aber ohne Abschnitte oder

Einkerbungen am Stängel, Roeder, PC 102). Die Ohren sind deutlich modelliert. Die Gesichter tragen Zeichen des Alters. Cooney denkt an eine Prozession. Roeder schließt eine Opferprozession aus. Vom vordersten ist nur die hintere Körperpartie auf dem Fragment erhalten. Der hintere Beamte hat den Mund geöffnet, was gegen ein, in der Regel bei der ganzen Gruppe dargestelltes, Königslob spricht.

ID 59–63
Amarna
Jerusalem 66.33.11
Hermopolis Magna
Amenhotep IV. Achenaten
Relieffragment, Kalkstein, bemalt, 22 × 24,5 cm, linker Anschluss an Brooklyn 61.195.2
Cooney, Amarnareliefs from Hermopolis in American Collections, Nr. 45. Roeder, Amarna-Reliefs aus Hermopolis, 412.VII, Taf. 71, S. 199. Manniche, Symbolic Blindness, in: CdÉ 53, S. 13–21. Dies., Musical Practices at the Court of Akhenaten and Nefertiti, in: Studien zur Musikarchäologie II, S. 233–238. Vanbina, Die Blindheit der Harfner, in: GM 223, S. 89–102.
Asiatische Musiker mit verbundenen Augen warten auf ihren Einsatz bei der Bankettmusik. Sie stehen links von zwei diskutierenden Dienern auf dem Anschluss Brooklyn 61.195.2 (ID 79–80). Die Musiker sind nicht spielend. Cooney hält sie möglicherweise für Frauen. Seine Auffassung wird von keinem anderen Forscher geteilt. Asiaten mit spitzen Kappen, die die Ohren bedecken, engen Mänteln und einem Umhang, der bis über die Mitte ihrer Oberarme hinab reicht – Hethiter? Der erste Musiker links trägt eine Leier, von der nur der untere Teil zu sehen ist. Roeder hält sie fälschlicherweise für eine Laute in Seitenansicht. Mund nicht sichtbar. Der zweite Musiker trägt ebenfalls eine Leier. Er hat seine Hand auf die Schulter des Vordermannes gelegt, wodurch verdeutlicht wird, dass er nichts sehen kann. Roeders (S. 198) Deutung der Hand auf der Schulter als eine Grußgeste, die mit der Handinnenfläche nach vorn ausgeführt wird, ist abzulehnen. Der dritte Musiker trägt eine Laute, falls die schräg verlaufende Linie einen Lautenstiel darstellt. Der vierte Musiker ist ohne sichtbares Instrument. Er hat, wie sein Nachbar, seine Hand auf die Schulter des Vordermannes gelegt. Sein Mund ist gut ausgebildet. Fünfter Musiker ohne sichtbares Instrument, nur seine Kappe ist sichtbar.

ID 64
Amarna
New York MMA 1991.240.13
Hermopolis Magna
Amenhotep IV. Achenaten

Relieffragment, Kalkstein, bemalt, 22,8 × 25,4 cm, zusammengesetzt aus Roeder PC 61 + PC 251, der obere Teil der Szene fehlt

Green, The Origins of the Giant Lyre and Asiatic influences on the Cult of The Aten, in: SSEA Journal XXIII, S. 56–62.

Zwei oder drei Männer in stufigen Röcken. Der erste hält mit der rechten Hand die große Standleier am Rahmen, die auf einem Fuß mit zwei Löwen steht. Sein linker Arm hängt herunter. Der ebenso gekleidete Musiker hinter ihm lässt die Arme ebenfalls herabhängen. Eventuell sind es auch zwei Männer, gestaffelt. Da die große asiatische Standleier immer von zwei Männern gespielt wird, vermute ich in dem anderen Musiker mit herabhängenden Armen den zweiten Spieler. Diese Vermutung wird gestützt durch die auf ihren Auftritt wartenden Musiker in TA 1 (Davies Amarna III, Taf. V), wo der zweite Mann an der Standleier ebenfalls noch fehlt. Die am linken Rand noch zum Teil sichtbaren Trinkgefäße stützen die Interpretation, dass es sich hier um eine Gruppe asiatischer Musiker, die bei einem Bankett auf ihren Einsatz wartet, handelt. Parallelen: Bankettszenen in Amarna sind belegt für Bankette zu Ehren des Besuches der Königin Teje (Davies, Amarna III, Taf. XII) und im Karnak-Tempel aus Anlass des Hebsed (vergl. Redford, ATP II, Taf. 10.2). Zwei asiatische Musiker mit Kappen, ohne verbundene Augen, verbeugen sich neben der großen Standleier in TA 7, Halle, Ostwand, (Davies, Amarna VI, Taf. VI). Eine große asiatische Standleier findet sich unter den Instrumenten im Abstellraum des Palastes in TA 25 (Davies, Amarna VI, Taf. XXVIII).

ID 65 (Schlaghölzer), 66 (Flöte), 67 (Laute), 68–69 (Handklatschen), 70–74 (Klatschen oder Blasen)

Amarna

New York MMA 27.6.1

Tell el-Amarna, Großer Atentempel, vermutlich von der östlichsten der Gebäudegruppen innerhalb des Temenos

Amenhotep IV. Achenaten

Relieffragment, Kalkstein, bemalt, 23 × 54 cm, aus 5 Fragmenten zusammengesetzt

Frankfort, Preliminary Report on the Excavations at Tell el-ʿAmarnah, 1926–7, in: JEA 13, S. 210, Taf. 45.1. Pendlebury, CoA III, Bd. 1, S. 12, Bd. 2, Taf. LX.2. Roeder, Amarna-Reliefs aus Hermopolis, S. 303. Aldred, Akhenaten and Nefertiti, Kat. Nr. 76.

Zwei Register. Im oberen Reg. warten die geschmückten königlichen Pferdegespanne. Hinter einem Wagen steht je ein Wagenlenker mit der Peitsche in der rechten und den Zügeln in der linken Hand (Gesichter ausgehackt). Unteres Reg.: In gebeugter Haltung spielende Gruppen, bestehend aus Ägyptern und fremdländischen Musikern. Sie folgen aufeinander wie bei einer Prozession. Möglicherweise ist deren Anlass der Tributempfang. Die Anordnung Libyer – Asiaten – Ägypter – Nubier gibt die Völker des Nordens und des Südens mit Ägypten im Zentrum wieder. Den Anfang machen drei Libyer mit Stirnband und Federn am Kopf in gestaffelter Darstellungsweise (Gesichter ausgehackt). Der dem Betrachter am nächsten ist, könnte Schlaghölzer in den Händen halten. Die neben ihm stehenden zwei sind für eine Beurteilung zu stark zerstört. Ein Mann mit glatter Perücke und nicht gefältelter Kleidung, die Flöte spielend. Das schlichte Haar bedeckt das Ohr und tritt an der hohen Stirn zurück, wie bei Fremdlingen aus dem vorderasiatischen Raum. Er hat das Instrument an die Lippen gesetzt, der Mund wird deshalb als (beim Spiel) geöffnet eingetragen. Der Zweite, ein Ägypter mit Zipfelperücke, spielt die Laute, sein Mund wirkt leicht geöffnet. Es folgen auf den Lautenspieler mindestens zwei Männer mit Zopfperücken, die durch Handklatschen den Rhythmus angeben (ein dritter Mann hinter ihnen mit gleicher Perücke ist nur angedeutet), Gesichter zerstört. Es folgt eine Gruppe aus insgesamt fünf Nubiern. Die ersten drei klatschen einen Rhythmus mit den Händen, die sie fast in Höhe des Mundes halten. Da die Hände zusammengelegt sind, kann es sich nicht um Fingerschnipsen handeln, bei welchem die Finger der jeweiligen Hand betätigt und einzeln dargestellt werden (vergl. Blackman, Meir I, Taf. II). Bei den beiden vordersten ist der Mund offen, als würden sie in dem geklatschten Rhythmus rufen oder singen. Beim dritten Nubier ist der Mund leicht geöffnet. Wenn man davon ausgeht, dass die Mitglieder einer Gruppe das Gleiche tun, dann klatschen auch der vierte und der fünfte Nubier in die Hände. Ihr Mund ist geöffnet. Vielleicht haben sie aber die Hände vor dem Mund zu einer Höhle zusammengelegt, um in die Hände zu blasen und auf diese Weise einen Ton zu erzeugen. Parallelen für Libyer mit Schlaghölzern: TA 1, Säulenhalle, Westwand bei der Ablieferung des Tributs (Davies, Amarna III, Taf. XIV ID 925), ähnlich TA 2, Säulenhalle, Ostwand (Davies, Amarna II, Taf. XXXVII), jeweils neben den Tänzern.

ID 75–76
Amarna
New York MMA 1991.237.2
Hermopolis Magna
Amenhotep IV. Achenaten
Relieffragment, Kalkstein, bemalt, 22,9 × 21,6 cm
Roeder, Amarna-Reliefs aus Hermopolis, PC 63, Taf. 176, S. 198.
Vier nubische Soldaten mit Schilden (überschneiden einander). Sie halten mit einer Hand senkrecht den Schild, ihre freie Hand erheben sie, vermutlich dem König zujubelnd. Soldaten, die, weil sie Waffen tragen, nur einen Arm im Jubel hochreißen, sind belegt in TA 8, Säulenhalle, Westwand (Davies, Amarna VI, Taf. XX). Vom ersten Mann ist nur der linke Arm erhalten, vom zweiten der Kopf, der linke Arm und sein Schild. Der Mund ist beim vorderen offen. Vom dritten Mann sind der Kopf, der rechte Arm und sein Schild erhalten. Sein Mund ist geschlossen. Vom vierten ist nur der Schild zu erkennen. Sie blicken etwas aufwärts. Die Perücke bedeckt das Ohr.

Parallelen: Soldaten mit Schild sind in den Amarnagräbern TA 2, TA 3, TA 4 und TA 6 im Lauf als Teil der militärischen Eskorte des Königs dargestellt, wobei die Soldaten den Schild schräg halten. Da sie hier nicht im Lauf dargestellt sind, könnten sie zu seiner Palastwache gehören, wie die Soldaten vor den Stallungen und Schiffen in TA 4, Säulenhalle, Ostwand, unten (Davies, Amarna I, Taf. XXVI und XXIX), wofür auch die ebenso runden Schilde und Waffen der Wache, die auf Boston 63.427 (ID 77–78) neben dem Erscheinungsfenster bereit liegen, sprechen. Eine andere Möglichkeit ist, dass sie zu der vor dem Tempel auf den König wartenden militärischen Eskorte gehören, wie in TA 6, erste Halle, Westwand (Davies, Amarna II, Taf. XVIII). Die wartenden Soldaten und die Wachen haben nicht den Arm erhoben. Eine nicht in den Amarnagräbern belegte, dritte Möglichkeit wäre deshalb, es handelt sich um Soldaten im Heer, die ihrem König zujubeln.

ID 77–78, 91
Amarna
Boston MFA 63.427
Hermopolis Magna
Amenhotep IV. Achenaten
Relieffragment, Kalkstein, 23,8 × 52,9 × 3,3 cm
Cooney, Amarnareliefs from Hermopolis in American Collections, Nr. 48. Roeder, Amarna-Reliefs aus Hermopolis, PC 127, Taf. 191, S. 198, 195, 196. Aldred, Akhenaten and Nefertiti, Kat. Nr. 63. Freed et al., Pharaohs of the Sun, Kat. Nr. 66.
Diener unterhalten sich miteinander an einem Ort des Palastes, während der König unterwegs ist. Geschlossenes Erscheinungsfenster ohne Königspaar. Diener bereiten den Ort zur Ehrengoldverleihung vor. Im Bild ganz rechts vor dem Tor die Reste eines Mannes. Rechts innerhalb der Hofmauer stehen die Schilde und Waffen der Wachen bereit, die noch nicht angekommen sind. Neben dem Erscheinungsfenster steht ein Mann in gebauschtem Schurz, wohl ein Aufseher, mit einem Stock, der die Waffen bewacht. Ein Mann, der einen Wasserkrug trägt, blickt sich nach dem Erscheinungsfenster um. Links davon sprechen zwei Palastdiener (von Freed als Höflinge bezeichnet) miteinander. Sie sind durch eine Säule des Portikus getrennt. Sie tragen einen Schurz mit dreieckigem Vorderstück, der Kopf ist kahlgeschoren. Der linke beugt seinen Oberkörper stark vor. Er streckt seine rechte Hand im Redegestus vor und lässt seine linke, die den Kehrbesen hält, hängen. Er ist im Dialog mit dem zweiten Palastdiener, der ebenfalls mit dem Redegestus dargestellt ist. Der Mund ist bei beiden geschlossen. Parallelen: Roeder 242.VII A, Roeder PC 246 (nur die Köpfe erhalten), Boston MFA 37.658 (ID 368), Brooklyn 61.195.2 (ID 79–80), MMA 1991.237.47 (ID 105), Luxor AG 2642 (ID 576–577), Stockholm MME 1983.002 (ID 508), Petrie, Wandmalerei im Palast (Herr, auf Stock gestützt, und Wagenlenker des dahinter sichtbaren Pferdes (ID 653). Miteinander sich

unterhaltende Diener in Amarnagräbern: TA 2, Säulenhalle, Südwand, Ostseite, unten, im Palast durch Säule getrennt (Davies, Amarna II, Taf. XXXIII und XXXVI), TA 4, Säulenhalle, Westseite, Offizier und vornehmer Mann mit Stock und Mantel vor der Hofmauer des Palastes (Davies, Amarna I, Taf. X und XVIII), TA 5, Halle, Nordwand, unten, zwei Diener neben dem Palastgarten, evtl. auch im Palast (nur rechter Diener erhalten), (beide Davies, Amarna IV, Taf. VIII), TA 8, Säulenhalle, Westwand, Südseite, Mann neben der Tür und oberhalb sitzender Mann und zwei Höflinge in gebauschtem Schurz und Mantel im Gang zwischen Speisetrakt und Frauengemächern (beide Davies, Amarna VI, Taf. XIX), TA 25, Säulenhalle, Nordwand oberhalb Tür, zwei Diener reden und essen zusammen (beide Davies, Amarna VI, Taf. XXVIII).

ID 79–80
Amarna
Brooklyn 61.195.2
Hermopolis Magna
Amenhotep IV. Achenaten
Relieffragment, Kalkstein, 21 × 29,5 cm
Cooney, Amarnareliefs from Hermopolis in American Collections, Nr. 53, S. 45, 89. Roeder, Vorläufiger Bericht über die deutsche Hermopolis Expedition 1938 und 1939, in: MDAIK 9, Taf. 11.b. Ders., Amarna-Reliefs aus Hermopolis, 412.VII, Taf. 71, S. 310.
Das Fragment schließt links an die Sänger mit verbundenen Augen, Jerusalem 66.33.11 (ID 59–63) an, die noch auf ihren Auftritt warten, der König ist also noch nicht da. Wie die senkrechte Linie hinter dem rechten Mann andeutet, unterhalten sich Diener und Türwächter im Torbereich des Palastes. Ihre Rechte ist im Redegestus erhoben, die Linke hält bei dem Türwächter einen Stock. Der linke Mann hat anscheinend einen geschlossenen Mund, beim rechten ist der Mund eindeutig geöffnet. Der linke Mann wird von Roeder als der Vorgesetzte des anderen angesehen. Parallele: Boston MFA 63.427 (ID 77–78), siehe dort auch die Parallelen in den Amarnagräbern. Laut Cooney (S. 89) ist der Disput zwischen zwei Männern in Amarna eine Standardszene, die in unterschiedliche Zusammenhänge eingefügt werden konnte, auch in gemalte Darstellungen Eingang fand, und schon zu Beginn von Amenhoteps IV. Regierungszeit in Karnak entstanden ist.

ID 81 (Tanz), 82–84 (Trommel)
Amarna
Brooklyn 60.197.3
Hermopolis Magna
Amenhotep IV. Achenaten
Relieffragment, Kalkstein, 21 × 54 cm

Cooney, Amarnareliefs from Hermopolis in American Collections, Nr. 49. Roeder, Amarna-Reliefs aus Hermopolis, PC 34,Taf. 175, S. 203. Aldred, Akhenaten and Nefertiti, Kat. Nr. 131.
Frauen mit Handtrommeln und ein tanzender Knabe gehen zu einem Baum, der vermutlich in einem Garten oder in einer Pflanzung steht. Cooney (S. 78) deutet die Szene als das Aufscheuchen der Vögel, da der im Baum sitzende Vogel sich gerade mit ausgebreiteten Flügeln von seinem Ast erhebt. Roeder (S. 203) erwägt, dass der Vogel flattert, und die Szene eine Begrüßung des Königs darstellt. Der Knabe trägt ein feines Ärmelgewand. Er hat beide Arme leicht angewinkelt, wie beim Tanzen, seitlich erhoben. Die Handflächen zeigen nach außen. Das Haar bedeckt das Ohr. Der Mund ist nach dem Foto nicht zu beurteilen. Die erste Frau (in einem weiten Mantel) spielt eine runde Handtrommel. Sie hält das Instrument in der linken Hand und schlägt mit der rechten darauf. Das glatte Haar bedeckt ihr Ohr. Ihr Mund ist geöffnet. Die zweite Frau spielt, ihrer Hand nach zu urteilen, eine rechteckige Rahmentrommel. Sie hält das Instrument in der linken Hand und schlägt mit der rechten darauf. Das glatte Haar bedeckt ihr Ohr. Hinter der zweiten Frau ist noch ein weiteres Armpaar mit einer ekkigen Rahmentrommel zu erkennen. Auch diese Person hält das Instrument in der linken Hand und schlägt mit der rechten darauf. Parallelen: ein Baum, in dem ein großer Vogel sitzt, und dem sich ein Knabe nähert in TA 1, Säulenhalle, Westwand, unterstes Register (Davies, Amarna III, Taf. VII). Für die Frauen, die mit Trommeln die Vögel verscheuchen, gibt es keine Parallele, wenn nicht, in der Landschaft in TA 1, Ostwand, der runde Gegenstand, den die Frau vor dem Baum in der Hand hält, eine Trommel ist.

ID 85–88
Amarna
Samml. Howard Barnet
Hermopolis Magna
Amenhotep IV. Achenaten
Relieffragment vom Palast, Kalkstein, 21,6 × 26 cm
Cooney, Amarnareliefs from Hermopolis in American Collections, Nr. 51b. Roeder, Amarna-Reliefs aus Hermopolis, PC 248, Taf. 205, S. 200, 313.
An Deck eines Lastschiffes. Laut Cooney erscheinen in den Amarnagräbern Ausländer nur beim Tribut der Fremdländer und dem königlichen Besuch des Tempels. Deshalb schließt er auf zwei Syrer und zwei Nubier auf oder hinter einem Schiff, das Tribut geladen hat. Die Syrer haben möglicherweise hinter dem Rücken gebundene Hände, denn die Arme führen am Körper aufeinander zu. Sie tragen volles Haar und Kinnbart. Das Ohr ist vollständig ausgebildet. Der Mund ist nur bei dem ersten Syrer erkennbar. Er ist geschlossen. Der Mund des zweiten Syrers ist nicht erkennbar. Die Nubier haben keine gebundenen Hände. Sie lassen die Arme seitlich am Körper herabhängen. Sie tragen Kappen mit der Feder eines Würdenträgers auf dem Kopf und Ohrschmuck.

Die Ohren sind unter der Kappe verdeckt. Der geschlossene Mund ist nur bei dem ersten erkennbar. Bei dem zweiten Nubier ist der Mund nicht erkennbar. Bei allen vier Männern handelt es sich um Würdenträger ihrer Völker. Die Nubier tragen als Zeichen ihrer Stammeswürde Federn auf dem Kopf, die syrischen Gefangenen sind als würdige Vertreter ihres Volkes in größerem Maßstab dargestellt.

ID 89
Amarna
Brooklyn 60.197.9
Hermopolis Magna (vermutlich im Palast)
Amenhotep IV. Achenaten, später Amarnastil
Relieffragment, Kalkstein, 53,3 × 23,5 cm, Hochrelief
Cooney, Amarnareliefs from Hermopolis in American Collections, Nr. 52. Roeder, Amarna-Reliefs aus Hermopolis, PC 31, Taf. 175, S. 159. Aldred, Akhenaten and Nefertiti, Kat. Nr. 126. Bosse-Griffith, Two Lute-Players from the Amarna Era, in: JEA 66, S. 70–80.
Auf einem Boot im Papyrusdickicht. Laut Roeder ist die dargestellte Person Semenchkare, laut Bosse-Griffith Meritaten. Die Lautenspielerin ist königlich, weil die Stufenperücke vier Lager hat, anstatt wie bei den Höflingen höchstens drei Lager. Es handelt sich demnach um eine der Prinzessinnen, die die Laute spielt. Ihr rechter Daumen und Zeigefinger zupfen die Saiten (am Original sind eindeutig die Finger vor dem Lautenkörper zu sehen), während sie mit den Fingern ihrer linken Hand die Saiten auf den Lautenstiel herunterdrückt. Ihr Mund ist geschlossen. Zum Hintergrund bemerkt Bosse-Griffith (S. 73): „The lute player looks in the direction of the steering oars of a state barge, the tillers of which are held by two steersmen“.

ID 90
Amarna
Brooklyn 86.226.26
Hermopolis Magna (vermutlich vom Palast)
Amenhotep IV. Achenaten
Relieffragment, Kalkstein, 21 × 38,8 × 4,8 cm
Cooney, Amarnareliefs from Hermopolis in American Collections, Nr. 55a. Roeder, Amarna-Reliefs aus Hermopolis, PC 62, Taf. 182, S. 187.
Ein vornehmer Herr mit waagerecht vorgebeugtem Oberkörper verbeugt sich würdig vor der Prinzessin Anchnesenpaaton. Er biegt seinen Kopf so weit zurück, dass er geradeaus blickt. Vor ihm steht die Kolumne: „... der leiblichen Tochter des Königs, von ihm geliebt Anchnesenpaaton“. Das Gesicht ist bildnerisch sorgfältig gestaltet. Gut sichtbar sind die gerade Stirn, der geschlossene Mund und das Ohr. Wo die Verbeugung stattfindet, ist nicht zu ermitteln.

ID 92
Amarna
New York MMA 66.99.40
Tell el-Amarna
Amenhotep IV. Achenaten, früher Amarnastil
Ostrakon, Kalkstein, 34 × 23,3 cm
Aldred, Akhenaten and Nefertiti, Kat. Nr. 15.
Unvollendetes Profil des Königs, nach rechts blickend. Ohr gut sichtbar, im Ohrläppchen ein rundes Loch. Lange schlitzförmige Augen. Volle geschlossene Lippen.

ID 93
Amarna
New York MMA 21.9.13
Tell el-Amarna, Bildhauerwerkstatt
Amenhotep IV. Achenaten, später gemäßigter Amarnastil
Ostrakon, Kalkstein, 17 × 13,5 cm
Grabung Petrie und Carter 1891–1892.
Unvollendetes Übungsstück mit Achenatens Kopf. Volle, vorn leicht auseinanderstehende Lippen.

ID 94
Amarna
Brooklyn 74.154
Fundort unbekannt, möglicherweise Karnak
Amenhotep IV. Achenaten, früher Amarnastil
Fragment eines Talatat, Sandstein, 23,3 × 18,2 × 6,2 cm, versenktes Relief
Aldred, Akhenaten and Nefertiti, Kat. Nr. 45.
Zwei Nubier (beim ersten erhalten mit Kappe und Feder) grüßen mit ausgestrecktem Arm. Die Handflächen weisen nach außen. Der am linken Arm sichtbare feine Ärmel lässt auf einen vornehmen Mann schließen. Feine Gesichtszüge des frühen Stils mit schmalem Auge. Oberhalb im Relief ist eine Rampe zu sehen. Parallelen: Lausanne, Fondation Berger (ID 397), TA 25, Säulenhalle, Nordwand, Ostseite, Nubier mit Ärmelgewand als erster in der grüßenden Gruppe würdiger Nichtägypter (Davies, Amarna VI, Taf. XXIX). Vielleicht repräsentiert die in TA 25 neben den Schreibern platzierte Gruppe ausländische Gesandte.

ID 95–96
Amarna
Oxford AN1893.1–41.267
Tell el-Amarna, in einem Gebäude, das im Anschluss an den kleinen Atentempel liegt

Amenhotep IV. Achenaten
Wandmalerei, Stuck auf Nilschlamm, 165 × 40 cm
Petrie, Tell el Amarna, S. 55, Taf. I. Davies, Mural paintings in the City of Akhetaten, in: JEA 7, S. 1–7, Taf. I und II. Piper/White, Treasures of the Ashmolean Museum, Kat. Nr. 9. Weatherhead, Amarna Palace Paintings, Abb. 62, S. 89–106. Whitehouse, Ancient Egypt and Nubia in the Ashmolean Museum, Abb. 12.
Das Fragment mit zwei Prinzessinnen entstammt dem unteren Teil eines Wandbildes mit der königlichen Familie auf einer etwa 5 m langen Wand. Neferure und Neferneferuaten sitzen auf Polstern zu Füßen Nefertitis. Sie umarmen sich und kraulen sich am Kinn. Ihre Münder sind geschlossen. Von den anderen Familienmitgliedern sind nur die Füße oder Beine erhalten. Hinter den Prinzessinnen sind der rote Sash von Nefertitis Kleid und rechts von ihnen der Fuß Achenatens mit Sandale zu sehen. Das Königspaar sitzt auf einem Podium mit einer gemusterten Decke. Zwischen ihnen stehen ihre drei älteren Töchter Meritaten, Meketaten und Anchesenpaaten. Ein Fragment mit der Darstellung einer Kleinkinderhand stützt die Vermutung, dass die sechste Tochter, Setepenre, auf dem Schoß ihrer Mutter saß. Ganz links im Bild, in gehörigem Abstand von der Königsfamilie, verbeugt sich ein Palastdiener in einem vornehmen weißen Ärmelgewand. Der Kopf ist bei ihm nicht erhalten.

ID 99–101
Präamarna
New York MMA 65.100.1
Karnak
Amenhotep IV. Achenaten, 3.-6. Jahr
Relieffragment, Sandstein
Fragment mit den Köpfen dreier Soldaten, ein einzeln stehender und hinter ihm ein Paar in gestaffelter Darstellungsweise. Die Seitenlocke bestimmt sie eindeutig als Libyer. Bei allen ist der Mund erhalten. Die Lippen liegen aufeinander. Libyer mit Seitenlocke finden sich in den Amarnagräbern in den Darstellungen des Tributempfangs (TA 2, Davies, Amarna II, Taf. XXXVII), in der Eskorte des Königs (TA 3, Davies, Amarna III, Taf. XXXI, TA 4, Davies, Amarna I, Taf. X, XXV und XXVI) und im Erscheinungsfensterhof, wo sie der Ehrengoldverleihung beiwohnen (TA 25, Davies, Amarna VI, Taf. XXIX). In allen drei Kontexten sind sie in der Gegenwart des Königs als ihm untergeordnete Personen schweigend dargestellt.

ID 102
Amarna
New York MMA 22.2.11
Tell el-Amarna, Bildhauerwerkstatt
Amenhotep IV. Achenaten, früher Amarnastil

Ostrakon, Kalkstein, 9,2 × 7 cm
Grabung Petrie und Carter 1891–1892.
Achenaten mit Uräus.

ID 103
Amarna
New York MMA 1991.237.4
Hermopolis Magna
Amenhotep IV. Achenaten
Relieffragment, Kalkstein, bemalt, 22,9 × 52 cm
Roeder, Amarna-Reliefs aus Hermopolis, PC 109, Taf. 188, S. 187, 196.
Huldigung des Königs, vermutlich bei einem öffentlichen Auftritt. Oben: Soldaten (nur Waffen und Füße erhalten). Unten: Vornehme Herren mit Pflanzenstängel mit Quer-Einkerbung (Schilfstängel). Der Oberkörper ist waagerecht vorgebeugt. Sie blicken leicht abwärts. Das schlichte Haar bedeckt das Ohr und tritt an der Stirn zurück wie bei Nubiern. Keine dieser Rispen oder Pflanzenstängel sind in den Amarnagräbern abgebildet.

ID 104
Amarna
New York MMA 1991.237.6
Hermopolis Magna
Amenhotep IV. Achenaten
Relieffragment, Kalkstein, bemalt, 24,1 × 52 cm
Roeder, Amarna-Reliefs aus Hermopolis, PC 126, Taf. 191, S. 192.
Diener allein im Tempelhof. Ein Mann mit heller Hautfarbe, nacktem Oberkörper und glattem Schurz. Der Kopf ist kahl. Roeder vermutet, er arbeite zwischen den Opfergaben im Hof des Tempels. Am Original ist gut der fest geschlossene Mund zu erkennen.

ID 105, 107
Amarna
New York MMA 1991.237.47
Hermopolis Magna
Amenhotep IV. Achenaten
Relieffragment, Kalkstein, bemalt, 23,5 × 26,7 cm
Roeder, Amarna-Reliefs aus Hermopolis, PC 265, Taf. 207, S. 210.
Dem Palmenkapitell nach handelt es sich wahrscheinlich um den Empfangs- oder Speisesaal im Königspalast. Rechts eine geschlossene Tür, die in einen Raum mit

Speisen und Krügen auf Tischen führt. Der aus dem Raum blickende Diener trägt ein Tischchen (von ihm ist nur der Arm erhalten). Der eintretende Mann erhebt die rechte Hand im Redegestus. Sein linker Arm, mit einem Tuch oder einem Sandalenpaar in der Hand, hängt herab. Vermutlich gibt der Redende dem Diener Anweisungen. Der Mund ist nicht zu beurteilen. Parallele: Stockholm MME 1983.002 (ID 507).

ID 106
Amarna
New York MMA 1991.237.29
Hermopolis Magna
Amenhotep IV. Achenaten
Relieffragment, Kalkstein, bemalt, 34,9 × 23,5 cm
Roeder, Amarna-Reliefs aus Hermopolis, PC 237, Taf. 201, S. 193, 295.
Ein stehender Mann in Seitenansicht, in einem hoch ansetzenden Schurz, nach rechts blickend. Er erhebt seinen angewinkelten rechten Arm über Kopfhöhe. Mit dem linken Arm ergänzt ergäbe sich ein Jubelgestus. Volllippiger Mund, keine fliehende Stirn. Mund berichtigt zu Profil.

ID 108–111
Amarna
New York MMA 1991.237.68
Hermopolis Magna
Amenhotep IV. Achenaten
Relieffragment, Kalkstein, bemalt, 24,1 × 54,6 cm
Roeder, Amarna-Reliefs aus Hermopolis, PC 312, Taf. 215, S. 202.
Oberer Bildstreifen: Auf einer Standlinie sieht man die tanzenden Füße zweier Tänzerinnen in knöchellangen, durchscheinenden Mänteln. Vor ihnen ist der Rest einer weiteren Tänzerin erhalten. Im unteren Bildstreifen tanzen zwei Frauen, (die hintere ist durch die vordere verdeckt) mit seitlich erhobenen Händen. Die linken Hände weisen mit der Handfläche zum Gesicht, die rechten mit dem Handrücken zum Hinterkopf. Kopf in Seitenansicht. Die glatten Perücken mit einem kurzen Zipfel bedecken das Ohr. Da links von den Damen Krüge und Brote dargestellt sind, tanzen sie im Haus. Da bei gegebenem Kontext die Frauen immer entweder zur Musik tanzen, den Rhythmus schlagen oder sich selbst begleiten, wird Tanzen als Lauterzeugung katalogisiert. Die Parallelen sprechen für Tanz und Musik im Frauentrakt des Palastes: TA 3, Halle, Westwand, unten, im königlichen Palast, wobei ebenfalls Gefäße und Brote im selben Raum sind (Davies, Amarna III, Taf. XXXIII), TA 8, Säulenhalle, Westwand, Südseite (Davies, Amarna VI, Taf. XIX), TA 25, Säulenhalle, Nordwand, oberhalb der Tür (Davies, Amarna VI, Taf. XXVIII).

ID 115
Amarna
Kopenhagen AEIN 1719
Tell el-Amarna, Gem-pa-Aten
Amenhotep IV. Achenaten
Kalkstein, Wandfragment, Höhe 20,5 cm
Pendlebury, CoA III, 19, 32/77. Jørgensen, Catalogue Egypt II, Kat. Nr. 49, S. 142f.
Glatzköpfiger Mann, nur Kopf und Hals sind erhalten.

ID 116
Amarna
Kopenhagen AEIN 1718
Tell el-Amarna, Gem-pa-Aten
Amenhotep IV. Achenaten
Relieffragment, rotbrauner Quarzit, 10 × 10,5 cm
Pendlebury, CoA III, Bd. 1, S. 19, 32, Nr. 130, Bd. 2, Taf. LVIII.4. Jørgensen, Et portræt af Kong Akhenaten, in: Meddelelser fra Ny Carlsberg Glyptotek 39, (1983), S. 5–13. Ders., Catalogue Egypt II, Kat. Nr. 45. Chappaz, Akhénaton et Néfertiti, soleil et ombres des pharaons, Kat. Nr. 171.
Achenaten beim Opfer. Auf dem Fragment sind das Gesicht, Hals, Schultern und Arme des Königs erhalten. Nach dem Abschluss über dem Ohr zu urteilen, trägt er die blaue Krone, im Nacken flattert ein Band. Im Ohr trägt er einen Knopf. Er hält mit beiden Armen dem Aten eine Opfergabe entgegen und erhält als Gegengabe zwei Lebenszeichen. Dem Verlauf der Aten-Strahlen nach zu schließen, stand eine zweite Person neben dem König.

ID 117
Amarna
Kopenhagen AEIN 1716
Tell el-Amarna
Amenhotep IV. Achenaten
Ostrakon, Kalkstein, Höhe 14,5 cm
Pendlebury, CoA III, Bd. 1, S. 88, 31, Nr. 570, Bd. 2, Taf. LXXIV.6. Jørgensen, Catalogue Egypt II, Kat. Nr. 56, S. 156f. Chappaz, Akhénaton et Néfertiti, soleil et ombres des pharaons, Kat. Nr. 109.
König mit sehr dicken Lippen und welliger Mundspalte.

ID 118–120
Amarna
Kopenhagen AEIN 1587

Tell el-Amarna, zwischen der Ostwand vom Hof des Ranefer, N.49.18, und der Westwand von N.49.34.
Amenhotep IV. Achenaten
Ostrakon, Kalkstein, Höhe 32 cm
PM IV, 205. Peet, Excavations at Tell el-Amarna, in: JEA 7, S. 175, Taf. 29. Peet/Woolley, CoA I, S. 14, Taf. 12 (6 und 8), Kat. 1930, A 633. Jørgensen, Catalogue Egypt II, Kat. Nr. 57.
Auf der Vorderseite des Ostrakons findet sich ein weiblicher Kopf mit stufiger, vorn in einem Zipfel endender Perücke. Rückseite mit drei Entwürfen: Der gleiche weibliche Kopf mit stufiger, vorn in einem Zipfel endender Perücke wie auf der Vorderseite. Ein nackter Knabe trägt einen Korb und einen Kasten an einer Tragestange über der Schulter. Ein gut gekleideter Mann mit einem Stock in der Hand.

ID 121
Amarna
Kopenhagen AEIN 1797
Hermopolis Magna
Amenhotep IV. Achenaten
Wandfragment, Kalkstein, Höhe 23 cm, umgearbeitet
Roeder, Amarna-Reliefs aus Hermopolis, PC 189, Taf. 198, S. 157. Hanke, Amarna-Reliefs aus Hermopolis, S. 14–17, 178, Abb. 6–7. Ders., Änderungen von Bildern und Inschriften während der Amarna-Zeit, in: SAK 2, S. 79–93. Jørgensen, Catalogue Egypt II, Kat. Nr. 48. Arnold, The Royal Woman of Amarna, S. 87, 106, 133, Abb. 79.
Relief von Achenaten und Kija. Gesicht des Königs völlig zerstört. Der Kopf von Kija ist umgearbeitet in den einer Prinzessin.

ID 122–123 (Ruderer)
Amarna
Boston MFA 63.260 und 64.521
Hermopolis Magna
Amenhotep IV. Achenaten
Relieffragment, bemalt, 23,4 × 53,1 × 3,6 cm
Cooney, Amarnareliefs from Hermopolis in American Collections, Nr. 51a. Roeder, Amarna-Reliefs aus Hermopolis, PC 150, Taf. 193, S. 195. Aldred, Akhenaten and Nefertiti, Kat. Nr. 57. Freed et al., Pharaohs of the Sun, Kat. Nr. 110 und 111.
An Deck eines königlichen Schiffes. Zwei in etwas kleinerem Maßstab dargestellte Männer, vornehm gekleidet und mit Zipfelperücken, verbeugen sich auf dem Dach der Kajüte der Königsbarke. Drei nubische Ruderleute (vom dritten ist nur ein kleiner Rest sichtbar) haben beide Hände am Ruder. Der erste Ruderer wendet sich zu seinem Hintermann um.

ID 124
Amarna
Boston MFA 62.1168
Fundort unbekannt, möglicherweise Tell el-Amarna
Amenhotep IV. Achenaten
rechter Türsturz, Kalkstein, 26,3 × 24,6 × 3,2 cm
Aldred, Akhenaten and Nefertiti, Kat. Nr. 62. Freed et al., Pharaohs of the Sun, Kat. Nr. 94. Budka, Der König an der Haustür, Kat. Nr. 240, S. 233.
User-Seth, Aufseher der Arbeiten, kniet im Anbetungsgestus vor der Kartusche des Königsnamens. Er trägt eine schulterlange Perücke und eine Tunika mit kurzer Schürze. Laut Budka (S. 233) spricht die Darstellung für eine Herkunft des Türsturzes aus dem häuslichen Bereich, vielleicht gehörte sie zu einem Hausschrein. Die Inschrift ist auf drei Zeilen verteilt. Sie lautet: „Lobpreis geben dem Aten durch den Aufseher der Arbeiten, User-Seth, den Gerechtfertigten."

ID 125–127 (Tanz)
Amarna
Boston MFA 63.962
Hermopolis Magna
Amenhotep IV. Achenaten
Talatat, Kalkstein, 23,4 × 52,8 × 4 cm
Cooney, Amarnareliefs from Hermopolis in American Collections, Nr. 47. Roeder, Amarna-Reliefs aus Hermopolis, PC 116, Taf. 189, S. 407. Aldred, Akhenaten and Nefertiti, Kat. Nr. 64. Freed et al., Pharaohs of the Sun, Kat. Nr. 150.
Tanzende und jubelnde Frauen auf der Straße vor Häusern, die am Nil- oder Kanalufer stehen. (Cooney deutet es als die Haushaltsräume des Palastes). Jedes der beiden Häuser hat mehrere Räume und einen Innenhof. Darüber liegt der Lagerraum für Getränke und Speisen, eine Treppe führt zum Dach. Im Nachbarhaus Schlafräume. Im Hof des linken Haus zündet ein Mann gerade ein Feuerbecken an. Eine Frau mahlt in einem der Räume Korn, eine andere holt etwas aus einem Gefäß. Außerhalb der Häuser tanzen drei Frauen in knöchellangen Kleidern. Sie schwingen dabei über dem Kopf Blumen und Zweige. Die Tänzerinnen unterscheiden sich voneinander durch ihre Fußstellung. Die erste Frau berührt mit der ganzen Sohle des rechten Fußes den Boden, das linke Bein ist leicht angewinkelt. Die zweite und die dritte Frau tanzen auf den Zehenspitzen.

ID 128–129
Amarna
Boston MFA 67.637
Hermopolis Magna
Amenhotep IV. Achenaten

Säulentrommel, Kalkstein, 22,4 × 52,5 × 6,1 cm, 3 bzw. 2 Kolumnen mit Resten der Beischrift zu den Prinzessinnen
Roeder, Amarna-Reliefs aus Hermopolis, 245.VII, Taf. 3. Aldred, Akhenaten and Nefertiti, Kat. Nr. 17. Freed et al., Pharaohs of the Sun, Kat. Nr. 69.
Verehrung des Aten. Das Gesicht des Königs ist nicht erhalten. Nefertiti, „Herrin der Beiden Länder", opfert dem Aten einen Blumenstrauß. Meritaten, hinter der Königin stehend, schüttelt das Sistrum. Sie trägt auf dem eiförmigen Kopf die Seitenlocke, unter der die Ohrscheibe hervor sieht. Ihr Gesicht ist stark dem der Königin angeglichen. Wie diese blickt sie nach rechts. Sie hält in der Rechten das Bügelsistrum senkrecht und hoch erhoben. Bei der hinter einer senkrechten Trennlinie nach links blickenden zweiten Prinzessin sind das Kinn etwas länger und die Wangen hohler geraten, der Mund ist ausgehackt (?). Sie hält das Bügelsistrum ebenfalls in der Rechten, aber weniger hoch und schräg zum Himmel erhoben. Indem das Sistrum hier und bei der Parallele Brooklyn 35.2000 (ID 158–159) von der (beidseits der Trennlinie Rücken an Rücken platzierten) Prinzessin einmal senkrecht und einmal schräg gehalten wird, wird die Bewegung des geschüttelten Instrumentes auf den Säulen verbildlicht.

ID 130
Amarna
Boston MFA 1971.294
Hermopolis Magna
Amenhotep IV. Achenaten
Talatat, Kalkstein, 23 × 27 × 3,7 cm
Roeder, Amarna-Reliefs aus Hermopolis, PC 68, Taf. 180. Freed et al., Pharaohs of the Sun, Kat. Nr. 91.
Prinzessin hält ein Salbengefäß erhoben. Langer Hals.

ID 131 (Nubier), 136 (Libyer)
Amarna
London UC068
Tell el-Amarna
Amenhotep IV. Achenaten
Fragment, Balustrade, Kalkstein, 7 × 12,5 × 12 cm, versenktes Relief, Farbreste
Stewart, Egyptian stelae, reliefs and paintings from the Petrie collection I, S. 18–19, Taf. 9.7. Shaw, Balustrades, Stairs and Altars in the Cult of the Aten at el-Amarna, in: JEA 80, S. 109–127.
Dekoration der Balustrade vermutlich einer Treppe zum Erscheinungsfenster. Sie ist auf beiden Seiten mit Köpfen der Fremdvölker dekoriert. Auf einer Seite ein Libyer mit Seitenlocke und zwei Federn, dahinter ein Nubier. Nur die obere Kopfhälfte beider ist erhalten. Auf der anderen Seite ein Nubier mit großem Ohrring.

ID 132
Amarna
London UC2277
Tell el-Amarna
Amenhotep IV. Achenaten
Wandmalerei, Stuck auf Nilschlamm, 7 × 11 cm, zusammengesetzt aus drei Stücken
Davies, Mural paintings in the City of Akhetaten, in: JEA 7, S. 1–7, Taf. IV.15. Stewart, Egyptian stelae, reliefs and paintings from the Petrie collection I, S. 20. Weatherhead, Amarna Palace Paintings, Abb. 181.
Kahlköpfiger Mann mit nacktem Oberkörper und glattem weißem Schurz. Er steht vor einer ein Dach stützenden Säule, also vermutlich in einem Portikus. Seine Arme stehen leicht vom Körper ab, nach unten, die rechte Handfläche zum Boden weisend. Die Umrisse sind mit einem Stift nachgezogen, die Lippen dabei V-förmig wie bei einem geöffnetem Mund. Am linken Rand ist noch das Bein eines Mannes, der ihm gegenüber steht, zu erkennen. Dem Standardmotiv, miteinander redende Palastdiener, entsprechend wäre hier ein zweiter Diener zu ergänzen.

ID 133
Amarna
London UC011
Tell el-Amarna
Amenhotep IV. Achenaten, späte Stilphase
Ostrakon, Kalkstein, Höhe 8,5 cm
Aldred, Akhenaten and Nefertiti, Kat. Nr. 59. Stewart, Egyptian stelae, reliefs and paintings from the Petrie collection 1, S. 17, Taf. 9.3. Arnold, The Royal Women of Amarna, S. 131, Abb. 80.
Übungsstück. Kopf der Nefertiti mit großer Krone; nach rechts blickend. Vorzeichnung in Tinte, die Lippen bereits ausgeschnitten. Mund mit geraden Mundwinkeln gestaltet, die Enden treffen in feinen Grübchen zusammen. Die Kinnbasis ist berichtigt, sie verläuft nunmehr waagerecht.

ID 134
Amarna
London UC009
Tell el-Amarna
Amenhotep IV. Achenaten
Kalkstein, 7,7 × 8 × 1,3 cm
Pendlebury, CoA III, Bd. 2, Taf. CVI.4. Samson, Amarna, S. 70, Taf. 41.
Übungsstück oder Einlage. Kopf im Profil, nach rechts blickend. Tiefer Nasensattel, gewölbte Stirn, ausgeprägte Lippen und rundes Kinn. Die halblange Perücke bedeckt die Ohren.

ID 135
Amarna
London UC038
Tell el-Amarna
Amenhotep IV. Achenaten, früher Amarnastil
Relief, Kalkstein, 4,2 × 12,5 × 3,1 cm, Dicke 4,2 cm, Relief en creux
Pendlebury, CoA III, Bd. 2, Taf. CV.10. Robins, Women in Ancient Egypt, S. 51, Taf. 14. Aldred, Akhenaten and Nefertiti, Kat. Nr. 29. Stewart, Egyptian stelae, reliefs and paintings from the Petrie collection I, S. 14, Taf. 7.15. Arnold, The Royal Women of Egypt, S. 9, 22, 27, 131, Abb. 5.
Nefertiti trägt eine Krone mit Sonnenscheibe, Hörnern, Federn und Uräus.

ID 137–138
Amarna
London UC013
Tell el-Amarna
Amenhotep IV. Achenaten
Übungsstück, Kalkstein, 20 × 14,5 cm
Petrie, Tell el Amarna, S. 30, Taf. I.6. Stewart, Egyptian stelae, reliefs and paintings from the Petrie collection I, S. 17, Taf. 9.1.
Rekto: Kopf eines Ägypters, gerades Profil, nach links blickend. Die langgestreckten feinen Linien des Profils sprechen für die Darstellung einer königlichen Person. Das Verso enthält mehrere Entwürfe: skizzierter Kopf einer Prinzessin, *nb*-Hieroglyphen, Augen, geschlossene Lippenpaare.

ID 139
Amarna
London UC040
Tell el-Amarna
Amenhotep IV. Achenaten
Fragment einer Stele, roter Quarzit, 15–10 cm
Stewart, Egyptian stelae, reliefs and paintings from the Petrie collection I, S. 11, Taf. 7.3. Arnold, The Royal Women of Amarna, S. 85–86, 95, 131, Abb. 77.
Verehrung des Aten. Erhalten sind der Kopf von Nefertiti und ihre beiden Arme, die eine Vase umschließen, unter den Strahlen des Aten.

ID 140
Amarna
London UC034
Tell el-Amarna
Amenhotep IV. Achenaten, früher Amarnastil

Relieffragment, Kalkstein, 15,5 × 8,5 cm, Farbreste
Pendlebury, CoA III, Bd. 1, S. 227, Bd. 2, Taf. CVII.1. Stewart, Egyptian stelae, reliefs and paintings from the Petrie collection I, S. 13, Taf. 7.11.
Kopf einer Prinzessin mit Seitenlocke. Darüber Reste der Inschrift: „Möge sie leben ewiglich".

ID 141
Amarna
London UC035
Tell el-Amarna
Amenhotep IV. Achenaten
Relieffragment, Kalkstein, 14,5 × 9 cm
Stewart, Egyptian stelae, reliefs and paintings from the Petrie collection I, S. 12, Taf. 7.6.
Verehrung des Aten. Oberteil einer Prinzessin, die das Sistrum schüttelt. Sie steht hinter Nefertiti, von der nur der Rücken noch sichtbar ist. Inschriftenrest: „geboren von der königlichen Gemahlin Nefertiti". Kartuschen des Aten auf dem Oberarm und dem Oberkörper der Königin.

ID 142
Amarna
London UC036
Tell el-Amarna
Amenhotep IV. Achenaten
Ostrakon, Kalkstein, 10,5 × 7 cm
Stewart, Egyptian stelae, reliefs and paintings from the Petrie collection I, S. 18, Taf. 9.5.
Übungsstück. Grob geschnittener Kopf, vielleicht des Königs. Daneben ein kleiner Kopf (letzterer misslungen, deshalb nicht ausgewertet).

ID 143–144
Amarna
London UC037
Tell el-Amarna
Amenhotep IV. Achenaten
Ostrakon, Kalkstein, 23 × 18,5 cm
Capart, Recueil de monuments egyptiens, S. 225, Taf. CVI. Stewart, Egyptian stelae, reliefs and paintings from the Petrie collection I, S. 18, Taf. 9.6.
Übungsstück mit zwei Köpfen junger Männer, wovon einer in Relief en creux. Das Gesicht des anderen ist in Relief ausgeführt, die Umrisse seines Kopfes sind mit Tinte vorgezeichnet.

ID 145
Amarna
London UC039
Tell el-Amarna
Amenhotep IV. Achenaten
Alabaster, Höhe 9,5 cm, Relief en creux
Stewart, Egyptian stelae, reliefs and paintings from the Petrie collection I, S. 13, Taf. 7.13.
Prinzessin. Der linke Arm hängt herab, der rechte ist erhoben.

ID 146
Amarna
London UC071
Tell el-Amarna
Amenhotep IV. Achenaten
Relieffragment, Kalkstein, bemalt, 9,5 × 15 cm, versenktes Relief, Spuren von roter und gelber Bemalung
Capart, Recueil de monuments egyptiens, S. 227, Taf. CVI.3. Pendlebury, CoA III, Taf. CVI.3. Stewart, Egyptian stelae, reliefs and paintings from the Petrie collection I, S. 19, Taf. 9.8.
Opferträger mit einem glattrasierten runden Schädel. Die „Last auf dem Kopf" könnte ein Stabstrauß sein, der hinter dem Kopf der Figur gedacht ist, wie bei den Trägern auf London UC405 (ID 152–153) und Kairo JE 47203 (ID 244). Der Mund wirkt offen, das kann aber an der schlechten Art des Gesteins liegen. Opferträger mit Stabsträußen sind in den Amarnagräbern stets innerhalb des Temenos dargestellt (TA 3, Halle, Westwand, Davies, Amarna III, Taf. XXX, TA 4, Säulenhalle, Nordwand, Davies, Amarna III, Taf. XA, XIV).

ID 147
Amarna
London UC073
Memphis
Amenhotep IV. Achenaten, früher Amarnastil
Relieffragment, Kalkstein, Farbreste, 20 × 18,5 cm, versenktes Relief
Engelbach, Riqqeh and Memphis VI, S. 32, Taf. LIV, Nr. 9. Stewart, Egyptian stelae, reliefs and paintings from the Petrie collection I, S. 17, Taf. 9.2. Arnold, The Royal Women of Amarna, S. 22–23, 26 und 131, Abb. 18.
Oberkörper einer Königin, wohl Nefertiti, die nach links blickt. Kopf mit kunstvoller dreigeteilter Perücke und Uräus. Das ganze Ohr schaut unter dem Haar hervor, es ist groß mit einem großen hängenden Ohrläppchen. Sie trägt Kartuschen mit der frühen

Form des Aten auf dem linken Oberarm und der Brust. Das Gesicht der Königin ist beschädigt. Keine Strahlen des Aten. Hinter dem Rücken der Königin ist eine schlanke Säule sichtbar.

ID 148
Amarna
London UC083
Tell el-Amarna
Amenhotep IV. Achenaten, früher Amarnastil
Relieffragment, Diorit, 15 × 10 cm, versenktes Relief
Stewart, Egyptian stelae, reliefs and paintings from the Petrie collection I, S. 13, Taf. 7.10.
Eine Prinzessin steht hinter einer großen Person, vermutlich ihrer Mutter. Sie hält das Sistrum in der rechten Hand erhoben, die linke Hand hängt herab.

ID 149
Amarna
London UC119
Tell el-Amarna
Amenhotep IV. Achenaten
Relieffragment, Quarzit, 7 × 6 cm
Stewart, Egyptian stelae, reliefs and paintings from the Petrie collection I, S. 11, Taf. 7.5.
Gesicht einer weiblichen Person – Nefertiti -, der der Aten ein Lebenszeichen reicht. Ihr rechter Arm ist erhoben. Inzwischen unleserliche Kartuschen des Aten auf Arm und Brust. Die Lippen sind vorn weit auseinanderstehend.

ID 150
Amarna
London UC409
Tell el-Amarna, Südgräber, TA 25, Säulenhalle, Nordwand, Ostteil
Amenhotep IV. Achenaten
Relieffragment, Kalkstein,28 × 23,5 × 8,7 cm, Farbreste
Petrie, Tell el Amarna, S. 11, Taf. XI.12. Lepsius, Denkmäler III, 105a. Davies, The Rock Tombs of El Amarna VI, Taf. XXX, 1. Reg. Stewart, Egyptian stelae, reliefs and paintings from the Petrie collection I, S. 20, Taf. 10.8.
Fragment bei Lepsius noch in situ. Herzförmiger Offiziersschurz, rechter Arm im rechten Winkel zum Gruß erhoben. Der linke Arm ist, leicht nach unten führend, vom Körper seitlich abgespreizt. Die Beine etwas in Schrittstellung – alles deutet auf einen jubelnden Körper hin. Der Mann blickt nach rechts oben. Er gehörte ursprünglich zu einer Gruppe, die vor dem Palast den Ehrengoldempfänger Eje jubelnd begrüßt. Vor

der erhobenen Hand ist am Original ein runder Kreis sichtbar. Der Mund wirkt leicht geöffnet.

ID 151
Amarna
London UC401
Tell el-Amarna, Großer Palast
Amenhotep IV. Achenaten, früher Amarnastil
Fragment einer Balustrade, Alabaster, 56 × 52 cm, versenktes Relief
Petrie, Tell el Amarna, Taf. XII.3. Stewart, Egyptian stelae, reliefs and paintings from the Petrie collection I, S. 10, Taf. 6.1. Seyfried, Im Lichte von Amarna, Kat. Nr. 10.
Achenaten (dessen Kopf fehlt auf dem Bruchstück), gefolgt von Nefertiti und Meritaten, steht vor einem Opfertisch mit 3 Vasen, von dem sich die Strahlenhände des Aten nehmen. Auf den Armen und der Brust des Königs sind acht Kartuschen mit der frühen Form des Aten. Nefertitis Kopf zeigt noch keine eigens für die Königin entwickelte Ikonographie, sondern gleicht dem des Königs. Meritaten schüttelt in der rechten Hand das Sistrum. Inschrift vor Nefertiti: „Neferneferuaten Nefertiti, möge sie für immer und ewig leben“, und über der Prinzessin: „Merit(aten), die die große königliche Gemahlin Neferneferuaten, Nefertiti, sie lebe für immer, geboren hat“.

ID 152–153
Amarna
London UC405
Tell el-Amarna
Amenhotep IV. Achenaten
Relieffragment, Kalkstein, 33 × 33 cm, versenktes Relief, Farbreste
Petrie, Tell el Amarna, S. 54–55, Taf. 28. Stewart, Egyptian stelae, reliefs and paintings from the Petrie collection I, S. 19, Taf. 10.1.
Herbeibringen der Opfergaben. Bei den zwei kahlrasierten Herren handelt es sich vermutlich um Priester. Sie tragen Blumensträuße, Feigen und Granatäpfel. Erster Träger mit Stabstrauß und Früchten. Er hat einen sehr runden Kopf, der sich deutlich vor dem Strauß abhebt. Zweiter Träger ebenfalls mit Stabstrauß und Früchten. Mögliche Parallele London UC071 (ID 146). Da Opferträger stets innerhalb des Temenos dargestellt sind, gilt das wohl auch für dieses Relief.

ID 154
Amarna
London UC24279
Tell el-Amarna, Palast, südlich der Breiten Halle

Amenhotep IV. Achenaten
Relieffragment, Quarzit, Höhe 16,5 cm
Egypt Exploration Society Grabung 1935–1936, Fund Nr. 100. Frankfort/Pendlebury, CoA II, S. 68, 35/100. Stewart, Egyptian stelae, reliefs and paintings from the Petrie collection 1, S. 14, Taf. 7.14.
Prinzessin mit Seitenlocke. Sie hat die rechte Hand erhoben.

ID 155
Amarna
London UC24280
Tell el-Amarna, Breite Halle, westlich des zentralen Pavillons
Amenhotep IV. Achenaten, früher Amarnastil
Relieffragment, Quarzite, 12 × 17 cm
Egypt Exploration Society Grabung 1935–1936, TA 35/36 Fund Nr. 200. Früher Wellcome Collection No.15621/1936. Pendlebury, CoA III, S. 67, 35/200. Stewart, Egyptian stelae, reliefs and paintings from the Petrie collection I, S. 10, Taf. 7.2.
Die Strahlenhände geben ein Lebenszeichen an die Nase des Königs. Von Achenaten sind der Kopf und beide Arme erhalten. Auf den Armen Kartuschen mit dem Namen des Aten in früher Form. Nubische, stufig geschnittene Perücke. Die Lippen sind scheinbar wie bei einem offenen Mund vorn weit auseinanderstehend, aber im Mundwinkel aufeinanderliegend.

ID 156–157
Amarna
Brooklyn 16.48, „Wilbour Plaque“
Tell el-Amarna
Amenhotep IV. Achenaten, später Amarnastil
Kalkstein, 15,7 × 22,1 × 4,1 cm, versenktes Relief, Reste roter Farbe, Bildhauermodell mit Loch zum Aufhängen
Capart, Documents pour servir à l'étude de l'art égyptiennes I, S. 35–36, Taf. 49. Aldred, Akhenaten and Nefertiti, Kat. Nr. 121. Arnold, The Royal Women of Amarna, S. 89–90, Abb. 81. Freed et al., Pharaohs of the Sun, Kat. Nr. 135.
Die Köpfe von Achenaten und Nefertiti. Links König mit Chat-Kopftuch und Uräus. Herabgezogene Mundwinkel. Zwei Halsfalten. Loch im Ohrläppchen für Ohrschmuck. Rechts, den König ansehend, Nefertiti. Sie trägt eine ovale Krone mit Uräus, deren breiter Ansatz erst im Nacken endet. Eine Halsfalte. Kleines Loch im Ohrläppchen für Ohrschmuck.

ID 158–159
Amarna
Brooklyn 35.2000
Tell el-Amarna, Großer Palast, Breite Halle
Amenhotep IV. Achenaten, früher Amarnastil
Fragment einer Säule, Kalkstein, 25,1 × 16,6 × 5,4 cm
Pendlebury, Preliminary Report of the Excavations at Tell el-ʿAmarnah 1934–1935, in: JEA 21, S. 134, Taf. VIII.5. Ders., CoA III, Bd. 1, S. 62, Bd. 2, Taf. LXV.10. Aldred, Akhenaten and Nefertiti, Kat. Nr. 34.
Verehrung des Aten. Zwei Prinzessinnen mit dem Rücken an einer Trennlinie, hinter einer größer dargestellten Person, von der nur einige Linien des Mantels zu sehen sind, vermutlich Nefertiti. Keine Namensangaben. Das Gesicht der nach rechts blikkenden Prinzessin (vermutlich Meritaten) ist dem der Königin angeglichen. Sie hält in der Rechten ein zu ergänzendes Bügelsistrum hoch über den Kopf erhoben. Der Neigung des Griffes nach zu schließen hält sie es etwas über Kopfhöhe und gerade. Die nach links blickende Prinzessin hat etwas rundere Wangen und keine Ohrscheibe. Ihr Gesicht ist kindlich und nicht der Ikonographie der Königin angeglichen. Sie hält ebenfalls in der Rechten, aber mit angewinkeltem Arm und nur etwa bis in Augenhöhe erhoben, ein Bügelsistrum schräg zum Himmel hin. Indem das Sistrum hier und bei der Parallele Boston MFA 67.637 (ID 128–129) von einer (beidseits der Trennlinie Rücken an Rücken platzierten) Prinzessin einmal senkrecht und einmal schräg gehalten wird, wird die Bewegung des geschüttelten Instrumentes auf den Säulen verbildlicht. Die Möglichkeit, auf dem runden Bildträger eine Bewegung darzustellen, wird von den Bildhauern wahrgenommen.

ID 160
Amarna
Brooklyn 71.89
Tell el-Amarna, Großer Palast, Breite Halle
Amenhotep IV. Achenaten, früher Amarnastil
Fragment einer Säule, Kalkstein, bemalt, 38,5 × 23,5 cm
Aldred, Akhenaten and Nefertiti, Kat. Nr. 26. Arnold, The Royal Women of Amarna, S. 86, Abb. 76.
Teil einer Säulenverkleidung für das Weben-Aten. Nefertiti steht hinter dem König, von dem noch die Krone und Schulter erhalten sind. Sie erhebt einen Blumenstrauß. Oberhalb Reste einer Zeile: … *di͗ ʿnḫ ḏd nḥḥ* …

ID 161
Amarna
Brooklyn 35.1999
Tell el-Amarna, Großer Palast, Breite Halle
Amenhotep IV. Achenaten, 8. Jahr
Fragment einer Säule, Sandstein, bemalt, 29,3 × 10 × 43,5 cm
Pendlebury, Preliminary Report of the Excavations at Tell el-ʿAmarnah 1934–1915, in: JEA 21, S. 1–135, Taf. XII.1. Ders., CoA III, Bd. 1, S. 65, Nr. 167, Bd. 2, Taf. LXVII.1. Aldred, Akhenaten and Nefertiti, Kat. Nr. 48.
Nefertiti trägt die stufig geschnittene sog. Nubische Perücke, die sich bei Hofe bei Frauen und Männern großer Beliebtheit erfreute.

ID 162
Amarna
Brooklyn 16.60
Tell el-Amarna
Amenhotep IV. Achenaten, früher Amarnastil
Kalkstein, 24,4 × 18 cm
Zwei Prinzessinnen mit Sistrum. Von der einen Prinzessin ist nur der Arm mit dem Sistrum erkennbar.

ID 163
Amarna
Brooklyn 33.685
Tell el-Amarna, Großer Atentempel, Per-hai
Amenhotep IV. Achenaten
Einlage, roter Quarzit, bemalt, 11,8 × 12,2 × 4,3 cm, die Lippen sind rot bemalt (vermutlich modern)
Freed et al., Pharaohs of the Sun, Kat. Nr. 60, S. 223. Chappaz, Akhénaton et Néfertiti, soleil et ombres des pharaons, Kat. Nr. 110.
Achenaten oder Semenchkare im Profil, nach rechts blickend.

ID 164–165
Amarna
Brooklyn 33.61
Tell el-Amarna
Amenhotep IV. Achenaten
Ostrakon, Kalkstein, 32,8 × 32,6 × 6,4 cm
Drei Skizzen auf einem Übungsstück. Zwei männliche Gesichter mit Perücken wie sie Höflinge tragen. Eine geschlossene Hand mit gestrecktem Daumen.

ID 166
Amarna
Brooklyn 54.188.5
Tell el-Amarna, Königsgrab, TA 26, Raum α, Wand A, in einem der Vorräume des für den König bestimmten Teils des Grabes.
Amenhotep IV. Achenaten
Relieffragment, Gips, Stuck, bemalt, 26,8 × 16 cm, versenktes Relief
Freed et al., Pharaohs of the Sun, Kat. Nr. 224.
Sonnenaufgang. Die Strahlen der aufgehenden Sonne laufen über das ganze Geschehen. Oberes Reg.: Füße wie im Lauf. Unteres Reg.: Vier Höflinge (?) verbeugen sich. Nur im unteren Reg. sind die Köpfe erhalten. Sie sind kahlgeschoren oder mit Zipfelperücke. Nur bei dreien von ihnen ist der Mund als Strich angedeutet. Die Hände haben sie, leicht angewinkelt, anbetend erhoben. Das Fragment ist ein Bruchstück aus dem im Königsgrab ins Bild umgesetzten Sonnenhymnus.

ID 167–168
Amarna
Brooklyn 68.154
Hermopolis Magna
Amenhotep IV. Achenaten, später Amarnastil
Relieffragment, Kalkstein, 54 × 23,3 × 3,5 cm
Roeder, Amarna-Reliefs aus Hermopolis, PC 142, Taf. 193, S. 187. Aldred, Akhenaten and Nefertiti, Kat. Nr. 132. Chappaz, Akhénaton et Néfertiti, soleil et ombres des pharaons, Kat. Nr. 107. Seyfried, Im Lichte von Amarna, Kat. Nr. 178.
Zwei sich leicht vorbeugende Höflinge. Der erste ist ein vornehmer Herr mit glatter, langer Zipfelperücke, die sein Ohr frei lässt, an der Stirn ist ein Streifen seines eigenen Haares hervorschauend. Oberkörper anscheinend unbekleidet. Er beugt seinen Oberkörper vor, ohne den Kopf zurückzubiegen, sodass er schräg abwärts blickt. Der Haltung der Arme nach zu schließen hält er etwas in einer Hand, oder in beiden Händen. Der zweite Mann verbeugt sich in einigem Abstand hinter dem ersten. Von ihm ist nur die vordere Hälfte des in Seitenansicht dargestellten Kopfes erhalten. Er blickt nur leicht nach unten, wirkt also weniger vorgebeugt.

ID 169
Amarna
Brooklyn 37.405
Tell el Amarna, Großer Palast, südlicher Teil
Amenhotep IV. Achenaten, früher Amarnastil
Wandrelief, Kalkstein, 27,2 × 10,3 cm, versenktes Relief
Pendlebury, CoA III, S. 72. Aldred, Akhenaten and Nefertiti, Kat. Nr. 35.
Säugling, der gestillt wird, vermutlich Prinzessin.

ID 170–171
Amarna
Brooklyn 35.2003
Tell el-Amarna, Weben-Aten
Amenhotep IV. Achenaten
Relieffragment, Sandstein, bemalt 21,2 × 33,2 × 8,8 cm, versenktes Relief
Pendlebury, Preliminary Report of the Excavations at Tell el-ʿAmarnah 1934–1935, in: JEA 21, S. 134, Taf. VIII.6. Ders., CoA III, Bd. 1, S. 63, Bd. 2, Taf. LXVI.9.
In gestaffelter Darstellungsweise die Köpfe von drei Soldaten nichtägyptischer Herkunft. Profil nach rechts. Alle drei blicken aufwärts. Nur bei den beiden mittleren ist die Mundpartie erhalten. Die fleischigen Lippen, deutlichen Nasenflügel und fliehende Stirn kennzeichnen sie als Nubier. Von dem dritten ist nur die Stirn noch erhalten. Parallelen: Dicht gestaffelte Gesichter finden sich in den Amarnagräbern unter den Fächer- und Standartenträgern, die den Belohnten empfangen, TA 4 (Davies, Amarna I, Taf. VI), TA 6 (Davies, Amarna II, Taf. XI).

ID 172
Amarna
Brooklyn 37.407
Tell el-Amarna
Amenhotep IV. Achenaten
Wandrelief, Kalkstein, 22 × 37,5 × 8 cm
Vornehmer Herr in tiefer Verbeugung, den Kopf zurückgebeugt, sodass er geradeaus blickt. Zipfelperücke, die sein Ohr frei lässt, Gewand mit Ärmeln. Tiefe Nasolabial- und Mundwinkelfalten, aber glatte Stirn. Verbeugung und Erscheinung wie bei den Herren, die hinter den Höflingen gebeugt stehen, siehe Ehrengoldverleihung in einem der Höfe der Tempelmagazine bei TA 4, Säulenhalle, Ostwand, unten, Merire I (Davies, Amarna I, Taf. XXX).

ID 173
Amarna
Brooklyn 86.226.33
Hermopolis Magna
Amenhotep IV. Achenaten
Talatat, Kalkstein, 53 × 23 × 4 cm
Chappaz, Akhénaton et Néfertiti, soleil et ombres des pharaons, Kat. Nr. 174.
Prinzessin mit nubischer Perücke (3 Stufen), breitem Stirnband und Ohrscheiben. Sie blickt nach rechts. Über ihrer rechten Schulter trägt sie einen großen Blumenstrauß, wie er als Opfergabe üblich ist. Vermutlich nimmt sie mit ihren Eltern an einem Opferritual Teil. Kopf wie auf MMA 1985.328.14. Laut Chappaz, Zug des Alters um den Mund.

ID 174
Präamarna
Brooklyn 64.199.1
Karnak
Amenhotep IV. Achenaten
Sandstein, bemalt, 28,4 × 20,3 × 3 cm, versenktes Relief
Aldred, Akhenaten and Nefertiti, Kat. Nr. 36. Redford, ATP I, Taf. 43. Chappaz, Akhénaton et Néfertiti, Soleil et ombres des pharaons, Kat. Nr. 51.
Kopf, Schulter und Arm einer Frau, die mit beiden seitlich erhobenen Armen jubelnd tanzt. Neben ihr der Arm einer zweiten Tänzerin in gleicher Pose. Die Tänzerinnen tragen durchsichtige plissierte Ärmelgewänder. Der Salbkegel auf ihrem Kopf ist an der Basis mit einem Lotus umschlungen. Tänzerinnen dieser Ausstattung und Pose finden sich unter den jubelnden und musizierenden Gratulanten, die nach der Ehrengoldverleihung Tutu, TA 8, Säulenhalle, Westwand, Südteil (Davies, Amarna VI, Taf. XX), auf dem Weg vom Palast zum kleinen Atentempel begleiten. Das entspräche einem Tanz auf der Straße. Nur in diesem Grab haben Tänzerinnen und Musikerinnen mit Handtrommeln einen Salbkegel auf dem Kopf. Das Bruchstück gibt leider keinen Hinweis auf den Raum, die Parallele in TA 8 ist der einzige Indikator für eine Bestimmung des physischen Raumes.

ID 175
Amarna
Brooklyn 73.67.2
Fundort unbekannt
Letzte Phase der Amarnazeit, nach Amenhotep IV. Achenaten
Relieffragment, Kalkstein, bemalt, 11 × 1,1 cm
Farbreste. Königin, nach links blickend, mit Hörner-Sonnenscheiben-Uräen-Krone. Einen breiten Goldkragen in der linken Hand haltend. Ob es sich um Nefertiti oder Teje handelt, kann, da ohne Beischrift, nicht entschieden werden.

ID 176
Amarna
Brooklyn 16.64
Tell el-Amarna
Amenhotep IV. Achenaten, früher Amarnastil
Relieffragment, Grau-rosa Granit, 6 × 12,2 × 5 cm, versenktes Relief
Gesicht der Nefertiti unter Atenstrahlen mit Anch-Zeichen. Der Strahl darüber berührt den Uräus. Der linke erhobene Arm hielt ursprünglich vielleicht ein Sechem-Zepter.

ID 177
Amarna
Brooklyn 36.873
Tell el- Amarna
Amenhotep IV. Achenaten
Ostrakon, Kalkstein, 16,4 × 18,5 × 3,8 cm
Männerkopf mit vierstufiger Perücke, nach rechts blickend. Eine Hand.

ID 178
Amarna
Brooklyn 86.226.30
Fundort unbekannt, möglicherweise Tell el- Amarna
Amenhotep IV. Achenaten
Relieffragment, Kalkstein, 43,5 × 22 × 7,2 cm
Aldred, Akhenaten and Nefertiti, Kat. Nr. 72. Freed et al., Pharaohs of the Sun, Kat. Nr. 147, S. 249. Chappaz, Akhénaton et Néfertiti, soleil et ombres des pharaons, Kat. Nr. 188.
Bärtiger, struppiger Hirte mit Ziegen in einer Baumsteppe, die durch zwei Bäume angezeigt wird. Er hat in der rechten Hand einen Stock, in der linken trägt er über der Schulter ein Wassergefäß. Mund nicht zu beurteilen. Parallelen: Szenen in TA 1, Säulenhalle, Huya, Ostwand, Subreg. (Davies, Amarna III, Taf. VIII), Roeder, 439.VII, 403.VII A und 223.IV, mit Bäumen und Tieren.

ID 179
Präamarna
Brooklyn 78.39
Karnak
Amenhotep IV. Achenaten, 3.-6. Jahr
Relieffragment, Talatat, Sandstein, 42 × 21 cm, versenktes Relief, Farbreste
Fazzini, Some Egyptian Reliefs in Brooklyn, in: Miscellanea Wilbouriana I, S. 48, Abb. 16. Aldred, Akhenaten and Nefertiti, Kat. Nr. 25. Arnold, The Royal Women of Amarna, S. 18, Abb. 10. Freed et al., Pharaohs of the Sun, Kat. Nr. 27.
Schultern, Kopf und Arme von Nefertiti mit Perücke. Sie trägt einen Kronenuntersatz mit Uräus. Kartuschen auf den Armen. Sie blickt nach rechts. Sie hat beim Opfer die Arme erhoben. Ein Sonnenstrahl gibt ihr das Anch-Zeichen an die Nase. Ausgehöhlte Wangen, ein stark nach vorne gezogenes Profil. Die Reste einer Inschrift lassen darauf schließen, dass Meritaten ihrer Mutter folgte.

ID 180–181
Amarna
Brooklyn 64.148.3

Tell el-Amarna
Amenhotep IV. Achenaten
Relieffragment, Kalkstein, bemalt, 26,5 × 23,3 × 5 cm
Aldred, Akhenaten and Nefertiti, Brooklyn Museum, Kat. Nr. 70.
Zwei Soldaten schlafen nachts am Nilufer bei einem Lagerfeuer. Sie haben sich mit einer Decke zugedeckt. Der untere Mann liegt mit angezogenen Beinen unter der Decke. Die Kopfhaltung deutet möglicherweise daraufhin, dass er wacht. Dann würden sich die beiden bei der Wache abwechseln. Der obere Mann liegt flach auf dem Lager in Seitenlage ausgestreckt. Die rechte Hand hat er unter den Kopf gelegt, die linke Hand liegt auf dem rechten Oberarm. Parallelen: Kairo JE 65950 (ID 579). Boston MFA 67.921 (ID 420), MMA 1991.240.11 (ID 1219), Kairo JE 65950 (ID 579), Roeder PC 53. Schlafende Männer auf Palastdach, Roeder PC 270 (ID 778–779). Roeder erwähnt als weitere Parallele noch Berlin 20488, das Objekt habe ich aber nicht gesehen.

ID 182
Präamarna
Brooklyn 86.132
Karnak
Amenhotep IV. Achenaten
Relieffragment, Sandstein, bemalt, 26,5 × 29 × 3 cm, Anschluss an Brooklyn 61.195.1 (ID 197)
Loeben, Neuerungen in Architektur und Relief, in: Tietze, Amarna: Lebensräume – Lebensbilder – Weltbilder, S. 275–285, Abb. 5.
Eine Reihe Arbeiter auf dem Bau. Der Stein ist rau. Nur bei dem, dem Betrachter am nächsten stehenden Mann lässt sich der Mund eindeutig bestimmen. Er hat geschlossene Lippen. Die Bedeutung des Tempelbaus wird deutlich in dem vermutlich als Gründungszeremonie auszulegenden Talatat, in dem Achenaten selbst mauert (Loeben, S. 278). Oberhalb der Ziegelarbeiter gehen Männer über eine Planke, die die unfertige Mauer überbrückt. Arbeitsgeräusche, wie hier die einer Baustelle, sind eine Folgeerscheinung der Arbeit und werden nicht als beabsichtigte Lauthandlung eingestuft.

ID 183
Amarna
Brooklyn 36.875
Tell el-Amarna
Amenhotep IV. Achenaten, früher Amarnastil
Model oder Gussform für eine Einlage, Kalkstein, 8,8 × 11,2 × 2,3 cm
Achenaten oder Nefertiti. Aufgrund der Kinnlinie vermute ich eher den König.

ID 184
Präamarna
Brooklyn 64.199.2
Karnak
Amenhotep IV. Achenaten
Sandstein, bemalt, 26 × 17 × 3 cm
Nefertiti. Der Strahlenaten hält ihr das Anch-Zeichen an die Nase.

ID 185
Amarna
Brooklyn 54.188.6
Tell el-Amarna
Amenhotep IV. Achenaten
Gipsverputz, 7 × 6,6 cm, versenktes Relief
Männerkopf, nach rechts blickend. Der Haltung nach handelt es sich um eine sich verbeugende Männerfigur. Der Mund geht am Foto nicht auszuwerten.

ID 186
Amarna
Brooklyn 22.6
Tell el-Amarna
Amenhotep IV. Achenaten
Relieffragment, Kalkstein, 6,8 × 2,1 cm
Teil eines Gesichtes im Profil mit Uräus. Das an die Nase gehaltene Anch-Zeichen kennzeichnet es als das Gesicht einer königlichen Person.

ID 187
Amarna
Brooklyn 36.963
Tell el-Amarna
Amenhotep IV. Achenaten
Kalkstein, 5,6 × 4,1 cm
Männerkopf

ID 188
Amarna
Brooklyn 36.962
Tell el-Amarna
Amenhotep IV. Achenaten
Kalkstein, 5,7 × 4,9 cm
Köpfe und Schultern von zwei Männern.

ID 189
Amarna
Brooklyn 36.876
Tell el-Amarna, Großer Palast, südlicher Teil
Amenhotep IV. Achenaten, früher Amarnastil
Ostrakon, Kalkstein, Pigment, 14,3 × 11,9 × 2,5 cm
Peck, Drawings from Ancient Egypt, Nr. 30. Freed et al., Pharaohs of the Sun, Kat. Nr. 136.
Mit Tinte skizzierter Kopf von Amenhotep IV. Achenaten. Eine rechte Hand, die die Zügel hält.

ID 190–194
Amarna
Brooklyn 36.882
Tell el-Amarna, Palast, Mittelhalle
Amenhotep IV. Achenaten
Block, Kalkstein, bemalt, 23,5 × 26,7 × 13 cm, Relief en creux
Pendlebury, CoA III, Bd. 1, S. 70, Bd. 2, Taf. LXVII.4. Roeder, Amarna-Reliefs aus Hermopolis, S. 303.
Die Gesichter von fünf Musikerinnen. Von re. nach li: Von der ersten ist kaum etwas von der Vorderseite erhalten, der Mundwinkel lässt einen geschlossenen Mund vermuten. Sie trägt eine glatte Zipfelperücke. Sie steht vor den vier anderen. Der rechte Arm scheint, der Schulter nach zu urteilen, nach vorn gehalten zu werden, was gut auf die Armhaltung beim Spielen der großen Bogenharfe passen würde, die normalerweise die erste der fünf üblicherweise dargestellten Hofmusikerinnen spielt. Die zweite und die dritte Musikerin spielen, soweit erkennbar, kein Instrument. Vielleicht sind sie Sängerinnen. Die vierte Musikerin spielt die Doppeloboe. Sie hat das Instrument an die Lippen gesetzt. Von dem Körper der fünften Musikerin ist nur die rechte, über die sieben Saiten der Leier streichende Hand erhalten. Da sie nicht üben, sondern zusammen spielen, ist, nach den Parallelen (siehe ID 45), ihr Auftritt beim Bankett in der Mittelhalle des Königspalastes anzunehmen.

ID 195
Amarna
Brooklyn 54.188.4–3
Fundort unbekannt
Amenhotep IV. Achenaten
Relieffragment, Gipsverputz, 6,5 × 5,8 cm
Drei Bruchstücke: ein kleiner Kopf mit Zipfelperücke und durch einen Strich angedeuteten Mund. Zwei Gesichter, gestaffelt, nicht fertiggestellt und stark zerstört. Der Kopf eines Nubiers. Bei letzterem ist der Mund geschlossen.

ID 196
Amarna
Basel, Privatbesitz
Fundort unbekannt
Amenhotep IV. Achenaten, früher Amarnastil
Relieffragment, Kalkstein, 10,5 × 19,2 × 3 cm, Hochrelief, bemalt
Schlögl, Geschenk des Nils, Kat. Nr. 209.
Der sehr harte Kalkstein spricht gegen eine Herkunft aus Amarna. Ein gebückter Diener, kahler langer Schädel, Oberkörper nackt, glatter Schurz, reinigt mit einem Besen den Boden. Im Raum darunter sind runde Vasen und Lotus auf einem Tischchen oder Gestell erkennbar. Der Diener arbeitet demnach in einem der Räume des Palastes oder im Tempel, genauer lässt sich das nicht bestimmen.

ID 197
Amarna
Brooklyn 61.195.1
Hermopolis Magna
Amenhotep IV. Achenaten
Relieffragment, Kalkstein, 27 × 21,2 × 3,6 cm, Anschluss an Brooklyn 86.132 (ID 182)
Cooney, Amarnareliefs from Hermopolis in American Collections, Nr. 54, S. 90–91. Roeder, Amarna-Reliefs aus Hermopolis, PC 58, Taf. 176, S. 405. Aldred, Akhenaten and Nefertiti, Kat. Nr. 68.
Bau eines Tempels für den Aten in Karnak mit halbwegs fertiggestellter Mauer. Drei Männer laufen auf einem Baugerüst, unterhalb von ihnen bringt ein Träger einen Talatat, den er auf dem Nacken trägt.

ID 198
Amarna
Brooklyn 65.16
Hermopolis Magna
Amenhotep IV. Achenaten
Relieffragment, Kalkstein, bemalt, 38,1 × 23,5 × 4,3 cm
Roeder, Amarna-Reliefs aus Hermopolis, PC 55, Taf. 182, S. 405. Aldred, Akhenaten and Nefertiti, Kat. Nr. 71.
Oben im Bild Waffenschmiede oder Schiffsbauer. Kopf des Arbeiters nicht erhalten. Darunter liegt ein Schiff am bewachsenen Nilufer. Ein Bauer trägt zwei Eimer Wasser an einem Joch vom steilen Ufer herauf und bringt es zu einem Feld, das in Quadrate eingeteilt ist. Kopf des Bauern erhalten, Mund als Strich gezeigt.

ID 199
Amarna
Brooklyn 41.82 und 49.13a-b
Tell el-Amarna, Palast, Breite Halle
Amenhotep IV. Achenaten, früher Amarnastil
Oberer Teil einer freistehenden Stele, Kalkstein, 43,2 × 42,5 × 14 cm
PM IV, 195. Petrie, Tell el Amarna, S. 8, 11, 19 und Taf. XII.1 und 2. Aldred, Akhenaten and Nefertiti, Kat. Nr. 18.
Die Königsfamilie opfert dem Aten. Auf Vorder- und Rückseite steht das Königspaar unter dem Strahlenaten. Die Königin folgt dem König. Sie trägt eine nubische Perücke und opfert eine Götterfigur mit zwei Kartuschen mit der frühen Namensform des Aten. Unterschiede: auf einer Seite ist die Königin mit einem Uräus, auf der anderen Seite mit dem Doppeluräus an der Stirn dargestellt. Aufgrund des Fundortes könnte die Stele im Altarhof des Palastes gestanden haben.

ID 200
Amarna
Brooklyn 54.188.2
Tell el-Amarna
Amenhotep IV. Achenaten
Relieffragment, Stuck, 9,1 × 8 cm, versenktes Relief
Bouriant et al., Monuments pour servir à l'étude du culte d'Atenou en Égypte, S. 10, Abb. 3 und Taf. XIII, XII.
Gesicht mit leicht geöffnetem Mund und den zum Scheitel erhobenen Armen eines Trauernden, der nach links blickt. Parallelen: Amarna Königsgrab, TA 26, Raum E (Bouriant, et al., Taf. XIII, XII) und TA 1, Schrein, Westwand, Begräbnisriten (Davies, Amarna III, Taf. XXIII).

ID 201
Amarna
Brooklyn 60.28
Hermopolis Magna
Amenhotep IV. Achenaten
Relieffragment, Kalkstein, 53,5 × 22,8 × 3,2 cm
Roeder, Amarna-Reliefs aus Hermopolis, PC 30, Taf. 175, S. 193. Cooney, Amarnareliefs from Hermopolis in American Collections, Nr. 30. Aldred, Akhenaten and Nefertiti, Kat. Nr. 51. Freed et al., Pharaohs of the Sun, Kat. Nr. 123.
Pferdegespann bei Ausfahrten des Königs in Bewegung. Gesicht des Wagenlenkers ausgehackt.

ID 202
Präamarna
Brooklyn 64.197.1
Karnak
Amenhotep IV. Achenaten, früher Amarnastil
Relieffragment, Sandstein, bemalt, 25 × 16,7 × 3 cm
Der König in Sedfestmantel und roter Krone.

ID 203
Präamarna
Brooklyn 67.175.1
Karnak
Amenhotep IV. Achenaten
Relieffragment, Sandstein, 26,5 × 16,5 × 4,1 cm, Relief an creux, Gesicht und Hand rot eingefärbt
Aldred, Akhenaten and Nefertiti, Kat. Nr. 37.
Zwischen einem Mann, von dem nur der Hinterkopf zu erkennen ist, und einem Standartenträger (nur Standarte auf dem Bruchstück) grüßt ein nubischer Fächerträger. Er blickt nach rechts. Die rechte Hand hat er mit der Handfläche nach außen zum Gruß erhoben, die linke hält vermutlich den Fächer.

ID 204
Präamarna
New York MMA 61.117
Karnak, evtl. Atentempel
Amenhotep IV. Achenaten, früher Amarnastil
Relieffragment, Sandstein, 22 × 32 cm
Seyfried, Im Lichte von Amarna, Kat. Nr. 9.
Nefertiti mit einer erhobenen Hand unter der Strahlensonne, die ihr ein Lebenszeichen an die Nase hält. Sie trägt eine lange Perücke, einen Kronenuntersatz aus Uräen mit einem von der Sonnenscheibe bekrönten Doppeluräus. Ihr hageres Gesicht (tiefe Nasolabialfalte, hängendes Kinn) ist noch ganz der Ikonographie des Königs angeglichen. Die Armhaltung und das etwas nach vorne gewinkelte Handgelenk lassen auf Anbetung oder eine erhobene Opfergabe schließen.

ID 205
Amarna
Cambridge E.34.1930
Tell el-Amarna
Amenhotep IV. Achenaten
Ostrakon, Ton, 11 × 9 cm, rote Farbe

Grabung Egypt Exploration Society, unveröffentlicht.
Skizze eines Mannes mit einem Stab in der linken Hand und einem Zeugstück in der rechten.

ID 206
Amarna
Cambridge E.GA.4507.1943
Fundort unbekannt
Amenhotep IV. Achenaten, früher Amarnastil
Ostrakon, Kalkstein, 5,7 × 10,2 × 1,1 cm, versenktes Relief
Brunner-Traut, Egyptian Artist's Sketches, Nr. 16, S. 43, Taf. XIII.
Der kahle Kopf eines Mannes mit den Gesichtszügen eines Nubiers. Breite Nasenlöcher. Dicke, vorstehende, geschlossene Lippen. Die Inspektion des Originals im Fitzwilliam Museum zeigt, dass der Mann als ein Blinder gezeigt wird. Es könnte sich also um einen blinden Sänger oder Harfner handeln, weshalb als Status Musiker eingetragen wird.

ID 207
Amarna
Cambridge E.GA.4508.1943
Fundort unbekannt
Amenhotep IV. Achenaten, später Amarnastil
Ostrakon, Kalkstein, 13,8 × 23,2 × 5,2 cm
Brunner-Traut, Egyptian Artist's Sketches, Nr. 16, S. 43, Taf. XIII.
Kopf eines Mannes, kahl. Die Kopfhaltung lässt auf Zeichenübung für einen gebeugt dastehenden Mann schließen.

ID 208
Amarna
Cambridge E.GA.2302.1943
Tell el-Amarna
Amenhotep IV. Achenaten
Relieffragment, Kalkstein, 10,5 × 16,4 × 4,4 cm
PM IV, 233–234. Freed et al., Pharaohs of the Sun, Kat. Nr. 149. Chappaz, Akhénaton et Néfertiti, soleil et ombres des pharaons, Kat. Nr. 186.
Mann auf einem Hocker sitzend. Er isst eine Frucht, die er in der rechten Hand hält. Mit der Linken nimmt er eine weitere Frucht von dem kleinen Tisch vor ihm. Parallelen: Roeder, Amarna-Reliefs aus Hermopolis, 207.VII, Taf. 64; TA 25, Säulenhalle Nordwand, Westteil, oberhalb der Tür, in den Korridoren essende Palastdiener (Davies, Amarna VI, Taf. XXVIII). Deshalb wird es sich bei diesem Stück vielleicht auch um einen essenden Diener im Palast handeln.

ID 209–210
Amarna
Cambridge E.GA.4514.1943
Tell el-Amarna
Amenhotep IV. Achenaten, früher Amarnastil
Relieffragment, Kalkstein, 17,5 × 25 × 6 cm, Farbreste
Aldred, Akhenaten and Nefertiti, S. 121. Vassilika, Egyptian Art, Kat. Nr. 29. Freed et al., Pharaohs of the Sun, Kat. Nr. 107. Chappaz, Akhénaton et Néfertiti, soleil et ombres des pharaons, Kat. Nr. 179, Abb. 9.
Zwei Soldaten laufen nach rechts. Perücke wie bei Nubiern. Ohren unter der Perücke verdeckt. Lippen geschlossen, kurze Nasolabialstrecke. Kinn vorstehend. Linker Soldat mit rundem Schild, Speer und Axt. Rechter Soldat mit rundem Schild, eine Seilschlinge in seiner rechten Hand, die linke Hand ist nicht mehr auf dem Bruchstück. In den Amarnagräbern begleiten nubische Soldaten in der aus Angehörigen mehrerer Völker zusammengesetzten, militärischen Eskorte den König bei allen seinen Ausfahrten.

ID 211–213
Präamarna
Cambridge E.GA.2300.1943
Fundort unbekannt, möglicherweise Karnak
Amenhotep IV. Achenaten, 3. Jahr
Relieffragment, Talatat, Kalkstein, 53 × 23 × 5,5 cm
PM II^2, 296. Griffith, The Jubilee of Akhenaton, in: JEA 5, S. 61–63, Taf. 8. Aldred, Akhenaten and Nefertiti, Kat. Nr. 11. Gohary, Akhenaten's Sed-festival at Karnak. Vassilika, Egyptian Art, Kat. Nr. 26. Freed et al., Pharaohs of the Sun, Kat. Nr. 25. Chappaz, Akhénaton et Néfertiti, soleil et ombres des pharaons, Kat. Nr. 46.
Sedfest von Achenaten. Zwei Szenen. Szene rechts: König in der Prozession im Sedfestmantel, ein Heka-Zepter und einen Flabellum haltend. Er wird begleitet von zwei sich tief verbeugenden Priestern. Der vor ihm gehende Vorlesepriester trägt eine Perücke und einen kurzen Schurz. Er hält eine Papyrusrolle in der linken Hand. Vor ihm war noch eine weitere, jetzt ganz zerstörte Figur. Beide Priester haben Stirnbänder mit flatternden Enden umgebunden. Der hinter dem König gehende Priester, „Der Oberste der Sehenden" hat den Schädel kahlrasiert. Er trägt einen Kasten oder einen Fußschemel und ein Sandalenpaar.

ID 214
Amarna
Cambridge E.GA.4529.1943
Fundort unbekannt, vermutlich Karnak
Amenhotep IV. Achenaten, früher Amarnastil

Relieffragment, Sandstein, bemalt, 43,5 × 22,3 cm, versenktes Relief
Aldred, Akhenaten and Nefertiti, Kat. Nr. 40.
Ein Mann in gebeugter Haltung. Die Reste des Vordermannes lassen auf eine Reihe schließen. Körper rot gemalt, weißer Schurz. Er trägt einen Stab oder Wedel über der Schulter. Ägyptisches Gesicht. Kahlrasierter Kopf.

ID 215
Amarna
Cambridge E.GA.4510.1943
Tell el-Amarna
Amenhotep IV. Achenaten
Relieffragment, Kalkstein
Ein Mann, kahler Schädel mit langem Hinterkopf, durchbohrtes Ohrläppchen. Er hat beide Hände jubelnd erhoben. Vom Fitzwilliam Museum, Cambridge, als Gestus der Verehrung gedeutet. Vor ihm sind ein Arm oder der gebeugte Rücken einer anderen Person sichtbar. Das Ehrengold um den Hals und die Körperhaltung eines von seinen Freunden erhobenen Mannes sprechen für die Ehrengoldverleihung vor dem Erscheinungsfenster als Kontext. Parallelen: Die gleiche Armhaltung des Belohnten findet sich bei Tutu (TA 8, Säulenhalle, Westwand, Nordteil, Davies, Amarna VI, Taf. XVII), Huya (TA 1, Säulenhalle, Nordwand, Ostteil, Davies, Amarna III, Taf. XVII) und dem auf den Schultern seiner Freunde getragenen Merire I. (TA 4, Säulenhalle, Südwand, Westteil, Davies, Amarna I, Taf. VI), wenn sie beim Ehrengoldempfang zum König sprechen.

ID 216–217
Amarna
Berlin ÄM 25574
Tell el-Amarna
Amenhotep IV. Achenaten
Stele, Kalkstein, 11,9 × 8,6 × 2,2 cm, versenktes Relief, Spuren von Bemalung
Seyfried, Im Lichte von Amarna, Kat. Nr. 25.
Votivstele, auf der das Königspaar beim Darbringen von Opfergaben an den Aten dargestellt ist. Die vier Namenskartuschen sind leer geblieben und waren ursprünglich vermutlich bemalt, jedoch ist nicht festzustellen, wessen Namen sie beinhalteten. Aus stilistischen Gründen handelt es sich vermutlich um Achenaten und Nefertiti.

ID 219
Präamarna
Berlin ÄM 2072
Karnak, X. Pylon
Amenhotep IV. Achenaten, 1.-2. Jahr, thebanischer Stil

Relieffragment, Quarzit, 72 × 151 × 27 cm,
Aldred, Akhenaten and Nefertiti, S. 50, Abb. 30. Freed et al., Pharaohs of the Sun, Kat. Nr. 20. Seyfried, Im Lichte von Amarna, Kat. Nr. 7. Vergnieux, Eine außergewöhnliche Sakralarchitektur, in: Seyfried, Im Lichte von Amarna, S. 84–91.
König vor dem göttlichen Falken-Aten im Tempel. Das Relief ist in zwei Bildfelder unterteilt, die durch eine senkrechte Inschriftenzeile getrennt sind. Auf der linken Seite ist ein falkenköpfiger Sonnengott dargestellt und auf der rechten Seite Amenhotep IV. mit der Blauen Krone. Die Ikonographie in der Darstellung entspricht dem Stil von Amenhotep III. Das Gesicht von Amenhotep IV. ähnelt seinem Vater sehr. Die Inschriften hingegen tendieren bereits zu den neuen religiösen Vorstellungen, und auch die Sonnenscheibe über dem Kopf Amenhoteps IV. mit den Lebenszeichen am unteren Rand sind Vorboten der Amarna-Ikonographie. Der König hält den rechten Arm ausgestreckt. In der Entwicklung der Ikonographie (Vergnieux, S. 87) wird hier der Dialog zwischen Pharao und Gott dargestellt.

ID 220
Amarna
Berlin ÄM 14512
Im Kunsthandel erworben, Fundort vermutlich Tell el-Amarna
Amenhotep IV. Achenaten, 5.-8. Jahr
Relieffragment, Kalkstein, 11,1 × 15,4 cm, versenktes Relief, Bruchstück von einem größeren Block abgesägt, vermutlich handelt es sich um ein Bruchstück von einer Grenzstele
PM IV, 233. Schäfer, Amarna in Religion und Kunst, Taf. 11. Settgast, Ägyptisches Museum (Kunst der Welt in den Berliner Museen), S. 66, Nr. 26. Aldred, Akhenaten and Nefertiti, S. 94, Nr. 6. Freed et al., Pharaohs of the Sun, Kat. Nr. 51, S. 219.
Kopf des Königs. Schmale Augen, obere Lidfalte konturiert. Lange Nase mit leicht gerundeter Spitze. Scharfe Nasolabialfalte. Volle, leicht aufgeworfene Lippen, hängendes Kinn und langer dünner Hals mit zwei Querfalten. Große runde Ohrbohrung.

ID 221
Amarna
Kairo JE 48035
Tell el-Amarna, Nordpalast
Amenhotep IV. Achenaten
Ostrakon, Kalkstein, 21,5 × 23,5 × 3 cm
Desroches-Noblecourt, Tutankhamon et son temps, Kat. Nr. 8. Saleh/Sourouzian, Die Hauptwerke im Ägyptischen Museum Kairo, Kat. Nr. 169. Peck, Drawings from Ancient Egypt, Nr. 12. Arnold, The Royal Women of Amarna, S. 111, Abb. 108. Freed et al., Pharaohs of the Sun, Kat. Nr. 56, S. 221.

Übungsstück. Prinzessin vor einem Tischchen mit Speisen. Sie isst mit der rechten Hand eine Gans, mit der linken holt sie eine Frucht vom Tisch.

ID 222–223
Amarna
Kairo JE 59294
Tell el-Amarna, Großer Atentempel, Südwand
Amenhotep IV. Achenaten, früher Amarnastil
Ostrakon, Kalkstein, 31 × 23 cm
Pendlebury, Preliminary Report of the Excavations at Tell el-ʿAmarnah 1932–1933, in: JEA 19, S. 116. Ders., The CoA III, Bd. 1, S. 16, Bd. 2, Taf. LIX.1. Aldred, Akhenaten and Nefertiti, S. 99, Abb. 49. Peck, Drawings from Ancient Egypt, Nr. 26.
Bildhauerstudie von zwei königlichen Köpfen. Beutelförmiges Chat-Kopftuch und Uräus. Runde Ohrbohrungen. Der Mund unterscheidet sich bei den Bildnissen voneinander. Rechts, bei dem sanfteren Bild, identifiziert als Semenchkare, ist er ganz fest geschlossen. Beim linken, längeren Kopf, identifiziert als Achenaten, stehen die Lippen vorne leicht auseinander.

ID 224–225, 231
Amarna
Kairo JE 65041
Tell el-Amarna, Haus des Panehesi
Amenhotep IV. Achenaten
Schrein Kalkstein, bemalt, 118 × 98 cm, restauriert
PM IV, 201. Frankfort, Preliminary Report of the Excavations at Tell el-ʿAmarnah 1926–1927, in: JEA 13, S. 212–213, Taf. 45, 47. Pendlebury, CoA III, Bd. 2, Taf. XXXI. Saleh/Sourouzian, Die Hauptwerke im Ägyptischen Museum Kairo, Kat. Nr. 165. Aldred, Akhenaten and Nefertiti, S. 132, Abb. 52.
Schrein in Form einer Tempelfassade. Unterhalb der Hohlkehle Kartuschen des Gottes Aten und die Formel „er möge leben immer und ewig“. Zu beiden Seiten der Fassade die königliche Familie beim Ritualvollzug. Der Mund ist bei allen geschlossen. Re. Seite (vom Betrachter aus): Ermächtigung zum Vollzug des Rituals. Nefertiti hält das Cherep-Zepter hoch, der König hat die Rechte im Anbetungsgestus erhoben. Eine Prinzessin, die hinter dem Königspaar steht, hält das Sistrum in die Höhe. Li. Seite: Das Opferritual. Nofretete hält ein Libationsgefäß, der König hält eine Hes-Vase. Die Prinzessinnen hinter dem Paar sind zerstört.

ID 226–228
Amarna
Kairo RT 10.11.26.4

Tell el-Amarna, im Schutt des Königsgrabes von Achenaten, TA 26
Amenhotep IV. Achenaten, früher Amarnastil
Relief, Kalkstein, bemalt, 48 × 52 × 8 cm, evtl. Vorlage, da rotes Quadratnetz
Kairo CG 54517. Saleh/Sourouzian, Die Hauptwerke im Ägyptischen Museum Kairo, Kat. Nr. 166. Aldred, Akhenaten and Nefertiti, Abb. 34. Martin, The royal Tomb at el-ʿAmarna I, S. 91 f., Taf. 54. Inschrift: von Bissing, Denkmäler ägyptischer Sculptur, Taf. 82. Sandman, Texts, 155. Murnane, Texts from the Amarna Period, S. 92, Nr. 46 A.
Königliche Familie beim Opfer. König und Königin halten dem Strahlenaten Lotusblumen entgegen. Die ältere Prinzessin Meritaten führt rechts ihre Schwester Meketaten an der Hand, mit der linken Hand schüttelt sie das Sistrum.

ID 229–230, 237
Amarna
Kairo RT 30.10.26.12
Tell el-Amarna, Königspalast
Amenhotep IV. Achenaten, früher Amarnastil
Fragment von der Balustrade einer Rampe, die zum mittleren Raum des Palastes von Achetaten führte, Alabaster, 51 × 102 cm
PM IV, 198. Grabung Petrie 1891. Pendlebury, CoA III, Bd. 1, S. 77, Bd. 2, Taf. LXIX.5. Myśliwiec, Le portrait royal dans le bas-relief du Nouvel Empire, S. 77–80, Abb. 182. Settgast, Nofretete Echnaton, Kat. Nr. 46. Saleh/Sourouzian, Die Hauptwerke im Ägyptischen Museum Kairo, Kat. Nr. 164. Aldred, Akhenaten and Nefertiti, Abb. 33. Ders., Echnaton – Gott und Pharao Ägyptens, Abb. 47. Freed et al., Pharaohs of the Sun, Kat. Nr. 72.
Die Königsfamilie opfert dem Strahlenaten. Nefertiti trägt das Chat-Kopftuch. Sie hält in jeder Hand ein Gefäß. Die Prinzessin Meritaten mit Jugendlocke hält dem Gott schräg aufwärts das Sistrum entgegen. Der König trägt die weiße Krone mit Uräus. Er hält in jeder Hand ein Opfergefäß.

ID 232
Amarna
Boston MFA 63.961
Hermopolis Magna
Amenhotep IV. Achenaten
Talatatfragment, Kalkstein, 26,9 × 22,7 × 3,8 cm
Roeder, Amarna-Reliefs aus Hermopolis, PC 260, Taf. 207, S. 408. Cooney, Amarnareliefs from Hermopolis in American Collections, Nr. 61. Aldred, Akhenaten and Nefertiti, Kat. Nr. 81. Freed et al., Pharaohs of the Sun, Kat. Nr. 96.
Aufgrund der vielen Opfertische wird die Darstellung des Großen Atentempels in Achetaten angenommen. In der Mitte steht der Große Hauptopfertisch für Aten.

Zu beiden Seiten je eine Standfigur des Königs (deutlich an der Plattform unter den Füßen), die Opfergaben hält. Die Statuen blicken in entgegengesetzte Richtungen.

ID 233–236
Präamarna
Kairo RT 10.11.26.3
Karnak, IX. Pylon
Amenhotep IV. Achenaten
Relieffragment, Sandstein, bemalt, 54 × 22 × 6 cm
Borchardt, Works of Art in the Egyptian Museum Kairo, Abb. 27. Settgast, Nofretete Echnaton, Kat. Nr. 10. Freed et al., Pharaohs of the Sun, Abb. 39.
Fremdländische Delegation in Ehrerbietung vor dem König. Die, die Erde vermutlich vor dem König küssenden, vier Gesandten repräsentieren die zur ägyptischen Einflußsphäre gehörenden Regionen. Der erste links: Kopf eines Libyers von roter Haut- und Haarfarbe mit einer Straußenfeder im Haar und Schläfenlocke. Der zweite von li. kommt aus dem Syrisch-palästinensischen Raum (Kanaan). Gekennzeichnet durch volles schwarzes Haar, um das ein weißes Band geschlungen ist. Der dritte von li. ist ein Nordsyrer mit rasiertem Schädel, Bart und dicker Oberlippe. Der vierte von li. mit langem Hals, Ohrring und Kappe ist ein Nubier. Parallele, Roeder 428 VII (ID 723–727). Die Bildkomposition ist in den Amarnagräbern nicht belegt.

ID 238–239
Amarna
Kairo JE 29747
Tell el-Amarna, Südgräber, TA 23
Amenhotep IV. Achenaten, später Amarnastil
Stele, Kalkstein, 22,5 × 27,5 cm
PM IV, 227. Kairo CG 34178, Laucau, Stèles du Nouvel Empire, S. 219, Taf. LXVII. Davies, Amarna V, Taf. XXIII, S. 10. Spieser, Offrandes et purification à l'époque amarnienne, S. 173 mit Abb. 76.
Privatstele des Animen für Ani. Königlicher Schreiber Ani und sein Diener vor der Grabfassade. Hinter dem Toten sieht man den Eingang seiner Grabkapelle. Grabherr ist „der wirkliche Schreiber des Königs, sein Geliebter, der Schreiber des Opfertisches des Herrn der beiden Länder, der Gütervorsteher Ani". Er sitzt auf einem Fellhocker vor einem Opfertisch. Seine linke Hand ist in einer Begrüßungsgeste erhoben. Seine Rechte liegt auf dem Oberschenkel. Text links oberhalb: „Für den Ka des wahren königlichen Schreibers, den er liebt, der Schreiber des Opfertisches des Herrn der beiden Länder, der Gütervorsteher Ani, gerechtfertigt." Sein Diener mit kahlrasiertem Kopf und Lendenschurz reicht seinem Herrn ein großes Weingefäß. Auch sein Name ist auf der Stele angegeben. Er heißt Animen. („men" ungewöhnlich geschrieben, um

„Amun" zu vermeiden). Rechts über und hinter dem Diener: „Für dich ist Wein ausgegossen worden, getan durch den Diener (*sḏm ꜥš*) des königlichen Schreibers Ani, Animen".

ID 240–241
Amarna
Kairo RT 10.11.26.1
Tell el-Amarna, Südgräber, TA 25
Amenhotep IV. Achenaten, 6.–9. Jahr
Relieffragment, Kalkstein, 54 × 28 cm
PM IV, 229, (6)-(8). Davies, Amarna VI, S. 21, Taf. XXIX. Aldred, Echnaton and Nefertiti, S. 61f und Abb. 5. Seipel, in: Settgast, Nofretete Echnaton, Kat. Nr. 49. Freed et al., Pharaohs of the Sun, Kat. Nr. 232, S. 270.
Das Relieffragment entstammt der Szene der Ehrengoldverleihung im Grab TA 25. Der als ein mit viel Ehrengold behängter, älterer Beamte dargestellte „Befehlshaber der Streitwagentruppe und Gottesvater Eje", nimmt einen breiten Kragen in Empfang. Ejes Gattin Ti ist ebenfalls mit viel Ehrengold behängt. Sie steht neben ihm und hat die Arme, mit den Handflächen nach außen, im Anbetungsgestus erhoben. Beide tragen Perücke und einen Salbkegel auf dem Kopf. Tis Zopfperücke hält das Band der königlichen Kinderfrauen zusammen, wodurch sie in ihrer Stellung als Amme der Nefertiti dargestellt wird. Ti hat drei Halsfalten. Eje hat zwei Halsfalten und eine Falte vom Mundwinkel nach unten. Verglichen mit dem ganz geschlossenen Mund seiner Frau, sind seine Lippen vorne leicht geöffnet. Keine Texte, die eine Rede wiedergeben.

ID 242
Amarna
Kairo JE 35791
Tell el-Amarna
Amenhotep IV. Achenaten, später Amarnastil
Ostrakon, 19 × 15 cm, unterer Teil
Myśliwiec, Le portrait royal dans le bas-relief du Nouvel Empire, S. 79, Abb. 173. Settgast, Nofretete Echnaton, Kat. Nr. 48.
Kopf des Achenaten. Auge nicht ausgeführt. Lippen vorne leicht auseinanderstehend.

ID 243–245
Präamarna
Karnak, CFÉ 3779
Karnak, IX. Pylon, Westflügel
Amenhotep IV. Achenaten, Beginn der Regierungszeit

Talatat, Sandstein, 53,5 × 23,5 cm
Seipel, in: Settgast, Nofretete Echnaton, Kat. Nr. 27.
Grundriss und Eingangstür eines Vorratsraumes, in dem Pflanzenbündel niedergelegt werden. Ein Arbeiter bringt gerade ein Bündel. Er befindet sich noch hinter dem Vorarbeiter. Der Vorarbeiter trägt in der Linken einen Stock. Sein leicht angewinkelter rechter Arm ist im Redegestus erhoben. Ein zweiter Arbeiter, dem Vorarbeiter zugewandt und deshalb der ihm zuhörende, ist gerade dabei, ein Pflanzenbündel niederzulegen. Vermutlich besteht die Rede des Vorarbeiters in einer Anweisung, wo er das Bündel niedergelegen soll.

ID 246
Präamarna
Luxor J 211
Karnak, IX. Pylon
Amenhotep IV. Achenaten, Beginn der Regierungszeit
Talatat, Sandstein, bemalt, 53,5 × 23,5 × 25 cm
Seipel, in: Settgast, Nofretete Echnaton, Kat. Nr. 28. Katalog Luxor Museum of Ancient Egyptian Art 1979, S. 108, Nr. 177 und S. 123, Ab. 96, Taf. 12. Freed et al., Pharaohs of the Sun, Kat. Nr. 34.
Drei Arbeiter, die Behälter einen von Pflanzen gesäumten Weg hinauftragen. Der erste trägt einen Korb, der zweite einen Wassersack oder -schlauch, der dritte einen vollen Korb. Nur bei dem Nubier mit dem Wassersack ist der Mund sichtbar. Eine Parallele für Arbeiter, die Lasten einen Weg oder eine Rampe hinauftragen, bildet Roeder 203.VII.

ID 247–248
Präamarna
Luxor J 803
Karnak, im Fundament der Hypostylhalle
Amenhotep IV. Achenaten, 2.-5. Jahr
Talatat, Sandstein, 52,5 × 22,5 × 25 cm
Chevrier, Rapport sur les traveaux de Karnak (1937–1938), in: ASAE 38, S. 605, Taf. CX. Zauzich, in: Settgast, Nofretete Echnaton, Kat. Nr. 29. Freed et al., Pharaohs of the Sun, Kat. Nr. 30.
Frauen beim Tanz. Sie sind mit einem langen Rock bekleidet. Sie tanzen mit einem waagerecht nach vorn gebeugten Oberkörper. Ein Arm ist nach unten, einer nach oben ausgestreckt. Das Gesicht ist nach oben gewendet, das lange Haar hängt herab. Auf dem Bruchstück sieht man zwei Tänzerinnen in einer Reihe, die Rockumrisse einer dritten sind noch sichtbar. Laut Zauzich Tanz beim Sedfest. Der Mund ist nur bei der vorderen Tempeltänzerin eindeutig zu bestimmen. Er ist geöffnet. Bei der zweiten Tänzerin ist der Mund leicht beschädigt. Er wirkt geschlossen.

ID 249–253 (Hofmusikerinnen), 254–258 (asiatische Musiker mit verbundenen Augen)
Präamarna
Luxor J 210
Karnak, IX. Pylon
Amenhotep IV. Achenaten, 2.-5. Jahr
Talatat, Sandstein, 53 × 24 × 26,5 cm
Chevrier, Rapport sur les traveaux de Karnak (1937–1938), in: ASAE 38, S. 605, Taf. CX. Manniche, Ancient Egyptian Musical Instruments, Taf. XIV.23. Dies., Les Scènes de musique sur les talatat du IXe pylône de Karnak, in: Kêmi 21, S. 155–164, Abb. 7. Zauzich, in: Settgast, Nofretete Echnaton, Kat. Nr. 30. Luxor Museum of Ancient Egyptian Art 1979, S. 122, Nr. 174. Freed et al., Pharaohs of the Sun, Kat. Nr. 29.
Eine einheimische und eine asiatische Musikergruppe, die gleichzeitig spielend dargestellt werden. Musikergruppe links der Papyrussäule: sechs nach rechts blickende ägyptische Hofmusikerinnen. Sie sind in lange, eng anliegende Gewänder gekleidet. Sie tragen Salbkegel und Blumen auf dem Kopf. Ihre Augen sind nicht verbunden. Von li. nach re: Über die erste Musikerin links (an der Bruchkante des Reliefs) lässt sich keine Aussage machen. Die zweite spielt die Leier. Die dritte klatscht in die Hände, die vierte spielt die Laute, die fünfte die Doppeloboe, die sechste die Leier. Musikergruppe rechts der Säule: In bauschige Stufengewänder gekleidete Männer mit konischen Mützen, die sie, wie auch ihre Instrumente, als aus dem vorderasiatischen Raum kommend kennzeichnet. Bis auf den Spieler an der Standleier, der wie es das Instrument erfordert, seinem Partner gegenübersteht, sind ihre Gesichter ebenfalls nach rechts gerichtet. Ihre Augen sind verbunden. Zwei Männer spielen auf einer mannsgroßen asiatischen Standleier. Rechts der Standleier spielen weitere fünf Musiker. Beim ersten von ihnen (von li. nach re.) sieht man das obere Ende eines Instrumentes herausragen. Nach den Parallelen Hannover KM 1963.2 (ID 588) und Karnak, CFÉ 3416 (Manniche, Kêmi 21, Abb. 7) könnte es sich um ein Trigonon, eine kleinere Form der Winkelharfe, handeln. Beim zweiten Musiker lässt sich kein Instrument erkennen. Er ist vermutlich ein Sänger. Der dritte spielt eine Leier. Der vierte spielt die Doppeloboe. Beim fünften sieht man nur den Stufenrock. Bei allen Musikern und Musikerinnen wirkt der Mund geschlossen.

ID 259–260
Präamarna
Karnak, CFÉ 1782
Karnak, IX. Pylon
Amenhotep IV. Achenaten, 2.-5. Jahr
Talatat, Sandstein, 54 × 22,5 cm

Sauneron/Sa'ad, Le démontage et l'étude du IXe pylône à Karnak, in: Kemi 19, S. 159, Abb. 8. Lauffray et al., Rapport sur les travaux de Karnak, in: Kemi 21, S. 64f, Abb. 4. Settgast, Nofretete Echnaton, Kat. Nr. 26.
Soldaten präsentieren die Feldzeichen. Alle sind Nubier. Sie tragen kurzes, unten leicht abgerundetes Haar. Fliehende Stirn.

ID 261–263
Präamarna
Luxor J 815
Karnak, im Fundament der Hypostylhalle
Amenhotep IV. Achenaten, 2.-5. Jahr
Talatat, Sandstein, 26,5 × 21,5 cm
Settgast, Nofretete Echnaton, Kat. Nr. 23.
Vier Standartenträger in gestaffelter Darstellungsweise mit variiertem Abstand. Die Rechte ist zum Gruß mit der Handfläche nach außen waagerecht vorgestreckt, in der Linken die Standarte haltend. Geste wie bei den Offizieren an der Spitze einer Gruppe von Standartenträgern. Parallele Karnak, CFÉ 1362 (ID 265). Vom ersten ist das Gesicht weggebrochen.

ID 264–265
Präamarna
Karnak, CFÉ 3551
Karnak, IX. Pylon, Westflügel
Amenhotep IV. Achenaten, 2.-5. Jahr
Relieffragment, Talatat, Sandstein, 37 × 23,5 cm.
Barta, Die neuerworbenen Relieffragmente der ägyptischen Staatsammlung München, in: Pantheon 24, S. 2. Aldred, Akhenaten and Nefertiti, S. 123. Settgast, Nofretete Echnaton, Kat. Nr. 22.
Zwei Hofdamen (in gestaffelter Weise dargestellt) bei der Ausfahrt in einem Streitwagen stehend. Beide tragen eine Löckchenperücke mit der darübergelegten Flechtlocke. In der Linken halten sie einen Straußenwedel, das Abzeichen der Höflinge, mit der Rechten halten sie sich vermutlich am Wagenkorb fest. In der rechten Bildecke ist der obere Teil eines Pferdekopfschmuckes erhalten. In der Parallelen in Amarna: TA 4, Säulenhalle, Westseite, (Davies, Amarna I, Taf. X, XIX) fahren die Hofdamen nach rechts blickend hinter den Prinzessinnen zum Tempel. In TA 6, erste Halle, Ostwand (Davies Amarna II, Taf. XIII) fahren sie, wie auf dem Talatat, nach links blickend.

ID 266
Präamarna
Luxor J 209
Karnak, Amuntempel, Hof zwischen dem IX. und X. Pylon
Amenhotep IV. Achenaten, 2.-5. Jahr
Relieffragment, Sandstein 52 × 23 cm
Pillet, Rapport sur les travaux de Karnak (1922–1923), in: ASAE 23, S. 128–129. Ders., Quelques bas-reliefs inèdits d'Amenhotep IV-Akhenaton à Karnak, in: RdÉ 2, S. 142, Taf. IV. Settgast, Nofretete Echnaton, Kat. Nr. 18. Katalog Luxor Museum of Ancient Egyptian Art 1979, S. 119, Kat. Nr. 168, Abb. 92.
Achenaten (im Luxor Katalog als Nefertiti interpretiert) unter der Strahlensonne, eine Opfergabe erhebend. Eine Strahlenhand streckt sich zum Uräus, eine gibt das Anch-Zeichen vor des Königs Nase.

ID 267
Präamarna
Luxor J 207
Karnak, Amuntempel
Amenhotep IV. Achenaten, 2.-5. Jahr
Relieffragment, Sandstein 54 × 22,5 × 18 cm
Settgast, Nofretete Echnaton, Kat. Nr. 19. Myśliwiec, Le portrait royal dans le bas-relief du Nouvel Empire, S. 77–80, Abb. 165. Katalog Luxor Museum of Ancient Egyptian Art 1979, S. 116, Kat. Nr. 159, Abb. 89.
Achenaten unter der Strahlensonne, eine Opfergabe erhebend. Eine Strahlenhand streckt sich zum Uräus, eine gibt das Anch-Zeichen vor des Königs Nase.

ID 268
Präamarna
Luxor J 208
Karnak
Amenhotep IV. Achenaten, 2.-5. Jahr
Relieffragment, Sandstein 52,5 × 22 × 26 cm
Settgast, Nofretete Echnaton, Kat. Nr. 20. Katalog Luxor Museum of Ancient Egyptian Art 1979, S. 118, Kat. Nr. 165, Abb. 91.
Achenaten unter der Strahlensonne, eine Opfergabe erhebend. Eine Strahlenhand streckt sich zum Uräus, eine gibt das Anch-Zeichen vor des Königs Nase.

ID 269
Präamarna
Luxor 209
Karnak, im Fundament der Hypostylhalle

Amenhotep IV. Achenaten, 2.-5. Jahr
Sandstein, 54 × 22,5 cm
Chevrier, Rapport sur les traveaux de Karnak (1937–1938), in: ASAE 38, S. 605, Taf. CIX. Eaton-Francis, in: Settgast, Nofretete Echnaton, Kat. Nr. 17.
Der König trägt das Chat-Kopftuch, Uräus, breiten Halskragen. Die rechte Hand ist anbetend, mit der Handfläche nach außen, erhoben. Vom linken Arm ist nur der nach schräg vorn gehende Oberarm (so als ob er die Zügel eines Streitwagens halten würde) erhalten. Strahlensonne, ein Strahl gibt das Anch-Zeichen vor des Königs Nase. In der unteren Blockecke ist die Hohlkehle eines Schreins zu sehen.

ID 270
Präamarna
Luxor J 205
Karnak, Amuntempel
Amenhotep IV. Achenaten, 2.-5. Jahr
Sandstein, bemalt, 27,3 × 22,3 × 31,4 cm
Eaton-Francis, in: Settgast, Nofretete Echnaton, Kat. Nr. 16. Katalog Luxor Museum of Ancient Egyptian Art 1979, S. 110, Kat. Nr. 147, Abb. 84.
Achenaten in Begleitung einer klein dargestellten Frau. Wie von Eaton-Francis aus der Position des Oberkörpers und der Arme erschlossen, handelt es sich um die Ausfahrt des Königs im Wagen.

ID 271
Präamarna
Karnak, CFÉ 3588
Karnak, IX. Pylon, Westflügel
Amenhotep IV. Achenaten, 4.-5. Jahr
Sandstein, 53 × 23 cm
Clère, Nouveaux Fragments de Scènes du Jubilé d'Amenophis IV in: RdÉ 20, S. 51–54. Aldred, Akhenaten and Nefertiti, S. 97. Settgast, Nofretete Echnaton, Kat. Nr. 15.
König in Sedfestmantel mit weißer Krone. Vom Namen des Aten ist noch eine Zeile erhalten: „Aten im südlichen Heliopolis (=Karnak)“. Hinter dem König steht der Anfang des Titels eines Priesters, der vermutlich hinter dem König abgebildet war. Letzteres spricht für die Darstellung eines Rituals im Rahmen des Hebsed.

ID 272
Präamarna
Luxor J 209
Karnak
Amenhotep IV. Achenaten, 1.-2. Jahr
Relief, Sandstein, 53 × 22,5 cm

Settgast, Nofretete Echnaton, Kat. Nr. 14.
Der König opfert dem falkenköpfigen Re-Horachte zwei Lotussträuße. Unio mystica, bei der sich der König und die Personifikation der Sonne Auge in Auge gegenüberstehen.

ID 273
Präamarna
Luxor J 206 (CDÉ 154)
Karnak, IX. Pylon, Westflügel
Amenhotep IV. Achenaten, 4.-5. Jahr
Sandstein, bemalt, 51 × 47 cm
Redford, The Sun-Disc in Akhenaten's Program, in: JARCE 13, S. 47–61, Taf. VI (TS 47). Katalog Luxor Museum of Ancient Egyptian Art 1979, S. 112, Nr. 153, Abb. 86. Settgast, Nofretete Echnaton, Kat. Nr. 11.
Achenaten empfängt Anch- und Was-Zeichen aus den Strahlenhänden des Aten. Das Chat – ein beutelförmiges Kopftuch aus weißem Leinen, das von einem Stirnband gehalten wird, – lässt auf eine Opferszene schließen. Sie findet sich auf der Talatatwand im Luxor Museum im Rahmen des Sedfestes.

ID 274
Amarna
Amarna, Südgräber, TA 9, Nordwand, unten
in situ
Amenhotep IV. Achenaten
Zeichnung auf Stuck
Davies, Amarna IV, Taf. XIX, S. 15. Kischkewitz, Die Altägyptische Zeichnung, Nr. 14. Peck, Drawings from Ancient Egypt, Nr. 92.
Insgesamt drei Wagenlenker stehen neben dem wartenden Wagen, vermutlich vor dem Temenos, was aber nicht im Bild angezeigt ist, sondern sich durch die Platzierung auf der Nordwand ergibt (siehe Abb. 22). Sie warten auf den Belohnten, der nach der Ehrengoldverleihung den Tempel besucht. Sie tragen den Offiziersschurz und eine nubische Perücke. Ein Wagenlenker steht direkt neben den Pferden. Er hat beide Arme im Jubelgestus erhoben. In der rechten Hand hält er einen Stab, an den ein Tuch gebunden ist. Lauterzeugung durch Beischrift gesichert. Ausruf der Wagenlenker: „Möge er Millionen von Generationen entstehen lassen, denn er ist wie Aten ewiglich!"

ID 275
Amarna
Brüssel KMKG – MRAH E.3051
Tell el-Amarna
Amenhotep IV. Achenaten, früher Amarnastil

Ostrakon, Kalkstein, 9,7 × 13,9 × 2,6 cm, versenktes Relief
Capart, Un portrait de la reine Tiyi, in: Bulletin des Musées Royaux des Arts Décoratifs et Industriels à Bruxelles, Abb. 10. Werbrouck, Musées Royaux d'Art et d'Histoire, Taf. 47. Hostens-Deleu, Beeldhouwersmodellen in de Egyptische afdeling van de Koninklijke Musea voor Kunst en Geschiedenis, in: BMRAH 49, S. 27. Aldred, Akhenaten and Nefertiti, Kat. Nr. 9.
Achenaten im Profil, nach links blickend.

ID 276–277
Amarna
Brüssel KMKG – MRAH E.7232
Amarna
Amenhotep IV. Achenaten, früher Amarnastil
Ostrakon, Kalkstein, 18 × 15,3 × 3,7 cm
Pendlebury, Preliminary Report of the Excavations at Tell el-ʿAmarnah 1934–1955, in: JEA 21, S. 135, Taf. VIII.4. Aldred, Akhenaten and Nefertiti, Kat. Nr. 38. Hostens-Deleu, Beeldhouwersmodellen in de Egyptische afdeling van de Koninklijke Musea voor Kunst en Geschiedenis, BMRAH 49, S. 29–30. Chappaz, Akhénaton et Néfertiti, soleil et ombres des pharaons, Kat. Nr. 108.
Übungsstück mit zwei Köpfen im Profil und einer linken Hand mit gestreckten Fingern. Linker Kopf: Die Nackenlinie ist konvex wie bei männlichen Personen. Perücke und Profil eines Höflings oder eines vornehmen Herren. Rechter Kopf: das langgestreckte Gesicht und das runde Loch im Ohrläppchen sprechen für eine Darstellungen des Königs.

ID 278
Präamarna
Hildesheim PM 4572
Karnak-Ost
Amenhotep IV. Achenaten, 1.-2. Jahr
Relieffragment, Sandstein, 27 × 16 cm
Eggebrecht, Pelizaeus-Museum Hildesheim, S. 63, Abb. 55.
Achenaten mit roter Krone unter der Strahlensonne. Frühe Namensform „Re-Horachte der im Horizont jubelt, in seinem Namen als Schu, der Aten ist" und preisende Beinamen des Königs. Sehr volle Lippen, rundes hängendes Kinn, fast knollige Nase. Möglicherweise Sedfest.

ID 279
Amarna
Berlin ÄM 21191
Tell el-Amarna, Haus P 47.03

Amenhotep IV. Achenaten
Ostrakon, Kalkstein, bemalt, 10 × 11 cm
Grabung der Deutschen Orientgesellschaft 1912–1913. Seyfried, Im Licht von Amarna, Kat. Nr. 183.
Übungsstück mit einer zur Faust geschlossenen Hand und einem menschlichen Kopf in Seitenansicht. Das Profil hat eine ausgeprägte Nasen- und Mundpartie. Die breiten Nasenflügel und die wulstigen Lippen sind charakteristisch für die Darstellung von Nubiern.

ID 280
Amarna
Berlin ÄM 20716
Tell el-Amarna, O 49.12 (Kleinhaus)
Amenhotep IV. Achenaten, später Amarnastil
Stele, Kalkstein, 13,4 × 17,2 × 3,2 cm
Drenkhahn, Nofret, die Schöne, Kat. Nr. 144. Freed et al., Pharaohs of the Sun, Kat. Nr. 137. Chappaz, Akhénaton et Néfertiti, soleil et ombres des pharaons, Kat. Nr. 193. Seyfried, Im Licht von Amarna, Kat. Nr. 200.
Unfertiges Relief mit der Darstellung zweier königlicher Personen. Sitzender Pharao, der in Höhe des Mundes einen Becher hält. Eine königliche Person in blauer Krone (vermutlich der Nachfolger Semenchkare) schenkt ihm gerade ein.

ID 281
Präamarna
Luxor J 157
Karnak, IX. Pylon
Amenhotep IV. Achenaten, Beginn der Regierungszeit
Talatat, Sandstein, 24 × 22,5 × 5,3 cm, bemalt
Myśliwiec, Le portrait royal dans le bas-relief du Nouvel Empire, S. 77–79, Taf. LXX.163 (ATP Nr. 2022). Katalog Luxor Museum of Ancient Egyptian Art 1979, S. 109, Kat. Nr. 144, Abb. 83.
Achenaten hält das krumme Hebsed-Zepter und Wedel. Ähnlich Boston MFA 67.922 und Cambridge EG.A. 2300.1943. Desgleichen bei der Sedfestprozession im Tragesessel auf der Talatatwand im Luxor Museum (Redford, ATP I).

ID 282–283
Präamarna
Luxor J 150
Karnak, IX. Pylon
Amenhotep IV. Achenaten, Beginn der Regierungszeit

Fragment eines Talatat, Sandstein, 53,5 × 21,5 × 41 cm, versenktes Relief, bemalt
Katalog Luxor Museum of Ancient Egyptian Art 1979, S. 111, Kat. Nr. 150, Abb. 85.
Linke Szene: König im Chat-Kopftuch, hinter ihm seine Mutter Teje. Er hält mit beiden Händen dem Aten einen Krug entgegen. Kartusche mit der alten Form des Königsnamen. Tejes Mund ist nach dem Foto nicht zu beurteilen. Rechte Szene: König mit roter Krone vor Opfertisch mit Blumensträußen.

ID 284
Präamarna
Luxor J 158
Karnak, IX. Pylon
Amenhotep IV. Achenaten, Beginn der Regierungszeit
Talatat, Sandstein, bemalt, 35,5 × 21,5 cm
Myśliwiec, Le portrait royal dans le bas-relief du Nouvel Empire, S. 77–80, Taf. LXIX.161 (ATP Nr. 2024). Katalog Luxor Museum of Ancient Egyptian Art 1979, S. 117, Kat. Nr. 162, Abb. 90.
Nefertiti, in nubischer Perücke, opfert dem Aten. Parallelen: Cleveland 59.186 und Brooklyn 78.39 (ID 179).

ID 285
Präamarna
Karnak, CFÉ 1532
Karnak, IX. Pylon, Westflügel
Amenhotep IV. Achenaten, Beginn der Regierungszeit
Talatat, Sandstein, bemalt, 51 × 21,5 cm
Sauneron/Saad, Le démontage et l'etude du IXe pylône à Karnak, in: Kemi 19, S. 167, Abb. 11. Settgast, Nofretete Echnaton, Kat. Nr. 12/13. Zur symmetrischen Darstellung: Vergnieux, Eine außergewöhnliche Sakralarchitektur, in: Seyfried, Im Lichte von Amarna, S. 84–91.
Symmetrische Darstellung. Der links dargestellte König trägt die blaue Krone. Er erhebt in der Linken ein Räuchergefäß mit brennender Flamme. Der rechts dargestellte König hebt in der Rechten die Figur der Göttin Maat empor. Die andere Hand ist jeweils in Verehrung des Gottes erhoben, wobei die Handfläche nach außen weist.

ID 286
Amarna
Berlin ÄM 14511
Tell el-Amarna
Amenhotep IV. Achenaten, später Amarnastil.
Fragment von einem Hausaltar, Kalkstein, bemalt, 9,8 × 12,7 × 1,4 cm

Aldred, Akhenaten and Nefertiti, S. 67–71, Abb. 45. Drenkhahn, Nofret, die Schöne, Kat. Nr. 142. Arnold, The Royal Women of Amarna, S. 104, Abb. 98. Freed et al., Pharaohs of the Sun, Abb. 82.
Achenaten mit blauer Krone und mit Halsfalten. Nefertiti legt ihm einen Halskragen um. Neufassung einer herkömmlichen Szene – die Bekleidung eines Gottes mit dem Halskragen durch den König – der Tempelreliefs. Beide haben einen geschlossenen Mund.

ID 287–288
Amarna
Hannover KM 1963.35
Hermopolis Magna
Amenhotep IV. Achenaten, 6.-9. Jahr
Relieffragment, Kalkstein, 20,5 × 19,5 cm, Relief en creux, Pigmentreste
Roeder, Blöcke mit Amarnareliefs, in: ASAE 39, S. 744. Ders., Amarna-Reliefs aus Hermopolis, 455.VII, S. 182, Taf. 8. Drenkhahn, Nofret, die Schöne, Kat. Nr. 146.
Zwei Prinzessinnen (Altersunterschied ca. 2 Jahre) umarmen sich. Bei der älteren mit Seitenlocke ist der Mund geöffnet. Bei der Jüngeren mit kahlem, sehr langgezogenem Kopf und großer Ohrscheibe sind die Lippen ganz geschlossen.

ID 289–291
Amarna
Hildesheim PM 5107
Hermopolis Magna
Amenhotep IV. Achenaten
Kalkstein, 53,2 × 22 cm, moderne Bemalung
Roeder, Amarna-Reliefs aus Hermopolis, PC 143, Taf. 193, S. 201. Drenkhahn, Nofret, die Schöne, Kat. Nr. 149.
Gefolge der Königin. Hofdamen mit Zeremonialwedel (in gestaffelter Darstellung) paarweise in ungleichen Abständen. Zipfelperücke der Hofdamen, im Nacken kurz, vorne in langen Zipfeln endend. Lange durchsichtige Kleider (infolge der modernen Bemalung nicht mehr zu erkennen). Die Kinnpartie variiert bei den drei Paaren stark. Die Münder sind (da sie genau an der Bruchkante sind) nur bei einer Dame im vordersten und beim dritten Paar erhalten. Hofdamen finden sich im Gefolge bei allen öffentlichen Auftritten des Königspaares. Parallele für die identische Gruppierung in drei Paare, TA 4, Säulenhalle, Südwand, Ostteil (Davies, Amarna I, Taf. XXIV).

ID 292
Präamarna
Berlin ÄM 31284
Karnak, Atentempel
Amenhotep IV. Achenaten, früher Amarnastil
Fragment eines Tempelreliefs, Sandstein, 45,6 × 23,4 × 6 cm
Ägyptisches Museum Berlin, Katalog 1965, Kat. Nr. 754.
Nefertiti unter Strahlenaten, in der rechten Hand hält sie vermutlich eine Opfergabe empor. Gesicht ausgehackt, nur Kinn- und Unterlippe erhalten.

ID 293
Amarna
Berlin ÄM 22265
Tell el-Amarna, Haus P 49.1
Amenhotep IV. Achenaten, 3. Jahr
Fragment einer Stele, Kalkstein, bemalt, Höhe 13,8 cm
Grabung der Deutschen Orientgesellschaft. Priese, Ägyptisches Museum, Kat. Nr. 63. Aldred, Akhenaten and Nefertiti, Kat. Nr. 54.
König opfert dem Aten. Gottesname (frühe Fassung) mit dem Zusatz: „der (dem König) Leben spendet, ewiglich".

ID 294
Amarna
Berlin ÄM 17813
Tell el-Amarna
Amenhotep IV. Achenaten
Stelenfragment, Kalkstein, bemalt, 21 × 16 cm
PM IV, S. 232. Sandman, Texts, S. 168, Nr. CXCV. Roeder, Thronfolger und König Smench-ka-Rè (Dynastie XVIII), in: ZÄS 83, S. 46 u. 48 Nr. C III 4. Aldred, Akhenaten and Nefertiti, Kat. Nr. 114. Priese, Ägyptisches Museum, Kat. Nr. 71. Arnold, The Royal Women of Amarna, S. 93, Abb. 84. Freed et al., Pharaohs of the Sun, Abb. 138.
Privatstele: „Die gemacht hat, der Soldat der (Abteilung) ‚Erschienen als rechte Ordnung (ist König Achenaten o. ä.)', Pasi". Achenaten und vermutlich Semenchkare in blauer Krone bzw. Doppelkrone vor einem Opfertisch. Nur bei Achenaten ist der Mund zu beurteilen.

ID 295
Amarna
Berlin ÄM 21683
Tell el-Amarna, Haus O 47.15
Amenhotep IV. Achenaten, später Amarnastil
Ostrakon, Kalkstein, 21 × 21,4 cm
PM IV, 202. Priese, Ägyptisches Museum, Kat. Nr. 65. Aldred, Akhenaten and Nefertiti, Kat. Nr. 115.
Achenaten im Chat-Kopftuch, Uräus. Mund nur nur scheinbar vorne einen Spalt geöffnet. Ohrbohrung oval.

ID 296
Präamarna
Berlin ÄM 31283
Karnak, IX. Pylon
Amenhotep IV. Achenaten, früher Amarnasti, Hackspuren
Relief, Sandstein, 44,5 × 22,5 × 5 cm
Achenaten unter dem Strahlenaten. Der Mund trotz der Hackspuren des Gesichtes zu beurteilen.

ID 297
Amarna
Louvre E 20902
vermutlich Tell el-Amarna
Amenhotep IV. Achenaten
Stele, Kalkstein, bemalt, 16,2 × 24,9 cm, relief en creux, Reste roter Farbe
Privatstele mit zwei Bildfeldern. Oberes Bild: Der Mnevis-Bulle. Unteres Bild: Die fünf Familienmitglieder stehen aufgereiht hinter einem Opfertisch. Der Stifter und seine Frau haben die linke Hand in Verehrung des Gottes erhoben, die andere Hand weist zu den Opfern oder hält einen Gegenstand. Die Sonnenscheibe zwischen den Hörnern des Mnevis-Bullen, die männlichen Personen und der rechte Arm der Ehefrau sind rot eingefärbt. Oben, linke Kolumne zum Gottesbild: „Mer-Wer, großer Gott“. Restliche Kolumnen nicht zu entziffern.

ID 298
Präamarna
Berlin ÄM 31286
Karnak, IX. Pylon
Amenhotep IV. Achenaten
Relief, Sandstein, rote Farbreste, 21 × 23,2 × 5,3 cm

Chappaz, Akhénaton et Néfertiti, soleil et ombres des pharaons, Kat. Nr. 36.
Prinzessin mit Sistrum. Seitenlocke, Sistrum hoch erhoben. Dicke Lippen.

ID 299
Amarna
Berlin ÄM 20672
Im Kunsthandel erworben, Fundort vermutlich Tell el-Amarna
Amenhotep IV. Achenaten, früher Amarnastil
Kalkstein, Länge 14,7 cm
Schäfer, Amarna in Religion und Kunst, Taf. 51.
Vorderseite: Vorlage eines menschlichen Fußes. Rückseite: Skizze Achenatens.

ID 300
Amarna
Berlin ÄM 31287
Im Kunsthandel erworben, Fundort vermutlich Tell el-Amarna
Amenhotep IV. Achenaten, später Amarnastil
Relieffragment, Kalkstein, Länge 26,5 cm
Chappaz, Akhénaton et Néfertiti, soleil et ombres des pharaons, Kat. Nr. 35.
Zwei Prinzessinnen, einander zugewandt. Bei der rechten ist das Gesicht besser erhalten. Rest der Inschrift: „(Königstochter) leibliche, von ihm geliebt".

ID 301
Amarna
Berlin ÄM 31285
Im Kunsthandel erworben, Fundort vermutlich Tell el-Amarna
Amenhotep IV. Achenaten, später Amarnastil
Relieffragment, Kalkstein, 25 × 23,8 × 6,5 cm
Hanke, Änderungen von Bildern und Inschriften während der Amarna-Zeit, in: SAK 2, S. 79–93.
Chappaz, Akhénaton et Néfertiti, soleil et ombres des pharaons, Kat. Nr. 195.
Kija umgearbeitet in eine Prinzessin mit Seitenlocke und Uräus. Sie hält für den Aten einen Blumenstrauß empor.

ID 302–306
Amarna
Berlin ÄM 31288
Im Kunsthandel erworben, Fundort vermutlich Tell el-Amarna
Amenhotep IV. Achenaten, später Amarnastil
Relieffragment, Kalkstein, 27,5 × 23 cm

Ein Foto wurde mir von Berlin zur Verfügung gestellt. Angaben Berlin: kein Eintrag. Relief mit Abbildung von tanzenden Frauen und Musikantinnen. Amenophis (Amenhotep) IV. / Echnaton, Kalkstein, Creditline: Ägyptisches Museum und Papyrussammlung, Staatliche Museen zu Berlin.
Fünf Frauen und Mädchen einer musizierenden Gruppe (siehe Abb. 17). Die Füße der Frauen sind leider nicht erhalten. Die Augen der Frauen sind ausgehackt worden. Sie spielen vermutlich nach der Ehrengoldverleihung beim Empfang des Belohnten auf der Straße. Sie tragen lange plissierte Gewänder und Strähnenperücken. In der dem Betrachter näheren Reihe tanzen die Frauen nach rechts. Die mittlere Frau hält eine Klapper. Rhythmus und Bewegung der Gruppe wird deutlich an ihren fliegenden Haaren. Ihr Mund ist erhalten geblieben, die Lippen sind geschlossen. Die Klapper sieht aus wie ein gegabelter Zweig. Für diese Form der Klapper gibt es eine Parallele in der Gruppe der Städterinnen in TA 2, Säulenhalle, Ostwand, Ostseite (Davies, Amarna II, Taf. XXXVI). Die Frau rechts von ihr scheint, der Armhaltung und der Position der Hand nach zu schließen, ebenfalls eine Klapper zu halten. Bei der Frau am li. Bildrand ist das Gesicht ganz zerstört. Mit erhobenen Armen klatscht sie in beide Hände. In der hinteren Reihe tanzen die Frauen in die entgegengesetzte Richtung (am Körper mit dem Schal gut zu erkennen). Von re. nach li.: Die erste blickt nach oben, sie hält einen Lotus in der Hand. Die zweite schlägt mit der rechten Hand eine runde Handtrommel. Ihr Gesicht ist zwar ausgehackt, ihr Auge ist aber heil geblieben. Sie blickt sich um. Dem gleichmäßigen Muster nach zu schließen hat sie vielleicht ein Tuch über ihr Haar gelegt. Die gegenläufige Tanz- und Blickrichtung legt die Möglichkeit eines Formationstanzes nahe, entweder ein Reigen, oder dass in zwei Reihen in entgegengesetzte Richtungen getanzt wird.

ID 307–308
Amarna
Hannover S. 0761 ehemals Bissingsche Sammlung
Fundort unbekannt
Amenhotep IV. Achenaten
Talatat, Kalkstein, mittlere Stilphase
Loeben, Die Ägyptensammlung des Museum August Kestner und ihre (Kriegs-) Verluste, Abb. S. 289, Katalog, S. 219.
Jubelnder Mann (wohl der Belohnte) mit offenem Mund. Im Hintergrund (der ausgebreitete erhobene Arm des Jubelnden liegt vor der Kopfreihe) in gestaffelter Weise dargestellte, sich verbeugende vornehme Herren. Langgezogene Hinterköpfe. Sie haben die Köpfe unterschiedlich stark erhoben, soweit erkennbar, ist bei allen den Mund geschlossen. Parallelen zu den jubelnden Menschen, die den Ehrengoldempfänger oder den neu in sein Amt eingesetzten Beamten empfangen, wobei manche stehen, andere knien oder sich verbeugen, sind TA 8, Säulenhalle, Westwand, südlicher Teil (Davies,

Amarna VI, Taf. XX), und Karnak, CFÉ 3848 (ID 262–263). In den Parallelen wird der Beamte vor dem Palasttor bejubelt.

ID 312
Präamarna
München ÄS 5338
Karnak
Amenhotep IV. Achenaten, Beginn der Regierungszeit
Relieffragment, Sandstein, bemalt, 40 × 12 cm
Schoske, Staatliche Sammlung Ägyptischer Kunst, S. 66. Settgast, Nofretete Echnaton, Kat. Nr. 75. Hill, Statuen, in: Seyfried, Im Lichte von Amarna, S. 153–163.
Verehrung bei Sonnenaufgang. Achenaten unter Pavianen. Die untere Kante ist die ursprüngliche Blockkante. Der König, mit dem Chat-Kopftuch und einem weißen Schurz bekleidet, liegt bäuchlings auf einer nach links aufwärts führenden Rampe. Er hat den Kopf erhoben, die Arme nach vorn, Ellenbogen auf den Boden aufgestützt. Hinter ihm auf der Rampe drei blaugraue Mantelpaviane mit gelben Gesichtern, die ebenfalls die Arme die Sonne verehrend erhoben haben. Die Szene findet sich auch auf einem Ring aus dem Grabschatz Tutanchamens. Statuen des Königs in Prostration haben sich im Frontbereich des großen Atentempels in Amarna gefunden (Hill, S. 156). Es handelt sich um die Darstellung eines imaginierten Raumes bei Sonnenaufgang. Da der Pylon den Horizont symbolisiert, wäre dieser Bereich für den Ritualvollzug am wahrscheinlichsten.

ID 313
Amarna
Richmond VMFA 61–4
Tell el-Amarna, Großer Atentempel
Amenhotep IV. Achenaten, 6.-9. Jahr
Relieffragment, Kalkstein
Von Bothmer, Arts in Virginia 3/ 1, S. 27, Abb. 7 und 29. Cooney, Amarnareliefs from Hermopolis in American Collections, Nr. 5.
König mit blauer Krone reißt Ähren aus. Vorbild ist eine traditionelle Szene beim Min-Fest.

ID 314
Amarna
Basel Privatbesitz
Fundort unbekannt
Amenhotep IV. Achenaten
Relieffragment, Kalkstein, 40 × 23 cm

Möller, Ägyptische Kunst aus der Zeit des König Echnaton, Kat. Nr. 53.
Herren vom Hofe in Amarna. Drei Fächer- und drei Wedelträger. Nur bei einem ist der Mund am Rand noch erkennbar.

ID 315
Amarna
München Privatbesitz
Tell el-Amarna, Gem-pa-Aten
Amenhotep IV. Achenaten, 4.-6. Jahr
Relief, Kalkstein, bemalt, 26 × 18 cm
Möller, Ägyptische Kunst aus der Zeit des König Echnaton, Kat. Nr. 5.
Achenaten unter dem Strahlenaten, zu dem er hinaufblickt. Die Mundwinkel sind nach unten gezogen. Vom oberen Bildstreifen sind ein Bett und drei Schemel zu erkennen, bei denen es sich um das Schlafzimmer im Königstrakt des Palastes handeln könnte.

ID 316
Amarna
München Privatbesitz
Fundort unbekannt
Amenhotep IV. Achenaten, früher Amarnstil
Möller, Ägyptische Kunst aus der Zeit des König Echnaton, Kat. Nr. 4.
Achenaten beugt seinen Oberkörper vor und blickt schräg nach unten. Deshalb handelt es sich vielleicht um eine Szene im Erscheinungsfenster oder in einem Wagen. Die Oberlippe setzt weit vorn an der Nasenscheidewand an, die Mundwinkel des Königs sind nicht nach unten gezogen.

ID 317
Amarna
Hamburg 1961.58
Fundort unbekannt
Amenhotep IV. Achenaten, ab 9. Jahr
Relieffragment, Kalkstein, bemalt, 45,5 × 23 cm
Hoffmann/Hewicker, Kunst des Altertums in Hamburg, S. 1f, 35, Taf. 7. Möller, Ägyptische Kunst aus der Zeit des König Echnaton, Kat. Nr. 10.
Achenaten im Chat-Kopftuch unter Strahlensonne. Keine Bohrung im Ohrläppchen. Eine längs am Hals verlaufende tiefe Grube, gemilderte Formen.

ID 318
Amarna
Hamburg 1961.59

Fundort unbekannt
Amenhotep IV. Achenaten
Kalkstein, 52 × 23 cm
Museum für Kunst und Gewerbe, Ausgewählte Werke aus den Erwerbungen während der Jahre 1948–1961, Nr. 2. Hoffmann/Hewicker, Kunst des Altertums in Hamburg, Taf. 6. Möller, Ägyptische Kunst aus der Zeit des König Echnaton, Kat. Nr. 11.
Von Nefertiti ist nur die mittlere Partie erhalten. Hinter der Königin, in kleinem Maßstab, eine anbetende Figur in Zipfelperücke, nach Roeder (Komm. zu Kat. Nr. 11, S. 17) wegen des weiten Mantelärmels männlich. Oberhalb der Rest eines nicht zu identifizierenden Gegenstandes. Die Person hat die Hände, Handflächen nach vorn weisend, anbetend erhoben.

ID 319–322
Amarna
Turin S 18060
Fundort unbekannt
Amenhotep IV. Achenaten
Relieffragment, Kalkstein, 27 × 22 cm, Relief en creux
Möller, Ägyptische Kunst aus der Zeit des König Echnaton, Kat. Nr. 63. Chappaz, Akhénaton et Néfertiti, soleil et ombres des pharaons, Kat. Nr. 176.
Gruppe von vier Frauen bei der jubelnden Begrüßung des Königs oder eines Belohnten. Am linken Rand oben eine grüßende Hand, unten Arm und Hand einer klein dargestellten Person. Die Hand sieht aus, als habe sie ehemals etwas umfasst. In der oberen li. Ecke ein Zweig, der vermutlich geschwenkt wurde. Von re. nach li.: Am re. Bildrand Reste vom Körper einer vierten Person aus der Musikergruppe. Die zweite Frau trägt eine halblange Perücke. Sie erhebt ihre Arme beim Schlagen einer Rahmentrommel, deren linke untere Ecke (vor ihrem Mund) sichtbar ist. Da sie das Instrument und den Spielarm erhoben hat, ist sie das Instrument spielend dargestellt. Das Gesicht der dritten Frau ist zerhackt. Sie streckt einen übermäßig gelängten Arm vor, wodurch ihre winkende Hand über dem Kopf der zweiten Frau erscheint. Die vierte Frau, eine lange Perücke mit Querbinde tragend, schlägt die hoch erhobene runde Handtrommel mit ihrer Rechten. Ihre untere Gesichtshälfte ist unversehrt, der volllippige Mund geschlossen.

ID 323
Amarna
Berlin ÄM 19781
Im Kunsthandel erworben, Fundort unbekannt
Amenhotep IV. Achenaten, später Amarnastil
Relieffragment, Kalkstein, 39 × 24 × 6,5 cm
König und Königin beim Opfer. Nur bei Nefertiti ist der Kopf erhalten.

ID 324–325
Amarna
München ÄS 6011
Fundort vermutlich tell el-Amarna
Amenhotep IV. Achenaten
Talatat, Kalkstein, 53,5 × 23,3 cm
Settgast, Nofretete Echnaton, Kat. Nr. 83.
An Feuerbecken sich wärmende Diener. Auf der linken Seite, an die Hofwand gelehnt, sitzt eine Frau vor einem Feuerbecken. Ihre Arme hängen entspannt abwärts. In einem der inneren Räume wärmt sich ein Mann die Hände über dem Feuer. Er trägt schulterlanges Haar und ist gut gekleidet. Der untere Teil seines Gesichtes ist beschädigt.

ID 326–327
Amarna
München ÄS 5568
Hermopolis Magna
Amenhotep IV. Achenaten
Talatat, Kalkstein, 55 × 24 cm
Roeder, Amarna-Reliefs aus Hermopolis, PC 108, S. 187, Taf. 188. Settgast, Nofretete Echnaton, Kat. Nr. 82.
Im oberen Bildstreifen ist von den Hofdamen und einem Diener mit Besen nur die untere Körperhälfte erhalten. Mittlerer Bildstreifen: Höflinge in Verneigung. Vier Männer in tiefer Verneigung des Körpers. Den Kopf haben sie zurückgelehnt, sodass sie geradeaus blicken. Die Hände haben sie auf die Schenkel gelegt. Die ersten drei mit halblanger Zipfelperücke und plissierten Gewändern sind Personen von Rang. Im Bildstreifen darunter drei Männer in gleicher Haltung. Sie verneigen sich vor einem offenen Portal, dessen linker Türflügel am linken Bildrand angedeutet ist. Die Rampe in der unteren rechten Ecke könnte auf einen Tempel hindeuten. Der vierte Mann (hinter den Höflingen) ist ein Diener mit einer nubischen Kappe, in einem schlichteren Gewand. Er hält in der Rechten einen Kehrbesen.

ID 328–329
Präamarna
München ÄS 4284
vermutlich Karnak
Amenhotep IV. Achenaten, früher Amarnastil
Sandstein, bemalt, 32 × 22 cm
Barta, Die neuerworbenen Relieffragmente der ägyptischen Staatsammlung München, in: Pantheon 24, S. 4, Abb. 8. Settgast, Nofretete Echnaton, Kat. Nr. 78.

Sich verneigende Truppenführer. Ganz rechts ist ein Teil des Körperumrisses noch erkennbar. Der zweite ist etwa ab Kniehöhe erhalten. Von dem dritten in der Reihe ist nur der Kopf noch auf dem Bruchstück. Vorn gebauschter Schurz. Der nackte Oberkörper ist vorgebeugt, der Blick gesenkt. Die schlanke Brust, der leicht vortretende Leib und dünne Arme kennzeichnet den Stil der frühen Phase. Ihre Kopffedern charakterisieren sie als Mitglieder einer militärischen Eliteeinheit. Vier Federn sitzen auf dem Scheitel des eng am Kopf anliegenden Haares. Von dem hinten verknoteten Stirnband fallen die Bänder frei auf den Rücken. Die Wangen sind beim vorderen Truppenführer rund, die vollen Lippen liegen aufeinander. Die spitze Nase spricht gegen einen Nubier. Das Auge wurde ausgehackt. Beim hinteren Truppenführer ist das im Profil dargestellte Gesicht unbeschädigt. Es wirkt länger, die Nasolabialfalte tiefer. Der geschlossene Mund ist schmaler.

ID 330–332
Präamarna
München ÄS 4863
Karnak
Amenhotep IV. Achenaten
Reliefragment, Sandstein, 43,1 × 22,7 cm
PM II, 190. Barta, Die neuerworbenen Relieffragmente der ägyptischen Staatsammlung München, in: Pantheon 24, S. 2f, Abb. 2–3. Aldred, Akhenaten and Nefertiti, S. 124, Nr. 44. Eggebrecht, Staatliche Sammlung Ägyptischer Kunst, Taf. 32. Settgast, Nofretete Echnaton, Kat. Nr. 77.
Schulterpartie und Kopf von drei (von ursprünglich vier) Damen aus dem königlichen Gefolge. Sie blicken nach links. Sie tragen rechts als Rangabzeichen einen Stab mit Straußenfeder, was sie als Angehörige des Hofstaates kennzeichnet. Zwei von ihnen tragen über der Perücke breite lange Flechtlocken. Vor ihnen, am re. Rand des Bruchstücks, sind noch der Teil des Fächers und der rechten Schulter eines Mannes erhalten. Die Zusammenstellung mit anderen Blöcken zeigt einen Priester mit Fächer, der sie anführte. Wedelträgerinnen gehören üblicherweise zum Gefolge der königlichen Frauen, die in Amarna bei Staatszeremonien anwesend sind.

ID 333
Amarna
München ÄS 4870
Hermopolis Magna
Amenhotep IV. Achenaten, später Amarnastil
Relieffragment, Kalkstein, bemalt, 52,5 × 26 cm
Roeder, Amarna-Reliefs aus Hermopolis, PC 73, S. 190, Taf. 183. Barta, Die neuerworbenen Relieffragmente der ägyptischen Staatsammlung München, in: Pantheon 24, S. 1f,

Abb. 5. Möller, Staatliche Sammlung Ägyptischer Kunst, S. 68, Taf. 35. Möller, Aus einer Opferprozession, in: Settgast, Nofretete Echnaton, Kat. Nr. 81.
Mann (entgegen Möller) mit stufig geschnittener nubischer Perücke, Ohrenscheibe, faltenreichem Gewand. Er trägt einen Stabstrauß und Lotusblüten in der linken Hand. Leicht vorgebeugt schreitet er hinter einem für das Opfer bestimmten Rind.

ID 334
Amarna
Wien KHM 9936
Hermopolis Magna
Amenhotep IV. Achenaten
Talatat, Kalkstein, 26,5 × 23,5 × 3,5 cm, versenktes Relief
Hüttner/Satzinger, Stelen, Inschriftsteine und Reliefs aus der Zeit der 18. Dynastie. Hanke, Amarna-Reliefs aus Hermopolis, Nr. 37, S. 41–44, 227, Abb. 15.
Oberes Reg.: Drei Priester oder Tempeldiener, von denen nur die Beine erhalten sind. Zwei stehen vor Opferaltären, ein dritter scheint etwas zu bringen. Unteres Reg.: ein Schlächter zwischen zwei gebundenen Opferstieren, denen der Kopf schon abgetrennt ist. Er hat einen rasierten Schädel, das Profil ist deutlich ausgebildet, die Augen, sein großes Nasenloch und der Mund gut zu sehen.

ID 335–336
Amarna
Amsterdam APM 8753
Theben
Amenhotep IV. Achenaten
Sandstein, 20 × 22,5 × 5 cm, versenktes Relief
Lunsingh Scheurleer, Egypte, eender en anders, S. 23 (Nr. 6). Boddens Hosang, Two Amarna collections in the Netherlands, S. 15–53: 25, 46/Taf. 8.
Gefangene eines unterworfenen Volkes. Oberes Reg.: Knie und Füße zweier Personen. Unteres Reg.: Gefangene mit gebunden Armen. Vorderer Mann mit nubischer Kappenfrisur und Gesichtsschnitt. Hinterer Mann Asiate, mit runder Stirne, hohen Wangenknochen, prominenter Nase und spitzem Bart. Gefangene treten in TA 1, Säulenhalle, Westwand (Davies, Amarna III, Taf. XIV) und TA 4, Säulenhalle, Ostwand (Davies, Amarna II, Taf. XXXVII) auf. Sie haben dort aber die Hände vor der Brust gefesselt und nicht, wie hier, im Rücken.

ID 337–338
Amarna
Oxford AN1893.1–41 (71)
Tell el-Amarna, Großer Palast

Amenhotep IV. Achenaten, früher Amarnastil
Fragment einer Säule, Kalkstein, weiß, Höhe 34 cm, versenktes Relief, gewölbt
Grabung Petrie. Aldred, Akhenaten und Nefertiti, Kat. Nr. 31. Arnold, The Royal Women of Amarna, S. 18, Abb. 15 und 17 (Detail). Whitehouse, Ancient Egypt and Nubia in the Ashmolean Museum, Kat. Nr. 41.
Nefertiti, Herrin beider Länder, in blauer Königinnenkrone mit Hörnern, Scheibe und zwei Federn. Sie opfert dem Aten einen Blumenstrauß. Die Sonnenhand berührt Nefertitis Uräus. Hinter ihr steht die Prinzessin Meritaten mit Seitenlocke und Sistrum. Parallele: Privatsammlung Basel (ID 400).

ID 339
Amarna
Leipzig 5126
Fundort vermutlich Karnak
Amenhotep IV. Achenaten, früher Amarnastil
Nubischer Sandstein, bemalt, Höhe 22 cm, versenktes Relief
Blumenthal, Tempelrelief mit der Königin Nofretete, in: Krauspe, Das Ägyptische Museum der Universität Leipzig, S. 91–92, Abb. 74.
Versenktes Relief. Manieriert in Anbetung erhobene Hand.

ID 340
Amarna
München ÄS 7094
Hermopolis Magna
Amenhotep IV. Achenaten
Reliefffragment, Kalkstein, bemalt, 17,2 × 22 cm, Farbreste
Schoske, Staatliche Sammlung Ägyptischer Kunst München, S. 57, Abb. 57.
Untere Gesichtshälfte des Achenaten. Die Reste rotbrauner Bemalung sprechen für eine Darstellung des Königs.

ID 341
Amarna
Berlin ÄM 22254
Tell el-Amarna, Haus P 47.24
Amenhotep IV. Achenaten, später Amarnastil
Reliefffragment, Kalkstein, 12,5 × 15,8 × 7,3 cm
Chappaz, Akhénaton et Néfertiti, soleil et ombres des pharaons, Kat. Nr. 33.
König unter Strahlenaten. Er hat beide Arme vorgestreckt. Die Lippen stehen vorn weit auseinander.

ID 342
Präamarna
Karnak, ATP 2022
Karnak
Amenhotep IV. Achenaten, 1.-2. Jahr
Relieffragment
PM II, 39–40. Myśliwiec, Le portrait royal dans le bas-relief du Nouvel Empire, S. 78–79, Taf. LXVII, Abb. 157.
Kopf des Königs Achenaten.

ID 343
Präamarna
Karnak, ATP 0103
Karnak, IX. Pylon
Amenhotep IV. Achenaten, 1.-2. Jahr, thebanischer Stil
Relieffragment
PM II, 182–183. Myśliwiec, Le portrait royal dans le bas-relief du Nouvel Empire, S. 76–77, Taf. LXVIII.159.
Amenhotep IV. unter Strahlenaten. Traditionelle, dem Stil Amenhoteps III. verhaftete Darstellungsweise der Gesichtszüge und des Kopfes.

ID 344
Präamarna
Cambridge E.G.A.4511.1943
Karnak
Amenhotep IV. Achenaten, 3.-6. Jahr
Relieffragment
Smith, The Akhenaten Temple Project, in: Expedition 10/1, S. 24–32. Myśliwiec, Le portrait royal dans le bas-relief du Nouvel Empire, S. 77, Taf. LXIX.160.
Achenaten unter dem Strahlenaten.

ID 345
Präamarna
Cambridge E.G.A.4530.1943
Karnak
Amenhotep IV. Achenaten, 3.-6. Jahr
Relieffragment
Myśliwiec, Le portrait royal dans le bas-relief du Nouvel Empire, S. 77, Taf. LXX.162.
Nefertiti in nubischer Perücke und Uräus.

ID 346
Präamarna
Karnak, ATP 2022
Karnak, X. Pylon
Amenhotep IV. Achenaten, 3.-6. Jahr
Relieffragment
PM II, 190. Myśliwiec, Le portrait royal dans le bas-relief du Nouvel Empire, S. 77–80, Taf. XXXIX.165.
Achenaten unter Strahlenaten. Namenskartuschen auf den Armen. Sehr wulstige Lippen.

ID 347
Amarna
Kairo JE 65946
Tell el-Amarna
Amenhotep IV. Achenaten, 3.-6. Jahr
Relieffragment
Myśliwiec, Le portrait royal dans le bas-relief du Nouvel Empire, S. 77–80, Taf. LXXII.167.
Nefertiti in Löckchenperücke. Sie erhebt beide Arme.

ID 348
Präamarna
Karnak, ATP 0801
Karnak
Amenhotep IV. Achenaten, 3.-6. Jahr
Relieffragment
Myśliwiec, Le portrait royal dans le bas-relief du Nouvel Empire, S. 77–80, Taf. LXXII.168.
Nefertiti in Löckchenperücke. Sie erhebt die Arme, nur der rechte Arm ist zu sehen.

ID 349
Amarna
Kairo JE 64956
Tell el-Amarna, Palast
Amenhotep IV. Achenaten, 6.-9. Jahr
Ostrakon, Kalkstein, Höhe 21 cm
Myśliwiec, Le portrait royal dans le bas-relief du Nouvel Empire, S. 77–80, Taf. LXXIII.170.
Ein nur in Umrissen eingeritzter Kopf und, ihm gegenüber, ein Kopf in nubischer Perücke. Profilierter Kopf mit vertiefter Nasolabialfaltenregion, vollständig ausgearbeiteten Lippen, Kinn leicht nach vorn.

ID 350
Amarna
Kairo JE 64957
Tell el-Amarna, Palast
Amenhotep IV. Achenaten, 6.-9. Jahr
Ostrakon, Kalkstein, 16 × 22 cm
Myśliwiec, Le portrait royal dans le bas-relief du Nouvel Empire, S. 79, Taf. LXXIII.171.
Peck, Drawings from Ancient Egypt, Nr. 27.
Ein nur in Umrissen eingeritzter Kopf, zum Teil als Relief. Laut Peck der Kopf des Königs. Leicht hängendes Kinn, geschlossener Mund und gerade Nase ausgearbeitet.

ID 351
Amarna
Kairo JE 28186
Tell el-Amarna
Amenhotep IV. Achenaten, 6.-9. Jahr
Relief, 11 × 10 cm
Myśliwiec, Le portrait royal dans le bas-relief du Nouvel Empire, S. 79,Taf. LXXIV.172.
Königskopf, gemäßigte Züge, Kronenansatz. Kleine Ohrbohrung. Zwei Falten vorne am Hals bestimmen diesen eindeutig als den des Königs. Lippen vorn etwas auseinandergehend, hängende Mundwinkel.

ID 352
Amarna
Kairo JE 59287
Tell el-Amarna
Amenhotep IV. Achenaten
Einlage, Quarzit, Höhe 12 cm
Myśliwiec, Le portrait royal dans le bas-relief du Nouvel Empire, S. 79, Taf. LXXV.175.
Stark fliehende, die Nasenlinie fortsetzende Stirn. Mund fest geschlossen, fast leichtes Doppelkinn.

ID 353
Amarna
Kairo JE 57207
Tell el-Amarna
Amenhotep IV. Achenaten, später Amarnastil
Ostrakon, Kalkstein, Höhe 15, 5 cm, versenktes Relief
Myśliwiec, Le portrait royal dans le bas-relief du Nouvel Empire, S. 79,Taf. LXXVI.176.
Achenaten, Karikatur des Königs mit Bartstoppeln. Der Mund, laut Myśliwiec „mi-ouverte“, ist eindeutig geschlossen.

ID 354
Amarna
Kairo RT 22.5.26.3
Tell el-Amarna
Amenhotep IV. Achenaten
Relieffragment
Myśliwiec, Le portrait royal dans le bas-relief du Nouvel Empire, S. 79, Taf. LXXVI.177.
Achenaten. Der Mund, laut Myśliwiec „mi-ouverte“, ist eindeutig geschlossen.

ID 355
Amarna
Kairo JE 65972
Tell el-Amarna, Palast
Amenhotep IV. Achenaten, später Amarnastil
Ostrakon, Kalkstein, 85 × 75 cm
Myśliwiec, Le portrait royal dans le bas-relief du Nouvel Empire, S. 79,Taf. LXXVII.178.
Achenaten. Der Mund, laut Myśliwiec „mi-ouverte“, ist eindeutig geschlossen.

ID 356
Amarna
Kairo JE 65940
Tell el-Amarna, Palast
Amenhotep IV. Achenaten, später Amarnastil
Relieffragment, Alabaster, 62 × 55 cm
Myśliwiec, Le portrait royal dans le bas-relief du Nouvel Empire, S. 79, Taf. LXXVII.179.
Achenaten im Profil. Der Mund, laut Myśliwiec „mi-ouverte“, ist eindeutig geschlossen.

ID 357–359
Amarna
Karlsruhe 68/29
Fundort unbekannt
Amenhotep IV. Achenaten
Relieffragment, Sandstein, 17,5 × 15,3 × 4,5 cm, Relief en creux, Farbreste
Jürgens, Ägyptische Kunst, Kat. Nr. 11. Chappaz, Akhénaton et Néfertiti, soleil et ombres des pharaons, Kat. Nr. 53.
Drei Köpfe in Staffelung dargestellt. Hohe fliehende Stirn mit kantigem Haaransatz, vorstehende Brauenpartie, volle, rundliche Lippen, tiefe Falte vom Nasenflügel zum Mundwinkel. Nur die Köpfe sind erhalten, vermutlich handelt es sich um die Mitglieder einer Phyle.

ID 360–361
Amarna
Tell el-Amarna, TA 9, Halle, Nordwand, unten
in situ
Amenhotep IV. Achenaten
Zeichnung auf Stuck
Davies, Amarna IV, Taf. XIX, S. 15. Kischkewitz, Die Altägyptische Zeichnung, Nr. 14. Peck, Drawings from Ancient Egypt, Nr. 92.
Der hinter dem Wagen stehende Wagenlenker hält mit beiden Händen die Zügel, in der Rechten außerdem noch eine Peitsche (siehe Abb. 22). Er hat den Mund geöffnet. Der hinter ihm stehende Wagenlenker hat beide Arme jubelnd erhoben. Über den rechten Oberarm hat er seine Sandalen gestreift. In der rechten Hand hält er, wie sein Kollege neben den Pferden, einen Stock, an den ein Tuchstreifen gebunden ist. Die Lenker des auf den Belohnten (der vor dem Tempel betet) wartenden Wagens bejubeln den König. Lauterzeugung durch Beischrift gesichert. Ausruf der drei Wagenlenker: „Möge er Millionen von Generationen entstehen lassen, denn er ist wie Aten ewiglich!"

ID 362–363
Amarna
London BM EA 57399
Tell el-Amarna, Haus des Panehesi, R 44.2
Amenhotep IV. Achenaten, nach Jahr 8
Stele, Kalkstein, 29,3 × 32,5 × 5,3 cm, Hochrelief, Farbreste
PM IV, 201. Fitzenreiter, *ꜣḫ n jtn* als *ꜣḫ n jḳr rꜥ*, in: SAK 37, S. 85–124. Aldred, Akhenaten and Nefertiti, Abb. 3. Freed et al., Pharaohs of the Sun, Kat. Nr. 169. Kozloff/Brian, Le Pharaon-Soleil, Kat. Nr. 29. Ziegler, Notes sur la reine Ti, in: FS Leclant, S. 535. Chappaz, Akhénaton et Néfertiti, soleil et ombres des pharaons, Kat. Nr. 165.
Hausaltar mit den Eltern Achenatens. Amenhotep III. in blauer Krone und Königin Teje in Stufenperücke sitzen vor einem Opfertisch. Breite, füllige Gesichter mit kräftigem Kinn. Die Mundwinkel des Königs sind etwas herabgezogen. Der Mund der Königin ist gerade.

ID 364
Präamarna
Boston MFA 67.922
Karnak
Amenhotep IV. Achenaten, 3.–5. Jahr
Fragment eines Talatat mit Anschlussteilen in München und Luxor, Sandstein, 52,5 × 17,5 cm

Aldred, Akhenaten and Nefertiti, Nr. 7.
Hebsed. Achenaten mit roter Krone und krummem Sedfest-Zepter unter der Stahlensonne. Links hinter ihm sind die Federn von Nefertitis Krone und sich verbeugende Höflinge zu sehen. Reste von 2 Kolumnen mit der Königstitulatur (Name in früher Form).

ID 365
Amarna
Boston MFA 36.95
Tell el-Amarna
Amenhotep IV. Achenaten
Ostrakon, Kalkstein, 13,7 × 12 cm
Egypt Exploration Society Grabung 1934–1935, Fund Nr. 238.
Kopf des Achenaten.

ID 366
Amarna
Boston MFA 36.561
Tell el-Amarna
Amenhotep IV. Achenaten
Relieffragment, schwarzer Granit, 5,2 × 9 cm
Prinzessin, Hand erhoben, den Griff des Sistrums haltend.

ID 367–368
Amarna
Boston MFA 37.658
Tell el-Amarna, Palast
Amenhotep IV. Achenaten
Block, Kalkstein, 28 × 22,9 cm, Farbreste
Pendlebury, CoA III, Bd. 2, Taf. LXX.7.
Zwei Männer stehen unter den Bäumen vor der Umfassungsmauer eines Tempels. Sie blicken beide nach links. Der Diener rechts hat seine rechte Hand im Redegestus erhoben. Er spricht zu dem Diener links von ihm, der eine Last auf den Schultern trägt. Es könnte sich um ein Bündel Pflanzenstängel handeln. Da der Zuhörende nicht ihm zugewendet steht, gibt er vielleicht eine Anweisung, wo dieser die Last ablegen soll. Eine Parallele für eine derartige Anweisung bildet Karnak, CFÉ 3779 (ID 245).

ID 369
Amarna
Boston MFA 37.859
Tell el-Amarna

Amenhotep IV. Achenaten
Relieffragment, Kalkstein, 43 × 22,8 cm
Egypt Exploration Society Grabung, 1936, No.23
Prinzessin hält ihre beiden jüngeren Schwestern an der Hand. Inschriftenreste re. Nur bei der älteren Prinzessin ist der Mund deutlich erkennbar.

ID 370
Amarna
Boston MFA 39.58
Tell el-Amarna
Amenhotep IV. Achenaten, früher Amarnastil
Relieffragment, Quarzit, Höhe 13 cm, versenktes Relief
Egypt Exploration Society Grabung 1934–1936.
Prinzessin mit Sistrum.

ID 371
Amarna
Boston MFA 36.90
Tell el-Amarna
Amenhotep IV. Achenaten
Relieffragment, Sandstein, 26 × 23 cm, Farbreste
Egypt Exploration Society Grabung 1934–1935, Fund Nr. 202.
Ein kahlrasierter Mann, gefolgt von einem Mann mit Perücke. Der vordere trägt eine Last auf der Schulter, die er mit der Linken hält. Vom Kopf sind nur der hohe Schädel, das Ohr und das Auge erhalten. Bei dem hinteren Mann ist das Gesicht mit der fliehenden Stirn und der Mund mit vollen Lippen gut erhalten. Er trägt einen dünnen Stab in der rechten Hand und einen Schaft oder eine Stange über der rechten Schulter.

ID 372
Amarna
Boston MFA 36.94
Tell el-Amarna, Weben-Aten
Amenhotep IV. Achenaten
Relieffragment, Sandstein, Höhe 22,5 cm, Farbreste
Egypt Exploration Society Grabung 1934–1935, Fund Nr. 186. Pendlebury, Preliminary Report of the Excavations at Tell el-Amarnah 1934–1935, in: JEA 21, S. 134, Taf. XII.4.
Kopf eines Mannes. Leicht hängende Mundwinkel, schmale Augen, rundes kräftiges, nicht vorstehendes Kinn. Kopf kahl.

ID 373
Amarna
Boston MFA 36.96
Tell el-Amarna
Amenhotep IV. Achenaten
Relieffragment, roter Granit, 14 × 9,6 cm
Egypt Exploration Society Grabung 1934–1935, Fund Nr. 69. Aldred, Akhenaten and Nefertiti, Kat. Nr. 60.
Kartusche von Achenaten. Darunter eine Prinzessin mit ausgeprägtem eiförmigem Hinterkopf und Seitenlocke. Sie hat beide Arme anbetend erhoben.

ID 374
Amarna
Boston MFA 37.2
Tell el-Amarna
Amenhotep IV. Achenaten
Ostrakon, Kalkstein, 22 cm
Egypt Exploration Society Grabung 1935–1936, Fund Nr. 440.
Eingeritzter Kopf. Mund und Nase am deutlichsten ausgearbeitet, Kopfumfang im Profil nur skizziert.

ID 375
Amarna
Boston MFA 37.3
Tell el-Amarna, Großer Palast, Breite Halle
Amenhotep IV. Achenaten, früher Amarnastil
Relieffragment, Alabaster, 12,5 × 18,7 cm
Dunham, Some New Objects from Tell el Amarna, in: Bulletin of the Museum of Fine Arts, Boston 35, Nr. 207, S. 13. Pendlebury, CoA III, S. 68. Aldred, Akhenaten and Nefertiti, Kat. Nr. 24.
Nefertiti mit nubischer Stufenperücke. Sie hält dem Aten ein Gefäß entgegen. Vielleicht zur selben Stele gehört das Fragment Boston MFA 37.6 mit Darstellung der Körper.

ID 376
Amarna
Boston MFA 37.4
Tell el-Amarna, Breite Halle
Amenhotep IV. Achenaten
Kalkstein, Breite 16,2 cm, Farbreste
Egypt Exploration Society Grabung 1935–1936, Fund Nr. 280.
Hals, Mund- und Kinnpartie des Königs.

ID 377
Amarna
Boston MFA 1971.295
Hermopolis Magna
Amenhotep IV. Achenaten
Talatat, Kalkstein, 53,6 × 23,8 × 6 cm
Roeder, Amarna-Reliefs aus Hermopolis, PC 111, Taf. 189. Aldred, Akhenaten and Nefertiti, Kat. Nr. 66.
Ankunft eines Wagens am Tempel. Drei oder vier Fächerträger im Offiziersschurz mit nubischen Kappen erwarten den Wagen. Ihre Münder sind nur als Striche angegeben. Tische mit vollen Gaben und Umrisse eines Portals links lassen auf den Opferhof im Tempel schließen. Hinter den Dienern stehen Gaben und eine Vase auf dem Boden. Der Pferdeknecht beruhigt das Tier.

ID 380
Amarna
Boston MFA 1997.98
Hermopolis Magna
Amenhotep IV. Achenaten
Talatat, Kalkstein, 43 × 23 × 3,5 cm
Roeder, Amarna-Reliefs aus Hermopolis, PC 125, Taf. 191. Aldred, Akhenaten and Nefertiti, Kat. Nr. 63. Freed et al., Pharaohs of the Sun, Kat. Nr. 67, S. 224.
Ein Diener wärmt sich die Hände über einem Kohlenbecken. Laut Roeder (S. 193): „Im Palastteil mit Erscheinungsbalkon steht auf eigener Standlinie ein Mann mit waagerecht vorgebeugtem Oberkörper. Er trägt einen Wadenschurz. Er streckt beide Hände vor, um etwas in eine Schale mit drei Flammen zu streuen." Parallele: München ÄS 6011. (Freed deutet es als Waschbecken, über das sich ein Mann beugt, übersieht aber hierbei die aus der Schale aufsteigenden Linien).

ID 381–383
Amarna
Boston MFA 1989.104
Hermopolis Magna
Amenhotep IV. Achenaten
Talatat, Kalkstein, 51,5 × 22,5 × 5,3 cm
Freed et al., Pharaohs of the Sun, Kat. Nr. 113, S. 238.
Zwei Schiffe mit Ruderern. Auf dem Kiosk findet sich das die königlichen Schiffe kennzeichnende Motiv der Feindvernichtung. Ruderer unterschiedlicher Herkunft. Von dreien sind die Gesichter erkennbar. Von li. nach re: Der erste und der dritte Ruderer in der Reihe haben den Mund vor Anstrengung geöffnet. Der zweite Ruderer in der Reihe hat den Mund geschlossen.

ID 384–385
Amarna
Boston MFA 1992.18
Tell el-Amarna
Amenhotep IV. Achenaten, 5.-8. Jahr
Fragment einer Grenzstele, Kalkstein, 30,5 × 50,8 × 7,4 cm
Freed et al., Pharaohs of the Sun, Kat. Nr. 38, S. 214 und Abb. 40. Chappaz, Akhénaton et Néfertiti, soleil et ombres des pharaons.
Nefertiti, gefolgt von zwei Prinzessinnen. Nur letztere sind auf dem Fragment erhalten. Beide das Sistrum schüttelnd. Entgegen früherer Auffassung kein Bruchstück einer Balustrade, sondern von der Grenzstele S.

ID 386
Präamarna
Boston MFA 1976.60
Fundort unbekannt
Amenhotep IV. Achenaten
Relieffragment, Kalkstein, 26 × 21 cm, Hochrelief
Zwei Reihen Hofdamen. In der ersten Reihe sind nur noch der Rücken und der Hinterkopf der vordersten Dame auf dem Fragment. In der zweiten Reihe stehen fünf Hofdamen in gestaffelter Darstellungsweise. Kurze runde Perücken mit Seitenlocke und Straußenfederwedel. Die Gesichter wiederholen sich, wenngleich bei dem einen das Nasenloch eine Nuance größer, bei dem anderen die Lippen vorne etwas stärker gerundet sind.

ID 387–389
Amarna
Roeder PC 123, Verbleib unbekannt
Hermopolis Magna
Amenhotep IV. Achenaten
Relieffragment, Kalkstein, 52 × 21 cm
Roeder, Amarna-Reliefs aus Hermopolis, PC 123, Taf. 190, S. 21, 189.
Oberer Bildstreifen: An einen Hof, vermutlich des Palastes, grenzt ein Gebäude mit zwei Räumen. In dem rechten Raum arbeiten zwei Männer an je einem großen Krug, um etwas hineinzutun oder etwas aus ihm heraus zu schöpfen. Sie beugen ihren Oberkörper leicht vor und tragen einen kurzen Schurz mit dreieckigem Vorderteil (Köpfe nicht erhalten). In dem linken Raum backen zwei Männer Brot, der am Ofen stehende Mann drückt einen Teig. Der rechte Mann (mit erhaltenem Kopf) hockt am Boden und hält auf dem rechten Unterarm eine Schüssel. Unterer Bildstreifen: Zwei eilig laufende Männer mit geknickten Beinen, linke Ferse angehoben, und vorgebeugtem Oberkörper (anliegender kurzer Schurz mit vorn hochgenommenem Dreieck).

Der erste Mann erhebt seine rechte Faust in Brusthöhe und schultert mit seiner Linken einen Stock. Der zweite Mann trägt auf seinem Nacken einen Sack, den er mit seiner rechten Hand von unten stützt und mit seiner linken von oben festhält. Nur bei dem Läufer ist der Mund deutlich.

ID 390
Amarna
Kairo JE 59296
Tell el-Amarna, Gem-pa -Aten
Amenhotep IV. Achenaten
Ostrakon, Rückseite, Kalkstein, 16,5 × 26,5 × 3,9 cm
Pendlebury, Preliminary Report of the Excavations at Tell el-ʿAmarnah 1934–1935, in: JEA 21, S. 134 und Taf. V.3. Pendlebury, CoA III, Bd. 1, S. 19, Bd. 2, Taf. LIX.2.3. Freed et al., Pharaohs of the Sun, Kat. Nr. 134, S. 245.
Eine vornehm gekleidete (königliche?) Person in einer nubischen Perücke mit vier Stufen. Der Hinterkopf ist eiförmig, der Kopf leicht geneigt, sodass sie nach unten blickt. Sie kniet und hat beide Hände im Anbetungsgestus erhoben. Am linken Arm ist der kurze Ärmel des feinen Mantels sichtbar. Sie trägt keine Sandalen, der rechte Fuß stützt sich nur mit den Zehen auf dem Boden ab. Die Körperhaltung ist dieselbe wie bei dem Beter auf dem Türsturz Berlin ÄM 20376 (ID 560). Laut den Angaben in der internen Datenbank des Museums Kairo, die ich einsehen durfte, handelt es sich um eine kniende Prinzessin mit anbetend erhobenen Händen. Von Freed wird die Person als Mann beurteilt, und aufgrund des Gesichtes und der Stufenperücke als Nubier bezeichnet. Prinzessinnen werden meines Wissens in dieser Geste nicht dargestellt, ich halte es deshalb eher für die Darstellung eines vornehmen Herrn in nubischer Stufenperücke, der den König oder die Triade von Amarna anbetet.

ID 391
Präamarna
Boston MFA 67.922
Karnak
Amenhotep IV. Achenaten
Relieffragment, Talatat, Sandstein, 52,5 × 17,5 cm
Aldred, Akhenaten and Nefertiti, Nr. 7.
Hebsed. Relieffragment mit Anschlussteilen in München und Luxor. Achenaten mit roter Krone und krummem Sedfest-Zepter unter Stahlensonne. Links hinter ihm die Federn von Nefertitis Krone und sich verbeugende Höflinge (gestaffelt). Reste von 2 Kolumnen mit der Königstitulatur (Name in früher Form).

ID 392
Amarna
Amsterdam APM 11960
Fundort unbekannt
Amenhotep IV. Achenaten
Relieffragment, Kalkstein, 19,5 × 22,5 × 5 cm, versenktes Relief
Boddens Hosang, Two Amarna collections in the Netherlands, 15–53: 25, 46/Taf. 8.
Ein kahlköpfiger Diener in einem wadenlangen Schurz beugt sich über eine Schale, die vor ihm steht. Sein linker Arm ist angewinkelt, er hält einen langen dünnen Gegenstand in der Hand, vielleicht ein Rührlöffel oder eine Schöpfkelle. Der rechte Arm ist ausgestreckt. Hinter ihm steht ein großer Krug. Oberhalb sieht man eine waagerecht verlaufende Trennlinie zum Raum darüber. Der Raum wäre demnach einer der Nebenräume im Palast in denen Krüge, Speisen und Gerät aufbewahrt werden.

ID 393
Amarna
Amsterdam APM 8793
Fundort unbekannt
Amenhotep IV. Achenaten, später Amarnastil
Relieffragment, Sandstein, 11 × 13 × 1,5 cm
Boddens Hosang, Two Amarna collections in the Netherlands, 15–53: 25, 46/Taf. 8.
Kopf und Schultern eines Mannes in Perücke.

ID 394
Amarna
Amsterdam APM 9249
Fundort unbekannt
Amenhotep IV. Achenaten
Sandstein, 14,7 × 15,5 × 2,2 cm
Boddens-Hosang, Two Amarna collections in the Netherlands, 15–53: 26, 46/Taf. 8.
Nefertiti, (Nackenlinie gebogen), die zwei Opfergefäße erhebt.

ID 396
Amarna
London BM EA 55616
Tell el-Amarna, North Riverside Palace, TA:22/401, Raum 25, im Fußboden des Kornsilos
Amenhotep IV. Achenaten
Relieffragment, Roter Quarzit, 40 × 22,7 × 7 cm, versenktes Relief
Peet/Woolley, CoA I, S. 127, 132, Taf. XLIII.3. Chappaz, Akhénaton et Néfertiti, soleil et ombres des pharaons, Kat. Nr. 58.

Erstes Reg.: Wagenräder und Teil der Pferde erhalten. Zweites Reg.: Streitwagen mit Wagenlenkern und den Prinzessinnen Meritaten und Meketaten. Oberhalb der Pferde Inschrift 6 Kolumnen. Hinter diesem zwei weitere Gespanne, wovon im oberen der Wagenlenker von einer weiteren Person begleitet wird. Drittes Reg.: Kopf einer Person. Am linken Reliefrand Ständer mit Weinkrügen. Ein Mann fegt vor der Tür. Nur bei dem Wagenlenker der beiden Prinzessinnen ist das Gesicht gut erkennbar. Die Pferde sind in schnellem Lauf dargestellt. Wagenlenker: Vorgebeugter Oberkörper, beide Hände sind vorgestreckt. Wie der Kollege auf dem Wagen hinter ihm, vermutlich mit der Linken die Zügel, in der Rechten eine Peitsche haltend. Der obere Teil einer Peitsche ist noch über der Beschädigung erkennbar. Zipfelperücke. Gesichtsschnitt eines Syrers.

ID 397
Amarna
Lausanne, Fondation Berger 147
Theben, evtl. Karnak
Amenhotep IV. Achenaten, früher Amarnastil
Fragment eines Talatat, Sandstein, bemalt, 18,5 × 17,5 × 3,6 cm, versenktes Relief
Page-Gasser/Wiese, Ägypten – Augenblicke der Ewigkeit, Kat. Nr. 93. Chappaz, Akhénaton et Néfertiti, soleil et ombres des pharaons, Kat. Nr. 52.
Zwei Nubier (beim ersten erhalten mit Kappe und Feder) grüßen mit ausgestrecktem Arm. Vermutlich handelt es sich um eine Prozession von Fremdvölkern, die dem Pharao ihren Tribut abliefern, oder eine ausländische Delegation vor dem Erscheinungsfenster. Parallelen: Samml. Howard Barnet = Roeder PC 248 (ID 85–88), Brooklyn 74.154 (ID 94), Luxor J 815 (ID 261).

ID 398
Amarna
Genf Privatbesitz
Tell el-Amarna
Amenhotep IV. Achenaten, früher Amarnastil
Fragment einer Säule, Kalkstein, 41 × 23 × 4 cm, versenktes Relief, leicht gewölbt
Schlögl, Geschenk des Nils, S. 67 (206).
Kopf Achenatens im Chat-Kopftuch unter Strahlenaten. Runde Wangen, kaum Raum zwischen der Nase und dem volllippigen Mund. Oberhalb stehen die Reste der Inschrift mit Namenskartusche des Aten.

ID 399
Amarna
Basel Samml. Borowski
Hermopolis Magna
Amenhotep IV. Achenaten

Relieffragment, Kalkstein, 51 × 22 × 4 cm
Schlögl, Geschenk des Nils, S. 67 (208).
Vier eng beieinanderstehende Wedelträgerinnen. Gefolge der königlichen Frauen, die in Amarna bei Staatszeremonien anwesend sind. Ohrscheibe, Perücke. Parallele: München ÄS 4863 (ID 332).

ID 400–404
Amarna
London BM EA 47988
Fundort vermutlich Tell el -Amarna
Amenhotep IV. Achenaten
Fragment eines Tempelreliefs, Kalkstein, 39 × 21,5 cm
PM IV, 233. Hall, A Portrait of Smenkhkere and other Amarnah Fragments in the British Museum, in: JEA 17, S. 165, Taf. XV. Roeder, Amarna-Reliefs aus Hermopolis, S. 303.
Fünf Musiker mit verbundenen Augen (siehe Abb. 5). Laut Hall sind alle Männer. Roeder (S. 303) spricht von zwei Frauen und drei blinden Männern, dann wären aber die Männer, sprich die hinteren drei, kleiner als die Frauen dargestellt, evtl. cross-dressing? Vermutlich Hofmusiker, da nur diese mit verbundenen Augen auftreten. Ein Raum für den Auftritt hier lässt sich nicht ermitteln. Da nur die obere Körperhälfte auf dem Bruchstück erhalten ist, sind Instrumente, die in der Hand getragen werden, nicht auszuschließen. Am linken Bildrand verläuft eine senkrechte Linie. Die Linie am rechten Bildrand stammt wohl vom Absägen der Platte. Hintere Reihe: Die Sänger (in Staffelung) tragen kurze glatte Zipfelperücken und feine durchsichtige, plissierte, über der Brust geknotete Gewänder. Die Arme sind angewinkelt, der Rest ist leider abgebrochen. Kopfhöhe 7,0 cm. Kräftige gerade Nase mit runden Nasenflügeln, leicht fliehendes Kinn. Bei dem, dem Betrachter am nächsten stehenden Sänger, ist der Mund erhalten. Die Lippen sind geschlossen. Bei dem mittleren Musiker ist der Mund ausgehackt. Bei dem hintersten Musiker ist der Mund ebenfalls erhalten. Seine Lippen sind geöffnet, was im Vergleich zum ersten, dem Betrachter am nächsten stehenden Sänger, eindeutig ist. Vordere Reihe: Die vorderen beiden Sängerinnen sind größer dargestellt. Bei ihnen beträgt die Höhe des Kopfes 8,6 cm. Bei den vorderen sind Hals und Schulterpartie muskulös ausgebildet, der Nacken hat jedoch eine weibliche konkave Line. Sie tragen geteiltes Haar mit langem Zopf wie auf Brooklyn 86.226.26 (ID 90) und darüber noch ein Tuch gelegt. Kein Schmuck. Die Platte ist hier stärker beschädigt, aber der volllippige Mund der hinteren Person ist in etwa noch zu erkennen, die hängende Kinnlinie spricht für einen geöffneten Mund. Bei der dem Betrachter näheren Person ist er geschlossen.

ID 405
Amarna
London BM E 54925
Fundort möglicherweise Tell el-Amarna
Amenhotep IV. Achenaten

Einlage, rotes Glas, Länge 3,3 cm, Dicke 0,8 cm
Männergesicht in Seitenansicht mit für die 18. Dynastie typischen Halsfalten und einem gebohrten Loch im Ohrläppchen. Ein gleichartiges Stück, Kairo 66106, wurde im Krönungssaal des Großen Palastes in Tell el-Amarna gefunden.

ID 406
Amarna
London BM E 54925
Fundort unbekannt
Amenhotep IV. Achenaten
Einlage, türkisblaues Glas
Gesicht einer Prinzessin. Auge und Augenbraue ursprünglich eingelegt.

ID 407
Amarna
London BM E 54925
Fundort unbekannt
Amenhotep IV. Achenaten
Einlage, türkisblaues Glas
Männliches Profil. Auge und Augenbraue ursprünglich mit dunkelblauem Glas eingelegt. Ohrläppchen mit Loch für Schmuck.

ID 408
Amarna
London BM E 54925
Fundort unbekannt
Amenhotep IV. Achenaten
Einlage, Glas
Männliches Profil. Auge und Augenbraue ursprünglich mit Glas eingelegt. Möglicherweise Amenhotep III.

ID 409
Amarna
London BM EA 52943
Fundort vermutlich Tell el-Amarna
Amenhotep IV. Achenaten
Relieffragment, Kalkstein, 13 × 16,6 cm, versenktes Relief
PM IV, 233.
Ein kahlrasierter Mann mit dem Ehrengold um den Hals. Er blickt nach links. Die Position der hochgezogenen Schultern deutet auf die beim Empfang des Ehrengoldes

im Jubel erhobenen Arme hin. Der Kopf ist eingesetzt wie bei einer Kompositstatue. Die Mundwinkel sind herabgezogen. Lippen fast auf einer Ebene mit Kinn und Nase. Nicht vorstehend. Mund leicht geöffnet, im Jubel oder bei der Lobrede für den König nach der Belohnung. Sehr ähnlich Cambridge E.GA.4508.1943 (ID 207).

ID 410
Amarna
London BM EA 63778 mit EA24431
Fundort vermutlich Tell el-Amarna
Amenhotep IV. Achenaten, später Amarnastil
Stelenfragment, Kalkstein, 9,5 × 8,5 × 3,4 cm, Farbreste, obere rechte Ecke eines Hausaltars
PM IV, 233. Chappaz, Akhénaton et Néfertiti, soleil et ombres des pharaons, Kat. Nr. 164.
Königliche Familie unter dem Strahlenaten. Teile der Kartuschen von Nefertiti und dem Aten (spätere Form, blaue und gelbe Farbreste in den Hieroglyphen). Achenaten sitzt auf einem Thronsessel. Der rechte Arm ist vermutlich zu einer ursprünglich auf seinem Schoß sitzenden Prinzessin erhoben. Der linke Arm ist gesenkt. Achenatens Namen stehen in den Kartuschen vor seinem Gesicht. Er trägt eine kurze runde Lockenperücke.

ID 411
Amarna
London BM EA 47989
Tell el-Amarna
Amenhotep IV. Achenaten
Tempelrelief, Kalkstein, 16,1 × 17,8 × 2,7 cm
PM IV, 233.
Ein kahlrasierter, vornehm gekleidet Diener, der mit einem Besen den Boden fegt. Der Schurz ist plissiert und bis zur Wade reichend. Er trägt ein Hemd mit dünnen kurzen Ärmeln. Der Oberkörper ist stark nach unten gerundet. Die Beine sind nur etwas voreinander gesetzt. Er hält mit beiden Händen den „Besen“. Die Standlinie endet frei vor dem Rand des Stückes. Der kahlrasierte Kopf und die Gesichtszüge (großes Auge, kleine spitze Nase, nicht ganz schmaler, geschlossener Mund) sind die eines Ägypters. Der Kopf ist etwas erhoben, aber noch auf den Boden, und eindeutig nicht auf eine Person gerichtet. Wie die Kleidung so lässt auch die große Ohrenscheibe auf eine vornehme Person schließen. Möglicherweise ist der Besen ein Rangabzeichen.

ID 412
Amarna
London BM E 15973
Tell el-Amarna
Amenhotep IV. Achenaten
Ostrakon, Kalkstein, 7,22 × 7,42 × 1,41 cm, dünne Platte, versenktes Relief
PM IV, 234
Frau, die Kind liebkost. Die Frau trägt, wie die senkrecht vom Knie bis zum Boden laufende Vertiefung zeigt, ein bodenlanges durchsichtiges Gewand. Sie trägt das halblange Haar auf dem Kopf glatt, ab dem Haarband in Schläfenhöhe in gleichlangen Streifenlocken, wie die Ammen der Prinzessinnen. Ihr rechter Arm ist angewinkelt. Sie stützt mit der rechten Hand das Kinn des nackten Säuglings, dessen Kopf etwas unterhalb des Kinns der Amme ist. Ihre linke Hand liegt am Oberarm des Kindes. Die Umrisse des Kinderkopfes sind typisch eiförmig wie bei den Amarnaprinzessinnen. Die angedeutete Nase und der Mund sind der Amme zugewandt. Das Kind sitzt im Schoß, sein Bein reicht fast bis auf den Boden hinab. Schlanke Glieder, Nabel deutlich. Es umklammert mit der Rechten den Arm der Amme, die Linke hängt leicht vom Körper abgespreizt (etwa bis zum Knie der Amme) herunter.

ID 413
Amarna
London BM EA 63964
Tell el-Amarna, Große Palast TA 34/110, Weben-Aten
Amenhotep IV. Achenaten
Relieffragment, Sandstein, 27 × 22 × 11,5 cm, Palimpsest
Pendlebury, CoA III, Bd. 1, S. 62, Bd. 2, Taf. LXVI.3.
Prinzessin mit Sistrum. Seitenlocke, verlängerter Hinterkopf, vorstehendes Kinn, dicke Lippen. Im Vergleich zum Kopf schmale Schultern und dünne Arme. Die Lippen stehen vorn weit auseinander.

ID 414
Amarna
London BM EA 63631
Tell el-Amarna, Palastlagerraum P 42.2
Amenhotep IV. Achenaten
Ostrakon, Kalkstein, 12,5 × 17 × 5 cm
Pendlebury, CoA I, S. 92, Nr. 581, Taf. 74.7.
Kopf einer königlichen Person mit Uräus.

ID 415
Amarna
Buffalo 37.6
Tell el-Amarna, Grenzstele N
Amenhotep IV. Achenaten, 6. Jahr
Fragment einer Grenzstele, Kalkstein, 74,5 × 55 cm
PM IV, 231. Lepsius, Denkmäler VI, Blatt 110, a und b. Aldred, Akhenaten and Nefertiti, S. 95, Nr. 8.
Achenaten in blauer Krone beide Hände mit den Handflächen nach außen dem Aten entgegengestreckt. Nase, Kinn und Lippen restauriert nach Abbildung der Lepsius Expedition (1843–45) von der Grenzstele N, in den südlichen Felsen. Oberhalb Reste einer Inschrift: „dem Leben gegeben ist für immer und ewig“.

ID 416
Amarna
Edinburg A.1969.377
Tell el-Amarna, nahe Grenzstele X
Amenhotep IV. Achenaten, 5.-8. Jahr
Relief, Kalkstein, 21,3 × 26,3 × 4,3 cm, versenktes Relief, Bildhauermodell mit Loch zum Aufstellen
Aldred, Akhenaten and Nefertiti, Kat. Nr. 12. Freed et al., Pharaohs of the Sun, Kat. Nr. 52.
Achenaten. Hervorgehoben sind Nackenmuskulatur und Schlüsselbeine, Wangenknochen. Leicht herabgezogene Mundwinkel. Volle Lippen, geschlossen. Runde Ohrbohrung. Blaue Krone im Detail ausgeführt. Stil wie auf den Grenzstelen.

ID 417
Präamarna
Cleveland 1959.188
Karnak
Amenhotep IV. Achenaten, früher Amarnastil
Relieffragment, Sandstein, 28 × 26,7 × 6–7 cm
PM II, 40. Aldred, Akhenaten and Nefertiti, S. 109, Kat. Nr. 23.
Königlicher Kopf. Die Nackenlinie spricht für Nefertiti. Nubische Perücke, Stahlenaten.

ID 418
Präamarna
Cleveland 1959.186
Karnak

Amenhotep IV. Achenaten, früher Amarnastil
Relieffragment, Sandstein, 41,2 × 21,5 cm
Arnold, The Royal Women of Amarna, S. 18–20. Chappaz, Akhénaton et Néfertiti, soleil et ombres des pharaons, Kat. Nr. 34.
Königin mit Uräus unter dem Strahlenaten. Sehr ähnlich Cleveland 1959.188 (ID 417).

ID 419, 421
Präamarna
Cleveland 1959.187
Karnak
Amenhotep IV. Achenaten, früher Amarnastil
Relieffragment, Sandstein, 58,5 × 26,7 × 7cm, Farbreste
PM II, 40. Cooney, Amarna Art in the Cleveland Museum, in: Bulletin of the Cleveland Museum of Art 55/1, S. 9–10, Abb. 7. Aldred, Akhenaten and Nefertiti, S. 122, Kat. Nr. 41.
Sechs wohlgenährte Arbeiter. Weißer Schurz. Farbreste rot für Körper, schwarz für Haar. Ihre Körper sind im gleichen Rhythmus der Arbeit gebeugt. Von zweien ist das Gesicht erhalten. Alle blicken nach unten auf ihre Arbeit. Sie waren Teil einer Szene, in der die Herstellung von Lehmziegeln dargestellt wurde. Die Männer sind hier, am Anfang des Arbeitsganges, damit beschäftigt die Erde aufzuhacken und den rohen Lehm zu sammeln. Art der Darstellung wie Luxor Museum J 262 (ID 825–826). Bei dem Mann mit erhobener Hacke ist der Mund leicht geöffnet. Bei dem Mann mit der Hacke in der Erde ist der Mund geschlossen.

ID 420
Amarna
Boston MFA 67.921
Hermopolis Magna
Amenhotep IV. Achenaten, mittlere Stilphase
Relieffragment, Kalkstein, 37 × 22,5 cm
Aldred, Akhenaten and Nefertiti, S. 141, Kat. Nr. 65.
Neben dem Lagerfeuer mit angezogenen Beinen liegender Mann. Unterhalb sind die Knie eines weiteren Mannes zu sehen. Parallele: Brooklyn 64.148.3 (ID 180–181).

ID 422
Präamarna
Edinburg 1963.240
Karnak
Amenhotep IV. Achenaten
Relieffragment, Sandstein, bemalt, 28,2 × 23 × 4 cm
Aldred, Akhenaten and Nefertiti, Kat. Nr. 42.

Ein Mann trägt eine schwere Schüssel, in der vermutlich Erde aufgehäuft ist, die er mit der erhobenen rechten Hand festhält. Im Stil wie Cleveland 1959.187 (ID 419).

ID 423
Amarna
New York MMA 66.99.41
Tell el-Amarna, Großer Atentempel
Amenhotep IV. Achenaten, 6.-9. Jahr
Relieffragment, roter Quarzit, 16 × 24,5 × 7,6 cm, versenktes Relief
Aldred, Akhenaten and Nefertiti, Kat. Nr. 14.
Achetaten trägt die Atef-Krone mit Hörnern und Sonnenscheibe. Sechs Kartuschen auf der Brust des Königs. Königsname in früher Form. Der rechte Arm ist zum Strahlenaten erhoben. Augen, Mund und Nase sind absichtlich zerstört. Aldred vermutet Szenario des ersten Sedfestes. Im Relief findet sich kein Anhaltspunkt dafür.

ID 424
Präamarna
Haifa, Samml. Reuben Hecht
Karnak
Amenhotep IV. Achenaten, früher Amarnastil
Relieffragment, Sandstein, 45 × 24,1 × 6 cm
Aldred, Akhenaten and Nefertiti, Kat. Nr. 27.
König opfert dem Aten Brot.

ID 425–426
Amarna
Kansas City 44–45 und 44–35
Tell el-Amarna, Grenzstele N
Amenhotep IV. Achenaten, 5.-8. Jahr
Fragment, Grenzstele, Kalkstein, 53,34 × 69.85 × 6.67 cm
PM IV, 231. Lepsius, Denkmäler, Taf. 295. 48, Aldred, Akhenaten and Nefertiti, Kat. Nr. 28. Freed et al., Pharaohs of the Sun, Kat. Nr. 37.
Achenaten erhebt die Hände zu Aten, Handflächen nach vorne weisend. Sehr viel kleiner steht hinter dem König die Prinzessin Meketaten mit Sistrum. Ihr Kopf ist nicht erhalten.

ID 427
Amarna
Boston MFA 37.1
Tell el-Amarna, Großer Palast, Breite Halle
Amenhotep IV. Achenaten, früher Amarnastil

Relieffragment, Kalkstein, 14,8 × 19 cm, versenktes Relief, Farbreste, Reste einer Inschrift
Dunham, Some New Objects from Tell el Amarna, in: Bulletin of the Museum of Fine Arts, Boston 35, Nr. 207, S. 11–14. Pendlebury, CoA III, Bd. 1, S. 68, Bd. 2, Taf. LXXIII.1. Aldred, Akhenaten and Nefertiti, Kat. Nr. 33. Arnold, The Royal Women of Amarna, S. 112, Abb. 109.
Kopf einer Prinzessin mit Seitenlocke (vermutlich Meritaten), nach links blickend.

ID 428–429
Amarna
Oxford AN1893.1–41 (75)
Tell el-Amarna, Großer Palast, Brunnen
Amenhotep IV. Achenaten, 6.-9. Jahr
Fragment Säule, weißer Kalkstein, 28 × 24 cm, Hackspuren am Kopf der Prinzessin
Petrie, Tell el-Amarna, S. 10 und Taf. X. Aldred, Akhenaten and Nefertiti, Kat. Nr. 49. Arnold, The Royal Women of Amarna, S. 39, Abb. 30.
Die Königliche Familie opfert dem Aten. Hinter dem König, dessen Kopf auf dem Bruchstück nicht erhalten ist, steht die Königin. Der Aten reicht ihr das Lebenszeichen an die Nase. Das Sechem-Zepter in ihrer Hand deutet auf den einleitenden Teil des Opferrituals. Prinzessin Meritaten steht hinter ihren Eltern. Vom Sistrum in ihrer Rechten ist noch der Griff erkennbar.

ID 430
Amarna
Oxford AN1893.1–41.171
Amarna
Amenhotep IV. Achenaten, 6.-9. Jahr
Fragment einer Säule, Sandstein, 30,5 × 18,5 × 9,7 cm
Aldred, Akhenaten and Nefertiti, Kat. Nr. 50. Arnold, The Royal Women of Amarna, S. 84, Abb. 75.
Königin mit Blumen in jeder Hand.

ID 431
Amarna
Norbert Schimmel Coll. MMA 1985.328.15
Hermopolis Magna
Amenhotep IV. Achenaten
Relieffragment, Kalkstein, 54,3 × 24 × 3,5 cm
Roeder, Amarna-Reliefs aus Hermopolis, PC 55, Taf. 182, S. 405. Cooney, Amarna-Reliefs from Hermopolis in American Collections, Nr. 50. Aldred, Akhenaten and Nefertiti, Kat. Nr. 55. Settgast, Von Troja bis Amarna, Kat. Nr. 301. Freed et al., Pharaohs of the Sun, Kat. Nr. 112, S. 238.

Ufer vor dem Palast in Amarna. Ein Laufsteg verbindet das Boot des Königs mit dem Ufer. An Deck steht ein Mann. Laut Cooney: „he is refurbishing the kiosk which backs up against the cabin". Er hat den rechten Arm angewinkelt. In der linken Hand trägt er einen Sack. Ein zweiter Mann befindet sich oberhalb auf einer Standlinie, die das Land repräsentiert. Er bindet die Ruder zusammen, die neben dem Königsschiff am Ufer liegen. Von ihm ist nur die untere Körperhälfte erhalten. Parallele TA 14, Halle, unteres Register (Davies, Amarna V, Taf. V ID 1100). Rechts oben im Bild ein umzäunter Garten mit Blumen und Wein. Falls es sich bei dem Mann an Deck um einen Redegestus handelt (die wie beim Geben geöffnete Hand ist dafür atypisch), käme der Mann am Ufer als der Zuhörende in Frage.

ID 432
Amarna
New York MMA 1985.328.16
Hermopolis Magna
Amenhotep IV. Achenaten
Relieffragment, Kalkstein, 54,7 × 23,5 cm
Cooney, Amarna-Reliefs from Hermopolis in American Collections, Nr. 33. Roeder, Amarna-Reliefs aus Hermopolis, PC 18, Taf. 172, S. 404. Aldred, Akhenaten and Nefertiti, Kat. Nr. 73. Settgast, Von Troja bis Amarna, Kat. Nr. 302.
Hofdamen bei der Ausfahrt. Das Gesicht des Wagenlenkers und der Hofdame im ersten Wagen ist ausgehackt. Putzreste oder Ausbesserung? Er hält mit beiden Händen die Zügel, prescht vorwärts.

ID 433
Amarna
New York MMA 1991.237.3
Hermopolis Magna
Amenhotep IV. Achenaten
Relieffragment, Kalkstein, 33,6 × 23,5 cm
Roeder, Amarna-Reliefs aus Hermopolis, PC 100, Taf. 187, S. 302.
Ein Mann in gebauschtem Schurz und feinem Mantel steht leicht vorgebeugt und erhebt jubelnd beide Arme. Er steht hinter einem größer dargestellten Mann. Der rechte Arm ist ausgebessert worden, sodass eine stärkere Beugung des Oberkörpers entsteht. Gesicht zerstört. Parallelen: Männer empfangen den Belohnten jubelnd und tanzend in TA 8, Säulenhalle, Westwand, südlicher Teil (Davies, Amarna VI, Taf. XX) vor dem Palasttor. Sie tragen dort einen gebauschten Schurz und feine Ärmelgewänder, aber keine Mäntel. Der Mantel, der hier nur auf einer Seite vom Arm herunterhängt, spräche für eine Frau, in diesem Fall wäre eine Männerfigur in eine Frauenfigur umgeändert worden. (Im MMA wie Tänzerin montiert).

ID 434
Amarna
New York MMA 1993.326
Fundort vermutlich Tell el-Amarna
Amenhotep IV. Achenaten, 8. Jahr
Relieffragment, Kalkstein, 44,5 × 23,8 cm
Block einer monumentalen Tempelszene. Nefertiti, hinter dem König stehend. Sie trägt das Afnet-Kopftuch und Uräus. Atens Strahlenhände halten ihr Anch-Zeichen an die Nase und den Mund und berühren den Uräus.

ID 435
Amarna
New York MMA 1991.237.5
Hermopolis Magna
Amenhotep IV. Achenaten
Relieffragment, Kalkstein, 13,3 × 23,5 cm
Roeder, Amarna-Reliefs aus Hermopolis, PC 122, Taf. 188, S. 198.
Relieffragment mit Tempelhofmauer. Außerhalb der Mauer oben ein Wagenlenker, sich verbeugend, die Zügel und Peitsche in den Händen (nur untere Körperhälfte erhalten). Darunter der Kopf eines Soldaten mit schlichtem, unten rund geschnittenem Haar, das sein Ohr bedeckt. Sein Mund ist offen (sieht aus, als würde er die Zunge herausstrecken). Er trägt eine Standarte, die einem herunterhängenden Fuchsbalg ähnelt. (Roeder hält es für eine Dreschkeule). Parallele: Boston MFA 37.658 (ID 368).

ID 436
Amarna
New York MMA 1991.240.14
Hermopolis Magna
Amenhotep IV. Achenaten
Relieffragment, Kalkstein, 33,7 × 24,1 cm
Roeder, Amarna-Reliefs aus Hermopolis, PC 242, Taf. 205, S. 197, 311, 312.
Mann im Offiziersschurz. Gut genährt wie eine Person mit gesellschaftlichem Ansehen. In dem rechten, herabhängenden Arm trägt er eine Trompete. Der linke Arm hängt ebenfalls herab, die Hand ist leicht vom Körper abgespreizt. Am rechten Bildrand sieht man noch die Peitsche eines ihm entgegenblickenden Wagenlenkers, der sich verbeugt. Roeder (S. 312) hält den Stab mit Schlinge für den Teil eines Bogens. Der Trompeter gehört vermutlich zur militärischen Eskorte des Königs, die auf den König wartet. Leider ist der Kopf nicht erhalten. In der Regel sind die Trompeter Nubier. Möglicherweise Szenario wie in TA 3, Davies, Amarna II, Taf. XXXI (ID 984).

ID 437
Amarna
New York MMA 1991.237.37
Hermopolis Magna
Amenhotep IV. Achenaten
Relieffragment, Kalkstein, 54 × 22,2 cm
Roeder, Amarna-Reliefs aus Hermopolis, PC 234, Taf. 203, S. 191, 305.
Zwei Arbeiter. Bei dem hinteren mit Tasche und einer Sichel ist noch das gerade Kinn erkennbar. Der vordere Mann trägt an einer Tragestange zwei Netze mit Broten. Sie können, wie Roeder PC 123 (ID 387–389) und die Wandmalerei ID 650–653 verdeutlichen, im Palast oder in einem Wirtschaftsteil des Tempels unterwegs sein. Wie die Fußspitze und die vorderste Linie eines Schurzes am rechten Bildrand zeigen, werden sie von jemandem erwartet. Möglicherweise sind die Brote für das Opfer bestimmt.

ID 438
Amarna
New York MMA 1991.237.40
Hermopolis Magna
Amenhotep IV. Achenaten
Relieffragment, Kalkstein, 53,3 × 23,5 cm
Roeder, Amarna-Reliefs aus Hermopolis, PC 243, Taf. 205, S. 198.
Mehrere Männer (3 gestaffelt und ein einzelner) im Offiziersschurz mit nacktem Oberkörper folgen einem hohen Beamten. Dieser trägt einen wadenlangen Rock und darüber einem gebauschten halblangen Schurz. Nur die untere Körperhälfte befindet sich auf dem Fragment. Sie haben beide Arme am Körper herunterhängend. Ihre Hände sind so nahe beieinander, dass es den Anschein erweckt als ob der Würdenträger die Soldaten führte.

ID 439
Amarna
New York MMA 1991.237.41
Hermopolis Magna
Amenhotep IV. Achenaten
Relieffragment, Kalkstein, 53,3 × 21,6 cm
Roeder, Amarna-Reliefs aus Hermopolis, PC 245, Taf. 204, S. 191.
Gefangene eines unterworfenen Volkes. Zwei gefangene Syrer in engem Gewand, das ihnen fast bis zu den Knöcheln reicht, hinter dem viel größer dargestellten König. Sie werden dem König von einem ägyptischen Aufseher (ID 858) vorgeführt. Die Köpfe sind auf dem Bruchstück nicht erhalten. Die ethnische Klassifizierung erfolgt von

Roeder aufgrund der Kleidung. Alle drei befinden sich im Lauf, oder sie tanzen vor Erregung, denn das zurückgestellte Bein berührt den Boden nur mit der Fußspitze.

ID 440
Amarna
New York MMA 1991.237.44
Hermopolis Magna
Amenhotep IV. Achenaten
Relieffragment, Kalkstein, 52,7 × 22,8 cm
Roeder, Amarna-Reliefs aus Hermopolis, PC 256, Taf. 206, S. 188, 205. Hanke, Amarna-Reliefs aus Hermopolis, Abb. 29, S. 98–99.
Begrüßung des Königs im zweiten Hof des Großen Atentempels. Links, sich vor dem opfernden König verbeugende Würdenträger im Bereich des 3. Pylonen, dessen Tore geöffnet sind. Beamtenreihe gestaffelt. Alle haben die Hände auf die Oberschenkel gelegt. Von Hanke rekonstruiert (zusammen mit Roeder, PC 253 und PC 149) und als Teil des Großen Atentempels identifiziert. Rechts Opfertische zwischen dem Pylonen und einem Portikus. Oberhalb der gefüllten Opfertische, mit Räucherschalen davor, führt ein offenes zweiflügeliges Tor aus dem Portikus.

ID 441
Amarna
New York MMA 1991.237.42
Hermopolis Magna
Amenhotep IV. Achenaten
Relieffragment, Kalkstein, 26 × 26,9 cm
Roeder, Amarna-Reliefs aus Hermopolis, PC 247, Taf. 205, S. 200, 313.
Männer libyscher Herkunft, die den Tragesessel Achenatens (beim Sedfest?) tragen. Die Gesichter sind ausgehackt. Roeder vermutet Nubier, doch sprechen Federtypus und Frisuren eher für Libyer. Soweit noch erkennbar geschlossener Mund. Parallelen: Karnak bei Redford, ATP I, Taf. 26.1.

ID 442
Amarna
New York MMA 1991.240.15
Hermopolis Magna
Amenhotep IV. Achenaten
Relieffragment, Kalkstein, 26,7 × 23,5 cm
Roeder, Amarna-Reliefs aus Hermopolis, 203.VII, Taf. 58, S. 194, 207, 305.
Drei Männer, die jeder einen Steinblock, der rechts von ihrem Kopf gezeichnet ist, eine Rampe hinauftragen. Sie sind nackt bis auf einen Gürtel mit einem vorne

herabhängenden Band. Sie sind beleibt, keine Perücken, das Haar liegt als Wulst über der Stirn. Der erste Mann hebt seine linke Ferse an und stützt den Steinblock mit erhobenen Händen von beiden Seiten. Der zweite hebt den Block in den nach vorne erhobenen Händen, der dritte stützt seinen Block ähnlich wie der erste. Beim ersten ist der Mund geschlossen, nur wie ein Strich gezeichnet, bei den beiden anderen lässt sich am Original ein Strich als Mund erkennen.

ID 443
Amarna
New York MMA 1991.237.49
Hermopolis Magna
Amenhotep IV. Achenaten
Relieffragment, Kalkstein, 36,8 × 20,9 cm
Roeder, Amarna-Reliefs aus Hermopolis, PC 267, Taf. 207, S. 189.
Diener der den Hof fegt. Im Hintergrund Eingangstür zu einem Vorratshaus mit zwei großen Gefäßen in Ständern. Die Größe der Gefäße, ein Krug und eine zugedeckte Schüssel sprechen für einen Palast- oder Tempelvorrat, das kann aber nicht entschieden werden.

ID 444
Amarna
New York MMA 1991.237.80
Hermopolis Magna
Amenhotep IV. Achenaten
Relieffragment, Kalkstein, bemalt, 26,7 × 21,6 cm
Hanke, Amarna-Reliefs aus Hermopolis, Nr. 38, Abb. 14, S. 44.
Raum mit Ständern und einem gebundenen Rind. Am unteren Rand der Kopf eines Mannes mit halblanger Perücke und Salbkegel, der sich mit einem waagerechten Oberkörper verbeugt. Arme ausgestreckt und Kopf mit Salbkegel wie auf Brooklyn 64.199.1 (ID 174). Ob es sich hier um Opfergaben in einem der großen Tempel handelt ist fraglich, da in TA 2, Säulenhalle, Südwand, Ostteil (Davies, Amarna II, Taf. XXXIII), das Anwesen des Belohnten mit Gefäßständern und einem gebundenen Rind (wohl für den Kult des privaten Schreins in seinem Garten) ausgestattet wird, und der Belohnte selbst mit Ehrengold und Salbkegel dekoriert dort ankommt. Zudem sprechen der Salbkegel und der offene Mund des Mannes gegen den Opferhof eines Tempels. Demnach wäre auf dem Relief der Lagerraum für die Kultgeräte und das Opfer für den Schrein im Garten eines Privatmannes dargestellt. Die Person mit dem Salbkegel unterhalb befände sich dort im Garten.

ID 445
Amarna
New York MMA 1991.237.75
Hermopolis Magna
Amenhotep IV. Achenaten
Relieffragment, Kalkstein, 40 × 22,8 cm
Hanke, Amarna-Reliefs aus Hermopolis, Nr. 29, Taf. 22.
Standlinie mit den Füßen von zwei Personen und dem Saum langer Stufenröcke wie sie die asiatischen Musiker auf MMA 1991.240.13 (ID 64) tragen.

ID 446
Amarna
New York MMA 1991.240.3
Hermopolis Magna
Amenhotep IV. Achenaten, jüngere Stilphase
Relieffragment, Kalkstein, 26,7 × 21,6 cm
Roeder, Amarna-Reliefs aus Hermopolis, PC 165, Taf. 190, S. 187.
Rechts neben Fächerstangen, auf erhöhter Standlinie, verbeugt sich ein hoher Beamte. Er hält seine Hände vor die Knie und blickt, mit schräg vorgebeugtem Oberkörper, geradeaus. Er trägt den weiten Mantel mit Ärmeln und eine Perücke, deren Zipfel bis auf die Schultern reichen. Die Perücke bedeckt das Ohr. Der Mund und auch das Auge wirken geschlossen. Tiefe Nasolabialfalten vermitteln das Gesicht eines älteren Menschen. Die Mundwinkel sind herabgezogen.

ID 448
Amarna
New York MMA 1991.240.16
Hermopolis Magna
Amenhotep IV. Achenaten
Relieffragment, Kalkstein, 20,3 × 22,8 cm
Hanke, Amarna-Reliefs aus Hermopolis, Nr. 41.
Ein Wagenlenker hinter dem Wagen grüßt ehrwürdig mit einer Verbeugung den König. Die Hände (in der Rechten die Peitsche und die Zügel haltend) liegen auf den Schenkeln auf. Das Gesicht ist weggebrochen. Er hat den Rücken dem Wagen zugewendet. Parallelen: Wagenlenker mit dem Fahrzeug im Rücken sind ein Standardmotiv im Hof des Erscheinungsfensters, wenn sie sich zum König hin verbeugen, wobei der Wagen abfahrbereit zum Tor hin ausgerichtet ist (TA 2, Säulenhalle, Südwand, Ostteil, Davies, Amarna II, Taf. XXXIII, nach links blickend, hier jedoch rechts), ebenso TA 7, Halle, Westwand (Davies, Amarna VI, Taf. IV), TA 4, Säulenhalle, Ostwand oben, oder vor dem Tempel wartend (Davies, Amarna I, Taf. XXVI, aber hier nur Zügel und keine

Peitsche in der Hand), TA 6, erste Halle, Südwand, Ostteil, unten (Davies, Amarna II, Taf. XI, nur Zügel, Sandalen am Oberarm).

ID 449–453
Amarna
New York MMA 1991.361
Hermopolis Magna
Amenhotep IV. Achenaten
Relieffragment, Kalkstein, 53 × 23 cm
Roeder, Amarna-Reliefs aus Hermopolis, PC 47, Taf. 178, S. 302–303.
Hinter einer größer abgebildeten Frau in einem durchsichtigen bodenlangen Mantel, von der nur noch der rechte Ellenbogen, der Rest des Rückens und die Beine erhalten sind, stehen zehn Mitglieder seines Haushaltes. Sie begrüßen vermutlich den Belohnten bei seiner Ankunft vor dem Haus. Das lässt sich nur aus den Personen erschließen, weil kein Gebäude eine Straße andeutet. Von li. nach re: Als letzter in der Reihe, in einigem Abstand, steht ein Diener mit Besen, beide Arme anbetend erhoben, wobei die Hände (mit der Innenfläche nach vorn) über Kopfhöhe ausgestreckt sind; den Besen hat er gegen sein Knie gelehnt. Ein Mann, gut gekleidet wie ein Aufseher, beide Arme anbetend erhoben. Eine Frau mit runder Handtrommel. Eine Frau ohne Handtrommel, kleiner als die anderen Frauen dargestellt, linke Hand erhoben, vielleicht zum Tanz mit den Fingern schnipsend. Eine Frau mit runder Handtrommel.

ID 454
Amarna
New York MMA 32.5.1
Tell el-Amarna, Königspalast, Pit südlich des Teiches
Amenhotep IV. Achenaten
Ostrakon, 10 × 10 cm
Übungsstück mit der Darstellung eines Männerkopfes. Schädel nur in Umrissen, Auge zweimal versucht, leichte Stupsnase, Lippen ganz ausgebildet und bis zum Mundwinkel durchgezogen.

ID 455
Amarna
New York MMA 21.9.12
Tell el-Amarna, Bildhauerschule
Amenhotep IV. Achenaten
Ostrakon, Kalkstein, 12 × 22 cm
Grabung Petrie and Carter 1891–1892.
Kopf in nubischer Perücke mit Uräus.

ID 456
Amarna
New York MMA 22.2.6
Tell el-Amarna, Bildhauerwerkstatt am Südende der Stadt
Amenhotep IV. Achenaten
Ostrakon, Kalkstein, 13 × 11 cm
Petrie, Tell el Amarna, Taf. XI.2.
Alter Mann mit Stirnfalten und welligem, nach hinten stehendem Haar. Die Wangen eingefallen. Er sitzt. Die Rechte ist flach gestreckt, der Ellenbogen im Redegestus angewinkelt. In Petries Publikation ist das Stück noch größer, die Oberschenkel und Knie des sitzenden Mannes sind erhalten und die linke Hand stützt sich auf einen Stock. Er spricht mit jemandem, dessen Darstellung zu ergänzen ist.

ID 457
Amarna
New York MMA 22.2.7
Tell el-Amarna, Bildhauerwerkstatt
Amenhotep IV. Achenaten
Ostrakon, Kalkstein, 3,8 × 2,6 cm
Grabung Petrie 1891–1892.
Teil eines Gesichtes. Volle Lippen.

ID 458
Amarna
New York MMA 22.2.9
Tell el-Amarna, Bildhauerwerkstatt
Amenhotep IV. Achenaten
Ostrakon, Kalkstein, 11 × 8,7 cm
Grabung Petrie 1891–1892.
Kopf.

ID 459
Amarna
New York MMA 22.2.14
Tell el-Amarna, Bildhauerwerkstatt
Amenhotep IV. Achenaten
Ostrakon, Kalkstein, 5,5 × 7,9 cm
Grabung Petrie 1891–1892.
Profil, vermutlich Achenatens.

ID 460
Amarna
New York MMA 47.57.1
Fundort vermutlich Tell el-Amarna
Amenhotep IV. Achenaten, früher Amarnastil
Relieffragment, Quarzit, 9 × 13 cm
Arnold, The Royal Women of Amarna, S. 26, Abb. 19.
Kopf der Nefertiti.

ID 461
Amarna
New York MMA 22.2.5
Tell el-Amarna, Bildhauerwerkstatt
Amenhotep IV. Achenaten
Ostrakon, Kalkstein, 13 × 10 cm
Grabung Petrie 1891–1892.
Untere Gesichtshälfte, ergänzt.

ID 462
Amarna
New York MMA 22.2.15
Tell el-Amarna, Bildhauerwerkstatt
Amenhotep IV. Achenaten
Ostrakon, Kalkstein, 7,7 × 5,5 cm
Grabung Petrie 1891–1892.
Gesicht eines Nubiers. Unterer Teil vom Hals bis inklusive Lippen und Ohrring.

ID 463
Amarna
New York MMA 1993.436
Hermopolis Magna
Amenhotep IV. Achenaten
Talatat, Fragment, bemalt
Roeder, Amarna-Reliefs aus Hermopolis, PC 110, Taf. 188, S. 199.
Gefangene eines unterworfenen Volkes. In der vorderen Reihe stehen zwei Nubier mit Kappe und Federschmuck. Roeder vermutet in ihnen Gefangene. Zu den Herren hinter diesen siehe ID 661.

ID 464
Amarna
New York MMA 65.129
Fundort unbekannt
Amenhotep IV. Achenaten
Relieffragment, Kalkstein
Die Säulen mit Palmenkapitell und Bändern deuten auf einen Empfangsraum im Königspalast hin. Ein kahlköpfiger Diener beugt sich über eine breite Schale mit Glut, die auf einem Gestell steht. Er hält in der rechten erhobenen Hand einen halbrunden Gegenstand, der nicht wie ein Fächer um das Feuer anzufachen aussieht. In der linken Hand hält er eine Schale.

ID 465
Amarna
New York MMA 47.13.1
Fundort unbekannt
Amenhotep IV. Achenaten, spät
Ostrakon, Kalkstein, 14 × 22 cm
König im Chat-Kopftuch.

ID 466
Amarna
New York MMA 68.16
Fundort unbekannt
Amenhotep IV. Achenaten
Relieffragament, Sandstein, 35 cm
Ein wohlgenährter Mann sitzt außen an eine Gartenmauer gelehnt. Die untere Gesichtshälfte ist hinter seinem Arm verborgen. Mit der rechten Hand hält er den linken Oberarm umfasst. Er schläft. Parallelen eines schlafenden Türwächters im Palast, während der König unterwegs ist: TA I, Säulenhalle, Westwand (Davies, Amarna III, Taf. XIII), TA 25, Säulenhalle, Nordwand, oberhalb Tür, rechts (Davies, Amarna VI, Taf. XXVIII), Oxford, AN1893.1–41.116 (ID 688), möglicherweise auch Roeder 173.VI.

ID 471
Amarna
Kairo JE 65970
Tell el-Amarna, Weben-Aten
Amenhotep IV. Achenaten
Übungsstück, Quarzit, 21,5 × 20 cm

Pendlebury, CoA III, Bd. 1, S. 63, Bd. 2, Taf. LXV.6.
Gefangene eines unterworfenen Volkes. Übungsstück mit mehreren Skizzen, darunter ein knieender gefangener Nubier, Hals gebunden, Hände auf dem Rücken gefesselt. Die Lippen sind spitz nach vorn gezogen, der Mund ist geschlossen.

ID 472
Amarna
Kairo JE 59330
Tell el-Amarna
Amenhotep IV. Achenaten
Täfelchen, Alabaster, 37 × 31 cm
Gefangene eines unterworfenen Volkes. Täfelchen mit einem gefangenen Nubier. Hände auf dem Rücken gefesselt und Halsfessel, leichte Schrittstellung mit eingeknicktem rechtem Knie. Rechts und links von ihm zwei mannshohe Bogen. Dekoration.

ID 473
Amarna
Kairo JE 62765
Tell el-Amarna
Amenhotep IV. Achenaten
Fragment, Fayence, 6,5 × 10 cm
Egypt Exploration Society, Grabung Pendlebury 1933–34.
Gefangene eines unterworfenen Volkes. Architektonisches Detail, vielleicht ein Ziegel wie der im Petrie Museum? Dekoration.

ID 474
Amarna
Kairo, Rekonstruktion
Tell el-Amarna, el Hagg-quandil (Palast)
Amenhotep IV. Achenaten
Fußboden, bemalt
Weatherhead, Amarna Palace Paintings, Abb. 15.
Pflanzen und Leben im Wasser, daneben Neun Bogen, die Fremdvölker repräsentierend, neben diesen abwechselnd ein Gefangener Nubier mit offenem Mund und ein gefangener Asiate mit geschlossenem Mund. Ich vermute, da die Gefangenen der unterworfenen Völker unterschiedlich gemalt werden, dass der bei den Nubiern geöffnete Mund die Lösung des zeichnerischen Problems darstellt, im dunklen Gesicht die Lippen darzustellen. Dekoration.

ID 475
Amarna
Brooklyn 36.880
Tell el-Amarna
Amenhotep IV. Achenaten, früher Amarnastil
Ostrakon, Kalkstein, 22,1 × 18,3 × 5,1 cm
Übungsstück. Kopf eines Mannes mit Perücke.

ID 476
Amarna
New York MMA 1991.240.18
Hermopolis Magna
Amenhotep IV. Achenaten
Relieffragment, Kalkstein, 20,3 × 21,8 cm
Roeder, Amarna-Reliefs aus Hermopolis, PC 132, Taf. 190.
Kahlrasierter Mann, der auf den Schultern einen Rinderschenkel trägt. Es handelt sich wohl um den Opferbetrieb im Tempel, wo die Gaben vom Schlachthof zu den Altären im Opferhof getragen werden müssen.

ID 477
Amarna
London BM EA 63792
Tell el-Amarna
Amenhotep IV. Achenaten
Ostrakon, Kalkstein, 13,2 × 8,3 × 2,5 cm
Kopf eines Mannes, halblange runde Perücke. Vertiefte Umrisse, Haar und Wangen leicht gewölbt. Runde, bis kurz unter die gerade Nase reichende Lippen. Die Linie vom Hals zum Kinn verläuft waagerecht. Ohren ganz von der Perücke verdeckt.

ID 479
Präamarna
Cleveland 1976.4
Karnak
Amenhotep IV. Achenaten, früher Amarnastil
Relieffragment, Sandstein, bemalt, 24,3 × 21,5 cm
Chappaz, Akhénaton et Néfertiti, soleil et ombres des pharaons, Kat. Nr. 48.
Nefertiti unter Strahlenaten.

ID 480–483
Amarna
San Diego 14881
Amarna, vor Haus R 44. 12, gefunden in Leinen eingewickelt
Amenhotep IV. Achenaten, 9.-12. Jahr
Stele, Kalkstein, bemalt, 17,2 × 19,7 × 4,9 cm, Farben gut erhalten, Yayas Name wurde korrigiert
Aldred, Akhenaten and Nefertiti, Kat. Nr. 141. Freed et al., Pharaohs of the Sun, Kat. Nr. 175. Stevens, Private Religion at Amarna, S. 146, Abb. II.5.22.
Privatstele. Zwei Männer, Yaya und Menna, sitzen auf Hockern, ihre Füße stehen auf einem Schemel. Sie tragen eine Perücke und einen langen weiße Schurz. Ihnen wird von zwei Frauen, Shety und Mery, in weißen langen Kleidern und mit Haarband und Salbkegel, Wein gebracht. Yaya hält eine Weinschale an seine Lippen. Menna nimmt von Shety eine Weinschale entgegen, die sie ihm mit der Rechten anreicht. Mery, die Yaya gegenübersteht, hält einen Weinkrug um daraus nachzuschenken.

ID 484–486
Amarna
Berlin ÄM 14122
Fundort vermutlich Tell el-Amarna
Amenhotep IV. Achenaten, später Amarnastil
Stele, Kalkstein, bemalt, 24 × 29,5 cm, versenktes Relief
Spiegelberg/Erman, Grabstein eines syrischen Söldners aus Tell Amarna, in: ZÄS 36, S. 126–129, Taf. 17. Priese, Das Ägyptische Museum Berlin, Kat. Nr. 80. Freed et al., Pharaohs of the Sun, Kat. Nr. 114.
Privatstele. Auf einem Klappstuhl mit Ledersitzbespannung sitzt ein Syrer mit einem Vollbart. Er ist geschmückt mit Kragen und Armband. Seine Lanze steht hinter ihm. Er trägt den kanaanitischen Namen Tur-ra. Sein Diener reicht Tur-ra ein Getränk, indem er ihm das Mundende eines Saugrohrs in die Hand gibt, in der anderen Hand hält der Diener ein Weingefäß. Tu-ras rechte Hand greift nach dem Rohr, die linke liegt auf den Knien. Ihm gegenüber, auf einem etwas niedrigeren Hocker, sitzt seine Frau: „Die Hausherrin Irb-ra“. Sie ist mit einem langen Kleid und Stola vornehm gekleidet und geschmückt. Genremalerei – Bildkomposition wie bei wie Nefertiti, die Achetaten gegenübersitzt. Parallelen: Kairo JE 29747 (ID 238–239), Berlin ÄM 20716 (ID 280).

ID 490, 495–496 (Opferträger, Arbeiter), 497 (Achenaten)
Präamarna
Karnak, CFÉ 2713, heute Luxor Museum, rekonstruierte Talatatwand
Karnak, IX. Pylon (*ṯnỉ-mnw*)

Amenhotep IV. Achenaten
Talatat
Lauffray, Les ‚Talatat' du IX. Pylône de Karnak et le Teny-Menou, in: Cahiers de Karnak VI (1973–1977), S. 67–89 mit Taf. XIV–XIX.
Achenaten unter Strahlenaten opfernd. Position und Begleitung des Königs durch Priester auf dem Weg zum Allerheiligsten wie auf dem Sedfestblock aus Karnak. Vor dem Tempel kommt der erste Opferträger in der Opferprozession an, ein kahlgeschorener Mann, der an einer Stange zwei Weinkrüge in einem Netz trägt. Im Register darunter ist der Kopf eines kahlgeschorenen Mannes, der ein Tischchen mit einer Opfergabe trägt, erhalten. Bei ihm sowie allen anderen Opferträgern ist der Mund geschlossen. Schreiber und Arbeiter in den Wirtschaftsräumen des Tempels. Die Gesichter der beiden Schreiber sind nicht zu erkennen. Ein größer dargestellter Vorsteher sitzt auf einem Klappstuhl, Mund zerstört, da genau in der Talatatfuge. Die Arbeiter stapeln runde Brote aus der daneben liegenden Bäckerei. Bei allen Arbeitern mit erhaltenem Gesicht in den Wirtschaftsräumen und Werkstätten ist der Mund geschlossen.

ID 498
Amarna
San Jose RC 1733
Fundort unbekannt
Amenhotep IV. Achenaten
Relieffragment, Kalkstein, Farbreste
Mann im Profil, freies Ohr.

ID 499
Amarna
San Jose RC 2070
unbekannt
Amenhotep IV. Achenaten, früher Amarnastil
Relieffragment
Achenaten hält einen Räucherarm und ein Anch.

ID 500
Amarna
San Jose RC 2163
unbekannt
Amenhotep IV. Achenaten

Relieffragment
Achenaten in weißer Krone opfert *nw*-Gefäße vor einem gefüllten Altar.

ID 501
Amarna
Ontario 2004.1039.7
Tell el-Amarna
Amenhotep IV. Achenaten
Relieffragment, Kalkstein, Gips, 45,5 × 20 cm, versenktes Relief
Nefertiti und Achenaten unter Strahlensonne. Die Inschrift gehörte zu einer Prinzessin, die auf die Königin folgte.

ID 502
Amarna
Amarna Objekt, Verbleib unbekannt
Tell el-Amarna, Friedhof, süd
Amenhotep IV. Achenaten
Fragment von einer Sargaußenseite aus der Längsseite, schwarzer Grund, Texte und Personen rot
Zum Gestaltungsprinzip der Sargaußenseiten der dekorierten Särge, Kemp, Tell el Amarna 2014–15, in: JEA 101, S. 1–32.
Drei Kolumnen, zwischen diesen eine Opferszene mit einem Mann, der in der Rechten über einem Ständer eine Vase erhebt (der linke Arm liegt seitlich am Körper an), und ein Opferträger, der im linken Arm einen Blumenstrauß bringt (der rechte Arm liegt seitlich am Körper an).

ID 503
Amarna
London BM EA 76683
Tell el-Amarna, Stadtgebiet
Amenhotep IV. Achenaten, später Amarnastil
Fragment einer Säule, Kalkstein, 13,5 × 9,5 cm, versenktes Relief, Oberfläche leicht gewölbt, Farbreste
Page-Gasser/Wiese, Ägypten – Augenblicke der Ewigkeit, Kat. Nr. 91.
Nefertiti mit vierstufiger nubischer Perücke und Uräus. Sie reicht dem Strahlenaten einen Papyrusstrauß. Vom Griff wehen rote Bänder. Fliehende Stirn, kaum vorstehendes Kinn, Lippen stark ausgeformt, Linie zwischen den Lippen vertieft. Dekoration.

ID 504–506
Amarna
Stockholm MME 1975:027
Hermopolis Magna
Amenhotep IV. Achenaten
Relieffragment, Kalkstein, 54 × 23 × 3,5 cm
Roeder, Amarna-Reliefs aus Hermopolis, Taf. 67, S. 72, 171, 177, 187, 188. Cooney, Amarna Reliefs from Hermopolis in American Collections, Kat. Nr. 55. Aldred, Akhenaten and Nefertiti, Kat. Nr. 75. Lindblad, Zwei Amarna Reliefblöcke in Stockholm, in: MedMusB 13, 19–22.
Zwei sich verbeugende Männer, nach rechts blickend. Der zweite Mann hält einen Stab und trägt eine Zipfelperücke. Bei beiden ist der Mund geschlossen. Rechts von ihnen sieht man vier Träger (in gestaffelter Darstellungsweise) mit der Stange eines Tragesessels auf ihrer rechten Schulter. Sie sind bekleidet mit dem Offiziersschurz. Bei allen ist der Mund geschlossen.

ID 507–509
Amarna
Stockholm MME 1983:002
Hermopolis Magna
Amenhotep IV. Achenaten
Relieffragment, Kalkstein, 52,5 × 25 cm, Transportschaden, ausgebessert vom National Museum of Art, Stockholm 1985.
Roeder, Amarna -Reliefs aus Hermopolis, PC 138, Taf. 192, S. 196, 202, 212, 311, 314. George, Szenen vom Leben in Amarna, in: MedMusB 21, S. 24–37.
Talatat mit zwei Wohnhäusern. Li. Haus: Im Eingang, der seitlich und als Innenraum dargestellt ist (oder es handelt sich um zwei Vorräume und der Innenraum unterhalb der Mittelhalle mit Säulen bildet einen zweiten Vorraum) stehen zwei Diener. Die Rechte des linken Dieners beschreibt einen Redegestus. Die Bekleidung mit einem Schurz und der Besen in der linken Hand weisen ihn als den Übergeordneten aus. Er sagt etwas zu einem Wasserträger, der vor ihm steht. Der Wasserträger ist bis auf ein schmales Tuch um die Hüften nackt. Er hält mit der Linken das bauchige Gefäß auf der Schulter. Der rechte Arm weist nach unten. Re. Haus: Eine Frau steht alleine im Hof, sie blickt nach rechts. Der Mund ist geschlossen. Sie trägt ein Fell um die Hüften und steht mit einer leeren Amphore unter dem rechten Arm, der linke hängt abwärts. Wegen der Bekleidung fragt sich Roeder, ob es eine Ausländerin sein kann. Am rechten Bildrand ist noch eine Dienerfigur in einem Vorratsraum oder auf dem Hof zu erkennen. Das Gesicht ist leider nicht mehr auf dem Objekt. Siehe auch ID 1231–1232.

ID 510
Amarna
London BM EA 63968
Tell el-Amarna
Amenhotep IV. Achenaten
Relieffragment, Kalkstein, 23 × 16 × 11 cm, bemalt
Ein Diener mit großer Ohrscheibe verbeugt sich hinter einer größeren Figur.

ID 511–512
Amarna
Stockholm MME 1996:004
Im Kunsthandel erworben, Fundort unbekannt
Amenhotep IV. Achenaten (fraglich)
Stele, Kalkstein, 22,8 × 15,5 cm
Privatstele. Ramose (der Name steht oberhalb) im weißen Schurz und mit nubischer Perücke sitzt auf einem Klappstuhl. In der Linken hält er einen Zweig mit Früchten, die Rechte hat er auf den Schoß gelegt. Sein Diener gießt Wasser aus einem Krug. Der Diener ist kahlrasiert und mit einem weißen Schurz bekleidet. Obgleich er in einem viel kleineren Maßstab gezeichnet ist, steht er mit Ramose auf einer Höhe. Er hält das Gefäß in beiden Händen erhoben wie bei einer Trankopfergabe. Im Hintergrund steht ein Tischchen mit weiteren vier Gefäßen.

ID 513–514
Amarna
Kairo JE 29746
Tell el-Amarna, TA 23, Grab des Ani
Amenhotep IV. Achenaten
Privatstele, Kalkstein, 28 × 42 cm
Kairo CG 34176, Laucau, Stèles du Novel Empire, Taf. LXVI. Davies, Amarna V, S. 10, Taf. XXI. Pendlebury, CoA III, Bd. 1, S. 68, Bd. 2, Taf. XIII.C.1. Kemp, The City of Akhenaten and Nefertiti, S. 114, Abb. 3.29. Beischriften, Murnane, Texts from the Amarna Period, S. 129.
Privatstele des Schreibers Nebwawi für den Schreiber Ani. Ani steht in Schurz und knielangem Überwurf, in der Rechten hält er einen langen Stab, in der Linken ein Tuch. Er trägt Sandalen. Er blickt nach links, den ihm gegenüberstehenden Nebwawi an. Der Schreiber Nebwawi ist wesentlich einfacher gekleidet und trägt keine Perücke. Er blickt im oberen Stelenfeld den Schreiber Ani an, wobei er in der linken Hand eine Rolle hält. Die rechte Hand in Augenhöhe erhoben, Daumen und Hand einen

Ring formend, ist als Redegestus zu bewerten. Im unteren Feld führt er einen fetten geschmückten Opferstier an einem Strick, in der anderen Hand hält er einen kurzen Stock. Die Beischriften sind Nebwawi in den Mund gelegt. Sie lauten, oben: „Siehe den Ochsen, den ich bringen sollte", unten: „Siehe, die guten Dinge, die der Herrscher getan hat, für seinen Schreiber des Opfertisches, für den er ein schönes Begräbnis in Achetaten angeordnet hat."

ID 515–516
Amarna
Cincinatti 1921.297
Tell el-Amarna, unter der Treppe des Hauses N 49.21
Amenhotep IV. Achenaten
Stele, Kalkstein, bemalt, 12,7 × 15,2 cm, bemalt in rot, gelb und schwarz
Peet/Woolley, CoA I, S. 25, Taf. XII.2. Freed et al., Pharaohs of the Sun, Kat. Nr. 179. Stevens, Private Religion at Amarna, S. 144. Kemp, The City of Akhenaten and Nefertiti, S. 241, Abb. 7.13.a.
Eine Frau und ein Knabe stehen vor der Göttin Taweret. Die Frau trägt eine große Perücke, einen Salbkegel und ein vornehmes Gewand. Sie hat die Rechte (mit der Handfläche nach außen) anbetend erhoben, die Linke ist zur Göttin hin ausgestreckt. Der Knabe hält vermutlich in beiden Händen Opfergaben.

ID 517
Amarna
Swansea W 1150
Tell el-Amarna, Haus in der Nordstadt
Amenhotep IV. Achenaten
Siegel eines Ringes, Fayence
Bosse Griffiths, Two Lute-Players of the Amarna Era, in: JEA 66, S. 70–82.
Lautenspielerin mit einem Affen.

ID 518–523
Amarna
Kairo JE 46954
Tell el-Amarna, Grabkapelle 525 des Ptahmay, zusammen mit einer Stele (Shed und ein durchbohrter Skorpion) auf dem Boden der Nische, an die Wand gelehnt
Amenhotep IV. Achenaten
Stele, Kalkstein, bemalt, 32 × 44,5 × 12 cm
Peet, Excavations at Tell el-Amarna, in: JEA VII, S. 169–185, Taf. XXIX.3. Peet/Woolley, CoA I, S. 96–97 u. 104, Taf. XXVIII.1–3. Stevens, Private Religion at Amarna, S. 143. Kemp, The City of Akhenaten and Nefertiti, S. 237, Abb. 7.8.

Vorderseite: im oberen Bildfeld stehen der Gott Shed mit Pfeilen und Bogen und die Göttin Isis mit Opfertisch, zwischen ihnen liegt ein von zwei Pfeilen durchbohrter Skorpion. Isis hält Shed ein Anch-Zeichen an die Nase. Die Szene ist umrahmt von Opferformeln an diese beiden Götter. Im unteren Feld kniet Ptahmay vor zwei Opfertischen, die Hände anbetend erhoben, li. davon das Gebet in drei Kolumnen: „Lobpreis geben für Shed. Die Erde Küssen für den großen Gott. Preis dem Herrn der Liebe in Frieden. Seine Schönheit sehen jeden Tag. Für ihn gemacht von Ptahmay." Auf der vom Betrachter aus re. Seite der 12 cm dicken Stele sind abgebildet, oben: Ptahmay in einem Stuhl. Er hält ein Gefäß, in das eine weibliche Figur Flüssigkeit aus einer kleinen Vase gießt. Darüber steht: „Für seinen Ka, O gelobter des Aten, von seiner Schwester, der Dame des Hauses Thefy. Gemacht von Ptahmay". Im unteren Bildfeld: Eine Frau spielt eine Standharfe, neben ihr ein nacktes Mädchen spielt die Laute und tanzt dazu. Die Beischrift lautet: „Seine Tochter Heket, seine Tochter Neferu. Das Sagen aller guten Dinge". Vom Betrachter aus auf der linken Seite, oben: Ptahmay sitzt auf einem vornehmen Stuhl. Ihm wird von der Dame des Hauses Nubemshent aufgewartet, die von ihrem Sohn begleitet wird. Beischrift: „Dein Ka! Verbringe einen schönen Tag. O Gepriesener des lebendigen Aten! Gemacht vom Gepriesenen seines Herrn, des lebendigen Aten, Ptahmay, der das Leben wiederholt!" und „Die Dame des Hauses Nubemschent. Sein Sohn Khaemmenu." Im unteren Bildfeld: Vier Personen, bezeichnet als: „Sein Sohn Khaemmenu, Seine Tochter Bekist, Seine Tochter Bekist, seine Tochter Heket, Gerechtfertigt".

ID 524
Amarna
Amarna Objekt 5239
Tell el-Amarna, im hinteren Teil der Kapelle des Arbeiterdorfes
Amenhotep IV. Achenaten
Holztäfelchen, Höhe 11,5 cm
Kemp, Amarna Reports I, S. 28, Abb. 2.11. Ders., The City of Akhenaten and Nefertiti, Taf. XXXIX.
Holztäfelchen zum aufstecken auf eine Stabspitze, beidseits bemalt. Eine Seite: Ein Mann verehrt Wepwawet auf einer Standarte. Andere Seite: zwei kahlköpfige Männer im Laufschritt. Sie halten in ihrer Rechten einen Stab über die Schulter, in der Linken hält der vordere eine Blattrispe, der zweite hat die Linke anbetend erhoben.

ID 525
Amarna
Amarna Objekt 39938
Tell el-Amarna, Südgräber
Amenhotep IV. Achenaten

Stele aus einem Pyramidion, Kalkstein, Höhe 25,5 cm, grober Stein
Kemp, The City of Akhenaten and Nefertiti, S. 259, Abb. 7.32.
Ein Paar sitzt auf Stühlen, mit den Füßen auf Schemeln und umarmt sich. Vor ihnen steht ein Tischchen. Ein männlicher Diener wartet ihnen auf.

ID 526
Amarna
Amarna Objekt Nr. unbekannt
Tell el-Amarna, möglicherweise im Zentrum der Stadt
Amenhotep IV. Achenaten,
Ostrakon, Kalkstein, bemalt
Stevens, Private Religion at Amarna, S. 158, Abb. II.6.8. nach EES Negativ 24.197.
Übungsstück. Auf einem Hocker sitzende Figur, große Perücke, vornehme Kleidung mit Ärmeln, die Arme in Verehrung erhoben. Geschlecht nicht zu bestimmen.

ID 527
Amarna
Amarna Objekt 5160
Tell el-Amarna, östl. Arbeiterdorf
Amenhotep IV. Achenaten
Ostrakon, Ton, Höhe 8,7 cm
Stevens, Private Religion at Amarna, S. 159, Abb. II.6.9.
Übungsstück. Eine stehende Dame. Sie trägt eine lange Perücke mit Stirnband und eine Blüte auf dem Scheitel. Ihr Arm ist vorgestreckt.

ID 535–536
Amarna
Kairo JE 29748
Tell el-Amarna, Südgräber, TA 23
Amenhotep IV. Achenaten
Stele, Kalkstein, 23,5 × 27 cm
Kairo CG 34.177, Laucau, Stèles du Novel Empire, Taf. LXVI. Bouriant et al., Monuments pour servir à l'étude du culte d'Atenou en Égypte. Davies, Amarna V, Taf. XXII, S. 10. Freed et al., Pharaohs of the Sun, Abb. 134.
Der Geehrte Schreiber Ani steht mit drei Kragen aus Gold um den Hals in einem Streitwagen mit Köchertasche. Er wird von seinem Wagenlenker Tiaj, der die Stele gestiftet hat, gefahren. Der Wagenlenker ist kahlrasiert. Man sieht von ihm nur den nackten Oberkörper. Er hält die Zügel mit beiden Händen.

ID 537–538
Amarna
Kairo JE 29749
Tell el-Amarna, Südgräber, TA 23
Amenhotep IV. Achenaten
Oberer Teil einer Stele, Kalkstein, 21,5 × 19,5 × 10,4 cm
Kairo CG 34.179, Laucau, Stèles du Nouvel Empire, Taf. LXVII. Davies, Amarna V, Taf. XXIII, S. 10. Spieser, Offrandes et purification à l'époque amarnienne, S. 173 mit Abb. 75.
Privatstele des Ptahmay für den Schreiber Ani. Der Verstorbene, Ani, sitzt auf einem Stuhl, langes Gewand, schwere Perücke, in seiner Rechten hält er ein Tuch, in seiner Linken das Sechem-Zepter. Vor ihm ein Opfertisch mit Broten, Gemüse und einem Lotusstrauß. Oberhalb 5 Kolumnen Schrift, links: „Für den Ka des Güterverwalters Ani, gerechtfertigt". Rechts: „Möge dir gemacht werden ein Opfer, das der König gibt (bestehend) aus Bier, Ochsen, Geflügel, Wein und Milch durch seinen Bruder Ptahmay." Ani gegenüber steht ein Priester (Bruder des Toten). Dieser ist vornehm gekleidet mit Ärmelgewand und gebauschtem Schurz. Die Rechte ist im Redegestus ausgestreckt. In der Linken hält er einen zylinderförmigen Gegenstand.

ID 539–540
Amarna
Kairo JE 29745
Tell el-Amarna, Südgräber, TA 23
Amenhotep IV. Achenaten
Stele, Kalkstein, bemalt, 26 × 42 cm
Kairo CG 34.180, Laucau, Stèles du Nouvel Empire, S. 220, Taf. LXVIII. Davies, Amarna V, Taf. XXI, S. 9–10. Spieser, Offrandes et purification à l'époque amarnienne, S. 42–43, 172 mit Abb. 72.
Privatstele des Ani, gestiftet von Pakha. Ani sitzt auf einem Stuhl, vor ihm ein Opfertisch mit Brot und Gemüse. Er ist vornehm gekleidet, Salbkegel und Sandalen. Aufbau der Szene wie Kairo CG 34.181 (ID 541). Pakha mit schwerer Perücke und langem Schurz opfert ihm einen Lotusstrauß. Über ihm acht Kolumnen Text, rechts: „Für deinen Ka, einen Strauß des Aten. Möge er mir (sic!) Luft geben, möge er deine Glieder verknüpfen. Mögest du Re sehen, wenn er sich erhebt und ihn anbeten. Möge er dich hören wenn du zu ihm sprichst". Links: „Der wahrhaftige königliche Schreiber, den er liebt, der Schreiber des Opfertisches, des Herrn der beiden Länder, der Gütervorsteher, Ani". Unter der Szene steht: „Der Aufseher der Arbeit, Pakha, gerechtfertigt, hat es gemacht."

ID 541–542
Amarna
Kairo JE 29750
Tell el-Amarna, Südgräber, TA 23,
Amenhotep IV. Achenaten
Privatstele, Kalkstein, 15 × 23 × 12,5 cm, grob gezeichnet
Kairo CG 34.181, Laucau, Stèles du Nouvel Empire, S. 221, Taf. LXVIII. Davies, Amarna V, Taf. XX III, S. 11. Spieser, Offrandes et purification à l'époque amarnienne, S. 42–43, 172 mit Abb. 71.
Privatstele des Schreibers Ani. Er sitzt auf einem Stuhl, vor ihm ein Opfertisch. Er trägt eine schwere Perücke, einen Salbkegel auf dem Kopf, ein plissierten Mantel und Sandalen. In der Rechten hält er ein Tuch, die Linke hat er zum Opfertisch mit Lotus darauf ausgestreckt. Über ihm zwei Kolumnen Text: „Der königliche Schreiber, der Schreiber des Opfertisches, der Gütervorsteher Ani". Ihm gegenüber steht Ai, kahlköpfig wie ein Priester und im Schurz, der einen Lotusstrauß für ihn opfert. Über Ai drei Kolumnen Text: „Gemacht durch den Diener (*šḏm – ꜥš*) Ai, für deinen Ka einen Strauß des Aten, der dich lobt und dich liebt".

ID 544
Amarna
Kairo RT 29.4.26.1 und 29.4.26.2
Tal der Könige, KV 55
Amenhotep IV. Achenaten
Schrein, vergoldet
Schrein der Königin Teje, der Mutter Achenatens. Auf der Seite in Gold der König (nur Reste erhalten) und die Königin Teje, dem Aten opfernd.

ID 546
Präamarna
Berlin ÄM 30509
Fundort unbekannt, vermutlich Karnak
Amenhotep IV. Achenaten
Wandrelief, Fragment, Sandstein, bemalt, 19,9 × 23,5 cm
Zorn, Unter Atons Strahlen, Abb. 19.
Achetaten mit weißer Krone und im Hebsed-Mantel unter Strahlenaten.

ID 548
Amarna
Hannover KM 1966.113
Tell el-Amarna
Amenhotep IV. Achenaten, früher Amarnastil

Relieffragment, Kalkstein, 30,2 × 15 cm
Drenkhahn, Die ägyptischen Reliefs im Kestner Museum, Nr. 30.
Achenaten mit blauer Krone unter Strahlenaten.

ID 549
Amarna
Hannover KM 1935.200.195
Tell el-Amarna
Amenhotep IV. Achenaten
Relief, Treppenbrüstung, Kalkstein, 52 × 25,5 cm
Drenkhahn, Die ägyptischen Reliefs im Kestner Museum, Nr. 31. Chappaz, Akhénaton et Néfertiti, soleil et ombres des pharaons, Kat. Nr. 173.
Achenaten, Nefertiti und Meritaten beim Opfer. Sie schreiten Stufen empor, die vermutlich zu einem Altar führen. Die Köpfe fehlen oder sind ausgehackt. Meritaten hält die Linke verehrend erhoben, in der Rechten erhebt sie ein Anch-Zeichen. Nefertiti hält die rechte Hand verehrend erhoben, in der linken hält sie ein Sistrum am Bügel. Parallele: Sammlung Koutoulakis (Aldred, Nefertiti and Akhenaten, Kat. Nr. 13).

ID 550–553
Amarna
Berlin ÄM 14123
Fundort unbekannt
Amenhotep IV. Achenaten (Aten und Achetaten sind in den Opfergebeten genannt)
Grabkapelle, Abschluss, Kalkstein, 29 × 60 × 28 cm
PM IV, 235. Freed et al., Pharaohs of the Sun, Kat. Nr. 236. Rammant-Peeters, Les pyramidions égyptiens du nouvel empire, S. 6f, Taf. 2.
Pyramidion des Meri-Re (bei Freed „Neb-Ra" gelesen), Ostseite. Familie, bestehend aus 4 Personen, stehend im Gebetsgestus. Auf den Seiten der Sonne, Ost und West, verehrt die Familie den Aten, auf der Nord- und Südseite sitzt das Paar am Opfertisch. Seite B: „Ein Opfer, das der König und der lebende Aten geben, Herr von allem, was die Sonne umkreist, der die Beiden Länder erleuchtet, Herr der Strahlen, Aten. Für den Mundschenk(?) des Atentempels in Achetaten, Merire, der wieder lebt, und die Herrin des Hauses .. -Aten, Nebu-neferti, die Gerechtfertigte. Seine Tochter Hetepet, die Gerechtfertigte. Sein Sohn Juni". Südseite: Ehepaar beim Opferempfang vor einem Speisetisch. Meri-Re hält in der Rechten eine Lotusblüte, die Linke hat er mit der Handfläche nach unten schützend zum Opfertisch hin ausgestreckt. Seine Frau hat den Arm um ihn gelegt. Ein Priester mir Räucheram und Vase steht ihnen gegenüber vor dem Opfertisch. Seite A: Inschrift über dem Ehepaar: „Ein Opfer, das der König und Aten geben, Herr der Strahlen, der die Beiden Länder erleuchtet, Ka des Königs, bestehend aus einem schönen Alter von Aten, dem Lebenden, des Schöngesichtigen … Für den Mundschenk(?) Nefer-cheperu-Re, Merire, der wieder lebt, und die Herrin des

Hauses Nebu-neferti". Über dem opfernden Sohn: „Sein leiblicher Sohn, der Tänzer(?) des Nefer-cheperu-Re, Huy, der Gerechtfertigte, er lebe". Übers. Sperveslage in: TLA, letzter Zugriff 2013-11-06. Westseite wie Ostseite, aber stark zerstört. Nordseite wie Südseite, aber stark zerstört.

ID 554
Präamarna
Karnak, CFÉ 2634
Karnak, IX. Pylon, Westflügel
Amenhotep IV. Achenaten, Beginn
Sandstein, 54 × 22 cm
Sauneron, Trouveé en démontant Karnak, in: Connaisance des Arts 221, S. 40f. Settgast, Nofretete Echnaton, Kat. Nr. 31.
Hirte mit ziehenden Rindern, springendes Stierkalb und Kälbern. – Sprechen die Stierhörner für Tiere aus Kusch? – Hirte mit dicken Lippen. Eine Parallele zur Rinderweide, vermutlich aus el-Amarna, findet sich in München, Staatliche Sammlung Ägyptischer Kunst ÄS 5360, dort mit Bäumen und ohne einen Hirten.

ID 555
Präamarna
München Gl. 84
Karnak, IX. Pylon
Amenhotep IV. Achenaten
Relieffragment, Sandstein, bemalt, 26,5 × 21 cm
Von Bissing, K. Glyptothek und Skulpturensammlung des Staates 1910,I, in: Münchner Jahrbuch der bildenden Kunst 6, S. 163, Nr. 6, Abb. 5. Barta, Die neuerworbenen Relieffragmente der ägyptischen Staatsammlung München, in: Pantheon 24 S. 6f, Abb. 9–10. Pillet, Quelques bas-reliefs inèdits d'Amenhotep IV-Akhenaton à Karnak, in: RDÉ II (1929), S. 136 ff, Taf. V–VIII. Settgast, Nofretete Echnaton, Kat. Nr. 79.
Acht Männer (in gestaffelter Darstellung) beim Erde küssen auf den Knien, tief verbeugt, mit angezogenem Oberarm und flach auf den Boden gelegten Händen. Die Gesichter blicken geradeaus. Die Reihe wird angeführt durch eine Figur im gebauschten Schurz wie der Offizier auf München, ÄS 4284 (ID 328). Die mit sehr vollen Lippen dargestellten Soldaten deute ich als Nubier.

ID 556
Amarna
Kairo RT 26.6.28.8
Tell el-Amarna, Großer Palast
Amenhotep IV. Achenaten, früher Amarnastil
Fragment einer Balustrade, Kalzit, 40 × 50 × 19 cm

Aldred, Akhenaten and Nefertiti, S. 53, Abb. 31.
Kopf des Achenaten unter Strahlensonne. Der König hält ein Salbengefäß empor. Er trägt eine Krone mit Hörnern, Scheibe und zwei Federn wie auf Oxford AN 1893.1–41. Nackenlinie männlich gebogen. Gesicht und Hals sehr langgezogen.

ID 558
Amarna
Berlin ÄM 22257
Tell el-Amarna, Haus P 47.24 gefunden zusammen mit zwei Widderfiguren
Votivtafel
Re-Horachte

ID 559
Amarna
Berlin ÄM 13151
Tell el-Amarna
Stele, Höhe 34 cm, stark beschädigt
Privatstele. Oberes Bildfeld: Göttertriade von Elephantine, von li. nach re.: Satet, Chnum und Anuket. Unteres Bildfeld: ein Priester vor einem Opfertisch. Er hat beide Arme im Anbetungsgestus erhoben.

ID 560–561
Amarna
Berlin ÄM 20376
Tell el-Amarna, Privathaus M 47.3
Amenhotep IV. Achenaten
Architrav, Haustür, linke Seite
Budka, Der König an der Haustür, Kat. Nr. 19.
Wohnhaus des Maa-nachtu-ef, Vorsteher der Bauleute in Achetaten. Der Hausherr kniet und betet mit erhobenen Armen die Kartuschen im Mittelfeld (Triade Aten, Achenaten und Nefertiti) an. Die nach innen weisenden Zeilen sind an den Aten, die nach außen weisenden an den König gerichtet.

ID 563
Amarna
Berlin ÄM 17800
möglicherweise Tell el-Amarna
Amenhotep IV. Achenaten
Einlage, Quarzit, 10,1 × 10,8 × 2,5 cm
Samson, Amarna, S. 67, Taf. 39. Freed et al., Pharaohs of the Sun, Kat. Nr. 61.
Königskopf (vorbereitet zum Zusatz einer Krone) im Profil, nach links blickend.

ID 564
Amarna
London UC101
Tell el-Amarna
Amenhotep IV. Achenaten
Einlage, gelber Quarzit, Farbreste, 9 × 9 cm
Capart, Recueil de monuments egyptiens, S. 226, Taf. CV.4. Pendlebury, CoA III, Bd. 1, S. 226, Bd. 2, Taf. CV.4. Samson, Amarna, S. 67, Taf. 39.
Königskopf im Profil. Das Geschlecht lässt sich nicht ermitteln. Der Kopf ist für eine Krone vorbereitet.

ID 565
Amarna
Berlin ohne Nr.
vermutlich Tell el-Amarna
Amenhotep IV. Achenaten, früher Amarnastil
Ostrakon, Kalkstein,
Übungsstück. Kopf des Achenaten.

ID 566
Amarna
Berlin ohne Nr.
vermutlich Tell el-Amarna
Amenhotep IV. Achenaten
Ostrakon
Unveröffentlicht. Exponat in der Ausstellung Im Lichte von Amarna gesehen. Nicht im Ausstellungskatalog aufgeführt.
Übungsstück. Profil mit dicker Unterlippe. Arbeit nicht geglückt. Von der Oberlippe scheint ein Stück vom Stein abgesprungen zu sein.

ID 567
Amarna
Berlin ÄM 19781
Im Kunsthandel erworben, Fundort unbekannt
Amenhotep IV. Achenaten, später Amarnastil
Relieffragment, Kalkstein, 39 × 24 × 6,5 cm
Nefertiti hinter Achenaten stehend, ein Opfergefäß emporhaltend. Nur der Kopf der Königin ist erhalten.

ID 568
Amarna
Berlin ÄM 2070
Tell el-Amarna, Grab des Meritj-Aten
Amenhotep IV. Achenaten
Grabrelief, Kalkstein, bemalt, 52 × 41,5 × 10,5 cm
Zwei Männer mit Gaben.

ID 570
Präamarna
Luxor J 267
Karnak, IX. Pylon
Amenhotep IV. Achenaten, 1.-2. Jahr, thebanischer Stil
Relieffragment, Sandstein, 47,5 × 21,5 cm
Freed et al., Pharaohs of the Sun, Kat. Nr. 26.
Nefertiti mit einem sehr großen Sistrum, im traditionellen Stil (d. h. wie unter Amenhotep III.) dargestellt. Sie steht hinter dem König, von dem noch eine Linie des Rückens zu sehen ist.

ID 571
Präamarna
Luxor AG 2420
Karnak. IX. Pylon
Amenhotep IV. Achenaten, 2.-5. Jahr
Relieffragment, Sandstein, 53 × 22 × 52 cm, Seiten eines Re-Horachte-Altars im Atentempel von Karnak
Redford, ATP I, Taf. 80.2. Freed et al., Pharaohs of the Sun, Kat. Nr. 28.
Ritual, Begrüßung der Sonne durch den König, die Bas von Nechen und die Sonnenaffen. Amenhotep IV. Achenaten, in einem breiten Kragen und Schurz, neben einem schakalköpfigen Ba von Nechen mit derselben Armhaltung wie dieser, das heißt, die alternierende Bewegung, das Trommeln auf die Brust wird dargestellt (die linke Hand mit der Faust erhoben, die rechte Hand zur Faust geballt auf die Brust klopfend). Nur der König steht unter den Armen der Strahlensonne, die in Anch-zeichen enden.

ID 572–574
Amarna
Brüssel E. 8194
Fundort unbekannt, vermutlich Amarna
Amenhotep IV. Achenaten

Relieffragment, Kalkstein, 21 × 10 × 4 cm, bemalt
Freed et al., Pharaohs of the Sun, Kat. Nr. 117. Chappaz, Akhénaton et Néfertiti, soleil et ombres des pharaons, Kat. Nr. 181.
Drei Nubier mit Kappen und Straußenfedern. In der erhobenen Hand halten sie einen Stock. Sie blicken nach oben. Der Mund ist geöffnet. Es könnte sich um einen Stocktanz handeln.

ID 575
Präamarna
Luxor AG 1791
Karnak
Amenhotep IV. Achenaten, 2.-5. Jahr
Relieffragment
Freed et al., Pharaohs of the Sun, Kat. Nr. 32.
Ein Mann in Perücke und Schurz beugt sich und gießt mit der Rechten Wasser in eine große Libationsvase. In der Linken erhebt er ein brennendes Räucherbecken. Vor ihm vier große Vasen auf einem Tisch. Hinter ihm brennende Räucherschalen.

ID 576–577
Präamarna
Luxor AG 2642
Karnak
Amenhotep IV. Achenaten, 2.-5. Jahr
Relieffragment, Sandstein
Freed et al., Pharaohs of the Sun, Kat. Nr. 33.
Zwei Männer, die im Schatten eines Gebäudes sitzen, im Gespräch. Durch die Tür mit Hohlkehle tritt gerade ein dritter Mann ein, der eine Last trägt. Ein sich verbeugender Diener blickt diesem entgegen. Auf der Grundlinie des oberhalb dargestellten Raumes sind zwei nach rechts laufende Beinpaare und der unterste Teil eines mit angezogenen Beinen auf dem Boden sitzenden Dieners erhalten. Es handelt sich vermutlich um einen Wohntrakt im Palast, ob den der Frauen oder des Königs lässt sich nicht bestimmen. Der linke Mann sitzt mit angezogenen Beinen auf einem Würfel. Er trägt einen glatten Schurz. Er hat einen langen Stab über die linke Schulter gelehnt, seine Hände ruhen im Schoß. Er ist der Angesprochene, der dem Redner zuhört. Der rechte Mann (unterhalb) sitzt auf einem Kissen, angelehnt an einen Türrahmen. Er trägt einen faltigen Schurz, vorn mit Bausch. Er hat ebenfalls einen langen Stab über die linke Schulter gelehnt. Er hält in der linken Hand eine Vase, die Rechte ist im Redegestus ausgestreckt, was ihn als den Sprecher kennzeichnet. Parallelen siehe ID 77.

ID 578
Amarna
Moskau I.1.a.5625 (4132)
Fundort Tell el-Amarna
Amenhotep IV. Achenaten
Relieffragment, Kalkstein, 36 × 21 cm
Hodjash/Berlev, The Egyptian Reliefs and Stelae in the Pushkin Museum of Fine Arts, S. 119, Nr. 64.
Soldaten mit Standarten gehen in einer Reihe.

ID 579
Amarna
Kairo JE 65950
Tell el-Amarna, Zentrum der Stadt, Königpalast
Amenhotep IV. Achenaten
Relieffragment, Kalkstein, 16 × 2,15 cm
Pendlebury, CoA III, Bd. 1, S. 67, Bd. 2, Taf. LXVII, Block 53/228.
Oberer Teil eines schlafenden Mannes. Ein hängender Mann, wie im JE vermutet, ist aufgrund der Körperhaltung und der Parallelen auszuschließen. Er liegt auf der rechten Seite auf seinem Lager. Die linke Hand ist nach rechts über die Brust gelegt, wie bei dem oberen Schläfer auf Brooklyn 64.148.3 (ID 181) und Boston MFA 67.921 (ID 420). Es ist bei dem Kairener Stück nur ein langes schmales Fragment mit der Figur selbst erhalten. Den Parallelen zufolge, liegt er am Nilufer am Lagerfeuer.

ID 580
Amarna
Cambridge E.GA.4538.1943
Fundort unbekannt
Amenhotep IV. Achenaten
Fragment einer Stele, Kalkstein, 11,1 × 12 × 3 cm
Thorndike, Stelae from Egypt and Nubia in the Fitzwilliam Museum, Cambridge, c. 3000 BC–AD 1150, Kat. Nr. 37.
Der rechter runde Bildrand weist es als Bruchstück einer Stele aus. Mann in langer Perücke und durchsichtiger Tunika mit halblangen Ärmeln. Er hält in der Linken einen Räucherarm, in der Rechten wohl eine Vase zur Libation. Parallele: Davies, Amarna V, Taf. XXI–XXIII.

ID 581–584
Präamarna
Luxor J 266
Karnak
Amenhotep IV. Achenaten
Relieffragment, Sandstein, 44 × 22 cm
Chevrier, Rapport sur les traveaux de Karnak (1937–1938), in: ASAE 38, S. 605, Taf. CX. Manniche, Ancient Egyptian Musical Instruments, Taf. XIV.25. Freed et al., Pharaohs of the Sun, Kat. Nr. 31.
Vier Musikergruppen gestaffelt (von li. nach re. 2–5-4–3 Personen). Jeweils nur die dem Betrachter nächste Musikerin wird mit einem Instrument gezeigt. Sie tragen Zipfelperücken und Salbkegel. Links von ihnen stehen Weinkrüge in Ständern, was ein Bankett oder einen Umtrunk als Kontext für die Musikerinnen impliziert. Die Dame in der Zweiergruppe spielt mit beiden Händen eine große Harfe, die nur leicht gebogen ist und eine deutliche Saitenverschnürung aufweist, sodass es sich um eine Winkelharfe handeln kann. Von der sie begleitenden Person ist nur der Kopf teilweise zu sehen. Die erste Dame in der Fünfergruppe spielt Laute. Die Damen der Vierergruppe tragen Perücken, über die noch ein langer Schal gelegt ist. Die erste Musikerin spielt eine Flöte. Dass sie spielt, zeigen die Finger der rechten oberen Hand. Im Relief ist das Instrument aber nicht an die Lippen gesetzt, vielleicht sollte das erst durch den Putz und die Malerei erreicht werden. Die erste in der Dreiergruppe spielt eine große Bogenharfe, die vor ihr auf dem Boden steht. Sie wird von zwei Musikerinnen begleitet, von denen nur noch der Salbkegel erkennbar ist.

ID 585
Präamarna
Louvre E 13482 3
Karnak, X. Pylon
Amenhotep IV. Achenaten, 3. Jahr
Relief, Stein, 120 × 60 cm, versenktes Relief
Freed et al., Pharaohs of the Sun, Kat. Nr. 21. Spieser, Offrandes et purification à l'époque amarnienne, Kat. Nr. 1, Abb. 1. Müller, Die Kunst Amenophis III und Echnatons, Taf. 38a, S. II-84. Vergnieux, Eine außergewöhnliche Sakralarchitektur, in: Seyfried, Im Lichte von Amarna, S. 84–91.
Opfer im Tempel bei Hebsed. Achenaten mit dem Afnet-Kopfschmuck bekleidet, streckt dem Strahlenaten einen Räucherarm entgegen, von rechts und von links als identisches Doppelbild dargestellt. Vom Betrachter aus links gibt er die Weihrauchkörner auf den Räucherarm, rechts räuchert er. Die Hände des Aten formen die Zeichen Hebsed, Was und Anch. Den Königskartuschen mit der neuen Namensform von Achenaten ist das

Epitheton „vollkommener Gott“ beigeschrieben. Nach Vergnieux (S. 87) zeigt hier die Ikonographie den Übergang zwischen dem Dialog (König und Gott gegenüber) zum König allein unter dem Gott. In der Übergangszeit, nachdem der Aten an den Himmel oberhalb gesetzt ist, wird das Königsbild verdoppelt, um den Freiraum vor dem König zu füllen, den vorher üblicherweise der Gott ausgefüllt hatte. Die Verdoppelung des Königsabbildes, das dem König selbst gegenübergestellt wurde, sollte zwei verschiedene Szenen eines im selben Raum durchgeführten Rituals darstellen. Links handelt es sich um die der Räucherung vorausgehende Ritualphase.

ID 587–589
Amarna
Hannover KM 1963.2
Hermopolis Magna
Amenhotep IV. Achenaten
Relieffragment, Kalkstein, bemalt, 53,4 × 23 × 4 cm
Roeder, Amarna-Reliefs aus Hermopolis, PC 80, Taf. 177, S. 187, 199, 314. Freed et al., Pharaohs of the Sun, Kat. Nr. 118.
Syrische Musikerinnen, die nach rechts blicken. Die erste von ihnen trägt eine Winkelharfe, von der noch die Seiten und ein Teil des Rahmens zu sehen sind. Das Gesicht ist weggebrochen. Roeder, und mit ihm Freed, hält sie für Männer. Er bemerkt hierzu aber, dass es keine Parallelen gibt. Da in der Regel die Musiker eingeschlechtliche Gruppen sind, Männer nicht die Bogenharfe spielend dargestellt sind, und die Perücke der der Musikerinnen gleicht, die in TA 8 (Davies, Amarna VI, Taf. XIX) und in TA 25 (Davies, Amarna VI, Taf. XXVIII) im Frauentrakt des Palastes üben, wobei sie Stufenröcke tragen, vermute ich auch in der Harfenspielerin und in der Sängerin auf KM 1963.2 eine syrische Musikerin. Neben den Musikerinnen verbeugt sich, in einigem Abstand, ein gut gekleideter Palastdiener. Er verbeugt sich in die Richtung, in die auch die Harfenspielerin und die Sängerin blicken.

ID 590
Amarna
Moskau I.l.a. 5610 (4127)
Tell el-Amarna
Amenhotep IV. Achenaten
Relieffragment, Alabaster, 31,5 × 17 cm
Hodjash/Berlev, The Egyptian Reliefs and Stelae in the Pushkin Museum of Fine Arts, S. 119, Kat. Nr. 65.
Gefangener eines unterworfenen Volkes mit rund abschließender Perücke, gerader Nase und spitzem Kinnbart, am Hals gefesselt.

ID 591–593
Amarna
Moskau I.i.a. 5609 (4088)
vermutlich Tell el-Amarna
Amenhotep IV. Achenaten
Stele, Kalkstein, 20 × 28,5 cm, bemalt
Hodjash/Berlev, The Egyptian Reliefs and Stelae in the Pushkin Museum of Fine Arts, Kat. Nr. 66.
Privatstele des Iaay. Körper rot eingefärbt, Haare und Hieroglyphen schwarz. Oberes Bildfeld, Beischrift oben: „Der Kommandeur Iaay, Bety. Eine Libation gemacht von Setmy-Ash, seiner Schwester Nebty Wer-neni“. Beischrift unten: „Gemacht von Setmy-Ash. Bakty“. Der Grabherr (Lotus in der linken Hand, die rechte liegt auf dem Knie) und seine ihn umarmende Frau sitzen auf Stühlen vor einem Opfertisch. Sie tragen Salbkegel und Perücke. Ihnen gegenüber steht der die Libation ausführende Priester (Sohn), daneben seine Schwester. Bei der Frau des Grabherrn ist der Mund zerstört.

ID 594
Amarna
San Jose RC 1741
Tell el-Amarna, Wand, Gem-pa-Aten
Amenhotep IV. Achenaten
Relieffragment, Sandstein, 26 × 21 cm, Hände eingefärbt
Mädchen, die Haare im Nacken eingeschlagen. Die Frisur spricht für eine syrische Herkunft. Der Oberkörper ist leicht vorgebeugt. Beide Hände (nur diese rot eingefärbt) sind anbetend erhoben. Von den Händen strahlen rätselhafte Linien aus.

ID 595
Amarna
Samml. Kofler K 419
Fundort unbekannt
Amenhotep IV. Achenaten, früher Amarnastil
Relieffragment, Kalkstein, 23 × 18 cm
Müller, Ägyptische Kunstwerke, Kleinfunde und Glas in der Sammlung E. und M. Kofler-Truninger Luzern, S. 75, Abb. A 108.
Vermutlich Prozession oder Fest. Zwei Frauen mit etwas erhobenen Gesichtern. Beide tragen über der linken Schulter einen Wedel mit doldenförmigem Knauf und Straußenfeder. Beide haben, wie sonst die Prinzessinnen, einen langen nach hinten gezogenen Schädel. Die dem Betrachter nähere Hofdame trägt eine dreigeteilte Perücke,

die ihm fernere eine Seitenlocke. Nach ihrem noch auf dem Bruchstück erhaltenen Ansatz des rechten Oberarmes zu schließen, hat letztere die Hand jubelnd, winkend oder verehrend erhoben. Der Wedel passt nicht zu Prinzessinnen.

ID 596–597
Amarna
Samml. Kofler K 380 F
Fundort vermutlich Hermopolis Magna
Amenhotep IV. Achenaten
Relief, Poröser Kalkstein, 27 × 21,7 cm
Müller, Ägyptische Kunstwerke, Kleinfunde und Glas in der Sammlung E. und M. Kofler-Truninger Luzern, S. 75, Abb. A 109.
Innenraum der königlichen Residenz mit Papyrussäulen. Ein Diener kauert vor einem Feuerbecken um sich zu wärmen. Er ist der Angesprochene, wendet sich aber nicht zur Sprecherin um. Eine Dienerin dreht sich zu ihm um. Sie ist im Weggehen, ihre Fersen berühren nicht den Boden. Ihre linke Hand ist ausgestreckt, was als Redegestus gedeutet werden kann, in der Rechten hält sie vermutlich einen Fächer zum Anfachen des Feuers. Am re. Reliefrand ist der Rest einer Tür zu erkennen.

ID 598
Amarna
Samml. Kofler K 419
Fundort unbekannt
Amenhotep IV. Achenaten, früher Amarnastil
Relieffragment, Flachrelief
Müller, Ägyptische Kunstwerke, Kleinfunde und Glas in der Sammlung E. und M. Kofler-Truninger Luzern, S. 75, Abb. A 110.
Achenaten in der roten Krone mit Uräus unter den Strahlen des Aten. Ein Strahl umfasst den Kronenkörper. Sorgfältig gestaltetes Profil des Königs. Auge mit großem Bulbus. Ober- und Unterlippe fast gleich dick und bis in die Mundwinkel füllig.

ID 599
Präamarna
Samml. Kofler K 419 G
Karnak
Amenhotep IV. Achenaten, 3.-6. Jahr
Sandsteinblock, 36 × 22 cm, versenktes Relief, Farbreste
Müller, Ägyptische Kunstwerke, Kleinfunde und Glas in der Sammlung E. und M. Kofler-Truninger Luzern, S. 75, Abb. A 111.

Inschriftenrest „Königsgemahlin“. Braune Haut und blaues Haar. Auf Brust und Armen Kartuschen. Gerade Nase, kräftige Lippen, hängendes Kinn. Nefertiti erhebt als Opfergabe einen Blumenstrauß. Eine Hand des Strahlenaten liegt schützend auf ihrer Schulter.

ID 600–601
Amarna
Hannover KM 1972.17
Hermopolis Magna
Amenhotep IV. Achenaten, früher Amarnastil
Relieffragment, Kalkstein, bemalt, 53 × 22 cm
Roeder, Amarna-Reliefs aus Hermopolis, PC 137, Taf. 191, S. 194.
Fünf Ruderer eines Schiffes in Fahrt. Darüber sind die Fenster der Aufbauten mit zwei kleinen Säulen und die nackten Füße von zwei Personen, die mit dem Rücken zueinander auf dem Kajütendach stehen, sichtbar. Von dem ersten Ruderer ist nur der Rest der schwarzen Haare sichtbar, von dem fünften nur die Hand am Ruder. Bei dem zweiten ist das Gesicht zerstört, die Frisur lässt auf einen Nubier schließen. Wie seine Kollegen hält er das Ruder mit der rechten Hand so umfasst, dass die von hinten kommenden Finger und der Daumen sichtbar sind. Der dritte trägt eine in einem Zipfel hinten endende Frisur, das Gesicht ist eher asiatisch. Der vierte Ruderer hat eine runde Frisur, fliehende Stirn und nubische Gesichtszüge.

ID 602
Amarna
Hannover KM 1972.16
Hermopolis Magna (Gem-pa-aten)
Amenhotep IV. Achenaten
Relieffragment, Kalkstein, bemalt, 37 × 21,4 cm, gelbe Farbreste
Roeder, Amarna-Reliefs aus Hermopolis, PC 261, Taf. 207, S. 188.
Im oberen Bildfeld die gestapelten Gaben in einem Lagerraum, von dem Säulen und die Tür angedeutet sind. Im unteren Bildfeld steht ein Diener mit geknickten Beinen und vorgebeugtem Oberkörper vor einem der Opfertische im offenen Tempelhof. Der Diener ist nicht kahlköpfig, sondern trägt eine runde Perücke, die das Ohr frei lässt, nackter Oberkörper, gerader Schurz und vorn gebundenes Tuch darüber. Die Linke hält er mit der Handfläche nach unten schützend über die Gaben. Er trägt in der rechten erhobenen Hand eine Schale mit Harzbröckchen. Auf dem linken der beiden anderen Altäre (hinter dem Diener) brennt der Weihrauch in den Schalen bereits. Am linken Bildrand ist noch etwas von einem weiteren Diener zu erkennen.

ID 603, 605–606
Amarna
Hannover KM 1978.17
Hermopolis Magna
Amenhotep IV. Achenaten
Relieffragment, Kalkstein, bemalt, 54,3 × 23 cm
Roeder, Amarna-Reliefs aus Hermopolis, PC 115, Taf. 189, S. 183, 189, 193, 306.
Im oberen Bildfeld: Anscheinend unter freiem Himmel sitzen zwei Männer (in faltigem Schurz) hintereinander auf einem quadratischen Block. Falls hinter ihnen ein Brennofen dargestellt war, sind sie vielleicht bei der Anfertigung von Tongefäßen. Die Gesichter sind nicht mehr auf dem Fragment, oder sind durch den Bruch zerstört. Der linke von beiden hat vor sich einen Krug auf einem Holzgestell und darüber kleine Krüge. Der rechte hat vor sich zwei senkrechte Stangen. Rechts stehen vier breite Tische mit Tonplatten (oder Broten), die zwischen den Stangen von einem Mann in anliegendem Schurz aufgeschichtet werden. Roeder vermutet eine Töpferwerkstatt. Im Kästner Museum ist es als Tempelmagazin beschildert. Unteres Bildfeld: Zwei Herren in Ärmelgewändern wenden sich von einem Wagenlenker ab, der zu einem vollen Tisch mit Opfergaben läuft. Der Wagenlenker blickt nach links. Er ist im Lauf dargestellt. Er hat den Oberkörper vorgebeugt. Seine Linke umschließt einen Peitschenstiel, weshalb er hier als Wagenlenker klassifiziert wird. – Roeder (S. 183) spricht von einem Diener, von dem sich die Herren abwenden. – Runde Frisur, die bis in den Nacken reicht. Das schlichte Haar bedeckt sein Ohr. Die Lippen stehen vorn auseinander, die Nase ist wie bei Nubiern. Er eilt (von den beiden Herren rechts mit einer hinweisenden oder befehlenden Geste wohl losgeschickt) zu einem mit Opfergaben reichgedeckten Tisch. Der linke der beiden Herren, mit einem Stirnband und langer Zipfelperücke, scheint ein Militär zu sein. Deutlich ausgearbeitete Gesichtszüge, kräftiges Kinn. Mit dem rechten Arm zeigt er auf den Wagenlenker. Der rechte der beiden Herren, in runder halblange Perücke, trägt ein vornehmes plissiertes Ärmelgewand. Er lässt seine Hände herabhängen. Er blickt ebenfalls nach links, großes Auge, Mund geschlossen. Nichts deutet auf eine nichtägyptische Herkunft hin. Daneben große rote Fläche – ein Segel?

ID 604
Amarna
Hannover KM 1964.26
Hermopolis Magna
Amenhotep IV. Achenaten
Relieffragment, Kalkstein, bemalt, 15,2 × 22,8 cm

Tietze Amarna: Lebensräume – Lebensbilder – Weltbilder, Abb. 17, S. 143.
Diener, einem sitzenden Mann gegenüber, von dem noch ein Bein und eine Hand zu sehen sind. Diesem bringt er eine Kopfstütze. Der Diener ist kahlköpfig, er trägt einen kurzen glatten Schurz.

ID 607–608
Amarna
Hannover KM 1978.16
Hermopolis Magna
Amenhotep IV. Achenaten
Relieffragment, Kalkstein, 19,4 × 21,8 cm
Roeder, Amarna-Reliefs aus Hermopolis, PC 48, Taf. 174.
Zwei Musikerinnen, kniend, gestaffelte Darstellung, plissiertes Gewand mit weiten durchsichtigen Ärmeln. Von der (vom Betrachter aus) hinteren Person ist nur die Linie des Körpers, der erhobene Oberarm und die Hand, die eine senkrecht mit dem Schallkörper auf den Boden gestellte Laute am Stiel hält, sichtbar. Der rechte Arm ist, der Oberarmlinie nach zu schließen, erhoben. Von der vorderen Musikerin ist nur der seitlich dargestellte Körper in einem knielangen Faltenkleid mit Ärmeln, der erhobene Oberarm und die linke, eine Leier haltende Hand zu sehen. Die Leier ruht auf ihrem linken Unterschenkel. Der erhobene rechte Oberarm lässt auf einen Gruß- oder Verehrungsgestus schließen, der wohl dem König gilt.

ID 609
Amarna
Hannover KM 1970.22
Im Kunsthandel erworben, Fundort vermutlich Tell el-Amarna
Amenhotep IV. Achenaten
Stele, Kalkstein, 27 × 41 cm
Stele mit Achenaten und Nefertiti, die dem Strahlenaten Papyrussträuße opfern, hinter ihnen Meritaten ohne Gabe. Auf Opfertischen ebenfalls Papyrusstängel. Die Sonnenhände sind leer bis auf die Hand über der Stirn des Königs. Dort reicht ihm der Strahl ein Anch-Zeichen. Alle Personen sind benannt. Die Namenskartuschen Achenatens ungewöhnlich ganz eng am linken Bildrand und ohne Titulaturen. Namen des Gottes in Kartuschen oberhalb wie üblich zweimal. Der König.

ID 610–611
Amarna
Hannover KM 1962.67
Hermopolis Magna
Amenhotep IV. Achenaten
Relieffragment, Kalkstein, 53 × 22 cm, Oberkörper gelb eingefärbt

Roeder, Amarna-Reliefs aus Hermopolis, PC 74, Taf. 183, S. 197. Woldering, Kestner Museum 1889–1964, Nr. 23, in: Hannoversche Geschichtsblätter 2/4.
Oberkörper und Kopf von zwei laufenden Männern mit schwarzer halblanger Zipfelperücke, vermutlich aus der Eskorte des Königs. Beide haben die Hände zur Faust geschlossen, den Oberkörper im Lauf vorwärtsgebeugt. Die linke Hand halten sie vor der Brust, die rechte nach vorne. Bei beiden Fäusten ist der ausgestreckte Daumen gut erkennbar. Der erste Läufer blickt nach rechts in Laufrichtung, der zweite blickt sich nach links um. Parallelen: Läufer in dieser Körperhaltung in TA 4, bei der Fahrt des Königs zum Tempel auf der Westwand der Säulenhalle (Davies, Amarna I, Taf. 10), TA 6, erste Halle, Ostwand, Ausfahrt der Königsfamilie (Davies, Amarna II, Taf. XIII) und TA 9, Halle, Ostwand, südlicher Teil, und Südwand, König im Wagen nach dem Besuch des Tempels unterwegs zur Grenzstele (Davies, Amarna IV, Taf. XX, XXI). In den Parellelen blicken die Läufer stets in Laufrichtung, nur auf dem Relief in Hannover dreht sich einer um.

ID 612
Amarna
Hannover KM 1981.40
Fundort vermutlich Tell el-Amarna
Amenhotep IV. Achenaten
Relieffragment, Granodiorit, Höhe 27 cm
Prinzessin opfert zwei Salbgefäße.

ID 613
Amarna
Hildesheim PM 4819
Im Kunsthandel erworben, Fundort vermutlich Tell el-Amarna
Amenhotep IV. Achenaten, früher Amarnastil
Block, Kalkstein, 24 × 22,5 cm, versenktes Relief
Drenkhahn, Nofret, die Schöne, Kat. Nr. 148.
Nefertiti hält eine ihrer Töchter auf dem Schoß, die Hand der Königin, mit der sie die Tochter festhält, ist noch teilweise erkennbar. Die Prinzessin steht auf dem Schoß. Sie ist nackt, mit drei Bauchfalten. Ihr Schädel ist lang nach hinten ausgezogen, dünner langer Hals mit zwei Falten, schmale Augen, volle geschlossene Lippen. Sie trägt Ohrscheiben und blickt nach rechts. Die rechte Hand hat sie ausgestreckt, die linke umfasst etwas, das wie eine Stuhllehne aussieht.

ID 614
Amarna
Hannover KM 1970.22

Im Kunsthandel erworben, Fundort vermutlich Tell el-Amarna
Amenhotep IV. Achenaten
Stele, Kalkstein, 27 × 41 cm
Stele mit Achetaten und Nefertiti, die dem Strahlenaten Papyrussträuße opfern, hinter ihnen Meritaten ohne Gabe. Auf Opfertischen ebenfalls Papyrusstängel. Die Sonnenhände sind leer, nur über der Stirn des Königs reicht ihm der Strahl ein Anch-Zeichen. Alle Personen sind benannt. Die Namenskartuschen Amenhotep IV. Achenatens stehen eng am linken Bildrand und sind ohne Titulaturen. Namen des Gottes in Kartuschen oberhalb.

ID 615
Amarna
Worcester WAM 1949.42
Tell el-Amarna, TA 25, Grab des Eje
Amenhotep IV. Achenaten
Relieffragment, Kalkstein, bemalt, 22,5 × 34 × 4,5–6 cm
Davies, Amarna VI, S. 18, Taf. 39. Freed et al., Pharaohs of the Sun, Kat. Nr. 233.
Kopf des Eje, er hält einen Fächer über der linken Schulter. Das Relieffragment ist Teil einer knienden Figur des Grabherrn in Beter-Haltung.

ID 616
Amarna
Hannover S. 0357, ehemals Bissingsche Sammlung
Fundort unbekannt
Amenhotep IV. Achenaten
Relieffragment, Alabaster, 17,3 × 17,3 × 14 cm
Loeben, Die Ägyptensammlung des Museum August Kestner und ihre (Kriegs-) Verluste, Abb. S. 265.
Kopf eines Libyers mit zwei Federn, spitzer Kinnbart, langer Hinterkopf, zwei Halsfalten. Aufgrund stilistischer Merkmale von mir in die Amarnazeit datiert. Libyer ohne Halsfessel finden sich als Gäste in TA 7 bei der Ehrengoldverleihung im Hof vor dem Erscheinungsfenster (Davies, Amarna VI, Taf. IV) und in TA 9 als Wüstenbewohner (Davies, Amarna IV, Taf. XXVI).

ID 617
Amarna
Hildesheim L/Sch 1
Hermopolis Magna
Amenhotep IV. Achenaten
Tempelrelief, Kalkstein, 53 × 22,5 × 3,5 cm, versenktes Relief

Roeder, Amarna-Reliefs aus Hermopolis, PC 32, Taf. 175, S. 405. Cooney, Amarna-Reliefs from Hermopolis in American Collections, Nr. 36. Aldred, Akhenaten and Nefertiti, Kat. Nr. 77.
Körpermitte eines nach vorn gebeugt gehenden Mannes in gebauschtem Faltenschurz. Er führt am Strick ein Kalb, das vor seinem Körper dargestellt ist. Der Kopf des Mannes ist nicht erhalten. Die Kleidung des Mannes spricht gegen einen Hirten. Es handelt sich m. E. um einen Tempeldiener, der das Kalb zur Opferung führt. Die Höhe des Tieres spricht für ein junges Rind. Sein Nasenloch und sein Maul sind offen. Der Strick geht locker unter dem Maul des Tieres zur Hand des Mannes. Von letzterem sind noch die sich überkreuzenden Arme zu sehen.

ID 618
Amarna
Hildesheim F 18
Im Kunsthandel erworben, Fundort unbekannt
Amenhotep IV. Achenaten
Talatat, Sandstein, 39,5 × 19,5 × 4 cm, rechts unten und auf der Rückseite zurechtgesägt, in zwei Teile zerbrochen, geklebt, keine Farbspuren
Drei kleine Magazin- oder Haushaltsszenen nebeneinander. Jeweils ein Mann, der sich allein in einem bienenkorbartigen Gewölbe befindet, geht einer Tätigkeit nach. Der erste, nach rechts blickend, macht etwas an einer Treppe, der zweite, ebenfalls nach rechts blickend, hält einen langen Gegenstand auf einem Tisch. Der dritte, nach links blickend, beugt sich über ein großes Gefäß, auf dem ein Korb steht, er ist deshalb wohl ein Bierbrauer. Die Figuren sind nur in Umrissen durch Striche ausgeführt. Ihre Arme und Körperposition beschreiben ihre Tätigkeiten. Jeder von ihnen befindet sich allein im Raum. Eine Parallele bildet das Relieffragment Oxford, Ashmolean AN 1893.1–41 (169) (ID 634).

ID 619
Amarna
Hildesheim PM 5440
Fundort unbekannt
Amenhotep IV. Achenaten
Relieffragment, Kalkstein, bemalt, 54 × 23 × 5 cm, Flachrelief
Tietze, Amarna: Lebensräume – Lebensbilder – Weltbilder, Abb. 40, S. 87.
Der König räuchert im Tempel. Rechts ist die Gestalt eines Opfernden angeschnitten. Krone mit Uräus, Schulter beide Arme erhoben. Das Gesicht ist ausgekratzt, nur Teile der Kinnlinie, Hals und der Perückenzipfel sind erhalten. Er steht vor einem hohen Opferaufbau mit Broten, Geflügel, Rinderschenkel und Stabsträußen. Er streut mit einer Hand Weihrauchkugeln über die Opfergaben. Hierzu hält er in der linken Hand

deutlich, in der rechten ebenfalls, aber schwächer zu sehen, Stäbe oder Löffel. Die drei Opferschalen auf dem Tisch brennen schon. Links schließt sich eine Tempelfassade mit zwei Papyrussäulen und ein Raum mit Opfertischen an. Die architektonische Wiedergabe entspricht der des Sanktuars (Säulen und oberster Opfertischraum) des Großen Atentempels in TA 6 (Davies, Amarna II, Taf. XIX).

ID 620–621
Amarna
Hildesheim PM 4822
Fundort unbekannt
Amenhotep IV. Achenaten
Block, Kalkstein, 23 × 24cm
Wildung/Grimm, Götter und Pharaonen, Kat. Nr. 18313.
Vier Männer, deren Köpfe und Oberkörper größtenteils erhalten sind, in gestaffelter Darstellungsweise. Sie gehen mit geschulterten Lanzen nach rechts. Das schulterlange Haar mit breitem Stirnband und die spitzen Kinnbärte kennzeichnen sie als Semiten. Es handelt sich entweder um Soldaten syrischer Hilfstruppen oder Mitglieder der Palastwache. Vom ersten ist nur ein Teil des Haares zu sehen, das Gesicht des zweiten ist zerstört.

ID 622–625
Amarna
Hildesheim PM 4823
Fundort unbekannt
Amenhotep IV. Achenaten
Relieffragment, Kalkstein, bemalt, 41 × 23,5 × 6,5 cm
Wildung/Grimm, Götter und Pharaonen, Kat. Nr. 183.
Vier durch Gesichtsschnitt und Frisur als Nubier charakterisierte Männer, die einen Stocktanz tanzen. Sie sind bis zur Taille erhalten. Sie gehen hintereinander nach rechts. Vom ersten Tänzer ist das Profil unterhalb des Auges weggebrochen. Die Schulterlinie lässt darauf schließen, dass beide Arme erhoben sind, doch ist nur der linke Arm mit der nach vorne offenen Hand auf dem Bruchstück erhalten. Über seinem Kopf ist die gelängte nach vorn offene rechte Hand des zweiten Tänzers zu sehen. Die linke Hand des zweiten umgreift den über dem Kopf geschwungenen Stock. Sein Mund ist geschlossen. Der dritte Tänzer hat beide Arme erhoben. Mit der Rechten, deren Handfläche nach vorne weist, grüßt er, mit der Linken schwingt er den Stock. Bei dem vierten Tänzer lässt die Schulterlinie darauf schließen, dass beide Arme erhoben sind, doch nur der rechte Arm ist auf dem Bruchstück erhalten. Der Ellenbogen ist vor dem Hals des Vordermannes erkennbar, ab dann verliert sich die Linie, bis oberhalb dessen Kopf die Hand auftaucht, die den Stock hält. Da es mit TA 25 nur eine Parallele in Tell el-Amarna für einen Stocktanz gibt, und diese keine eindeutige Tanzgruppe bildet,

sondern möglicherweise aus Offizieren besteht, die den Belohnten vor dem Palast bejubeln, ist kein räumlicher Kontext zu ermitteln.

ID 626
Amarna
Hildesheim PM 5150
vemutlich Hermopolis
Amenhotep IV. Achenaten
Block, Kalkstein, bemalt, 42 × 23 cm, der Block war in mehrere Stücke zerbrochen und wurde restauriert, gegen Ende der Amarnazeit wurden die Namen von Kija und Baketaten durch die Namen Meritaten und Anchesenpaaten ersetzt
Roeder, Amarna-Reliefs aus Hermopolis, PC 192, Taf. 200, S. 408.
Hinter dem Körper des Königs steht, kleiner dargestellt, seine zweite Frau Kija. Ihr Kopf mit einer Zipfelperücke ist fast ganz erhalten, ebenso Oberkörper und Arme. Sie hält ein Spendengefäß in den erhobenen Händen. Hinter ihr die Reste einer Kolumne, unter der ursprünglich die Prinzessin Baketaten abgebildet war. Die hier dargestellte Prinzessin trägt den Namen: Anchesenpaaten mit dem Zusatz „Tascherit" (wörtlich: „die Kleine" oder „die Jüngere"). Die Figur der kleinen Baketaten wurde hierdurch als Phantomkind dieser Prinzessinnen neu beschriftet, sodass jetzt die Inschrift auf dem Block lautet: „Anchesenpaaten, die Kleine, geboren von der Königstochter (Anchesenpaaten)".

ID 627
Amarna
Samml. Kofler K 419
Fundort unbekannt
Amenhotep IV. Achenaten, früher Amarnastil
Relieffragment, Kalkstein, 23 × 18 cm
Müller, Ägyptische Kunstwerke, Kleinfunde und Glas in der Sammlung E. und M. Kofler-Truninger Luzern, S. 75, Abb. A 108.
Vermutlich Prozession oder Fest. Zwei Frauen mit etwas erhobenen Gesichtern. Beide tragen über der linken Schulter einen Wedel mit doldenförmigem Knauf und Straußenfeder. Beide haben, wie sonst die Prinzessinnen, einen langen nach hinten gezogenen Schädel. Die dem Betrachter nähere Dame trägt eine dreigeteilte Perücke. Bei ihr ist der Arm erhalten. Sie hält in der rechten Hand einen Blumenstrauß, mit dem sie winkt.

ID 630–633
Amarna
Tell el Amarna, Königsgrab, Raum γ, Wand B
in situ

Amenhotep IV. Achenaten, 12. Jahr
Grabwand, Relief, Stuck, nicht fertiggestellt
Bouriant et al., Monuments pour servir à l'étude du culte d'Atenou en Égypte, Taf. XII, XIII. Martin, The Royal Tomb at El-Amarna II, Taf. 58, 63, 68. Freed et al., Pharaohs of the Sun, Abb. 17.
Trauer um Meketaten. Die königliche Familie und Hofdamen nehmen von der verstorbenen Prinzessin Abschied, die in einem Schrein mit Stabsträußen stehend dargestellt ist. Das Gesicht des Königs ist zerstört, deutlich der Trauergestus, die zur Stirn erhobene rechte Hand. Gesicht der Königin zerstört, deutlich die zur Stirn erhobene rechte Hand. Parallelen: Raum α, Wand F (zweimal). Zu ergänzen in Raum γ, Wand A. Die Gesichter der drei Prinzessinnen (die jüngste mit Seitenlocke) sind teilweise zerstört, wo erhalten, ist der Mund geschlossen, deutlich die zur Stirn erhobene rechte Hand. Die übrige Trauergemeinde setzt sich zusammen aus Kindermädchen, Hofdamen und Dienern. Von diesen sind neun Personen stehend, eine kniend, eine gebückt dargestellt. Unterschiedliche Trauergesten: Eine Hand oder beide Arme sind erhoben, vor das Gesicht geschlagen, oder auf den Scheitel gelegt.

ID 634
Amarna
Oxford AN1893.1–41 (169)
Tell el-Amarna, Großer Palast
Amenhotep IV. Achenaten
Relieffragment, Sandstein, 36 × 22 × 11 cm
Petrie, Tell el Amarna, Taf. XI.9. Freed et al., Pharaohs of the Sun, Kat. Nr. 148, S. 249. Tietze, Amarna: Lebensräume – Lebensbilder – Weltbilder, Abb. 19, S. 270.
Essenszubereitung in der Palastküche. Bienenkorbartige Gewölbe. Köche bereiten das Essen zu. Einer rührt in einer großen Pfanne, ein anderer reicht ihm ein Wassergefäß hin. Eine dritter, in einer extra Abteilung macht etwas auf einem Tisch. Alle sind reine Arbeitsgesten. Die Gesichter sind klein und undeutlich. Parallele: Hildesheim PM F 18 (ID 618).

ID 635
Amarna
Cambridge E.GA.4513.1943
Fundort vermutlich Tell el-Amarna
Amenhotep IV. Achenaten
Relieffragment, Kalkstein
Vermutlich Nefertiti mit Prinzessin Meketaten (fragmentarische Inschrift).

ID 636
Amarna
Cambridge E.GA.4515.1943
Fundort unbekannt, vermutlich Tell el-Amarna
Amenhotep IV. Achenaten
Relieffragment, Kalkstein, 19,8 × 23,5 × 3,7 cm
Ein Mann blickt auf und spricht zu einem Übergeordneten. Rechts neben ihm ein Mann, der sich verehrend niedergeworfen hat (Mund zerstört). Kurze Perücken und Gesichter wie bei Nubiern. Der stehende Mann hat den rechten Arm im Redegestus erhoben (im Fitzwilliam Museum online-Kommentar http://data.fitzmuseum.cam.ac.uk/id/object/58966, letzter Zugriff 2013-10-03, als Verehrungsgestus interpretiert). Der linke Arm hängt herab. Er trägt einen geraden Schurz. Er blickt auf zu einem wesentlich größer dargestellten Mann, der sich auf seinen Stock stützt (außer einer Bein- oder Bekleidungslinie und dem Stock ist von letzterem auf dem Bruchstück nichts erhalten). Nach der Parallele in TA 9, Halle, Südwand, Westteil, der Schreiber, vor dem Grabherrn Mahu (Davies, Amarna IV, Taf. XXV), handelt es sich auch bei Cambridge E.GA.4515.1943 um einen Schreiber oder Inspektor, der seinem Vorgesetzten etwas berichtet.

ID 637–638
Amarna
Cambridge E.GA.4533.1943
Fundort unbekannt, vermutlich Tell el-Amarna
Amenhotep IV. Achenaten
Relieffragment, Sandstein, bemalt, 26 × 20,5 × 4 cm
Zwei mit Stöcken bewaffnete Soldaten. Sie tragen kurze nubische Perücken. Rote Hautfarbe. Der hintere Soldat trägt eine Ohrenscheibe.

ID 639
Amarna
Cambridge E.102.1937
Tell el-Amarna, Großer Palast, südliches Areal
Amenhotep IV. Achenaten
Reliefragment, Kalkstein
PM IV, 198. Pendlebury, CoA III, Bd. 1, S. 72, Nr. 32/2.
Ein sich verbeugender Höfling.

ID 640
Amarna
Cambridge E.599.1939
Tell el-Amarna
Amenhotep IV. Achenaten
Ostrakon, 10,5 × 7 cm
Pendlebury, CoA III, Bd. 1, S. 69.
Portrait eines Mannes.

ID 641–642
Amarna
London BM EA 55616
Tell el-Amarna, TA:22/401, The River Palace, Raum 25, im Fußboden des Kornsilos
Amenhotep IV. Achenaten
Relief, roter Quarzit, 40 × 22,7 × 7 cm, versenktes Relief, stark beschädigt
Peet/Woolley, CoA I, Bd. 1, S. 127, 132, Bd. 2, Taf. XLIII.3. Chappaz, Akhénaton et Néfertiti, soleil et ombres des pharaons, Kat. Nr. 58.
Rechte Hälfte: Ausfahrt, Pferd und Wagen mit Prinzessinnen Meketaten und Meritaten (Inschrift in der Kolumne rechts). Von den Wagen der Prinzessinnen und ihrem Gefolge sind an Personen nur der Wagenlenker mit unversehrtem Gesicht, Meritaten and Meketaten erhalten. Die Gesichter der beiden Prinzessinnen sind ausgehackt. Die jüngere, dem Betrachter näher stehende, umfasst ihre ältere Schwester. Parallelen zu Pferd und Wagen Roeder, PC 18; PC 22; PC 30 und PC 53. Die linke Hälfte zeigt den während der Ausfahrt leeren Palast. Oben: Vorratsraum mit Trinkgefäßen. Mitte: zwei Kartuschen und Inschriften. Unten: mehrere kleinere Räume mit gut sichtbarer Tür ganz rechts. In einem Innenhof fegt allein ein Diener. Er trägt einen glatten Schurz, der Oberkörper ist nackt. Er fegt vor einer Säule und wendet einem Portal mit Hohlkehle den Rücken zu. Er hält den Besen in der Rechten, die Linke liegt auf dem Knie des vorgestellten Beines. Die Figur des Dieners liefert keinen Anhaltspunkt für eine nichtägyptische Herkunft.

ID 643–644
Amarna
London UC410+UC410f
Tell el-Amarna
Amenhotep IV. Achenaten bis Semenchkare
Privatstele, rto., Kalkstein, max. Breite 14 cm, 7 Fragmente (mit UC 1951, Kairo JE 64959), Relief en creux, rote Farbreste
Pendlebury, CoA III, Bd. 2, Taf. CVII.3. Stewart, Egyptian stelae, reliefs and paintings from the Petrie collection I, S. 22, Taf. 12 und 52.2. Krauss, Neues zu den Stelenfragmenten UC London 410 und Kairo JE 64959, in: BSEG 13, S. 83–87. Gabolde, Le droit d'aînesse

d'Ankhesenpaaton (A propos de deux récents articles sur la stèle UC 410), in: BSEG 14, S. 33–47.
Relief auf beiden Seiten. Rekto schlechtere und jüngere Arbeit, vermutlich Wiederverwendung der Stele. Sonnenscheibe und Strahlen in erhabenem Relief. Kartuschen von Achenaten und Semenchkare. Von einer Person sind nur die Beine erhalten. Verso bessere Arbeit. Stele: knieender Mann (Grabbesitzer?) mit Goldkragen im Anbetungsgestus. Vor ihm 5 Kolumnen mit einem Totengebet.

ID 645
Amarna
London UC77
Tell el-Amarna
Amenhotep IV. Achenaten
Fragment, Kalkstein, 20 × 26 cm, Hochrelief
Stewart, Egyptian stelae, reliefs and paintings from the Petrie collection I, S. 19, Taf. 10.2. Capart, Recueil de monuments egyptiens, S. 233, Taf. 108.
Drei Kolumnen. Der Text deutet auf eine Stele hin: „… der gute … Einziger des Re. Für den Ka des königlichen Dieners (*wdpw nsw*) Nechuempaaten“. Unterhalb der Fuß einer knienden Person mit einer Sandale.

ID 646
Amarna
London UC402
Tell el-Amarna, nahe der Bildhauerwerkstatt des Thutmosis
Amenhotep IV. Achenaten
Ostrakon, Kalkstein, 19 × 17 cm
Petrie, Tell el Amarna, Taf. I.5. Stewart, Egyptian stelae, reliefs and paintings from the Petrie collection I, S. 18, Taf. 9.4. Samson, Amarna, S. 47–48, Taf. 23.
Untere Hälfte eines Übungsstückes. Vermutlich Königskopf im Profil (vergleiche Roeder 255.VI). Volle Lippen, heruntergezogene Mundwinkel.

ID 647
Amarna
London UC2278
Tell el-Amarna
Amenhotep IV. Achenaten
Wandmalerei, Stuck, Höhe 14 cm, aus fünf Fragmenten zusammengesetzt
Davies, Mural paintings in the City of Akhetaten, in: JEA VII, S. 1–7, Taf. IV.16. Stewart, Egyptian stelae, reliefs and paintings from the Petrie collection I, S. 20. Weatherhead, Amarna Palace Paintings, Abb. 181.

Kahlköpfiger Mann, dahinter ein Speisentischchen, in einem gewölbten Raum mit weißen Wänden.

ID 648
Amarna
London UC2280
Tell el-Amarna
Amenhotep IV. Achenaten
Wandmalerei, Stuck auf Lehm, Höhe 11 cm, bemalt
Davies, Mural paintings in the City of Akhetaten, in: JEA VII, S. 1–7, Taf. IV.18. Stewart, Egyptian stelae, reliefs and paintings from the Petrie collection I, S. 20.
Kopf eines sich verbeugenden Dieners. Fingerspitzen der Hand in kurzem Abstand vor dem Gesicht noch sichtbar. Kopflinie größer als die später schwarz gemalten Haare.

ID 649
Amarna
London UC2294
Tell el-Amarna
Amenhotep IV. Achenaten
Wandmalerei, Stuck auf Holz, aus fünf Fragmenten zusammengesetzt
Davies, Mural paintings in the City of Akhetaten, in: JEA VII, S. 1–7, Nr. 32. Stewart, Egyptian stelae, reliefs and paintings from the Petrie collection I, S. 20.
Auf gelbem Hintergrund die Köpfe von vier Männern. Gestaffelt, aber Köpfe in unterschiedlicher Höhe. Von dreien ist der Mund sichtbar.

ID 650–653
Amarna
London UC2265
Tell el-Amarna, Großer Palast, Frauentrakt, Nördlicher Teil, Raum E, 75 cm über dem Boden
Amenhotep IV. Achenaten
Wandmalerei
Petrie, Tell el Amarna, Taf. V. Faksimile im Petrie Museum, London. Weatherhead, Amarna Palace Paintings, Abb. 21–22, S. 27.
Vorbereitung von Haus und Hof zum Empfang des Hausherrn. Links vor der geöffneten Eingangstür mit dem Fensterchen für den Wächter fegt ein Diener den Boden. Sein Gesicht ist zerstört. Neben ihm ein Diener, der Wasser auf den Boden sprengt. Sein Gesicht ist erhalten. Im Hof läuft ein Diener mit einem Stock vor einem Diener, der zwei Tischchen mit Fleischspeisen trägt. Sie eilen zum Eingang des Hauses hin. Bei diesen beiden ist das Gesicht nur bei dem Diener mit Tischen erhalten. Am rechten Bildrand unterhalten sich ein Herr, von Petrie als Türwächter gedeutet, und ein

Wagenlenker. Der Herr hält mit der Linken seinen Stock, die Rechte ist im Redegestus vorgestreckt. Der Lenker des Wagens, von dem noch die Vorderbeine des Pferdes sichtbar sind, hat sich zu ihm umgewendet. Er erhebt die Rechte im Redegestus. Beim ihm ist der Mund nicht erhalten. Die beiden Männer stehen neben drei großen tönernen Gefäßen auf Ständern. Parallelen: TA 4 (Davies, Amarna I, Taf. XVIII) und TA 8 (Davies, Amarna VI, Taf. XX). Dort findet die Unterhaltung vor dem Nebeneingang des Königspalastes statt. Die am Gespräch beteiligten beiden Herren sind dort der Majordomus und ein Wagenlenker. Dementsprechend sind auch hier diese beiden als Gesprächsteilnehmer anzunehmen.

ID 654
Amarna
London UC012
Tell el-Amarna
Amenhotep IV. Achenaten
Stele, Kalkstein, Bemalt, Höhe 8,4 cm
Stewart, Egyptian stelae, reliefs and paintings from the Petrie collection I, S. 13, Taf. 7.12.
Kleine Stele mit einer von ungeübter Hand eingeritzten Figur des Königs vor Räucherständern unter der roten Sonnenscheibe.

ID 655
Amarna
London UC2267
Tell el-Amarna
Amenhotep IV. Achenaten
Wandmalerei, Stuck auf Lehm, Höhe 6,5 cm
Davies, Mural paintings in the City of Akhetaten, in: JEA VII, S. 1–7, Taf. III.5. Stewart, Egyptian stelae, reliefs and paintings from the Petrie collection I, S. 20.
Gesicht des Achenaten.

ID 656
Amarna
London UC2293
Tell el-Amarna
Amenhotep IV. Achenaten
Wandmalerei, Stuck, Höhe 4 cm
Davies, Mural Paintings in the City of Akhetaten, in: JEA VII, S. 1–7, Taf. IV.31. Stewart, Egyptian stelae, reliefs and paintings from the Petrie collection I, S. 20.
Die Gesichter von zwei Männern. Gestaffelte Darstellungsweise, Unterscheidung durch Hautfarbe. Mund abgebrochen.

ID 657
Amarna
Stockholm MME 1983.003
Hermopolis Magna
Amenhotep IV. Achenaten
Relieffragment, Kalkstein, bemalt, 53 × 22,5 cm
Roeder, Amarna-Reliefs aus Hermopolis, PC 83, Taf. 184, S. 210, 301, 303, 307, 308.
Das Innere eines Hauses mit mehreren Räumen, Vorratsräumen und Pferdestall. Roeder vermutet den Palast. Ein Diener trägt einen Kasten, auf dem Gemüse und andere Lebensmittel liegen.

ID 658–660
Amarna
Roeder 34.VIII = 416.VII, Verbleib unbekannt
Hermopolis Magna
Amenhotep IV. Achenaten
Relieffragment, Kalkstein, 53,5 × 23 × 23,5 cm
Roeder, Amarna-Reliefs aus Hermopolis, 34.VIII A-C = 416.VII, Taf. 72, S. 100, 64, 65–66.
Oben ist der untere Teil eines Registers erhalten, in dem vornehme Herren in Sandalen vor und hinter einem für das Opfer bestimmten Ochsen (mit deformierten Hufen) gehen. Im Reg. darunter: Vier Herren in einer Reihe. Sie beugen ihren Oberkörper waagerecht vor, ihre Hände haben sie ausgestreckt an ihre Knie gelegt. Sie tragen feine Hemden mit halblangen Ärmeln und einen faltigen Schurz, vorn mit Bausch. Sie blicken mit zurückgebogenem Kopf geradeaus. Perücke in waagerechten Streifen mit vorne lang herabhängendem Zipfel. Beim ersten ist der Mund nach dem Foto nicht zu beurteilen. Beim zweiten stehen die Lippen vorn leicht auseinander. Beim dritten sind sie geschlossen. (Vierter Mann siehe ID 758). Links steht vor ihnen ein Tisch. Möglicherweise handelt es sich um die Darstellung einer Opferprozession im Temenos oder, wie in TA 8, Westwand, Nordteil (Davies, Amarna VI, Taf. XVIII), um die Gabe von Opfertieren an einen Günstling oder den König.

ID 661
Amarna
New York MMA 1993.436
Tell el-Amarna
Amenhotep IV. Achenaten
Talatat, Fragment, bemalt
Roeder, Amarna-Reliefs aus Hermopolis, PC 110, Taf. 188, S. 199.
Dasselbe Objekt wie ID 463. Hinter den zwei nubischen Gefangenen mit dem Federschmuck eines Würdenträgers in ihrer Heimat stehen zwei Männer mit Zipfelperücke und gerader Stirn. Nichts an diesen Herren spricht für Ausländer. Sie

führen vermutlich die Gefangenen vor. Roeder (S. 199) bemerkt, dass die ägyptischen Aufseher ausländischer Gefangener immer wie vornehme Herren gekleidet sind.

ID 662
Amarna
Verbleib unbekannt
Fundort Tell el-Amarna
Amenhotep IV. Achenaten
Relieffragment, Stele
Petrie, Tell el Amarna, Taf. XII.4.
Achenaten in roter Krone opfert dem Gott ein Salbengefäß.

ID 663
Amarna
Verbleib unbekannt
Tell el-Amarna, Maru-Aten
Amenhotep IV. Achenaten
Relieffragment
Peet/Woolley, CoA I, Taf. XXXII.4.
Männer, gestaffelt, im Offiziersschurz.

ID 664
Amarna
CoA Objekt 22/402, Verbleib unbekannt
Tell el-Amarna, River-Temple
Amenhotep IV. Achenaten
Relieffragment
Peet/Woolley, CoA I, S. 127, Taf. XLIII.2.
Zwei Höflinge mit Perücken, beim ersten sichtbar der Wedel als Amtszeichen, die sich vermutlich vor dem König verbeugen, darüber stark zerstörte Inschrift. Der Mund ist nach dem Foto nicht zu beurteilen.

ID 665
Amarna
Verbleib unbekannt
Tell el-Amarna, River-Temple
Amenhotep IV. Achenaten
Relieffragment
Peet/Woolley, CoA I, S. 127, Taf. XLIII.4.
Ein Herr mit Zipfelperücke und reich plissiertem dünnem Kleid, der sich vermutlich vor dem König verbeugt.

ID 666–667
Amarna
CoA I, Objekt 22/273, Verbleib unbekannt
Tell el-Amarna, Maru-Aten
Amenhotep IV. Achenaten
Fragment einer Stele, roter Granit, rto.
Peet/Woolley, CoA I, S. 127, Taf. XXXIV.1–2, drei Fragmente, Name in Meritaten geändert.
Achetaten und eine Prinzessin mit erhobenem Sistrum unter der Strahlensonne. Der König hält ein Gefäß empor. Die Inschrift nennt als Ort der Handlung „den Sonnenschatten der Königstochter Meritaten in Maruaten in Achetaten".

ID 668
Amarna
Kairo JE 55503
Tell el-Amarna, Haus T.34.1, Nordhalle, Tür zum Mittelraum
Amenhotep IV. Achenaten, frühe Phase
Türsturz, Kalkstein, 222 × 62 cm
PM IV, 200. Frankfort/Pendlebury, CoA II, S. 64–65, 109, Taf. XXIII.4. Budka, Der König an der Haustür, Kat. Nr. 25, Abb. 31.
Der Türsturz war wohl im Empfangsraum des Wohnhauses angebracht. Der Türbalken ruhte auf zwei rot bemalten Türpfosten. Zu beiden Seiten kniet der barfüßige Hatiay anbetend vor den Kartuschen. Er trägt einen kurzen Schurz und eine schulterlange Perücke. Die Namen Achenatens sind später ausgekratzt worden, aber nicht die des Aten und der Königin. Relief und Namen sind sorgfältig ausgeführt. Weniger Sorgfalt wurde auf die Inschrift mit Opferformeln für „Hatiya, der das Leben wiederholt" verwendet.

ID 669–670
Amarna
London UC782
Tell el-Amarna
Amenhotep IV. Achenaten
Bruchstück eines glasierten Eckziegels, Fayence, 6,8 × 7,3 × 6,2 cm, tiefes Lapislazuliblau
Pendlebury, CoA III, Bd. 1, S. 229, Bd. 2, Taf. CVII.10.
Dekoration mit Feinddarstellung. Auf der einen Seite sieht man die untere Gesichtshälfte eines gefangenen Asiaten. Auf der anderen Seite sieht man die untere Gesichtshälfte eines gefangenen Nubiers. Vergleiche UC 773 und UC 22998.

ID 671
Amarna
London UC103
Tell el-Amarna
Amenhotep IV. Achenaten
Wandeinlage, gelber Quarzit, 11 × 10 × 6 cm, rote Farbe
Pendlebury, CoA III, Bd. 1, S. 226, Bd. 2, Taf. CV.8. Samson, Amarna, S. 68, Taf. 40.
Königskopf, nach links blickend. Ohr mit runder Bohrung, wohl ausgebildet. Der leicht nach oben gezogene Mundwinkel lässt auf geschlossene Lippen schließen. Lippen rot eingefärbt.

ID 672
Amarna
London UC102
Tell el-Amarna
Amenhotep IV. Achenaten
Einlage, Quarzit, Höhe 6 cm
Pendlebury, CoA III, Bd. 1, S. 226, Bd. 2, Taf. CV.7. Samson, Amarna, S. 66, Taf. 38.
Lippen und Kinn vermutlich Achenatens. Auge und Augenbraue waren früher eingelegt. Schnitt und Farbe setzen sich um die Kante fort.

ID 673
Amarna
Kairo JE 59311
Tell el-Amarna
Amenhotep IV. Achenaten
Relief, roter Granit, Höhe 59 cm
Kopf und Schultern einer Prinzessin, die das Sistrum schüttelt.

ID 674
Amarna
Kairo JE 66713
Tell el-Amarna, Großer Palast, Südteil
Amenhotep IV. Achenaten
Relieffragment, Kalkstein, 22 × 24,5 cm, rote Farbe
Pendlebury, CoA III, Bd. 1, S. 71, Bd. 2, Taf. LXVIII.5.
Ein kleiner Mann mit nubischen Gesichtszügen und der Haartracht nubischer Tänzer tanzt vor einer Säule. Der Oberkörper ist nackt, er trägt einen geraden Schurz, die

Beine sind zerstört. Gesicht und Haare sind rot eingefärbt. Die Frisur besteht aus je einem breiten Streifen Haar zur Stirn, einem zur Seite und einem am Hinterkopf. Hohe Wangenknochen. Mund deutlich geöffnet. Beide Arme in rhythmischer Tanzbewegung etwa in Brusthöhe. Der linke Arm ist leicht abgewinkelt nach vorn gestreckt, nur bis etwa zum Unterarm erhalten. Der rechte Arm reicht zum linken hinüber, die offene Hand sieht aus, als halte sie eine Kugel oder einen Ball.

ID 675
Amarna
Kairo JE 64954
Tell el-Amarna, Weben-Aten
Amenhotep IV. Achenaten
Relieffragment, Sandstein, bemalt, Länge 28 cm
Pendlebury, CoA III, Bd. 1, S. 61, Bd. 2, Taf. LXVI.7.
Kopf eines Soldaten. Spitzer Kinnbart, Stirnband, volles halblanges Haar, sichtbar auch der Lanzenschaft.

ID 676
Amarna
Manchester 6716
Tell el-Amarna
Amenhotep IV. Achenaten
Relieffragment, Kalkstein, bemalt, 13,7 × 18 cm
Pendlebury, CoA III, Bd. 2, Taf. XXIII.2.
Ein nacktes Kind führt einen Affen an der Leine. Rechts oben der Fuß einer anderen Person.

ID 677
Amarna
Manchester 1937
Tell el-Amarna
Amenhotep IV. Achenaten
Relieffragment, Sandstein, grobe Arbeit
Achenaten mit Chat-Kopftuch opfert dem Aten. Links Reste einer Kolumne.

ID 678
Amarna
Manchester 11494
Tell el-Amarna
Amenhotep IV. Achenaten

Relieffragment, grobe Arbeit
Eine Prinzessin erhebt als Opfergabe zwei Namenskartuschen auf einem *nb*-Korb. Sie steht hinter einer großen Figur, vermutlich Nefertiti.

ID 679
Amarna
Manchester 9358
Tell el-Amarna, Palast, Breite Halle
Amenhotep IV. Achenaten
Relieffragment, Kalkstein, 23,5 × 27 cm
Pendlebury, CoA III, Bd. 1, S. 64, Bd. 2, Taf. LXVII.2.
Gruppe von Köpfen (3 und 1), die nach rechts blicken.

ID 680–681
Amarna
Samml. De Menil
Hermopolis Magna
Amenhotep IV. Achenaten
Relief, Kalkstein, 47,6 × 22,2 cm
Cooney, Amarnareliefs from Heliopolis in American Collections, Nr. 51.
Beruhigen des Tieres während des Wartens vor dem Gebäude. Zwei Wagenlenker in Offizierskleidung stehen wartend vor einem Tor mit Hohlkehle und beruhigen ihre Pferde. Beim ersten deutlich: das sich aufbäumende Tier mit der rechten Hand am Zügel fassend und mit der linken über die Brust des Tieres streichend. Der zweite ist einem nicht auf dem Relief erhaltenen Tier oder einer Person zugewandt und dreht dadurch den Kopf von seinem Kollegen weg. Ungewöhnlich ist hier, dass das Pferd nicht geschmückt ist, während es in den Amarnagräbern immer nur die herausgeputzten Pferde des Königs sind, die beruhigt werden. Vielleicht ist dem Pferd schon der Schmuck abgenommen worden, bevor es in den Stall geführt wird. Parallele für den vor dem Palasttor wartenden Streitwagen bspw. TA 8, Säulenhalle, Westwand, Nordseite (Davies, Amarna VI, Taf. XVIII).

ID 682
Amarna
Kairo JE 64947
Tell el-Amarna, Palast
Amenhotep IV. Achenaten
Reliefskulptur Säule, Kalkstein, Höhe 33 cm
Nefertiti opfernd.

ID 683
Amarna
Kairo JE 62763
Tell el-Amarna
Amenhotep IV. Achenaten
Übungsstück, Relief, Kalkstein, Höhe 18 cm
Grabung 1033–1934, Pendlebury, EES.
Mann mit Stufenperücke. Voller Mund, der ganz kurz unter der Nase ansetzt. Die Mund- und die Kinnpartie des Gesichtes sind missglückt, weil unproportioniert.

ID 684
Amarna
London UC401
Tell el-Amarna, Großer Palast
Amenhotep IV. Achenaten, 3.-6. Jahr
Fragment einer Balustrade, Alabaster, 56 × 52 cm, versenktes Relief
Petrie, Tell el Amarna, Taf. XII.3. Stewart, Egyptian stelae, reliefs and paintings from the Petrie collection I, S. 10, Taf. 6.
Achenaten (sein Kopf fehlt auf dem Bruchstück) gefolgt von Nefertiti und Meritaten, steht vor einem Opfertisch mit 3 Vasen, von denen sich die Strahlenhände des Aten nehmen. Auf den Armen und der Brust des Königs sind acht Kartuschen mit der frühen Namensform des Aten. Inschrift vor Nefertiti: „Neferneferuaten Nefertiti, möge sie leben für immer und ewig", über der Prinzessin: „Merit(aten), geboren von der großen königlichen Gemahlin, Neferneferuaten, Nefertiti, möge sie leben für immer und ewig". Meritaten schüttelt in der rechten Hand das Sistrum. Früher Stil, Nefertitis Kopf noch keine eigens für die Königin entwickelte Ikonographie, sondern wie der des Achenaten. Mund der Prinzessin mit fest geschlossenen aufeinanderliegenden Lippen.

ID 685–686
Amarna
Oxford AN1983.1–41.111
Tell el-Amarna, Großer Palast
Amenhotep IV. Achenaten
Relieffragment, Kalkstein, 23 × 22 × 9 cm, Reste roter Farbe
Petrie, Tell el Amarna, Taf. XI.8.
Tanzende Männer, beide Arme erhoben. Der erste Mann mit fransiger Perücke trägt libysche Kleidung mit zwei gekreuzten Bändern über der Brust. Er hält in der linken Hand über dem Kopf einen dünnen Stab, deshalb vermutlich einen Stocktanz aufführend. Der zweite Mann trägt eine glatte Perücke mit libyschem Seitenzopf. Sein Oberkörper ist nackt. Von einem dritten Mann rechts ist nur die obere Gesichtshälfte, von einem vierten ganz links im Relief sind noch die Arme sichtbar. Parallelen:

Hildesheim PM 4823 (ID 622–625), Redford, ATP I, Taf. 43, Block 0102/13708, TA 25, Säulenhalle, Nordwand, östlicher Teil, 1. Reg. v. u. (Davies, Amarna VI, Taf. XXX), Brüssel E. 8194 (ID 572–574) (fraglich).

ID 687
Amarna
Oxford AN1935.598
Tell el-Amarna, Großer Palast, Weben-Aten
Amenhotep IV. Achenaten
Block, Sandstein, bemalt, 30 × 21 × 11 cm, versenktes Relief, Reste roter Farbe
Pendlebury, Preliminary Report of the Excavations at Tell el-Amarnah 1934–1915, in: JEA 21, S. 1–135, Taf. XII.4.
Zwei sich verbeugende Männer. Vom vorderen ist nur die Zipfelperücke zu sehen. Der zweite, ein kahlrasierter Priesterschädel, ägyptische Züge, Hinterkopf eiförmig. Vermutlich Verbeugung vor dem König. Zwei Linien verlaufen von den Lippen nach vorn, weg vom Mund. Vermutlich ist dem Handwerker da der Meißel ausgerutscht und sie sollten später mit Gips aufgefüllt werden.

ID 688
Amarna
Oxford AN1893.1–41.116
Tell el-Amarna, Großer Palast
Amenhotep IV. Achenaten
Relieffragment, Kalkstein, 26 × 23 × 7 cm, versenktes Relief
Petrie, Tell el Amarna, Taf. XI.7. Whitehouse, Ancient Egypt and Nubia in the Ashmolean Museum, Kat. Nr. 42.
Schlafender Diener im Palast. Eventuell Türhüter. Auge geschlossen, Mund leicht offen, Kopf in linke Hand gestützt. Faltenschurz, Oberkörper nackt, Bauchfalten und Nabel sichtbar. Halblange glatte Perücke. Die rechte Hand hängt übers Knie herab. Parallelen siehe ID 466.

ID 691
Amarna
Oxford AN1893.1–41.121
Tell el-Amarna
Amenhotep IV. Achenaten, früher Amarnastil
Säulenfragment, Kalkstein, 24 × 22 × 9 cm
Grabung Petrie, 1891–1892.
Prinzessin mit Sistrum folgt einer großen Figur in gefälteltem Kleid, vermutlich Nefertiti. Kopf der Prinzessin mit eiförmigem langgezognem Hinterkopf und einer Seitenlocke, unter welcher die Ohrenscheibe nahezu ganz hervorsieht. Sie trägt ein

plissiertes Kleid. Zwei Halsfalten. Mundwinkel nach unten gezogen, Mund geschlossen Die Gesichtszüge sind denen ihrer Eltern angeglichen. Sie hält das Bügelsistrum mit der rechten Hand senkrecht erhoben.

ID 692
Amarna
Oxford AN1922.141
Tell el-Amarna, Maru-aten
Amenhotep IV. Achenaten
Balustrade, roter Quarzit, 36,2 × 18 × 6 cm, Krone des Königs ursprünglich eingelegt
Grabung Peet und Woolley 1921–1922.
Die Balustrade stammt von einem kleinen Schrein. Sie ist auf beiden Seiten mit Achetaten unter dem Strahlenaten geschmückt. König opfernd, gezeigte Seite mit Räucherarm.

ID 693
Amarna
Oxford AN1893.1–41.124
Tell el-Amarna
Amenhotep IV. Achenaten
Relieffragment, Kalkstein, 20 × 20 × 8 cm
Grabung Petrie 1891–1892.
Kopf mit nubischer Perücke, Ohrenscheibe. Lippen ganz geschlossen, Prinzessin, oder Höfling, da vor ihr die Pfauenfeder und ein Stück des Stabes eines Wedels zu sehen sind.

ID 694
Amarna
Oxford AN1893.1–41.73
Tell el-Amarna
Amenhotep IV. Achenaten
Fragment einer Säule, Kalkstein, 50 × 28 cm, versenktes Relief
Grabung Petrie 1891–1892.
Nefertiti, opfernd, beide Arme erhoben. Kartuschen auf Oberkörper und Armen, im Nacken Kronenansatz und Bänder.

ID 695
Amarna
Oxford AN1922.95
Tell el-Amarna, Maru-Aten Tempel

Amenhotep IV. Achenaten
Einlage, roter Sandstein, Höhe 7 × 10,3 cm, ursprünglich mit Glaseinlagen
Grabung Peet und Woolley 1921–1922.
Kopf, vermutlich des Achenaten.

ID 696
Amarna
Oxford AN1893.1–41.110
Tell el-Amarna
Amenhotep IV. Achenaten
Fragment, Block, Alabaster, 18 × 14cm
Grabung Petrie 1891–1892.
Nubischer Bogenschütze, vor ihm der Bogen. Hände hinter dem Rücken. Gefangener, da um den Hals ein langes Band, das auf der Vorderseite des Mannes in einer Lotusblüte oder Troddel endet.

ID 697
Amarna
Oxford AN1927.4087
Tell el-Amarna, Großer Atentempel
Amenhotep IV. Achenaten
Relieffragment, Kalkstein, bemalt, 50 × 24 × 5 cm
Whitehouse, Ancient Egypt and Nubia in the Ashmolean Museum, Kat. Nr. 39.
Wagenrad mit sechs Speichen. Nahe der Nabe die Figur eines Gefangenen, die Hände (wie schon bei Amenhotep III.) im Rücken gebunden. Dekoration.

ID 699–700
Amarna
Roeder 473.VII, Verbleib unbekannt
Hermopolis Magna
Amenhotep IV. Achenaten, früher Amarnastil
Relieffragment, Kalkstein, 46 × 33 cm
Roeder, Amarna-Reliefs aus Hermopolis, 473.VII, Taf. 5, S. 162, 186, 276, 277, 299.
Der König, mit vorgebeugtem Oberkörper, hält auf seiner linken Hand (Finger gebeugt, letztes Glied zurückgebogen) einen Stab, den ein Beamter von ihm empfängt. Ein Mann mit kahlrasiertem Kopf beugt seinen Oberkörper schräg vor und streckt beide Arme vor, um den Rispenstab, den der König ihm reicht, entgegen zu nehmen. Der Oberkörper des Mannes ist nackt, sein Hals ist lang. Der Schädel ist verlängert, ohne jeden Schmuck.

ID 701
Amarna
Roeder 494.VII, Verbleib unbekannt
Hermopolis Magna
Amenhotep IV. Achenaten
Relieffragment, Kalkstein, 43 × 23,5 × 24,5 cm
Roeder, Amarna-Reliefs aus Hermopolis, 494.VII, Taf. 58, S. 170, 174, 181, 202, 212.
Am linken Ende der Wand auf einem Hof steht auf einem Sockel eine Statue der Königin mit Opferbroten und -gemüsen. Hinter ihr steht die Statue einer Prinzessin mit Sistrum. Der Hof ist mit einem Umgang mit Tor eingefasst. In einem Raum, der an diesen Umgang anschließt, sitzt auf einem kreisrunden Polster eine Frau in einem langen Kleid, das ihr bis auf die Füße reicht. Die Zipfelperücke bedeckt das Ohr. Sie hält mit ihrer rechten Hand eine fünfsaitige Leier, deren Saiten sie mit den Fingern ihrer linken zupft. Vom unteren Zimmer desselben Gebäudeteils ist das Palmenkapitell einer Säule erhalten. In den anschließenden Räumen wird eine an die Wand gelehnte Stange von Roeder (S. 212) möglicherweise als Rest eines Instrumentes gedeutet. Aufgrund der Statuen im Hof und des weiblichen Geschlechts des Musikers handelt es sich wohl um den Frauentrakt im großen Palast.

ID 702
Amarna
Roeder 92.VII = 457.VII, Verbleib unbekannt
Hermopolis Magna
Amenhotep IV. Achenaten
Relieffragment, Kalkstein, 53 × 22,5 × 25,2 cm
Roeder, Amarna-Reliefs aus Hermopolis, 92.VII = 457.VII, Taf. 58, S. 186, 192, 209.
Ein sich verbeugender Diener mit zurückgebeugtem Kopf, geradeaus blickend, und mit herabhängenden Armen, in dem Säulensaal eines leeren Palastes mit Höfen und anschließendem Garten. Ein Wasserträger auf dem Weg zu einer Rampe. Er greift mit seinen beiden Händen seitwärts zu den Wasserkrügen. Er trägt einen enganliegenden Knieschurz mit dem hinten hoch sitzenden Gürtel. Anliegendes Haar. Figuren winzig, Mund nicht zu beurteilen.

ID 703
Amarna
Roeder 113.VIII = 477.VII, Verbleib unbekannt
Hermopolis Magna
Amenhotep IV. Achenaten
Relieffragment, Kalkstein, 51 × 22 × 22 cm
Roeder, Amarna-Reliefs aus Hermopolis, 113.VIII A = 477.VII, Taf. 59, S. 67.

Ein Mann mit Zipfelperücke und Ohrscheibe steht vor einem Berg von Opfergaben. Laut Roeder weibliche Figur. Die Tätigkeit spricht jedoch gegen Roeders Auffassung. Der Mann zieht an einem Strick, der entweder zu einer Vogelfalle gehört oder möglicherweise um ein Bündel Pflanzen und Früchte geschlungen ist, um diese zusammenzuschnüren. Im Hintergrund Weinrebe mit Traube und Blumen. Volles Gesicht, geschlossene volle Lippen.

ID 704–705
Amarna
Roeder 68.VIII u. 77.VIII, Verbleib unbekannt
Hermopolis Magna
Amenhotep IV. Achenaten
Relieffragment, Kalkstein, 39 × 21,5 × 18,5 cm
Roeder, Amarna-Reliefs aus Hermopolis, 68.VIII A mit 77.VIII A, Taf. 66, S. 68.
In einem Raum mit Säule spielt eine Frau die Leier. Die geschwungene Linie vor der Säule könnte das Ende einer Stola sein, oder der Arm einer Tänzerin. Mund nicht zu beurteilen. Von einer Person im Raum oberhalb sieht man den wehenden Saum ihres langen Mantels oder Kleides und die tanzenden Beine. Es handelt sich vermutlich um übende Musikerinnen im Frauentrakt des Palastes.

ID 706–707
Amarna
Roeder 266.VII, Verbleib unbekannt
Hermopolis Magna
Amenhotep IV. Achenaten
Relieffragment, Kalkstein, 53 × 22 × 18 cm
Roeder, Amarna-Reliefs aus Hermopolis, 266.VII A, Taf. 73, S. 182, 295.
Jubel bei der Ehrengoldverleihung. Ein Mann, beide Arme erhoben, Kopf deutlich zurückgebogen und schräg aufwärts blickend. Die glatte Perücke bedeckt sein Ohr. Volle Lippen, Mund geschlossen. Vor ihm ist unten die linke Hälfte eines Halskragens, oben der Teil eines Tischbeines zu erkennen. Von einem hinter ihm stehenden Mann ist nur der ebenfalls aufwärts blickende Kopf erhalten. Dieser ist volllippig und hat nubische Züge. Über den Köpfen der beiden sieht man die winkenden jubelnden Arme einiger Männer, die um den Belohnten herum stehen. Der Halskragen ist eines der Geschenke bei der Auszeichnung eines Belohnten durch den König. Der zweite Mann gehört wohl zu den Kollegen oder Freunden des Belohnten. Wo die Ehrengoldverleihung stattfindet, lässt sich anhand des Reliefs nicht ermitteln.

ID 708–711
Amarna
Roeder 474.VII, Verbleib unbekannt
Hermopolis Magna
Amenhotep IV. Achenaten
Relieffragment, Kalkstein, 45 × 23 cm
Roeder, Amarna-Reliefs aus Hermopolis, 474.VII, Taf. 73, S. 202.
Köpfe und erhobene Hände von fünf musizierenden Frauen. Die ersten beiden tragen große Ohrscheiben. Das Haar aller Frauen ist oberhalb der Stirn durch eine glatte Binde gehalten, das Haar ist bei der ersten, zweiten und vierten Frau durch waagerechte Linien in Wellen geteilt. Auf dem Haar einer jeden steht ein rechteckiger Aufsatz, der (außer bei der zweiten) oben durch einen waagerechten Rundstab mit Hohlkehle abgeschlossen wird. Von re. nach li.: Bei der ersten Frau steht ein Salbkegel mit Schmuckband in dem Aufsatz, eine Lotusblüte hängt vom Stirnband herab. Sie erhebt in der linken Hand eine runde Trommel, die sie mit der rechten Hand schlägt. Bei der zweiten Frau steht ein Salbkegel mit seitlichen Blättern wie von der Mandragorapflanze in dem Aufsatz. Von ihr ist nur der Kopf erhalten, es lässt sich ihre Aktivität in der Gruppe leider nicht sicher bestimmen, vermutlich ist sie eine Sängerin, weil auf dem Foto ihr Mund leicht geöffnet erscheint. Bei der dritten Frau ist wohl ein Salbkegel mit Schmuckband zu ergänzen. Von ihr ist nur der Kopf erhalten, es lässt sich ihre Aktivität in der Gruppe leider nicht bestimmen. Bei der vierten Frau steht ein Salbkegel mit seitlichen Blättern wie von der Mandragorapflanze in dem Aufsatz. Sie schlägt eine rechteckige Rahmentrommel mit der rechten Hand. Von der fünften Frau sind nur noch die vorgestreckten Finger ihrer Hand zu sehen. Parallelen: Manniche, Ancient Egyptian Musical Instruments, Taf. XIV.23. Frauen mit Salbkegeln, die den Belohnten vor dem Palasttor empfangen und ihn zum Tempel begleiten, in TA 8, Säulenhalle, Westwand, südlicher Teil (Davies, Amarna VI, Taf. XX).

ID 712–713
Amarna
Roeder 445.VII, Verbleib unbekannt
Hermopolis Magna
Amenhotep IV. Achenaten
Relieffragment, Kalkstein, 52 × 23 cm
Roeder, Amarna-Reliefs aus Hermopolis, 445.VII, Taf. 73, S. 186.
Oberer Streifen: sich verbeugende Männer, nach links orientiert, Köpfe nicht auf dem Bruchstück. Unterer Streifen: vier Personen, nach rechts blickend. Vorne steht ein Mann mit schräg vorgebeugtem Oberkörper. Er hat die Oberarme waagerecht vorgestreckt, die Hände anbetend erhoben. Kopf (wohl kahl) zurückgebeugt. Das Gesicht blickt geradeaus. Vor ihm ist ein Rest von dargestellten Opfergaben erhalten. Unterer Streifen, Mitte: Ein aufrecht stehender Mann, gesträhnte stufig geschnittene nubische

Perücke, Mund geschlossen, Armhaltung fraglich. Vor ihm fünf große Henkelkrüge, hinter ihm ist ein Mann (Arbeiter) mit einem Gefäß beschäftigt und ein weiterer in nubischer Perücke, ihre Gesichter sind auf der Abbildung nicht erkennbar.

ID 714
Amarna
Roeder 472.VII, Verbleib unbekannt
Hermopolis Magna
Amenhotep IV. Achenaten
Relieffragment, Kalkstein, 53 × 24 × 22 cm
Roeder, Amarna-Reliefs aus Hermopolis, 472.VII, Taf. 74, S. 298.
Ein Mann in tanzender Haltung, beide Arme nach den Seiten waagerecht ausgestreckt und die Hände (leicht zurückgebogen) erhoben. Der Oberkörper ist leicht vorgebeugt und in Vorderansicht wiedergegeben. Er trägt ein feines Hemd oder Mantel und einen Schurz, Zipfelperücke. Neben ihm ein jubelnder Mann, von ihm sind nur die Arme und die Hüfte teilweise zu sehen. Die gleiche Position der beiden Männer findet sich in TA 8, dort in der Gruppe der Inspektoren, an die Tutu nach der Auszeichnung das Wort richtet, und die daraufhin in ein Königslob ausbrechen (Davies, Amarna VI, Taf. XX).

ID 715–716
Amarna
Roeder 804.VIII, Verbleib unbekannt
Hermopolis Magna
Amenhotep IV. Achenaten
Relieffragment, Kalkstein, 53 × 23 × 26,5 cm
Roeder, Amarna-Reliefs aus Hermopolis, 804.VIII, Taf. 74, S. 226, 310.
Block mit Ansatz einer anstoßenden Mauer auf der rechten Hälfte der Längsseite. Der Block bildete die innere Ecke eines Raumes. Zwei Männer, die eine große Schale oder einen mit Broten gefüllten Korb tragen. Die Männer sind einander zugewandt.

ID 717
Amarna
Roeder 469.VII, Verbleib unbekannt
Hermopolis Magna
Amenhotep IV. Achenaten
Relieffragment, Kalkstein, 50 × 22 × 23,5 cm, versenktes Relief
Roeder, Amarna-Reliefs aus Hermopolis, 469.VII B, Taf. 75, S. 132, 314.
Zwei tanzende nubische Mädchen. Bei der erhaltenen Tänzerin ist die rechte Hand rückwärts erhoben, die Finger sind gebeugt. Sie trägt einen großen Ohrring. Der Kopf zeigt drei voneinander abgesetzte Haarstreifen. Dieselbe nubische Haartracht findet sich auch bei einem kleinen Tänzer, der im Großen Palast, südlicher Abschnitt,

gefunden wurde, Kairo JE 66713 (ID 674), den Stocktänzern, Hildesheim PM 4823 (ID 622), bei den Tänzern vor dem Erscheinungsfenster in TA 25, Säulenhalle, Nordwand, Ostseite (Davies, Amarna VI, Taf. XXIX) und beim Tributempfang in TA 1, Säulenhalle, Westwand (Davies, Amarna III, Taf. XIV) und TA 2, Säulenhalle, Ostwand (Davies, Amarna II, Taf. XXXVII). Dort tanzen aber ausschließlich Männer, und sie halten die Arme beim Tanz nicht wie hier nach oben, sondern nach unten, seitlich oder vor dem Körper. Die tanzenden nubischen Damen müssen demzufolge aus einem anderen Kontext stammen. Von der zweiten Tänzerin sind nur der rechte Arm mit den vom Handgelenk flatternden Bändern und ein vom Kopf herabhängendes Band zu sehen.

ID 718
Amarna
Roeder 401.VII, Verbleib unbekannt
Hermopolis Magna
Amenhotep IV. Achenaten
Relieffragment, Kalkstein, 54 × 22 × 27 cm
Roeder, Amarna-Reliefs aus Hermopolis, 401.VII, Taf. 75, S. 165, 183.
Vor Königspaar mit Tochter unten rechts die wesentlich kleiner dargestellten aufwärts blickenden Köpfe von zwei vornehmen Herren. Nach ihren Perücken zu urteilen sind es Herren, die dicht an die königliche Familie gedrängt stehen oder knien.

ID 719
Amarna
Roeder 263.VI, Verbleib unbekannt
Hermopolis Magna
Amenhotep IV. Achenaten
Relieffragent, Kalkstein, 52 × 22 × 26 cm
Roeder, Amarna-Reliefs aus Hermopolis, 263.VI, Taf. 77, S. 183.
Köpfe von zwei vornehmen Herren. Nur bei dem hinteren ist das Gesicht erhalten.

ID 720
Amarna
Roeder 456.VII, Verbleib unbekannt
Hermopolis Magna
Amenhotep IV. Achenaten
Relieffragment, Kalkstein, 22 × 23 cm
Roeder, Amarna-Reliefs aus Hermopolis, 456.VII, Taf. 84, S. 191.
Die schräg vorgebeugten Oberkörper von zwei Männern, die einen Strick fassen. Roeder erwägt, ob sie eine Vogelfalle zuziehen. Vom ersten sind nur das Gesäß und sein rechter Arm vorhanden. Der zweite Mann fasst mit seiner linken Hand unterhalb

des Strickes an, sein erhobener Kopf blickt schräg abwärts, das Ohr ist durch die glatte Zipfelperücke verdeckt. Die Umgebung der Personen gibt keinen Hinweis auf den Sumpf oder eine andere Landschaft.

ID 721
Amarna
Roeder 430.VII, Verbleib unbekannt
Hermopolis Magna
Amenhotep IV. Achenaten
Relieffragment, Kalkstein, 30 × 22,5 × 13,5 cm
Roeder, Amarna-Reliefs aus Hermopolis, 430.VII, Taf. 87, S. 201, 314.
Oberkörper und Kopf von zwei Frauen. Sie tragen üppige Zopfperücken, deren Haar über die Schultern herabfällt. Das Gesicht ist nur bei einer Frau erhalten. Sie schreitet aufrecht und blickt geradeaus. Runde Wangen. Das plissierte Kleid lässt eine Schulter frei.

ID 722
Amarna
Roeder 482.VIII, Verbleib unbekannt
Hermopolis Magna
Amenhotep IV. Achenaten
Relieffragment, Kalkstein
Roeder, Amarna-Reliefs aus Hermopolis, 482.VIII, Taf. 87, S. 176.
Höflinge mit Wedel. Mund nur bei einem der beiden erkennbar.

ID 723–727
Amarna
Roeder 428.VII, Verbleib unbekannt
Hermopolis Magna
Amenhotep IV. Achenaten
Relieffragment, Kalkstein, 47,5 × 27 × 22 cm
Roeder, Amarna-Reliefs aus Hermopolis, 428.VII, Taf. 87, S. 197.
Auf der Standlinie liegen fünf Soldaten, die sich ehrerbietig niedergeworfen haben. Auf den Rücken der Soldaten liegen fünf Schilde. Die senkrechten Linien über den beiden ersten Köpfen sind weder Lanzen noch Randlinien einer Schriftzeile. Erhalten sind (von re. nach li.) zuerst zwei Köpfe, eine Hand (mit gebeugten Fingern) rechts am Boden, dann drei Köpfe und eine auf dem Boden gelegte Hand. Glattes Haar, unten gerundet, bedeckt das Ohr. Mund geschlossen. Parallelen: Gleiche Handlung bei Soldaten siehe Roeder 45.VII A (dort Mund nicht erhalten) und München Gl. 84 (ID 555). Bei dem Stück in München gleiche Reihung, ohne ethnische Differenzierung. Parallele mit verschiedenen Ausländern Kairo 10.11.26.3 (ID 233–236) in der Reihenfolge (von

re. nach li): Nubier-Syrer-Asiate-Libyer. Dieselbe Reihenfolge scheint hier eingehalten. Erster Soldat Nubier, zweiter Soldat mit den hohen Wangenknochen eines Syrers. Die Ethnie der anderen Soldaten sind nach dem Foto bei Roeder nicht zu beurteilen.

ID 728–729
Amarna
Harvard 1960.170
Hermopolis Magna
Amenhotep IV. Achenaten
Relieffragment, Kalkstein, 54 × 23 × 3,5 cm
Cooney, Amarnareliefs from Hermopolis in American Collections, Nr. 34. Roeder, Amarna-Reliefs aus Hermopolis, PC 22, Taf. 174, S. 185.
Wagengespanne in vollem Lauf mit Lenker und im Wagenkorb stehenden Höflingen (von letzteren fehlt der Kopf).

ID 730–731
Amarna
Roeder PC 97, Verbleib unbekannt
Hermopolis Magna
Amenhotep IV. Achenaten
Relieffragment, Kalkstein
Roeder, Amarna-Reliefs aus Hermopolis, PC 97, Taf. 186, S. 179, 201.
Zwei Kindermädchen (d.h. Dienerinnen der Prinzessinnen) hinter einer Königstochter, von der nur Teile des Kopfes erhalten sind. Die Mädchen tanzen mit stark zurückgebeugtem Oberkörper. Sie blicken nach oben. Sie tragen langes, ungeteiltes Haar mit einem Band, das um den Kopf geschlungen ist. Sie lassen ihre rechte Hand herabhängen und erheben ihre linke Hand (Daumen ausgestreckt, Finger zurückgebogen) in tänzerischer Bewegung. Keine Parallele in den Amarnagräbern.

ID 732–734
Amarna
Roeder PC 95, Verbleib unbekannt
Hermopolis Magna
Amenhotep IV. Achenaten
Relieffragment, Kalkstein
Cooney, Amarnareliefs from Hermopolis in American Collections, Nr. 31. Roeder, Amarna-Reliefs aus Hermopolis, PC 95, Taf. 186, S. 171.
Drei sich verbeugende Kindermädchen hinter einer großen königlichen Person, vermutlich deren Begleitung.

ID 735–739
Amarna
Roeder PC 113, Verbleib unbekannt
Hermopolis Magna
Amenhotep IV. Achenaten
Relieffragment, Kalkstein, schadhafte Stelle über den Köpfen der Personen
Roeder, Amarna-Reliefs aus Hermopolis, PC 113, Taf. 189, S. 190, 199, 303.
Eine Gruppe von fünf Personen, von denen nur die Köpfe erhalten sind. Die erste ist eine Person in Stufenperücke mit Ohrscheibe, die eine große auf dem Boden stehende Bogenharfe hält. Roeder hält sie für einen Mann, die Stufenperücke wird aber viel von Frauen getragen und in den Amarnagräbern wird die große Bogenharfe nur von Damen gespielt, weshalb ich sie für eine weibliche Person halte. Die zweite und dritte Person gehören zum Hof. Roeder hält sie möglicherweise für asiatische Musiker. Er bemerkt hierzu aber (S. 199): „die Tracht erinnert eher an die ägyptische". Sie tragen langes ungeteiltes Haar (wie die sogenannten Kindermädchen der Prinzessinnen). Das Ohr ist bedeckt. Die Augen sind nicht verbunden. Die eng beieinanderstehende Gruppe spricht eher für ein weibliches Geschlecht aller fünf Mitglieder, denn die beiden folgenden sind wiederum Damen. Die vierte und fünfte sind ebenfalls Frauen. Die Hände sind nicht dargestellt. Auf einen bestimmten Raum als Ort ihres Auftritts findet sich kein Hinweis.

ID 740
Amarna
Roeder PC 129, Verbleib unbekannt
Hermopolis Magna
Amenhotep IV. Achenaten
Relieffragment, Kalkstein
Roeder, Amarna-Reliefs aus Hermopolis, PC 129, Taf. 189, S. 195.
Hintereinander schreiten zwei Männer, von denen jeder mit seiner linken Hand vor seiner Brust einen Stock hält, an dem er ein Netz über der Schulter trägt. Der rechte Arm hängt herab. Sie tragen einen Knieschurz mit Überschlag. Der Oberkörper des vorderen ist leicht vorgebeugt. Anliegendes Haar, der Mund wird nur durch einen Strich angedeutet. Parallelen sind Roeder PC 124 (ID 745) und MMA 1991.237.37 (ID 437).

ID 741
Amarna
Roeder PC 133, Verbleib unbekannt
Hermopolis Magna
Amenhotep IV. Achenaten

Relieffragment, Kalkstein
Roeder, Amarna-Reliefs aus Hermopolis,PC 133, Taf. 189, S. 194, 302.
Herbeibringen der Opfergaben. Kahlköpfige Träger ohne Standlinie. Sie laufen mit vorgebeugtem Oberkörper, weit ausschreitend, die linke Ferse angehoben. Enger Knieschurz mit Überschlag. Der erste trägt einen Stabstrauß und Wachteln. Der zweite hält mit seiner Rechten das Ende einer langen Stange, zu der er hinaufblickt.

ID 742
Amarna
Roeder PC 140, Verbleib unbekannt
Hermopolis Magna
Amenhotep IV. Achenaten
Relieffragment, Kalkstein
Roeder, Amarna-Reliefs aus Hermopolis, PC 140, Taf. 189, S. 197.
Soldat mit vorgebeugtem Oberkörper in Seitenansicht. Den Kopf bedeckt eine Zipfelperücke. Er trägt eine Standarte.

ID 743
Amarna
Roeder PC 139, Verbleib unbekannt
Hermopolis Magna
Amenhotep IV. Achenaten
Relieffragment, Kalkstein
Roeder, Amarna-Reliefs aus Hermopolis, PC 139, Taf. 189, S. 198.
Laufende Soldaten, die ihre Lanze fassen.

ID 744–746
Amarna
Turin S 18143
Hermopolis Magna
Amenhotep IV. Achenaten
Relieffragment, Kalkstein
Roeder, Amarna-Reliefs aus Hermopolis, PC 124, Taf. 190, S. 192.
Ein Mann mit einem Stab in der Rechten und einem Gefäß in der Linken (keine Perücke, anliegender Schurz) geht vor zwei Trägern. Vielleicht soll er dafür sorgen, dass die beiden einen freien Weg haben, denn sie tragen auf ihrem Nacken eine Stange mit einem großen Korb oder Netz daran. Ihre Gesichter sind einander zugewendet, als ob sie sich unterhielten. Links oberhalb sind die Eingangstür und die Räume eines Gebäudes, das vermutlich zum Palast gehört, sichtbar.

ID 747
Amarna
Louvre 30282
Fundort unbekannt
Amenhotep IV. Achenaten
Stele, Kalkstein, bemalt, 15 × 19,5 × 6,7 cm, Relief en creux
König in blauer Krone und mit Heka-Zepter, nach links blickend.

ID 749
Amarna
Roeder 460.VII, Verbleib unbekannt
Hermopolis Magna
Amenhotep IV. Achenaten
Relieffragment, Kalkstein, 53 × 22 × 26,5 cm
Roeder, Amarna-Reliefs aus Hermopolis, 460.VII, Taf. 63, S. 188.
In dem mittleren Streifen ist ein Raum eines Gebäudes wiedergegeben, in dem ein Mann ein Gestell mit einer Schale vor sich herträgt, um es auf einen Sockel zu setzen. Oberkörper vorgebeugt, Kopf zurückgebogen, Blick geradeaus, Hände schräg abwärts vorgestreckt. Weiter Wadenschurz mit vorn hochgenommenem Bausch.

ID 750
Amarna
Roeder 58.VIII = 433.VII, Verbleib unbekannt
Hermopolis Magna
Amenhotep IV. Achenaten
Relieffragment, Kalkstein, 53 × 19 × 25 cm
Roeder, Amarna-Reliefs aus Hermopolis, 58.VIII B = 432.VII, Taf. 9, S. 60.
Königstochter, ohne Namen.

ID 751–752
Amarna
Roeder 413.VII, Verbleib unbekannt
Hermopolis Magna
Amenhotep IV. Achenaten
Relieffragment, Kalkstein, 50 × 26 × 22 cm
Roeder, Amarna-Reliefs aus Hermopolis, 413.VII B, Taf. 9, S. 130.
Köpfe von zwei Libyern.

ID 753
Amarna
Roeder 292.VI, Verbleib unbekannt
Hermopolis Magna
Amenhotep IV. Achenaten
Relieffragment, Kalkstein, 32 × 23 × 25 cm
Roeder, Amarna-Reliefs aus Hermopolis, 292.VI A, Taf. 14, S. 60.
Kniende, anbetende Figur, laut Roeder Königstochter. Parallele für die Körperhaltung: Ostrakon Kairo JE 59296 (Pendlebury 1935, S. 134, Taf. V.3). Freed et al., Pharaohs of the Sun, Kat. Nr. 134, dort ein kniender Ausländer.

ID 754
Amarna
Roeder 442.VII, Verbleib unbekannt
Hermopolis Magna
Amenhotep IV. Achenaten
Relieffragment, Kalkstein, 39 × 21,5 × 18,5 cm, links weggebrochen
Roeder, Amarna-Reliefs aus Hermopolis, 442.VII A, Taf. 63, S. 191.
Laut Roeder: „In dem Hof des Palastes neben dem Frauentrakt steht ein Mann mit leicht vorgebeugtem Oberkörper, der in seiner rechten Hand einen Kehrbesen hält und seine linke ausgestreckt erhebt, anscheinend mit einer herabhängenden dünnen Tuchschleife." Der dreieckige Gegenstand in der rechten Hand ist kein Kehrbesen. An ihm sind Haltepflöcke, die das Abgleiten der Saiten verhindern, zu erkennen. Die herabhängende Tuchschlaufe (Plektrumband?) findet sich auch an dem Instrument der Musikerin auf Luxor J 265 (ID 821) – kann es sich um eine Winkelharfe mit Trageband, oder ein Saiteninstrument, das waagerecht vor dem Bauch gehalten und mit einem Plektrum gespielt wird, handeln? – Der Mann ist in ein wadenlanges glattes Gewand mit Ärmeln gekleidet. Er trägt glattes Haar mit herabhängendem Zipfel. Im oberen der Räume könnte es sich um den Rest eines Saiteninstrumentes handeln, das ist aber am Foto nicht zu beurteilen.

ID 755–756
Amarna
Roeder 261.VII, Verbleib unbekannt
Hermopolis Magna
Amenhotep IV. Achenaten
Relieffragment, Kalkstein, 43 × 22 × 18 cm
Roeder, Amarna-Reliefs aus Hermopolis, 261.VII A, Taf. 63, S. 202.
Frauen üben Musik und Tanz. In dem unteren Raum sitzt über der Tür auf einem kubischen Block (mit abgetrenntem Eckfeld wie an dem Thron des Achenaten) eine Frau, deren Oberkörper nahezu im Profil gezeichnet ist. Ihr Haar ist halblang, Gesicht und

Tätigkeit lassen sich am Foto nicht beurteilen. In dem unteren Raum sitzt links eine Frau mit langem ungeteiltem Haar, die ihre Hände nach vorn erhebt (klatschend oder singend?). Vor ihr tanzt eine Frau.

ID 757
Amarna
Roeder 207.VII, Verbleib unbekannt
Hermopolis Magna
Amenhotep IV. Achenaten
Relieffragment, Sandstein, 45 × 20 cm
Roeder, Amarna-Reliefs aus Hermopolis, 207.VII, Taf. 64, S. 195, 192.
Mitte oben: Vermutlich in einem Raum des Palastes: Rechts an einem Tisch mit drei Krügen arbeitet mit vorgestreckten Händen ein stehender Mann. Sein Kopf ist kahl. Das Gesicht ist auf dem Bild nicht zu beurteilen. Links davon sitzen sich zwei Männer auf niedrigen Hockern gegenüber, wohl bei einer Mahlzeit. Sie sind in vollständiger Seitenansicht gezeichnet. Sie setzen ihre Beine auseinander und beugen ihre Oberkörper schräg vor. Kopf kahl, Bekleidung nicht erkennbar. Ihre Arme sind in verschiedener Weise vorgestreckt, um etwas zu fassen. Parallele: Amarna Süd, TA 25, Säulenhallle, Nordwand, über Tür (Davies, Amarna VI, Taf. XXVIII).

ID 758
Amarna
Roeder 34.VIII, Verbleib unbekannt
Hermopolis Magna
Amenhotep IV. Achenaten
Relieffragment, Kalkstein, 53,5 × 23 × 23,5 cm
Roeder, Amarna-Reliefs aus Hermopolis, 34.VIII A-C 416.VII, Taf. 72, S. 100, 64, 65–66.
Oben: Reste eines von zwei sich verbeugenden Herren geführten fetten Opferrindes. Unten: Hintereinander vier Herren mit waagerecht vorgebeugtem Oberkörper, die ihre Hände ausgestreckt an ihre Knie legen. Mantel mit halblangen Ärmeln, faltiger, vorn gebauschter Schurz. Der zurückgebogene Kopf blickt geradeaus. Perücke in waagerechten Streifen mit vorn lang herabhängendem Zipfel. Vierter Mann, Lippen fest geschlossen.

ID 759
Amarna
Roeder 137.VI, Verbleib unbekannt
Hermopolis Magna
Amenhotep IV. Achenaten
Relieffragment, Kalkstein, 26 × 23 × 21 cm
Roeder, Amarna-Reliefs aus Hermopolis, 137.VI, Taf. 85, S. 192.

Ein Wächter hockt (auf einem kleinen Hocker) allein vor einer Tür im Hof, vermutlich des Palastes. Er ist im Profil gezeichnet. Er hat die Beine angezogen und die Hände auf die Knie gelegt. Kahler langgezogener Schädel. Links oben ein Raum mit Tischen, darunter Reste von Bäumen, vermutlich ein Garten.

ID 760
Amarna
Roeder 408.VII, Verbleib unbekannt
Hermopolis Magna
Amenhotep IV. Achenaten
Relieffragment, Kalkstein, 35 × 20 × 22,5 cm
Roeder, Amarna-Reliefs aus Hermopolis, 408.VII, Taf. 85, S. 198, 313.
In einer Säulenhalle, vermutlich des Palastes, befinden sich nahe dem Dach, also wohl in der oberen Reihe eines Bildes, vier in gestaffelter Weise dargestellte Syrer, vorgebeugte Oberkörper, im Profil gezeichnet. Die Oberarme sind nebeneinander schräg vorgestreckt. Gesichter mit dicken Lippen, Vollbart und halblangem Haar (unten gerundet).

ID 761
Amarna
Roeder 699.VIII, Verbleib unbekannt
Hermopolis Magna
Amenhotep IV. Achenaten
Relieffragment, Kalkstein, 32 × 25,5 × 21,5 cm
Roeder, Amarna-Reliefs aus Hermopolis, 699.VIII, Taf. 86, S. 200.
Drei Personen, die Syrer sind, wenn sie zu den hinter ihnen stehenden Gefäßen syrischer Keramik gehören. Sie erheben jauchzend ihre beiden Hände nach den Seiten (mit der Innenfläche nach außen gewendet). Vom ersten Mann ist nur die linke Hand vorhanden, vom zweiten nur der Kopf (das Haar bedeckt die Stirn) und seine beiden Hände, bei dem dritten ist die Stirn frei, wohl langes Haar (Roeder schließt eine Frau nicht aus).

ID 762, 764
Amarna
Roeder 541.VIII, Verbleib unbekannt
Hermopolis Magna
Amenhotep IV. Achenaten
Relieffragment, Kalkstein, 48,5 × 27 × 22 cm, versenktes Relief
Roeder, Amarna-Reliefs aus Hermopolis, 541.VIII B, Taf. 89, S. 132, 133, 314.
Links oben die Füße eines schreitenden Mannes. Rechts endet eine Zeile mit *ḏt nḥḥ*.
Neben dem Schaft einer Säule (wohl im königlichen Palast) stehen mit vorgebeugtem

Oberkörper und gebeugtem Kopf schräg abwärts blickend zwei Frauen hintereinander mit Überschneidung. Sie tragen langes ungeteiltes Haar in Strähnen, das das Ohr bedeckt und durch ein Querband zusammengehalten wird. Das Gesicht der rechten Frau überschneidet den Schaft der Säule.

ID 763
Amarna
Roeder PC 56, Verbleib unbekannt
Hermopolis Magna
Amenhotep IV. Achenaten
Relieffragment, Kalkstein
Roeder, Amarna-Reliefs aus Hermopolis, PC 56, Taf. 179, S. 184.
Köpfe von zwei vornehmen Herren, die im Abstand hintereinander schreiten. Die Perücke mit langen Strähnen (mit Querstrichen) hat vorn vier Stufen mit kurzen Löckchen und ein Stirnband. Links lässt sich PC 217 (geschmückter fetter Ochse, der zum Opfern geführt wird) mit Zwischenraum ansetzen. Nur beim hinteren der beiden Herren ist das Gesicht erhalten.

ID 765–766
Amarna
Roeder PC 119, Verbleib unbekannt
Hermopolis Magna
Amenhotep IV. Achenaten
Relieffragment, Kalkstein
Roeder, Amarna-Reliefs aus Hermopolis, PC 119, Taf. 188, S. 194, 295.
In einem Wagen mit zwei galoppierenden (zu ergänzenden) Pferden steht im Hintergrund der Wagenlenker. Er trägt eine Perücke, die sein Ohr bedeckt. Er hält in seinen vorgestreckten Händen die Zügel. Sein vorgebeugter Oberkörper ist in Seitenansicht so gezeichnet, dass sein linker Arm am weitesten vorgestreckt ist. Seine Lippen stehen auseinander, als ob er mit einem Ruf sein Pferd anfeuerte. Der Wagenlenker wird teilweise verdeckt durch einen Mann, dessen vorgebeugter Oberkörper in Seitenansicht gezeichnet ist, seine rechte Schulter ist leicht vorgezogen. Er gehört vermutlich dem Hofstaat an. Seine rechte Hand liegt mit gebeugten Fingern auf dem Rand des Wagenkastens, in seiner linken hält er etwas. Die linke Schulter und Oberarm sind durch einen Gegenstand verdeckt.

ID 767–768
Amarna
Roeder PC 147, Verbleib unbekannt
Hermopolis Magna
Amenhotep IV. Achenaten

Relieffragment, Kalkstein
Roeder, Amarna-Reliefs aus Hermopolis, PC 147, Taf. 193, S. 203.
Drei Gruppen von Frauen. Als erste nur eine Frau (Rest einer Gruppe?), die beiden folgenden Gruppen mit je drei Frauen in Staffelung, sämtlich bekleidet mit dem weiten faltigen Mantel der Hofmusikantinnen, die bei Banketten auf Saiteninstrumenten spielen. Bei der ersten Frau und der Leierspielerin in der dritten Gruppe ist der Ärmel angegeben. Die vierte Frau in der zweiten Gruppe hält mit ihrer linken Hand den Kopf einer Laute, deren Saiten sie mit ihrer rechten Hand schlägt. Die siebente Frau in der dritten Gruppe hält in der linken Hand eine kleine Leier, deren Saiten sie mit dem Daumen der rechten Hand schlägt.

ID 769
Amarna
Roeder PC 212, Verbleib unbekannt
Hermopolis Magna
Amenhotep IV. Achenaten
Relieffragment, Kalkstein
Roeder, Amarna-Reliefs aus Hermopolis, PC 212, Taf. 201, S. 184.
An seiner Amtstracht mit zwei Schulterbändern erkennbarer Wesir mit Schließen des Halsbandes im Nacken. Gut modellierter kahler Schädel. Er erhebt zum Gruß seine rechte Hand mit der Innenfläche nach vorn weisend. Mund deutlich offen, Kinn beschädigt. Roeder vermutet, er stehe, den König grüßend, an der Spitze der Beamten. Über dem Kopf des Wesirs ist die grüßend erhobene Hand eines weiteren Mannes zu sehen. Parallele: TA 25, Säulenhalle, Nordwand, Ostteil, wo der Wesir zusammen mit Höflingen im Portikus des Erscheinungsfensters den König grüßt. In TA 25 (vergl. Davies, Amarna VI, Taf. XXIX) hat der Wesir den Mund geschlossen, auf PC 212 ist der Mund hingegen eindeutig geöffnet, so als ob der Wesir dem König etwas berichten würde.

ID 770
Amarna
Louvre AF 111 (CC 256)
Fundort unbekannt
Amenhotep IV. Achenaten
Stele, Kalkstein, 6,8 × 7,3 × 1,1 cm
Königspaar und nur angedeuteter Verehrer vor ihnen. Am Original ist beim König der Mund gut sichtbar.

ID 771
Amarna
Roeder PC 233, Verbleib unbekannt
Hermopolis Magna

Amenhotep IV. Achenaten
Block, Kalkstein
Roeder, Amarna-Reliefs aus Hermopolis, PC 233, Taf. 203, S. 175, 236, 303.
Erste Verwendung Relief der Königstochter Meritaten. In zweiter Verwendung mit Vogelfalle und Papyrusstengeln. Mann hinter Papyrusdickicht und einem Schutzschild beobachtet eine Vogelfalle. Der Mund ist geschlossen. Er schweigt, um die Vögel nicht aufzuschrecken.

ID 772
Amarna
Roeder PC 232, Verbleib unbekannt
Hermopolis Magna
Amenhotep IV. Achenaten
Relieffragment, Kalkstein
Roeder, Amarna-Reliefs aus Hermopolis, PC 232, Taf. 208, S. 186.
Der geradeaus blickende Kopf eines Mannes mit schräg vorgebeugtem Oberkörper. Das Haar lässt das Ohr frei.

ID 773–774
Amarna
Roeder PC 274, Verbleib unbekannt
Hermopolis Magna
Amenhotep IV. Achenaten
Relieffragment, Kalkstein
Roeder, Amarna-Reliefs aus Hermopolis, PC 274, Taf. 208, S. 192.
In einem Hof, vermutlich des Tempels. Zwei Gabenträger mit einem Stabstrauß. Schlichtes Haar, Ohr bedeckt.

ID 775
Amarna
Roeder PC 195, Verbleib unbekannt
Hermopolis Magna
Amenhotep IV. Achenaten
Relieffragment, Kalkstein
Roeder, Amarna-Reliefs aus Hermopolis, PC 195, Taf. 209.
Mann mit Tragestange auf Nacken.

ID 776
Amarna
Roeder PC 218, Verbleib unbekannt

Hermopolis Magna
Amenhotep IV. Achenaten
Relieffragment, Kalkstein
Roeder, Amarna-Reliefs aus Hermopolis, PC 218, Taf. 209, S. 195, 232.
Mann, aufrecht schreitend, erhebt eine Rispe.

ID 777
Amarna
Roeder PC 145, Verbleib unbekannt
Hermopolis Magna
Amenhotep IV. Achenaten
Relieffragment, Kalkstein
Roeder, Amarna-Reliefs aus Hermopolis, PC 145, Taf. 192, S. 202.
Eine stehende Frau (Kopf nicht erhalten) greift mit beiden Händen in die Saiten einer vor ihr stehenden großen Bogenharfe. Rechts Krüge auf Gestellen.

ID 778–779
Amarna
Roeder PC 270, Verbleib unbekannt
Hermopolis Magna
Amenhotep IV. Achenaten
Relieffragment, Kalkstein
Roeder, Amarna-Reliefs aus Hermopolis, PC 270, Taf. 208, S. 189.
Links in einem Gebäude neben dem Palast mit geschlossenem Erscheinungsfenster schläft ein Mann mit angezogenen Knien. Seine linke Hand liegt auf der Brust; die rechte sützt den stark vorgebeugten Kopf (Haar nicht angegeben). Er ist vollständig verhüllt von einem Tuch. Auf dem Dach schläft ein zweiter Mann auf einem Brett (?) mit senkrechter Kopfstütze. Das schlichte, halblange Haar bedeckt sein Ohr. Er hat den rechten Arm ausgestreckt (Oberkörper in Seitenansicht) und legt seine linke Hand an seine Brust. Das Brett mit seinen Unterschenkeln und Füßen darauf reicht über das Dach hinaus. Sie sind unter den dargestellten Schläfern die einzigen in Rückenlage, auf allen anderen Objekten haben sie den Kopf nach links gedreht. Wegen ihres Schlafplatzes werden sie als Palastdiener katalogisiert.

ID 780
Amarna
Roeder PC 130, Verbleib unbekannt
Hermopolis Magna
Amenhotep IV. Achenaten
Relieffragment, Kalkstein

Roeder, Amarna-Reliefs aus Hermopolis, Taf. 188, PC 130, S. 191, 200.
Drei Köpfe von Männern, gestaffelt, Mund nicht erkennbar. Ihr Haar lässt die Ohren frei und hat über der Stirn eine Binde.

ID 781–782
Amarna
Durham DUROM.1998.10
Fundort unbekannt
Amenhotep IV. Achenaten
Relieffragment, Sandstein, 25,7 × 21 cm
Zwei Arbeiter, die vermutlich etwas an einem Seil ziehen. Auf der Standlinie darüber sind noch die Reste von Füßen zu sehen. Bei dem ersten Mann sind die Lippen leicht geöffnet.

ID 783
Amarna
Roeder 931.VIII, Verbleib unbekannt
Hermopolis Magna
Amenhotep IV. Achenaten
Relieffragment, Kalkstein, 26 × 22,5 × 22 cm
Roeder, Amarna-Reliefs aus Hermopolis, 931.VIII, Taf. 70, S. 203.
Eine Frau, schräg aufwärts blickend, erhebt ihren linken Arm mit ausgestreckter Hand (Innenfläche nach vorne). Der rechte Arm ist vermutlich ebenso zu ergänzen. Das lange ungeteilte Haar bedeckt das Ohr und lässt die halbe Ohrscheibe frei. Von ihrem linken Oberarm hängt ein weiter Mantel in Falten herab. Über ihrem Kopf ist eine linke Hand erhalten, die wohl von einer Frau in gleicher Haltung stammt.

ID 784
Amarna
Roeder 1005.VIII, Verbleib unbekannt
Hermopolis Magna
Amenhotep IV. Achenaten
Relieffragment, Kalkstein, 53 × 22 × 23 cm
Roeder, Amarna-Reliefs aus Hermopolis, 1005.VIII, Taf. 70, S. 188.
Oberkörper und Kopf von zwei hintereinander sich verbeugenden Männern, die ihre Hände herabhängen lassen. Die stark angehobenen Köpfe blicken geradeaus. Schlichtes Haar mit Zipfel lässt das Ohr frei. Unterlippe leicht vorgeschoben, Lippen nicht fest geschlossen.

ID 785–786
Amarna
Roeder 242.VII, Verbleib unbekannt
Hermopolis Magna
Amenhotep IV. Achenaten
Relieffragment, Kalkstein, 33 × 22 × 15 cm
Roeder, Amarna-Reliefs aus Hermopolis, 242.VII, Taf. 70, S. 195, 310.
In einem Hof oder Korridor stehen zwei sich unterhaltende Palastdiener. Beide tragen die Perücke mit Zipfel, die das Ohr frei lässt. Der (vom Betrachter aus) linke steht auf höherer Fläche als der rechte. Er ist seitlich gezeichnet, der Kopf im Profil blickt zu dem unterhalb ihm stehenden. Dieser ist frontal gezeichnet und dreht den Kopf nach rechts, erhebt ihn leicht, zu seinem Gesprächspartner hinaufblickend. Beide lassen ihre linke Hand herabhängen und erheben die rechte im Redegestus. Bei dem linken Mann handelt es sich, was der Höhenunterschied anzeigt, vermutlich um den ranghöheren der beiden Palastdiener.

ID 787
Amarna
Kairo RT 20.6.28.9
Tell el-Amarna, el Hagg-quandil, F 51
Amenhotep IV. Achenaten
Türsturz, li., Kalkstein, Farbreste, 78 × 107 × 35 cm
Seidlmayer, Die Inschriften, in: Borchardt/Ricke, Die Wohnhäuser in Tell el-Amarna, Taf. 27 A, Inschr. 9. Budka, Der König an der Haustür, Kat. Nr. 23.
In der Mitte in einem von der Himmelshieroglyphe eingefassten Bildfeld der Strahlenaten über dem Namen des Königs, oberhalb die Kartuschen des Gottesnamens mit Epitheta. Links (vermutlich auch rechts zu ergänzen) kniet ein Mann (der Hausbesitzer) mit schulterlanger Lockenperücke in feinem gebauschtem Schurz und durchsichtigem Mantel, dessen Ärmel bis über die Oberarme reichen. Er hat seine beiden Hände anbetend erhoben. Beigeschriebenes Gebet.

ID 788
Amarna
Kairo RT 26.12.20.30
Tell el-Amarna
Amenhotep IV. Achenaten
Relief, Balustrade, Kalkstein, 51 × 120 cm
Achetaten, Nefertiti und Meritaten opfern.

ID 789–790
Amarna
Kairo JE 66712
Tell el-Amarna, Großer Palast
Amenhotep IV. Achenaten
Block, Kalkstein, bemalt, 22 × 28 cm, rote Farbe
Pendlebury, CoA III, Bd. 2, Taf. LXVIII.6.
Relief mit Bäumen vor einem Tempel oder Palast, dessen Fassade durch ein Tor mit Hohlkehle und Säulen mit flatternden Fahnen angedeutet ist. Davor ein überdachter Säulenpavillon, der entweder vom Tempel stammt oder das Erscheinungsfenster darstellt. Im oberen Teil des Bildes schließen sich nach rechts mehrere Bäume an. Von dem Gebäude weg, (auf einer Standlinie) vier nach rechts laufende Soldaten. Einer läuft voraus, drei hinter ihm. Der erste trägt über der rechten Schulter einen in einen Lotuskelch auslaufenden Stab und in der linken Hand etwas in der Form von zwei Keulen (diese sind rot gefärbt). Der erste in der gestaffelten Dreierreihe trägt eine Lanze über der rechten Schulter. Bis auf die Schulter reichende Haare. Volllippige geschlossene Münder.

ID 791–792
Amarna
Kairo RT 17.3.34.1
Asyut, Stadt
Amenhotep IV. Achenaten
Block, Kalkstein, 50 × 25 × 24 cm
Ausgegraben von S. Gabra 1931.
Die Szene trägt im JE den verfehlten Titel „Woman's head kissing the king's hand". Frauen assistieren einer königlichen Person im Palast. Am linken Bildrand eine senkrechte Säule, links von dieser eine Kolumne mit Zeichenresten. Rechts davon zwei Frauen mit Perücken, die erste mit einem Schleifchenband wie bei den Kinderfrauen der Prinzessinnen. Von der zweiten Frau ist nur der Kopf dargestellt. Das Gesicht ist wie bei der ersten sorgfältig gestaltet und die Oberfläche geglättet. Sie blickt geradeaus. Sie hat kein Schleifchenband um die Perücke gebunden. Gerades Kinn, voller geschlossener Mund. Von einer dritten Frau ist nur der Hinterkopf zu sehen. Alle drei tragen einen Salbkegel. Die erste Frau hält mit der Rechten von unten her eine Hand, die vermutlich der Königin gehört. Es sieht nicht aus, als wolle sie den Handrücken küssen, denn ihr Mund ist nicht über der Hand, sondern die königliche Hand ist vor ihrem Gesicht, wobei durch die Überschneidung ein Teil ihres schmalen Mundes verdeckt wird. Ihr schmaler Mund ist geschlossen, der Kopf leicht nach unten gesenkt. Sie stützt mit der linken Hand von unten her den Unterarm der Person. Der Haltung ihrer

Hände nach zu schließen könnte sie die Person führen oder stützen. Falls der Arm zur Königin gehört, würde ich eine Geburtsszene, wobei die Amme die Königin leitet, nicht ausschließen. Eine Parallele für eine Geburtsszene bildet das ca. 1350 v. u. Z. datierte Objekt aus Kalkstein, Kairo CG 40627, auf dem zwei Hathoren einer Gebärenden assistieren. Eine Hand schützt, die untere Hand stützt den Unterarm der Gebärenden, die bereits hockt, also wesentlich niedriger als ihre Helferinnen ist, und sich mit den Händen auf ihren Oberschenkeln abstützt.

ID 793
Amarna
Kairo JE 64971
Tell el-Amarna, Großer Palast
Amenhotep IV. Achenaten
Relieffragment, Roter Quarzit, Höhe 9,5 cm
Pendlebury, Preliminary Report of the Excavations at Tell El-Amarnah, in: JEA 21, S. 129–135.
Kopf einer Prinzessin oder Nefertiti, mit Ohrscheibe, Krone abgebrochen. Sie schüttelt mit der erhobenen Rechten ein Bügelsistrum. Der Atenstrahl hält ihr das Anch-Zeichen vor die Nase.

ID 794
Präamarna
Kairo JE 41473
Karnak, II. Pylon
Amenhotep IV. Achenaten
Block, Sandstein, 22 × 20 cm
Nefertiti betet die Strahlensonne an. Sie hat beide Hände mit den Handflächen nach außen erhoben.

ID 795
Amarna
Kairo CG 34174, „Wilbour Stela"
Tell el-Amarna
Amenhotep IV. Achenaten
Stele, Kalkstein, 70 × 97 cm
Achenaten, Nefertiti und Meritaten opfern. Die Gesichter sind stark zerstört. Die Prinzessin hält kein Sistrum, sondern einen Strauß oder Papyrusstängel. Nur bei der Prinzessin ist der Mund noch erkennbar, er ist geschlossen.

ID 796
Amarna
Kairo, Rekonstruktion eines Fußbodens nach Zeichnung der Ausgräber
Tell el-Amarna, el Hagg-quandil, Palast
Amenhotep IV. Achenaten
Fußboden, bemalt, moderne Zerstörung
Weatherhead, Amarna Palace Paintings, Abb. 16.
Der Palastfußboden ist bemalt mit Pflanzen und Leben im Wasser, daneben Neun Bogen, die Fremdvölker repräsentierend, und neben diesen abwechselnd ein Gefangener Nubier mit offenem Mund und ein gefangener Asiate mit geschlossenem Mund. Dekoration.

ID 797–798
Amarna
Kairo JE 41563
Heliopolis Magna
Amenhotep IV. Achenaten
Stele, Vorderseite, Sandstein, 121 × 250 × 28 cm, Rückseite wiederverwendet
Kairo CG 34175, Lacau, Stèles des Nouvel Empire, S. 214–216, Taf. IXV. Urk. IV, 832.
Rückseite: Paremhab, Hoher Priester des Tempels des Re (unter Haremhab), mit Hymnus. Vorderseite Achenaten und Familie verehren den Aten. Der König kniet vor einem Opfertisch mit Speisen unter der Strahlensonne. Er hat die Arme fast waagerecht ausgestreckt. Er trägt die blaue Krone und einen durchsichtigen Mantel. Restliche Familie in Prostration vor dem Gott. Untere Reg.: Königin (mit nubischer Stufenperücke) ganz flach ausgestreckt, Anch-Zeichen vor Nase. Darunter im ersten Reg. übereinander zwei Prinzessinnen ausgestreckt, Namen ausgehackt. Königsfamilie in Prostration auch bei der Sedfestprozession auf der rekonstruierten Talatat-Tempelwand im Luxor Museum (Redford, ATP I) und rekonstruiert von Loeben, in: Tietze, Amarna: Lebensräume – Lebensbilder – Weltbilder, S. 281.

ID 799
Amarna
Kairo JE 65947
Tell el-Amarna, Zentrum der Stadt
Amenhotep IV. Achenaten
Relieffragment, Sandstein, 6,5 × 9 cm
Grabung 1935–1936, Pendlebury, EES.
Arme und Kopf eines Mannes, aufrecht stehend, den kahlrasierten Kopf fast geradeaus, nur ganz leicht nach unten gehalten. Oberkörper nackt. Der rechte Arm ist

vorgestreckt, die linke Hand im Rufgestus vor das Gesicht erhoben. Die vorgestreckte Hand könnte die Zügel halten, die gerade Haltung könnte die eines stehenden Wagenlenkers in einem Streitwagen sein.

ID 800 (Königin), 806 (Prinzessin)
Amarna
Kairo JE 87300
el – Ashmunein, deutsches Haus
Amenhotep IV. Achenaten
Block, Granit, Höhe 122 cm, oben abgerundet, mit tiefen Gruben späterer Nutzung auf beiden Breitseiten
Roeder, Hermopolis 1929–1939, S. 34.
Auf den schmalen Seiten oben Kartuschen. Links: Königsfamilie beim Opfer. Achenaten und Nefertiti halten jeder ein Zepter. Rechte Seite: Königsfamilie beim Opfer. König erhebt eine Hand zum Gott, die andere hängt herab, Königin und Prinzessin Meritaten schütteln jede ein Sistrum.

ID 801–802
Amarna
Kairo JE 66715
Tell el-Amarna, Großer Palast
Amenhotep IV. Achenaten
Block, Kalkstein, Länge 25 cm
Die Köpfe des Königs und einer Prinzessin, die einander zugewendet sind.

ID 803
Amarna
Kairo JE 66725
Tell el-Amarna, Großer Palast
Amenhotep IV. Achenaten
Übungsstück, Kalkstein, 13 × 17 cm
Egypt Exploration Society, Grabung Pendelbury 1936–1937.
Übungsstück mit einem Kopf bis zu den Schultern und einer extra Hand. Kopf mit halbrunder Perücke, ebenmäßige Züge, Mund geschlossen.

ID 804
Amarna
Kairo JE 63853 und 63854
Tuna el Gebel
Amenhotep IV. Achenaten
Balustrade, Kalkstein, 53 × 25 cm

Balustrade einer Rampe oder einer Treppe, die schräg aufwärts geht. Kartuschen. Die Figuren sind nach rechts gerichtet, einem Heraufkommenden entgegenblikkend. Alle Gesichter sind ausgehackt. Von oben nach unten: Achenaten opfert ein Salbengefäß. Im nächsten Feld: Achenaten opfert Speisen, hinter ihm schüttelt Nefertiti ein großes Sistrum mit drei Bügeln. Im nächsten Feld (auf dem vielleicht anschließenden Fragment JE 63854) wirft Nefertiti Weihrauchkugeln in eine (zu ergänzende) Schale.

ID 805
Amarna
Kairo JE 57208
Tell el-Amarna
Amenhotep IV. Achenaten
Block, Relieffragment, roter Quarzit, Höhe 26 cm
Egypt Exploration Society, Grabung Pendelbury 1931–1932.
Übungsstück mit mehreren Entwürfen (Anch, Horusfalke, Ohr, Uräus, etc.), darunter in der Mitte ein Männerkopf mit kurzer Löckchenperücke, mit einem breiten Kragen wie ein vornehmer Herr.

ID 807–810
Präamarna
Luxor J 269, linker Anschluss an Luxor J 265
Karnak, IX. Pylon
Amenhotep IV. Achenaten, früher Amarnastil
Relieffragment, Sandstein, bemalt, 51 × 22 cm, linker Teil eines Blockes
Chevrier, Rapport sur les traveaux de Karnak (1937–1938), in: ASAE 38, S. 605, Taf. CX. Manniche, Ancient Egyptian Musical Instruments, Taf. XIV.24. Dies., Les Scènes de musique sur les talatat du IXe pylône de Karnak, in: Kêmi 21, S. 155–164, Abb. 4.
Vier Musikerinnen in langen Trägerkleidern, halblange glatte Perücke, Salbkegel. Von links nach rechts: Große Bogenharfe, viereckige Rahmentrommel, Cheironomie oder Händeklatschen, Laute (Lautenstiel auf dem Anschlussblock). Die Musikerinnen stehen vor einem reich mit Speisen belegten Tisch. Die Zusammensetzung der Musikinstrumente J 269 + J 265 (ID 821–824) zeigt keine Ausdifferenzierung von Hof- und Volksinstrumenten. Von daher handelt es sich beim Aufführungskontext nicht um Bankettmusik in der Mittelhalle eines Palastes, sondern um eine Aufführung bei einem festlichen Anlass oder möglicherweise bei einer Audienz wie in TA 7 (Davies, Amarna VI, Taf. VI). Prozessionswege in Karnak können durch die Größe der Instrumente, vor allem der großen Bogenharfen ausgeschlossen werden. Talatats (Luxor), auf denen wie beim Bankett nur die höfischen Saiteninstrumente Bogenharfe, Laute und Leier gespielt werden, bei Manniche, Ancient Egyptian Musical Instruments, Taf. XV.26–28 und Taf XVI.29.

ID 811
Präamarna
Luxor J 256
Fundort vermutlich Karnak
Amenhotep IV. Achenaten
Relieffragment, Sandstein, bemalt, 26 × 20 cm
Mann, Oberkörper nackt, glatter weißer Schurz. Er trägt einen Sack auf der linken Schulter. Dass es ein Sack ist, ist daran ersichtlich, dass sich die linke Hand des Mannes in die Last eindrückt. Mit der rechten stützt er den Sack weiter oben ab. Mandelförmige Augen. Mund geschlossen. Hinter dem Mann eine Säule.

ID 812
Präamarna
Luxor J 264
Fundort vermutlich Karnak
Amenhotep IV. Achenaten
Relieffragment, Sandstein, bemalt, 51 × 22 cm
Mann, glatte halblange, die Ohren bedeckende Perücke. Blick gesenkt, Mund geschlossen. Er trägt vermutlich ein Bündel Papyrus oder Ruder, die hinter ihm hervorschauen.

ID 813
Präamarna
Luxor J 253
Fundort vermutlich Karnak
Amenhotep IV. Achenaten
Relieffragment, Sandstein, bemalt, 26 × 16 cm, rote Farbreste
Ein Arbeiter, der hinter einem anderen Arbeiter, der einen Korb oder ähnliches trägt, geht. Er hat die Arme weit ausgebreitet, vermutlich trägt er eine sehr breite Last im Nacken. Oberkörper nackt.

ID 814–815
Präamarna
Luxor J 263
Fundort vermutlich Karnak
Amenhotep IV. Achenaten
Relieffragment, Sandstein, 53 × 22 cm
Streitwagen mit Wagenlenker, der mit beiden Händen die Zügel hält. Er fährt einen Höfling mit Wedel, der neben ihm im Wagen steht.

ID 816
Präamarna
Luxor J 258
Fundort vermutlich Karnak
Amenhotep IV. Achenaten
Relieffragment, Sandstein, 25 × 21 cm
Kopf eines kahlköpfigen Mannes vor einer sehr hohen Lotussäule, vermutlich im Palast.

ID 817–818
Präamarna
Luxor J 272
Fundort vermutlich Karnak
Amenhotep IV. Achenaten
Relieffragment, Sandstein, bemalt, 25 × 21 cm
Zwei Syrer in weißen Mänteln mit spitzem Kinnbart und vollem Haar. Sie haben beide Hände mit der Handfläche nach außen zum Gruß waagerecht vorgestreckt.

ID 819
Präamarna
Luxor J 273
Fundort vermutlich Karnak
Amenhotep IV. Achenaten
Relieffragment, Sandstein, bemalt, 28 × 20 cm
Ein Asiate mit Stirnband und Spitzbart, vorgebeugt. Ein dünner Lanzenschaft ist über der linken Schulter sichtbar. Nackter Oberkörper. Mund geschlossen.

ID 820
Präamarna
Luxor J 268
Fundort vermutlich Karnak
Amenhotep IV. Achenaten
Relieffragment, Sandstein, 51 × 22 cm
Königin mit Uräus. In jeder Hand ein Hathor-Sistrum senkrecht erhebend, das sie dem Aten zeigt, oder für ihn schüttelt.

ID 821–824
Präamarna
Luxor J 265, rechter Anschluss an Luxor J 269
Karnak, IX. Pylon

Amenhotep IV. Achenaten
Relieffragment, Sandstein, 35 × 23 cm
Manniche, Les Scènes de musique sur les talatat du IXe pylône de Karnak, in: Kêmi 21, S. 155–164, Abb. 4.
Von der Lautenspielerin auf J 269 steht der Lautenstiel mit Troddeln daran hinter dem Kopf der ersten der vier Musikerinnen auf dem Anschlussblock heraus. Rechter Bildrand vielleicht ein Tisch mit Opfergaben. Die erste Musikerin von links trägt keinen Salbkegel. Von ihren Armen hängt die Schlaufe eines Plektrums oder das Trageband für ein Saiteninstrument, das sie vor ihren Bauch hält, herab. Wenn der senkrechte Stab links noch zu ihrem Instrument gehört, dann spielt sie vermutlich eine tragbare Harfe wie auf der Parallele Roeder 442.VII (ID 754). In der Rechten hält sie einen dünnen Stab (der Stimmstock?). Die zweite Musikerin von links spielt eine eckige Rahmentrommel, die dritte schwenkt in der Rechten einen Zweig. Parallele mit Frauengruppe, wovon einige einen Zweig schwingen, Boston MFA 63.962 (ID 125–127). Die vierte Musikerin von links spielt die auf dem Boden stehende große Bogenharfe. Die Zusammensetzung der Musikinstrumente auf der gesamten Darstellung J 269 (ID 807–810) + J 265 zeigt keine Ausdifferenzierung von Hof- und Volksinstrumenten.

ID 825–826
Präamarna
Luxor J 262
Fundort vermutlich Karnak
Amenhotep IV. Achenaten
Relieffragment, Sandstein, 52 × 22 cm
Drei Landarbeiter. Der rechte Mann blickt nach rechts. Vor ihm sind der Schwanz und das Hinterteil eines Rindes erhalten, das er mit einem Stock antreibt. Der nach links blickende Mann steht gebeugt wie bei der Feldarbeit. In der erhobenen linken Hand hält er vermutlich eine Hacke. Von dem anderen Feldarbeiter neben sich ist nur die gebückte Mittelpartie zu sehen. Art der Darstellung wie Cleveland 1959.187 (ID 419).

ID 827
Präamarna
Luxor J 254
Fundort vermutlich Karnak
Amenhotep IV. Achenaten
Relieffragment, Sandstein, 26 × 22 cm
Diener mit Tischchen. Mund nur als Strich eingeritzt.

ID 828–829
Amarna
London, Christies London-Amarna-relief-fragment-2451506
Im Kunsthandel erworben, Fundort unbekannt
Amenhotep IV. Achenaten
Relieffragment
Drei Ruderer. Auf dem Bruchstück ist nur von den beiden vorderen das Gesicht erhalten. Oberkörper nackt, gebauschter Schurz, halblange Perücke. Sie halten mit beiden Händen ihr Ruder. Der vordere blickt in Fahrtrichtung. Der zweite Ruderer blickt sich nach dem hinter ihm sitzenden um. Am oberen Bildrand sind Tische in einem Säulenhof und eine Eingangstür mit Hohlkehle zu sehen. Das Schiff legt also wohl an einem der Paläste in Amarna an.

ID 830
Amarna
Pennsylvania E16230
Fundort unbekannt
Amenhotep IV. Achenaten, usurpiert von Merenptah
Pylon, li. Türrahmung, Quarzit, 66 × 231,9 × 24 cm
Silverman et al., Akhenaten and Tutankhamun, S. 119, Taf. 139, Abb. 127. Vergl. Hanke, Amarna-Reliefs aus Hermopolis, Abb. 30 und 31.
Fünf Szenen von Achenaten mit Meritaten. Türrahmung eines Schreins, dem „Sonnenschatten" in Amarna. Zwei Szenen, in denen der König dem Aten opfert, übereinander. Nur die obere ist erhalten. Sie zeigt die Gabe der Namenskartuschen an den Gott.

ID 831
Präamarna
Luxor Freilichtmuseum
Vermutlich Spinxallee (Atentempel Karnak)
Amenhotep IV. Achenaten
Talatat, Sandstein
unveröffentlicht
Bäume vor einer Mauer. Es handelt sich vermutlich um einen Baumgarten im Palast. Ein Mann versprengt Wasser, aus einer Schale, die er in der erhobenen Rechten hält. In der linken Hand sieht man noch den Henkel eines Gefäßes. Er trägt einen geraden Schurz, am Hals zeichnet sich der Ausschnitt eines Hemdes ab. Wohlgenährt. Rundes, das Ohr bedeckendes Haar.

ID 832
Präamarna
Luxor Freilichtmuseum
Vermutlich Spinxallee (Atentempel Karnak)
Amenhotep IV. Achenaten
Talatat, Sandstein
unveröffentlicht
Zwei Stocktänzer vor dem Erscheinungsfenster, möglicherweise auch im Rahmen des Tributempfangs. Nur vom rechten Mann ist das Gesicht auf dem Block erhalten. Voller Mund und fliehende Stirn lassen auf einen Nubier schließen. Sie halten die Stöcke nicht so hoch über dem Kopf wie in den Parallelen. Das Halbrund über der Hand des re. Tänzers ist auch bei dem zweiten Tänzer von rechts auf dem Hildesheimer Stück zu sehen. Parallelen Hildesheim PM 4823 (ID 625) und TA 25 (ID 1114).

ID 833
Präamarna
Luxor Freilichtmuseum
Vermutlich Spinxallee (Atentempel Karnak)
Amenhotep IV. Achenaten
Talatat, Sandstein
unveröffentlicht
Zwei durch eine senkrechte Linie getrennte Räume. Links Stabsträuße und andere Arrangements, die als Opfer dem Gott überreicht werden. Rechts eine Bäckerei. In dieser steht oben ein großes Tongefäß und liegt eine Reihe runder Brote. Bei der Zubereitung des Teiges stehen sich am Tisch zwei Bäcker gegenüber. Im Stil wie Talatats mit Personen, bei denen der Mund nur durch einen Strich angedeutet ist. Parallele: die auf der Tempelwand des *ṯnỉ mnw* dargestellte Bäckerei im Luxor Museum.

ID 834
Präamarna
Luxor Freilichtmuseum
Vermutlich Spinxallee (Atentempel Karnak)
Amenhotep IV. Achenaten
Talatat, Sandstein
unveröffentlicht
Palast (Tür mit Hohlkehle, Säule mit Papyruskapitell): Schlachterei, Räume mit gedecktem Speisetisch, Krügen und Vasen. Am oberen Bildrand die Grundlinie eines neuen Raumes, in dem ein kahlköpfiger Mann in gebauschtem Schurz den Boden küsst. Er hat die Knie angezogen. Da eine Prostration auf der Talatatwand im Luxor Museum

nur vor dem König erfolgt, bevor dieser den Palast verlässt, um seinen Tragesessel zu besteigen, wird hier auch als Adressat der König angenommen.

ID 835
Präamarna
Luxor Freilichtmuseum
Vermutlich Spinxallee (Atentempel Karnak)
Amenhotep IV. Achenaten
Talatat, Sandstein
unveröffentlicht
Zwei Schlächter, die sich mit dem einen Fuß an dem Bauch eines liegenden Opfertieres abstemmen und in entgegengesetzte Richtungen ziehen. Vielleicht binden sie dem Stier gerade die Beine zusammen. Hinter dem Schlächter links sind das Hinterteil und der Schwanz des Rindes sichtbar. Hinter dem Schlächter rechts sind von dem Rind der Hals, der Kiefer und vielleicht das Ohr sichtbar. Links oben sind die Reste eines laufenden Mannes und am rechten Bildrand sind Hinterkopf, angewinkelter Arm und Gesäß eines sitzenden Mannes, der sich zurücklehnt, erhalten. Die Umrisse (Hinterteil und Rücken) des zusammengebundenen Stieres auf der Grundlinie deuten auf eine ähnliche Schlachtszene im Register oberhalb. Dann entstammt das Bruchstück vermutlich einer größeren Darstellung der Opferzubereitung im Tempelbereich.

ID 836–838
Präamarna
Luxor Freilichtmuseum
Vermutlich Spinxallee (Atentempel Karnak)
Amenhotep IV. Achenaten
Talatat, Sandstein
unveröffentlicht
Drei Räume und die Reste angrenzender Zimmer im Palast. Im großen Empfangsraum mit Mittelsäule, Tischen und einem mit einem Fell belegten Klappsessel mit Rückenlehne fegt ein Diener in gebeugter Haltung den Boden. Die Säule und der Diener, der vor der Eingangstür mit Hohlkehle fegt, überschneiden sich. Er trägt schulterlanges glattes Haar, einen vorn gebauschten Schurz und ein Ärmelgewand. Im rechts dem Empfangsraum anliegenden oberen Zimmer bäckt ein Mann am Tisch Brot. Ein großes rundes Brot ist schon fertig. Im rechts an den Empfangsraum auf gleicher Ebene anschließenden Zimmer sind zwei Diener beschäftigt. Der linke ist gerade dabei, einen großen Sack, der vor ihm auf dem Boden steht, zuzubinden. Bis auf den zweiten Diener, von dem man nicht weiß was er tut, da er vor der Bruchkante steht, sind alle anderen in gebückter Haltung arbeitend.

ID 839–841
Präamarna
Luxor Freilichtmuseum
Vermutlich Spinxallee (Atentempel Karnak)
Amenhotep IV. Achenaten
Talatat, Sandstein
unveröffentlicht
Vielleicht bei Tributempfang vorgeführte Gefangene eines unterworfenen Volkes. Sie sind typisierend gekleidet mit Cape, Stirnband und rundem Bart, der Nubier mit Schurz und Ohrschmuck, der Syrer in Wickelrock mit Spitzbart und Stirnband. Sie haben die Arme im Rücken gefesselt. Sie repräsentieren die eroberten Gebiete Asien, Nubien und Syrien.

ID 842 (Anweisung), 843 (Lautvermeidung), 844, 847 (Rede eines Übergeordneten)
Präamarna
Luxor, Talatatwand
Karnak, IX. Pylon (*ṯni-mnw*)
Amenhotep IV. Achenaten
Talatat, Sandstein
Lauffray, Les ‚Talatat' du IX. Pylône de Karnak et le Teny-Menou, in: Cahiers de Karnak VI, S. 67–89, Taf. XIV–XIX.
Opferprozession auf dem Weg zum Tempel. Erstes Register, rechts des Tempels: In der Türöffnung, die vermutlich zum Tempelhof führt, steht ein Tempeldiener. Er hält in der erhobenen Hand einen Stock. Er weist die ankommenden Träger ein, wo sie die für das Opfer bestimmten Krüge (mit Ton versiegelt und auf Ständern) hinbringen oder -stellen sollen. Zweites Register, rechts des Tempels: Unterhalb der Lagerräume für das Korn mit einem Aufseher, liegen die Stallungen, in denen die Stiere gemästet werden. Rechts und links ein liegendes Ochsenpaar, das gefüttert wird. Nur die beiden Ochsen in der Mitte stehen, der hintere von ihnen hat das Maul offen, der vordere wird von einem zweiten Stallknecht am Schwanz festgehalten. Der ihn mit der Rechten fütternde Stallknecht beruhigt das Tier, indem er ihm mit der Linken über die Nase streicht.

Oberstes Register, oberhalb der Wohnquartiere: Ein vornehmer Herr in gebauschtem Schurz und Sandalen. Er ist größer dargestellt als die ihm gegenüber stehenden zwei Männer in weißem Ärmelgewand (letztere gestaffelt). Die angesprochenen Herren sind vermutlich Schreiber. Sie lassen den linken Arm mit einer Schriftrolle in der Hand herabhängen, die rechte Faust liegt auf der linken Schulter. Der Redner stützt sich links auf einen Stock, der rechte Arm ist im Redegestus erhoben (die Hand ist zu ergänzen). Kopf des Mannes nicht mehr auf der rekonstruierten Talatatwand. Parallele TA 9, Halle, Ostwand (Davies, Amarna IV, Taf. XXV), wo der Schreiber dem Polizeichef Mahu (auf seinen Stock gestützt und Redegestus) Bericht erstattet. Dort handelt es sich um die Rede des Untergebenen zum ranghöheren Dienstherrn, hier verhält es sich andersherum, nämlich um die Rede eines Höheren zu den ihm untergebenen Herren.

ID 848
Amarna
London UC 33197
Fundort vermutlich Tell el-Amarna
Amenhotep IV. Achenaten
Ostrakon, Kalkstein, Tinte, 8,8 × 4,5 cm
Kopf und Schultern eines Mannes mit struppigem Haar. Karikatur.

ID 849
Amarna
Stockholm MME 1972 002
Im Kunsthandel erworben, Fundort unbekannt
Amenhotep IV. Achenaten
Talatat, Kalkstein, 43,5 × 22 × 5 cm, versenktes Relief
Leihgabe, The Royal Swedish Academy of Letters, History and Antiquities. Lindblad, Zwei Amarna Reliefblöcke in Stockholm, in: MedMusB 13, S. 19–22.
Sich vorbeugender Mann in einem Ärmelgewand. Er hat die Hände im Anbetungsgestus erhoben. Schulterlange Perücke. Volles sichtbares Ohr mit Rand, aber ohne Bohrung. Ägyptische Gesichtszüge, gerades Kinn, gerade Stirn, mandelförmige Augen. Vor ihm die Reste eines sich ebenso verbeugenden Mannes.

ID 850
Amarna
New York MMA 1991.237.96
Hermopolis Magna
Amenhotep IV. Achenaten
Relieffragment, Kalkstein, 25,4 × 22,8 cm
Roeder, Amarna-Reliefs aus Hermopolis, PC 235, Taf. 205, S. 195.
Ein tief gebeugter Arbeiter, der eine schwere Last zieht. Mundpartie beschädigt. Arbeit, Bau, Schiffe?

ID 851
Amarna
New York MMA 1991.237.1
Tell el-Amarna
Amenhotep IV. Achenaten

Relief, Kalkstein, 40 × 24.1cm
Das königliche Schlafzimmer. Es ist leer, die Kopfstütze steht, die zusammengerollte Bettdecke liegt auf dem Bett.

ID 852
Amarna
New York MMA 1991.237.7
Hermopolis Magna
Amenhotep IV. Achenaten
Kalkstein, 36,8 × 24,1 cm
Roeder, Amarna-Reliefs aus Hermopolis, PC 128, Taf. 190, S. 213, 318.
Schatzkammer des Palastes mit wertvollen Kragen und großer Standleier. Keine Personen. Links stehen Unterteile von asiatischen Standleiern auf Tischen, was aus einer senkrechten Linie, die rechts hochführt, vermutet werden kann.

ID 853
Amarna
New York MMA 1991.237.81
Hermopolis Magna
Amenhotep IV. Achenaten
Relieffragment, Kalkstein, 38,7 × 22,8 cm
Hanke, Amarna-Reliefs aus Hermopolis, Nr. 39.
Oben auf Standlinie Mastochsen. Darunter der Kopfputz des Pferdes eines Streitwagens und der Kopf des Wagenlenkers mit spitzem Kinnbart und mit einer Peitsche oder ähnlichem in der Hand.

ID 854
Amarna
New York MMA 1991.237.76
Hermopolis Magna
Amenhotep IV. Achenaten
Relieffragment, 50,2 × 22,8 cm
Hanke, Amarna-Reliefs aus Hermopolis, Nr. 30.
Königliches Schlafzimmer, allein im Raum und in diesen blickend, ein Diener in gebauschtem Schurz, der ein Gestell mit einer Waschschüssel und einem Krug hereinbringt.

ID 855
Amarna
Roeder PC 71, Verbleib unbekannt

Hermopolis Magna
Amenhotep IV. Achenaten, 1.-2. Jahr
Relieffragment, früher Amarnastil
Roeder, Amarna-Reliefs aus Hermopolis, PC 71, Taf. 217, S. 183.
Prinzessin mit Seitenlocke reicht eine Opfergabe an. Von Roeder (S. 183) an den Anfang der Amarnazeit datiert.

ID 856
Amarna
New York MMA 1991.237.40
Hermopolis Magna
Amenhotep IV. Achenaten
Relieffragment, Kalkstein, 53,3 × 23,5 cm
Roeder, Amarna-Reliefs aus Hermopolis, PC 243, Taf. 205, S. 198.
Mehrere (3 gestaffelt und 1) Männer im Offiziersschurz, sonst nackt, folgen einem hohen Beamten in wadenlanger Tunika und darüber einem gebauschten halblangen Schurz. Nur die untere Körperhälfte ist auf dem Fragment. Sie haben beide Arme am Körper herunterhängend. Ihre Hände sind so nahe beieinander, dass es den Eindruck erweckt, der Aufseher würde die Soldaten führen.

ID 857
Amarna
New York MMA 1991.240.1
Hermopolis Magna
Amenhotep IV. Achenaten
Relieffragment, Kalkstein, 53,3 × 20,9 cm
Roeder, Amarna-Reliefs aus Hermopolis, PC 94, Taf. 185, S. 143, 159. Linke Hälfte: Hanke, Amarna-Reliefs aus Hermopolis, Nr. 9, Taf. 4, S. 14.
König unter dem Strahlenaten. Am Ansatz der Perücke im Nacken weht ein Band. Links davon ein Uräus mit Sonnenscheibe und eine Straußenfeder.

ID 858
Amarna
New York MMA 1991.237.41
Hermopolis Magna
Amenhotep IV. Achenaten
Relieffragment, Kalkstein, 53,3 × 21,6 cm
Roeder, Amarna-Reliefs aus Hermopolis, PC 245, Taf. 204, S. 191.
Laut Roeder zwei gefangene Syrer in engem Gewand, das ihnen fast bis zu den Knöcheln reicht (ID 439), gehen hinter dem viel größer dargestellten König. Die

ethnische Klassifizierung erfolgt von Roeder aufgrund der Kleidung. Ein ägyptischer Aufseher, der wie ein vornehmer Herr gekleidet ist, treibt sie an. Die Köpfe sind auf dem Bruchstück nicht erhalten.

ID 859
Amarna
New York MMA 1991.237.72
Hermopolis Magna
Amenhotep IV. Achenaten
Relieffragment, Kalkstein, 53,3 × 22,2 cm
Nur unterer Teil erhalten. Drei Höflinge in Sandalen mit wehenden Mänteln. Die Fußsohle liegt ganz auf dem Boden auf.

ID 860
Amarna
New York MMA 21.9.15
Tell el-Amarna, Bildhauerschule
Amenhotep IV. Achenaten
Ostrakon, Kalkstein, 10,8 × 13 cm
Grabung Petrie und Carter 1891–1892. Sotheby's, London (Amherst sale) 1921.
Ostrakon mit Hieroglyphen. Die Hieroglyphe für Gesicht, *ḥr*, verdeutlicht den Versuch, das königliche Gesicht der Amarna-Ikongraphie mit mandelförmigen Augen, schmaler Nasenwurzel, vollen Lippen, herabhängenden Mundwinkeln und auch die runde Bohrung der Ohrläppchen in der Schreibung zu vollziehen.

ID 861
Amarna
New York MMA 1991.237.1
Hermopolis Magna
Amenhotep IV. Achenaten
Relieffragment, Kalkstein, bemalt, 53,3 × 24,1 cm, unterer Teil eines Talatat
Roeder, Amarna-Reliefs aus Hermopolis, PC 54, Taf. 179, S. 183, 302.
Drei Personen, vermutlich in bodenlangen Mänteln, von denen drei Paare tanzende Füße in Sandalen erhalten sind. Nur ein mit ganzer Sohle auf der Grundlinie stehender Fuß beim vordersten Kammerherrn, die anderen berühren den Boden nur mit dem Fußballen. Roeder (S. 183) interpretiert die Fußstellung als eiligen Lauf von Männern, die unterwegs sind, um den König zu begrüßen (letzterer ist nicht erhalten). Darunter der Rest einer Kopf-Stirn-Partie mit einer winkenden Hand davor (Handfläche nach außen), die vermutlich im Jubel erhoben ist, laut Roeder (S. 183) im Anbetungsgestus.

ID 862
Amarna
New York MMA 1991.237.39
Hermopolis Magna
Amenhotep IV. Achenaten
Relieffragment, Kalkstein, 53,3 × 22,8 cm
Roeder, Amarna-Reliefs aus Hermopolis, PC 240, Taf. 204, S. 197.
Drei Soldaten mit Schilden, Speer und Äxten stehen leicht vorgebeugt in einer Reihe. Jeder ist einzeln dargestellt. Ihre Köpfe sind nicht auf dem Bruchstück erhalten. Sie stehen mit ganzer Fußsohle auf der Standlinie auf, sind also weder jubelnd noch, wie sonst die Eskorte, im Lauf dargestellt.

ID 863
Amarna
New York MMA 1991.237.35
Hermopolis Magna
Amenhotep IV. Achenaten
Relieffragment, Kalkstein, 52 × 22,8 cm
Roeder, Amarna-Reliefs aus Hermopolis, PC 224, Taf. 202, S. 184, 297.
Unteres Drittel des Körpers von vier Kammerherren, leicht zurückgelehnt, in langen Mänteln und roten Stolas oder, so fragt sich Roeder, vielleicht auch Zeugstreifen, die sie in der Hand wehen lassen. Sie tragen Sandalen und stehen mit der ganzen Sohle auf dem Boden. Erhalten sind drei Fußpaare in Sandalen und eine Hand. Ein Fuß wurde ausgehackt.

ID 864–865
Amarna
New York MMA 1991.237.77
Hermopolis Magna
Amenhotep IV. Achenaten
Relieffragment, Kalkstein, 51,4 × 22,8 cm
Hanke, Amarna-Reliefs aus Hermopolis, Nr. 31.
Ein Wohnhaus, das neben dem Tempel (von diesem ist ein Teil des Hofes mit Opfertischen und die Temenosmauer sichtbar) liegt. Gezeigt wird der Empfangssaal mit dem rechten Nebenraum, der Hof mit repräsentativem Eingangstor, ein an den Hof anschließender Stall, in dem ein Pferd steht, und ein Raum mit dem Wagen. In der Empfangshalle mit Säulen fegt ein Diener den Boden. Er ist allein im Haus. Hinter dem Wagen verbeugt sich ein Wagenlenker.

ID 866
Amarna
New York MMA 1991.237.45
Hermopolis Magna
Amenhotep IV. Achenaten
Relieffragment, Kalkstein, 25,4 × 22,2 cm
Roeder, Amarna-Reliefs aus Hermopolis, PC 262, Taf. 207, S. 192, 207.
Tempelhof mit gefüllten Opfertischen und einem gebundenen Rind. Auf der durchgezogenen Standlinie oberhalb stehen vor einem Altar, einer Statuenbasis oder in einem Pylonen in zwei Vierergruppen sich verbeugende Männer. Sie tragen Sandalen. Die ersten vier verbeugen sich so tief, dass ihre Fingerspitzen noch tiefer herab reichen als der Saum ihrer Schurze. Bei der zweiten Gruppe sind Fingerspitzen und Saum gleich tief. Da sie Sandalen tragen, sind es entweder Priester, oder sie gehören zum königlichen Haushalt. Die Oberkörper sind nicht erhalten.

ID 867
Amarna
Leiden F 1977/9.3
vemutlich Tell el-Amarna
Amenhotep IV. Achenaten
Relief, Kalkstein, 53,5 × 20 × 4 cm
Boddens Hosang, Two Amarna collections in the Netherlands, S. 37. Tietze, Amarna – Lebensräume, Lebensbilder, Weltbilder, S. 27, Abb. 13.
Einer der wartenden Streitwagen. Davor sieht man noch den Teil eines Schildes und einen Soldaten mit Axt und Schild, der vermutlich zu der königlichen Eskorte bei Ausfahrten gehört. Alle Figuren stehen mit voller Fußsohle auf der Grundlinie. Die Körperhaltung des Wagenlenkers lässt nicht auf eine Drehung des Körpers zu einer anderen Person hin schließen. Die Köpfe sind nicht mehr auf dem Bruchstück.

ID 868
Amarna
New York MMA 1991.237.43
Hermopolis Magna
Amenhotep IV. Achenaten
Relieffragment, Kalkstein, 52,7 × 23,5 cm
Roeder, Amarna-Reliefs aus Hermopolis, PC 254, Taf. 206, S. 316.
Menschenleerer Hof des großen Atentempels. Beladene Opfertische und gebundene Opferstiere auf dem Boden im Tempelhof, der vor dem Statuenhof liegt.

ID 869
Amarna
New York MMA 1991.237.73
Hermopolis Magna
Amenhotep IV. Achenaten
Relieffragment, Kalkstein, 18,4 × 22,8 cm
Hanke, Amarna-Reliefs aus Hermopolis, Nr. 20.
Ein Wächter geht hinter einem Kollegen, von dem noch der Ellenbogen sichtbar ist. Er trägt zwei große Lotusblüten über der Schulter. Er hat sich umgewendet. Vom Kopf sind die Umrisse der Perücke und Kinn und Mund bis zur Nase erhalten.

ID 870
Amarna
New York MMA 1991.237.74
Hermopolis Magna
Amenhotep IV. Achenaten
Relieffragment, Kalkstein, 26,7 × 22,8 cm
Hanke, Amarna-Reliefs aus Hermopolis, Nr. 28.
Zwei Höflinge in Stufenperücken. Über ihren Köpfen ein Stock. Mund nicht mehr auf dem Bruchstück.

ID 871
Amarna
New York MMA 1991.240.4
Hermopolis Magna
Amenhotep IV. Achenaten
Relieffragment, Kalkstein, 53,3 × 22,9 cm
Roeder, Amarna-Reliefs aus Hermopolis, PC 99, Taf. 187, S. 184, 196, 296.
Mit Roeder handelt es sich um Schalen zum Waschen, zumal der zweite Herr von rechts beide Hände in der Schale versenkt, was gegen Feuerbecken spricht. Die servile Haltung des linken Mannes lässt auf eine Handreichung (wohl dem König gegenüber) schließen. Leider ist nicht auszumachen, was er in der erhobenen Hand hält, oder ob der abgewinkelte Arm zu einem Redegestus gehört. Ob Waschen oder Räuchern, es ergibt sich in beiden Fällen als räumlicher Kontext ein Ort der Reinigung vor dem Betreten des Tempels. Eine Parallele für eine Reinigung bildet möglicherweise auch TA 7, Westwand, bei der Ehrengoldverleihung, die im Erscheinungsfenster stattfindet. Dort taucht ein kahlköpfiger Priester die Finger in eine Schale und streicht über den Bauch des Belohnten.

ID 872
Amarna
New York MMA 1991.237.46
Hermopolis Magna
Amenhotep IV. Achenaten
Relieffragment, Kalkstein, 14,6 × 22,8 cm
Roeder, Amarna-Reliefs aus Hermopolis, PC 263, Taf. 207, S. 207.
Menschenleerer Tempelhof mit beladenen Opfertischen, auf denen eine Räucherschale brennt.

ID 873
Amarna
New York MMA 1991.240.6
Hermopolis Magna
Amenhotep IV. Achenaten
Relieffragment, Kalkstein, 53,3 × 22,8 cm
Roeder, Amarna-Reliefs aus Hermopolis, PC 257, Taf. 206, S. 206.
Menschenleerer Tempelhof mit Opfertischen.

ID 874
Amarna
New York MMA 1991.240.9
Hermopolis Magna
Amenhotep IV. Achenaten
Relieffragment, Kalkstein, 53,3 × 22,8 cm
Roeder, Amarna-Reliefs aus Hermopolis, PC 264, Taf. 207, S. 181.
Links: Kolumnen mit Resten einer Inschrift und Reste von wesentlich größer dargestellten Personen. Rechts: Palastfassade mit Säulen mit Lotuskapitellen, von denen Fahnenbänder wehen, und der Palasthof mit dem geschlossenen Erscheinungsfenster. Unterhalb des Erscheinungsfensters ist ein Diener oder Wächter ausgehackt worden.

ID 875
Amarna
New York MMA 1991.240.12
Hermopolis Magna
Amenhotep IV. Achenaten
Relieffragment, Kalkstein, 53,3 × 22,8 cm
Hanke, Amarna-Reliefs aus Hermopolis, Nr. 47, Abb. 20, S. 55–59.
Unterhalb der Standlinie Äste mit Blättern wie bei einer Gartenlandschaft. Auf der Standlinie zwei Männer, einander zugekehrt. Der linke bückt sich und streckt die Arme

vor. Der rechte läuft mit leicht eingeknickten Beinen als trüge er eine Last. Da beide mit einem gebauschten Schurz bekleidet sind, werden sie von Hannig als Ägypter eingestuft. Auf dem Boden sind breite Querbalken zu sehen. Hannig kombiniert das Relief mit Roeder PC 250 und einem Stück aus einer Münchener Privatsammlung (Hamburger Katalog 1965, Nr. 46) und kommt zu dem Ergebnis, dass es sich um Querbalken zum Transport schwerer Lasten auf einer Baustelle handelt. Kopf der Personen auf dem Bruchstück nicht erhalten.

ID 876, 877
Amarna
Pennsylvania 2006.13.2, 2006.13.1
Tell el-Amarna
Amenhotep IV. Achenaten
Eckblock, Granit, 11 × 19 × 9 cm, Relief auf zwei Seiten
Silverman et al., Akhenaten and Tutankhamun, S. 134, Abb. 122, 121
Auf der einen Seite Nefertiti mit Kartuschen auf Arm und Brust, opfernd. Auf der anderen Seite der Kopf einer Prinzessin mit Sistrum.

ID 878
Amarna
Pennsylvania E 854
Tell el-Amarna
Amenhotep IV. Achenaten
Relieffragment, Sandstein, 14 × 15 × 6,5 cm
Silverman et al., Akhenaten and Tutankhamun, S. 92, 103, Abb. 91.
Drei Männer (gestaffelt) mit vorgestreckten Armen. Weil nur die Oberarme erhalten sind, ist der Gestus nicht eindeutig. Runde Perücken, volllippige Münder.

ID 879
Amarna
Pennsylvania E325
Illahun
Amenhotep IV. Achenaten
Kalkstein, 66 × 23 × 13 cm, das Gesicht der Prinzessin wurde ausgehackt
Petrie, Illahun, Kahun and Gurob 1889–1890, S. 20, Taf. 24.10.
Achenaten, mit Aten-Kartuschen auf den Armen, hält zwei Prinzessinnen. Anchesenpaaten streckt die Hand nach einem Ohrring in der Form der Strahlensonne aus.

ID 880
Amarna
Pennsylvania E856
Tell el-Amarna
Amenhotep IV. Achenaten
Kalkstein, 19,5 × 21,1 cm
Silverman et al., Akhenaten and Tutankhamun, S. 20, Abb.16.
Kopf des Königs, unvollendet.

ID 881
Amarna
Jerusalem 97.63.189
Im Kunsthandel erworben, Fundort vermutlich Tell el-Amarna
Amenhotep IV. Achenaten
Relieffragment, Kalkstein, 27,6 × 23,5 cm
Leerer Speisesaal mit Thron unter Strahlenaten. Davor ein vornehm gekleideter Palastdiener (Kopf und Füße der Person nicht erhalten), der in der linken Hand einen Griff hält. Der Griff gehört, nach der Parallele in TA 7, Halle, Westwand (Davies, Amarna VI, Taf. IV), vermutlich zu einem kurzen lotusblattförmigen Fächer.

ID 882
Amarna
Jerusalem 76.3.3
Im Kunsthandel erworben, Fundort vermutlich Tell el-Amarna
Amenhotep IV. Achenaten, früher Amarnastil
Relieffragment, Sandstein, 14,3 × 18 cm
König opfernd.

ID 883
Amarna
Jerusalem 87.56.683
Im Kunsthandel erworben, Fundort vermutlich Tell el-Amarna
Amenhotep IV. Achenaten
Relieffragment, Kalkstein, 28 × 23 cm
König beim Opfer.

ID 884
Amarna
Jerusalem 97.63.131
Im Kunsthandel erworben, Fundort vermutlich Tell el-Amarna

Amenhotep IV. Achenaten
Relieffragment, Kalkstein, 27,5 × 18,2 cm
Drei die Erde küssende Männer, gestaffelt, aber Gesichter unterschiedlich. Glatte Perücken. Vermutlich Verehrung des Königs.

ID 885
Amarna
Verbleib unbekannt
Hermopolis Magna
Amenhotep IV. Achenaten
Relieffragment, Kalkstein
Hanke, Amarna-Reliefs aus Hermopolis, Nr. 5, Abb. 3, S. 11.
König und Königin, gestaffelt, beim Opfer (Opferstelle ganz rechts im Bild), gefolgt von einer wesentlich kleiner dargestellten Dienerin, vermutlich eine Hofdame der Nefertiti mit Stufenperücke und Ohrscheibe, die ein Opfergestell anreicht.

ID 886
Amarna
Verbleib unbekannt
Hermopolis Magna
Amenhotep IV. Achenaten
Relieffragment, Kalkstein, ca. 27 × 27 cm
Hanke, Amarna-Reliefs aus Hermopolis, Nr. 14, Abb. 6, S. 21.
Ein kleinwüchsiger Mann steht vor den Damen des königlichen Gefolges, von letzteren sind nur die Beine zu sehen. Sein Schädel ist kahl, die Stirne scheint gefurcht zu sein, die Backenknochen treten stark hervor. Er ist mit einem glatten anliegenden Rock bekleidet, der die Schultern frei lässt und durch zwei im Nacken verknotete Bänder gehalten wird. Seine Tracht gleicht genau der eines Wesirs, weshalb es sich wohl um Pa-Re (Davies, Amarna VI, Taf. 26) handelt, dessen Titel „Wesir seiner Mutter" ist. Er wird gewöhnlich von Er-Neheh mit dem Titel „Wesir der Königin" begleitet (Davies, Amarna II, Taf. 5). Beide gehen in der Regel hinter Mutnedjmet, der Schwester der Königin. Die Namenbeischriften heben sie unter den unbenannten Höflingen hervor. In den Grabbildern erscheinen die beiden Kleinwüchsigen zusammen mit den ersten drei Töchtern der Nefertiti. Später verschwinden sie aus den Darstellungen.

ID 887
Amarna
Verbleib unbekannt
Hermopolis Magna
Amenhotep IV. Achenaten

Relieffragment, Kalkstein
Hanke, Amarna-Reliefs aus Hermopolis, Nr. 11, Abb. 8, S. 18.
Opfernde Person.

ID 888
Amarna
Verbleib unbekannt
Hermopolis Magna
Amenhotep IV. Achenaten
Relieffragment, Kalkstein, Höhe ca. 50 cm
Hanke, Amarna-Reliefs aus Hermopolis, Nr. 17, Abb. 9, S. 24.
Vornehmer Ägypter, Stufenperücke, glatter Schurz, durchsichtiger Mantel mit Ärmeln, der sich (vermutlich vor dem König) verbeugt. Er blickt geradeaus. Gerades Kinn. Volle Lippen. Mund geschlossen. Ein Arm zum Gruß erhoben. Parallele MMA 1985.328.9 (ID 56), wo der Herr eine Rispe emporhält.

ID 889
Amarna
Verbleib unbekannt
Hermopolis Magna
Amenhotep IV. Achenaten
Relieffragment, Kalkstein, ca. 25 cm, am oberen Bildrand eine später hinzugefügte farbige Umrahmung
Hanke, Amarna-Reliefs aus Hermopolis, Nr. 18, Abb. 9, S. 25–27.
Mann in Stufenperücke wie Hofbeamte, blickt nach oben. Laut Hanke blickt er sich um, da nach oben blickende Hofbeamte nicht wiedergegeben werden. In der Rechten hält er einen Stab.

ID 890
Amarna
Verbleib unbekannt
Hermopolis Magna
Amenhotep IV. Achenaten
Relieffragment, Kalkstein
Hanke, Amarna-Reliefs aus Hermopolis, Nr. 23, Abb. 10, S. 30–31.
Zwei gestaffelt dargestellte Männer. Nur vom vorderen Mann ist das Gesicht erhalten. Er trägt das Haar wie eine runde Perücke, volle Lippen, geschlossen. Er ist leicht vorgebeugt wie die Soldaten der Eskorte, die bei den Ausfahrten des Königs im Lauf gezeigt werden.

ID 891–892
Amarna
Verbleib unbekannt
Hermopolis Magna
Amenhotep IV. Achenaten
Relieffragment, Kalkstein
Hanke, Amarna-Reliefs aus Hermopolis, Nr. 24, Abb. 12, S. 31–32.
Zwei Soldaten der Eskorte des Königs, die bei Ausfahrten im Lauf gezeigt werden. Erster Mann mit kurzen Haaren und Ohrscheibe. Zweiter Mann ebenfalls mit Ohrscheibe, aber mit langem Haar und Pony. Über die Frisur ist seitlich ein Haarteil oder Tuch gelegt.

ID 893
Amarna
Verbleib unbekannt
Hermopolis Magna
Amenhotep IV. Achenaten
Relieffragment, Kalkstein, ca. 54 × 27 × 27 cm
Hanke, Amarna-Reliefs aus Hermopolis, Nr. 36, Abb. 14, S. 40–41.
Der Ausschnitt stammt aus einem Bild des Atentempels. Die beiden quer verlaufenden dicken parallelen Linien stellen Umfassungsmauern des Tempels (entgegen dem Ausgrabungsbefund) dar. Den Grabbildern nach ist dieser Temenos ein schmaler, leerer äußerer Hof, der um den gesamten Tempelbezirk führt und durch eigene Tore an Tempelfront und -rückseite zugänglich ist. Den würfelförmigen Altären nach, handelt es sich um Höfe des Gem-pa-Aten oder des Per-haj. Dort liegen gebundene Opferstiere auf dem Boden. Außerhalb des Tempels (am unteren Bildrand) sind zwei Männer. Der vordere streckt die Hand im Zeigegestus aus. Laut Hanke keine Wagenlenker sondern Männer, die die (zu ergänzenden) Opfertiere herbei treiben.

ID 894
Präamarna
Karnak CFÉ, Antikenmagazin
Karnak, Großer Atentempel
Amenhotep IV. Achenaten, 4.-6. Jahr
Talatat, Sandstein
Loeben, Neuerungen in Architektur und Relief, in: Tietze, Amarna: Lebensräume – Lebensbilder – Weltbilder, S. 275–285, Abb. 8.
Achetaten, Nefertiti und die Prinzessin Meritaten küssen die Erde. Wandreliefblöcke im Großen Atentempel von Karnak mit zweifacher Darstellung des Königspaares

beim Ritual „Die Erde Küssen" vor der Atensonne. Tägliche Szene der Königsfamilie. Laut Loeben motiviert das Wirken Atens und die Mitwirkung des ganzen Landes zum Wohlergehen der Gottheit die Darstellungen des täglichen Lebens aller Standes- und Berufsschichten auf den Tempelwänden. Ägyptische Personen in dieser Körperhaltung hinter dem König oder der König selbst, die bei Sonnenaufgang in Proskynese den Aten verehren, sind auf den Tempelwänden in Karnak dargestellt. Auf Statuen des Königs in Prostration aus dem Großen Atentempel weist Hill hin (in: Seyfried, Im Lichte von Amarna, S. 156). Parallelen: Morgens am Beginn der Tragesesselprozession beim Sedfest (Talatatwand im Luxor Museum), sKairo CG 34175, München ÄS 5338 (ID 330) und Louvre E 25481 (ID 1177). Es gibt keine Parallele in den nichtköniglichen Amarna-Gräbern.

ID 895–898
Amarna
Tell el-Amarna, Nordgräber, TA 1, Säulenhalle, Südwand, Westteil, Subreg., oben
in situ
Amenhotep IV. Achenaten
Wand, Relief, Kalkstein, Höhe 31 × 50 cm
Davies, Amarna III, Taf. VII, S. 6, Subreg., oben.
Königsfamilie mit der Königsmutter Teje beim Umtrunk. Vier Musikerinnen stehen hinter einem sich verbeugenden vornehm gekleideten Herrn, der in der Rechten einen schmalen halblangen Stock erhebt. Dieser ist der Mundschenk Huya, der im Tableau durch die Beischrift ausgewiesen ist. Sie werden gerade in den Saal (in dem die asiatischen Musiker derzeit spielen) hereingeführt, denn sie spielen nicht, sondern halten ihre Instrumente in den Händen (siehe Abb. 7). Hinter ihnen warten vier Höflinge mit der Straußenfeder und (der Perücke nach zu schließen) zwei Kinderfrauen. Dass der Umtrunk abends stattfindet indizieren die Lampenständer. Die erste Musikerin hält eine große Bogenharfe, die zweite eine Laute, die dritte eine Leier, die vierte eine Laute. Parallelen siehe Kommentar ID 45–49.

ID 899–904
Amarna
Tell el-Amarna, Nordgräber, TA 1, Säulenhalle, Südwand, Westteil, Subreg., unten
in situ
Amenhotep IV. Achenaten
Wand, Relief, Kalkstein, Höhe 31 × 60 cm
Davies, The Rock Tombs of El Amarna III, Taf. VII, S. 6, Subreg. unten.
Königsfamilie mit der Königsmutter Teje und Baketaten beim Umtrunk am Abend, wie es die Lampenständer verdeutlichen (siehe Abb. 7). In der Bildmitte neben den

Ständern mit den Speisen und Getränken stehen sieben Musiker mit verbundenen Augen in asiatischen Stufenröcken und Kappen. Davies nimmt an, Teje habe die Musiker mitgebracht. Ob sie zu Tejes oder Achenatens Hof gehören oder nicht, sie sind in jedem Fall Hofmusiker. Die Gesichter sind kaum zu beurteilen. Sie spielen. Die ersten beiden Musiker greifen in die Saiten der großen Standleier, die immer von zwei Männern gespielt wird. Von dem hinter ihm stehenden dritten Musiker sind nur das Beinpaar, zwei Linien des Stufenrockes und die (wie bei einem Leierspieler) vorgestreckten Arme zu sehen. Der vierte greift mit beiden Händen in die Saiten einer Leier, die er vermutlich an einem Riemen über Schulter und Rücken trägt. Der fünfte spielt die Laute. Der sechste Musiker ist stark beschädigt. Soweit erkennbar, spielt er ebenfalls die Leier. Ein Vergleich mit der gleichen Musikergruppe, die auf der Ostseite der Südwand auf ihren Einsatz wartet, hilft nicht weiter, weil die Gruppe dort noch stärker beschädigt ist. Da bei dem siebenten Musiker kein Instrument zu erkennen ist, vermute ich in ihm einen Sänger.

ID 905–909
Amarna
Tell el-Amarna, Nordgräber, TA 1, Säulenhalle, Südwand, O, Subreg., oben
in situ
Amenhotep IV. Achenaten
Wand, Relief, Kalkstein, Höhe 31 × 60 cm, Farbreste, stark beschädigt
Davies, The Rock Tombs of El Amarna III, Taf. V, S. 6, Subreg., oben.
Die Königsfamilie mit der Königsmutter Teje beim Speisen am Tage. Die Speisen werden auf Tischen herbeigetragen und vorgekostet. Die beiden Musikergruppen auf dem Westteil der Südwand begegnen dem Betrachter auch auf dem Ostteil, aber hier ist es anders herum, die einheimischen Musikerinnen spielen, während die asiatische Gruppe wartend bei den Instrumenten steht (siehe Abb. 6). Die Gruppe der Hofdamen ist um eine Musikerin erweitert. Bis auf die große Bogenharfe müssen die Instrumente der Damen ergänzt werden. Erste Musikerin: Sie greift mit beiden Händen in die Saiten der auf dem Boden stehenden großen Bogenharfe. Von der Leier der zweiten Musikerin ist der untere gebogene Teil des Rahmens noch erkennbar. Bei der dritten und der vierten ist eine Laute zu ergänzen. Fünfte Musikerin: Der Armhaltung nach zu schließen spielt sie ebenfalls eine Laute.

ID 910–915
Amarna
Tell el-Amarna, Nordgräber, TA 1, Säulenhalle, Südwand, O, Subreg., unten
in situ
Amenhotep IV. Achenaten

Wand, Relief, Kalkstein, Höhe ca. 40 cm, Farbreste
Davies, The Rock Tombs of El Amarna III, Taf. V, S. 6, Subreg., unten.
Während die einheimischen Musikerinnen spielen, stehen die asiatischen Musiker hinter den Vorkostern der Speisen (siehe Abb. 6). Der erste Musiker hält mit der linken Hand die große asiatische Standleier am Rahmen, die rechte hat er auf die Saiten gelegt, (als wolle er ihr Klingen vermeiden?) wie auf der Parallele MMA 1991.240.13 (ID 64). Vom zweiten Musiker sieht man nur den Kopf. Er berührt die Standleier überhaupt nicht. Der dritte Musiker steht wie die anderen leicht vorgebeugt und hält mit der rechten Hand eine Leier am Rahmen, die linke hängt leer herab. Vom vierten, fünften und sechsten Musiker ist außer der vorgebeugten Körperhaltung und den herabhängenden Armen nichts erkennbar. Nach der Parallele auf der Westseite ergänze ich bei dem vierten Musiker eine Laute, dem fünften eine Leier und den sechsten als Sänger. Dass jeweils eine der Gruppen spielt, die andere wartet, legt den Gedanken nahe, dass beim Bankett zu Ehren der die Stadt besuchenden Königsmutter Teje, alternierende Orchester auftreten.

ID 916–917
Amarna
Tell el-Amarna, Nordgräber, TA 1, Säulenhalle, Ostwand, Subreg., oben
in situ
Amenhotep IV. Achenaten
Wand, Relief, Kalkstein, Höhe ca. 40 cm
Davies, The Rock Tombs of El Amarna III, Taf. VIII, XII, S. 8. Hanke, Amarna-Reliefs aus Hermopolis, S. 48.
Auf den König und den Hofstaat wartende Eskorte, während Achenaten seine Mutter Teje in den Sonnenschatten genannten Tempel führt (siehe Abb. 21). Ein Trompeter blickt den sich verbeugenden Fächerträgern, vornehmen Herren und wartenden Streitwagen entgegen. Er trägt sein Instrument und den Stopfer in der linken Hand, die rechte hängt herab. Ein Pferdeknecht beruhigt eines der geschmückten Pferde des ersten wartenden königlichen Streitwagens. Er hält das Tier mit der linken Hand am Zügel, mit der rechten streicht er ihm beruhigend über die Nase. Zu dem Gespann schreibt Hanke (S. 48) treffend: „Die beiden Hengste stehen, von nervöser Bewegung erfüllt, jeden Moment bereit, sich aufzubäumen. Dieses ‚unruhige Stehen' ist als Bewegungstyp wartender Gespanne deutlich unterschieden von anderen Bewegungstypen."

ID 918–921
Amarna
Tell el-Amarna, Nordgräber, TA 1, Säulenhalle, Ostwand, Subreg., unten
in situ

Amenhotep IV. Achenaten
Wand, Relief, Kalkstein, Höhe ca. 40 cm, Farbreste, schadhaft
Davies, The Rock Tombs of El Amarna III, Taf. VIII, XII, S. 8–9.
4. Szene: Vivat bei der Amtsernennung des Grabherrn. Die Ernennung des Grabherrn zum „Vorsteher der königlichen Privatgemächer der großen königlichen Gemahlin Teje, Huya". Eine Gruppe von Bewunderern jubelt dem König zu, der Wortlaut ihres Vivat ist der Szene beigeschrieben: „Es lebe der Herrscher, der Aten, indem er immer und ewig existiert, wobei er Generationen über Generationen entstehen lässt." Die Wand ist an dieser Stelle schadhaft. Von den Adoranten sind nur die Köpfe und ein paar jubelnd erhobene Hände erhalten. Da in den Gräbern die Einsetzung in ein Amt in der Regel am zukünftigen Wirkungsort des Amtsträgers erfolgt, ergibt sich als Ort der Hof des Palastes, in dem die Königsmutter während ihres Aufenthaltes in Amarna wohnt.
6. Szene: Die Ernennung [des Vorstehers] der königlichen [Privatgemächer, Huya] zum Standartenträger der Phyle „Aten erscheint für ihn". Die ersten drei Standartenträger haben ihre rechte Hand bis über Kopfhöhe zum Gruß erhoben, in der linken halten sie eine Standarte. Hinter ihnen stehen (gestaffelt dargestellt) die Offiziere. Sie haben beide Arme am Körper angelegt. Die Figur des Huya ist nicht erhalten, er scheint aber beide Arme nach unten zu halten (die linke Schulter ist sichtbar) und nur den Gruß entgegenzunehmen, denn nichts deutet auf grüßend oder jubelnd erhobene Hände hin. Davies interpretiert diese und die folgenden Szenen des Subregisters dahingehend, dass Huya acht ihm untergebene Phylen als Einheiten des Haushaltes der Königsmutter ernennt und leitet. Die Texte als Namen der Phyle erwägt er in einer Anmerkung, liest sie aber vorrangig als Ausrufe der Gruppe für König oder Königin.
7. Szene: Die Ernennung des Vorstehers der königlichen Privatgemächer Huya zum Standartenträger der Phyle der jungen Krieger namens „Aten erscheint für ihn". Der Grabherr Huya steht vornehm gekleidet, mit breitem Kragen und Halskette vor der Phyle und erhebt beide Arme im Jubelgestus. Im linken Arm hält er einen dünnen langen Stab. Die ersten beiden jungen Führer der Phyle erheben die Hand angewinkelt zum Gruß (etwa in Kinnhöhe, die Innenfläche nach vorn weisend). Die anderen Mitglieder der Phyle stehen (gestaffelt) dahinter.
8. Szene: Der Grabherr Huya, Vorstehers der königlichen Privatgemächer und Vorsteher des Schatzhauses steht, vornehm gekleidet und angetan mit Salbkegel, breitem Kragen und Halskette, vor der Phyle „Trägerschaft des Atentempels von Achetaten". Er erhebt den rechten Arm im Jubelgestus. Im linken Arm, der herabhängt, hält er einen dünnen langen Stab. Die Phyle ist durch zwei (gestaffelte) Reihen Männer repräsentiert. Ihre Kleidung ist nicht militärisch. Die zwei vordersten Mitglieder der hinteren Reihe und das vorderste der vorderen Reihe haben den rechten Arm grüßend erhoben.

ID 922
Amarna
Tell el-Amarna, Nordgräber, TA 1, Säulenhalle, Ostwand, unterstes Subreg.
in situ
Amenhotep IV. Achenaten, thebanischer Stil
Wand, Relief, Kalkstein, ca. 30 cm hoch, schadhaft
Davies, The Rock Tombs of El Amarna III, Taf. VIII, S. 9.
Der Bildaufbau folgt den wellenförmigen Landschaftsdarstellungen aus der Zeit Amenhoteps III. Gezeigt werden (von li. nach re.) Papyrusernte, Vogelfang, Hirte, der ein Raubtier verjagt, Rinder auf der Weide am Wasser, Menschen, die mit Tüchern und vielleicht auch Rufen die Rinder von ihren Felder weghalten, Baumgarten, Teiche, Boote, Ernte. Am Südende der Wand: Neben einem Baum, unter dem ein Krug steht, sieht eine Frau mit einem runden Gegenstand in der linken Hand den ankommenden Booten entgegen. Falls es sich bei dem runden Gegenstand um eine Handtrommel handelt, würde sie eine Parallele zu Brooklyn 60.197.3 (ID 81–84) bilden, wo die Frauen Vögel aufscheuchen. In TA 1 spielt sie nicht, sondern hält die Trommel abwärts. Mit dem rechten Arm weist sie auf den Baum.

ID 923–924
Amarna
Tell el-Amarna, Nordgräber, TA 1, Säulenhalle, Westwand
in situ
Amenhotep IV. Achenaten
Wand, Relief, Kalkstein
Davies, The Rock Tombs of El Amarna III, Taf. XIII, S. 9–10.
Während das Königspaar im Tragesessel aus Elektron zum Ort des Tributempfangs unterwegs ist, räumen die Diener im Palast auf. Im Empfangsraum steht einer allein vor dem leeren Thron, einer mit hängenden Armen steht, ebenfalls allein, im Korridor. Im Hof mit dem geschlossenen Erscheinungsfenster fegt ein Diener. Einer der Diener verbildlicht die Ruhe, denn er ist schlafend an der Wand des Korridors zusammengesunken.

ID 925–926
Amarna
Tell el-Amarna, Nordgräber, TA 1, Säulenhalle, Westwand
in situ
Amenhotep IV. Achenaten
Wand, Relief, Kalkstein
Davies, The Rock Tombs of El Amarna III, Taf. XIV, S. 11.
In einigem Abstand vor dem mit Libyerfedern am Kopf geputzten Priester, der dem Königspaar im Tragesessel räuchert, gehen zweimal drei Libyer (gestaffelt), die der

vor ihnen tanzenden Gruppe den Rhythmus geben. Hintere Dreiergruppe: Die den Rhythmus klatschenden Männer tragen einen wadenlangem Rock mit gebauschtem Schurz. Ihre zwei Federn sind in die Stirnbänder um den kahlrasierten Schädel gesteckt. Die Männer sind etwas größer als die drei vor ihnen. Den Oberkörper haben sie waagerecht vorgebeugt, das Gesicht blickt in Gehrichtung geradeaus. Sie klatschen mit flachen Händen.
Vordere Dreiergruppe, direkt hinter den Tänzern: Die Herren sind kleiner dargestellt als die ihnen folgende Gruppe. Sie tragen Offiziersschurze, gehen den Oberkörper waagerecht vorgebeugt, blicken aber leicht nach unten. Leicht fliehende Stirn, kurzes das Ohr bedeckendes Haar und zwei Federn. Sie schlagen zwei Hölzer aufeinander, die sie in den zur Faust geschlossenen Händen halten. Von den Hölzern ist nur der Ansatz in der geschlossenen Hand des dritten Libyers zu sehen.

ID 927
Amarna
Tell el-Amarna, Nordgräber, TA 1, Säulenhalle, Westwand
in situ
Amenhotep IV. Achenaten
Wandrelief, Kalkstein
Davies, The Rock Tombs of El Amarna III, Taf. XIV, S. 11.
Tanz vor dem Tragesessel auf dem Weg zum Tributempfang. Die vier Tänzer wenden sich zu den Libyern um, deren Rhythmus sie tanzend beantworten. Sie blicken dadurch auch zum Königspaar hin. Sie tragen einen vorn gebauschten Schurz über einem glatten Rock, der ihnen bis auf die Waden reicht, und Hemden mit kurzen Ärmeln. Sie sind unterschiedlich groß, der den Libyern am nächsten tanzende ist größer als seine Mittänzer. Nur bei ihm ist der Kopf erhalten. Er hat ein kurzes breites Tuch über den Kopf gebunden, wie die vermutlich professionellen nubischen Tänzer bei Roeder 469.VII B (ID 717). Sie tanzen mit deutlichen Gebärden (auf Zehenspitzen, beide Beine im Knie stark angewinkelt, zwei mit aufrechtem, zwei mit stark vorgebeugtem Oberkörper) eng beieinander wie Tänzer, die wenig Raum zum Tanzen haben und ihre Bewegungen aufeinander abstimmen. Sie sind im Bild genau zwischen dem ankommenden Zug und den Opfergaben neben dem Thronbaldachin platziert. Davies interpretiert die Darbietung als pantomimischen Tanz. Er bemerkt dazu (S. 11): „This dance, which I have set down elsewhere to the hilarity of street-boys, seems regulated, and the performers are rather to be regarded as professional mummers". Der Künstler hat vermutlich dieselbe Vorlage wie für TA 2 verwendet. Die Tänzer sind hier in TA 1 schlechter erhalten. Sie werden bei TA 2 (ID 944, ID 1301–1304) beschrieben (siehe auch Abb. 26). Die rechten zwei Tänzer sind in der Pose in beiden Gräbern identisch, die linken beiden laufen hier mit herabhängenden, bzw. angewinkelten Armen, während sie in TA 2 hoch springen.

ID 928
Amarna
Tell el-Amarna, Nordgräber, TA 1, Säulenhalle, Westwand, Subreg.
in situ
Amenhotep IV. Achenaten
Wand, Relief, Kalkstein, schadhaft
Davies, The Rock Tombs of El Amarna III, Taf. XV, S. 12.
Der Grabherr, gekennzeichnet durch eine Beischrift, die Name, Titel und das Epitheton: „Gelobter des Herrn der beiden Länder" aufführt, wird als beim Tributempfang tätig hervorgehoben. Er verbeugt sich als einer unter den Würdenträgern, die Sandalen tragen, und im Zug vor den Libyern gehen. Dem Zug sieht eine Gruppe vornehmer Städterinnen entgegen, die zum Gruß ihre Handtrommeln erheben. Die Frauen tragen lange Perücken und bodenlange Mäntel. Drei von ihnen sind erhalten, dann waren, der Größe der Lacuna nach, schätzungsweise zwei Frauen abgebildet. Von einer sechsten Frau sind der Salbkegel auf dem Haar, die Füße und der Mantelsaum erhalten. Nach der Parallele in TA 6 (Davies, Amarna II, Taf. XVIII), wo zwei ähnliche Gruppen vor dem Tempel den König begrüßen, ist sie die Leiterin der musizierenden Frauengruppe. Sie hält beide Arme vermutlich in einem Gruß- oder Anbetungsgestus der Tragestuhlprozession entgegen. Von den ankommenden Personen sind, oberhalb der schadhaften Stelle der Wand, nur hochgereckte Hände erhalten.

ID 929
Amarna
Tell el-Amarna, Nordgräber, TA 1, Säulenhalle, Nordwand, Westteil
in situ
Amenhotep IV. Achenaten
Wand, Relief, Kalkstein
Davies, The Rock Tombs of El Amarna III, Taf. XVI, S. 12.
Szenentitel (über zwei Schreibern, die hinter Huya das Ereignis aufzeichnen): „Ernennen des Huya (zum) Vorsteher der Privatgemächer des Königs, Vorsteher des Schatzhauses, Hausvorsteher im Haus der Königsmutter". Der Belohnte steht vor dem Erscheinungsfenster. Er hat beide Arme jubelnd erhoben. Er bedankt sich mit einer Lobrede auf den König: „Lobpreis deinem Ka, o Wa-en-Re, vollkommener Herrscher, der die Beamten erschafft, großer Nil des ganzen Landes, Ka eines jeden einzelnen. Du lässt Generation auf Generation entstehen um zu … für Aten. Du wirst für immer existieren, o … für immer und ewig".

ID 930
Amarna
Tell el-Amarna, Nordgräber, TA 1, Säulenhalle, Nordwand, Ostteil
in situ

Amenhotep IV. Achenaten
Wand, Relief, Kalkstein
Davies, The Rock Tombs of El Amarna III, Taf. XVII, S. 13.
Huya, „Der Gelobte des Herrn der Beiden Länder, Vorsteher der Privatgemächer des Königs, Vorsteher des Schatzhauses, Hausvorsteher der großen königlichen Gemahlin Teje", steht mit Ehrengold behängt und Armreifen geschmückt vor dem König unter dem Erscheinungsfenster. Der Belohnte erhebt anbetend die Arme und spricht. Er bedankt sich mit einer Lobrede auf den König: „O vollkommener Herrscher, der tüchtig im Entstehenlassen ist, (für) den Aten (au)fgeht! [Zahlreich sind die Dinge], die Aten geben kann, um sich (selbst) zu erfreuen. O Pharao, er lebe sei heil und gesund, Sohn (des Aten), durch dessen Anblick ich lebe!"

ID 931
Amarna
Tell el-Amarna, Nordgräber, TA 1, Säulenhalle, Nordwand, Ostteil, Subreg.
in situ
Amenhotep IV. Achenaten
Wand, Relief, Kalkstein
Davies, The Rock Tombs of El Amarna III, Taf. XVII, S. 13.
Im Register unterhalb des Erscheinungsfensters wartet die Eskorte auf die Königsfamilie. Ein Rossknecht beruhigt das geschmückte Pferd des wartenden königlichen Streitwagens.

ID 932
Amarna
Tell el-Amarna, Nordgräber, TA 1, Schrein, Ostwand
in situ
Amenhotep IV. Achenaten
Wand, Relief, Kalkstein
Davies, The Rock Tombs of El Amarna III, Taf. XXII, S. 16–17. Zum Gebetstext: Hari, New Kingdom Amarna Period, S. 12.
Vor der Mumie steht ein beladener Opfertisch, über dem der Priester aus einer Hes-Vase libiert. Hinter ihm stehen in drei Reihen übereinander Männer und Frauen mit Trauergesten. Der Text der Rezitation, sich ausschließlich auf das Diesseits beziehende Wünsche für den Toten, steht oberhalb: „Möge dir ein Totenopfer bestehend aus deinem Brot und Bier aus deinem Haus dargebracht werden. Möge für dich Wasser aus deinem Garten libiert werden. Möge [man dir Früchte] von deinen Bäumen bringen. Möge man dich im Ritual des Aten anrufen. Möge man dir täglich Opferkuchen aus der Opfertafel für deinen Ka darbringen. Möge man sich deines Namens erinnern."

ID 933
Amarna
Tell el-Amarna, Nordgräber, TA 1, Schrein, Westwand
in situ
Amenhotep IV. Achenaten
Wand, Relief, Kalkstein
Davies, The Rock Tombs of El Amarna III, Taf. XXIII.
Im Begräbniszug hinter den Trägern mit Opfertischen und Kästen klagen zwei Gruppen von je acht Frauen. Zwei von ihnen sind durch die Beischriften als seine Schwestern bezeichnet. Die vorderen zwei tragen Kinder auf dem Arm, die übrigen haben die Hände vors Gesicht geschlagen oder beide Hände auf den Scheitel gelegt. Zwei haben die Arme verschränkt. Bei drei von ihnen kann kein Gestus bestimmt werden.

ID 934–936
Amarna
Tell el-Amarna, Nordgräber, TA 2, Säulenhalle, Südwand, Westteil, Subreg.
in situ
Amenhotep IV. Achenaten
Wand, Relief, Kalkstein
Davies, The Rock Tombs of El Amarna II, Taf. XXXII, S. 34–36.
Nefertiti gießt dem König ein Getränk in eine Trinkschale. Hinter vornehm gekleideten Männern (vielleicht ist Merire II unter ihnen), die den Wein einschenken und ihn möglicherweise auch vorkosten, stehen sechs Musikerinnen, die paarweise (gestaffelt) das gleiche Instrument spielen. Das erste Paar spielt die zwei großen Bogenharfen. Das zweite Paar spielt die Leier, es ist aber nur ein Instrument durch die Ecke des Schallkörpers zu identifizieren. Das dritte Paar, von dem ebenfalls nur das Instrument der vorderen sichtbar ist, spielt die Laute. Ob die Musikerin daneben ebenfalls die Laute spielt, muss offen bleiben, denn es steht ein nicht zu identifizierender Gegenstand, vielleicht der Rahmen eines Saiteninstrumentes, nach oben.

ID 937–938
Amarna
Tell el-Amarna, Nordgräber, TA 2, Säulenalle, Südwand, Ostteil, Subreg., oben
in situ
Amenhotep IV. Achenaten
Wand, Relief, Kalkstein
Davies, The Rock Tombs of El Amarna II, Taf. XXXIII und XXXVI, Subreg., oben, S. 36.
Ehrengoldverleihung im Erscheinungsfenster. Die Diener tragen die Geschenke des Königs hinter dem Belohnten nach Hause. In der linken oberen Bildecke ist durch einen menschenleeren Raum mit Truhen und Krügen auf Ständern und eine Eingangstür

mit Fenster pars pro toto der Palast im Tableau festgehalten. Auch wenn deshalb in TA 2 nicht das königliche Schlafzimmer dargestellt ist, ist anzunehmen, dass es sich, wie in allen anderen Tableaus mit dem Erscheinungsfenster, um den Königstrakt des Palastes handelt. Im Palast unterhalten sich Türwächter und Diener miteinander. Der Wächter, an den Türrahmen gelehnt und sich mit dem linken Bein an der Mauer abstützend, spricht. Seine Rechte ist im Redegestus erhoben, die Linke hält ein Tuch und ruht auf dem Oberschenkel. Der Palastdiener, der dem sprechenden Türwächter zuhört, trägt eine Vase auf der rechten Schulter. Parallelen: Brooklyn 61.195.2 (ID 79–80), TA 8, Säulenhalle, Westwand, Südteil (ID 1058–1059), TA 25, Säulenhalle, Nrdwand, Ostteil (ID 1125–1126).

ID 939–940
Amarna
Tell el-Amarna, Nordgräber, TA 2, Säulenalle, Südwand, Ostteil, Subreg., oben
in situ
Amenhotep IV. Achenaten
Wand, Relief, Kalkstein
Davies, The Rock Tombs of El Amarna II, Taf. XXXIII, XXXVI, Subreg., oben, S. 37.
Der Belohnte begibt sich, gefolgt vom Zug der Gabenträger, zu seinem Wagen. Er trägt, außen dem Salbkegel und dem Ehrengold, jetzt auch Sandalen. Der linke, angewinkelte Arm ist nur bis zum Ellenbogen erhalten. Er könnte aber im Redegestus erhoben sein, das würde zu seiner Blickrichtung und der Situation passen, eine kurze Ansprache an die ihn bejubelnden Untergebenen (keine Beischrift, aber die Parallelen in TA 8 (Davies, Amarna VI, Taf. XVIII, XX) indizieren den Empfang durch eine derartige Gruppe) zu halten. Ein Mann in Zipfelperücke küsst dem Belohnten die Sandalen. Sein Wagenlenker hat jubelnd den rechten Arm erhoben, mit der linken Hand hält er die Zügel (ID 1325). Die Pferdeknechte im Offiziersschurz sind damit beschäftigt, das Pferd an der Hinterhand zu reiben oder zu tätscheln und den Futterkasten wegzustellen. Die Adoranten setzen sich aus drei und vier Männern in Staffelung zusammen. Die Kleidung weist in beiden Reihen die Jubelnden als vornehme Herren, die aus der gehobenen Gesellschaftschicht stammen, aus. Sie haben beide Arme seitlich erhoben und tanzen vor Erregung auf den Zehenspitzen.

ID 941–942 (vor Wohnhaus), 943 (Tanz im Wohnhaus)
Amarna
Tell el-Amarna, Nordgräber, TA 2, Säulenalle, Südwand, Ostteil, Subreg., unten
in situ
Amenhotep IV. Achenaten
Wand, Relief, Kalkstein
Davies, The Rock Tombs of El Amarna II, Taf. XXXIII, XXXVI, Subreg., unten, S. 37.

Der mit dem Ehrengold behängte Belohnte fährt, neben dem Wagenlenker stehend und sich an der Kante des Wagenkorbes festhaltend, zu seinem Anwesen mit Garten, Schrein, Magazinen und Wohnhaus. Der vordere Teil des Anwesens ist menschenleer. Bei seiner Ankunft wird ihm vor dem Haus zugejubelt. Ein einzelner Mann mit Zipfelperücke steht und eine (gestaffelte) Gruppe, bestehend aus vier Männern, tanzen direkt neben dem Pferd. Ihr linker Fuß berührt nur mit den Zehen den Boden, der rechte ist durch das Pferd verdeckt, die Arme sind jubelnd erhoben. Zwei Gruppen von jeweils drei Männern (gestaffelt) gehen hinter dem Gespann und haben beide Arme im Jubelgestus erhoben. Die vordere Reihe berührt mit der ganzen Sohle den Boden. Bei den Männern in der zweiten Reihe liegt das Standbein mit der ganzen Sohle auf dem Boden auf, das zurückgesetzte Bein berührt den Grund nur mit dem Fußballen. Im rückwärtigen Wohntrakt seines Anwesens sieht man mehrere Frauen, wovon eine mit Sicherheit den Tanz übt.

ID 944
Amarna
Tell el-Amarna, Nordgräber, TA 2, Säulenalle, Ostwand
in situ
Amenhotep IV. Achenaten
Wandrelief, Kalkstein, Farbreste
Davies, The Rock Tombs of El Amarna II, Taf. XXXVII, 4. Reg. v. u.
Achenaten hat auf seinem Thron Platz genommen und nimmt den Tribut der Völker des Südens entgegen. Dieselbe Musiker- und Tanzgruppe wie in TA 1 führt hier vor der Rampe, die zum Thronbaldachin hinaufführt, hinter den Würdenträgern, die dem König ihre Reverenz erweisen – kahlköpfige Priester, Wesire, Höflinge, Fächerträger und libysche Fürsten (von ihnen ist nur der Rest eines libyschen Federschmuckes zu sehen) –, ihren Tanz auf (siehe Abb. 25). Die vier Tänzer sind hier noch um einen fünften ergänzt. Sie haben Frisuren mit dem kurzen breiten Haartuch wie professionelle nubische Tänzer und tanzen mit deutlichen Gebärden. Der erste Tänzer links hat die Ellenbogen angewinkelt und tanzt mit vorgebeugtem Oberkörper. Der rechte Fuß berührt mit der Spitze den Boden, das linke Bein ist angezogen.

ID 945 (Offizier)-946 (Schlaghölzer)
Amarna
Tell el-Amarna, Nordgräber, TA 2, Säulenalle, Ostwand
in situ
Amenhotep IV. Achenaten
Wandrelief, Kalkstein, Farbreste
Davies, The Rock Tombs of El Amarna II, Taf. XXXVII, 4. Reg. v. u.

Hinter den Tänzern aus Nubien geben drei Libyer mit Schlaghölzern (gestaffelt) der Tanzgruppe den Rhythmus (siehe Abb. 25). Neben ihnen steht ein Offizier in derselben Aufmachung, der den Rhythmus mit den Händen klatscht. Vorläufer dieses Motivs bereits bei den Thutmosiden: Als Libyer gekleidete Soldaten tanzen zum Rhythmus eines Trommlers in der Soldatenreihe in Deir el Bahri, Hathorkapelle.

ID 947
Amarna
Tell el-Amarna, Nordgräber, TA 2, Säulenalle, Ostwand
in situ
Amenhotep IV. Achenaten
Wandrelief, Kalkstein, Farbreste
Davies, The Rock Tombs of El Amarna II, Taf. XXXVII, XXXVIII, 4. Reg. v. u., S. 40.
Ein Trommler schließt den Zug mit Akrobaten, Schaukämpfern und Tänzern aus Nubien ab (siehe Abb. 25).

ID 948
Amarna
Tell el-Amarna, Nordgräber, TA 3, Halle, Westwand
in situ
Amenhotep IV. Achenaten
Wand, Relief, Kalkstein
Davies, The Rock Tombs of El Amarna II, Taf. XXXI, S. 28. Manassa, Soundscapes in Ancient Egyptian Literature and Religion, in: Laut und Leise, S. 165 mit Anm. 83.
Eskorte der Königsfamilie auf der Fahrt zum Tempel. Prototyp für das Tableau ist, laut Davies' Vermutung, TA 9. Ein Trompeter bläst den Läufern, die mit Standarten und Waffen das königliche Gefährt eskortieren, entgegen. Das Register vor ihm ist (laut Manassa als Schallraum) frei geblieben.

ID 949
Amarna
Tell el-Amarna, Nordgräber, TA 3, Halle, Westwand, unten
in situ
Amenhotep IV. Achenaten
Wand, Relief, Kalkstein
Davies, The Rock Tombs of El Amarna II, Taf. XXXIII, S. 30.
Königspalast während der König unterwegs ist. Das Schlafzimmer des Königs ist menschenleer. In den im Wohntrakt des Königs angrenzenden Räumen und in den Empfangsräumen ist jeweils nur ein Diener in einem Raum mit etwas beschäftigt.

ID 950–953
Amarna
Tell el-Amarna, Nordgräber, TA 3, Halle, Westwand, unten
in situ
Amenhotep IV. Achenaten
Wand, Relief, Kalkstein
Davies, The Rock Tombs of El Amarna II, Taf. XXXIII, S. 30.
Zwischen dem Empfangsraum und dem Wohntrakt des Königs üben vier Musikerinnen auf ihren Instrumenten. Was ein oder zwei auf dem Boden hockende Personen tun, ist nicht zu erkennen. Rechts spielt mit dem Rücken zur Tür auf einem niedrigen Kissen oder Würfel hockend eine Harfnerin die Bogenharfe. Sie zupft mit beiden Händen die Saiten. Vor der Harfnerin übt eine Lautenspielerin. Sie tanzt dazu. Auf der Standlinie oberhalb, aber im selben Raum, üben eine Lauten- und eine Leierspielerin das Zusammenspiel. Sie sitzen sich auf niedrigen Polstern oder Würfeln gegenüber.

ID 954
Amarna
Tell el-Amarna, Nordgräber, TA 3, Halle, Westwand, unten
in situ
Amenhotep IV. Achenaten
Wand, Relief, Kalkstein
Davies, The Rock Tombs of El Amarna II, Taf. XXXIII, S. 30.
Das große Bild in der unteren Hälfte der Westwand wird von der Königsfamilie beim Mahl eingenommen. Hinter dem Sessel, auf dem Nefertiti mit ihrer jüngsten Tochter auf dem Schoß speist, erhebt sich eine Säule. Hinter dieser, also außerhalb der speisenden Familie, stehen abwartend vier Hofmusikerinnen mit ihren Saiteninstrumenten. Es ist nur die große Bogenharfe im Bild, die anderen drei Damen sind gestaffelt dargestellt. Sie tragen bodenlange Mäntel und nubische Stufenperücken. Nach den Parallelen in Davies, Amarna II, Taf. XXXII und Davies, Amarna III, Taf. V und VII, spielen sie alle Saiteninstrumente. Die Harfnerin hält mit der rechten Hand die Harfe am Rahmen, die linke hat sie, wie ihre Kolleginnen, auf ihre rechte Schulter gelegt.

ID 955 (Harfner), 956 (Sänger), 957 (Lautenspieler), 958 (Sänger)
Amarna
Tell el-Amarna, Nordgräber, TA 3, Halle, Westwand
in situ
Amenhotep IV. Achenaten
Wand, Relief, Kalkstein, zerstört
Davies, The Rock Tombs of El Amarna II, Taf. XXX, S. 28, 29.

Während der König noch zum Tempel unterwegs ist, herrscht dort schon rege Tätigkeit. Die Opferstiere werden hereingeführt, Tische getragen. Vor dem Tempel erwarten das Tempelpersonal in Verbeugung und ein Wächter mit Besen und Sichelschwert im Anbetungsgestus den König. Im Hof des Stelenheiligtums spielen zwei auf dem Boden sitzende Gruppen blinder Musiker (siehe Abb. 24). Der Harfner und alle Sänger sind kahlköpfig und tragen Schurz und Hemd. Der Bogen der Sigmaharfe endet oben in einem Königskopf. Eine Gruppe von vier Sängern (gestaffelt) hinter dem Harfner führt die Hände zum Gesang. Die andere Gruppe von 3 und 1 Sänger führt die Hände zum Gesang eines Lautenspielers. Der Lautenspieler und alle von ihm begleiteten Sänger sind kahlköpfig und tragen Schurz und Hemd.

ID 959
Amarna
Tell el-Amarna, Nordgräber, TA 4, Säulenhalle, Südwand, Westteil
in situ
Amenhotep IV. Achenaten
Wand, Putz auf Kalksteinrelief, bemalt
Davies, The Rock Tombs of El Amarna I, Taf. VI, S. 21–22. Tietze, Amarna: Lebensräume – Lebensbilder – Weltbilder, S. 222–223.
Der König in Begleitung Nefertitis und einer oder zwei Prinzessinnen beugt sich leicht aus dem Erscheinungsfenster vor. Die linke Hand hat er auf das Kissen der Balustrade gelegt, die rechte streckt er dem knieenden Merire I entgegen. Er spricht zu dem Ernannten: „Siehe, ich nehme dich zu mir als Größten der Sehenden im Atentempel von Achetaten. Ich mache es wegen deiner Beliebtheit mit den Worten ‚Mein Diener der die Lehre hört. Was jede Angelegenheit betrifft, die du verrichtest: Ich bin damit zufrieden. Ich gebe dir das Amt, damit du von den Speisen Pharaos, er lebe, sei heil und gesund, deinem Herrn im Atentempel, essen mögest‘ “.

ID 960
Amarna
Tell el-Amarna, Nordgräber, TA 4, Säulenhalle, Südwand, Westteil
in situ
Amenhotep IV. Achenaten
Wand, Putz auf Kalksteinrelief, bemalt, Text der Rede entfernt
Davies, The Rock Tombs of El Amarna I, Taf. VI, S. 21–22.
Rede des Belohnten vor dem König im Erscheinungsfenster. Der Belohnte erscheint zweimal im Bild: Zuerst, wenn er von Höflingen und anderen Priestern (da ebenfalls mit rasiertem Schädel) umgeben, die Hände im Anbetungsgestus erhoben, vor dem König kniet. Das zweite Mal wenn er in sein Amt als „Größter der Sehenden des Aten im Atentempel von Achetaten“ eingesetzt worden ist. Jetzt wird er von seinen

Freunden und Kollegen, die durch Kleidung und Frisur als vornehme Herren charakterisiert sind, auf den Schultern getragen. Er blickt zum König und hebt anbetend beide Hände empor. Er antwortet dem König auf seine Ernennung hin: „Zahlreich sind die Dinge, die Aten geben kann, um sich (selbst) zu erfreuen“ (Kol. F.3–4, zit. nach Sperveslage, in: TLA, Zugriff 2012-06-02).

ID 961
Amarna
Tell el-Amarna, Nordgräber, TA 4, Säulenhalle, Südwand, Westteil
in situ
Amenhotep IV. Achenaten
Wand, Putz auf Kalksteinrelief, bemalt
Davies, The Rock Tombs of El Amarna I, Taf. VI, S. 21–22.
Ausruf der vornehmen Herren vor dem Erscheinungsfenster, die den Belohnten auf ihren Schultern tragen. Davies (S. 21) vermutet Mitglieder seines Haushaltes, die den Belohnten auf ihre Schultern heben. Ich nehme an, dass die vor dem König im Erscheinungsfenster handelnden Herren der Elite angehören. Sie rufen: „Er hat Generationen über Generationen entstehen lassen, der vollkommene Herrscher! Solange Aten aufgeht, dauert er ewiglich.“ (Kol. E.1–4, zit. nach Sperveslage, in: TLA, Zugriff 2012-06-02).

ID 962–963
Amarna
Tell el-Amarna, Nordgräber, TA 4, Säulenhalle, Südwand, Westteil, Subreg.
in situ
Amenhotep IV. Achenaten
Wand, Putz auf Kalksteinrelief, bemalt, schadhaft und mit Putz aufgefüllt
Davies, The Rock Tombs of El Amarna I, Taf. VI, IX, S. 22–23.
Weg durch die Straßen der Stadt zum Wohnhaus des Ernannten. Frauengruppe mit Zweigen und Trommeln, die den Belohnten vom Erscheinungsfensterhof nach Hause begleiten (siehe Abb. 16). Sie bilden einen Teil des Zuges, der sich hinter dem Wagen des Belohnten gebildet hat. Sie tanzen hinter einer Männergruppe, in der sich auch Fächer- und Standartenträger befinden. Zwischen den sechs Frauen mit erhobenen Armen schwingt eine kleiner dargestellte Tänzerin eine Klapper wie auf Berlin ÄM 31303 (ID 302). Davies hält sie für einen Tanzlehrling. Die Städterin, die die Frauengruppe anführt, trägt einen langen Mantel. Sie steht mit beiden Fußsohlen auf der Grundlinie, tanzt also im Gegensatz zu der Gruppe mit Zweigen und Trommeln, die sie anführt, im Augenblick nicht. (Lässt sich am Original nicht nachprüfen). In der rechten Hand hält sie einen Blumenstrauß hoch, die linke hat sie zum Gruß mit der Handfläche nach

außen (wie beim Anbetungsgestus) erhoben. Der Ausruf oder Refrain, den die Leiterin der Gruppe singt, steht vor ihr in einer Kolumne: „Sie sagt: ‚Wirklich groß ist deine Belohnung! Es ist Wa-en-Re, der sie gibt!'"

ID 964 (Palast), 965–966 (Gespräch)
Amarna
Tell el-Amarna, Nordgräber, TA 4, Säulenhalle, Westwand
in situ
Amenhotep IV. Achenaten
Wand, Putz auf Kalksteinrelief, bemalt
Davies, The Rock Tombs of El Amarna I, Taf. X, XVIII, S. 23–25.
Während die Königsfamilie den Tempel besucht, herrscht im Königspalast Ruhe. Die Stühle im Speisesaal sind aufeinander gestellt, die Zimmer und der Hauptweg in den Palast durch den äußeren Hof und das große Tor sind unbenutzt. In einem kleinen Vorraum und im Korridor ist jeweils ein einzelner Diener beschäftigt und im äußeren Hof wird Wasser versprengt und der Boden gefegt. Kein schlafender Diener. Vor dem kleineren Eingang für das Personal (mit einem Fensterchen) in der Mauer, die den Königspalast umgibt, stehen ein vornehmer Herr mit Perücke und Mantel (Davies „the portly Major-domo"). Seine Rechte ist im Redegestus erhoben, die Linke auf einen langen Stock gestützt. Er unterhält sich mit einem Wagenlenker. Der Wagenlenker trägt einen Offiziersschurz. Er hat ebenfalls die Rechte im Redegestus erhoben, in der Linken hält er eine Peitsche.

ID 967–970 (obere Gruppe), ID 971–974 (untere Gruppe)
Amarna
Tell el-Amarna, Nordgräber, TA 4, Säulenhalle, Nordwand, Westteil
in situ
Amenhotep IV. Achenaten
Wand, Putz auf Kalkstein, bemalt, Fortsetzung des Tableaus auf der Nordwand
Davies, The Rock Tombs of El Amarna I, Taf. XA und XIII, S. 28.
Der König wird vor der Temenosmauer durch Musiker und das Tempelpersonal begrüßt (siehe Abb. 18). Beide Musikerinnengruppen halten ihre Instrumente dem König zum Gruß hoch erhoben entgegen. Vor und hinter jeder der beiden Frauengruppen grüßen Diener unterschiedlichen Ranges den ankommenden König. Die obere Gruppe wird angeführt von ihrer Leiterin in langer Fransenprücke, die zum Gruß beide Hände mit der Handinnenfläche nach außen vorstreckt. Sie und die drei Frauenpaare hinter ihr tragen durchsichtige bodenlange Mäntel. Die Frauen der ersten beiden Paare halten abwechselnd runde Handtrommeln und eckige Rahmentrommeln erhoben. Im ersten Paar hält die rechte, im zweiten Paar die linke Frau die runde Handtrommel hoch.

Zwei Sängerinnen, oder, wie die in Brusthöhe aufeinandergelegten Handflächen andeuten, Klatscherinnen, bilden das letzte der drei Paare. Ihre ganz auf der Grundlinie aufliegende Fußsohle zeigt, dass sie nicht tanzen.

Die untere Gruppe besteht aus einer beide Hände zum Gruß vorstreckenden Leiterin (die Geste findet sich ansonsten nur bei Gesandten und Heerführern) in langer Zopfperücke. Sie und die acht Frauen hinter ihr tragen ebenfalls durchsichtige bodenlange Mäntel, halten ihre Handtrommeln erhoben oder winken. Die erste Musikerin erhebt eine runde Handtrommel. Die zweite Musikerin trägt eine lange Fransenperücke und hält die eckige Rahmentrommel. Ihre Hände sind vom Kopf ihrer Vordermännin verdeckt. Eine kleiner als die anderen Frauen dargestellte Tänzerin schwingt in der Linken einen Zweig, der rechte Arm ist angewinkelt. Die Beine sind in einer tanzenden Schrittstellung, wobei das linke Bein angewinkelt zurückgestellt ist und der Fuß nur mit dem Ballen den Boden berührt. Die Frage nach der Zugehörigkeit der Musikerinnen muss offen bleiben. Da im Tempel mit Ausnahme der Prinzessinnen, die das Sistrum schütteln, stets nur männliche Musiker zu finden sind, können sie nicht zum Tempelpersonal gehören. Da sie keine Saiteninstrumente spielen, sind sie auch nicht mit den im Palast bei Banketten und Umtrunk aufspielenden Hofmusikerinnen identisch. Von den Schlaginstrumenten und der Zusammensetzung her (vor allem dann bei der unteren Gruppe auch die kleiner dargestellte Tänzerin in ihrer Mitte!) entsprechen sie den Städterinnen, die den Belohnten nach dem Ehrengoldempfang auf dem Weg vom Erscheinungsfenster zu seinem Wohnhaus begleiten. Ein Unterschied ergibt sich durch die Leiterin der Musikerinnen, die den König begrüßt. Sie würde für ein Orchester von Berufsmusikerinnen hier vor dem Tempel, aber möglicherweise auch bei den Heimfahrten des Belohnten, sprechen. Zur Kleidung siehe Davies, Amarna I, S. 13–14.

TA 975 (Priester), 976 (Sänger)
Amarna
Tell el-Amarna, Nordgräber, TA 4, Säulenhalle, Nordwand, Westteil
in situ
Amenhotep IV. Achenaten
Wand, Putz auf Kalkstein, bemalt
Davies, The Rock Tombs of El Amarna I, Taf. XA und XIV, S. 29.
Begrüßungsrede vor dem Temenos (siehe Abb. 18). Der Priester, Erster Diener des Aten, empfängt den König mit den Worten: „Willkommen in [Frieden. Sehen. Möge er gewähren ... [Herr] der beiden Länder“ – Rest des Textes zerstört. Die Vier Sänger, die den Zug der Ankömmlinge eröffnen, sind ihrer Kleidung nach „Vorsteher der Sänger“ (*jmj-rʿ-ḥsww*). Davies vermutet, sie kündigen als Herolde dem Tempelpersonal die Ankunft des Königs an. Auffallend ist ihre stark vorgestreckte Körperposition (so als ob alles sie zum Tempel hinziehen würde): mit dem hinteren Fuß nur mit den Zehen

den Boden berührend, den Rücken gekrümmt, die Köpfe vorgestreckt, die Hände vor sich im Cheironomengestus.

ID 977 (Sänger), 978 (Harfner)
Amarna
Tell el-Amarna, Nordgräber, TA 4, Säulenhalle, Nordwand, Westteil
in situ
Amenhotep IV. Achenaten
Wand, Putz auf Kalkstein, bemalt, stark beschädigt
Davies, The Rock Tombs of El Amarna I, Taf. XA und XI, S. 29.
Im Hof des Stelenheiligtums sitzt eine Gruppe vermutlich blinder Tempelmusiker (siehe Abb. 18). Sie sind bei Davies nicht erwähnt. Die Ärmel ihres vornehmen hochgeschlossenen Mantels reichen fast bis zum Ellenbogen. Drei nur fragmentarisch erhaltene Sänger singen (sie bewegen dazu die Hände) zu den Klängen einer Sigmaharfe. Von den Sängern sind beim ersten Schultern und die (nicht in der Cheironomengebärde abgewinkelten, sondern wie beim Klatschen flachen) Hände, beim zweiten Hals und Kinn, beim dritten ein Teil des linken Armes erhalten. Vielleicht wäre noch ein vierter an der schadhaften Stelle zu ergänzen. Dass der Harfner spielt, verdeutlichen die Finger seiner linken Hand auf den Saiten. Es ist vor der Ankunft des Königs. Vielleicht soll der Gesang die Tageszeit des Besuches – Begrüßung der Sonne am Morgen? – anzeigen.

ID 979
Amarna
Tell el-Amarna, Nordgräber, TA 4, Säulenhalle, Südwand, Ostteil
in situ
Amenhotep IV. Achenaten
Wand, Putz auf Kalkstein, bemalt
Davies, The Rock Tombs of El Amarna I, Taf. XXII, S. 30–31.
Der Grabbesitzer, „Der Größte der Sehenden des Aten im Atentempel in Achetaten, Merire, der Gerechtfertigte" bei seiner Amtsausübung während des Opfers im Hof des Großen Atentempels. Er reicht dem König, der unter der Strahlensonne vor einem reich beladenen Opfertisch steht, eine Opfergabe an. Hinter dem Königspaar schütteln die Prinzessinnen Meritaten und Meketaten jeweils ein Bügelsistrum. Die Sistren sind ausgehackt, nur bei Meketaten ist noch der obere Teil des Sistrumbügels zu erkennen.

ID 980
Amarna
Tell el-Amarna, Nordgräber, TA 4, Säulenhalle, Südwand, Ostteil, Subreg., oben
in situ
Amenhotep IV. Achenaten

Wand, Putz auf Kalkstein, bemalt
Davies, The Rock Tombs of El Amarna I, Taf. XXII, S. 31, Subreg., oben.
Im unteren Register setzt sich die Szene mit Dienern, Offizieren und dem königlichen Gefolge fort. Letzteres ist identisch mit MMA 1985.328.10 (ID 25–28). In einigem Abstand, ihnen zugewandt, räuchert ein Priester. Hinter diesem stehen (gestaffelt) vier Sänger. Nach Davies (S. 31) ist es dieselbe Gruppe, die den König vor dem Tempel angekündigt hat. Sie tragen die langen runden Mäntel der „Vorsteher der Sänger" (*jmj-rꜥ-ḥsww*). Ihre Hände sind in der typischen Cheironomengebärde abgewinkelt. Ihre Lippen sind leicht geöffnet. Die Augenpartie ist am Original nur bei einem mit Sicherheit zu beurteilen. Sie lässt auf die Darstellung blinder Personen schließen.

ID 981–983
Amarna
Tell el-Amarna, Nordgräber, TA 4, Säulenhalle, Südwand, Ostteil, Subreg., unten
in situ
Amenhotep IV. Achenaten
Wand, Putz auf Kalkstein, bemalt
Davies, The Rock Tombs of El Amarna I, Taf. XXII, S. 31, Subreg., unten.
Im unteren Register setzt sich die Szene fort. Mit dem Rücken zur nächsten Gruppe (den nach links ausgerichteten Höflingen und Streitwagen) nach rechts gewandt, sitzen acht blinde Musiker, die während des Opfers spielen. Die Gruppe setzt sich aus einem Harfner und sieben (2 und 5) Sängern in Staffelung zusammen. Der Harfner sitzt im Schneidersitz und greift in die Saiten seiner 7-saitigen Sigmaharfe (das obere Ende des Harfenbogens fehlt, es handelt sich aber nach den Parallelen eindeutig um diesen Instrumententypus). Bei dem, dem Betrachter näheren Sänger in der Zweiergruppe ist der Mund zerstört, bei dem zweiten ist der Mund geöffnet. Zweite Reihe aus fünf (gestaffelten) Sängern: Bei dem ersten Sänger ist der Mund leicht geöffnet. Bei dem dritten und vierten Sänger ist der Mund zerstört. Bei dem zweiten und fünften Sänger ist der Mund geöffnet.

ID 984–985 (Prinzessinnen) 986 (Palast)
Amarna
Tell el-Amarna, Nordgräber, TA 4, Säulenhalle, Ostwand, oben
in situ
Amenhotep IV. Achenaten
Wand, Putz auf Kalkstein, bemalt
Davies, The Rock Tombs of El Amarna I, Taf. XXV (östlicher Teil) und XXVI, S. 32.
Im Hof vor dem Pylonen des Gem-pa-Aten. König und Königin erheben jeder vor dem Opfertisch ihr Sechem-Zepter, um dem Gott ihre Ermächtigung zur Opferhandlung vorzuweisen (siehe Abb. 13). Neben dem Opfertisch steht der ihnen assistierende

„Erste Priester des Aten“. Auf der Standlinie: Die Prinzessinnen Neferneferuaten (nur diese ist namentlich durch eine Beischrift hervorgehoben) und Meritaten treten, gefolgt von Höflingen, mit den erhobenen Sistren durch das Tor in den Tempelvorhof. Die Prinzessinnen Meketaten und Anchesenpaaten treten, gefolgt von Höflingen, ebenfalls mit den erhobenen Sistren durch das Tor. Der Himmel ist bis zu den Wüstenbergen ausgedehnt. Menschenleerer Königspalast, während die Königsfamilie im Tempel weilt.

ID 987–988
Amarna
Tell el-Amarna, Nordgräber, TA 4, Säulenhalle, Nordwand, Ostteil, oben
in situ
Amenhotep IV. Achenaten
Wand, Putz auf Kalkstein, bemalt, Gesicht des ersten und zweiten Sängers beschädigt
Davies, The Rock Tombs of El Amarna I, Taf. XXV, XXXIII, S. 33.
Während das Königspaar vor dem Pylonen das Ritual der Ermächtigung zum Ritualvollzug ausführt, spielt im Hof des Stelenheiligtums eine Gruppe blinder Tempelmusiker. Alle Musiker sind zum Sanktuar hin gewendet. Die Sigmaharfe hat acht Saiten, der Harfenbogen endet oben im Kopf des Königs mit Chepresch-Krone, Uräus und Bändern im Nacken. Der Harfner spielt mit beiden Händen, seine Lippen sind vorn geöffnet. Hinter ihm sitzen drei Sänger. Sie führen alle drei die Cheironomengebärde aus.

ID 989–990
Amarna
Tell el-Amarna, Nordgräber, TA 4, Säulenhalle, Ostwand, unten
in situ
Amenhotep IV. Achenaten
Wand, Putz auf Kalkstein, bemalt
Davies, The Rock Tombs of El Amarna I, Taf. XXV, S. 35–36.
Amtseinsetzung im Tempelbereich, Rede des Königs: „Oh Vorsteher des Schatzhauses, beschenke den Größten der Sehenden des Aten in Achetaten, Merire. Gib ihm Gold an seinen Hals und Rücken und Gold an seine Füße, weil er die Unterweisung des Pharao LHG hört, und weil er alles, was bezüglich dessen gesagt wird, macht. Die schönen Plätze, die Pharao LHG im Hut-Benben und im Tempel des Aten in Achetaten eingerichtet hat, sind mit jeder schönen Opfergabe und mit Gerste und Emmer gefüllt. Zahlreich sind die Opfergaben des Aten für Aten“. Rede des Merire, Größter der Sehenden des Aten in Atentempel in Achetaten, Wedelträger zur rechten Seite des Königs, Gelobter des Herrn der Beiden Länder: „Wa-en-Re, der vollkommene Sohn des Aten, sei gesund! Gewähre dass er deine Lebenszeit verbringt. Gewähre, dass er für immer und ewig existiert“. Merire ist begleitet von drei Priestern, zwei Wedel- und vier Fächerträgern.

ID 991–992
Amarna
Tell el-Amarna, Nordgräber, TA 4, Säulenhalle, Nordwand, O, unten
in situ
Amenhotep IV. Achenaten
Wand, Putz auf Kalkstein, bemalt, Teile der Wand weggebrochen
Davies, The Rock Tombs of El Amarna I, Taf. XXXII, S. 38.
Empfang des Merire in seinem Haus. Erster Sprecher: „Willkommen in Frieden, nachdem du deine Belohnung empfangen hast, o Größter der Sehenden des Aten in Atentempel in Achetaten, Merire, Gerechtfertigter". Zweiter Sprecher: „Diener … des/für Aten.… des/für Aten.Himmel …[Zeichenreste]". Nur die Inschrift (ergänzt) ist erhalten. Unterhalb der beschädigten Stelle sieht man ein fressendes Pferd im Stall.

ID 993–994
Amarna
Tell el-Amarna, Nordgräber, TA 5, Halle, Nordwand, unten
in situ
Amenhotep IV. Achenaten
Wandrelief, sehr stark beschädigt
Davies, The Rock Tombs of El Amarna IV, Taf. VIII (oben), IX, S. 3–4.
Das Königspaar steht unter der Strahlensonne. Rede des Königs: „… erscheinen der … Aten.… Aten", Rest zerstört. Vor dem König steht der Grabherr Pentu, „Schreiber des Königs, Kammerdiener des Königs, erster Diener des Aten im Atentempel in Achetaten", im Jubelgestus. Ein vornehmer Herr oder Diener richtet ihm den Goldkragen. Weitere Goldkragen liegen auf Tischchen und werden herbeigebracht. Schreiber zeichnen das Ereignis auf. Rede des Pentu: „Erhalte den Pharao LHG, deinen vollkommenen Sohn bei Gesundheit, o Aten! Gewähre, dass er deine Lebenszeit erreicht. Lass ihn ewiglich dauern!" Der Tempelbereich liegt neben dem Nilufer, an dem Frachtschiffe mit eingezogenen Segeln angelegt haben; soweit das stark beschädigte Relief ein Urteil erlaubt, sind keine Personen auf dem Schiff dargestellt.

ID 995
Amarna
Tell el-Amarna, Nordgräber, TA 5, Halle, Südwand, unten
In situ
Amenhotep IV. Achenaten
Wandrelief, zerstört
Davies, The Rock Tombs of El Amarna IV, Taf. VIII, IXB, S. 5.
Auszeichnung „des Schreibers des Königs, Kammerdiener des Königs, Erster Diener des Aten im Atentempel in Achetaten, Oberarzt" Pentu. Der Belohnte steht vor dem thronenden König. Er hat jubelnd die Arme erhoben.

ID 996 (Palast) 997–998 (Gespräch vor der Gartenmauer)
Amarna
Tell el-Amarna, Nordgräber, TA 5, Halle, Südwand, unten
in situ
Amenhotep IV. Achenaten
Wandrelief
Davies, The Rock Tombs of El Amarna IV, Taf. VIII, S. 5.
Hinter dem im Empfangsraum des Palastes thronenden König liegt der Königstrakt mit Lagerräumen, Wohnräumen, Schlafzimmer, Mittelhalle und Garten. Ein Diener macht gerade das Bett des Königs, einer steht im Speisesaal, einer steht in der Pose der Türwächter, sich mit einem Bein an der Umfassungsmauer des Gartens abstützend. Bei keinem der aufgezählten Diener ist ein Redegestus zu finden. Von einem Diener in der großen Mittelhalle mit Säulen lässt sich der rechte Arm als Redegestus bestimmen, weil er (vor der schadhaften Stelle der Wand) die typische Position eines Palastdieners, der sich mit einem anderen Diener unterhält, einnimmt. Außerhalb der Gartenmauer unterhalten sich zwei Herren miteinander. Sie halten nichts in den Händen. Der gut erhaltene ist ein vornehm gekleideter Herr mit gebauschtem Schurz über einem wadenlangen Rock und halblanger in einem Zipfel endenden Perücke. Er hat den rechten Arm im Redegestus erhoben. Der schlechter erhaltene von ihnen ist ebenfalls ein vornehm gekleideter Herr. Er hat den linken Arm im Redegestus erhoben. Die rechte Hand und der Kopf sind bei ihm nicht erhalten.

ID 999
Amarna
Tell el-Amarna, Nordgräber, TA 6, Eingang, Türgewände, O, oben
in situ
Amenhotep IV. Achenaten
Wandrelief, Putz, Farbreste
Davies, The Rock Tombs of El Amarna II, Taf. VIII.
Das Königspaar opfert dem Aten. Der König räuchert. Die Strahlenhände ergreifen die Gaben auf dem Tisch und aus der Hand der Königin. Drei Prinzessinnen mit Sistrum. Mutnedjmet, die beiden „Sonnenkücken“, Fächerträger, Höflinge, Kinderfrauen und Diener bilden das Gefolge. Nur bei einer Prinzessin (Name in der Kartusche zerstört) ist das senkrecht erhobene Sistrum erhalten.

ID 1000–1001
Amarna
Tell el-Amarna, Nordgräber, TA 6, erste Halle, Südwand, Westteil, Subreg.
in situ
Amenhotep IV. Achenaten
Wandrelief, Kalkstein

Davies, The Rock Tombs of El Amarna II, Taf. XI, S. 16–17.
Nach der Ehrengoldverleihung im Erscheinungsfenster empfangen Frauen den Belohnten vor seinem Haus. Zwei hinter drei winkenden (gestaffelt dargestellten) Frauen spielen runde Handtrommeln, der Trommelrand der dem Betrachter ferneren Frau ist deutlich in der Staffelung erkennbar. Die erste der Frauen ist etwas größer dargestellt als die anderen. Die linke, zur Faust geschlossene Hand liegt auf der Brust, die rechte ist nicht erhalten. Zwei kleiner dargestellte Personen schwingen Zweige, die vordere von ihnen hat beide Arme im Jubelgestus erhoben. Einige der übrigen acht Frauen halten vielleicht auch Zweige, nur die dritte hat die Hand zum Gruß über Kopfhöhe erhoben. Weil in dieser Gruppe im Vergleich mit anderen Gräbern weniger Instrumente vorkommen, sind es wohl eher die Frauen seines Haushalts und Nachbarinnen als eine für diese Gelegenheit engagierte Gruppe von Berufsmusikerinnen.

ID 1002
Amarna
Tell el-Amarna, Nordgräber, TA 6, erste Halle, Südwand, Westteil
in situ
Amenhotep IV. Achenaten
Wandrelief, Kalkstein
Davies, The Rock Tombs of El Amarna II, Taf. X, S. 16.
Der Belohnte, „Erster Diener des Aten im Großen Atentempel, Diener des Herrn der Beiden Länder im Tempel des Aten, Oberaufseher der Rinder des Aten, Vorsteher der Speicher, Zweiter Priester des Herrn der Beiden Länder, Bekannter des Königs, Kronsiegelbewahrer“, steht ohne Sandalen, aber fein gewandet und mit einem Salbkegel auf dem kahlrasierten Kopf, mit dem Ehrengold um den Hals, vor dem Portikus des Erscheinungsfensters. Er hält jubelnd beide Arme empor. Er blickt geradeaus. Oberhalb stehen vor dem König in gebückter Haltung die schreibenden Schreiber, zwei Diener mit einer Schatztruhe. Auf der obersten Standlinie wohnen vier Fächerträger im Offiziersschurz, ein vornehmer Diener, zwei nubische und zwei syrische Fürsten oder Gesandte der Ehrengoldverleihung bei.

ID 1003 (Belohnter), 1004 (Dienerschaft), 1005 (Standartenträger)
Amarna
Tell el-Amarna, Nordgräber, TA 6, erste Halle, Südwand, Westteil, Subreg.
in situ
Amenhotep IV. Achenaten
Wandrelief, Kalkstein
Davies, The Rock Tombs of El Amarna II, Taf. XI, S. 16–17.
Die Dienerschaft seines Hauses empfängt den Belohnten, „der große Belohnte des Herrn der Beiden Länder und der Erste Diener des Aten im Tempel des Aten in

Achetaten“, der seinen rechten Arm im Redegestus erhoben hat. Drei Männer seines Haushaltes Küssen die Erde, einige, darunter sein Wagenlenker, erheben die Hände zum Gruß. Drei haben beide Hände jubelnd erhoben, zwei der letzteren schwingen in einer Hand einen Zweig. Der Jubelruf der Menge ist kaum noch zu erkennen. Davies ergänzt (nach Mahu und Pentu) zu: „Health, life, prosperity to Pharaoh! O Aten! Grant it forever!" Hinter dem ankommenden Belohnten folgen Standartenträger und danach die Frauengruppe mit den Handtrommeln. Der Mund ist bei allen geschlossen. Oberhalb der Köpfe der zweimal vier Standartenträger (laut Davies, eine Eskorte aus Soldaten, sie tragen aber keinen Offiziersschurz) ist von zweien die Hand, die den Schaft der Standarte umschließt, sichtbar.

ID 1006
Amarna
Tell el-Amarna, Nordgräber, TA 6, erste Halle, Ostwand, Südteil
in situ
Amenhotep IV. Achenaten
Wandrelief, Kalkstein
Davies, The Rock Tombs of El Amarna II, Taf. XIII und XIV, S. 17–19.
Der Königspalast, während der König mit seiner Familie im Streitwagen und mit dem neben den Pferden her eilenden üblichen Gefolge aus Offizieren, Standartenträgern und Soldaten unterwegs ist und von der Bevölkerung gegrüßt wird. Die Sessel sind zusammengestellt. Ein Diener fegt, ein anderer, ebenfalls allein im Raum, richtet die gestapelte Ware.

ID 1007–1008
Amarna
Tell el-Amarna, Nordgräber, TA 6, erste Halle, Westwand
in situ
Amenhotep IV. Achenaten
Wandrelief, Kalkstein
Davies, The Rock Tombs of El Amarna II, Taf. XVIII, S. 20.
Die Königsfamilie ist beim Vollzug des Opferrituals im Tempel. Vor dem Tempel, außerhalb der Temenosmauer, spielen zwei Frauengruppen (siehe Abb. 19). Die obere Gruppe steht hinter einem Diener mit gebauschtem Schurz, der die Hände anbetend erhebt. Sie setzt sich aus der Leiterin und fünf musizierenden Damen zusammen. Alle blicken zum Tempel. Die Leiterin ist etwas größer dargestellt. Sie beugt sich leicht vor und hebt anbetend beide Hände. Die Instrumente sind typisch für die Städterinnen, die einen Belohnten vom Erscheinungsfensterhof nach Hause begleiten. Die dem Betrachter näher stehende Frau im ersten Paar spielt die eckige Rahmentrommel (am Original gut zu erkennen).

ID 1009–1013 (untere Gruppe)
Amarna
Tell el-Amarna, Nordgräber, TA 6, erste Halle, Westwand
in situ
Amenhotep IV. Achenaten
Wandrelief, Kalkstein
Davies, The Rock Tombs of El Amarna II, Taf. XVIII, S. 20.
Während des Opferrituals im Tempel spielen vor dem Temenos zwei Frauengruppen (siehe Abb. 19, 20). Die untere Gruppe steht vielleicht hinter oder neben den Soldaten, die auf einer Standlinie unterhalb der Gruppe abgebildet sind. Ihre Leiterin hebt anbetend die Hände. Die erste Frau spielt die runde Handtrommel. Die zweite Frau winkt mit einem Zweig. Die dritte Frau ist durch die anderen Frauen verdeckt, und dadurch ist nicht klar, was sie tut. Da keine winkenden Hände zu sehen sind, ist sie vermutlich eine Sängerin. Die vierte Musikerin schlägt eine eckige Rahmentrommel, die sie etwa in Kopfhöhe hält. Dieses Instrument hier scheint von einem etwas kleineren Typus zu sein als das restaurierte Exemplar im Museum in Kairo. Bei letzterem misst die gespannte, mit Harz bestrichene Schlagfläche 74 × 37 cm an den Seiten, in der Mitte etwa 28 cm. Die Rahmendicke beträgt 8 cm.

ID 1014–1015 (Sistrum), 1016 (Sänger)
Amarna
Tell el-Amarna, Nordgräber, TA 6, erste Halle, Westwand
in situ
Amenhotep IV. Achenaten
Wandrelief, Kalkstein
Davies, The Rock Tombs of El Amarna II, Taf. XVIII.
Die Königsfamilie vollzieht das Opferritual im großen Aten-Tempel (siehe Abb. 23). Hinter Achenaten und Nefertiti, die nebeneinander am Tisch mit den Opfergaben stehen, folgen drei Prinzessinnen, zwei Kinderfrauen und drei Höflinge, die sich damit alle im Hof des Gem-pa-Aten aufhalten. Die älteste Prinzessin, Meketaten, hält zwei Opferbrote, ihre beiden jüngeren Schwestern, Meritaten und Anchnesenpaaten, schütteln das Sistrum. Vier kahlrasierte Sänger, die hier nicht die vorne halbrunden Mäntel der *jmj-rꜥ-ḥs.ww*, sondern gerade Mäntel mit kurzen Ärmeln tragen, stehen (gestaffelt) tief vorgebeugt. Sie sind auf einer Standlinie auf der dem König gegenüberliegenden Seite (und somit quasi hinter dem Altar), oberhalb von sechs Priestern mit Sträußen und Vasen, dargestellt. Die Sänger blicken geradeaus zu Altar und König hin. Sie halten die Hände vor sich in der Cheironomengebärde (am Original ist der gestreckte Handrücken mit dem Daumen deutlicher als bei Davies, wo die Hände mehr schalenförmig wiedergegeben sind). Ob sie als blinde Sänger dargestellt waren, lässt sich auch am Original nicht mit Sicherheit entscheiden.

ID 1017
Amarna
Tell el-Amarna, Nordgräber, TA 6, erste Halle, Westwand
in situ
Amenhotep IV. Achenaten
Wandrelief, Kalkstein
Davies, The Rock Tombs of El Amarna II, Taf. XVIII, S. 25.
Der Hof des Statuenheiligtums ist hier ohne Musiker, während in TA 3 und TA 4 rechts neben dem Eingang ein Harfner und blinde Sänger sitzen. Davies vermutet deshalb, er sei hier in TA 6 viellleicht zerstört. Nach meiner Inspektion der Wand deutet, soweit ich das beurteilen kann, nichts auf eine zerstörte Sängergruppe hin. Ein Indikator für die fehlenden Sänger könnte die jeweilige Betriebsamkeit zu den unterschiedlichen Zeiten hier und in den anderen Höfen des Tempels darstellen. Das Opfer wird hier in TA 6 gerade vollzogen und die Prinzessinnen mit Sistrum und Sänger sind neben dem großen Opferaltar stehend und somit beim Ritualvollzug dargestellt. Die Opfervorbereitungen sind abgeschlossen. Diener neben dem Schlachthaus sind bereits mit dem Aufräumen beschäftig. Der Aufseher inspiziert den Hof. In TA 3 (Davies, Amarna III, Taf. XXX) und in TA 4 (Davies, Amarna I, Taf. XXV) ist hingegen eine frühere Phase im Tagesablauf festgehalten.

ID 1018
Amarna
Tell el-Amarna, Südgräber, TA 7, Halle, Westwand
in situ
Amenhotep IV. Achenaten
Wandrelief, Kalkstein, bemalt
Davies, The Rock Tombs of El Amarna VI, Taf. IV, S. 3.
Palast während der König und seine Familie im Erscheinungsfenster der Ehrengoldverleihung an Parennefer beiwohnen (siehe Abb. 10). Nur einige Diener, darunter einer mit einem Joch mit Wasserkrügen, sind allein in Korridoren und Zimmern beschäftigt. In zwei Speisesälen ist alles zum Essen bereit, die Tische, auf die die Strahlen des Aten ihr Licht gießen, sind mit Speisen bedeckt, die noch leeren Sessel aufgestellt, drei Diener fächeln Kühle für die Speisen und bereitstehenden Getränke. Keine Musiker oder Sprechgebärden.

ID 1019
Amarna
Tell el-Amarna, Südgräber, TA 7, Halle, Westwand
in situ
Amenhotep IV. Achenaten

Wandrelief, Kalkstein, bemalt
Davies, The Rock Tombs of El Amarna VI, Taf. IV, S. 5.
Der König beugt sich aus dem Erscheinungsfenster vor und streckt die Hände aus (siehe Abb. 10). Auf Höhe seiner Hände streckt der Wesir dem König die Hände entgegen. Auf der Grundlinie unterhalb wird dem Belohnten das Ehrengold umgehängt. Der Belohnte hat beide Arme jubelnd erhoben und steht mit dem linken Bein weit zurückgesetzt, was Davies treffend als Freudentanz interpretiert.

ID 1020–1021 (Asiatische Hofmusiker, sehend), 1022–1025, 1031 (Hofmusikerinnen, verdoppelte Gruppe)
Amarna
Tell el-Amarna, Südgräber, TA 7, Halle, Ostwand
in situ
Amenhotep IV. Achenaten
Wand, Putz, Vorzeichnung mit Tinte
Davies, The Rock Tombs of El Amarna VI, Taf. VI, S. 6.
Die Ostwand zeigt den Grabherrn in seinem Amt als „königlicher Mundschenk mit reinen Händen“, der den König bedient. Vor dem auf einem Hocker sitzenden König sind viele Speisen und Getränke aufgereiht, weshalb ich sie als Trinkszene klassifizieren möchte (siehe Abb. 8). Zwei asiatische Musiker verbeugen sich neben der großen asiatischen Standleier. Die Hände liegen wie bei vornehmen Herren auf den Oberschenkeln. Sie tragen die typischen Stufenröcke und Kappen. In der Vorzeichnung tragen sie keine Augenbinde. Bei Davies sind im Gesicht Augen wiedergegeben, sie sind heute bis auf einen winzigen Rest verblasst. Am Original wird dennoch deutlich, dass keine Augenbinde gezeichnet worden ist. Ihrer Platzierung nach warten sie auf ihren Einsatz, denn im Augenblick spielen gerade die Hofmusikerinnen auf ihren Saiteninstrumenten.

Oberhalb der abgebildeten Vasen steht eine verdoppelte Truppe Hofmusikerinnen. Sie bestehen aus jeweils fünf Hofmusikerinnen, die alle auf ihren Saiteninstrumenten spielen. Die erste Truppe: Die erste Musikerin zupft die Saiten der großen Bogenharfe. Was die beiden Musikerinnen in der zweiten Reihe machen, ist nicht zu erkennen. Von den drei gestaffelt dargestellten Damen in der dritten Reihe spielen die erste und die dritte eine über die Schulter gelegte Winkelharfe. Die mittlere zwischen diesen beiden Harfenistinnen spielt, der Armhaltung nach zu schließen, die Laute. Das Instrument ist nicht zu erkennen. Die zweite Truppe, die vermutlich ebenso aus fünf Musikerinnen zusammengesetzt ist, beginnt ebenfalls mit einer Dame, die die große Bogenharfe spielt (erkennbar an der Position der Arme und Hände). Von den anderen Instrumenten kann keines mit Sicherheit identifiziert werden. Der Text, der vor den Damen und über dem Mundschenk steht, ist laut Davies, der die Szene als Audienz interpretiert, eine Rede, die der Grabherr an den König hält. Sperveslage folgt ihm darin, sieht den Text als Rede des Mundschenks (und Grabherrn) Parennefer an, und ergänzt entsprechend. In keinem der Amarna-Tableaus, die den Grabherren bei seiner Amtsausübung zeigen, richtet dieser das Wort an den König. Ich verstehe den Text deshalb als das Lied, das die Hofmusikerinnen singen: „O der du fortbestehst in Millionen von Jahren … o leuchtendes Kind des Aten! Mögest du dich für uns verjüngen … denn du leuchtest wie der Glanz des Aten und du siehst seine wunderschönen Strahlen … (um?) für dich die Zahl(?) der Jubiläumsfeste zu verdoppeln. Möge er für dich jedes Land gedeihen lassen. Möge er dir geben … um nach deinem Wunsch zu handeln.… der die Herzen belebt … für … Wa-en-Re, den Aten liebt".

ID 1026–1030
Amarna
Tell el-Amarna, Südgräber, TA 7, Halle, Westwand
in situ
Amenhotep IV. Achenaten
Wand, Putz, Vorzeichnung mit Tinte, verblasst
Davies, The Rock Tombs of El Amarna VI, Taf. V, S. 5.
Vor dem Wohnhaus des Belohnten. Der Belohnte fährt in seinem Wagen von der Ehrengoldverleihung im Erscheinungsfenster nach Hause. Er ist, laut Davies, eigentlich nicht im Wagen, sondern neben den Pferden stehend wiedergegeben, das hieße, er ist aus seinem Wagen bereits ausgestiegen. Er reißt beide Arme jubelnd empor. (Oberhalb Reste einer Beischrift). Seine Frau empfängt ihn als erste. Zeichenreste, bei Davies noch entzifferbar: „Die Haus[herrin] und Gelobte der großen königlichen Gemahlin … sagt: … gewähre ihm..... Nofretete, [sie lebe] für immer und ewig … für immer und ewig." Er wird von zwei Gruppen musizierender, tanzender Frauen empfangen. Inmitten der Frauen sind jeweils mindestens zwei Personen kleiner dargestellt, eine davon mit Kinderlocke. Bei der Gruppe auf der oberen Standlinie sind die Instrumente nicht zu erkennen. Bei der Gruppe auf der Grundlinie ist bei der zweiten und bei der letzten Frau eine große eckige Rahmentrommel zu erkennen.

ID 1032 (Schlaf), 1033 (Diener bei der Arbeit)
Amarna
Tell el-Amarna, Südgräber, TA 8, Säulenhalle, Westwand, Nordteil
in situ
Amenhotep IV. Achenaten
Wandrelief, Putz, Farbreste
Davies, The Rock Tombs of El Amarna VI, Taf. XVII, S. 10 und 36.

Das geschlossene Erscheinungsfenster verdeutlicht, dass die Belohnung nicht im Palast stattfindet (siehe Abb. 11). Im Frauentrakt, in den Höfen sind mehrere Personen dargestellt (sonst ist es immer nur ein Diener). Ein Palastdiener ist im Korridor zwischen dem Empfangs- und dem Königstrakt eingeschlafen. Die Figur ist nur teilweise erhalten, aber das Merkmal der Schläfer, die übereinandergelegten Arme, in denen er das Gesicht verbirgt, ist erhalten (siehe Abb. 7).

ID 1034–1035
Amarna
Tell el-Amarna, Südgräber, TA 8, Säulenhalle, Westwand, Nordteil
in situ
Amenhotep IV. Achenaten
Wandrelief, Putz, Farbreste
Davies, The Rock Tombs of El Amarna VI, Taf. XVII, S. 11.
Amtseinsetzung im Palast durch den König. Tutu, „Erster Diener des Aten, Kammerherr, Dolmetscher“, steht im Anbetungsgestus vor dem Königspaar. Rede des Königs, siehe Urk. IV, 2008. Die lange Antwort des Kammerherrn Tutu, nunmehr Erster Diener des Aten, besteht in einer Lobrede auf den König, siehe Urk. IV, 2009–2010.

ID 1036–1037 (Schreiber und Herr), 1038–1039 (Wagenlenker und Offizier), 1040–1043 (Zwei Männer, Offizier und Wagenlenker)
Amarna
Tell el-Amarna, Südgräber, TA 8, Säulenhalle, Westwand, Nordteil
in situ
Amenhotep IV. Achenaten
Wandrelief, Putz, Farbreste
Davies, The Rock Tombs of El Amarna VI, Taf. XVIII, 6.-8. Reg. v. u.
Jeweils zwei Männer unterhalten sich vor dem Palasttor (siehe Abb. 14). 6. Reg.: Der Sprecher mit schulterlangem Haar trägt einen geraden, der Zuhörer mit Zipfelperücke einen gebauschten Schurz. Der Sprecher hat die Rechte im Redegestus erhoben, in der herabhängenden Linken hält er eine Schriftrolle. Der andere hört ihm zu. 7. Reg. Der Sprecher ist ein Wagenlenker. Er steht hinter seinem Streitwagen und hat sich zu dem Offizier, mit dem er spricht, umgewendet. Von letzterem ist nur der Körper von der Brust abwärts erhalten. Mit der Linken hält er die Zügel, die Rechte ist im Redegestus erhoben. 8. Reg.: Beide Männer tragen einen geraden Schurz. Der linke trägt etwas in der herabhängenden linken Hand. Die ebenfalls herabhängende Rechte ist zur Faust geschlossen. Der rechte Mann, wie der Redegestus der rechten Hand anzeigt, spricht zu ihm. Ein Offizier, der neben den beiden Männern steht, mischt sich ein, oder hat das Gespräch angefacht, denn er zeigt auf einen vierten Mann neben sich. Der vierte Mann, die Rechte leicht ausgestreckt, die Linke herabhängend, ist wohl der Wagenlenker des Streitwagens, hinter dem er steht.

ID 1044–1045
Amarna
Tell el-Amarna, Südgräber, TA 8, Säulenhalle, Westwand, Nordteil
in situ
Amenhotep IV. Achenaten
Wandrelief, Putz, Farbreste
Davies, The Rock Tombs of El Amarna VI, Taf. XVIII, 5. und 3. Reg. v. u.
Der Ausgezeichnete hat scheinbar vom König vier Stiere erhalten, denn sie laufen in der Reihe der Gabenträger, die die königlichen Geschenke für Tutu nach Hause tragen (siehe Abb. 14). 5. Reg.: Ein Stierpaar muss beruhigt werden. Zwei Stallknechte stehen vor den Stieren, der eine streicht einem der Tiere über die Nase, die andere Hand ist im Beschwörungsgestus geballt. Bei seinem Kollegen beschreiben beide Hände einen Beschwörungsgestus. 3. Reg.: Ein Stier, der zu Tutu geführt wird, während dieser eine Rede an seine Freund hält, ist so widerspenstig, dass der Stallknecht ihn mit einem Beschwörungsgestus zur Ruhe bringen will. Beide Hände sind zu Fäusten geballt, der Daumen ist gestreckt.

ID 1046 (Belohnter), 1047–1049 (Städterinnen)
Amarna
Tell el-Amarna, Südgräber, TA 8, Säulenhalle, Westwand, Nordteil
in situ
Amenhotep IV. Achenaten
Wandrelief, Putz, Farbreste
Davies, The Rock Tombs of El Amarna VI, Taf. XVIII, 3. und 1. Reg. v. u., S. 11.
3. Reg.: Rede des Belohnten vor dem Palasttor, siehe Urk. IV, 2011. Die Freunde des Belohnten, die er in seiner Rede adressiert, sind Beamte, Kollegen in leitenden Positionen, Domänenvorsteher des Aten (wohl der Tempeldomäne), Oberste, Vorsteher der Pferde, Vorsteher der Truppen, die nach Auflage des Pharaos dem belohnten Günstling des Königs Abgaben machen sollen (siehe Abb. 14). 1. Reg.: Frauen mit Handtrommeln begrüßen Tutu nach der Amtsernennung. Sie sind in lange Mäntel gekleidet. Die erste erhebt beide Arme im Anbetungsgestus. Was die zweite Dame tut, ist nicht zu ermitteln. Die dritte spielt die eckige Rahmentrommel. Die Beschäftigung der vierten ist wiederum nicht zu ermitteln. Die letzte spielt die runde Handtrommel.

ID 1050–1052 (oberer Raum), 1053–1055 (unterer Raum)
Amarna
Tell el-Amarna, Südgräber, TA 8, Säulenhalle, Westwand, Südteil
in situ
Amenhotep IV. Achenaten
Wandrelief, Putz, Farbreste

Davies, The Rock Tombs of El Amarna VI, Taf. XIX.
Auf dem südlichen Teil der Westwand beginnt bereits über der Tür die Darstellung des Wohntraktes des königlichen Palastes mit den Frauengemächern, in denen die Damen Tanz und Musik einstudieren. Die Frauen im oberen Raum sind gekleidet wie die Hofmusikerinnen, die bei Bankett und Umtrunk musizieren. Sie tragen einen langen Mantel. Eine Dame tanzt, und begleitet sich dabei, wie sich aus ihrer Armhaltung ergibt, auf der Laute. Rechts und links von ihr sitzen auf niedrigen Kissen zwei Musikerinnen. Eine Parallele zu den übenden Frauen im Königspalast findet sich in TA 25, Säulenhalle, Nordwand, Ostteil. Dort sitzt links ebenfalls auf einem Kissen eine Harfnerin, während eine Frau tanzt und sich dabei auf der Laute begleitet. Die linke Dame könnte aufgrund der Parallele eine Harfe spielen. Das passt zu dem langen hoch hinausragenden Bogen, aber nicht zur Haltung der leicht ausgestreckten Beine und des nicht erhobenen Armes. Sie könnte aber die Harfe beiseite gestellt haben und der Tänzerin zusehen und sie unterweisen. Die rechts dargestellte Dame spielt, dem vorgestreckten linken Arm nach, ebenfalls ein Instrument, welches aber nicht zu bestimmen ist. In der Parallele zu den übenden Frauen im Königspalast in TA 25 sitzt im Raum noch eine Leierspielerin, das wäre mit der Position der Arme bei der rechts sitzenden Dame vereinbar.

Die Frauen im unteren Raum sind mit einem Stufenrock wie die asiatischen Musiker bekleidet. Sie tragen eine dreigeteilte Frisur deren lange Strähnen in einer Locke enden. Dieselbe Kleidung und Frisur findet sich in TA 25 bei den Damen, die im Frauentrakt zur Winkelharfe spielen und tanzen, und auf dem Relieffragment Hannover KM 1963.2 (ID 588). In TA 8 tanzt die Dame in der Mitte, wobei sie die Arme im Tanz bewegt. Rechts und links von der Tänzerin sitzen auf niedrigen Kissen zwei Musikerinnen. Die rechte von ihnen spielt nach Davies' ergänzender Zeichnung vermutlich die Leier. Die Armhaltung der linken Dame könnte ebenfalls zu einem Saiteninstrument passen.

ID 1056–1057 (zwei Palastdiener), ID 1058–1059 (Türwächter und Aufseher)
Amarna
Tell el-Amarna, Südgräber, TA 8, Säulenhalle, Westwand, Südteil
in situ
Amenhotep IV. Achenaten
Wandrelief, Putz, Farbreste
Davies, The Rock Tombs of El Amarna VI, Taf. XIX, XX.
Im Korridor zwischen dem Wohntrakt der Frauen und dem des Königs halten sich in halblange Gewänder und darüber den gebauschten Schurz gekleidete Palastdiener auf. Zwei unterhalten sich miteinander. Der linke, stehende Mann scheint dem sitzenden zuzuhören. Er hat beide Arme vorgestreckt. Der rechte, sitzende Diener blickt zu dem stehenden auf. Er hat den rechten Arm so angewinkelt, dass die Hand wie bei dem

Rufgestus vor dem Mund erscheint, den linken Arm hat er auf das Knie gelegt. Links vor dem Eingang des königlichen Wohntraktes, in dem ebenfalls rege Tätigkeit herrscht, steht ein Türwächter, der das rechte Bein angezogen hat und sich mit dem Fuß an der Wand abstützt. Er hört dem oberhalb auf einem Kissen sitzenden Aufseher zu, der die Rechte im Redegestus erhoben hat und einen Stab in der Linken hält. Beide tragen bis über die Schultern hinab reichende Perücken. Der Sprecher ist in einen bis zu den Waden reichenden Mantel gekleidet. Die einfachere Kleidung (Schurz und Hemd mit Ärmeln) lassen den Türhüter als den, dem Redner untergeordneten Mann erscheinen.

ID 1060
Amarna
Tell el-Amarna, Südgräber, TA 8, Säulenhalle, Westwand, Südteil
in situ
Amenhotep IV. Achenaten
Wandrelief, Putz, Farbreste
Davies, The Rock Tombs of El Amarna VI, Taf. XIX, S. 12.
Der König beugt sich aus dem Erscheinungsfenster vor. Dem Belohnten wird von einem Diener oder Höfling ein Kragen gereicht. Der Belohnte, Tutu, Erster Diener des Königs im Haus des Aten in Achetaten, hält eine Rede bei der Titelverleihung. Text siehe Urk. IV, 2012.17–2013.1. Er hat jubelnd beide Arme erhoben.

ID 1061–1062 (Aufseher und Wagenlenker), 1063 (Offizier), 1064–1067 (Städterinnen)
Amarna
Tell el-Amarna, Südgräber, TA 8, Säulenhalle, Westwand, Südteil
in situ
Amenhotep IV. Achenaten
Wandrelief, Putz, Farbreste
Davies, The Rock Tombs of El Amarna VI, Taf. XX, 1.-3. Reg. v. u., S. 12.
Fahrt des Belohnten vom Palast zum kleinen Atentempel. 1. Reg.: Ein Aufseher im gerundeten Mantel, mit einem Stab in der linken Hand, die rechte leicht vorgestreckt (mit der Handinnenfläche nach oben), unterhält sich mit einem der beiden Wagenlenker, die vor ihm stehen. Beide Sprecher sind durch den Redegestus kenntlich gemacht. 2. Reg.: Ein Offizier ruft einem ankommenden Streitwagen etwas entgegen. Er eilt dem Wagen entgegen. Er hat die Rechte weit ausgestreckt, in der Linken hält er eine Peitsche (bei Davies fehlerhaft als Stock wiedergegeben). 3. Reg.: Der Zug zum kleinen Atentempel beginnt mit drei Standartenträgern, die einer Phyle (in Vierergruppen, gestaffelt) vorangehen. Die hintere Reihe der Phyle hat die Arme jubelnd erhoben. Hinter ihnen tanzt und musiziert eine siebenköpfige Frauengruppe. Ihnen voran geht eine kleinere Person mit Kinderlocke. Die Frauen sind vornehm gekleidet mit

Haarbändern, Salbkegel und dünnen bodenlangen Mänteln. Die erste Frau geht (die Fußsohlen berühren den Boden ganz); sie hat jubelnd beide Arme seitlich neben dem Kopf hochgestreckt. Sie ist etwas größer als die übrigen Frauen, deshalb vermutet Davies, es könnte Tutus Gattin sein. Keine Beischrift bestätigt diese Vermutung. Zwei winkende Hände schauen über den Köpfen heraus. Die vierte Frau in der Gruppe spielt die runde Handtrommel. Die vorletzte der Frauen tanzt zum Rhythmus der ekkigen Rahmentrommel, die sie spielt. Bei ihr berührt der rechte Fuß mit der ganzen Sohle den Boden, der zurückgestellte linke Fuß berührt ihn nur mit dem Fußballen. Die letzte Frau in der Gruppe tanzt zum Rhythmus ihrer runden Handtrommel. Nur bei ihr sind beide Füße als tanzend dargestellt.

ID 1068
Amarna
Tell el-Amarna, Südgräber, TA 8, Säulenhalle, Westwand, Südteil
in situ
Amenhotep IV. Achenaten
Wandrelief, Putz, Farbreste
Davies, The Rock Tombs of El Amarna VI, Taf. XX, 8. Reg. v. u., S. 12.
Vor dem Escheinungsfenster innerhalb der Palastmauern reagieren alle der anwesenden Gruppen mit einer Lobrede auf den König. Im obersten Bildstreifen stehen die Gesandten, für die der Syrer Tutu, als „Dudu" in den Amarnabriefen belegt, dolmetscht. Sie sind alle syrischer Herkunft. Sie stehen aufrecht, zur Ehrenbezeugung den linken Arm gesenkt, den rechten Arm angewinkelt und die Hand auf die linke Schulter gelegt. „Die Untergebenen aller Fremdländer sie sagen: ‚O lebende Sonne, Nefer-cheperu-Re, wir unterstehen dir, immer und ewig'", Urk. IV, 2014, Übers. Helck.

ID 1069
Amarna
Tell el-Amarna, Südgräber, TA 9, Halle, Ostwand, Nordteil
in situ
Amenhotep IV. Achenaten
Wand, Putz, Vorzeichnung mit Tinte
Davies, The Rock Tombs of El Amarna IV, Taf. XVII, u. Reg. S. 14.
Mahu, Oberster der Polizei, und seine Polizistentruppe stehen in einem Zug von Beamten, Fächerträgern, Höflingen und anderen vor dem Palast. Vor ihm steht ein Standartenträger. Davies vermutet, dass Mahus Position ihm das Recht zu einer Standarte, die vor ihm hergetragen wird, gegeben hat. Mahu hat beide Arme im Jubelgestus erhoben: „Der Oberste der Polizeitruppe von Achetaten, Mahu, sagt: ‚Du lässt Generationen über Generationen entstehen, o Herrscher Aten, denn du bist unendlich'".

ID 1070 (Polizeitruppe), 1073 (Belohnter), 1074 (Städterin)
Amarna
Tell el-Amarna, Südgräber, TA 9, Halle, Ostwand, Nordteil, oben, mit Forts. auf der Nordwand
in situ
Amenhotep IV. Achenaten
Wand, Putz, Vorzeichnung mit Tinte
Davies, The Rock Tombs of El Amarna IV, Taf. XVIII mit Forts. XIX, o. Reg., S. 14–15.
Mahu und die Wüstenpolizeitruppe von Achetaten, denen er vorsteht, stehen vor dem Tempel. Seine Truppe steht in Fünferreihen hinter ihm. Sie wird von einem Offizier und einem Standartenträger angeführt. Die Männer sind unbewaffnet und lassen beide Arme hängen. Mahu hat einen breiten Kragen mit einem Lotusblütenanhänger um. Seine beiden Arme hängen ebenfalls herunter. „Der Oberste der Polizeitruppe von Achetaten, Mahu, sagt: ...“ Rest zerstört. Die Textzeile oberhalb seiner Truppe lautet: „Die Polizisten von Achetaten: Die Jubelrede, die sie anstimmen: ‚Möge er Generationen entstehen lassen, o Herrscher, o Aten, denn du bist unendlich!‘“ Alle sind mit einem geschlossenen Mund dargestellt. Die Raumecke markiert die Temenosmauer (siehe Abb. 22). Auf der Nordwand steht eine Frauengruppe (Beischrift zerstört). Es sind noch die vier Beinpaare in bodenlangen Mänteln und die vor ihnen tanzende kleiner dargestellte Tänzerin mit einer nubischen Frisur erhalten. Die Tänzerin klatscht den Rhythmus mit den Händen. Sie blickt sich zu den Frauen um. Da sie vermutlich in das allgemeine Königslob einstimmen, wird der König als Adressat eingetragen.

ID 1071–1072
Amarna
Tell el-Amarna, Südgräber, TA 9, Halle, Ostwand, Nordteil, unten, mit Forts. auf der Nordwand
in situ
Amenhotep IV. Achenaten
Wand, Putz, Vorzeichnung mit Tinte
Davies, The Rock Tombs of El Amarna IV, Taf. XVIII mit Forts. XIX, u. Reg., S. 15.
Mahu kniet vor dem Tempel, seine Truppe hinter ihm. Er hat mehrere Goldketten um den Hals gelegt und einen Salbkegel auf dem Kopf. Beide Arme sind anbetend erhoben. Mahu betet für den Pharao: „Möge Pharao, er lebe, sei heil und gesund, gesund sein! O Aten, führe ihn der Ewigkeit zu, (nämlich) den Wa-en-Re, der mit seinem Ka erschafft“. Hinter ihm steht seine fünfzehnköpfige Wüstenpolizeitruppe. Sie wird von einem Standartenträger angeführt. Die Männer sind zum Teil mit dem Offiziersschurz bekleidet, aber unbewaffnet. Der Oberkörper ist nackt. Die Beine sind in Schrittstellung. Sie haben beide Arme anbetend erhoben: „„O vollkommener Herrscher, der Denkmäler

für seinen Vater erschafft, möge er es für immer und ewig wiederholen, o guter Herr!' (so sagen) die Polizisten von Achetaten". Alle sind mit einem geschlossenen Mund dargestellt.

ID 1075–1976 (Bericht), 1977–1078 (am Feuer)
Amarna
Tell el-Amarna, Südgräber, TA 9, Halle, Südwand, Westteil, Forts. von Westwand, Südteil
in situ
Wandrelief
Davies, The Rock Tombs of El Amarna IV, Taf. XXV. 4. Reg. v. u., XXVIII, XXIV, S. 17.
Der Oberste der Polizeitruppe bekommt von einem Schreiber Bericht erstattet. Neben der Stele auf der Südwand, motivisch noch zur Westwand gehörend, stehen Mahu (mit Stab und Hund) und ein Schreiber sich gegenüber. Der Oberste der Polizei hört dem Schreiber zu, der über die Versorgungseingänge für die Wachen berichtet. Der Redegestus kennzeichnet den Schreiber als Berichterstatter. Die Berichterstattung ist die Fortsetzung der obersten zwei Register auf dem Südteil der Westwand: Vor dem Warenlager in der Wüste steht Mahu. Er unterhält sich mit dem Wesir, der in Begleitung eines namentlich bezeichneten „Gelobten des Königs, Heqanefer" ist. Mahu, in glatter halblanger Perücke, trägt über den beleibten Oberkörper (der ihn als angesehene Person kennzeichnet) ein Hemd mit bis zu den Ellenbogen reichenden Ärmeln und einen gebauschten Schurz. Er beugt sich leicht vor und umgreift mit der Linken einen waagerecht gehaltenen Stock, die Rechte hat er im Redegestus ausgestreckt. Der Wesir hat sich links auf seinen langen Stock gestützt, die Rechte im Redegestus zu Mahu hin erhoben. Zwischen ihnen am Boden glüht ein Feuerchen, das die Szene zeitlich im kühlen Morgen der Wüste ansetzt.

ID 1079
Amarna
Tell el-Amarna, Südgräber, TA 8, Säulenhalle, Westwand, Südteil
in situ
Amenhotep IV. Achenaten
Wandrelief
Davies, The Rock Tombs of El Amarna VI, Taf. XX, 4. Reg. v. u.
Tanzende Männer beim Weg vom Erscheinungsfenster zum kleinen Atentempel. Vor dem kleinen Atentempel, zu dem der Belohnte unterwegs ist, tanzen sechs (1–3-2) Männer. Sie haben die Arme jubelnd emporgerissen. Es sind vermutlich keine professionellen Tänzer, sondern sie tanzen vor Freude. Dasselbe gilt für die Männergruppe im Bildstreifen darüber.

ID 1080 (König), ID 1081 (Fächerträger), 1082 (Beamten), 1083 (Schreiber), 1084 (Wesir und Höflinge), 1085 (Wagenlenker)
Amarna
Tell el-Amarna, Südgräber, TA 8, Säulenhalle, Westwand, Südteil
in situ
Amenhotep IV. Achenaten
Wandrelief, Putz, Farbreste
Davies, The Rock Tombs of El Amarna VI, Taf. XIX, XX, S. 12–13.
Der König erhebt den Kammerherrn zum „Erster Diener des Königs im Haus des Aten in Achetaten". Er streckt seine Hand dem Günstling Tutu entgegen, als gäbe er ihm etwas. Rede des Königs im Erscheinungsfenster, siehe Urk. IV, 2012. Vor dem Erscheinungsfenster innerhalb der Palastmauern reagieren alle anwesenden Gruppen auf den Gunstbeweis mit einer Lobrede auf den König. Da sie noch innerhalb des Hofes, in Anwesenheit des Königs gerufen wird, ist der König hier der Adressat. Von oben nach unten: Die Fächerträger sind mit dem Offiziersschurz bekleidet. Sie beugen den Oberkörper waagerecht vor und blicken geradeaus, die linke Hand hängt herab. Die Rechte hält den auf den Boden gestellten Stab des Fächers. „Die Fächerträger (*ḥbs-bh.t*), die im Gefolge der Majestät, die schön ist von Angesicht, sind, sagen: ‚Man lebt bei seinem Anblick, (nämlich dem des) Nefer-cheperu-Re'", Urk. IV, 2014.

Die Beamten tragen einen dünnen Mantel und den gebauschten Schurz, keiner von ihnen trägt eine Offizierskleidung. Sie sind kahlrasiert und haben den Oberkörper vorgebeugt. „Die Beamten und Armeeobersten, die vor Pharao, LHG, stehen, sie sagen: ‚O Herrscher, Leuchtender des Aten, tausend Dinge…'", Urk. IV, 2014.

Die Schreiber beugen sich vor, halten ihr Schreibzeug zum Gruß hoch und sagen: „Sprecht: Gesundheit für Nefer-cheperu-Re! O du Aten, der die Menschen (bildet) und die Generationen entstehen lässt!", Urk. IV, 2014. Ganz vorn steht der Wesir, hinter ihm Höflinge mit dem Straußenfederwedel und dahinter zwei Reihen vornehme Herren ohne Wedel: „Worte gesprochen von den Beamten und den Gelobten: ‚Wie schön sind deine Pläne, o Nefer-cheperu-Re! Wie frisch ist der, der dein … ist, o schönes Kind des Aten. Du wirst Generationen entstehen lassen und wirst in Ewigkeit sein wie Aten!'", Urk. IV, 2015.

Königslob der Wagenlenker des Königs: „Gesagt von den Streitwagenlenkern ‚… schön wie der Aten, der ihn geboren hat, Nefer- cheperu-Re, der die Menschen baut und die Generationen entstehen lässt, indem er währt wie der Himmel, in dem Aten ist'", Urk. IV, 2015.

ID 1086–1087
Amarna
Tell el-Amarna, Südgräber, TA 8, Säulenhalle, Westwand, Südteil
in situ

Amenhotep IV. Achenaten
Wandrelief, Putz, Farbreste
Davies, The Rock Tombs of El Amarna VI, Taf. XX, S. 13.
Der Belohnte hat seinen wartenden Wagen noch nicht bestiegen. Die Rechte vermutlich im Redegestus erhoben (worauf der leicht vom Körper abgespreizte Oberarm schließen lässt), in der Linken einen kleinen Stock tragend, kostbar gekleidet und mit Salbkegel, hält eine Ansprache an die sich vor ihm niederwerfenden und ihm zujubelnden Inspektoren, Wortlaut siehe Urk. IV, 2015–2016. Die Inspektoren wenden sich mit einer Fürbitte für den König an den Aten: „Der Herrscher, der seinem Vater Denkmäler macht und sie wiederholt. Verursache Gesundheit für Nefer-cheperu-Re! O Aten, gib ihm eine Million Sedfeste, deinem Sohn, dessen Wesen ist wie Deines. Mögest du ihm deine Lebenszeit geben, ewiglich!", Urk. IV, 2016.

ID 1088–1091 (vor Wachturm), ID 1092–1093 (vor Warenlager)
Amarna
Tell el-Amarna, Südgräber, TA 9, Halle, Westwand, Südteil
in situ
Amenhotep IV. Achenaten
Wandrelief
Davies, The Rock Tombs of El Amarna IV, Taf. XXIV, 3.-4. Reg. v. u., S. 17.
3. Reg.: Ablieferung von Erzeugnissen der Landwirtschaft und des Fischfangs (siehe Abb. 28). Ein Junge treibt seinen Esel zu der Stelle, an der die Waren vor dem Wachturm abgestellt werden. Dort sitzt eine Landfrau auf einem Korb. Sie sagt etwas zu dem Jungen mit dem Esel. Ein Polizeioffizier nimmt die Waren entgegen, die die Landleute, wie Davies annimmt zur Versorgung der Wächter, oder aber zur Versorgung der Tempel und der Bevölkerung in die Stadt bringen. Er hat die Rechte im Redegestus erhoben, in der Linken hält er einen Stab. Ein Offizier in nubischer Haartracht, der bei den Landleuten steht, hört ihm zu. 4. Reg.: Nachdem der Oberste der Polizeitruppe mit dem Wesir gesprochen hat, besichtigt er das Warenlager. Vor dem Lager steht der Schreiber. Er hält in der Linken einen zusammengerollten Papyrus. Mit der Rechten, im Redegestus erhoben, zeigt er auf die Waren, über die er zu dem Obersten spricht. Mahu, in glatter halblanger Perücke, trägt ein Hemd mit bis zu den Ellenbogen reichenden Ärmeln und einen gebauschten Schurz. Er steht aufrecht und umgreift mit der Linken einen waagerecht gehaltenen Stock, die Rechte weist zum Schreiber, dem er zuhört.

ID 1094–1095 (am Feuer), 1096–1097 (vor Amtsgebäude)
Amarna
Tell el-Amarna, Südgräber, TA 9, Halle, Westwand, Südteil
in situ

Amenhotep IV. Achenaten
Wandrelief
Davies, The Rock Tombs of El Amarna IV, Taf. XXVI, 1.-2. Reg. v. u., S. 17, 14, Anm. 4.
2. Reg.: Ein Polizeioffizier berichtet seinem Obersten der Wüstenpolizei. Die Szene ist wiederum zeitlich am Morgen, in der noch nachtkühlen Wüste, angesetzt, denn ein Feuer brennt, in das ein Polizeioffizier mit nubischer Haartracht, hineinbläst. Die paramilitärische Wüstenpolizei, der Mahu vorsteht (*ḥr.j-mḏꜣ.w*), ist aus den unter „Nubier" subsumierten Medja gebildet, woraus sich ihr Name und die Dienstbezeichnung ihres Obersten herleiten. Der erste von drei vor Mahu stehenden Polizeioffizieren berichtet seinem Obersten, dessen Streitwagen bereitsteht, von aufgespürten Missetätern. Auf seinen Stab gestützt beim Feuer stehend, hört dieser zu. 1. Reg.: Mahu führt die Gefangenen vor ein Tor mit Hohlkehle und einen seitlich angesetzten Vorbau mit geschmückten Säulen. Der Oberste der Polizei ist im Gespräch mit dem Wesir als bedeutende Person mit Bauchfalten, Hemd und gebauschtem Schurz dargestellt, Redegestus und Worte kennzeichnen ihn als Sprecher. Er sagt: „Mögen die Beamten (diese) Menschen verhören, die die Wüstenbewohner rekrutiert haben". Der Wesir ist von hohen Beamten umringt. Die Beischrift bezeichnet sie näher: „Die hohen Beamten Pharaos, er lebe, sei heil und gesund, und der Führer der Armee, die vor seiner Majestät steht". Redegestus und Worte kennzeichnen auch den Wesir als Sprecher. Er sagt: „Solange Aten fortdauert, dauert auch der Herrscher fort". Das Gebäude mit Hohlkehle und Portikus sowie die Funktionen der Versammelten lassen auf den Torbereich eines öffentlichen Gebäudes, an dem Gericht gehalten wurde, schließen.

ID 1098
Amarna
Tell el-Amarna, Südgräber, TA 9, Halle, Ostwand, Südteil, Forts. östlich der Stele auf der Südwand
in situ
Amenhotep IV. Achenaten
Wandrelief
Davies, The Rock Tombs of El Amarna IV, S. 16, Taf. XXI und XXVIII, S. 15–16.
Der König fährt mit Nefertiti und Meritaten in seinem Wagen an der Stadtgrenze entlang, was die Wachtürme im Subregister verdeutlichen. Südwand: Am Stadtrand steht der Oberste der Polizei neben dem Wesir, der sich leicht verbeugt (die Hände etwa in Kniehöhe, die Handflächen nach vorne weisend). Beide sehen dem abfahrenden Königswagen nach. Der Wesir ist nicht namentlich bezeichnet, während Mahu durch eine Beischrift als „Oberster der Polizeitruppe von Achetaten" ausgewiesen ist. Mahu erhebt zum Abschied die Hände im Anbetungsgestus und bringt ein Königslob aus: „O Wa-en-Re, du wirst für immer existieren, o Erbauer von Achetaten, den Re selbst erschaffen hat!"

ID 1099
Amarna
Tell el-Amarna, Südgräber, TA 8, Säulenhalle, Westwand, Nordteil, Subreg.
in situ
Amenhotep IV. Achenaten
Wandrelief, Putz, Farbreste
Davies, The Rock Tombs of El Amarna VI, Taf. XIX.
Der Belohnte, „Kammerherr, Diener des Königs, oberster Verwalter und Dolmetscher", steht am Eingang des Palastes vor dem König. Er wendet sich mit der Aufforderung „Hört" an die Grabbesucher. Text siehe Urk. IV, 2017.

ID 1100
Amarna
Tell el-Amarna, Südgräber, TA 14, Säulenhalle, Westwand, Südteil
in situ
Amenhotep IV. Achenaten
Wand, Putz, Vorzeichnung mit Tinte
Davies, The Rock Tombs of El Amarna V, Taf. V, S. 3.
Hafenszene am Abend. Königliche Schiffe liegen am Nilufer vor dem Palastgarten. Zwei Gärtner tragen ein Gestell mit Blüten und Blättern weg, die sie vermutlich zum Schmücken geschnitten haben. Am Ufer sind Ruderer und Fischer zu sehen. Die Ruder sind zusammengebunden, ein Mann flickt ein Netz. Ein Junge trägt ein Ruder weg, während einer, die Hand ins Kinn gestützt, dem Netzflicker zusieht. Davies hält ihn für einen sitzenden Mann, der den Schaft bearbeitet: „trimming the shaft of a paddle which a boy holds steady for him". Seine Idee lässt sich nicht mit der ins Kinn gestützten Hand des sitzenden Mannes in Einklang bringen. Parallele: MMA 1985.328.15 (ID 431).

ID 1101–1002 (1. Wache), 1103–1104 (2. Wache), 1005–1006 (3. Wache), 1107–1108 (4. Wache)
Amarna
Tell el-Amarna, Südgräber, TA 25, Säulenhalle, Nordwand, Ostteil
in situ
Amenhotep IV. Achenaten
Wandrelief auf Gips
Davies, The Rock Tombs of El Amarna VI, Taf. XXX, 4. Reg. v. u., S. 23.
Gespräche auf der Palastwache (siehe Abb. 15). Erste Palastwache: Ein Wächter mit glatter Perücke, in gebauschtem Schurz, sitzt auf einem Hocker. Ein Junge mit einer Knabenfrisur und in geradem Schurz steht vor ihm. Der Wachposten fragt den Jungen:

„Wem jubelt man denn zu, mein Kleiner?“ Der Junge antwortet: „Man jubelt Eje, dem Gottesvater, und Ti zu. Sie sind zu Menschen aus Gold gemacht.“ Daraufhin der Wächter: „Sieh sie dir an! Kostbarkeiten der Lebenszeit sind es!“ Beide Personen sind mit dem Redegestus dargestellt.

Zweite Palastwache: Ein Wächter mit glatter Perücke sitzt auf einem Hocker, sein Offiziersschurz ist deutlich zu sehen. Er sagt zu einem Jungen (in geradem Schurz und mit einer Knabenfrisur): „Lauf doch und sieh dir diesen großen Jubel an, um zu sagen, (für) wen er ist. Komm aber schnell (zurück)!“ Der Junge ist schon im Weggehen, dreht sich aber noch einmal um. Er antwortet dem Wächter: „Gemacht! Sieh mich (an)!“ Der Junge ist in der Laufbewegung gezeigt, deshalb findet sich bei ihm kein Redegestus. Dass der Gestus wegen des Kinderstatus ausbleibt kann nicht sein, da er auf der ersten Palastwache bei dem gleichfrisierten und -gekleideten Jungen vorhanden ist.

Dritte Palastwache: Ein Besucher, durch eine Stufenperücke als vornehmer Herr gekennzeichnet, und der Wächter, in etwas einfacherer Zipfelperücke und Offiziersschurz, sitzen sich auf Stühlen gegenüber. Beide haben die Hand im Redegestus ausgestreckt. Der Besucher erkundigt sich: „Wer ist das, dem (dort) zugejubelt wird?“ Der Wächter antwortet: „Steh auf, dann siehst du die schöne Angelegenheit, (nämlich) das, was Pharao, er lebe, sei heil und gesund, für Eje, den Gottesvater, und Ti macht. Pharao gibt ihnen Millionen an Goldgeschenken und ebenso alle (anderen) Dinge“.

Vierte Palastwache: Zwei Jungen mit Knabenfrisur in geradem vorne offenem Schurz. Beide tragen am linken Oberarm zwei Klemmen oder Sandalen. Einer von ihnen sitzt auf einem Schemel. Sie haben einen Stuhl zwischen sich. Der andere Junge steht nach vorn gebeugt. Er hält mit der rechten Hand einen Sack zu, den er auf den Stuhl gestellt hat. In der Linken hält er einen Stock. Er übergibt die Sachen und sagt dazu: „Pass auf den Stuhl und den Beutel auf, damit wir sehen können, was für Eje, den Gottesvater, gemacht wird“. Der sitzende Junge hält in der Linken einen Stock. Seine Rechte beschreibt einen Redegestus. Er antwortet: „Zögere doch nicht! Ich werde gehen, und sie (für dich) zu meinem Vorgesetzten bringen“.

ID 1109–1110 (Wagenlenker und Diener), 1111–1112 (Diener und Wagenlenker)
Amarna
Tell el-Amarna, Südgräber, TA 25, Säulenhalle, Nordwand, Ostteil
in situ
Amenhotep IV. Achenaten
Wandrelief auf Gips
Davies, The Rock Tombs of El Amarna VI, Taf. XXX, 3. Reg. v. u., S. 23.
Drei Streitwagen warten vor dem Palast, um Eje nach der Ehrengoldverleihung nach Hause zu fahren (siehe Abb. 15). Der Wagenlenker des ersten Wagens im Offiziersschurz und ein kleiner dargestellter, kahlköpfiger Diener, der ein Tischchen

trägt, unterhalten sich. Beide Sprecher sind als solche durch den Redegestus bezeichnet. Der Wagenlenker des dritten Wagens im Offiziersschurz und der Diener im geraden Schurz am Wagenkorb des zweiten Wagens unterhalten sich. Beide Sprecher sind als solche durch den Redegestus bezeichnet.

ID 1113
Amarna
Tell el-Amarna, Südgräber, TA 25, Säulenhalle, Nordwand, Ostteil
in situ
Amenhotep IV. Achenaten
Wandrelief auf Gips, Farbreste, beschädigt
Davies, The Rock Tombs of El Amarna VI, Taf. XXX, 1. Reg. v. u., S. 23.
Hohe Beamte begrüßen jubelnd den Belohnten, der mit den roten Handschuhen, die er als Geschenk bei der Ehrengoldverleihung bekommen hat, vor das Palasttor tritt (siehe Abb. 15).

ID 1114
Amarna
Tell el-Amarna, Südgräber, TA 25, Säulenhalle, Nordwand, Ostteil
in situ
Amenhotep IV. Achenaten
Wand, Putz, Vorzeichnung mit Tinte
Davies, The Rock Tombs of El Amarna VI, Taf. XXX, 1. Reg. v. u., S. 23.
Eine Gruppe aus mindestens vier Stocktänzern im Offiziersschurz tanzt und schwingt die Stöcke mit der Linken hoch über ihren Köpfen. Parallelen siehe ID 685.

ID 1115–1116 (Tänzer), 1117 (Beruhigung)
Amarna
Tell el-Amarna, Südgräber, TA 25, Säulenhalle, Nordwand, Ostteil
in situ
Wandrelief auf Gips
Davies, The Rock Tombs of El Amarna VI, Taf. XXIX, S. 22–23.
Eje und Ti empfangen das Ehrengold aus der Hand des Königs, der mit Nefertiti und drei Töchtern im Erscheinungsfenster steht. Im Hof vor dem Erscheinungsfenster grüßen den König mit der Handfläche nach vorn: Gesandte aus Nubien, Libyen und Syrien, vor ihnen die kahlköpfigen Beamten – und vielleicht Dolmetscher – und die Schreiber mit ihren Paletten und Binsen. Im Register darunter Höflinge, Offiziere, die die Schatzmeister mit den Truhen eskortieren, Vertreter der Elitetruppen, Würdenträger und allen voran der Wesir und der Priester des Aten. Hinter dem belohnten Paar tanzen sieben Männer in nubischer Haartracht. Die Armstellung ist bei jedem anders.

Der erste auf der Grundlinie springt hoch, beide Arme angewinkelt, die Hände vor dem Leib, den Kopf nach links gedreht. (Zweiter bis siebenter Tänzer ID 1348–1352) Vor den Tänzern steht der Leiter der Truppe, kleiner als die anderen, auf Zehenspitzen und grüßt den König, indem er im Anbetungsgestus beide Arme erhebt. Im obersten Register stehen die Streitwagen des Königs mit geschmückten Pferden. Der Pferdeknecht des vorderen Wagens streicht seinem Pferd beruhigend über die Nase.

ID 1118–1121 (unterer Raum), 1122–1124 (mittlerer Raum), 1125–1126 (Korridor), 1127–1130 (Hof)

Amarna
Tell el-Amarna, Südgräber, TA 25, Säulenhalle, Nordwand, östlich und oberhalb der Tür
in situ
Amenhotep IV. Achenaten
Wandrelief auf Gips
Davies, The Rock Tombs of El Amarna VI, Taf. XXVIII, S. 20.
Die Höflinge, Fahnenträger und Kleinwüchsigen der Mutnedjmet erwarten die Rückkehr der Königsfamilie von der Ehrengoldverleihung. In den Räumen des Königspalastes herrscht rege Betriebsamkeit (siehe Abb. 9). Die Diener richten die Räume und die Speisetische her, sie fegen und besprengen den Hof, die Köche bereiten die Speisen zu. Im Wohntrakt der Frauen sieht man in den Abstellräumen Winkelharfen, Leiern, Lauten und eine große asiatische Standleier. Die Hofmusikerinnen üben. Im unteren Raum spielen Musikerinnen die große Bogenharfe und die Leier. Zwei Frauen tanzen. Eine von Ihnen begleitet sich und ihre Mittänzerin auf der Laute. Die andere Tänzerin tanzt vermutlich ohne ein Instrument zu spielen. Das Relief ist an dieser Stelle beschädigt, es sind von ihr nur die beiden angewinkelten Armen bis zu den Handgelenken und der Körper vom Hals abwärts zu sehen. Im mittleren Raum spielen zwei Musikerinnen auf Saiteninstrumenten und eine Frau tanzt. Eindeutig erkennbar ist die Winkelharfe der sitzenden Dame. Das Instrument der zweiten Musikerin ist kaum zu erkennen. Der stehenden Körperposition und den Saiten nach, handelt es sich vermutlich um eine große Bogenharfe. Die Tänzerin trägt einen Stufenrock und hat eine lange dreigeteilte Frisur, deren Strähnen in einer Locke enden. Das angewinkelte linke Bein ist zurückgestellt. Nur die Fußspitze berührt den Boden. Das rechte Bein ist nicht erhalten. Der rechte Arm ist ausgestreckt, der linke angewinkelt.

Im Korridor zwischen dem Wohntrakt der Frauen und den Küchen und Getränkezimmern unterhalten sich ein Türwächter und ein Palastdiener miteinander. Der Diener spricht. Er scheint dem Zuhörer übergeordnet zu sein. Er trägt ein Hemd über einem wadenlangen Rock. Der zuhörende Türwächter hat sich an die Wand gelehnt. Er stützt sich mit dem Fuß an der Wand ab. Er scheint unter der Dienerschaft des Königspalastes einen höheren Rang zu bekleiden, denn er hat eine Zipfelperücke, trägt ein kurzärmeliges Hemd und einen gebauschten Schurz.

Im Hof vor dem Eingang zum Frauentrakt sitzt ein Diener in langem Gewand auf einem Polster. Er hat in der linken Hand einen Besen, die rechte beschreibt einen Redegestus. Er spricht zu einem Diener, der den Hof fegt. Bauchfalten, langer Mantel und Redegestus zeigen an, dass der Sprecher dem fegenden Diener übergeordnet ist. Der Diener hört ihm zu, ohne dabei seine Arbeit zu unterbrechen. Vor dem Eingang zum Küchenhaus stehen auch zwei sich unterhaltende Männer. Der linke ist ein Schreiber mit einer Schriftrolle in der Hand. Seine Rechte beschreibt einen Redegestus in Richtung auf die beiden vor dem Frauentrakt. Desgleichen ist der Redegestus des Dieners dorthin ausgerichtet. Letzterer ist wohl ein Palastdiener höheren Ranges, denn er trägt einen gebauschten Schurz über einem Hemd und eine Zipfelperücke.

ID 1131 (Schläfer), 1132–1133 (Hofdamen), 1134–1136 (Tanzunterricht)
Amarna
Tell el-Amarna, Südgräber, TA 25, Säulenhalle, Nordwand, westlich und oberhalb der Tür
in situ
Amenhotep IV. Achenaten
Wandrelief auf Gips
Davies, The Rock Tombs of El Amarna VI, Taf. XXVIII.
Im Hof sitzt neben dem Eingang zum Frauentrakt des Palastes ein Diener, der eingeschlafen ist. Im Hof speisen die Diener an kleinen Tischen. In den Küchen und Getränkezimmern kühlt ein Diener die Getränke, einer bringt Tonformen herein, ein dritter rührt in einer flachen Schale. Im unteren Raum, im Wohntrakt der Frauen, ist gerade Essenszeit. Im mittleren Raum unterhalten sich zwei Frauen. Die linke sitzt auf einem Sitzpolster. Da sie eine stufig geschnittene Perücke trägt, ist sie vermutlich eine Hofdame. Die rechte, sie steht vor zwei hohen Vasen auf Ständern, hat beide Hände vorgestreckt. Im oberen Raum, in dem auch eine Winkelharfe, eine Laute und eine Leier hängen, unterrichtet eine Tanzlehrerin eine Frau, die zur Laute tanzt. Die dritte Hofdame spielt eine Leier. Sie hat das rechte Bein eingeknickt, aber die Fußsohlen liegen ganz auf dem Boden auf, deshalb wird sie nicht als tanzend eingestuft. Alle drei Damen tragen eine dreigeteilte Perücke, deren Strähnen jeweils in einer Locke enden, wie die Tänzerin im Stufenrock auf der Ostseite. Sie werden deshalb von mir als Frauen syrischer Herkunft klassifiziert.

ID 1137
Präamarna
Lausanne, Fondation Berger 147
Fundort unbekannt, möglicherweise Karnak
Amenhotep IV. Achenaten, früher Amarnastil

Talatat, Sandstein, 18,5 × 17,5 × 3,6 cm, versenktes Relief, Farbreste
Page-Gasser/Wiese, Ägypten – Augenblicke der Ewigkeit, Kat. Nr. 93. Chappaz, Akhénaton et Néfertiti, soleil et ombres des pharaons, Kat. Nr. 52, S. 197.
Zwei ausländische Botschafter, die vermutlich den König grüßen. Sie haben die Arme waagerecht ausgestreckt, die Hände sind mit der Handfläche nach außen erhoben. Der Arm des hinteren Mannes ist stark gelängt. Die Gesichtszüge sind eckig und kräftig ausgeführt. Vorstehende Wangenknochen, fleischige Lippen und im Haar eine Feder sprechen für Nubier. In ihrer Eigenschaft als Ausländer grüßen sie vermutlich den König bei der Tributabgabe. Parallele: Brooklyn 74.154 (ID 94). Bei dem zweiten Gesandten sind die Lippen vorn leicht auseinanderstehend, wie es die Darstellung des volllippigen Mundes erfordert.

ID 1138
Amarna
Turin S 18149
Hermopolis Magna
Amenhotep IV. Achenaten
Talatat, Relieffragment, Kalkstein, 27 × 21 cm, versenktes Relief
Roeder, Amarna-Reliefs aus Hermopolis, PC 268, Taf. 71, 282.VI A, Taf. 207. Chappaz, Akhénaton et Néfertiti, soleil et ombres des pharaons, Kat. Nr. 59, S. 201 und Abb. 8, S. 73.
Diener im Vorhof des Tempels oder im Garten eines Privathauses, in dem ein Heiligtum steht. Rechts oben (wie die Einfassung des Stammes zeigt) ein angepflanzter Baum ohne Blätter. Unten links ein nach links gewandter Diener, der sich vorbeugt, während er den Boden fegt oder die mit Bäumen bestandenen Wege glättet. Sein Kopf ist nicht mit auf dem Bruchstück. Er steht am Fuße einer Rampe, die langsam nach rechts ansteigt und zu einem Heiligtum im Freien führt. Oben links steht ein Diener mit einem Gefäß auf der rechten Schulter vor der Säule eines Eingangs – vielleicht mit Wasser zum Besprengen des Bodens?

ID 1139
Amarna
Turin S 18142
Hermopolis Magna
Amenhotep IV. Achenaten
Talatat, Relieffragment, Kalkstein, 34 × 22 cm, Relief en creux
Roeder, Amarna-Reliefs aus Hermopolis, PC 118, Taf. 190. Chappaz, Akhénaton et Néfertiti, soleil et ombres des pharaons, Kat. Nr. 187.
Links ist der sich zu einem Tier herabbeugende Oberkörper eines Hirten, Stallknechtes oder Opferträgers (eher letzteres, da es sich bei dem Tier um einen fetten Opferstier

handelt) zu erkennen. Der Körper des Mannes mit abgerundeten Schultern ist leicht zum Betrachter hin gedreht. Er ist so dargestellt, dass der rechte, dem Betrachter nahe Arm den Oberkörper kreuzt. Er streicht dem Rind mit der erhobenen rechten Hand über die Stirn. Die linke Hand, falls diese einem Stallknecht gehört, ist vielleicht gerade dabei, dem Tier Futter ins Maul zu stopfen.

ID 1140
Amarna
Tübingen, Schloss 400
Fundort unbekannt
Amenhotep IV. Akhenaten, früher Amarnastil
Talatat, Kalkstein, 19,2 × 13,5 cm, versenktes Relief
Brunner-Traut/Brunner, Die Ägyptische Sammlung der Universität Tübingen, Bd. I, S. 37, Bd. II, Taf. 78.9. Chappaz, Akhénaton et Néfertiti: Soleil et ombres des pharaons, Kat. Nr. 185.
Baustelle am Nilufer. Am oberen Bildrand lokalisieren eine Uferlinie, kahle Äste und Wasserlinien die Szene am Nilufer. Ein Träger mit leicht hochstehender Nase und halblangem vollem strähnigem Haar ist ein junger Mann im Vollbesitz seiner Kräfte, der vom Lande stammt. (Ikonographie wie bei Hirten). Er blickt nach links. Er trägt mit einem Joch eine Last. Die rechte Hand hat er um die Tragestange geschlossen, die linke Hand umgreift die senkrechte Aufhängung der Last. Es handelt sich vermutlich um Baumaterial, Ziegelsteine oder Platten. Keine ethnische Kennzeichnung.

ID 1141
Amarna
Freiburg, Bibel und Orient Äfig 2000.10
Fundort unbekannt
Amenhotep IV. Achenaten
Talatat, Kalkstein, 31 × 20,5 × 3,5 cm
http://www.bible-orient-museum.ch/bodo/details.php?bomid=941, letzter Zugriff 2015-12-11. Bickel, In ägyptischer Gesellschaft, S. 22–23. Chappaz, Akhénaton et Néfertiti, Soleil et ombres des pharaons, Kat. Nr. 184.
Mann mit Jungen unterwegs. Der Junge ist kleiner dargestellt, er geht vorneweg und ist mit einem Band um die Lenden bekleidet. Er ist aber kein Kind mehr, denn die Knabenlocke fehlt. Er trägt einen Sack auf der linken Schulter. Seine rechte Hand hängt herab. Der Mann trägt ein Hüfttuch. Er trägt, der Position des linken Ellenbogens nach zu schließen, ebenfalls einen Sack auf der linken Schulter. Der Kopf ist nicht erhalten. Er legt dem Jungen die Hand auf den Kopf. Die intime Geste könnte für Vater und Sohn sprechen. Sie sind beide unterwegs. Weder Gebäude noch Pflanzen liefern einen Anhaltspunkt für eine genauere Bestimmung der Umgebung.

ID 1142
Amarna
Lausanne, Fondation Berger 505
Fundort unbekannt
Amenhotep IV. Achenaten
Talatat, Relieffragment, Sandstein, 25,5 × 14 × 3 cm
Chappaz, Akhénaton et Néfertiti, Soleil et ombres des pharaons, Kat. Nr. 54.
Kahlrasierter nubischer Mann mit nacktem Oberkörper und geradem Schurz. Er beugt sich vor. Den linken Arm streckt er nach vorn, der rechte Oberarm geht im rechten Winkel vom Körper nach unten weg (war auf dem nicht erhaltenen Teil vielleicht ebenfalls abgewinkelt). Den Kopf hält er so, als ob er auf eine Sache (Opfertisch oder Speisen oder Räucherschale?) vor sich blickt. Vermutlich, dem kahlen Kopf nach, ein Tempeldiener.

ID 1143
Präamarna
Turin S 18053
Fundort unbekannt, möglicherweise Karnak
Amenhotep IV. Achenaten, früher Amarnastil
Talatat, Sandstein, 35 × 22 cm
Möller, Ägyptische Kunst aus der Zeit des König Echnaton, Kat. Nr. 13. Chappaz, Akhénaton et Néfertiti, soleil et ombres des pharaons, Kat. Nr. 50.
Nach rechts gewendeter Kopf mit Uräus, in der Linken ein Sistrum mit Hathorkopf, die Rechte anbetend mit der Handfläche nach außen erhoben. Chappaz, hält sie für eine Prinzessin. Der Typus des Sistrums (Prinzessinnen werden nur mit dem Bügelsistrum dargestellt), Gesichtszüge und Material sprechen für Nefertiti.

ID 1144
Amarna
Basel BSAe 1024
Fundort unbekannt
Amenhotep IV. Achenaten, später Amarnastil
Relieffragment, Kalkstein, 20,5 × 16 × 3 cm
Cooney, Amarnareliefs from Hermopolis in American Collections, Nr. 15. Aldred, Akhenaten and Nefertiti, Kat. Nr. 133. Chappaz, Akhénaton et Néfertiti, Soleil et ombres des pharaons, Kat. Nr. 177.
Hofdame, die auf einem Opfertablett eine Schale mit Räucherwerk darbringt. Sie trägt eine nubische Stufenperücke, Ohrenscheibe und einen dünnen Mantel.

ID 1145
Amarna
Turin S 18150
Hermopolis Magna
Amenhotep IV. Achenaten
Kalkstein
Roeder, Amarna-Reliefs aus Hermopolis, Taf. 207.
Ein Mann im Offiziersschurz hält in der linken Hand einen Stock mit einer Schlinge und das sichelförmige Messer, das in Amarna die Tempelwächter bei sich tragen. Der rechte Arm ist auf dem Stück weggebrochen. Er steht in einiger Entfernung vor dem Tempel, in dem die Opferspeisen, unter anderen ein gefesseltes Rind, liegen.

ID 1146
Amarna
Turin S 18151
Hermopolis Magna
Amenhotep IV. Achenaten
Talatat, Kalkstein, 40 × 22,5 × 2,5 cm, Hochrelief, rote Farbreste
Roeder, Amarna-Reliefs aus Hermopolis, Taf. 205, S. 202.
Zwei Akrobaten, die einen Schaukampf (= Feindvernichtung) vorführen. Rechts auf dem Block ein Gebäudeteil. Aufgrund der roten Farbreste stufe ich sie als Männer ein. Sie bewegen sich nach links. Vom ersten sind die Beine von der Hüfte abwärts erhalten, das linke ganz, das rechte bis zum Knie. Vom zweiten sind der Körper, vom Unterschenkel bis zur Hüfte, und ein angewinkelter Ellenbogen auf dem Fragment. Die schräge Position eines Akrobaten, der bei der Darbietung herumgeworfen wird, sowie die Überschneidung seines gestreckten Fußes mit dem linken Bein des zweiten Mannes, finden sich in TA 2 (Davies, Amarna II, Taf. XXXII, 5. Reg. v. u.) bei dem zweiten und dritten Mann, die im Rahmen des Tributempfangs Schaukämpfe aufführen. Da die Aufführenden dort Nubier sind, wird diese Ethnie auch für den Akrobaten auf dem Turiner Relieffragment eingetragen.

ID 1147
Amarna
Turin S 18141
Hermopolis Magna
Amenhotep IV. Achenaten
Kalkstein
Roeder, Amarna-Reliefs aus Hermopolis, Taf. 199.
Kopf und Arme eines Mannes, der nach links blickt. Sein Mund ist geschlossen. Er hält in beiden Händen ein Salbgefäß. Möglicherweise der König.

ID 1148
Amarna
Turin S 18143
Hermopolis Magna
Amenhotep IV. Achenaten
Talatat, Relieffragment, Kalkstein, Farbreste
Roeder, Amarna-Reliefs aus Hermopolis, PC 124, Taf. 190, S. 192.
Oben links eine Umfassungsmauer mit einem Eingang. Von diesem führt ein von Säulen getragener Eingang in den Palast, in dem sich ein Diener zu schaffen macht. Im Hof darüber sind das Rad und die Beine eines Pferdewagens zu erkennen.

ID 1149
Amarna
Turin S 18139
Hermopolis Magna
Amenhotep IV. Achenaten
Talatat, Relieffragment, Kalkstein, Farbreste
Roeder, Amarna-Reliefs aus Hermopolis, Taf. 204.
Zwei Diener im Lauf. Der hintere trägt ein Tischchen. Köpfe nicht erhalten.

ID 1150
Amarna
Turin S 18138
Hermopolis Magna
Amenhotep IV. Achenaten
Talatat, Sandstein
Roeder, Amarna-Reliefs aus Hermopolis, Taf. 206.
Tempelmauer mit Hohlkehle, Tore, Opfertische mit Speisen. Links davor ist der Kopf eines leicht vorgebeugten Herrn in Zipfelperücke zu sehen, der den rechten Arm von Körper abgespreizt, den linken näher am Körper hält. Er hat den Mund geschlossen. Rechts beugt sich in einem Gebäude oder Hof ein Tempeldiener zu einer Schale mit Räucherwerk oder Speisen herab, sein Mund ist nach dem Foto nicht zu beurteilen.

ID 1151
Amarna
Turin S 18135
Hermopolis Magna
Amenhotep IV. Achenaten
Kalkstein

Der Kopf und der rechte Arm eines Mannes mit gerader hoher Stirn, langer gerader Nase und geschlossenem Mund. Er hält den rechten Arm mit einer Opfergabe nach vorn. Keine Strahlen des Aten, sondern glatte Relieffläche.

ID 1152 (Diener)-1153 (sitzender Mann)
Präamarna
Turin S 18056
Fundort unbekannt, möglicherweise Karnak
Amenhotep IV. Achenaten
Talatat, Sandstein, bemalt, 27 × 22,2 × 4,2 cm
Möller, Ägyptische Kunst aus der Zeit des König Echnaton, Kat. Nr. 60.
Ein vermutlich sitzender Mann mit Perücke. Von ihm ist nur der Kopf erhalten. Ohr ganz sichtbar, mandelförmige Augen, Mund geschlossen. Hinter ihm steht ein Diener mit nacktem Oberkörper und Schurz. Von diesem ist nur noch die vordere Körperhälfte bis zum Gürtel erhalten. Er hat beide Hände zum Gruß erhoben, aber mit den Handflächen nach innen! Rechte und linke Hand sind unterschieden. Reste einer Inschrift.

ID 1154–1155
Präamarna
Turin S 18055
Fundort unbekannt, möglicherweise Karnak
Amenhotep IV. Achenaten
Talatat, Sandstein, 35 × 17,3 × 5,4 cm
Möller, Ägyptische Kunst aus der Zeit des König Echnaton, Kat. Nr. 54.
Die ohne Überschneidung im Profil dargestellten Köpfe von zwei Männern mit rund geschnittenem, bis über die Ohren reichendem Haar. Sie blicken nach links. Stirn und Nase sind gerade. Der vordere Mann blickt geradeaus. Sein Mund ist geöffnet. Der hintere Mann blickt etwas nach oben. Sein Mund ist geschlossen.

ID 1156
Präamarna
Turin S 18058
Fundort unbekannt, möglicherweise Karnak
Amenhotep IV. Achenaten
Talatat, Sandstein, Farbreste, 24,3 × 16,5 × 4,7 cm
Vier Männer im Profil blicken nach rechts. Sie sind gestaffelt dargestellt und erheben den linken Arm nach hinten, entweder im Trauergestus, was m. E. aber unwahrscheinlich ist, oder sie halten einen nicht zu bestimmenden Stab oder Schaft. Vielleicht halten sie jeder eine Waffe, die sie über dem Kopf schwingen.

ID 1157
Präamarna
Turin S 18052
Fundort unbekannt, möglicherweise Karnak
Amenhotep IV. Achenaten
Talatat, Sandstein, 23,4 × 18 × 4,5 cm
Möller, Ägyptische Kunst aus der Zeit des König Echnaton, Kat. Nr. 59.
Eine Frau erhebt beide Arme, so als ob sie winke oder eine Handtrommel schlüge. Die Gesichtszüge sprechen möglicherweise für eine Frau nubischer Herkunft. Links hinter ihrem Kopf sieht man eine runde Handtrommel. Rechts vor ihr sieht man den Rest der Haare und der Schulter einer Frau. Die Frau mit den erhobenen Armen ist demnach eine in der Gruppe winkender und musizierender Städterinnen, die üblicherweise den Belohnten nach der Ehrengoldverleihung empfangen und nach Hause begleiten, oder den König vor dem Tempel erwarten.

ID 1158
Präamarna
Turin S 18059
Fundort unbekannt, möglicherweise Karnak
Amenhotep IV. Achenaten
Talatat, Sandstein, bemalt, 16,5 × 22 × 4 cm
Möller, Ägyptische Kunst aus der Zeit des König Echnaton, Kat. Nr. 57. Redford, ATP I, Taf. 43, Block 1751/09204 (mit Anschluß-Block 0113/13006 darunter).
Eine Frau in Vorderansicht hat den Kopf nach links gedreht, sodass dieser im Profil erscheint. Sie trägt eine glatte lange Perücke und einen Salbkegel. Eine eckige Rahmentrommel wird von ihr wie beim Spielen in Schulterhöhe gehalten. Rechts unten am Bildrand ist die Schulter einer Frau vor ihr zu sehen. Von einer Frau hinter ihr sind der winkende linke Arm und die rechte Hand (vor dem Salbkegel der Trommlerin) sichtbar. Bei der Frau mit der eckigen Rahmentrommel handelt es sich demnach um eine unter den musizierenden Städterinnen, die den Belohnten nach der Ehrengoldverleihung nach Hause begleiten, oder den König vor dem Tempel erwarten.

ID 1159
Präamarna
Turin S 18054
Fundort unbekannt, möglicherweise Karnak
Amenhotep IV. Achenaten
Talatat, Relieffragment, Sandstein, bemalt
Möller, Ägyptische Kunst aus der Zeit des König Echnaton, Kat. Nr. 58.

Zwei kahlrasierte Priester (gestaffelt) tragen über der linken Schulter die Holmen eines Tragesessels. Die linke Hand hält die Stange, der rechte Arm ist ebenfalls angewinkelt, die Hand ist nicht mehr auf dem Fragment.

ID 1160
Amarna
Turin S 18148
Hermopolis Magna
Amenhotep IV. Achenaten
Talatat, Reliefragment, Kalkstein, bemalt
Roeder, Amarna-Reliefs aus Hermopolis, Taf. 211.
Links ein Stier, der sich aufbäumt. In der Mitte ein Hirte mit einem jungen Huftier auf den Armen. Rechts eine gebeugte Dienerfigur. Das obere Drittel der Figuren ist nicht erhalten.

ID 1161
Amarna
Louvre E 14325
Tuna el-Gebel, nahe Grenzstele A
Amenhotep IV. Achenaten, 5.-8. Jahr
Talatat, Kalkstein, Farbreste, 52 × 23 × 23 cm
Chappaz, Akhénaton et Néfertiti, soleil et ombres des pharaons, Kat. Nr. 57.
Ein menschenleerer Palast. Möbel fehlen für eine genaue Identifikation des Gebäudes. Vorbau mit Säulen rechts im Bild, rechts oben die Bäume im Garten. Der Eingang führt in die Säulenhalle mit Papyrussäulen und dem Erscheinungsfenster. Er zeigt den Kiosk mit Uräenfries und Rampe sowie die Säulen und die Tore in der Seiten- oder Vorderansicht und die Höfe von oben. An den großen Säulensaal schließen sich oberhalb (im Norden) kleinere Räume an, links davon Mittelhalle mit Säulen und weitere Räume. Maru-Aten?

ID 1162
Amarna
Brooklyn 61.195.3
Hermopolis Magna
Amenhotep IV. Achenaten
Talatat, Relief, Kalkstein, 53,9 × 23,2 cm
Tempelhof mit gefüllten Opfertischen und brennende Räucherschalen auf Ständern davor. Keine Personen.

ID 1163
Amarna
New York MMA 1991.237.48
Tell el-Amarna
Amenhotep IV. Achenaten
Relief, Kalkstein, bemalt, 52,7 × 20,9 cm
Roeder, Amarna-Reliefs aus Hermopolis, PC 266, Taf. 210.
Säulen mit Papyruskapitellen sind mit im Wind flatterten Bändern geschmückt. Vermutlich gehören sie zum Erscheinungsfenster. Ein Mann in blauer nubischer Stufenperücke blickt nach oben.

ID 1164
Amarna
Louvre E 11058
Fundort unbekannt
Amenhotep IV. Achenaten
Bildhauermodell, Kalkstein, 7,9 × 10,7 cm
Kopf des Achenaten mit roter Krone. Sehr langer Hals mit drei Halsfalten. Rundes Kinn. Sehr volllippiger Mund.

ID 1165
Amarna
Louvre E 11625
Fundort unbekannt
Amenhotep IV. Achenaten
Bildhauermodell, Kalkstein, 13 × 12,5 cm, Relief en creux
Kopf des Königs im Profil.

ID 1166
Amarna
Louvre E 14326
Amarna
Amenhotep IV. Achenaten
Talatat, Relief, Kalkstein, 53 × 22,5 × 24 cm, Hochrelief, rote und blaue Farbreste
Nilufer vor Palast mit Garten. Auf dem königlichen Schiff ist neben dem Thron mit Baldachin der untere Teil eines Dieners sichtbar.

ID 1167
Amarna
Louvre E 15385
Medamut
Amenhotep IV. Achenaten
Talatat, Relieffragment, Sandstein, 54 × 22 × 16 cm, Relief en creux
Kriegsszene. Soldat mit Schild zu Pferde.

ID 1168
Amarna
New York MMA 1991.237.31
Hermopolis Magna
Amenhotep IV. Achenaten
Fragment, Kalkstein, 22.8 × 16,5 cm, linker Anschluss von Roeder PC 56 (ID 763)
Roeder, Amarna-Reliefs aus Hermopolis, PC 217, Taf. 209, S. 184.
Vornehme Herren, die im Abstand hintereinander schreiten.

ID 1169–1173
Amarna
Louvre E 16672
Tell el-Amarna
Amenhotep IV. Achenaten, 5.-8. Jahr
Relieffragment, Grenzstele R, aus fünf Fragmenten rekonstruiert, zusammen 36 × 47 cm
Symmetrische Darstellung der Königsfamilie unter der Strahlensonne, König re., Königin re., König li., Königin li., Prinzessin Meketaten mit senkrecht erhobenem Bügelsistrum, li.

ID 1174
Amarna
Louvre E 17382
Fundort unbekannt
Amenhotep IV. Achenaten
Einlage, Kalkstein, bemalt, 13,3 × 10,8 × 2,7 cm
Kopf einer Prinzessin im Profil.

ID 1175–1176
Amarna
Louvre E 25426

Fundort unbekannt
Amenhotep IV. Achenaten
Relieffragment, Sandstein, 37,5 × 18,5 cm, Relief en creux
Zwei sich verbeugende vornehme Herren mit Perücke und Mänteln. Der erste Mann blickt geradeaus, sein Mund ist offen. Der zweite Herr hat den Kopf nicht ganz so hoch gehoben. Sein Mund ist geschlossen.

ID 1177
Präamarna
Louvre E 25481
Karnak
Amenhotep IV. Achenaten
Relieffragment, Sandstein, bemalt, 30 × 24,5 × 3,5 cm, Relief en creux, Teil einer Altarrampe im Atentempel von Karnak
Redford, ATP I, Taf. 78.
Der König wirft sich zusammen mit den Sonnenaffen vor der Sonne auf den Boden.

ID 1178
Amarna
Louvre E 26013
Fundort unbekannt
Amenhotep IV. Achenaten
Relieffragment, Talatat, Sandstein, 16 × 15,5 × 5,1 cm, Relief en creux, Farbreste
König im Hebsed-Mantel, nach rechts blickend, unter den Strahlen des Aten.

ID 1179
Amarna
Louvre E 26014
Fundort unbekannt
Amenhotep IV. Achenaten
Relieffragment, Talatat, Sandstein, 25,5 × 11 × 3,9 cm, Relief en creux
König, in weißer Krone mit Heka-Zepter und Flabellum, im Hebsed-Mantel, nach rechts blickend, unter den Strahlen des Aten.

ID 1180–1181
Amarna
Louvre E 26015
Fundort unbekannt
Amenhotep IV. Achenaten

Relieffragment, Sandstein, bemalt, 19,4 × 16,3 × 6,5 cm, Relief en creux
Zwei Träger mit vollem Haar, die Tragestange über der Schulter. Beim vorderen ist der Mund geöffnet.

ID 1182–1183
Amarna
Louvre E 26016
Fundort unbekannt
Amenhotep IV. Achenaten
Relief, Talatat, Kalkstein, bemalt, 53,5 × 21 cm, Relief en creux
Zwei Damen mit großen Ohrscheiben. Schräg, annähernd senkrecht, verläuft der Schaft eines Wedels oder eines Fächers, der über der rechten Schulter getragen wird. Weibliche Nackenlinie, langgezogene runde Schädelform, aber nicht so eiförmig wie bei den Prinzessinnen im Kleinkindalter. Der Schaft passen eher zu Hofdamen. Die Klassifizierung als königliche Personen erfolgt aufgrund der Schädelform. Die erste Person wird durch ein leichtes Doppelkinn als die bedeutendere der beiden dargestellt. Zwei Prinzessinnen oder Nefertiti mit ihrer ältesten Tochter.

ID 1184
Amarna
Louvre E 27722
Fundort unbekannt
Amenhotep IV. Achenaten
Relief, Talatat, Kalkstein, bemalt, 54,7 × 23,3 × 5 cm
Prinzessin mit leicht schräg gehaltenem, erhobenem Sistrum hinter ihren Eltern. Ihr Gesicht wurde zerstört. Dem Kinn und dem Mundwinkel nach zu urteilen, war ihr Mund geschlossen.

ID 1185
Präamarna
Louvre E 32557
Karnak
Amenhotep IV. Achenaten
Relief, Talatat, Kalkstein, 21 × 14 cm, Relief en creux, Spuren roten Ockers
Vier Männer (gestaffelt) unter einem Segel auf einem Schiff stehend?

ID 1186
Präamarna
Louvre E 32558
Karnak
Amenhotep IV. Achenaten

Relief, Talatat, Sandstein, 26 × 21,5 cm, Relief en creux, Farbreste
Sänger oder Herolde in Staffelung. Die ersten drei haben den Mund geschlossen (beim ersten und zweiten eindeutig, beim dritten fraglich). Beim vierten ist der Mund abgebrochen. Sie haben die Hände im Cheironomengestus vorgestreckt (nicht im Handgelenk abgwinkelt!). Parallele: TA 4, Ankunft des Königs am Tempel (Davies, Amarna I, Taf. XA).

ID 1187–1188
Präamarna
Louvre E 32674
Karnak
Amenhotep IV. Achenaten
Talatat, Sandstein, 53 × 19 × 12,5 cm, Farbreste
Drei sich waagerecht vorbeugende Männer. Die Beischrift weist sie als „Aufseher der Lagerhäuser" aus. Sie heben den Kopf gerade so weit, dass sie noch leicht nach unten blicken. Das glatte Haar bedeckt die Ohren. Sie tragen ein Ärmelgewand und einen glatten Schurz. Die Arme liegen vermutlich auf den Oberschenkeln auf. Bei dem vorderen Mann ist das Gesicht zerstört. Der mittlere Mann ist gut erhalten. Von dem hinteren Mann ist nur der Kopf noch auf dem Objekt.

ID 1189
Präamarna
Louvre 10876
Medamoud
Amenhotep IV. Achenaten
Relief, Talatat, Sandstein, rot bemalt, 27 × 19,5 × 7 cm, Relief en creux
Ein Mann geht vorgebeugt und trägt mit breiten Gurten einen schweren Kasten auf dem Rücken.

ID 1190
Amarna
Amsterdam APM 3733
Tell el-Amarna
Amenhotep IV. Achenaten
Stele, Kalkstein, bemalt
Stele wie sie auf Hausaltären üblich waren. Ein Mann sitzt auf einem Stuhl mit Löwenbeinen mit Rückenlehne vor einem Opfertisch. Er hat einen Salbkegel auf dem Kopf und riecht an einem Lotus, den er in der Linken hält. Die Rechte, zur Faust geschlossen, liegt auf dem Oberschenkel auf. Die Füße stehen auf einem roten Fußschemel. Keine Inschrift.

ID 1191
Amarna
Amsterdam APM 3799
Fundort unbekannt
Ostrakon
Kopf mit Stufenperücke, Hals konkav wie beim König.

ID 1192
Amarna
Amsterdam APM 3800
Fundort unbekannt
Ostrakon
Kinn und Mund des Königs oder der Königin. Das Kinn ist geformt wie auf Louvre E 11058. Die Lippen sind geschlossen.

ID 1193–1194
Amarna
Tell el-Amarna, Nordgräber, TA 1, Säulenhalle, Westwand, Subreg.
in situ
Amenhotep IV. Achenaten
Wand, Relief, Kalkstein, unterstes Register fast zerstört
Davies, The Rock Tombs of El Amarna III, Taf. XV (oben), S. 12.
Dem sich dem Ort des Tributempfangs nähernden Zug sieht eine Gruppe vornehmer Städterinnen entgegen, die zum Gruß ihre Handtrommeln erheben. Die Frauen tragen lange Perücken und bodenlange Mäntel. Drei von ihnen sind an der schadhaften Stelle der Wand erhalten (bei der dritten nicht das Instrument), dann sind der Größe der Lacuna nach schätzungsweise zwei Frauen zerstört. Von einer sechsten Frau sind der Salbkegel auf dem Haar, die Füße und der Mantelsaum erhalten. Nach der Parallele in TA 6 (Davies, Amarna II, Taf. XVIII), wo zwei ähnliche Gruppe vor dem Tempel den König begrüßen, hält sie beide Arme im Anbetungsgestus der Tragestuhlprozession entgegen. Vorletzte Musikerin mit runder Handtrommel. Letzte Musikerin mit eckiger Rahmentrommel.

ID 1195–1996
Amarna
Tell el-Amarna, Nordgräber, TA 1, Säulenhalle, Ostwand
in situ
Amenhotep IV. Achenaten

Wandrelief
Davies, The Rock Tombs of El Amarna III, Taf. VIII, X, S. 8.
Ein sich verbeugender Priester mit Räucheram erwartet im ersten Opferhof des als Sonnenschatten bezeichneten Tempels die Königsfamilie mit ihrem Gefolge. Der hinter dem Opferhof gelegene Teil des Sonnenschattens mit Opfertischen und Statuen ist menschenleer.

TA 1197–1198
Amarna
Tell el-Amarna, Nordgräber, TA 1, Säulenhalle, Nordwand, Westteil, Subreg.
in situ
Amenhotep IV. Achenaten
Wandrelief
Davies, The Rock Tombs of El Amarna III, Taf. XVI–XVIII, S. 13–14
Der Vorsteher des Schatzhauses steht auf einen Stock gestützt, die rechte Hand leicht erhoben, neben der Waage. Schreiber notieren seine Angaben. Unter den gezeigten Werkstätten wird die Bildhauerwerkstatt des Iuti hervorgehoben, der gerade damit beschäftigt ist, eine Skulptur der Baketaten fertigzustellen.

ID 1199
Amarna
Tell el-Amarna, Nordgräber, TA 2, Säulenhalle, Südwand, Ostteil
in situ
Amenhotep IV. Achenaten
Wandrelief
Davies, The Rock Tombs of El Amarna II, Taf. XXXIII, S. 36.
Zuoberst neben dem Erscheinungsfenster ist der Königspalast pars pro toto durch einen Raum und ein Portal verbildlicht. Krüge und Speisen auf Ständern reihen sich aneinander. Keine Personen.

ID 1200–1201
Amarna
Tell el-Amarna, Nordgräber, TA 2, Säulenhalle, Südwand, Ostteil
in situ
Amenhotep IV. Achenaten
Wandrelief
Davies, The Rock Tombs of El Amarna II, Taf. XXXIII, S. 36.
Darstellung der Fremdvölker auf dem Erscheinungsfenster. Die gebundenen Asiaten und Nubier sind auf Zehenspitzen gehend dargestellt. Dekoration.

ID 1202 (Jubel) 1203 (Beruhigung)
Amarna
Tell el-Amarna, Nordgräber, TA 2, Säulenhalle, Ostwand
in situ
Amenhotep IV. Achenaten
Wandrelief
Davies, The Rock Tombs of El Amarna II, Taf. XXXVII, XXXVIII, S. 40–42.
Achenaten hat auf seinem Thron Platz genommen und nimmt den Tribut der Völker des Südens entgegen (siehe Abb. 25). Vor ihm verbeugen sich seine Würdenträger, Höflinge und Fächerträger. Einige Akrobaten nubischer Herkunft führen noch Kampfspiele auf, andere haben sie beendet und erheben im Jubel- oder Siegergestus die Arme. Oberhalb von ihnen (im selben Register) ist eine kleine Belohnungsszene eingeschoben. Dem Belohnten wird ein neuer Kragen umgelegt, die Schreiber zeichnen das Ereignis auf. Unter den Gaben der Völker des Nordens sind auch ein Streitwagen und dazu ein Paar edler Pferde. Der Syrer (mit einem spitzen Kinnbart) der die Tiere führt, blickt in Gehrichtung. Er hält mit der linken Hand die Zügel. Mit der Rechten beruhigt er eines der Tiere.

ID 1204
Amarna
Tell el-Amarna, Nordgräber, TA 2, Säulenhalle, Nordwand, Ostteil
in situ
Semenchkare
Wand, Vorzeichnung in Tinte, verblasst
Davies, The Rock Tombs of El Amarna II, Taf. XLI, S. 43–44.
Ehrengoldverleihung, durchgeführt von Semenchkare. Jubelnder Grabherr. Am Original nicht mehr zu überprüfen.

ID 1205
Amarna
Tell el-Amarna, Nordgräber, TA 4, Säulenhalle, Ostwand, oben
in situ
Amenhotep IV. Achenaten
Wand, Putz auf Kalkstein, bemalt
Davies, The Rock Tombs of El Amarna I, Taf. XXV, S. 38.
Außer zwei Dienern, die aufräumen, und den blinden Musikern im Hof des Stelenheiligtums liegen die Kultbereiche des Tempels menschenleer. In ihnen herrscht Stille.

ID 1206–1207
Amarna
Tell el-Amarna, Nordgräber, TA 4, Säulenhalle, Ostwand, unten
in situ
Amenhotep IV. Achenaten
Wand, Putz auf Kalkstein, bemalt
Davies, The Rock Tombs of El Amarna I, Taf. XXV, S. S. 34–35.
Begrüßung des Königs. Im Hafen liegen Handelsfahrzeuge mit eingezogenen Segeln (siehe Abb. 13). Im Bug steht der Kapitän und verbeugt sich vor dem König. Die Viehhöfe am Hafen sind gefüllt mit Tieren, denen von Stalljungen das Heu ins Maul gestopft wird. Kein Gestus der Beruhigung.

ID 1208
Amarna
Tell el-Amarna, Nordgräber, TA 4, Säulenhalle, Ostwand, unten
in situ
Amenhotep IV. Achenaten
Wand, Putz auf Kalkstein, bemalt
Davies, The Rock Tombs of El Amarna I, Taf. XXV, S. 36–37.
Wirtschaftsbereich des Tempels am Hafen mit Getreidesilos. Auf einem Altar in der Mitte des Hofes brennen Räucherschalen. Vier Schreiber (gestaffelt) warten auf den König. Hinter ihnen sind noch die Reste von Höflingen zu erkennen. An diesen Hof schließen sich die Schatzhäuser mit einem mit Uräen bekränzten Pavillon in der Mitte und Vorratshäuser an, deren Hallen, Gänge und baumbestandenen Höfe alle menschenleer sind.

ID 1209
Amarna
Tell el-Amarna, Nordgräber, TA 4, Säulenhalle, Ostwand, unten
in situ
Amenhotep IV. Achenaten
Wand, Putz auf Kalkstein, bemalt
Davies, The Rock Tombs of El Amarna I, Taf. XXV, S. 38–39.
Ein menschenleerer Palast mit Garten.

ID 1210
Amarna
Tell el-Amarna, Nordgräber, TA 5, Halle, Südwand, unten
in situ

Amenhotep IV. Achenaten
Wandrelief
Davies, The Rock Tombs of El Amarna IV, Taf. VIII, S. 5.
Hinter dem im Empfangsraum des Palastes thronenden König liegt der Königspalast mit Lagerräumen, Wohnräumen, Schlafzimmer, Mittelhalle und Garten. Ein Türwächter stützt sich mit dem Fuß an der Gartenmauer ab.

ID 1211
Amarna
Tell el-Amarna, Nordgräber, TA 5, Halle, Nordwand, unten
in situ
Amenhotep IV. Achenaten
Wandrelief
Davies, The Rock Tombs of El Amarna IV, Taf. IX, S. 4.
Die Viehhöfe für die Opferstiere, denen die Stallknechte das Futter ins Maul stopfen. Auf dem erhaltenen Teil sind keine Beruhigungsgebärden eines Stallknechtes dargestellt.

ID 1212–1214
Amarna
Tell el-Amarna, Südgräber, TA 8, Halle, Westwand, Südteil
in situ
Amenhotep IV. Achenaten
Wandrelief, Putz, Farbreste
Davies, The Rock Tombs of El Amarna VI, Taf. XX, S. 12.
Oberstes Register: Zwei Regimente (laut Davies, jedoch keine Offizierskleidung der handelnden Männer) sind auf Wache und platzieren ihre Standarten und Fächer auf Plattformen. Gleichartige Plattformen der Palastwachen finden sich auch im obersten Register auf dem Nordteil derselben Wand (Davies, Amarna VI, Taf. XVIII), sind dort aber kaum noch zu erkennen. Wächter sind an der ersten Plattform mit einem Fächer und dem Auseinanderfalten eines Klapphockers beschäftigt. Vor der zweiten Plattform sitzt ein vornehmer Herr auf einem Klapphocker und spricht, denn er hat die Rechte im Redegestus erhoben. Nach Davies' Zeichnung sind noch die schwachen Umrisse einer ihm gegenüber auf der Erde sitzenden Person zu erkennen. Die Lokalisierung direkt unter der Decke und ihr Aufbau erinnern an die Gespräche auf der Palastwache in TA 25, die die Neuigkeit von Ejes Ernennung als Stadtgespräch ins Bild umsetzen (Davies, Amarna VI, Taf. XXX). Aufgrund der Parallele könnte es sich also auch hier um die Frage eines Besuchers nach der Ehrung und deren Beantwortung durch einen Palastwächter handeln. In den Stallungen stehen die ausgeschirrten Zugpferde und daneben die leeren Wagen. Die Pferde stehen paarweise und fressen aus den Futterkrippen. Ein Wagenlenker steht hinter einem Wagen. Der von Bäumen

umstandene Kleine Atentempel, zu dem der Belohnte nach der Einsetzung in das Priesteramt unterwegs ist, ist menschenleer.

ID 1215–1217
Amarna
Tell el-Amarna, Südgräber, TA 6, erste Halle, Ostwand
in situ
Amenhotep IV. Achenaten
Wandrelief, Putz, bemalt
Davies, The Rock Tombs of El Amarna II, Taf. XIII, XXII, S. 15. Manniche, Les scènes de musique sur les talatat du IXe pylône de Karnak, in: Kêmi 21, S. 155–164.
Die Ausfahrt des Königs vom Palast mit unbekanntem Ziel. In Höhe mit den Kartuschen und der Scheibe des Aten, oberhalb der Eskorte vor den Streitwagen des Königs, verbeugen sich Menschen am Straßenrand. Manche erheben knieend die Hände im Anbetungsgestus. Zwischen ihnen ist eine Gruppe aus drei Städterinnen platziert. Von der vordersten sind nur Bein und Kontur des Haares erhalten. Die beiden hinter ihr (in gestaffelter Darstellungsweise) könnten Frauen mit Handtrommeln sein. Bei der dem Betrachter näheren ist die Hand, die einen runden Gegenstand trägt, in typischer Position erhoben (nach Davies Amarna II, Taf. XIII). Für eine große Gruppe Frauen, die vor dem Tempel den König mit seiner Familie und seinem Gefolge empfangen, ist der Platz zu klein, da er höchstens eine Gruppe von 3 bis 4 Mitgliedern erlaubt. Am linken Rand des Tableaus, der Eskorte entgegenschauend, stehen vier nubische Fächerträger. Sie strecken den freien rechten Arm im militärischen Gruß dem König entgegen. Die Handinnenflächen zeigen nach außen. Parallele für Musikerinnen, die auf einer Höhe mit den Kartuschen und der Scheibe des Aten spielen: Karnak, CFÉ 2253 (Manniche, Kêmi 21, Abb. 1, und Redford, ATP I, Taf. 69).

ID 1217
Amarna
Tell el-Amarna, Südgräber, TA 9, Ostwand, S
in situ
Amenhotep IV. Achenaten
Wandrelief
Davies, The Rock Tombs of El Amarna IV, Taf. XXII, S. 15.
Direkt hinter dem abfahrenden Königswagen verbeugt sich ein vornehmer Herr. Er steht auf der Grundlinie. Seine Linke hängt herab, die Rechte hat er im Redegestus erhoben. Der König blickt sich zu Nefertiti, die neben ihm im Wagen steht, um. Seine linke Hand hat er ausgestreckt. Bei dem kahlrasierten Herrn in gebauschtem Schurz und Mantel kann es sich weder um den Grabherrn, der nirgends kahlköpfig dargestellt wird, noch um den Wesir handeln. Keine Beischrift.

ID 1218
Amarna
Brooklyn 54.188.1
Fundort unbekannt
Amenhotep IV. Achenaten
Relieffragment, Gypsum Plaster, 10 × 5,7 cm
Nubier mit Kappe.

ID 1219
Amarna
New York MMA 1991.240.11
Tell el-Amarna
Amenhotep IV. Achenaten
Relieffragment, Kalkstein, 53,3 × 23,5 cm
Roeder, Amarna-Reliefs aus Hermopolis, PC 153, Taf. 193, S. 191.
Ein Soldat schläft am Nilufer neben dem Lagerfeuer. Am Ufer liegt ein Schiff.

ID 1220
Amarna
Kairo JE 35791
Tell el-Amarna
Amenhotep IV. Achenaten, später Amarnastil
Ostrakon, 19 × 15 cm, oberer Teil
Myśliwiec, Le portrait royal dans le bas-relief du Nouvel Empire, S. 77–80, Abb. 181.
Eaton-Francis, in: Settgast, Nofretete Echnaton, Kat. Nr. 48.
Achenaten, konvexer Hals mit Falte, stark betonte Schlüsselbeine, Ohrbohrung oval. Mund fein modelliert mit kaum herabgezogenen Mundwinkeln.

ID 1221–1224
Amarna
Berlin ÄM 31303
Im Kunsthandel erworben, Fundort vermutlich Tell el-Amarna
Amenhotep IV. Achenaten
Relieffragment, Kalkstein, 23 × 23 × 3,3 cm
Ein Foto wurde mir von Berlin zur Verfügung gestellt. Angaben Berlin: kein Eintrag Relief: Tanzende Frauen. Amenophis (Amenhotep) IV. / Echnaton, Kalkstein, Creditline: Ägyptisches Museum und Papyrussammlung, Staatliche Museen zu Berlin. Chappaz, Akhénaton et Néfertiti, soleil et ombres des pharaons, Kat. Nr. 107. Seyfried, Im Lichte von Amarna, Kat. Nr. 175.

Musizierende Frauengruppe aus vier dargestellten Personen und einer eventuell verdeckten Trommlerin. Die Personen sind ab etwa Kniehöhe erhalten. Von re. nach li.: Die Frau an der rechten Bruchkante des Reliefs trägt eine Zopfperücke. Sie blickt nach rechts und leicht nach oben. Erhalten sind das Auge und die Nase im Profil, Mund und Kinnpartie sind ausgehackt. Die zweite Frau trägt eine Zopfperücke mit Stirnband. Sie hat den Kopf nach links gedreht, sie blickt ganz leicht nach unten. Das Gesicht ist ausgehackt. Sie hält eine mit Fell bespannte eckige Rahmentrommel vor ihrer Brust. Ob sie spielt oder das Instrument nur hält, lässt sich nicht entscheiden. Wahrscheinlich letzteres, da die Trommel in der Regel beim Spiel hoch gehalten wird. Über ihren Kopf hinweg sieht man eine erhobene eckige Rahmentrommel, ohne die dazu gehörende Spielerin. Die dritte Frau schwenkt einen Zweig in der rechten Hand über ihrem Kopf, der linke Oberarm weist geradeaus, der Unterarm wird von der vor ihr gehenden Frau verdeckt. Die vierte ist eine Tänzerin, deren linke Hand über dem Kopf ihrer Vordermännin zu sehen ist. Sie hat den Kopf zurück gewendet, Perücke und Kinn (vor der Bruchkante) und der nach rechts gerichtete Körper sind sichtbar.

ID 1225–1230
Amarna
Berlin ÄM 31289
Im Kunsthandel erworben, Fundort vermutlich Tell el-Amarna
Amenhotep IV. Achenaten, späte Stilphase
Relieffragment, Kalkstein, 27 × 23 × 2,7 cm
Eine Foto wurde mir von Berlin zur Verfügung gestellt. Angaben Berlin: kein Eintrag. Relief: Tanzende Frauen, (mit Tamburin). Amenophis (Amenhotep) IV. / Echnaton, Kalkstein, Creditline: Ägyptisches Museum und Papyrussammlung, Staatliche Museen zu Berlin.
Frauen und Mädchen einer jubelnden Volksmenge mit langen Haaren in Strähnen. Im Streifen darüber sind noch tanzende Füße und zwei auf dem Boden aufliegende Hände einer sich verbeugenden Person zu erkennen. Von der ersten Frau, an der rechten Bruchkante des Reliefs, sind nur das Haar und der Körper erhalten. Die dem Betrachter nächste Frau der dicht geschlossenen Vierergruppe schlägt mit der rechten Hand eine viereckige, mit Fell bespannte Rahmentrommel, die sie mit der linken hochhält. Bei ihr sind, wie bei Berlin ÄM 31288 (ID 304), die Augen ausgehackt. Die Münder sind geschlossen. Die Frau neben der Trommlerin in der dicht geschlossenen Vierergruppe blickt nach oben. Das Gesicht ist unversehrt. Der zum Himmel gerichtete Blick und die deutliche Darstellung des leicht geöffneten Mundes sprechen für einen Lobgesang oder Rufe. Von der zweiten und der dritten Frau neben der Trommlerin in der Vierergruppe sehen nur die obere Gesichtshälfte über der Rahmentrommel der anderen hervor. Beider Gesichter sind unversehrt. Die letzte der Frauen trägt in jeder

Hand einen langen blühenden Lotus, mit dem sie winkt. Ihr Gesicht ist (von einem runden Loch in der Wange abgesehen) unversehrt.

ID 1231–1232
Amarna
Stockholm MME 1983:002
Hermopolis Magna
Amenhotep IV. Achenaten
Relieffragment, Kalkstein, 52,5 × 25 cm
Roeder, Amarna-Reliefs aus Hermopolis, PC 138, Taf. 192, S. 196, 202, 212, 311, 314. George, Szenen vom Leben in Amarna, MedMusB 21, S. 24–37. Transportschaden repariert vom National Museum of Art, Stockholm 1985.
Talatat mit zwei Wohnhäusern. Im rechten Haus sind zwei Frauen in einem Wohnraum mit Mittelsäule. Die linke Frau steht. Sie trägt ein langes Kleid. In der linken Hand hält sie ein Bündel lange Halme und in der rechten ein Tuch. Sie hat den Mund offen, entweder vor Staunen, oder sie berichtet etwas ihrer Herrin. Kein Redegestus der Dienerin. Die Hausherrin, etwas größer im Maßstab, in einen Mantel gekleidet und mit langer Perücke, sitzt auf einem Stuhl und spielt die Laute. (Lautenspielerin mit Roeder, S. 202, 212, entgegen George, S. 33–34.)

ID 1233
Präamarna
HildesheimPM 4808
Karnak
Amenhotep IV. Achenaten
Relieffragment, Sandstein, 18,5 × 16,5 × 5 cm
In gestaffelter Darstellung, zwei Wedelträger, die sich verbeugen. Sie tragen eine halbrunde Perücke, der Kopf ist nur leicht nach unten gerichtet. Das Gesicht des zweiten ist kaum erkennbar. Voller Mund, die Lippen stehen fast ebenso weit wie die Nasenspitze vor. Vermutlich erweisen sie dem König ihre Verehrung.

ID 1234
Amarna
Boston MFA 37.8
Tell el-Amarna, Breite Halle, Nr.254
Amenhotep IV. Achenaten
Relieffragment, Kalkstein, Länge 8,6 cm
Der kahlrasierte Kopf eines Mannes im Profil, nach links blickend. Große Nase, volle Lippen, einen Spalt weit geöffnet.

ID 1235
Amarna
New York, Privatbesitz
Hermopolis Magna
Amenhotep IV. Achenaten, 1.–2. Jahr
Relieffragment, Kalkstein, 19 × 10 cm
Cooney, Amarnareliefs from Hermopolis in American Collections, Nr. 18c. Roeder, Amarna-Reliefs aus Hermopolis, PC 60, Taf. 216, S. 180, 291.
Linkes Ende einer konventionellen Szene, in der das Königspaar den Aten verehrt. Vermutlich dreifiguriges Bild, vielleicht von einem linken Türpfosten. Die Prinzessin mit dem langgezogenen Hinterkopf und den schmalen Schultern des frühen Amarnastils hält das Bügelsistrum empor. Sie hält es leicht schräg zu sich geneigt. Ihre Lippen stehen vorne ein wenig auseinander. Cooney datiert das Stück ins 1. oder 2. Jahr von Achetaten.

ID 1236
Amarna
Kopenhagen AEIN 1776
Hermopolis Magna
Amenhotep IV. Achenaten, später Amarnastil
Relieffragment, Kalkstein, 23,9 × 51,5 cm, umgearbeitet
Cooney, Amarnareliefs from Hermopolis in American Collections. Nr. 18b. Müller, Die Kunst Amenophis III und Erchnatons, IV-108. Aldred, Akhenaten and Nefertiti, S. 193. Hanke, Änderungen von Bildern und Inschriften während der Amarna-Zeit, in: SAK 2, S. 81. Ders., Amarna-Reliefs aus Hermopolis, Nr. 140. Krauss, Kija – ursprüngliche Besitzerin der Kanopen aus KV 55, in: MDAIK 42, S. 79, Anm. 38, Taf. 3a. Jørgensen, Catalogue Egypt II, Nr. 47, S. 138f. Arnold, The Royal Women of Amarna, Kat. Nr. 27. Freed et al., Pharaohs of the Sun, Kat. Nr. 57. Chappaz, Akhénaton et Néfertiti, soleil et ombres des pharaons, Musée d'art et d'histoire, Kat. Nr. 194.
Kija umgearbeitet zu Meritaten (durch Inschrift gesichert) unter dem Strahlenaton. Der Zipfel der Stufenperücke verdeckt die Ohren, großer Blumen-Ohrschmuck sieht darunter hervor. Laut Cooney (S. 34) der elegante, zur Klassik zurückkehrende spätere Armanastil. Die am Rand teilweise erhaltene Hand ist anbetend oder winkend erhoben. Kija hat demnach keine Opfergabe gehalten.

ID 1237–1238
Amarna
Basel, Samml. Borowski
Hermopolis Magna

Amenhotep IV. Achenaten, mittlere Stilphase
Relieffragment, Kalkstein, 22,9–52,8 cm
Möller, Ägyptische Kunst aus der Zeit des König Echnaton, Kat. 52. Cooney, Amarnareliefs from Hermopolis in American Collections, Nr. 35. Aldred, Akhenaten and Nefertiti, Kat. Nr. 61.
Zwei Pferdeknechte beruhigen die geschmückten Pferde ihrer wartenden Gespanne. Vom linken ist nur die Hand über der Nase des Tieres noch erhalten Der rechte trägt die nubische Perücke. Mit der linken Hand streichelt er das Pferd und spricht beruhigend zu dem Tier. Volle, leicht geöffnete Lippen, Nasolabialfalte. Schlanker Körperbau. Im Register oberhalb sieht man die „Besen", Hände, Kleidersaum mit Sash und Füße sich verbeugender Herren. Gespanne unterhalb der Standlinie von sich verbeugenden, einen „Besen" tragenden Herren finden sich in TA 4, Säulenhalle, Südwand, Ostteil, wo sie vor dem Tempel warten. Aufgrund dieser Parallele nehme ich an, dass auch der Streitwagen auf dem Bruchstück in Basel vor dem Tempeltor wartet.

ID 1239
Amarna
Roeder 999.VIII, Verbleib unbekannt
Hermopolis Magna (Palast)
Amenhotep IV. Achenaten
Relieffragment, Kalkstein, 49 × 26,5 × 22 cm
Roeder, Amarna-Reliefs aus Hermopolis, Taf. 69, 999.VIII D, S. 131.
Der Beamte mit waagerecht vorgebeugtem Oberkörper verbeugt sich vermutlich vor dem König, wenn, wie Roeder annimmt, die Leiste der Schaft einer Säule an einem Kiosk für den thronenden König ist. Die herabhängenden Arme (mit den Händen an den Knien angelegt) ist die Geste, mit denen die vornehmen Herren ihre Verehrung vor dem König zeigen. Das Haar lässt das Ohr frei. Der Kopf ist erhoben, das Gesicht blickt gerade aus, der Mund ist leicht geöffnet.

ID 1240
Amarna
Norbert Schimmel Coll. MMA 1985.328.20
Hermopolis Magna
Amenhotep IV. Achenaten
Relieffragment, Kalkstein, bemalt, 22,2 × 26,7 cm
Cooney, Amarnareliefs from Hermopolis in American Collections, Nr. 28. Roeder, Amarna-Reliefs aus Hermopolis, Taf. 176, PC 16, S. 195. Settgast, Von Troja bis Amarna, Kat. Nr. 306.

Pferdegespann mit weit geöffneten Mäulern bei der Ausfahrt. Die Pferde sind nicht wie die des königlichen Streitwagens geschmückt. Am rechten Rand des Reliefs ist der Wagenlenker des sich nicht mehr auf dem Objekt befindenden Wagens sichtbar. Seine Ethnie ist fraglich, Settgast hält ihn für einen Ausländer, es spricht aber nichts gegen einen Ägypter. Der offene Mund lässt darauf schließen, dass er die Pferde anfeuert.

ID 1241–1245
Amarna
Brooklyn 62.149
Hermopolis Magna
Amenhotep IV. Achenaten
Kalkstein, bemalt, 54 × 21,5 cm
Cooney, Amarna-Reliefs from Hermopolis in American Collections, Nr. 46. Aldred, Akhenaten and Nefertiti, Kat. Nr. 69.
Geschäftigkeit im Wirtschaftsteil des Palastes. In den bienenkorbförmigen Gewölben liegen die Bäckerei und, oberhalb, Reste der Brauerei (von den Brauern sind nur die Beine noch auf dem Bruchstück). Der Bäcker bäckt. Der Bäcker im Gewölbe daneben steht vor dem Ofen. Mit der Hand schützt er sein Gesicht vor der Hitze. Zwei Männer tragen mit einer Stange einen großen Weinkrug in einem Netz durch die offene Tür in den Hof. Im Hof steht ein Kästchen mit fünf Paar Sandalen und Blumen. Ein Diener fegt den Hof. Die Münder sind nur durch einen kleinen Strich angedeutet. Alle Gesten bezeichnen die jeweilige Beschäftigung. Parallelen: Oxford AN 1893.1–41.(169) (ID 634) und Hildesheim F 18 (ID 618).

ID 1246–1249
Amarna
Cambridge E.GA.4512.1943
Tell el-Amarna
Amenhotep IV. Achenaten
Relieffragment, Stuck u.Kalkstein, 19,7 × 22,2 × 2cm, beschädigt
Vier Höflinge mit Pfauenwedeln in gestaffelter Darstellungsweise. Halblange nubische Zipfelperücke. Gesichter unterschiedlich gezeichnet. Nur bei den beiden hinteren sind die Augen erhalten. Beim dritten Höfling ist die Mundpartie von der Oberlippe bis zur Nase zerstört. Bei den anderen ist der Mund geschlossen. Die Lippenspalten sind bis zum Mundwinkel auffallend lang gezogen. Vermutlich wären sie durch eine Gipsschicht vor der Bemalung des Reliefs ausgefüllt worden.

ID 1250–1254
Amarna
Kairo JE 47203
Tell el-Amarna, Maru-Aten
Amenhotep IV. Achenaten, früher Amarnastil
Talatat, Kalkstein, 33 × 18 cm
Peet/Woolley, CoA I, S. 115, Taf. XXVIII, 1. Seipel, W., in: Settgast, Nofretete Echnaton, Kat. Nr. 32.
Drei und zwei kahlrasierte Höflinge in gestaffelter Darstellungsweise. Jeder der Herren hält über der rechten Schulter einen Stabstrauß. Alle Hände sind als geschlossene linke Hand gezeichnet. Mund jeweils leicht variiert, doch alle mit vollen Lippen. Ihr Oberkörper ist nackt. Sie tragen einen vorn gebauschten Schurz, der noch das Knie bedeckt. Sie beugen den Oberkörper waagerecht nach vorn. Der Kopf blickt geradeaus auf ein Gebilde, das zu dem unteren Teil einer Sitzstatue mit Sockel gehören könnte (vielleicht die neben der Stele abgebildete Sitzstatue des Königs im großen Atentempel, wahrscheinlicher ist m. E. aber die inschriftlich belegte Königsstatue in dem archäologisch nachgewiesenen Heiligtum R 43.2 in Achet-Aten, in dem der König kultisch verehrt wurde (vergl. Tietze, Amarna: Lebensräume – Lebensbilder – Weltbilder, S. 86). Dazu passt auch die Säule, da die Statue dort in einer Säulenhalle aufgestellt war. Aufgrund des Fundortes ist auch Maru-Aten nicht auszuschließen. Bei dem dritter Priester in der vordere Reihe und dem ersten Priester in der zweiten Reihe ist der Mund leicht geöffnet. Möglicherweise sprechen sie ein Gebet oder eine Opferformel. Am linken Bildrand eine Säule. Auf der Grundlinie darüber sind nackte Füße zu sehen.

ID 1255
Amarna
Cambridge E.GA.2300.1943
Fundort unbekannt, möglicherweise Karnak
Amenhotep IV. Achenaten, 3. Jahr
Relieffragment, Talatat, Kalkstein, 53 × 23 × 5,5 cm
PM II^2, 296. Griffith, The jubilee of Akhenaton, in: JEA 5, S. 61–63. Gohary, Akhenaten's Sed-festival at Karnak. Vassilika, Egyptian Art, Kat. Nr. 26. Freed et al., Pharaohs of the Sun, Kat. Nr. 25.
Linke von zwei Sedfest-Szenen im Gebäude „Jubilation in the Horizon of Aten“. In einem offenen Hof mit geöffneten Türen steht der König vor einem Opfertisch, zu dessen Ausstattung auch eine Statue des Königs in Opferpose gehört. Achenaten reicht dem Aten ein Salbengefäß hin.

ID 1256–1258
Präamarna
Karnak, CFÉ 3452
Karnak, IX. Pylon, Westflügel
Amenhotep IV. Achenaten, 3.–5. Jahr
Talatat, Sandstein, 52,5 × 23 cm
Settgast, Nofretete Echnaton, Kat. Nr. 25.
Drei Soldaten oder Palastwachen (einzeln ohne Überschneidung nebeneinandergestellt), die Lanze in der angewinkelten Rechten. Die nackenlange Haartracht, die die Ohren freilässt, das hochsitzende Stirnband und die Profile kennzeichnen die Männer als aus Vorderasien stammend, kein Bart.

ID 1259–1261
Präamarna
Karnak, CFÉ 3848
Karnak, IX. Pylon
Amenhotep IV. Achenaten, 3.–5. Jahr
Talatat, Sandstein, 52,5 × 23 cm
Chevrier, Rapport sur les traveaux de Karnak (1937–1938), in: ASAE 38, S. 605, Taf. CXI. Lauffray et al., Rapport sur les travaux de Karnak, in: Kemi 21, S. 64, Abb. 4. Settgast, Nofretete Echnaton, Kat. Nr. 24.
Gruppe jubelnder Menschen. Ein wirbelndes und brodelndes Treiben. Männer jubeln mit hoch erhobenen Armen. Die hintere Reihe der Menge bildet eine Reihe von mindestens fünf Männern, die ihre Arme emporstrecken. Sie sind leicht rückwärts gebeugt und blicken nach oben. Sie sind im Profil dargestellt, bartlos, mit schulterlangem Haar. Das Foto ist schwierig zu beurteilen, doch wirkt bei den Herren der Mund geschlossen. Vor ihnen staffeln sich weitere Menschen gleichen Aussehens, entweder unterschiedlicher Körpergröße oder sitzend. Die Lebhaftigkeit spricht gegen eine rituelle Umgebung und für eine Menge, die dem König oder einem Würdenträger vor dem Palasttor zujubelt. Im Vordergrund eine Reihe von 6 Männern in Staffelung, die man sich vielleicht sitzend zu denken hat. Die Männer der vorderen Reihe haben die Arme gesenkt. Sie blicken gerade aus und wirken gelassener als die jubelnden Adoranten. Vielleicht gehören sie einer gehobenen Schicht an, die Beherrschung an den Tag legt. Einer von ihnen wendet den Kopf zu den jubelnden Männern um. Seine Mundpartie ist weggebrochen. Der letzte in der Reihe hat den Mund geöffnet. Bis auf ihn ist der Mund in der Reihe der Sitzenden geschlossen. Der untere Teil der Personen ist auf dem Fragment nicht erhalten. Parallelen: Hannover S. 0761, ehemals Bissingsche Samml. (ID 307–308) und TA 8, Säulenhalle, Westwand, Südteil, 4. Reg. v. u. (Davies, Amarna VI, Taf. XX).

ID 1262–1263
Präamarna
Karnak, CFÉ 1362
Karnak IX. Pylon
Amenhotep IV. Achenaten
Sandstein, 43 × 22 cm
Krauss, Grüßende Offiziere, Kommentar zu Settgast, Nofretete Echnaton, Kat. Nr. 21.
Bekleidet mit einem Schurz und mit einer nackenlangen Perücke stehen zwei Offiziere an der Spitze einer Gruppe von Standartenträgern. Sie verneigen sich, wohl ihrem Rang entsprechend, nur mäßig tief und grüßen mit ausgestrecktem Arm nach rechts. Schmächtige Arme. Leichte Unterschiede in den Profilen. Laut Krauss (Kat. Nr. 21) kann ihr Gruß nur dem König gelten. Seine Annahme wird gestützt durch TA 9, Halle, Ostwand, Südteil (Davies, Amarna IV, Taf. XXII), wo ihr Gruß dem vorbeifahrenden König gilt, und TA 25, Säulenhalle, Nordwand, Ostteil (Davies, Amarna VI, Taf. XXIX), wo der Gruß dem König im Erscheinungsfenster gilt. Es ist nicht auszuschließen, dass der militärische Gruß der Standartenträger einem ihnen übergeordneten Mann gilt, wie in TA 1, Säulenhalle, Ostwand (Davies, Amarna III, Taf. XII).

ID 1264
Amarna
Liverpool 1965.234
Tell el-Amarna
Amenhotep IV. Achenaten
Relieffragment, Sandstein, bemalt, 12 × 13 cm
Unveröffentlicht.
Kopf eines Mannes, der sich verbeugt.

ID 1265
Präamarna
Hannover KM 1957.69
Karnak, Atentempel
Amenhotep IV. Achenaten, 1.–2. Jahr
Relieffragment, Kalkstein, 54 × 22,5 cm
Davies, Amarna V, Taf. 39.
Aus einer Szene der Königsfamilie beim Opfer an den Aten sind nur Nefertiti und Meritaton erhalten. Thronname in der Kartusche noch Amenhotep IV. Nefertiti reicht zwei Weingefäße empor. Meritaten mit eiförmigem Kopf und Jugendlocke. Sie bringt dem Aten auf der offenen Hand ein Bügelsistrum dar.

ID 1266
Amarna
Luzern, Samml. Kofler-Truninger K 419 E
Hermopolis Magna
Amenhotep IV. Achenaten, später Amarnastil
Kalkstein, 53 × 22,5 cm, zusammengesetzt aus zwei Blöcken, versenktes Relief
Roeder, Vorläufiger Bericht über die deutsche Hermopolis Expedition 1938 und 1939, in: MDAIK 9 (1940), S. 79, Taf. 11c. Ders., Amarna-Reliefs aus Hermopolis, 495.VII, Taf. 74, S. 199, 313. Müller, Ägyptische Kunstwerke, Kleinfunde und Glas in der Sammlung E. und M. Kofler-Truninger Luzern, S. 74f, Nr. A 107. Aldred, Akhenaten and Nefertiti, Kat. Nr. 128.
Eine kahlköpfige Person mit großer Ohrscheibe hält etwas empor. Arme vielleicht auch wedelnd. In der Literatur als Nubier, Prinzessin oder Beamte gedeutet. Gegen einen Nubier sprechen die fehlenden Nasolabialfalten, gegen eine Prinzessin die Kürze des Schädels und die Position der Arme. Die Arme sind nach oben V-förmig gespreizt und die Ellenbogen decken sich. Es liegt also eine Seitenansicht der Person vor, die nur bei Untergebenen, die sich vorbeugen und gleichzeitig die Hände verehrend zum König strecken, vorkommt. Parallele der beschriebenen Armhaltung in TA 6, erste Halle, Südwand, Ostteil (Davies, Amarna II, Taf XII) wo Panehesi dem König beim Kultvollzug assistiert und ihm einen Blumenstrauß reicht. Kein Strahlenaten. Anlehnung an den königlichen Typus des gemäßigten späten Stils mit kurzer Nase.

ID 1267
Amarna
Louvre E 14374
Tell el-Amarna
Amenhotep IV. Achenaten
Elfenbein, bemalt, 5,8 × 6,5 cm
Prinzessin pflückt Trauben.

ID 1268
Präamarna
Wien KHM 10164
Fundort südlich von Theben
Amenhotep IV. Achenaten
Relieffragment, gelber Sandstein, 11,1 × 12,2 × 3,6 cm
Kopf im Profil.

ID 1269–1271
Präamarna
Turin S 18050
Fundort unbekannt, möglicherweise Karnak
Amenhotep IV. Achenaten, 6.–9. Jahr
Relieffragment, Sandstein, bemalt, 53 × 21 cm
Möller, Ägyptische Kunst aus der Zeit des König Echnaton, Kat. Nr. 56, Abb. 48.
Drei Diener, die jeder frei vor sich ein Gestell mit einer Schale (vermutlich mit Opferspeisen) tragen. Der Oberkörper ist schräg vorgebeugt, der Kopf erhoben. Sie sind kahlköpfig mit geradem Schurz und nacktem Oberkörper. Die Kahlköpfigkeit spricht für Priester oder Tempeldiener.

ID 1272
Präamarna
München ÄS 4231
Karnak
Amenhotep IV. Achenaten, thebanischer Stil
Relieffragment, Sandstein, 27,2 × 18,7 cm, versenktes Relief
PM II, 190. Barta, Die neuerworbenen Relieffragmente der ägyptischen Staatsammlung München, in: Pantheon 24, S. 1–9, Abb. 1. Aldred, Akhenaten and Nefertiti, Nr. 30. Settgast, Nofretete Echnaton, Kat. Nr. 76.
Königin Teje unter dem Strahlenaten. Reste des Kronenaufsatzes. Stirnuräus. Sie hält einen Wedel in der Linken. Hinter ihr sind die Reste von ihrem Gefolge erkennbar. Darstellung noch im konventionellen Stil Amenhoteps III.

ID 1273
Amarna
München ÄS 6795
Hermopolis Magna
Amenhotep IV. Achenaten
Relieffragment, Kalkstein, 52 × 24,1 cm
Hinter einer Frauenfigur steht eine Gestalt mit einem Wassergefäß in den erhobenen Händen. Im Arm eingeritzt zwei Kartuschen. Vermutlich Semenchkare.

ID 1274
Amarna
Boston MFA 63.1050
Im Kunsthandel erworben, Fundort unbekannt.
Amenhotep IV. Achenaten
Relieffragment, Sandstein, 20 × 16 × 2,5 cm
Kopf des Achenaten unter der Strahlensonne.

ID 1275
Amarna
Kairo JE 59296
Tell el-Amarna, Gem-pa-Aten, Südwand
Amenhotep IV. Achenaten, früher Amarnastil
Ostrakon, Vorderseite, Kalkstein, 16,5 × 26,5 × 3,9 cm
Pendlebury, Preliminary Report of the Excavations at Tell el-Amarnah 1934–1935, in: JEA 21, S. 134 und Taf. V.3. Ders. CoA III, Bd. 1, S. 19, Bd. 2, Taf. LIX.2 und 3. Arnold, The Royal Women of Amarna, S. 67, Abb. 62. Freed et al., Pharaohs of the Sun, Kat. Nr. 134.
Nefertiti mit der Königinnenkrone und einem Uräus auf der Krone, einem an der Wange. Sehr langer, sehniger Hals mit zwei Falten. Ihre Gesichtszüge sind denen Achenatens angeglichen. Mund dicklippig, die Trennungslinie zwischen den Lippen bis zu den Mundwinkeln ist ganz durchgezogen. Zarte Nasolabialfalte. Lange Ohren mit kleiner runder Bohrung im Ohrläppchen.

ID 1276
Amarna
Basel Privatbesitz
Fundort unbekannt
Amenhotep IV. Achenaten, früher Amarnastil
Relieffragment, Säule, Kalkstein, 4,3 × 25 cm
Schlögl, Geschenk des Nils, S. 66 (204).
Nefertiti in blauer Königinnenkrone unter Strahlenaten. Die Hand der Sonne berührt ihren Uräus. Geste identisch auf dem Relieffragment einer Säule, Oxford AN 1893.1–41 (71) (ID 337).

ID 1277
Amarna
Schweiz, Privatbesitz
Fundort unbekannt, vemutlich Tell el-Amarna
Amenhotep IV. Achenaten, später Amarnastil
Fragment einer Stele, Kalkstein, bemalt, 14,5 × 22,5 × 3 cm, stark verwittert
Schlögl, Geschenk des Nils, S. 67 (205).
Königsfamilie unter Strahlenaten. Erhalten sind Nefertiti und eine Prinzessin. Parallele: Hannover KM 1970.22.

ID 1278–1279
Amarna
Edinburg 160.906
Fundort möglicherweise Karnak

Amenhotep IV. Achenaten, früher Amarnastil
Relieffragment, Sandstein, 13,4 × 15,3 cm
Aldred, Akhenaten and Nefertiti, Kat. Nr. 43.
Zwei Damen (gestaffelt) in Perücke mit Seitenlocke und Straußenfederwedel. Die Armhaltung lässt darauf schließen, dass sie in einem Wagen stehen.

ID 1280–1281
Amarna
Norbert Schimmel Coll. MMA 1985.328.16
Hermopolis Magna
Amenhotep IV. Achenaten
Relieffragment, Kalkstein, 54,7 × 23,5 cm
Cooney, Amarnareliefs from Hermopolis in American Collections, Nr. 33. Roeder, Amarna-Reliefs aus Hermopolis, PC 18, Taf. 172, S. 404. Aldred, Akhenaten and Nefertiti, Kat. Nr.73. Settgast, Von Troja bis Amarna, Kat. Nr. 302.
Hofdamen bei der Ausfahrt, zweiter Wagen. Das Gesicht des Wagenlenkers ist beschädigt. Mit der linken Hand hält er locker die Zügel. In der rechten hält er die Peitsche aufrecht, die er nicht anwendet. Mund offen, vermutlich treibt er seine Pferde durch Rufe zur Eile an. In dem Wagen stehen zwei Hofdamen (gestaffelt) in Zipfelperücke. Sie blicken in Fahrtrichtung. Ihre Münder sind offen.

ID 1282
Amarna
Roeder 663.VIII 269.VI, Verbleib unbekannt
Hermopolis Magna
Amenhotep IV. Achenaten
Relieffragment, Kalkstein, 54 × 22 × 24 cm
Roeder, Amarna-Reliefs aus Hermopolis, 663.VIII = C 269.VI, Taf. 67, S. 69, 66.
Hof mit geschlossener Tür. Ein Diener mit waagerecht vorgebeugtem Oberkörper und zurückgebogenem Kopf (Gesicht geradeaus blickend) fegt den Boden mit einem langen Besen. Langer Schurz mit Bausch, Haar zerstört. Das Aufwärtsblicken des Mannes ist trotz der körperlichen Unmöglichkeit zu einem festen Typus geworden (Roeder, S. 64).

ID 1283
Amarna
Roeder 27.VIII und 443.VII, Verbleib unbekannt
Hermopolis Magna
Amenhotep IV. Achenaten

Relieffragment, Kalkstein, 48,5 × 17 × 33,5 cm
Roeder, Amarna-Reliefs aus Hermopolis, 27.VIIIA und 443.VII, Taf. 59, S. 67, 72.
Schlafzimmer des Königs. Ein Diener mit Sandalen, die an einer Stange hängen, und einem rechteckigen Kasten tritt an das leere Bett heran. Sein Kopf ist rund. Der Schurz mit Bausch reicht bis auf die Waden.

ID 1284
Amarna
Roeder PC 93, Verbleib unbekannt
Hermopolis Magna
Amenhotep IV. Achenaten
Relieffragment, Kalkstein,
Roeder, Amarna-Reliefs aus Hermopolis, PC 93, Taf. 186, S. 186, 301.
Vom oberen Bildstreifen sind die Füße des Königspaares noch erhalten. Im Bildstreifen darunter: In einem Tempelhof liegen gefesselte, aber noch nicht geschlachtete Rinder und stehen Gruppen von Opfergaben. Hinter jeder der Gruppen steht ein Mann mit schräg oder fast waagerecht vorgebeugtem Oberkörper, der die Arme in unterschiedlicher Haltung herabhängen lässt, mit den Händen an oder vor den Knien. Einige erheben ihre Hände, um an den Opfergaben etwas zu ordnen, einer gießt Wasser aus einem Krug.

ID 1285
Amarna
Roeder 173.VI, Verbleib unbekannt
Hermopolis Magna
Amenhotep IV. Achenaten
Relieffragment, Kalkstein,
Roeder, Amarna-Reliefs aus Hermopolis, 173.VI, Taf. 85, S. 192.
Innenräume des Palastes, von dem zwei Türen mit Hohlkehle abgehen. Rechts unten ein Raum mit Gefäßen. Darüber, auf dem Boden sitzend, ein schlafender Türhüter, der vom Sitzkissen bis zum Ellenbogen erhalten ist.

ID 1286–1287
Amarna
Kairo JE 66714
Tell el-Amarna, Zentrum der Stadt, Großer Palast
Amenhotep IV. Achenaten
Block, Kalkstein, 23 × 24 cm,
Grabung Pendlebury 1937

Relief mit zwei Frauen (gestaffelt). Langes Haar, das hinten einen Bogen nach innen zum Nacken hin beschreibt. Volle Gesichter, gerades Kinn, volle Lippen, bei beiden geschlossen. Sie haben beide die Hände anbetend erhoben. Es finden sich keine Hinweise für eine Kontextualisierung.

ID 1288
Amarna
Leiden F 1980.3.1
Fundort unbekannt
Amenhotep IV. Achenaten
Relieffragment, Kalkstein, 10,9 × 21,5 × 4 cm, sehr grobes Gestein
Davies, The Rock Tombs of El-Amarna V, Taf. XLII. Boddens Hosang, Two Amarna collections in the Netherlands, S. 35.
Königliche Person in Schrittstellung. Aufgrund des Gesteins nicht näher zu bestimmen. Der rechte angewinkelte Arm ist erhoben. Vor ihr eine Kartusche mit dem Namen des Aten.

ID 1289
Amarna
Amsterdam APM 8538
Fundort unbekannt
Amenhotep IV. Achenaten
Relieffragment, Sandstein
Verehrender oder ein bittender (laut Museumsbeschriftung „um Gnade flehender") Mann. Langes glattes Haar. Die scharfen Falten und das Profil sprechen für einen Mann nubischer Herkunft. Die Hand ist mit der Innenfläche nach vorn erhoben.

ID 1290–1294
Amarna
Tell el-Amarna, Nordgräber, TA 2, Säulenhalle, Südwand, Ostteil, Subreg.
in situ
Amenhotep IV. Achenaten
Wand, Relief, Kalkstein
Davies, The Rock Tombs of El Amarna II, Taf. XXXIII, Subreg., unten, S. 37.
Ankunft des Belohnten vor seinem Wohnhaus. Auf die Männer hinter dem Wagen folgen zwei junge Tänzerinnen mit Klappern (letztere kleiner dargestellt, aber ohne Seitenlocke, was gegen Kinder spricht) und drei tanzende Frauen. Die Frau in der Mitte winkt mit Blüten, die beiden anderen spielen eckige Rahmentrommeln. Entweder sind es Frauen, die zu seinem Haushalt gehören, Nachbarinnen, oder aus Anlass der Ehrengoldverleihung bestellte Tänzerinnen.

ID 1295–1298
Amarna
Tell el-Amarna, Nordgräber, TA 4, Säulenhalle, Südwand, Westteil, Subreg.
in situ
Amenhotep IV. Achenaten
Wand, Putz auf Kalksteinrelief, bemalt, der Putz am oberen Rand der Szene ist weggebrochen
Davies, The Rock Tombs of El Amarna I, Taf. VI und IX, S. 22.
Frauengruppe mit Zweigen und Trommeln, die den Ernannten vom Erscheinungsfensterhof durch die Straßen der Stadt nach Hause begleiten (siehe Abb. 16). Nur bei der letzten Frau, die die Rahmentrommel vor ihre Brust hält, ist das Instrument eindeutig zu identifizieren. Die schadhafte Stelle der Wand lässt nur noch Teile der anderen erkennen. Die Frauen gehen paarweise, das Paar am Ende des Zuges tanzt. Die Frau neben der Rahmentrommlerin, die das Instrument in Brusthöhe hält, spielt ebenfalls eine Rahmentrommel. Sie blickt leicht nach oben. Sie hält das Instrument hoch über ihren Kopf. Mit der rechten, zur Faust geballten Hand holt sie gerade zu einem neuen Schlag aus, ihr Arm ist hinter dem Kopf ihrer Nachbarin zu sehen. Das Paar vor ihnen blickt, den Kinnlinien nach zu schließen, geradeaus. Die Arme sind nur bei der dem Betrachter näheren Frau zu sehen. Sie haben dieselbe Position wie beim trommeln, der Bogen könnte vom Kreis einer runden Handtrommel stammen. Vor ihnen geht eine junge Tänzerin mit einem Zweig. Von dem Paar vor der jungen Tänzerin mit dem Zweig sind weder der Kopf noch das Instrument erhalten. Die Arme sind nur bei der dem Betrachter näheren Frau zu sehen. Sie haben dieselbe Position wie beim trommeln, sie könnten aber auch einen Blumenstrauß halten. Das linke Knie ist wie beim Tanz leicht angewinkelt, aber die ganze Fußsohle berührt den Boden.

ID 1300
Amarna
Tell el-Amarna, Nordgräber, TA 1, Schrein, Ostwand
in situ
Amenhotep IV. Achenaten
Wand, Relief, Kalkstein
Davies, The Rock Tombs of El Amarna III, Taf. XXIII.
Begräbniszug in der Nekropole. Sieben trauernde Männer stehen hinter dem rezitierenden Priester. Sie sind nicht durch Beischriften bezeichnet. Der Kleidung nach sind es Kollegen und Freunde des Verstorbenen, die, wie er, der Elite der Gesellschaft angehören. Sie haben die rechte Hand im Trauergestus auf den Scheitel gelegt, der linke Arm hängt herunter.

ID 1301–1304
Amarna
Tell el-Amarna, Nordgräber, TA 2, Säulenhalle, Ostwand
in situ
Amenhotep IV. Achenaten
Wandrelief, Kalkstein, Farbreste
Davies, The Rock Tombs of El Amarna II, Taf. XXXVII.
Musiker und Tanzgruppe beim Tributempfang vor der Rampe, die zum Thronbaldachin hinaufführt (siehe Abb. 25, 26). Die vier Tänzer bei der Prozession (Davies, Amarna II, Taf. XIV) sind auf dem Festplatz noch mit einem fünften Tänzer ergänzt. Sie haben Frisuren mit dem kurzen breiten Haartuch wie professionelle nubische Tänzer und tanzen mit deutlichen Gebärden eng beeinander wie Tänzer, die ihre Rhythmen aufeinander abstimmen. Von li. nach re.: der zweite Tänzer springt mit aufrechtem Oberkörper so hoch, dass er den Boden nicht mehr berührt. Beide Beine sind im Knie stark angewinkelt, ein Bein weist nach unten, das andere im Sprung nach hinten. Beide Arme hat er nach oben gestreckt. Er hält einen kurzen Stab in den zusammengelegten Händen. Er blickt zum Köng hin. Der dritter Tänzer springt mit aufrechtem Oberkörper so hoch, dass er den Boden nicht mehr berührt. Das linke, im Knie leicht angewinkelte Bein weist nach unten, das rechte ist im Sprung stark angezogen. Den li. Arm hält er angwinkelt nach oben. Die rechte Hand liegt flach auf dem Magen. Er hat den Kopf nach rechts (vom König weg) gedreht. Der vierte Tänzer tanzt mit leicht vorgebeugtem Oberkörper. Beide Arme sind angewinkelt, die Hände zur Faust geschlossen, die linke gerade in der Luft, die rechte vor dem Bauch. Der rechte Fuß berührt den Boden, das linke Bein ist angewinkelt. Er blickt zum König hin. Der fünfte Tänzer tanzt mit leicht vorgebeugtem Oberkörper. Beide Arme sind angewinkelt. Die Hände, zur Faust geschlossen, treffen sich vor der Brust. Der rechte Fuß berührt mit der Fußspitze den Boden, das linke Bein beschreibt in der Luft einen weiten Schritt. Er dreht den Kopf, so dass er zum König hinblickt.

ID 1305–1310
Amarna
Tell el-Amarna, Nordgräber, TA 4, Säulenhalle, Nordwand, Westteil
in situ
Amenhotep IV. Achenaten
Wand, Putz auf Kalkstein, bemalt
Davies, The Rock Tombs of El Amarna I, Taf. XA und XIII, S. 28.
Der König wird vor dem Temenos durch das Tempelpersonal und zwei Gruppen Musiker begrüßt (siehe Abb. 18). Die untere Gruppe von, li. nach re.: Die vierte Musikerin hält eine eckige Rahmentrommel hoch. Ihre Hände sind durch andere Instrumente und den Kopf der vor ihr stehenden Trommlerin verdeckt. Die fünfte

Frau in der Gruppe hat die linke Hand grüßend erhoben. Die sechste Musikerin hält eine runde Handtrommel hoch, von der nur das obere Drittel über den Köpfen der anderen hervorschaut. Ihre besonders tiefen Nasolabialfalten lassen sie älter als ihre Kolleginnen aussehen. Die siebente Musikerin hält eine runde Handtrommel hoch. Die achte Musikerin hält eine eckige Rahmentrommel hoch.

ID 1311–1314
Amarna
Tell el-Amarna, Nordgräber, TA 6, erste Halle, Westwand
in situ
Amenhotep IV. Achenaten
Wandrelief, Kalkstein
Davies, The Rock Tombs of El Amarna II, Taf. XVIII, S. 20.
Während des Opferns im Tempel. Vor dem Temenos spielen zwei Frauengruppen. Die obere Gruppe setzt sich aus der Leiterin und fünf musizierenden Damen zusammen (siehe Abb. 19). Die dem Betrachter fernere Frau im ersten Paar spielt die runde Handtrommel. Die Frau in der Mitte ist kleiner dargestellt als die übrigen und ist nicht mit einer anderen Frau gepaart. Sie spielt die eckige Rahmentrommel (nur am Original erkennbar). Die dem Betrachter nähere Frau im letzten Paar spielt ebenfalls eine eckige Rahmentrommel (nur am Original erkennbar), ihre Nachbarin eine runde Handtrommel.

ID 1315 (Belohnter), 1316 (Priester), 1317 (Wagenlenker)
Amarna
Tell el-Amarna, Südgräber, TA 8, Säulenhalle, Westwand, S
in situ
Amenhotep IV. Achenaten
Wandrelief, Putz, Farbreste
Davies, The Rock Tombs of El Amarna VI, Taf. XX, 4. und 5. Reg. v. u, S. 13–14.
4. Reg.: Vor dem kleinen Atentempel erwarten den Belohnten, „Erster Diener des Königs im Hause des Aten in Achetaten“, zwei Herren mit einer Art Ehrenzeichen in der Hand, von denen einer sich tief vor dem Ankömmling verbeugt, und fünf stehende kahlköpfige Priester. Davies hält sie für die Tempeldiener. Für ihren Status als Priester spricht ihre respektvolle Körperhaltung. Sie bilden die einzige Gruppe, die nicht jubelt. In seinem Wagen stehend richtet der Belohnte an sie einige Worte. Die Rede ist nur sehr fragmentarisch erhalten.

5. Reg.: Der Wagenlenker des Belohnten erwartet seinen Herrn vor dem Palasttor, das von den Strahlenhänden des Aten getroffen wird. Er steht neben den Pferden und hat beide Arme im Jubel erhoben (nur die Oberarme sind erhalten). Auch die Tanzstellung seiner Füße zeigt seine Erregung an. Der Pferdeknecht hat sich hinter dem Wagen niedergeworfen und küsst die Erde.

ID 1318
Amarna
Tell el-Amarna, Südgräber, TA 25, Säulenhalle, Nordwand, Ostteil
in situ
Amenhotep IV. Achenaten
Wandrelief auf Gips
Davies, The Rock Tombs of El Amarna VI, Taf. XXX.
Der Belohnte, der mit den roten Handschuhen, die er als Geschenk bei der Ehrengoldverleihung bekommen hat, vor das Palasttor tritt, wird außer von seinen Freunden und Kollegen auch von Offizieren, darunter ein Standartenträger einer bestimmten Phyle, bejubelt.

ID 1319
Amarna
Tell el-Amarna, Nordgräber, TA 3, Halle, Westwand
in situ
Amenhotep IV. Achenaten
Wand, Relief, Kalkstein, schadhaft
Davies, The Rock Tombs of El Amarna II, Taf. XXX, 4. Reg. v. u., S. 28.
Vor dem Tempel erwartet das Tempelpersonal den König. Eine Reihe (gestaffelt) aus drei kahlrasierten Priestern in wadenlangem Schurz mit gebauschtem Vorderstück verbeugt sich. Sie halten die Hände im Cheironomen Gestus kurz unter dem Kinn (wie auch die Sänger in TA 4, Davies Amarna I, Taf. XXII). Gesichter und Oberkörper sind zerstört.

ID 1320
Amarna
Tell el-Amarna, Nordgräber, TA 4, Säulenhalle, Südwand, Westteil
in situ
Amenhotep IV. Achenaten
Wand, Putz auf Kalksteinrelief, bemalt
Davies, The Rock Tombs of El Amarna I, Taf. VI, S. 21–22. Tietze, Amarna: Lebensräume – Lebensbilder – Weltbilder, S. 222–223.
Der König in Begleitung Nefertitis und einer oder zwei Prinzessinnen beugt sich leicht aus dem Erscheinungsfenster vor. Die linke Hand hat er auf das Kissen der Balustrade gelegt, die rechte Hand streckt er dem Ernannten entgegen, den er in seiner Rede direkt adressiert: „Siehe, ich nehme dich zu mir als Größten der Sehenden im Atentempel von Achetaten....". Der zuhörende Merire I kniet vor dem König im Erscheinungsfenster. Er hat die Hände im Anbetungsgestus erhoben.

ID 1321
Amarna
Tell el-Amarna, Nordgräber, TA 4, Säulenhalle, Nordwand, Westteil
in situ
Amenhotep IV. Achenaten
Wand, Putz auf Kalkstein, bemalt
Davies, The Rock Tombs of El Amarna I, Taf. XA und XIV, 3. Reg. v. u., S. 29.
Hinter den Priestern, die den König willkommen heißen (siehe Abb. 18), sind im selben Register vier gestaffelt dargestellte Priester durch die Beischrift als „die ersten Diener des Aten im Atentempel von Achetaten" bezeichnet. Sie sind wohlgenährt, tragen einen Schurz und Sandalen. Links halten sie einen Blumenstrauß, die rechte Hand ist grüßend erhoben. Bis auf den letzten Priester in der Reihe sind die Gesichter zerstört. Er hat einen offenen Mund.

ID 1322–1323
Amarna
Tell el-Amarna, Nordgräber, TA 5, Halle, Südwand, unten
in situ
Amenhotep IV. Achenaten
Wandrelief, moderne Zerstörung
Davies, The Rock Tombs of El Amarna IV, Taf. VIII, unten, IXB, S. 5.
Auszeichnung des Schreibers des Königs, Kammerdiener des Königs, erster Diener des Aten im Atentempel in Achetaten, Oberarzt Pentu. Der Belohnte steht im Jubelgestus vor dem Palast. Dort warten „die Menschen der Behörde und alle Untergebenen des Hauses von…". Ihnen ist ein Königslob, von dem nur die Reste „Ewig … ewiglich…" noch erhalten sind, in den Mund gelegt.

ID 1324
Amarna
Tell el-Amarna, Nordgräber, TA 1, Schrein, Ostwand
in situ
Amenhotep IV. Achenaten
Wand, Relief, Kalkstein
Davies, The Rock Tombs of El Amarna III, Taf. XXIII.
Hinter der Mumie klagen vier Frauen. Die erste von ihnen ist durch die Beischrift als seine Mutter Tuy, die zweite als seine Schwester, die Gerechtfertigte, bezeichnet. Den anderen zwei Frauen ist nichts beigeschrieben. Alle vier haben die rechte Hand im Trauergestus auf den Scheitel gelegt, der linke Arm hängt herab. Der Mund ist bei keiner von ihnen erkennbar.

ID 1325
Amarna
Tell el-Amarna, Nordgräber, TA 2, Säulenhalle, Südwand, Ostteil, Subreg.
in situ
Amenhotep IV. Achenaten
Wand, Relief, Kalkstein
Davies, The Rock Tombs of El Amarna II, Taf. XXXIII, XXXVI, Subreg., oben, S. 37.
Der Belohnte begibt sich vom Palast zu seinem Wagen. Er wird von seinen Dienern, Freunden und seinem Wagenlenker bejubelt. Einer küsst dem Belohnten die Sandalen. Die Kleidung weist sie als vornehme Herren, die aus der gehobenen Gesellschaftschicht stammen, aus (ID 939–940). Sein Wagenlenker hat jubelnd den rechten Arm erhoben. Mit der linken Hand hält er die Zügel und die Peitsche.

ID 1326
Amarna
Tell el-Amarna, Nordgräber, TA 2, Säulenhalle, Ostwand
in situ
Amenhotep IV. Achenaten
Wandrelief
Davies, The Rock Tombs of El Amarna II, Taf. XXXVII, 5. Reg. v. u., XXXVIII, S. 40.
Tributempfang. Hinter den Akrobaten, die Schaukämpfe aufführen, beantworten drei Nubier tanzend die Rhythmen ihres Landsmannes mit der Fasstrommel (siehe Abb. 25). Sie haben beide Arme ausgebreitet. Die Handflächen weisen nach oben. Der mittlere Tänzer beugt sich vor. Bei ihm sind die Arme nicht sichtbar.

ID 1327
Amarna
Tell el-Amarna, Nordgräber, TA 1, Schrein, Westwand
in situ
Amenhotep IV. Achenaten
Wand, Relief, Kalkstein
Davies, The Rock Tombs of El Amarna III, Taf. XXIII.
In den Zug der Träger mit der Grabausstattung haben sich mehrere trauernde Männer eingereiht. Sie sind nicht durch eine Beischrift als Verwandte des Verstorbenen bezeichnet. Sie setzten sich aus vornehm gekleideten, kahlköpfigen Männern und einem Mann mit bis auf die Schultern reichender Perücke zusammen. Der erste ist zu stark zerstört, die anderen drei haben die linken Hand im Trauergestus auf den Scheitel gelegt. Der rechte Arm hängt herab.

ID 1328
Amarna
Tell el-Amarna, Südgräber TA 7, Halle, Westwand
in situ
Amenhotep IV. Achenaten
Wand, Putz, Vorzeichnung mit Tinte
Davies, The Rock Tombs of El Amarna VI, Taf. V, S. 5.
Empfang des Belohnten nach der Ehrengoldverleihung vor dem Wohnhaus. Er ist schon ausgestiegen. Hinter seinem Wagen sind die Füße eines vor Erregung und Freude tanzenden Mannes erkennbar.

ID 1329
Amarna
Tell el-Amarna, Südgräber, TA 9, Halle, Ostwand, Nordteil
in situ
Amenhotep IV. Achenaten
Wand, Putz, Vorzeichnung mit Tinte
Davies, The Rock Tombs of El Amarna IV, Taf. XVII, unten, S. 14.
Der jubelnde Mahu und seine Polizistentruppe stehen in einem Zug von Beamten, Fächerträgern, Höflingen und anderen vor dem Palast. Vor ihm verbeugt sich, das Gesicht zu dem Belohnten gewandt, ein Standartenträger. Davies vermutet, dass Mahus neue Position ihm das Recht zu einer Standarte, die vor ihm hergetragen wird, gegeben hat.

ID 1330–1334
Amarna
Berlin ÄM 14145
Vermutlich Tell el-Amarna
Amenhotep IV. Achenaten, früher Amarnastil
Hausaltar, Kalkstein, 33,5 × 39,5 × 3,5 cm, an der li. oberen Ecke abgestoßen
PM IV, 232. Spiegelberg, Geschichte der ägyptischen Kunst, S. 67, Abb. 62. Krauss, Die amarnazeitliche Familienstele unter besonderer Berücksichtigung von Maßordnung und Komposition, in: Jahrbuch der Berliner Museen 33, S. 7–36. Fitzenreiter, *ꜣḫ n jtn* als *ꜣḫ n jḳr rʿ*, in: SAK 37, S. 85–124. Arnold, The Royal Women of Amarna, S. 98, Abb. 88. Freed et al., Pharaohs of the Sun, Kat. Nr. 53. Seyfried, Im Lichte von Amarna, Abb. 2.
Familienszene des Herrscherpaares zusammen mit drei Prinzessinnen im Kleinkindalter im Palast. Der Boden ist einer Opfermatte nachgebildet. Darüber die Sonnenscheibe mit einer Vielzahl von Strahlenarmen, die zur Erde gerichtet sind, sie reichen König und Königin Anch-Zeichen an die Nase. Bei allen ist der Mund

geschlossen. Die Kinder, die auf dem Schoß sitzen, zeigen auf den anderen Elternteil hin, die Prinzessin auf Nefertitis Arm/Schulter, spielt mit dem Ohrschmuck ihrer Mutter.

ID 1335–1339
Amarna
Kairo JE 44865
Tell el-Amarna, Haus Q 47.16
Amenhotep IV. Achenaten
Hausaltar, Kalkstein, bemalt, 39,5 × 43,5 cm, vollständig
PM IV, 204. Borchardt, Portraits der Königin Nofrete aus den Grabungen 1912/13 in Tell el-Amarna, S. 2ff. Fitzenreiter, *ꜣḫ n jtn* als *ꜣḫ n jḳr rꜥ*, in: SAK 37, S. 85–124. Freed et al., Pharaohs of the Sun, Abb. 70.
Königsfamilie mit drei Prinzessinnen. Der König in blauer Krone lässt einen Ohrschmuck vor den Augen Meritatens glitzern. Nefertiti hat ihre Linke auf den Kopf der in ihrem Schoß sitzenden Anchesenpaaten gelegt. Meketaten steht im Schoß ihrer Mutter und berührt Nefertitis Kinn. Gleichzeitig lässt sie einen Ohrring vor den Augen ihrer jüngeren Schwester hin- und her tanzen. Meritaten hat beide Hände zu dem langen Goldschmuck, den der König vor ihren Augen glitzernlässt, erhoben.

ID 1340
Amarna
Kairo RT 20.6.28.5
vemutlich Tell el-Amarna
Amenhotep IV. Achenaten
Relief, Säule, Kalkstein, Gesicht umgearbeitet
Königliche Person, vermutlich Nefertiti, mit nubischer Stufenperücke, Kartuschen auf den Armen. Rechte Hand erhalten.

ID 1341
Amarna
Kairo JE 47173
Tell el-Amarna, Maru-Aton, Gebäude I2
Amenhotep IV. Achenaten, 6.-9. Jahr
Einlage aus einem Wandrelief, roter Quarzit, Höhe 11 cm
Woolley, Excavations at Tell el-Amarna, in: JEA 8, S. 79–80. Peet/Woolley, CoA I, S. 119–122, Taf. 35, 1. Roeder,Thronfolger und König Smench-ka-Rè, in: ZÄS 83, S. 54. Myśliwiec,Le portrait royal dans le bas-relief du Nouvel Empire, S. 77–80, Abb. 174.

Profil des Achenaten. Übergang von ausgeprägtem frühem Stil zum späten weicheren Stil. Fliehende Stirn, langes Gesicht, hängendes Kinn, wulstige Lippen. Am Hals Querfalten, Loch im Ohrläppchen oval und nicht wie früher rund.

ID 1342–1344
Amarna
Amsterdam APM 8537
Theben Ost
Amenhotep IV. Achenaten, früher Amarnastil
Stele, Kalkstein, 20 × 32 × 3,5 cm
Boddens Hosang, Two Amarna collections in the Netherlands, 15–53: 25, 46, Taf. 8.
Totenstele einer Privatperson mit drei Registern. Das oberste Register zeigt den Aten mit Strahlenhänden zwischen den beiden Horizontbergen. Auf beiden Seiten steht ein Affe, der die Sonne mit erhobenen Armen anbetet. Das mittlere Register zeigt die Sonnenbarke mit dem falkenköpfigen Re-Horachte. Rechts der Barke kniet ein Mann, der die Arme im Anbetungsgestus erhoben hat. Links ist noch ein Arm sichtbar, der vielleicht zu der Frau des Stelenbesitzers gehörte. Die untere Hälfte der Stele zeigt einen Mann, seine Frau und zwei Kinder vor einem Opfertisch, neben dem noch ein Was-Zepter (des Ptah?) zu sehen ist. Der Mann trägt einen Offiziersschurz. Er hält in der Linken eine brennende Räucherschale empor, die Rechte ist im Anbetungsgestus erhoben. Die Frau zeigt dem Gott die Menit ihrer Kette. Ihr rechter Arm hängt herab. Von den Kindern sind die Gesichter kaum auszumachen. Eines der Kinder trägt eine Lotusblüte.

ID 1345–1347
Amarna
Tell el-Amarna, Südgräber, TA 25, Säulenhalle, Nordwand, Ostteil
in situ
Amenhotep IV. Achenaten
Wandrelief auf Gips
Davies, The Rock Tombs of El Amarna VI, Taf. XXX.
Der Belohnte, der vor das Palasttor tritt, wird bejubelt von fünf Männern in Zipfelperücke und gebauschtem Schurz. Einer von ihnen trägt einen Fächer. Desgleichen jubeln ihm vier Herren mit unterschiedlichen Perücken, gekleidet in feine Hemden und glatte Tuniken, die oben eingesteckt sind, zu. Zwischen ihnen und den Trägern mit den Geschenken des Königs für Eje werfen sich zwei kahlköpfige Diener ehrerbietig auf die Knie. Einer von ihnen hat die Arme im Jubelgestus erhoben.

ID 1348–1352
Amarna
Tell el-Amarna, Südgräber, TA 25, Säulenhalle, Nordwand, Ostteil
in situ
Amenhotep IV. Achenaten
Wandrelief auf Gips
Davies, The Rock Tombs of El Amarna VI, Taf. XXIX, S. 22.
Hinter den Belohnten Eje und Ti tanzen sieben Männer mit nubischer Haartracht in Hemd und gebauschtem Schurz. Die Arm- und Beinstellung unterscheiden sie. Der zweite auf der Grundlinie bildet fast ein Paar mit dem ersten Tänzer, dem er zugewandt ist. Wie dieser springt er sehr hoch. Er hat den rechten Arm angewinkelt, den Unterarm führt er über die Brust zur linken Armhöhle hinauf. Die linke Hand mit gestrecktem Finger ist (wie bei den *mww*-Tänzern) zum Boden weisend, den Kopf hält er gerade. Körper und Gesicht sind dem König zugewandt. Der dritte auf der Grundlinie tanzt mit stark angewinkelten Knien, hat aber beide Fußspitzen auf dem Boden. Die angewinkelten Arme treffen sich vor der Brust. Er blickt ebenfalls zum König. Der erste auf der oberen Standlinie tanzt ebenfalls mit stark angewinkelten Knien, die rechte Fußspitzen berührt den Boden, das linke Bein zeigt nach hinten in die Luft. Die linke Hand ist in der Hüfte, der linke Arm in Bewegung in der Luft. Er blickt ebenfalls zum König. Der zweite auf der oberen Standlinie berührt mit der ganzen rechten Fußsohle den Boden, das linke angewinkelten Bein berührt den Boden nur mit den Zehen. Die angewinkelten Arme treffen sich vor der Brust. Er blickt ebenfalls zum König. Der dritte auf der oberen Standlinie tanzt ebenfalls mit angewinkelten Knien, hat die linke Fußsohle auf dem Boden, das rechte Bein nach hinten in der Luft. Die rechte Hand weist mit ausgestrecktem Zeigefinger nach unten, die linke gewölbte Hand ist vor der Stirn. Er kehrt den Rücken zum König.

ID 1353
Amarna
Wien KHM 9962
Hermopolis Magna
Amenhotep IV. Achenaten
Relieffragment, Kalkstein, bemalt 54,5 × 23,5 × 3,7 cm
Roeder, Amarna-Reliefs aus Hermopolis, PC 149, Taf. 192. Chappaz, Akhénaton et Néfertiti, soleil et ombres des pharaons, Kat. Nr. 56.
Das Relieffragment zeigt zwei Tempeltore zwischen denen Opfergaben aufgetürmt sind. Wahrscheinlich handelt es sich um einen Hof des Atentempels. Auf Ständern sind Nahrungsmittel als Opfergaben niedergelegt. Dazwischen liegen gebundene Rinder. Keine Personen.

ID 1354
Amarna
Turin C 1563
unbekannt, evtl. Hermopolis
Amenhotep IV. Achenaten
Talatat, Kalkstein, wiederverwendete Stele, 51 × 32,5 × 12cm
Chappaz, Akhénaton et Néfertiti, soleil et ombres des pharaons, Kat. Nr. 60.
Auf der Seite ist ein Lotus neben einem Haus mit Säulenhalle (Empfangsraum) und Nebenräumen erhalten. Keine Personen.

ID 1355
Amarna
Berlin ÄM 22275
Tell el-Amarna, Werkstatt P 49.06
Amenhotep IV. Achenaten
Einlage, gelber Sandstein, 13 × 18,5 × 3 cm
Chappaz, Akhénaton et Néfertiti, soleil et ombres des pharaons, Kat. Nr. 107. Seyfried, Im Lichte von Amarna, Kat. Nr. 40.
Kopf im Profil.

ID 1356–1357
Amarna
London, Faksimile eines von Petrie ausgegrabenen Wandbildes im Petrie Museum
Tell el-Amarna, Palast, Frauentrakt, nördlicher Teil, Raum E, 75 cm über dem Boden
Amenhotep IV. Achenaten
Wandmalerei, Nilschlamm, bemalt
Petrie, Tell el Amarna, Taf. V. Weatherhead, Amarna Palace Paintings, Abb. 21a, S. 23–27.
Zwei Diener, die sich im Palast unterhalten, der rechte Diener sitzt auf einem Würfel. Er blickt auf zu einem vor ihm stehenden Diener, der seinen Besen unter den Arm geklemmt hat. Vermutlich hat er den rechten Arm im Redegestus vorgestreckt, das lässt sich allerdings nicht mit Sicherheit ermitteln, da die Hand nicht erhalten ist.

ID 1358–1359
Amarna
Tell el-Amarna, Nordgräber, TA 2, Säulenhalle, Ostwand
in situ
Amenhotep IV. Achenaten
Wandrelief
Davies, The Rock Tombs of El Amarna II, Taf. XXXVII, 4. Reg. v. u.

Tributempfang. Hinter den nubischen Tänzern und den klatschenden Libyern spielen zwei Trompeter im Offiziersschurz (gestaffelt, siehe Abb. 25, 1. Reg. v. u., ganz re.). Die Instrumente sind, der Armhaltung nach, an den Mund gesetzt und zum König hin ausgerichtet.

ID 1360
Amarna
Tell el-Amarna, Nordgräber, TA 4, Säulenhalle, Westwand
in situ
Amenhotep IV. Achenaten
Wand, Putz auf Kalksteinrelief, bemalt
Davies, The Rock Tombs of El Amarna I, Taf. X.
Ein Trompeter im Ofiziersschurz steht neben einem knieenden Wächter, der beide Hände zum Gruß vorgestreckt hat. Er blickt dem sich nähernden Königswagen entgegen und hat, der Armhaltung nach, das Instrument an den Mund gesetzt.

Tabelle der in der Datenbank ermittelten Kriterien für auditives Handeln im Bilddiskurs der Präamarna- und Amarnazeit

ID	Status	Geschlecht	Ethnie	Handlungstyp	Offener Mund	Adressat	Gestus	Instrument
1	Fächerträger	M	As		N	König		
2	Fächerträger	M	Sy		N	König		
3	Fächerträger	M	Li		N	König		
4	Fächerträger	M	Nub		N	König		
5	vornehmer Herr	M	Äg		N	König		
6		M	Nub		J			
9	königlich	W	Äg	Kultmusik	N	Aten		Sistrum
10	königlich	M	Äg		N	Aten		
11	königlich	M	Äg		N			
12	königlich	M	Äg		N	Aten		
13	königlich	W	Äg		N	Aten		
14	Kindermädchen	W	Äg		N	Aten	Proskynese	
15	königlich	W	Äg		N	Kind	Liebkosung	
16	Höfling	M	Äg		N	Aten	Proskynese	
17	Höfling	M	Äg		N	Aten	Proskynese	
18	königlich	M	Äg		N	Aten		
19	königlich	W	Äg		N	Schwester	Liebkosung	
20	königlich	W	Äg		N	Schwester	Liebkosung	
21	königlich	W	Äg		N			
22	königlich	W	Äg		N	Mutter	Liebkosung	
23	königlich	W	Äg	Kultmusik	N	Aten	spielend	Sistrum
24	königlich	W	Äg	Kultmusik	N	Aten	spielend	Sistrum
25	Höfling	M	Äg		N	Aten		
26	Höfling	M	Äg		N	Aten		
27	Höfling	M	Äg		N	Aten		
28	Diener	M	Äg		N	Aten	Verbeugung	
29	Hofdame	W	Äg		N	König		
30	Hofdame	W	Äg			König		
31	Hofdame	W	Äg		N	König		
32	Hofdame	W	Äg			König		
33	Hofdame	W	Äg		N	König		

Tabelle der in der Datenbank ermittelten Kriterien für auditives Handeln im (cont.)

ID	Status	Geschlecht	Ethnie	Handlungstyp	Offener Mund	Adressat	Gestus	Instrument
34	Hofdame	W	Äg	Lauterzeugung ?	J	König		
35	Hofdame	W	Äg		N	König		
36	Hofdame	W	Äg		N	König		
37	Hofdame	W	Äg	Lauterzeugung ?	N	König		
38	Soldat	M	Nub		N			
39	Soldat	M	Nub		N			
40	Höfling	M	Äg		N			
41	Höfling	M	Äg		N			
42	Stallknecht	M	Äg		N	Rind	Arb	
43	Stallknecht	M	Äg	Lautvermeidung	N	Rind	beruhigend	
44	Stallknecht	M	Äg		N			
45	Hofmusiker	W	Äg	Bankettmusik		Königliche Familie	spielend	Bogenharfe
46	Hofmusiker	W	Äg	Bankettmusik		Königliche Familie	spielend	Laute
47	Hofmusiker	W	Äg	Bankettmusik		Königliche Familie	spielend	Laute
48	Hofmusiker	W	Äg	Bankettmusik		Königliche Familie	spielend	Flöte
49	Hofmusiker	W	Äg	Bankettmusik		Königliche Familie	spielend	Leier
50	Hofmusiker	W	Äg	Bankettmusik		Königliche Familie	spielend	Bogenharfe
51	Hofmusiker	W	Äg	Bankettmusik		Königliche Familie	spielend	Laute
52	Städterin	W	Äg	Musik z. Empfang	J	König	spielend	Handtrommel
53	Städterin	W	Äg	Musik z. Empfang	N	König	tanzend	Tanz
54	Städterin	W		Musik z. Empfang		König	tanzend	Tanz

ID	Status	Geschlecht	Ethnie	Handlungstyp	Offener Mund	Adressat	Gestus	Instrument
55	ArmeemusikerM			Musik z. Empfang		König	spielend	Trompete
56	Städterin	W	Äg	Musik z. Empfang	N	König	tanzend	Lotusblüte
57	älterer Beamter	M	Äg		J	König	Verbeugung	
58	älterer Beamter	M	Äg		N	König	Verbeugung	
59	Hofmusiker verb. A.	M	As	Lauterwartung		König	nicht spielend	Leier
60	Hofmusiker verb. A.	M	As	Lauterwartung	N	König	nicht spielend	Leier
61	Hofmusiker verb. A.	M	As	Lauterwartung	N	König	nicht spielend	Laute
62	Hofmusiker verb. A.	M	As	Lauterwartung	N	König		
63	Hofmusiker verb. A.	M	As	Lauterwartung	N	König		
64	Hofmusiker	M	As	Lauterwartung		Königsfamilie	nicht spielend	Standleier
65	Musiker	M	Li	Festmusik		König	spielend	Schlaghölzer
66	Musiker	M	As	Festmusik	J	König	spielend	Flöte
67	Musiker	M	Äg	Festmusik	J	König	spielend	Laute
68	Musiker	M	Äg	Festmusik		König	klatschend	Hände
69	Musiker	M	Äg	Festmusik		König	klatschend	Hände
70	Musiker	M	Nub	Festmusik	J	König	klatschend	Hände
71	Musiker	M	Nub	Festmusik	J	König	klatschend	Hände
72	Musiker	M	Nub	Festmusik	J	König	klatschend	Hände
73	Musiker	M	Nub	Festmusik	J	König	klatschend	Hände
74	Musiker	M	Nub	Festmusik	J	König	klatschend	Hände
75	Soldat	M	Nub	Lauterzeugung	J	König	Jub	
76	Soldat	M	Nub	Lauterzeugung	N	König	Jub	
77	Palastdiener	M	Äg	Dialog	N	Palastdiener	Red	Stimme

Tabelle der in der Datenbank ermittelten Kriterien für auditives Handeln im (cont.)

ID	Status	Geschlecht	Ethnie	Handlungstyp	Offener Mund	Adressat	Gestus	Instrument
78	Palastdiener	M	Äg	Dialog	N	Palastdiener	Red	Stimme
79	Türwächter	M	Äg	Dialog	N	Palastdiener	Red	Stimme
80	Palastdiener	M	Äg	Dialog	J	Türwächter	Red	Stimme
81	Junge	M	Äg	Lauterzeugung			tanzend	
82	Städterin	W	Äg	Lauterzeugung	J		spielend	Handtrommel
83	Städterin	W	Äg	Lauterzeugung	N		spielend	Handtrommel
84	Städterin	W	Äg	Lauterzeugung			spielend	Handtrommel
85	Würdenträger	M	Sy		N			
86	Würdenträger	M	Sy					
87	Würdenträger	M	Nub		N			
88	Würdenträger	M	Nub					
89	königlich	W	Äg	Musik	N		spielend	Laute
90	vornehmer Herr	M	Äg		N	Prinzessin	Verbeugung	
91	Palastdiener	M	Äg	Zuhören	N	Palastdiener	Kopfdrehung	
92	königlich	M	Äg		N			
93	königlich	M	Äg		N			
94	Gesandte	M	Nub		N	König	grüßend	
95	königlich	W	Äg		N	Prinzessin	Liebkosung	
96	königlich	W	Äg		N	Prinzessin	Liebkosung	
99	Soldat	M	Li		N			
100	Soldat	M	Li		N			
101	Soldat	M	Li		N			
102	königlich	M	Äg		N			
103	vornehmer Herr	M	Nub		N	König	Verbeugung	
104	Tempeldiener	M	Äg		N		Arb	

ID	Status	Geschlecht	Ethnie	Handlungstyp	Offener Mund	Adressat	Gestus	Instrument
105	Palastdiener	M	Äg	Sprechen		Palast diener	Red	Stimme
106		M	Äg	Lauterzeugung	N		Jub	
107	Palastdiener	M	Äg	Zuhören		Palast-diener	Arb	
108	Tänzerin	W	Äg	Lauterzeugung	N		tanzend	Tanz
109	Tänzerin	W		Lauterzeugung			tanzend	Tanz
110	Tänzerin	W	Äg	Lauterzeugung			tanzend	Tanz
111	Tänzerin	W	Äg	Lauterzeugung			tanzend	Tanz
115		M	Äg		N	unbekannt		
116	königlich	M	Äg		N	Aten		
117	königlich	M	Äg		N			
118	königlich	W			N			
119		M	Äg		N			
120		M	Äg		N			
121	königlich	W	Äg		N			
122	Ruderer	M	Nub		N	Ruderer	Arb	
123	Ruderer	M	Nub		N	Ruderer	Arb	
124	Aufseher	M	Äg		N	Aten	anbetend	Text
125	Städterin	W		Lauterzeugung			tanzend	Zweig
126	Städterin	W		Lauterzeugung			tanzend	Handtrommel?
127	Städterin	W		Lauterzeugung			tanzend	Blüte
128	königlich	W	Äg	Kultmusik	N	Aten	spielend	Sistrum
129	königlich	W	Äg	Kultmusik	N	Aten	spielend	Sistrum
130	königlich	W	Äg		N	Aten		
131		M	Nub		N			
132	Palastdiener	M	Äg	Dialog	J	vermutlich Palast-diener		

Tabelle der in der Datenbank ermittelten Kriterien für auditives Handeln im (cont.)

ID	Status	Geschlecht	Ethnie	Handlungstyp	Offener Mund	Adressat	Gestus	Instrument
133	königlich	W	Äg		N			
134		M	Nub		N			
135	königlich	W	Äg		N			
136		M	Li					
137	königlich	M	Äg		N			
138	königlich	W			N			
139	königlich	W	Äg		N	Aten		
140	königlich	W	Äg		N			
141	königlich	W	Äg	Kultmusik	N	Aten	spielend	Sistrum
142	königlich	M	Äg		N			
143		M	Äg		N			
144		M	Äg		N			
145	königlich	W	Äg		N			
146	Opferträger	M	Äg		J			
147	königlich	W	Äg					
148	königlich	W	Äg	Kultmusik	N	Aten	spielend	Sistrum
149	königlich	W	Äg		N			
150	Offizier	M	Äg	Lauterzeugung	J	Belohnter	Jub	
151	königlich	W	Äg	Kultmusik	N	Aten	spielend	Sistrum
152	Opferträger	M	Äg		N			
153	Opferträger	M	Äg		N			
154	königlich	W	Äg		N			
155	königlich	M	Äg		N	Aten		
156	königlich	M	Äg		N			
157	königlich	W	Äg		N			
158	königlich	W	Äg	Kultmusik	N	Aten	spielend	Sistrum
159	königlich	W	Äg	Kultmusik	N	Aten	spielend	Sistrum
160	königlich	W	Äg		N	Aten		
161	königlich	W	Äg		N	Aten		
162	königlich	W	Äg	Kultmusik	N	Aten	spielend	Sistrum
163	königlich	M	Äg		N			
164	Höfling	M	Äg		N			
165	Höfling	M	Äg		N			
166	Höfling	M	Äg		N	Aten	anbetend	

ID	Status	Geschlecht	Ethnie	Handlungstyp	Offener Mund	Adressat	Gestus	Instrument
167	Höfling	M	Äg		N			
168	Höfling	M	Äg		N			
169	königlich	W	Äg		N		gestillt werdend	
170	Soldat	M	Nub		N			
171	Soldat	M	Nub		N			
172	vornehmer Herr	M	Äg		N		Verbeugung	
173	königlich	W	Äg		N			
174	vornehme Städterin	W	Äg	Lauterzeugung	N		tanzend	Tanz
175	königlich	W	Äg		N			
176	königlich	W	Äg		N	Aten		
177	königlich	M	Äg		N			
178	Hirte	M	Äg					
179	königlich	W	Äg		N	Aten		
180	Soldat	M		Ruhe	N		wachend	
181	Soldat	M		Ruhe	N		schlafend	
182	Bauarbeiter	M	Äg		N		Arb	
183	königlich	M	Äg		N			
184	königlich	W	Äg		N	Aten		
185		M						
186	königlich				N			
187		M			N			
188		M			N			
189	königlich	M	Äg		N			
190	Hofmusiker	W	Äg	Bankettmusik	N		spielend	Bogenharfe
191	Hofmusiker	W	Äg	Bankettmusik	N		spielend	Sängerin
192	Hofmusiker	W	Äg	Bankettmusik	N		spielend	Sängerin
193	Hofmusiker	W	Äg	Bankettmusik	N		spielend	Doppeloboe
194	Hofmusiker	W	Äg	Bankettmusik			spielend	Leier

Tabelle der in der Datenbank ermittelten Kriterien für auditives Handeln im (cont.)

ID	Status	Geschlecht	Ethnie	Handlungstyp	Offener Mund	Adressat	Gestus	Instrument
195		M	Nub		N			
196	Diener	M	Äg		N		Arb	
197	Bauarbeiter	M	Äg		N		Arb	
198	Bauer	M	Äg		N		Arb	
199	königlich	W	Äg		N	Aten		
200		M	Äg	Totenklage	J		trauernd	
201	Wagenlenker	M	As					
202	königlich	M	Äg		N			
203	Fächerträger	M	Nub		N		grüßend	
204	königlich	W	Äg		N	Aten	anbetend	
205		M						
206	Musiker, blind	M	Nub		N			
207		M			N			
208	Palastdiener	M	Äg		N		essend	
209	Soldat	M	Nub		N			
210	Soldat	M	Nub		N			
211	königlich	M	Äg		N	Aten		
212	Priester	M	Äg		N			
213	Priester	M	Äg		N			
214		M	Äg		N	König		
215	Belohnter	M	Äg	Lauterzeugung	N		Jub	
216	königlich	M	Äg		N	Aten		
217	königlich	W	Äg		N	Aten		
219	königlich	M	Äg	Dialog	N	Falken-Aten		
220	königlich	M	Äg		N			
221	königlich	W	Äg		N		essend	
222	königlich	M	Äg		N			
223	königlich	M	Äg		N			
224	königlich	W	Äg	Kultmusik	N	Aten		Sistrum
225	königlich	M	Äg		N	Aten	anbetend	
226	königlich	M	Äg		N	Aten		
227	königlich	W	Äg	Kultmusik	N	Aten		Sistrum
228	königlich	W	Äg		N	Aten		
229	königlich	W	Äg		N	Aten		

ID	Status	Geschlecht	Ethnie	Handlungstyp	Offener Mund	Adressat	Gestus	Instrument
230	königlich	W	Äg	Kultmusik	N	Aten		Sistrum
231	königlich	M	Äg		N	Aten		
232	königlich	M	Äg		N	Aten		
233	Gesandte	M	Li		N	König	Proskynese	
234	Gesandte	M	Sy		N	König	Proskynese	
235	Gesandte	M	Sy		N	König	Proskynese	
236	Gesandte	M	Nub		N	König	Proskynese	
237	königlich	M	Äg		N	Aten		
238	Herr	M	Äg		N	Diener		
239	Diener	M	Äg		N	Herr		
240	älterer Beamter	M	Äg		N	König		
241	Amme f. Prinzessin	W	Äg		N	König	anbetend	
242	königlich	M	Äg		N			
243	Landarbeiter	M			N		Arb	
244	Vorarbeiter	M		Anweisung	N	Landarbeiter	Red	Stimme
245	Landarbeiter	M		Zuhören	N	Vorarbeiter	Arb	
246	Gartenarbeiter	M	Nub		N		Arb	
247	Tempeltänzerin	W	Äg	Lauterzeugung	J	König	tanzend	Tanz
248	Tempeltänzerin	W	Äg	Lauterzeugung	N	König	tanzend	Tanz
249	Hofmusiker	W	Äg	Bankettmusik	N		spielend	Leier
250	Hofmusiker	W	Äg	Bankettmusik	N		klatschend	Hände
251	Hofmusiker	W	Äg	Bankettmusik	N		spielend	Laute
252	Hofmusiker	W	Äg	Bankettmusik	N		spielend	Doppeloboe
253	Hofmusiker	W	Äg	Bankettmusik	N		spielend	Leier
254	Hofmusiker verb. A.	M	As	Bankettmusik	N		spielend	Standleier

Tabelle der in der Datenbank ermittelten Kriterien für auditives Handeln im (cont.)

ID	Status	Geschlecht	Ethnie	Handlungstyp	Offener Mund	Adressat	Gestus	Instrument
255	Hofmusiker verb. A.	M	As	Bankett-musik	N		spielend	Standleier
256	Hofmusiker verb. A.	M	As	Bankett-musik	N		spielend	Winkelharfe
257	Hofmusiker verb. A.	M	As	Bankett-musik	N		spielend	Leier
258	Hofmusiker verb. A.	M	As	Bankett-musik	N		spielend	Doppeloboe
259	Soldat	M	Nub		N			
260	Soldat	M	Nub		N			
261	Soldat	M	Äg		N		grüßend	
262	Soldat	M	Äg		N		grüßend	
263	Soldat	M	Äg		N		grüßend	
264	Hofdame	W	Äg		N			
265	Hofdame	W	Äg		N			
266	königlich	M	Äg		N	Aten		
267	königlich	M	Äg		N	Aten		
268	königlich	M	Äg		N	Aten		
269	königlich	M	Äg		N	Aten	anbetend	
270	königlich	M	Äg		N			
271	königlich	M	Äg		N	Aten		
272	königlich	M	Äg		N	Re-Horachte		
273	königlich	M	Äg		N	Aten		
274	Wagenlenker	M	Äg	Lauterzeu-gung	N	König	Jub	
275	königlich	M	Äg		N			
276	Höfling	M	Äg		N			
277	königlich	M	Äg		N			
278	königlich	M	Äg		N	Aten		
279		M	Nub		N			
280	königlich	M	Äg		N			
281	königlich	M	Äg		N	Aten		
282	königlich	M	Äg		N	Aten		
283	königlich	M	Äg		N	Aten		
284	königlich	W	Äg		N	Aten		
285	königlich	M	Äg		N	Aten		

ID	Status	Geschlecht	Ethnie	Handlungstyp	Offener Mund	Adressat	Gestus	Instrument
286	königlich	W	Äg		N			
287	königlich	W	Äg		J	Schwester	Umarmung	
288	königlich	W	Äg		N	Schwester	Umarmung	
289	Hofdame	W	Äg	Schweigen	N			
290	Hofdame	W	Äg	Schweigen	N			
291	Hofdame	W	Äg	Schweigen	N			
292	königlich	W	Äg		N	Aten		
293	königlich	M	Äg	Schweigen	N	Aten		
294	königlich	M	Äg		N	Aten		
295	königlich	M	Äg		N			
296	königlich	M	Äg		N	Aten		
297		M			N	Mnevis	anbetend	
298	königlich	W	Äg	Kultmusik	N	Aten		Sistrum
299	königlich	M	Äg		N			
300	königlich	W		Intimität	N	Schwester		
301	königlich	W	Äg		N	Aten		
302	Städterin	W	Äg	Festmusik z. Empfang			spielend	Klapper
303	Städterin	W	Äg	Festmusik z. Empfang	N		spielend	Klapper
304	Städterin	W	Äg	Festmusik z. Empfang	N		klatschend	Hände
305	Städterin	W	Äg	Festmusik z. Empfang	N		winkend	Blüte
306	Städterin	W	Äg	Festmusik z. Empfang	N		spielend	Handtrommel
307	Belohnter	M		Lauterzeugung	J		Jub	
308	vornehme Herren	M			N	Belohnter	Verbeugung	
312	königlich	M	Äg		N	Aten	Prostration	
313	königlich	M	Äg		N			
314	Höfling	M			N			
315	königlich	M	Äg		N			
316	königlich	M	Äg		N			
317	königlich	M	Äg		N	Aten		
318		M	Äg		N	Aten	anbetend	

Tabelle der in der Datenbank ermittelten Kriterien für auditives Handeln im (cont.)

ID	Status	Geschlecht	Ethnie	Handlungstyp	Offener Mund	Adressat	Gestus	Instrument
319	Städterin	W		Festmusik z. Empfang				
320	Städterin	W	Äg	Festmusik z. Empfang	N		spielend	Handtrommel
321	Städterin	W	Äg	Festmusik z. Empfang	N		winkend	
322	Städterin	W	Äg	Festmusik z. Empfang	N		spielend	Handtrommel
323	königlich	W	Äg			Aten		
324	Diener	W			N			
325	Diener	M						
326	Höfling	M	Äg		N	König		
327	Diener	M	Nub		N	König		
328	Offizier	M	Li		N	König	Verbeugung	
329	Offizier	M	Li		N	König	Verbeugung	
330	Hofdame	W	Äg		N			
331	Hofdame	W	Äg		N			
332	Hofdame	W	Äg		N			
333	Höfling	M			N			
334	Schlächter	M	Äg		N			
335	Gefangene	M	Nub		N			
336	Gefangene	M	As		N			
337	königlich	W	Äg		N	Aten		
338	königlich	W	Äg	Kultmusik	N	Aten		Sistrum
339	königlich	W	Äg		N	Aten	anbetend	
340	königlich	M	Äg		N			
341	königlich	M	Äg		N	Aten		
342	königlich	M	Äg		N			
343	königlich	M	Äg		N	Aten		
344	königlich	M	Äg		N	Aten		
345	königlich	W	Äg		N	Aten		
346	königlich	M	Äg		N	Aten		
347	königlich	W	Äg		N	Aten		
348	königlich	W	Äg		N	Aten		
349	königlich	M	Äg		N			

ID	Status	Geschlecht	Ethnie	Handlungstyp	Offener Mund	Adressat	Gestus	Instrument
350	königlich	M	Äg		N			
351	königlich	M	Äg		N			
352	königlich	M	Äg		N			
353		M			N			
354	königlich	M	Äg		N			
355	königlich	M	Äg		N			
356	königlich	M	Äg		N			
357	Mitglied einer Phyle	M	Nub		N			
358	Mitglied einer Phyle	M	Nub		N			
359	Mitglied einer Phyle	M	Nub		N			
360	Wagenlenker	M	Äg	Lauterzeugung	J	König		Stimme (Text)
361	Wagenlenker	M	Äg	Lauterzeugung	N	König	Jub	Stimme (Text)
362	königlich	M	Äg		N	Hausaltar		
363	königlich	W	Äg		N	Hausaltar		
364	königlich	M	Äg		N	Aten		
365	königlich	M	Äg		N			
366	königlich	W	Äg	Kultmusik	N	Aten		Sistrum
367	Diener	M		Zuhören		Diener	Arb	
368	Diener	M		Sprechen		Diener	Red	Stimme
369	königlich	W	Äg		N			
370	königlich	W		Kultmusik	N	Aten		Sistrum
371	Träger	M	Nub		N			
372		M			N			
373	königlich	W	Äg		N	Aten	anbetend	
374		M			N			
375	königlich	W	Äg		N	Aten		
376	königlich	M	Äg		N			
377	Pferdeknecht	M	Nub	Lauterzeugung	N	Pferd	beruhigend	
380	Diener	M			N			
381	Ruderer	M	Nub		J			

Tabelle der in der Datenbank ermittelten Kriterien für auditives Handeln im (cont.)

ID	Status	Geschlecht	Ethnie	Handlungstyp	Offener Mund	Adressat	Gestus	Instrument
382	Ruderer	M	Nub		N			
383	Ruderer	M	As		J			
384	königlich	W		Kultmusik	N			Sistrum
385	königlich	W		Kultmusik	N	Aten		Sistrum
386	Hofdame	W	Äg		N	Königsfamilie		
387	Bäcker	M	Äg		N		Arb	
388	Bäcker	M	Äg		N		Arb	
389	Lastenträger	M	Äg		N		Arb	
390	vornehmer Herr	M	Äg		N	Triade Amarna	anbetend	
391	Höfling	M	Äg		N	Aten	Verbeugung	
392	Diener	M			N			
393		M	Äg		N			
394	königlich	W	Äg		N	Aten		
396	Wagenlenker	M	Sy	Lauterzeugung	J	Pferde	anfeuernd	Stimme
397	Gesandte	M	Nub		N	König	grüßend	
398	königlich	M	Äg		N	Aten		
399	Hofdame	W	Äg		N	König		
400	Hofmusiker verb. A.	M			N	König		
401	Hofmusiker verb. A.	M				König		
402	Hofmusiker verb. A.	M			J	König		
403	Hofmusiker verb. A.	M			N	König		
404	Hofmusiker verb. A.	M			J			
405		M			N			
406	königlich	W			N			
407	königlich	M	Äg		N			
408	königlich	M			N			
409	Belohnter	M		Lauterzeugung	J		Jub	

ID	Status	Geschlecht	Ethnie	Handlungstyp	Offener Mund	Adressat	Gestus	Instrument
410	königlich	M	Äg		N	Aten		
411	Diener	M	Äg		N			
412	Amme f. Prinzessin	W				Kind	Umarmung	
413	königlich	W	Äg	Kultmusik	N	Aten		Sistrum
414	königlich	M	Äg		N			
415	königlich	M	Äg		N	Aten	anbetend	
416	königlich	M	Äg		N			
417	königlich	W	Äg		N	Aten		
418	königlich	W	Äg		N	Aten		
419	Bauarbeiter	M			J		Arb	
420	Soldat	M	Nub	Ruhe	N		schlafend	
421	Bauarbeiter	M			N		Arb	
422	Bauarbeiter	M			N		Arb	
423	königlich	M	Äg		N	Aten	anbetend	
424	königlich	M	Äg		N	Aten		
425	königlich	M	Äg		N	Aten	anbetend	
426	königlich	W		Kultmusik		Aten		Sistrum
427	königlich	W	Äg		N			
428	königlich	W	Äg		N	Aten		
429	königlich	W	Äg	Kultmusik	N	Aten		Sistrum
430	königlich	W	Äg		N	Aten		
431	Mann an Bord	M	Äg	Sprechen	N	Mann am Ufer	Red?	Stimme
432	Hofdame	W			N			
433		M	Äg	Lauterzeugung			Jub	
434	königlich	W	Äg		N	Aten		
435	Soldat	M			J			
436	Armeemusiker	M	Nub	Lautvermeidung?			nicht spielend	Trompete
437	Arbeiter	M	Äg		N			
438	Offizier	M						
439	Gefangene	M	Sy					
440	Würdenträger	M				König	grüßend	
441		M	Li		N			
442	Bauarbeiter	M			N			

Tabelle der in der Datenbank ermittelten Kriterien für auditives Handeln im (cont.)

ID	Status	Geschlecht	Ethnie	Handlungstyp	Offener Mund	Adressat	Gestus	Instrument
443	Diener	M			N			
444		M			J			
445	Musiker	M	As					
446	vornehmer Herr	M	Äg		N		Verbeugung	
448	Wagenlenker	M				König	grüßend	
449	Diener	M	Äg		N		anbetend	
450	Aufseher	M			N		anbetend	
451	Städterin	W	Äg	Festmusik z. Empfang	N		spielend	Handtrommel
452	Städterin	W	Äg	Festmusik z. Empfang	N		tanzend	Tanz
453	Städterin	W		Festmusik z. Empfang	N		spielend	Handtrommel
454					N			
455	königlich	W	Äg		N			
456	Alter	M		Dialog	N		Red	Stimme
457					N			
458		W			N			
459	königlich	M	Äg		N			
460	königlich	W	Äg		N	Aten		
461					N			
462		M	Nub		N			
463	Gefangene	M	Nub		N			
464	Palastdiener	M	Äg		N			
465	königlich	M	Äg		N			
466	Türwächter	M		Ruhe			schlafend	
471	Gefangene	M	Nub		N			
472	Gefangene	M	Nub					
473	Gefangene	M						
474	Gefangene	M	Nub		J			
475	königlich	M	Äg		N			
476	Schlächter	M	Äg		N			
477		M	Äg					
479	königlich	W	Äg		N	Aten		

ID	Status	Geschlecht	Ethnie	Handlungstyp	Offener Mund	Adressat	Gestus	Instrument
480	Städter	M	Äg		N			
481	Städter	M	Äg		N			
482	Städter	W	Äg		N			
483	Städter	W	Äg		N			
484	Leibwache	M	Sy		N			
485	Frau e. Söldners	W	Äg		N			
486	Diener	M	Äg		J	Herr		
490	Opferträger	M	Äg		N		Arb	
495	Opferträger	M	Äg		N	Aten	Arb	
496	Arbeiter	M	Äg		N		Arb	
497	königlich	M	Äg		N	Aten		
498		M			N			
499	königlich	M	Äg		N	Aten		
500	königlich	M	Äg		N	Aten		
501	königlich	W			N	Aten		
502	Opferträger	M			N			
503	königlich	W	Äg		N	Aten		
504		M			N			
505		M			N			
506	Offizier	M			N			
507	Diener	M		Sprechen	N	Wasserträger	Red	Stimme
508	Wasserträger	M		Zuhören	N	Diener		
509	Dienerin	W	Nub		J		Arb	
510	Diener	M	Nub		N			
511	Herr	M			N	Diener		
512	Diener	M			N	Herr		
513	Schreiber	M	Äg		N	Schreiber		
514	Schreiber	M	Äg	Sprechen	N	Schreiber	Red	Stimme (Text)
515	Städterin	W			N	Taweret	anbetend	
516	Junge	M			N	Taweret		
517	Musikerin	W		Lauterzeugung				Laute
518	Verstorbener	M	Äg		N	Shed, Isis	anbetend	

Tabelle der in der Datenbank ermittelten Kriterien für auditives Handeln im (cont.)

ID	Status	Geschlecht	Ethnie	Handlungstyp	Offener Mund	Adressat	Gestus	Instrument
519	Ehefrau	W	Äg		N	der verstorbene Mann		
520	Tochter	W	Äg		N	der verstorbene Vater	spielend	Bogenharfe
521	Tochter	W	Äg		N	der verstorbene Vater	tanzend	Laute
522	Familienmitglied	W	Äg		N	der verstorbene Vater		
523	Familienmitglied	W	Äg		N	der verstorbene Vater		
524		M			N	Wepwawet	anbetend	
525					N			
526					N		anbetend	
527		W			N			
535	Schreiber	M			N			
536	Wagenlenker	M			N			
537	Schreiber	M			N	Ani		
538	Priester			Rezitation			Red	Stimme
539	Schreiber	M			N			
540	Priester	M			N			
541	Diener	M			N	Schreiber Ani		
542	königl. Schreiber	M			N			
544	königlich	W			J	Aten		
546	königlich	M	Äg		N	Aten		
548	königlich	M	Äg		N			
549	königlich	W	Äg	Lauterwartung		Aten		Sistrum
550	Mundschenk				N	Aten		

ID	Status	Geschlecht	Ethnie	Handlungstyp	Offener Mund	Adressat	Gestus	Instrument
551	Mundschenk	M						
552	Mundschenk					Aten		
553	Mundschenk							
554	Hirte	M	Nub		N		Arb	
555	Soldat	M	Nub		N	König	Proskynese	
556	königlich	M	Äg		N	Aten		
558	göttlich							
559	Priester	M			N	Triade Elephantine	anbetend	
560	Vorsteher	M			N	Triade Amarna	anbetend	
561	Vorsteher	M				Triade Amarna	anbetend	
563	königlich				N			
564	königlich				N			
565	königlich	M	Äg		N			
566								
567	königlich	W	Äg		N	Aten		
568	Gabenträger	M						
570	königlich	W	Äg	Kultmusik	N	Aten	spielend	Sistrum
571	königlich	M	Äg	Lauterzeugung		Aten	Jub	Brustkorb
572	Soldat	M	Nub	Lauterzeugung	J		tanzend	Stocktanz
573	Soldat	M	Nub	Lauterzeugung	J		tanzend	Stocktanz
574	Soldat	M	Nub	Lauterzeugung	J		tanzend	Stocktanz
575	Tempeldiener	M	Äg		N	Aten		
576	Diener	M		Zuhören		Diener		
577	Diener	M		Sprechen		Diener	Red	Stimme
578	Soldat	M	As		N			
579	Soldat	M		Ruhe	N		schlafend	
580	vornehmer Herr	M	Äg		N			

Tabelle der in der Datenbank ermittelten Kriterien für auditives Handeln im (cont.)

ID	Status	Geschlecht	Ethnie	Handlungstyp	Offener Mund	Adressat	Gestus	Instrument
581	Hofmusiker	W		Bankett-musik	N		spielend	Winkelharfe
582	Hofmusiker	W		Bankett-musik	N		spielend	Laute
583	Hofmusiker	W		Bankett-musik	N		spielend	Flöte
584	Hofmusiker	W	Äg	Bankett-musik	N		spielend	Bogenharfe
585	königlich	M	Äg		N	Aten		
587	Hofmusiker	W	Sy	Lauterzeu-gung				Winkelharfe
588	Hofmusiker	W	Sy	Lauterzeu-gung	N			Sängerin
589	Palastdiener	M	Äg		N			
590	Gefangene	M	Li		N			
591	Kommandeur	M			N			
592	Priester	M			N			
593	Familien-mitglied	W			N	Aten		
594		W	Sy		N		anbetend	
595	Hofdame	W			N			
596	Diener	M			N			
597	Dienerin	W		Sprechen	N	Diener	Red	Stimme
598	königlich	M	Äg		N	Aten		
599	königlich	W			N	Aten		
600	Ruderer	M	As				Arb	
601	Ruderer	M	Nub		N		Arb	
602	Tempeldiener	M			N	Aten	Arb	
603	Wagenlenker	M	Nub		N			
604	Diener	M	Äg		N			
605	vornehmer Herr	M	Sy		N		zeigend	
606	vornehmer Herr	M	Äg		N			

ID	Status	Geschlecht	Ethnie	Handlungstyp	Offener Mund	Adressat	Gestus	Instrument
607	Hofmusiker	W	Äg	Lauterwartung		König	nicht spielend	Laute
608	Hofmusiker	W	Äg	Lauterwartung		König	nicht spielend	Leier
609	königlich	M	Äg		N	Aten		
610	Soldat	M	Äg		N			
611	Soldat	M	Äg		N			
612	königlich	W	Äg		N	Aten		
613	königlich	W	Äg		N			
614	königlich	W	Äg		N	Aten		
615	Würdenträger	M	Äg		N	Aten	anbetend	
616		M	Li		N			
617	Tempelpersonal	M						
618	Bierbrauer	M			N		Arb	
619	königlich	M	Äg			Aten		
620	Soldat	M	Sy		N			
621	Soldat	M	Sy		N			
622	Tänzer	M	Nub	Lauterzeugung	N		tanzend	Stocktanz
623	Tänzer	M	Nub	Lauterzeugung	N		tanzend	Stocktanz
624	Tänzer	M	Nub	Lauterzeugung	N		tanzend	Stocktanz
625	Tänzer	M	Nub	Lauterzeugung	N		tanzend	Stocktanz
626	Königlich	W			N	Aten		
627	Hofdame	W			J		winkend	
630	königlich	M	Äg	Totenklage			trauernd	
631	königlich	W	Äg	Totenklage			trauernd	
632	königlich	W		Totenklage	N		trauernd	
633	Hofdame	W		Totenklage	N		trauernd	
634	Koch	M	Nub				Arb	
635	königlich	W	Äg					
636	Untergeordneter	M	Nub	Sprechen		Übergeordneter	Red	Stimme

Tabelle der in der Datenbank ermittelten Kriterien für auditives Handeln im (cont.)

ID	Status	Geschlecht	Ethnie	Handlungstyp	Offener Mund	Adressat	Gestus	Instrument
637	Soldat	M	Nub		N			
638	Soldat	M	Nub		N			
639	Höfling	M						
640	Perückenträger	M			N			
641	Wagenlenker	M	Äg		N			
642	Diener	M	Äg		N			
643						Aten		
644	Würdenträger	M			N			
645	königlicher Diener	M					Proskynese	
646	königlich		Äg		N			
647	Koch	M	Äg		N			
648	Diener	M	Äg		J			
649		M			N			
650	Diener	M			N		Arb	
651	Diener	M			N		Arb	
652	Majordomus	M		Dialog	N	Wagen-lenker	Red	Stimme
653	Wagenlenker	M		Dialog		Major-domus	Red	Stimme
654	königlich	M	Äg		N	Aten		
655	königlich	M	Äg		N			
656		M						
657	Diener	M			N		Arb	
658	Herr	M	Äg		N	vermutlich König	Verbeugung	
659	Herr	M	Äg		N	vermutlich König	Verbeugung	
660	Herr	M	Äg		N	vermutlich König	Verbeugung	
661	Aufseher	M	Äg		N			
662	königlich	M	Äg		N	Aten		
663	Offizier	M	Nub		N			
664	Höfling	M				König		
665	Herr	M			N	König		

ID	Status	Geschlecht	Ethnie	Handlungstyp	Offener Mund	Adressat	Gestus	Instrument
666	königlich	W	Äg	Kultmusik		Aten		Sistrum
667	königlich	M	Äg		N	Aten		
668	Vorsteher	M	Äg		N	Triade Amarna	anbetend	
669	Gefangener	M	As		N			
670	Gefangener	M	Nub		N			
671	königlich				N			
672	königlich	M	Äg		N			
673	königlich	W	Äg	Kultmusik	N	Aten		Sistrum
674	Tänzer	M	Nub	Lauterzeugung	J		tanzend	Tanz
675	Soldat	M	Sy		N			
676	Kind	M						
677	königlich	M	Äg		N	Aten		
678	königlich	W	Äg		N	Aten		
679		M			N			
680	Offizier	M	Äg	Lautvermeidung	N	Pferd	beruhigend	
681	Offizier	M	Äg		N		Kopfdrehung	
682	königlich	W	Äg		N	Aten		
683		M	Äg					
684	königlich	W	Äg	Kultmusik	N	Aten		Sistrum
685		M	Li	Lauterzeugung	N		tanzend	Stocktanz
686		M	Li	Lauterzeugung	N	König	tanzend	Stocktanz
687		M	Äg		N			
688	Palastdiener	M	Äg	Ruhe	N		schlafend	
691	königlich	W	Äg	Kultmusik	N	Aten		Sistrum
692	königlich	M	Äg		N	Aten		
693	königlich				N			
694	königlich	W	Äg		N	Aten		
695	königlich	M	Äg		N			
696	Gefangener	M	Nub		N			
697	Gefangener	M	Nub		N			

Tabelle der in der Datenbank ermittelten Kriterien für auditives Handeln im (cont.)

ID	Status	Geschlecht	Ethnie	Handlungstyp	Offener Mund	Adressat	Gestus	Instrument
699	königlich	M	Äg		N	Beamter	gebend	
700	Beamter	M	Äg		N	König		
701	Hofmusiker	W	Äg	Musik	N		spielend	Leier
702	Wasserträger	M						
703		M			N			
704	Tänzerin	W		Lauterzeugung			tanzend	Tanz
705	Hofmusiker	W		Musik			spielend	Leier
706	vornehmer Herr	M	Nub	Lauterzeugung	N	König	Jub	
707	Belohnter	M	Äg	Lauterzeugung	N	König	Jub	
708	vornehme Städterin	W		Festmusik z. Empfang			spielend	Handtrommel
709	vornehme Städterin	W		Festmusik z. Empfang	J		singend	Sängerin
710	vornehme Städterin	W		Festmusik z. Empfang			spielend	
711	vornehme Städterin	W		Festmusik z. Empfang			spielend	Handtrommel
712		M			N		anbetend	
713		M			N			
714	vornehmer Herr	M	Äg	Lauterzeugung	N	König	Jub	Freudentanz
715	Träger	M	Äg		N			
716	Träger	M	Äg		N			
717	Tänzerin	W	Nub	Lauterzeugung	N		tanzend	Tanz
718	vornehmer Herr	M	Äg		N	König		
719	vornehmer Herr	M	Äg		N			
720		M			N		Arb	
721		W			N			

ID	Status	Geschlecht	Ethnie	Handlungstyp	Offener Mund	Adressat	Gestus	Instrument
722	Höfling	M			N			
723	Soldat	M	Nub		N	vermutlich König		
724	Soldat	M	Sy		N	vermutlich König		
725	Soldat	M			N	vermutlich König		
726	Soldat	M			N	vermutlich König		
727	Soldat	M			N	vermutlich König		
728	Wagenlenker	M			N			
729	Wagenlenker	M			N			
730	Kindermädchen	W	Äg	Lauterzeugung	N		tanzend	Tanz
731	Kindermädchen	W	Äg	Lauterzeugung	N		tanzend	Tanz
732	Kindermädchen	W	Äg		N	vermutlich König		
733	Kindermädchen	W	Äg		N	vermutlich König		
734	Kindermädchen	W	Äg		N	vermutlich König		
735	Hofmusiker	W	Äg	Musik	N			Bogenharfe
736	Höflinge	W	Äg		N			
737	Höflinge	W	Äg		N			
738	Hofmusiker	W			N			
739	Hofmusiker	W						
740	Diener	M			N		Arb	
741	Opferträger	M			N			
742	Soldat	M			N			
743	Soldat	M			N			
744	Diener	M			N		Arb	
745	Träger	M			N		Kopfdrehung	

Tabelle der in der Datenbank ermittelten Kriterien für auditives Handeln im (cont.)

ID	Status	Geschlecht	Ethnie	Handlungstyp	Offener Mund	Adressat	Gestus	Instrument
746	Träger	M			N			
747	königlich	M	Äg		N			
749	Diener	M			N		Arb	
750	königlich	W			N			
751		M	Li		N			
752		M	Li		N			
753	königlich	W				Aten	anbetend	
754	Palastdiener	M	Äg		N			Saiteninstr. ?
755	Hofmusiker	W					übend	
756	Tänzerin	W					übend	Tanz
757	Männer im Palast	M						
758	Höfling	M	Äg		N			
759	Türwächter	M			J			
760		M	Sy		N		grüßend	
761		M	Sy	Lauterzeugung			Jub	
762	Kindermädchen	W	Äg		N			
763	vornehmer Herr	M			N			
764	Kindermädchen	W	Äg		N			
765	Wagenlenker	M		Lauterzeugung	J		anfeuernd	Stimme
766	vornehmer Herr	M			N			
767	Hofmusiker	W		Bankettmusik			spielend	Laute
768	Hofmusiker	W		Bankettmusik			spielend	Leier
769	Wesir	M	Äg	Lauterzeugung	J	König	grüßend	Stimme
770	königlich	M	Äg		N			
771	Vogelfänger	M		Schweigen	N			

ID	Status	Geschlecht	Ethnie	Handlungstyp	Offener Mund	Adressat	Gestus	Instrument
772	vornehmer Herr	M	Äg		N			
773	Opferträger	M			N			
774	Opferträger	M			N			
775	Träger	M			N			
776		M			N			
777	Hofmusiker	W		Bankett-musik			spielend	Bogenharfe
778	Palastdiener	M		Ruhe	J		schlafend	
779	Palastdiener	M		Ruhe	N		schlafend	
780		M	As					
781	Arbeiter	M			J		Arb	
782	Arbeiter	M			N		Arb	
783	Städterin	W	Äg		N		anbetend	
784	vornehmer Herr	M			N			
785	Palastdiener	M	Äg	Dialog		Palast-diener	Red	Stimme
786	Palastdiener	M	Äg	Dialog		Palast-diener	Red	Stimme
787		M	Äg		N		anbetend	
788	königlich		Äg		N	Aten		
789	Soldat	M			N			
790	Soldat	M			N			
791	Amme f. Prinzessin	W	Äg		N	vermutlich Königin		
792	Hofdame	W	Äg		N	vermutlich Königin		
793	königlich	W	Äg	Kultmusik	N	Aten		Sistrum
794	königlich	W	Äg		N	Aten	anbetend	
795	königlich	W	Äg		N	Aten		
796	Gefangener	M	As		N			
797	königlich	M	Äg			Aten		
798	königlich	W	Äg				Prostration	
799	Wagenlenker?	M		Lauterzeu-gung	N		Ruf	Stimme

Tabelle der in der Datenbank ermittelten Kriterien für auditives Handeln im (cont.)

ID	Status	Geschlecht	Ethnie	Handlungstyp	Offener Mund	Adressat	Gestus	Instrument
800	königlich	W	Äg	Kultmusik	N	Aten		Sistrum
801	königlich	M	Äg		N	Prinzessin		
802	königlich	W			N	König		
803		M						
804	königlich	W	Äg	Kultmusik		Aten		Sistrum
805	vornehmer Herr	M	Äg		N			
806	königlich	W	Äg	Kultmusik	N	Aten		Sistrum
807	Musiker	W	Äg	Festmusik	N		spielend	Bogenharfe
808	Musiker	W	Äg	Festmusik	N		spielend	Handtrommel
809	Musiker	W	Äg	Festmusik	N		spielend	Klatschen
810	Musiker	W	Äg	Festmusik	N		spielend	Laute
811	Lastenträger	M	Äg		N		Arb	
812		M	Äg		N			
813	Lastenträger	M	Äg		N		Arb	
814	Wagenlenker	M	Äg		N		Arb	
815	Höfling	M	Äg		N			
816		M			J			
817		M	Sy		N	König	grüßend	
818		M	Sy		N	König	grüßend	
819	Soldat	M	As		N	König		
820	königlich	W	Äg	Kultmusik	N	Aten	spielend	Sistrum
821	Musiker	W		Festmusik			spielend	Saiteninstr. ?
822	Musiker	W	Äg	Festmusik			spielend	Handtrommel
823	Musiker	W	Äg	Festmusik			winkend	Zweig
824	Musiker	W	Äg	Festmusik			spielend	Bogenharfe
825	Landarbeiter	M			N		Arb	
826	Landarbeiter	M			N		Arb	
827	Diener	M			N			
828	Ruderer	M			N		Arb	
829	Ruderer	M			N		Kopfdrehung	

ID	Status	Geschlecht	Ethnie	Handlungstyp	Offener Mund	Adressat	Gestus	Instrument
830	königlich	M	Äg		N	Aten		
831	Gärtner	M	Äg		N		Arb	
832	Tänzer	M	Nub	Lauterzeugung	N	König	tanzend	Stocktanz
833	Bäcker	M	Äg		N		Arb	
834	Palastdiener	M	Äg		N	König	Prostration	
835	Schlächter	M	Äg		N		Arb	
836	Diener	M	Äg		N		Arb	
837	Bäcker	M	Äg		N		Arb	
838	Diener	M	Äg		N		Arb	
839	Gefangene	M	As		N	König		
840	Gefangene	M	Nub		N	König		
841	Gefangene	M	Sy		N	König		
842	Tempeldiener	M	Äg	Anweisung	N	Opferträger	Red	Stimme
843	Stallknecht	M	Äg	Lautvermeidung	N	Opfertier	beruhigend	
844	vornehmer Herr	M	Äg	Sprechen		Schreiber	Red	Stimme
847	Schreiber	M	Äg	Zuhören		vornehmer Herr		
848		M			N			
849	vornehmer Herr	M	Äg		N		anbetend	
850	Arbeiter	M					Arb	
851				Stille				
852				Stille				Standleier
853	Wagenlenker	M	Sy		N			
854		M						
855	königlich	W			N			
856	Aufseher	M						
857	königlich	M	Äg					
858	Aufseher	M	Äg					
859	Höfling	M						
860					N			

Tabelle der in der Datenbank ermittelten Kriterien für auditives Handeln im (cont.)

ID	Status	Geschlecht	Ethnie	Handlungstyp	Offener Mund	Adressat	Gestus	Instrument
861	Höfling	M		Lauterzeugung			tanzend	Freudentanz
862	Soldat	M						
863	Höfling	M						
864	Diener	M	Äg		N			
865	Wagenlenker	M	Äg		N			
866		M					Verbeugung	
867	Wagenlenker	M						
868				Stille				
869	Wache	M			N			
870	Höfling	M						
871	vornehmer Herr	M	Äg					
872				Stille		Aten		
873				Stille				
874		M						
875	Arbeiter	M	Äg				Arb	
876	königlich	W	Äg			Aten		
877	königlich	W	Äg	Kultmusik	N	Aten		Sistrum
878		M			N			
879		W						
880	königlich	M	Äg		N			
881	Palastdiener	M	Äg					
882	königlich	M	Äg		N	Aten		
883	königlich	M	Äg		N	Aten		
884		M			N	König	Proskynese	
885	Hofdame	W	Äg		N	Aten		
886	Höfling	M			N			
887	königlich	M	Äg		N	Aten		
888	vornehmer Herr	M	Äg		N	König	grüßend	
889	Hofbeamter	M			N			
890	Soldat	M	As		N			
891	Soldat	M	Nub		N			
892	Soldat	M	Nub		N			

ID	Status	Geschlecht	Ethnie	Handlungstyp	Offener Mund	Adressat	Gestus	Instrument
893		M			N			
894	königlich	M	Äg		N	Aten	Prostration	
895	Hofmusiker	W	Äg	Lauterwartung	N	Königsfamilie	nicht spielend	Bogenharfe
896	Hofmusiker	W	Äg	Lauterwartung	N	Königsfamilie	nicht spielend	Laute
897	Hofmusiker	W	Äg	Lauterwartung	N	Königsfamilie	nicht spielend	Leier
898	Hofmusiker	W	Äg	Lauterwartung	N	Königsfamilie	nicht spielend	Laute
899	Hofmusiker verb. A.	M	As	Bankettmusik		Königsfamilie	spielend	Standleier
900	Hofmusiker verb. A.	M	As	Bankettmusik		Königsfamilie	spielend	Standleier
901	Hofmusiker verb. A.	M	As	Bankettmusik		Königsfamilie	spielend	Leier
902	Hofmusiker verb. A.	M	As	Bankettmusik		Königsfamilie	spielend	Laute
903	Hofmusiker verb. A.	M	As	Bankettmusik		Königsfamilie	spielend	Leier
904	Hofmusiker verb. A.	M	As	Bankettmusik		Königsfamilie	spielend	Sänger
905	Hofmusiker	W	Äg	Bankettmusik		Königsfamilie	spielend	Bogenharfe
906	Hofmusiker	W	Äg	Bankettmusik		Königsfamilie	spielend	Leier
907	Hofmusiker	W	Äg	Bankettmusik		Königsfamilie	spielend	Laute
908	Hofmusiker	W	Äg	Bankettmusik		Königsfamilie	spielend	Laute
909	Hofmusiker	W	Äg	Bankettmusik		Königsfamilie	spielend	Laute
910	Hofmusiker verb. A.	M	As	Lauterzeugung		Königsfamilie	nicht spielend	Standleier
911	Hofmusiker verb. A.	M	As	Lauterzeugung		Königsfamilie	nicht spielend	Standleier

Tabelle der in der Datenbank ermittelten Kriterien für auditives Handeln im (cont.)

ID	Status	Geschlecht	Ethnie	Handlungstyp	Offener Mund	Adressat	Gestus	Instrument
912	Hofmusiker verb. A.	M	As	Lauterzeugung		Königsfamilie	nicht spielend	Leier
913	Hofmusiker verb. A.	M	As	Lauterzeugung		Königsfamilie	nicht spielend	Laute
914	Hofmusiker verb. A.	M	As	Lauterzeugung		Königsfamilie	nicht spielend	Leier
915	Hofmusiker verb. A.	M	As	Lauterzeugung		Königsfamilie	nicht spielend	Sänger
916	Armeemusiker	M	Nub	Lautvermeidung	N		nicht spielend	Trompete
917	Pferdeknecht	M	Äg	Lautvermeidung	N	Pferd	beruhigend	
918	Adoranten	M		Lauterzeugung		König	Jub	Stimme (Text)
919	Standartenträger	M	Äg			König	grüßend	
920	Standartenträger	M	Äg	Lauterzeugung	N	König	Jub	
921	Vorsteher	M	Äg			König	grüßend	
922	Landarbeiterin	W	Äg			Vögel	nicht spielend	Handtrommel
923	Palastdiener	M					Arb	
924	Palastdiener	M		Ruhe			schlafend	
925	Musiker	M	Li	Lauterzeugung		Tänzer	klatschend	Hände
926	Musiker	M	Li	Lauterzeugung		Tänzer	schlagend	Schlaghölzer
927	Tänzer	M	Nub	Lauterzeugung		König	tanzend	Tanz
928	leitende Musikerin	W	Äg			König	anbetend	
929	Belohnter	M	Äg	Sprechen		König	Jub	Stimme (Text)
930	Belohnter	M	Äg	Sprechen		König	anbetend	Stimme (Text)

ID	Status	Geschlecht	Ethnie	Handlungstyp	Offener Mund	Adressat	Gestus	Instrument
931	Pferdeknecht	M	Äg	Lautvermeidung		Pferd	beruhigend	
932	Priester	M	Äg	Sprechen		Mumie	Red	Stimme (Text)
933	Verwandte	W	Äg	Totenklage		Verstorbener	trauernd	
934	Hofmusiker	W	Äg	Bankettmusik		Königsfamilie	spielend	Bogenharfe
935	Hofmusiker	W	Äg	Bankettmusik		Königsfamilie	spielend	Leier
936	Hofmusiker	W	Äg	Bankettmusik		Königsfamilie	spielend	Laute
937	Türwächter	M	Äg	Sprechen		Palastdiener	Red	Stimme
938	Palastdiener	M	Äg	Zuhören		Türwächter	Arb	
939	Untergebene	M	Äg	Lauterzeugung		Belohnter	Jub	
940	Untergebene	M	Äg	Lauterzeugung		Belohnter	Jub	Freudentanz
941	Städter	M	Äg	Lauterzeugung		Belohnter	Jub	Freudentanz
942	Städter	M	Äg	Lauterzeugung		Belohnter	Jub	
943	Frauen d. Haushalts	W	Äg	Üben		Belohnter	tanzend	Tanz
944	Tänzer	M	Nub	Lauterzeugung	J	König	tanzend	Tanz
945	Offizier	M	Li	Lauterzeugung		Tänzer	klatschend	Hände
946	Offizier	M	Li	Lauterzeugung		Tänzer	schlagend	Schlaghölzer
947	Armeemusiker	M	Nub	Lauterzeugung		Tänzer	spielend	Fasstrommel
948	Armeemusiker	M	Nub	Lauterzeugung		König	spielend	Trompete
949	Palastdiener	M					Arb	

Tabelle der in der Datenbank ermittelten Kriterien für auditives Handeln im (cont.)

ID	Status	Geschlecht	Ethnie	Handlungstyp	Offener Mund	Adressat	Gestus	Instrument
950	Hofmusiker	W	Äg	Üben			spielend	Bogenharfe
951	Hofmusiker	W	Äg	Üben			tanzend	Laute
952	Hofmusiker	W	Äg	Üben			spielend	Laute
953	Hofmusiker	W	Äg	Üben			spielend	Leier
954	Hofmusiker	W	Äg	Lauterwartung		Königsfamilie	nicht spielend	Bogenharfe
955	Tempelmusiker blind	M	Äg	Kultmusik		Aten	spielend	Sigmaharfe
956	Tempelmusiker blind	M	Äg	Kultmusik		Aten	Cheironomie	Sänger
957	Tempelmusiker blind	M	Äg	Kultmusik		Aten	spielend	Laute
958	Tempelmusiker blind	M	Äg	Kultmusik		Aten	Cheironomie	Sänger
959	königlich	M	Äg	Sprechen		Belohnter	gebend	Stimme (Text)
960	Belohnter	M	Äg	Sprechen		König	anbetend	Stimme (Text)
961	vornehme Herren	M	Äg	Sprechen		König	anbetend	Stimme (Text)
962	Städterin, jung	W	Äg	Festmusik z. Empfang		Belohnter	tanzend	Klapper
963	Städterin	W	Äg	Lauterzeugung		Belohnter	Verehrung	Sängerin (Text)
964	Palastdiener				N		Arb	
965	vornehmer Herr	M	Äg	Dialog		Wagenlenker	Red	Stimme
966	Wagenlenker	M	Äg	Dialog		vornehmer Herr	Red	Stimme
967	Leitende Musikerin	W	Äg		N	König	grüßend	
968	Städterin	W	Äg	Lauterwartung	N	König	nicht spielend	Handtrommel
969	Städterin	W	Äg	Lauterwartung	N	König	nicht spielend	Handtrommel

ID	Status	Geschlecht	Ethnie	Handlungstyp	Offener Mund	Adressat	Gestus	Instrument
970	Städterin	W	Äg	Lauterwartung	N	König	nicht spielend	Handklatschen
971	Leitende Musikerin	W	Äg		N	König	grüßend	
972	Städterin	W	Äg	Lauterwartung	N	König	nicht spielend	Handtrommel
973	Städterin	W	Äg	Lauterwartung	N	König	nicht spielend	Handtrommel
974	Städterin	W	Äg		N	König	tanzend, winkend	Zweig
975	Priester	M	Äg	Sprechen		König	Red	Stimme (Text)
976	Herold	M	Äg	Lauterzeugung	N	Tempelpersonal	Cheironomie	Sänger
977	Tempelmusiker blind	M	Äg	Kultmusik	N	Aten	Cheironomie	Sänger
978	Tempelmusiker blind	M	Äg	Kultmusik		Aten	spielend	Sigmaharfe
979	königlich	W	Äg	Kultmusik		Aten	spielend	Sistrum
980	Tempelmusiker blind	M	Äg	Kultmusik	J	Aten	Cheironomie	Sänger
981	Tempelmusiker blind	M	Äg	Kultmusik	J	Aten	spielend	Sigmaharfe
982	Tempelmusiker blind	M	Äg	Kultmusik	J	Aten	Cheironomie	Sänger
983	Tempelmusiker blind	M	Äg	Kultmusik	J	Aten	Cheironomie	Sänger
984	königlich	W	Äg	Kultmusik		Aten	spielend	Sistrum
985	königlich	W	Äg	Kultmusik		Aten	spielend	Sistrum
986				Stille				
987	Tempelmusiker blind	M	Äg	Kultmusik	J	Aten	spielend	Sigmaharfe
988	Tempelmusiker blind	M	Äg	Kultmusik		Aten	Cheironomie	Sänger
989	königlich	M	Äg	Sprechen		Vorsteher d. Schatzhauses		Stimme (Text)

Tabelle der in der Datenbank ermittelten Kriterien für auditives Handeln im (cont.)

ID	Status	Geschlecht	Ethnie	Handlungstyp	Offener Mund	Adressat	Gestus	Instrument
990	Priester	M	Äg	Sprechen		König	Jub	Stimme (Text)
991	Männer d. Haushalts	M		Sprechen		Belohnter		Stimme (Text)
992	Männer d. Haushalts	M		Sprechen		Belohnter		Stimme (Text)
993	königlich	M	Äg	Sprechen				Stimme (Text)
994	Belohnter, Priester	M	Äg	Sprechen		Aten	Jub	Stimme (Text)
995	Belohnter	M	Äg	Lauterzeugung			Jub	
996	Palastdiener	M					Arb	
997	vornehmer Herr	M	Äg	Dialog		vornehmer Herr	Red	Stimme
998	vornehmer Herr	M	Äg	Dialog		vornehmer Herr	Red	Stimme
999	königlich	W	Äg	Kultmusik		Aten	spielend	Sistrum
1000	Städterin	W	Äg	Festmusik z. Empfang	N	Belohnter	spielend	Handtrommel
1001	Städterin	W	Äg	Lauterzeugung	N	Belohnter	Jub	
1002	Belohnter	M	Äg	Lauterzeugung		König	Jub	
1003	Belohnter	M	Äg	Sprechen	N	Dienerschaft	Red	Stimme
1004	Diener	M	Äg	Lauterzeugung		Belohnter	Jub	Stimme (Text)
1005	Standartenträger	M	Äg		N	Belohnter		
1006	Diener	M					Arb	
1007	leitende Musikerin	W	Äg		N		anbetend	
1008	Städterin	W	Äg	Lauterzeugung	N		spielend	Handtrommel

ID	Status	Geschlecht	Ethnie	Handlungstyp	Offener Mund	Adressat	Gestus	Instrument
1009	leitende Musikerin	W	Äg		N		anbetend	
1010	Städterin	W	Äg	Lauterzeugung	N		spielend	Handtrommel
1011	Städterin	W	Äg		N		winkend	Zweig
1012	Städterin	W	Äg	Lauterzeugung	N			Sänger
1013	Städterin	W	Äg	Lauterzeugung	N		spielend	Handtrommel
1014	königlich	W	Äg	Kultmusik	N	Aten	spielend	Sistrum
1015	königlich	W	Äg	Kultmusik	N	Aten	spielend	Sistrum
1016	Tempelmusiker	M	Äg	Kultmusik	N	Aten	Cheironomie	Sänger
1017	Aufseher	M	Äg					
1018	Palastdiener	M					Arb	
1019	Belohnter	M	Äg	Lauterzeugung	N		Jub	Freudentanz
1020	Hofmusiker	M	As	Lauterwartung		König	nicht spielend	Standleier
1021	Hofmusiker	M	As	Lauterwartung		König	nicht spielend	Standleier
1022	Hofmusiker	W	Äg	Bankettmusik		König	spielend	Bogenharfe
1023	Hofmusiker	W	Äg	Bankettmusik		König	spielend	Winkelharfe
1024	Hofmusiker	W	Äg	Bankettmusik		König	spielend	Laute
1025	Hofmusiker	W	Äg	Bankettmusik		König	spielend	Bogenharfe
1026	Belohnter	M	Äg	Lauterzeugung		Städter	Jub	
1027	Ehefrau	W	Äg	Sprechen		Belohnter	Jub	Stimme (Text)
1028	Städterin	W	Äg	Festmusik z. Empfang		Belohnter	tanzend	Tanz

Tabelle der in der Datenbank ermittelten Kriterien für auditives Handeln im (cont.)

ID	Status	Geschlecht	Ethnie	Handlungstyp	Offener Mund	Adressat	Gestus	Instrument
1029	Städterin	W	Äg	Festmusik z. Empfang		Belohnter	spielend	Handtrommel
1030	Städterin	W	Äg	Festmusik z. Empfang		Belohnter	spielend	Handtrommel
1031	Hofmusiker	W	Äg	Bankettmusik		König	spielend	Winkelharfe
1032	Palastdiener	M	Äg	Ruhe			schlafend	
1033	Palastdiener	M	Äg				Arb	
1034	königlich	M	Äg	Sprechen		Belohnter, Beamte, Offiz.	Red	Stimme (Text)
1035	Belohnter	M	Sy	Sprechen	N	König	anbetend	Stimme (Text)
1036	Schreiber	M	Äg	Sprechen		vornehmer Herr	Red	Stimme
1037	Vornehmer Herr	M	Äg	Zuhören		Schreiber		
1038	Offizier	M	Äg	Zuhören		Wagenlenker		
1039	Wagenlenker	M	Äg	Sprechen		Offizier	Red	Stimme
1040	Mann	M	Äg	Zuhören		Mann		
1041	Mann	M	Äg	Sprechen		Mann	Red	Stimme
1042	Offizier	M	Äg	Sprechen		zwei Männer	zeigend	Stimme
1043	Wagenlenker	M	Äg	Sprechen ?				
1044	Stallknecht	M	Äg	Lautvermeidung		Stier	beruhigend	
1045	Stallknecht	M	Äg	Lautvermeidung		Stier	Beschwörungsgestus	
1046	Belohnter	M	Sy	Sprechen		Freunde des Belohnten	Red	Stimme (Text)
1047	Städterin	W	Äg			Belohnter	anbetend	
1048	Städterin	W	Äg	Festmusik z. Empfang		Belohnter	spielend	Handtrommel
1049	Städterin	W	Äg	Festmusik z. Empfang		Belohnter	spielend	Handtrommel

ID	Status	Geschlecht	Ethnie	Handlungstyp	Offener Mund	Adressat	Gestus	Instrument
1050	Hofmusiker	W	Äg	Üben		Kolleginnen	tanzend	Laute
1051	Hofmusiker	W	Äg	Üben		Kollegin	nicht spielend	Bogenharfe
1052	Hofmusiker	W	Äg	Üben		Kollegin	spielend	Leier
1053	Hofmusiker	W	Sy	Üben			tanzend	Tanz
1054	Hofmusiker	W	Sy	Üben			spielend	Leier
1055	Hofmusiker	W	Sy	Üben			spielend	Saiteninstr.
1056	Palastdiener	M	Äg	Zuhören		Palastdiener		
1057	Palastdiener	M	Äg	Sprechen		Palastdiener	Ruf	Stimme
1058	Türwächter	M	Äg	Zuhören		Aufseher		
1059	Aufseher	M	Äg	Sprechen		Türwächter	Red	Stimme
1060	Belohnter	M	Sy	Sprechen		König	Jub	Stimme (Text)
1061	Aufseher	M	Äg	Dialog		Wagenlenker	Red	Stimme
1062	Wagenlenker	M	Äg	Dialog		Aufseher	Red	Stimme
1063	Offizier	M	Äg	Lauterzeugung		Wagenlenker	Red	Stimme
1064	Städterin	W	Äg	Lauterzeugung		Belohnter	Jub	
1065	vornehme Städterin	W	Äg	Festmusik		Belohnter	spielend	Handtrommel
1066	vornehme Städterin	W	Äg	Festmusik		Belohnter	spielend	Handtrommel
1067	vornehme Städterin	W	Äg	Festmusik		Belohnter	tanzend	Handtrommel
1068	Gesandte	M	Sy	Sprechen		König		Stimme (Text)
1069	Oberster der Polizei	M	Äg	Sprechen	J	Aten	Jub	Stimme (Text)
1070	Polizei-Truppe	M	Nub	Sprechen		Herrscher, Aten		Stimme (Text)
1071	Oberster der Polizei	M	Äg	Sprechen	N	Aten	anbetend	Stimme (Text)
1072	Polizei-Truppe	M	Nub	Ausruf	N	König	anbetend	Stimme (Text)

Tabelle der in der Datenbank ermittelten Kriterien für auditives Handeln im (cont.)

ID	Status	Geschlecht	Ethnie	Handlungstyp	Offener Mund	Adressat	Gestus	Instrument
1073	Belohnter	M	Äg	Sprechen	N	Aten		Stimme (Text)
1074	Städterin	W	Nub	Lauterzeugung		vermutlich König	tanzend	Handklatschen
1075	Oberster der Polizei	M	Äg	Dialog		Schreiber	Red	Stimme
1076	Schreiber	M	Äg	Dialog		Oberster der Polizei	Red	Stimme
1077	Oberster der Polizei	M	Äg	Dialog		Wesir	Red	Stimme
1078	Wesir	M	Äg	Dialog		Oberster der Polizei	Red	Stimme
1079	Städter	M	Äg	Lauterzeugung		Belohnter	Jub, tanzend	Freudentanz
1080	königlich	M	Äg	Sprechen	N	Belohnter	gebend	Stimme (Text)
1081	Fächerträger	M	Äg	Sprechen	N	König		Stimme (Text)
1082	Beamte, Oberste	M	Äg	Sprechen	N	König		Stimme (Text)
1083	Schreiber	M	Äg	Sprechen	N	König		Stimme (Text)
1084	Wesir	M	Äg	Sprechen	N	König		Stimme (Text)
1085	Wagenlenker	M	Äg	Sprechen	N	Belohnter		Stimme (Text)
1086	Kammerherr	M	Sy	Sprechen	N	Inspektoren	Red	Stimme (Text)
1087	Inspektoren	M	Äg	Sprechen	N	Aten	Jub	Stimme (Text)
1088	Junge mit Esel	M	Äg	Zuhören	N	Landfrau		
1089	Landfrau	W	Nub	Sprechen		Junge mit Esel	Red	Stimme
1090	Polizeioffizier	M	Äg	Sprechen		Offizier	Red	Stimme

ID	Status	Geschlecht	Ethnie	Handlungstyp	Offener Mund	Adressat	Gestus	Instrument
1091	Offizier	M	Nub	Zuhören		Polizeioffizier	Arb	
1092	Schreiber	M	Äg	Sprechen	N	Oberster der Polizei	Red	Stimme
1093	Oberster der Polizei	M	Äg	Zuhören	N	Schreiber		
1094	Polizeioffizier	M	Nub	Sprechen	N	Oberster der Polizei	Red	Stimme
1095	Oberster der Polizei	M	Äg	Zuhören	N	Polizeioffizier		
1096	Oberster der Polizei	M	Äg	Dialog	N	Wesir	Red	Stimme (Text)
1097	Wesir	M	Äg	Dialog	N	Oberster der Polizei	Red	Stimme (Text)
1098	Oberster der Polizei	M	Äg	Sprechen	N	König	anbetend	Stimme (Text)
1099	Kammerherr	M	Sy	Sprechen	N	Grabbesucher		Stimme (Text)
1100	Ruderer und Fischer	M	Äg		N		Arb	
1101	Palastwächter	M	Äg	Dialog	N	Junge	Red	Stimme (Text)
1102	Junge	M	Äg	Dialog	N	Palastwächter	Red	Stimme (Text)
1103	Palastwächter	M	Äg	Dialog	N	Junge	Red	Stimme (Text)
1104	Junge	M	Äg	Dialog	N	Palastwächter		Stimme (Text)
1105	vornehmer Besucher	M	Äg	Dialog	N	Palastwächter	Red	Stimme (Text)
1106	Palastwächter	M	Äg	Dialog		vornehmer Besucher	Red	Stimme (Text)
1107	stehender Junge	M	Äg	Dialog		sitzender Junge		Stimme (Text)
1108	sitzender Junge	M	Äg	Dialog		stehender Junge	Red	Stimme (Text)

Tabelle der in der Datenbank ermittelten Kriterien für auditives Handeln im (cont.)

ID	Status	Geschlecht	Ethnie	Handlungstyp	Offener Mund	Adressat	Gestus	Instrument
1109	Wagenlenker	M	Äg	Dialog		Diener	Red	Stimme
1110	Diener	M	Äg	Dialog		Wagenlenker	Red	Stimme
1111	Wagenlenker	M	Äg	Dialog		Diener	Red	Stimme
1112	Diener	M	Äg	Dialog		Wagenlenker	Red	Stimme
1113	Hohe Beamte	M	Äg	Lauterzeugung		Belohnter	Jub	
1114	Tänzer	M	Nub	Lauterzeugung		Belohnter	tanzend	Stocktanz
1115	Tänzer	M	Nub	Lauterzeugung		König	tanzend	Tanz
1116	Leiter der Tänzer	M	Nub	Lauterzeugung			anbetend	Tanz
1117	Pferdeknecht	M	Äg	Lautvermeidung		Pferd	beruhigend	
1118	Hofmusiker	W	Äg	Üben			spielend	Bogenharfe
1119	Hofmusiker	W	Äg	Üben			spielend	Leier
1120	Hofmusiker	W	Äg	Üben			tanzend	Laute
1121	Hofmusiker	W	Äg	Üben			tanzend	Tanz
1122	Hofmusiker	W	Äg	Üben			spielend	Winkelharfe
1123	Hofmusiker	W	Äg	Üben			spielend	Bogenharfe
1124	Hofmusiker	W	Sy	Üben			tanzend	Tanz
1125	Palastdiener	M	Äg	Sprechen		Türwächter	Red	Stimme
1126	Türwächter	M	Äg	Zuhören		Palastdiener		
1127	Palastdiener	M	Äg	Sprechen		untergeordneter Diener	Red	Stimme
1128	Palastdiener	M	Äg	Zuhören		übergeordneter Diener	Arb	
1129	Schreiber	M	Äg	Dialog		Palastdiener	Red	Stimme
1130	Palastdiener	M	Äg	Dialog		Schreiber	Red	Stimme
1131	Palastdiener	M	Äg	Ruhe			schlafend	
1132	Hofdame	W	Äg	Dialog		stehende Frau	Red	Stimme
1133	stehende Frau	W	Äg	Dialog		Hofdame	Red	Stimme

ID	Status	Geschlecht	Ethnie	Handlungstyp	Offener Mund	Adressat	Gestus	Instrument
1134	Hofmusiker	W	Sy	Üben			tanzend	Laute
1135	lehrende Hofmusiker	W	Sy	Üben			unterweisend	Tanz
1136	Hofmusiker	W	Sy	Üben			spielend	Leier
1137	Gesandte	M	Nub		N	König	grüßend	
1138	Diener	M	Äg		N		Arb	
1139	Stallknecht	M	Äg	Lautvermeidung		Rind	beruhigend	
1140	Bauarbeiter	M	Äg		N		Arb	
1141	Landarbeiter	M	Äg		N	Junge	Liebkosung	
1142	Diener	M	Nub		N		Arb	
1143	königlich	W	Äg	Kultmusik	N	Aten	spielend	Sistrum
1144	Hofdame	W	Äg		N	Aten		
1145	Offizier	M	Äg		N		Arb	
1146	Akrobat	M	Nub					
1147	königlich	M	Äg		N	Aten		
1148	Diener	M	Äg		N			
1149	Diener	M						
1150	vornehmer Herr	M			N			
1151	königlich	M	Äg		N			
1152	Diener	M	Äg		N		grüßend	
1153	vornehmer Herr	M	Äg		N			
1154		M	Äg		J			
1155		M	Äg		N			
1156		M	Nub		N			
1157	Städterin	W	Nub	Lauterzeugung	N		winkend / spielend	
1158	Städterin	W	Äg	Lauterzeugung	N		spielend	Handtrommel
1159	Priester	M	Äg		N	Aten	Arb	
1160	Hirte							
1161				Stille				
1162				Stille				
1163		M						

Tabelle der in der Datenbank ermittelten Kriterien für auditives Handeln im (cont.)

ID	Status	Geschlecht	Ethnie	Handlungstyp	Offener Mund	Adressat	Gestus	Instrument
1164	königlich	M	Äg		N			
1165	königlich	M	Äg		N			
1166				Ruhe				
1167	Soldat	M	Äg		N			
1168	vornehmer Herr	M	Äg		N			
1169	königlich	M	Äg		N			
1170	königlich	W	Äg		N			
1171	königlich	M	Äg		N			
1172	königlich	W	Äg		N			
1173	königlich	W	Äg	Kultmusik	N		spielend	Sistrum
1174	königlich	W	Äg					
1175	vornehmer Herr	M	Äg		J			
1176	vornehmer Herr	M	Äg		N			
1177	königlich	M	Äg		N		Prostration	
1178	königlich	M	Äg		N	Aten		
1179	königlich	M	Äg		N	Aten		
1180	Träger	M			J			
1181	Träger	M			N			
1182	königlich	W			N			
1183	königlich	W			N			
1184	königlich	W	Äg	Kultmusik	N	Aten	spielend	Sistrum
1185		M			N			
1186	Herold	M	Äg		N		Cheironomie	
1187	Aufseher	M	Äg		N			
1188	Aufseher	M	Äg		N			
1189	Träger	M			N		Arb	
1190		M	Äg		N			
1191	vornehmer Herr	M	Äg					
1192	königlich				N			

ID	Status	Geschlecht	Ethnie	Handlungstyp	Offener Mund	Adressat	Gestus	Instrument
1193	Städterin	W	Äg	Lauterwartung		König	grüßend	Handtrommel
1194	Städterin	W	Äg	Lauterwartung		König	grüßend	Handtrommel
1195	Priester							
1196				Stille				
1197	Vorsteher	M	Äg	Sprechen		Schreiber	Red	Stimme
1198	Bildhauer	M					Arb	
1199				Stille				
1200	Gefangene	M	Nub					
1201	Gefangene	M	As					
1202	Akrobat	M	Nub	Lauterzeugung		König	Jub	
1203	Würdenträger	M	Sy	Lautvermeidung		Pferd	beruhigend	
1204	Belohnter	M	Äg	Lauterzeugung			Jub	
1205				Stille				
1206	Kapitän	M				König	grüßend	
1207	Stallknechte	M		Ruhe				
1208	Schreiber	M		Ruhe				
1209				Stille				
1210	Türwächter	M						
1211	Stallknechte	M		Ruhe			Arb	
1212	vornehmer Besucher	M	Äg	Sprechen	N	Palastwächter	Red	Stimme
1213	Stallknechte	M		Ruhe				
1214	Palastwächter			zuhören?				
1215	Städterin	W		Musik z. Empfang		König		Handtrommel
1216	Fächerträger	M	Nub		N	König	grüßend	
1217	vornehmer Herr	M	Äg	Sprechen	N	König	Red	Stimme
1218		M	Nub		N		anbetend	
1219	Soldat	M		Ruhe			schlafend	
1220	königlich	M	Äg		N			

Tabelle der in der Datenbank ermittelten Kriterien für auditives Handeln im (cont.)

ID	Status	Geschlecht	Ethnie	Handlungstyp	Offener Mund	Adressat	Gestus	Instrument
1221	Städterin	W	Äg	Festmusik z. Empfang				
1222	Städterin	W	Äg	Festmusik z. Empfang				Handtrommel
1223	Städterin	W	Äg	Festmusik z. Empfang			winkend	Zweig
1224	Städterin	W	Äg	Festmusik z. Empfang			tanzend	Tanz
1225	Städterin	W	Äg	Festmusik z. Empfang	N			Handtrommel
1226	Städterin	W	Äg	Festmusik z. Empfang	N		spielend	Handtrommel
1227	Städterin	W	Äg	Festmusik z. Empfang	J			Sängerin
1228	Städterin	W	Äg	Festmusik z. Empfang				
1229	Städterin	W	Äg	Festmusik z. Empfang				
1230	Städterin	W	Äg	Festmusik z. Empfang	N			
1231	Dienerin	W	Äg	Sprechen	J	Herrin		
1232	Städterin	W	Äg	Lauterzeugung	N		spielend	Laute
1233	Höfling	M	Äg		N	König	Verbeugung	
1234		M			J			
1235	königlich	W	Äg	Kultmusik	N	Aten	spielend	Sistrum
1236	königlich	W	Äg		N	Aten		
1237	Pferdeknecht	M	Nub	Lautvermeidung	N	Pferd	beruhigend	
1238	Pferdeknecht	M	Nub	Lautvermeidung	N	Pferd	beruhigend	
1239	vornehmer Herr	M	Äg		J	König		

ID	Status	Geschlecht	Ethnie	Handlungstyp	Offener Mund	Adressat	Gestus	Instrument
1240	Wagenlenker	M	Äg	Lauterzeugung	J	Pferde	anfeuernd	Stimme
1241	Bäcker	M			N		Arb	
1242	Bäcker	M			J		Arb	
1243	Träger	M			N		Arb	
1244	Träger	M			N		Arb	
1245	Diener	M			N		Arb	
1246	Höfling	M	Äg		N			
1247	Höfling	M	Äg		N			
1248	Höfling	M	Äg					
1249	Höfling	M	Äg		N			
1250	Höfling	M	Äg	Schweigen	N	König		
1251	Höfling	M	Äg	Schweigen	N	König		
1252	Höfling	M	Äg	Lauterzeugung?	J	König		
1253	Höfling	M	Äg	Lauterzeugung?	J	König		
1254	Höfling	M	Äg	Schweigen	N	König		
1255	königlich	M	Äg	Schweigen	N	Aten		
1256	Soldat	M	As		N			
1257	Soldat	M	As		N			
1258	Soldat	M	As		N			
1259	Menge	M		Lauterzeugung	N		Jub	
1260	Menge	M			N			
1261	vornehme Herren	M		Lauterzeugung	J			
1262	Offizier	M	Äg		N		grüßend	
1263	Offizier	M	Äg		N		grüßend	
1264		M	Äg		N			
1265	königlich	W	Äg		N	Aten		
1266	Hohe Beamte	M	Äg		N	König		
1267	königlich	W	Äg		N			
1268		M	Äg		N			
1269	Tempeldiener	M	Äg		N			

Tabelle der in der Datenbank ermittelten Kriterien für auditives Handeln im (cont.)

ID	Status	Geschlecht	Ethnie	Handlungstyp	Offener Mund	Adressat	Gestus	Instrument
1270	Tempeldiener	M	Äg		N			
1271	Tempeldiener	M	Äg		N			
1272	königlich	W	Äg		N	Aten		
1273	königlich	M	Äg		N	Aten		
1274	königlich	M	Äg		N	Aten		
1275	königlich	W	Äg		N			
1276	königlich	W	Äg		N	Aten		
1277	königlich	W	Äg		N	Aten		
1278	Hofdame	W			N			
1279	Hofdame	W			N			
1280	Wagenlenker	M		Lauterzeugung	J	Pferde	anfeuernd	Stimme
1281	Hofdame	W			J			
1282	Diener	M			N			
1283	Palastdiener	M		Ruhe	N			
1284	Tempelpersonal	M			N	Aten		
1285	Türhüter	M		Ruhe			schlafend	
1286		W			N		anbetend	
1287		W			N		anbetend	
1288	königlich							
1289		M	Nub		N		anbetend	
1290	Städterin, jung	W	Äg	Festmusik z. Empfang		Belohnter	tanzend	Klapper
1291	Städterin, jung	W	Äg	Festmusik z. Empfang		Belohnter	tanzend	Klapper
1292	Städterin	W	Äg	Festmusik z. Empfang		Belohnter	tanzend	Handtrommel
1293	Städterin	W	Äg	Festmusik z. Empfang		Belohnter	tanzend, winkend	Blüten
1294	Städterin	W	Äg	Festmusik z. Empfang		Belohnter	tanzend	Handtrommel
1295	Städterin	W	Äg	Festmusik z. Empfang		Belohnter	spielend	Handtrommel
1296	Städterin	W	Äg	Festmusik z. Empfang		Belohnter	spielend	Handtrommel

ID	Status	Geschlecht	Ethnie	Handlungstyp	Offener Mund	Adressat	Gestus	Instrument
1297	Städterin	W	Äg	Festmusik z. Empfang		Belohnter	spielend	Handtrommel
1298	Städterin	W	Äg	Festmusik z. Empfang		Belohnter	tanzend	
1300	Männer	M	Äg	Totenklage		Verstorbener	trauernd	
1301	Tänzer	M	Nub	Lauterzeugung	N	König	tanzend	Tanz
1302	Tänzer	M	Nub	Lauterzeugung	J	König	tanzend	Tanz
1303	Tänzer	M	Nub	Lauterzeugung	J	König	tanzend	Tanz
1304	Tänzer	M	Nub	Lauterzeugung		König	tanzend	Tanz
1305	Städterin	W	Äg	Lauterwartung	N	König	nicht spielend	Handtrommel
1306	Städterin	W	Äg	Lauterwartung	N	König	grüßend	
1307	Städterin, ältere	W	Äg	Lauterwartung	N	König	nicht spielend	Handtrommel
1308	Städterin	W	Äg	Lauterwartung	N	König	nicht spielend	Handtrommel
1310	Städterin	W	Äg	Lauterwartung	N	König	nicht spielend	Handtrommel
1311	Städterin	W	Äg	Lauterzeugung	N		spielend	Handtrommel
1312	Städterin	W	Äg	Lauterzeugung	N		spielend	Handtrommel
1313	Städterin	W	Äg	Lauterzeugung	J		spielend	Handtrommel
1314	Städterin	W	Äg	Lauterzeugung	N		spielend	Handtrommel
1315	Belohnter	M	Äg	Sprechen		Herren, Priester		Stimme (Text)
1316	Priester	M	Äg	Lauterzeugung		Belohnter	grüßend	
1317	Wagenlenker	M		Lauterzeugung		Belohnter	Jub	Freudentanz

Tabelle der in der Datenbank ermittelten Kriterien für auditives Handeln im (cont.)

ID	Status	Geschlecht	Ethnie	Handlungstyp	Offener Mund	Adressat	Gestus	Instrument
1318	Standartenträger e. Phyle	M		Lauterzeugung	N	Belohnter	Jub	
1319	Priester	M	Äg	Musik z. Empfang		König	Cheironomie	Stimme
1320	Oberster Priester	M	Äg	Zuhören		König	anbetend	
1321	Priester	M	Äg		J	König	grüßend	
1322	Untergebene	M	Äg	Lauterzeugung		Belohnter	Jub	Stimme (Text)
1323	Belohnter	M	Äg	Lauterzeugung		Menschen der Behörde	Jub	
1324	Verwandte	W	Äg	Totenklage		Verstorbener	trauernd	
1325	Wagenlenker	M	Äg	Lauterzeugung		Belohnter	Jub	
1326	Tänzer	M	Nub	Lauterzeugung		König, Anwesende	tanzend	Tanz
1327	Männer	M	Äg	Totenklage		Verstorbener	trauernd	
1328	Mann	M	Äg	Festmusik z. Empfang		Belohnter	tanzend	Freudentanz
1329	Standartenträger	M	Äg		J	Aten		
1330	königlich	M	Äg		N		Liebkosung	
1331	königlich	W	Äg		N			
1332	königlich	W	Äg		N		Liebkosung	
1333	königlich	W	Äg		N		zeigend	
1334	königlich	W	Äg		N		zeigend	
1335	königlich	M	Äg		N		Liebkosung	
1336	königlich	W	Äg		N		Liebkosung	
1337	königlich	W	Äg		N		Liebkosung	
1338	königlich	W	Äg		N			
1339	königlich	W	Äg		N		Liebkosung	
1340	königlich	W	Äg		N	Aten		
1341	königlich	M	Äg		N			
1342	Privatperson	M			N	Re-Horachte	anbetend	

ID	Status	Geschlecht	Ethnie	Handlungstyp	Offener Mund	Adressat	Gestus	Instrument
1343	Privatperson	M			N	Aten	anbetend	
1344	Privatperson	W			N	Aten	anbetend	
1345	Fächerträger	M	Äg	Lauterzeugung	N	Belohnter	Jub	
1346	vornehme Herren	M	Äg	Lauterzeugung	N	Belohnter	Jub	
1347	Diener	M	Äg		N	Belohnter	Jub	
1348	Tänzer	M	Nub	Lauterzeugung	N	König	tanzend	Tanz
1349	Tänzer	M	Nub	Lauterzeugung	J	König	tanzend	Tanz
1350	Tänzer	M	Nub	Lauterzeugung	N	König	tanzend	Tanz
1351	Tänzer	M	Nub	Lauterzeugung	J	König	tanzend	Tanz
1352	Tänzer	M	Nub	Lauterzeugung	N	König	tanzend	Tanz
1353		M	Äg	Stille	N	Aten		
1354				Stille				
1355	königlich		Äg		N			
1356	Palastdiener	M	Äg	Dialog	N	Palastdiener	Red	Stimme
1357	Palastdiener	M	Äg	Dialog	N	Palastdiener	Red	Stimme
1358	Armeemusiker	M	Nub	Lauterzeugung		König	spielend	Trompete
1359	Armeemusiker	M	Nub	Lauterzeugung		König	spielend	Trompete
1360	Armeemusiker	M	Nub	Lauterzeugung		König	spielend	Trompete

Literaturverzeichnis

ABD EL-GELIL, M., SAADANI, A., RAUE, D. 1996 Some Inscriptions and Reliefs from Matariya, in: *MDAIK* 52, S. 143–156.

ABDELRAHIEM, M. 1999 *Die Harfnerlieder des Alten Ägypten*. Unveröffentlichte Diss. Hamburg.

ÅKESSON, B. 1982 Lecture at the International Symposium for Research on Ancient Cultures, Sofia, June 29, 1982, in: *Att ge spår i luften*, Kykeon 10, Lund, S. 19–29.

ALDRED, C. 1968 *Echnaton – Gott und Pharao Ägyptens*. Bergisch-Gladbach.

ALDRED, C. 1973 *Akhetaten and Nefertiti*. Katalog Brooklyn Museum, New York.

ALDRED, C. 1978 Tradition and Revolution in the Art of the XVIIIth Dynasty, in: D. SCHMANDT-BESSERAT (Hrsg.), *Immortal Egypt*, S. 51–62.

ALEXANIAN, N. 1998 Ritualrelikte an Mastabagräbern des Alten Reiches, in: H. GUKSCH und D. POLZ (Hrsg.), *Stationen. Beiträge zur Kulturgeschichte Ägyptens, Rainer Stadelmann gewidmet*, Mainz, S. 3–22.

ALLEN, J. P. 2000 *Middle Egyptian. An Introduction to the Language and Culture of Hieroglyphs*. Cambridge.

ALLEN, J. P. 2005a *The Art of Medicine in Ancient Egypt*. The Metropolitan Museum of Art. New York.

ALLEN, J. P. 2005b *The Ancient Egyptian Pyramid Texts*. Writings from the Ancient World 23. Atlanta.

ALTENMÜLLER, B. 1975 *Synkretismus in den Sargtexten*. GOF IV, Reihe Ägypten 7. Wiesbaden.

ALTENMÜLLER, H. 1972 *Die Texte zum Begräbnisritual in den Pyramiden des Alten Reiches*. ÄA 24. Wiesbaden.

ALTENMÜLLER, H. 1975a Bestattungsritual, in: *LÄ* I, Sp. 745–765.

ALTENMÜLLER, H. 1975b Zur Frage der *MWW*, in: *SAK* 2, S. 1–37.

ALTENMÜLLER, H. 1989 Kälberhirte und Schafhirte, Bemerkungen zur Rückkehr des Grabherrn, in: *SAK* 16, S. 1–19.

ALTENMÜLLER, H. 1994 Die Reden und Rufe beim Dreschen in den Gräbern des Alten Reiches, in: *Essays in Egyptology in Honour of Hans Goedicke*, San Antonio, S. 9–24.

ALTENMÜLLER, H. 1998 *Die Wanddarstellungen im Grab des Mehu in Saqqara*. AVDAIK 42. Mainz.

ALTENMÜLLER, H. und MOUSSA, A. M. 1971 *The Tomb of Nefer and Ka-Hay*. Mainz.

ALTHUSSER, L. 1977 Ideologie und ideologische Staatsapparate, in: L. ALTHUSSER (Hrsg.), *Ideologie und ideologische Staatsapparate, Aufsätze zur marxistischen Theorie*, Hamburg, Berlin, S. 108–153.

AMARNA PROJECT, B. KEMP, University of Cambridge, UK, http://www.amarnaproject.com/pages/amarna_the_place/boundary_stelae/map.shtml, letzter Zugriff 2017–04–15.

AMMERMAN, N. T. 2003 Religious Identities and Religious Institutions, in: M. DILLON (Hrsg.), *Handbook of the Sociology of Religion*, Cambridge, S. 207–224.

ANDERSON, R. D. 1976 *Catalogue of Egyptian Antiquities in the British Museum* III. *Musical Instruments*. London.

ANDREWS, C. 1994 *Amulets of Ancient Egypt*. British Museum. London.

ARNOLD, D. 1997 *The Royal Women of Amarna, Images of Beauty from Ancient Egypt*. Ausstellungskatalog „Queen Nefertiti and the Royal Women: Images of Beauty from Ancient Egypt“, The Metropolitan Museum of Art, New York, October 8, 1996–February 2, 1997, New York.

ARP, J. 2008 Echnaton und die *rites de passage*. Zur Interpretation des Königsmotivs im Privatgrab von Tell el-Amarna, in: *Imago Aegypti* 2, S. 7–17.

ARP, J. 2012 *Die Nekropole als Konfiguration. Zur Methodik der sozialen Interpretation der Felsfassadengräber von Amarna*. GOF IV. Reihe Ägypten 50. Wiesbaden.

ARPAGAUS, D. 2013 Schreiberpalette und Schreiberidentität – zu einer intentionalen Lacuna auf der Statue des Nachthorheb, Louvre A 94, in: *GM* 239, S. 7–15.

ASSMANN, J. 1969 *Liturgische Lieder an den Sonnengott. Untersuchungen zur altägyptischen Hymnik* I. MÄS 19. Berlin.

ASSMANN, J. 1970 *Der König als Sonnenpriester*. ADAIK 7. Kairo.

ASSMANN, J. 1972a Die „Häresie“ des Echnaton: Aspekte der Amarnareligion, in: *Saeculum* 23, S. 109–125.

ASSMANN, J. 1972b Palast oder Tempel? Überlegungen zur Architektur und Topographie von Amarna, in: *JNES* 31/3, S. 143–155.

ASSMANN, J. 1975 Flachbildkunst des Neuen Reiches, in: C. VANDERSLEYEN (Hrsg.), Das alte Ägypten, *Propyläen Kunstgeschichte* 15, *Das alte Ägypten*, Berlin, S. 304–317.

ASSMANN, J. 1979 Weisheit, Loyalismus und Frömmigkeit, in: E. HORNUNG und O. KEEL (Hrsg.), *Studien zu altägyptischen Lebenslehren*, OBO 28, Freiburg und Göttingen.

ASSMANN, J. 1980 Die Loyalistische Lehre Echnatons, in: *SAK* 8, S. 1–32.

ASSMANN, J. 1983 Die Gestalt der Zeit in der Ägyptischen Kunst, in: J. ASSMANN und G. BURKERT (Hrsg.), *5000 Jahre Ägypten. Genese und Permanenz Pharaonischer Kunst*, Nußloch.

ASSMANN, J. 1984 Reden und Schweigen, in: *LÄ* V, Sp. 195–201.

ASSMANN, J. 1987 Hierotaxis, in: J. OSING und G. DREYER (Hrsg.), *Form und Maß. Beiträge zur Literatur, Sprache und Kunst des alten Ägypten. Festschrift für Gerhard Fecht zum 65. Geburtstag am 6. Februar 1987*, ÄAT 12, Wiesbaden, S. 18–42.

ASSMANN, J. 1990 *Ma'at. Gerechtigkeit und Unsterblichkeit im Alten Ägypten*. München.

ASSMANN, J. 1991a Der zweidimensionale Mensch: das Fest als Medium des kollektiven Gedächtnisses, in: J. ASSMANN und T. SUNDERMAIER (Hrsg.), *Das Fest und das Heilige. Religiöse Kontrapunkte zur Alltagswelt*, Gütersloh, S. 13–30.

ASSMANN, J. 1991b Das ägyptische Prozessionsfest, in: J. ASSMANN und T. SUNDERMAIER (Hrsg.), *Das Fest und das Heilige. Religiöse Kontrapunkte zur Alltagswelt*, Gütersloh, S. 105–122.

ASSMANN, J. 1991c *Stein und Zeit. Mensch und Gesellschaft im Alten Ägypten*. München.

ASSMANN, J. 1992 *Das kulturelle Gedächtnis. Schrift, Erinnerung und politische Identität in frühen Hochkulturen*. München.

ASSMANN, J. 1995 Geheimnis, Gedächtnis und Gottesnähe: zum Strukturwandel der Grabsemantik und der Diesseits-Jenseitsbeziehung im Neuen Reich, in: J. ASSMANN, E. DZIOBEK, H. GUKSCH, F. SEYFRIED (Hrsg.), *Thebanische Beamtennekropolen. Neue Perspektiven archäologischer Forschung, Internationales Symposium Heidelberg 9.–13. 6. 1993*, SAGA 12, Heidelberg, S. 281–293.

ASSMANN, J. 1996a Preservation and Presentation of Self in Ancient Egyptian Portraiture, in: P. Der Manuelian (Hrsg.), *Studies in Honour of William Kelly Simpson* I, Boston, S. 55–81.

ASSMANN, J. 1996b Zum Konzept der Fremdheit im alten Ägypten, in: M. Schuster (Hrsg.), *Die Begegnung mit dem Fremden. Wertungen und Wirkungen in Hochkulturen vom Altertum bis zur Gegenwart*, Colloquium Rauricum 4, Stuttgart, S. 77–99.

ASSMANN, J. 1996c *Ägypten. Eine Sinngeschichte*. München und Wien.

ASSMANN, J. 1999 *Ägyptische Hymnen und Gebete*. OBO. Freiburg und Göttingen.

ASSMANN, J. 2000 *Religion und kulturelles Gedächtnis*. München.

ASSMANN, J. 2001 *Tod und Jenseits im alten Ägypten*. München.

ASSMANN, J. 2004 *Ägyptische Geheimnisse*. München.

ASSMANN, J. und Bommas, M. 2002 *Altägyptische Totenliturgien* I–III. Heidelberg.

AUENMÜLLER, J. 2015 Gefolgschaft und Nähe. Räumliche Relationen zwischen König und Elite im elitären Diskurs des Neuen Reiches, in: G. NEUNERT, H. SIMON, A. VERBOVSEK, K. GABLER (Hrsg.), *Text: Wissen – Wirkung – Wahrnehmung. Beiträge des vierten Münchner Arbeitskreises Junge Ägyptologie* (*MAJA 4*), GOF IV, Reihe Ägypten 59, Göttingen, S. 75–88.

AUSTIN, J. L. 1975 (Erstausgabe 1955) *How to do things with words*. Oxford.

BACHMANN-MEDIK, D. 2010 *Cultural Turns. Neuorientierungen in den Kulturwissenschaften*. Reinbek bei Hamburg.

BADALI, E. 1985 Beziehungen zwischen Musik und kultischen Rufen innerhalb der hethitischen Feste, in: *ZDMG, Suppl.* 7, S. 283–288.

BADAWY, A. M. 1975 The Approach to the Egyptian Temple, in: *ZÄS* 102, S. 79–90.

BADAWY, A. M. 1976 *The Tombs of Iteti, Sekhem'anch-Ptah, and Kamenoferet at Giza*. University of California publications, Occasional papers 9, Archaeology, Berkely.

BADAWY, A. M. 1978 *The Tomb of Nyhetep-Ptah at Giza and the Tomb of Ankhmahor at Saqqara*. Berkely Los Angeles London.

BAINES, J. 1986 The Stela of Emhab. Innovation, Tradition, Hierarchy, in: *JEA* 72, S. 41–53.

BAINES, J. 2006 Public Ceremonial Performance in Ancient Egypt, in: TAKESHI INOMATA und L. S. COBEN (Hrsg.), *Archaeology of Performance, Theaters of Power, Community, and Politics*, Lanham MD, S. 261–302.

BARBOTIN, CH. 2012 Le dialogue de Khâkheperrêseneb avec son ba. Tablette British Museum EA 5645/ostracon Caire JE 50249 + papyri Amherst III & Berlin 3024, in: *RdÉ* 63, S. 1–20.

BARDINET, TH. 1995 *Les papyrus médicaux de l'Égypte pharaonique*. Paris.

BARGUET, P. 1986 Note sur la sortie du roi hors du palais, in: F. DAUMAS und H. ALTENMÜLLER (Hrsg.), *Hommages à François Daumas*, Publication de la recherche – Université de Montpellier, Montpellier, S. 51–54.

BARGUET, P. 2008 *Le temple d'Amon-Rê à Karnak: essai d'exégèse*. IFAO Recherches d'archéologie, de philologie et d'histoire 21. Kairo.

BARNS, J. W. B. 1956 *Five Ramesseum Papyri*. Oxford.

BARTA, W. 1966 Die neuerworbenen Relieffragmente der ägyptischen Staatsammlung München: aus der Zeit des Königs Amenophis IV.-Echnaton, in: *Pantheon* 24, S. 1–9.

BARTA, W. 1987 Ein metrisch geformter Stelentext des Mittleren Reiches, in: J. Osing und G. Dreyer (Hrsg.), *Form und Maß. Beiträge zur Literatur, Sprache und Kunst des alten Ägypten, Festschrift für Gerhard Fecht zum 65. Geburtstag am 6. Februar 1987*, ÄAT 12, Wiesbaden, S. 63–77.

BARTHES, R. 1977 Rhetoric of the Image, in: *Image – Music – Text*, New York, S. 32–51.

BARUCQ, A. und DAUMAS, F. 1979 *Hymnes et prières de l'Égypte ancienne*. Paris.

BEAUX, N. 2004 La pintade, le soleil et l'éternité, in: *BIFAO* 104, S. 21–38.

BEINLICH, H. 1984 *Die „Osirisreliquien". Zum Motiv der Körperzergliederung in der altägyptischen Religion*. ÄA 42. Wiesbaden.

BEINLICH-SEEBER, CH. und SHEDID, A. G. 1987 *Das Grab des Userhat (TT 56)*. AVDAIK 50. Mainz.

BELL, C. 1992 *Ritual Theory Ritual Practice*. New York, Oxford.

BELL, C. 1997 *Ritual. Perspectives and Dimensions*. Oxford.

BELL, L. 1985 Luxor Temple and the Cult of the Royal Ka, in: *JNES* 44, S. 289–290.

BENTHIEN, C. 2006 Die *vanitas* der Stimme. Verstummen und Schweigen in bildender Kunst, Literatur, Theater und Ritual, in: D. KOLESCH und S. KRÄMER (Hrsg.), *Stimme. Annäherung an ein Phänomen*, Frankfurt, S. 237–268.

BERGMAN, J. 1979 Gedanken zum Thema „Lehre-Testament-Grab-Name", in: E. HORNUNG und O. KEEL (Hrsg.), *Studien zu altägyptischen Lebenslehren*, OBO 28, Freiburg und Göttingen, S. 73–104.

BERGMAN, J. 1987 Skådandet. Reflexioner kring seendet som kungsvägen till verklighet och mystik, in: H. Hof und O. Frank (Hrsg.), *Mystik och verklighet. En festskrift till Hans Hof*, Delsbo, S. 174–184.

BERLEV, O. und HODJASH, S. 2002 The Egyptian for 'Basileophorous Name / Surname', in: B. SCHMITZ (Hrsg.), *Festschrift Arne Eggebrecht zum 65. Geburtstag am 12. März 2000*, HÄB 48, Hildesheim, S. 15–17.

BIBEL und ORIENT, Basel, http://www.bible-orient-museum.ch/bodo/details.php?bomid=941, letzter Zugriff 2015–12–11.

BICKEL, S. 1994 *La cosmogonie égyptienne avant le Nouvel Empire*. OBO 134. Freiburg und Göttingen.

BICKEL, S. 2003 „Ich spreche ständig zu Aton …": Zur Mensch-Gott-Beziehung in der Amarna Religion, in: *JANER* 3, S. 23–45.

BICKEL, S. 2004a D'un monde à l'autre: le thème du passeur et de sa barque dans la pensée funéraire, in: S. BICKEL und B. MATHIEU (Hrsg.), *D'un monde à l'autre. Textes des Pyramides et Textes des Sarcophages*, IFAO, Kairo, S. 91–117.

BICKEL, S. 2004b *In ägyptischer Gesellschaft, Aegyptica der Sammlungen Bibel und Orient an der Universität Freiburg*. Freiburg.

BICKEL, S. 2007 Der leere Thron Echnatons, in: S. BICKEL, S. SCHROER, R. SCHURTE, CH. UEHLINGER (Hrsg.), *Bilder als Quellen. Images as Sources. Studies on ancient Near Eastern artefacts and the Bible inspired by the work of Othmar Keel*, OBO Sonderband, Freiburg und Göttingen, S. 189–213.

BICKEL, S. 2010 Frauenbilder. Gender-Inszenierung in altägyptischen Lehren, in: M. FORMISANO und TH. FUHRER (Hrsg.), *Gender Studies in den Altertumswissenschaften, Gender-Inszenierung in der antiken Literatur*, Iphis 5, Trier, S. 113–128.

BILLIG, D. 2001 Die Trompete aus dem Statuentempel II D von Musawwarat es Sufra, in: *MittSAG* 11, Berlin, S. 72–79.

BILLING, N. 2002 *Nut. The Goddess of Life in Text and Iconography*. Uppsala Studies in Egyptology 5. Uppsala.

BILOLO, M. 1986 L'enjeu politique de la théologie negative du grand hymne à Jati, in: *GM* 93, S. 29–35.

BINDER, S. 2008 *The Gold of Honour in New Kingdom Egypt*. ACE Studies 8. Oxford.

VON BISSING, F. W. 1905 *Die Mastaba des Gem-ni-Kai* I–II. Berlin.

VON BISSING, F. W. 1907 *Steingefäße*. Catalogue général des antiquités égyptiennes du Musée du Caire 18065–18793 (XLVII). Wien.

VON BISSING, F. W. 1911 K. Glyptothek und Skulpturensammlung des Staates 1910, I, in: *Münchner Jahrbuch der bildenden Kunst* 6, S. 162–170.

VON BISSING, F. W. 1914 *Denkmäler ägyptischer* Sculptur. München.

BISSON DE LA ROQUE, F. 1927 *Rapport sur les fouilles de Médamoud*. 1926. FIFAO 4/1–2. Kairo.

BLACKMAN, A. M. 1915 An indirect Reference to Sesostris III's Syrian Campaign in the Tomb-Chapel of *ḏḥwty-ḥtp* at El-Bersheh, in: *JEA* 2, S. 13–14.

BLACKMAN, A. M. 1922 A Study of the Liturgy Celebrated in the Temple of the Aton at el-Amarna, in: *Recueil d'études égyptologiques dédiées à la mémoire de Jean-François Champollion*, École de hautes études, Bibliotèque Sciences historiques et philologiques 234, Paris, S. 505–527. Nachdruck 1998 in A. B. LLOYD (Hrsg.), *Gods, Priests and Men. Studies in the Religion of Pharaonic Egypt by Aylward M. Blackman*, New York, S. 238–254.

BLACKMAN, A. M. und APTED, M. R. 1914–1953 *The Rock Tombs of Meir* I–VI. ASE. Oxford.

BLEEKER, C. 1967 *Egyptian Festivals*. Leiden.

BLOK, H. P. 1928 Remarques sur quelques stèles, in: *Kêmi* 1, S. 122–135.

BLUMENTHAL, E. 1970 *Untersuchungen zum ägyptischen Königtum des Mittleren Reiches* I. *Die Phraseologie*. Berlin.

BLUMENTHAL, E. 1987a Ptahhotep und der Stab des Alters, in: J. OSING und G. DREYER (Hrsg.), *Form und Maß. Beiträge zur Literatur, Sprache und Kunst des alten Ägypten, Festschrift für Gerhard Fecht zum 65. Geburtstag am 6. Februar 1987*, ÄAT 12, Wiesbaden, S. 84–97.

BLUMENTHAL, E. 1987b Tempelrelief mit der Königin Nofretete, in: R. KRAUSPE (Hrsg.), *Das Ägyptische Museum der Universität Leipzig*, Mainz, S. 91–92.

BOCCHI, P. A. 1999 Death by Drama: The Ritual of Damnatio Memoriae in Ancient Egypt, in: *GM* 171, S. 73–86.

BODDENS HOSANG, F. J. E. 1992 *Two Amarna collections in the Netherlands*. OMRO 72. Leiden.

BOESER, P. A. A. 1909 *Beschreibung der aegyptischen Sammlung des niederländischen Reichsmuseums der Altertümer in Leiden. Die Denkmäler der Zeit zwischen dem Alten und Mittleren Reich und des Mittleren Reiches. Erste Abteilung Stelen*. Haag.

VON BOTHMER, B. 1962 *Arts in Virginia* 3/1. Richmond, S. 27–28.

VON BOTHMER, B. 1979 *The Luxor Museum of Ancient Egyptian Art*. Katalog. American Research Center in Cairo. Mainz.

BOLSHAKOV, A. O. 1997 *Man and his Double in Egyptian Ideology of the Old Kingdom*. ÄAT 37. Wiesbaden.

BOMANN, A. 1991 *The Private Chapel in Ancient Egypt. A study of chapels in the Workmen's village at El-Amarna with special reference to Deir el Medina and other sites*. London.

BOMMAS, M. 1999 Zur Datierung einiger Briefe an die Toten, in: *GM* 173, S. 53–60.

BONNEAU, D. 1964 *La Crue du Nil. Divinité égyptienne*. Études et Commentaires 52. Paris.

BONNET, H. 1952 *Reallexikon der Ägyptischen Religionsgeschichte*. Berlin.

BONNET, H. 1964 Die ägyptische Tracht bis zum Ende des Neuen Reiches, in: *Untersuchungen zur Geschichte und Altertumskunde Aegyptens* 7, S. 82–73 und 9 Tafeln.

BORCHARDT, L. 1923 *Porträts der Königin Nofretete aus den Grabungen 1912/13 in Tell el-Amarna*. Leipzig.

BORCHARDT, L. 1908 *Works of Art in the Egyptian Museum*. Kairo.

BORCHARDT, L. 1911–1925 *Statuen und Statuetten von Königen und Privatleuten im Museum von Kairo Nr. 1–1294*, I–II (Nr. 1–653). Berlin.

BORCHARDT, L. 1937 *Denkmäler des Alten Reiches (ausser den Statuen) im Museum zu Kairo Nr. 1295–1808, Teil I: Text und Tafeln zu Nr. 1295–1541*, Berlin.

BORCHARDT, L. und RICKE, H. 1980 *Die Wohnhäuser in Tell el-Amarna*. WVDOG 91. Berlin.

BORGHOUTS, J. F. 1978 *Ancient Egyptian Magical Texts*. Religious Texts Translation Series NISABA 9. Leiden.

BORGHOUTS, J. F. 1979 A New Approach to the Late Egyptian Conjunctive, in: *ZÄS* 106, S. 14–24.

BOSSE-GRIFFITH, K. 1980 Two Lute-Players from the Amarna Era, in: *JEA* 66, S. 70–80. Nachdruck in J. G. GRIFFITH (Hrsg.), 2001 *Amarna Studies and other selected papers*, OBO 182, Freiburg und Göttingen, S. 64–81.

BOURDIEU, P. 1977 *Outline of a Theory of Practice*. Cambridge.

BOURDIEU, P. 1987 *Die feinen Unterschiede. Kritik der gesellschaftlichen Urteilskraft*. Frankfurt am Main.

BOURDIEU, P. 1998 *Praktische Vernunft. Zur Theorie des Handelns*. Frankfurt am Main.

BOURIANT, U. 1894 *Tambeau d'Harmhabi*. MMAF 5/3. Paris.

BOURIANT, U., LEGRAIN, G., JÉQUIER, G. 1903 *Monuments pour servir à l'étude du culte d'Atenou en Égypte. Les tombs de Khouitatenou*. MIFAO 8. Kairo.

BRACK, A. und BRACK, A. 1977 *Das Grab des Tjanuni Theben 74*. AVDAIK 19. Mainz.

BRACK, A. und BRACK, A. 1980 *Das Grab des Haremheb Theben Nr. 78*. AVDAIK 35. Mainz.

BRAND, P. 1995 Tuthmoside Battle Relief, in: N. THOMAS (Hrsg.), *The American Discovery of Ancient Egypt*, Katalog Los Angeles County Museum of Art, Los Angeles, S. 170–171.

BRAUN, N. S. 2013 *Pharao und Priester – Sakrale Affirmation von Herrschaft durch Kultvollzug. Das tägliche Kultbildritual im Neuen Reich und der Dritten Zwischenzeit*. Phillipika, Marburger Abhandlungen 23. Wiesbaden.

BRESCIANI, E. 1992 Der Fremde, in: S. DONADONI (Hrsg.), *Der Mensch des Alten Ägypten. L'uomo egiziano* (dt.), Édition de la Maison des Sciences de l'Homme, Frankfurt am Main, S. 261–295.

BREASTED, J. H. 1948 *Servant Statues*. The Bollinger Series 13. Washington.

BREUER, U. und SPIES, B. 2011 *Textprofile stilistisch. Beiträge zur literarischen Evolution*. Mainzer Historische Kulturwissenschaften 8. Bielefeld.

BROEKHUIS, J. 1971 *De Godin Renewetet*. Bibliotheca classica Vangorcumiana 19. Groningen.

BRUGSCH, H. K. 1867–1882 *Hieroglyphisch-demotisches Wörterbuch* I–VII. Leipzig.

BRUNNER, H. 1955 Das Besänftigungslied in Sinuhe (B 269–279), in: ZÄS 80, S. 5–11.

BRUNNER, H. 1988 *Altägyptische Weisheit. Lehren für das Leben*. Zürich.

BRUNNER-TRAUT, E. 1938 *Der Tanz im Alten Ägypten nach bildlichen und schriftlichen Zeugnissen*. ÄF 6. Glückstadt Hamburg New York.

BRUNNER-TRAUT, E. 1975 Arbeitslieder, in: *LÄ* I, Sp. 378–385.

BRUNNER-TRAUT, E. 1979a Weiterleben der ägyptischen Lebenslehren in den koptischen Apophthegmata am Beispiel des Schweigens, in: E. HORNUNG und O. KEEL (Hrsg.), *Studien zu altägyptischen Lebenslehren*, OBO 28, Freiburg und Göttingen, S. 173–216.

BRUNNER-TRAUT, E. 1979b *Egyptian Artist's Sketches. Figured Ostraka from the Gayer-Anderson Collection in the Fitzwilliam Museum, Cambridge*. Utgaven van het Nederlands Historisch-Archaeologisch Instituut te Istanbul XLV. Istambul.

BRUNNER-TRAUT, E. 1986a Tanz, in: *LÄ* VI, Sp. 215–231.

BRUNNER-TRAUT, E. 1986b *Altägyptische Märchen*. Köln.

BRUNNER-TRAUT, E. und BRUNNER, H. 1981 *Die Ägyptische Sammlung der Universität Tübingen* I–II. Mainz.

BRUYÈRE, B. 1929 *Rapport sur les Fouilles de Deir el Médineh*. FIFAO 6/2. Kairo.

BUCHBERGER, H. 1993 *Transformation und Transformat*. Sargtextstudien I. ÄA 52. Wiesbaden.

DE BUCK, A. 1935–1961 *The Ancient Egyptian Coffin Texts* I–VII. Chicago.

DE BUCK, A. und STRICKER, B. H. 1940 *Teksten Tegen Skorpioenen naar papyrus I 349*. OMRO 21, S. 53–62.

BUDDE, D. 2008a „Kommt und seht das Kind". Kindgötter im Festgeschehen der griechisch-römischen Tempel Ägyptens, in: D. Prechel (Hrsg.), *Fest und Eid. Instrumente der Herrschaftssicherung im Alten Orient. Akten des internationalen Workshops des Teilprojekts A.9 in Mainz, 01.–02.03.2007*, Kulturelle und sprachliche Kontakte 3, Würzburg, S. 13–48.

BUDDE, D. 2008b Dreißig Götter der Genese des Tempels, in: W. Waitkus (Hrsg.), *Diener des Horus. Festschrift für Dieter Kurth zum 65. Geburtstag*, Aegyptiaca Hamburgensia I, Hamburg, S. 17–40.

BUDDE, D. 2011 *Das Götterkind im Tempel, in der Stadt und im Weltgebäude*. MÄS 55. Wiesbaden.

BUDGE, E. A. W. 1905 *The Egyptian Heaven and Hell* II. London.

BUDKA, J. 2001 *Der König an der Haustür. Die Rolle des ägyptischen Herrschers an dekorierten Türgewänden von Beamten im Neuen Reich*. Beiträge zur Ägyptologie 19. Wien.

BURKARD, G. 1977 *Textkritische Untersuchungen zu Ägyptischen Weisheitslehren des alten und mittleren Reiches*. ÄA 34. Wiesbaden.

BURKARD, G. 1991 Die Lehre des Ptahhotep, in: O. Kaiser (Hrsg.), *TUAT* III, *Weisheitstexte Mythen und Epen* II, Gütersloh, S. 195–221.

BURKARD, G. und THISSEN, H. J. 2008 *Einführung in die altägyptische Literaturgeschichte* II. *Neues Reich.* Einführung und Quellentexte zur Ägyptologie 6. Berlin.

BURCKHARDT QURESHI, R. 2006 Musical Sound and Contextual Input. A Performance Model for Music Analysis, in: *Ethnomusicology* 31/1 (1987), S. 56–86. Nachdruck in: CH. KADEN und K. MACKENSEN (Hrsg.), *Soziale Horizonte von Musik. Ein kommentiertes Lesebuch zur Musiksoziologie*, Kassel, S. 250–269.

BUTLER, J. 1993 *Bodies that matter. On the discursive limits of sex.* London. Deutsche Übersetzung 1997 *Körper von Gewicht. Die Diskursiven Grenzen des Geschlechts.* Frankfurt am Main.

BUTLER, J. 1997 *The Psychic Life of Power. Theories in Subjection.* Deutsche Übersetzung 2001 *Psyche der Macht. Das Subjekt der Unterwerfung.* Frankfurt am Main.

CABROL, A. 2001 *Les voies processionnelles de Thèbes.* OLA 97. Löwen.

CAMINOS, R. A. 1958 *The Chronicle of Prince Osorcon.* Analecta Orientalia XXIV.

CAMINOS, R. A. 1963 *Gebel es-Silsilah.* EES. London.

CAPART, J. 1907 *Une Rue de tombeaux à Saqqarah* I–II. Brüssel.

CAPART, J. 1902 *Recueil de monuments egyptiens.* Brüssel.

CAPART, J. 1908 Un portrait de la reine Tiyi, in: *Bulletin des Musées Royaux des Arts Décoratifs et Industriels à Bruxelles*, Series 2, S. 9–11.

CAPART, J. 1927 *Documents pour servir à l'étude de l'art égyptiennes* I, Paris.

CAREDDU, G. 1991 L'art musical dans l'Égypte ancienne, in: *CdÉ* 66, S. 39–50.

CARLYLE, A. 2007 *Autumn Leaves. Sound and the Environment in Artistic Practice.* CRiSAP. London.

CARTER, H. und MACE, A. 1927 *The Tomb of Tutankhamun* II. London.

CAUVILLE, S. 1997 *Le temple de Dendera. Les chapelles Osiriennes.* Dendera X/1–2. Kairo.

ČERNÝ, J. 1961 The stela of *Mrr* in Cracow, in: *JEA* 47, S. 5–7.

ČERNÝ, J. 1969 Stela of Emhab from Tell Edfu, in: *MDAIK* 24, S. 87–92.

ČERNÝ, J. und GARDINER, A. H. 1957 *Hieratic Ostraca* I. Oxford.

DE CERTEAU, M. 1980 *L'invention du quotidien. 1. Arts de faire.* Paris. Deutsche Übersetzung 1988 *Die Kunst des Handelns.* Berlin.

DE CERTEAU, M. 2006 Praktiken im Raum, in: J. DÜNNE und S. GÜNZEL (Hrsg.), *Raumtheorie. Grundlagentexte aus Philosophie und Kulturwissenschaften*, Frankfurt, S. 343–352.

CHAPPAZ, J.-L. 2008 *Akhénaton et Néfertiti, soleil et ombres des pharaons.* Musée d'art et d'histoire de la Ville de Genève, Genf.

CHERNOFF, J. M. 1979 *African Rhythm and African Sensibility. Aesthetics and Social Action in African Musical Idioms.* Chicago. Deutsche Übersetzung 1994 *Rhythmen der Gemeinschaft.* München.

CHEVRIER, H. 1938a Rapport sur les traveaux de Karnak (1937–1938), in: *ASAE* 38, S. 159–173.

CHEVRIER, H. 1938b Rapport sur les traveaux de Karnak (1937–1938), in: *Annales* 38, S. 567–608.

CHRISTOPHE, L. 1948 La stèle de l'an III de Ramsés IV au ouâdi Hammâmât (No 12), in: *BIFAO* 48, S. 1–38.

CLÈRE, J. J. 1968 Nouveaux Fragments de Scènes du Jubilé d'Amenophis IV in: *RdÉ* 20, S. 51–54.

COENEN, M. und KUCHAREK, A. 2003 New Findings on the Lamentations of Isis and Nephthys, in: *GM* 193, S. 45–50.

COLIN, M.-E. 1998 Les objects sacrés d'Hathor, in: *Proceedings of the seventh International Congress of Egyptologists, Cambridge, 3–9 September 1995*, OLA 82, Löwen, S. 281–288.

COLLOMBERT, P. 1997 Hout-Sekhem et le septième nome de Haute-Égypte II: Les stèles tardives, in: *RdÉ* 48, S. 15–70.

CONDON, V. 1984 Two Account Papyri of the Late Eighteenth Dynasty (Brooklyn 35.1453 A and B), in: *RdÉ* 35, S. 57–82.

COONEY, J. D. 1965 *Amarnareliefs from Hermopolis in American Collections.* The Brooklyn Museum. New York.

COONEY, J. D. 1968 Amarna Art in the Cleveland Museum, in: *Bulletin of the Cleveland Museum of Art* 55/1, S. 2–17.

COONEY, J. D. 1976 *Catalogue of Egyptian Antiquities in the British Museum* IV. *Glass.* London.

CROCKER, P. T. 1985 Status symbols in the architecture of el-ʿAmarna, in: *JEA* 71, S. 52–65.

CUDJOE, S. D. 1953 The Techniques of Ewe Drumming and the Social Importance of Music in Africa, in: *Phylon* 14, S. 280–291.

DABROVSKA-SMEKTALA, E. 1968 List of Objects Found at Deir el-Bahari in the Area of the Tuthmosis III's Temple. Season 1962–63 and 1963–64, in: *ASAE* 60, S. 95–130.

DALY METCALF, B. 1996 *Making Muslim Space in North America and Europe.* Berkeley.

DARESSY, G. E. 1893 *Notice explicative des ruines du temple de Louxor.* Kairo.

DARNELL, J. C. 1995 Hathor returns to Medamud, in: *SAK* 22, S. 47–94.

DARNELL, J. C. 2010 Opet Festival, in: Frood, E. und Wendrich, W. (Hrsg.), UCLA Encyclopedia of Egyptology, Los Angeles, http://escholarship.org/uc/item/4739r3fr, letzter Zugriff 2016-12-10.

DARNELL, J. C. 2014 The Stela of the Viceroy Usersatet (Boston MFA 25.632), his Shrine at Qasr Ibrim, and the Festival of Nubian Tribute under Amenhotep II, in: *ENiM* 7, S. 239–276.

DAVIES, N. de G. 1901 *The Tombs of Two Officials*. EEF. London.

DAVIES, N. de G. 1902 *The Rock Tombs of Deir el Gebrawi* I–II. ASE 11–12. London.

DAVIES, N. de G. 1903–1908 *The Rock Tombs of El-Amarna* I–VI. ASE 13–18. EEF. London.

DAVIES, N. de G. 1913 *Five Theban Tombs*. ASE 21. London.

DAVIES, N. de G. 1917 *The Tomb of Nakht at Thebes*. Robb de Peyster Tytus Memorial Series 1. PMMA. New York.

DAVIES, N. de G. 1920 *The Tomb of Antefoker, Vizier of Sesostris I and of his Wife Senet*. Theben 60. The Theban Tomb Series Memoir 2. London.

DAVIES, N. de G. 1921 Mural paintings in the City of Akhetaten, in: *JEA* VII, S. 1–7.

DAVIES, N. de G. 1922–23 *The Tomb of Puyemre at Thebes*. Robb de Peyster Tytus Memorial Series 2–3. PMMA. New York.

DAVIES, N. de G. 1923 *The Tombs of Two Officials of Tuthmosis the Fourth (nos. 75 and 90)*. The Theban Tomb Series Memoir 3. EES. London.

DAVIES, N. de G. 1925 *The Tombs of Two Sculptors at Thebes*. Robb de Peyster Tytus Memorial Series 4. PMMA. New York.

DAVIES, N. de G. 1928 The Graphic Work of the Expedition (1927–1928), in: *BMMA* 23-II, New York.

DAVIES, N. de G. 1930 *The Tomb of Kenamun at Thebes*. PMMA 5. New York.

DAVIES, N. de G. 1933 *The Tomb of Nefer-hotep at Thebes*. PMMA 9. New York.

DAVIES, N. de G. 1941 *The Tomb of the Vizier Ramose*. Mond Excavations at Thebes I. EES. London.

DAVIES, N. de G. 1943 *The Tomb of Rekh-mi-Rê at Thebes*. 2 Bde. PMMA 11. New York.

DAVIES, N. de G. 1963 *Scenes from some Theban Tombs*. Private Tombs at Thebes IV. Oxford.

DAVIES, N. de G. und GARDINER, A. H. 1915 *The Tomb of Amenemhet*. The Theban Tomb Series. Memoir 1. EEF. London.

DECKER, W. und HERB, M. 1994 *Bildatlas zum Sport im Alten Ägypten* I–II. Leiden, New York, Köln.

DEPAUW, M. 2010 Do Mothers Matter?, in: T. V. EVANS und D. D. OBBINK (Hrsg.), *The language of the Papyri*, Oxford, S. 120–139.

DERCHAIN, PH. 1975a Le lotus, la mandragore, et le perséa, in: *CdÉ* 50, S. 65–86.

DERCHAIN, PH. 1975b Sur le nom de Chou et sa fonction, in: *RdÉ* 27, S. 110–116.

DERCHAIN-URTEL, M.-T. 1998 Die Festbesucher in Esna, in: R. Gundlach und M. Rochholz (Hrsg.), *4. Ägyptologische Tempeltagung, Feste im Tempel*, ÄAT 33, 2, Wiesbaden, S. 3–15.

DESROCHES NOBLECOURT, CH. 1967 *Tutankhamon et son temps*, Ausstellungskatalog Petit Palais, Paris.

DESROCHES NOBLECOURT, CH. 1991 Les trois saisons du dieu et le débarcadère du ressuscité, in: *Festschrift Werner Kaiser*, *MDAIK* 47, Mainz, S. 67–80.

DESROCHES NOBLECOURT, CH. 1995 *Amours et fureurs de La Lointaine. Clés pour la compréhension de symboles égyptiens*. Paris.

DÉVAUD, E. 1916 *Les Maximes de Ptahhotep d'après le Papyrus Prisse, les Papyrus 10371/10435 et 10509 du British Museum et la Tablette Carnarvon*. Freiburg.

DIODOR VON SICULUS 1827 *Historische Bibliothek*. Übersetzt von J. F. Wurm. Stuttgart.

DITTMAR, J. 1986 *Blumen und Blumensträuße als Opfergabe im alten Ägypten*. MÄS 43. München.

DOLAR, M. 2007 *His Master's Voice. Eine Theorie der Stimme*. Frankfurt am Main.

DOMINICUS, B. 1994 *Gesten und Gebärden in Darstellungen des Alten und Mittleren Reiches*. SAGA 10. Heidelberg.

DORMAN, P. F., 1986 Twenty-Four Amarna Reliefs, in: *Recent Acquisitions. A selection 1985–1986*, Metropolitan Museum of Art, New York, S. 6–7.

DORSTEWITZ, CH. 2008 *Menit und "Aegis". Zur Form eines Kultgeräts*. Unveröffentlichte Mag. Arbeit, Institut für Ägyptologie und Altorientalistik, Johannes Gutenberg-Universität Mainz.

DOUGLAS, M. 1963 The Lele of Kasai, in: D. FORDE (Hrsg.), *African Worlds. Studies in the Cosmological Ideas and Social Values of African Peoples*, London.

DOXEY, D. M. 1998 *Egyptian Non-Royal Epithets in the Middle Kingdom*. PÄ 12. Leiden.

DUNHAM, D. 1937 Some New Objects from Tell el Amarna, in: *Bulletin of the Museum of Fine Arts, Boston* 35, Nr. 207, S. 11–14.

DRENKHAHN, R. 1967 *Darstellungen von Negern in Ägypten*. Diss. Hamburg.

DRENKHAHN, R. 1985 *Nofret, die Schöne. Die Frau im alten Ägypten Wahrheit* und *Wirklichkeit*, Roemer- und Pelizaeus-Museum Hildesheim, 15. Juli 1985–4. November 1985. Ausstellungskatalog Roemer Pelizaeus Museum, Hildesheim.

DRENKHAHN, R. 1989 *Die ägyptischen Reliefs im Kestner Museum. 100 Jahre Kestner-Museum Hannover, 1889–1989*. Sammlungskatalog 5. Hannover.

DRIOTON, É. 1925 *Ce que l'on sait du théâtre égyptien*. Kairo.

DRIOTON, É. 1927 *Rapport sur les fouilles de Médamoud. Les inscriptions*. FIFAO 4/2. Kairo.

DRIOTON, É. 1939 Une statue prophylactique de Ramses III, in: *ASAE* 39, S. 57–89.

DUELL, P. 1938 *The Mastaba of Mereruka* I–II. OIP 31 und 39. Chicago.

DURKHEIM, É. 1976 *The Elementary Forms of the Religious Life*. London.

DZIOBEK, E. 1992 *Das Grab des Ineni Theben Nr. 81*. AVDAIK 68. Mainz.

DZIOBEK, E. 1994 *Die Gräber des Wesirs User-Amun Theben Nr. 61 und 131*. AVDAIK 84. Mainz.

DZIOBEK, E. 1998 *Denkmäler des Veziers User-Amun.* SAGA 18. Heidelberg.

EATON-FRANCIS, M. 1976 Echnaton in Begleitung seiner Frau, Kommentar zu Kat. Nr. 16, in: J. SETTGAST (Hrsg.), *Nofretete Echnaton*, Ausstellungskatalog Haus der Kunst München 17. Januar–21. März 1976, München.

EATON-KRAUSS, M. 1999 The Fate of Sennefer and Senetnay at Karnak Temple and in the Valley of the Kings, in: *JEA* 85, S. 113–129.

EDEL, E. 1971 *Beiträge zu den Inschriften des Mittleren Reiches in den Gräbern der Qubbet el Hawa.* MÄS 25. Berlin.

EDEL, E. 1981 *Hieroglyphische Inschriften des Alten Reiches.* ARWAW 67. Opladen.

EDEL, E. 1984 *Die Inschriften der Grabfronten der Siut-Gräber in Mittelägypten aus der Herakleopolitenzeit. Eine Wiederherstellung nach den Zeichnungen der Description de L'Égypte.* ARWAW.

EICHMANN, R. 2004a The Design of Ancient Egyptian Spike Lutes, in: E. Hickmann und R. Eichmann (Hrsg.), *Studien zur Musikarchäologie* IV, *Vorträge des 3. Symposiums der Internationalen Studiengruppe Musikarchäologie im Kloster Michaelstein, 9.–16. Juni 2002*, Orient Archäologie 15, Rahden, S. 363–371.

EICHMANN, R. 2004b Neuaufnahme einer Schalen-Spießlaute von Deir el-Medina (Grab 1389) /Ägypten, in: E. HICKMANN und R. EICHMANN (Hrsg.), *Studien zur Musikarchäologie* IV, *Vorträge des 3. Symposiums der Internationalen Studiengruppe Musikarchäologie im Kloster Michaelstein, 9.–16. Juni 2002*, Orient Archäologie 15, Rahden, S. 551–568.

EFRON, D. 1972 *Gesture, race and culture.* Den Haag.

EGGEBRECHT, A. 1970 *Staatliche Sammlung ägyptischer Kunst in der Residenz am Hofgarten.* München.

EGGEBRECHT, A. 1993 *Pelizaeus-Museum Hildesheim. Die ägyptische Sammlung.* Mainz.

ELIADE, M. 1998 *Die Religionen und das Heilige. Elemente der Religionsgeschichte.* Frankfurt am Main.

EL-SADDIK, W. 2010 Die Königsfamilie in der Kunst der Amarnazeit, in: Ch. Tietze (Hrsg.), *Amarna. Lebensräume – Lebensbilder – Weltbilder*, Ausstellungskatalog Echnaton und Amarna, Ägypten im neuen Licht, 26. September 2010 bis 30. Januar 2011 im Gustav-Lübcke-Museum der Stadt Hamm, S. 256–273.

EL-SAYED, R. 1982 *La déesse Neith de Sais* I, IFAO, Kairo.

VAN ELSBERGEN, M. 1991 *Untersuchungen zu den Darstellungen der Minprozession im Thebanischen Raum.* Unveröffentlichte Mag. Arbeit. Köln.

ELSHOLZ, M. 1993 Die Namensopferszenen von Ramses II. in Wadi es-Sebua, in: *SAK* 20, S. 37–42.

ELWART, D. 2004 Ces musiciens qui n'en sont pas, in: *Proceedings of the Ninth International Congress of Egyptologists Grenoble, 6–12 septembre 2004/1*, OLA 150, Löwen, S. 653–663.

ELWART, D. 2005 Les musiciens de l'ancien Empire, in: *Revue Égypte Afrique et Orient* 90, S. 3–16.

ELWART, D. 2008 Le vocabulaire de la musique égyptienne ancienne et ses particularités, in: A. A. BOTH, R. EICHMANN, E. HICKMANN, L.-C. KOCH (Hrsg.), *Studien zur Musikarchäologie* VI, *Herausforderungen und Ziele der Musikarchäologie, Vorträge des 5. Symposiums der Internationalen Studiengruppe Musikarchäologie im Ethnologischen Museum der Staatlichen Museen zu Berlin, 19.–23. September 2006*, Orient Archäologie 22, Rahden, S. 249–437.

ELWART, D. 2011 Sistren als Klang des Hathorkultes, in: E. MEYER-DIETRICH (Hrsg.), *Laut und Leise. Der Gebrauch von Stimme und Klang in historischen Kulturen*, Mainzer Historische Kulturwissenschaften 7, Bielefeld, S. 37–60.

EMERIT, S. 2011 Listening to the gods. Echoes of the divine in Ancient Egypt, in: E. MEYER-DIETRICH (Hrsg.), *Laut und Leise. Der Gebrauch von Stimme und Klang in historischen Kulturen*, Mainzer Historische Kulturwissenschaften 7, Bielefeld, S. 61–88.

EMERIT, S. 2013a Le statut du "chef des chanteurs *hesou*" (*imy-rꜣ ḥsww*) dans l'Égypte ancienne, de l'Ancien Empire à l'époque romaine, in: S. EMERIT (Hrsg.), *Le statut du musicien dans la Méditerranée ancienne. Égypte, Mésopotamie, Grèce, Rome. Actes de la table ronde internationale tenue à Lyon Maison de l'Orient et de la Méditerranée (université Lumière Lyon 2) les 4 et 5 juillet 2008, Lyon*, IFAO, BdÉ 159, Kairo, S. 87–124.

EMERIT, S. 2013b Music and Musicians, in: E. FROOD und W. WENDRICH (Hrsg.), UCLA Encyclopedia of Egyptology, Los Angeles, http://escholarship.org/uc/item/6x587846, letzter Zugriff 2015–05–15.

ENGELBACH, R. 1915 *Riqqeh and Memphis* VI. British School of Archaeology in Egypt and Egyptian research account, nineteenth year, 1913. Egyptian Research Account 26. London.

ENMARCH, R. 2005 *The Dialogue of Ipuwer and the Lord of All*. Oxford.

THE EPIGRAPHIC SURVEY 1936 *Reliefs and Inscriptions at Karnak II. Ramses III's Temple within the Great Inclosure of Amon, part 2, and Ramses III's Temple in the Precinct of Mut*. OIP 35. Chicago.

THE EPIGRAPHIC SURVEY 1979 *The Temple of Khonsu* I. OIP 100. Chicago.

THE EPIGRAPHIC SURVEY 1980 *The Tomb of Kheruef (Theban Tomb 192)*. OIP 102. Chicago.

THE EPIGRAPHIC SURVEY 1981 *The Temple of Khonsu* II. *Scenes and Inscriptions in the Court and the First Hypostyle Hall*. OIP 103. Chicago.

THE EPIGRAPHIC SURVEY 1994 *Reliefs and Inscriptions at Luxor Temple I. The Festival Procession of the Opet in the Colonnade Hall*. OIP 112. Chicago.

THE EPIGRAPHIC SURVEY 1998 *Reliefs and Inscriptions at Luxor Temple II. The Façade, Portals, Upper Register Scenes, Columns, Marginalia, and Statuary in the Colonnade Hall*. OIP 116. Chicago.

ERMAN, A. 1901 *Zaubersprüche für Mutter und Kind aus dem Papyrus 3027 des Berliner Museums*. APAW. Berlin.

ERMAN, A. 1911 *Denksteine aus der thebanischen Gräberstadt*. SPAW 1911.

ERMAN, A. 1919 *Reden, Rufe und Lieder auf den Gräberbildern des Alten Reiches*. APAW 19. Berlin.

ERMAN, A. und GRAPOW, H. 1926–1963 *Wörterbuch der Ägyptischen Sprache* 1–7. Leipzig, Berlin.

ERMAN, A. und RANKE, H. 1923 *Ägypten und ägyptisches Leben im Altertum*. Tübingen.

ERTMAN, EARL L. 2009 Images of Amenhotep IV and Nefertiti in the Style of the Previous Reign, in: P. J. BRAND und L. COOPER (Hrsg.), *Causing his name to life. Studies in Egyptian Epigraphy and History in Memory of William J. Murnane*, Leiden, Boston, S. 89–94.

ESCHWEILER, P. 1994 *Bildzauber im Alten Ägypten. Die Verwendung von Bildern und Gegenständen in magischen Handlungen nach Texten des Mittleren und Neuen Reiches*. OBO 137. Freiburg und Göttingen.

FARINA, G. 1929 *La Pittura Egiziana*. Thesaurus artium. Mailand.

FAULKNER, R. O. 1955 Ptahhotpe and the Disputants, in: *Ägyptologische Studien, Hermann Grapow zum 70. Geburtstag gewidmet*, Berlin, S. 81–84.

FAZZINI, R. A. 1972 Some Egyptian Reliefs in Brooklyn, in: *Miscellanea Wilbouriana* I, S. 34–70.

FECHT, G. 1960 *Wortakzent und Silbenstruktur. Untersuchungen zur Geschichte der ägyptischen Sprache*. ÄF 21. Glückstadt Hamburg New York.

FECHT, G. 1965 *Literarische Zeugnisse zur „Persönlichen Frömmigkeit" in Ägypten*. AHAW 1. Heidelberg.

FECHT, G. 1974 Die Königs-Insignien mit s-Suffix, in: *SAK* 1, S. 179–200.

FECHT, G. 1981 Ptahhotep und die Disputierer (Lehre des Ptahhotep nach Pap. Prisse, Max. 2–4, Dév. 60–83), in: *MDAIK* 37, S. 143–150.

FEUCHT, E. 1992 Frauen, in: S. Donadoni (Hrsg.), *Der Mensch im Alten Ägypten*, Frankfurt, New York, S. 361–394.

FEUCHT, E. 1995 *Das Kind im alten Ägypten*. Frankfurt, New York.

FINSCHER, L. 1994–2008 *Die Musik in Geschichte und Gegenwart. Allgemeine Enzyklopädie der Musik*. 2. Auflage. Kassel.

FIRTH, C. M. und GUNN, B. 1926 *Teti Pyramid Cemeteries* I–II. Kairo.

FISCHER, H. G. 1961 The Nubian Mercenaries of Gebelein during the First Intermediate Period, in: *Kush* 9, S. 44–80.

FISCHER, H. G. 1988 The Trumpet in Ancient Egypt, in: J. BAINES, A. LEAHY, T. H. G. JAMES et al. (Hrsg.), *Pyramid Studies and Other Essays Presented to I. E. S. Edwards*, EES OP 7, London, S. 103–109.

FISCHER-ELFERT, H.-W. 1998 *Die Vision von der Statue im Stein. Studien zum altägyptischen Mundöffnungsritual.* Schriften der Philosophisch-historischen Klasse der Heidelberger Akademie der Wissenschaften 5. Heidelberg.

FISCHER-ELFERT, H.-W. 1999a *Die Lehre eines Mannes für seinen Sohn. Eine Etappe auf dem „Gottesweg" des loyalen und solidarischen Beamten des Mittleren Reiches* I–II. ÄA 60. Wiesbaden.

FISCHER-ELFERT, H.-W. 1999b Die Ankunft des Königs nach ramessidischen Hymnen, in: *SAK* 27, S. 65–85.

FISCHER-ELFERT, H.-W. 2001 Zwei Marginalien zu antikem und ägyptologischem Umgang mit Literatur, in: *ZÄS* 128, S. 86–88.

FISCHER-ELFERT, H.-W. 2005 *Abseits von Ma'at. Fallstudien zu Außenseitern im Alten Ägypten.* WSA 1. Würzburg.

FISCHER-LICHTE, E. 2004 *Ästhetik des Performativen.* Frankfurt am Main.

FITZENREITER, M. 1995 Totenverehrung und soziale Repräsentation im thebanischen Beamtengrab der 18. Dynastie, in: *SAK* 22, S. 95–130.

FITZENREITER, M. 2003 Richtungsbezüge in ägyptischen Sakralanlagen – oder: Warum im ägyptischen Tempel das Sanktuar hinten links in der Ecke liegt (TEIL I), in: *SAK* 31, S. 107–151.

FITZENREITER, M. 2008 *ꜣḫ n jtn* als *ꜣḫ n jḳr rʿ*. Die königlichen Familienstelen und die religiöse Praxis in Amarna, in: *SAK* 37, S. 85–124.

FITZWILLIAM MUSEUM, Cambridge, http://data.fitzmuseum.cam.ac.uk/id/object/58966, letzter Zugriff 2013–10–03.

FLASCHE, R. 1990 Gebet, in: H. CANCIK, B. GLADIGOW, M. LAUBSCHER (Hrsg.), *HrwG* II, Stuttgart, S. 456–468.

FLUDERNIK, M. 2006 *Einführung in die Erzähltheorie.* Darmstadt.

FOUCART, G. 1924 Études thébaines. La Belle Fête de la Vallée, in: *BIFAO* 24, S. 123–126.

FOUCAULT, M. 1981 *Archäologie des Wissens.* Deutsche Übersetzung U. KÖPPEN. Frankfurt.

FOUCAULT, M. 2005 Von anderen Räumen, in: D. DEFERT und F. EWALD (Hrsg.), *Michel Foucault, Dits et Écrits, Schriften 1980–1988*, Frankfurt am Main, S. 931–942.

FRANDSEN, P. J. 1998 On the Avoidance of Certain Forms of Loud Voices and Access to the Sacred, in: W. CLARYSSE, A. SCHOOR, H. WILLEMS (Hrsg.), *Egyptian Religion. The Last Thousand Years. Studies dedicated to the memory of Jan Quaegebeur* II, OLA 85, Löwen, S. 975–1000.

FRANKE, D. 1984 *Personendaten aus dem Mittleren Reich (20.–16. Jahrhundert v. Chr.): Dossiers 1–796.* ÄA 41. Wiesbaden.

FRANKE, D. 1994 *Das Heiligtum des Heqaib auf Elephantine. Geschichte eines Provinzheiligtums im Mittleren Reich.* SAGA 9. Heidelberg.

FRANKFORT, H. 1927 Preliminary Report of the Excavations at Tell el-ʿAmarnah 1926–1927, in: *JEA* 13, S. 209–218.

FRANKFORT, H. und PENDLEBURY J. D. S. 1933 *The City of Akhenaten, Part II, the North Suburb and the Desert Altars. The Excavations at Tell El Amarna During the Seasons 1926–1932*. London.

FREED, R. E., MARKOWITZ, Y. J., D'AURIA, S. H. (Hrsg.) 1999 *Pharaohs of the Sun. Akhenaten, Nefertiti, Tutankhamen.* Ausstellungskatalog Museum of Fine Arts Boston. Boston, New York, London.

GABOLDE, L. 1998 *Le „Grand Château d'Amon" de Séstostris Ier à Karnak*. MAIBL 17. Paris.

GABOLDE, M. 1990 Le droit d'aînesse d'Ankhesenpaaton (A propos de deux récents articles sur la stèle UC 410), in: *BSEG* 14, S. 33–47.

GABOLDE, M. 1998 *D'Akhenaton à Toutânkhamon*. Lyon.

GARDINER, A. H. 1908–1909 Inscriptions from the Tomb of Sirenpowet I., Prince of Elephantine, in: *ZÄS* 45, S. 127–128.

GARDINER, A. H. 1909 Die Erzählung des Sinuhe und die Hirtengeschichte. Literarische Texte des Mittleren Reiches II, *Hieratische Papyrus aus den Königlichen Museen zu Berlin* 5, Leipzig.

GARDINER, A. H. 1910 The tomb of Amenemhet, high-priest of Amon, in: *ZÄS* 47, S. 87–99.

GARDINER, A. H. 1916 The Defeat of the Hyksos by Kamose: The Carnavon Tablet, no. 1, in: *JEA* 3, S. 95–110.

GARDINER, A. H. 1917 The Tomb of a Much-travelled Theban Official, in: *JEA* 4, S. 28–38.

GARDINER, A. H. 1931 *The Library of A. Chester Beatty: pChester Beatty* I. London.

GARDINER, A. H. 1932 *Late-Egyptian Stories*. BAe 1. Brüssel.

GARDINER, A. H. 1935 *Hieratic Papyri in the British Museum*. Third series. London.

GARDINER, A. H. 1937 *Late-Egyptian Miscellanies*. BAe 1. Brüssel.

GARDINER, A. H. 1938 Tuthmosis III returns thanks to Amun, in: *JEA* 38, S. 6–23.

GARDINER, A. H. 1947 *Ancient Egyptian Onomastica*. 2 vol. Oxford.

GARDINER, A. H. 1957 Hymnus to Sobek in a Ramesseum Papyri, in: *RdÉ* 11, S. 43–56.

GARDINER, A. H. 1994 *Egyptian Grammar*. (3. Aufl.). Oxford.

GARDINER, A. H. und VOGELSANG, F. 1908 *Die Klagen des Bauern. Literarische Texte des Mittleren Reiches* I. Hieratische Papyrus aus den Königlichen Museen zu Berlin IV/1, Leipzig.

GASSE, A. 1988 Ameny, un porte-parole sous le règne de Sésostris Ier, in: *BIFAO* 88, S. 83–93.

GEORGE, B. 1986 Szenen vom Leben in Amarna, in: *MedMusB* 21, S. 24–37.

GILHUS, I. S. 1997 *Laughing Gods, weeping virgins. Laughter in the History of Religion.* London, New York.

GILLAM, R. A. 2000 The Mehy Papers: Text and Lifestyle in Translation, in: *CdÉ* LXXV, S. 207–216.

GILROY, TH. D. 2002 Outlandish Outlanders: Foreigners and Caricature in Egyptian Art, in: GM 191, S. 35–52.

GITTON, M. 1975 *L'épouse du dieu Ahmes-Nefertary: documents sur sa vie et son culte posthume.* Centre de Recherches d'Histoire Ancienne 15. Paris.

GIVEON, R. 1982 A God who hears, in: M. Heerma van Voss (Hrsg.), *Studies in Egyptian Religion dedicated to Professor Jan Zandee*, S. 38–40. Leiden.

GIZA ARCHIVES, Online Giza Archives Project, Museum of Fine Arts, Boston. http://www.gizapyramids.org/code/emuseum.asp?page=indexsurvey, letzter Zugriff 2010-06-13.

GLADIGOW, B. 1988 Anikonische Kulte, in: H. CANCIK, B. GLADIGOW, M. LAUBSCHER (Hrsg.), *HrwG I*, Stuttgart, S. 472–473.

GNIRS, A. 1996 *Militär und Gesellschaft. Ein Beitrag zur Sozialgeschichte des Neuen Reiches.* SAGA 17. Heidelberg.

GNIRS, A. 2013 Zum Verhältnis von Literatur und Geschichte in der 18. Dynastie, in: S. BICKEL (Hrsg.), *Vergangenheit und Zukunft. Studien zum historischen Bewusstsein der Thutmosidenzeit*, AH 22, S. 127–186.

GOEDICKE, H. 2000 *m-ḥb*: An Untiring Percussionist?, in: BES 14, S. 19–31.

GOHARY, J. 1992 *Akhenaten's Sed-festival at Karnak.* London, New York.

GOLDWASSER, O. 2010 The Aten is the Energy of Light, in: JARCE 46, S. 159–165.

GOLÉNISCHEFF, W. 1913 *Les papyrus hiératiques N°N° 1115, 1116 A et 1116 B de l'Ermitage Impérial à St. Pétersbourg.* St. Petersburg.

GOMAÁ, F. 1986 *Die Besiedlung Ägyptens während des Mittleren Reiches 1. Oberägypten und das Fayyūm.* Tübinger Atlas des Vorderen Orients, Beihefte B, 66,1. Wiesbaden.

GOYON, J.-C. 1972 *Rituels funéraires de l'ancienne Égypte.* Littératures anciennes du Proche-Orient 4, Paris.

GOYON, J.-C. 1999 *Le Papyrus d'Imouthes, fils de Psintaes au Metropolitan Museum of Art de New-York (Papyrus MMA 35.9.21).* New York.

GRAPOW, H. 1924 *Die bildlichen Ausdrücke des Ägyptischen. Vom Denken und Dichten einer altorientalischen Sprache.* Leipzig.

GRAPOW, H. 1939 *Wie die Alten Ägypter sich anredeten, wie sie sich grüßten und wie sie miteinander sprachen.* APAW Phil.-hist. Klasse 11. Berlin.

GRDSELOFF, B. 1942 Notes sur deux monuments inédits de l'Ancien Empire, in: ASAE 42, S. 107–125.

GREEN, L. 1993 The Origins of the Giant Lyre and Asiatic influences on the Cult of The Aten, in: SSEA *Journal* XXIII, S. 56–62.

GREEN, L. 2004 Ritual Banquets at the Court of Akhenaten, in: G. N. KNOPPERS und A. HIRSCH (Hrsg.), *Egypt, Israel, and the Ancient World*, PÄ 20, Leiden, Boston, S. 203–222.

GRIFFITH, F. LL. 1918 The jubilee of Akhenaton, in: JEA 5, S. 61–63.

GRIFFITH, F. LL. und NEWBERRY, P. E. 1894–95 *Der el Bersheh* I–II. London.

GRIFFITH, F. 1898 *The Petrie Papyri. Hieratic Papyri from Kahun and Gurob.* Text- und Tafelband. London.

GRIMAL, N. 2006 *La Chapelle Rouge. Le sanctuaire de barque d'Hatshepsout* I. Centre Franco-Égyptien d'étude des temples de Karnak, Paris.

GRIMM, A. 1989 Calembour, Trommelwettstreit oder Kampf auf Leben und Tod in der autobiographischen Steleninschrift des Emhab?, in: *JEA* 75, S. 220–224.

GRUNERT, S. 1999 Bierbrauer unter sich. Über den Nutzen eines Wörterbuches beim Übersetzen nicht nur lockerer Reden, in: *GM* 173, S. 91–112.

GRUNERT, S. 2000 Neues aus den Rufen und Reden im Doppelgrab der Königinnen Nebet und Khenut, in: *GM* 174, S. 59–63.

GRUNERT, S. 2002 Sprachen Schlächter schlechter? Rufe und Reden aus dem Grab des Anchmahor in Saqqara, in: *GM* 186, S. 43–57.

GUGLIELMI, W. 1973 *Reden, Rufe und Lieder auf altägyptischen Darstellungen der Landwirtschaft, Viehzucht, des Fisch- und Vogelfangs vom Mittleren Reich bis zur Spätzeit.* TÄB 1. Bonn.

GUGLIELMI, W. 1976 Zur Symbolik des „Darbringens des Straußes der Sechet", in: *ZÄS* 103, S. 101–112.

GUGLIELMI, W. 1977 Lachen, in: *LÄ* III, Sp. 907–908.

GUGLIELMI, W. 1980 Lachen und Weinen in Ethik, Kult und Mythos der Ägypter, in: *CdÉ* LV, S. 69–86.

GUGLIELMI, W. 1991a *Die Göttin Mr.t.* PÄ 7. Leiden.

GUGLIELMI, W. 1991b Zur Bedeutung von Symbolen der Persönlichen Frömmigkeit: die verschiedenfarbigen Ohren und das Ka-Zeichen, in: *ZÄS* 118, S. 116–127.

GUGLIELMI, W. 1994 Die Funktion von Tempeleingang und Gegentempel als Gebetsort: Zur Deutung einiger Widder- und Gansstelen des Amun, in: R. Gundlach und M. Rochholz (Hrsg.), *Ägyptische Tempel – Struktur, Funktion und Programm. Akten der Ägyptologischen Tempeltagungen in Gosen 1990 und in Mainz 1992*, HÄB 37, S. 55–68.

GUGLIELMI, W. und DITTMAR, J. 1992 Anrufungen der persönlichen Frömmigkeit auf Gans- und Widderdarstellungen des Amun, in: *Gegengabe, Festschrift Brunner-Traut*, Tübingen, S. 119–142.

GUGLIELMI, W. und BUROTH, K. 1997 Die Eingangssprüche des täglichen Tempelrituals nach Papyrus Berlin 3055 (I, 1-VI, 3), in: J. van Dijk (Hrsg.), *Essays on Ancient Egypt in Honour of Herman te Velde*, Egyptological Memoirs 1, Groningen, S. 101–166.

GUKSCH, H. 1978 *Das Grab des Benja, gen. Paheqamen, Theben Nr. 343.* AVDAIK 7. Mainz.

GUKSCH, H. 1994 *Königsdienst. Zur Selbstdarstellung der Beamten in der 18. Dynastie.* SAGA 11. Heidelberg.

GUKSCH, H. 1995 *Die Gräber des Nacht-Min und des Men-cheper-Ra-Seneb. Theben 87 und 79*. AVDAIK 31. Mainz.

GUNDLACH, R. 1994 *Die Zwangsumsiedlung auswärtiger Bevölkerung als Mittel ägyptischer Politik bis zum Ende des Mittleren Reiches*. Forschungen zur Antiken Sklaverei 26. Stuttgart.

GUNDLACH, R. 1998 Tempelfeste und Etappen der Königsherrschaft in der 18. Dynastie, in: R. GUNDLACH und M. ROCHHOLZ (Hrsg.), *4. Ägyptologische Tempeltagung, Feste im Tempel*, ÄAT 33, 2, Wiesbaden, S. 55–75.

GUNDLACH, R. 2006 Hof-Hofgesellschaft-Hofkultur im pharaonischen Ägypten, in: R. GUNDLACH und A. KLUG (Hrsg.), *Der ägyptische Hof des Neuen Reiches, seine Gesellschaft und Kultur im Spannungsfeld zwischen Innen- und Außenpolitik. Akten des Internationalen Kolloquiums vom 27.–29. Mai 2002 an der Johannes Gutenberg-Universität Mainz*, Königtum, Staat und Gesellschaft früher Hochkulturen 2, Wiesbaden, S. 1–38.

GUNDLACH, R. 2009 Ägyptische Militärgeschichte im Rahmen des pharaonischen Staates: der ägyptische König als „roi de guerre" und „roi connétable", in: R. GUNDLACH und C. VOGEL (Hrsg.), *Militärgeschichte des pharaonischen Ägypten. Ägypten und seine Nachbarkulturen im Spiegel aktueller Forschung*, Krieg in der Geschichte 34, Paderborn, München, Wien, Zürich, S. 49–66.

HABACHI, L. 1965 Varia from the reign of king Akhenaten, in: *MDAIK* 20, S. 70–92.

HABACHI, L. 1972 Nia, the *WꜤB*-Priest and Doorkeeper of Amun, in: *BIFAO* 71, S. 67–85.

HAGEL, S. 2004 Calculating Auloi – The Louvre Aulos Scale, in: *Studien zur Musikarchäologie* IV, *Vorträge des 3. Symposiums der Internationalen Studiengruppe Musikarchäologie im Kloster Michaelstein, 9.–16. Juni 2002*, Orient Archäologie 15, Rahden, S. 373–390.

HAGEN, F. 2012 *An Ancient Egyptian Literary Text in Context. The Instruction of Ptahhotep*. OLA 218. Löwen.

HALL, D. E. 2003 *Musikalische Akustik*. Mainz.

HALL, H. R. 1931 A Portrait of Smenkhkere and other Amarnah Fragments in the British Museum, in: *JEA* 17, S. 165.

HALLMANN, S. 2006 *Die Tributszenen des Neuen Reiches*. ÄAT 66. Wiesbaden.

HANNIG, R. 1995. *Großes Handwörterbuch Ägyptisch-Deutsch (2800–950 v. Chr.)*. Kulturgeschichte der Antiken Welt 64. Mainz.

HANKE, R. 1975 Änderungen von Bildern und Inschriften während der Amarna-Zeit, in: *SAK* 2, S. 79–93.

HANKE, R. 1978 *Amarna-Reliefs aus Hermopolis. Neue Veröffentlichungen und Studien*. HÄB 2. Hildesheim.

HARI, R. 1976 *Répertoire onomastique amarnien*. Genf.

HARI, R. 1985 *New Kindom Amarna Period. The great hymn to Aten.* Iconography of Religions XVI, 6, Institute of Religious Iconography State University Groningen. Leiden.

HARLEY, B. J. 2002 New England cartography and the native Americans, in: P. LAXTON (Hrsg.), *The new nature of maps. Essays in the history of cartography.* Baltimore, S. 169–195.

HARRINGTON, J. und REICHEL, U., http://www.phonetik.uni-muenchen.de/~reichelu/kurse/akust. /, letzter Zugriff 2009–06–07.

HARTWIG, M. 2004 *Tomb Painting and Identity in Ancient Thebes 1419–1372 BCE.* Monumenta Aegyptiaca X, Série Imago 2. Foundation Égyptologique Reine Élisabeth. Turnhout.

HARTWIG, M. 2011 An Examination of Art Historical Method and Theory. A Case Study, in: A. VERBOVSEK, B. BACKES, C. JONES (Hrsg.), *Methodik und Didaktik in der Ägyptologie, Herausforderungen eines kulturwissenschaftlichen Paradigmenwechsels in den Altertumswissenschaften,* Ägyptologie und Kulturwissenschaft IV, München, S. 313–326.

HARTWIG, M. 2013 *The Tomb Chapel of Menna (TT 69). The Art, Culture, and Science of Painting in an Egyptian Tomb.* ARCE Conservation Series 5. Kairo.

HASSAN, S. 1943 *Excavations at Gîza 1932–1933.* Kairo.

HASSAN, S. 1975 *Excavations at Saqqara 1937–1938* I. *The Mastaba of Neb-Kaw-Her.* Kairo.

HAYES, W. C. 1942 *Ostraka and Name Stones from the Tomb of Senmut (No. 71) at Thebes.* The Metropolitan Museum of Art. Egyptian Expedition. MMA VIII/57. New York.

HEINZ, S. C. 2002 Wie wird ein Feldzug erzählt? Bildrepertoire, Anbringungsschema und Erzählform der Feldzugsreliefs im Neuen Reich, in: M. BIETAK und M. SCHWARZ (Hrsg.), *Krieg und Sieg. Narrative Wanddarstellungen von Altägypten bis ins Mittelalter. Interdisziplinäres Kolloquium, 29.–30. Juli 1997 im Schloß Haindorf, Langenlois,* Untersuchungen der Zweigstelle Kairo des österreichischen archäologischen Instituts XX, Wien, S. 43–67.

HELCK, W. 1961 *Urkunden des ägyptischen Altertums* IV. *Urkunden der 18. Dynastie.* Berlin.

HELCK, W. 1970a *Die Prophezeiung des Nfr.tj.* KÄT 2. Wiesbaden.

HELCK, W. 1970b *Die Lehre des Dwꜣ-ḫtjj,* KÄT, Wiesbaden.

HELCK, W. 1977a *Die Lehre für König Merikare,* KÄT 5. Wiesbaden.

HELCK, W. 1977b Fremdvölkerdarstellungen, in: *LÄ* II, Sp. 315–321.

HELCK, W. 1980 Ein „Feldzug" unter Amenophis IV. gegen Nubien, in: *SAK* 8, S. 117–126.

HELCK, W. 1982 Priester, Priesterorganisation, Priestertitel, in: *LÄ* IV, Sp.1084–1097.

HELCK, W. 1995 *Die „Admonitions". Pap. Leiden I 344 recto.* KÄT 11. Wiesbaden.

HERB, M. 2001 *Der Wettkampf in den Marschen. Quellenkritische, naturkundliche und sporthistorische Untersuchungen zu einem altägyptischen Szenentyp.* Nikephoros Beihefte 5. Hildesheim.

HERRMANN, A. 1940 *Die Stelen der Thebanischen Felsgräber der 18. Dynastie.* ÄF 11. Glückstadt.

HERRMANN, A. 1963 Jubel bei der Audienz. Zur Gebärdensprache in der Kunst des Neuen Reiches, in: *ZÄS* 90, S. 49–66.

HESS, R. S. 1993 *Amarna Personal Names.* Diss. American Schools of Oriental Research 9, Winona Lake, Indiana.

HESSE, M. 2013 *Die Privatgräber von Amarna – Zum Wandel des Grabgedankens in Zeiten des religiösen Umbruchs.* BAR IS 2572. Oxford.

HICKMANN, E. 1975 Cheironomie, in: *LÄ* I, Sp. 914–915.

HICKMANN, E. 1980 Körperschlag, in: *LÄ* III, Sp. 670–671.

HICKMANN, E. und THORAU, C. 1996 Handzeichen, in: *MGG* 4, Sp. 6–24.

HICKMANN, H. 1946a La trompette dans l'Égypte ancienne, in: *Supplément aux Annales du Service des Antiquités.* Kairo.

HICKMANN, H. 1946b *Catalogue Général des antiquités Égyptiennes du Musée du Caire Nos 69201–69852. Instruments de Musique.* Kairo.

HICKMANN, H. 1956a Die Gefäßtrommel der Ägypter, in: *MDAIK*, S. 76–79.

HICKMANN, H. 1956b *Musicologie pharaonique. Études sur l'évolution de l'art musical dans l'Égypte ancienne.* Kehl am Rhein.

HICKMANN, H. 1958 La chironomie dans l'Égypte pharaonique, in: *ZÄS* 83, S. 96–127.

HICKMANN, H. 1961 *Ägypten, Musikgeschichte in Bildern* II, Musik des Altertums. Leipzig.

HICKMANN, H. 1964 Die altägyptischen Röhrentrommeln, in: *Oriens* 17, S. 172–181.

HICKMANN, H. 1966 Trompeteninstrumente, in: *MGG* 13, S. 771–776.

HILL, M. 2013 Statuen: Repertoire und Bedeutung, in: F. SEYFRIED (Hrsg.), *Im Lichte von Amarna. Hundert Jahre Fund der Nofretete.* Ausstellungskatalog Berlin, Ägyptisches Museum und Papyrussammlung Staatliche Museen zu Berlin, Berlin 2013, S. 153–163.

HINTZE, F. 1971 *Musawwarat es Sufra* I/2. *Der Löwentempel.* Berlin.

HODJASH, S. und Berlev, O. 1982 *The Egyptian Reliefs and Stelae in the Pushkin Museum of Fine Arts, Moskau.* Leningrad.

HOFFMANN, H. und HEWICKER, F. 1961 *Kunst des Altertums in Hamburg.* Mainz.

HOFFMEIER, J. K. 1985 *Sacred in the Vocabulary of Ancient Egypt. The Term ḏsr with special Reference to Dynasty I–XX.* OBO 59. Freiburg und Göttingen.

HOFFMEIER, J. K. 1988 The Chariot Scenes, in: D. REDFORD, *The Akhenaten Temple Project* II, *Rwd-Mnw and Inscriptions*, Toronto, S. 36–45.

HOFMANN, B. 2004 *Die Königsnovelle. „Strukturanalyse am Einzelwerk".* ÄAT 62. Wiesbaden.

HOFMANN, E. 2004 *Bilder im Wandel. Die Kunst der Ramessidischen Privatgräber.* Theben XVII. Mainz.

HOFMANN, T. 2005 *Zur sozialen Bedeutung zweier Begriffe für „Diener": bꜢk und ḥm.* AH 18. Basel.

HOLMES, P. 2006 The Greek and Etruscan Salpinx, in: A. A. BOTH, R. EICHMANN, E. HICKMANN, L.-C. KOCH (Hrsg.), *Studien zur Musikarchäologie* VI, *Herausforderungen und Ziele der Musikarchäologie, Vorträge des 5. Symposiums der Internationalen Studiengruppe Musikarchäologie im Ethnologischen Museum der Staatlichen Museen zu Berlin, 19.–23. September 2006,* Orient Archäologie 22, Rahden, S. 241–260.

HORNUNG, E. 1963 *Das Amduat* I–II. ÄA 7. Mainz.

HORNUNG, E. 1967 *Das Amduat* Teil III, ÄA 13. Mainz.

HORNUNG, E. 1971 *Der Eine und die Vielen.* Darmstadt.

HORNUNG, E. 1980a *Das Buch von den Pforten des Jenseits nach den Versionen des Neuen Reiches* I–II. AH 7–8. Genf.

HORNUNG, E. 1980b Von zweierlei Grenzen im Alten Ägypten, in: *Eranos* 49, S. 393–427.

HORNUNG, E. 1980c *Das Totenbuch der Ägypter.* Zürich.

HORNUNG, E. 1983 Vom Sinn der Mumifizierung, in: W. RÖLLIG und W. VON SODEN (Hrsg.), *Festschrift Hellmut Brunner,* WdO XIV, S. 167–175.

HORNUNG, E. 1984 *Ägyptische Unterweltsbücher.* Zürich.

HORNUNG, E. 1990 *Zwei Ramessidische Königsgräber: Ramses IV. und Ramses VII.* Theben 11. Mainz.

HORNUNG, E. 1992 Zur Struktur des ägyptischen Jenseitsglaubens, in: *ZÄS* 119, S. 124–130.

HORNUNG, E. 1995 *Echnaton. Die Religion des Lichts.* Zürich.

HORNUNG, E. 1996 Die Macht des Wortes, in: *Götterworte im Alten Ägypten,* Eranos 4, München, S. 159–186.

HORNUNG, E. und STAEHELIN, E. (Hrsg.), 1976 *Skarabäen und andere Siegelamulette aus Basler Sammlungen.* Basel.

HORRACK, J. de 1866 *Les Lamentation d'Ìsis et de Nephthys d'après un manuscrit hiératique du Musée Royal de Berlin, publié en fac-similé, avec traduction et analyse.* Paris.

HOSTENS-DELEU, R. 1977 Beeldhouwersmodellen in de Egyptische afdeling van de Koninklijke Musea voor Kunst en Geschiedenis, in: BMRAH 49, S. 29–30.

HÜTTNER, M. und SATZINGER, H. 1999 *Stelen, Inschriftsteine und Reliefs aus der Zeit der 18. Dynastie.* Corpus Antiquitatum Aegyptiacarum, Mainz.

IKRAM, S. 1989 Domestic shrines and the cult of the royal family in el-ʿAmarna, in: *JEA* 75, S. 89–101.

JACQUET, J. 1958 Un Basin de Libation du Nouvel Empire dédié à Ptah. Première partie, L'architecture, in: *MDAIK* 16, S. 161–167.

JÄGER, S. 2004 *Altägyptische Berufstypologien.* LingAeg Studia monographica 4. Göttingen.

JAMES, T. G. H. 1985 *Egyptian Painting and Drawing in the British Museum.* London.

JANSEN-WINKELN, K. 1989 Zu einigen „Trinksprüchen" auf ägyptischen Gefäßen, in: ZÄS 116, S. 143–153.

JARITZ, H. *Die Tribünen vor ägyptischen Tempeln der 18. Dynastie bis zur Römerzeit. Ein Deutungsversuch.* http://epub.oeaw.ac.at/0xc1aa500d_0x00161123.pdf, letzter Zugriff 2010–05–05.

JÉQUIER, G. 1911 *Le papyrus Prisse et ses variantes. Papyrus de la Bibliothèque Nationale (Nos 183 à 194), Papyrus 10371 et 10435 du British Museum, Tablette Carnarvon au Musée du Caire.* Paris.

JIN SHOUFU 2003 „Schlichten" und „Richten". Über die altägyptischen Termini *wpj* und *wḏꜥ*, in: SAK 31, S. 225–233.

JØRGENSEN, M. 1983 Et portræt af Kong Akhenaten, in: *Meddelelser fra Ny Carlsberg Clyptotek* 39, S. 5–13.

JØRGENSEN, M. 1998 *Catalogue Egypt II (1550–1080 B.C.).* Katalog Ny Carlsberg Glyptotek, Kopenhagen.

JOHNSON, W. R. 1994 Honorific figures of Amenhotep III in the Luxor Temple Colonnade Hall, in: D. P. Silverman (Hrsg.), *For his Ka. Essays offered in Memory of Klaus Baer,* SAOC 55, S. 133–142.

JONES, D. 2000 *An Index of ancient Egyptian titles, epithets and phrases of the Old Kingdom.* 2 Bde. Oxford.

JUNGE, F. 1995 Hem-iunu, Anch-ha-ef und die sog. „Ersatzköpfe", in: *Kunst des Alten Reiches, Symposium im DAIK am 29. und 30. Oktober 1991,* DAIKS 28, Mainz, S. 103–109.

JUNGE, F. 1996 *Neuägyptisch. Einführung in die Grammatik.* Wiesbaden.

JUNGE, F. 2003 *Die Lehre Ptahhoteps und die Tugenden der ägyptischen Welt.* OBO 193. Freiburg und Göttingen.

JUNKER, H. 1917 *Die Onurislegende.* DAWW 59. Wien.

JUNKER, H. 1942 *Der sehende und der blinde Gott.* SBAW 7. München.

JUNKER, H. 1943a *Zu einigen Reden und Rufen auf Grabbildern des Alten Reiches.* SAWW 221. Wien und Leipzig.

JUNKER, H. 1943b *Giza* VI. DAWW 72. Wien.

JÜRGENS, P. 1992 *Ägyptische Kunst,* Badisches Landesmuseum, Karlsruhe.

KADEN, CH. 1985 *Musiksoziologie.* Wilhelmshaven.

KADEN, CH. und MACKENSEN, K. 2006 *Soziale Horizonte von Musik. Ein kommentiertes Lesebuch zur Musiksoziologie.* Kassel.

KAISER, W. 1967 *Ägyptisches Museum Berlin.* Berlin.

KAMPP, F. 1996 *Die Thebanische Nekropole* I–II. *Zum Wandel des Grabgedankens von der XIII. bis zur XX. Dynastie.* Theben 13. Mainz.

KAMPP-SEYFRIED, F. 1998 Die Verfemung des Namens *Pꜣ-rn-nfr,* in: H. GUKSCH und D. POLZ, (Hrsg.), *Stationen. Beiträge zur Kulturgeschichte Ägyptens, Rainer Stadelmann gewidmet,* Mainz, S. 303–319.

KANAWATI, N. 1981 *The rock tombs of El-Hawawish. The cemetery of Akhmim* 2. Sidney.

KANAWATI, N. und MC FARLANE, A. 1993 *Deshasha. The Tomb of Inti, Shedu and Others.* ACE Report 5. Sidney.

KANAWATI, N. und ABDER-RAZIQ, M. 2008 *Mereruka and his Family II: The Tomb of Waatetkhethor.* ACE Report 26. Oxford.

KARLSHAUSEN, Ch. 1995 L'évolution de la barque processionelle d'Amon à la 18e Dynastie, in: *RdÉ* 46, S. 119–138.

ḲARKOWSKI, J. 1976 The Question of the Beautiful Feast of the Valley Representations in Hatshepsut's Temple at Deir el-Bahari, in: *Acts Cairo, October 2–10, 1976. First International Congress of Egyptology*, Schriften zur Geschichte und Kultur des Alten Orients 14, Berlin, S. 359–364.

KARLSSON, H. 1999 *From Awareness to Action. Proceedings from « Stockholm, Hey Listen » Conference on acoustic ecology Stockholm June 9–13, 1998,* The Royal Swedish Academy of Musik 98, Stockholm.

KASPARIAN, B. 2012 Les sons du pouvoir dans l'Égypte ancienne, in: M. T. SCHETTINO und S. PIATTIA (Hrsg.), *Les sons du pouvoir dans les mondes anciens. Actes du colloque international de l'Université de la Rochelle, 25–27 novembre 2010 sous la direction de Maria Teresa Schettino und Sylvie Piattia*, Besançon, S. 47–68.

KAYSER, F. 1991 Oreilles et couronnes, à propos des cultes de canope, in: *BIFAO* 91, S. 207–217.

KEES, H. 1926 *Totenglauben und Jenseitsvorstellungen der alten Ägypter.* Leipzig.

KEMP, B. 1979 Wall Paintings from the Workmen's Village at el 'Amarna, in: *JEA* 65, S. 47–53.

KEMP, B. 1984 *Amarna Reports* I. EES OP 1. London.

KEMP, B. 1987 The Sanctuary of the Great Aten Temple, in: *Amarna Reports* IV, EES OP 5, London.

KEMP, B. 1989 *Anatomy of a Civilization.* London.

KEMP, B. 2012 *The City of Akhenaten and Nefertiti. Amarna and its People.* London.

KEMP, B. 2014 Tell el-Amarna 2014, in: *JEA* 100, S. 1–33.

KEMP, B. 2015 Tell el-Amarna 2014–15, in: *JEA* 101, S. 1–32.

KEMP, B. und GARFI, S. 1993 *A Survey of the Ancient City of el-'Amarna.* EES OP 9. London.

KEMP, W. 1998 The Work of Art and Its Beholder. The Methodology of the Aesthetic of Reception, in: M. A. CHEETHAM (Hrsg.), *The subjects of art history: historical objects in contemporary perspectives*, Cambridge, S. 180–196.

KERTZER, D. I. 1988 *Ritual, Politics and Power.* New Haven, London.

KINNEY, L. 2008 *Dance, dancers and the performance cohort in the Old Kingdom.* BAR IS 1809. Oxford.

KISCHKEWITZ, H. 1971 *Die Altägyptische Zeichnung.* Hanau.

KITCHEN, K. A. 1979 *Ramesside Inscriptions* II, III. Oxford.

KLEBS, L. 1922 *Die Reliefs und Malereien des Mittleren Reiches*. AHAW 6. Heidelberg.

KLEINITZ, C. 2004 Rock art and 'rock gongs' in the Fourth Nile Cataract region: the Isashi island rock art survey, in: *Sudan and Nubia* 8, S. 11–16.

KLEINKE, N. 2007 *Female Spaces: Untersuchungen zu Gender und Archäologie im pharaonischen Ägypten*. GM.B 1. Göttingen.

KLOTH, N. 2002 *Die (auto-) biographischen Inschriften des ägyptischen Alten Reiches. Untersuchung zu Phraseologie und Entwicklung*. SAK Beihefte 8. Hamburg.

KLUG, A. 2006 Darstellungen von Königsstelen, in: D. BRÖCKELMANN und A. KLUG (Hrsg.), *In Pharaos Staat. Festschrift für Rolf Gundlach zum 75. Geburtstag*, Wiesbaden, S. 41–104.

KNOTT, K. 2005 *The Location of Religion. A Spatial Analysis*. London.

KOLESCH, D. 2004 Labyrinthe: Resonanzräume der Stimme, in: CH. BRÜSTLE und A. RIETHMÜLLER (Hrsg.), *Klang und Bewegung. Beiträge zu einer Grundkonstellation*, Aachen, S. 117–125.

KOLESCH, D. und Krämer, S. 2006 Stimmen im Konzert der Disziplinen, in: D. KOLESCH und S. KRÄMER (Hrsg.), *Stimme. Annäherung an ein Phänomen*, Frankfurt, S. 7–15.

KOLTSIDA, A. 2006 Birth-bed, sitting place, erotic corner or domestic altar? A study of the so-called „elevated bed" in Deir el-Medina houses, in: *SAK* 35, S. 165–174.

KONRAD, K. 2004 Der Ptah des Amenemhet. Zur theologischen Konzeption einer Kniefigur am Opferbecken, in: *SAK* 32, S. 255–274.

KOZLOFF, A. P. und Brian, B. 1992 *Egypt's Dazzling Sun. Amenhotep III and his World*. Cleveland Museum of Art. Bloomington. Französische Ausgabe Le Pharaon-Soleil, Paris 1993.

KRAH, K. 1991 *Die Harfe im pharaonischen Ägypten. Ihre Entwicklung und Funktion*. Orbis Musicarum 7. Göttingen.

KRÄMER, S. 2002 Sprache – Stimme – Schrift: Sieben Gedanken über Performativität als Medialität, in: U. Wirth, *Performanz. Zwischen Sprachphilosophie und Kulturwissenschaften*, Frankfurt, S. 323–346.

KRÄMER, S. 2006 Die >Rehabilitierung der Stimme<. Über die Oralität hinaus, in: D. KOLESCH und S. KRÄMER (Hrsg.), *Stimme. Annäherung an ein Phänomen*, Frankfurt, S. 269–295.

KRAUSS, R. 1976 Grüßende Offiziere, Kommentar zu Kat. Nr. 21, in: J. SETTGAST (Hrsg.), *Nofretete Echnaton*, Ausstellungskatalog Haus der Kunst München 17. Januar–21. März 1976, München.

KRAUSS, R. 1986 Kija – ursprüngliche Besitzerin der Kanopen aus KV 55, in: *MDAIK* 42, S. 67–80.

KRAUSS, R. 1989 Neues zu den Stelenfragmenten UC London 410 und Kairo JE 64959, in: *BSEG* 13, S. 83–87.

KRAUSS, R. 1991 Die amarnazeitliche Familienstele unter besonderer Berücksichtigung von Maßordnung und Komposition, in: *Jahrbuch der Berliner Museen* 33, S. 7–36.

KRUCHTEN, J.-M. 1992 Sculpteur des images divines, in: M. BROZE und PH. TALON (Hrsg.), *L'atelier de l'orfèvre. Mélanges offerts à Ph. Derchain*, Löwen, S. 107–118.

KUCHAREK, A. 2006 Die Prozession des Osiris in Abydos. Zur Signifikanz archäologischer Quellen für die Rekonstruktion eines zentralen Festrituals, in: J. MYLONOPOULOS und H. ROEDER (Hrsg.), *Archäologie und Ritual. Auf der Suche nach der rituellen Handlung in den antiken Kulturen Ägyptens und Griechenlands*, Wien, S. 53–64.

KUCHAREK, A. 2010 *Die Klagelieder von Isis und Nephthys in Texten der Griechisch-Römischen Zeit.* Altägyptische Totenliturgien 4. Supplemente zu den Schriften der SHAW 22. Heidelberg.

KUHLMANN, K. P. 1973 Eine Beschreibung der Grabdekoration mit der Aufforderung zu kopieren und zum Hinterlassen von Besucherinschriften aus saitischer Zeit, in: *MDAIK* 29, S. 205–213.

KUHLMANN, K. P. und SCHENKEL, W. 1983 *Das Grab des Ibi, Obergutsverwalter der Gottesgemahlin des Amun. Thebanisches Grab Nr. 36.* I. *Beschreibung der unterirdischen Kult- und Bestattungsanlage.* AV 15. Mainz.

KURTH, D. 1975 *Den Himmel stützen.* Rites Égyptiens II. Fondation Égyptologique Reine Élisabeth. Brüssel.

KURTH, D. 1986 Zunge, in: *LÄ* VI, Sp. 1425–1427.

LABOURY, D. 1997 Une relecture de la tombe de Nakht (TT 52, Cheikh 'Abd El-Gourna), in: R. TEFNIN (Hrsg.), *La peinture égyptienne ancienne. Une monde de signes à préserver*, Monumenta Aegyptiaca 7, Série Imago 1, S. 49–81.

LABOURY, D. 2011 Amarna Art, in: K. COONEY und W. WENDRICH (Hrsg.), UCLA Encyclopedia of Egyptology, Los Angeles, http://digital2.library.ucla.edu/viewItem.do?ark=21198/zz0026vj6m, letzter Zugriff 2013–06–20.

LACAU, P. 1926 *Stèles du Nouvel Empire*, Catalogue général des antiquités égyptiennes du Musée du Caire 34065–34186. Kairo.

LACAU, P. 1961 La Stèle J. E. 59636 du Musée du Caire, in: P. LACAU (Hrsg.), *Mélange Mariette*, BdÉ 32, S. 211–227.

LACAU, P. und CHEVRIER, H. 1977 *Une chapelle d'Hatshepsout à Karnak* I. SEA-IFAO 2317/1. Kairo.

LANDGRÁFOVÁ, R. 2011 *It is My Good Name that You Should Remember. Egyptian Biographical Texts on Middle Kingdom Stelae.* Prag.

LANDWEHR, A. 2008 *Historische Diskursanalyse.* Historische Einführungen 4. Frankfurt New York.

LANDWEHR, A. 2009 *Kulturgeschichte.* Stuttgart.

LAPP, G. 1997 *The Papyrus of Nu* (*BM EA 10477*). Catalogue of the Books of the Dead in the British Museum I. London.

LAPP, G. 2004 *The Papyrus of Nebseni (BM EA 9900)*. Catalogue of the Books of the Dead in the British Museum III. London.

LAUFFRAY, J. 1980 Les 'Talatat' du IX. Pylône de Karnak et le Teny-Menou, in: *Cahiers de Karnak* VI *(1973–1977)*, S. 67–89 mit Taf. XIV–XIX.

LAUFFRAY, J., SAAD, R., SAUNERON, S. 1971 Rapport sur les travaux de Karnak, Activités du Centre Franco-Égyptien des temples de Karnak (Campagne de travaux 1969–70), in: *Kêmi* 21 (= Cahiers de Karnak IV), S. 54–76.

LAWERGREN, B. 1996 Harfe, in: *MGG* 4, Sp. 39–62.

LEAHY, A. 1981 A Stela of the Second Intermediate Period, in: *GM* 44, S. 23–30.

LECLANT, J. 1980 *Ägypten* II. *Das Großreich.* Universum der Kunst. München.

LEFÉBURE, E. 1889 *Les Hypogées royaux de Thèbes* II. *Le tombeau de Séti Ier.* Paris.

LEFEBVRE, H. 1974 *La production de l'espace.* Paris. Englische Übersetzung 2007 *The Production of Space.* Malden MA, Oxford.

LEFEBVRE, H. 2004 *Rhythmanalysis. Space, Time and Everyday Life.* London, New York.

LEGRAIN, G. 1914 Au pylône d'Harmhabi à Karnak (Xe pylône), in: *ASAE* 14, S. 13–44.

LEITZ, CH. 1994 *Tagewählerei. Das Buch ḥ3t nḥḥ pḥ.wy ḏt und verwandte Texte* I–II. ÄA 55. Wiesbaden.

LEITZ, CH. 1999 *Magical and Medical Papyri of the New Kingdom.* Hieratic Papyri in the British Museum 7. London.

LEITZ, CH. 2002 *Lexikon der ägyptischen Götter und Götterbezeichnungen* I–VII. OLA 110–116. Löwen.

VAN LEPP, J. 1988 The Role of Dance in Funerary Ritual in the Old Kingdom, in: *Akten des vierten internationalen Ägyptologenkongresses München 1985*, BSAK 3, S. 85–94.

LEPROHON, R. J. 1988 Cultic activities in the temples at Amarna, in: D. B. Redford (Hrsg.), *The Akhenaten Temple Project* II, *Rwd-Mnw and Inscriptions*, Toronto, S. 47–51.

LEPSIUS, C. R. 1842 *Auswahl der wichtigsten Urkunden des aegyptischen Alterthums. Theils zum erstenmale, theils nach den Denkmaelern berichtigt.* Leipzig.

LEPSIUS, C. R. 1849–1900 *Denkmaeler aus Aegypten und Aethiopien: Nach den Zeichnungen der von Seiner Majestaet dem Koenige von Preussen Friedrich Wilhelm IV. nach diesen Laendern gesendeten und in den Jahren 1842–1845 ausgefuehrten wissenschaftlichen Expediton. 12 volumes (1849–1856).* Berlin. Neuausgabe 1971–1974, 7 Vol., Éditions de Belles-Lettres, Genf.

LEPSIUS, C. R., NAVILLE, E., SETHE, K. 1901 *Denkmaeler aus Aegypten und Aethiopien* IV, *Text. Oberaegypten.* Leipzig.

LICHTHEIM, M. 1975–1980 *Ancient Egyptian Literature* I–III. Berkeley.

LICHTHEIM, M. 1992 *Maat in Egyptian Autobiographies and related studies.* OBO 120. Freiburg und Göttingen.

VON LIEVEN, A. 2006 The Social Standing of Musicians in Ancient Egypt, in: E. HICKMANN, A. A. BOTH, R. EICHMANN (Hrsg.), *Studien zur Musikarchäologie* v, *Musikarchäologie im Kontext, Vorträge des 4. Symposiums der Internationalen Studiengruppe Musikarchäologie im Kloster Michaelstein, 19.–26. September 2004*, Orient Archäologie 20, Rahden, S. 355–359.

LINDBLAD, I. 1978 Zwei Amarna Reliefblöcke in Stockholm, in: *MedMusB* 13, S. 19–22.

LIPIŃSKI, E. 2009 *Resheph. A Syro-Canaanite Deity*. OLA 181. Löwen.

LIPPERT, S. 2008 *Einführung in die altägyptische Rechtsgeschichte*. Einführung und Quellentexte zur Ägyptologie 5. Berlin.

LOEBEN, CH. 2010 Neuerungen in Architektur und Relief, in: Ch. Tietze (Hrsg.), *Amarna: Lebensräume – Lebensbilder – Weltbilder*, Ausstellungskatalog Gustav Lübcke Museum, Hamm 2010, S. 275–285.

LOEBEN, CH. 2011 *Die Ägyptensammlung des Museum August Kestner und ihre (Kriegs-) Verluste*. Hannover.

LÖW, M. 2001 *Raumsoziologie*. Frankfurt am Main.

LÓPEZ, J. 1984 *Ostraca ieratici. N. 57450 - 57568. Tabelle lignee. N. 58001 - 58007*. Catalogo del Museo Egizio di Torino. Seria seconda. Collezioni III/4. Mailand.

LOPRIENO, A. 1984 Sprechen, in: *LÄ* v, Sp. 1214–1219.

LOPRIENO, A. 1988 *Topos und Mimesis. Zum Ausländer in der ägyptischen Literatur*. ÄA 48. Wiesbaden.

LOPRIENO, A. 1992 Der Sklave, in: S. DONADONI (Hrsg.), *Der Mensch im Alten Ägypten*, Frankfurt, S. 221–259.

LOPRIENO, A. 1996 Loyalty to the King, to God, to oneself, in: P. DER MANUELIAN (Hrsg.), *Studies in Honour of William Kelly Simpson* II, Boston, Mass., S. 533–552.

LUCAS, A. und HARRIS, J. R. 1999 *Ancient Egyptian Materials and Industries*. Mineola, N.Y.

LÜDDECKENS, E. 1943 *Untersuchungen über religiösen Gehalt, Sprache und Form der ägyptischen Totenklagen*. MDAIK 11. Berlin.

LUISELLI, M. M. 2008 Das Bild des Betens. Versuch einer bildtheoretischen Untersuchung der altägyptischen Anbetungsgestik, in: *Imago Aegypti* 2, S. 87–96.

LUISELLI, M. M. 2011 *Die Suche nach Gottesnähe. Untersuchungen zur persönlichen Frömmigkeit in Ägypten von der Ersten Zwischenzeit bis zum Ende des Neuen Reiches*. ÄAT 73. Wiesbaden.

LUNSINGH SCHEURLEER, R. A. 1984 *Egypte, eender en anders*. Allard Pierson Museum. Amsterdam.

LURJE, I. M. 1971 *Studien zum Altägyptischen Recht des 16. bis 10. Jahrhunderts v. u. Z.*. Forschungen zum Römischen Recht. Weimar.

LURSON, B. 1999 L'offrande du nom au Nouvel Empire: L'importance du sphinx Karnak-Nord Inv. 839, in: *ZÄS* 126, S. 55–60.

LUTZ, C. A. 1981 *Situation-based emotion frames and the cultural construction of emotion.* Vortrag, gehalten bei der Third Annual Conference of Cognitive Science Society, Berkeley.

LUXOR MUSEUM OF ANCIENT EGYPTIAN ART 1967. Luxor.

MACADAM, M. F. L. 1955 *The Temples of Kawa* II. London.

MANASSA, C. 2008 Sounds of the Netherworld, in: B. ROTHÖHLER und A. MANISALI (Hrsg.), *Mythos und Ritual. Festschrift für Jan Assmann zum 70. Geburtstag,* Berlin, S. 109–135.

MANASSA, C. 2011 Soundscapes in Ancient Egyptian Literature and Religion, in: E. MEYER-DIETRICH (Hrsg.), *Laut und Leise. Der Gebrauch von Stimme und Klang in historischen Kulturen,* Mainzer Historische Kulturwissenschaften 7, Bielefeld, S. 147–172.

MANNICHE, L. 1971 Les Scènes de musique sur les talatat du IXe pylône de Karnak, in: *Cahiers de Karnak* IV (1969–70), Kêmi 21, S. 155–164.

MANNICHE, L. 1975 *Ancient Egyptian Musical Instruments.* MÄS 34. München.

MANNICHE, L. 1978 Symbolic Blindness, in: *CdÉ* 53, S. 13–21.

MANNICHE, L. 1991a *Music and Musicians in Ancient Egypt.* London.

MANNICHE, L. 1991b Music at the Court of the Sun-disc, in: *Amarna Letters,* KMT Communications, San Francisco.

MANNICHE, L. 2000 Musical Practices at the Court of Akhnaten and Nefertiti, in: E. HICKMANN und R. EICHMANN (Hrsg.), *Studien zur Musikarchäologie* II, *Vorträge des 1. Symposiums der Internationalen Studiengruppe Musikarchäologie im Kloster Michaelstein, 18.–24. Mai 1998,* Orient Archäologie 7, Rahden, S. 233–238.

MANNICHE, L. 2006 An Egyptian Lyre in Leiden, in: E. HICKMANN, A. A. BOTH, R. EICHMANN (Hrsg.), *Studien zur Musikarchäologie* V, *Musikarchäologie im Kontext, Vorträge des 4. Symposiums der Internationalen Studiengruppe Musikarchäologie im Kloster Michaelstein, 19.–26. September 2004,* Orient Archäologie 20, Rahden, S. 129–141.

MARCINIAK, M. 1974 *Les inscriptions hiératiques du temple de Thoutmosis III, Deir el-Bahari* I. Warschau.

MARIETTE, A. 1871 *Les papyrus égyptiens du Musée de Boulaq* I. Paris.

MARTIN, C. 1999 P. Dodgson (p Ashmolean Museum Oxford 1932–1159), in: B. PORTEN (Hrsg.), *The Elephantine Papyri in English. Three Millennia of Cross-cultural Continuity and Change,* Leiden, New York.

MARTIN, G. TH. 1974 *The Royal Tomb at El-ʿAmarna I. The objects.* London.

MARTIN, G. TH. 1978 The Tomb of Horemheb Commander-in-Chief of Tutanchamun, in: *Archaeology* 31/4, S. 14–23.

MARTIN, G. TH. 1989a *The Memphite Tomb of Horemheb Commander-in-Chief of Tutankhamun* I. *The Reliefs, Inscriptions, and Commentary.* EEF, Mem. 55. London.

MARTIN, G. TH. 1989b *The Royal Tomb at El-'Amarna* II. *The Reliefs, Inscriptions and Architecture.* The Rock Tombs of El-'Amarna, Part VII. EEF. Mem. 39. London.

MARTIN, G. TH. 1991 *The Hidden Tombs of Memphis.* London.

MARTIN, P. J. 1995 *Sounds and Society: Themes in the Sociology of Music.* Manchester.

MARTIN, P. J. 2006 Music and the Sociological Gaze, in: *Svensk Tidskrift för Musikforskning,* 82 (2000), S. 41–56. Nachdruck in: CH. KADEN und K. MACKENSEN (Hrsg.), *Soziale Horizonte von Musik. Ein kommentiertes Lesebuch zur Musiksoziologie,* Kassel, S. 95–107.

MEEKS, D. 2006 *Mythes et Légendes du Delta d'après le papyrus Brooklyn 47.218.84.* MIFAO 125. Kairo.

MEKHITARIAN, A. 1978 *Egyptian Painting.* London.

MERSCH, D. 2006 Präsenz und Ethizitet der Stimme, in: D. KOLESCH und S. KRÄMER (Hrsg.), *Stimme. Annäherung an ein Phänomen,* Frankfurt, S. 211–236.

MESKELL, L. 1999 *Archaeologies of Social Life.* Oxford.

METTINGER, T. 1995 *No Graven Image? Israelite Aniconism in its Ancient Near Eastern Context.* Stockholm.

MEURER, G. 1996 *Nubier in Ägypten bis zum Beginn des Neuen Reiches: zur Bedeutung der Stele Berlin 14753.* ADAIK Ägyptologische Reihe 13. Kairo.

MEYER, G. 1990 Das Hirtenlied in den Privatgräbern des Alten Reiches, in: *SAK* 17, S. 235–284.

MEYER, S. 1998 Festlieder zum Auszug Gottes, in: R. GUNDLACH und M. ROCHHOLZ (Hrsg.), *4. Ägyptologische Tempeltagung, Feste im Tempel,* ÄAT 33, 2, Wiesbaden, S. 135–142.

MEYER-DIETRICH, E. 2001 *Nechet und Nil. Ein ägyptischer Frauensarg des Mittleren Reiches aus religionsökologischer Sicht.* Acta Universitatis Upsaliensis. Historia Religionum 18. Uppsala.

MEYER-DIETRICH, E. 2005 The City-god – an Expression for Localization, in: L. H. MARTIN und P. PACHIS (Hrsg.), *Hellenisation, Empire, and Globalisation: Lessons from Antiquity, Acts of the Panel held during the 3rd Congress of the European Association for the Study of Religion, Bergen, Norway, 8–10 May 2003,* Thessaloniki, S. 140–162.

MEYER-DIETRICH, E. 2006 *Senebi und Selbst. Personenkonstituenten zur rituellen Wiedergeburt in einem Frauensarg des Mittleren Reiches.* OBO 216. Freiburg und Göttingen.

MEYER-DIETRICH, E. 2007 Der Tempel als Körper: Das Verhältnis zwischen architektonischer und ritueller Praxis, in: R. Preys (Hrsg.), *Structuring Religion. 7. Ägyptische Tempeltagung Leuven, 28. September–1. Oktober 2005,* Königtum, Staat und Gesellschaft früher Hochkulturen 3, 2, Wiesbaden, S. 173–189.

MEYER-DIETRICH, E. 2009a Herr der Ewigkeit, der die Jahre der Götter aufgehen lässt, und der, in den Re täglich hinabsteigt: Zur Frage altägyptischer Theologie und

Zeitvorstellungen, in: A. HULTGÅRD und S. NORIN (Hrsg.), *Le Jour de Dieu. Der Tag Gottes*, WUNT 245, Tübingen, S. 1–18.

MEYER-DIETRICH, E. 2009b Dance, in: E. FROOD und W. WENDRICH (Hrsg.), UCLA Encyclopedia of Egyptology, Los Angeles, http://repositories.cdlib.org/nelc/uee/1134/, letzter Zugriff 2009–08–19.

MEYER-DIETRICH, E. 2011 „Du weißt, was du getan hast!" Die Übertretung akustischer Normen für Priester, in: E. MEYER-DIETRICH (Hrsg.), *Laut und Leise. Der Gebrauch von Stimme und Klang in historischen Kulturen*, Mainzer Historische Kulturwissenschaften 7, Bielefeld, S. 121–146.

MEYER-DIETRICH, E. 2013 „Bind mig väl, ni krigare, men lämna mitt öra fritt! Allt som hörs och syns och känns ska bli mitt": Örats beydelse i det gamla Egypten, in: E. WEIBERG, S. CARLSSON, G. EKROTH (Hrsg.), *Institutionens historier. En vänbok till Gullög Nordquist*, Uppsala, S. 61–68.

MEYER-DIETRICH, E. 2016 Sonic Acting in the Pyramid of Queen Neith. Statements about sound in ritual texts from the time of Pepi II, in: I. HEIN, N. BILLING, E. MEYER-DIETRICH (Hrsg.), *The Pyramids. Between Life and Death, Proceedings of the Workshop held at Uppsala University, Uppsala May 31st–June 1st, 2012*, Boreas, Uppsala Studies in Ancient Mediterranean and Near Eastern Civilizations 36, Uppsala, S. 271–291.

MEYER SCHAPIRO, 2006 Über einige Probleme der Semiotik der visuellen Kunst: Feld und Medium beim Bild-Zeichen, in: G. BOEHM (Hrsg.), *Was ist ein Bild?*, München, S. 253–274.

MEYERS, E. L. 1981 *A Program of Political Theology in Amarna Tomb Art: Imagery as Metaphor*. Ph. Diss. Pennsylvania, UMI Dissertation Service, Ann Arbour.

MIGGELBRINK, J. und SCHLOTTMANN, A. 2009 Diskurstheoretisch orientierte Analyse von Bildern, in: G. GLASZE und A. MATTISSEK (Hrsg.), *Handbuch Diskurs und Raum, Theorien und Methoden für die Humangeographie sowie die sozial- und kulturwissenschaftliche Raumforschung*, Bielefeld, S. 181–198.

MOERS, G. 2000 „Bei mir wird es Dir gut ergehen, denn Du wirst die Sprache Ägyptens hören!" Verschieden und doch gleich: Sprache als identitätsrelevanter Faktor im pharaonischen Ägypten, in: U.-CH. SANDER und F. PAUL (Hrsg.), *Muster und Funktionen kultureller Selbst- und Fremdwahrnehmung, Beiträge zur internationalen Geschichte der sprachlichen und literarischen Emanzipation*, Göttingen, S. 45–99.

MOERS, G. 2006 Ägyptische Körper-Bilder in physischen, visuellen und textuellen Medien, in: *Imago Aegypti* I, S. 9–26 mit 7 Tafeln.

MOHN, J. 2011 Theologieaffine Religionstypen oder Religion im Medium von Mythos und Ritual?, in: A. VERBOVSEK, B. BACKES, C. JONES (Hrsg.), *Methodik und Didaktik in der Ägyptologie, Herausforderungen eines kulturwissenschaftlichen Paradigmenwechsels in den Altertumswissenschaften*, Ägyptologie und Kulturwissenschaft IV, München, S. 725–738.

MÖLLER, G. 1901 *Hieratische Papyrus aus den königlichen Museen zu Berlin* Bd. 1. *Ritual für den Kultus des Amon und für den Kultus der Mut.* Berlin.

MÖLLER, L.-L. 1965 *Ägyptische Kunst aus der Zeit des König Echnaton.* Ausstellungskatalog, Ägyptische Kunst aus der Zeit des König Echnaton, vom 14. Mai-27. Juni 1965, Museum für Kunst und Gewerbe, Hamburg.

MÖLLER, L.-L. 1972 *Staatliche Sammlung Ägyptischer Kunst.* München.

MÖLLER, L.-L. 1976 Aus einer Opferprozession, in: J. SETTGAST (Hrsg.), *Nofretete Echnaton,* Ausstellungskatalog Haus der Kunst München 17. Januar–21. März 1976, Mainz, Kommentar zu Kat. Nr. 81.

MONREAL, A. L. 1998 *Egipto milenario. Vida cotidiana en la época de los faraones.* Barcelona.

MONTAGUE, J. 1978 One of Tut^{c}ankhamūn's trumpets, in: *JEA* 64, S. 133–134.

MONTET, P. 1925 *Les Scènes de la vie privée dans les tombeaux égyptiens de l'Ancien Empire.* Straßburg.

MONTET, P. 1936 Les tombeaux de Siout et de Deir Rifeh (troisième article), in: *Kêmi* Bd. 6, S. 131–163.

MORAN, W. L. 1992 *The Amarna Letters.* Baltimore.

MOORE, T. R. 1996 Any as an Element in Theophoric Names, in: *JARCE* 33, S. 139–152.

MORENZ, L. 2002 Sprechen statt Grunzen: Sprachnorm als Beamtentugend und sakrales Gebot, in: *GM* 187, S. 9–10.

MORENZ, L. 2005a Em-Habs Feldzugsbericht: Bild-Textliche Inszenierung von ‚Großer Geschichte' im Spiegel der Elite, in: *Ägypten und Levante* 15, S. 169–180.

MORENZ, L. 2005b *Die Zeit der Regionen im Spiegel der Gebelein-Region. Kulturgeschichtliche Re-Konstruktionen.* Leiden, Boston.

MOOREY, P. R. S. 2000 *Ancient Egypt. Ashmolean Museum.* Oxford.

MORGAN, E. 2004 *Untersuchungen zu den Ohrenstelen aus Deir el Medine.* ÄAT 61. Wiesbaden.

MOSTAFA, A. 2007 Eine Pyramidionstele eines Trompeters aus dem Ägyptischen Museum in Kairo, in: J.-C. GOYON (Hrsg.), *Proceedings of the Ninth International Congress of Egyptologists, Grenoble, 6–12 septembre 2004/1,* OLA 150, Kairo, S. 97–108.

MÜLLER, C. 1998 *Redebegleitende Gesten. Kulturgeschichte – Theorie – Sprachvergleich.* Berlin.

MÜLLER, CH. 1975 Anruf an Lebende, in: *LÄ* I, Sp. 293–299.

MÜLLER, H. W. 1964 *Ägyptische Kunstwerke, Kleinfunde und Glas in der Sammlung E. und M. Kofler-Truninger Luzern.* MÄS 5. Berlin.

MÜLLER, H. W. 1970 Ein ägyptischer Königskopf des 15. Jahrhunderts v. Chr. Ein Beitrag zur Stilentwicklung der Plastik der 18. Dynastie, in: *Münchner Jahrbuch der Bildenden Kunst,* Dritte Folge III/IV, S. 67–84.

MÜLLER, M. 1988 *Die Kunst Amenophis' III. und Echnatons.* Basel.

MÜLLER-WOLLERMANN, R. 2004 *Vergehen und Strafen. Zur Sanktionierung abweichenden Verhaltens im alten Ägypten.* PÄ 21. Leiden.

MUNRO, I. 1994 *Die Totenbuch-Handschriften der 18. Dynastie im Museum Cairo.* ÄA 54. Wiesbaden.

MURNANE, W. J. 1982 Opetfest, in: *LÄ* IV, Sp. 574–579.

MUSEUM FÜR KUNST UND GEWERBE 1964 *Ausgewählte Werke aus den Erwerbungen während der Jahre 1948–1961. Festgabe für Erich Meyer zu seinem 65. Geburtstag am 29. Oktober 1963.* Bildführer II. Museum für Kunst und Gewerbe. Hamburg.

MUSNER, L. 2010 *Desiderata einer Historischen Kulturwissenschaft.* Forschungskolloquien des Forschungsschwerpunktes Historische Kulturwissenschaften, Johannes Gutenberg Universität Mainz, Vortrag gehalten am 23. 06. 2010. http://www.historischekulturwissenschaften.uni-mainz.de/305.php, letzter Zugriff 2010–09–30.

MUTH, S. 2011 Ein Plädoyer zur medientheoretischen Reflexion – oder: Überlegungen zum methodischen Zugriff auf unsere historischen Primärquellen, in: A. VERBOVSEK, B. BACKES, C. JONES (Hrsg.), *Methodik und Didaktik in der Ägyptologie, Herausforderungen eines kulturwissenschaftlichen Paradigmenwechsels in den Altertumswissenschaften,* Ägyptologie und Kulturwissenschaft IV, München, S. 327–346.

MYŚLIWIEC, K. 1976 *Le portrait royal dans le bas-relief du Nouvel Empire.* Travaux du Centre d'Archéologie Méditerranéenne de l'Académie Polonaise des Sciences 18. Warschau.

MYŚLIWIEC, K. 1985 *Eighteenth Dynasty before the Amarna Period.* Iconography of Religions XVI, 5. Institute of Religious Iconography State University Groningen. Leiden.

NAVILLE, É. 1894–1898 *The Temple of Deir el Bahari* I–VII. London.

NELSON, H. 1932 *Medinet Habu* II. *Later historical records of Ramses III.* OIP 9. Chicago.

NELSON, H. 1936 *Ramses III's Temple within the Great Enclosure of Amon* I. OIP 25. Chicago.

NELSON, H. 1940 *Medinet Habu* IV. *Festival Scenes of Ramses III.* OIP 51. Chicago.

NELSON, H. 1981 *The Great Hypostyle Hall at Karnak* I. OIP 106. Chicago.

NEWBERRY, P. E. 1893 *Beni Hassan* I–II. ASE. London.

NEWBERRY, P. E. 1893–1894 *El Bersheh* I–II. ASE. London.

NIMS, CH. F. 1973 The transition from the Traditional to the New Style of Wall Relief under Amenhotep IV, in: *JNES* 32, S. 181–187.

NORD, D. 1980 The term *ḫnr*: ‚harem' or ‚musical performers'?, in: W. K. SIMPSON und W. M. DAVIES (Hrsg.), *Studies in Ancient Egypt. The Aegean and the Sudan. Essays in Honor of Dows Dunham on the occasion of his 90th birthday, June 1, 1980,* Boston, S. 137–145.

O'CONNOR, D. 1987–1988 An Interpretation of a Scene in the Tomb of Mahu, El-Amarna, in: *BES* 9, S. 41–52.

OMAR, M. 2008 *Aufrührer, Rebellen, Widersacher. Untersuchungen zum Wortfeld „Feind" im pharaonischen Ägypten. Ein lexikalisch-phraseologischer Beitrag.* ÄAT 74. Wiesbaden.

ONSTINE, S. L. 2005 *The Role of the Chantress in Ancient Egypt.* BAR IS 1401. Oxford.

OSING, J. 1992 *Das Grab des Nefersecheru in Zawyet Sultan.* AV 88. Mainz.

OSTWALD, P. F. 1973 *The Semiotics of Human Sound.* Den Haag, Paris.

OTTO, E. 1960 *Das ägyptische Mundöffnungsritual* I–II. ÄA 3. Wiesbaden.

PAGE-GASSER, M. und WIESE, A. B. 1997 *Ägypten – Augenblicke der Ewigkeit. Unbekannte Schätze aus Schweizer Privatbesitz.* Antikenmuseum und Sammlung Ludwig. Basel.

PARKINSON, R. B. 1991a *Voices from Ancient Egypt. An Anthology of Middle Kingdom Writings.* London.

PARKINSON, R. B. 1991b *The Tale of the Eloquent Peasant.* Griffith Institute. Ashmolean Museum. Oxford.

PARKINSON, R. B. 1996 Khakheperreseneb and Traditional Belles Lettres, in: P. Der Manuelian (Hrsg.), *Studies in Honour of William Kelly Simpson,* Boston, S. 647–654.

PARKINSON, R. B. 1997 The Text of Khakheperreseneb: New Readings of EA 5645, and an Unpublished Ostracon, in: *JEA* 83, S. 55–68.

PARKINSON, R. B. 2000 The Teaching of King Amenemhat I at el-Amarna: BM EA 57458 and 57479, in: A. LEAHY and J. TAIT (Hrsg.), *Studies in Honour of H. S. Smith,* EES, OP 13, London, S. 221–226.

PARKINSON, R. B. 2002 *Poetry and Culture in Middle Kingdom Egypt. A Dark Side to Perfection.* London. New York.

PARKINSON, R. B. 2008 *The Painted Tomb-Chapel of Nebamun. London.*

PARKINSON, R. B. 2011 What "Makes the Gun Go Off"? The Role of the Voice in Some Middle Kingdom Poems, in: E. MEYER-DIETRICH (Hrsg.), *Laut und Leise. Der Gebrauch von Stimme und Klang in historischen Kulturen,* Mainzer Historische Kulturwissenschaften 7, Bielefeld, S. 13–36.

PARKINSON, R. B. und SCHOFIELD, L. 1993 Akhenaten's Army?, in: *Egyptian Archaeology* 3, S. 34–35.

PECK, W. H. 1978 *Drawings from Ancient Egypt.* London.

PEET, T. E. 1921. Excavations at Tell el-Amarna: a Preliminary Report, in: *JEA* 7, S. 169–185 mit Taf. 25–30.

PEET, T. E. 1930 Two Letters from Akhetaten, in: *Annals of Archaeology and Anthropology* 17, University of Liverpool, S. 82–97.

PEET, T. E. und WOOLLEY, C. L. 1923 *The City of Akhetaten* I. *Excavation of 1921 and 1922 at El-'Amarneh.* EES Mem. 38. London.

PENDLEBURY, J. D. S. 1933 Preliminary Report of the Excavations at Tell el-ʿAmarnah 1932–1933, in: *JEA* 19, S. 113–118.

PENDLEBURY, J. D. S. 1935 Preliminary Report of the Excavations at Tell el-ʿAmarnah 1934–1935, in: *JEA* 21, S. 129–135.

PENDLEBURY, J. D. S. 1951 *The City of Akhetaten* III. *The Central City and Official Quarters. The Excavations at Tell el-Amarna during the Seasons 1926–1927 and 1931–1936* I–II. EES Mem. 44. London.

PÉREZ ARROYO, R. 2003 *Music in the Age of the Pyramids*. Centro d'Estudios Egipticos. Madrid.

PETERSMARCK, E. 2012 *Die Kemit. Ostraka, Schreibtafel und ein Papyrus*. GM.B 12. Göttingen.

PETRIE, W. M. F. 1891 *Illahun, Kahun and Gurob 1889–1890*. London.

PETRIE, W. M. F. 1894 *Tell el-Amarna*. Warminster.

PETRIE, W. M. F. und GRIFFITH, F. LL. 1898 *Deshasheh*. EEF Mem. 15. London.

PIANKOFF, A. 1954 *The Shrines of Tut-ankh-Amon*. Bollingen Series 40, 2 Bde. New York.

PIANKOFF, A. 1958 Les peintures dans la Tombe du roi Ai, in: *MDAIK* 16, S. 247–251.

PIERRAT-BONNEFOIS, G. 2013 Musiciens de Thèbes, in: S. EMERIT (Hrsg.), *Le statut du musicien dans la Méditerranée ancienne. Égypte, Mésopotamie, Grèce, Rome. Actes de la table ronde internationale tenue à Lyon Maison de l'Orient et de la Méditerranée (université Lumière Lyon 2) les 4 et 5 juillet 2008, Lyon*, IFAO, Bibliothèque d'Étude 159, Kairo, S. 139–146.

PILLET, M. 1923 Rapport sur les travaux de Karnak (1922–1923), in: *ASAE* 23, S. 99–138.

PILLET, M. 1929 Quelques bas-reliefs inèdits d'Amenhotep IV-Akhenaton à Karnak, in: *RdÈ* 2, S. 136–143.

PINCH, G. 1984 *Votive Offerings to Hathor*. Oxford.

PINO, C. 2005 The Market Scene in the Tomb of Khaemhat, in: *JEA* 91, S. 95–106.

PIPER, D. und WHITE, CH. 1995 *Treasures of the Ashmolean Museum: An Illustrated Souvenir of the Collections*. Ashmolean Museum, Oxford.

PLEYTE, W. und ROSSI, F. 1869–1876 *Le Papyrus de Turin*. 2 Bde. Leiden.

Podeman-Sörensen, J. 1996 Ritual Art: a Key to the Ancient Egyptian Book of the Dead, in: T. AHLBÄCK (Hrsg.), *Dance, Music, Art, and Religion, Based on Papers Read at the Symposium on Dance, Music, and Art in Religions Held at Åbo, Finland, on the 16th–18th of August 1994*, Scripta Instituti Donneriani Aboensis XVI, S. 257–267.

POLOTSKY, H. J. 1957 The „emphatic" sDm.n.f. form, in: *RdÉ* 11, S. 109–117, Nachdruck 1971, Polotsky, *Collected Papers*, S. 43–51, Jerusalem.

POLZ, D. 1996 *Das Grab des Hui und des Kel Theben Nr. 54*. AV 74. Mainz.

POPKO, L. 2006 *Untersuchungen zur Geschichtsschreibung der Ahmosiden- und Thutmosidenzeit. „... damit man von seinen Taten noch in Millionen von Jahren sprechen wird“*. WSA 2. Würzburg.

PORTEN, B. 2011 *The Elephantine Papyri in English. Three Millennia of Cross-Cultural Continuity and Change*. Documenta et Monumenta Orientis Antiqui XXII. Leiden.

PORTER, B. und MOSS, R. 1952–1960 *Topographical Bibliography of Ancient Egyptian Hieroglyphic Texts, Reliefs, and Paintings* I–VII. Oxford.

POSENER, G. 1934 *Catalogue des ostraca littéraires de Deir el Médineh. Tome Ier, Fasc. Ier*. DFIFAO 1. Kairo.

POSENER, G. 1946 Les criminels débaptisés et les morts sans noms, in: *RdÉ* 5, S. 51–56.

POSENER, G. 1951–1952, *Catalogue des ostraca hiératiques littéraires de Deir el Médineh*. DFIFAO 18, Tome 2. Kairo.

POSENER, G. 1970 Sur l'attribution d'un nom à un enfant, in: *RdÉ* 22, S. 204–205.

POSENER, G. 1975 La piété personelle avant l'âge Amarnien, in: *RdÉ* 27, S. 195–210.

POSENER, G. 1976 *L'Enseignement Loyaliste. Sagesse égyptienne du Moyen Empire*. Centre de Recherches d'histoire et de philologie de la IVe Section de l'École pratique des Hautes Études, II. Hautes Études Orientales 5. Genf.

PRIESE, K.-H. 1991 *Ägyptisches Museum. Staatliche Museen zu Berlin*. Stiftung Preußischer Kulturbesitz. Mainz.

QUACK, J. F. 1992 *Studien zur Lehre für Merikare*. GOF IV Reihe Ägypten 23. Wiesbaden.

QUACK, J. F. 1994 *Die Lehren des Ani. Ein neuägyptischer Weisheitstext in seinem kulturellen Umfeld*. OBO 141. Freibung und Göttingen.

QUACK, J. F. 2000 Rezension von H.-W. Fischer-Elfert, Die Lehre eines Mannes für seinen Sohn, in: *BiOr* 57, Sp. 534–541.

QUACK, J. F. 2001 Ein Standardhymnus zum Sistrumspiel auf einem demotischen Ostrakon (Ostrakon Corteggiani D 1), in: *ENCHORIA* 27, S. 101–119.

QUACK, J. F. 2002 Die Dienstanweisung des Oberlehrers aus dem Buch vom Tempel, in: *5. Ägyptologische Tempeltagung Würzburg, 23.–26. September 1999*, ÄAT 33, 3, S. 159–171.

QUACK, J. F. 2005a Ein Prätext und seine Realisierungen, in: B. DÜCKER und H. ROEDER (Hrsg.), *Text und Ritual, Kulturwissenschaftliche Essays und Analysen von Sesostris bis Dada*, Hermeia 8, Heidelberg, S. 165–177.

QUACK, J. F. 2005b Rezension von F. Junge, Die Lehre Ptahhoteps und die Tugenden der ägyptischen Welt: Ein neuer Zugang zur Lehre des Ptahhotep, in: *WdO* 35, S. 7–11.

QUACK, J. F. 2006 Zur Lesung und Deutung des Dramatischen Ramesseum Papyrus, in: *ZÄS* 133, S. 72–89.

QUACK, J. F. 2011 Rezension von M. Dolinska und H. Beinlich (Hrsg.), 8. Ägyptologische Tempeltagung: Interconnections between Temples. Königtum, Staat und Gesellschaft früher Hochkulturen 3, 3, Wiesbaden, in: *WdO* 41/2, S. 261–264.

QUACK, J. F. 2012 Wenn die Götter zuhören: Zur Rolle der Rezitationssprüche im Tempelritual, in: A. EL HAWARY (Hrsg.), *Wenn Götter und Propheten reden – Erzählen für die Ewigkeit*, Narratio Aliena? 3, Berlin, S. 124–152.

QUIBELL, J. E. 1909 *Excavations at Saqqara 1907–1908*. IFAO. Kairo.

QUIRKE, S. 1999 Women in Ancient Egypt: Temple, Titles and Funerary Papyri, in: A. LEAHY and J. TAIT (Hrsg.), *Studies in Honour of H. S. Smith*, EES, OP 13, S. 227–235.

QUIRKE, S. 1990 Kerem in the Fitzwilliam Museum, in: *JEA* 76, S. 170–174.

QUIRKE, S. 2004 *Egyptian literature 1800 BC: questions and readings*. GHP Egyptology 2. London.

RADWAN, A. 1974 Der Trauergestus als Datierungsmittel, in: *MDAIK* 30, S. 115–129.

RAMMANT-PEETERS, A. 1983 *Les pyramidions égyptiens du nouvel empire*, OLA 11, Löwen.

RANKE, H. 1952 *Die ägyptischen Personennamen* I–II. Glückstadt.

RAUE, D. 1999 *Heliopolis und das Haus des Re. Eine Prosopographie und ein Toponym im Neuen Reich*. ADAIK 16. Berlin.

RECKWITZ, A. 2000 *Die Transformation der Kulturtheorien. Zur Entwicklung eines Theorieprogramms*. Weilerswist.

REDFORD, D. B. 1976 The Sun-Disc in Akhenaten's Program: Its Worship and Antecedents, part 1, in: *JARCE* 13, S. 47–61.

REDFORD, D. B. 1976–1994 *The Akhetaten Temple Project* I–IV. Warminster.

REFAI, H. 1996 *Die Göttin des Westens in den thebanischen Gräbern des Neuen Reiches*. ADAIK Ägyptologische Reihe 12. Berlin.

REICHE, CH. 1996 Überlegungen zum nichtköniglichen Totenglauben in der Amarnazeit, in: M. SCHADE-BUSCH (Hrsg.), *Wege öffnen. Festschrift für Rolf Gundlach*, ÄAT 35, Wiesbaden, S. 204–222.

REICHE, CH. 1998 *Ein hymnischer Text in den Gräbern des Ḥwy3, 'Iʿḥ-ms und Mry-Rʿ in El-ʿAmarna. Texte und Textsorte, Textanalyse und Textinterpretation. Ein „sozio-kommunikativer" Ansatz*. GOF IV. Reihe Ägypten 35. Wiesbaden.

REYNDERS, M. 1998 Sescheschet and Sechem: Names and Types of the Egyptian Sistrum, in: W. CLARYSSE, A. SCHOOR, H. WILLEMS (Hrsg.), *Egyptian Religion. The Last Thousand Years. Studies dedicated to the memory of Jan Quaegebeur* II, OLA 85, Löwen, S. 1013–1026.

RICKE, H. 1932 *Der Grundriss des Amarna-Wohnhauses*. WVDOG 56. Leipzig.

ROBINS, G. 1993 The Representation of Sexual Characteristics in Amarna Art, in: *The SSEA Journal* XXIII, S. 29–41.

ROBINS, G. 1993 *Women in Ancient Egypt*, Cambridge, Mass.

ROBINS, G. 1994 *Proportion and Style in Ancient Egyptian Art*. London.

ROBINS, G. 1999 Hair and the Construction of Identity in Ancient Egypt, in: *JARCE* 36, S. 55–69.

ROEDER, G. 1932 *Vorläufiger Bericht über die deutsche Hermopolis Expedition 1931–1932*. Augsburg.

ROEDER, G. 1939 Blöcke mit Amarnareliefs, in: *ASAE* 39, S. 743–745.

ROEDER, G. 1940 Vorläufiger Bericht über die deutsche Hermopolis Expedition 1938 und 1939, in: *MDAIK* 9, S. 40–92.

ROEDER, G. 1956 Ägyptische Bronzefiguren, in: *Mitteilungen aus der ägyptischen Sammlung* 4. Berlin.

ROEDER, G. 1958 Thronfolger und König Smench-ka-Rè (Dynastie XVIII), in: *ZÄS* 83, S. 43–74.

ROEDER, G. 1959 *Hermopolis 1929–1939. Ausgrabungen der deutschen Hermopolis-Expedition in Hermopolis, Ober-Ägypten*. Pelizaeus-Museum zu Hildesheim. Wissenschaftliche Veröffentlichung 4. Hildesheim.

ROEDER, G. 1969 *Hermopolis 1929–1939. Ausgrabungen der deutschen Hermopolis-Expedition in Hermopolis, Ober-Ägypten 2, Amarna-Reliefs aus Hermopolis,* hrsg. von R. Hanke. Pelizaeus Museum zu Hildesheim. Wissenschaftliche Veröffentlichung 6. Hildesheim.

ROEHRIG, C.H. 1992 The Amarna Reliefs, in: BMMA 49/4, S. 25–32.

RÖMER, M. 1994 *Gottes- und Priesterherrschaft in Ägypten am Ende des Neuen Reiches. Ein religionsgeschichtliches Phänomen und seine sozialen Grundlagen*. ÄAT 21. Wiesbaden.

ROEMER- UND PELIZAEUS -MUSEUM, Hildesheim, http//www.globalegyptian museum.org, letzter Zugriff 2016–02–21.

RÖSSLER-KÖHLER, U. 1985 Totenklage, in: *LÄ* VI, Sp. 657–658.

ROTH, A.M. 1992 The *Psš-kf* and the 'Opening of the Mouth' Ceremony: A Ritual of Birth and Rebirth, in: *JEA* 78, S. 113–147.

ROTH, A.M. 1993 Fingers, Stars, and the 'Opening of the Mouth': The Nature and Function of the *Nṯrwj*-Blades, in: *JEA* 79, S. 57–79.

ROTH, S. 2006 Der Herrscher im Fest. Zur rituellen Herrschaftslegitimation des ägyptischen Königs und ihrer Außendarstellung im Rahmen von Festen, in: D. BRÖCKELMANN und A. KLUG (Hrsg.), *In Pharaos Staat. Festschrift für Rolf Gundlach zum 75. Geburtstag*, Wiesbaden, S. 205–249.

ROTH, S. 2008 „Angesichts des ganzen Landes". Zu Partizipationsstruktur und Affirmationsmechanismen von Festen des altägyptischen Königstums, in: D. Prechel (Hrsg.), *Fest und Eid. Instrumente der Herrschaftssicherung im Alten Orient. Akten des internationalen Workshops des Teilprojekts A.9 in Mainz, 01.03.–02.03.2007*, Kulturelle und sprachliche Kontakte 3, Würzburg, S. 135–158.

RUMMEL, U. 2003a „Ramsesnacht-dauert" – Die Beziehung zwischen Namenspatron und Namensträger am Beispiel einer Besucherinschrift aus Dra' Abu el-Naga, in: N. KLOTH, K. MARTIN, E. PARDEY (Hrsg.), *Es werde niedergelegt als Schriftstück.*

Festschrift für Hartwig Altenmüller zum 65. Geburtstag, SAK Beihefte 9, Hamburg, S. 367–377.

RUMMEL, U. 2003b Pfeiler seiner Mutter – Beistand seines Vaters: Untersuchungen zum Gott Iunmutef vom Alten Reich bis zum Ende des Neuen Reiches. Diss. Hamburg urn:nbn:de:gbv:18-34441. Netzzugriff http://www.sub.uni-hamburg.de/opus/volltexte/2007/3444/, letzter Zugriff 2009-12-03.

SACHS, C. 1921 Die Musikinstrumente des alten Ägyptens, in: *Mitteilungen aus der Ägyptischen Sammlung* 3. Berlin.

SADEK, A. I. 1987 *Popular Religion in Egypt during the New Kingdom*. HÄB 27. Hildesheim.

SAINTE FARE GARNOT, J. 1938 *L'appel aux vivants dans les textes funéraires des origines à la fin de l'Ancien Empire*. RAPH 9. Kairo.

SALEH, M. und SOUROUZIAN, H. 1968 *Die Hauptwerke im Ägyptischen Museum Kairo*, Mainz.

SAMSON, J. 1978 *Amarna. City of Akhenaten and Nefertiti*. Warminster.

SANDMAN, M. 1938 *Texts from the Time of Akhenaten*. BAe 8. Brüssel.

SATZINGER, H. 1997 Beobachtungen zur Opferformel, Theorie und Praxis, in: *LingAeg* 5, S. 177–188.

SAUNERON, S. 1951 Le „Chancelier du dieu" (*ḫtmw nṯr*) dans son double rôle d'embaumeur et de prêtre d'Abydos, in: *BIFAO* 51, S. 137–171.

SAUNERON, S. 1952 *Rituel de l'Embaumement*. Kairo.

SAUNERON, S. 1960 La différenciation des langages d'après la tradition égyptienne, in: *BIFAO* 60, S. 31–41.

SAUNERON, S. 1970 Trouvé en démontant Karnak, in: *Connaissance des Arts* 221, S. 36–43.

SAUNERON, S. und SAAD, R. 1968 Le démontage et l'étude du IXe pylône à Karnak, in: *Kemi* 19, S. 137–178.

SÄVE-SÖDERBERGH, T. 1953 *On Egyptian Representations of Hippopotamus Hunting as a Religious Motive*. Horae Soederblomianae III. Uppsala.

SÄVE-SÖDERBERGH, T. 1957 *Four Eighteenth Dynasty Tombs. Private Tombs at Thebes* I. Oxford.

SCHÄFER, H. 1931 *Amarna in Religion und Kunst*. Deutsche Orient Gesellschaft, Sendschriften 7. Leipzig.

SCHÄFER, H. 1986 *Principles of Egyptian Art*. Oxford.

SCHAFER, R. M. 1977 *The Soundscape. Our Sonic Environment and the Tuning of the World*. Rochester, Vermont.

SCHAFER, R. M. 1988 *Klang und Krach. Eine Kulturgeschichte des Hörens*. Frankfurt am Main.

SCHARFF, A. 1922 Ein Rechnungsbuch des königlichen Hofes aus der 13. Dynastie, in: *ZÄS* 57, S. 51–68.

SCHEIL, J. V. 1894 *Tombeaux thébains de Mâi, des graveurs Rat'eserkasenb, Parî, Djanni, Apoui, Montou-M-Hat, Aba.* MMAF 5/4.

SCHENKEL, W. 1965 *Memphis, Heliopolis, Theben. Die epigraphischen Zeugnisse der 7.–11. Dynastie Ägyptens.* Wiesbaden.

SCHIPPER, B. U. 1998 Von der „Lehre des Sehetep-jb-Re" zur „Loyalistischen Lehre", in: ZÄS 125, S. 161–179.

SCHIPPER, B. U. 2005 *Die Erzählung des Wenamun. Ein Literaturwerk im Spannungsfeld von Politik, Geschichte und Religion.* OBO 209. Freiburg und Göttingen.

SCHLÖGL, H. A. 1978 *Geschenk des Nils. Ägyptische Kunstwerke aus Schweizer Besitz.* Basel.

SCHLÜTER, A. 2009 *Sakrale Architektur im Flachbild. Zum Realitätsbezug von Tempeldarstellungen.* ÄAT 78. Wiesbaden.

SCHLÜTER, K. und A. 2009 Anmerkungen zur Interpretation von Festdarstellungen aus Deir el-Medineh, in: D. KESSLER, R. SCHULZ, M. ULLMANN, et al. (Hrsg.), *Texte – Theben – Tonfragmente. Festschrift für Günter Burkard,* ÄAT 76, Wiesbaden, S. 361–369.

SCHMID, G. 1999 *Illusionsräume. Mesdags Panorama, Monets Seerosen, Boissonnets Hologramme und Kirchen der Gebrüder Asam. Konstruktionen und Vermittlungsstrategien.* Diss. Hochschule der Künste Berlin, Fakultät Erziehungs- und Gesellschaftswissenschaften. Netzzugriff http://www.gabrieleschmid.de/diss/home.html, letzter Zugriff 2016–04–05.

SCHNEIDER, TH. 2003 *Ausländer in Ägypten während des Mittleren Reiches und der Hyksoszeit.* 2 Bde. ÄAT 42. Wiesbaden.

SCHNEIDER, TH. 2006 Akkulturation – Identität – Elitekultur: eine Positionsbestimmung zur Frage der Existenz und des Status von Ausländern in der Elite des Neuen Reiches, in: R. GUNDLACH und A. KLUG (Hrsg.), *Der ägyptische Hof des Neuen Reiches. Seine Gesellschaft und Kultur im Spannungsfeld zwischen Innen- und Außenpolitik*, Königtum, Staat und Gesellschaft früher Hochkulturen 2, Wiesbaden, S. 201–216.

SCHNEIDER, TH. 2008 Neues zum Verständnis des Dramatischen Ramesseumpapyrus, in: B. ROTHÖHLER und A. MANISALI (Hrsg.), *Mythos und Ritual, Festschrift für Jan Assmann zum 70. Geburtstag*, Berlin, S. 231–255.

SCHOBER, A. 2001 >Gender< und (A-)symmetrie, in: A. LANGENOHL und B. KLEEBERG (Hrsg.), Zeitschrift für Kulturphilosophie, special issue on „Kulturalisierung", 5, S. 377–400, Netzzugriff https://www.researchgate.net/publication/263616025, letzter Zugriff 2016–03–21.

SCHOSKE, S. 1995 *Staatliche Sammlung Ägyptischer Kunst München*, Mainz.

SCHOTT, S. 1934 The Feasts of Thebes, in: H. H. NELSON und U. HÖLSCHER (Hrsg.), *Work in Western Thebes 1931–33*, OIC 18, Chicago.

SCHOTT, S. 1950a *Altägyptische Liebeslieder*. Zürich.

SCHOTT, S. 1950b *Das schöne Fest vom Wüstentale. Festbräuche einer Totenstadt.* AAWLM 11. Wiesbaden.

SCHOTT, S. 1969 Zur Unvergänglichkeit des Namens, in: *MDAIK* 25, S. 129–135.

SCHULMAN, A. R. 1963 The Egyptian Chariotry: A Reexamination, in: *JARCE* 2, S. 75–98.

SCHULMAN, A. R. 1964 *Military Rank, Title, and Organization in the Egyptian New Kingdom.* MÄS 6. Berlin.

SCHULMAN, A. R. 1965 The Berlin ‚Trauerrelief'(No. 12411) and some Officials of Tutankhamun and Ay, in: *JARCE* 4, S. 55–68.

SCHULZ, R. 1992 *Die Entwicklung und Bedeutung des kuboiden Statuentypus. Eine Untersuchung zu den sogenannten „Würfelhockern"* I–II. HÄB 33–34. Hildesheim.

SCHULZ, R. 2011 "In" oder "Out". Gedanken zur Aufarbeitung altägyptischer Bilderwelten, in: A. VERBOVSEK, B. BACKES, C. JONES (Hrsg.), *Methodik und Didaktik in der Ägyptologie, Herausforderungen eines kulturwissenschaftlichen Paradigmenwechsels in den Altertumswissenschaften,* Ägyptologie und Kulturwissenschaft IV, München, S. 347–358.

SCHWALB, I. 1999 Tönende Zeitzeugen? Geschichte als Musik, in: O. BORST (Hrsg.), *Geschichte als Musik,* Stuttgarter Symposion Schriftenreihe 7, Tübingen, S. 10–31.

SCHWEITZER, S. D. 2005 *Schrift und Sprache der 4. Dynastie.* MENES, Studien zur Kultur und Sprache der ägyptischen Frühzeit und des Alten Reiches. Wiesbaden.

SEIDLMAYER, S. 1980 Die Inschriften, in: L. BORCHARDT und H. RICKE, *Die Wohnhäuser in Tell el-Amarna,* WVDOG 91, Berlin, S. 340–347.

SEIDLMAYER, S. 1983 Zu einigen Architekturinschriften aus Tell el-Amarna, in: *MDAIK* 39, S. 183–206.

SEIDLMAYER, S. 2002 Nubier im ägyptischen Kontext im Alten und Mittleren Reich, in: *Akkulturation und Selbstbehauptung, Beiträge des Kolloquiums am 14. 12. 2001, Mitteilungen des SFB „Differenz und Integration" 2,* OWH 4, Halle-Wittenberg, S. 89–112.

SEIPEL, W. 1976 Sich verneigende Priester, Kommentar zu Kat. Nr. 32, in: J. SETTGAST (Hrsg.), *Nofretete Echnaton,* Ausstellungskatalog Haus der Kunst München 17. Januar–21. März 1976, München.

SETHE, K. 1909–1935 *Urkunden des aegyptischen Altertums* I–VII. Leipzig.

SETHE, K. 1928a *Dramatische Texte zu altaegyptischen Mysterienspielen* II. *Der Dramatische Ramesseumpapyrus.* UGÄA 10, 1.2. Leipzig.

SETHE, K. 1928b *Aegyptische Lesestücke zum Gebrauch im akademischen Unterricht. Texte des Mittleren Reiches.* Leipzig. Neudruck 1983 Darmstadt.

SETHE, K. 1929 Die beiden alten Lieder von der Trinkstätte in den Darstellungen des Luksorfestzuges, in: *ZÄS* 64, S. 1–5.

SETTGAST, J. 1963 *Untersuchungen zu altägyptischen Bestattungsdarstellungen.* ADIK Ägyptologische Reihe 3. Glückstadt.

SETTGAST, J. 1976 *Nofretete Echnaton.* Ausstellungskatalog Haus der Kunst München 17. Januar–21. März 1976. Mainz.

SETTGAST, J. 1978 *Von Troja bis Amarna. The Norbert Schimmel Collection New York.* Ausstellungskatalog Berlin. Mainz.

SETTGAST, J. 1980 *Ägyptisches Museum.* Kunst der Welt in den Berliner Museen. Berlin.

SEYFRIED, F. 2012 *Im Lichte von Amarna. 100 Jahre Fund der Nofretete.* Ausstellungskatalog Ägyptisches Museum und Papyrussammlung, Staatliche Museen zu Berlin. Berlin.

SEYFRIED, K.-J. 2013 *Bemerkungen und Quellen zum ḥ3b nfr n jnt, dem „schönen Fest des Tales" in Theben.* GM.B 13. Göttingen.

SHAW, I. 1994 Balustrades, Stairs and Altars in the Cult of the Aten at el-Amarna, in: *JEA* 80, S. 109–127.

SHEDID, A. G. 1988 *Stil der Grabmalereien in der Zeit Amenophis' II: Untersucht an den Thebanischen Gräbern Nr. 104 und 80.* AV 66. Mainz.

SILVERMAN D. P., WEGNER, J. W., HOUSER WEGNER, J. 2006 *Akhenaten and Tutankhamun. Revolution and Restoration.* Pennsylvania.

SIMON, H. 2013 >*Textaufgaben*< *Kulturwissenschaftliche Konzepte in Anwendung auf die Literatur der Ramessidenzeit.* BSAK 14. Hamburg.

SIMPSON, W. K. 1970 A Late Old Kingdom Letter to the Dead from Nag' ed-Deir N 3500, in: *JEA* 56, S. 58–62.

SIMPSON, W. K. 1976 *The Mastabas of Qar and Idu G 7101 and 7102.* Giza Mastabas 2. Boston.

SIMPSON, W. K. 1992 *The Offering Chapel of Kayemnofret in the Museum of Fine Arts, Boston.* Boston.

SIMPSON, W. K. 2001 Studies in the Twelfth Egyptian Dynasty, IV: The early Twelfth Dynasty False-Door/Stela of Khety-ankh/Heni from Matariya/Ain Shams (Heliopolis), in: *JARCE* 38, S. 9–20.

SMITH, H. S. und SMITH, A. 1976 A Reconsideration of the Kamose Texts, in: *ZÄS* 103, S. 48–76.

SMITH, M. 1993 *The Liturgy of Opening the Mouth for Breathing.* Griffith Institute, Oxford.

SMITH, M. 2006 Osiris NN or Osiris of NN?, in: B. BACKES, I. MUNRO, S. STÖHR (Hrsg.), *Totenbuch-Forschungen. Gesammelte Beiträge des 2. Internationalen Totenbuch-Symposiums Bonn, 25. bis 29. September 2005,* SAT 11, Wiesbaden, S. 325–337.

SMITH, R. W. 1967 The Akhenaten Temple Project, in: *Expedition* 10/1, S. 24–32.

SMITHER, P. C. und Gunn, B. 1945 The Semnah Despatches, in: *JEA* 31, S. 1–10.

SPALINGER, A. J. 1988 A Hymn of Praise to Akhenaten, in: D. REDFORD (Hrsg.), *The Akhenaten Temple Project* II, S. 29–33.

SPENCER, A. J. 1988 A glazed composition sistrum handle inscribed for Amenrud, in: *JEA* 74, S. 232.

SPIEGEL, J. 1956 Die Entwicklung der Opferszenen in den Thebanischen Gräbern, in: *Festschrift zum 70. Geburtstag von Professor Dr. Hermann Kees*, *MDAIK* 14, S. 190–207.

SPIEGELBERG, W. 1903 *Geschichte der ägyptischen Kunst*. Leipzig.

SPIEGELBERG, W. 1917 (Neudruck 1994) *Der ägyptische Mythus vom Sonnenauge. Nach dem Leidener demotischen Papyrus I 384*. Hildesheim, Zürich, New York.

SPIEGELBERG, W. und ERMAN, A. 1898 Grabstein eines syrischen Söldners aus Tell Amarna, in: *ZÄS* 36, S. 126–129.

SPIESER, C. 2000 *Les noms du Pharaon comme êtres autonomes au Nouvel Empire*. OBO 174. Freiburg und Göttingen.

SPIESER, C. 2001 Amarna et la négation du cycle solaire, in: *CdÉ* 76, S. 20–29.

SPIESER, C. 2010 *Offrandes et purification à l'époque amarnienne*. Monographies Reine Élisabeth 14, Turnhout.

STADELMANN, R. 1979 Totentempel und Millionenjahrhaus in Theben, in: *MDAIK* 35, S. 303–333.

STADELMANN, R. 1982 Prozessionen, in: *LÄ* IV, Sp. 1160–1164.

STÄUBLI, TH. 1991 *Das Image der Nomaden im Alten Israel und in der Ikonographie seiner sesshaften Nachbarn*. OBO 107. Freiburg und Göttingen.

STEINDORFF, G. 1913 *Das Grab des Ti*. Veröffentlichungen der Ernst von Sieglin Expedition 2. Leipzig.

STEPHAN, J. 1997 Überlegungen zur Ausbildung der Ärzte im alten Ägypten, in: *SAK* 24, S. 301–312.

STERNBERG-EL-HOTABI, H. 1991 Balsamierungsritual pBoulaq 3, in: O. Kaiser (Hrsg.), *TUAT* II, *Orakel, Rituale, Bau- und Votivinschriften, Lieder und Gebete*, Gütersloh, S. 405–431.

STEVENS, A. 2006 *Private Religion at Amarna. The material evidence*. BAR IS 1587. Oxford.

STEWART, H. M. 1976 *Egyptian stelae, reliefs and paintings from the Petrie collection I. The New Kingdom*. Warminster.

STOCKMANN, D. 1982 Volks- und Popularmusik in Europa, in: *Neues Handbuch der Musikwissenschaft* 12. Laaber.

STOKES, M. 1997 *Ethnicity, Identity and Music. The Musical Construction of Place*. Oxford.

STÖRK, L. 1982 Ohr, in: *LÄ* IV, Sp. 559–562.

STÖRK, L. 1993 Die Trommel des Königs, in: *GM* 133, S. 101–109.

STRUDWICK, N. 2009 True „Ritual Objects“ in Egyptian private Tombs?, in: B. BACKES und S. STÖHR (Hrsg.), *Ausgestattet mit den Schriften des Thot. Festschrift für Irmtraut Munro zu ihrem 65. Geburtstag*, SAT 14. Wiesbaden, S. 213–238.

STRÜVER, A. 2009 Grundlagen und zentrale Begriffe der Foucault'schen Diskurstheorie, in: G. GLASZE und A. MATTISSEK (Hrsg.), *Handbuch Diskurs und Raum. Theorien und Methoden für die Humangeographie sowie die sozial- und kulturwissenschaftliche Raumforschung*, Bielefeld, S. 61–81.

STRÜVER, A. und WUCHERPFENNIG, C. 2009 Performativität, in: G. GLASZE und A. MATTISSEK. (Hrsg.), *Handbuch Diskurs und Raum. Theorien und Methoden für die Humangeographie sowie die sozial- und kulturwissenschaftliche Raumforschung*, Bielefeld, S. 107–127.

SWEENEY, D. 2001 *Correspondence and Dialogue. Pragmatic Factors in Late Ramesside Letter-Writing*. ÄAT 49. Wiesbaden.

SWEENEY, D. 2003 Walking alone forever, following you. Gender and Mourners' Laments from ancient Egypt, in: *Journal of Gender Studies in Antiquity*, *NIN* 2, S. 27–48.

TACKE, N. 2001 *Verspunkte als Gliederungsmittel in ramessidischen Schülerhandschriften*. SAGA 22. Heidelberg.

TACKE, N. 2013 *Das Opferritual des ägyptischen Neuen Reiches* I–II. OLA 222. Löwen.

TAWFIK, S. 1979 Aton Studies 5. Cult Objects on Blocks from the Aton Temple(s) at Thebes, in: *MDAIK* 35, S. 335–344.

TEETER, E. 2009 Inside the Temple: The Role and Function of Temple Singers, in: E. Teeter und J. H. Johnson (Hrsg.), *The Life of Meresamun a temple singer in ancient Egypt*, OIP 29, Chicago, S. 25–29.

TEFNIN, R. 1991 Art et magie au temps des pyramides: l'énigme des têtes dites « de remplacement », in: *MonAeg* 5, S. 19–39.

TEFNIN, R. 1992 Les yeux et les oreilles du Roi, in: M. BROZE und PH. TALON (Hrsg.), *L'atelier de l'Orfèvre, mélanges offerts à Ph. Derchain*, Lettres orientales, Löwen, S. 147–156.

TERRACE, E. L. B., 1962 *Bulletin, Museum of Fine Arts*, Boston LX (1962), S. 134–135.

THESAURUS LINGUAE AEGYPTIAE http://aaew.bbaw.de, Bearbeiter und letzter Zugriff auf die Datenbank siehe TLA in den Anmerkungen.

THIEM, A.-CH. 2000 *Speos von Gebel es-Silsileh*. Analyse der architektonischen und ikonographischen Konzeption im Rahmen des politischen und legitimatorischen Programmes der Nachamarnazeit I–II. ÄAT 47. Wiesbaden.

THIERS, C. 1999 Ptolémée Philadelphe et les prêtres de Sais. La stèle Codex Ursinianus, fol. 6 r° + Naples 1034 + Louvre C.123, in: *BIFAO* 99, S. 423–445.

THOMPSON, K. 2009 The Term ‚Caricature' as applied to Amarna Art, in: S. IKRAM und A. DODSON (Hrsg.), *Beyond the Horizon: Studies in Egyptian Art, Archaeology and History in Honour of Barry J. Kemp* II, Kairo, S. 538–552.

THOMPSON, R. F. 1973 An Aesthetic of the Cool, West African Dance, in: *Art News* 7/1, S. 40–43.

THORNDIKE, G. 2005 *Stelae from Egypt and Nubia in the Fitzwilliam Museum, Cambridge, c. 3000 BC–AD 1150*. Cambridge.

TIETZE, Ch. 2011 *Amarna. Lebensräume – Lebensbilder – Weltbilder*. Ausstellungskatalog Echnaton und Amarna. Ägypten im neuen Licht, 26. September 2010 bis 30. Januar 2011 im Gustav-Lübcke-Museum der Stadt Hamm. Weimar.

TOBIN, V. A. 1986 *The Intellectual Organization of the Amarna Period*. Unveröffentlichte Diss., Hebrew University.

TRAUNECKER, C. 1981 *La Chapelle d'Achôris à Karnak* II. Paris.

TRAUNECKER, C. 1991 De l'hiérophanie au temple. Quelques réflexions …, in: U. VERHOEVEN und E. GRAEFE, *Religion und Philosophie im alten Ägypten. Festgabe für Philippe Derchain zu seinem 65. Geburtstag am 24. Juli 1991*, OLA 39, Löwen, S. 303–317.

TYLOR, J. J. 1900 *Wall drawings and monuments of El Kab 4: The tomb of Renni*. London.

TYLOR, J. J. und Griffith, F. LL. 1894 *The Tomb of Paheri at El Kab*. EEF Mem. 11. London.

ULLMANN, M. 2002 *König für die Ewigkeit. Die Häuser der Millionen von Jahren. Eine Untersuchung zu Königskult und Tempeltypologie von Ägypten*. ÄAT 51. Wiesbaden.

VANBINA, L. 2009 Die Blindheit der Harfner, in: *GM* 223, S. 89–102.

VAN DE WALLE, B. 1978 *La chapelle funéraire de Neferirtenef*. Brüssel.

VAN DEN BOORN, G. P. F. 1982 On the Date of „The Duties of the Vizier", in: *Or* 51, S. 369–381.

VANDERSLEYEN, C. 1976 Aménophis III incarnant le dieu Neferhotep, in: *OLP* 6–7 (1975–76), S. 534–542.

VANDERSLEYEN, C. 1994 Emheb, le prince nubien qui jouait du tambour, in: *Hommages à Jean Leclant* II, BdÉ 106, Kairo, S. 399–402.

VANDIER, J. 1946 *Catalogue des ostraca figurés de Deir el-Médineh, 3*. DFIFAO 2. Kairo.

VANDIER, J. 1952–1969 *Manuel d'archéologie égyptienne* I–V. Paris.

VANDIER, J. 1960 Deux sujets originaux sur ostraca figurés, in: *RdÉ* 12, S. 83–88.

VANDIER, J. 1967 Ouadjet et l'Horus léontocéphale de Bouto. A propos d'un bronze de Musée de Chaalis, in: *Fondation Eugène Piot, Monuments et Mémoires publiés par l'Académie des Inscriptions et Belles-Lettres* 55, Paris, S. 7–75.

VARGA, E. 1997 Les oreilles de la divinité, in: J. Aksamit (Hrsg.), *Essays in honour of Prof. Dr. Jadwiga Lipinska*, Warsaw Egyptological Studies 1, Warschau, S. 319–322.

VARILLE, A. 1935 La stèle égyptienne no. 1175 du Musée de Toulouse, in: *Kêmi* 3 (1930–1935), S. 39–43.

VASSILIKA, E. 1995 *Egyptian Art*. Fitzwilliam Museum Handbooks. Cambridge.

VÉGH, ZS. 2015 Der Tag des Hörens der Sünden, in: G. NEUNERT, H. SIMON, A. VERBOVSEK, K. GABLER (Hrsg.), *Text: Wissen – Wirkung – Wahrnehmung. Beiträge des vierten Münchner Arbeitskreises Junge Ägyptologie* (*MAJA 4*), GOF IV, Reihe Ägypten 59, Göttingen, S. 259–276.

VERBOVSEK, A. 2004 Die persönliche Legitimierung über die „mütterliche Linie“ – Einige Ergänzungen zur Nennung der Eltern in den Genealogien des Mittleren Reiches, in: *LingAeg* 12, S. 179–182.

VERGNIEUX, R. 2013 Eine außergewöhnliche Sakralarchitektur: Achet-Aton oder der Horizont des Aton, in: F. Seyfried (Hrsg.), *Im Lichte von Amarna. Hundert Jahre Fund der Nofretete*, Ausstellungskatalog Ägyptisches Museum und Papyrussammlung Staatliche Museen zu Berlin 2013, Berlin, S. 84–91.

VERGNIEUX, R. und GONDRAN, M. 1997 *Aménophis IV et les pierres du soleil. Akhénaten retrouvé*. Paris.

VERHOEVEN, U. 2004 Literarische Ansichtskarten aus dem Norden versus Sehnsucht nach dem Süden, in: *Kon-Texte. Akten des Symposions „Spurensuche – Altägypten im Spiegel seiner Texte“*, ÄAT 60, Wiesbaden, S. 65–80.

VERHOEVEN, U. 2009a Funktionen von Wiederholung und Abweichung in ägyptischen Erzähltexten, in: *Das Erzählen in frühen Hochkulturen I. Der Fall Ägypten*, S. 315–334.

VERHOEVEN, U. 2009b Von der „Loyalistischen Lehre“ zur „Lehre des Kairsu“, in: *ZÄS* 136, S. 87–98.

VERHOEVEN, U. und DERCHAIN, PH. 1985 *Le voyage de la déesse libyque – Ein Text aus dem „Mutritual“ des Pap. Berlin 3053*. Rites égyptiens V. Brüssel.

VERHOEVEN, U. und WITTHUHN, O. 2003 Eine Marburger Totenstele mit Anruf an die Lebenden, in: *SAK* 31, S. 307–315.

VERNUS, P. 1978 Littérature et autobiographie. Les inscriptions de *Sꜣ-MWT* surnommé Kyky, in: *RdÉ* 30, S. 115–146.

VERNUS, P. 1980 Études de philologie et de linguistique, in: *RdÉ* 32, S. 117–134.

VERNUS, P. 1982 Name, Namengebung, in: *LÄ* IV, Sp. 320–333.

VERNUS, P. 1986 *Le surnom au Moyen Empire. Répertoire procédés d'expression et structures de la double identité du début de la XIIe dynastie à la fin de la XVIIe dynastie*. Studia Pohl 13. Rom.

VERNUS, P. 1995 *Essai sur la conscience de l'Histoire dans l'Égypte pharaonique*. Bibliothèque de l'École des Hautes Études. Sciences historiques et philologiques 332. Paris.

VERNUS, P. 2010 *Sagesses de l'Égypte pharaonique*. La Salamandre.

VITTMANN, G. 1994 Ein Mumienbrett im Britischen Museum (BM 36502), in: M. BIETAK, J. HOLAUBEK, H. MUKAROVSKY, H. SATZINGER (Hrsg.), *Zwischen den beiden Ewigkeiten, Festschrift Gertrud Thausing*, Wien, S. 222–275.

VOMBERG, P. 2004 *Das Erscheinungsfenster innerhalb der amarnazeitlichen Palastarchitektur. Herkunft – Entwicklung – Fortleben*. Phillippika. Marburger altertumskundliche Abhandlungen 4. Wiesbaden.

VOMBERG, P. 2010 Der Syrer Tutu, in: CH. TIETZE (Hrsg.), *Amarna. Lebensräume – Lebensbilder – Weltbilder*, Ausstellunsgkatalog Echnaton und Amarna. Ägypten im neuen Licht, 26. September 2010 bis 30. Januar 2011 im Gustav-Lübcke-Museum der Stadt Hamm, S. 196–199.

VOMBERG, P. 2014 *Untersuchungen zum Kultgeschehen im Großen Aton-Tempel von Amarna*. GM.B 16. Göttingen.

VON DER WAY, Th. 1996 Überlegungen zur Jenseitsvorstellung in der Amarnazeit, in: *ZÄS* 123, S. 157–164.

VOS, R. L. 1993 *The Apis embalming ritual: P. Vindob. 3873*. OLA 50. Löwen.

WAITKUS, W. 2008 *Untersuchungen zu Kult und Funktion des Luxortempels*. Aegyptiaca Hamburgensia 2. 2 Bde. Gladbeck.

WALL-GORDON, H. 1958 A New Kingdom Libation Basin dedicated to Ptah. Second Part, The inscriptions, in: *MDAIK* 16, S. 168–175.

WARD, W. A. 1982 *Index of Egyptian Administrative and Religious Titles of the Middle Kingdom*. Beirut.

WEATHERHEAD, F. J. 2007 *Amarna Palace Paintings*. EES Mem 78. London.

WEEKS, K. R, 1971 *The Anatomical Knowledge of the Ancient Egyptians and the Representation of the Human Figure in Egptian Art*. Diss. Yale University. Ann Arbor, Michigan.

WEEKS, K. R, 1994 *Mastabas of Cemetery G 6000*. Giza Mastabas 5. Boston.

WEIGEL, S. 2006 Die Stimme als Medium des Nachlebens: Pathosformel, Nachhall, Phantom, in: D. KOLESCH und S. KRÄMER (Hrsg.), *Stimme. Annäherung an ein Phänomen*, Frankfurt, S. 16–22.

WENTE, E. 1990 *Letters from Ancient Egypt*. Atlanta.

WENZEL, H. 1995 *Hören und Sehen, Schrift und Bild. Kultur und Gedächtnis im Mittelalter*. München.

WERBROUCK, M. 1934 *Musées Royaux d'Art et d'Histoire, Bruxelles*. Département égyptien, Album, Brüssel.

WERBROUCK, M. 1938 *Les Pleureuses dans l'Égypte ancienne*. Brüssel.

WESTENDORF, W. 1999 *Handbuch der Altägyptischen Medizin* I–II. HdO, 1. Abtlg. Der Nahe und Mittlere Osten 36. Leiden, Boston, Köln.

WESTENDORF, W. und VON DEINES, H. 1961–1962 *Grundriss der Medizin der Alten Ägypter* VII/1–2. Wörterbuch der Medizinischen Texte I–II. Berlin.

WIEBACH-KOEPKE, S. 2003a *Phänomenologie der Bewegungsabläufe im Jenseitskonzept der Unterweltbücher Amduat und Pfortenbuch in der liturgischen „Sonnenlitanei"* I–II. ÄAT 55. Wiesbaden.

WIEBACH-KOEPKE, S. 2003b Sehen und Hören in den Schilderungen der ägyptischen Unterwelt des Neuen Reiches, in: *Es werde niedergelegt als Schriftstück. Festschrift für Hartwig Altenmüller zum 65. Geburtstag*, SAK Beihefte 9, Hamburg, S. 477–493.

WHITEHOUSE, H. 2009 *Ancient Egypt and Nubia in the Ashmolean Museum*. Katalog Ashmolean Museum. Oxford.

WILD, H. 1963 Les danses sacrées de l'Égypte ancienne, in: *Sources Orientales* VI, Paris, S. 33–117.

WILDUNG, D. 1985 Die Kniefigur am Opferbecken: Überlegungen zur Funktion altägyptischer Plastik, in: *Münchner Jahrbuch der bildenden Kunst*, Dritte Folge, Band 36, Sonderdruck, München, S. 17–38.

WILDUNG, D. und GRIMM, G. 1979 *Götter und Pharaonen.* Ausstellungskatalog Roemer- u. Pelizaeus-Museum, Hildesheim, 29. Mai–16. September 1979. Mainz.

WILSDORF, H. 1939 *Ringkampf im alten Ägypten.* Körperliche Erziehung und Sport 3. Würzburg.

WINLOCK, H. E. 1914 *Excavations at Thebes in 1912–13, by the Museum's Egyptian Expedition.* BMMA 9. New York.

WIRTH, U. 2002 *Performanz. Zwischen Sprachphilosophie und Kulturwissenschaften.* Frankfurt.

WOLDERING, I. 1964 Kestner Museum 1889–1964, Nr. 23, in: *Hannoversche Geschichtsblätter*, Neue Folge Bd. 18, Heft 2/4.

WOLF, W. 1926 *Die Bewaffnung des altägyptischen Heeres.* Leipzig.

WOLF, W. 1931 *Das schöne Fest von Opet. Die Festzugsdarstellung im großen Säulengange des Tempels von Luxor.* Sieglin-Exp. 5. Leipzig.

WOOLLEY, C. L. 1922 Excavations at Tell el-Amarna, in: *JEA* 8, S. 48–82.

WRESZINSKI, W. 1923 *Atlas zur altaegyptischen Kulturgeschichte* I–II. Leipzig.

ŽÁBA, Z. 1956 *Les Maximes de Ptahhotep.* Prag.

ZANDEE, J. 1947 *De hymnen aan Amon van Papyrus Leiden I 350.* OMRO 28. Leiden.

ZANDEE, J. 1964 Das Schöpferwort im Alten Ägypten, in: *Verbum. Essays on some aspects of the religious function of words dedicated to Dr. H. W. Obbink*, Studia Theologica Rheno-Traiectina VI, Utrecht.

ZAUZICH, K.-T. 1976, Musik und Tanz, Kommentar zu Kat. Nr. 29/30, in: J. Settgast (Hrsg.), *Nofretete Echnaton*, Ausstellungskatalog Haus der Kunst München 17. Januar–21. März 1976, München.

ZIEGLER, CH. 1979 *Catalogue des instruments de musique égyptiens.* Musée du Louvre. Département des antiquités égyptiennes. Paris.

ZIEGLER, CH. 1993 Notes sur la reine Ti, in: C. BERGER, G. CLERC, N. GRIMAL (Hrsg.), *Hommages à Jean Leclant.* IFAO, BdÉ 106, Vol. 4, Kairo, S. 535.

ZIVIE, Ch. 1986 *Le temple de Deir Chelouit III (90–157). Inscriptions du Naos.* IFAO. Kairo.

ZIVIE-COCHE, Ch. 1984 Sphinx, in: *LÄ* V, Sp. 1139–1147.

ZORN, O. 2010 *Unter Atons Strahlen. Echnaton und Nofretete. Ausgewählte Werke aus der Amarna-Zeit im Neuen Museum Berlin.* Berlin.

Stellenindex